PRINCE2:2009™
– für Projektmanagement mit Methode

FÜR CARSTEN

„Viele Menschen sind gut erzogen, um nicht mit vollem Mund zu sprechen, aber Sie haben keine Bedenken, es mit leerem Kopf zu tun.“ (Orson Welles)

Nadin Ebel

PRINCE2:2009™ – für Projektmanagement mit Methode

Grundlagenwissen und Zertifizierungsvorbereitung für die PRINCE:2009-Foundation-Prüfung

ADDISON-WESLEY

An imprint of Pearson Education

München • Boston • San Francisco • Harlow, England
Don Mills, Ontario • Sydney • Mexico City
Madrid • Amsterdam

Bibliografische Information der Deutschen Nationalbibliothek

Die Deutsche Nationalbibliothek verzeichnet diese Publikation in der Deutschen Nationalbibliografie; detaillierte bibliografische Daten sind im Internet über *http://dnb.d-nb.de* abrufbar.

10 9 8 7 6 5 4 3 2 1

13 12 11

ISBN 978-3-8273-2997-4

Lektorat:	Boris Karnikowski, bkarnikowski@pearson.de
Korrektorat:	Annette Glaswinkler, München
Fachlektorat:	Ralf Asche, Dirk Baumann
Umschlaggestaltung:	Marco Lindenbeck, mlindenbeck@webwo.de
Herstellung:	Martha Kürzl-Harrison, mkuerzl@pearson.de
Satz und Layout:	mediaService, Siegen
Druck und Verarbeitung:	Bercker, Kevelaer

Printed in Germany

Inhaltsübersicht

Inhaltsverzeichnis

Willkommen im Projektumfeld!

von Per Kall, Teamleiter Management Consulting, MATERNA GmbH

Sie sind doch Projektleiter? Oder Projektmitarbeiter? Oder haben Sie etwa noch gar kein Projekt?

Sicherlich ist Ihnen das auch schon aufgefallen: Der Begriff „Projekt“ begegnet uns im beruflichen wie auch im privaten Alltag auf Schritt und Tritt. Wer wartet heutzutage noch mit schnöden, aber fassbaren Beschreibungen seines Aufgabenfelds auf, wenn er nach seiner beruflichen Tätigkeit gefragt wird?

Meine persönliche Erfahrung ist, dass Berufstätige aller Hierarchiestufen in diesem Zusammenhang oftmals nur erwähnen, dass sie in bzw. an einem „Projekt“ arbeiten, es vielleicht sogar leiten. Das allein klingt schon mal ganz gut – und es wird noch beeindruckender, wenn dann ein klangvoller Projektname in den Raum gestellt wird. Mittlerweile bin ich der festen Auffassung, dass es im deutschsprachigen Raum kein Wort mit fünf bzw. sechs Buchstaben mehr geben dürfte, das nicht schon als Akronym einer ausgefallenen Projektbezeichnung herhalten musste.

Bohrt man als Interessierter dann noch etwas tiefer, um herauszufinden, was sich genau hinter dem angeführten Projekt verbirgt, so wird man bisweilen überrascht. Die Inhalte vieler Projekte unterscheiden sich eigentlich nicht groß – und oftmals eben auch gar nicht – vom normalen Tagesgeschäft in der Linienorganisation. In vielen Fällen handelt es sich um eine simple Umetikettierung des Tagesgeschäfts zum Projekt, das klingt halt besser. Aber:

- Ist eine solche Umetikettierung sinnvoll? Und ist sie überhaupt korrekt?
- Was macht eigentlich ein Projekt zu einem Projekt?
- Brauche ich einen Business Case, um ein Projekt zu untermauern?
- Welche strukturierten Aktivitäten sind für effizientes Projektmanagement unerlässlich?
- Wie beschreibe ich die Ergebnisse eines Projekts und wann ist das Projekt beendet?

Sie halten mit diesem Buch ein umfangreiches Nachschlagewerk zu PRINCE2:2009™ in Händen, das Ihnen helfen wird, derartige Fragen zu beantworten und Ihnen bekannte Initiativen, die als „Projekte“ deklariert sind, angemessen zu bewerten. Darüber hinaus können Sie sich – und das kann ich Ihnen aus eigener Erfahrung bestätigen – mit diesem Buch so vorbereiten, dass Sie den offiziellen PRINCE2™-Personen-Zertifizierungen (Foundation Examination und Practitioner Examination) gelassen und letztendlich auch erfolgreich begegnen können.

Wenn Sie nach der Lektüre des vorliegenden Buchs dann ein Projekt ereilen sollte – sofern das nicht jetzt schon der Fall ist –, sind Sie gewappnet, um die vor Ihnen liegenden Aufgaben in professioneller Weise zu stemmen.

Professionalität ist hier das Stichwort: Wie eingangs bereits skizziert, existieren in kaum einem fachlichen Umfeld mehr Missverständnisse, wird mehr aus dem Bauch heraus gehandelt. Projektmanagement, das muss man unumwunden zugeben, ist eines der Terrains, auf dem sich leider auch viele Phrasendrescher tummeln.

Zu viele firmenindividuelle Projektmanagement-Verfahren lassen wichtige Schwerpunkte etablierter Standards außer Acht, reduzieren Instrumentarien und variieren Definitionen nach persönlichem Gusto der Zuständigen und erschweren somit letztendlich das Verständnis der Verfahren. Zudem wird so auch die Kooperation mit Partnerunternehmen – die wiederum eigene Projektmanagement-Verfahren anwenden könnten – maßgeblich beeinträchtigt, ebenso die Integration neuer Mitarbeiter, die nach offiziellen Standards zertifiziert sind.

Dabei ist die firmenindividuelle Entwicklung einer maßgeschneiderten Methode prinzipiell nicht verkehrt, ja aus Akzeptanzgründen sogar unbedingt zu begrüßen. Das Customizing muss aber in jedem Fall den roten Faden eines akzeptierten Standards und des zugehörigen Kerninstrumentariums berücksichtigen und in angemessen skalierter Form abbilden.

PRINCE2™ sieht ein solches Customizing explizit vor und weist u. a. drei relevante Merkmale eines etablierten und zukunftssicheren Standards auf:

- Zunächst einmal ist die Vertrauenswürdigkeit einer für die Methodik verantwortlichen Organisation ein entscheidender Faktor. PRINCE2™ wurde vom Office of Government Commerce (OGC), einer britischen Regierungsorganisation, aus der Taufe gehoben. Auch die künftige Weiterentwicklung obliegt dieser Institution – damit befindet sich PRINCE2™ in besten Händen.
- Die globale Marktpräsenz ist ein weiterer verlässlicher Indikator. PRINCE2™ kommt in mehr als 50 Ländern zum Einsatz, die Prüfungen zur Personen-Zertifizierung werden in zehn Sprachen angeboten.
- Zudem sind Beständigkeit und kontinuierliche Pflege weitere Kennzeichen eines zukunftssicheren Standards: Unter Berücksichtigung der initialen Fassung („PRINCE") existiert dieser Projektmanagement-Standard seit 1989. Den Prinzipien der kontinuierlichen Verbesserung trug das OGC dann im Jahre 2006 mit dem Startschuss zu einem umfangreichen „Refresh" Rechnung. Dieser führte zur behutsamen Evolution und Verschlankung des Standards, das Ergebnis dieser Bemühungen wurde im Jahre 2009 veröffentlicht: PRINCE2:2009™.

Mein Rat: Lassen Sie sich vollständig auf PRINCE2™ ein. Behalten Sie den roten Faden und das Instrumentarium dieses Standards konsequent im Blick und stellen Sie sich auch den Personenzertifizierungen.

Mit diesem Ansatz und dem durch Schulung, Prüfung und Praxis erworbenen Wissen haben Sie dann alle Möglichkeiten, sich im Projektmanagement als Kenner der Materie und „Trusted Advisor" für Kollegen bzw. Kunden zu etablieren.

Und bitte nutzen Sie diese Position dann auch dazu, kritische Betrachtungen anzustellen, um der inflationären Verwendung des Begriffs „Projekt" entgegenzuwirken und ihn stattdessen mit Sachverstand und Augenmaß zu verwenden.

Per Kall arbeitet seit 2004 bei der MATERNA GmbH am Standort Berlin und ist Leiter des Teams für ITIL®- und ISO-20000-Consulting. Er berät Unternehmen im IT-Service-Management-Umfeld aus unterschiedlichen Branchen und engagiert sich darüber hinaus in einem europaweit aufgestellten Expertenteam zur Optimierung von „Service Excellence" – der MATERNA-Beratungsmethodik für IT-Service-Management.

Projektmanagement und PRINCE2™

Projektmanagement umfasst Methoden und Techniken, um nach einer definierten Vorgehensweise Projekte zu planen, zu steuern, zu kontrollieren und letztlich erfolgreich zum Abschluss zu bringen. Sobald wir uns entschieden haben, irgendetwas zu tun, irgendwohin zu gehen, etwas zu bauen, etwas zu erreichen, brauchen wir Antworten auf Fragen wie etwa: Was versuchen wir zu erreichen? Wann und wo beginnen wir? Was brauchen wir dazu? Wer wird das bezahlen? Schaffen wir es alleine oder brauchen wir Hilfe? Wie lange wird es dauern? Wie viel wird es kosten? Dies sind typische Fragen, die sich zu Beginn eines jeden Projekts stellen. Die Antworten bilden die Bausteine für das Projektmanagement.

Projekte erfolgreich von der Vorbereitung über den Start bis ins Ziel zu führen – das umfasst mehr als nur die Verwaltung von Terminen. Unter Projektmanagement werden sämtliche organisatorischen Verfahren und Techniken verstanden, die mit der erfolgreichen Abwicklung eines Projekts verbunden sind. Die DIN 69901 definiert Projektmanagement als die „Gesamtheit von Führungsaufgaben, -organisation, -techniken und -mitteln für die Abwicklung eines Projekts". Im Projektmanagement werden strategische und problemlösende Kompetenzen übergreifend gebündelt. Aus der sogenannten Aufbauorganisation, d. h. die bestehende organisatorische Struktur, wird für das Projekt während des Projektlebenszeitraums eine neue, zeitlich begrenzte Organisationsform geschaffen.

Es gibt ausgesprochen unterschiedliche Strukturen und Methoden. Sie hängen von der Branche, der Art, der Größe und der Komplexität des Projekts ab. Wichtig ist: Projektmanagement hat etwas mit der Notwendigkeit zur Arbeitsteilung und mit Menschen zu tun. Es ist zwar nicht egal, ob 5 oder 50 Personen in ein Projektteam involviert sind. Projektmanagement funktioniert aber nur dann, wenn alle diese Menschen für den Projekterfolg zusammenwirken, klare Rollen und Zuständigkeiten definiert sind und im Unternehmen eine entsprechende Projektmanagement-Kultur herrscht. Gefördert werden kann diese Kultur durch entsprechendes Führungsverhalten, geeignete Rahmenbedingungen für Projekte, eine einheitliche Projektmanagement-Methodik und entsprechende Schulungsmaßnahmen.

Der Erfolg eines Projekts ist von unterschiedlichen Faktoren abhängig. Der Nutzen oder betriebswirtschaftliche Mehrwert, den ein Projekt für das Unternehmen transportieren und erschaffen soll, dient als Basis aller Erfolgsfaktoren und als Motor des Projekts an sich. Darauf bauen weitere Erfolgsfaktoren auf. Dazu gehört u. a. auch ein eindeutiges Projektziel, das mit allen Annahmen und Ausschlüssen im Projektauftrag festgeschrieben und vom Kunden unterschrieben wird, und auch die Unterstützung durch das Management. Ansonsten sind Durststecken und Krisen kaum zu überstehen.

PRINCE2™ (PRojects IN a Controlled Environment™) als eine Methode für strukturiertes Projektmanagement, die sich den Anforderungen aus Theorie und Praxis durchaus stellen kann, unterstützt diese und weitere Erfolgsfaktoren für die erfolgreiche Projekt-Umsetzung.

PRINCE2™ steht als noch relativ junge prozessbasierte Methode aus Großbritannien neben PMI aus den USA und GPM aus Deutschland als wissens- und kompendiumsorientierte Ansätze, die bisher mit ihren Modellen, Verfahren und Zertifikaten den Markt rund um das Thema Projektmanagement bestimmt haben.

Anstelle eines Kompendiums liefert das stark vorgehens- und ergebnisorientierte PRINCE2™ konkrete Handlungsanweisungen für alle Projektbeteiligten. Grundsätzlich besitzen alle Elemente von PRINCE2™ (Prozesse, Themen, Grundprinzipien und die Anpassung an die Projektumgebung) einen Nutzen für die Projektarbeit. Sie sollten demzufolge nicht einfach einzelne Elemente weglassen, sondern diese an die Erfordernisse des konkreten Projekts anpassen. So wird gewährleistet, dass Aufwand und Nutzen in einem gesunden Verhältnis stehen und wichtige Informationen trotzdem niedergeschrieben werden und auffindbar bleiben.

Skalierbarkeit, Anpassung an die jeweilige Unternehmung, Branche und Unternehmenskultur sind Aspekte, denen PRINCE2™ besondere Beachtung schenkt. So existiert in der neuen Version 2009 von PRINCE2™ ein neuer Themenbereich, der sich mit der Anpassung an die jeweilige Projektumgebung auseinandersetzt. Damit leistet die Methode konkrete Hilfestellung bei der Anwendung von PRINCE2™ ungeachtet von Größe, Umfang oder Art eines Projekts sowie Branche, geografischer Lage oder Kultur des jeweiligen Unternehmens.

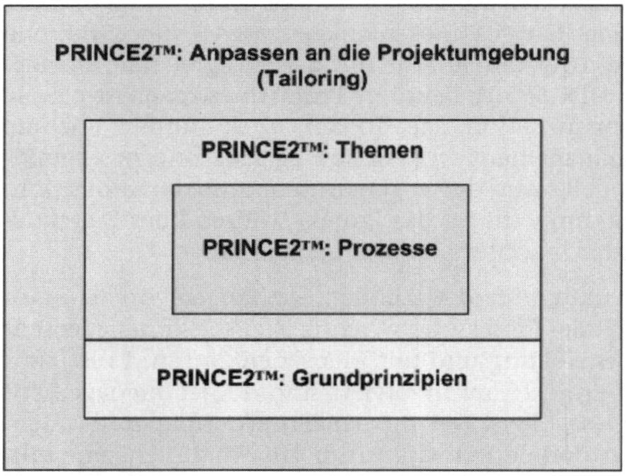

Abbildung: Die Bausteine von PRINCE2™ im Zusammenhang

PRINCE2™ bedient insgesamt vier Bausteine („integrierte Elemente"): Prozesse, Themen, Grundprinzipien („Glaubenssätze") und Anpassen an die Projektumgebung (Tailoring). Projekte werden also nicht isoliert und abstrakt gesehen, sondern als Teil einer Umgebung, die ständigen Veränderungen und Anforderungen von vielen Seiten unterworfen ist. Es ist eine Best Practice-Methode mit einer Prozess-Struktur, die der Erfahrung Rechnung trägt, dass Projekte selten linear umgesetzt werden können. So decken die Prozesse von PRINCE2™ den Projektverlauf von der Vorbereitung bis hin zum Projektabschluss ab. Bei aller Einzigartigkeit, die jedes Projekt mit sich bringt, oft verbunden mit mehr oder minder großer politischer Brisanz in den (v. a. großen) Unternehmen, müssen sich die Mitglieder einer Projektorganisation einigen Aspekten in jedem Projekt stellen, die es zu steuern gilt. Dazu gehören Kosten, Zeitplanung, Qualität, Umfang, Risiko und Nutzen. PRINCE2™ schenkt allen Aspekten ausreichende Beachtung, um die Projekt-Performance zu gewährleisten.

Die Themen (in der Version 2005 noch Komponenten genannt) sind die Hilfsmittel des Projektmanagers und unterstützten durch ihren Einsatz die erfolgreiche Umsetzung eines Projekts, wie etwa der Business Case als wirtschaftliche Rechtfertigung für die Projektdurchführung oder das Risikomanagement, um Unwägbarkeiten im Projekt effektiv und effizient begegnen zu können. Die Grundprinzipien als grundlegende Leitlinien finden in der Methode als Best Practices Anwendung und unterstützen so zusammen mit den Themen die erfolgreiche Projektumsetzung. Die Prozesse stellen den Weg von Projektvorbereitung und -start über die Erstellung und Abwicklung hin zu einem gesteuerten Projektabschluss als Projektlebenszyklus dar.

„Die wichtigsten Körperteile eines Projektmanagers sind Herz, Bauch, Seele und Nase. Er braucht sie, um mit dem Herzen zu führen, dem Gefühl im Bauch zu vertrauen, die Organisation zu beseelen und zu riechen, dass etwas faul ist." („Der Termin", Tom DeMarco)

Über dieses Buch

Dieses Buch soll Ihnen beim Wissensaufbau zum Thema PRINCE2™ (PRojects IN a Controlled Environment™) helfen und Sie auf die Zertifizierungsprüfungen vorbereiten, die für diese Projektmanagement-Methode angeboten werden.

Seit für PRINCE2™ die sogenannten „Open Exams" angeboten werden, die als Zertifizierungsprüfung ohne Durchlauf einer vorhergehenden Schulung absolviert werden können, kann der Wissensaufbau auf alternative Weise erfolgen. Diese Möglichkeit bietet Ihnen dieses Buch. Es führt Sie Schritt für Schritt an das Thema PRINCE2™ heran und macht Sie mit den Details dieser Projektmanagement-Methode vertraut.

Darüber hinaus möchte ich Ihnen neben aller notwendigen Theorie auch einen Ausblick auf die praktische Umsetzung der PRINCE2™-Methode geben. Zum einen werden Ihnen die Beispiele und Hinweise aus der Praxis helfen, das Verständnis der Theorie zu erlangen und zu vertiefen. Dies kann Sie zum anderen dabei unterstützen, das Gelernte besser in die Praxis umsetzen zu können. So bekommen Sie auch ein Gefühl dafür, wie PRINCE2™ Sie mit seinen Aspekten und Inhalten als Methode im Projektalltag unterstützen kann.

Das vorliegende Buch basiert in weiten Teilen auf den Publikationen „Managing Successful Projects with PRINCE2™", „Directing Successful Projects with PRINCE2™" und „Passing the PRINCE2™ Examinations" der OGC. Diese beschreiben die PRINCE2™-Methode und ihre Inhalte, wie die OGC diese definiert. Das vorliegende Buch ist aber weder eine Abschrift noch eine Übersetzung dieser Werke, sondern verfolgt einen eigenen Ansatz. Es bietet dem Leser darüber hinaus einen Mehrwert in Bezug auf das Thema Projektmanagement, seine Anwendung in der Praxis, PRINCE2™ als Projektmanagement-Methode und die Vorbereitung auf die PRINCE2™-Zertifizierungsprüfungen. Wenn Sie sich für die Originalliteratur der OGC interessieren, finden Sie diese beispielsweise im Internet unter *http://www.tsoshop.co.uk/*.

Das erste Kapitel widmet sich als Einstieg dem Thema Projektmanagement, seiner Historie und seiner Motivation. Es geht um die Frage, was Projekte sind und wie sie erfolgreich durchgeführt werden. Dabei spielen auch Themen wie Motivation von Projektmanagement-Methoden, ihre Differenzierung und gemeinsame Eigenschaften eine Rolle. Den Begriffen Qualität, Nutzen und Ziele im Bereich Projektmanagement wird dabei explizit ein Platz in diesem Kapitel eingeräumt.

Das zweite Kapitel beschreibt die Grundlagen zu PRINCE2™ als Projektmanagement-Methode und die vier integrierten Elemente Grundprinzipien, Themen, Prozesse und Tailoring, wobei die Grundprinzipien im Detail erläutert werden. Dieses Kapitel schafft bei Ihnen ein Grundverständnis für den Best Practice-Ansatz aus Großbritannien und die spezifischen Merkmale von PRINCE2™. Kennen Sie bereits die Methode in der Version 2005, bietet Ihnen das letzte Unterkapitel Informationen über die Unterschiede der beiden Versionen.

Das dritte Kapitel stellt Ihnen die sieben Prozesse und deren Zusammenhänge im PRINCE2™-Prozessmodell vor. So erhalten Sie eine Übersicht über den Zweck, die Ziele, die Verantwortlichkeiten und welche Aktivitäten in jedem Prozess durchlaufen werden, um Ihnen eine erste Orientierung zu verschaffen, bevor das vierte Kapitel die sieben PRINCE2™-Themen detailliert charakterisiert.

Das fünfte Kapitel taucht tiefer in die Eigenschaften und Bestandteile der PRINCE2™-Prozesse ein. Es beschreibt ausführlich die Prozesse und ihre Aktivitäten, die diese Methode ausmachen. Das sechste Kapitel beschäftigt sich mit dem vierten integrierten Element von PRINCE2™, der Anpassung an die Projektumgebung. Wichtig ist für viele Interessierte dabei die Frage, in welchen Branchen und in Umgebungen welcher Größe PRINCE2™ einsetzbar ist und wie es um die Skalierbarkeit von PRINCE2™ steht.

Welche PRINCE2™-Zertifizierungsmöglichkeiten existieren, wird im siebten Kapitel erläutert. Hier finden Sie Informationen zur Foundation- und Practitioner-Prüfung und weitergehende Angaben, beispielsweise behandelte Themen, Hinweise zum Ablauf, Fragetypen, Anmeldung und Kosten.

Eine explizite Vorbereitung auf die Prüfung erhalten Sie im achten Kapitel. Kontroll- und Beispielfragen der Foundation-Zertifizierungsprüfung bestimmen das Bild des Kapitels. Die Fragen und Antworten der Foundation-Prüfung sind Multiple-Choice-Fragen. Neben der Frage und den Antwortoptionen ist die Lösung mit einem ausführlichen Kommentar versehen, sodass Sie auch die Begründung für die richtige Antwort kennen, eventuell noch einmal das behandelte Thema nachschlagen oder nachvollziehen können, wie die Frage nach dem Ausschlussprinzip beantwortet werden kann. Dieses Kapitel dient nicht dazu, Ihnen möglichst viele Fragen als Braindumps zu präsentieren, die Ihnen genau so in Ihrer PRINCE2™-Zertifizierungsprüfung begegnen können. Es geht viel mehr darum, dass Sie das bisher Gelesene und Gelernte überprüfen, so Ihren Wissensstand abfragen und weiter aufbauen können.

Das neunte Kapitel beschäftigt sich mit dem Zusammenhang von PRINCE2™ in der Version 2009 und ITIL® V3 (IT Infrastructure Library®), beides Best Practice-Ansätze aus dem Hause der OGC. ITIL® beschäftigt sich mit einem Bereich des Themenkomplexes IT Service Management. Alles dreht sich darum, die Qualität der IT Services zu verbessern und dies im Sinne des Unternehmens und den damit verbundenen Geschäftszielen umzusetzen. Es geht um den messbaren Beitrag zum Geschäftserfolg. Unter diesem Gesichtspunkt von zielgerichteten, geschäftsprozessorientierten, benutzerfreundlichen und kostenoptimierten IT-Dienstleistungen müssen Prozesse, Menschen und Technologien vereint und aufeinander abgestimmt werden. Effektivität und Effizienz stehen in Bezug auf IT Services im Fokus. Da PRINCE2™ einen ganz ähnlichen Ansatz verfolgt und ein Projekt nur als betriebswirtschaftlicher Nutzen für das Unternehmen umgesetzt werden soll, werden Sie nicht überrascht sein, wie viele Schnittstellen und Gemeinsamkeiten diese beiden Themen miteinander verbindet. Dieses Kapitel ist nicht prüfungsrelevant, bietet aber einen interessanten Exkurs und einen Bezug für den praktischen Einsatz von PRINCE2™.

Ein Glossar und eine Übersetzungsliste finden Sie im zehnten und letzten Kapitel dieses Buchs. Die Darstellung der deutschen und englischen Begriffe finden Sie allerdings auch im Internet unter *http://www.prince-officialsite.com/InternationalActivities/Translated_Glossaries_2.asp*.

Weitere offizielle Informationen zu PRINCE2™ erhalten Sie über *http://www.best-management-practice.com/Project-Management-PRINCE2/* oder *http://www.prince-officialsite.com/home/home.asp*.

Im Laufe des Buchs werden Themen und Leitsätze wiederholt. Dies dient neben der Einprägsamkeit auch der Tatsache, dass diese Dinge wichtig sind für die Zertifizierungsprüfung. Wiederholungen sind beabsichtigt. Inhalte werden so gefestigt und leichter verarbeitet. Bei Schulungen und im Gespräch habe ich immer wieder festgestellt, dass eben diese Dinge nicht klar waren oder im Zusammenhang fehlten. Diese und ähnliche Erfahrungen aus der Praxis sind in dieses Buch eingeflossen, sodass Themen und Fragestellungen aus unterschiedlichen Blickwinkeln und Ansichten dargestellt werden.

Daher gibt es in diesem Buch neben Hinweisen und Tipps zur Theorie auch Exkurse in Form von Unterkapiteln oder Texteinschüben, die zwar nicht prüfungsrelevant sind, aber Informationen zum Themenkomplex Projektmanagement im weitesten Sinne, z. B. in Form von relevanten Kurzbiographien oder Anmerkungen für die Praxis, enthalten. So bietet sich Ihnen neben dem Wissen um PRINCE2™ in Theorie und Praxis zudem ein Blick über den Tellerrand.

Über die Autorin

Nadin Ebel arbeitet als IT Consultant und Projektleiterin bei der MATERNA Information & Communications GmbH. Sie ist zertifizierte Projektleiterin und verfügt zu den Themen Managed Print Services (MPS), Security, Virtualisierung, IT Service Management und zur IBM Lotus-Familie über langjährige Erfahrung in der Beratung, im IT-Projektmanagement und im Betrieb. In ihrer freiberuflichen Tätigkeit als Lehrbeauftragte, Dozentin und (Online-)Redakteurin arbeitet sie außerdem seit Jahren erfolgreich u. a. als Autorin für den Verlag Addison-Wesley.

Viele Grüße an meinen Freund Carsten, meine Eltern, die „Schwiegerfamilie", Helmut, Tim & Sandra mit Fiete, Franzi & Dieter in Berlin, Steffi & Norbert in Chile, Tutti, Janet & Rocco plus Herbes, Holger & Beate mit dem kleinen Tom, Lisa & Olli mit der kleinen Selma, Sven, Markus B., Roman mit Finja & Kegel, Billy mit Karl & Kegel, Jessi & Holgi plus Tigern, Thomas & Steffi mit Zoe, Speedy & Wiebke mit Kids, Kah mit Paulina & Basti sowie Cindy.

Weiterhin viele Grüße an meine MPS-Projektkollegen (mit besonderem Dank an Robert N. von HP, Dirk (!), Holger K., das ELS-Team und Mirela von der EOI) und an viele wirklich tolle AnsprechpartnerInnen auf Kundenseite (!) – sowie an meine Kollegen von der Materna (v. a. Marion, Per, Dieter, Ludger und Bärbel) – und einen besonderen Dank an meinen Lektor Boris Karnikowski von Addison-Wesley.

> *Sei du selbst die Veränderung, die du dir wünschst für diese Welt*
> *(Mahatma Gandhi).*

Feedback, Rückfragen oder Kritik sind herzlich willkommen und können per E-Mail über den Verlag (*bkarnikowski@pearson.de*) oder über *info@nell-it.de* direkt an mich herangetragen werden.

1 Projektmanagement

Projekte erfolgreich von der Vorbereitung über den Start bis ins Ziel zu führen – das umfasst mehr als nur die Verwaltung von Terminen. Projektmanagement umfasst Methoden und Techniken, um nach einer definierten Vorgehensweise Projekte zu planen, zu steuern, zu kontrollieren und letztlich erfolgreich zum Abschluss zu bringen.

Die Bezeichnung Projekt geht dabei auf das lateinische Wort „proicere" (vorwerfen, entwerfen, hinauswerfen) zurück und wird heute im Sinne von Plan, Planung, Entwurf und Vorhaben verwandt. Dabei ist die Realisierung des Plans fester Bestandteil des Planungskonzepts. Der Begriff ist nicht auf bestimmte Prozesse oder Bereiche begrenzt. Projekte finden in unterschiedlichen Bereichen von Wissenschaft, Wirtschaft, Technik und Politik ihre Anwendung, z. B. als Forschungsprojekt, Bauprojekt, Ausbildungsprojekt, Integrationsprojekt usw. Erst im 20. Jahrhundert sind die verschiedenen Verfahren des Projektmanagements zusammengetragen und normiert worden, sodass dem Projektmanager heute standardisierte Vorgehensweisen und etablierte Werkzeuge zur Verfügung stehen.

Projektmanagement geschieht, seit Menschen größere Projekte gemeinschaftlich durchführen. Weder die Planung und Ausrüstung eines Feldzugs noch der Bau eines Schiffs oder einer Festung noch eine Seereise waren möglich, ohne dass die Verantwortlichen diese Projekte geplant hätten. Italienische Baumeister und Handwerker sollen den Projektbegriff schon seit Jahrhunderten als Inbegriff für ihr ganzheitliches Wirken verwendet haben.

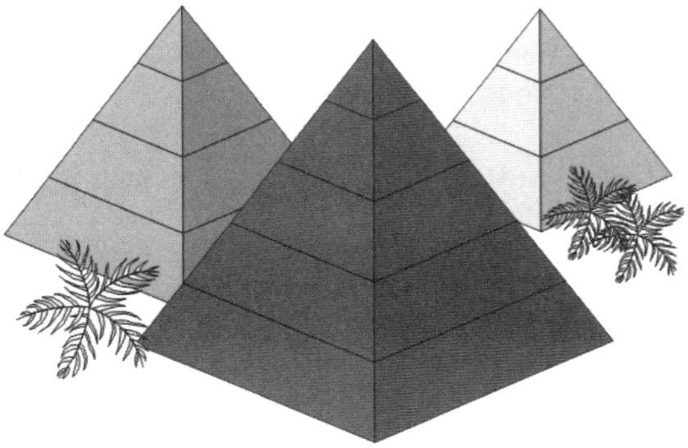

Abbildung 1.1: Große Bauvorhaben wie die Pyramiden wurden als Projekte abgewickelt.

Dennoch geschah dies lange Zeit formlos, allein aufgrund der Erfahrungen und der Kenntnisse der Verantwortlichen. Erst im 20. Jahrhundert sollten diese informellen Verfahren zusammengetragen, systematisiert und in die wissenschaftlich aufbereitete Form gebracht werden, unter der heute Projektmanagement betrieben wird. Der Begriff ist in aller Munde. Heute werden im Sozialbereich „Projekte" ausgeschrieben und finanziell gefördert, und Hornbach macht den Handwerkerinnen und Handwerkern klar, dass genug Projekte auf sie warten.

Ein bisschen Geschichte ...

In Bezug auf das ältere Projektverständnis hat Nelson Bossing im Jahre 1944 die folgenden charakteristischen Gemeinsamkeiten definiert. Danach müsse ein Projekt (erstens) eine Aufgabe enthalten, die (zweitens) einen größeren und wichtigen Arbeitsvorgang impliziert, bei dem (drittens) die Verantwortung für die Planung und Ausführung bei den Lernenden zu liegen habe und (viertens) die Bewältigung der Aufgabe eine praktische Tätigkeit beinhalten müsse. Dabei subsumiert (im Kilpatrick'schen Sinne erweitert) „praktisches Tun" die selbst organisierte Bewältigung theoretischer Aufgabenstellungen. Über den methodischen Ablauf des Projektverfahrens (Artikulation) in den Schritten Zielsetzung (purposing), Planung (planning), Ausführung (executing) und Beurteilung (judging) schien bereits damals Übereinstimmung zu herrschen.

1.1 Was ist ein Projekt?

Projekte umschreiben demnach umfangreiche, zeitlich begrenzte Vorhaben zur Bewältigung neuartiger, komplexer Problemstellungen, die aufgrund ihrer Einmaligkeit nicht in der regulären Organisationsstruktur bearbeitet werden können. Die Einmaligkeit ist eine wichtige Eigenschaft, da für die wiederholte Herstellung eines identischen Produkts eine Projektstruktur ineffizient ist. Projekte bedürfen des positiven Zusammenwirkens von Experten, die meistens aus mehreren getrennten Organisationseinheiten stammen und die sich in Projektgruppen, Projektteams oder „Task Forces" zusammenfinden. Weitere wichtige Eigenschaften eines Projekts sind demnach:

- Anfang und Ende (das Projekt ist zeitlich begrenzt): Definierter Anfang, definiertes Ende und die Definition des gewünschten Projektergebnisses unterstützen die Messbarkeit des Projekterfolgs und sind damit zwingend erforderlich.
- Jedes Projekt ist aufgrund seiner Einmaligkeit mit einem gewissen Grad an Unsicherheit und Risiko verbunden. Sie stellen eine der Herausforderungen dar, die es im Laufe der Projektumsetzung zu bewältigen gilt.
- Projekte bringen Veränderungen mit sich. Projekte entstehen aus dem Wunsch heraus, „etwas" anders bzw. besser zu machen. Es soll ein spezifischer Nutzen durch das Projekt in das Unternehmen transportiert werden. Projekte bringen allerdings nicht nur als Ziel eine Veränderung mit sich. Auch die Organisation, die sich zur Erreichung des Projektziels bildet, stellt eine Veränderung dar, auch wenn sich diese nur temporär innerhalb des Unternehmens etabliert. Wenn das Projektziel erreicht und an den Betrieb übergeben wurde und keine Notwendigkeit mehr besteht, die Projektorganisation aufrechtzuerhalten, lösen sich die temporären Strukturen wieder auf.
- Das Ergebnis (Produkt oder Dienstleistung) soll einen Mehrwert, den messbaren Nutzen für die Unternehmung darstellen. Eine weitere typische Eigenschaft ist das iterative Hinarbeiten auf das Ziel, welches sich in den sogenannten Phasenmodellen (bzw. Vorgehensmodellen) zeigt.

Phasenmodelle teilen Projektabläufe in Erstellungsphasen ein. In einem IT-Projekt sind das typischerweise Analyse, Design, Entwicklung, Test, Inbetriebnahme. Bei anderen Projekten (Anlagenbau, Brücken etc.) gibt es andere typische Phasen.

Der Projektverlauf – wissenschaftlich beleuchtet

Durch die Auswertung realer Projektverläufe beobachtete Karl Frey 1995 drei charakteristische Ablaufbeispiele, die er hinsichtlich implizierter Gemeinsamkeiten verallgemeinerte. Der erste Projektverlauf besteht aus zehn fließend ineinander übergehenden, aufeinander aufbauenden Phasen, die durchaus arbeitsteilig organisierbar sind.

Der zweite Projektverlauf ist durch einen Impuls von außen gekennzeichnet. Dieser kann einen konkreten Auftrag über ein zu erstellendes Produkt umfassen, z. B. eine schulische Konzeption zur Gewaltprävention (und deren Umsetzungen), Einführung einer Software-Lösung, Planung und Durchführung einer Urlaubsreise. Über die Aufnahme des Impulses und die speziellen Verfahrensweisen sind in der Gesamtgruppe zu diskutieren und Übereinstimmung zu erzielen. Dieser Verlauf beinhaltet arbeitsteilige Sequenzen und Möglichkeiten der Metadiskussion, also der Reflexion über das Gruppengeschehen und den Umgang mit Problemen.

Der dritte Projektverlauf kennzeichnet sich durch das Eingrenzen des Projektgegenstands aus einem Gesamtbereich, seiner problemorientierten Färbung und arbeitsteiligen Umsetzung.

Durch das Scheitern von zahlreichen großen Projekten in den letzten Jahren haben sich die sogenannten Vorgehensmodelle stark verbreitet. Hierbei werden die Projektphasen mit dem Projektmanagement verquickt, um die Erreichung der Projektziele sicherzustellen. Aber Achtung: Bei diesen Aufzählungen handelt es sich um reine technische Phasen (*siehe Abbildung 1.2*).

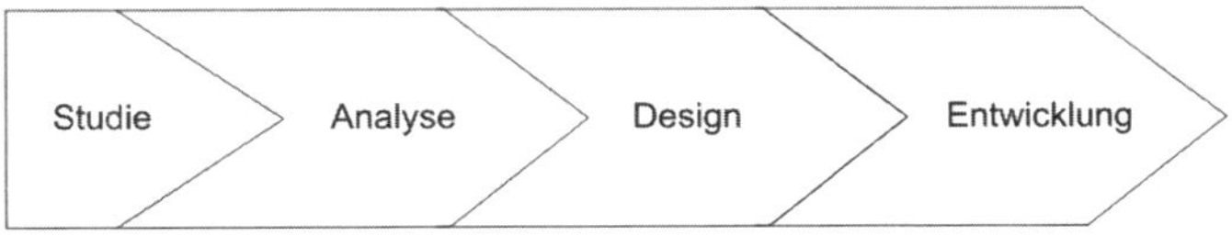

Abbildung 1.2: Mögliche technische Phasenbezeichnungen

Hinsichtlich des innovativen und problemlösenden Charakters stellen Unternehmensleitungen große Erwartungen an das Projektmanagement und die Projektakteure. Die überzogenen personalen Eigenschaften bündeln sich in der Person des Projektleiters. Dieser soll u. a. risikobereit und flexibel, kreativ, initiativ und innovativ, problem- und zielorientiert, entscheidungsfreudig und kooperationsbereit, durchsetzungsfähig und konsequent sowie motivationsfähig und delegationsbereit sein. Darüber hinaus soll er ganzheitliches Denken und Handeln beherrschen, Improvisationsvermögen besitzen und ein Organisationstalent sein. Versucht man diese Aneinanderreihung positiver Attribute inhaltlich zu ordnen, so geht es neben der Kreation schlüssiger Konzepte (konzeptionelle Ebene) um die Erstellung innovationsförderlicher Strukturen, die Problemlösungen und Optimierungsprozesse ermöglichen und deshalb eines strategischen Projektmanagements (strategische Ebene) bedürfen. Darüber hinaus geht es aber auch um die praktische Abwicklung der zeitlich begrenzten und zielorientierten Organisationseinheit „Projektgruppe", also um Planung, Steuerung und Kontrolle im Sinne eines operativen Managements.

Nur im positiven Zusammenwirken aller drei genannten Ebenen (konzeptionell, strategisch, operativ) sind projektorganisatorische Erfolge möglich. Sprich: der Projektleiter oder -manager als „Eier legende Wollmilchsau".

1.2 Was bedeutet Projektmanagement?

Unter Projektmanagement versteht man sämtliche organisatorische Verfahren und Techniken, die mit der erfolgreichen Abwicklung eines Projekts verbunden sind. Die DIN 69901 definiert entsprechend Projektmanagement als die „Gesamtheit von Führungsaufgaben, -organisation, -techniken und -mitteln für die Abwicklung eines Projekts". Gelegentlich wird (besonders aufgrund der Doppeldeutigkeit des englischen Worts „Management") unter Projektmanagement auch die organisatorische Ebene der Projektleitung verstanden.

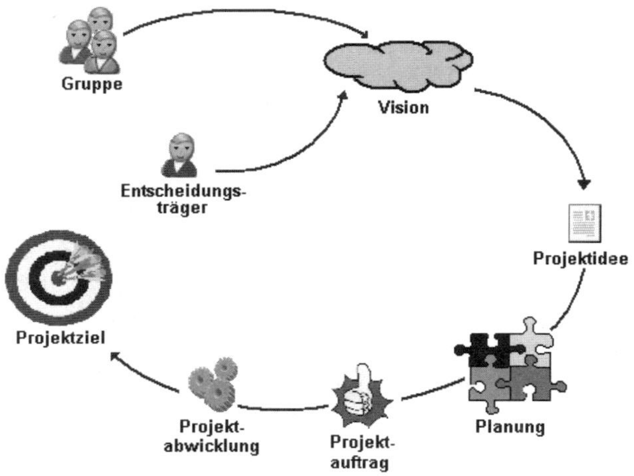

Abbildung 1.3: Möglicher Projektverlauf

Im Projektmanagement werden strategische und problemlösende Kompetenzen interdisziplinär gebündelt und zur Zielerreichung, zeitlich begrenzt, bestehende organisatorische Strukturen überwunden. Die Ziele werden jedoch nicht in der Projektgruppe diskursiv gefunden, sondern vom Management oder dem Geldgeber vorgegeben.

Der Terminus Projektmanagement hat in der Praxis vor allem zwei Bedeutungen. Einerseits steht dieser Begriff für die Arbeits- und Organisationsform zur Bearbeitung von Projekten. Andererseits beschreibt Projektmanagement auch die Führungs- und Managementaufgabe in Projekten. Projektmanagement wird als ein systematischer Prozess zur Führung komplexer Vorhaben verstanden. Es umfasst die Organisation, Planung, Steuerung und Überwachung aller Aufgaben und Ressourcen, die notwendig sind, um die Projektziele zu erreichen. Die Rahmenbedingungen des Projekts (Ziele, Hauptaufgaben, Kosten, Ressourcen etc.) sind klar und eindeutig dokumentiert. Kein Projekt ohne messbare Ziele! So ist allen Beteiligten klar, was zum Projekt gehört und was nicht (Ziele und Nicht-Ziele).

Management ist nicht gleich Management

Achtung: Gerade bei Übersetzungen aus dem englischen Sprachgebrauch heraus werden die Begriffe „Management" und „Executive" gerne pauschal für das deutsche „Management" übernommen. Dies ist nicht korrekt. Der englische Begriff „Executive" wird dem deutschen „Management" entsprechend einer höheren Führungs- und Unternehmensebene gleichgesetzt, während der englische Begriff „Management" eher dem deutschen Begriff „Durchführung" oder „Umsetzung" zuzuordnen wäre, also dem Betrieb. Auch das Adjektiv „verantwortlich" wird in Bezug auf diese beiden Bereiche der Unternehmenshierarchie differenziert:

- Executive → accountable
- Management → responsible

Diese Abgrenzung spielt in den Bereich der Haftung und Rechenschaft hinein (*siehe Abbildung 1.4*). Daher ist bei McDonald's jede Arbeitskraft hinter der Theke ein Manager, weil sie Tätigkeiten „durchführt". Und nicht jeder Teamleiter, der auf den Titel-Aufdruck „Manager" für seine Visitenkarte bestanden hat, kann für den Unsinn, den er verbreitet, haftbar gemacht werden.

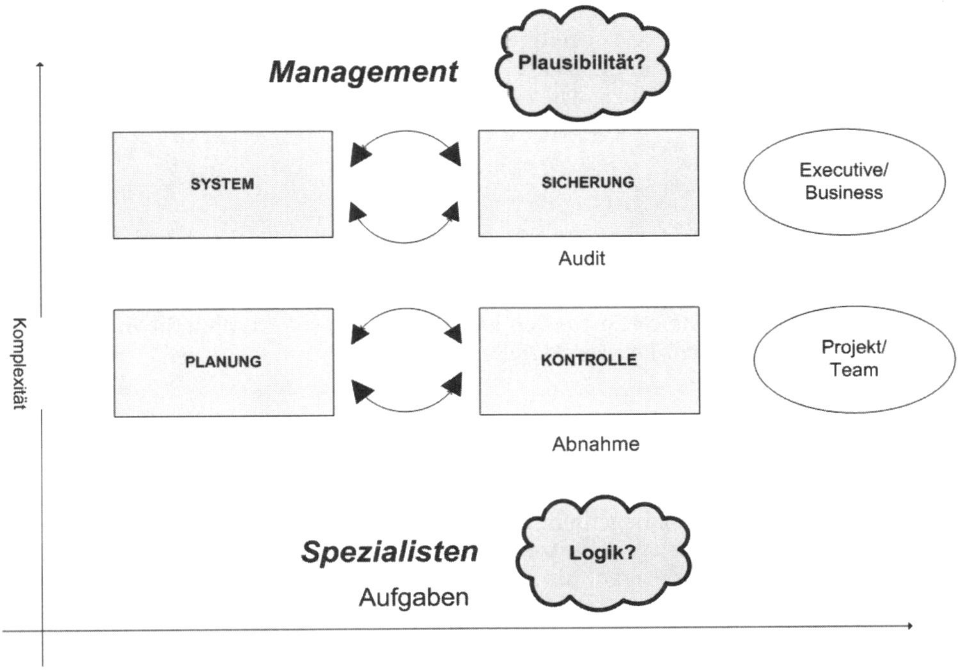

Abbildung 1.4: Unterschiedliche Managementhierarchien mit unterschiedlichen Intentionen

Es gibt ausgesprochen unterschiedliche Strukturen des Projektmanagements und sehr unterschiedliche Methoden. Sie hängen von der Branche, der Art, der Größe und der Komplexität des Projekts ab. Mit der Durchführung eines Projekts kann eine einzige, aber können auch mehrere Tausend Personen beschäftigt sein. Entsprechend reichen die Werkzeuge des Projektmanagements von einfachen To-Do-Listen bis hin zu komplexen Organisationen mit massiver Unterstützung und Führung durch eine Verfahrensweise, ein System oder ein adaptiertes Modell. In solchen Fällen greift ein Unternehmen eine bereits etablierte und akzeptierte Methodik auf, die zur Unternehmenskultur und zur Corporate Identity passt.

Wichtig ist: Projektmanagement hat etwas mit der Notwendigkeit von Arbeitsteilung zu tun. Dabei stellt sich natürlich auch die Frage, ab wann etwas einem Management unterstellt werden muss. Oder anders: Wo verlaufen die Grenzen zwischen Maßnahme und Projekt?

Die Antwort auf diese Frage hat etwas mit den Begriffen „komplex“ und „kompliziert“ zu tun (*siehe Abbildung 1.4*). Kompliziert sind Dinge, die verwickelt und vielfältig sind und aus unterschiedlichen Objekten, Themen oder Bereichen zusammengesetzt und schwer zu überblicken sind, aber ein einheitliches System besitzen (z. B. die arabische Sprache). Hier können Mechanismen oder Automatismen zur Lösung eingesetzt werden. Das komplizierte „Ganze“ kann in Untereinheiten runtergebrochen werden und wird so überschaubar und lösbar. Komplexe Dinge sind so nicht lösbar, es ist schwieriger, sie zu durchdringen, z. B. aufgrund von Rahmenbedingungen. Sie sind vielschichtig. Eine Unterteilung des Gesamtzusammenhangs hilft nicht bei der Lösung, werden doch erst durch die Beziehungen der Objekte untereinander die spezifischen Eigenschaften geprägt: Das Ganze ist mehr als die Summe seiner Einzelbestandteile. Dies gilt vor allem für soziale Systeme. Hier müssen Menschen zur Lösung und damit zum Management eingesetzt werden – auch im Projektmanagement.

Geht es dabei nicht nur um ein Projekt, sondern um eine Reihe von Projekten, kommt ein weiterer Begriff ins Spiel: Bei der gleichzeitigen Koordination und Steuerung mehrerer Projekte spricht man von Programm- oder Multi-Projektmanagement. Programm-Management stellt eine besondere Herausforderung dar, weil hier kritische Ressourcen über mehrere Projekte hinweg koordiniert werden müssen.

Das Programm

Als Programm wird ein Bündel von Projekten bezeichnet, die dasselbe übergeordnete oder strategische Ziel verfolgen. Programme werden häufig für kapitalintensive Großvorhaben in unterschiedlichen Bereichen definiert, wo die Gesamtaufgabe kaum mithilfe eines einzigen Projekts gelöst werden könnte. Mehr dazu erfahren Sie in *Kapitel 4.2.2, Programm-Management/Program Management.*

Viele Begriffe und Verfahrensweisen im Projektmanagement sind mittlerweile bekannt und etabliert. Im Rahmen zahlreicher Studiengänge, beispielsweise in den Ingenieurs- oder/und Wirtschaftswissenschaften oder in der Informatik, werden Grundkenntnisse des Projektmanagements vermittelt. Projektmanagement ist stets auch Krisenmanagement: In jedem Projekt können ungeplante Sachlagen auftreten. Ein guter Projektmanager zeichnet sich dadurch aus, dass er solche Sachlagen mit möglichst wenigen Reibungsverlusten wieder in den Griff bekommt. Hier sind neben der Beherrschung des Handwerkszeugs besonders „weiche“ Qualitäten gefragt (sogenannte Soft Skills).

1.2.1 Erfolgreiches Projektmanagement

„Der Erfolg eines Projekts hängt hauptsächlich von zwei Dingen ab:

1. Glück

2. Einem tollen Projektnamen“ („Das Dilbert Prinzip“, Scott Adams)

Der Erfolg eines Projekts ist von unterschiedlichen Faktoren abhängig. Dies zielt in erster Linie auf den betriebswirtschaftlichen Mehrwert (Service Value), den ein Projekt für das Unternehmen leisten soll – also den Nutzen als Basis aller Erfolgsfaktoren. Darauf bauen weitere Erfolgsfaktoren auf.

Um Projekte erfolgreich zu führen, benötigt der Projektmanager Wissen aus mindestens drei Bereichen (*siehe Abbildung 1.5*): Er benötigt das Wissen um Prozesse und Methoden des Projektmanagements, um Projekte erfolgreich führen zu können. Dieser Bereich bildet auch den Schwerpunkt. Das allgemeine Managementwissen beinhaltet alle Themen der Unternehmensführung. Hierzu gehören Schlagworte und Themen wie Finanzplanung, Marketing und PR, Rechnungswesen usw. Hinzu kommen unternehmerische Planungsthemen, Strategieplanung und -umsetzung, Organisation und Personalwesen. Zu den „persönlichen" Fähigkeiten zählen darüber hinaus beispielsweise Zeitmanagement, Selbstorganisation, Moderation und Mitarbeiterführung.

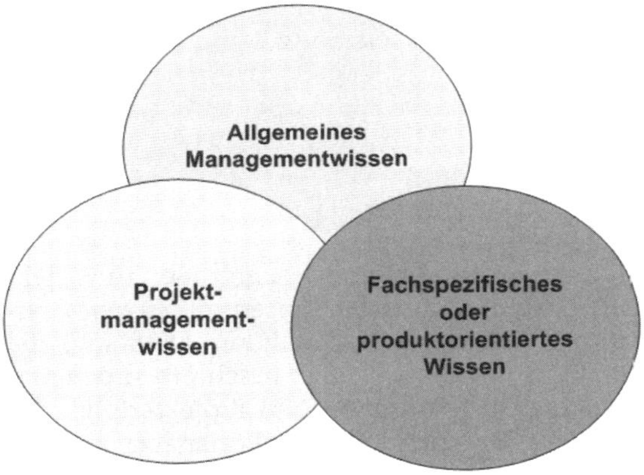

Abbildung 1.5: Wissensbereiche für erfolgreiches Projektmanagement

Der dritte Bereich, fachspezifisches oder produktorientiertes Wissen, ist nicht immer zwingend notwendig. Es ist aber vorteilhaft, wenn zumindest grundlegende Fachfragen geklärt werden können. In den meisten Fällen wird so gewährleistet, dass der Projektmanager mitreden und fundierte Entscheidungen treffen kann, ohne in zu große Abhängigkeit zu den übrigen Projektmitgliedern zu geraten. Er muss auskunftsfähig sein können. Zu viel spezifisches Wissen verleitet allerdings auch zu großem technischem Aktionismus und Distanzverlust. Der Projektleiter sollte sich primär der Projektmanagement-Funktion im Projekt (planen, steuern, organisieren, koordinieren, informieren etc.) widmen, während der Großteil der operativen Tätigkeiten von den Mitgliedern des Projektteams ausgeführt wird. Die Rollen, Funktionen und Aufgaben im Projekt sind klar verteilt.

Zudem muss der Projektleiter über die notwendigen Kompetenzen (fachlich, methodisch, sozial, Führung) verfügen und mit dem Projektteam zusammenarbeiten, das seinerseits über die notwendigen Kompetenzen (insbesondere fachlich und sozial) verfügt. Dabei existiert der Leitsatz „So viel Projektmanagement wie nötig, nicht wie möglich." Der Projektleiter betreibt keinen „PM-Overkill". Im Gegenteil: Die Methoden der Projektplanung und -steuerung werden dosiert und pragmatisch eingesetzt und der Einsatz des Projektmanagers steigt mit der Komplexität und Schwierigkeit der Aufgabenstellung. Die Projektplanung und -steuerung wird durch den Einsatz geeigneter Software-Tools sinnvoll unterstützt (es gibt mehr als MS Project!).

Hier gilt: Die Kontrollnotwendigkeit bestimmt die Planungstiefe. Der Projektmanager plant nur so weit bzw. tief, wie er selber die Ergebnisse steuern und kontrollieren kann. Dabei sollte primär das Ergebnis relevant sein und nicht (immer) unbedingt das Vorgehen.

Abbildung 1.6: Das magische Dreieck

Es gibt (unabhängig von einer Projektmanagement-Methodik) drei Steuergrößen in Projekten, die in engem Zusammenhang stehen. Diese werden im sogenannten magischen Dreieck (*siehe Abbildung 1.6*) verdeutlicht: Termine, Kosten sowie Inhalt und Umfang, die zusammenfassend als Qualität benannt sind. Diese drei Steuergrößen beschreiben den Status eines Projekts und definieren am Ende auch den hauptsächlichen Projekterfolg oder anders gesagt: den messbaren Nutzen für den Auftraggeber. Der Projektmanager klärt zu Anfang eines Projekts immer die Eigenschaften, Inhalte und Details zu diesen drei Größen und wie die Prioritätsreihenfolge dieser Größen für den Auftraggeber aussieht.

Behalten Sie dieses Dreieck im Projektverlauf im Hinterkopf, um abschätzen zu können, ob das Gleichgewicht des Dreiecks sich verschiebt und das Gefüge ins Rutschen geraten könnte. Die drei Steuergrößen stehen in direktem Zusammenhang und die Änderung des einen bewirkt unweigerlich Veränderungen der beiden anderen Größen. Wird beispielsweise die Qualität „reduziert", hat dies Auswirkungen auf die Kosten.

In manchen Quellen wird darüber hinaus eine vierte Steuergröße Personal beschrieben. Auch wenn Personal sonst einen Teil der Kosten darstellt (eben Personalkosten), kann diese Einflussgröße für ein Projekt entscheidend sein. Wird eine dieser Größen verändert, so hat dies im Projekt auf mindestens eine der beiden anderen Seiten des Dreiecks eine Auswirkung. Ein Tauziehen beginnt, Probleme zeichnen sich ab ...

Es gibt verschiedenste organisatorische Einflüsse, die Auswirkungen auf Projekte und den jeweiligen Projekterfolg haben. Daher sollten diese beim Projektstart bekannt sein und in der Planung entsprechend berücksichtigt werden – nicht erst wenn Mitarbeiter zwischen dem dringenden Auftrag für den eigenen Vorgesetzten, einer Vorstandseskalation und zwei aktuellen Projekten im Endstadium hin- und hergerissen sind. Das Projektteam (Leiter und Mitarbeiter) sollte in ausreichendem Maße vom Tagesgeschäft freigestellt sein, sodass Projektarbeit nicht als Zusatzarbeit neben dem ausfüllenden Tagesgeschäft verstanden wird.

Zu den Erfolgsfaktoren für das Projektmanagement gehören auch die Akzeptanz, Erfahrung und Reife des Unternehmens in Bezug auf die Durchführung von Projekten, wie etwa die Organisationsstruktur als sozioökonomischer Faktor. Sie gehört zu den Faktoren mit einem offensichtlichen Einfluss auf das Projekt. Bei diesem Thema wird hauptsächlich zwischen Linienorganisationen (Stabsorganisation), projektorientierten Organisationen und – als ein Mix aus beidem – den verschiedenen Abstufungen der Matrixorganisation unterschieden.

Kommunikation und das Projekt

Entscheidend zum Projekterfolg trägt auch die gezielte Projektkommunikation bei. Die internen und externen Anspruchsgruppen des Projekts werden gezielt über den Projektfortschritt informiert (Statusberichte, Projektsitzungen, persönliche Gespräche etc.), wobei die Projektergebnisse (soweit möglich) zugänglich gemacht und intern wie extern vermarktet werden.

Die Linienorganisation richtet sich nach Gestaltungsprinzipien der Funktionen oder divisional (objektorientiert) nach Produkten, Regionen oder anderen Objekten (z. B. Kunden).

- Die Funktionalstruktur ergibt sich durch das Zusammenlegen gleichartiger Verrichtungen (Funktionen) zu Abteilungen oder Bereichen (*siehe Abbildung 1.7*).
- Bei einer Produktstruktur bilden Produkte oder Produktgruppen das Kriterium für die Aufteilung der Organisation.
- Werden Abteilungen, Fachbereiche oder Ressorts nach geografischen Kriterien strukturiert, liegt eine Regionalstruktur vor.

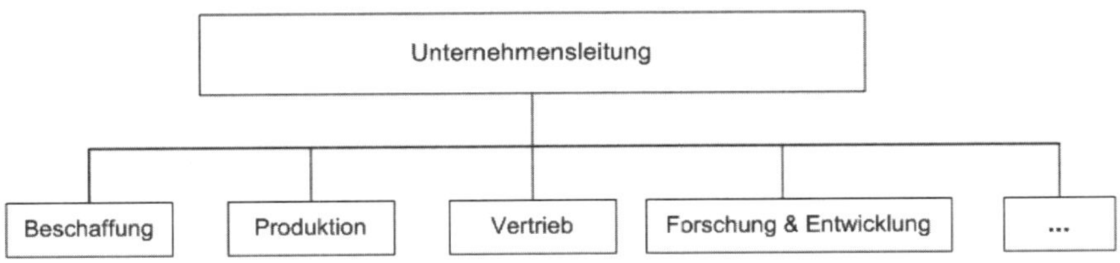

Abbildung 1.7: Beispielhafte Funktionalstruktur eines Unternehmens

Jeder Mitarbeiter hat einen eindeutigen Vorgesetzten. Die Projektinhalte sind durch die funktionale Abteilungstrennung naturgemäß funktional eingeschränkt. Daher werden Inhalte, welche über den Produktlebenszyklus zusammengehören, oft in unterschiedlichen Abteilungen und Projekten durchgeführt. In projektorientierten Organisationen wird Projektunterstützung gelebt, da sie in der Regel die Mitarbeiter für jedes Projekt spezifisch zusammenstellen. Der Projektmanager hat hier weitestgehend uneingeschränkte Weisungsbefugnis gegenüber den Projektmitarbeitern. Unterstützende Funktionen (Buchhaltung, Beschaffung etc.) haben keinen tragenden Einfluss auf die Projekte. Eine Mischung aus beidem ist die Matrixorganisation (*siehe Abbildung 1.8*). Hierbei werden die Mitarbeiter für die Projekte aus den Linienabteilungen abgezogen. Hier gibt es häufig Interessenskonflikte zwischen Projektmanager und Abteilungsleiter. Eine Unterscheidung fällt schwer? Fragen Sie einfach danach, wer den Urlaubsschein des Mitarbeiters unterschreiben muss …

Doch dieses Thema sollte in der Praxis nicht in Machtrangeleien ausarten: Der Projektauftraggeber/-manager und die beteiligten Linienvorgesetzten sollten gemeinsam die notwendigen Rahmenbedingungen schaffen, damit das Projektteam bestmöglich arbeiten kann

(z. B. zeitliche Freistellung, Kommunikation auf Führungsebene, schnelle und pragmatische Projektentscheidungen). Noch besser ist es für das Projekt und damit für den Projektmanager, wenn die Entscheidungsträger der Linie ein starkes Interesse am Gelingen des Projekts haben und dem Projektleiter aus diesem Grund „den Rücken freihalten". Sie agieren dann als sogenannter Machtpromotor.

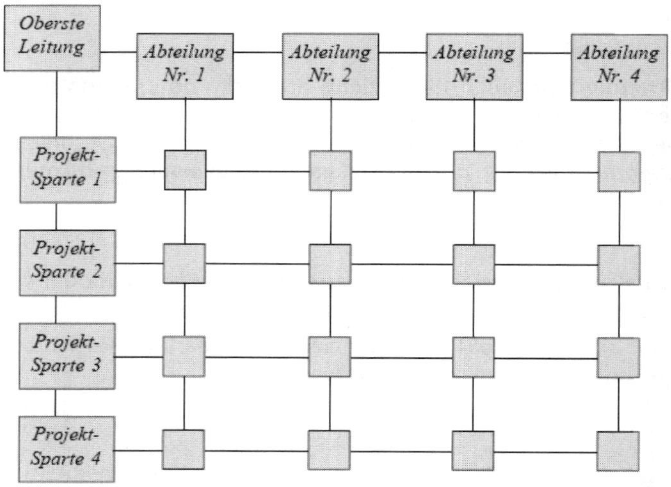

Abbildung 1.8: Matrixorganisation

Es gibt eine Reihe von Faktoren, welche wenig offensichtlich ein Projekt beeinflussen können. Hier ist beispielsweise die Internationalisierung von Projekten zu nennen, da sich durch den Einsatz von Mitarbeitern unterschiedlicher Nationen Unterschiede in Sprache, Kultur, Zeitzone (bei verteilten Projekten) und rechtlichen Aspekten ergeben.

Projektmanagement funktioniert dann, wenn im Unternehmen eine entsprechende Projektmanagement-Kultur geschaffen werden kann. Gefördert werden kann diese Kultur durch entsprechendes Führungsverhalten, geeignete Rahmenbedingungen für Projekte, eine einheitliche Projektmanagement-Methodik, entsprechende Schulungsmaßnahmen, leistungs- und erfolgsorientierte Entlohnungssysteme.

Erfolgreiches Projektmanagement hat im Wesentlichen die folgenden Tätigkeits- oder Wissensbereiche abzudecken:

- Integrationsmanagement: Hier werden die unterschiedlichen Elemente eines Projekts koordiniert. Die Einhaltung von Projektmanagement-Standards erleichtert diese Koordination.
- Umfangsmanagement (auch Scope Management): Dieses Management des Projektrahmens sorgt dafür, dass die gesetzten Projektziele erreicht werden. Es hat besonders zur Aufgabe, Abweichungen von diesen Absichten, die im Projektverlauf deutlich werden, zu steuern sowie entsprechende kontrollierte Neuplanungen zu veranlassen.
- Zeitmanagement: Einhaltung des Zeitrahmens. Der Projektplan dient hierbei v. a. auch als Kommunikationsmedium.

- Kostenmanagement: Zielt auf die Budgeteinhaltung ab. Hierfür ist der Kostenverlauf zu erfassen. Gegebenenfalls sind Gegenmaßnahmen einzuleiten.
- Qualitätsmanagement: Projektspezifisches Qualitätsmanagement erfordert die Standardisierung von Projektmanagement-Prozessen, Dokumentation der Arbeiten und Ergebnisse sowie ein geeignetes Maßnahmenmanagement.
- Ressourcenmanagement: Beinhaltet die effiziente Zuordnung der Ressourcen nach Fähigkeiten und die Verteilung der verfügbaren Kapazitäten auf die Projektaufgaben, aber auch die Teamentwicklung.
- Kommunikationsmanagement: Nimmt einen großen Teil der Projektarbeit ein und schließt sämtliche Beteiligten und Betroffenen ein.
- Risikomanagement: Projektspezifisches Risikomanagement beinhaltet Risikoanalysen, präventive Maßnahmen und Notfallkonzepte. Es ist insbesondere bei komplexen Projekten von Bedeutung.
- Beschaffungsmanagement: Integration und Zusammenarbeit mit Partnern und Lieferanten.

Grundvoraussetzung für den Projekterfolg sollte allerdings immer eine sorgfältige Projektauswahl, -priorisierung und -entscheidung nach definierten Kriterien sein.

Parkinson'sches Gesetz

„Für die Erledigung einer Aufgabe benötigt man mindestens die zur Verfügung stehende Zeit." Dieses „Parkinson'sche Gesetz" hat manchmal fatale Konsequenzen: Ist der Aufwand für eine Aufgabe zu hoch eingeschätzt, so wird sie trotzdem nicht früher erledigt als geplant, sondern „rechtzeitig". Denn eine vorzeitige Fertigstellung hätte möglicherweise zur Folge, dass für ähnliche Aufgaben künftig weniger Zeit eingeplant wird. Stattdessen wird die nicht benötigte Zeit für Aufgaben aus anderen Bereichen genutzt. Die Mitarbeiter betreiben also Multitasking.

Zu niedrig priorisierte Aufgaben werden dabei später beendet als geplant. Da sich die über- und unterschätzten Aufgaben nicht ausgleichen können, sind Verzögerungen des Gesamtprojekts unvermeidlich. Erfahrene Projektmitarbeiter werden also in ihre Schätzungen immer eine Reserve einbauen. Und die wird „verbraucht", auch wenn sie eigentlich nicht nötig gewesen wäre. Auf der Basis von Fälligkeitsterminen geplante Projekte dauern deshalb immer länger als notwendig. Außerdem reduziert das Multitaskingverhalten der Projektmitarbeiter deren Effizienz.

1.2.2 Erfolgsrelevante Aspekte im Projektmanagement

Der Schaden bei abgebrochenen marktwirtschaftlichen Projekten ist beträchtlich. Das angestrebte Produkt kann nicht wie geplant vermarktet werden, worunter die Kundenbeziehungen leiden, Prestige und Gewinnaussichten schwinden.

Der von der Standish Group weit verbreitete, sogenannte Chaos-Report ermittelt seit 1994 alle zwei Jahre sowohl die Gründe für das Scheitern von IT-Projekten als auch deren Erfolgsfaktoren. Die Statistik der jährlich publizierten Studie hat im Laufe der letzten Jahre mehr als 30.000 Projekte in der IT-Industrie untersucht.

Aus dem Report des Jahres 2002 geht hervor, dass 15 % der IT-Projekte vorzeitig beendet wurden. Über die Hälfte der IT-Vorhaben (51 %) waren teurer als geplant bzw. wurden zu einem späteren Zeitpunkt abgeschlossen. Der Anteil erfolgreicher Projekte betrug im Jahr

2002 etwa ein Drittel (34 %). Der viel zitierte Chaos-Report konstatiert also jedes Jahr aufs Neue, dass nur ein Bruchteil der IT-Projekte erfolgreich abgeschlossen wird. Die Ursachen des Scheiterns sind immer wieder Gegenstand hitziger Diskussionen. Die Faktoren die laut der Standish Group zum Projekterfolg führen, lauten:

- Managementunterstützung
- Miteinbezug des Kunden
- Erfahrene Projektleiter
- Klarer Business Case
- Minimierter Projektumfang (Phasenaufteilung)
- Formales Projektmanagement-Vorgehen
- Standardisierte Infrastruktur

Der Chaos-Report ordnet IT-Projekte in seinen Studien in drei Kategorien (*siehe Abbildung 1.9*) ein:

- Succeeded: Projekt wurde innerhalb der vorgegebenen Zeit und des vorgegebenen Budgets abgeschlossen. Projektergebnis ist im Einsatz und erfüllt alle Anforderungen.
- Challenged: Projekt ist abgeschlossen. Projektergebnis ist im Einsatz. Zeit, Budget oder Leistung sind aber nicht im vorgegebenen Umfang eingehalten worden.
- Failed: Das Projekt wurde vorzeitig abgebrochen oder das Projektergebnis wurde nie eingesetzt.

	1994	1996	1998	2000	2002	2004	2006	2009
Successful	16%	27%	26%	28%	34%	29%	35%	32%
Challenged	53%	33%	46%	49%	51%	53%	46%	44%
Failed	31%	40%	28%	23%	15%	18%	19%	24%

Abbildung 1.9: Erfolgreiche Projektumsetzung?

Aus dem Jahr 2004 zeigt der Report (für die nachfolgenden Jahre liegen zum Zeitpunkt der Bucherstellung noch keine Ergebnisse vor), dass von 100 IT-Projekten nur 29 erfolgreich abgeschlossen werden konnten (Quelle: Computerwoche vom 20.07.2005). Als gescheitert galten 18 Vorhaben, während 53 die Zeit- und Budgetvorgaben sprengten bzw., um das zu vermeiden, im Funktionsumfang gekappt wurden. Zwischen 2002 und 2004 haben sich die Zahlen also verschlechtert. Der letzte Bericht erschien schon vor vier Jahren, 2006. Damals waren 35 % der IT-Projekte erfolgreich. 19 % scheiterten, 46 gelangen nicht wie geplant.

Der aktuell veröffentlichte Report der Standish Group „CHAOS Summary 2009" zeigt, dass 32 % aller Projekte der Erhebung als erfolgreich abgeschlossen (succeeded) gelten. 44 % der Projekte werden als „challenged" zwar durchgezogen, verlaufen aber anders als geplant: Sie dauern länger, kosten mehr oder erreichen nicht, was einmal geplant war. Die übrigen 24 % werden als „failed" angesehen.

Doch Achtung: Die Studie bezieht sich primär auf den US-Markt. So stammten lediglich 3 % der ausgewerteten Projekte aus Deutschland (Gesamtpopulation 9.236 Projekte). Welche Zahlen gelten somit für Deutschland und welche Faktoren beeinflussen IT-Projekte grundsätzlich? Die Studie SUCCESS aus dem Jahr 2006 wurde im Rahmen des vom Bundesministerium für Bildung und Forschung geförderten Projekts VSEK (Virtuelles Software-Engineering-Kompetenznetz) in Bezug auf die Durchführung von Hard- und Software-Entwicklungsprojekten in Deutschland aus der Sicht von Projektleitern und Entwicklern durchgeführt (*siehe Abbildung 1.10*). Insgesamt konnten 378 Datensätze ausgewertet werden (77,5 % Projekleiter, 22,5 % Entwickler).

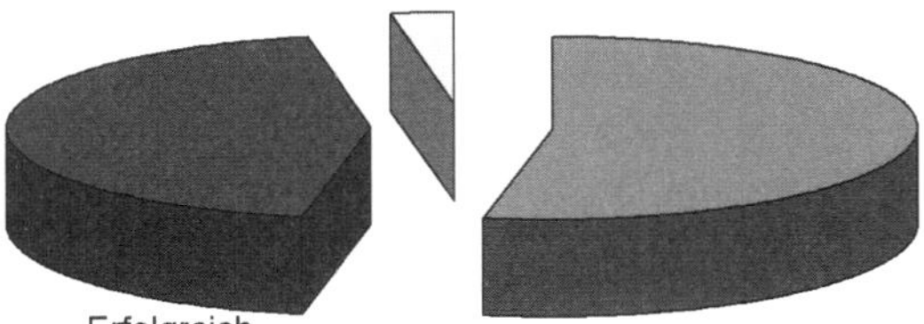

Abbildung 1.10: Ergebnisse der Studie SUCCESS

44,35 % der Projekte konnten erfolgreich abgeschlossen werden. Das bedeutet, dass sowohl das Budget als auch die Zeitvorgabe eingehalten wurden. Zudem wurden die vereinbarten Anforderungen zu 100 % erfüllt. Über die Hälfte der Projekte (52,96 %) wurde mit Veränderungen abgeschlossen. D. h. es wurde entweder das Budget oder/und der Projektendtermin überschritten bzw. die vereinbarten Funktionen nicht zu 100 % erfüllt. 2,69 % der Projekte wurden gänzlich abgebrochen, d. h. dem Auftraggeber wurde keine Hard- oder Software zur Verfügung gestellt. Damit liegt die Abbruchquote weit unter den Ergebnissen der Standish Group. Entsprechend ist auch die Erfolgsquote von SUCCESS mit 44 % höher (Chaos-Report: 29 %).

1.2.3 Exkurs: Qualität, Ziel und Nutzen

Der Begriff „Qualität" wird laut DIN ISO 402 als Gesamtheit der Eigenschaften und Kennzeichen eines Produkts bzw. eines Services verstanden, die zur Erfüllung der festgelegten oder selbstverständlichen Bedürfnisse wichtig ist. Eine andere Definition nach DIN ISO 9001:2000 beschreibt Qualität als den „Grad, in dem ein Satz inhärenter Merkmale Anforderungen erfüllt." Es gibt also unterschiedliche Sichtweisen und Definitionen in Bezug auf den Begriff „Qualität" (produktorientierter Ansatz, kundenorientierter Ansatz, herstellungsorientierter Ansatz, wertorientierter Ansatz etc.).

Für erfolgreiche Projekte ist das Messen der Qualität und des Projektnutzens unabdingbar. Dabei ist zu betonen, dass Qualität nicht für sich steht, sondern sich in unterschiedliche Steuergrößen unterteilen lässt. Dazu gehören:

- Zeit
- Geld
- Umfang
- Qualität im engeren Sinne
- Nutzen
- Risiken
- Produkt/Ergebnis

Bei Betrachtung aus betriebswirtschaftlicher Sicht ist es möglich, noch mehr Größen einzubeziehen wie etwa die Kennzahlen eines Unternehmens (Rentabilität, Cash-Flow, ROI, Amortisation etc.).

Für die Qualitätssicherung im Sinne einer ständigen Prüfung der Qualität und der daraus abgeleiteten Intention, die Qualität (mindestens) konstant zu erbringen, bietet der Qualitätskreis von Deming ein hilfreiches und simples Modell, das auch die Qualitätsverbesserung beinhaltet.

William Edwards Deming (1900–1993)

Der von Deming entwickelte PDCA-Zyklus (Deming Cycle) ist ein Werkzeug, das auf allen Hierarchieebenen anzuwenden ist und auf Qualitäts- und Prozessverbesserung zielt. Er hat das Ziel, in vier Phasen Verbesserungsbedarf zu erkennen, Verbesserungen zu entwickeln und einzuführen. Der PDCA-Zyklus soll so eine ständige Weiterentwicklung im Qualitätsmanagement bewirken und einen kontinuierlichen Verbesserungsprozess in Gang halten.

Die Japaner bezeichnen Deming als „Vater der Qualitätsbewegung" in ihrem Lande. Diese Bewegung hat wesentlich zur wirtschaftlichen Erholung Japans beigetragen, und Deming wurde dort nach dem zweiten Weltkrieg ermuntert, seine Ansichten in der Wirtschaft zu beweisen. Er hatte Erfolg.

Herzstück der Philosophie Demings sind die sogenannten 14 Punkte. Er sieht seine 14 Punkte, bei denen es u. a. um die ständige Suche nach Fehlerursachen oder die Beseitigung von Barrieren wie Angst oder Vollkontrollen geht, in Grundhaltungen gebettet, ohne deren Erfüllung er ihre Umsetzung in die Praxis nicht für möglich hält. Laut Deming kann jede Aktivität als Prozess gesehen und immer weiter verbessert werden. Problemlösungen allein genügen nicht, fundamentale Änderungen sind erforderlich. Die Geschäftsleitung muss handeln; es reicht nicht aus, dass sie Verantwortung übernimmt. (Lesetipp: „The Deming Management Method" von W. Edwards Deming (Vorwort) und Mary Walton)

Diese Methode stellt die Qualität in den Vordergrund und beschreibt eine kontinuierliche Qualitätsverbesserung durch einen Zyklus, der als „Plan-Do-Check-Act" (PDCA-Modell) bezeichnet wird. Dabei beginnt Deming mit einem Schritt „Plan", der den gegenwärtigen Sachstand auf Verbesserungspotenziale überprüft und einen Plan zur Qualitätsverbesserung entwickelt. Bei der Analyse von Schwachstellen und Verbesserungspotenzialen ergeben sich meist konkrete Änderungsmaßnahmen zur Verbesserung. Diese Änderungsmaßnahmen werden dann im Umsetzungsabschnitt „Do" durchgeführt, *siehe Abbildung 1.11*).

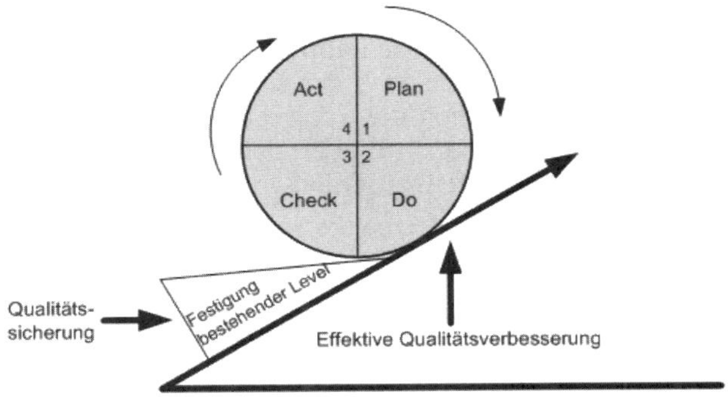

Abbildung 1.11: Qualitätskreis von Deming

Nachdem eine Veränderung eingetreten ist, muss nun überprüft werden, ob die Veränderungen positiv verlaufen sind („Check"). In Bezug auf die vorher definierten Ziele wird kontrolliert, ob Seiteneffekte aufgetreten und wie diese zu bewerten sind. Im letzten Teil werden Maßnahmen zur Korrektur der festgestellten Abweichungen, Planänderungen oder Verbesserungen im Qualitätsmanagementsystem durchgeführt („Act"), um das vorher definierte Ziel zu erreichen. Wird das „Qualitätsrad" stetig weitergedreht, so ergibt sich mit der Zeit automatisch eine Verbesserung der vorgefundenen Produktions- oder Geschäftsprozesse. Dabei sollten die Ergebnisse stets kritisch und offen betrachtet werden. Im Bedarfsfall sollte nicht gezögert werden, durchgeführte Änderungen wieder zurückzunehmen, falls diese nicht die erwünschten Ergebnisse zeigen. Unterstützt wird dieser Aspekt durch das Qualitätsmanagement.

Für erfolgreiches Projektmanagement gibt es kaum etwas Wichtigeres als die Klarheit der übergeordneten Ziele und den Nutzen, den das Projekt bringen soll. Denn jedes größere Veränderungsvorhaben erlebt früher oder später seine Durststrecken und Krisen. Wenn dann die Ziele und der Nutzen des Projekts nicht glasklar sind, sind derartige Krisen kaum zu überstehen.

Es ist deshalb extrem wichtig, schon bei der Planung eines Projekts eine zufriedenstellende Antwort auf drei Fragen zu geben:

- Aus welchem Grund fangen wir das eigentlich an, obwohl wir so viele andere Dinge zu tun haben?
- Welchen konkreten Nutzen soll es bringen?
- Ist es die absehbaren Mühen, Anstrengungen und Konflikte wirklich wert?

Projekte, für die obige Fragen nicht zufriedenstellend beantwortet werden können, sollten gar nicht erst gestartet werden. Projekte brauchen Ziele: Je genauer Sie wissen, wohin die Reise gehen soll, desto besser können Sie planen. Um Ziele zu definieren, existieren Kennsätze und Forderungen in vielfältiger Form. Dies reicht von SMART (specific, measurable, accountable, reasonable, timeable) bis hin zu KISS (keep it simple and small), was aber eher auf die Software-Entwicklung abzielt.

Dass Zielvorgaben „SMART" sein sollen, wurde durch die Methode „Management by Objectives" gefordert. Management by Objectives (Management durch Zielvorgaben) wurde das erste Mal von Peter Drucker 1954 in seinem Buch „The Practice of Management" umrissen.

Es sollte unabhängig von eingesetzten Methoden oder Modellen vorab sichergestellt sein, dass alle Beteiligten den Unterschied zwischen Ziel und Nutzen kennen. Denn: Der Nutzen eines Projekts ist in manchen Fällen vielleicht erst ein Jahr nach der erfolgreichen Einführung der neuen Softwarelösung messbar. Das Ziel, nämlich die erfolgreiche Implementierung und Verteilung der Anwendung, wurde dagegen schon vorher erreicht. Das allgemeine Ziel im Projektmanagement lautet, das Projekt erfolgreich abzuschließen, d. h.

- in Bezug auf die vorgesehenen und geplanten Mittel wie Kosten, Personal, ...
- innerhalb der vorgegebenen Termine
- die geforderten Ergebnisse
- in der geforderten Qualität bereitzustellen.

Ziele besitzen durch dieses Bündel an Kriterien v. a. im Programm-Management Ziel-Dimensionen wie etwa den Ziel-Inhalt (Was soll erreicht werden?), das Ziel-Ausmaß (Wie genau und mit welchem Aufwand soll das Ziel erreicht werden?) und eine Ziel-Zeit (Bis wann muss das Ziel erreicht werden?). Die Projektziele helfen, den Projektnutzen zu realisieren.

Der beste und dauerhafte „Motor" für ein Projekt liegt im betriebswirtschaftlichen (und/oder strategischen) Nutzen des Vorhabens. Deshalb ist es wichtig, jedes Projekt, bevor es gestartet wird, eingehend auf seinen betriebswirtschaftlichen (Netto-)Nutzen (Service Value) zu prüfen und auch im Projektverlauf nicht aus den Augen zu verlieren. Dazu ist ein Konzept erforderlich, das, ähnlich wie ein Investitionsantrag, Aussagen zu Aufwand und Nutzen, Chancen und Risiken und letzten Endes zum Return on Investment macht. Natürlich werden hier einige Annahmen gemacht, die letztlich hypothetisch sind – die sogenannten Planungsannahmen, deren Validität über den gesamten Projektverlauf und den nutzbringenden Zeitraum danach erhalten bleiben muss.

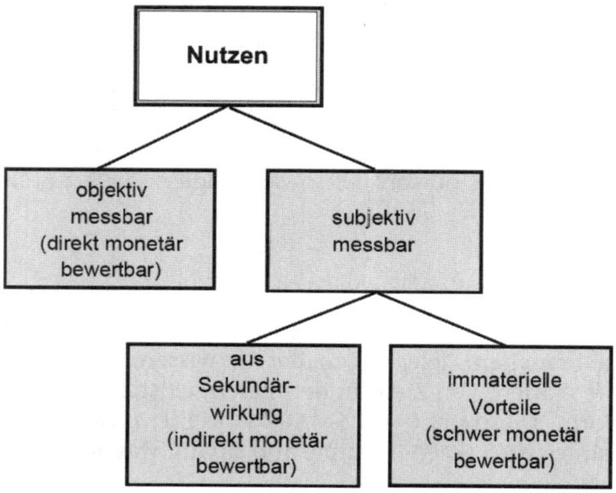

Abbildung 1.12: Nutzen – messbar oder nicht?

Die entscheidenden Fragen für die Nutzenprüfung können sein:

- Welchen langfristigen Nutzen/Wettbewerbsvorteil bringt das Projekt für das Unternehmen? Lässt sich dies quantifizieren?
- Welche Kosten entstehen?/Welcher Aufwand ergibt sich voraussichtlich bei der Realisierung?

- In Konkurrenz zu welchen anderen Veränderungsnotwendigkeiten steht das Projekt?
- Welchen dauerhaften Nachteil hätten wir, wenn wir es nicht durchführen würden?
- Welchen betriebswirtschaftlichen oder strategischen Wert hätte es, wenn wir es erfolgreich realisieren würden?
- Welchen Preis der Durchsetzung ist es uns wert?

Zwar lässt sich nicht alles in Dollar und Euro beziffern; auch qualitative Gründe können ausschlaggebend für die Durchführung eines Projekts sein. Generell wird daher zwischen einem subjektiv messbaren und einem objektiv messbaren Nutzen unterschieden. Zum subjektiv messbaren bzw. qualitativen Nutzen zählen beispielsweise attraktive Arbeitsplätze, Verstärkung der Kreativität, besseres Unternehmensimage, höherer Servicegrad, bessere Informationsweitergabe, höhere Sicherheit. Viele dieser Optionen lassen sich als objektiv messbare Optionen betrachten wie die Einsparung von Personalkosten, Einsparung bei Lizenzen, Einsparung von Fertigungskosten oder die Einsparung zukünftiger Kosten.

Dimensionen des Projektmanagements

Wer sich auf Planung und Organisation als Grundlagen der Projektsteuerung verlässt, ist in vielen Situationen verlassen. Gerade wenn es gilt, die Zukunft eines Unternehmens zu sichern, neue Märkte zu erobern, neues Terrain zu erschließen, fehlen entscheidende Instrumente zum Erfolg. Dies hat bereits Holger Zimmermann festgestellt und sein eigenes 3D-Projektmanagement entwickelt. Neben Planung und Organisation sind Kreativität und gute Zusammenarbeit gefragt. Zimmermanns Modell zeigt eine ganzheitliche Sicht auf ein Projekt und das vor allem aus der Sicht der leitenden Personen. Diese müssen den Rahmen gestalten, den die Mannschaft ausfüllen soll. Damit einher geht auch eine neue Definition des Projektmanagements, die die Menschen in den Mittelpunkt rückt und nicht die Sache.

Doch diesem Aspekt der unterschiedlichen Dimensionen im Projektmanagement sind vor ihm bereits andere große Namen wie Tom deMarco auf die Schliche gekommen. Hier haben sich im Laufe der Zeit verschiedene Strömungen und Meinungen ergänzt, sodass die unterschiedlichen Dimensionen des Projektmanagements beispielsweise folgende Aspekte abdecken können:

- Funktionalität: Was ist zu tun? Starten, Bewegen, Abschließen
- Institution: Wie sehen die Projektorganisation und die Unternehmensstruktur aus? Erkennen, Durchschauen und Nutzen von Unternehmensaufbau, Rahmenbedingungen, Strukturen
- Organisation: Wie sind die Kompetenzen und Machtpositionen verteilt? Stakeholder, Gremien, Kompetenzen, Informations- und Berichtswege
- Mitarbeiter/„Soft Skills“: Welche personellen, psychologischen und sozialen Aspekte sind zu beachten? Individualität, Personal und Personaleinsatz, Teambildung und -leitung, soziale Kompetenzen
- Instrumente zur Unterstützung: Mit welchen Werkzeugen wird gearbeitet? Techniken, Tools, Ablagesysteme, Anwendungen

1.3 Projektmanagement-Standards

Viele Unternehmen setzen im Projektmanagement nicht mehr auf selbst entwickelte Methoden, sondern greifen auf bewährte Verfahren zurück. So sollen Managementdisziplinen als übergreifende Standards auch im Projektmanagement (PM) eine Sprache schaffen, mit deren Hilfe ähnliche Sachverhalte von verschiedenen Anwendern ähnlich beschrieben werden können. Beim Projektmanagement schlägt sich dies in der Definition von Schlüsselbegriffen (Projekt, Rollen im PM) und einem gemeinsamen Verständnis von Projektabläufen nieder. Dazu gehören auch Verfahren zur Projektplanung und -steuerung.

Dabei ist es zunächst zweitrangig, welcher Standard angewendet werden soll. In den meisten Fällen ist der Standard individuellen Modellen vorzuziehen, die zu außerbetrieblichen Verfahren nicht kompatibel sind. Aus der konsequenten Anwendung eines PM-Standards ergibt sich für Unternehmen in der Regel eine Reihe von Vorteilen. Dazu zählen die Vermeidung von Reibungsverlusten bei übergreifenden Projekten und die Schaffung einheitlicher Qualitäts- und Qualifikationsstandards im Projektumfeld. Ebenso gehören dazu ein Kompetenznachweis gegenüber Kunden, ein Beitrag zur Personalentwicklung sowie ein Imagegewinn. Prinzipiell gilt: Je komplexer die Organisationsstrukturen sind und je mehr Projektarbeit im Unternehmen betrieben wird, desto sinnvoller erscheint der Einsatz von PM-Standards. Dies ist aber stets für den Einzelfall zu analysieren und zu bewerten. Eine absolute Pauschalempfehlung wäre hier fehl am Platz.

Das Spektrum der Standards ist mehr als breit gefächert: Es reicht von projekt- oder programmspezifischen Lösungen über proprietäre Ansätze (etwa ITPM der BMW Group oder Chestra bei der Siemens AG) und übergreifende fachspezifische Standards (etwa RUP oder V-Modell XT) bis hin zu internationalen Allround-Standards.

Welche Methode ist aber nun die „richtige"?

Auf diese Frage gibt es keine Standardantwort. Die Entscheidung hängt von der Unternehmenskultur und vom Arbeitsumfeld ab. Ein turbulentes Umfeld erfordert Flexibilität und Effizienz; „disziplinierte" Kunden werden hingegen mehr Sicherheit verlangen. Allerdings lassen sich Effizienz, Flexibilität und Sicherheit nicht gleichzeitig steigern.

Hierzulande existieren seit Jahren die Deutsche Gesellschaft für Projektmanagement e.V. (GPM) und das Project Management Institute (PMI). In beiden Fällen handelt es sich um international ausgerichtete Verbände, die von Personen geleitet werden, die direkt mit dem Projektgeschäft zu tun haben: Projektleiter aus verschiedenen Industrien, Hochschulmitarbeiter sowie Trainer und Berater.

PRINCE2™ (PRojects IN a Controlled Environment™), ursprünglich aus dem Hause einer britischen Regierungsbehörde stammend, steht somit als noch relativ unbekannte Methode in Deutschland neben PMI und GPM, die bisher mit ihren Modellen, Verfahren und Zertifikaten den Markt rund um das Thema Projektmanagement bestimmt haben. Aus naheliegenden Gründen beschränkt sich keiner dieser Standards auf bestimmte Branchen. Je nach Unternehmensgröße und Internationalität der Geschäftsbeziehungen ist jedoch ein Trend auszumachen – von PMI (groß, international) über PRINCE2™ zu ICB (Mittelstand, europäisch).

1.3.1 PMI und PMBoK Guide aus den USA

Der am weitesten verbreitete Standard PMBoK (A Guide to the Project Management Body of Knowledge) wird vom Dachverband PMI (Project Management Institute) mit Sitz in Pennsylvania, USA, herausgegeben. Das aktuelle Release 3 des Standards fungiert vor allem bei komplexen internationalen Projekten US-amerikanischer Unternehmen als die fachliche Wissensbasis für das Projektmanagement. Im Fokus der Initiatoren stehen große internationale Projekte, die stark von Projektarbeit im Team geprägt sind.

Das PMBoK, das neben Englisch in vielen weiteren Sprachen vorliegt, beschreibt Projektmanagement in den neun Bereichen „Project Integration Management", „Project Scope", „Time", „Cost", „Quality", „Human Resource", „Communications", „Risk" und „Procurement Management". Dieser Body of Knowledge ist eine umfassende Sammlung von Good Practices für das Projektmanagement, wobei jeder Themenbereich isoliert von den anderen verwendet werden kann. Besonders herauszustellen ist, dass das PMBoK auch auf die Anforderungen und Empfehlungen hinsichtlich der zwischenmenschlichen Fähigkeiten eingeht.

Die PMBoK-Methoden und -Prozesse eignen sich ausgezeichnet als „Toolbox" zur Unterstützung der hauseigenen Projektmanagement-Organisation. Die erforderlichen Bausteine werden einfach ausgewählt und gegebenenfalls an unternehmensspezifische Gegebenheiten angepasst. Aber es gibt auch einen signifikanten Nachteil: Obwohl länderübergreifendes Projektmanagement hier im Vordergrund steht, bedient sich das PMBoK sowohl in der englischen Originalfassung als auch in seinen Übersetzungen nicht konsequent einer einheitlichen Sprache.

1.3.2 Qualifizierung von Projektmitarbeitern durch die GPMA

Die GPM (Deutsche Gesellschaft für Projektmanagement e.V.) ist ein rein deutscher Verband; die internationale Anbindung sichert sie sich über ihre Mitgliedschaft in der International Project Management Association (IPMA), in der sich Einzelpersonen, Organisationen sowie Projektmanagement-Verbände aus 29 Ländern zusammengefunden haben. Mit dieser Struktur will der Verband die internationale Akzeptanz der landesspezifischen Tests sicherstellen.

Die deutsche Adaption des vom internationalen Dachverband IPMA herausgegebenen ICB ist der „ProjektManager" der GPM. Das Werk gliedert die PM-Disziplinen in die Bereiche „Projekt und Umfeld", „Vorgehensmodelle", „operatives Projektmanagement", „Menschen im Projekt", „Einzelprojekt und Projektlandschaft" sowie „PM einführen und optimieren".

1.3.3 Britischer De-facto-Standard PRINCE2™

Das Projektmanagement-Verfahren PRINCE2™ (PRojects IN a Controlled Environment™) wurde vom ITIL-Herausgeber OGC für den öffentlichen und privaten Sektor weiterentwickelt. Anstelle eines PM-Kompendiums liefert das stark vorgehens- und ergebnisorientierte PRINCE2™ konkrete Handlungsanweisungen für Projektbeteiligte. Trotzdem stellt PRINCE2™ kein „leichtgewichtiges" Projektmanagement dar. Es konzentriert sich vielmehr auf die Gestaltung von Entscheidungs- und Kommunikationsprozessen wie z. B. die phasenorientierte Abwicklung und Steuerung des Projekts. Im Vordergrund stehen die den Kundenbedürfnissen entsprechenden Projektergebnisse, die einen Nutzen für das Unternehmen transportieren.

Für die OGC gilt nur PRINCE2™ als „integrierte“ Projektmanagement-Methode, da die Elemente (Prozesse, Themen, Grundprinzipien, Anpassen an die Projektumgebung) nicht selektiv angewandt werden sollen, während die Konzepte der PMI und der IPMA/GPMA als „Body of Knowledge“ verstanden werden. Dieses gesammelte Wissen deckt das breite Spektrum an Kompetenzen und Techniken im Projektmanagement ab. Allerdings zielt dies überwiegend auf den Projektmanager ab, während PRINCE2™ alle Projektmanagement-Rollen abdeckt.

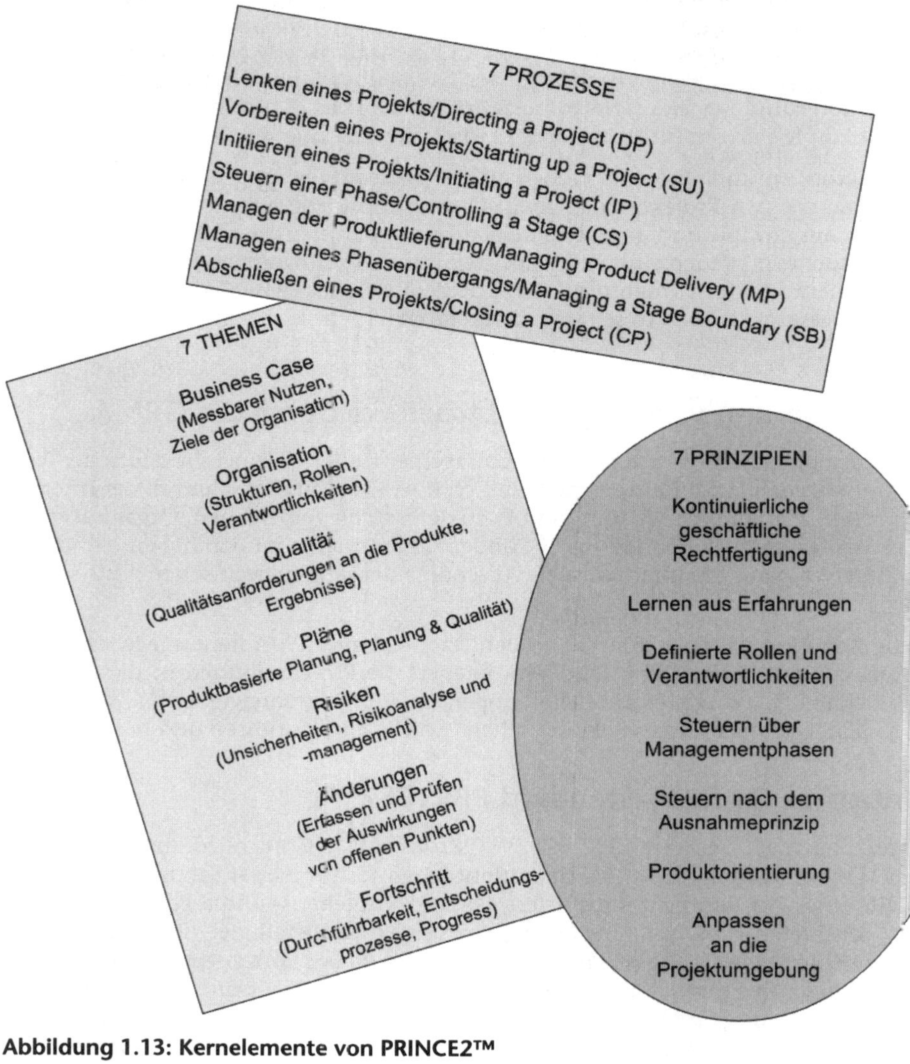

Abbildung 1.13: Kernelemente von PRINCE2™

Für Unternehmen, die bisher weitgehend ohne eigene Projektmanagement-Regelungen leben mussten, ist die teilweise oder vollständige Übernahme des PRINCE2™-Standards eine echte Alternative zu individuellen Frameworks. Gerade der Mittelstand, der unter hohem Kostendruck steht, profitiert vom Pragmatismus des Konzepts, etwa in Hinblick auf dessen starke Ergebnis- und Qualitätsorientierung sowie die vollständige Integration aller Projektmanagement-Prozesse und Rollen.

Im Gegensatz zu anderen Projektmanagement-Methoden hält PRINCE2™-Vorlagen für alle in der täglichen Projektpraxis erforderlichen Dokumente wie Rollenbeschreibungen, Planungsdokumente und Statusberichte bereit. Der administrative Aufwand wird damit entgegen aller Befürchtungen erheblich vermindert und eine einheitliche, formale Basis geschaffen. Nicht die Frage nach absoluter Qualität steht hier im Vordergrund, sondern das Maß an Qualität, das der Kunde auf Basis einer vorab durchgeführten Wirtschaftlichkeitsrechnung (Business Case) benötigt und akzeptiert. Auf diese Weise macht PRINCE2™-Projekterfolg objektiv messbar.

PRINCE2™ arbeitet streng ergebnisorientiert: Für jede Projektphase werden Arbeitspakete definiert und an die beteiligten Spezialisten verteilt. Das Ergebnis sind die Spezialistenprodukte. Im Gegensatz zu herkömmlichen Projektmanagement-Methoden konzentriert sich PRINCE2™ beim Monitoring ausschließlich auf greifbare Ergebnisse, die sogenannten Produkte. Man spricht deshalb auch von produktbasierter Planung.

PRINCE2™ gibt Antworten auf die Frage, was von wem und wann im Projektverlauf erreicht werden soll, während die „Bodies of Knowledge“ (BoK) Unterstützung bei der Frage leisten, wie die Ziele im Projekt erreicht werden können. In Bezug auf die Methoden bei der Planerstellung (*siehe Kapitel 4.4.1, Schritte zur Erstellung eines Plans*) gibt PRINCE2™ keine Methode vor, da das Ergebnis der Planerstellung im Mittelpunkt steht. Die BoKs erläutern dagegen detailliert, wie die Techniken angewendet werden, und liefern für den Projektmanager so auch gleichzeitig eine Auswahl, sodass er sich entsprechend der jeweiligen Situation die geeignete Methode aussuchen und diese anwenden kann. Anhand dieses Beispiels können Sie sehen, dass die Verknüpfung von BoKs und PRINCE2™ als Methode durchaus Vorteile bieten kann. Lassen Sie sich allerdings nicht von den verschiedenen Terminologien verwirren.

2 PRINCE2™-Grundlagen

Ein Projekt ist erfolgreich, wenn es rechtzeitig fertig wird, nicht mehr kostet als geplant und wenn sein Ergebnis den Vorstellungen des Auftraggebers entspricht. Oder anders: Der Erfolg eines Projekts ist abhängig vom Mehrwert, den das Projekt mit Blick auf die betriebswirtschaftliche Rechtfertigung erbringt, d. h. vom Nutzen und von den Kosten eines Projekts. Basis ist dabei eine Projektmanagement-Methode, die dafür sorgt, dass alle Beteiligten die gleiche Vorstellung davon haben, wie vorgegangen und das Projekt organisiert werden soll, wer was verantwortet und welche Ergebnisse herauskommen sollen. Genau das leistet PRINCE2™ (PRrojects IN a Controlled Environment™): Es beschreibt einen Projektmanagement-Ablauf für Projekte jeder Art und Größe.

Die in Großbritannien verbreitete Projektmanagement-Methode PRINCE2™ ist in Deutschland noch relativ unbekannt und wird bisher nur von wenigen deutschen Unternehmen eingesetzt. Doch mittlerweile scheint auch in Deutschland die Akzeptanz und der Bekanntheitsgrad dieser Projektmanagement-Methode zu wachsen, nachdem in den letzten Jahren vorwiegend die Methoden des PMI und der GPM zum Einsatz kamen. Die Methode PRINCE2™ wird von Unternehmen unterschiedlicher Branchen in Projekten aller Art eingesetzt. Sie überzeugt insbesondere, weil sie – im Gegensatz zu vielen anderen Projektmanagement-Vorgehensmodellen und „Bodies of Knowledge“ (BoK) – die relevanten Erfolgsfaktoren im Methodenumfang berücksichtigt und für alle diese Faktoren sowohl klare Prinzipien, Strukturen als auch Prozesse umfasst. PRINCE2™ ist also mehr als ein reines Vorgehensmodell. Zudem stellt PRINCE2™ eine skalierbare, flexible Projektmanagement-Methode dar, die auf den Erfahrungen professioneller Projektmanager aufbaut und im Laufe der Jahre durch die Anwendung in den verschiedensten Umgebungen verfeinert wurde.

PRINCE2™ ist dabei alles andere als nur eine weitere strukturierte Projektmanagement-Methode. Zum einen werden die Erfahrungen aus über 25 Jahren Projektmanagement in den verschiedensten Bereichen zusammengefasst. Zum anderen konzentriert sich PRINCE2™ wirklich auf das Management des Projekts und schafft einen prozessorientierten Ansatz, der die Produkte als Endergebnis von Phasen bzw. das Endergebnis des Projekts in den Mittelpunkt rückt. Das Vorgehen für alle Beteiligten ist klar und es findet sich stets eine Antwort auf die Frage „Und was muss als Nächstes passieren?“.

Die Vorteile des Einsatzes einer Projektmanagement-Methode werden schnell deutlich: Mit der Einigung auf ein gemeinsames Vorgehen nach PRINCE2™ wissen beispielsweise alle Beteiligten, die für ein Projekt verantwortlich sind, was für die Planung und Steuerung des Projekts getan werden muss. Methoden sind übertrag- und wiederholbar, können gelernt und gelehrt werden. Dabei behandelt PRINCE2™ als prozessorientierter Handlungsrahmen für Projektmanagement das Management, die Steuerung und Organisation eines Projekts. Das Akronym „PRINCE2™“ steht entsprechend der Ursprungsversion PRINCE für „PRojects IN a Controlled Environment“ („Projekte in steuerbarer Umgebung“). PRINCE2™ ist heute eine geschützte Marke des britischen Office of Government Commerce (*http://www.ogc.gov.uk*).

Nach PRINCE2™ ist ein Projekt:

a management environment that is created for the purpose of delivering one or more business products according to a specified business case

oder

a temporary organisation that is needed to produce a unique and predefined outcome or result at a prespecified time using predetermined resources

(Quelle: „Managing Successful Projects with PRINCE2™", OGC)

Zu Deutsch: Ein Projekt ist eine für einen befristeten Zeitraum geschaffene Organisation (Managementumgebung), die eingerichtet wird, um ein oder mehrere Produkte in Übereinstimmung mit einem vereinbarten Business Case zu liefern.

Bevor PRINCE2™ ins Leben gerufen wurde, gab es bereits PROMPT. So basierte PRINCE2™ ursprünglich auf PROMPT, eine Projektmanagement-Methode, die von Simpact Systems Ltd. im Jahr 1975 geschaffen wurde. PROMPT wurde im Jahr 1979 von CCTA (Central Computer and Telecommunications Agency) als der Standard, der für alle Informationssystemprojekte der Regierung verwendet wird, übernommen. Als PRINCE 1989 eingeführt wurde, ersetzte es letztendlich PROMPT innerhalb der Regierungsprojekte. PRINCE bzw. PROMPT war 1984 noch vornehmlich für den Einsatz in IT-Projekten vorgesehen. Seit 1996 sorgt der generische, prozessorientierte Ansatz von PRINCE2™ als neue Version nach einer kompletten Überarbeitung für eine branchenunabhängige Einsatzmöglichkeit in allen Projekttypen, von Bauprojekten bis hin zu Datenverarbeitungs- und (Re-)Organisationsprojekten. PRINCE2™ wurde 1996 mit diesen Eigenschaften als allgemeingültige Projektmanagement-Methode veröffentlicht. Seitdem ist diese Methode zunehmend populär geworden und stellt nun den De-facto-Standard für Projektmanagement in Großbritannien dar. Seine Anwendung ist mittlerweile in mehr als 50 weiteren Ländern verbreitet. Die vorletzte Version wurde 2005 vom OGC veröffentlicht, das mittlerweile die CCTA abgelöst hat Die Veröffentlichung der aktuellsten Version fand am 16. Juni 2009 in London statt. Diese trägt die Bezeichnung „PRINCE2:2009™".

Das OGC berät die öffentliche Hand in Großbritannien, um die Arbeit öffentlicher Einrichtungen so effektiv und effizient wie möglich zu gestalten. Es pflegt Management-Methoden wie z. B. ITIL® (IT Infrastructure Library®), die in Deutschland bereits wesentlich bekannter ist als PRINCE2™, und entwickelt Best Practice-Leitfäden zu übergeordneten Themenbereichen.

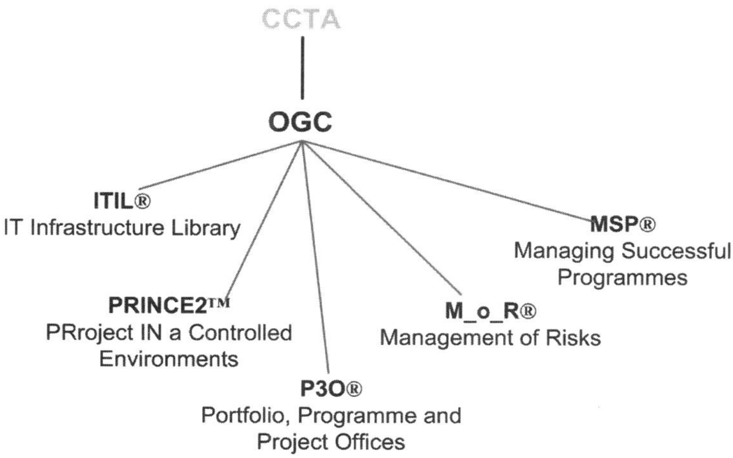

Abbildung 2.1: Themen des OGC (ehemals CCTA)

In Großbritannien und in den Niederlanden ist PRINCE2™ besonders bei öffentlichen Projekten weit verbreitet. Auch in der Privatwirtschaft und in der Industrie in Großbritannien, Benelux und Australien wird die Methode häufig angewandt. Damit hat PRINCE2™ gezeigt, dass es sich als flexible und anpassbare Projektmanagement-Methode für das gesamte Spektrum von kleinen Einzelprojekten bis hin zu großen Programmen eignet. Auch in Europa und u. a. in Deutschland gewinnt PRINCE2™ an Bekanntheit und Verbreitung. In Großbritannien hat sich PRINCE2™ bereits als der De-facto-Standard für Projektmanagement etabliert.

Die OGC kümmert sich allerdings nicht nur um die Entwicklung und das Management von PRINCE2™. Neben dem Themenkomplex um die Entwicklung, Planung, Betrieb und die Verbesserung von IT Services (ITIL®) beschäftigt sich die OGC mit dem Bereich Programm-Management (MSP®). Unter dem Begriff Programm-Management wird die koordinierte Organisation, Lenkung und Implementierung eines Portfolios von Projekten und Aktivitäten verstanden, damit Ergebnisse und Nutzen erzeugt werden, die für ein Unternehmen von strategischer Bedeutung sind. Das Thema Risikomanagement spielt mehr oder weniger deutlich in den drei bisher genannten Konzepten eine Rolle, stellt aber eine eigene Disziplin dar. Da das Management von Risiken eine kritische Erfolgskomponente für Organisationen und Unternehmen darstellt, hat sich die OGC auch dieses Problems angenommen. Beim M_o_R® (Management of Risk) handelt es sich um eine pragmatische Methode, die klar strukturiert vorgibt, wie mit dem Management von Risiken konkret umgegangen werden soll (*siehe Abbildung 2.1*). Portfolio, Programme & Project Offices (P3O®) stellt eine Unterstützungsstruktur zur Entscheidungsfindung und Umsetzung von Veränderungen innerhalb einer Organisation zur Verfügung. Dabei versorgen Portfolio-, Programm- und Projektbüros das Management u. a. mit Informationen zur Entscheidungsfindung und unterstützen so organisatorische Veränderungen.

2.1 Was ist PRINCE2™?

PRINCE2™ ist der Name einer Projektmanagement-Methode aus Großbritannien, die sich als ein sehr flexibles und skalierbares Modell entpuppt hat und mittlerweile weit über die Grenzen Großbritanniens hinaus eingesetzt wird. PRINCE2™ geht als Basis seiner Herangehensweise davon aus, dass ein Projekt zu jedem Zeitpunkt eine geschäftliche Rechtfertigung – einen Business Case – besitzt. Damit soll sichergestellt werden, dass ein Projekt nur dann durch- und weitergeführt wird, wenn sich daraus ein Nutzen für das Geschäftsgebiet ergibt. So erhält das Projekt direkt einen Protegé aus dem Unternehmen, der überaus interessiert daran ist, dass das Projekt erfolgreich umgesetzt wird.

Die Prozesse und Managementaspekte sind bei PRINCE2™ unabhängig von Branche, Art, Organisation, geografische Lage, Kultur und Projekttypen definiert. Das Prozessmodell beschreibt die Schnittstelle zwischen Unternehmensführung und Projektmanagement. PRINCE2™ gibt dabei nur den übergeordneten Handlungs- und Entscheidungsrahmen vor. Dies ist auch der Grund, warum PRINCE2™ vielerorts als Projektmanagement-Framework bezeichnet wird, obwohl PRINCE2™ weit mehr vorgibt als ein Gerüst, das mit Leben gefüllt werden muss. So sind neben den Projektphasen, Rollen und Verantwortlichkeiten, Plänen, Dokumenten, Protokollen und Strukturvorgaben weitere Informationen als Vorgabe vorhanden.

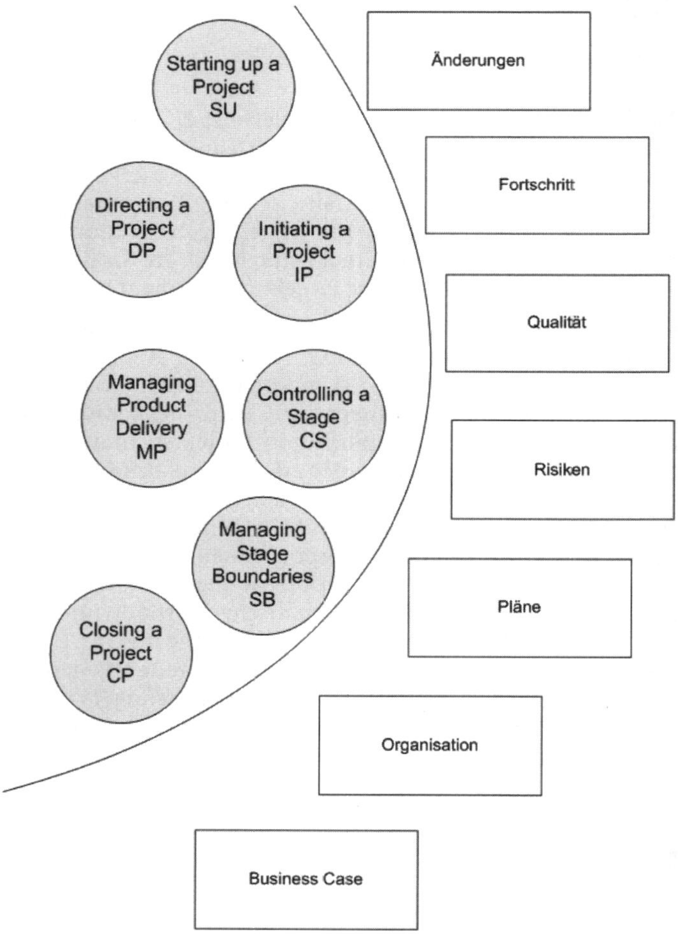

Abbildung 2.2: Kernbereiche bei PRINCE2™: Prozesse und Themen

Neben der Projektorganisation befasst sich PRINCE2™ mit den weiteren Management-Themen „Business Case", „Pläne", „Risiken", „Qualität", „Fortschritt" und „Änderungen" (*siehe Abbildung 2.3*).

Die PRINCE2™-Themen im Überblick

Neben den sieben Prozessen mit ihren vierzig Aktivitäten und den sieben Grundprinzipien existieren unter PRINCE2:2009 noch die PRINCE2™-Themen als weitere Kerninhalte von PRINCE2™. Sie sind bei der Abwicklung eines PRINCE2™-Projekts als essentiell einzustufen und greifen ineinander. PRINCE2™ integriert diese sieben Aspekte des Projektmanagements und zeigt auf, dass sie im Projektverlauf fortlaufend zu beachten sind. Diese lassen sich wie folgt im Überblick darstellen als:

- Business Case: Er gibt Antwort auf die Frage, **warum** ein Projekt initiiert, aufgesetzt und durchgeführt wird. Auf dem Weg von der Idee zu einem Investitionsvorschlag muss sich zeigen, wie lohnend ein Projekt und mit was für einem Mehrwert es für das Unternehmen ausgestattet ist. Der Business Case muss im gesamten Projektverlauf seine Gültigkeit behalten, um sicherzustellen, dass letztendlich ein Nutzen durch das Projekt realisiert wird. Daher wird der Business Case auch als Motor für ein Projekt bezeichnet.
- Organisation: Die Organisation zeigt auf, **wer** Bestandteil des Projektmanagement-Teams ist. Zu beachten ist, dass diese Organisationsausprägung sich meist temporär aus der Linienorganisation zusammensetzt und bereichsübergreifend arbeiten kann. Auf diese Art und Weise delegiert das Unternehmen bzw. der Unternehmensbereich, der das Projekt beauftragt hat, die Durchführung und den Abschluss an die Projektorganisation und die entsprechenden Personen. Dabei werden durch die Projektorganisation die Rollen und Verantwortlichkeiten beschrieben und geregelt, die im Laufe des Projekts zum Einsatz kommen, um das Projektziel effektiv und effizient zu erreichen.

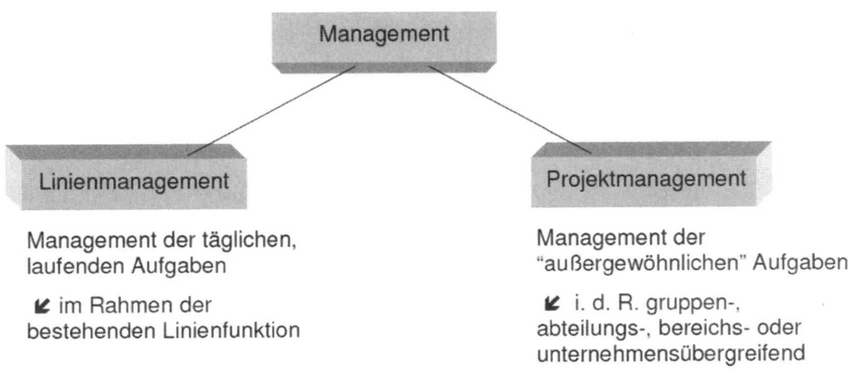

Abbildung 2.3: Management zwischen Linien- und Projektorganisation

- Qualität: Sie gibt Auskunft darüber, **was** im Laufe des Projekts umzusetzen ist und welche Produkte erstellt werden müssen. Diese Projektergebnisse lassen sich durch die zu definierenden Qualitätskriterien beschreiben. Ausgehend von einer groben Vorstellung werden die Qualitätskriterien immer weiter ausgearbeitet und verfeinert. Bis sie definiert und akzeptiert sind, kann es ein langer Weg sein. Das Projekt muss sicherstellen, dass diese Qualitätskriterien erfüllt werden.

- Pläne: Die Themen Qualität und Pläne stehen in sehr engem Zusammenhang. Die Qualitätskriterien geben vor, welche Anforderungen die Produkte des Projekts erfüllen müssen. Pläne definieren, **wie**, **wann** und **wie viel** an Produkten erstellt wird. Pläne dienen als Unterstützung der Kommunikation und Steuerung. Dabei kümmert sich dieser Themenkomplex darum, wie Pläne unter PRINCE2™ entwickelt und welche Techniken dabei angewandt werden. PRINCE2™ verwendet dazu die produktbasierte Planung (*siehe Kapitel 4.4.2, Produktbasierte Planung/Product-based Planning*). Wichtig ist darüber hinaus, dass die jeweiligen Pläne zielgruppengerecht aufbereitet werden, da die jeweilige Personengruppe andere Anforderungen stellt. Ein Mitglied der Geschäftsführung verlangt nach einer anderen Detailtiefe als ein Programmierer als Teammitglied im Projekt.
- Risiken: Risiko bezeichnet die Unsicherheit eines Ereignisses (egal ob im positiven oder im negativen Sinne). Da Projekte in der Regel einzigartig und einmalig sind, sind sie mit einer gewissen Unwägbarkeit, also einem Risiko, verbunden. Das Thema „Risiko" beschäftigt sich mit der Frage, **was ist, wenn**, und kümmert sich so um die Optionen der Unwägbarkeiten, die gegeben sind, sowie um die Unsicherheiten in den Planungen und der sonstigen Projektumgebung.
- Änderungen: Projekte bergen neben den möglichen Risiken auch stets eine gewisse Art Dynamik aufgrund äußerer Einflüsse bzw. Veränderungen, Faktoren, die vorher nicht bekannt waren, Sonderfälle, die plötzlich auftauchen, oder Probleme. Viele dieser Punkte kündigen sich an durch Fragen an das Projekt, Gerüchte, Überlegungen, Kritik, Vorschläge, Einwände, Spezifikationsabweichungen, Fehler außerhalb des Kernprojekts, neue Erkenntnisse, veränderte Rahmenbedingungen, Qualitätsfehler, Einfälle, Bedenken, Erlebnisse im Projektalltag, Änderungswünsche, Ideen, plötzlich aufkeimende Anforderungen, alles das, was eine Reaktion oder Aktivität aus dem Projekt notwendig macht. Diese ungeplanten Ereignisse oder Faktoren, die eingetreten sind und gemanaget werden müssen, werden als offene Punkte bezeichnet. Das Thema „Änderungen" fragt: „**Was sind die Auswirkungen?**" und beschreibt, wie PRINCE2™ offene Punkte bewertet und handhabt, die möglicherweise Auswirkungen auf das Projekt haben können.
- Fortschritt: Im Laufe des Projekts gilt es, Fragen zu beantworten wie beispielsweise „**Wo stehen wir jetzt**?", „**Wohin gehen wir**?" und „**Sollen wir weitermachen**?". Diese Fragen können nur beantwortet werden, wenn klar ist, welches Ziel vorgegeben ist und wie die Pläne aussehen, mit deren Hilfe dieses Ziel erreicht werden soll. Somit gilt es, die fortlaufende Kontrolle in Bezug auf die Durchführbarkeit der Pläne zu gewährleisten, den Entscheidungsprozess für die Freigabe der Pläne zu beschreiben, die Bewertung der bisher erzielten Resultate vorzunehmen und (bei Bedarf) eine Eskalation einzuleiten.

Änderungen	Offene Punkte Identifizierung, Bewertung u. Steuerung potenzieller u. genehmigter Änderungen Änderungssteuerung
Fortschritt	Fortlaufende Kontrolle in Bezug auf die Durchführbarkeit der Pläne, Statusbeobachtung u. -feststellung, Steuerung des „Vorwärtskommens"
Qualität	Definition der Projektergebnisse auf Basis von Akzeptanz- u. Abnahmekriterien, sodass Kundenerwartungen erfüllt werden, Qualitätskontrolle u. -prüfung
Risiken	Umgang mit Unsicherheiten (positiv wie negativ) im Projektverlauf Risikomanagement
Pläne	Entwicklung des Vorgehens u. die Beschaffung der dafür relevanten Informationen, produktbasierte Planung Rückgrat eines Management-Informations-Systems
Organisation	Rollen u. Verantwortlichkeiten im Projektmanagement-Team Management-Ebenen
Business Case	Die Projektumsetzung basiert auf der wirtschaftlichen Rechtfertigung, die als Motor für das Projekt fungiert.

Abbildung 2.4: Themen der PRINCE2™-Methode

Es könnte viele zunächst verwirren, wenn zu PMBoK Guide, OPM3, ICB, V-Modell XT, HERMES und anderen Richtlinien und Handreichungen noch ein weiterer Name tritt. Die Anwender fragen sich, ob denn nicht „ein" Projektmanagement ausreicht. Die Frage ist berechtigt, denn auf den ersten Blick scheinen die verschiedenen Modelle Projektmanagement letztlich nur aus unterschiedlichen Perspektiven und mit verschiedenen Sprachregelungen zu beschreiben. Hier sollte allerdings nicht vergessen werden, dass die unterschiedlichen Modelle und Verfahren auch unterschiedliche Ansätze mit unterschiedlichen Zielsetzungen vereinen. Gerade deswegen lohnt es sich aber, einen genaueren Blick auf PRINCE2™ zu werfen. So stellt die Methode Prozesse und Managementkomponenten zur Verfügung, die Projektumfeld und Projektdurchführung miteinander verbinden. Die Formulierung des Business Case als Projekt-Triebfeder ist dabei von zentraler Bedeutung: Er dient als wichtigste Orientierungsgröße bei der Überwachung und Steuerung des Projekts. Zu betonen ist dabei, dass hier Gründe, messbarer Nutzen und die entsprechenden Erfolgskriterien für das Projekt zu finden sind.

Die Merkmale im Überblick lauten:

- Die Methode ist prozessorientiert (*siehe Abbildung 2.5*).
- Jedes Projekt bedarf einer wirtschaftlichen Rechtfertigung, die laufend überprüft wird, um Ressourcen sinnvoll einzusetzen.

- Eine skalierbare Organisationsstruktur mit allen Interessensvertretern kann für unterschiedliche Projekte verwendet werden.
- Ein großer Vorteil der Methode ist die produktbasierte Planung.
- Die Methode betont die Aufteilung von Projekten in beherrschbare, steuerbare und kontrollierbare Phasen.
- Die Methode ist flexibel und kann in jeder Umgebung für jeden Projekttyp angewandt werden.
- Die Verwendung in der Praxis ist kostenlos. Obwohl PRINCE2™ eine registrierte Marke der OGC ist, kann die Methode von jeder Person und jedem Unternehmen eingesetzt werden.

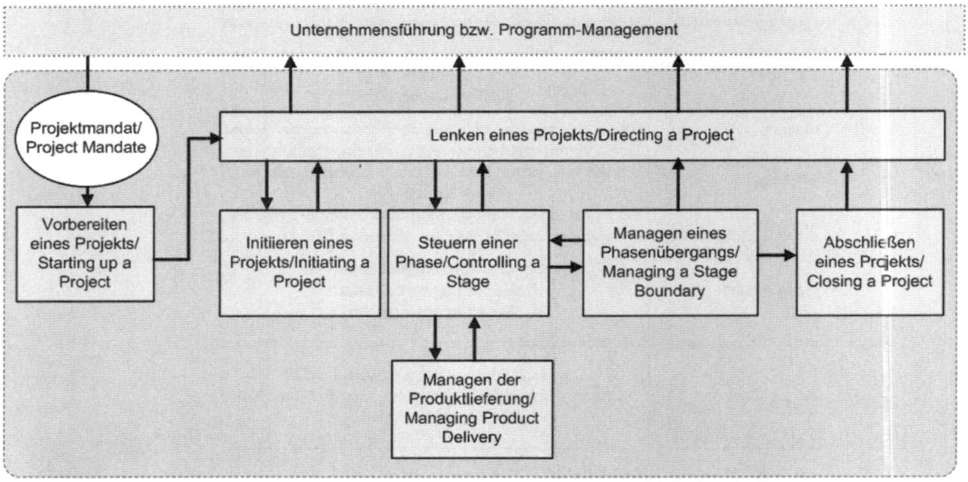

Abbildung 2.5: Die sieben Projektmanagement-Prozesse von PRINCE2™ (nach OGC-(PRINCE2™)Material, durch OGC lizenzierte Wiedergabe)

PRINCE2™ liefert Projekte mit kontrolliertem Start, Begleitung und kontrolliertem Abschluss, einem Fokus auf geschäftliche Rechtfertigungen und Risiken und einer definierten Organisationsstruktur. Diese Themenaspekte bieten flexible Entscheidungsmöglichkeiten sowie regelmäßige und effektive Fortschrittskontrollen.

Was und warum?

Die PRINCE2™-Prozesse leiten durch das Projekt mit der Angabe, WAS getan werden soll und WARUM, leisten aber nur wenig Unterstützung bei der Frage nach dem WIE. Dies wird durch die Themen und Prinzipien von PRINCE2™ unterstützt.

Die sieben Prozesse der Projektmanagement-Methode beschreiben das Vorgehen im Projekt. Auch um darzulegen, was in einem Projekt zu welchem Zeitpunkt geschehen soll, benutzt PRINCE2™ seine Prozesse, die alle Aktivitäten abdecken, die ab Beginn eines Projekts bis zu dessen Ende anfallen. PRINCE2™ sieht vor, dass das Projekt in mehreren in sich abgeschlossenen Phasen verläuft. Die Phasenübergänge werden nach einem Schleusenprinzip behandelt. Grundsätzlich ist der Übergang zur nächsten Phase „gesperrt". Erst wenn das Projekt die nach Plan geforderten Ergebnisse nachgewiesen hat, der Business Case weiterhin erreichbar ist und die Planung der nächsten Phase vorliegt, wird vom Lenkungsausschuss grünes Licht zum Eintritt in die nächste Phase gegeben.

Das Prozessmodell von PRINCE2™ (PRojects IN a Controlled Environment™) besteht aus sieben Prozessen:

- *Vorbereiten eines Projekts/Starting up a Project* (SU)
- *Initiieren eines Projekts/Initiating a Project* (IP)
- *Lenken eines Projekts/Directing a Project* (DP)
- *Steuern einer Phase/Controlling a Stage* (CS)
- *Managen der Produktlieferung/Managing Product Delivery* (MP)
- *Managen eines Phasenübergangs/Managing a Stage Boundary* (SB)
- *Abschließen eines Projekts/Closing a Project* (CP)

Zu den sieben Prozesse gehören in Summe 40 Aktivitäten.

2.2 Geschichte von PRINCE2™

PRINCE (PRojects IN a Controlled Environment™) ist eine Projektmanagement-Methode für Organisation, Management und Steuerung von Projekten. Sie wurde ursprünglich 1989 von der britischen Central Computer and Telecommunications Agency (CCTA) als Regierungsstandard für Projektmanagement im Bereich der Informationstechnik (IT) entwickelt, wurde jedoch bald regelmäßig auch außerhalb von reinen IT-Umgebungen angewendet.

Durch den Namen PRojects IN a Controlled Environment™ wird bereits ein Schlüsselprinzip dieser Methode benannt, nämlich „Control“, also Steuerung, z. B. durch einen aktiv beeinflussten Start, Verlauf und Abschluss eines Projekts. Aber auch eine deutliche Organisation und Definition der Rollen, Kompetenzen und Verantwortlichkeiten und ein Business Case unterstützen diesen „Control“-Ansatz.

Im Gegensatz zu anderen Richtlinien und Vorgehensmodellen ist PRINCE2™ im Wesentlichen das Werk eines einzelnen Autors. Colin Bentley begann 1976 gemeinsam mit zwei Kollegen zunächst bei IBM, später selbstständig ein systematisches Vorgehen für IT-Projekte zu entwickeln. Die Vorgängerinstitution des OGC, die Central Computer and Communications Agency (CCTA), erwarb dieses Vorgehensmodell und führte es 1989 unter dem Namen „PRINCE“ als Regierungsstandard für IT-Projekte ein. Bald darauf beauftragte die CCTA Colin Bentley mit einer branchenunabhängigen Formulierung von PRINCE, um für alle Projektarten eine Handreichung zur Verfügung stellen zu können. Diese wurde 1996 unter dem Namen „PRINCE2™“ veröffentlicht. Mit PRINCE2™ wollte Colin Bentley nach eigener Aussage eine direkt verwendbare Hilfestellung für die Projektdurchführung geben, kein akademisches Modell, das vor seiner Anwendung zuerst in die Praxis übersetzt werden muss. Das ist ihm gelungen: Ähnlich wie bei anderen Best Practice-Ansätzen, ist der gesunde Menschenverstand eines der wichtigsten Leitmittel bei PRINCE2™. Bei ITIL® verhält es sich ganz ähnlich, wissen doch viele Unternehmen gar nicht, dass sie ihre Methoden und Prozesse aus der eigenen Erfahrung und den Geschäftsanforderungen heraus bereits ITIL-gleich aufgebaut haben. Sie wundern sich bei der Begegnung von ITIL® und seinen Inhalten darüber, wie nah das eigene Unternehmen bereits an der Leitlinie von ITIL® arbeitet. In Bezug auf PRINCE2™ geht es den Unternehmen, die sich bereits intensiv mit dem Thema Projektmanagement auseinandergesetzt und ihre eigenen Bedürfnisse, Erfahrungen und Kenntnisse festgeschrieben haben, ähnlich. Viele PRINCE2™-Neulinge erfassen und verstehen das Verfahrensmodell direkt intuitiv.

1975 Entwicklung von PROMPT
1979 CCTA übernimmt PROMPT als Methode
1983 Einführung von PROMPT II nach einer Überarbeitung
1989 PRINCE™ wird erweitert u. ersetzt PROMPT II nach einer Überarbeitung
1996 Einführung von PRINCE2™
1998 TSO bringt ein überarbeitetes Manual heraus
2000 TSO bringt ein überarbeitetes Manual heraus
2002 TSO bringt ein überarbeitetes Manual heraus
2003 Erscheinen des deutschen Glossars
2005 TSO bringt ein überarbeitetes Manual heraus (PRINCE2™-Version 2005)
2008 Deutsche Übersetzung des Manuals (Version 2005)
2009 TSO bringt ein überarbeitetes Manual heraus (PRINCE2™-Version 2009)

Abbildung 2.6: Die PRINCE2™-Zeittafel. Herausgeber der Literatur ist The Stationery Office (TSO).

Die größte Herausforderung sieht Colin Bentley derzeit darin, mit der schnellen internationalen Verbreitung von PRINCE2™ Schritt zu halten. 1996 habe man noch geschätzt, dass die Zahl der Zertifizierungen bei 100 pro Jahr liegen würde. Mittlerweile übersteigen in Großbritannien die wöchentlichen Zertifizierungszahlen die Zahlen aus der Vergangenheit bei Weitem. Neben dem Hauptsitz in Großbritannien gibt es weitere PRINCE2™-Büros in den Niederlanden, Deutschland, Australien, China und auch in den USA. Auch von hier werden steigende Zertifizierungszahlen und die zunehmende Verbreitung von PRINCE2™ gemeldet. Die weltweite Zahl an Zertifizierungen außerhalb Großbritanniens wird durch das große Interesse an PRINCE2™ in den nächsten Jahren voraussichtlich stark ansteigen.

Die Themen Training und Zertifizierung von PRINCE2™ sind einem Regelwerk unterstellt, das Akkreditierung von Trainingsorganisationen und Schulungsanforderungen definiert. Die Administration dieser Prozesse ist an die APM Group, die führende Projektmanagement-Organisation in Großbritannien, gebunden (*siehe Abbildung 2.7*). Von dort erfolgt auch die Verteilung und Prüfung der Examensinhalte für alle PRINCE2™-Zertifizierungsprüfungen (Foundation und Practitioner). Trainings und Prüfungsabnahme werden über lokale Anbieter in Form von akkreditierten Trainingsorganisationen (sogenannte ATOs), die vor Ort in Landessprache die Arbeit der APM Group unterstützen, durchgeführt. Es besteht daneben die Möglichkeit für Personen, die kein Seminar bei einem akkreditierten Trainingsanbieter besucht haben, sogenannten „Public Exams“ für die Zertifizierungsprüfung beizuwohnen (*siehe Kapitel 7, PRINCE2™-Zertifizierungen*).

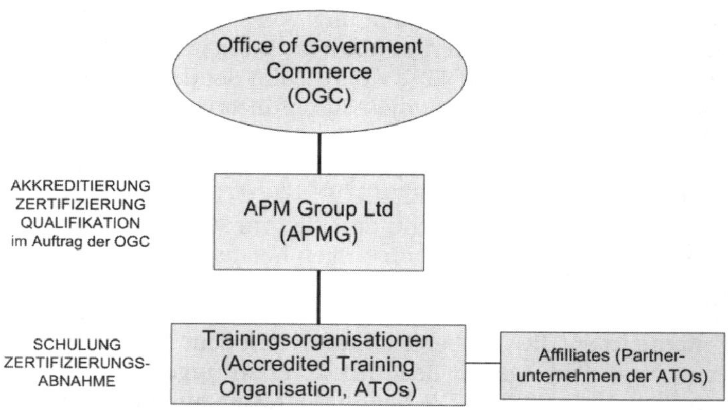

Abbildung 2.7: Die Dach-Organisationshierarchie für PRINCE2™

ATOs gibt es außerhalb Großbritanniens bereits in Australien, Dänemark, Deutschland, Frankreich, Italien, den Niederlanden, Polen, der Schweiz, Südafrika und den USA. Im internationalen Vergleich sahen die deutschen Zertifikatszahlen zwischen 1996 und 2003 eher bescheiden aus.

Mittlerweile wird PRINCE2™ als der Shooting-Star unter den weltweiten, offenen Projektmanagement-Standards gehandelt und findet steigende Akzeptanz und Verbreitung, die Zertifizierungszahlen sind in den letzten drei Jahren deutlich gestiegen. Ziel der PRINCE2™-Organisation ist es, die Akzeptanz und Verbreitung von PRINCE2™ weiter zu fördern.

2.3 PRINCE2™ unter der Lupe ...

PRINCE2™ schließt die Lücke zwischen Projektmanagement auf Methodenebene und dem übergeordneten strategischen Projektportfolio-Management (Programm-Management). Seine großen Stärken sind die sofortige Einsetzbarkeit auch auf einem einfachen Niveau und die Möglichkeit, stufenweise den Detaillierungsgrad und Anspruch zu steigern.

Die PRINCE2™-Methode weist eine Reihe weiterer Stärken auf:

- Sie liefert eine strukturierte Methode, die ein einheitliches Vorgehen, einheitliches Vokabular und einheitliche Dokumente propagiert und benennt. Sie stellt eine erlernbare Arbeitsweise dar, und jeder, der mit einer Methode vertraut ist, kann sich in einem PRINCE2™-Projekt schnell zurechtfinden. Aber auch in Projekten, die nicht nach PRINCE2™ aufgesetzt und betrieben werden, bietet diese Projektmanagement-Methode Unterstützung. Namen sind manchmal Schall und Rauch, u. a. wenn es um Dokumenttitel geht.
- Sie verkörpert „Best Practice" im Projektmanagement, d. h. sie beinhaltet verschiedene, in der Praxis bewährte Methoden und sorgt für einen kontrollierten Start, Verlauf und Ende des Projekts.
- Sie propagiert „Management by Exception" als Grundsatz, was es den Projektmanagern erlaubt, innerhalb definierter Toleranzgrenzen zu agieren und so genügend Spiel- und Handlungsraum für die tägliche Projektarbeit zu besitzen. Gleichzeitig weiß der Projektmanager aber genau, ab wann das Projekt aus dem Ruder zu laufen droht, und kann rechtzeitig eskalieren.
- Für jeden Dokumenttyp, der von PRINCE2™ gefordert wird, stehen Vorlagen zur Verfügung. So entsteht eine leicht verständliche, standardisierte und vollständige Dokumentation, die auch für Personen außerhalb des Projekts nachvollziehbar bleibt.
- PRINCE2™ kann auf die Bedürfnisse einzelner Organisationen oder Projekte angepasst werden und ist dabei lizenz- und gebührenfrei. Die Materialien und Templates liegen als veröffentlichte Dokumente (z. B. auf der offiziellen PRINCE2™-Webseite *http://www.prince2.org.uk*) vor, sodass eine Organisation nicht ihre eigene Projektmanagement-Methode entwickeln muss, um ihr Personal zu schulen.

Im Vergleich zu den Wissens- und Werkzeug-Pools des PMI und der IPMA ist PRINCE2™ für den Einstieg in das systematische Projektmanagement besonders geeignet. Der Grund sind niedrigere Hemmschwellen für Projektbeteiligte, die pragmatische Unterstützung bei der systematischen Abwicklung von Projekten suchen. PRINCE2™ bietet durch seine Prozesse und Aktivitäten konkrete Anleitung und Hilfestellung bei der Vorgehensweise im Projektverlauf und nimmt die Projektbeteiligten so „an die Hand". Es gibt einen Orientierungsrahmen für die grundlegenden Abläufe und Aufgabenfelder im Projektmanagement, in den jede der anderen Herangehensweisen widerspruchsfrei integriert werden kann. Vor allem verbindet es Projektmanagement und Unternehmensführung mit einem klaren Handlungsmodell, in dem z. B. der Business Case unternehmerische Ziele und Projektarbeit verknüpft.

2.3.1 Skalierbarkeit und Akzeptanz

Der erfolgreiche Einsatz von PRINCE2™ bzw. seine Einführung setzt im Unternehmen voraus, dass sich Management und operative Bereiche mit dem Thema auseinandergesetzt haben, alle Beteiligten diese Projektmanagement-Methode befürworten und die Unternehmens- bzw. Programmführung geschlossen hinter einer solchen Entscheidung steht. Voraussetzung dafür ist wiederum, dass Projektmanager und Unternehmensführung die Neugierde und Bereitschaft haben, ihren Horizont zu erweitern. Quick Wins sind dort zu erzielen, wo bereits ein solides Fundament an Methodenwissen über Projektmanagement besteht.

PRINCE2™ scheint die folgenden Schwächen aufzuweisen, die sich aber in den meisten Fällen ausräumen lassen.

- Einige Organisationen leiden unter „PINO" (engl.: „PRINCE™ In Name Only", dt.: „PRINCE™ nur im Namen"), indem sie sich unbedacht der Methodologie bedienen oder Dokumentnamen vergeben, sich dabei aber nicht an die Grundsätze halten. Hier stinkt der Fisch vom Kopf, unabhängig vom eingesetzten Verfahren bzw. der bevorzugten Methode. Das Problem liegt nicht in der Schwäche der Methodologie selbst, sondern vielmehr bei ihren Anwendern und der Unterstützung durch das Management.
- Ohne sorgfältige Anpassung an die Erfordernisse des Projekts kann PRINCE2™ ein viel zu schwergewichtiges Vorgehen für kleine Projekte sein, weil es zu viel Arbeit erzeugt.

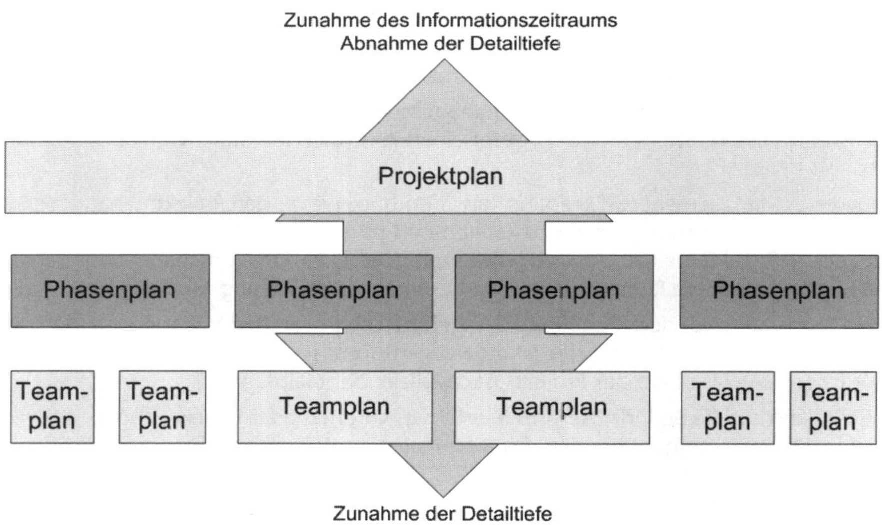

Abbildung 2.8: PRINCE2™-Pläne

PRINCE2™ ist zu stark dokumentenorientiert, um eine gute Steuerung zu ermöglichen. Allerdings werden die Dokumente in einigen Organisationen zum Selbstzweck, wobei die eigentlichen Projekte ins Wanken geraten. Hier sollte nicht vergessen werden, dass Dokumente je nach Projektgröße auch konsolidiert werden können, um genau den Umstand eines toten Dokumentenbergs zu vermeiden (*siehe Abbildung 2.8*).

- PRINCE2™ stellt keine ausdrückliche Behandlung von Anforderungsanalysen zur Verfügung. Es ist eine Implementierungsmethodologie, was dazu führen kann, dass Projekte unter falschen Voraussetzungen aufgenommen werden und in der Folge scheitern.

Wie immer gilt: Planungsanläufe und die Planerstellung müssen unter korrekten, dokumentierten und verbindlichen Annahmen getätigt werden, die während des gesamten Projektzeitraums und während der Produktnutzung im täglichen Betrieb ihre Gültigkeit behalten. Wer eine verbindliche und ehrliche Planung anstrebt, wird damit Erfolg haben. Zudem verbietet PRINCE2™ nicht, Techniken, Werkzeuge oder weitere Methoden zur Unterstützung hinzuzuziehen.

- PRINCE2™ nimmt sich weder dem Thema „Soft Skills" noch dem „menschlichen Faktor" an, sondern konzentriert sich auf das Projektmanagement als Methode. Auch die Themen Verträge und Beschaffung stehen nicht im Fokus. Projekte werden in erster Linie als Verfahren zur Lösung von Sachproblemen verstanden. Dass davon Menschen betroffen sind, die auf die geplanten oder stattfindenden Veränderungen reagieren und damit den weiteren Verlauf beeinflussen, bleibt bei PRINCE2™ schlicht unerwähnt. PRINCE2™ baut auf eine funktionierende Interaktion und Kommunikation auf und lässt diese Themen außen vor. Hier muss nochmals betont werden, dass PRINCE2™ sich als Methode versteht und nicht als allumfassendes Lösungskompendium für alle möglichen Belange innerhalb des Projektgeschehens. Die Ausrichtung ist ganz einfach eine andere, obwohl der menschliche Faktor in der Praxis als „Zünglein an der Waage" in fast jedem Prozess oder Projekt eine entscheidende Rolle spielt (*siehe Abbildung 2.9*) und Projektmitarbeiter Personen mit guten und schlechten Tagen sind.

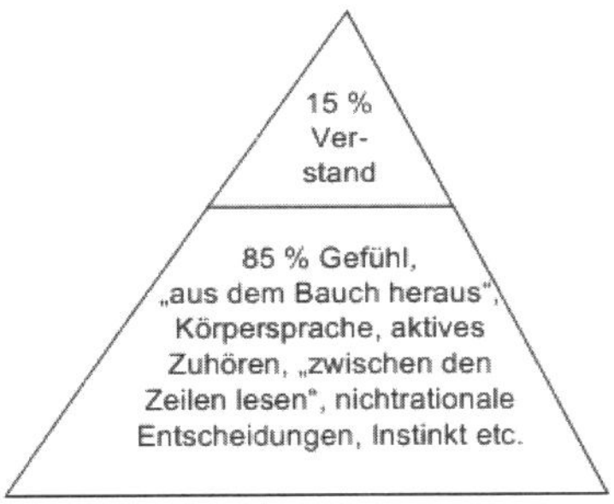

Abbildung 2.9: Der Eisberg-Effekt in der Kommunikation: Die soziale Komponente darf in ihrer Bedeutung nicht unterschätzt werden.

Der logische Fehler ist, dass die Reaktionen der betroffenen Mitarbeiter und Führungskräfte auch beim Management der Projekte häufig missachtet werden, was zwangsläufig Widerstände und Konflikte hervorruft und oftmals den Erfolg des gesamten Vorhabens infrage stellt. Projektmanager müssen sich diesem Thema stellen, um so Unsicherheit, Unwissen, fehlende Selbstreflexion oder gar persönliche Arroganz („A.-Faktor") zu überwinden.

- Das Ende eines Projekts zielt auf die erfolgreiche Zielerreichung und die erfolgreiche Übergabe des Projektendprodukts ab. In der Regel handelt es sich hierbei um Projekte, die an den Betrieb übergeben und von mindestens einem Betriebsteam in Zukunft verantwortet werden. Ausnahmen davon sind beispielsweise De-Install-Projekte, wenn z. B. das Ziel darin besteht, dass Unternehmensteile an einen anderen zukünftigen Betreiber oder Eigentümer übergeben werden.

PRINCE2™ widmet dem Aspekt der Betriebsübergabe und des Betriebs erst kurz vor Projektabschluss explizit Aufmerksamkeit und Raum für Aktivität. Aus der Praxiserfahrung heraus ist es aber vielfach so, dass der Betrieb bereits viel früher, wenn nicht sogar von Anfang an in das Projekt involviert und z. T. aktiv beteiligt sein sollte, um überhaupt gewährleisten zu können, dass das spätere Projektergebnis aufgrund von Rahmenparametern wie z. B. Ressourcen oder Know-how betrieben werden kann. Erst in letzter Minute dieses Thema ins Auge zu fassen, ist meist zu spät und mündet oft in halsbrecherischen Hauruck-Aktivitäten, die selten von Erfolg gekrönt sind und zudem (nicht zu Unrecht) die Verärgerung des betroffenen Betriebsteams hervorrufen können. Empfehlung: Einen Vertreter des Betriebs als Stakeholder identifizieren, benennen und einbinden.

In großen Projekten scheint PRINCE2™ relativ einfach anwendbar. Das gesamte Spektrum der beschriebenen Elemente, Prozesse und Produkte wird für das Projekt initiiert und aufgesetzt. Je kleiner ein Projekt wird, desto eher droht auf den ersten Blick die Gefahr einer „Überbürokratisierung". Der vermeintliche Vorteil einer Methodik schlägt ins Gegenteil um und läuft Gefahr, das Projekt zu lähmen. Aber die Prinzipien von PRINCE2™ sind auch in Projekten mit kurzer Laufzeit und geringem Umfang nutzbringend einsetzbar. Bei einer Skalierung auf kleine Projekte sollte immer die Frage nach dem Sinn des anzuwendenden Mittels und Produkts gestellt und der gesunde Menschenverstand eingeschaltet werden. Grundsätzlich haben jeder Prozess und jedes Thema von PRINCE2™ einen Nutzen für die Projektarbeit und sollten demzufolge nicht einfach weggelassen, sondern so modifiziert werden, dass sie den Projektverlauf unterstützen. So kann gewährleistet werden, dass Aufwand und Nutzen in einem gesunden Verhältnis stehen und wichtige Informationen trotzdem niedergeschrieben werden und auffindbar bleiben. Diese Skalierbarkeit von PRINCE2™ findet seinen praktischen Niederschlag aber nicht nur in Bezug auf den Dokumenteneinsatz, sondern auch bei der Anpassung der Prozesse im Projektverlauf. Dies betrifft nicht nur den Projektbeginn, sondern auch insgesamt die Phasenanzahl, die durchlaufen wird (*siehe Abbildung 2.11*).

Der Prozess *Vorbereiten eines Projekts*, der in großen und komplexen Projekten vollkommen eigenständig ist, könnte beispielsweise innerhalb einer Stunde durchlaufen werden mit einer Zusammenfassung als Ergebnis, die sämtliche in PRINCE2™ beschriebenen Managementprodukte beinhaltet und auch als Vertragswerk dienen könnte. Weil bei kleinen und einfachen Projekten meist weniger Formalien, Abstimmungs- und Steuerungsbedarf notwendig sind, können die Prozesse *Vorbereiten eines Projekts* und *Initiieren eines Projekts* zur Initiierungsphase zusammengefasst werden. Danach folgt die Umsetzungsphase. Voraussetzung: Es muss eine explizite Entscheidung nach der ersten Phase in Bezug auf die Projektdurchführung hinsichtlich des betriebswirtschaftlichen Nutzen (Business Case) stattfinden. Für kleine Projekte oder für Projekte mit nur einem Team, das dem Projektmanager direkt Bericht erstattet, kann die Abstimmung mit dem Prozess *Steuern einer Phase* auch weniger formell sein.

Ein Projektmanager kann versucht sein, den Prozess *Abschließen eines Projekts* in kleinen Projekten zu übergehen. Aber auch dieser Prozess hat seine Berechtigung bei kleinen oder wenig komplexen Projekten. Dies sollte sich insbesondere die übernehmende Organisation vor Augen führen und deshalb zu jedem Projektende (auch bei abgebrochenen Projekten) einen korrekten Projektabschluss plus Übernahme durchführen. Nur so können auf definiertem Weg freigewordene Ressourcen rechtzeitig als wieder verfügbar kommuniziert und offene Punkte bis zur Erledigung im Auge behalten werden. Dazu gehört auch, entsprechende Themen an den Betrieb zu delegieren oder die Projektdaten für Audits und einen möglichen Rückgriff zu archivieren.

2.3.2 Einführung von PRINCE2™

Viele Unternehmen haben sich in den letzten Jahren mit den Themen Projektdurchführung und Programm-Management befasst. Um für das eigene Unternehmen Vorgehensmodelle und Hilfen zu diesen Bereichen anbieten zu können, stellt sich zuallererst in vielen Fällen die Frage, wie Projektkultur etabliert werden kann. Sollen doch auf diesem Weg neuen und bewährten Mitarbeitern die Erfahrungswerte aus erfolgreichen Projekten zur Verfügung gestellt werden: Entwicklung eines eigenen Projektmanagement-Handbuchs? Rückgriff auf etablierte Modelle und Verfahren? ... die Qual der Wahl.

Die Entscheidung fällt dann auf PRINCE2™, wenn zum einen die Entwicklung eines eigenen Projektmanagement-Handbuchs zu aufwändig gewesen wäre, zum anderen wenn ITIL® (IT Infrastructure Library®) zum Management der IT Services im Haus bereits Akzeptanz und Verbreitung gefunden hat. ITIL® empfiehlt explizit PRINCE2™ als Projektmanagement-Methode, nicht zuletzt, weil beide aus dem Hause des Office of Government Commerce (OGC) stammen.

Neben typischen Vorbehalten im eigenen Hause wie z. B. die Angst vor zu großem Bürokratismus gilt es vor allem, die Kunden in den Prozess einzubeziehen. PRINCE2™ gibt dem Kundenvertreter durch seine Rolle im Lenkungsausschuss eine sehr starke und verantwortungsvolle Rolle, die entscheidend zum Projekterfolg beiträgt. Hier darf allerdings nicht vergessen werden, dass die Plätze im Lenkungsausschuss adäquat zu besetzen sind und die Aufgaben der unterschiedlichen Vertreter klar und nachvollziehbar erscheinen.

Das Kunden-/Lieferanten-Umfeld

Die Bezeichnung „Kunde“ im Kontext einer Kunden-/Lieferanten-Beziehung steht im Normalfall für die Unternehmens- oder Benutzerinteressen im Projekt. Der Kunde gibt das zu erreichende Ergebnis vor und trägt die Kosten für das Projekt, das dieses Ergebnis erzielen soll. Der Lieferant stellt Ressourcen mit entsprechendem Know-how, um das Ergebnis erstellen bzw. liefern zu können.

Sind die Produkte an eine Zielgruppe außerhalb des Unternehmens gerichtet, z. B. im Bereich des Marketings, der Werbung, in der Baubranche, in der Gastronomie oder im Lifestyle-Bereich, verfolgen Unternehmen und Lieferanten die gleichen Interessen. Kommt der Lieferant von außerhalb des Unternehmens, besteht zwischen ihnen in der Regel eine kommerzielle Beziehung. Um beurteilen zu können, wer als „Kunde“ gilt, muss die Zielgruppe des Projektendprodukts betrachtet werden.

Mit den Rechten und Möglichkeiten im Lenkungsausschuss sind auch Pflichten und Aufgaben verbunden, von denen der Projektmanager und auch das Projekt an sich teilweise abhängig sind. Einen Teil der Projektverantwortung wollen manche Kunden gar nicht übernehmen und lehnen z. B. die in PRINCE2™ vorgesehene Unterzeichnung der zentralen Projektdokumente mehr oder minder deutlich ab.

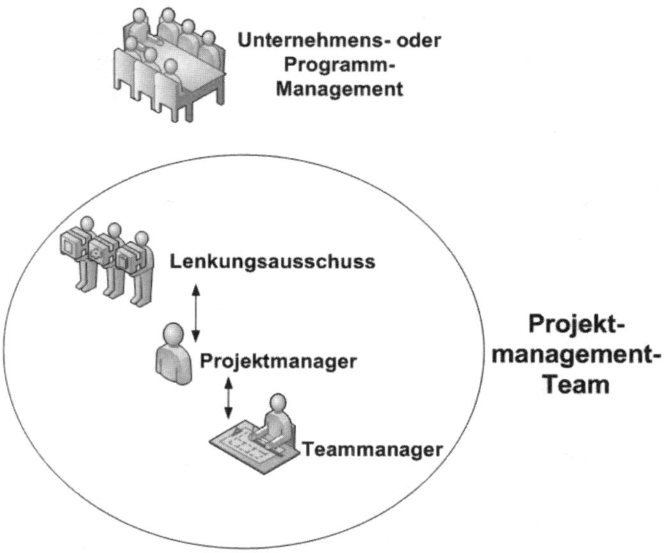

Abbildung 2.10: Die vier Ebenen des Projektmanagement-Teams (inkl. Unternehmens-/ Programm-Management). Drei dieser Ebenen bilden das Projektmanagement-Team, während die vierte Ebene, das Unternehmens- oder Programm-Management außerhalb des PRINCE2™-Projekts liegt.

Wenn Akzeptanzprobleme bestehen, lohnt es sich trotzdem, PRINCE2™ nur für sich als einzelner Projektverantwortlicher oder als einzelnes Unternehmen zu verwenden. PRINCE2™ schafft sich durch seinen Best Practice-Ansatz auch einen hohen Nutzen, selbst wenn die eingesetzten Methoden, Dokumente und Komponenten nicht mit PRINCE2™ betitelt werden, sich also quasi im „Undercover"-Einsatz bewähren. Die folgenden unterschiedlichen Elemente von PRINCE2™ tragen besonders zum Erfolg des jeweiligen Projekts bei, für deren Einsatz es aber nicht notwendig ist, ihre Einbettung in PRINCE2™ allen Projektbeteiligten gegenüber transparent zu machen. Zu diesen zählen u. a.:

- Die Definition des Business Case als wirtschaftliche Grundlage des Projekts liefert die Basis für schnelle Entscheidungen während des Projekts, wenn sich z. B. Realisierungsbedingungen unvorhergesehen ändern und dadurch Kosten oder Erträge von der ursprünglichen Planung abweichen.
- Mit der produktbasierten Projektplanung bleibt das zu erreichende Projektziel klar vor Augen. Dies erleichtert sowohl die Kommunikation mit dem Kunden als auch die auf das Ergebnis ausgerichtete Projektsteuerung.
- Die in PRINCE2™ enthaltenen Vorlagen für zentrale Projektdokumente umfassen alle wichtigen Informationen. Die dafür vorgesehenen Produkte gewährleisten eine auf das Wesentliche konzentrierte Berichterstattung an das Management, während für andere Zielgruppen nicht nur Zusammenfassungen oder Extrakte verwendet werden.
- Die Pläne und das Register offener Punkte als Steuerungsmittel, in der u. a. alle auftretenden Fragen und Probleme enthalten sind, machen den Projektablauf für alle Beteiligten transparent und intuitiv erfassbar.

Um PRINCE2™ einsetzen zu können, ist es also nicht notwendig (wenn auch mehr als empfehlenswert), dass alle Projektbeteiligten sich bereits mit dieser Projektmanagement-

Methode beschäftigt haben oder sogar eine Zertifizierung vorweisen können. Dies bedeutet allerdings nicht, dass die Beteiligten die einzelnen Elemente von PRINCE2™ willkürlich herauspflücken und beliebig kombinieren können. Auch das Anpassen von PRINCE2™ an das jeweilige Projekt muss bestimmten Regeln gehorchen. Für das korrekte Skalieren ist es erforderlich, alle Prozesse und Themen von PRINCE2™ zu berücksichtigen. So können zwar durchaus mehrere Prozesse vereinfacht oder sogar zusammengelegt, aber nicht einfach außer Acht gelassen werden. Denn auch bei einem einfachen Projekt spielen alle in PRINCE2™ behandelten Aspekte eine Rolle. Es ist meist besser, einige Minuten in die Bearbeitung eines Dokuments zu investieren, als hinterher festzustellen, dass ein wichtiger Aspekt übersehen wurde oder nicht mehr abrufbar ist, z. B. in Bezug auf die Beantwortung der Frage, warum vor einem halben Jahr während der Diskussion des Lösungsansatzes die Option XYZ verworfen wurde.

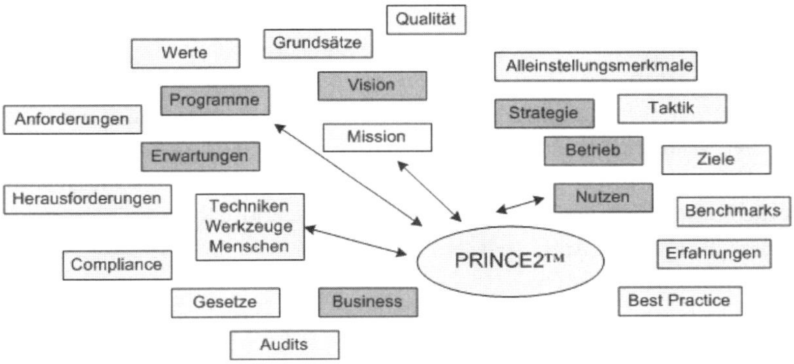

Abbildung 2.11: PRINCE2™ als Vermittler zwischen Projekt und Business

2.4 Die PRINCE2™-Grundprinzipien im Zusammenhang

PRINCE2™ hat sich aus vielerlei Gründen als Best Practice-Methode bewährt. Einige der Aspekte und Eigenschaften, die essentiell im Sinne von PRINCE2™ sind, sind seit Langem Bestandteil dieser Methodik und wurden im Zuge der Überarbeitung zur PRINCE2:2009™ explizit als Prinzipien der Methode definiert. So werden ihnen zum einen die Beachtung und der Raum geebnet, der ihnen gebührt. Zum anderen wird so deutlich, dass die Anwendbarkeit von PRINCE2™ und der Projekterfolg auf den Prinzipien beruhen, die erprobte Vorgehensweisen und viele Jahrzehnte Erfahrung vereinen. Sie gelten allgemein als Schlüsselfaktoren für den Projekterfolg. Projekte, die nicht auf diesen Prinzipien fußen, werden nicht als PRINCE2™-Projekte angesehen.

Die sieben Grundprinzipien lauten:

- Fortlaufende geschäftliche Rechtfertigung
- Lernen aus Erfahrungen
- Definierte Rollen und Verantwortlichkeiten
- Steuern über Managementphasen
- Steuern nach dem Ausnahmeprinzip
- Produktorientierung
- Anpassen an die Projektumgebung

Diese Grundsätze als Kern eines PRINCE2™-Projekts sind nicht isoliert und einzeln für sich zu betrachten, sondern sie stehen in direktem Zusammenhang mit den Prozessen (und ihren Aktivitäten) und den Themen sowie dem Anpassen an die Projektumgebung (Tailoring). Auch untereinander weisen die Prinzipien Berührungspunkte und Wechselwirkungen auf. Vor allem die Prinzipien und die Themen, die in früheren Versionen als Komponenten bezeichnet wurden, sind eng miteinander verzahnt (*siehe Abbildung 2.12*).

PRINCE2:2009-Foundation-Zertifizierungsprüfung: Grundprinzipien und Themen

Auch einige der Prüfungsfragen greifen die Wechselbeziehung zwischen den Themen und Prinzipien auf. Diese Form ist seit der Version 2009 neu.

Inwiefern unterstützt der Prozess* Steuern einer Phase *das Grundprinzip „Lernen aus Erfahrungen?"

a. Hilft dem Projektmanager sicherzustellen, dass Produkte innerhalb der mit dem Lenkungsausschuss vereinbarten Toleranzen geliefert werden.

b. Fordert den Projektmanager dazu auf, die während der Fortschrittsprüfung einer Phase gewonnenen Erfahrungen zu protokollieren.

c. Erfordert die Eskalation von offenen Punkten und Risiken an den Lenkungsausschuss, wenn die Phasen- oder Projekttoleranzen gefährdet sind.

d. Empfiehlt die Erstellung eines Arbeitspakets für die Lieferung von Produkten, die ein bestimmtes Know-how erfordern.

Lösung: b) ist richtig.

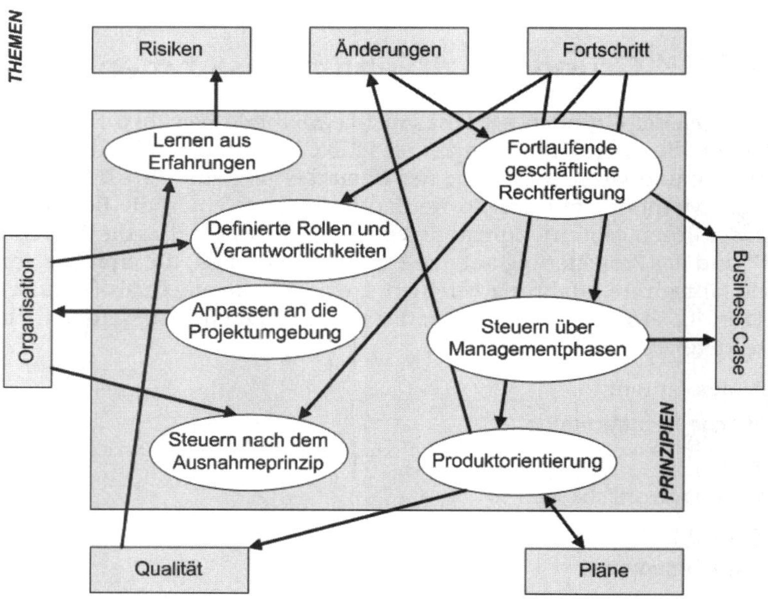

Abbildung 2.12: Prinzipien und Themen stehen in engem Zusammenhang und nicht isoliert.

2.4.1 Fortlaufende geschäftliche Rechtfertigung

Ein Beispiel für den engen Zusammenhang zwischen Grundprinzipien und Themen stellt die notwendige geschäftliche Rechtfertigung für ein Projekt dar, die zu jedem Zeitpunkt gegeben sein muss. Diese bezieht sich auf einen validen Business Case, in dem die relevanten Argumente und Erklärungen für den Mehrwert, den ein Projekt generieren soll, zu finden sind.

Der Business Case (*siehe auch Kapitel 4.1, Business Case*) ermöglicht dem Lenkungsausschuss und dem Projektmanager einen Mehrwert zu definieren, der für jedes Produkt und die dazu benötigten Aktivitäten zu erwarten ist. Bei jeder Fertigstellung eines Produkts, bei jedem Übergang von einer Projektphase zur nächsten und bei jeder vorgenommenen Änderung muss zuerst bewiesen werden, dass der erforderliche Mehrwert erreichbar ist. Damit kommt man dem unkontrollierten Einsatz von Ressourcen zuvor und beeinflusst am Ende des Projekts auch noch die Kundenzufriedenheit positiv. Ohne einen gut definierten, dokumentierten und genehmigten Business Case kann ein Projekt gemäß PRINCE2™ nicht starten und nicht fortbestehen.

Business Case:
- Rechtfertigung für den Start u. die Umsetzung eines Projekts (oder eines Vorhabens)

- **Wirtschaftliche Gründe**: Warum ist das Projekt wichtig?
- **Optionen**: Mögliche Alternativen sollten aufgezeigt werden. Diese müssen genau beleuchtet und die Entscheidung entsprechend begründet werden.
- **Nutzen**: Darstellung von erwarteten Erträgen bzw. von erzielbarem Mehrwert, der messbar sein muss. Diesen Nutzen muss der Auftraggeber beschreiben.
- **Mögliche negative Nebeneffekte für Stakeholder**: Gibt es Projektergebnisse als tatsächlich eintretende Konsequenzen, die von einem oder mehreren Stakeholdern nicht als positiv erachtet werden?
- **Risiken**: Beschreibung der wichtigsten Risiken und deren Auswirkungen auf den Projektverlauf
- **Zeit und Kostenrahmen**: Höhe der Kosten u. Zeitplanung (Anlaufzeitpunkt und Projektdauer)
- **Investitionsplanung**: Entscheidung des Unternehmens darüber, wie erwirtschaftete Finanzmittel eingesetzt werden sollen.

Abbildung 2.13: Der Business Case

Ein Business Case darf nicht aus geschönten Zahlen bestehen, die vorgelegt werden, um in Zeiten knapp kalkulierter Budgets, ständiger „Challenges" und Optimierungsmaßnahmen überhaupt ein Projektbudget zu erhalten. In solchen Fällen besteht die Gefahr, dass Projekte auch dann umgesetzt werden, wenn sie anscheinend nur einen geringen Nutzen mit sich bringen und gegebenenfalls nicht mit den strategischen Zielen konform sind. Unabhängig von der Frage, aus welchem Grund ein Projekt umgesetzt werden muss, gilt es, Nutzen, Kosten und Risiken der möglichen Alternativen abzuschätzen und objektiv zu begründen. Ist dies nicht der Fall, widerspricht es zum einen dem objektiven Auswahlprozess und der Frage, welche die beste zu wählende Option ist. Zum anderen lassen sich unnötige Eklats wie z. B. bei der Frage, ob das Kölner Schauspielhaus neu gebaut oder saniert werden soll, vermeiden.

Beispiele dafür, dass nicht nachvollziehbare, „schön gerechnete“ und unverständliche Entscheidungen umgesetzt werden sollen, gibt es aber nicht nur in der IT- oder der Baubranche.

PRINCE2™ beschränkt sich nicht auf die Projektebene, sondern bezieht das Unternehmens-Management aktiv in das Projektmanagement ein. Das ist verständlich, denn ein Projekt bezieht seine Daseinsberechtigung aus einem Auftrag des Unternehmens und übergibt diesem am Projektende ein „Projektendprodukt“ zurück. Damit der Nutzen für die Organisation gewährleistet ist, wird dem Lenkungsausschuss als Vertreter des Unternehmens-Managements eine aktive Projektlenkung im Prozess *Lenken eines Projekts* zugewiesen. Veränderungen außerhalb des Projekts, wie z. B. sich verändernde Märkte oder Organisationsveränderungen, können gravierende Auswirkungen auf das Projekt haben. Sie sind aber außerhalb des Verantwortungsbereichs des Projektmanagers. Der Lenkungsausschuss hat in diesem Fall die Aufgabe, einen adäquaten Umgang mit diesen Veränderungen im Projekt zu gewährleisten. Ein valider Business Case muss allerdings nicht in Stein gemeißelt sein, sondern kann sich im Laufe des Projekts verändern. Gerade deshalb ist es wichtig, den prüfenden Blick auf die fortlaufende geschäftliche Rechtfertigung des Projekts beizubehalten.

2.4.2 Lernen aus Erfahrungen

„Wissen gilt als die einzige Ressource, die sich im Gebrauch vermehrt“. Dieses markante wie einprägsame Zitat wurde im Herbst 2009 vom Wirtschaftsmagazin „brandeins“ aufgegriffen, um nicht nur als Titelthema auf dem Cover zu landen, sondern aufgrund seiner immerwährenden Aktualität von allen Seiten beleuchtet und diskutiert zu werden. Doch diese Erkenntnis ist nicht neu, sondern dem Wissen als solchem wurde bereits im Zuge der ökonomischen Theorie und Praxis der vergangenen Jahrzehnte eine wachsende Bedeutung zugesprochen.

Exkurs: Wissen und Erfahrungen

Wissen kann je nach Kontext sehr vielfältig verstanden werden. Wissen ist weder objektiv noch dauerhaft gegeben, sondern vielmehr zweckrelativ, situationsgebunden, perspektivisch unvollständig, vorläufig und verändert sich im praktischen Umgang. Bei der Verarbeitung von Wissen und zur Minimierung von Interpretationsfehlern fließen vorausgegangene und aktuelle Erfahrungen und zukünftige Erwartungen mit ein.

Im allgemeinen Kontext ist Wissen als „Kenntnishaben von etwas“ zu verstehen. Wissen beeinflusst das Denken und Handeln eines Menschen. Wissen gilt im Sinne eines anwendungsorientierten Verständnisses als die „Gesamtheit der Kenntnisse und Fähigkeiten, die Individuen zur Lösung von Problemen einsetzen. Dies umfasst sowohl theoretische als auch praktische Alltagsregeln und Handlungsanweisungen.“ (nach Probst, Raub, Romhardt, 1999).

Wissen baut auf Zeichen, Daten und Informationen auf. Zeichen (z. B. Buchstaben und Ziffern) und Daten (z. B. Kunden-, Artikelstammdaten, Verkaufszahlen) und Informationen (z. B. technisches Know-how, Standardprozeduren, Lösungsbeschreibungen) sind konkret, während das personengebundene Wissen (z. B. spezifische Kenntnisse) eher komplexer und abstrakter ist. Um in sozialen Zusammenhängen wirksam zu werden, muss Wissen zudem kommuniziert werden. Informationen werden erst dann zu Wissen transformiert, wenn sie auf dem Hintergrund von Vorwissen und gebunden an die entsprechende Situation verwendet werden. Wissen ist damit aktivierendes Handlungsvermögen (auch im Sinne von Francis Bacons „Wissen ist Macht“ zu verstehen), da es die Grundlage dafür ist, „etwas in Gang zu setzen“. Als Handlungsressource dient Wissen (nach Krebs, 1998) somit dem Erkennen, der Gestaltung, der Bewältigung und der Bewertung situativer Aufgaben sowie den im Laufe der Bearbeitung eintretenden erwarteten und unerwarteten Ereignissen.

Exkurs: Wissensmanagement

Unter Wissensmanagement wird die zielgerichtete Gestaltung von Wissensprozessen in Unternehmen verstanden. Es trägt systematisch dazu bei, Wissen zu entwickeln, es zweckvoll zu organisieren, auf ein übergeordnetes Ganzes bezogen zusammenzustellen und zu speichern. Wissen soll dabei nutzerfreundlich aufbereitet, weitergegeben und hinsichtlich seiner Bedeutung evaluiert werden. Die Aufgaben des Wissensmanagements lassen sich wie folgt zusammenfassen (vgl. von Krogh, Venzin, 1995):

- Erschließen von Wissen (Erfahrungen, Best Practices) für alle, die dieses im Rahmen ihrer organisationalen Rolle benötigen
- Verfügbarmachen von Wissen am Ort und Zeit der Entscheidung
- Erleichterung von effektiver und effizienter Wissensentwicklung
- Sicherstellen, dass jeder in der Organisation weiß, wo Wissen verfügbar ist
- Umsetzen der Kompetenzen

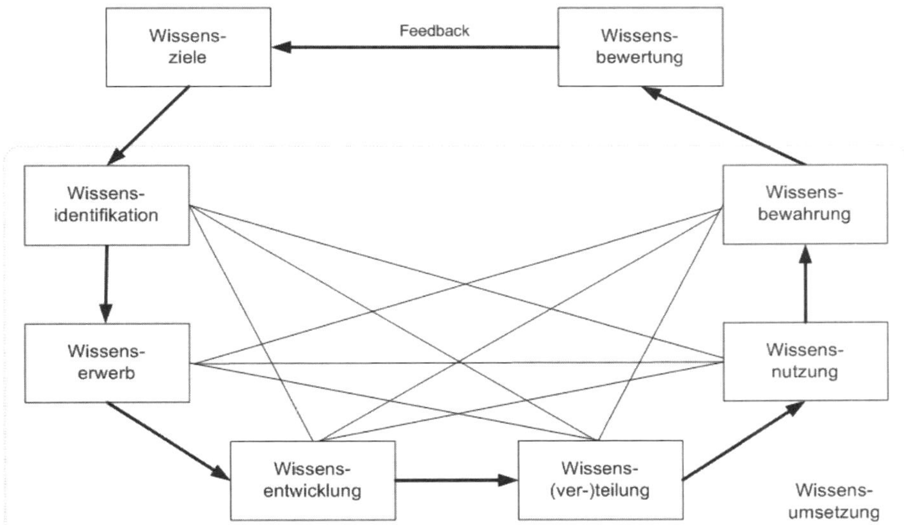

Abbildung 2.14: Bausteine des Wissensmanagements (nach Probst/Raub/Romhardt)

Im Rahmen des Wissensmanagements geht es auch um eine zweckorientierte Verarbeitung bzw. Vernetzung sowie Verwandlung von Informationen in verwertbares Wissen. Der Wert des Wissens ist für ein Unternehmen erst dann umsetzbar, wenn das Wissen („Know-what") in ein Können („Know-how") transferiert und sich in (Kern-)Kompetenzen als Formen der Wissensanwendung konkretisiert.

Es gibt unterschiedliche Grundarten des Wissens, also unterschiedliche Aspekte anhand derer Wissen unterschieden und beschrieben werden kann. Beispiele hierfür sind u. a.

- Wissen, das sich auf Denken gründet (kognitives oder theoretisches Wissen)
- Wissen, das auf Erleben basiert (wahrnehmendes oder „emotives" Wissen)
- Wissen, das auf Handeln beruht (praktisches Wissen)

Explizites und implizites Wissen

Wissen kann von anderen nur genutzt werden, wenn es übertragbar ist. Wissen, das in den Köpfen, Herzen und Fähigkeiten der Mitarbeiter und Kolleginnen steckt, ist persönlich, erfahrungsgebunden, kontextspezifisch und deshalb schwer kodifizier- und übertragbar (vgl. Polanyi 1967, Nonaka/Takeuchi 1995). Es betrifft Emotionen, Überzeugungen und Wertesysteme und ist daher nicht in Buchstaben, Zahlen oder Diagrammen darstellbar. Es bezeichnet das implizite Wissen („embodied knowledge") und ist nur durch die jeweilige Person übertragbar und nicht nur durch Papier oder Folien.

Erst wenn es gelingt, implizites in explizites Wissen („disembodied knowledge") zu verwandeln und dieses in eine formale, systematische Sprache zu übertragen, kann es von anderen verwendet werden. Explizites Wissen ist als übertragbares Wissen, z. B. als Buch oder als Vortrag zu verstehen, das so aufbereitet ist, dass es von anderen nachvollzogen und verinnerlicht werden kann.

Ferner kann Wissen als individuelles (personengebunden) oder kollektives Vermögen (entstehend aus der Interaktion zwischen Menschen) verstanden werden. Darüber hinaus existiert eine Unterscheidung in konkretes Faktenwissen (z. B. spezifische Informationen über Spezialistenprodukte), das als Wissen 1. Ordnung bezeichnet wird, und das (prozessuale) Meta-Wissen. Dieses bezieht sich als Wissen 2. Ordnung auf die Verarbeitung und Steuerung von Wissen. Es richtet sich auf den Umgang mit der Ressource Wissen (z. B. wie das Wissen um ein Produkt genutzt werden kann) und beinhaltet auch das sogenannte Regel- oder Methodenwissen, zu dem auch das Verhaltenswissen zählt. PRINCE2™ als Methode gehört also zum Wissen 2. Ordnung.

Die Basis des Wissens einer Organisation ist mehr als die Summe des individuellen Wissens. Denn in ihr wird bestimmt, wo und in welcher Form Wissen erworben und gespeichert sowie wie es verwaltet, von wem und in welcher Situation es abgerufen und verändert wird. Außerdem gibt die organisationale Wissensbasis vor, wie sich innerhalb einer Organisation z. B. wissensbezogene Synergieeffekte gewinnen lassen. Sie setzt sich aus organisationsspezifischen Wissensbeständen zusammen, auf die eine Organisation zur Lösung von Aufgaben zurückgreifen kann. Es beinhaltet die Kenntnis über relevante organisationale Aktivitäten bzw. Wirkzusammenhänge. Damit stellt es ein Handlungspotenzial dar, das Mitarbeitern und Entscheidungsträgern zur Verfügung steht.

„Give and take" in Projekten

Die steigende Bedeutung der „Ressource Wissen" gilt auch für das Projektmanagement. Auch hier gilt, dass die aktuell Beteiligten im Projekt von den Fehlern und Erkenntnissen anderer Projekte lernen können. Aus welchem Grund sollten Sie bereits gemachte Fehler noch einmal machen? Stützen Sie sich auf das Wissen anderer und geben Sie auch Ihr Wissen an andere weiter. Dieses Vorgehen beschreibt eine typische „Win-Win-Situation" für alle Beteiligten.

Projektarbeit ist auch Wissensarbeit und „Wissensarbeiter" verfügen selbst über den Produktionsfaktor einer hoch professionellen Expertise in Form ihres intellektuellen Kapitals. Sie sind Problemidentifizierer und -löser, strategische Vermittler und Berater. Allerdings nutzen die meisten Unternehmen die vorhandenen Wissensressourcen nur zu einem Bruchteil. Projekterfahrungen und Kompetenzprofile der Mitarbeiter und damit ihr implizites Wissen, das an anderer Stelle gerade benötigt wird, sind im Unternehmen oft nur unzureichend bekannt. Mit dem Ausscheiden von externen Kollegen aus dem Projektteam oder der internen Mitarbeiterin, die ihr Wissen nicht dokumentiert hat, geht Wissen verloren. PRINCE2™ verlangt, auch um diesen Missständen entgegenzuwirken und die Wissensbasis mit den relevanten Informationen zu vergrößern, dass während der gesamten Projektlaufzeit Erfahrungswerte gesammelt und dokumentiert werden.

Lernen aus Erfahrungen zieht sich durch das gesamte Projekt

Der Nutzungsgrad des „internen Wissens" ist fast überall erschreckend gering, auch wenn sich nach offiziellen Angaben diese Entwicklung langsam zu ändern scheint. Der Wiederverwendungsgrad des Wissens im Unternehmen ist gerade deswegen bedenklich, weil Unternehmen dem „Produktionsfaktor Wissen" einen großen Anteil an der Gesamtwertschöpfung beimessen. Daher besteht neben der Dokumentation von Wissen und Erfahrungen im Projektverlauf auch die Forderung aus PRINCE2™, dass auf bestehende Erfahrungswerte zurückgegriffen und Erkenntnisse aus bereits dokumentierten Erfahrungen und Wissen umgesetzt werden. Da Projekte eine gewisse Form von Einzigartigkeit mit sich bringen und oftmals ähnlich gelagerte Projekte neu unter anderen Rahmenbedingungen aufgesetzt werden, finden sich die relevanten Informationen nicht immer in der Form, Detailtiefe oder so themenspezifisch, wie das einzelne Projektmitglied dies benötigt. In vielen Fällen kann die Mitarbeiterin aber darauf aufbauen und erste Erkenntnisse aus den vorhandenen Materialien entwickeln. Die Herangehensweise sollte proaktiv erfolgen und so mit einer Holschuld des Einzelnen verbunden sein. Gerade in „Erstprojekten" ist es wichtig, auf dokumentierte Erfahrungen anderer zurückzugreifen, um daraus Erkenntnisse für das eigene aktuelle Projekt zu gewinnen. Das muss sich nicht unbedingt auf schriftlich fixierte Informationen beziehen, sondern kann sich auch auf Interaktion und Kommunikation mit internen oder externen Kollegen, Recherche im Internet insbesondere in Fachforen, Empfehlungen von Mitarbeitern aus anderen ähnlichen Projekten oder gar das Hinzuziehen eines externen Beraters beziehen.

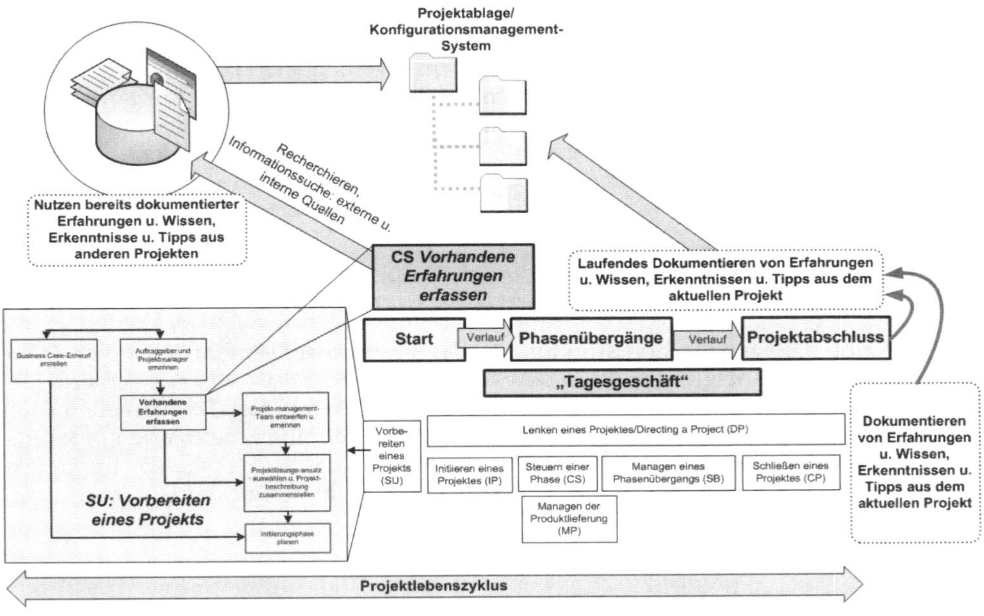

Abbildung 2.15: Projekte lernen voneinander

Die Verwertung von Informationen und Erfahrungen und das Lernen daraus, aber auch die eigene Dokumentation von Erfahrungswerten bieten unterschiedliche Anknüpfungspunkte im Projektverlauf. Zu Beginn des Projekts ist dem Erkenntnisgewinn aus bereits erfolgten oder aktuellen Projekten eine eigene Aktivität im Prozess *Vorbereiten eines Projekts* gewidmet: *Vorhandene Erfahrungen erfassen* (*siehe Kapitel 5.1.2, SU Vorhandene Erfahrungen erfassen*). Hier gilt es, frühere oder ähnliche Projekte auf übertragbare Erfahrungswerte zu prüfen. Warum sollte man das Rad neu erfinden oder die gleichen Fehler noch einmal begehen? Hinweise, Tipps und Lessons Learned (z. B. bei PRINCE2™ in Form eines Erfahrungsberichts oder -protokolls) können gerade zu Beginn eines Projekts Gold wert sein, um beispielsweise bereits von Anfang an auf dem richtigen Lösungspfad zu wandeln oder eine ungeeignete Option auszuschließen.

Auch die Projektteilnehmer vollziehen im Projektverlauf einen Lernprozess. Zu betonen ist, dass die Dokumentationsumsetzung sowie das Einbringen von Erfahrungen und Wissen in die Wissensbasis (des Projekts bzw. letztendlich der Organisation) keine Hauptaufgabe des Projektmanagers ist. Allen Projektbeteiligten obliegt diese Pflicht.

Die Erfahrungen, das Wissen und die daraus abgeleiteten Maßnahmen sollten dokumentiert und so auch in den entsprechenden (Management-)Produkten festgehalten werden. So können Verbesserungen bereits während der Projektlaufzeit umgesetzt werden. Dies führt darüber hinaus zu weiteren positiven Effekten. Zum einen werden so Entscheidungen und ihre Motivation festgehalten. So kann bei Bedarf immer wieder nachgelesen werden, aus welchem Grund eine bestimmte Option gewählt oder abgelehnt wurde, und die Mitarbeiter verstricken sich nicht immer wieder in Endlosdiskussionen. Auch für neu hinzukommende Mitglieder der Projektorganisation sind diese Informationen relevant, um sich Informationen über den bisherigen Projektverlauf zu machen und um ein Gespür dafür zu bekommen, welche Faktoren für das Projekt welche Relevanz besitzen. Zum anderen können diese Informationen wiederum anderen Projekten als Informationsquelle dienen.

PRINCE2™ fordert beispielsweise am Ende der Projektphasen dazu auf, das sogenannte Erfahrungsprotokoll (Lessons Log) fortzuschreiben. Dieses mündet spätestens zum Projektende in den Erfahrungsbericht (Lessons Report). Hier werden alle Erfahrungswerte dokumentiert, die auch für andere Projekte nützlich sein können. Positive und negative Erfahrungen sollen weitergereicht werden, wobei die negativen Erfahrungen in Zukunft vermieden werden sollen. Dafür sollte aber nicht erst zum Projektende, sondern wie bereits beschrieben auch bereits im Projektverlauf ein Zeitfenster geschaffen werden, um diesem Anspruch gerecht zu werden. Erfahrungswerte sollen Veränderungen bewirken und nutzenstiftend sein.

2.4.3 Definierte Rollen und Verantwortlichkeiten

PRINCE2™ gibt die Organisationsstruktur für das Projektmanagement-Team vor (*siehe Abbildung 2.16*). Dabei integriert es die Verantwortlichen auf der Seite von Kunden und Lieferanten in die Projektorganisation und legt deren Zuständigkeiten fest. Das Vorgehen nach PRINCE2™ liefert so klare Kompetenzregelungen und darüber hinaus definierte Kommunikations- und Entscheidungswege. Auch werden so die wichtigsten Stakeholder im Projekt beschrieben. Innerhalb der Organisationsstruktur sind die Interessen des Unternehmens, der Benutzer und der Lieferanten vertreten.

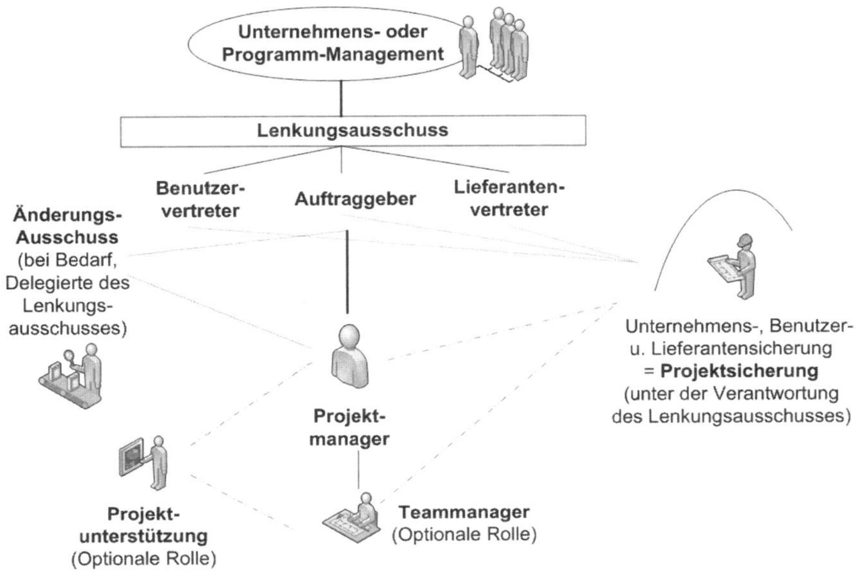

Abbildung 2.16: Organisationsstruktur des Projekts unter PRINCE2™ (©Crown Copyright 2009, durch OGC lizenzierte Wiedergabe)

Dieses Grundprinzip von PRINCE2™ lehnt sich eng an das Thema der Organisation an. Durch die definierte Organisationsstruktur, die als Thema essentieller Bestandteil der PRINCE2:2009-Methodik ist, werden die Rollen und Verantwortlichkeiten vorgegeben. Das Organisationsthema gibt insgesamt neun Rollen vor.

- Lenkungsausschuss/Project Board
- Auftraggeber/Executive
- Benutzervertreter/Senior User
- Lieferantenvertreter/Senior Supplier
- Projektmanager/Project Manager
- Teammanager/Team Manager
- Projektsicherung/Project Assurance
- Änderungsausschuss/Change Authority
- Projektunterstützung/Project Support

Durch diese Rahmenbedingungen der Organisation sowie deren Rollen und Verantwortlichkeiten wird auch der Skalierbarkeit von PRINCE2™ und damit den Anpassungsmöglichkeiten der Methode an die Projektumgebung Genüge getan (*siehe Kapitel 6, Tailoring: PRINCE2™ an die Projektumgebung anpassen*).

Bezüglich des Themenkomplexes Organisation (*siehe auch Kapitel 4.2, Organisation/Organisation*) und/sowie deren Rollen und Verantwortlichkeiten sollten Sie sich vor Augen halten, dass es hierbei um Menschen und deren persönliche Unterstützung des Projekterfolgs geht und nicht um Ressourcen als Zahlenwerke auf dem Papier. Das Individuum kann nur an der richtigen Stelle seine Kompetenzen einbringen, und damit einher geht die Anforderung, dass die richtigen Personen in die für sie passende(n) Rolle(n) schlüpfen und dass diese Personen wissen, was von ihnen erwartet wird. Wird dies außer Acht gelassen, sitzen im schlechtesten Fall die richtigen Personen an den falschen Stellen, die Beteiligten kennen die Erwartungshaltung an sie nicht und wissen auch nicht, was sie von anderen erwarten können.

Klare Rollen und Verantwortlichkeiten sind schon deswegen ein Erfolgsfaktor, da die Projektteilnehmer und Beteiligten meist aus unterschiedlichen Organisationen oder Organisationsbereichen, teilweise als Teilzeit-, teilweise als Vollzeitkräfte kommen. Kommt in der Unternehmung eine Matrixorganisation zum Einsatz, d. h. kommt der Mitarbeiter aus der Linie heraus in das Projekt und ist gegebenenfalls zum Teil weiterhin in seinen Linienaufgaben verpflichtet, sind Spannungen und Rollenkonflikte wahrscheinlich. Die vertikale Linienorganisation wird von einer horizontalen projektorientierten Organisation überlagert. Die Projektmitarbeiter bleiben ihrem Linienvorgesetzten disziplinarisch unterstellt und werden so zum „Diener zweier Herrn". Um dies zu vermeiden, muss eine ausdrücklich definierte Teamstruktur mit eindeutigen und vereinbarten Rollen und Verantwortlichkeiten der Projektbeteiligten vorhanden sein. Die unterschiedlichen Parteien werden so bei der Erreichung der gemeinsamen Projektziele unterstützt und wissen, was von ihnen erwartet wird. Es existieren aber neben der Linienorganisation oder der Matrix-Organisation noch andere Möglichkeiten durch die Aufbauorganisation im Unternehmen, die Projektarbeit zu unterstützen. Eine Option stellt das sogenannte Center of Excellence dar. Diese zentrale Stelle definiert Standards und stellt Fachleute für die unterschiedlichen Projekte bereit, bietet Trainings an oder fungiert als Sicherungsfunktion für Projekte.

Auch sauber definierte und verständliche Kommunikationswege für den Informationsaustausch sind in diesem Zusammenhang zu fordern. Nur so kann verhindert werden, dass sich Prozessbeteiligte oder das Projektmanagement-Team um Anliegen kümmern, für die sie nicht zuständig sind, oder um Interaktion, die in einer unzureichend aufbereiteten Form an sie herangetragen wird. Aber auch hier gilt es, sich vor zu viel Formalismus zu schützen, und jede Frage oder jedes Anliegen, das an den Teammanager herangetragen wird, sollte nicht mit einem prägnanten „Schreib' mir doch bitte mal einen Dreizeiler dazu." beantwortet werden.

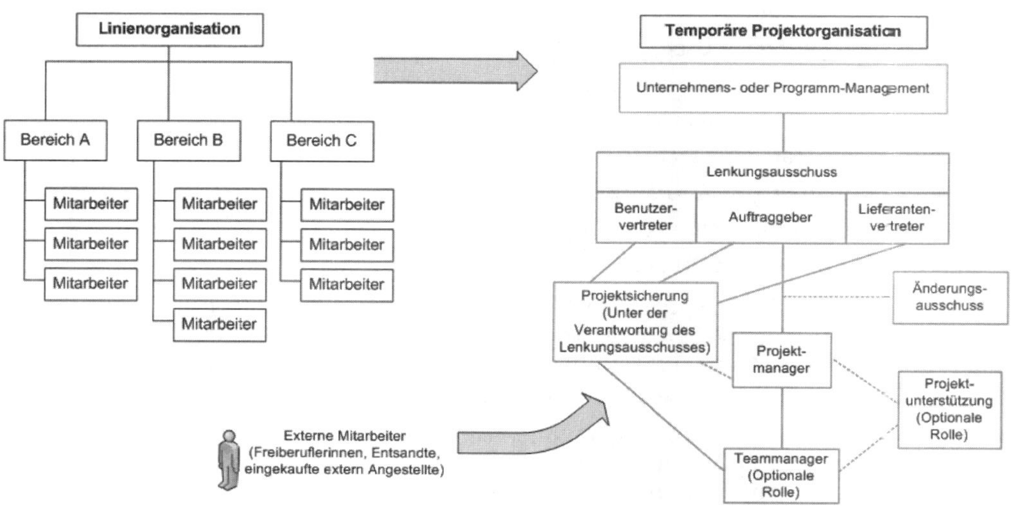

Abbildung 2.17: Die Managementstrukturen der Projektbeteiligten können sehr unterschiedlich sein, z. B. können in der Praxis nicht nur interne Kollegen, sondern auch externe Mitarbeiter Teil des Projektmanagement-Teams sein

Stakeholder und Kommunikation

Als Stakeholder werden im allgemeinen Zusammenhang alle jene Gruppen bezeichnet, die durch die Unternehmenstätigkeiten beeinflusst werden. Oft ist die Beziehung auch reziprok und die Anspruchsgruppen können ihrerseits auf das Unternehmen Einfluss nehmen. Im Zusammenhang mit einem Projekt sind Stakeholder als jene Personen anzusehen, die ein bestimmtes Interesse mit einer Organisation bzw. einem Projekt verbindet. Sie können an Aktivitäten, Zielen, Ressourcen oder Liefererergebnissen interessiert sein. Zu den Stakeholdern können Kunden, Partner, Regulierungsbehörden, Betriebsrat, Mitarbeiter, Datenschutzbeauftragte, Auftraggeber, Projekt-Sponsoren, Sicherheitsbeauftragte, Anteilseigner, Inhaber etc. zählen. Diese stehen dem Projekt oder Programm nicht gleichgültig gegenüber, sondern besitzen eine bestimmte Haltung. Sie lehnen das Projekt ab – oder befürworten es, sie ziehen einen direkten oder indirekten Nutzen aus dem Projekt – oder erleiden einen Nachteil, sie sind positiv oder negativ eingestellt.

Es sind Beziehungen zu den Stakeholdern aufzubauen und zu pflegen. Dieser Grundsatz ist allgemeiner Natur und findet sich auch in anderen erfolgreichen Projektmanagement-Methoden und -Standards wieder. Die Erwartungen der Stakeholder müssen dargelegt und gegebenenfalls korrigiert werden. Auch ein rechtzeitiger und proaktiver Informationsfluss, was Wissenstransfer, Pläne und Änderungen angeht, ist sehr wichtig. Stakeholder sollten auch an allen fachlichen Tests beteiligt sein. Der erste Schritt eines erfolgreichen Stakeholder-Managements besteht darin, wesentliche Stakeholder und deren Interessen zu erfassen. Wer sind die relevanten Stakeholder? Eine entsprechende Stakeholder-Analyse untersucht die Anforderungen und Interessen der Stakeholder, prüft ihren Einfluss und ihre Möglichkeiten. Allerdings muss dabei auch beachtet werden, dass Stakeholderzuordnungen nicht statisch sind, sondern wechseln können. Quick-Wins helfen dabei, eine positive Einstellung (Goodwill) aller Beteiligten zu schaffen.

Exkurs: Stakeholder-Mapping

Besondere Sorgfalt für die Einordnung und Klassifizierung der Stakeholder in ein Stakeholder Mapping ist notwendig, da es die Grundlage für alle weiteren Maßnahmen darstellt. Um die relevanten Stakeholder in Beziehung zur eigenen Organisation einzuordnen und zu bewerten, wird ein sogenanntes „Stakeholder Map“, eine „Anspruchsgruppen-Matrix“, erstellt. Diese Matrix kann unterschiedliche Formen und Gestalten annehmen. Wichtig ist jedoch – neben der Identifizierung der relevanten Stakeholder – ihre Einordnung in die Unternehmenshierarchie. Die im Stakeholder Map beispielhaft dargestellten Anspruchsgruppen geben selbstverständlich nur einen kleinen Teil der Möglichkeiten wieder und variieren von Organisation zu Organisation. Wichtig ist die genaue Einordnung, da Angehörige gleicher Ebenen unterschiedliche Unterstützungspotenziale darstellen können.

Unterstützungspotenzial / Bedrohungspotenzial	niedrig	hoch
hoch	Unterstützende Stakeholder → **Einbindung**	Gemischte Stakeholder → **Zusammenarbeit**
niedrig	Marginale Stakeholder → **Beobachtung**	Nicht-unterstützende Stakeholder → **Verteidigung, Umstimmung**

Abbildung 2.18: Klassifizierungsmodell von Stakeholdern (Vierer-Matrix nach Savage)

Nicht nur beim Thema Stakeholder-Management spielt das Thema Kommunikation eine wichtige Rolle. Je größer anstehende Veränderungen durch ein Projekt sind, umso wichtiger ist das Thema Kommunikation. Eine Vielzahl von Personen ist durch Änderungen betroffen, die von der umzusetzenden Änderung einen Wertbeitrag erwarten und damit gegebenenfalls auch Änderungen ihrer täglichen Arbeitsweise umsetzen müssen. In jedem Fall ist aktive oder passive Unterstützung notwendig. Ist diese Unterstützung noch nicht in dem notwendigen Maße vorhanden, ist Überzeugungsarbeit gefragt, die oftmals weder einfach noch angenehm sein kann, aber absolut notwendig ist. Je nachdem wie groß die anstehenden Änderungen sind, berührt dies auch den Themenbereich Unternehmenskultur. In jedem Fall ist der erforderliche Arbeitseinsatz nicht zu unterschätzen.

Nach dem Aufstellen einer Strategie (Kommunikationsmanagement-Strategie, *siehe Kapitel 5.2.2, IP Kommunikationsmanagement-Strategie erstellen*), wie die notwendige Unterstützung der Stakeholder gewonnen werden kann, ist das Aufstellen einer entsprechenden Planung notwendig.

Diese Planung beschreibt, wie die Stakeholder und Interessierten, aber auch die direkt Beteiligten mit Informationen versorgt werden sollen. Hier wird im Detail beschrieben, welche Organisationseinheiten und Personen in welcher Form und in welchen zeitlichen Abständen Informationen erhalten bzw. Informationen untereinander austauschen. Es existieren unterschiedliche Modelle, um eine solche Planung aufzusetzen oder die richtige Form zu finden, wie beispielsweise das RACI-Modell (verantwortlich/responsible, rechenschaftspflichtig/accountable, beratend/consulting, zu informieren/to be informed), wobei in einer Matrix für spezifische Bereiche der Informationsbedarf bzw. die entsprechende Notwendigkeit einer Informationsverbreitung besteht (*siehe Abbildung 2.19*).

Diese Matrix ist im Übrigen nicht nur beim Thema Kommunikation relevant, sondern kann auch in anderen Dokumenten (Managementprodukte) wertvolle Dienste leisten, um Verantwortlichkeiten festzulegen.

	Kunde	Koordinator	Customer Service	Dienstleister	Lokaler Ansprechpartner	Service Desk
Aktivität 1	R			A	C	I
Aktivität 2	A	R	I			I
Aktivität 3	A			I		I
Aktivität 4	A			I		
Aktivität 5	R					A

Abbildung 2.19: Beispielhafte RACI-Matrix (unvollständig)

Gehen Sie bei der Erstellung der Kommunikationsmatrix folgendermaßen vor:

1. Identifizieren Sie alle einbezogenen Prozesse/Tätigkeiten und listen Sie sie an der linken Seite des Diagramms auf.
2. Identifizieren Sie alle Rollen und listen Sie sie entlang der Oberseite des Diagramms auf.
3. Füllen Sie die Zellen des Diagramms aus: Identifizieren Sie, wer das R, A, C, I für jeden Prozess hat.
4. Jeder Prozess sollte als allgemeine Grundregel vorzugsweise nur ein „A" haben. Eine Lücke entsteht, wenn ein Prozess existiert, der kein „R" oder „A" hat.
5. Lösen Sie Überlappungen. Jeder Prozess in einem Rollen-Verantwortlichkeits-Diagramm sollte nur ein „A" enthalten, um einen eindeutigen Prozessinhaber zu zeigen. Im Falle von mehreren Rs gibt es ein Bedürfnis, die Unterprozesse genauer zu detaillieren, um die einzelnen Verantwortlichkeiten zu trennen.
6. Lösen Sie Lücken. Wo keine Rolle identifiziert worden ist, die das „R" für einen Prozess hat, muss die Person mit der Berechtigung für Rollendefinition feststellen, welche vorhandene oder neue Rolle verantwortlich ist. Aktualisieren Sie das RACI-Diagramm und erklären Sie der Person die Rolle, die sie einnimmt.

Neben dem RACI-Modell gibt es noch weitere Modelle, wie z. B. ein RASCI-Modell, RACI-VS oder VARISC. Hier existiert eine zusätzliche Rolle, die mit dem Buchstaben S gekennzeichnet wird. Der Buchstabe steht für „Supportive" (unterstützend). Die entsprechende Rolle kann Ressourcen zur Verfügung stellen oder eine unterstützende Rolle in der Implementierung spielen. Bei den Modellen RACI-VS oder VARISC steht das V für „Verify", also eine Rolle, die das Ergebnis einer Aktivität gegen bestimmte Akzeptanzkriterien prüft. Das S steht bei diesen beiden Modellen für Sign-Off, also eine Rolle, die das Ergebnis der Verifiy-Aktivität bestätigt und die Auslieferung genehmigt.

Um die festgelegten Kommunikationswege zu beschreiten, können unterschiedliche Methoden zum Einsatz kommen. Dazu gehören beispielsweise große Workshops, Organisationsnewsletter, Training-Sessions, Team-Meetings, Einzelgespräche, Intranetartikel, Roadmap-Darstellungen sowie Fragen-und-Antwort-Listen. Wichtig ist, dass die relevanten Personen (wie angekündigt) auf dem Laufenden gehalten werden und proaktiv mit guten und schlechten Neuigkeiten im Rahmen der Kommunikationsstrategie versorgt werden.

Einbeziehung von Stakeholdern und die Kommunikationsmanagement-Strategie

Um die unterschiedlichen Stakeholder einzubeziehen und sie in die weitere Kommunikation zu involvieren, beschreibt die OGC über ihre Methode Managing Successful Programmes ein sechsstufiges Verfahren, wie die jeweiligen Personen oder Personenkreise identifiziert und wie die Kommunikation mit ihnen aufgenommen werden kann. Möglicherweise bietet sich das übergeordnete Programm an und übernimmt das Einbeziehen der Stakeholder. Ist das Projekt nicht Teil eines Programms, muss das Projekt selber dafür Sorge tragen, dass die Stakeholder identifiziert und in die Kommunikation eingebunden werden.

Sie sollten nicht vergessen, dass die Stakeholder innerhalb und außerhalb der Organisation einen erheblichen Einfluss auf das Projektgeschehen nehmen können und damit einen entscheidenden Erfolgsfaktor für das Gelingen der Projektumsetzung darstellen können.

Das sechsstufige Verfahren der OGC (Managing Successful Programmes) zum Stakeholder-Management beinhaltet die folgenden Schritte:

1. Wer? – Identifizierung der Stakeholder
2. Was? – Erstellen und Analysieren der Stakeholder-Profile
3. Wie? – Definieren, wie die Stakeholder einbezogen werden
4. Wann? – Planen, welche Methoden wann zur Einbeziehung angewandt werden
5. Handeln – Einbeziehen der Stakeholder
6. Ergebnisse – Messen der Effektivität in Bezug auf die Wirksamkeit der Einbeziehung

Die Kommunikationsmanagement-Strategie, die bei der Projektinitiierung durch den Projektmanager dokumentiert wird, greift dieses Thema grundlegend auf und definiert die Art und Weise und die Häufigkeit der internen und externen Kommunikation des Projekts. Dazu gehören auch die Stakeholder.

Während der Phasenübergänge und im Übergang zur letzten Phase gilt es, die Strategie in Bezug auf mögliche Änderungen des Stakeholderkreises zu prüfen.

Die wichtigsten Stakeholder im PRINCE2™-Projekt

Unter PRINCE2™ gibt es eine Reihe besonders wichtiger Stakeholder. Dazu gehört das Unternehmen, das sich von der Projektrealisierung einen Nutzen bzw. einen Mehrwert verspricht („value for money"). Hier stehen die geschäftlichen Interessen im Vordergrund und daher der Anspruch, dass sich das Projekt rechnen soll.

Die Anwender und Benutzer sollen mit dem Projektergebnis in Zukunft arbeiten. Durch den Einsatz des Projektendprodukts durch die Anwender soll der Projektnutzen erzielt werden. Sie müssen beispielsweise mit der Anwendung oder mit der neuen Webseite arbeiten. Daher ist es besonders wichtig, dass sie in die relevanten Entscheidungen, z. B. hinsichtlich der Anforderungen oder in die fachlichen Tests, einbezogen werden. Ist die Akzeptanz durch die Benutzerseite nicht gegeben, ist der Projekterfolg fraglich.

Die Lieferanten stellen die benötigten Ressourcen und das erforderliche Spezialistenwissen bereit. Sie können extern oder intern sein. Sie müssen entscheiden, ob die Forderungen nach bestimmten Produkten realisierbar sind und für die entsprechende Umsetzung sorgen.

Alle drei Interessen müssen als Rollen in der Projektorganisation vertreten und mit den notwendigen Kompetenzen ausgestattet sein. In einem Projekt nach PRINCE2™ werden diese drei Interessen durch die Besetzung im Lenkungssausschuss (*siehe Kapitel 4.2.1, Rollen und Verantwortlichkeiten/Roles and responsibilities*) realisiert.

Exkurs: Das Projektteam und die Teamentwicklung

Die unterschiedlichen Rollen mit ihren Verantwortlichkeiten bilden das Projektmanagement-Team. Dabei können Rollen kombiniert werden. Es ist allerdings zu beachten, dass keine Konflikte, Überschneidungen oder Engpässe auftreten. Idealerweise sollte das Projektmanagement-Team während der gesamten Projektlaufzeit zusammenbleiben. Umbesetzungen fordern Kraft, setzen aber manchmal auch Impulse, deren Potenzial nutzenstiftend sein kann. Bei einer Umbesetzung helfen die Struktur der Projektorganisation und die Rollenbeschreibungen inklusive der relevanten Verantwortlichkeiten dabei, Reibungskonflikte und Unklarheiten zu vermeiden. Die gesteuerten Übergänge zwischen den Managementphasen stellen eine passende Möglichkeit dar, nicht nur Veränderungen im Projektteam je nach Ressourcenbedarf der nachfolgenden Phase umzusetzen, sondern wären auch der passende Moment, um bei Bedarf das Projektmanagement-Team zu verändern.

Nichtsdestotrotz wird sich das Projektmanagement-Team und das Projektteam nach Umstrukturierungen und Umbesetzungen „zusammenraufen" müssen. Jedes Projektteam durchläuft einen ganz spezifischen Prozess, der durch den Erziehungswissenschaftler Bruce W. Tuckman 1965 als „Teamentwicklungsprozess" beschrieben und erklärt wurde. Der Teamentwicklungsprozess findet sich in jedem Projekt wieder, unabhängig von Projektzielsetzung oder Projektteamgröße. Dieser Teamentwicklungsprozess setzt sich aus den folgenden Phasen zusammen:

- Forming (Orientierungsphase): Sie ist geprägt von gegenseitigem Abtasten der Teammitglieder sowie Unsicherheiten gegenüber dem, was noch kommen wird. Hier erfolgt das Aufstellen der Regeln sowie die Auswahl der geeigneten Methoden. Innerhalb der Orientierungsphase erfolgt eine erste, unbewusste Rollenklärung.
- Storming (Konfrontationsphase): Sie zeichnet sich durch unterschwellige Konflikte zwischen den einzelnen Teammitgliedern und der Polarisierung von Meinungen aus. Von allen Phasen stellt diese Phase die größte Herausforderung für das Projektteam im Allgemeinen dar und kann im Speziellen über den gewünschten Projekterfolg entscheiden. Hier gilt es, den Konflikten aktiv zu begegnen, um überhaupt die nachfolgenden Phasen erreichen zu können. Sofern die Konflikte gelöst werden können, kommt es in dieser Phase zur formellen Definition der Rollen und Aufgaben sowie zur Bildung eines Grundkonsenses unter allen Beteiligten.
- Norming (Kooperationsphase): Hier sind die gegenseitige Unterstützung und die Entwicklung eines „Wir-Gefühls" kennzeichnend. Hier kommt es zu einem offenen Informationsaustausch sowie letztlich zur Kooperation zwischen den einzelnen Mitgliedern des Projektteams. Es obliegt der Führungskraft, die unterschiedlichen Aufgaben und Rollen zu koordinieren.
- Performing (Arbeitsphase): Konstruktive Aufgabenausrichtung und zielgerichtetes Handeln sind in dieser Phase deutlich zu erkennen. Im Verlauf dieser Phase werden die für die Zielerreichung notwendigen Entscheidungspotenziale aufgrund des funktionierenden Rollenverhaltens der Teammitglieder freigesetzt.

2.4.4 Steuern über Managementphasen

Die Projektplanung erfolgt in Phasen (Stages). Diese Phasen sind definierte Managementphasen zur Unterteilung des Gesamtprojekts, denen jeweils explizite Entscheidungspunkte zur Fortführung und damit auch Freigaben zugeordnet werden. Die Freigabe gibt es also nur für die jeweils als Nächstes anstehende Phase, nachdem die aktuelle Phase ihrem Ende zugeht. Dann geht es beispielsweise um die Fortsetzung des Projekts, Genehmigung eines Phasen- oder Ausnahmeplans, um die Bewertung bzw. Fortführung einer Phase. Dies steht in Zusammenhang mit den verwendeten und geplanten Ressourcen. Ist der Business Case und damit der wirtschaftliche Nutzen durch das Projekt beispielsweise nicht mehr gegeben, wird die nächste Phase nicht freigegeben, sondern das Projekt wird vorzeitig beendet (*siehe Kapitel 5.7.2, CP Vorzeitigen Abschluss vorbereiten*).

Diese Phasen im Projektverlauf dienen so der besseren Managementkontrolle und Planung des Projekts. Die Instanzen, die die Fortschrittskontrolle und Prüfung an den Entscheidungspunkten vornehmen, können in die Steuerung des Projekts einbezogen werden. Außerdem wird das Projekt, das zuerst als unübersichtlicher Brocken von Aufgaben, Tätigkeiten und Verantwortlichkeiten erscheint, in definierte Abschnitte unterteilt. Zudem ist es meist präziser und einfacher, kurze Phasen zu planen als lange („Teile und Herrsche“ im Sinne eines Top-Down-Ansatzes) – außer Sie laufen generell Gefahr, sich in Kleinigkeiten und Details zu verzetteln. Generell bedeuten kürzere Phasen eine engere Steuerung, während längere Phasen für das Programm- oder Unternehmens-Management weniger Involvement und damit eine geringere Belastung bedeuten.

Das generische Prozessmodell basiert auf mindestens zwei Managementphasen: die Initiierungsphase und die (letzte) Managementphase (Umsetzungsphase). PRINCE2™ kennt keine Begrenzung in Bezug auf die Anzahl der Managementphasen (Umsetzungsphasen). Sie sind für jedes Projekt individuell festzulegen und definieren sich vornehmlich aus Entscheidungsmomenten des Managements, die ereignisgetrieben sind, nicht aus technischen oder fachlichen Erwägungen. Jede Phase ist so auszurichten, dass sie für sich betrachtet zum Zeitpunkt von anstehenden Managemententscheidungen einen Beitrag zum Business Case liefert und so für eine Entkopplung dieser Phasen sorgt. Eine oft zu beobachtende Zwangsläufigkeit zur unbedingten Projektdurchführung bis zum Ende, sobald einmal gestartet und die ersten Mittel investiert sind, wird so vermieden („Jetzt haben wir schon so viel Geld da reingesteckt, jetzt müssen wir es auch zu Ende bringen ...“, sogenannte Sunk Costs).

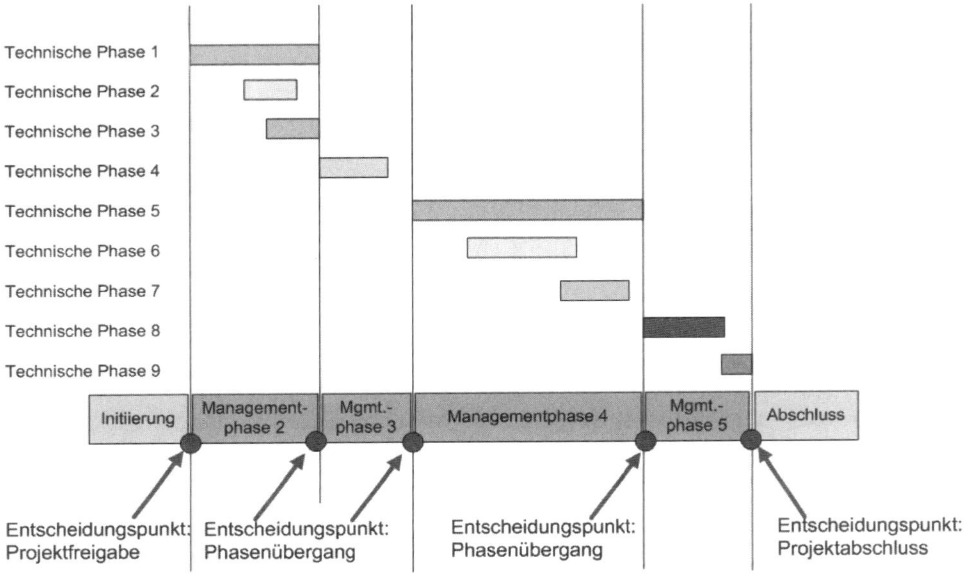

Abbildung 2.20: Beispielhafte Einteilung von Projektphasen in einem PRINCE2™-Projekt

Mittelgroße und große Projekte haben neben der Initiierungsphase mehrere Managementphasen (Umsetzungsphasen). Bei kurz laufenden, nicht komplexen Projekten hat ein Projekt – wie bereits beschrieben – oft nur zwei Phasen: die Initiierungsphase und die letzte Managementphase (Umsetzungsphase). Auch PRINCE2™ nennt diese beiden Phasen als Mindestvoraussetzung.

Die letzte Ausführungsphase nähert sich ihrem Ende ...

Zum Ende der letzten Managementphase stellt der Projektmanager im *Steuern einer Phase* (Controlling a Stage, CS-Prozess) über die Aktivität *Phasenstatus prüfen* fest, ob die erforderlichen Produkte alle in der definierten Qualität geliefert wurden. Dabei hilft die jeweilige Produktstatusauskunft. Im positiven Fall wird dann aus dem Prozess *Abschließen eines Projekts* (CP-Prozess) die Aktivität *Planmäßigen Abschluss vorbereiten* angestoßen. Es werden die Produkte übergeben, das Projekt bewertet und die Empfehlung des Projektmanagers, das Projekt abzuschließen, an den Lenkungsausschuss kommuniziert.

Managementphasen und Planung

PRINCE2™ beschreibt einen Plan als Konzept mehrerer Planebenen, die jede für sich einer bestimmten Zielgruppe genau die Informationen liefert, um den Projektfortschritt zu überwachen. Das Vorhandensein und die Anwendung einer Projektplanung sind aber unabhängig von der Größe und Komplexität eines Projekts, nur die Ausprägung und der damit verbundene Aufwand variieren.

Es existieren unter PRINCE2™ unterschiedliche Plantypen und -level, die auf die jeweiligen Bedürfnisse des Projekts zugeschnitten werden können (*siehe Abbildung 2.21*). Ein Plan stellt dabei ein Dokument dar, das auf Basis eines vordefinierten Schemas oder einer Methode beschreibt, wie, wann und durch wen ein spezielles Ziel oder eine Reihe von Zielen erreicht wird. Pläne stellen das Rückgrat eines Managementinformationssystems dar, das in jedem Projekt benötigt wird.

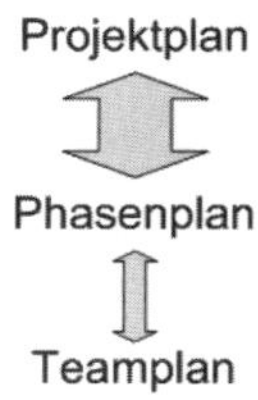

Abbildung 2.21: Unterschiedliche Planungsebenen

Der Projektplan dient als Übersicht, während der Phasenplan für jede Phase eine so hohe Detaillierung aufweist, dass der Projektmanager sein Tagesgeschäft daran ausrichten kann. Jeder Phasenplan besitzt ein eigenes Budget, eigene Details und eigene Produkte. Entsprechendes gilt für den Teamplan in Bezug auf den Teammanager. Wichtig ist dabei, dass die Planung so weit in die Zukunft reicht, wie es sinnvoll erscheint. Eine detaillierte, auf den Tag genau vorgegebene Planung für alle Teammitglieder, die weit in die Zukunft reicht, bedeutet Planung über einen sinnvollen Planungshorizont hinaus und damit Zeit- und Geldverschwendung. Ein solcher Plan muss aufgrund der Dynamik im Projektverlauf bereits nach wenigen Tagen oder Wochen angepasst werden. Ein langfristiger, grober Übersichtsplan gibt die Richtung vor und dient als Überblick, während Phasen- und Teamplan den jeweils aktuellen Ausschnitt definieren.

Wie weit der jeweilige Planungshorizont reichen soll, lässt sich pauschal nicht definieren. PRINCE2™ gibt Ihnen zur Orientierung lediglich vor, dass ein Projekt in Managementphasen unterteilt werden soll. Die Einteilung der Phasen in leichter handhabbare Einheiten richtet sich nach der Frage, inwiefern und wie weit der Projektmanager in der Lage ist, die Projektphasen im Voraus zu planen. Reichen die heute verfügbaren Informationen überhaupt dazu aus? Dabei gilt, dass der grobe Projektplan und dass der Phasenplan die Detailinformationen für die laufende Phase enthalten. Die Planung, Delegierung und Steuerung im Verlauf richtet sich nach der Phaseneinteilung des Projekts.

Behalten Sie im Hinterkopf, dass unterschiedliche Management- und Hierarchieebenen unterschiedliche Detaillierungsansprüche haben. Die Geschäftsführung benötigt keinen ausführlichen Teamplan voller technischer Bezeichnungen, sondern eine Übersicht, die auf einen Blick die notwendigen Informationen transportiert. Für ein Spezialistenteam wäre ein solcher Projektplan umgekehrt schlichtweg unzureichend und für eine Formulierung der Arbeitspakete und Aktivitäten zu wenig aussagekräftig. Ein geeigneter Detaillierungslevel je nach Zielgruppe ist gefragt! Vernachlässigen Sie nicht das Thema Planungsannahmen!

„Niemand plant zu versagen, aber die meisten versagen beim Planen." (Lee Iacocca)

Alle Pläne haben die gleiche inhaltliche Zusammenstellung und geben alle zur Steuerung benötigten Planinformationen wieder (Produkte, Budget, Zeit, Ressourcen, ...). Gegebenenfalls existiert in kleineren Projekten eine Produkt-Checkliste als Ergebnis des Projektplans, anstatt einer umfassenden Projekt-, Phasen- und Teamplanung.

2.4.5 Steuern nach dem Ausnahmeprinzip

PRINCE2™ definiert klare Verantwortlichkeiten für die Bereiche Lenken, Steuern und Liefern im Projektverlauf, sodass die Verantwortlichkeiten hinsichtlich der Entscheidungs- und Führungskompetenzen auf jeder Managementebene eindeutig sind. Ein wichtiges Thema ist dabei die Delegation von Befugnissen von einer Managementebene zur nächsten. Durch das Setzen von Toleranzen auf der betreffenden Planungsebene werden nicht nur entsprechende Handlungsfreiräume festgesetzt. Gleichzeitig wird definiert, dass bei einer voraussichtlichen Überschreitung dieser Toleranzen die nächsthöhere Managementebene informiert wird und als Entscheidungsinstanz ihren Verpflichtungen nachkommt. Darüber hinaus muss ein Sicherungsmechanismus existieren, damit jede Managementebene sich darauf verlassen kann, dass geeignete Steuerungsmittel (Kontrollen) vorhanden und wirksam sind. Die Projektsicherung kann im Bedarfsfall zur Unterstützung des Lenkungsausschusses aktiv werden und prüfen, dass diese Instrumentarien vorhanden sind und die Steuerungs- und Sicherungsmaßnahmen realisiert werden.

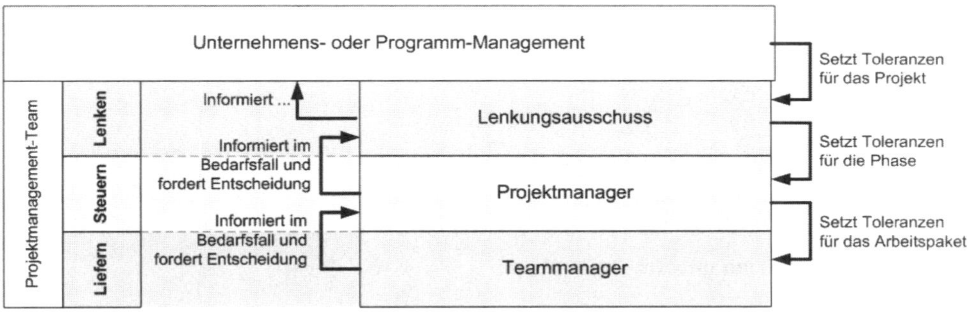

Abbildung 2.22: Die Managementebenen (Lenken, Steuern, Liefern) und ihre Entscheidungskompetenzen: Die Projektmanagement-Struktur ist in vier Ebenen gegliedert, wobei drei das Projektmanagement-Team bilden und die vierte (Unternehmens- oder Programm-Management) außerhalb des Projekts liegt (nach OGC-(PRINCE2™)Material, durch OGC lizenzierte Wiedergabe).

Diese Forderungen und damit auch Steuerungsmittel für die Projektlenkung durch den Lenkungsausschuss unterstützen das Konzept „Management by Exception" („Steuern nach dem Ausnahmeprinzip"). Dies bedeutet, dass der Lenkungsausschuss als nächsthöhere Managementebene nur eingreift, wenn sie darüber informiert wird, dass die Gefahr besteht, dass die mit dem Projektmanager vereinbarten Phasentoleranzen überschritten werden. Toleranzgrenzen für das Projekt werden vom Unternehmens- oder Programm-Management gesteckt und ihre Existenz vom Auftraggeber geprüft. Dabei werden die Toleranzgrenzen für die jeweilige Phase vom Lenkungsausschuss und die für das Arbeitspaket vom Projektmanager definiert (*siehe Abbildung 2.22*). Toleranzen stellen somit wichtige Steuerungsmittel zwischen den Managementebenen dar.

Die Steuerung im Projekt als zentrales Thema und die entsprechenden Steuerungsmittel des Projektmanagements stellen auf allen Managementebenen sicher, dass die richtigen Produkte zur richtigen Zeit hergestellt werden und dass das Projekt im Sinne des Business Case durchführbar bleibt.

Toleranzgrenzen werden für sechs Elemente gesetzt: Kosten, Zeit, Umfang, Nutzen, Qualität und Risiko. Im Grunde genommen geht es darum, dass Grenzen messbar und nachvollziehbar sind. In jedem Plan sollten Toleranzen definiert werden. Toleranzen kommen auf Projekt-, Phasen- und Arbeitspaketsebene zur Anwendung.

Eine Ausnahme unter PRINCE2™ stellt demnach eine Situation dar, in der eine Gefährdung oder Abweichung von den zwischen Projektmanager und Lenkungsausschuss (bzw. zwischen Lenkungsausschuss und Unternehmens- bzw. Programm-Management oder zwischen einem Teammanager und dem Projektmanager) vereinbarten Toleranzgrenzen vorhersehbar ist.

Entscheidungsprozesse werden also nur dann angewendet, wenn diese aus Sicht des Managements notwendig sind. Daher gibt es ausdrücklich keine Anforderung, standardmäßig Sitzungen mit dem Lenkungsausschuss einzuberufen. Andererseits wird der Lenkungsausschuss aber unmittelbar informiert, wenn Ausnahmen auftreten. Dokumente und Pläne helfen dann als Steuerungsmittel, um Entscheidungen herbeizuführen.

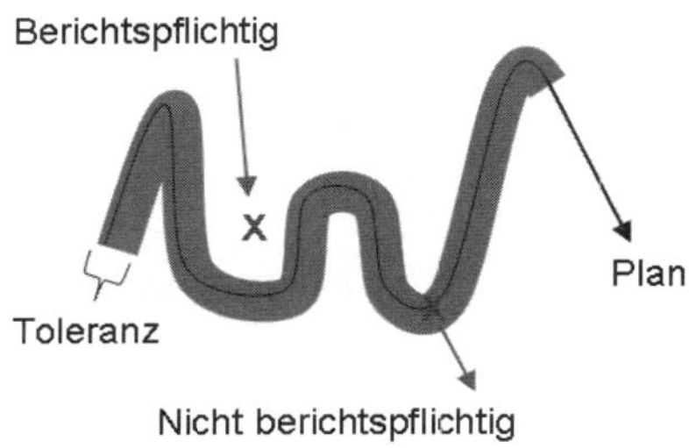

Abbildung 2.23: Toleranzen und Toleranzgrenzen

Das Management wird zwar stets über den Projektstatus informiert, Sitzungen finden jedoch nur statt, wenn wichtige Entscheidungen getroffen werden müssen oder eine gravierende Planabweichung einer Entscheidung des Lenkungsausschusses bedarf. Regelmäßige Statusmeetings des Lenkungsausschusses gibt es nicht. So wird die Arbeitszeit des Managements zeitlich entlastet, ohne dabei die Kontrolle des Projekts abzugeben. Im Bedarfsfall werden die Entscheidungen auf der richtigen Ebene gefällt.

„Management by Exception" in der Praxis

Selten findet das Steuern nach dem Ausnahmeprinzip in der Praxis volle Entfaltung, lassen doch Management, Auftraggeber und Vorgesetzte selten den Projektmanagern den ihnen eigentlich zugedachten Handlungsspielraum ausfüllen, da Statusberichte vielfach nicht auszureichen scheinen. Darüber hinaus scheint es vielen Projektmanagern angebracht, regelmäßig mit dem Management bzw. Mitgliedern des Lenkungsausschusses Rücksprache zu halten, da gerade in großen Projekten eine so große Dynamik herrscht, dass eine enge Abstimmung angebracht scheint.

Umgekehrt haben Mitglieder des Unternehmens- oder Programm-Managements oftmals einen so vollen Terminkalender und reisen derart viel, dass Termine, die von Seiten des Projektmanagers gewünscht sind, weil eine Entscheidung notwendig ist, nur schwer oder nur mit großem Zeitverzug zustande kommen. Hier kann je nach Unternehmenskultur das „Punkteprinzip" helfen. Der Projektmanager führt dabei ein Punktekonto, von dem bei Verzögerungen, Terminverschiebungen oder -absagen dem Management Punkte nach bestimmten Regeln abgezogen werden. Das Projekt startet mit einem Guthaben. Im Zeitverlauf werden dann Punkte für „Entscheidungsschwierigkeiten" abgezogen und Punkte für planerisch reibungslos erfolgte Abstimmungs- und Entscheidungsrunden gutgeschrieben. Am Projektende gibt es gegebenenfalls auch Lernpotenzial für das Management im Rahmen des Projektmanagements im Unternehmen.

2.4.6 Produktorientierung

Im Gegensatz zu anderen Projektmanagement-Methoden, z. B. nach Empfehlung der PMI oder GPM, werden PRINCE2™-Projekte nicht vorgangsorientiert, sondern produktbezogen geplant. Dabei bezieht sich die Bezeichnung „Produkt" nicht nur auf End- oder Teilergebnisse im Projekt, sondern auch Pläne und Dokumente werden Produkte genannt. Erstere tragen die Bezeichnung Spezialistenprodukte, während letztere als Managementprodukte betitelt werden. Produkte werden im Projektverlauf verfasst, weiterentwickelt und fertig gestellt und dienen in Form der Managementprodukte als Basis für die Spezialistenprodukte. Kurz: Der Begriff „Produkt" bezeichnet alles, was aus dem Projekt heraus erzeugt, angelegt, erstellt oder verfasst wird.

Eine genaue Definition des Projektumfangs und ein gemeinsames Verständnis für die erwarteten Lieferergebnisse zwischen Kunden und Lieferanten werden in einem Projekt nach PRINCE2™ durch iteratives Vorgehen bei der Strukturierung und Spezifikation der zu erstellenden Produkte erreicht, denn das Ziel eines Projekts ist häufig zu Beginn noch gar nicht im Detail definiert bzw. ändert sich in dessen Verlauf. Außerdem sind Anforderungen in vielen Teilen anfangs nicht frei von Interpretationsspielräumen und subjektiven Erwartungen. Daher muss zweifelsfrei durch die sogenannten Produktbeschreibungen feststehen, welche Produkte herzustellen und nach welchen Kriterien diese abzunehmen sind. So lassen sich Unklarheiten, Streitigkeiten, strittige Forderungen zu Nachbearbeitungen, schleichender Zuwachs des Umfangs, falsche Planung oder Unzufriedenheit bei allen Beteiligten vermeiden. Dabei wird der Forderung Folge geleistet, dass Produkte vereinbart und definiert werden, bevor die Herstellung dieser Produkte eingeleitet wird. Die produktbezogene, stufenorientierte Planung ermöglicht darüber hinaus, den Projektfortschritt und die Ergebnisqualität besser zu überprüfen.

Eine gründliche Planung und die Aktualisierung der Pläne während des Projektverlaufs sind Voraussetzung für den Projekterfolg. Die Menge der zu erstellenden Produkte bestimmt Inhalt, Umfang und Planungsbasis für das Projekt sowie dessen Planung und Steuerung. Die Informationen in den Produktbeschreibungen liefern darüber hinaus die Basis für den voraussichtlichen Aufwand, Ressourcenbedarf und Abhängigkeiten.

Die notwendigen Planungsaktivitäten (Projekt-, Phasen-, Team- und Ausnahmepläne erstellen) finden sich zwar nicht (mehr) in einem eigenen Prozess wieder, dem Planungsgedanken sowie den entsprechenden Vorgaben und Aktionen wird aber ausreichend Beachtung über das Thema Pläne geschenkt. Der Einsatz der produktbasierten Planung zeigt dies deutlich. Die Produktorientierung und die damit verbundene Planung werden sowohl vom Projektmanager als auch vom Teammanager verwendet und durch Prozessaktivitäten ausgelöst (*siehe Kapitel 4.4.2, Produktbasierte Planung/Product-based Planning*).

Anzahl der Managementprodukte

Die Anzahl der Managementprodukte wurde durch die Überarbeitung der Methode auf 26 reduziert. In der Version 2005 von PRINCE2™ waren es noch 36 Managementprodukte.

Zu betonen ist, dass es im Rahmen eines PRINCE2™-Projekts bezüglich der Planung um die Definition der Produkte, die sich auf die Qualitätsanforderungen stützen, und im weiteren Projektverlauf um deren Lieferung geht. Dieses Vorgehen ist ergebnis- und nicht aktivitätenorientiert. Es geht nicht darum, wie beispielsweise das Design für eine Infrastrukturkomponente erstellt wird, sondern dass das Design nach einem bestimmten Zeitraum vorliegt. Daher heißt die Beschreibung im Plan nicht „Design für Infrastrukturkomponente erstellen“, sondern „Design für Infrastrukturkomponente“. Es geht also nicht um die Aktivität, sondern um das Ergebnis. So wird der Blick ganz konkret auf das umzusetzende Ziel gerichtet.

2.4.7 Anpassen an die Projektumgebung™

PRINCE2:2009 ist flexibel hinsichtlich der unterschiedlichen Aspekte und speziellen Anforderungen. Dies gilt für die bereits beschriebenen Zusammenhänge und weitere Eigenschaften wie beispielsweise Umfang, Komplexität, Dringlichkeit, Wichtigkeit, Risiken oder Budgetrahmen. So ist PRINCE2™ für jedes Projekt nutzbar (universell verwendbar). Werden die Anpassungsmöglichkeiten und die Skalierbarkeit der Projektmanagement-Methode nicht genutzt, kann allein der Ansatz schon nicht den Anforderungen entsprechen und der Misserfolg scheint vorprogrammiert. Dabei sollte vorab bedacht und festgehalten werden, ob PRINCE2™ als Basis für die allgemeingültige Projektmanagement-Methodik im Unternehmen eingeführt wird oder ob (beispielsweise pilothaft) die Methode zum Einsatz kommen wird. Unabhängig von der Intention müssen die Verantwortlichen und befugten Parteien darüber entscheiden, wie die Methode angewandt wird. Die Methode muss auf die Umgebung, die das Unternehmen, seine Aufbau- und Ablauforganisation vorgibt, eingehen (*siehe auch Kapitel 6, Anpassen an die Projektumgebung:Tailoring*). PRINCE2™ ist der Rahmen, den es anzupassen gilt. Auf gar keinen Fall darf PRINCE2™ als Methodik blind über das Unternehmen gestülpt werden und die Forderung aufkommen, dass die Methode blind und buchstabengetreu befolgt wird.

Die Projektsteuerungsmittel sind entsprechend der Anforderungen wie beispielsweise Größe, Komplexität, Termindruck oder Risiken zu modifizieren. Auch wenn die sehr detaillierte Beschreibung der einzelnen Dokumente für viele Interessierte eher abschreckend wirkt, können die Managementprodukte von PRINCE2™ in ihrer Form so adaptiert werden, wie es für ein Projekt am besten passt.

Das Ziel ist, dass die PRINCE2™-Methode auf die Gegebenheiten der Projektumgebung eingeht, die durch Aufbau- und Ablauforganisation gegeben ist und auch in der Unternehmenskultur und den Kernkompetenzen ihren Ausdruck findet. Lenkungsausschuss und Projektmanager entscheiden, wie diese Anpassung auszusehen hat. Das Ergebnis dieser Entscheidung sollte in der sogenannten Projektleitdokumentation festgehalten werden.

Thema	Mindestanforderung
Änderungen	Identifizierung und Versionskontrolle sicherstellen = Änderungssteuerung und Konfigurationsmanagement
Fortschritt	Vereinbarung über Art der Steuerungsmittel und die Berichtsanforderung (schriftlich oder mündlich)
Qualität	Vereinbarung der Anforderungen in Bezug auf das Projekt und die Produkte
Risiken	Analyse der Risiken und Definition der Maßnahmen → z. B. Dokumentation im Projekttagebuch u. Berücksichtigung der Risiken, Maßnahmen und deren Status in Statusberichten
Pläne	Produktbeschreibungen und Zeitplan (Ressourcen für Erstellung, Prüfung und Abnahme, Meilensteine) → Produkt-Checkliste
Organisation	Kein Streichen von Rollen, sondern Kombination, z. B. Auftraggeber + Benutzervertreter, Lenkungsausschuss + Projektsicherung, Projektmanager + Teammanager + Projektunterstützung
Business Case	Keine Vorgabe in Bezug auf Inhalt und Form, lediglich Dokumentation der geschäftlichen Rechtfertigung für das Projekt

Abbildung 2.24: Mögliche Skalierung der PRINCE2™-Managementprodukte in einem kleinen Projekt

2.5 PRINCE2™-Prozessmodell

Alle Projektmanagement-Methoden haben den Ansatz, ein Modell zu beschreiben, wie Projektmanagement bestmöglich angewandt werden kann. In der Ausrichtung gibt es jedoch einige Unterschiede. Einige Methoden zielen darauf ab, dem Projektmanager das gesamte Wissen an die Hand zu geben. Andere haben gleichzeitig ein Qualifizierungskonzept für Projektmanager abgebildet. PRINCE2™ hat den Anspruch, für ein Projekt zu jedem Zeitpunkt konkrete Handlungsempfehlungen zu geben. Damit zeichnet es sich als sehr praxisbezogen aus.

Ein Projekt muss gut aufgesetzt und geführt werden, um auch erfolgreich sein zu können. Dabei kann viel durch eine gute und gezielte Vorbereitung gewonnen werden. Die hierzu erforderliche Vorbereitung kostet aber Zeit und Ressourcen. Sie stellt auch einige schwierige Fragen direkt zum Anfang des Projekts:

- Was ist die geschäftliche Rechtfertigung des Projekts und mit welchem Business Case als Basis wird diese Rechtfertigung überwacht und überprüft?
- Welche Management- und Ausführungsrollen braucht das Projekt, damit Zielsetzung, Produktdefinition und Entscheidungsprozeduren korrekt definiert und ausgeführt werden können?

- Welche Kompetenzen, Verantwortlichkeiten, Kenntnisse und Erfahrungen werden im Projekt gebraucht, damit die geforderten Produkte und Ergebnisse erreicht werden können?

Diese Fragen zwingen den Auftraggeber gut nachzudenken, bevor er den Projektstart beschließt. Damit wird deutlich, dass PRINCE2™ eine Methode ist, die sich hauptsächlich auf das Management des Projekts und den Einsatz und die Überwachung von Ressourcen konzentriert.

Der Begriff „Prozess“ im Gegensatz zum Projekt

Ein Prozess ist nach DIN ISO 8402 durch folgende Eigenschaften charakterisiert:

- Er besteht aus einer Menge von Mitteln und Tätigkeiten. Zu den Mitteln können Personal, Geldmittel, Anlagen, Einrichtungen, Techniken und Methoden gehören. Diese Mittel und Tätigkeiten stehen in Wechselbeziehungen.
- Ein Prozess erfordert Eingaben (Input).
- Ein Prozess gibt Ergebnisse aus (Output).

Abbildung 2.25: Rudimentäre und stark vereinfachte Prozessdarstellung

Ein Prozess stellt ein Vorgehensmodell für immer wiederkehrende Abläufe dar.

Informationen zur Prozessarchitektur und den wichtigsten Prozessen liegen in vielen Unternehmen und IT-Organisation bereits vor. Oft fehlt aber ein konsistenter und dokumentierter Ansatz zur Modellierung, insbesondere in Bezug auf Schnittstellen und Details der Prozess-Aktivitäten. Einen effizienten und effektiven Beitrag können Prozesse nur im Rahmen eines ganzheitlichen Prozessmodells des Unternehmens leisten, wenn sie mit allen Beteiligten abgestimmt, wenn sie angemessen dokumentiert und bekannt sind. Einzelne, in ihrer Darstellung voneinander abweichende (vielfach lediglich „hingeschluderte“) Flussdiagramme mit betitelten Kästchen (meist ohne Legende und Versionierung) sind unzureichend. Das Prozessmodell muss Fragen nach dem „Was?“, „Warum?“, „Wer?“, „Wann?“ und „Womit?“ beantworten können. Relevante Inhalte eines konsistenten Prozessmodells sollten sich an folgendem notwendigen Informationsbedarf ausrichten:

- „Aktivitäten und Ereignisse je Prozess
- „Beteiligte Dokumente und Systeme je Aktivität als „Schnittstellen“
- „Input- und Output-Objekte je Aktivität
- „Relevante Rollen, rudimentäre Verantwortlichkeiten und Organisationseinheiten je Aktivität

Die Entwicklung und konsequente Anwendung angemessener Modellierungskonventionen ist zudem unerlässlich, um eine einheitliche Qualität der Dokumentation zu gewährleisten.

Die Pflege der Prozessmodellinhalte erfolgt (v. a. in großen Unternehmen) oft mit Hilfe eines speziellen Prozessmodellierungstools, was eine konsistente und standardisierte Darstellung ermöglicht. Darüber hinaus ist wichtig, dass sowohl die Anforderungen aus dem Prozessmodell bekannt sind als auch die fortschreitende Pflege zur Qualitätssicherung gewahrt und gelebt wird. Eine Voraussetzung dafür ist, dass die Prozessmodell-Informationen im Unternehmen veröffentlicht, aktuell und leicht zu finden sind, z. B. über ein Prozessportal im Intranet.

PRINCE2™ gewährleistet durch die definierten Prozesse der Methodik einen gesteuerten Start, Fortschritt und Abschluss der Projekte. Dabei konzentrieren sich die sieben Prozesse auf die Aufgaben der Führungskräfte im Projekt und haben für jede Rolle (Lenkungsausschuss, Projektmanager, Teammanager) dedizierte Prozesse. Sie decken den gesamten Projektlebenszyklus und die Vorbereitungsarbeit ab.

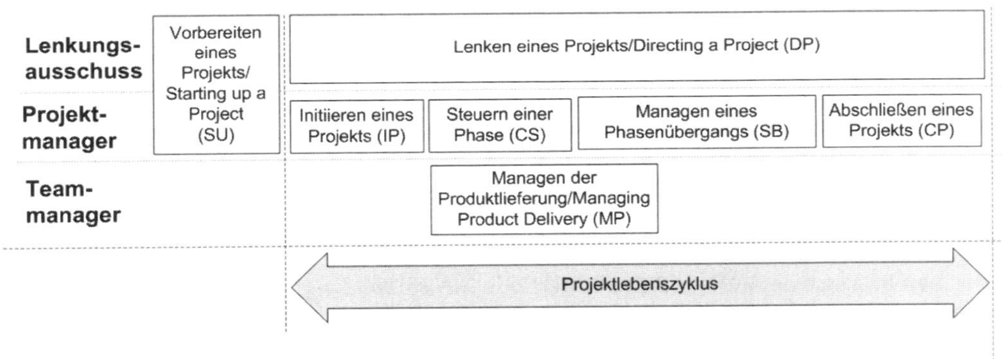

Abbildung 2.26: PRINCE2™-Projektprozesse und die entsprechenden Managementebenen (nach OGC-(PRINCE2™)Material, durch OGC-lizenzierte Wiedergabe)

Zu betonen ist somit, dass PRINCE2™ bereits vor dem eigentlichen Projekt ansetzt. *Starting up a Project* (*Vorbereiten eines Projekts*) startet vor Beginn des eigentlichen Projektzyklus (Pre-Projekt, *siehe Abbildung 2.26*). Folgt dann ein erfolgreicher Projektverlauf, kann das Endprodukt als Summe seiner Einzelteile geordnet und explizit in den Produktionsbetrieb („Live-Umgebung") übergeben werden. Der Projektlebenszyklus ist hier beendet, während der Produktlebenszyklus weiterläuft (*siehe Abbildung 2.27*), der bereits vor der Pre-Projektphase mit einer Idee zum späteren Produkt angelaufen ist.

Ein PRINCE2™-Projekt muss bei entsprechend geringem Umfang und geringer Komplexität lediglich aus mindestens zwei Phasen bestehen, nämlich aus der Initiierungs- und einer Management-/Umsetzungsphase. Wichtig ist, dass nach der Vorbereitungsphase ein Punkt gesetzt wird, an dem explizit entschieden werden muss, ob das Projekt überhaupt umgesetzt wird. Die Implementierungsphase kann in mehrere Stufen unterteilt sein, wenn es sich – wie oftmals der Fall – als sinnvoll herausstellt. Zur Umsetzungsphase gehören die drei Prozesse *Steuern einer Phase*, *Managen der Produktlieferung* und *Managen eines Phasenübergangs*. Der Prozess *Lenken eines Projekts* bezieht sich auf die gesamte Projektdauer.

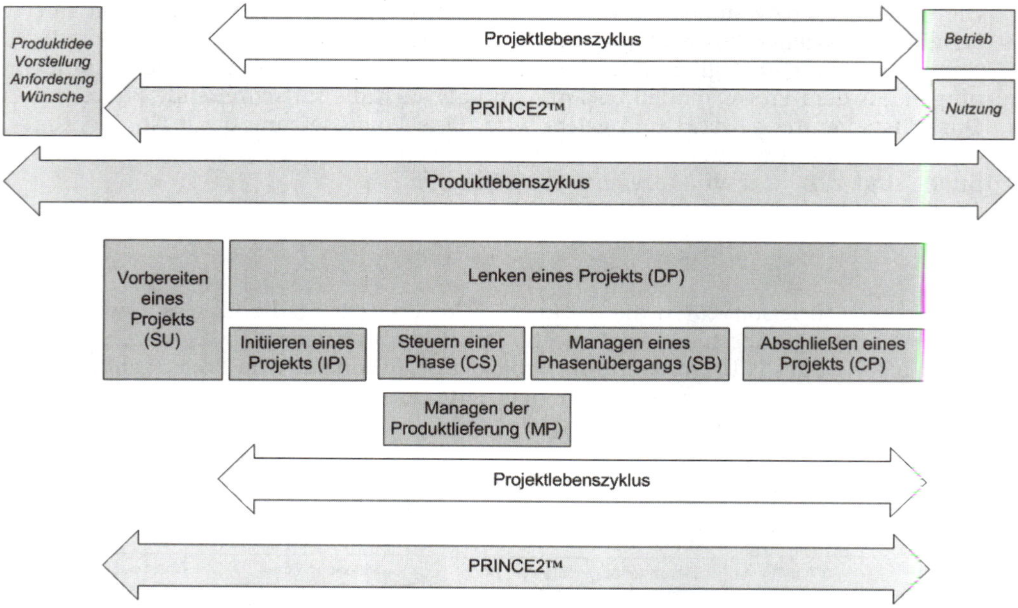

Abbildung 2.27: Produktlebenszyklus versus Projektlebenszyklus

2.5.1 Prozesse und Aktivitäten

Die sieben Prozesse der PRINCE2:2009-Methode (*siehe Abbildung 2.28*) beschreiben die Aktivitäten vom Projektaufsatz über Steuerung und Management des Projektfortschritts bis hin zum Abschluss des Projekts.

1. *Vorbereiten eines Projekts/Starting up a Project* (SU). Der erste Prozess im PRINCE2™-Modell dient dazu, von einer (vagen) Projektidee zu einem fassbaren Projektvorschlag zu gelangen. Jedes Projekt besitzt eine Projektvorbereitung, die dieser Managementprozess abdeckt. Die notwendigen Informationen sammelt der designierte Projektmanager. Projektmanager und Auftraggeber entwerf333en gemeinsam einen Business Case, prüfen Erfahrungen aus anderen Projekten, planen eine Projektvorgehensweise und skizzieren die Zusammensetzung eines Lenkungsausschusses. Dazu gehört, dass das entsprechende Projektteam zusammengestellt und der Aufwand für die Projektinitiierung abgeschätzt wird. Auch ein erster Projektlösungsansatz wird festgelegt.
2. *Initiieren eines Projekts/Initiating a Project* (IP). Nachdem der Lenkungsausschuss aufgrund der Informationen aus dem vorherigen Prozess die Projektbeschreibung autorisiert hat, beginnt die erste Projektphase und damit das Projekt an sich. Das Projekt startet. Dabei werden alle Vorbereitungen für eine planmäßige Durchführung getroffen. Alle Projektmanagement-Prozesse werden eingerichtet, die Endprodukte und Ergebnisse werden definiert. Schließlich erfolgt eine Planung des gesamten Projekts, insbesondere der nächsten Managementphase. Wesentliches Managementprodukt dieser Phase ist die Projektleitdokumentation (Project Initiation Documentation, PID).
3. *Lenken eines Projekts/Directing a Project* (DP). Dieser Prozess läuft parallel zu den anderen Projektprozessen. Er beschreibt die Aktivitäten des Lenkungsausschusses vom Beginn bis zum Ende des Projekts. Über diesen Prozess erfolgen Genehmigungen und Anforderun-

gen zur Projektinitiierung, zum Projektstart, in den Managementphasen, bei Problemen und zum Projektende bzw. -abschluss.

4. *Steuern einer Phase/Controlling a Stage* (CS). Dieser Prozess stellt die tägliche Arbeit des Projektmanagers dar. Mit dem Ziel, die geplanten Produkte zu liefern, überwacht er den Projektfortschritt, aktualisiert die Pläne, kontrolliert Abweichungen und informiert alle Interessensvertreter.

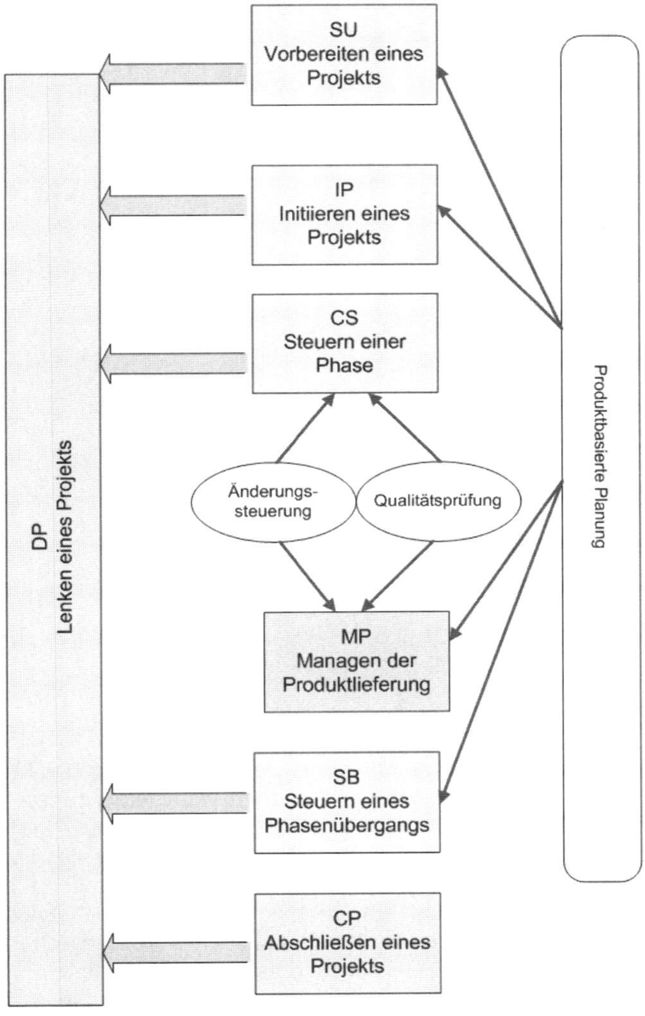

Abbildung 2.28: Das Prozessmodell von PRINCE2™

5. *Managen der Produktlieferung/Managing Product Delivery* (MP). Durch diesen Prozess wird die kontrollierte Trennung zwischen Projektmanagement und Produkterzeugung (Teammanager, gegebenenfalls Sublieferanten, Spezialisten) betont. Der Prozess steuert die Übergabe von Arbeitspaketen über den Projektmanager an den Teammanager, deren Ausführung und behält die Lieferung der qualitätsgeprüften Arbeitsergebnisse im Auge.

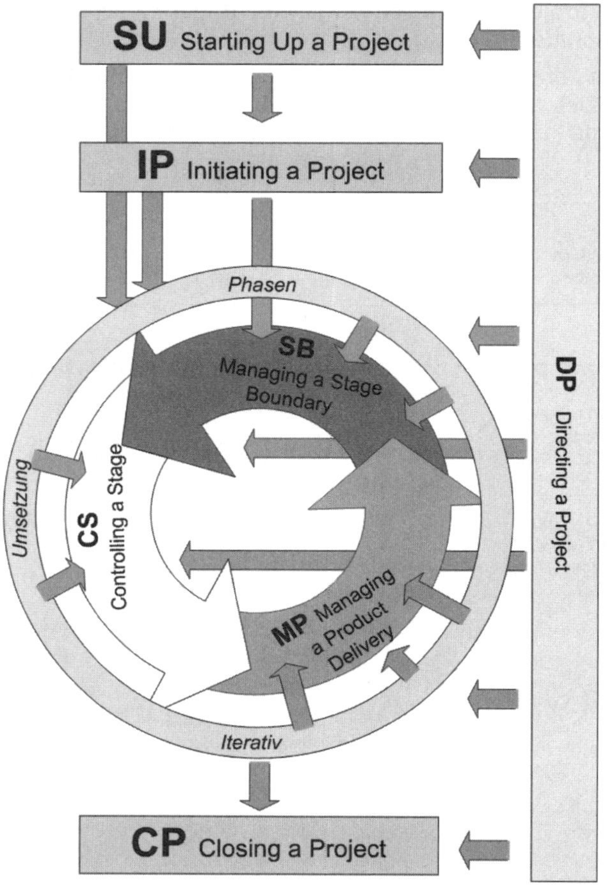

Abbildung 2.29: Projektprozesse: manche iterativ, manche einmalig im Projekt

6. *Managen eines Phasenübergangs/Managing a Stage Boundary* (SB). Dieser Prozess beschreibt die notwendigen Vorbereitungen für den Übergang von einer Managementphase zur nächsten. Darunter fallen Reviews bzw. Aktualisierungen des Business Case, der Projektrisiken und des Projektplans. Der Projektmanager führt eine Detailplanung der neuen Phase durch, der Lenkungsausschuss autorisiert den Abschlussbericht der aktuellen Phase, aktualisierte Dokumente und neue Pläne. Dazu gehört auch eine Freigabe des Budgets für die nächste Phase. Durch die Entscheidungen des Lenkungsausschusses können sich Richtungsänderungen des Projekts ergeben oder dessen Abbruch beschlossen werden.
7. *Abschließen eines Projekts/Closing a Project* (CP). Dieser Prozess verhindert, dass die Ergebnisse erfolgreich abgeschlossener Projekte unmerklich und unkontrolliert in den Betrieb übergehen. Der Zeitpunkt, zu dem ein Projekt beendet wurde, ist nachträglich oft nicht genau zu benennen, da das Projekt undefiniert in eine Betriebsphase übergegangen ist. Dieser Prozess beschreibt die notwendigen Aktivitäten für einen kontrollierten Projektabschluss, z. B. Abnahme durch Kunden, Überführung an den Betrieb, Übergabe der Projektdokumente und Erstellen eines Projektabschlussberichts. Auch einem vorzeitigen Projektabbruch wird hier durch eine Aktivität Rechnung getragen und dieser Fall sauber

abgeschlossen. Zudem wird der Erfahrungstransfer von dem Projekt zurück in die Unternehmensorganisation berücksichtigt und die Überprüfung des Projektnutzens verabschiedet.

2.5.2 Prozessliste

Nachfolgend finden Sie alle Prozesse und die zugehörigen Aktivitäten mit den deutschen und englischen Bezeichnungen im Überblick.

Deutsche Bezeichnung	Englische Bezeichnung
Vorbereiten eines Projekts	*Starting up a Project (SU)*
Auftraggeber und Projektmanager ernennen	*Appointing the Executive and the Project Manager*
Vorhandene Erfahrungen erfassen	*Capture Previous Lessons*
Projektmanagement-Team entwerfen und ernennen	*Design and Appoint the Project Management Team*
Business Case-Entwurf erstellen	*Prepare the Outline Business Case*
Projektlösungsansatz auswählen und Projektbeschreibung zusammenstellen	*Select the Project Approach and Assemble the Project Brief*
Initiierungsphase planen	*Plan the Initiation Stage*
Lenken eines Projekts	*Directing a Project (DP)*
Initiierung freigeben	*Authorise Initiation*
Projekt freigeben	*Authorise the Project*
Phasen- oder Ausnahmeplan freigeben	*Authorise a Stage or Exception Plan*
Ad-hoc-Anweisungen geben	*Give Ad Hoc Direction*
Projektabschluss freigeben	*Authorise Project Closure*
Initiieren eines Projekts	*Initiating a Project (IP)*
Risikomanagement-Strategie erstellen	*Prepare the Risk Management Strategy*
Konfigurationsmanagement-Strategie erstellen	*Prepare the Configuration Management Strategy*
Qualitätsmanagement-Strategie erstellen	*Prepare the Quality Management Strategy*
Kommunikationsmanagement-Strategie erstellen	*Prepare the Communication Management Strategy*
Projektsteuerungsmittel einrichten	*Set up the Project Controls*
Projektplan erstellen	*Create the Project Plan*
Business Case verfeinern	*Refine the Business Case*
Projektleitdokumentation zusammenstellen	*Assemble the Project Initiation Document*
Steuern einer Phase	*Controlling a Stage (CS)*
Arbeitspaket freigeben	*Authorise a Work Package*
Status eines Arbeitspakets prüfen	*Review Work Package Status*
Abgeschlossene Arbeitspakete entgegennehmen	*Receive Completed Work Packages*
Offene Punkte und Risiken erfassen und untersuchen	*Capture and Examine Issues and Risks*

Deutsche Bezeichnung	Englische Bezeichnung
Phasenstatus prüfen	*Review the Stage Status*
Über Projektstatus berichten	*Report Highlights*
Korrekturmaßnahmen einleiten	*Take Corrective Action*
Offene Punkte und Risiken eskalieren	*Escalating Issues and Risks*
Managen der Produktlieferung	*Managing Product Delivery (MP)*
Arbeitspaket annehmen	*Accept a Work Package*
Arbeitspaket ausführen	*Execute a Work Package*
Arbeitspaket abliefern	*Deliver a Work Package*
Managen eines Phasenübergangs	*Managing a Stage Boundary (SB)*
Nächste Phase planen	*Plan the Next Stage*
Projektplan aktualisieren	*Update the Project Plan*
Business Case aktualisieren	*Update the Business Case*
Über Phasenabschluss berichten	*Report Stage End*
Ausnahmeplan erstellen	*Produce an Exception Plan*
Abschließen eines Projekts	*Closing a Project (CP)*
Planmäßigen Abschluss vorbereiten	*Prepare Planned Closure*
Vorzeitigen Abschluss vorbereiten	*Prepare Premature Closure*
Produkte übergeben	*Hand Over Products*
Projekt bewerten	*Evaluate the Project*
Projektabschluss empfehlen	*Recommend Project Closure*

2.6 PRINCE2:2005™ versus PRINCE2:2009™

Im November 2006 startete das PRINCE2™-Refresh-Projekt zur Weiterentwicklung der Projektmanagement-Methode PRINCE2™ der Version 2005. Ziel war es, die Methode kürzer und besser lesbar zu gestalten, eine bessere Integration mit anderen OGC-Produkten und Managementansätzen zu realisieren und zudem ähnlich wie bei ITIL V3 einen Brückenschlag zu anderen Methoden und BoKs zu schaffen, wie z. B. der PMI. Wichtig war es dem Refresh-Projekt auch, sicherzustellen, dass den Themen Anpassung und Skalierung sowie den „Soft Aspects" im Bereich Projektmanagement ein besonderer Platz zukommt.

Die OGC hat damit der Tatsache Rechnung getragen, dass sich seit der Einführung von PRINCE2™ im Jahr 1996 das Thema Projektmanagement weiterentwickelt hat und sich auch gegenüber anderen Disziplinen und den Anforderungen aus dem Profit- und Non-Profit-Bereichen öffnen muss. Letztendlich hat es eine Reihe von Anpassungen, Erweiterungen und Spezifizierungen gegeben, die sich auch in etlichen Buchveröffentlichungen der TSO (The Stationery Office) niederschlagen. Sie sind lediglich als Ergebnis des Refreshs zu sehen. Das eigentliche Ergebnis zeigt die Projektmanagement-Methode PRINCE2:2009™ (*siehe Abbildung 2.30*).

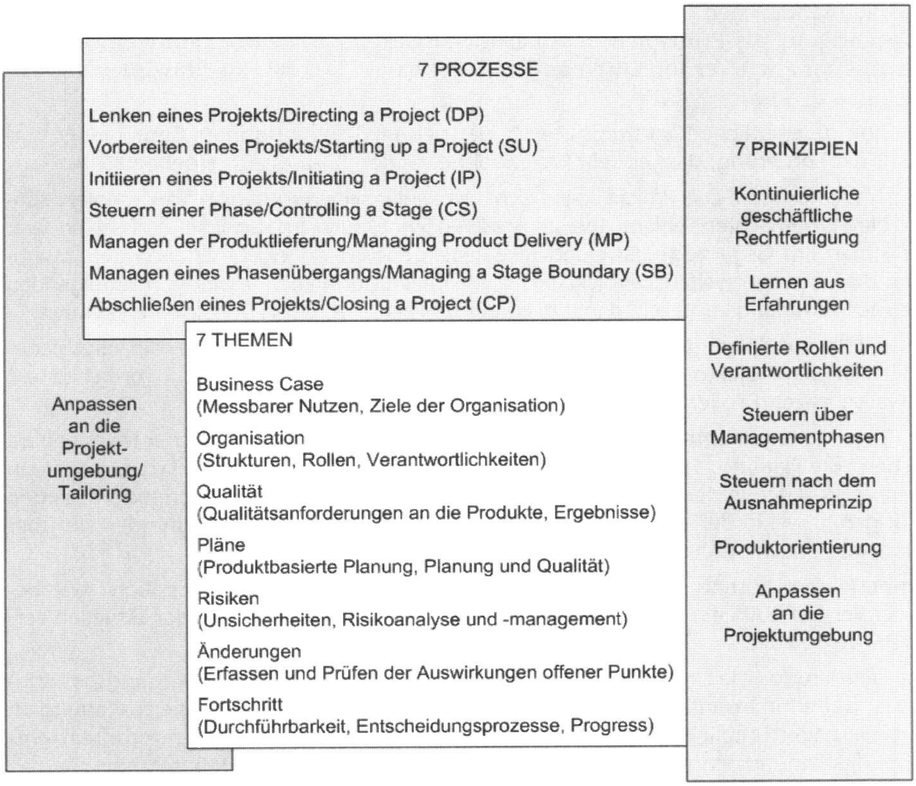

Abbildung 2.30: Relevante Bestandteile der PRINCE2:2009™-Projektmanagement-Methode. Die Techniken finden in der Originalliteratur keine explizite Erwähnung in einem eigenen Kapitel, sind aber Bestandteil der neuen Version und sind auch im Syllabus für die PRINCE2™-Zertifizierungsprüfungen zu finden.

2.6.1 Explizite Prinzipien der Version 2009

Über die sieben Grundprinzipien werden die Anforderungen an ein PRINCE2™-Projekt deutlich, die über die Methode abgedeckt werden. Sie stellen ganz deutlich den Best Practice-Ansatz heraus und müssen in jedem PRINCE2™-Projekt gelebt werden. Das bedeutet, die sieben Grundprinzipien werden nicht angepasst bzw. unterliegen nicht dem Tailoring.

- Fortlaufende geschäftliche Rechtfertigung
- Lernen aus Erfahrungen
- Definierte Rollen und Verantwortlichkeiten
- Steuern über Managementphasen
- Steuern nach dem Ausnahmeprinzip
- Produktorientierung
- Anpassen an die Projektumgebung

Diese Prinzipien fanden sich bereits in der Version 2005, werden aber heute durch die explizite Berücksichtigung als Prinzipien deutlich herausgestellt. Diejenigen unter Ihnen, die sich bereits mit der alten Version auseinandergesetzt haben, werden die Prinzipien wiedererkennen:

- Fortlaufende geschäftliche Rechtfertigung: findet sich im Thema Business Case wieder und entspricht der Forderung, dass es kein Projekt ohne validen Business Case geben sollte.
- Lernen aus Erfahrungen: Das Projekt sollte nicht die Fehler seiner Vorgänger wiederholen, sondern aus bereits gemachten Fehlern, aber im positiven Sinne, auch aus den Erkenntnissen anderer Projekte lernen. Im Gegenzug („Give-and-Take") stellt das Projekt eigene Erfahrungen zusammen, um diese für den weiteren Projektverlauf vorzuhalten und auch anderen, nachfolgenden Projekten zur Verfügung zu stellen, damit diese aus den aktuellen Erkenntnisse lernen können.
- Definierte Rollen und Verantwortlichkeiten: Bereits in der Version 2005 gab es die verschiedenen Rollen in der Projektorganisation mit definierten Aufgaben und Verantwortlichkeiten. Früher waren es zehn Rollen, in der Version 2009 sind es noch neun Rollen.
- Steuern über Managementphasen: Dass die Einteilung eines Projekts in leichter managebare „Häppchen" die Planung, Steuerung, Kontrolle und den Projektablauf vereinfacht, sollte kein Geheimnis sein. Auch in der Version 2005 wurde dieser Tatsache bereits Rechnung getragen und z. B. genau wie in der aktuellen Version empfohlen, dass jedes Projekt mindestens über zwei Managementphasen verfügt.
- Steuern nach dem Ausnahmeprinzip: Das berühmte „Management by Exception" war bereits in der Version 2005 ein vielbeschworenes Paradigma und findet sich in der aktuellen Version als Prinzip wieder.
- Produktorientierung: Die produktbasierte (und nicht die aktivitäten- oder vorgangsbasierte) Planung ist weiterhin essentieller Bestandteil von PRINCE2™. Die produktbasierte Planung an sich ist unverändert geblieben. Von der Produktbeschreibung des Projektendprodukts entsteht über die Planungsschritte der Produktstrukturplan, dann die Produktbeschreibungen zu den Produkten im Produktstrukturplan und daraus abgeleitet auf Basis der (zeitlichen) Abhängigkeiten ein Produktflussdiagramm.
- Anpassen an die Projektumgebung: Dieses Prinzip als Skalierung mit den entsprechenden Empfehlungen wurde auch bereits in der Version 2005 behandelt – wenn auch ein wenig „stiefmütterlich". Die alte Version hat bereits deutlich gemacht, dass es sich bei PRINCE2™ um eine anpassbare Methode handelt, die von Projekten jeder Größe und Branche verwendet werden kann.

2.6.2 Aus Komponenten werden Themen

Die früheren acht Komponenten und die drei Techniken der Version 2005 sind u. a. in den sieben Themen der aktuellen Version aufgegangen. Diese sieben Aspekte des Projektmanagements sind genau wie die Prinzipien bei der Abwicklung eines Projekts zu beachten und zu behandeln. Die Prinzipien und Themen bilden das Fundament für die Prozesse im Projektablauf. Die Techniken aus der Version 2005 (produktbasierte Planung, Qualitätsprüfungstechnik und Änderungssteuerungstechnik) finden sich weiterhin in den Themen und Prinzipien wieder. Die herausgestellten sieben PRINCE2™-Themen spiegeln dies deutlich wider:

- Business Case: Dieses Thema steht in enger Beziehung zu dem Prinzip der fortlaufenden geschäftlichen Rechtfertig und ist als ehemalige Komponente bereits ein alter Bekannter aus der Version 2005.

- Organisation: Dieses Thema steht in enger Beziehung zu dem Prinzip der definierten Rollen und Verantwortlichkeiten und kam auch bereits als Komponente in der alten Version zum Einsatz. Die Rollen der Projektorganisation wurden von zehn auf neun reduziert (*siehe Abbildung 2.31*).

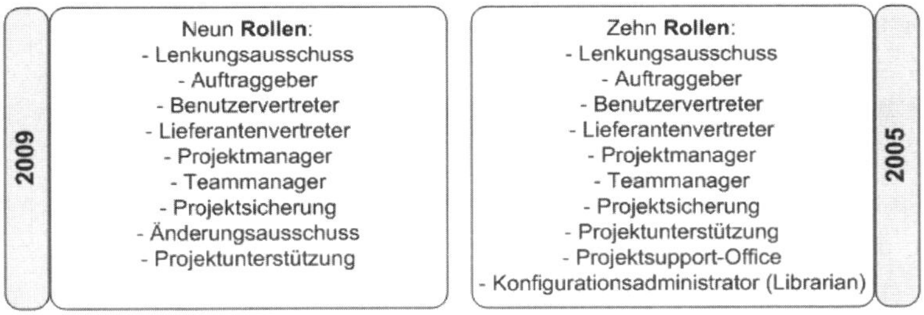

Abbildung 2.31: Rollen der Version 2005 und 2009 im Vergleich

- Qualität: Dieses Thema ist als Komponente aus der Version 2005 als „Qualität in einer Projektumgebung" und der Qualitätsprüfung als Technik bekannt. In der aktuellen Version wird dies aufgegriffen und findet als Thema einen festen Platz in der neuen Version. Der ehemalige Projektqualitätsplan ist in die Qualitätsmanagement-Strategie aufgegangen.
- Pläne: Der Planungsprozess aus der Version 2005 ist in diesem Thema aufgegangen und hat auch im Prinzip der produktbasierten Planung seine Spuren hinterlassen. Wer sich den alten Prozess *Planen/Planning* anschaut, wird feststellen, dass die aktuellen Planungsschritte und die Abfolge der produktbasierten Planung identisch sind mit dem ehemaligen iterativ hinzuzuziehenden Planungsprozess. Einige Formalien wurden hier jedoch angepasst.
- Risiken: Auch dieses Thema kennen Sie bereits als Komponente „Risikomanagement" der Version 2005. Jedes Projekt ist ein einmaliges, individuelles Unterfangen und damit Gegenstand (un)vorhersehbarer Risiken. Allerdings stellt die Version 2009 sehr viel deutlicher dar, dass Risiken nicht nur als Bedrohungen, sondern auch als Chancen zutage treten.
- Fortschritt: Die Steuerung im Projekt wurde sowohl während der Version 2005 als auch in der heute gültigen Version 2009 als zentrales Thema gehandhabt. Die entsprechenden Steuerungsmittel des Projektmanagements stellen auf allen Managementebenen sicher, dass die richtigen Produkte zur richtigen Zeit hergestellt werden und dass das Projekt im Sinne des Business Case durchführbar bleibt. Die „Steuerung/Steuerungsmittel" als Komponente der alten Version finden heute im Thema „Fortschritt" Anwendung und stehen dort weiterhin in enger Verbindung zum Thema „Änderungen".
- Änderungen: In diesem Thema der aktuellen Version sind die Komponenten „Konfigurationsmanagement" und „Änderungsmanagement" aufgegangen. Auch die Änderungssteuerungstechnik ist hier untergekommen. Der ehemalige Konfigurationsmanagementplan findet sich nun in der Konfigurationsmanagement-Strategie wieder.

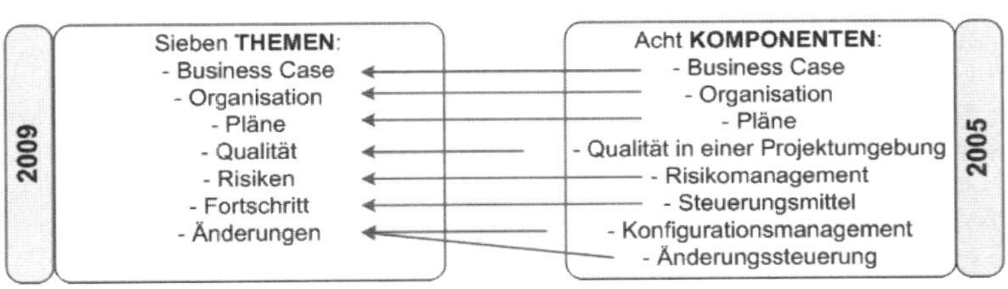

Abbildung 2.32: Vergleich der Themen der Versionen 2005 und 2009

Insgesamt ist die Beschreibung der Themen aufgelockerter geworden und die PRINCE2™-Methode verweist (ähnlich wie die ITIL® V3) auf andere Best Practices oder gibt Hinweise für die Praxis, z. B. der Hinweis auf Brainstorming, Workshops mit dem Kunden zur Entscheidungsfindung, Stakeholdermanagement oder die OGC-eigene Methode zum Risikomanagement („Managament of Risks", M_o_R™).

2.6.3 Ein verschlanktes Prozessmodell

Die sieben Themen (*siehe Abbildung 2.32*) wurden in das PRINCE2™-Prozessmodell integriert und finden in den Aktivitäten (nicht mehr Sub-Prozesse!) der Prozesse Anwendung. Das PRINCE2™-Prozessmodell beinhaltet, da der ehemalige Planungsprozess ganz unter dem Thema Pläne und dem Prinzip der produktbasierten Planung subsumiert wurde, nur noch sieben Prozesse (*siehe Abbildung 2.33*), die Ihnen in Bezug auf Zweck und Ziele aber keine Überraschungen bieten dürften.

1. *Vorbereiten eines Projekts*
2. *Lenken eines Projekts*
3. *Initiieren eines Projekts*
4. *Steuern einer Phase*
5. *Managen der Produktlieferung*
6. *Managen eines Phasenübergangs*
7. *Abschließen eines Projekts*

Einige der alten „Subprozesse" wurden zusammengefasst oder sind weggefallen und diverse Aktivitäten wurden hinzugenommen. Insgesamt hat sich die Anzahl der bisherigen 45 „Subprozesse" auf 40 Aktivitäten reduziert, in denen die OGC die Inhalte der jeweiligen Aktivitäten als empfohlene Maßnahmen darstellt. Beispielsweise ist die Erfassung und Bewertung der offenen Punkte, die ehemals aus zwei Subprozessen bestand (CS3 *Offene Punkte aufnehmen/Capturing Project Issues* und CS4 *Offene Punkte prüfen/Examining Project Issues*), nun in einer Aktivität zusammengefasst worden (CS *Offene Punkte und Risiken erfassen und untersuchen/Capturing and Examine Issues and Risks*). Neu hinzugekommen ist beispielsweise die SU-Aktivität *Vorhandene Erfahrungen erfassen.* Dies entspricht dem Prinzip „Lernen aus Erfahrungen" und war in der Praxis bereits üblich. Nun zollt man diesem Grundprinzip und der Erfahrungs- und Informationssichtung aus der Praxis auch in der Theorie Rechnung.

Der Output der sieben Prozesse sowie die Beschreibung ihrer Ziele und die dazugehörigen Verantwortlichkeiten sind nahezu beibehalten worden.

Eine offensichtliche und umfassende Veränderung stellt die in der aktuellen Version fehlende Nummerierung der Subprozesse dar. Durch diese Nummerierung gab es anscheinend Missverständnisse in Bezug auf die Frage, ob die Subprozesse streng sequenziell zu durchlaufen waren. Bei der Einordnung der Aktivitätenabfolge innerhalb des Prozesses hilft jetzt nur noch die jeweilige Abbildung. Die verwendeten Pfeile stellen den Ablauf dar. Meiner Meinung nach ein kleiner Rückschritt, machte die Nummerierung die Kennzeichnung der damaligen Subprozesse knapp und knackig möglich, während nun stets die volle Aktivitätenbezeichnung zu nennen ist, was zahlreichen Schulungsteilnehmern und Selbstlernern das Einprägen der Aktivitäten erschweren könnte.

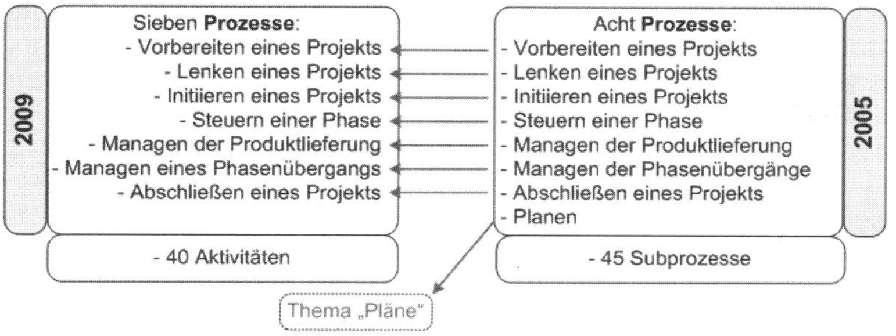

Abbildung 2.33: Prozesse der beiden Versionen in der Gegenüberstellung

Die Ansätze und das Basiswissen der Version 2005 wurden unter den drei Oberbegriffen „Prozesse" (Welche Schritte müssen durchlaufen werden?), „Komponenten" (Was und warum?) und „Techniken" (Wie gehe ich vor? Welche Arbeitstechniken helfen als Basis?) zusammengefasst. In der Version 2009 sind die Themen bei der Abwicklung eines PRINCE2™-Projekts als essentiell anzusehen. Sie greifen ineinander und sorgen auch dafür, dass die Grundprinzipien Beachtung finden. Die „Prozesse" geben weiterhin vor, in welcher Abfolge welche Schritte zu durchlaufen sind. Prinzipien und Techniken zeigen gemeinsam auf, was und warum etwas getan werden muss. Die Techniken finden sich nun in den Themen und Prinzipien wieder und geben weiterhin Unterstützung in Bezug auf die Frage, welche Arbeitstechniken Unterstützung bieten und wie sie angewandt werden sollten.

2.6.4 Reduzierung der Managementprodukte

Neben einem schlankeren Prozessmodell hat sich auch die Anzahl und damit die Fülle an Managementprodukten reduziert. Waren es in der Version 2005 noch 36 Managementprodukte, sind es in der aktuellen Version nur noch 26:

- Managementprodukte der Version 2005: A.1 Akzeptanzkriterien, A.2 Änderungsantrag, A.3 Arbeitspaket, A.4 Ausnahmebericht, A.5 Ausnahmeplan, A.6 Business Case, A.7 Empfehlungen für Folgeaktionen, A.8 Erfahrungsbericht, A.9 Erfahrungsprotokoll, A.10 Kommunikationsplan, A.11 Konfigurationsdatensatz, A.12 Konfigurationsmanagementplan, A.13 Kundenqualitätserwartungen, A.14 Liste der offenen Punkte, A.15 Offener Punkt, A.16 Phasenabschlussbericht, A.17 Phasenplan, A.18 Produktbeschreibung, A.19 Produkt-Checkliste, A.20 Produktflussdiagramm, A.21 Produktstatusauskunft, A.22 Produktstrukturplan, A.23 Projektabschlussbericht, A.24 Projektbeschreibung, A.25 Projektleitdokument, A.26 Projektlösungsansatz, A.27 Projektmandat, A.28 Projektplan, A.29 Projektqualitätsplan, A.30 Projektrevisionsplan, A.31 Projektstatusbericht, A.32 Projekttagebuch, A.33 Qualitätsprotokoll, A.34 Risikoprotokoll, A.35 Spezifikationsabweichung, A.36 Teamstatusbericht
- Managementprodukte der Version 2009: A.1 Arbeitspaket, A.2 Ausnahmebericht, A.3 Business Case, A.4 Erfahrungsbericht, A.5 Erfahrungsprotokoll, A.6 Kommunikationsmanagement-Strategie, A.7 Konfigurationsdatensatz, A.8 Konfigurationsmanagement-Strategie, A.9 Nutzenrevisionsplan, A.10 Offener-Punkt-Bericht, A.11 Phasenabschlussbericht, A.12 Plan (Projektplan, Ausnahmeplan, Phasenplan, Teamplan), A.13 Produktbeschreibung, A.14 Produktbeschreibung des Projektendprodukts, A.15 Produktstatusauskunft, A.16 Projektabschlussbericht, A.17 Projektbeschreibung, A.18 Projektleitdokumentation, A.19 Projektstatusbericht, A.20 Projekttagebuch, A.21 Qualitätsmanagement-Strategie, A.22 Qualitätsregister, A.23 Register offener Punkte, A.24 Risikomanagement-Strategie, A.25 Risikoregister, A.26 Teamstatusbericht

Dabei wird deutlich, dass sich nicht nur die Anzahl reduziert hat, sondern auch die Betitelung von Produkten, die sowohl in der alten als auch in der neuen Version vorhanden sind, modifiziert wurde. Beispielsweise wurde aus der Liste der offenen Punkte das Register offener Punkte. Gleiches gilt für das Risikoregister (ehemals Risikoprotokoll) und das Qualitätsregister (ehemals Qualitätsprotokoll). Dies ist auch ein Indiz dafür, dass es nun eine neue Einteilung der Managementprodukte gibt. In der Version 2005 waren die Managementprodukte entsprechend der empfohlenen Ablageordner für die Managementprodukte in Projekt-, Phasen- und Qualitätsmanagementprodukte eingeteilt (*siehe Abbildung 2.34*). Diese Aufteilung gibt es in dieser Form nicht mehr. Die Version 2009 äußert sich in der Originalliteratur nicht mehr hinsichtlich einer empfohlenen Ablagestruktur für die Managementprodukte im Projekt.

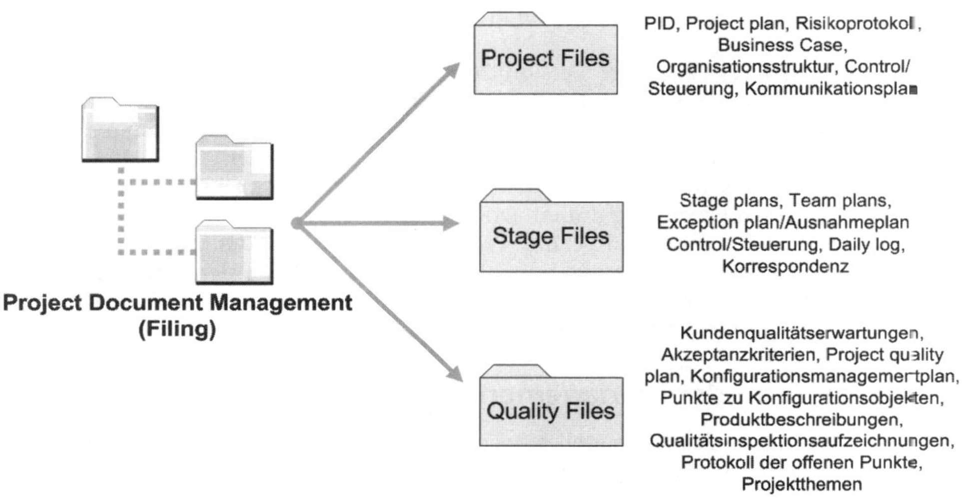

Abbildung 2.34: Die Einteilung und Ablagestruktur der Managementprodukte entsprechend der Version 2005

Nun ist es so, dass die Produkte in Baseline-Managementprodukte, Aufzeichnungen und Berichte eingeteilt sind (*siehe Abbildung 2.35*). Register sind im Gegensatz zu Protokollen keine formlosen Listen mehr, sondern sind für das formale Handling der offenen Punkte, Risiken und der Qualitätsaktivitäten vorgesehen. Einige Pläne wurden ebenfalls umbenannt. So gibt es nun keinen Projektqualitätsplan mehr, sondern eine entsprechende Qualitätsmanagement-Strategie. Ähnlich verhält es sich bei der Risikomanagement-, Konfigurationsmanagement- und Kommunikationsmanagement-Strategie der Version 2009.

Hinzu kommt, dass die unterschiedlichen Pläne der jeweiligen Managementebene (Projekt-, Phasen-, Teamplan) zu einem gemeinsamen Managementprodukt mit einheitlichem Aufbau zusammengefasst wurden (Plan). Sonderfälle des Phasenplans sind der Initiierungsphasenplan aus dem SU-Prozess und der Ausnahmeplan.

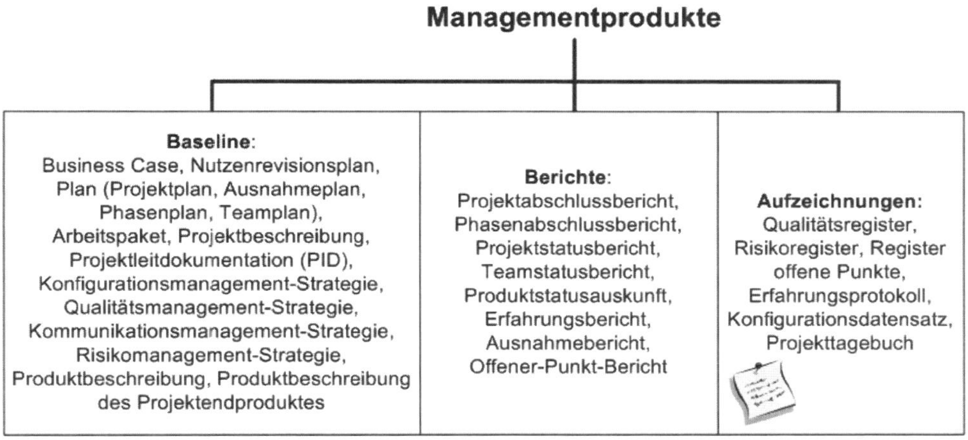

Abbildung 2.35: Die Einteilung der Managementprodukte entsprechend der Version 2009

Das Projektmandat gehört nun nicht mehr zum PRINCE2™-Projekt, sondern ist dem Unternehmens- oder Programm-Management zugeordnet.

2.6.5 Subsumtion der Techniken

In der PRINCE2™-Version 2005 hatten die Techniken ein eigenes Kapitel in der Originalliteratur der OGC und wurden explizit dargestellt. Diese Techniken waren die produktbasierte Planung, die Änderungssteuerung und die Qualitätsprüfung. In der seit Sommer 2009 gültigen Version gibt es kein explizites Kapitel mehr für die Techniken und auch in der Übersichtsdarstellung der aktuellen Version haben sie ihren Platz verloren. Nichtsdestotrotz finden zumindest die produktbasierte Planung, Änderungssteuerung und die Qualitätsprüfung aber immer noch ihren Platz innerhalb der Version 2009. Die Änderungssteuerung ist in das Thema „Änderungen" aufgenommen worden, sodass auch in der neuen Version Änderungen nur gesteuert umgesetzt werden dürfen.

Die produktbasierte Planung ist als Planungstechnik im Thema Pläne aufgegangen. Der ehemalige Planungsprozess wird bei der Erstellung in Planungsschritten durchlaufen. Im zweiten Planungsschritt mit dem Titel *Produkte definieren und analysieren* findet die produktbasierte Planung statt. Nach wie vor startet der Ablauf der produktbasierten Planung beim Endprodukt und seiner Produktbeschreibung. Über den Produktstrukturplan folgen die Beschreibungen der einzelnen Produkte, wobei dann auf Basis des Produktstrukturplans das Produktflussdiagramm entsteht. Die Produktbeschreibung des Projektendprodukts ist ein Ergebnis des SU-Prozesses (Aktivität *Business Case-Entwurf erstellen*), wenn der Projektumfang festgelegt wird. Die Produktbeschreibung des Projektendprodukts wird im IP-Prozess, wenn der Projektplan erstellt wird, optimiert.

Die dreiteilige Qualitätsprüfung wurde bis auf ein paar kleinere Anpassungen der Rollen und Verantwortlichkeiten beibehalten und findet nach wie vor im Prozess *Managen der Produktlieferung* (Aktivität *Arbeitspaket ausführen*) statt.

Das OGC verweist aber im Gegenzug darauf, dass andere Techniken aus verschiedenen Frameworks und Managementansätzen ihren Platz in der Version 2009 der Projektmanagement-Methode gefunden haben.

2.6.6 Tailoring: Anpassungen sind erwünscht

Das Prinzip „Anpassen an die Projektumgebung" wird in einem vierten Bereich mit der Bezeichnung „Anpassung an die Projektumgebung" explizit aufgegriffen. Dieser beschreibt die verschiedenen Aspekte bezogen auf die unterschiedlichsten Projektumgebungen. Er zeigt Besonderheiten, Empfehlungen und mögliche Optionen auf, die je nach Anforderungen des Projektumfelds Beachtung finden sollten. So stellt das OGC konkreten Kontext hinsichtlich der Frage bereit, wann und wie PRINCE2™ in den verschiedenen Umgebungen verwendet werden kann (z. B. als kleines Projekt).

Explizite Berücksichtigung und Erwähnung finden beispielsweise die Projekte, die Teil eines Programms sind, Projekte in einem kommerziellen Kunden-/Lieferantenumfeld oder Projekte in unterschiedlichen Skalierungsgrößen (*siehe Abbildung 2.36*).

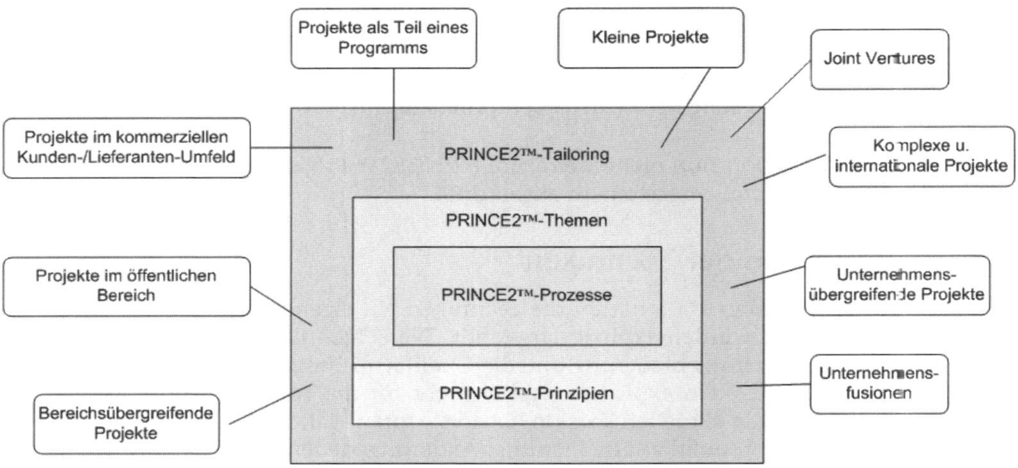

Abbildung 2.36: Unterschiedliche Projekttypen

2.6.7 Weitere Ergebnisse des „Refreshs"

Herausgekommen sind zwei Buchbände als ein Ergebnis der Überarbeitung statt des bisherigen Standardwerks zum Thema PRINCE2™: „Erfolgreiche Projekte managen mit PRINCE2™"/„Managing Successful Projects with PRINCE2™ - 2009 Edition" (ISBN der englischen Originalausgabe: 9780113310593, ISBN des deutschen Buchtitels: 9780113312146) und „Directing Successful Projects with PRINCE2™ - 2009 Edition" (ISBN der englischen Originalausgabe: 9780113310609, die deutsche Übersetzung ist bisher nicht erschienen).

Das erstgenannte Buch beschäftigt sich mit dem Thema Projektmanagement auch hinsichtlich der Aufgaben und Fragen, die Mitglieder der Projektunterstützung, einen Projekt- oder Teammanager betreffen. Die Zielgruppe für dieses Buch ist sehr heterogen: Projektmanager, Teilprojektmanager, Teammanager, Mitarbeiter der Projektunterstützung und -sicherung und alle, die am Thema Projektmanagement mit PRINCE2™ Interesse haben und ins Projektmanagement eingebunden sind. Die zweite genannte Veröffentlichung bezieht sich primär auf das *Lenken eines Projekts* über den Lenkungsausschuss und richtet sich vorwiegend an potenzielle und aktive Mitglieder eines PRINCE2™-Lenkungsausschusses. So erhält die Zielgruppe, die als „Lenker" oder Sponsor agiert, z. B. durch Checklisten oder Beispiel-

Agenda von Lenkungsausschuss-Sitzungen Rollen-spezifische Unterstützung und Anleitung. Aber auch die Projektsicherung wird als Zielgruppe angesprochen.

Darüber hinaus sind weitere Bücher aus der „PRINCE2™ 2009 Library" erschienen, die u. a. als Hardcopy, in elektronischer Form als PDF oder eBook im Handel erhältlich sind (z. B. „An Introduction to PRINCE2™: Managing and Directing Successful Projects", als Buch ISBN: 9780113311880, als eBook ISBN: 9780113312016, als PDF ISBN: 9780113312009).

3 Übersicht der PRINCE2™-Prozesse

Das Office of Government Commerce (OGC) entwickelt seit mehr als 25 Jahren die Projektmanagement-Methode PRINCE2™ (PRojects IN a Controlled Environment). Es handelt sich um eine „Best Practice“-Methode, in der nur Verfahren aufgenommen wurden, die sich in der Praxis bewährt haben. Die konsequente Ausrichtung auf das Wesentliche im Projektmanagement vermeidet jeden überflüssigen Aufwand. Die Methode ist skalierbar und für jede Projektgröße geeignet. Eine optimal angepasste Projektmanagement-Methode wie PRINCE2™ sorgt für die steuerbare Umgebung, die es dem Management erlaubt, erfolgreiche Projekte aufzusetzen und Verantwortung sowie Autorität zu delegieren. Es ist eine strukturierte Methode für ein effektives und effizientes Projektmanagement. Der Fokus ist auf erfolgreiche Methodenansätze für den Business-Einsatz gerichtet.

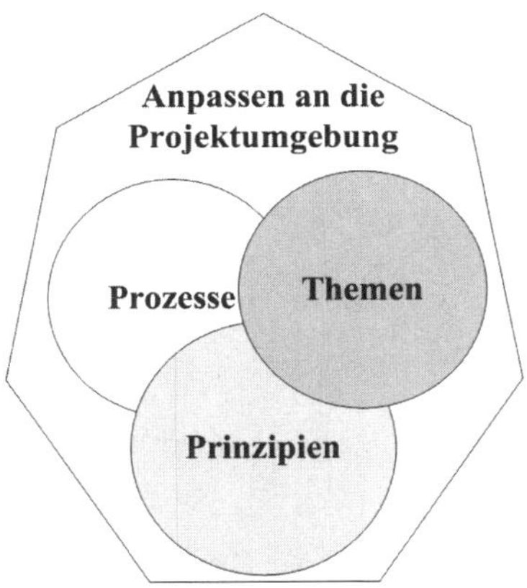

Abbildung 3.1: Basis des PRINCE2™-Know-hows

Kurz: PRINCE2™ ist ein prozessorientierter und strukturierter Projektmanagement-Ansatz. Die Ansätze und das Basiswissen dieser Methode werden unter den vier Oberbegriffen „Prozesse“ (Welche Schritte müssen durchlaufen werden?), „Themen“ (Was?), Prinzipien (Warum? Wie gehe ich vor?) und Anpassen an die Projektumgebung (Welche Auswirkungen hat die gegebene Umgebung auf die Methode?) zusammengefasst (*siehe Abbildung 3.1*). Die Inhalte werden über Vorlagen, Produkt- und Rollenbeschreibungen vorgegeben.

PRINCE2™ stellt eine Serie von Prozessen zur Verfügung (*siehe Abbildung 3.2*) und erklärt, welche Informationen im Laufe des Projekts festgehalten und in den entsprechenden „Produkten“ niedergeschrieben werden müssen. Dies ist eine produktbasierte Sichtweise.

Erst nach der Definition der gewünschten Ergebnisse in Form von Produkten werden die dazugehörigen Tätigkeiten (im Anschlus an die produktbasierte Planung) geplant. Insgesamt lässt sich festhalten, dass ein Projekt (nicht nur im Sinne von PRINCE2™) einen organisierten, dokumentierten und wohl gesteuerten Start benötigt. Dies beruht auf der Erfahrung, dass ein gewisser Grad an Organisation und Planung notwendig ist, bevor ein Projekt angestoßen wird bzw. startet. Auch ein organisierter und in den Steuerungszyklus integrierter Mittelteil eines Projekts ist essentiell. Nur so kann sichergestellt werden, dass das Projekt im weiteren Verlauf auf kontrolliertem Kurs bleibt. Ein definiertes und gesteuertes Ende stellt sich darüber hinaus als ein nicht zu vernachlässigender Aspekt dar. Wenn die Anforderungen erfüllt und das definierte Ziel (unter Einhaltung des Business Case) erreicht ist, geht das Projekt zu Ende. Alle offen gebliebenen Punkte, Fragen oder Probleme müssen abschließend behandelt sein.

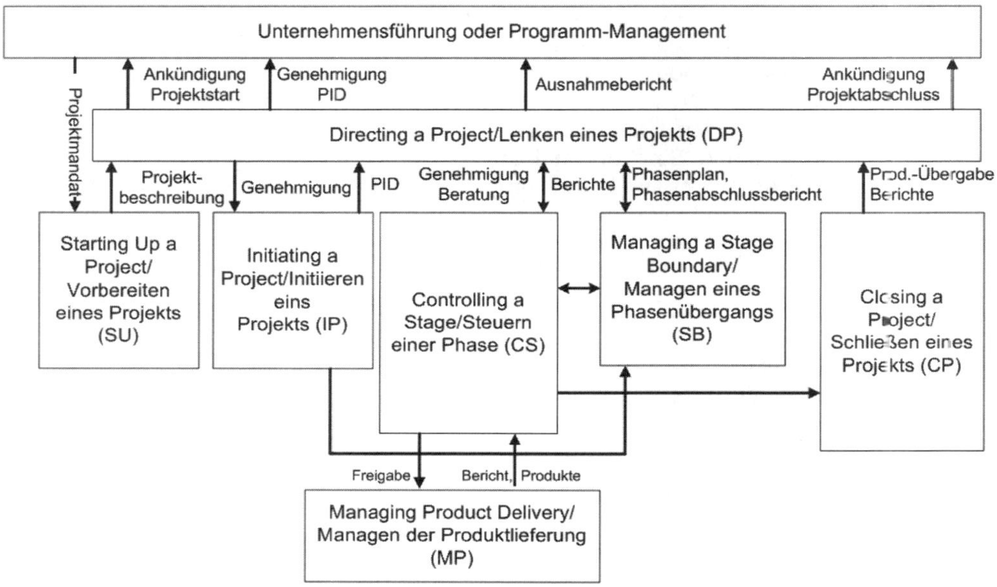

Abbildung 3.2: Das PRINCE2™-Prozessmodell (nach OGC-(PRINCE2™)Material, durch OGC-lizenzierte Wiedergabe)

PRINCE2™ beschränkt sich nicht auf die Projektebene, sondern bezieht das Unternehmens-Management aktiv in das Projektmanagement ein. Verständlicherweise, denn ein Projekt bezieht seine Daseinsberechtigung aus einem Auftrag des Unternehmens und übergibt zu seinem – hoffentlich erfolgreichen – Ende ein durch das Unternehmen zu nutzendes und nützliches „Projektendprodukt". Zur Gewährleistung des Nutzens für die Organisation wird im Prozess DP *Lenken eines Projekts* dem Lenkungsausschuss als Vertreter des Unternehmens-Managements eine aktive Projektlenkung zugewiesen. Jede anstehende Projektphase wird an bestimmten Entscheidungs- bzw. Steuerungspunkten dem Lenkungsausschuss vorgestellt, der die notwendigen Entscheidungen fällt und ein entsprechendes Budget bewilligt (Nutzen von Managementphasen).

Schließlich ist der Auftraggeber verantwortlich für das Projekt, während der Projektmanager die Verantwortung für das Tagesgeschäft übernimmt. Der DP-Prozess „gehört" auch dem Lenkungsausschuss. Im Gegensatz dazu ist am Prozess MP *Managen der Produktlieferung* hauptsächlich der Teammanager beteiligt. Alle anderen Prozesse werden überwiegend über den Projektmanager abgehandelt.

Veränderungen außerhalb des Projekts wie z. B. sich verändernde Märkte oder Organisationsänderungen können natürlich gravierende Auswirkungen auf das Projekt haben. Sie liegen aber außerhalb des Verantwortungsbereichs des Projektmanagers. Die Gewährleistung eines adäquaten Umgangs mit diesen Veränderungen im Projekt ist Aufgabe des Lenkungsausschusses.

3.1 SU – Vorbereiten eines Projekts/Starting up a Project

Der erste Prozess im PRINCE2™-Modell dient dazu, von einer (vagen) Projektidee und einer Geschäftsanforderung zu einer fassbaren Projektbeschreibung zu gelangen, zu klären, ob es sich um ein durchführbares und nutzenstiftendes Projekt handelt und die Voraussetzungen für die etwaige Initiierung des Projekts zu schaffen. Alle hierfür benötigten Informationen kommen aus dem Projektmandat, das aus dem Unternehmens- oder Programm-Management stammt.

Der Auftraggeber und der Projektmanager werden ernannt. Dokumentierte Erfahrungen aus ähnlichen Projekten innerhalb oder außerhalb des Unternehmens werden gesichtet und relevante Informationen zusammengetragen. Dies wird sich das Projektmanagement-Team im weiteren Projektverlauf zunutze machen. Die Zusammensetzung eines Lenkungsausschusses und des restlichen Projektmanagement-Teams wird vorgeschlagen und – wenn notwendig – mit dem Unternehmens- oder Programm-Management abgestimmt. Schließlich wird das Projektmanagement-Team ernannt. Der Prozess beinhaltet also die Identifizierung der leitenden Entscheider, die zur Besetzung des Lenkungsausschusses (Project Board) benötigt werden und die das Projekt überwachen.

Die zentralen Fragen für diesen Prozess lauten: „Wer sitzt mit im Boot?" und „Wie sieht der Lösungsansatz aus?"

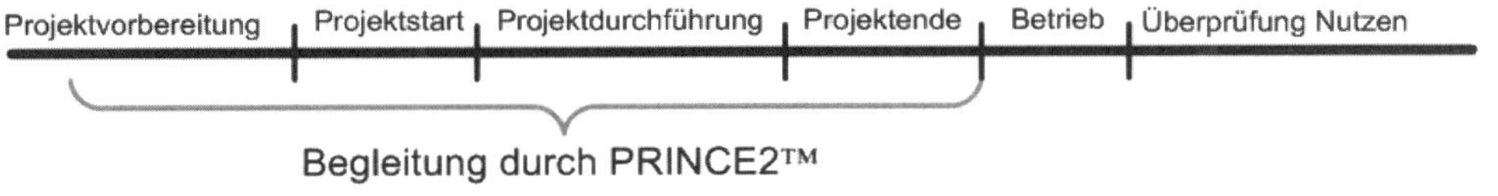

Abbildung 3.3: PRINCE2™ deckt auch einen Teil der Projektvorbereitung ab

Das Ziel dieses Prozesses ist es, das Projekt richtig aufzusetzen. Es ist ein Prozess vor Beginn des eigentlichen Projektzyklus (Pre-Projektphase, *siehe Abbildung 3.3*), der festsetzt, wie die Projektorganisation aussieht und welcher nutzenstiftende Lösungsansatz umgesetzt werden kann. Seine Haupt-Eingangsgröße ist das Projektmandat. Hier sind die Gründe für die Projektdurchführung und die Projektziele zu finden. Diese Angaben sind auch für einen ersten Entwurf des Business Case relevant, der in diesem Prozess erstellt und im weiteren Projektverlauf verfeinert wird.

Der Initiierungsphasenplan sollte für die Bestätigung der nächsten Phase vorhanden sein. Er stellt ein notwendiges Produkt dar, um die Projektinitiierung überhaupt genehmigt zu bekommen. Der Plan für die Initiierungsphase sollte mit dem Lenkungsausschuss diskutiert werden. Die Erstellung des Dokumentes findet in der Aktivität *Initiierungsphase planen* statt. Der Umfang der Arbeit in der Start up- und Initiierungsphase hängt zum einen von der bereits im Vorfeld getätigten Vorbereitung ab. Zum anderen muss bei kleinen Projekten mit einem geringen Risiko kein allzu formaler Plan im großen Stil präsentiert werden.

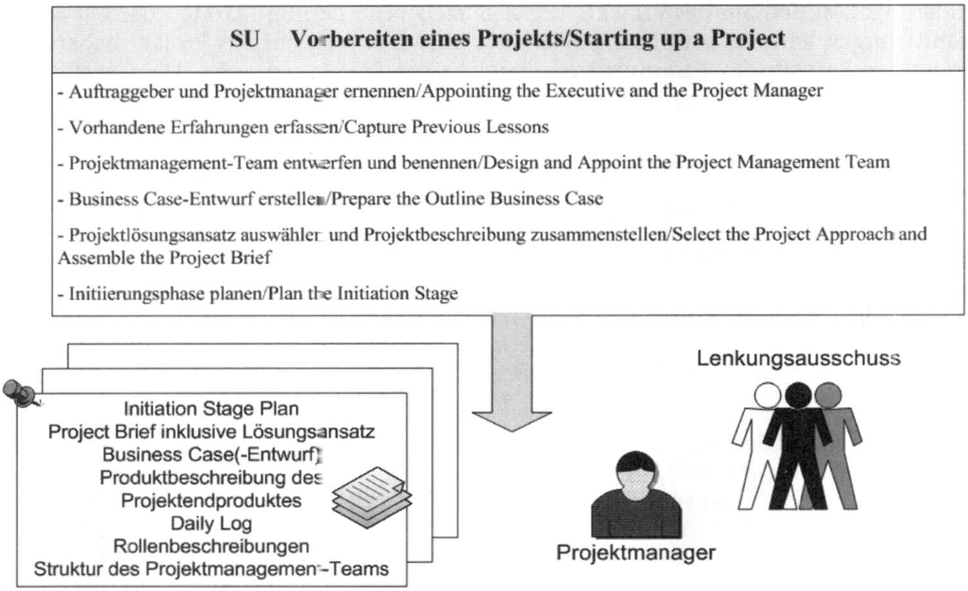

Abbildung 3.4: Aktivitäten und Ergebnisse des Projektvorbereitungsprozesses

Die Begründung für das Projekt, also die Notwendigkeit für die Durchführung, wird in einer Projektbeschreibung dargestellt. Der Business Case-Entwurf ist in der Projektbeschreibung enthalten, stellt aber als Business Case ein eigenes Dokument dar. Es werden ein Lösungsansatz und ein Plan für die Initiierungsphase verfasst, um dem Projekt eine solide Grundlage zu geben (*siehe Abbildung 3.4*). Bevor diese Basis nicht festgelegt ist, können keine weiteren Aktionen stattfinden.

SU ist als sehr kurzer Prozess vor Beginn des Projekts ausgelegt und dient folgendem Zweck:

- Sicherstellen, dass die Ziele des Projekts bekannt sind
- Prüfung, ob das Projekt realistisch ist und sich lohnt, also ein valider Business Case-Entwurf möglich ist
- Unrealistische Projekte sind auszusondern; sie werden nicht realisiert
- Das Projektmanagement-Team zusammenstellen (Struktur und Rollenbeschreibung) inklusive Verantwortlichkeiten und Kompetenzen
- Entscheiden, welcher Lösungsansatz verfolgt werden soll (und welche warum nicht): Standardlösung von der Stange? Anpassung einer Standardlösung? Neuentwicklung? Mit externen oder internen Ressourcen?
- Die Akzeptanzkriterien und Qualitätserwartungen des Kunden aufnehmen
- Die zum Aufbau einer soliden Managementumgebung benötigte Arbeit planen

Verantwortlich zeichnen in diesem Prozess die Programm- oder Geschäftsleitung, Lenkungsausschuss und Projektmanager.

Die Aktivitäten des Prozesses *Vorbereiten eines Projekts* sind:

- *Auftraggeber und Projektmanager ernennen/Appointing the Executive and the Project Manager*
- *Vorhandene Erfahrungen erfassen/Capture Previous Lessons*

- *Projektmanagement-Team entwerfen und ernennen/Design and Appoint the Project Management Team*
- *Business Case-Entwurf erstellen/Prepare the Outline Business Case*
- *Projektlösungsansatz auswählen und Projektbeschreibung zusammenstellen/Select the Project Approach and Assemble the Project Brief*
- *Initiierungsphase planen/Plan the Initiation Stage*

3.2 DP – Lenken eines Projekts/Directing a Project

Der Prozess *Lenken eines Projekts* begleitet das Projekt vom Anfang (Antrag auf Projektinitiierung) bis zum Projektende. Er beschreibt die Aktivitäten des Lenkungsausschusses, der für das Projekt verantwortlich ist, in Bezug auf das Steuern, Überwachen und den wirtschaftlichen Mehrwert des Projekts, der stets gegeben sein muss. Die Aktivitäten bestehen vornehmlich aus Entscheidungen über die Art der Fortführung des Projekts und sind regulierender sowie kontrollierender Natur.

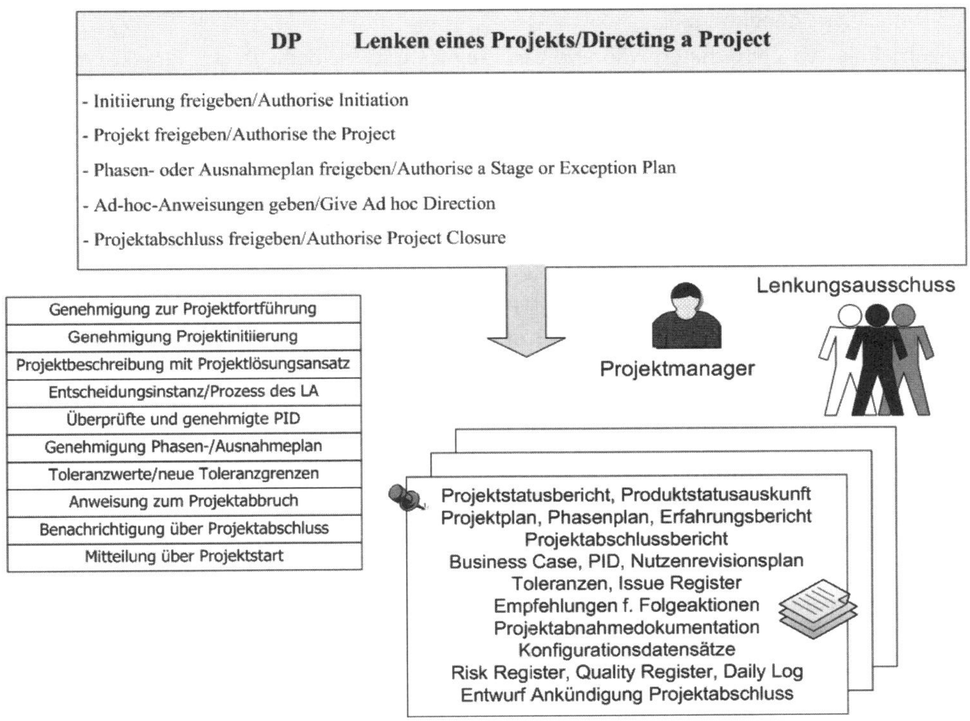

Abbildung 3.5: Dokumente, Genehmigungen und Aktualisierungen des Projektlenkungsprozesses

Der Projektmanager informiert den Lenkungsausschuss regelmäßig mittels Berichten, die täglichen Managementaufgaben des Projekts bleiben dem Projektmanager überlassen. So ist trotzdem der Informationsfluss gewahrt und der Lenkungsausschuss ist informiert. Der Lenkungsausschuss wird darüber hinaus, wenn es keine besonderen Vorkommnisse gibt, nur an den Phasenübergängen eingebunden, wo er den bisherigen Fortschritt billigen und den Übergang in die nächste Phase freigeben muss (*siehe Abbildung 3.5*).

Im Lenkungsausschuss sitzen die für das Projekt verantwortlichen Führungskräfte (Hauptentscheidungsträger), die auch als Schnittstelle und Kommunikationskanal zum Unternehmens- bzw. Programm-Management agieren, wobei im Zweifelsfall bei Uneinig- und Uneindeutigkeit der Entscheidungen, Ratschläge oder Positionen der Auftraggeber die finale Instanz für den Projektmanager darstellt. Da es sich hier meistens um schon anderweitig stark beanspruchte Personen handelt, sollten sie ausschließlich bei der Entscheidungsfindung miteinbezogen werden. Mit dem Konzept des „Management by Exception" („Steuern nach dem Ausnahmeprinzip") unterstützt PRINCE2™ dieses Prinzip. Dies bedeutet, dass der Lenkungsausschuss nur in einem einzigen weiteren (Ausnahme-) Fall Entscheidungen über das Projekt trifft, nämlich dann, wenn abzusehen ist, dass es vom Kurs, d. h. den gesetzten Toleranzen, signifikant abweicht.

Der Prozess umfasst fünf Hauptschritte:

- Die Vorbereitung des Projektplans und des Business Case für das Projekt genehmigen (Projektinitiierung)
- Den Projektstart genehmigen
- Zu vordefinierten Zeitpunkten während des Projekts entscheiden, ob das Projekt weiterhin gerechtfertigt ist, oder andere Entscheidungen treffen
- Den Fortschritt überwachen und nötigenfalls beratend tätig werden
- Den kontrollierten Abschluss des Projekts sicherstellen

Der Prozess dient aber auch zur Bestätigung der Projektorganisation und der Zielvereinbarung. Weitere Genehmigungen beziehen sich auf die Projektleitdokumentation (Project Initiation Dokumentation, PID) als Vertragsgrundlage bzw. den Projektvertrag an sich und auf jede Projektphase. Der Lenkungsausschuss fällt in diesem Prozess Entscheidungen bei Problemen, Fragen oder Eskalationen und reagiert so auf Input des Projektmanagers. Die Phasenabnahme durch den Lenkungsausschuss entlastet den Projektmanager.

Verantwortlich für diesen Prozess ist der Lenkungsausschuss, wodurch es eine saubere Trennung zwischen Projektmanager und Lenkungsausschuss gibt. Gleichzeitig ist der Lenkungsausschuss in der Lage, wichtige Entscheidungen zu treffen und den Projektverlauf zu lenken („Direct") und so seiner Verantwortung für den Projekterfolg nachzukommen, während der Projektmanager das Tagesgeschäft steuert („Control").

Die Aktivitäten des Prozesses *Lenken eines Projekts* lauten:

- *Initiierung freigeben/Authorise Initiation*
- *Projekt freigeben/Authorise the Project*
- *Phasen- oder Ausnahmeplan freigeben/Authorise a Stage or Exception Plan*
- *Ad-hoc-Anweisungen geben/Give Ad Hoc Direction*
- *Projektabschluss freigeben/Authorise Project Closure*

3.3 IP – Initiieren eines Projekts/Initiating a Project

Nachdem der installierte Lenkungsausschuss die Projektbeschreibung autorisiert hat, beginnt die erste eigentliche Projektphase. Dieser Prozess beinhaltet alle vorbereitenden Aktivitäten, die notwendig sind, um anschließend das Projekt auf einer soliden Basis durchzuführen. Hier wird der Grundstein für die erfolgreiche Projektumsetzung gelegt. Alle Projektmanagement-Prozesse werden etabliert, das Projekt ist mit dem Projektteam ausgestattet, die Produkte und Ergebnisse werden definiert. Darauf basierend erfolgt eine produktorientierte Planung des gesamten Projekts, insbesondere der nächsten Managementphase. Die Organisation soll wissen, welche geplanten Arbeiten mit welchen finanziellen Mitteln ausgestattet werden sollen. Gleichzeitig muss allen Beteiligten klar sein, aus welchem Grund das Projekt umgesetzt werden soll, welchen Nutzen es für das Unternehmen bringt und welche Ziele darüber erreicht werden können.

Abbildung 3.6: die Initiierung als Projektbeginn: Nach der Freigabe der Projektinitiierung durch den Lenkungsausschuss startet das Projekt.

Wesentliches Managementprodukt dieser Phase ist die Projektleitdokumentation (Project Initiation Documentation, PID, *siehe Abbildung 3.6*). Damit ein Projekt genehmigt wird, muss es sorgfältig geplant werden und zeigen, welche Ziele es wie erreicht. Die PID muss vom Lenkungsausschuss abgenommen werden, bevor die nächste Phase beginnen kann. Der Lenkungsausschuss nimmt an diesem Entscheidungspunkt das Projekt unter die Lupe und prüft, ob es den strategischen und taktischen Zielen des Unternehmens entspricht und genehmigt werden kann.

Die PID enthält alle wesentlichen Informationen zum Projekt entsprechend des Informationsbedarfs der hierarchischen Organisationsstruktur (Spezialistenwissen, spezifische Informationen und Details sind ab einer gewissen Strukturstufe nicht mehr relevant) und dient später auch als Grundlage für die Messung des Fortschritts und des Projekterfolgs.

Darüber hinaus erstellt der Projektmanager weitere Managementprodukte für den Lenkungsausschuss. Zusammen mit dem Lenkungsausschuss sollte bei der Erstellung des Initiierungsphasenplans definiert werden, wie der Lenkungsausschuss diese Produkte prüfen und genehmigen wird (einzeln, in Summe oder in einer Mischform).

Durch diesen Prozess

- werden die Informationen vorbereitet, die belegen, ob die Ausführung des Projekts betriebswirtschaftlich gerechtfertigt ist und mit welchen Risiken dies verbunden ist
- ist den Beteiligten klar, welchen Umfang die Arbeiten ausmachen werden und wann welche Produkte wie zu liefern sind
- wird definiert, wie die geforderte Qualität geliefert werden kann
- wird festgelegt, wie mit offenen Punkten, Risiken und Änderungen umgegangen werden soll
- wird geklärt, wie der Projektfortschritt gemessen und gesteuert wird
- werden die Empfänger für die relevanten Informationen, die kommuniziert werden sollen, und die entsprechenden Formate festgeschrieben
- werden Baselines festgelegt

- wird eine solide Managementumgebung für das Projekt aufgestellt
- wird so weit im Voraus detailliert geplant, dass das Management eine Basis für die Genehmigung des Projekts hat

Verantwortlich für diesen Prozess ist der Projektmanager.

IP Initiieren eines Projekts/Initiating a Project
- Risikomanagement-Strategie erstellen/Prepare the Risk Management Strategy
- Qualitätsmanagement-Strategie erstellen/Prepare the Quality Management Strategy
- Konfigurationsmanagement-Strategie erstellen/Prepare the Configuration Management Strategy
- Kommunikationsmanagement-Strategie erstellen/Prepare the Communication Management Strategy
- Projektsteuerungsmittel einrichten/Set up Project Controls
- Projektplan erstellen/Create the Project Plan
- Business Case verfeinern/Refine the Business Case
- Projektleitdokument zusammenstellen/Assembe the Project Initiation Document

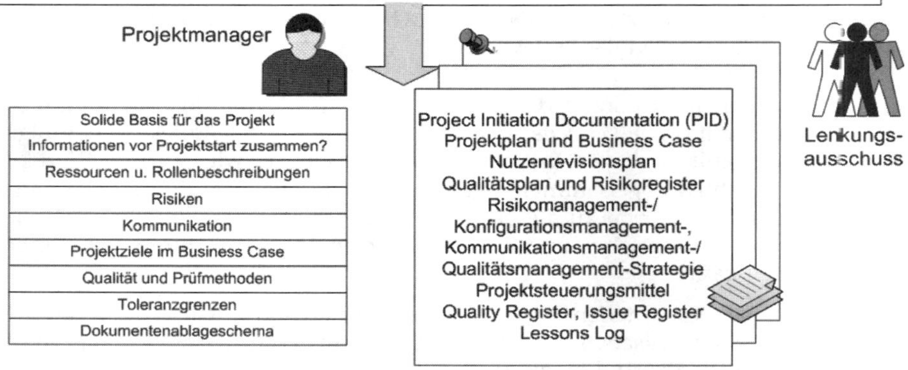

Abbildung 3.7: Aktivitäten, Themen und Dokumente im Projektinitiierungsprozess

Die Aktivitäten des Prozesses *Initiieren eines Projekts* sind:

- *Risikomanagement-Strategie erstellen/Prepare the Risk Management Strategy*
- *Konfigurationsmanagement-Strategie erstellen/Prepare the Configuration Management Strategy*
- *Qualitätsmanagement-Strategie erstellen/Prepare the Quality Management Strategy*
- *Kommunikationsmanagement-Strategie erstellen/Prepare the Communication Management Strategy*
- *Projektsteuerungsmittel einrichten/Set up the Project Controls*
- *Projektplan erstellen/Create the Project Plan*
- *Business Case verfeinern/Refine the Business Case*
- *Projektleitdokumenation zusammenstellen/Assemble the Project Initiation Dokumentation*

3.4 CS – Steuern einer Phase/Controlling a Stage

Dieser Prozess beschreibt das Tagesgeschäft des Projektmanagers (Hauptprozess der Projektmanagement-Methode). Es gilt, die vielen Dinge, die täglich auf den Projektmanager „einstürzen“ sauber zu handhaben: anfallende Arbeitspakete delegieren, Fortschritte und Status kommunizieren, korrigierend eingreifen und mit offenen Punkten umgehen.

Darüber hinaus richtet der Projektmanager bereits ein Auge auf die Planung der nächsten Phase, wobei die Planung der nächsten Phase stets zum Ende der aktuellen Phase stattfindet. Dieses Vorgehen trägt der Forderung Rechnung, dass PRINCE2™-Projekte in Phasen unterteilt werden, was einem der sieben Grundprinzipien entspricht, um sie leichter managen und steuern zu können.

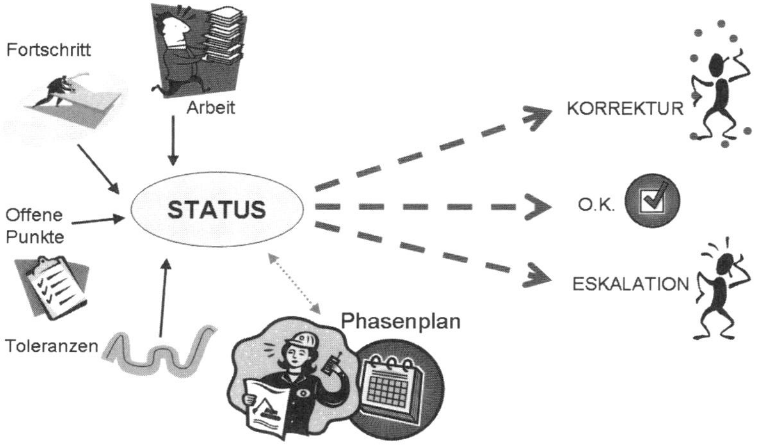

Abbildung 3.8: Prüfung gegen den Phasenplan und entsprechende Reaktion. Abweichungen verlangen nach Maßnahmen.

Überwachung des Projektfortschritts, Aktualisierung der Pläne, kontrollierter Umgang mit Änderungen und Information des Lenkungsausschusses und gegebenenfalls Eskalation werden vom Projektmanager sowohl ereignisgesteuert als auch routinemäßig durchgeführt (*siehe Abbildung 3.8*). Dieser Prozess schildert, wie der Projektmanager das Projekt überwacht und steuert, sodass sichergestellt ist, dass eine Phase auf Kurs bleibt und dass auf unerwartete Ereignisse reagiert wird. Denn dieser Prozess wird auch als Schnittstelle nach „außen“ genutzt, um offene Punkte zu behandeln. Diese müssen sauber gehandhabt, dokumentiert und bewertet werden, um einschätzen zu können, ob von ihnen ein Risiko ausgeht, das gesondert gehandhabt werden muss, z. B. Auswirkungen auf den Business Case.

Es ist kein Drama, wenn das Projekt nicht nach Plan läuft. Es ist ein Drama, wenn der Projektmanager nichts davon weiß. (P. Hobbs)

Der Prozess *Steuern einer Phase* ist an den MP-Prozess *Managen der Produktlieferung (Managing Product Delivery)* hinsichtlich der Erstellung der Spezialistenprodukte zyklisch gekoppelt. Die Aktivität *Arbeitspakete freigeben* stößt die Erstellung der Produkte über den Teammanager (bzw. die entsprechnden Teammitglieder) an, kontrolliert den Status (*Status eines Arbeits-*

pakets prüfen) und nimmt das Ergebnis in der Aktivität *Abgeschlossene Arbeitspakete entgegennehmen* an. Damit dient der Prozess *Steuern einer Phase* auch als Schnittstelle zu den Spezialistenprodukten. So wird sichergestellt, dass sich die Aktivitäten auf die jeweils geplanten Produkte entsprechend der Qualitätskriterien fokussieren und Abweichungen von den Inhalten des Phasenplans sauber gesteuert werden, um unkontrollierte Änderungen („scope creep") zu vermeiden.

Während einer Phase werden mehrfach folgende Aufgaben durchlaufen:

- Autorisieren auszuführender Arbeitspakete
- Sammeln von Informationen über den Fortschritt dieser Arbeitspakete
- Überwachen von Änderungen, Risiken und offenen Punkten
- Prüfen des Projektstatus und des Business Case
- Bericht erstatten
- Ergreifen notwendiger Maßnahmen
- Zusätzlich umfasst dieser Prozess die Aufgaben, die im Risikomanagement und in der Änderungssteuerung anfallen.

Verantwortlich für diesen Prozess ist der Projektmanager.

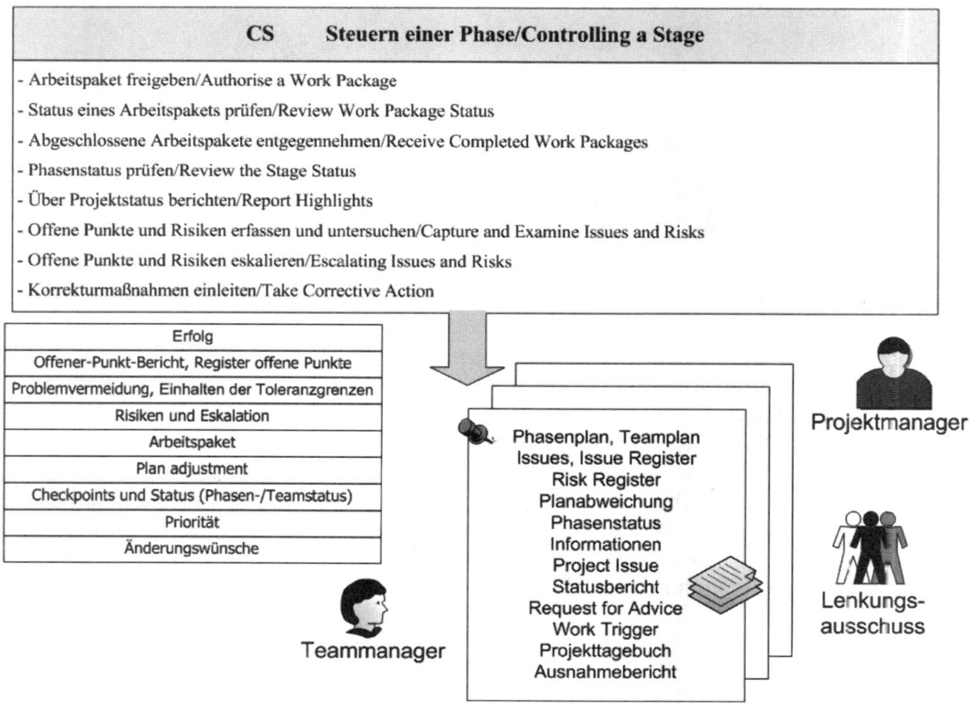

Abbildung 3.9: Themen, Schwerpunkte und Dokumente im Projekt-Steuerungsprozess

Dieser Prozess findet erstmalig nach der Freigabe des Projekts durch den Lenkungsausschuss (*Projekt freigeben*) statt und das letzte Mal, wenn sich das Projekt dem Ende zuneigt (über DP *Projektabschluss freigeben*), hin zum Prozess *Abschließen eines Projekts*. Ansonsten bereitet er zum Phasenende die jeweiligen sauberen Übergänge zwischen den Phasen vor und initiiert so über die Freigabe des Lenkungsausschusses (DP *Phasen- oder Ausnahmeplan freigeben*) und den Prozess *Managen eines Phasenübergangs* die nächste Phase.

Die Aktivitäten des Prozesses *Steuern einer Phase* sind (*siehe Abbildung 3.9*):

- *Arbeitspaket freigeben/Authorise a Work Package*
- *Status eines Arbeitspakets prüfen/Review Work Package Status*
- *Abgeschlossene Arbeitspakete entgegennehmen/Receive Completed Work Packages*
- *Phasenstatus prüfen/Review the Stage Status*
- *Über Projektstatus berichten/Report Highlights*
- *Offene Punkte und Risiken erfassen und untersuchen/Capture and Examine Issues and Risks*
- *Offene Punkte und Risiken eskalieren/Escalating Issues and Risks*
- *Korrekturmaßnahmen einleiten/Take Corrective Action*

3.5 MP – Managen der Produktlieferung/ Managing Product Delivery

PRINCE2™ ist eine produktbasierte Methode. Tatsächlich ist alles, was von PRINCE2™-Projekten erzeugt wird, ein Produkt, einschließlich der Dokumente. Im Gegensatz zu Spezialistenprodukten werden die von der Methode PRINCE2™ definierten Produkte als Managementprodukte bezeichnet. Produkte können von jedem erzeugt werden, auch von externen Zulieferern. Dieser Prozess erzeugt die Produkte des Projekts, hier wird der größte Teil der Projektressourcen eingesetzt.

Dieser Prozess ermöglicht die kontrollierte Trennung zwischen Projektmanagement und fachlicher Projektarbeit als Umsetzungsarbeit der Spezialisten und Erstellung der Projektprodukte. Verantwortlich hierfür ist der Teammanager, der auch ein externer Lieferant sein kann. Der Teammanager steht u.a. zur Abstimmung mit dem Projektmanager in Verbindung, der Berichte über Qualität und Fortschritt erhält (*siehe Abbildung 3.10*). Der MP-Prozess sorgt für eine kontrollierte Übergabe von Arbeitspaketen und deren Anforderungen, deren Ausführung und die Lieferung der Arbeitsergebnisse zurück an den Projektmanager.

Der MP-Prozess regelt die Zusammenarbeit zwischen dem Projektmanager und dem Teammanager mit den Fachteams bzw. den zuständigen Teammitgliedern und stellt sicher, dass sich beide Parteien über die Details der Arbeit im Klaren sind. Diese Abstimmung ist besonders wichtig, wenn ein oder mehrere Teams von Lieferanten gestellt werden, die nicht mit PRINCE2™ arbeiten. Das sogenannte Arbeitspaket, auf das sich Projektmanager und Teammanager einigen, umfasst Angaben zu den Zielterminen und Qualitätsanforderungen und definiert, wie die Berichterstattung zu erfolgen hat. Es ist auch möglich, dass das Arbeitspaket Teil einer vertraglichen Vereinbarung ist, z. B. hin zu einem externen Dienstleister, der das vereinbarte Arbeitspaket erstellt.

Folgende Tätigkeiten deckt der Prozess über den Teammanager ab:

- Sicherstellen, dass alle dem Team zugeteilten Arbeiten autorisiert wurden und jedes Teammitglied unter der Aufgabe das Gleiche versteht
- Die Arbeit des Fachteams planen, wobei der sogenannte Teamplan erstellt wird. Der Teamplan ist ein Zeitplan, der dem Arbeitspaket beigefügt wird, oder ein komplexer Plan, der dem Phasenplan ähnlich ist. Dies ist abhängig vom Arbeitspaket.

- Sicherstellen, dass die Arbeit entsprechend der im Arbeitspaket definierten Verfahren entwickelt wurde, wobei aber letztendlich zählt, dass die Qualität stimmt
- Sicherstellen, dass die Produkte den festgelegten Qualitätskriterien entsprechen. Dies wird über die in der Produktbeschreibung festgeschriebenen Qualitätsprüfmethoden geprüft, um sicherzustellen, dass die Produkte die definierten Qualitätskriterien erfüllen.
- Dem Projektmanager über Fortschritt und Qualität Bericht erstatten
- Die fertigen Produkte über die in der Produktbeschreibung beschriebenen Verantwortlichen abnehmen lassen und an den Projektmanager übergeben

Kurz und simpel beschrieben: Abstimmung der Arbeit mit dem Projektmanager, Abarbeiten der Arbeitspakete, Anstoß der Qualitätsprüfung und Abgabe der Ergebnisse. Der Projektmanager nimmt lediglich die geprüften Pakete entgegen.

Die Aktivitäten des Prozesses *Managen der Produktlieferung* sind:

- *Arbeitspaket annehmen/Accept a Work Package*
- *Arbeitspaket ausführen/Execute a Work Package*
- *Arbeitspaket abliefern/Deliver a Work Package*

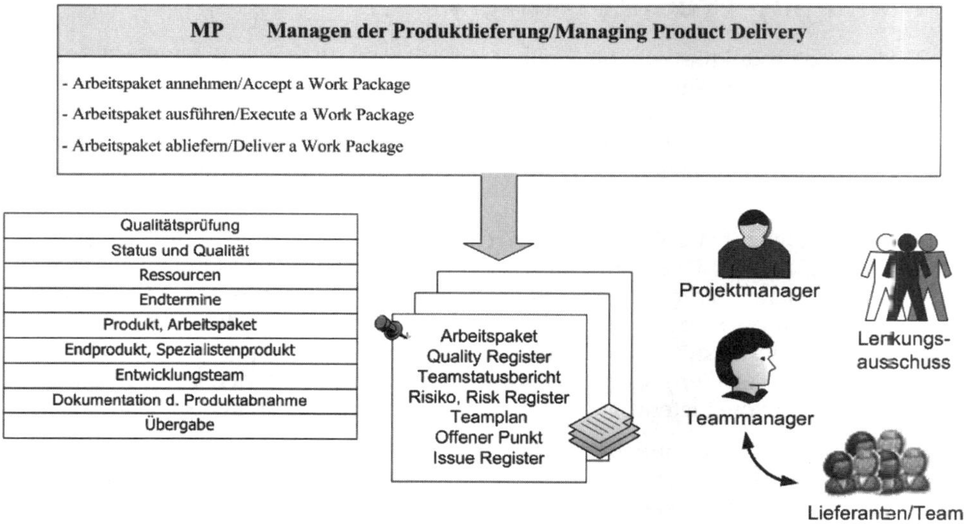

Abbildung 3.10: Schlagworte, Aktivitäten und Dokumente im Produktlieferungsprozess

Ausgelöst wird der MP-Prozess durch den CS-Prozess *Steuern einer Phase* und zwar durch die Aktivität *Arbeitspaket freigeben.* Über die Aktivität *Status eines Arbeitspakets prüfen* wird u. a. via Teamstatusbericht der Fortschritt überwacht. In der Aktivität *Abgeschlossenes Arbeitspaket entgegennehmen* wird das abgeschlossene Arbeitspaket entgegengenommen. Da die externen Lieferanten möglicherweise nicht nach PRINCE2™ arbeiten, ist es besonders wichtig, dass die definierten Akzeptanz- und Qualitätskriterien verstanden und eingehalten werden. Dann ist es im Grunde egal, mit welchen Herstellungsmethoden im Hintergrund gearbeitet wird. PRINCE2™ ist eine Managementmethode, keine Herstellungsmethode.

Ganz wichtig: Anhand der Qualitätsprüfung als objektives Messinstrument kann der Fortschritt gegenüber dem Phasenplan geprüft werden.

3.6 SB – Managen eines Phasenübergangs/Managing a Stage Boundary

Dieser Prozess beschreibt die Aktivitäten zur Vorbereitung des Übergangs von einer zur nächsten Managementphase und fungiert als „Meilenstein"-Prozess, obwohl dieser Begriff unter PRINCE2™ nicht existiert (ebenso wie die Einrichtung von Quality Gates). Hierzu sind Review und Aktualisierung von Business Case, Projektrisiken und Projektplan notwendig.

Quality Gates

Die Einrichtung von Quality Gates entstammt einem systematischen Ansatz im Sinne eines projektbegleitenden Qualitätsmanagements. Quality Gates basieren als Teil des Produktlebenszyklus-Managements auf dem Stage Gate-Prozess. Dieser stellt ein sehr einfaches Meilenstein-Phasenmodell für Produktentwicklungsprojekte aus der Feder von Dr. Robert G. Cooper dar. An definierten Stellen im Projektverlauf werden dabei Anfangs- und Endpunkte als zu passierende „Qualitätsabfragemomente" positioniert. Diese „Gates" führen die im relevanten Projektabschnitt Beteiligten zusammen, synchronisieren den Projektverlauf und führen zu einer Prüfung von Prozess- oder Produktqualität (z. B. „Produktreifegrad"). Die Messpunkte werden bereits bei der Planung berücksichtigt und können unterschiedliche Darstellungen besitzen. Beispiele hierfür sind: Qualitätskennzahlen, Ampelmethodik oder Reifegradmodelle.

Erkenntnisse aus der aktuellen Phase fließen in den Planungsprozess ein. Der Projektmanager detailliert die Planung für die neue Phase. Basis ist stets der Projektplan, aus dem sich die Phasen ableiten. Aktualisierte Dokumente und neue Pläne sind vom Lenkungsausschuss zu autorisieren. Dazu gehört ein entsprechender Bericht an den Lenkungsausschuss. Erst dann folgt die Freigabe für die nächste Phase. Auch die Struktur des Projektmanagement-Teams für die nächste Phase wird überprüft, um so vorhandene Rollenverteilungen zu überdenken und diese ggf. neu zu besetzen, z. B. für den oder die Prüfer. Dies kann sich aber auch auf die Teammitglieder eines Teams beziehen, da es möglicherweise in der nächsten Phase darum geht, ein Arbeitspaket herzustellen, für das andere fachliche Fähigkeiten und Erfahrungen notwendig sind. Die entsprechenden terminlichen Details werden im Phasenplan festgehalten (*siehe Abbildung 3.11*).

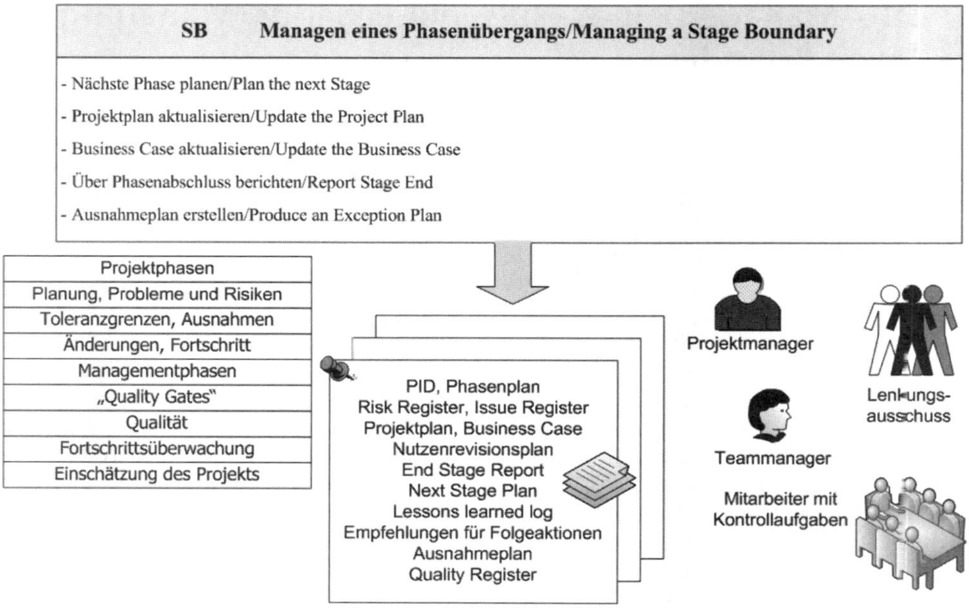

Abbildung 3.11: Themen, Dokumente und Aktivitäten im Phasenübergangsprozess

Eine Richtungsänderung des Projekts (über einen Ausnahmeplan) oder gar dessen Ende sind durchaus gewollte Ergebnisse der anschließenden Lenkungsausschusssitzung *Ausnahme- oder Phasenplan freigeben*. Nach den PRINCE2™-Grundsätzen muss jede Phase vom Lenkungsausschuss abgeschlossen und gebilligt werden, bevor der Übergang in die nächste Phase erfolgt. Diese prinzipielle Aufteilung in Managementphasen ermöglicht eine leichtere Entscheidungsfindung, Steuerung und Kontrolle.

Im positiven Fall wird der nächste Phasenplan zusammen mit den weiteren Managementprodukten dem Lenkungsausschuss zur Prüfung über die SB-Aktivität *Über Phasenabschluss berichten* zur Genehmigung vorgelegt.

Läuft die Phase aber aus den festgesteckten Toleranzgrenzen heraus, informiert der Projektmanager den Lenkungsausschuss darüber mithilfe des Ausnahmeberichts und wird dazu aufgefordert, einen Ausnahmeplan zu erstellen, um die Neuplanung der aktuellen Phase oder gar des Gesamtprojekts anzufordern. Dann wird dies über die Aktivität *Ausnahmeplan erstellen* realisiert. Anschließend geht der Projektmanager über die Aktivität *Über Phasenabschluss berichten* wieder auf den Lenkungsausschuss zu, um den Ausnahmeplan (wie einen Phasenplan) genehmigen zu lassen.

Projekte, egal welcher Größe, müssen Geschäftsanforderungen umsetzen, die einen Business-Benefit (Service Value als (Netto-) Nutzen) mit sich bringen, entweder als eigenständiges Projekt oder als Teil eines Programms. Die Ausrichtung auf den Fokus „Mehrwert" sollte am Ende oder kurz vor dem Ende jeder Phase überprüft und bestätigt werden. Auch die Risiken sollten am Ende einer Phase dahingehend einer Prüfung unterzogen werden.

Die Zielsetzungen dieses Prozesses lauten:

- Planung der nächsten Phase
- Aktualisierung des Projektplans

- Aktualisierung des Business Case
- Prüfung der Projektleitdokumentation und ggf. Aktualisierung
- Aktualisierung der Risikobewertung
- Berichterstattung über das Ergebnis und die Umsetzung der gerade abgeschlossenen Phase in Form der erstellten und geprüften Produkte
- Einholen der Zustimmung des Lenkungsausschusses für den Start der nächsten Phase
- Falls der Lenkungsausschuss vom Projektmanager einen Ausnahmeplan verlangt hat, werden die dazu benötigten Schritte ebenfalls von diesem Prozess abgedeckt.
- Verifizierung der Struktur des Projektmanagement-Teams und der jeweiligen Rollenbeschreibungen
- Erfahrungen der aktuellen Phase zu erfassen und daraus zu lernen

Verantwortlich sind der Projektmanager, Team-/Entwicklungsleiter und die Mitarbeiter mit Kontrollaufgaben.

Die Aktivitäten des Prozesses *Managen der Phasenübergänge* sind:

- *Nächste Phase planen/Plan the next Stage*
- *Projektplan aktualisieren/Update the Project Plan*
- *Business Case aktualisieren/Update the Business Case*
- *Über Phasenabschluss berichten/Report Stage End*
- *Ausnahmeplan erstellen/Produce an Exception Plan*

3.7 CP – Abschließen eines Projekts/Closing a Project

Eines wissen alle Projektbeteiligten sicher in Bezug auf ein Projekt: Es ist finit und besitzt einen Anfang und ein Ende. Ein Grundsatz von PRINCE2™ ist, dass Projekte kontrolliert und geordnet abgeschlossen werden müssen. So wird bei einem positiven Projektabschluss auch verhindert, dass ein Produkt schleichend in die Produktion übergeht. Projektende und Einführung in die Produktion werden als zwei sauber getrennte Aktivitäten gehandhabt. Der CP-Prozess kümmert sich also um die Vorbereitungen eines sauberen Projektabschlusses. Geht das Projekt im positiven Fall zuende, d. h. sind die Projektziele erreicht, werden die Aktivitäten dieses Prozesses im letzten Phasenplan des Projekts beschrieben.

Das beinhaltet eine Bewertung des Projektergebnisses über den Projektabschlussbericht. Alle gemachten Erfahrungen werden dokumentiert. Dabei ist zwischen einem *Erfahrungsprotokoll* und einem *Erfahrungsbericht* zu unterscheiden. Ein Erfahrungsprotokoll (Lessons Log) dient als Informationsspeicher für jegliche Erfahrungen, die im aktuellen Projekt gemacht wurden und die für andere Projekte nützlich sein könnten. Aus diesem Grunde muss mindestens zu jedem Phasenende eine Aktualisierung vorgenommen werden. Spätestens am Ende des Projekts wird daraus der Erfahrungsbericht (Lessons Report) verfasst. Außerdem werden in diesem Prozess ein Übergabedokument für den Betrieb und ein Revisionsplan für die Überprüfung des (Netto-) Nutzens erstellt.

Der eigentliche prägnante Zweck dieses Prozesses besteht allerdings darin, einen Punkt zu definieren, an dem die Projektendproduktabnahme erfolgt, und festzuhalten, dass die im PID definierten Ziele erreicht wurden bzw. keine weiteren Ergebnisse zu erreichen sind.

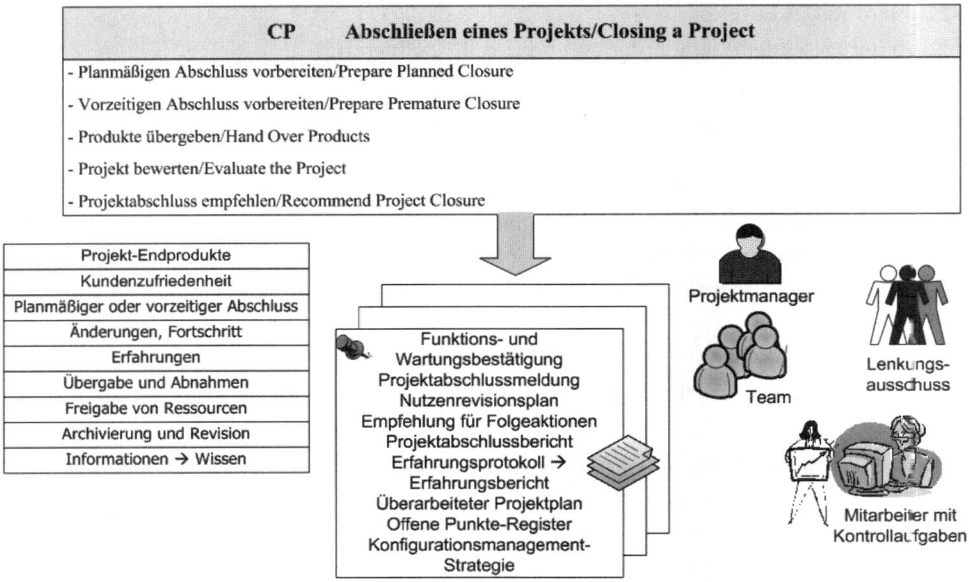

Abbildung 3.12: Schlagworte, Aktivitäten und Dokumente zum Projektabschluss

Dieser Prozess beschreibt Aktivitäten wie Abnahme durch Kunden und Betrieb, Übergabe der Projektdokumente und die Erstellung eines Projektabschlussberichts (*siehe Abbildung 3.12*). Zudem wird auch der Transfer von Erfahrungen aus dem Projekt zurück in die Unternehmensorganisation berücksichtigt (Lessons learned). Dieser Prozess kümmert sich auch um die Vorbereitungen, die getroffen werden müssen, um vom Lenkungsausschuss die Zustimmung zur Schließung des Projekts zu erhalten. Dieser Prozess wird nicht nur beim planmäßigen „positiven" Ende des Projekts, sondern auch bei Projektabbruch durchlaufen.

Die Zielsetzungen sind die folgenden:

- Feststellen, wie weit die Ziele, die man zu Beginn des Projekts definiert hat, erreicht wurden
- Sicherstellen, dass der Kunde zufrieden ist
- Sicherstellen, dass Wartungs- und Unterstützungsvereinbarungen (wo nötig) getroffen wurden
- Sicherstellen, dass nicht mehr benötigte Ressourcen freigegeben werden
- Empfehlungen für Folgeaktionen abgeben, abgeleitet aus den offenen Punkten und Risiken
- Sicherstellen, dass die gemachten Erfahrungen zum Nutzen zukünftiger Projekte dokumentiert sind
- Berichten, ob das Projektmanagement an sich erfolgreich war und wie die Projektleitung aussieht (Performance, Evaluation und Bericht über Projektleistung)
- Einen Überprüfungsplan für das Eintreffen des erwarteten Geschäftsnutzens erstellen und feststellen, ob und wenn ja, welcher Nutzen bereits erzielt wurde

Verantwortlich ist der Projektmanager in Zusammenarbeit mit den entsprechenden Projektmitarbeitern.

Über diesen Prozess kann zwar geprüft werden, ob das Ziel des Projekts erreicht wurde. Was allerdings nicht möglich ist, ist die Überprüfung des Nutzens, den das Projekt für das Unternehmen liefern soll. Erst wenn die Revision anhand des Nutzenrevisionsplans eine Überprüfung vollzogen hat, kann hierzu eine Aussage getroffen werden. Beispiele hierfür sind Einsparungsziele und Kostenvorteile oder allgemein zeitabhängige Nutzenkategorien. Deshalb wird an dieser Stelle lediglich geplant, wann und wie der erwartete Nutzen des Projekts im Rahmen einer Projektrevision bewertet wird. Die Überprüfung selber liegt außerhalb von PRINCE2™.

Die Aktivitäten des Prozesses *Abschließen eines Projekts* sind:

- *Planmäßigen Abschluss vorbereiten/Prepare Planned Closure*
- *Vorzeitigen Abschluss vorbereiten/Prepare Premature Closure*
- *Produkte übergeben/Hand Over Products*
- *Projekt bewerten/Evaluate the Project*
- *Projektabschluss empfehlen/Recommend Project Closure*

Alle Aktionen münden in die Aktivität *Projektabschluss freigeben* des Lenkungsausschusses.

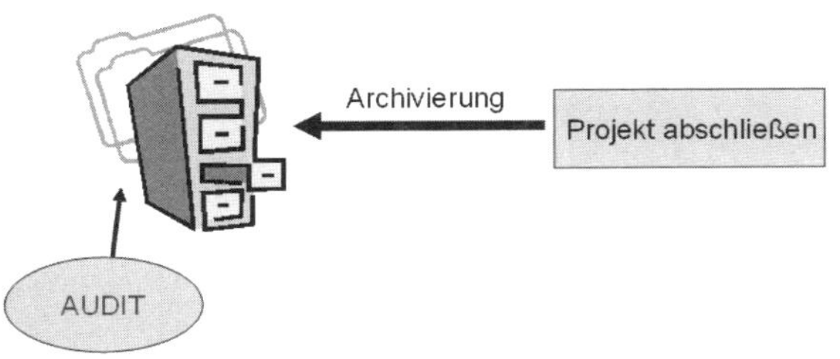

Abbildung 3.13: Auflösen des Projekts und Datenarchivierung

4 PRINCE2™-Themen/ PRINCE2™ themes

PRINCE2™ ist eine skalierbare, flexible Projektmanagement-Methode, die ein Unternehmen an seine eigenen Bedürfnisse anpassen kann. Es stellt den Rahmen dar, der spezifisch gefüllt werden kann. PRINCE2™ liefert lediglich die notwendigen Prinzipien, Themen, Prozesse, Rollen und Aktivitäten. Es stellt zudem mehr als ein bloßes Modell zur richtigen Vorgehensweise dar, denn es umfasst zusätzlich zum reinen Prozessmodell grundlegende Prinzipien und Themen, die für ein erfolgreiches Projektmanagement notwendig sind. Die Struktur dieser Methode ist daher in vier Teile gegliedert, die als „integrierte Elemente" bezeichnet werden:

- Grundprinzipien
- Themen
- Prozesse
- Anpassen an die Projektumgebung

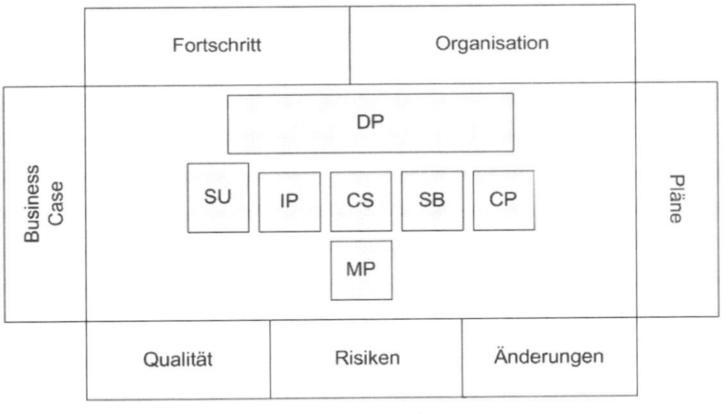

Abbildung 4.1: Sieben Themen und sieben Prozesse

PRINCE2™ beschreibt nicht nur, welche Rollen an einem Projekt beteiligt und wofür sie verantwortlich sind, sondern umfasst auch Elemente wie Risikomanagement, Qualitätsmanagement und Änderungssteuerung. Risikomanagement hilft dabei, einzuschätzen, was schief gehen könnte, und dementsprechend Vorsorge zu treffen. Qualitätsmanagement ermöglicht eine Qualitätskontrolle der abgeschlossenen Arbeiten durch Tests oder Prüfungen. Jedes Projekt ist vielen Veränderungen ausgesetzt. So ändern zum Beispiel Stakeholder ihre Meinung oder verändern den Projektumfang. Geschehnisse außerhalb des Projekts beeinflussen dessen Fortgang, z. B. das Produkt der Konkurrenz ist gerade rausgekommen. PRINCE2™ liefert hier eine Methode zur Steuerung der Änderungen, denen ein Projekt unterliegt, und kann so verhindern, dass das Projekt in eine falsche Richtung gedrängt wird.

PRINCE2™ beschreibt so sieben Themen, welche die Prozesse in verschiedenen projektrelevanten Aspekten unterstützen (*siehe Abbildung 4.1*). Sie beschreiben die Voraussetzungen, die geschaffen werden müssen, damit Projekte erfolgreich verlaufen. Sie werden auch als Wissensgebiete des Projektmanagements umschrieben und widmen sich der Antwort auf die Frage, warum Aktionen umgesetzt oder spezifische Produkte erstellt werden. Diese Themen lauten:

- Business Case als betriebswirtschaftliche Motivation
- Organisation als Definition der Organisationsstruktur und das Festlegen von Verantwortlichkeiten
- Pläne zur Unterstützung der Kommunikation und Steuerung
- Fortschritt als Einrichtung von Mechanismen für den Soll-/Ist-Vergleich der Leistungen, Prognose und Erfolgsaussichten
- Risiken zur Identifikation, Bewertung und Steuerung von Unsicherheiten
- Qualität als Definition und Maßnahmenumsetzung in Bezug auf die Produkterstellung und deren Eignungsprüfung
- Änderungen zur Identifizierung, Bewertung und Steuerung von Änderungen

4.1 Business Case/Business Case

Zur betriebswirtschaftlichen Beurteilung einer Investition gehört ein Business Case. Dieser wird als ein Szenario zur betriebswirtschaftlichen Beurteilung einer Investition definiert. Der Zweck des Business Case wird unter PRINCE2™ als die Einrichtung geeigneter Maßnahmen beschrieben, um beurteilen zu können, ob ein Projekt lohnend und realisierbar ist und bleibt. So kann das Unternehmen über das weitere Vorgehen hinsichtlich der Investition entscheiden. Ein Projekt als Investition muss gegenüber der Geschäftsführung eines Unternehmens seine Aussichten auf Gewinn überzeugend begründen. Ohne diese Begründung sollte ein Projekt weder in Angriff genommen noch in der vormals definierten Form fortgesetzt werden, wenn sich im Projektverlauf herausstellt, dass die bisherige geschäftliche Rechtfertigung nicht mehr existent ist. Möglicherweise bringt eine Änderung des Projekts dieses wieder auf Kurs und ermöglicht dann wieder eine nachgewiesene Rechtfertigung.

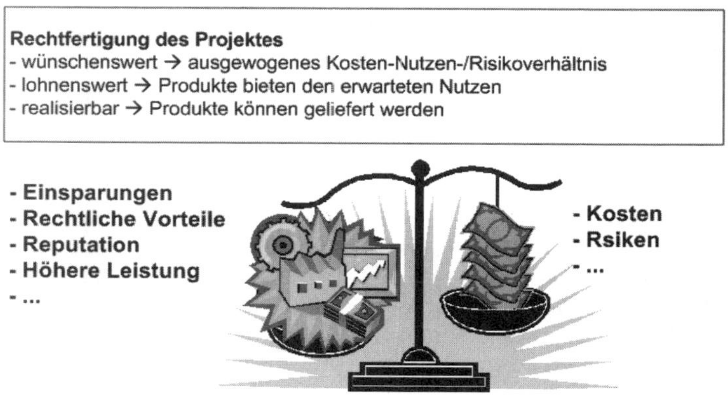

Abbildung 4.2: Projekte dürfen nicht als Selbstzweck dienen.

In einem Business Case werden Annahmen über die Kosten des Projekts, die verbundenen Risiken, die mit seinen Ergebnissen erzielten Erträge und Einsparungen (Nutzen) getroffen. Daraus können dann z. B. mit einer Cashflow-Analyse Aussagen über den Return on Invest (ROI) oder die Amortisationszeit der Investitionen, die durch das Projekt getätigt wurden, getroffen werden. Die Begründungen für das Projekt, die sich aus dieser Darstellung ergeben, dienen auch im weiteren Projektverlauf als Motivation. Sollten sich Änderungen oder Risiken währenddessen ergeben, muss geprüft werden, ob dies den Business Case negativ beeinflusst und das Projekt möglicherweise seine Rechtfertigung verliert.

Die Existenz eines brauchbaren und realisierbaren Business Case ist die Hauptkontrollbedingung bzw. die Abwesenheit eines solchen das K.O.-Kriterium für ein PRINCE2™-Projekt. Das Grundprinzip, dass ein Projekt eine fortlaufende geschäftliche Rechtfertigung verlangt, unterstützt dieses Ansinnen.

Der Benutzervertreter definiert den Nutzen und stellt sicher, dass die relevanten Produkte des Projekts und der vom Projektergebnis abhängige Nutzen realisiert werden. Eigentümer des Business Case ist der Auftraggeber des Projekts. Er ist für den Business Case verantwortlich – im eigenen Interesse, und hat dafür zu sorgen, dass das Preis-/Leistungsverhältnis in einem adäquaten Verhältnis zum Nutzen steht.

Der Business Case, zu Projektbeginn entwickelt und im Projektverlauf aktualisiert, wird durch den Lenkungsausschuss vor dem eigentlichen Projektstart und an jedem großen Entscheidungspunkt für das Projekt verifiziert. Er gibt so Antwort auf die Frage, ob es sich lohnt, weiter in das Projekt zu investieren. Dies ist besonders wichtig, da sich der Business Case, angelehnt an die Ereignisse des Projekts, nicht statisch verhält und sich die aktuellen Daten zu Kosten, Risiken und Nutzen sowie deren Toleranzen verändern können. Das obere Ziel des Projekts ist allerdings immer, dass es die Ziele und die Strategie des Unternehmens bzw. der Organisation zu unterstützen hat.

Vokabeln zum Business Case

Gerade im Zusammenhang mit dem Themenkomplex Investition und Finanzierung, mit denen der Business Case in Verbindung steht, tauchen eine ganze Menge Begriffe auf, die interpretierbar sind. Davon sollten Sie sich aber nicht abschrecken lassen. Behalten Sie folgende Differenzierung im Hinterkopf.

Die deutliche Betonung des Business Case soll verhindern, dass Sie sich als Projektleiter zu sehr auf die Herstellung der Produkte als Output des Projekts konzentrieren. Die Spezialistenprodukte sind als **Output** definiert. Dieser Output ermöglicht Veränderungen im Unternehmen. Durch die Anwendung des Outputs und den sich daraus ergebenden Änderungen wird ein **Ergebnis** im Unternehmen herbeigeführt. Diese Ergebnisse können bessere, schnellere oder einfachere Tätigkeiten für die Mitarbeiter bedeuten. Daraus ergibt sich ein (positiver) (Netto-) **Nutzen** (Benefit) in Form einer messbaren Verbesserung, die von einem Stakeholder (Kunde, Mitarbeiter etc.) als Vorteil erachtet wird und strategische Ziele des Unternehmens unterstützt. Allerdings ist dafür ein Abgleich mit einem früheren Zustand (Gestern-Heute, Soll-Ist) notwendig, um eine valide Aussage darüber treffen zu können, ob Einsparungen, Vorteile oder ein Nutzen realisiert wurden.

Allerdings sollten Sie nicht die Augen davor verschließen, dass Projekte auch Nebeneffekte und Konsequenzen mit sich bringen, die zu einem negativen Nebeneffekt (**Disbenefit**, negative outcome, negative effects, negative benefits) führen können. So führt der Bau einer Autobahn zur Zerstörung von Flora und Fauna, die Einführung der LKW-Maut in Deutschland dazu, dass einige LKW-Fahrer auf Landstraßen ausweichen. Ein solcher negativer Nebeneffekt ist ein von einem oder mehreren Stakeholdern als negativ betrachtetes Ergebnis.

4.1.1 Inhalte und Informationen

Die Vorteile für das Unternehmen müssen messbar und in Zahlen zu fassen sein. Der Fokus des Business Case sollte sich auf die damit verbundene Veränderung im Unternehmen beziehen und nicht nur auf einen möglichen Teilaspekt. Diese Erkenntnis sollte auch in das Projektmandat einfließen, das zumindest einige Basiselemente des Business Case enthalten sollte, um an dieser Stelle bereits eine Begründung für das Projekt vorzulegen.

Informationen sollen durch den Business Case qualitativ erfasst und quantitativ dargestellt werden, um sie vergleichbar zu machen. Die Informationen im Business Case werden in harte und weiche Faktoren unterteilt. Während Kundenbindung und -zufriedenheit zu den weichen Faktoren zählen, beschreiben harte Faktoren zum Beispiel Ein- und Auszahlungen einer Periode (Cashflow) oder andere Kennzahlen. Erst durch eine Quantifizierung werden diese untereinander vergleichbar. Entscheidend sind ein präzises und verständlich dargestelltes Kostenmodell und eine solide Nutzenargumentation.

Der Business Case als Dokument enthält neben einer Zusammenfassung als Übersicht und den Daten zur beteiligten Projektorganisation (*siehe Abbildung 4.3*) u. a.

- Begründungen (Warum wird das Projekt benötigt? Stehen diese Gründe im Projektmandat? Gibt es eine Prioritätenabstufung bzw. eine Anforderungsstärke wie etwa „must have" oder „nice to have"? Wie sieht der Bezug zur Unterstützung der Unternehmensziele und -strategien aus?)
- Optionen (Welche Möglichkeiten existieren, um das gewünschte Ergebnis zu erreichen? Erfüllen alternative Methoden auch noch den Business Case? Was passiert, wenn wir das Projekt nicht realisieren? Diese Fragestellungen helfen bei der Auslotung, ob eine Nulloption (do nothing), eine Minimumoption (do the minimum) oder eine Minimum-Plus-Option (do something) realisiert werden.)
- Vorteile und Nutzen für das Unternehmen (z. B. finanzieller oder strategischer Natur) in konkreter, messbarer und überprüfbarer Form. Hier muss auch definiert werden, ab wann der Nutzen vorhanden sein muss und wie dieser gemessen werden kann (harte Zahlen, Mitarbeiter- oder Kundenbefragung zum neuen Produkt etc.). Welche Produkte bedeuten welche Ergebnisse und welchen Nutzen? Durch die Quantifizierung des Nutzens lassen sich die Toleranzen festlegen.
- Erwartete negative Nebeneffekte, also tatsächlich mit den Aktivitäten des Projekts verbundene Auswirkungen oder Ergebnisse, die von einem oder mehreren Stakeholdern negativ beurteilt werden.
- Erwartete Kosten, Zeitskalen und eine Investitionsrechnung. Kosten und vorläufige Zeitplanung (z. B. in Abhängigkeit vom Unternehmens- oder Programm-Management) für die Ergebnisfertigstellung im Projektverlauf über einen vorläufigen Projektplan. Wichtig sind auch die Annahmen, die zu Inhalten im Business Case führen. Der Investitionsantrag zusammen mit der entsprechenden Investitionsrechnung dient der Budgetgenehmigung für das Projekt. Auf Basis des Zeitrahmens lassen sich Toleranzen und Informationen für die Nutzenrevision ableiten.

- Schlüsselrisiken, bezogen auf das Gesamtprojekt, sofern diese bereits vorab eingeschätzt werden können. Sie beziehen sich nicht nur auf das Thema Projektmanagement, sondern auf das Unternehmen und die externe Situation, wie etwa Marktgeschehen, technische Entwicklungen, Trends, strategische Ausrichtung des Unternehmens, gesetzliche Anforderungen, Prozesse im Unternehmen, Mitarbeiter und Personal.

Ein Business Case stellt in der Praxis meist gleichzeitig eine umfassende Form eines Business-Plans dar, der intensiv auf spezielle finanzwirtschaftliche Aspekte eingeht und dabei helfen soll, diese Aspekte zu beurteilen. Durch verschiedene Berechnungen werden Annahmen über wahrscheinliche Kosten und mögliche Erträge eines Projekts getroffen. Somit dient der Business Case nach Projektende als Basis für die Überprüfung des Projektnutzens. Der erwartete Projektnutzen soll in messbaren Zielen festgehalten werden, sodass sie nach Auslieferung überprüft werden können.

Wie der Nutzen des Projekts gemessen werden kann, hängt auch davon ab, um welche Art Projekt es sich handelt. PRINCE2™ unterscheidet hierbei nach:

- Gesetzlich oder anderweitig vorgeschriebene Projekte
- Gemeinnützige Projekte
- Sich noch entwickelnde Projekte
- Kunden-/Lieferanten-Projekte
- Organisationsübergreifende Projekte

Input für den Business Case:

Projektmandat & Projektbeschreibung → Gründe // Projektplan → Zeit und Kosten // Benutzervertreter → nennt den erwarteten Nutzen // Auftraggeber → Kosten-/Leistungsverhältnis // Risikoregister und Register offener Punkte

Bestandteile des Business Case:

- **Zusammenfassung**: Schlüsselargumente, Kerninformationen (z. B. ROI, Nutzen)
- **Gründe**: Gründe für das Projekt, Darstellung, inwiefern das Projekt die Strategien und Ziele des Unternehmens unterstützt
- **Optionen**: Unterschiedliche Möglichkeiten der Projektumsetzung (z. B. Nulloption, Minimumoption, Minimum-Plus-Option), Achtung: Abgrenzung zum Projektlösungsansatz, der unterschiedliche Optionen einer Möglichkeit darstellt!
- **Erwarteter Nutzen**: quantitativ und qualitativ, Toleranzen
- **Erwartete negative Nebeneffekte**: Tatsächliche Konsequenzen (keine Risiken!), die als negativ erachtet werden, z. B. sinkende Arbeitsmoral/Unzufriedenheit der Mitarbeiter
- **Zeitrahmen**: Zeitraum des Projekts und der Nutzenrealisierung
- **Kosten**: Projektkosten, Wartungs-/Betriebskosten, Angaben zur Finanzierung, z. B. aus wessen Etat das Projektbudget stammt
- **Investitionsrechnung**: Gegenüberstellung Nutzen und der Gesamtkosten, Techniken wie interner Zinsfuß, ROI, Amortisationsdauer
- **Hauptrisiken**: Ursachen, Ereignis, Auswirkungen der Risiken (nicht nur: „das Projekt könnte zu viel Kosten")

Abbildung 4.3: Der Business Case als niedergeschriebene Rechtfertigung für das Projekt

Finanzen und Investitionen

Während der Erstellung eines Business Case (meist vor der Projektvorbereitung) befindet sich das Unternehmen oder die Organisation im sogenannten „Ist-Zustand“. Erst durch die zu bewertenden Investitionen bzw. Projekte soll der „Soll-Zustand" erreicht werden. Es müssen sowohl Einsparungen als auch Kosten der Investition berechnet und in die Kalkulation des Business Case mit einbezogen werden. Die Aufgaben im Rahmen der Erstellung des Business Case können auch als Planung, Information und Kontrolle geplanter finanzwirtschaftlicher Maßnahmen gesehen werden.

Die Geschäftsführung des Unternehmens hat dadurch mehr bzw. strukturiertere Möglichkeiten zur Entscheidungsfindung. Gerade wenn es darum geht, sich zwischen mehreren möglichen oder intern konkurrierenden Projekten zu entscheiden, trägt der Business Case zur endgültigen Auswahl bei.

Nicht nur Pinkepinke ...

Ein Business Case bedeutet nicht unbedingt, dass ein Projekt monetären Profit abwerfen muss. Man kann auch andere primäre Schlüsselkennzahlen definieren, auch wenn sich diese sekundär in Euro und Dollars bemerkbar machen.

Ob ein bestimmtes Engagement in finanzieller Hinsicht sinnvoll ist oder nicht, lässt sich mithilfe einer Finanzargumentation objektiv ermitteln. Diese Form des Business Case nimmt vorwiegend finanzielle Kriterien unter die Lupe und ermöglicht Verantwortlichen auf diese Weise, fundierte Investitionsentscheidungen zu treffen. Dieser Aspekt des Business Case gibt zum Beispiel Antworten auf folgende Fragen:

- Werden unsere Mittel mit dem angedachten Software-System am besten verwendet?
- Wird ein zusätzliches Gebäude dazu beitragen, unsere finanzielle Situation zu verbessern?
- Zu welchem Anteil kann sich der vorgeschlagene Sicherheitsdienst selbst tragen?

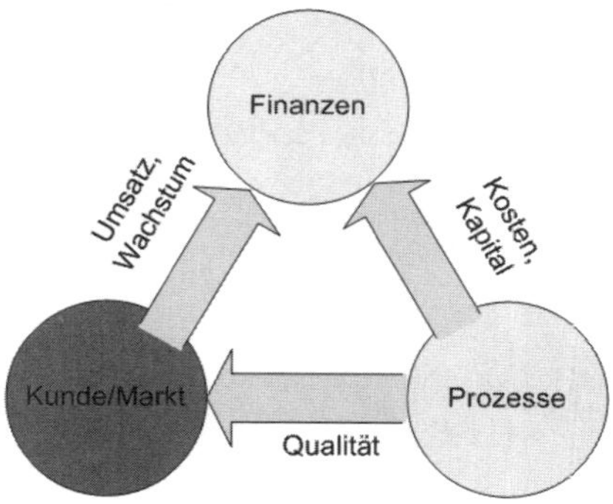

Abbildung 4.4: Betriebswirtschaftliche Aspekte

Die Finanzargumentation unterscheidet sich von anderen Ansätzen des Business Case durch ihren speziellen Fokus auf finanzielle Entscheidungskriterien. Welche Kriterien in den Business Case einfließen, hängt stark von den Zielen und der momentanen Geschäftslage eines Unternehmens ab. Für ein gewinnorientiertes Unternehmen mit ehrgeizigen Wachstumszielen im Verkauf werden andere Kriterien wichtiger sein als für gemeinnützige Organisationen oder öffentliche Verwaltungen, die Dienstleistungen auf hohem Niveau anbieten müssen. Ebenso wird ein Unternehmen mit Cashflow-Problemen oder ausgewiesenem Reinverlust in der Gewinn- und Verlustrechnung andere finanzielle Prioritäten setzen als ein Unternehmen, das schwarze Zahlen schreibt.

Ein wichtiger erster Schritt ist damit die Bestimmung der Kriterien, die in der gegenwärtigen Situation für das entsprechende Unternehmen wichtig sind, wie beispielsweise:

- Zukünftiger Netto-Cashflow (Einnahmeüberschussrechnung)
- Kapitalwert des Netto-Cashflow (Diskontierte Cashflow-Analyse)
- Gesamtkosten des Projekts, Gesamte Kapitalkosten des Projekts, Gesamte Betriebskosten des Projekts
- Kosten einer Einheit (z. B. einer Transaktion, einer Person, eines Arbeitsplatzes, einer bestimmten Aufgabe)
- Kosten-Nutzen-Darstellung
- Rendite des Investitionsobjekts

Die oben genannten Kennzahlen lassen sich von den für die kommenden Jahre geschätzten Einnahmeüberschüssen des Projekts ableiten. Dabei führt jede einzelne Kennzahl aufgrund ihrer speziellen Annahmen zu einer anderen Aussage in Bezug auf eine Empfehlung für oder gegen das geplante Projekt.

PRINCE2™ legt Wert darauf, dass ein Projekt durch seine betriebswirtschaftliche Rechtfertigung getrieben wird. Projekte, die aufgrund von rechtlichen Anforderungen initiiert werden, fallen auch darunter. Sie bringen per se keinen Gewinn, verhindern aber beispielsweise, dass Kosten durch Unternehmenshaftung entstehen. Hier sind Überlegungen auf Basis der „Do-Nothing-Methode" zu empfehlen: Was bedeutet es für das Unternehmen heute und in Zukunft, wenn das entsprechende Projekt nicht umgesetzt wird?

Beispiel zur Investitionsentscheidung

Die Sportball AG erwägt die sofortige Anschaffung einer Maschine von 2.000.000 €. Auf dieser Maschine können pro Jahr bis zu 25.000 Fußbälle speziell für links außen schießende Fußballer hergestellt werden, die für die Talentförderung in der Jugendarbeit des Linksschießverbands (LSVB) benötigt werden. Für das erste Jahr bietet der LSVB die Abnahme von x_1=22.000 Stück zu einem Preis von 80 €/Stück an. Für das zweite Jahr wird damit gerechnet, dass x_2=24.200 Stück abgesetzt werden können, nun jedoch zu einem Preis von 90 €/Stück. Die variablen Kosten pro Stück in den beiden Jahren werden auf k_1=30 €/Stück und k_2=35 €/Stück geschätzt. Schließlich wird angenommen, dass für die Maschine nach zwei Jahren ein Liquidationserlös von L=242.000 € erzielt werden kann.

Es wird unterstellt, dass die jeweiligen Erlöse und die Kosten stets zum Jahresende zahlungswirksam werden und dass die Sportball AG einen Kalkulationszinsfuß von 10 % zugrunde legt. Ist die Durchführung vorteilhaft?

$$Kapitalwert = KW = \sum_{t=0}^{t=t'} e_t * q^{-t}$$

$$= -200.000+20.000*(80-30)*1,1^{-1}+24.200*(90-35)*1,1^{-2}+242.000^{-2}$$

$$= 300.000$$

Ja, die Durchführung ist vorteilhaft (Kapitalwert > 0). Denn: Wenn der Kapitalwert größer als Null ist, erhält der Investor

- „sein Geld zurück" (Einzahlungen < Auszahlungen)
- darüber hinaus eine Verzinsung des eingesetzten Kapitals in Höhe des Kalkulationszinses
- über diese Verzinsung hinaus einen Gewinn, dessen Barwert gleich dem Kapitalwert ist

4.1.2 Der Entwicklungspfad des Business Case im Projektverlauf

Kein Projekt sollte ohne zufriedenstellenden Business Case umgesetzt werden! Die wirtschaftliche Motivation wird meist bereits vor der Projektvorbereitung durch das Unternehmens- oder Programm-Management formuliert und fließt in das Projektmandat ein. Die Existenz des Business Case wird so bereits vor Start des Projekts überprüft und soll an allen größeren Entscheidungspunkten (Projektstart, Phasenübergänge, Änderungen, Ausnahmebericht, Projektende) erneut bestätigt werden (*siehe Abbildung 4.5*).

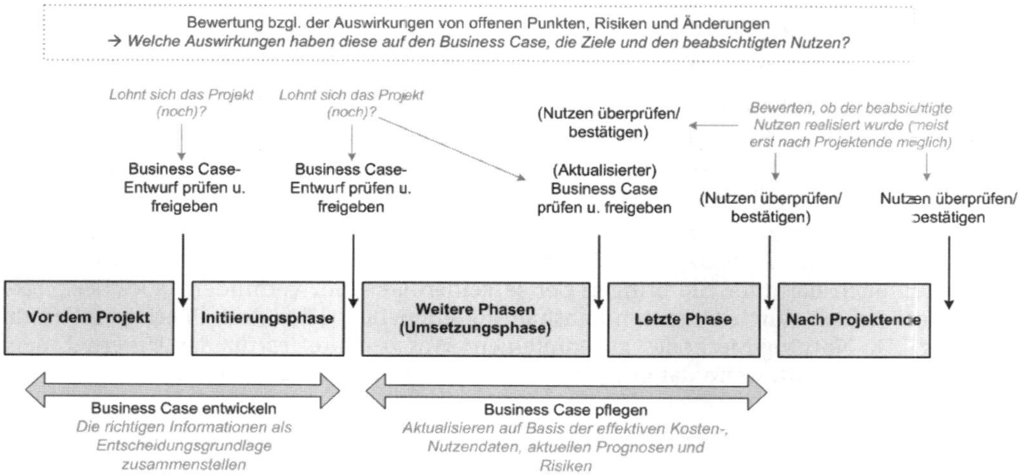

Abbildung 4.5: Entwicklungspfad des Business Case (nach OGC-(PRINCE2™)Material, durch OGC lizenzierte Wiedergabe)

Entscheidungen des Lenkungsausschusses, Veränderungen im Unternehmen oder die strategische Ausrichtung und der Projektfortschritt können einen Einfluss auf die geschäftliche Rechtfertigung des Projekts haben und damit den Business Case beeinflussen. Er wird mindestens zu jedem Phasenübergang überprüft und dann gegebenenfalls aktualisiert (SB-Aktivität *Business Case aktualisieren*).

1. Business Case entwickeln: Der Projektmanager überprüft (im Auftrag des Auftraggebers) während der Projektvorbereitung (Prozess *Vorbereiten eines Projekts*), ob ein Business Case vorliegt. Verantwortlich bleibt aber der Auftraggeber. Sollten die relevanten Angaben im Projektauftrag nicht vorhanden sein, wird der Business Case erstellt. Die Inhalte des Business Case fließen später in die Projektbeschreibung (Project Brief) mit ein. Der Business Case ist Bestandteil der Projektleitdokumentation (PID) und stellt zudem ein eigenes Dokument dar, das im Laufe des Projekts immer wieder angepasst und verfeinert wird. Der Business Case-Entwurf, Informationen aus dem Projektplan (Kosten, Zeitrahmen, Produkte) und Angaben aus dem Risikoregister fließen in die Erstellung des Business Case ein. Sobald genauere Angaben und Details vorliegen, werden diese zur weiteren Verfeinerung des Business Case verwendet.
2. Business Case pflegen: Äußere Umstände oder innere Erkenntnisse im Projekt (z. B. Risiken oder offene Punkte als Änderungen) können dazu führen, dass der Projektmanager den Business Case anpasst. Die möglichen Auswirkungen offener Punkte und Risiken fließen in den Business Case ein. Diese Überprüfung findet v. a. im Prozess *Steuern einer*

Phase und an den Phasenübergängen statt. Beispiele hierfür sind die Aktivitäten *Offene Punkte und Risiken erfassen und untersuchen* (CS), *Business Case aktualisieren* (SB). Auch im Zuge des Projektverlaufs von der Projektvorbereitung (Prozess *Vorbereiten eines Projekts*) hin zur Initiierung (Prozess *Initiieren eines Projekts*) wird der anfangs erstellte Entwurf mit neuen Informationen weiterentwickelt. Auch der Lenkungsausschuss bzw. der Auftraggeber können über die Genehmigungen im Prozess *Lenken eines Projekts* Erkenntnisse beitragen. Im Prozess *Abschließen eines Projekts* findet die letzte Aktualisierung statt.

3. Business Case verifizieren: Für die Existenz des Projekts wird zu jeder Zeit ein stichhaltiger Business Case benötigt. Dabei gilt es, den Business Case an wichtigen Entscheidungspunkten zu prüfen, um zu gewährleisten, dass das Projekt weiterhin lohnenswert, realisierbar und nutzenstiftend ist (*siehe Abbildung 4.6*). Diese Überprüfung liegt in der Verantwortung des Auftraggebers, der dazu auch die Unterstützung der Projektsicherung (*siehe Unterkapitel Projektsicherung* in *Kapitel 4.2.1, Rollen und Verantwortlichkeiten/Roles and responsibilities*) hinzuziehen sollte.
4. Nutzen bestätigen: Der identifizierte und mit objektiven Messkriterien zu messende Nutzen benötigt Vergleichswerte, um bestätigt zu werden. Daher definiert der Benutzervertreter den Nutzen und muss diesen (gegebenenfalls weit nach Projektende) gegenüber dem Lenkungsausschuss nachweisen. Um die Verpflichtung der Verantwortlichen auch nach Auflösung der Projektorganisation nach Projektende aufrechtzuerhalten, wird der Nutzenrevisionsplan (i.d.R. unter Verantwortung des Auftraggebers) erstellt. Es ist allerdings auch möglich, dass die Planung und Durchführung einer Nutzenrevision durch das Programm, einer Stelle, die im Rahmen des organisationsweiten Projektmanagements dafür zuständig ist („Centre of Excellence"), oder das Unternehmens- oder Programm-Management übernommen wird, da gewährleistet sein muss, dass die Nutzenüberprüfung finanziert wird und die passenden Personen dafür verantwortlich zeichnen.

4.1.3 Nutzenrevisionsplan/Benefits Review Plan

Der Business Case dient der (betriebswirtschaftlichen) Rechtfertigung des Projekts und stellt sicher, dass der Projektfortschritt an den Geschäftszielen ausgerichtet ist. Diese Rechtfertigung transferiert den im Business Case definierten und angestrebten Nutzen in den Nutzenrevisionsplan. Dieser Plan beschreibt, wie, wann und mit welchen Ressourcen Maßnahmen zur Nutzenüberprüfung umgesetzt werden. Da diese Überprüfung manchmal erst Monate nach Projektende umgesetzt werden kann, ist es besonders wichtig, dass der Plan verständlich, eindeutig und mit einem quantitativ zu messenden Nutzen belegt ist. Dieser Plan wird über den Projektmanager im Prozess *Vorbereiten eines Projekts* (*Business Case-Entwurf erstellen*) entworfen, über *Initiieren eines Projekts* (Aktivität *Verfeinern des Business Case*) erstellt und dem Lenkungsausschuss in der DP-Aktivität *Projekt freigeben* zusammen mit dem Projektplan für die Projektfreigabe vorgelegt. Dieser wird über die Phasenübergänge weiter angepasst (SB-Aktivität *Aktualisieren des Business Case*) bis hin zum Projektabschluss (CP-Aktivität *Produkte übergeben*). Erst dann erfolgt die Freigabe zum Projektabschluss (CP-Aktivität *Projektabschluss freigeben*).

Falls ein Teil des Nutzens bereits während der Projektlaufzeit (*siehe Abbildung 4.6*) erzielt wird, dokumentiert der Projektmanager dies im Phasenabschlussbericht (SB-Aktivität *Über Phasenabschluss berichten*) und kommuniziert dies an den Lenkungsausschuss.

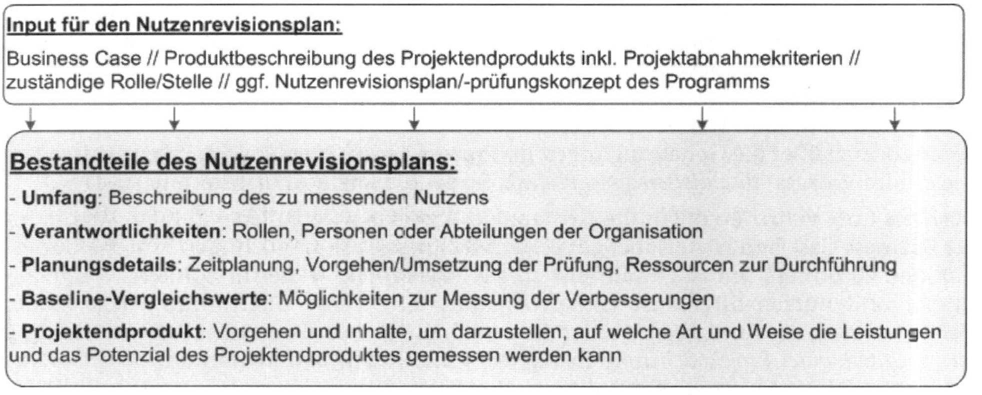

Abbildung 4.6: Der Nutzenrevisionsplan wird nach Projektabschluss an das Unternehmens- oder Programm-Management für die (verbliebene) spätere Messung des Nutzens übergeben.

Der Nutzenrevisionsplan eines Projekts kann bereits Bestandteil des Nutzenrevisionsplans eines Programms sein, falls das Projekt Teil eines Programms ist.

4.1.4 Verbindungen zu anderen Themen

Die PRINCE2™-Themen stehen nicht losgelöst nebeneinander, sondern verfügen sowohl untereinander als auch in Bezug auf die Prinzipien und Prozesse über eine enge Verbindung.

Organisation

Wie bereits beschrieben, ist der Auftraggeber für den Business Case verantwortlich, der diesen auch in Abstimmung mit dem Unternehmens- oder Programm-Management über die DP-Aktivität *Projekt freigeben* bestätigt. Die Projektsicherung unterstützt bei Bedarf den Auftraggeber. Der Benutzervertreter definiert den zu erwartenden Nutzen, wobei der Projektmanager hier Unterstützung leisten kann, um den beschriebenen Nutzen in quantifizierbare Messkriterien und Maßnahmen zur Messung umzuwandeln.

Sowohl der Kunde (Customer) als auch der Lieferant (Supplier) besitzen einen eigenen Business Case, möchte doch auch der Lieferant Gewinne für sein Unternehmen erzielen, wenn es sich um eine externe Vergabe von Projektaktivitäten handelt. PRINCE2™ orientiert sich an dem Business Case des Kunden.

Der Business Case ist über den gesamten Projektverlauf hinweg das wichtigste Steuerungsmittel für den Lenkungsausschuss. Der Lenkungsausschuss legt die Nutzentoleranzen für den Business Case fest.

Pläne

Der Projektplan stellt dem Business Case Informationen zu Kosten und Zeitplanung zur Verfügung. Dadurch, dass die beiden Managementprodukte in so enger Verbindung stehen, bedeutet dies auch, dass bei Anpassung des Projektplans (SB-Aktivität *Projektplan aktualisieren*) geprüft wird, ob dies Auswirkungen auf den Business Case mit sich bringt. Die Anpassungen durch Phasen- oder Ausnahmepläne werden ebenfalls hinsichtlich ihrer Beeinflussung des Business Case über den Projektplan abgewickelt.

Risiken und Qualität

Ein Abwägen von Kosten und Qualität, die stets bezahlt werden muss, spielt bei der Definition des zu erzielenden Nutzens eine wichtige Rolle. Es gilt, den Business Case den Risikotoleranzen gegenüberzustellen und im Falle von Unsicherheit oder offenen Punkten mit dem Nutzen zu vergleichen. In Bezug auf eine Bewertung der Risiken und offenen Punkte ist v. a. die CS-Aktivität *Offene Punkte und Risiken erfassen und untersuchen* zu nennen.

Da der Business Case möglicherweise häufig angepasst wird, sollte dieser in das Konfigurationsmanagement (*siehe Kapitel 4.6.1, Konfigurationsmanagement/Configuration Management*) aufgenommen werden, um eine saubere Versionierung umzusetzen und so sicherzustellen, dass der Projektmanager stets an der aktuellsten Version des Business Case arbeitet.

Änderung und Änderungssteuerung

Änderungen im Projektverlauf können Änderungen am Business Case notwendig machen. Wie bereits beschrieben, wird das durch die Aktivität *Offene Punkte und Risiken erfassen und untersuchen* gewährleistet. Andersherum kann es aber einen offenen Punkt oder einen Änderungsantrag geben, um eine explizite Änderung im Business Case zu realisieren. Dies kann passieren, wenn neue Erkenntnisse aufkommen, äußere Umstände sich ändern oder gar ein Fehler in den Abschätzungen, Annahmen oder Berechnungen des Business Case zu finden sind (*siehe auch Kapitel 4.6, Änderung/Change*).

4.2 Organisation/Organisation

PRINCE2™ hilft dabei, festzulegen, wer am Projekt beteiligt sein muss und wer für welche Aufgaben verantwortlich ist. PRINCE2™ definiert die Organisationsstruktur und die Zuordnung der Zuständigkeiten und Verantwortlichkeiten und gewährleistet so die notwendige Governance. Somit sind alle Rollen und Verantwortlichkeiten für die Personen, die das Projekt überwachen, verantworten, managen und durchführen, als Rahmen beschrieben. PRINCE2™ geht von Rollen aus und nicht von Funktionen. Eine Rolle beschreibt den Verantwortungsbereich innerhalb des Projekts. Rollen können auf verschiedene Personen verteilt oder kombiniert werden, wobei aber gilt, dass alle Verantwortlichkeiten abzudecken sind.

PRINCE2™ geht dabei davon aus, dass Projekte in einer Kunden-/Lieferanten-Umgebung ablaufen. Kunde ist hier als Oberbegriff für die Unternehmens- und Benutzerinteressen zu verstehen (*siehe Abbildung 4.7*). Jedes PRINCE2™-Projekt zeichnet sich dadurch aus, dass es einen Lenkungsausschuss hat, dem sowohl der Auftraggeber angehört als auch jemand, der die Nutzerinteressen repräsentiert, und jemand, der den Lieferanten oder die Arbeit der Spezialisten vertritt. In PRINCE2™ werden diese drei Rollen „Auftraggeber", „Benutzervertreter" und „Lieferantenvertreter" genannt und vertreten die entsprechenden Interessen.

PRINCE2™ bindet die Kundenorganisation und seine Anwender stark an das Projekt. Die Kundenorganisation definiert das gewünschte Ergebnis, verifiziert im Verlaufe des Projekts die Ergebnisserreichung und bezahlt natürlich für das Projekt. PRINCE2™ geht davon aus, dass der Projektmanager der Kundenorganisation entstammt.

Lenkungsausschuss		
Kunde		**Lieferant**
Benutzer-vertreter	Auftraggeber	Lieferanten-vertreter

Abbildung 4.7: Kunden-Lieferanten-Darstellung

Es besteht die Notwendigkeit einer hierarchischen Struktur, trotzdem verbleiben alle Interessen unter einem Hut: der Organisation.

Um der Tatsache Rechnung zu tragen, dass die Entscheidungsträger eines Projekts als Führungskräfte des Unternehmens wenig Zeit für Projektarbeit zur Verfügung haben, geschieht die Wahrnehmung dieser Aufgaben nach dem Prinzip „Management by Exception" (*siehe Kapitel 2.4.5, Steuern nach dem Ausnahmeprinzip*).

Die neun Rollen in der Organisation nach PRINCE2™ lauten:

- Lenkungsausschuss: besitzt im Auftrag und im Rahmen einer definierten Vollmacht des Unternehmens- oder Programm-Managements die Gesamtverantwortung für das Projekt und ist verantwortlich für die Projektsicherung, gilt als Stimme des Projekts nach außen, kann ein Änderungsgremium zur Delegierung der Änderungssteuerungsaktivitäten einsetzen und vereint die Interessen von Unternehmen (Auftraggeber), Kunde (Benutzer) und Lieferanten (*siehe Abbildung 4.8*).
  - Auftraggeber: gesamtverantwortlich für das Projekt, Entscheidungsträger im Lenkungsausschuss, gilt als Eigentümer des Risikomanagements und des Business Case
  - Benutzervertreter: verantwortlich für den Input, der von der Benutzerseite stammen muss (z. B. Anforderungen, Akzeptanz- und Qualitätskriterien, Nutzendarstellung), er steht für die Anwender, die vom Projektergebnis betroffen sind, und stellt die notwendigen Ressourcen von Benutzerseite, z. B. für das Testen
  - Lieferantenvertreter: stellt sicher, dass die Anforderungen realistisch und umsetzbar sind, stellt die Qualität der Produkte sicher, leistet die Arbeit für die Produktumsetzung
- Projektmanager: verantwortlich für das Tagesgeschäft, abhängig von den Toleranzen, die vom Lenkungsausschuss vorgegeben wurden, verantwortlich für alle Tätigkeiten außer dem DP-Prozess (*Lenken eines Projekts* durch den Lenkungsausschuss) und der SU-Aktivität *Auftraggeber und Projektmanager ernennen*, wobei die Verantwortlichkeit für die Produkterstellung (MP-Prozess *Managen der Produktlieferung*) an den Teammanager delegiert werden kann.
- Projektsicherung: unabhängig vom Projektmanager, überprüft die kommunizierten Ergebnisse und den Status, ist in die Kontrolle der Produktbeschreibung und in die Qualitätsprüfung involviert, arbeitet im Auftrag des Lenkungsausschusses und vertritt dessen Interessen.
- Teammanager: Herstellung der Produkte, die durch die Produktbeschreibungen definiert sind, in der vorgegebenen Qualität, berichtet an den Projektmanager.
- Projektunterstützung: Die formelle Projektunterstützung ist optional. Sie wird im Bedarfsfall durch den Projektmanager wahrgenommen, wenn die Rolle nicht an eine andere Person oder Gruppe delegiert wurde. Eine wichtige Aufgabe liegt z. B. in der Unterstützung des Konfigurationsmanagements.

- Änderungsausschuss (optional): für das Handling von Änderungsanträgen und Spezifikationsabweichungen zuständig, im Handlungsspielraum begrenzt durch die Befugnisse, die der Lenkungsausschuss vorgibt, und das Änderungsbudget.

Das generische Organisationsmodell von PRINCE2™ sieht neun verschiedene Rollen für ein Projekt vor (*siehe Abbildung 4.8*). Das Unternehmens- oder Programm-Management gehört nicht dazu.

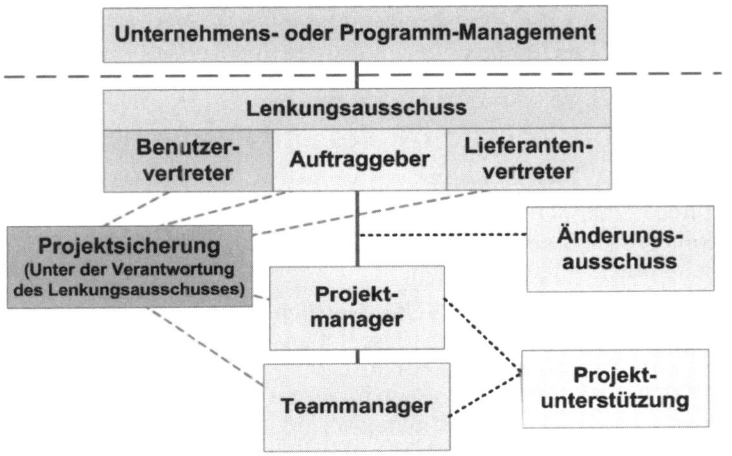

Abbildung 4.8: Die drei Managementebenen in der Projektorganisation: Lenkungsausschuss, Projektmanager und Teammanager. Die vierte Ebene (Unternehmens- oder Programm-Management liegt außerhalb des Projekts) (©Crown Copyright 2009, durch OGC lizenzierte Wiedergabe)

Der Gefahr der Überdimensionierung durch weitere fachliche Rollen, die in den Teilprojekten hinzukommen, kann die Organisation vorbeugen, indem Projektmitarbeiter mehrere Rollen erhalten. Das Rollenkonzept ermöglicht die Wahrnehmung einer Rolle durch mehrere Personen, aber auch das Wahrnehmen mehrerer Rollen durch eine Person und kann so flexibel an die Anforderungen des Projekts angepasst werden. Ausnahme ist dabei die Rolle des Projektmanagers. Diese Rolle sollte nur von einer Person besetzt werden.

Die PRINCE2™-Projektorganisation als temporäres Managementumfeld sorgt dafür, dass die Aufgaben der Projektmitarbeiter klar festgelegt werden. Jeder Projektmitarbeiter weiß deshalb von Beginn an, was er im Projekt zu leisten hat. Im Prozess *Vorbereiten eines Projekts* (SU-Aktivitäten *Auftraggeber und Projektmanager ernennen* und *Projektmanagement-Team entwerfen und benennen*) wird das Projektmanagement-Team, angefangen bei Auftraggeber und Projektmanager, ernannt.

Alle diese verschiedenen Rollen müssen koordiniert und organisiert werden, damit das Projekt das geforderte Endergebnis termingerecht mit allen Qualitätsanforderungen und im geplanten Kostenrahmen erbringen kann. Bei jedem Phasenübergang kann das Projektmanagement-Team theoretisch neu besetzt werden, auch wenn dies in Bezug auf den Projektmanager und den Lenkungsausschuss sehr selten umgesetzt wird.

Nach Abschluss des Projekts wird die Projektorganisation wieder aufgelöst. Sie ist nur temporär für die Projektlaufzeit im Unternehmen existent. (Dies ist auch ein Grund dafür, dass während der Aktivität *Produkte übergeben* des Prozesses *Abschließen eines Projekts* die finalen Produkte des Projekts an die Betriebs- und Wartungsorganisation übergeben werden und der Nutzenrevisionsplan für die spätere Überprüfung des Nutzens an das Unternehmens- oder Programm-Management übergeben wird, *siehe Kapitel 5.7.3, CP Produkte übergeben.*).

Auch die DIN-Norm kennt den Begriff der Projektorganisation

Die Projektorganisation wird laut DIN ISO 69901 als die „Gesamtheit der Organisationseinheiten und der aufbau- und ablauforganisatorischen Regelungen zur Abwicklung eines bestimmten Projekts“ beschrieben.

4.2.1 Rollen und Verantwortlichkeiten/Roles and Responsibilities

In einem Projekt werden Aufgaben, Kompetenzen und Verantwortungen verteilt. Damit dies nicht für jedes Projekt neu verhandelt werden muss, werden Projektrollen und die Aufgaben durch PRINCE2™ vorgegeben. Insgesamt können Rollen auf Kunden- und auf Lieferanten- bzw. Dienstleisterseite unterschieden werden.

Definierte Rollen und Aufgabenbeschreibungen/Verantwortlichkeiten tragen als Grundprinzip entscheidend zum Projekterfolg bei, egal ob diese Rollen zwischen mehreren Personen aufgeteilt werden oder eine Person mehrere Rollen besetzt. Allerdings ist dies nicht immer entsprechend der PRINCE2™-Vorgaben möglich, sodass bestimmte Rollen auch voneinander getrennt bleiben müssen (z. B. Projektmanager und Projektsicherung, Auftraggeber und Lieferantenvertreter im Lenkungsausschuss). Projektmanagement ist selten so unkompliziert, dass es als einfacher, linearer Prozess angesehen werden kann.

Um Verantwortlichkeiten sauber zu trennen, Kommunikationswege über die Projektorganisation abzubilden und eine Trennung der Kompetenzen darzustellen, werden unter PRINCE2™ vier parallele Managementbereiche in Form von Managementebenen beschrieben (*siehe Abbildung 4.9*).

- Unternehmens- oder Programm-Management: Auf höchster Ebene gibt es das Unternehmens- bzw. Programm-Management. Obwohl nicht Teil des Projektmanagements an sich, ist diese Ebene überaus wichtig, da sie die geschäftsbedingten Ziele und Inhalte für ein oder mehrere Projekte vorgibt bzw. mit diesen in direktem Zusammenhang steht.
- Lenkungsausschuss (Lenken): Innerhalb des Projekts selber beschäftigt sich der Lenkungsausschuss (Project Board) als oberste Ebene mit dem DP-Prozess *Lenken eines Projekts*. Hier werden Schlüsselentscheidungen getroffen.
- Projektmanager (Verwalten/Managen): In der Ebene darunter bestehen die hauptsächlichen Tätigkeiten in der Projektarbeit im Sinne einer täglichen Planung und Kontrolle des Projekts, die weitestgehend vom Projektmanager übernommen wird. Das Tagesgeschäft bleibt so dem Projektmanager überlassen, während der Auftraggeber für das Projekt verantwortlich ist.
- Teammanager (Liefern): Das untere Managementlevel wird durch den Teammanager repräsentiert, der das Erstellen und Liefern der Produkte (MP-Prozess *Managen der Produktlieferung*) verantwortet und im Auge behält. Auf diese Weise separiert PRINCE2™ das Projektmanagement von den Tätigkeiten, die notwendig sind, um die Produkte zu entwickeln. So kann sich das Projektmanagement auf seine eigentliche Aufgabe konzentrieren. Der Projektmanager delegiert dies in größeren Projekten an den Teammanager. In kleineren Projekten kann der Projektmanager die Rolle des Teammanagers zusätzlich übernehmen.

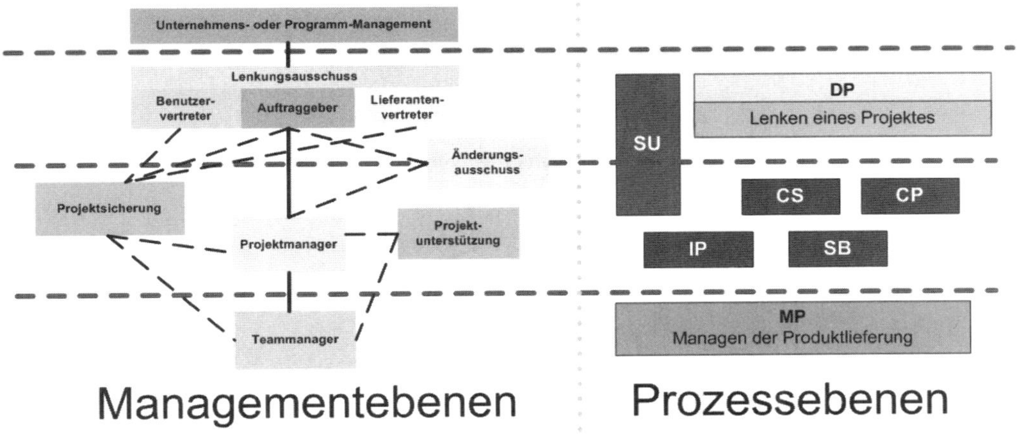

Abbildung 4.9: Abbildung der Managementebenen auf die Prozesse (nach OGC-(PRINCE2™)Material, durch OGC lizenzierte Wiedergabe)

Durch diese Form der Organisationsstruktur erfolgt eine deutliche Trennung zwischen Projektmanagement und den ausführenden Tätigkeiten (Erstellung der Spezialistenprodukte). Es wird dabei zwischen dem Bereich des Projektmanagements und der Produkterstellung unterschieden. PRINCE2™ versteht sich dabei als reine Managementmethode, auf die sie sich auch konzentriert.

Die Mitarbeiter als Spezialisten und Teil des ausführenden Teams fallen nicht unter das Projektmanagement-Team.

Lenkungsausschuss/Project Board

Der Lenkungsausschuss (Project Board) repräsentiert die drei Interessen in einem Projekt, die auch durch die Besetzung des Lenkungsausschusses dargestellt sind: Business (Auftraggeber), User (Benutzervertreter) und Supplier (Lieferantenvertreter). Er sieht sich als Organ mit weitgehenden Entscheidungsbefugnissen, die durch das Programm- oder Unternehmens-Management vorgegeben sind. Er stellt das oberste beschlussfassende Gremium der Projektorganisation dar (*siehe Abbildung 4.10*) und stimmt allen wichtigen Plänen zu und autorisiert jede wesentliche Abweichung vom vereinbarten Managementphasenplan. Er stellt die Autorität dar, die den Abschluss einer Managementphase abzeichnet und den Beginn der nächsten Managementphase verantwortet. Auch hier wird wieder das Schleusenprinzip von PRINCE2™ deutlich, wobei der Lenkungsausschuss als Schleusenwärter agiert.

Der Lenkungsausschuss (LA) trifft alle wichtigen Entscheidungen für das Projekt. Wichtig für die Praxis: Der Lenkungsausschuss stellt sicher, dass die notwendigen Ressourcen für das Projektteam bereitgestellt werden, und vermittelt bei jedem Konflikt innerhalb des Projekts. Dieses Gremium ist darüber hinaus verantwortlich für die Übereinstimmung der Projektziele mit den Unternehmenszielen, d. h. ob das Projekt zu der strategischen Ausrichtung des Unternehmens passt.

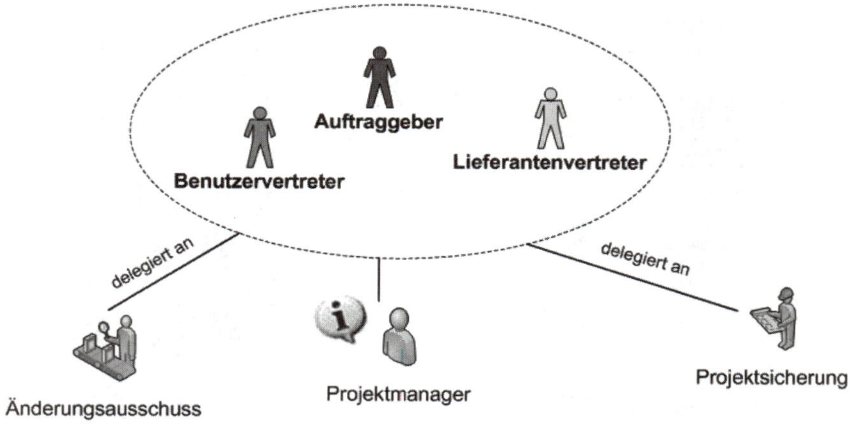

Abbildung 4.10: Akteure im und um den Lenkungsausschuss

Der Auftraggeber (Executive) als Vorsitzender des Lenkungsausschusses ist hauptverantwortlich für das Projekt und den Business Case. Der Lenkungsausschuss ist Eigentümer des Projekts. Er vertritt nach außen das Projekt und ist seine Stimme. Auch für das Freigeben und Finanzieren von Änderungen ist der Lenkungsausschuss verantwortlich, wobei dies an den Änderungsausschuss als optionale Rolle delegiert werden kann.

Bei der personellen Zusammensetzung des Lenkungsausschusses sollte darauf geachtet werden, dass die Mitglieder ausreichende Entscheidungsbefugnisse in der Linienorganisation besitzen. Andernfalls besteht die Gefahr, dass getroffene Entscheidungen von Nichtbeteiligten nur als wohlgemeinte, aber nicht verbindliche Anregungen gesehen werden Die richtige Besetzung des Lenkungsausschusses ist ein wichtiger Erfolgsfaktor für den reibungslosen Ablauf des Projekts. Bedingt durch seine Überwachungs- und Steuerungsfunktion sollten im Lenkungsausschuss Entscheidungsträger aller vom Projektergebnis direkt oder indirekt betroffenen Organisationseinheiten vertreten sein. Hierzu zählen auch Repräsentanten des Kunden, Benutzer oder Anwender des Projektergebnisses (Benutzervertreter/Senior User). Über ihn werden die Interessen sowie die Akzeptanz- und Qualitätskriterien von Benutzerseite an das Projekt herangetragen und getestet. Er benennt für die Qualitätsprüfung die entsprechenden Personen. Er bündelt die Interessen, als deren Vertreter er fungiert, und kümmert sich auch um die Priorisierung. Mehrere Personen können diese Rolle im Lenkungsausschuss besetzen.

In vielen Fällen können die Rollen des Auftraggebers und des Benutzervertreters kombiniert werden. Dies ist allerdings nur möglich, da beide Rollen aus dem Kundenumfeld kommen. Auftraggeber und Lieferantenvertreter dürfen nicht in Personalunion vertreten sein.

Auch ein Vertreter der Lieferanten- bzw. Dienstleisterseite wird hinzugezogen (Lieferantenvertreter/Senior Supplier). Genau wie für die anderen Teilnehmer existiert auch hier die Forderung nach ausreichender Autorität und Entscheidungsbefugnis. Er unterstützt die Erstellung der Produktspezifikationen hinsichtlich ihrer technischen Realisierbarkeit, Planung und Kostenaussagen. Mehrere Personen können diese Rolle im Lenkungsausschuss besetzen. Kunde und Lieferant sind somit im Lenkungsausschuss vertreten. Es ist dabei unerheblich, ob Benutzervertreter und Lieferantenvertreter aus wirtschaftlich voneinander getrennten Unternehmen stammen oder vom gleichen Management gesteuert werden. Die gleichberechtigte Vertretung der unterschiedlichen Interessen von Kunde und Lieferant erzeugt ein konstruktives Spannungsfeld innerhalb des Lenkungsausschusses. Der Lenkungsausschuss ist ein temporäres Gremium, das das Projekt während seiner Laufzeit begleitet und sich anschließend wieder auflöst.

Gegenüber dem Unternehmens- oder Programm-Management trägt der Lenkungsausschuss die Ergebnisverantwortung (accountable), d. h. er überwacht die Zielerfüllung des Projekts hinsichtlich Leistungen, Kosten und Terminen. Bei Projektabweichungen oder Eskalationen muss er eingreifen und gegebenenfalls die erforderlichen Steuerungsmaßnahmen veranlassen.

PRINCE2™ verwendet das Prinzip „Management by Exception". Das Management wird zwar ständig über den Status des Projekts informiert, Sitzungen finden jedoch nur zu bedeutsamen Entscheidungsmomenten statt oder wenn eine gravierende Planabweichung einer Entscheidung des Lenkungsausschusses bedarf. Der Projektmanager agiert innerhalb der definierten Toleranzgrenzen, z. B. was Zeit und Geld angeht. Hier wird deutlich, dass PRINCE2™ vorwiegend ereignisgetrieben ist.

Der Lenkungsausschuss wird zu Beginn des Projekts vom Auftraggeber eingerichtet, wobei dieser in der Regel selbst Mitglied des Lenkungsausschusses ist (Executive) und auch den Vorsitz führt. Das Unternehmens- oder Programm-Management bestätigt die Zusammensetzung des Lenkungsausschusses.

Die drei Interessen im Lenkungsausschuss: BUS	**B**usiness = Auftraggeber	Der Auftraggeber vertritt die Interessen des Unternehmens (= Business). Er hat ein Interesse daran, dass das Projekt die definierten Ziele erreicht und das Projektergebnis den spezifizierten Nutzen erbringt. Auch die Themen Kosten-Nutzen-Relation und Kosteneffizienz verliert er nicht aus den Augen und ist so ebenfalls für den Business Case des Projekts verantwortlich.
	User = Benutzervertreter	Der Benutzervertreter vertritt im Lenkungsausschuss die Interessen der Personen, die nach Abschluss des Projektes von den Projektergebnissen „betroffen sein werden", d. h. die Personen, die mit dem Projektendergebnis arbeiten, oder dieses in ihrer täglichen Arbeit anwenden.
	Supplier = Lieferantenvertreter	Der Lieferantenvertreter steht im Lenkungsausschuss für die Interessen der Personen, die am Entwurf, an der Erstellung oder der Entwicklung der (Spezialisten-)Produkte arbeiten. In einem grösseren Projekt mit externer Unterstützung könnte dies beispielsweise der Account Manager des externen Lieferanten sein.

Abbildung 4.11: Beispielhafte Verantwortlichkeiten der drei Interessen im Lenkungsausschuss: Business (Auftraggeber), User (Benutzervertreter) und Supplier (Lieferantenvertreter) – BUS als Eselsbrücke (nach OGC-(PRINCE2™)Material, durch OGC lizenzierte Wiedergabe)

Wichtig: Für den Zweifelsfall macht PRINCE2™ aber deutlich, dass es sich beim Lenkungsausschuss um keine demokratische Instanz handelt. Der Vorsitzende dieses Organs ist laut dem Projektmanagement-Framework stets die Schlüsselfigur in Bezug auf eine Entscheidungsfindung des Lenkungsausschusses. Er ist auch derjenige, der bei Bedarf („Management by Exception") zu den Treffen des Lenkungsausschusses einlädt und diese koordiniert.

Der Lenkungsausschuss bildet die Nahtstelle zwischen Projekt und Unternehmen (*siehe Abbildung 4.11*) und die Stimme des Projekts nach außen. Die Mitglieder sollen über entsprechende Erfahrung verfügen und mit ausreichenden Befugnissen und Vollmachten ausgestattet sein, um eigenständig Entscheidungen und Freigaben für das Projekt zu erteilen. Weitere wünschenswerte Eigenschaften beziehen sich auf die Erreichbarkeit, Glaubwürdigkeit, Delegationsfähigkeit und Verfügbarkeit.

Im Lenkungsausschuss sind drei unterschiedliche Interessensvertreter versammelt:

- der Auftraggeber mit dem Interesse am Geschäft und am Mehrwert, der durch das Projektergebnis generiert wird
- der Benutzervertreter mit dem Interesse an der optimalen nutzenstiftenden Anwendung der Projektergebnisse
- der Lieferantenvertreter (intern oder extern), der durch seine Dienstleistung die Realisierbarkeit des Ergebnisses garantiert und so von der Projektdurchführung profitiert

Je nach Größe und Komplexität des Projekts können die Rollen jeweils durch mehrere Personen wahrgenommen werden. Im Bedarfsfall kann jede Interessenvertretung auch einen Ausschuss bilden, dort die offenen Punkte, Änderungsanträge etc. diskutieren und die entsprechenden Ergebnisse erarbeiten, um den Lenkungsausschuss nicht unnötig zu vergrößern und relevante Resultate in den Lenkungsausschuss zu tragen.

Auftraggeber/Executive

Soll im Unternehmen eine Veränderung eingeführt werden, so stößt das Unternehmens- oder Programm-Management die Aufnahme einer Anforderung zur Realisierung eines Produktes an, z. B. weil Abteilungen Neuerungen einer neuen Programmversion nutzen möchten oder ein Software-Upgrade benötigen, das die vorhandenen Fehler der aktuellen Programmversion ausmerzt. Oder auch, weil nun das nächste Projekt aus dem Programm-Management ansteht. Diese Anforderung kann als Grundlage zur Erstellung eines Projektmandats genutzt werden und stellt damit den Auslöser für ein Projekt dar.

Das Unternehmens- oder Programm-Management benennt in der SU-Aktivität *Auftraggeber und Projektmanager ernennen* die beiden entsprechenden Rollen und besetzt sie.

Der Auftraggeber eines Projekts ist einer der wichtigsten Projektbeteiligten. Er trägt die Gesamtverantwortung für das Projekt und nimmt neben dem Benutzervertreter die Kundenseite im Lenkungsausschuss ein. Es existiert nur ein Auftraggeber im Lenkungsausschuss. Er leitet den Lenkungsausschuss des Projekts und benennt auch die anderen Mitglieder des LA. Darüber hinaus soll er das spezifische Projekt vorantreiben und richtungsweisend agieren. Er wird in der Praxis auch als Sponsor oder in der MSP-Methode (Managing Successful Programs der OGC) als Senior Responsible Owner bezeichnet.

Er sollte mit so weitreichenden Befugnissen ausgestattet sein, dass er finanzielle Mittel für das Projekt freigeben kann. Er verantwortet also Zeit und Geld und gibt die Toleranzen dafür vor. Gleichzeitig ist er dafür verantwortlich, dass die Projektziele entsprechend einem definierten Kosten-Nutzen-Rahmen erreicht werden. Dazu gibt der Lenkungsausschuss innerhalb des Phasenplans (Stage Plan) einzuhaltende Grenzen (Toleranzen) vor, die z. B. in Bezug auf Kosten und Zeit einzuhalten sind. Die Projektleitung im Sinne des Tagesgeschäfts bleibt allerdings dem dafür vorgesehenen Projektmanager (Project Manager) vorbehalten.

Der Auftraggeber fungiert auch als Informant für das Programm-Management und die Geschäftsleitung. Dies kann den aktuellen Stand des Projekts, allgemeine Rückfragen, aber auch Problemsituationen im Projekt betreffen. Zudem ist er als Vermittler zwischen Projekt und Projektumfeld anzusehen.

Er hält ein wachsames Auge auf die Rahmen- und Toleranzgrenzen der Projektphase und die entstandenen Kosten (kosteneffiziente Umsetzung, Preis-Leistungsverhältnis). Auch der allgemeine Projektfortschritt muss im Auge behalten werden. Falls sich Veränderungen im Projektplan ergeben, muss mindestens der Business Case als vorangegangene Basis für die Projektumsetzung angepasst werden. Nach Beendigung des Projekts prüft er über den Lenkungsausschuss den Projektabschlussbericht (End Project Report) und den Erfahrungsbericht (Lessons Report) und überträgt die Verantwortlichkeiten für die nach dem Projektabschluss relevante Nutzenrevision an das Unternehmens- oder Programm-Management.

Der Auftraggeber repräsentiert den Kunden im Projekt. Er sorgt dafür, dass die Projektergebnisse „value for money" liefern und die Anforderungen der Kundenorganisation erfüllen. Er trägt die Verantwortung für das Budget und den Business Case. Dabei muss er für ein Gleichgewicht zwischen den Interessen des Kunden, der Benutzer und der Lieferanten sorgen und

- Projektmanager und die anderen Vertreter des Lenkungsausschusses ernennen
- Sicherstellen, dass die Toleranzen für das Projekt durch das Unternehmens- oder Programm-Management gesetzt wurden
- Den Lenkungsausschusses organisieren und ihm vorsitzen
- Ausgaben freigeben und Phasentoleranzen setzen
- Bestätigen des Projektabschlussberichts und des Erfahrungsberichts
- Empfehlungen für zukünftige Aktionen in Richtung des Unternehmens- oder Programm-Managements aussprechen, falls die Projekt-Toleranzen verletzt werden
- Der Benachrichtigung an das Unternehmens- oder Programm-Management hinsichtlich des Projektabschlusses zustimmen

Benutzervertreter/Senior User

Der Benutzervertreter (Senior User) ist die Rolle, die das gewünschte Produkt, das ein Projekt realisieren soll, und den daraus resultierenden Nutzen für den Business Case, spezifiziert. Er gibt die Kriterien (z. B. hinsichtlich Qualität, Funktionalität und Benutzerfreundlichkeit im Rahmen des Business) vor und überprüft diese auch nach Beendigung des Projekts, z. B. als Mitarbeiter oder Chef einer Fachabteilung. Er und seine Kollegen müssen nach der Überführung des Produkts in den (Regel-)Betrieb dieses im Tagesgeschäft verwenden, werden mit den Produkten ein Ziel erreichen oder den definierten Nutzen erzielen. Für den Anwender stellt die Rolle des Senior User die Verbindung zum Projektmanagement-Team dar.

Dieses Produkt kann beispielsweise ein ganz neues Buchhaltungssystem sein, das in der Finanzabteilung eingeführt werden muss. Dazu zählt auch das Programm-Update einer Anwendung, die lang gewünschte Funktionalitätserweiterungen bietet und außerdem gesetzliche Bedingungen erfüllt. Gründe für Änderungen oder Erweiterungen von Benutzerseite sind zahlreich. Aber ein Senior User sollte in der Lage sein, den Fokus auf die Grundlagen und Anforderungen des Endprodukts nicht zu verlieren. Er ist dafür verantwortlich, dass die Anforderungen und Wünsche der Nutzer vollständig und präzise benannt sind. Auch eine entsprechende Priorisierung wird von ihm vorgenommen. Dies gilt vor allem für die offenen Punkte, die aus seinem Bereich stammen können. Ihm werden beispielsweise die Projektbeschreibung und als Mitglied des Lenkungsausschusses darüber hinaus Projektleitdokumentation (PID), Statusberichte, Projekt- und Phasenplan vorgelegt.

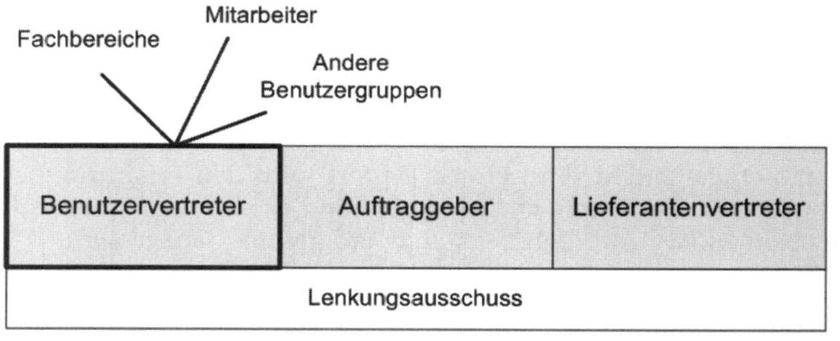

Abbildung 4.12: Der Benutzervertreter ist in der Lage, die Anforderungen von Anwenderseite darzulegen und den erwarteten Nutzen zu beschreiben.

Oftmals repräsentiert ein Vertreter unterschiedliche Nutzergruppen (*siehe Abbildung 4.12*), wenn es nur einen Vertreter der Benutzerseite im Lenkungsausschuss gibt. Nutzer können Personen sein, die das Projektergebnis täglich bedienen und instand halten, es als Mittel für ihre Aufgabe benötigen oder einfach vom Projektresultat betroffen sind. Der Senior User sollte die Befugnis haben, dem Projekt Mitarbeiter als Benutzer-Ressourcen oder andere Leistungen zur Verfügung zu stellen. Oftmals sind die fachlichen Informationen, die von der Benutzerseite ins Projekt getragen werden, überaus wichtig für das Projekt. Dies gilt nicht nur für die Definition der Produktergebnisse. Zum Beispiel bei fachlichen Tests gelten Benutzer und Senior User als unentbehrlich.

Darüber hinaus ist der Benutzervertreter verantwortlich für:

- Spezifizierung des Projektoutputs und -ergebnisses
- Genehmigen der Produktbeschreibungen für die Produkte, die als Input oder Output für den Lieferanten dienen oder die Benutzer betrifft
- Mitarbeit und Priorisierung hinsichtlich der Benutzermeinung der Lenkungsausschuss-Entscheidungen, v. a. was die Umsetzung von Änderungen angeht
- aus Benutzersicht zu den Folgeaktionen beitragen

Lieferantenvertreter/Senior Supplier

Der Senior Supplier vertritt als Mitglied des Lenkungsausschusses die Beteiligten, die Projektprodukte entwerfen, entwickeln, bauen, umsetzen, beschaffen und einsatzfertig machen. Sie sind die Spezialisten, die das jeweilige Ergebnis in Form eines Arbeitspakets fertigstellen. Der Lieferantenvertreter ist dabei verantwortlich für die Qualität der Produkte, auch wenn dahinter ein weiterer, möglicher externer Lieferant sitzt.

Er verantwortet die Qualität der Projektprodukte bezüglich der finanziellen und zeitlichen Vorgaben und schätzt die Realisierbarkeit der Lösung hinsichtlich Kosten und Zeit ein. Er überprüft darüber hinaus, ob die Anforderungen an sich stimmig und realistisch sind und ob Risiken damit verbunden sind. Falls sich diese Art von Problemen oder Unstimmigkeiten abzeichnet, muss er den Lenkungsausschuss darauf hinweisen und Lösungsmöglichkeiten aufzeigen.

Die Auswahl der Ressourcen, seien sie nun personeller oder infrastruktureller Natur, gehört ebenso zu seinen Aufgaben. Er muss befugt sein, die benötigten technischen Ressourcen zuzusagen oder zu beschaffen. Auch die nachfolgenden Qualitätstests laufen unter seiner Regie ab und werden von ihm verantwortet. Dementsprechende ausreichende Befugnisse und Kompetenzen sollten vorhanden sein, sodass Ressourcen je nach Anforderung eingesetzt oder erworben werden können. Ein externer Lieferantenvertreter kann für die abgelieferte Qualität haftbar gemacht werden.

Projektmanager/Project Manager

PRINCE2™ benutzt den Begriff Projektmanager anstatt der Bezeichnung Projektleiter. Der Projektmanager ist für die tägliche Führung innerhalb des ihm gesetzten Rahmens verantwortlich. Er sorgt dafür, dass das Projekt die Produkte in der vereinbarten Qualität und innerhalb der Zeit- und Kostenvorgaben liefert. Dazu wird er vom Auftraggeber oder vom Unternehmens- oder Programm-Management ernannt. Er kann internen Kreisen, also der Organisation, entstammen oder von der Dienstleister-/Lieferantenseite kommen. In einer Kunden-/Lieferanten-Umgebung kommt der Projektmanager normalerweise von der Kunden-Organisation. Seine Rolle ist eher die eines Generalisten als die eines Spezialisten. Die ebenfalls wichtige fachlich-inhaltliche Kompetenz wird in größeren Projekten (auch) durch die Teammanager repräsentiert.

Nach DIN ISO 69901 ist der/die Projektmanager/in die „für die Projektleitung verantwortliche Person". Aber Achtung: Für das Projekt an sich ist der Auftraggeber verantwortlich, der Projektmanager übernimmt im Auftrag des Lenkungsausschusses lediglich das Tagesgeschäft.

Egal, ob er von interner oder externer Seite stammt, er ist derjenige, der Entscheidungen im Tagesgeschäft fällen muss und die Verantwortung dafür trägt, dass das Projekt innerhalb der Grenzen, die die Planung vorsieht (z. B. Zeit und Kosten), ein Erfolg wird und die dafür notwendigen Produkte entsprechend der definierten Qualitätsstandards erstellt werden. Er steht damit in der Verantwortung, alle Prozesse mit Ausnahme des DP-Prozesses, dessen Aktivitäten über den Lenkungsausschuss umgesetzt werden, und die anfänglichen Aktivitäten im SU-Prozess (z. B. die Ernennung von Auftraggeber und Projektmanager) zu lenken. Die Aktivitäten des MP-Prozesses kann er an den Teammanager übertragen. In kleinen Projekten wird er die entsprechenden Aktivitäten selber wahrnehmen und die Umsetzung der Spezialistenprodukte direkt mit den Teammitgliedern abstimmen. Auch die Rolle der Projektunterstützung kann er bei Projekten kleineren Umfangs selber besetzen oder mit anderen Teammitgliedern teilen.

Das vom Projektmanager verantwortete Ergebnis muss den im Business Case definierten Nutzen erbringen können. Der Projektmanager entscheidet dabei über Alternativen und weist auf mögliche Probleme und Risiken hin. Er ist zudem für die Qualität des Endprodukts verantwortlich.

Qualitätskriterien

Für die Definition von Qualitätskriterien werden oft Unterscheidungen getroffen:

- Formale Qualität: Das Produkt, die Leistung muss zu einem vereinbarten Zeitpunkt fertig sein und darf den Kostenrahmen nicht überschreiten.
- Technische Qualität: Die Entwicklung des Produkts erfolgte nach dem vorgeschriebenen Vorgehensmodell/Konzept für Projekte und Richtlinien und Standards wurden eingehalten. Das Produkt wurde mit den vorgeschriebenen Tools erstellt.
- Inhaltliche Qualität: Die Anforderungen an die Funktionalität und an die Qualität wurden nachweislich erfüllt. Der erwartete Nutzen ist mit dem erstellten Produkt zu erreichen.

Abbildung 4.13: Verantwortlich für das Tagesgeschäft im Projektmanagement: der Projektmanager

Bei der Realisierung eines Projekts unter Zuhilfenahme der Projektmanagement-Methode PRINCE2™ ist der Projektmanager u. a. für die Erstellung der folgenden Dokumente, Pläne und Berichte zuständig:

- Projektplan
- Projektabschlussbericht (End Project Report)
- Ausnahmeplan (Exception Plan)
- Empfehlungen für Folgeaktionen (Follow-on Action Recommendations)
- Erfahrungsprotokoll (Lessons Log) und -bericht (Lessons Report)
- Projektleitdokumentation (PID, Project Initiation Documentation)
- Qualitätsregister (Quality Register)
- Risikoregister (Risk Register)
- Phasenplan (Stage Plan)
- Projektstatusbericht (Hightlight Report)

Projektsicherung/Project Assurance

Die Projektsicherung stellt sich als eine unabhängige, objektive Instanz dar, die nur dem Lenkungsausschuss gegenüber verpflichtet ist und deren Delegation darstellt, um die Leistung des Projekts und der Produkte unabhängig vom Projektmanager zu prüfen und sicherzustellen. Auch wenn der Lenkungsausschuss die Sicherungsaufgaben delegiert, bleibt er verantwortlich für die Projektsicherung, die nicht an den Projektmanager übertragen werden darf.

Es ist möglich, dass die Projektsicherung nicht Vollzeit an einem Projekt mitarbeitet. Sie bindet sich in das Projekt ein und überprüft, ob das Projekt sich tatsächlich noch auf dem richtigen Weg befindet. Sie stellt sicher, dass:

- das Projekt die richtigen Dinge tut
- die bestgeeigneten Personen an den geeigneten Stellen sitzen
- die eingesetzten Methoden tatsächlich für das Projekt adäquat verwendet werden
- das Projektteam tatsächlich dort steht, wo es meint zu stehen
- sich das Projekt im vereinbarten Qualitätsrahmen bewegt
- die Risiken erfasst und strukturiert gehandhabt werden

Die Projektsicherung kommt daher auch Aufgaben nach, die ein internes Audit erfüllen würde oder die eine Qualitätssicherungsinstanz im Unternehmen durchführt.

PRINCE2™ ermöglicht Projektsicherung aus drei verschiedenen Blickwinkeln – dem des Unternehmens, der Benutzer und der Lieferanten – und spiegelt damit die Interessen der drei im Lenkungsausschuss vertretenen Rollen wider (*siehe Abbildung 4.14*). Durch Projektsicherung wird sichergestellt, dass das Projekt sich hinsichtlich der Balance zwischen Kosten und zu erwartendem Nutzen noch lohnt (Geschäftssicherung), dass die Anforderungen der Nutzer erfüllt werden (Nutzersicherung) und dass das Projekt eine angemessene Lösung liefert (Spezialisten- oder technische Sicherung). In einigen Projekten liegt die Verantwortung für die Projektsicherung bei einem separaten Team, dem „Projektsicherungsteam". Die Rolle kann aber auch von den Mitgliedern des Lenkungsausschusses, die die jeweiligen Interessen vertreten, selbst wahrgenommen werden.

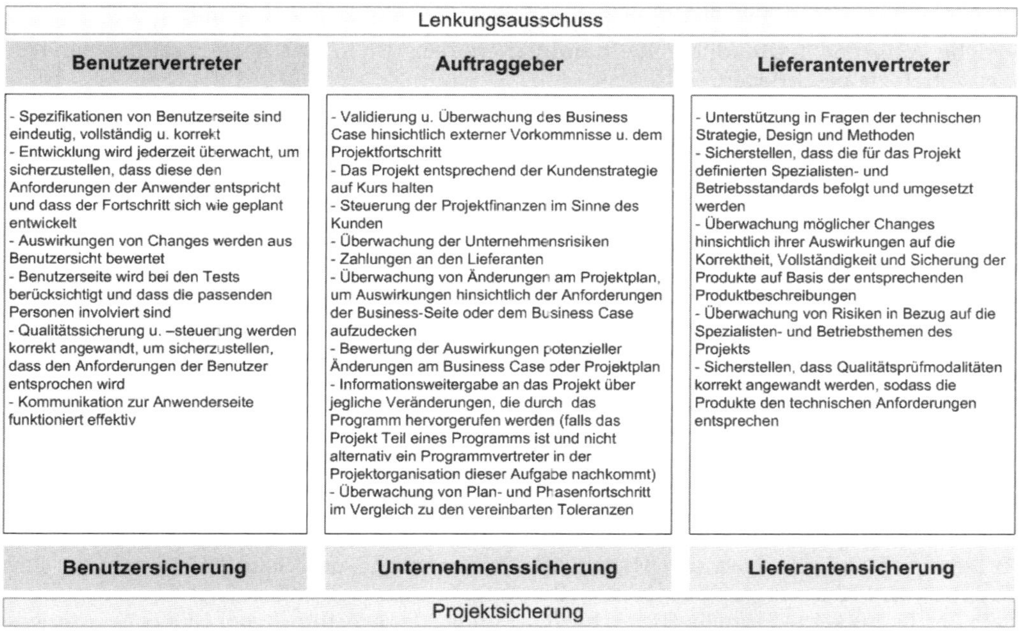

Abbildung 4.14: Projektsicherung entsprechend der drei Interessengruppen im Projekt

Projektunterstützung/Project Support

Die Rolle der Projektunterstützung (Project Support, oft auch als Project Support Office, PSO bezeichnet) ist laut PRINCE2™ nicht optional und findet z. B. in Form des Projektbüros oder einer Projektunterstützungsabteilung Anwendung. Bei den meisten Projekten fällt viel Verwaltungsarbeit an, z. B. Verteilung von Informationen, Arrangieren von Besprechungen, Aktualisierung der Pläne, Führung von Listen und noch vieles mehr. Wichtig ist der Einsatz der Projektunterstützung in Bezug auf Planung und Überwachung (Tracking) und vor allem in Bezug auf das Konfigurationsmanagement.

Bei kleineren Projekten erledigt diese Aufgaben oft der Projektmanager selbst. Aber gerade wenn mehrere Projekte gleichzeitig laufen, kann die Projektunterstützung eingerichtet werden, um die Projektmanager und Teammanager bei diesen Arbeiten zu unterstützen. Letztendlich fällt der Projekt-Support aber in die Verantwortlichkeit des Projektmanagers und wird auch von diesem übernommen, falls kein Projektbüro o. Ä. existiert. Die Aufgaben können dabei u. a. aus den folgenden Tätigkeiten bestehen:

- Administrative Unterstützung
- Anleitung und Beratung in Bezug auf Projektmanagement-Tools
- Überwachung des Fortschritts
- Change-Steuerung
- Verwaltung der Projektdokumentation
- Protokollerstellung
- Aufnahme und Pflege der offenen Punkte
- Konfigurationsmanagement und die Anwendung der jeweiligen Werkzeuge

Welche Aufgaben letztendlich übernommen werden, ist in der Konfigurationsmanagement-Strategie beschrieben.

Teammanager/Team Manager

Auch die Rolle des Teammanagers findet ihren Platz in der Projektorganisation. Diese Rolle kommt dann zum Einsatz, wenn unterschiedliche Teams beispielsweise während der Entwicklung mit verschiedenen Aufgaben betraut wurden. Der Projektmanager stimmt gegebenenfalls die Besetzung der Rolle mit dem Lenkungsausschuss ab. Dies kann bereits während der Vorbereitung des Projekts stattfinden und im Übergang von Phase zu Phase über den SB-Prozess bei Bedarf geändert werden. Die Rolle kann wahlweise vom Projektmanager (bei entsprechend kleinen Projekten) oder einer anderen Person wahrgenommen werden. Der Projektmanager wird aufgrund der Trennung von Management und Doing je nach Größe des Projekts die Verantwortung für die Umsetzung eines Projektergebnisses an ein entsprechendes Team geben, an dessen Spitze ein Teammanager steht. Diese Delegierung wird in Form eines Arbeitspakets an den Teammanager übergeben. Ist das Projekt klein, kann der Projektmanager die Aufgaben des Teammanagers in Personalunion übernehmen.

Der Teammanager informiert dann jeweils den Projektmanager über die wichtigen Themen in seinem Team, wie etwa den Fortschritt, Probleme und den Status. Ein Team ist eine Gruppe von Personen, die gemeinsam eine Aufgabe erledigen sollen. Meist besteht innerhalb des Teams keine formelle Hierarchie. Grundidee der Arbeit im Team ist das Zusammenwirken ergänzender Fähigkeiten und Fertigkeiten der Teammitglieder, um ein Ergebnis zu erreichen, das für jedes einzelne Teammitglied allein nicht zu leisten gewesen wäre.

Optional: Änderungsausschuss

Der Änderungsausschuss ist eine optionale Rolle, über deren Einsatz bei der Projektinitiierung entschieden wird (IP-Aktivität *Konfigurationsmanagement-Strategie erstellen*). Ihre Aufgabe ist es dann, Änderungsanträge und Spezifikationsabweichungen zu prüfen und zu entscheiden, ob diese genehmigt werden sollen. Erst nach einer Genehmigung darf der Change umgesetzt werden. Möglicherweise sind dazu spezielle Kenntnisse notwendig, die bei Bedarf über andere Personen als beratende Instanzen hinzugezogen werden können. Ursächlich ist der Lenkungsausschuss dafür verantwortlich, der auch entscheidet, ob ein Änderungsausschuss eingesetzt werden soll. Ob der LA diese Verantwortlichkeit delegieren wird, hängt u. a. von der Komplexität, Größe, Laufzeit oder Umfang des Projekts ab bzw. wie viele Änderungsanträge zu erwarten sind.

Das Ergebnis und die mögliche Abstufung der Freigabeinstanzen (Welche Arten von Änderungen werden von Unternehmens- oder Programm-Management, Lenkungsausschuss, Änderungsausschuss, Projektmanager geprüft und freigegeben?) wird in der Konfigurationsmanagement-Strategie festgehalten und den jeweiligen Rollenbeschreibungen hinzugefügt.

Aufgaben des Änderungsausschusses können anstatt durch dedizierte Personen durch den Projektmanager und/oder die Projektsicherung übernommen werden.

4.2.2 Programm-Management/Program Management

Ein Programm bezeichnet – wie auch beim Projekt – eine temporäre Managementstruktur, die aber im Gegensatz zum Projekt über die Summe der Projekte andauert. Die Laufzeit ist entsprechend länger als bei einem Projekt. Es wird erwartet, dass sich der Nutzen bereits während der Programmlaufzeit einstellt.

Es sind zusammenhängende Projekte und Aufgaben mit dem Zweck, Unternehmensziele von strategischer Bedeutung umzusetzen, die über das Programm-Management gesteuert werden. Zu den Aufgaben des Programm-Managements gehören in der Regel:

- Definition von Programmen zur Umsetzung strategischer Ziele
- Initiierung von Projekten für diese Programme
- Beurteilung von beantragten Projekten
- Bewilligung, Zurückstellung und Ablehnung von Projektanträgen
- Überwachung von Projekten aus Sicht des Auftraggebers
- Gemeinsames Projektmarketing
- Projektübergreifendes Informationswesen
- Projektübergreifendes Qualitätsmanagement
- Weitere projektübergreifende Managementaufgaben

Programm-Management umfasst dabei die folgenden Gebiete:

- Organisation und Führung
- Benefit Management
- Capability Management
- Stakeholder Management und Kommunikation
- Risikomanagement und Management offener Punkte
- Programmplanung und Kontrolle

- Business Case Management
- Qualitätsmanagement

Achtung: Die Begriffe „Multiprojekt-Management", „Programm-Management" und „Projektportfolio-Management" werden derzeit noch überschneidend verwendet, sodass eine eindeutige Abgrenzung schwierig erscheint. Unter Multiprojekt-Management wird in der Regel das Steuern einer Gruppe von Projekten verstanden, die von denselben Personen und mithilfe der gleichen Betriebsmittel umgesetzt werden (vergleichbar einer „Tranche"). Die Verantwortung für die Ergebnisse liegt auch beim Unternehmens-Management.

Das Projektportfolio-Management kann als Teil des Programm-Managements gesehen werden, das wie eine Projektgruppe gelenkt wird, um gemeinsame Ziele zu erreichen. Ergebnisse werden von einzelnen Projekten oder im Verbund ermöglicht. In der Regel bestehen gegenseitige Abhängigkeiten. Der Mehrwert aus der Konstellation der Projekte ist entscheidend.

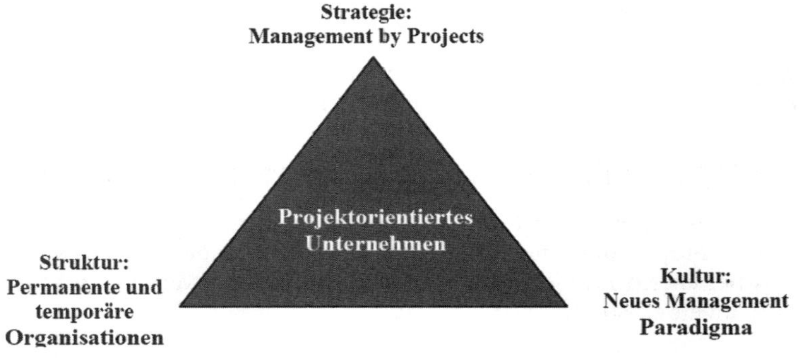

Abbildung 4.15: Das projektorientierte Unternehmen

Strategische Entscheidungen des Unternehmens führen zum Aufsetzen von Programmen, die wiederum eine Reihe von Projekten koordinieren (*siehe Abbildung 4.16*). Das Management von Programmen stellt dabei sicher, dass alle Projekte an einem strategischen Nutzen ausgerichtet sind. Eine Tranche bezeichnet dabei unter PRINCE2™ eine Gruppe von Projekten, die in fest vorgegebenen Schritten bestimmte Fähigkeiten und bestimmten Nutzen anstreben. Das Programm-Management entwickelt dabei üblicherweise den übergeordneten Masterplan für die Projekte unter Berücksichtigung der Abhängigkeiten. Es leistet im Programmverlauf das Zusammenfügen der laufenden Ergebnisse der Einzelprojekte, Kontrolle im Hinblick auf Erreichen des Gesamtziels und das Veranlassen von angemessenen Maßnahmen, wenn Meilensteine in Gefahr sind.

	Projekt	Programm
Ziel/Zweck	Liefern eines oder mehrere Produkte in Übereinstimmung mit einem vereinbarten Business Case	Koordinieren, Lenken und Kontrollieren der Implementierung mehrerer zusammengehöriger Projekte und Maßnahmen
Laufzeit	Im Vergleich zum übergeordneten Programm kürzer. Allerdings variieren die Laufzeiten von Projekten insgesamt mit Komplexität und Größe	Da ein Programm mehrere Projekte steuert, ist die Laufzeit eines Programms insgesamt länger als die eines einzelnen Projekts im Programm
Ausrichtung	Auf die zu liefernden Produkte	Auf Gesamtergebnis und -veränderung, die im Unternehmen herbeigeführt werden → Business Capability
Perspektive	Mittelfristig Taktisch, strategisch	Langfristig Strategisch
Nutzenreali-sierung	Meist nach Projektabschluss	Nach und nach: während des Programms und danach
Vorgaben	Aus dem Programm oder aus der Organisations-/Unternehmensstrategie	Aus der Organisations-/Unternehmensstrategie

Abbildung 4.16: Unterscheidung Projekt und Programm

Für die Projektarbeit muss zwischen permanenten und semi-permanenten Organisationen außerhalb eines Projekts („extern") unterschieden werden. Die Linienorganisation stellt eine permanente Organisation dar. Andere Projekte oder das übergeordnete Programm sind semi-permanent.

4.2.3 Verbindungen zu anderen Themen

Das Thema Organisation besitzt zu jeder der sechs anderen Themen eine Verbindung. Dies liegt in den Rollen und Verantwortlichkeiten als Element der Organisation begründet, die Aufgaben oder Funktionen in Bezug auf die anderen Themen wahrnehmen:

- Fortschritt und Änderung: Die Verbindung wird durch die Steuerungsmittel hergestellt, die vom Unternehmens- oder Programm-Management, dem Lenkungsausschuss, dem Projektmanager oder dem Teammanager angewendet werden.
- Änderung: Der Lenkungsausschuss muss Änderungen in Bezug auf das Projekt zustimmen. Um den Lenkungsausschuss diesbezüglich zu entlasten, kann die Rolle des Änderungsausschusses genutzt werden. Die besondere Rolle des Änderungsausschusses bewertet und steuert (auch mithilfe ihres Änderungsbudgets und definierter Vorgaben in Bezug auf dessen Verwendung) etwaige Änderungsanträge im Projektverlauf.
- Business Case: Der Auftraggeber ist verantwortlich für den Business Case, der im Projektverlauf gepflegt und verfeinert wird.
- Pläne: Der Projektmanager erstellt und pflegt den Phasenplan und mit Hinzunahme des Lenkungsausschusses auch den Projektplan, wohingegen der Teammanager den Teamplan erstellt.
- Risiko: Der Projektmanager pflegt das Risikoregister. Der Lenkungsausschuss ist verantwortlich für die Identifizierung externer Risiken, wohingegen der Projektmanager „interne" Risi-

ken zu identifizieren hat und gegebenenfalls in Abstimmung mit dem Lenkungsausschuss einen Risikoeigentümer (Risk Owner) und einen Risikobearbeiter (Risk Manager) festlegt.

- Qualität: Der Auftraggeber ist verantwortlich für die Qualität des Business Case. Der Benutzervertreter ist verantwortlich für die Definition des erwarteten Nutzens, die Qualität der Ausgangsspezifikation, die Akzeptanztests von Benutzerseite und das Einholen der Bestätigung, dass das Design und die Entwicklung der Produkte den Benutzerbedürfnissen entsprechen. Der Lieferantenvertreter ist für die Qualität des entwickelten bzw. erstellten Produkts verantwortlich.

4.3 Qualität/Quality

Qualität ist der zentrale Begriff des Qualitätsmanagements und wird dort äußerst differenziert diskutiert. Für die Praxis im Projektmanagement ist es wichtig, zu verstehen, dass „Qualität" durch vier Aspekte beschrieben ist:

1. Die Einheit (engl.: entity), d. h. der Gegenstand der Betrachtung
2. Die konkrete Beschaffenheit der Einheit (engl.: totality of characteristics and their values)
3. Die Anspruchsklasse, nach der die Einheit bewertet wird
4. Die Qualitätsanforderung, an der die Beschaffenheit gemessen wird

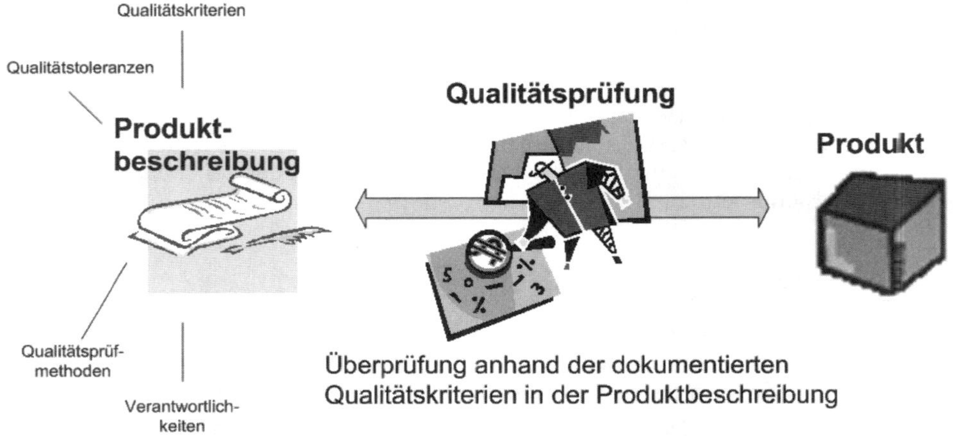

Abbildung 4.17: Überprüfung der Produktqualität in PRINCE2™

Im Gegensatz zur ursprünglichen semantischen Bedeutung des Begriffs „Qualität" als absolute Ausprägung der Einheit (lateinisch: qualis = wie beschaffen) ist im Sinne des Qualitätsmanagements „Qualität" stets als Ergebnis eines Vergleichs zwischen Qualitätsanforderungen und tatsächlicher Beschaffenheit einer Einheit unter dem Aspekt einer Anspruchsklasse anzusehen (*siehe Abbildung 4.17*).

> *Im Qualitätsmanagement schlummern ungeahnte Potenziale und verborgene Schätze. Sie könnten gehoben werden, wenn jeder in der Arbeitswelt bereit wäre, mehr Verantwortung zu übernehmen. Die Qualitätsmanager kennen die Methoden dafür, doch leider hört man ihnen zu wenig zu. (Hans O. Henkel)*

PRINCE2™ verwendet (angelehnt an die DIN ISO-9000-Standards) den Begriff Qualität als Begriff für die Gesamtheit der Leistungsmerkmale und der definierten Eigenschaften eines

Produkts, einer Person, eines Prozesses, einer Dienstleistung und/oder eines Systems. Diese Eigenschaften lassen eine Aussage darüber zu, ob das Produkt den Erwartungen oder den festgelegten Erfordernissen bzw. Spezifikationen entspricht. Nur so kann die entsprechende geschäftliche Erwartung erfüllt und der angestrebte Nutzen realisiert werden.

Qualitätsmanagement	Koordinierte Aktivitäten für die Lenkung und Steuerung der Qualität einer Organisation
Qualitätsmanagement-system	Qualitätsstandards, Verfahren und Verantwortlichkeiten einer Organisation. Umsetzung der für Qualitätsmanagement relevanten Funktionen in einer Anwendung, die Verfahren und Tools zum Verwalten, Steuern und Verteilen von qualitätsrelevanten Informationen abbildet und unterstützt. Es beinhaltet Struktur, Verantwortlichkeiten und Mittel zur Umsetzung des Qualitätsmanagements.
Qualitätsplanung	Definition der vom Projekt geforderten Produkte sowie der entsprechenden Qualitätskriterien, Qualitätsprüfmethoden und der Qualitätsverantwortlichkeiten (einschließlich Aufwand für Qualitätssteuerung und Produktabnahme)
Qualitätssteuerung	Techniken und Aktivitäten, um Qualitätsanforderungen zu erfüllen (Inspektionen, Tests etc.) und um Ursachen von Qualitätsmängeln zu beseitigen (Lernen, Verbessern)
Qualitätssicherung	Prüfung bzgl. der Angemessenheit von Projektmanagement u. -lenkung hinsichtlich der Frage nach Relevanz und Anwendung von Standards u. Richtlinien im Unternehmen. Qualitätssicherung ≠ Projektsicherung

Abbildung 4.18: Qualitätsdefinitionen

4.3.1 Der Weg zur Qualität

Das Thema Qualität steht im engen Zusammenhang mit dem Prinzip der Produktorientierung. Durch die Eigenschaften und Qualitätskriterien eines Produkts wird die umzusetzende Qualität definiert, die es zu steuern und zu sichern gilt. Erst wenn diese Aspekte geklärt und die dazugehörigen Qualitätsmanagementaktivitäten definiert sind, können Kosten und Zeitplanung für das Projekt geschätzt werden. Der Scope eines Projekts gibt die Gesamtsumme der Produkte im Projekt vor. Unter PRINCE2™ bezieht sich Qualität also auf die quantifizierbaren Eigenschaften eines Produkts, die es für seinen Zweck geeignet machen. Um sich dem Ziel nähern zu können, bedarf es einer Ausgangslage, die dafür sorgt, dass alle Beteiligten das gleiche Verständnis bezüglich der Unternehmens- und Branchenstandards, Governance-Vorgaben, Qualitätsplanung, -steuerung und -sicherung als Rahmen haben.

4.3.2 Qualitätsplanung

Das Ziel eines Projekts ist es, Produkte herzustellen, die für ihren Zweck geeignet sind und die die Erfordernisse und Erwartungen des Kunden erfüllen. Ausgangsbasis für die konsequente Weiterverfolgung des Qualitätsansatzes ist dabei die produktbasierte Planung.

Die Qualitätserwartungen des Kunden spielen eine zentrale Rolle unter PRINCE2™. Als Input dienen hier die Stimmen aus dem Kundenbereich, wie z. B. die Anwender. Diese fließen als Kundenqualitätsanforderungen zu Beginn der Projektvorbereitung in die Qualitätsanforderungen des Projektendprodukts und werden zur Produktbeschreibung des Projektendprodukts ausgestaltet und konkretisiert. Techniken des Anforderungsmanagements helfen bei der Konsolidierung von Vorstellungen, Interessen und Wünschen, die dann in Anforderungen überführt zu einer konkreten Spezifikation wachsen können. Diese Qualitätsanforderungen, die die Qualitätsanforderungen an das Projektendprodukt darstellen, werden von den Standards im Unternehmen begrenzt und verlangen nach objektiven Messkriterien. Der Kunde muss sich von Anfang an im Klaren darüber sein, dass Qualität, Kosten und Zeit in direktem Zusammenhang stehen.

Input für die Produktbeschreibung:

Produktstrukturplan (aus produktbasierter Planung) // Endbenutzer des Produkts // Qualitäts- u. Konfigurationsmanagement-Strategie

Bestandteile der Produktbeschreibung:

- **Kennzeichnung**: eindeutige Identifizierungsmöglichkeit (ID), meist aus Konfigurationsmgmt.-Strategie
- **Titel**: Name des Produkts
- **Zweck**: Aufgabe, Funktion und Einsatz des Produkts
- **Zusammensetzung**: Bestandteile des Produkts, z. B. Keller, EG u. Dach eines Hauses, Buchkapitel
- **Herkunft/Ableitung**: Basis u. Vorgaben, Ausgangsprodukte, z. B. externe Produkte (Produkte aus anderen Projekten, vorhandene o. extern gekaufte Produkte, Produkte aus vorhergehenden Phasen), vorgegebene Standards o. Verfahren
- **Darstellung u. Form**: Produkt-Eigenschaften, z. B. Word o. Powerpoint bei einer Fallstudie
- **Notwendige Kenntnisse der Entwickler**: Nicht nur Kenntnisse, sondern auch relevante Bereiche, aus denen die Entwickler kommen (Bereich, Gruppe, Abteilung!)
- **Qualitätskriterien**: Qualitätsanforderungen u. Qualitätsmessungen (messbare Kriterien, Standards u. ggf. Abweichungen von Standards im Unternehmen)
- **Qualitätstoleranz**: aus Qualitätskriterien
- **Qualitätsprüfmethode**: Wie wird geprüft?
- **Notwendige Kenntnisse der Prüfer**: Kenntnisse u. Bereiche (Gruppen, Teams, Personen!)
- **Qualitätsverantwortlichkeiten**: Ersteller, Prüfer, Abnahmeberechtigte(r) des Produkts

Abbildung 4.19: Die Produktbeschreibung: Die Benutzervertreter bestätigen, dass ihre Anforderungen denen in der Produktbeschreibung entsprechen und die Lieferantenvertreter bestätigen, dass die in der Produktbeschreibung definierten Anforderungen umsetzbar sind.

Anforderungen, Akzeptanzkriterien und Qualitätserwartungen

Es gibt einen Unterschied zwischen Erwartungen und Kriterien, die von der Benutzerseite stammen. Die Qualitätserwartungen spiegeln das wider, womit die Kunden als Ergebnis rechnen. Die Erwartungen sind nicht objektiv, eher schwamming und undifferenziert: sicher, benutzerfreundlich, wartbar, schnell oder stabil. Akzeptanzkriterien sind dagegen konkrete und objektiv messbare Eigenschaften: muss bestimmten Normen entsprechen, Schrift Arial 10 Punkt, mit den Maßen 10 cm x 15 cm, Verfügbarkeit, laufende Kosten oder in englischer Sprache. Hier kann definitiv die Aussage getroffen werden, ob die Kriterien zutreffen. Viele Anwender sind sich dieses Unterschieds nicht bewusst und brauchen eventuell Unterstützung, bis sie in der Lage sind, das, was sie benötigen, korrekt zu beschreiben. Gute Anforderungen sollten die sogenannten INVEST-Merkmale aufweisen: unabhängig (independent) voneinander, verhandelbar (negotiable), nützlich (valuable), schätzbar (estimatable), klein (small) – nicht komplex und testbar (testable) und zu den Abnahmekriterien eines Produkts führen.

Abstufungen, was die Priorität angeht (notwendig, hilfreich etc.), sind nützlich und helfen bei der Festlegung der Qualitätstoleranzen. Unterschiedliche Verfahren unterstützen die Priorisierungstechnik wie z. B. das Kano-Modell, das die Anforderungen in Basis-, Leistungs- und Begeisterungsmerkmale unterteilt, die Risiko-Wert-Matrix zur Ordnung der Anforderungen nach Wert/Nutzen und Risiko oder die MuSCoW-Priorisierung, die die Anforderungen in vier Gruppen unterteilt: Must have, Should have, Could have und Won't have (vormerken für die nächste Version).

Die späteren Abnahmekriterien für ein Produkt richten sich nach den definierten und priorisierten Eigenschaften eines Produkts, sind in der Produktbeschreibung dokumentiert (*siehe Abbildung 4.19*) und sollten zum einen den wichtigsten Stakeholdern bekannt sein und zum anderen von ihnen akzeptiert werden. Sind alle Abnahmekriterien erfüllt, gilt das Projektendprodukt als abgenommen und der Projektabschluss geht in die Zielgerade. Wichtig in diesem Zusammenhang ist allerdings auch das Festschreiben der relevanten Projektabnahmemethoden.

Die dafür notwendigerweise dokumentierte Produktbeschreibung des Projektendprodukts (Project Product Description) wird im Prozess *Vorbereiten eines Projekts* aus den vereinbarten Abnahmekriterien initial erstellt und ist auch Teil der Projektbeschreibung (Project Brief). Im Laufe des Projekts werden diese Kriterien und die Produktbeschreibung des Projektendprodukts über den Prozess *Initiieren eines Projekts* weiterentwickelt und über die Phasenübergänge hinweg geprüft und optimiert. Die Produktbeschreibung des Projektendprodukts definiert das zu liefernde Projektergebnis (*siehe auch Kapitel 5.1.4, SU Business Case-Entwurf erstellen*). Die Qualitätserwartungen bzw. -kriterien sind somit auch in der Projektbeschreibung (inklusive Projektlösungsansatz) und in der Projektleitdokumentation (PID) aus dem IP-Prozess (*Initiieren eines Projekts*) festgehalten.

Zeichnen sich Änderungen an den Abnahmekriterien und damit Veränderungen an der Produktbeschreibung des Projektendprodukts ab, können diese nicht ohne Zustimmung (des Lenkungsausschusses) umgesetzt werden, da diese nach der initialen Festschreibung einen abgestimmten Stand besitzen und damit der Änderungssteuerung unterworfen sind.

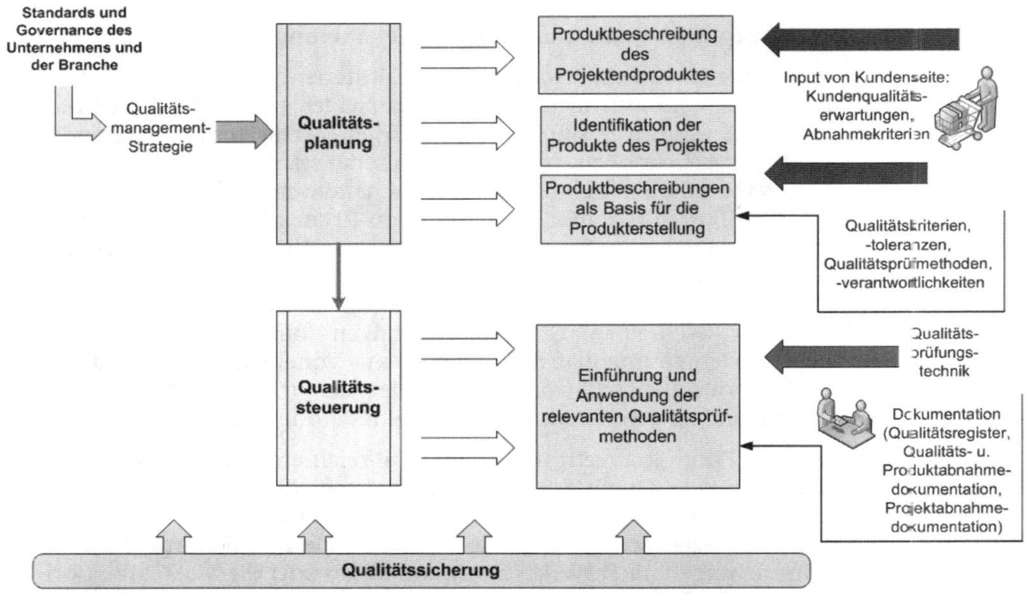

Abbildung 4.20: Das Zusammenspiel der unterschiedlichen Qualitätsaspekte unter PRINCE2™. Zum Einsatz kommen hier auch die produktbasierte Planung und die PRINCE2™-Qualitätsprüfungstechnik.

Im IP-Prozess wird ein weiteres wichtiges (Baseline-)Managementprodukt erstellt: die Qualitätsmanagement-Strategie, um die zu verwendenden Qualitätstechniken, -standards und die entsprechenden Zuständigkeiten festzulegen (*siehe Abbildung 4.20*). Die Qualitätsmanagement-Strategie ist ebenfalls der Änderungssteuerung unterworfen. Die Anwendung der Standards und der Maßnahmen wird laufend überprüft.

Der Lieferant richtet sich dabei nach den Qualitätsmanagementverfahren des Kunden. Das Programm gibt, falls das Projekt in ein Programm eingebettet ist, die Strategie für das Projekt vor.

Projektsicherung und Qualitätssicherung

Qualitätssicherung im Unternehmen ist unabhängig von der Projektsicherung zu sehen. Die Projektsicherung stellt sicher, dass die formalen Anforderungen, Verfahren und Methoden, die aus dem Projekt stammen, angemessen und im Sinne des Lenkungsausschusses umgesetzt werden. Die Qualitätssicherung gibt den formalen Rahmen in Bezug auf das Thema Qualität vor, nach dem sich das Projekt als temporäre Organisation innerhalb des Unternehmens richten muss. In manchen Fällen kann es zu begründeten und expliziten Abweichungen im Projekt kommen, die dokumentiert werden müssen.

Im Zusammenspiel zwischen Projektsicherung und Qualitätssicherung könnte es in der praktischen Umsetzung zu Synergien kommen, z. B. könnte der Lenkungsausschuss durch die Funktion der Projektsicherung als qualitätssicherndes Organ des Unternehmens- oder Programm-Managements gesehen werden. Umgekehrt könnte die Qualitätssicherung von außen das Projekt durch Audits prüfen und so sicherstellen, dass sowohl die Anforderungen und Verfahren der Projektsicherung als auch die übergeordneten Vorgaben der Qualitätssicherung Anwendung finden.

Entsprechend der produktbasierten Planung folgen nach der Produktbeschreibung des Projektendprodukts die Produktbeschreibungen für alle (Haupt-)Produkte des Projekts mit einer für die Steuerung ausreichenden Detailtiefe (*siehe auch Kapitel 4.4.2, Produktbasierte Planung/Product-based Planning*). Wichtig sind in den Produktbeschreibungen vor allem die Qualitätskriterien (Qualitätsanforderungen und Messkriterien). Oftmals bieten sich Produktbeschreibungsbibliotheken an.

Die Produktbeschreibungen sind überaus wichtig, da sie die Basis für die spätere Qualitätsprüfung darstellen und Bestandteil der Arbeitspakete sind, die an den Teammanager oder den Spezialisten zur Erstellung der Spezialistenprodukte übergeben werden. Ergeben sich möglicherweise Produktänderungen, müssen auch die Produktbeschreibungen angepasst werden. Diese Änderungen müssen die Änderungssteuerung unter PRINCE2™ (*siehe Kapitel 4.6, Änderungen/Changes*) durchlaufen.

Neben den Qualitätskriterien sind in den Produktbeschreibungen u. a. die Qualitätstoleranzen als akzeptable Abweichungsbereiche, die Qualitätsprüfmethoden und die Qualitätsverantwortlichkeiten definiert. Die Qualitätsprüfmethoden stehen für die bei der Erstellung, Überprüfung und Abnahme relevanten Qualitätsaktivitäten (prozessbegleitende Methoden und Begutachtungen, siehe nächstes Unterkapitel). Die Verantwortlichkeiten werden in Ersteller/Produktpräsentator, Prüfer und Vorsitzenden der Prüfung (plus Prüfungsadministrator) unterteilt (Details finden Sie in *Kapitel 4.3.4, Qualitätsprüfungstechnik/Quality Review Technique*).

Qualitätsverantwortlichkeiten

Der Produktpräsentator ist für die Entwicklung eines Produkts zuständig bzw. vertritt den Ersteller in der Qualitätsprüfung, um das Produkt vorzustellen. Der Prüfer ist unabhängig vom Produktpräsentator und beurteilt, ob das Produkt den Anforderungen der Produktbeschreibung und den Qualitätskriterien entspricht. So werden Erstellung und Prüfung sauber getrennt.

Der Vorsitzende und der Prüfungsadministrator übernehmen eher administrative Rollen. Ersterer ist verantwortlich für die Durchführung der Prüfung und der Administrator führt Protokoll oder leistet anderweitige Unterstützungsarbeiten.

Untrennbar mit den verschiedenen Qualitätsaktivitäten verbunden ist das Qualitätsregister (Quality Register). Hier finden sich alle geplanten und bereits umgesetzten relevanten Aktivitäten und die dazugehörigen Ergebnisse. Es wird im IP-Prozess durch den Projektmanager angelegt (Aktivität *Qualitätsmanagement-Strategie erstellen*) und im Projektverlauf gepflegt. Das Qualitätsregister (*siehe auch Kapitel 4.8.5, Qualitätsregister/Quality Register*) gibt für jedes Produkt die Prüfmethode, die Verantwortlichkeiten und das geplante Prüfungsdatum an. Anschließend wird das Datum der Prüfung protokolliert und die Ergebnisse aus der Qualitätsprüfung im Laufe der Aktivität *Arbeitspaket ausführen* festgehalten. Hat das Produkt im ersten Anlauf die Qualitätsprüfung nicht bestanden, wird eine entsprechende Maßnahmenliste aufgestellt, der geplante und schließlich der tatsächliche Abgabetermin protokolliert. Sobald ein Produkt erfolgreich die Qualitätsprüfung hinter sich gebracht hat, gilt es als abgenommen.

4.3.3 Qualitätssteuerung und Qualitätssicherung

Bei der Qualitätssteuerung geht es um die Implementierung und Anwendung, aber auch um die Verbesserung und Dokumentation der Qualitätsprüfmethoden im Projekt. Die Qualitätssicherung verfolgt das Ziel, objektiv zu überprüfen, ob das Produkt den Anforderungen entspricht bzw. dem definierten Zweck („Tauglichkeit") dienen kann. Dabei geht es darum, dass sichergestellt wird, dass das, was gefordert war, geliefert und genutzt wird. Auch das Anlegen und die Pflege der Qualitätsdokumentation und der Produktabnahmedokumentation sind relevant bis hin zur Abnahme des Projekts. Dazu gehören auch die entsprechenden Verantwortlichkeiten. Basis dieser Überlegungen und deren Anwendung sind die Qualitätsmanagement-Strategie (*siehe Abbildung 4.21*) und die Inhalte der Arbeitspakete (Produktbeschreibungen).

Um Fehlern frühzeitig auf die Schliche zu kommen, gilt es, die Qualitätsprüfmethoden möglichst früh im Entwicklungsprozess anzuwenden, wobei zwei Typen von Prüfmethoden unterschieden werden: die prozessbegleitenden Methoden und die Begutachtungen.

- Prozessbegleitende Methoden werden als Möglichkeit angesehen, um bereits während der Erstellung und zum Abschluss der Produktentwicklung ein besonderes Augenmerk auf die Qualität zu legen, z. B. über Spezialistenmethoden, -techniken, Automatisierung (Roboter, Tools), Pilotversuche, Workshops, Befragungen.
- Begutachtungen finden Anwendung, um die fertigen Produkte und ihre vorab dokumentierte Eignung zu bewerten. Hier wird zwischen Test auf Basis
  - objektiver und quantifizierbarer Qualitätskriterien und
  - Qualitätsinspektionen bei einem gewissen Anteil an subjektiver Bewertung

  unterschieden.

PRINCE2™ ist sich gewahr, dass es eine Vielzahl unterschiedlicher systematischer Qualitätsinspektionstechniken gibt, und erlaubt deren Verwendung, stellt aber darüber hinaus seine eigene Qualitätsprüftechnik zur Verfügung.

Der Vorteil dieser Technik liegt in der Einbeziehung der Stakeholder, da die entsprechenden Personen in die Kommunikation und in die Prüfung einbezogen werden. Durch den direkten Kontakt mit dem Produkt und dessen Qualität setzen sich die relevanten Personen intensiver mit dem Produkt auseinander und liefern Hinweise, Kritik und Feedback, die zur Verbesserung oder Entscheidungsfindung beitragen können.

Personen, die sich bisher nicht so intensiv mit den Produkten auseinandergesetzt haben, werden auf den aktuellen Stand gehoben. Durch Diskussion und Fragen lernen die Beteiligten voneinander und der Teamgeist wird gestärkt. Darüber hinaus existiert durch die Qualitätsprüfung ein allgemeingültiges, immer wieder einsetzbares und bewährtes Verfahren, das die Qualitätskultur weiter fördert und zudem zu Qualitätsdokumentationen führt, die die Analyse und objektive Aussagen zum Qualitätsstand zulassen. Außerdem unterstützen die abgelegten Daten und Information das Prinzip „Lernen aus Erfahrung".

Input für die Qualitätsmanagement-Strategie:

Lenkungsausschuss // Projektbeschreibung // Struktur Projektmanagement-Team (v. a. Rollen u. Verantwortlichkeiten) // Produktbeschreibung Projektendprodukt (v. a. Kundenqualitätserwartungen u. Projektabnahmekriterien) // Unternehmens- o. Programm-Strategien, -Standards // Richtlinien im Bereich Qualität // QMS Kunden u. Lieferanten // Anforderungen Konfigurationsmanagement // Anforderungen Änderungssteuerung // Workshop-, Abstimmungs u. Diskussionsergebnisse

Bestandteile der Qualitätsmanagement-Strategie:

- **Einführung**: Zweck, Ziele, Umfang, Verantwortung
- **Qualitätssmanagement-Verfahren**: Beschreibung o. Verweise auf Qualitätsmanagement-Verfahren, ggf. Beschreibung der Abweichung von gegeb. Standards, Aktivitäten [Qualitätsplanung, Qualitätssteuerung (Qualitätsstandards, Vorlagen u. Formulare, Qualitätsmethoden (z. B. Piloten, Inspektionen), Messsystem), Qualitätssicherung (Verantwortlichkeiten LA, Audits, Überprüfungen)]
- **Tools u. Techniken**: Qualitätsmanagement-Systeme, Werkzeuge, Techniken
- **Dokumentation**: Qualitätsaufzeichnungen u. deren Ablage inkl. Qualitätsregister
- **Berichterstattung**: Qualitätsmanagement-Berichte inkl. Turnus, Zweck, Empfängerkreis
- **Zeitplanung Qualitätsmanagement-Aktivitäten**: Termine
- **Rollen u. Verantwortlichkeiten**: für Qualitätsmanagement-Aktivitäten, auch aus Unternehmens- o. Programm-Management

Abbildung 4.21: Die Qualitätsmanagement-Strategie beschreibt in eindeutiger und ausreichender Art und Weise, welche und wie die zu verwendenden Techniken und Standards anzuwenden sind.

Die Qualitätsdokumentationen dienen als Nachweis für die erbrachten Qualitätsschritte, ergänzen das Qualitätsregister und dienen Projektmanager und Lenkungsausschuss als Nachweis. Somit herrscht Gewissheit, dass die Produkte über die entsprechenden Aktivitäten erstellt und die Qualitätskriterien erfüllt sind. Hand in Hand damit sollte die Kundenzufriedenheit gehen, da die Kunden nach Abschluss der Qualitätsprüfung sicher sein können, dass das Produkt seinen Zweck erfüllt. Über die Projektunterstützung können die Daten zu den jeweiligen Produkten im Qualitätsregister, z. B. durch Verweise auf andere Dokumentationen, Testpläne, Protokolle etc., ergänzt werden.

Um einen weiteren Schritt in Richtung Projektabschluss zu gehen, sollte es nicht nur um den Nachweis gehen, dass das Produkt die definierten Anforderungen erfüllt, sondern auch, dass eine Abnahme erfolgt ist. Dies wird in einer Produktabnahmedokumentation festgehalten, die von beliebigem Format (Teil eines Protokolls, eine Bestätigung per Mail etc.) sein kann. Damit geht die Eigentümerschaft auf den Kunden über.

Darüber hinaus existiert noch die Projektabnahmedokumentation, die sicherstellt, dass alle Produkte abgenommen wurden und dass alle relevanten Dokumente im Falle eines späteren Audits vorhanden sind. Im Fokus steht die Abnahme des Projektendprodukts. Hier besteht allerdings die Möglichkeit, dass die Abnahme eingeschränkt ist und dass dokumentierte Konzessionen gewährt werden, an die sich spätere Nachbesserungen oder weitere nachträgliche Anpassungen noch anschließen können.

Im Zuge einer Qualitätsprüfung kann, muss aber nicht, die Produktabnahme erfolgen.

4.3.4 Qualitätsprüfungstechnik/Quality Review Technique

PRINCE2™ fordert, dass Produkte auf ihre Qualität überprüft werden. Dies findet als Teil der Qualitätsprüfungstechnik statt. So wird eine Überprüfung der Produkte in strukturierter und organisierter Weise auf Basis der Produktbeschreibung realisiert, in der die Qualitätskriterien festgelegt sind (*siehe Abbildung 4.22*). Werden Fehler möglichst frühzeitig entdeckt (z. B. als Spezifikationsabweichung), spart dies Zeit und Geld. Aus diesem Grund findet die Qualitätsprüfung direkt nach der Erstellung der Produkte in der gleichen Aktivität statt (MP-Aktivität *Arbeitspaket ausführen*).

Abbildung 4.22: Die Qualitätsprüfung, die im MP-Prozess stattfindet, besitzt vor allem Verbindungen zu den abgebildeten Prozessen SB, MP und CS und dem Thema „Pläne". Die Basis für die Qualitätsprüfung und das Thema „Qualität" wird jedoch in der Strategie festgelegt.

Das Qualitätsregister, in das die Informationen für die geplante Qualitätsprüfung und später deren Ergebnisse fließen, dient als objektives Messkriterium für den Projektfortschritt und den Status der zu erstellenden und zu prüfenden Produkte. Alle Beteiligten arbeiten bei der Prüfung mit und sind auf dem neuesten Stand. Auch der Produktersteller ist direkt involviert.

Eine Qualitätsprüfung innerhalb PRINCE2™ ist eine standardisierte Vorgehensweise, um die Qualität von Produkten zu prüfen sowie eine Bestätigung zu erzielen, dass die Produkte fertig gestellt und abnahmebereit sind. Die Qualitätsprüfungstechnik ist ein Vorgang mit definierten Rollen und Aktivitäten. Sie soll gewährleisten, dass ein Produkt vollständig ist und den gestellten Anforderungen entspricht. Sie dient als Basis für mögliche Verbesserungen, Änderungen und weitere Kontrollen für ein Produkt, da dieses zum Zweck der Änderungssteuerung nach der Abnahme einen gemeinsam akzeptierten und abgenommenen Stand erreicht.

Folgender Nutzen wird mit der Qualitätsprüfung erzielt:

- Eine strukturierte Beurteilung mit festgelegten Qualitätskriterien

- Frühzeitige Erkennung von Mängeln an den Produkten
- Reduzierung der Kosten und Entwicklungszeiten
- Erhöhung der Transparenz
- Schaffung einer Plattform zur Verbesserung der Ergebnisse
- Einbeziehung aller Interessenten (Stakeholder)
- Schaffung von Rückhalt und Commitment

An der Qualitätsprüfung sind diejenigen beteiligt, die ein Interesse an diesem Produkt haben und die über die erforderlichen Kenntnisse zur Beurteilung der Richtigkeit des Produkts verfügen. Unter PRINCE2™ existieren dazu vier spezifische Rollen in der Qualitätsprüfung, deren Besetzung im Phasenplan durch die Planung der Qualitätsprüfung berücksichtigt wird:

- Vorsitzender der Prüfung (Chairman): Der Vorsitzende trägt die Verantwortung dafür, dass die Qualitätsprüfung gut organisiert durchgeführt wird. Er koordiniert die Qualitätsprüfung und prüft, ob das Produkt bereit ist für eine Qualitätsprüfung.
- Produktpräsentator: Er vertritt den Ersteller (falls er dies nicht selber ist), stellt das Produkt vor und sorgt dafür, dass die Prüfer alle für ihre Aufgabe notwendigen Informationen erhalten. Während der Prüfung steht der Präsentator zur Beantwortung von Fragen zur Verfügung, bis man sich darüber einig ist, ob das Produkt fehlerfrei ist. Später kümmert er sich um die nachfolgenden Aktionen wie Koordination und Verfolgung der nachfolgend notwendigen Arbeiten am Produkt.
- Prüfer: Diese Rolle kann von mehreren Personen eingenommen werden, die ein rechtmäßiges Interesse am Produkt haben oder über die notwendigen Kenntnisse und Erfahrungen zur Bewertung der Produktqualität verfügen. Sie beurteilen das Produkt anhand der Produktbeschreibung. Als Prüfer kommen folgende Personen in Frage:
  - alle vom Lenkungsausschuss delegierten Projektsicherungsbeauftragten
  - Mitarbeiter, die das fertige Produkt verwenden oder warten werden, oder andere Mitarbeiter, deren Arbeit vom Produkt beeinflusst werden wird. Dazu zählen beispielsweise Mitglieder des Fachbereichs, die später mit dem Produkt arbeiten sollen und als fachliche Prüfer bestellt wurden.
  - Fachexperten
  - Qualitätssicherungsbeauftragte

  Sie erstellen eine entsprechende Fragenliste.
- Prüfungsadministrator: Er hält die beschlossenen Aktionen schriftlich fest und unterstützt so die administrativen Arbeiten. Er kann aus dem Bereich Projekt-Support stammen.

Sie sollten im Hinterkopf behalten, dass es sich hier um Rollen handelt, die zwar alle während der Prüfung eingenommen werden müssen, aber in Personalunion möglich sind. Bei einfachen Inspektionen oder Tests kann eine Qualitätsprüfung von zwei Personen umgesetzt werden. Zum einen mithilfe einer Person, die die Rolle des Vorsitzenden und Prüfers einnimmt, und zum anderen eine Person, die als Produktpräsentator und Prüfungsadministrator agiert.

Die Qualitätsprüfung an sich ist dreigeteilt gestaltet (*siehe Abbildung 4.23*). Die Vorbereitung der Prüfung plus die Prüfung an sich bilden den ersten Teil. Die anschließende Prüfungssitzung bildet den zweiten Teil und die Nachbereitung schließt die Qualitätsprüfung ab. Ein benanntes Prüfungsteam führt die Prüfung durch. Die Technik der Qualitätsprüfung beschreibt eingehend die Vorgehensweise, bestehend aus:

- Vorbereitung: Ziel dieses Schritts ist es, das Produkt oder Liefererergebnis auf Basis der Produktbeschreibung einer Überprüfung zu unterziehen. Im negativen Fall wird so eine Liste von Rückfragen, wahrscheinlichen Fehlern und Themen, die nochmals überprüft werden sollten, erstellt.

  Vorab wurde die Qualitätsprüfung über den Projektmanager in der Phasenplanung mit den entsprechenden Produkten berücksichtigt und über das Arbeitspaket (in Abstimmung mit oder) über den Teammanager detailliert geplant.

  Der Vorsitzende der Prüfung bereitet die Prüfung (gegebenenfalls zusammen mit dem Prüfungsadministrator) vor und überprüft, ob das Produkt fertig für die Qualitätsprüfung ist, und stellt sicher, dass alle beteiligten Prüfer verfügbar und später für das Meeting anwesend sein werden.

  Zusammen mit einer Produktkopie wird die Produktbeschreibung vorab den Prüfern zugestellt. Sie lesen die Beschreibung und weitere entsprechende Dokumente und erstellen für sich eine entsprechende Fragenliste (Quality Review Question List). Wenn möglich erhält der Präsentator diese Listen vor der Qualitätsprüfung, sodass kleine Fehler direkt korrigiert werden können. Können Fragen nicht direkt geklärt werden, fließen sie in die Agenda für die Prüfungssitzung ein. Kleinere Fehler werden in einer Kopie des Spezialistenprodukts direkt korrigiert und übermittelt.

- Prüfungssitzung: Hier gilt es, etwaige Fehler, offene Fragen und Themen rund um das Produkt zu klären, die den Prüfern aufgefallen sind. Der Vorsitzende der Prüfung leitet die Sitzung, eröffnet sie formal und stellt die Teilnehmer einander vor. Dann kommentieren die Prüfer das Produkt. Die Hauptfelder für die Prüfungsbesprechung zeichnen sich so ab. Anschließend kann mit dem „Walk Through" für das Produkt begonnen werden, bei dem der Präsentator das Produkt vorstellt und dieses bespricht. Basis für das Vorgehen bleiben die Qualitätskriterien aus der Produktbeschreibung, sodass das Produkt gegen diese Kriterien durch den Prüfer geprüft wird.

  Der Prüfungsadministrator nimmt alle relevanten Punkte auf. Der Vorsitzende der Prüfung fasst diese zusammen und vereinbart gemeinsam mit dem Prüfungsteam die notwendigen Folgeaktionen. Das Ergebnis der Sitzung wird besprochen und dokumentiert. Anhand dieser Informationen ist gegebenenfalls eine Anpassung der Planung durch den Projektmanager oder den Teammanager notwendig. Im positiven Fall kann das Produkt aber auch direkt über das Meeting als abgenommen deklariert werden, sodass keine weiteren Aktionen notwendig sind. Oft kommt es aber zu einer Abstufung in der Bewertung und im Beschluss (fertiggestellt/bedingt fertig gestellt/unvollständig). Das Qualitätsregister wird aktualisiert. Der Vorsitzende der Prüfung informiert die relevanten Parteien über das Prüfungsergebnis.

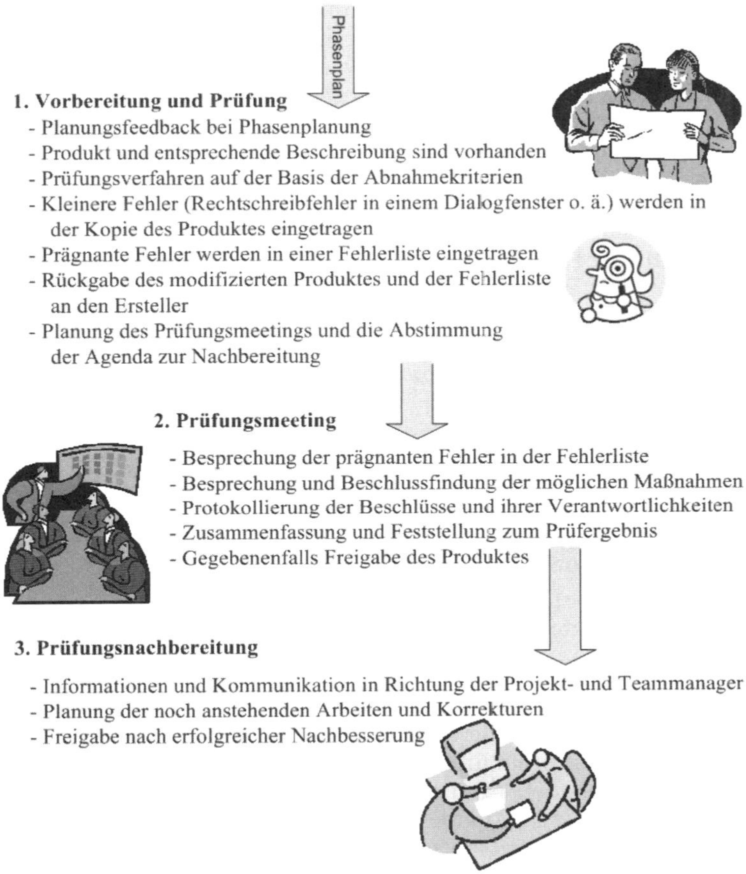

Abbildung 4.23: Ablauf der Qualitätsprüfung

- Nachbereitung der Prüfung: Dieser letzte Schritt der Qualitätsprüfung stellt sicher, dass alle aufgenommenen Themen aus der Prüfungssitzung abgearbeitet wurden und zur Zufriedenheit aller erledigt sind.

  Der Präsentator nimmt die Informationen aus der Besprechung mit und sorgt dafür, dass die vereinbarten Maßnahmen durch ihn oder Andere umgesetzt werden (Koordination), wobei der Prüfer diese Maßnahmen abzeichnet. Wird ein Fehler korrigiert oder kann eine Rückfrage beantwortet werden, wird die entsprechende Person, die den Fehler entdeckt oder die Frage aufgeworfen hat, informiert. Sind alle Fehler und Fragen nachweislich und dokumentiert gelöst, wird der Vorsitzende der Prüfung eine entsprechende Bestätigung vergeben und feststellen, dass das Produkt nun fertig und vollendet ist. Der Prüfungsadministrator kommuniziert das aktuelle Ergebnis an die zuständigen Manager und Supportmitarbeiter und kümmert sich um die Ablage der Qualitätsdokumentation, sodass der Produktpräsentator die Abnahme des Produkts beantragen kann.

Zu betonen ist, dass Abweichungen, die zum ersten Mal auftreten, nicht in die Liste der offenen Punkte, sondern in eine Fragenliste aufgenommen werden. Erst wenn ein Fehler durch die geplanten Nachbesserungsaktivitäten nicht (im Rahmen der definierten Toleranzen) behoben werden kann, wird er in der Liste der offenen Punkte protokolliert. Gegebenenfalls wird sogar eine zweite oder dritte Nachbesserungfolge umgesetzt. Dies ist möglich, solange die definierten Toleranzen (z. B. Zeit und Kosten) nicht verletzt werden. Aber Achtung: Der Begriff Fehler als solcher im Sinne einer Abweichung, eines Problems oder der Abwesenheit eines Qualitätskriteriums existiert unter PRINCE2™ nicht.

4.3.5 Verbindungen zu anderen Themen

Das Thema Qualität weist eine starke Verbindung zum Thema Organisation auf. Der Grund hierfür liegt in den Rollen aus der Projektorganisation, die wichtige Funktionen und hinsichtlich der Qualitätsplanung, -steuerung und innerhalb der Qualitätsprüfungstechnik übernehmen. So erfolgt die Planung der Qualitätsprüfung innerhalb der jeweiligen Phasenplanung durch den Projektmanager und die Projektsicherung kann Aufgaben innerhalb der Qualitätsprüfung übernehmen. Weitere Verantwortlichkeiten im Zusammenhang mit dem Thema „Qualität" lauten beispielsweise:

- Benutzer- und Lieferantenvertreter geben die Qualitätsmanagement-Strategie frei
- Auftraggeber gibt die Qualitätserwartungen und Abnahmekritierien für das Projekt von Kundenseite vor
- Projektmanager erstellt zusammen mit der Benutzerseite die Produktbeschreibung des Projektendprodukts und erstellt die Qualitätsmanagement-Strategie
- Teammanager erstellt die (Spezialisten-)Produkte und informiert den Projektmanager über den Status in Bezug auf die Produktqualität
- Projektunterstützung führt im Auftrag des Projektmanagers das Qualitätsregister

Auch zum Thema Änderungen lässt sich eine Verbindung herstellen: Das Konfigurationsmanagement trägt dazu bei, dass die Qualität der Produkte sauber umgesetzt wird, z. B. durch die Versionierung und Statusinformationen zu den Produkten. Wenn ein Produkt die Qualitätsprüfung erfolgreich durchlaufen hat und abgenommen wurde (auch in Bezug auf ein Managementprodukt wie z. B. der Produktbeschreibung), gilt dieses als „eingefroren". Dieses darf nach Einreichen eines Änderungsantrags nur gesteuert über die Änderungssteuerung angepasst werden. Die Änderungssteuerung kann somit Auswirkungen auf die Qualität haben, und die gesteuerte Änderungsumsetzung bewirkt, dass sich Qualitätsanforderungen oder gar Produkte nicht ungesteuert und unwissentlich (z. B. aus Sicht des Projektmanagers) ändern.

4.4 Pläne/Plans

PRINCE2™ kennt unterschiedliche Plantypen und -level, die auf die verschiedenen Bedürfnisse des Projekts in Bezug auf die produktbasierte Planung zugeschnitten werden können. Ein Plan stellt dabei ein Dokument dar, das auf Basis eines vordefinierten Schemas oder einer Methode beschreibt, wie, wann und durch wen ein spezielles Ziel oder eine Reihe von Zielen erreicht wird. Dazu gehören die Produkte des Projekts, Termine, Kosten, Qualität und Nutzen. PRINCE2™-Pläne müssen vor ihrer Umsetzung genehmigt werden. Es werden drei Ebenen von Plänen unterschieden:

- Der Projektplan (notwendig) wird im IP-Prozess erstellt, ist zwingend zu erstellen und gleichzeitig Teil der Projektleitdokumentation. Dieser Plan lässt eine Aussage auf einem relativ abstrakten Level darüber zu, welche Ziele zu erreichen sind und welche Produkte, Aktivitäten und Ressourcen dafür benötigt werden. Viele andere (Management-)Produkte bauen auf dem Projektplan auf, z. B. der Business Case oder der Phasenplan.

Im Bedarfsfall kann der Plan, der dem Lenkungsausschuss vorgelegt wird, vom Format her eher einen zusammenfassenden Charakter aufweisen. Er sollte aber in jedem Fall die wichtigsten Produkte und Aktivitäten mit den korrespondierenden Ressourcen und Kosten darstellen. Hier sollte der Projektmanager bei der Informationszusammenfassung und Datendarstellung auf die Zielgruppe Rücksicht nehmen. Wird der Plan genehmigt, gilt er als angenommen und wird eingefroren („Baseline").

- Phasenpläne (notwendig, Plan für die erste Initiierungsphase, Phasenpläne für die Durchführung) werden zum Ende der vorhergehenden Phase durch die Projektmanager für die jeweils folgende Managementphase erstellt und dienen ihm auch als Steuerungsmittel für seine tägliche Arbeit. Der Plan für die Initiierungsphase ist der einzige echte Plan, der ohne Hinzuziehen des SB-Prozesses erstellt wird.
- Teampläne (optional) zielen auf die Abarbeitung eines oder mehrerer Arbeitspakete, sind frei in Bezug auf das Format und werden durch den Teammanager erstellt.

Das Unternehmens- oder Programm-Management (bzw. der Lenkungsausschuss) genehmigt den Projektplan, der Lenkungsausschuss den Phasenplan und etwaige Ausnahmepläne. Der Projektmanager stimmt im positiven Fall den Teamplänen zu.

Input:

Projektbeschreibung // Qualitätsmanagement-, Risikomanagement-, Kommunikationsmanagement-, Konfigurationsmanagement-Strategie (für die entsprechend im Plan zu berücksichtigenden Aktivitäten der Strategien) // Ressourcenverfügbarkeit // Register u. Protokolle

Bestandteile:

- **Beschreibung**: Planungsgegenstand (Projekt, Phase, Team, Ausnahme), Ansatz
- **Planvoraussetzungen**: Müssen vor Planumsetzung erfüllt sein, z. B. Abnahmen, externe Berater
- **Externe Voraussetzungen**: Beeinflussung des Plans, z. B. Baugrundstück
- **Annahmen**: Hypothesen, Planbasis
- **Planbezogene Erfahrungswerte**: Relevante Erfahrungen aus anderen Projekten, die einfließen
- **Überwachung u. Steuerung**: Steuerungsmittel (Berichte, Register, z. B. Fortschreibungsüberwachung)
- **Budgets**: Zeit- u. Kostenaufwand, Abdeckung v. Risiken u. Änderungen
- **Toleranzen**: Zeit, Kosten, Umfang (Risiken u. Qualität: Produkt, Nutzen: Business Case)
- **Produktbeschreibung**: für Produkte im Planungsumfang
- **Zeitplan**: u. a. Gantt-Charts o. Ä., Produktstrukturplan u. Produktflussdiagramm (aus produktbasierter Planung), Ressourcenbedarf nach Ressourcenart/-abstufung, Namen der entspr. Personen nach Rolle

Abbildung 4.24: Ein Plan sollte auch die Managementaktivitäten bezüglich des Plans enthalten, z. B. Erstellung, Sicherung oder Steuerung, wie Qualitäts-, Risiko-, Konfigurations- oder Kommunikationsmanagement.

Diese Pläne unterscheiden sich durch den Detaillierungsgrad und die umfasste Zeitspanne (*Abbildung 4.24* zeigt die gemeinsame Zusammensetzung der PRINCE2™-Pläne). Bei Abweichungen wird als weitere Art von Plan ein Ausnahmeplan verwendet, der z. B. den Phasenplan ersetzt, aber das gleiche Format verwendet. Er ersetzt den Plan, der durch eine Ausnahme (Toleranzverletzung) nicht mehr valide ist, und wird als neuer Phasen- oder Projektplan weitergeführt, wobei er in Bezug auf Darstellung und Detaillierungsgrad dem Plan gleicht, den er ersetzt. Der Ausnahmeplan setzt an dem Punkt an, an dem die Ausnahme zutage getreten ist und schafft bis zum Planende einen Ersatz.

Der Projektplan gilt als unverzichtbar und wird am Ende jeder Projektphase aktualisiert, auch um den bereits erfolgten Fortschritt zu reflektieren und die Auswirkungen für die nächste Phase zu überprüfen. Planänderungen sind gegebenenfalls an den Phasenübergängen, und wenn Ausnahmesituationen bei Toleranzgefährdungen oder -überschreitung (Exceptions) auftreten, vorzunehmen. Die betroffenen Organisationseinheiten werden bei wichtigen Entscheidungen und Planabweichungen des Projekts durch den Benutzervertreter bzw. die Unternehmensführung hinzugezogen. PRINCE2™ bietet so eine Reihe von Planungsstufen, die auf die Größe und die Anforderungen eines Projekts zugeschnitten werden können (*siehe Abbildung 4.25*). Die Planung orientiert sich an den zu erstellenden Produkten und leitet die Projektaktivitäten, ihre Dauer und Abhängigkeiten davon ab. Dazu gehören auch Toleranzen und Kontrollpunkte.

Zum Ende einer Planerstellung werden Erklärungen in Prosa hinzugefügt, ebenso die entsprechenden Randbedingungen und Einschränkungen, externe Abhängigkeiten und die identifizierten Risiken. Die begleitende Beschreibung besitzt einen optionalen und einen essentiellen Teil. Als essentiell werden Planungsannahmen, notwendige Vorbereitungen sowie Risiken und Gegenmaßnahmen erachtet. Bedingungen, Abhängigkeiten, Standards und Methoden, Qualitätsanforderungen, das Reporting und Kontrollfunktionen werden in manchen Fällen eher als optional eingeordnet.

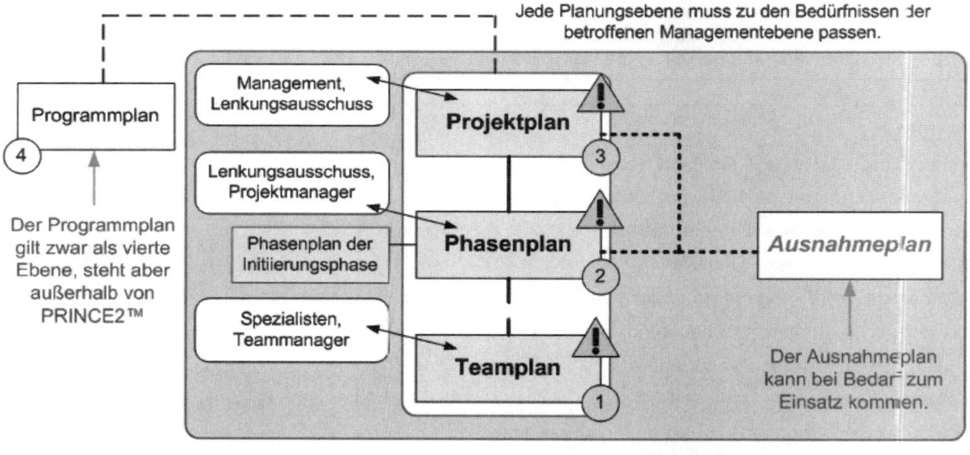

Abbildung 4.25: Ebenen der PRINCE2™-Pläne (Projektplan, Phasenplan, Teamplan): (nach OGC-(PRINCE2™)Material, durch OGC lizenzierte Wiedergabe).

Pläne stehen dabei im engen Zusammenhang mit dem Prinzip der Produktorientierung. Sie bilden das Rückgrat des Managementinformationssystems, das in jedem Projekt benötigt und verwendet wird. In erster Linie geht es darum, die gewünschten Produkte zu definieren und anschließend daraus die notwendigen Aktivitäten abzuleiten. Dies bezeichnet PRINCE2™ als produktbasierte Planung (*siehe Kapitel 4.4.2 Produktbasierte Planung/Product-based Planning*).

Plan ist nicht gleich Plan!

Phasenpläne, Teampläne, Projektpläne und Ausnahmepläne stellen Pläne unter PRINCE2™ dar. Die drei Planungsebenen unter PRINCE2™ beziehen sich auf das Projekt, eine Phase oder ein Team (bzw. ein Arbeitspaket). Ein entsprechender Ausnahmeplan ist (laut PRINCE2™) in der Lage, einen Projekt- oder Phasenplan zu ersetzen. Für Teampläne werden keine Ausnahmepläne erstellt. Ausnahmen eskaliert der Teammanager als offenen Punkt an den Projektmanager. Bei Bedarf wird dann das aktuelle Arbeitspaket korrigiert oder ein neues Arbeitspaket erstellt.

Der Nutzenrevisionsplan, der darlegt, wie und wann geprüft werden kann, ob das Projekt den anvisierten Nutzen erzielt hat, gilt als sogenannter Pseudo-Plan, da er ohne Zuhilfenahme der produktbasierten Planung erstellt wird. Dieser Plan beschreibt lediglich Verantwortlichkeiten, Aktivitäten und Prozeduren, aber keine Produkte.

4.4.1 Schritte zur Erstellung eines Plans

Planung ist essentieller Bestandteil eines jeden Projekts, unabhängig von der verwendeten Projektmanagement-Methode. Planen besteht aus einer Abfolge von Schritten, die wiederholt angewandt werden. Ein Plan dient dabei als eine Liste von Punkten, an der der Fortschritt dokumentiert und kontrolliert wird.

Die produktorientierte Planung (*siehe Kapitel 4.4.2 Produktbasierte Planung/Product-based Planning*) zwingt das Projektteam zu einer ergebnisorientierten Sichtweise auf das Projekt und sorgt dafür, dass jede geplante Aktivität zu einem genau definierten Ergebnis in Form eines Produkts führt. Dabei geht es um zentrale Fragen wie etwa, was benötigt wird, wie es erreicht werden kann und wann. Nicht zu vernachlässigen ist aber auch der Aspekt der Qualitätskriterien für ein Produkt. Die Philosophie hinter dem PRINCE2™-Planungsgedanken hängt mit der Erstellung von Plänen zusammen, die die Endprodukte plus deren Zwischenprodukte und Lieferergebnisse identifizieren. Es geht dabei jedoch nicht nur um die Spezialistenprodukte, sondern auch um die Produkte des Managements. Zu jedem Produkt muss eine adäquate Produktbeschreibung existieren. Diese Prämissen sind auf alle Ebenen der Planung, d. h. für alle Pläne, anwendbar. Dabei gelten die Produkteigenschaften stets als Qualitätskriterien, die während der Qualitätsprüfung des Produkts überprüft werden.

Bei der Planung kümmert sich der Projektmanager um den Projekt- und die Phasenpläne, wobei das Erstellen der Teampläne durch den Teammanager in Abstimmung mit dem Projektmanager realisiert wird. Bei Bedarf ist die Projektunterstützung behilflich. Die Projektsicherung achtet darauf, ob alle Produkte identifiziert wurden und die Pläne stimmen. In manchen Fällen empfiehlt es sich, den Lieferantenvertreter bei der Planerstellung (beratend) hinzuzuziehen.

Unter PRINCE2™ setzen die Steuerungs- und Kontrollmechanismen auch im Planungsverlauf an, wobei es u. a. um das Thema Qualität und Qualitätsüberprüfung der Produkte geht. Auch der Projektfortschritt der geplanten Aktivitäten muss gesteuert werden.

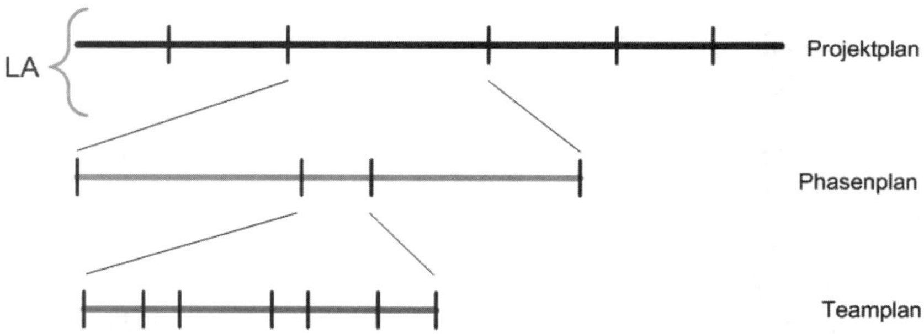

Abbildung 4.26: Die Produkt-Checkliste (nicht abgebildet) steht für ein anderes Format von Plan, falls der Projektplan zu grob und bei einer sehr langen Phase der Phasenplan zu detailliert wäre für die Informationsvermittlung.

Die Schritte der Planungsumsetzung lauten:

- *Plan entwerfen:* Die Planungsgrundlagen festlegen, die als Voraussetzung für die weiteren Planungsschritte dient
- *Produkte definieren und analysieren:* Identifizierung und Definition der Produkte (zu liefernde Ergebnisse)
- *Risiken analysieren:* Anwendung des Risikomanagements (Risikoanalyse und gegebenenfalls Notfallplanung)
- *Aktivitäten und Abhängigkeiten identifizieren:* Festlegen der Abfolge, Abhängigkeiten, Bestandteile und Hierarchie, in der die Produkte erstellt werden sollen, Abstimmen der notwendigen Aktivitäten für die Produkterstellung
- *Schätzungen durchführen:* Abschätzen der notwendigen Skills, Aufwände, Kosten und Ressourcen inklusive Dauer
- *Zeitplan aufstellen:* Zeitplanung der Aktivitäten und Planung des Ressourcenbedarfs, Planung der Qualitätsprüfung und der dafür notwendigen Ressourcen, Setzen der Entscheidungspunkte für das Projektmanagement und der Toleranzen
- *Plan dokumentieren:* Zusammenfassung aller bisher aufgelaufenen Informationen und Filterung mit dem Ziel eines Finalplans plus der entsprechenden Beschreibung. Wie jedes gut verstandene Konzept, lässt sich auch ein Plan in wenigen Sätzen zusammenfassen.

Aus formellen Gründen ist an dieser Stelle zu betonen, dass es sich bei der Planerstellung aus Sicht von PRINCE2™ nicht um einen Prozess handelt.

So gestaltet sich die erfolgreiche Planung als Basis für die Steuerungsmöglichkeiten des Projektmanagers und des Lenkungsausschusses. Geplant werden sollte daher immer nur mit einem so hohen Detaillierungsgrad, wie die nachfolgende Steuerung und Kontrolle erfolgen kann. Die Projektleitdokumentation beschreibt auch dieses Zusammenwirken. Ohne Steuerung und Plan wird erst am Projektende klar, ob sich der Projekterfolg einstellen wird und das Ziel mit den definierten Kriterien erreicht wurde. Mithilfe einer aktiven Projektsteuerung kündigen sich Risiken und Gefährdungen in der Regel so früh an, dass man darauf reagieren kann. Der Gesamtprojektplan wird im Projektverlauf über die Phasenplanung ständig besser. So wird die Wahrscheinlichkeit erhöht, dass das Projekt zum Erfolg zu führen ist. Vergessen Sie jedoch nicht die Risiken in Bezug auf einen Plan an sich!

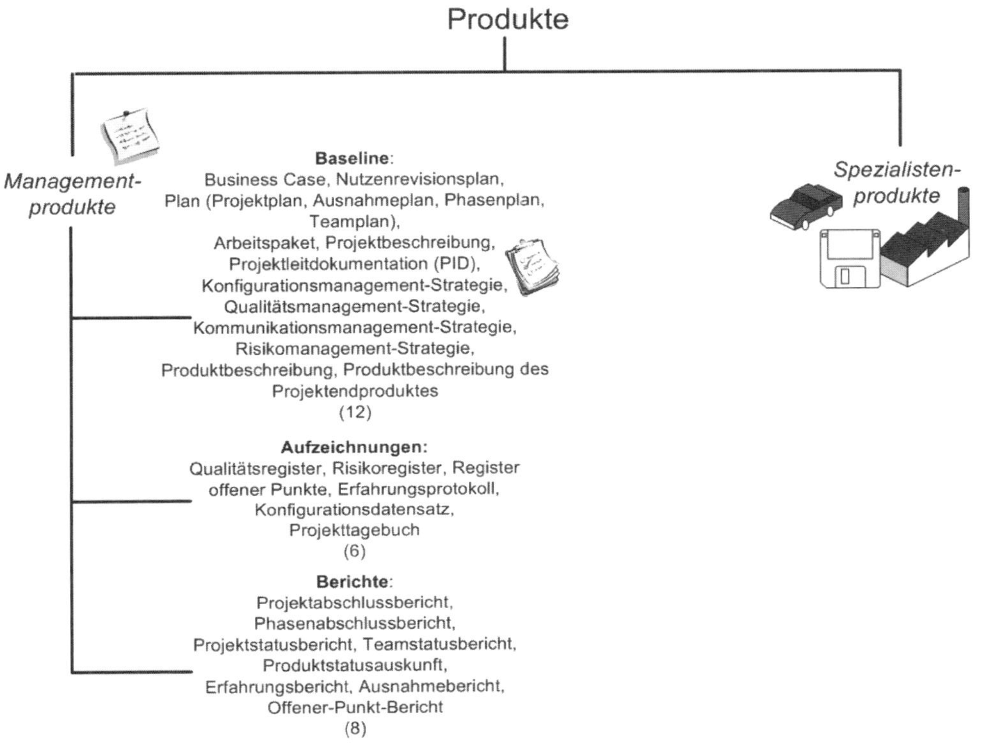

Abbildung 4.27: Unterschiedliche Produkte unter PRINCE2™, wobei die Methodik 26 Managementprodukte definiert.

Die Planungsschritte sind nicht isoliert zu sehen, sondern arbeiten Hand in Hand mit den unterschiedlichen Prozessen. Aktivitäten wie *Business Case verfeinern* nutzen für die Modifizierung des Projektplans Aspekte des Planungsprozesses und die Schlüsselkomponente einer produktbasierten Planung. So nutzen die meisten Prozesse, wenn es darum geht, Änderungen an Plänen vorzunehmen, den PRINCE2™-Planungsansatz (produktbasierte Planung). Dies findet u. a. in folgenden Prozessen Anwendung:

- In der Vorbereitungsphase: (*Initiierungsphase planen*)
- In der Initiierungsphase: (*Projektplan erstellen*)
- In Bezug auf die Phasenübergänge bzw. den Übergang in die nächste Phase: *Nächste Phase planen*, *Projektplan aktualisieren* und *Ausnahmeplan erstellen*. Die Planung der nächsten Phase erfolgt stets zum Ende der vorhergehenden Phase.
- Bei der Erstellung bzw. Aktualisierung des Teamplans (*Arbeitspaket annehmen*)

Planung verläuft iterativ im Projektverlauf, bis der Detaillierungsgrad und die Abstufungstiefe zufriedenstellende Ergebnisse aufweisen. Ausnahme ist der erste Schritt im Planungsablauf (*Plan entwerfen*), der nur einmal im Projektverlauf durchlaufen wird.

Ja, mach nur einen Plan

Sei nur ein großes Licht!

Und mach dann noch 'nen zweiten Plan

Gehn tun sie beide nicht.

(Dreigroschenoper: Lied von der Unzulänglichkeit menschlichen Strebens, Bertold Brecht)

Für PRINCE2™ ist die Existenz des Projektlösungsansatzes (aus dem SU-Prozess, Projektvorbereitung), der in der Projektbeschreibung enthalten ist, eine notwendige Voraussetzung für die anfängliche Planung im Projekt.

Plan entwerfen

Für PRINCE2™ stellt ein Plan stets das Rückgrat eines jeden Projekts dar und ist essentiell für ein erfolgreiches Projektergebnis. Eine ausreichende Planung bemüht sich, alle Aspekte des Projekts je nach Zielgruppe und Beteiligungsgrad abzudecken. Dieser Schritt (*Designing a Plan*), der nur einmal im Projektverlauf verwendet wird, kümmert sich um die „Planung der Planung", d. h. eher organisatorische Fragen wie Vorgaben und Layout der Pläne, Schätzmethoden und -verfahren (z. B. PERT, Analogiemethode, Prozentsatzmethode, Hinzuziehen von Experten, *siehe Abbildung 4.28*), Planungsansatz wie Top-Down, Überwachung, einzusetzende Software oder Präsentationsplanung und -formate. Falls das Projekt aus einem Programm abgeleitet ist, können die entsprechenden Vorgaben bereits aus dem Programm stammen.

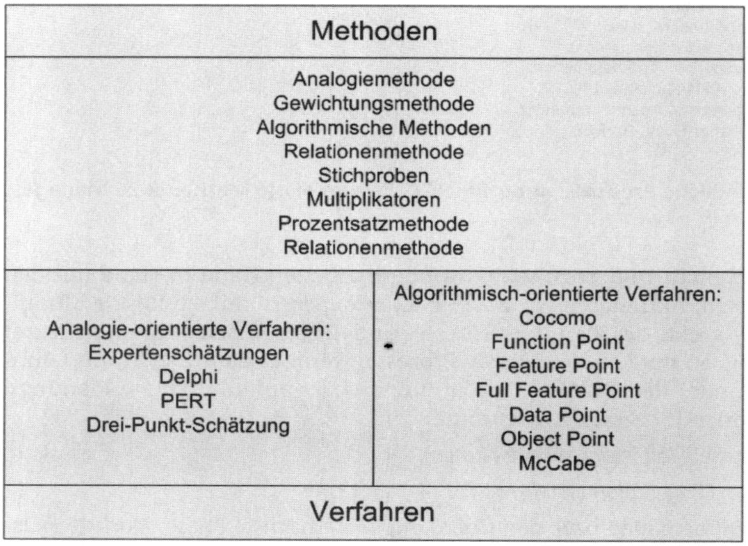

Abbildung 4.28: Zusammenhang zwischen Methoden, Verfahren und Ansätzen bei der Aufwandsschätzung

Für den Planungsentwurf geht es darum, formale Aspekte für alle Pläne wie etwa die Struktur, den Informations- und Detaillierungsgrad so weit aufzuspalten, wie die Projekt- und Phasen-Steuerung es erfordert. Falls Sie Anregungen benötigen, können Sie umgekehrt in den abgelegten Berichten bereits abgeschlossener Projekte stöbern. Vielleicht finden Sie hier Empfehlungen hinsichtlich effektiver Ansätze in der gemeinsamen Projektumgebung! All diese Entscheidungen haben auch Auswirkungen auf die CS-Aktivität *Phasenstatus prüfen,* die über den aktuellen Status des Projektfortschritts berichtet und die hier definierten Werkzeuge beim Zusammentragen und Konsolidieren der Statusinformationen verwenden muss.

Die Verantwortung für diese Aktivität liegt zwar beim Lenkungsausschuss, in der Praxis wird aber der Großteil der Arbeit in Form von Ausarbeitung der Optionen durch den Projektmanager gestemmt. Einige Entscheidungen werden bereits durch im Unternehmen etablierte Standards vorweggenommen, die durch das Unternehmens- oder Programm-Management definiert wurden. Die Projektsicherung ist verantwortlich für die Überprüfung des Plandesigns.

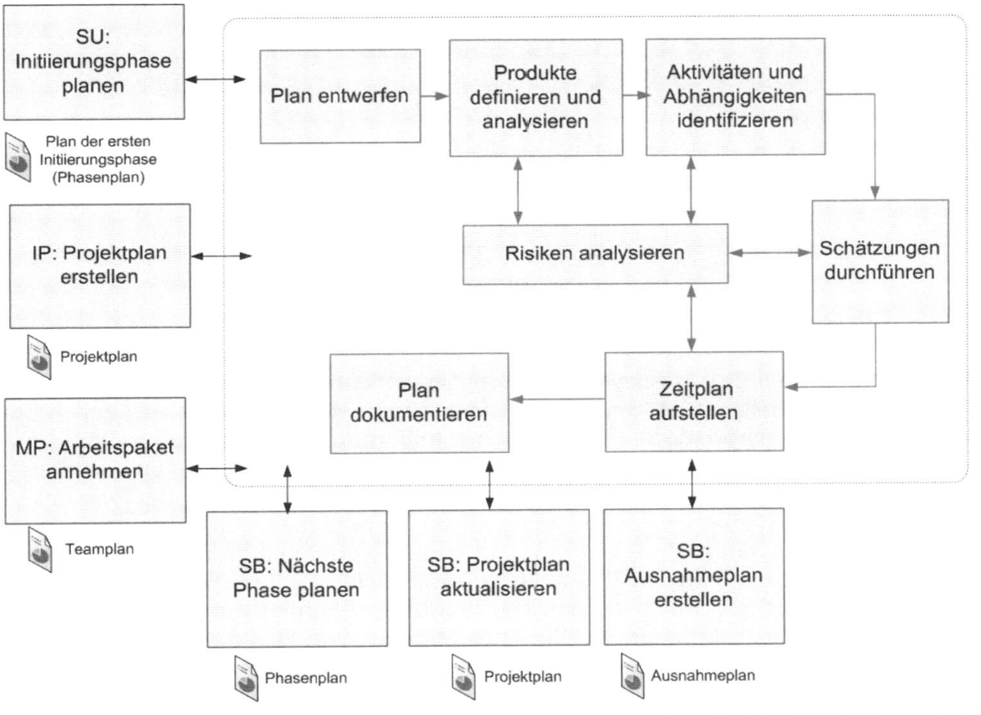

Abbildung 4.29: Die Planungsschritte im Zusammenhang (nach OGC-(PRINCE2™)Material, durch OGC lizenzierte Wiedergabe)

Das Ergebnis des Schritts *Plan entwerfen* dient dann dem nachfolgenden Schritt *Produkte definieren und analysieren* als Input (*siehe Abbildung 4.29*).

Produkte definieren und analysieren

Hier geht es um Produkteinrichtung bzw. -erstellung und ihre (Qualitäts-)Merkmale. Als Input dieser Aktivität dienen sowohl die Qualitätsmanagement-Strategie als auch der Planentwurf aus der Aktivität *Plan entwerfen* (*siehe Abbildung 4.30*).

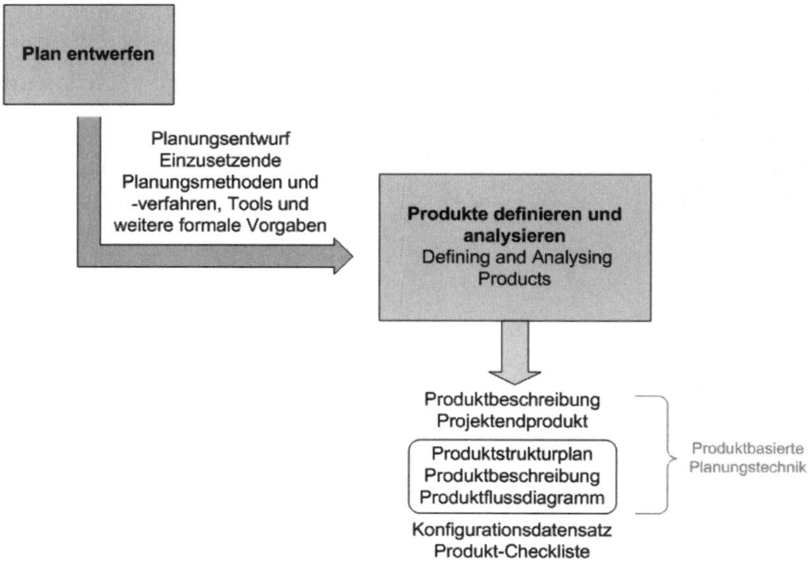

Abbildung 4.30: Der Schritt „Defining and Analysing Products" in der Planung

Sind alle erforderlichen Details geklärt, geht es in diesem Schritt (*Defining and Analysing Products*) darum, die Management- und Spezialistenprodukte, die erstellt werden sollen, zu identifizieren. Dazu gehört nach der Produktbeschreibung des Projektendprodukts eine Beschreibung der Produkte mit den entsprechenden Qualitätskriterien, die von allen Beteiligten verstanden wird (*siehe Abbildung 4.31*). Danach erfolgt die Zerlegung des Produkts in die logischen Bestandteile und in die sequentielle Reihenfolge seiner Erstellung (z. B. interne oder externe Produkte?). Im Grunde genommen wird durch diesen Schritt die produktbasierte Planung von PRINCE2™ umgesetzt (*siehe Kapitel 4.4.2 Produktbasierte Planung/ Product-based Planning*): Produktbeschreibung, Produktstrukturplan und Produktflussdiagramm stehen mit ihren Beziehungen, Entscheidungspunkten, Qualitätskriterien, Risiken und Abhängigkeiten im Mittelpunkt.

Die Produkt-Checkliste bietet neben den Plänen eine Liste mit den zu erstellenden Produkten zusammen mit den entsprechenden Fristen und Terminen. Sie wird aus dem Produktstrukturplan abgeleitet und dient als „Mitteldung" zwischen Projekt- und Phasenplan und als adäquate Übersichtsdarstellung, z. B. für den Lenkungsausschuss.

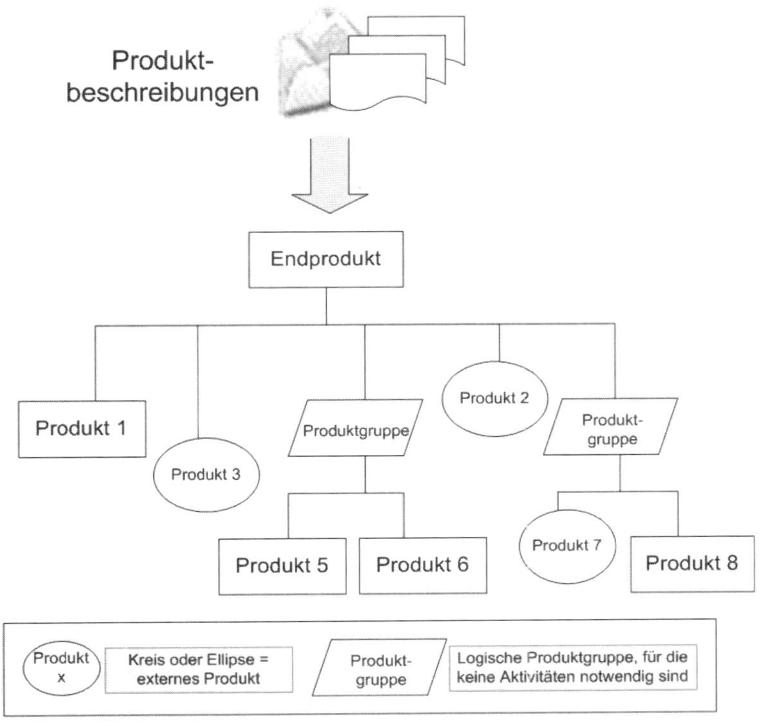

Abbildung 4.31: Produktbeschreibung und Produktstrukturplan

Aktivitäten und Abhängigkeiten identifizieren

Hinter jedem definierten Spezialisten- oder Managementprodukt verbergen sich die dazugehörigen Aktivitäten, um das Produkt zu erstellen. Steht ansonsten unter PRINCE2™ die produktbasierte Sicht im Vordergrund, geht es in diesem Schritt (*Identifying Activities and Dependencies*) in erster Linie um die Projektaktivitäten. Diese Aktivitäten sind Bestandteil einer jeden Produktlieferung, um ein ganzheitliches Bild von der zu erwartenden Arbeitslast in Verbindung mit dem entsprechenden Produkt im Plan zu bekommen.

Eine reine Darstellung der gewünschten Produkte reicht für einen Erfolg versprechenden Planungsverlauf nicht aus. Ein wichtiges Hilfsmittel in diesem Schritt stellt daher das Produktflussdiagramm dar, über das sich die Aktivitäten sauber und produktbasiert ableiten lassen. Diese Aktion wird auch als Transformation bezeichnet. Weitere Eingangsobjekte für diesen Schritt sind die Produktbeschreibungen (ebenfalls aus *Produkte definieren und analysieren*) und das Risikoregister. Falls im Verlauf des Schritts wider Erwarten weitere externe Produkte oder neue bzw. sich ändernde Aktivitäten identifiziert werden, ist gegebenenfalls eine Anpassung des Risikoregisters notwendig.

Generell läuft der Schritt in drei einzelnen Schritten ab: Identifizierung aller Aktivitäten in Anlehnung an die entsprechende Produktlieferung, Feststellen der Wechselwirkungen zwischen den Aktivitäten und Sicherstellen, dass sowohl externe als auch interne Abhängigkeiten bedacht wurden. Die Aktivitätenliste sollte sich nicht auf die reinen Aktivitäten des Spezialisten beschränken, sondern auch den notwendigen Managementaktivitäten Rechnung tragen.

In manchen Fällen sind Randbedingungen zu beachten, z. B. wenn Teilprodukte aus anderen Teilen des Programm-Managements oder anderen Projekten stammen (externe Abhängigkeit).

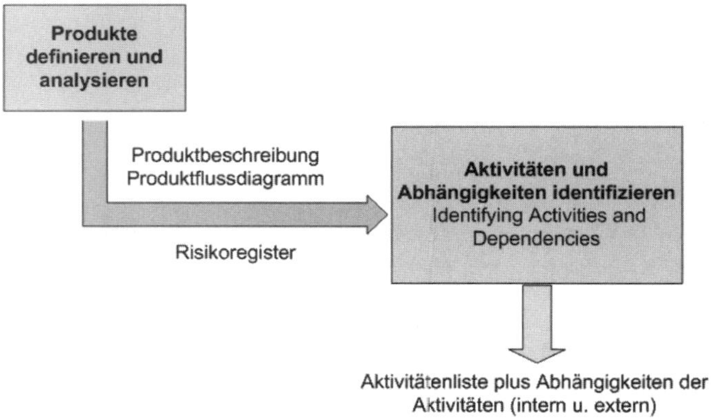

Abbildung 4.32: Darstellung „Identifying Activities and Dependencies". Interne und externe Abhängigkeiten gilt es zu berücksichtigen, wobei externe Abhängigkeiten mit besonderen Risiken verbunden sind, da hier z. B. auf eine Freigabe durch das Programm-Management oder auf die Produktlieferung aus einem anderen Projekt gewartet wird.

Wichtig ist hier die Zusammenarbeit zwischen Projekt- und Teammanager, dessen Team an der Produkterstellung Anteil hat. Als Ergebnisse für diesen Schritt sind die Aktivitätenliste und die Abhängigkeiten zwischen den Aktivitäten zu nennen (*siehe Abbildung 4.32*). So können Aussagen getroffen werden in Bezug auf eine mögliche Parallelentwicklung von Produkten, leidige Aktivitätenüberlappungen oder unerwünschten Aktivitätsleerlauf. Geringe Abhängigkeiten und Nebenläufigkeit (gleichzeitiges Arbeiten einer Person an verschiedenen Aufgaben) sind Wunsch einer guten Planung. Projekt-Support und Projektsicherung können diesen Schritt unterstützen, wobei die Projektsicherung für die Überprüfung der Ergebnisse zuständig ist.

Aufwand schätzen

Eine schlechte Schätzung ist besser als gar keine Schätzung, da Schätzungen fast nie akkurat sind. Schlechte Schätzungen sind aber allemal besser als der totale Blindflug. Eine Anfangsschätzung wird erstellt und in der Praxis dann iterativ verfeinert und angepasst. Das Ziel dieses Schritts (*Estimating*) liegt trotzdem darin, die Ressourcen und die Dauer für jede Aktivität treffend und konsistent zu identifizieren (*siehe Abbildung 4.33*). Dies bezieht sich nicht nur auf den Personaleinsatz, sondern auch auf weitere Ressourcenformen. Als Eingangsgrößen dienen dabei alle bisher gesammelten Planungsinformationen.

Wie die Schätzung genau ablaufen soll bzw. unter Zuhilfenahme welcher Methode, ist PRINCE2™ mehr oder weniger egal (z. B. Function Point-Verfahren, Drei-Punkt-Schätzung). Festgelegt werden sollten die Methoden und Verfahren bereits im Schritt *Plan entwerfen*. Vielfach erwähnt werden dabei auch die Schätzmethoden mit der Bezeichnung „Function Points Analysis Mark 2", eine lizenzfreie Methode aus dem Haus der OGC, oder „Delphi" (Mittelwertbildung nach einer Expertenbefragung). Wichtig ist, dass die verwendete Methode zuverlässig, bewährt, valide, objektiv und ökonomisch ist. Daneben existieren auch Pauschalregeln, wie etwa in Bezug auf Projekte im Bereich der Software-Entwicklung. Darüber hinaus sollten Sie im Hinterkopf behalten, dass Planungsaktivitäten sich stets auf die jeweiligen aktuellen Planungssannahmen beziehen. Dies ist auch bei der Aufwandsschätzung relevant.

Zum einen geht es bei diesem Schritt um die Identifizierung der Ressourcenarten, was vor allem dann wichtig ist, wenn spezielle Skills oder technisches Equipment für die Umsetzung der Aktivitäten erforderlich sind. Vielfach ist dies auch von der Art und Komplexität des Projekts abhängig. Zum anderen muss die zur Aktivität gehörige Aufwandsschätzung erfolgen. Diese wird der Aktivitätenliste aus dem Schritt *Aktivitäten und Abhängigkeiten identifizieren* hinzugefügt. Oft mutet diese Schätzung im ersten Durchgang eher provisorisch und grob an. Dies hängt aber vom Verständnis der Aktivität bzw. des Produkts aus der Sicht der Person ab, die die Schätzung abgibt. Die Schätz- bzw. Planungsannahme spielt ebenfalls eine Rolle.

Der Projektmanager ist für die Schätzung auf Basis der Projekt- und Phasenpläne verantwortlich. Für den Teammanager bezieht sich dies auf die entsprechenden Teampläne. Externe Hilfe sollte bei Bedarf (z. B. wenig Erfahrung) ohne Zögern und bei entsprechendem Budget hinzugezogen werden, da das Schätzergebnis nicht unerheblich für den weiteren Projektverlauf und den Projekterfolg ist. Schätzungen sind zumeist von Erfolg gekrönt, wenn sich mehrere Personen daran beteiligen. Genau wie aus der „Vernetzung" von Rechnern und Systemen eine Erweiterung der Ressourcen wie Rechnerleistung und physikalischer Speicherplatz geschaffen wird, werden in der menschlichen Gruppenkommunikation Potenzial und Dynamik geschaffen, die der Einzelne niemals aufbringen könnte. Das mag auf den ersten Blick zwar übertrieben erscheinen, aber nicht umsonst gilt z. B. das Brainstorming als wahrer Fundus gruppendynamischer Gedankenflüsse. Der Projekt-Support kann hier auch seine Unterstützung einbringen.

Die Ergebnisse dieses Schritts fließen in den nachfolgenden Schritt *Zeitplan erstellen* ein. Schätzannahmen, mögliche Fehlerspanne und die Angabe des eigenen Vertrauens in die Schätzung sollten neben den Schätzangaben dargelegt werden. Dies fließt gegebenenfalls in die Toleranzgrenzen, die gesetzt werden, ein. Stellen sich die Ergebnisse als unzureichend heraus, muss der vorhergehende Planungsprozess wiederholt werden.

Zeitplan erstellen

Die Fertigstellung des Phasen- oder Projektplans schreitet mit jedem durchlaufenen Planungsschritt weiter voran. Nach der Identifizierung der Produkte, Aktivitäten und dem benötigten Aufwand muss über diesen Schritt (*Scheduling*) die zeitliche Planung mit definierten Anfangs- und Endpunkten vorgenommen werden.

Als Input dienen die Ergebnisse vorangegangener Planungsaktivitäten wie die Aktivitätenliste mit den entsprechenden Abhängigkeiten (*Aktivitäten und Abhängigkeiten identifizieren*) und den Schätzwerten bezüglich Aufwand und Zeit (*Aufwand schätzen*) plus Angaben über die Verfügbarkeit der Ressourcen. Bleiben Sie realistisch in Bezug auf die Verfügbarkeit der Mitarbeiter, v. a. wenn diese auch noch in der Linienorganisation tätig sind! Dokumentieren Sie Planungsabsprachen! Beachten Sie darüber hinaus einige Best Practices, die unabhängig von PRINCE2™ gelten.

- Weisen Sie Arbeiten nicht Personen in Abwesenheit zu, sondern sprechen Sie mit den relevanten Mitarbeitern über Ihr Ansinnen und stellen Sie sicher, dass die Aufgaben wirklich übernommen und umgesetzt werden können!
- Sorgen Sie für einen Lastausgleich innerhalb des Projektteams. Beachten Sie, dass Mitarbeiter Ihren Urlaub nehmen müssen (unabhängig davon, ob es freie oder angestellte Mitarbeiter sind) und dass auch Tage für Weiterbildung oder Krankheit eingeplant werden müssen.

Der nun zu erstellende Zeitplan (*siehe Abbildung 4.33*) stellt sowohl die umzusetzenden Aktivitäten als auch die entsprechenden Start- und Endzeiten mit den entsprechenden Ressourcen dar. Auch im Falle externer Produkte werden die korrespondierenden Planungseckdaten eingetragen. Die Ressourcen und ihre Bezugsgrößen (Zeit, Kosten, Leistung etc.) können im jeweiligen Projekt-, Phasen- oder Teamplan bzw. in einem separaten Ressourcenplan eingetragen werden. Anschließend kann der Plan bei Bedarf dem Projektmanagement-Team und dem Lenkungsausschuss vorgelegt werden.

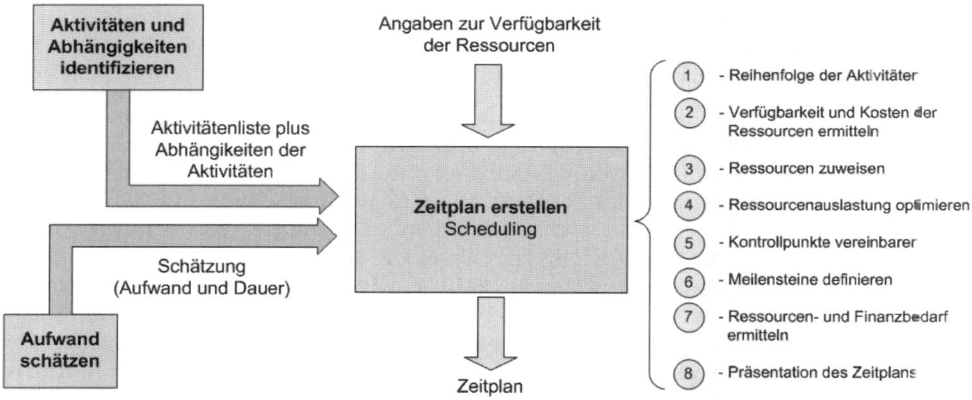

Abbildung 4.33: „Scheduling" im Zusammenhang

Die relevanten Eckdaten wie Entscheidungspunkte, Phasenendpunkte oder die Kalkulation von Ressourcen sollten definiert werden. Die notwendige Überwachung und Steuerung sollte unbedingt geplant und beachtet werden. Dazu gehört beispielsweise die Planung der Teamstatus- und Statusberichte, die in regelmäßigen Abständen erfolgen. Vergessen Sie also nicht die relevanten Kontroll- und Entscheidungspunkte und planen Sie ausreichend Zeit für die Abnahme der Produkte ein!

Gegebenenfalls muss die Zeitplanung zur Feinplanung wiederholt werden. Ziel ist es, die verfügbaren und passenden Ressourcen den notwendigen Aktivitäten zuzuordnen und die durchzuführenden Arbeiten entsprechend ihrer logischen und zeitlichen Abhängigkeiten anzuordnen. Die für die Zeitplanung notwendigen Schritte können manuell oder über die (im Unternehmen) etablierten Tools durchgeführt werden. Häufig eingesetzte Methoden bauen beispielsweise auf die Verwendung von Netzplänen oder Balken-/Gantt-Diagrammen (z. B. aus MS Project). Dabei werden auch die sogenannten Meilensteine gesetzt, die im Plan aufzeigen, wann wichtige Eckdaten, z. B. die Fertigstellung eines bestimmten Produkts oder der Abschluss einer technischen Phase erreicht wird. Setzen Sie nicht zu viele Meilensteine innerhalb Ihres Plans! Sie sind Kontroll- und Prüfpunkte für den Projektmanager und gegebenenfalls auch Auslöser für die Zahlung an einen Lieferanten, der an das Erreichen bestimmter Ziele und Abschnitte im Projekt gebunden ist.

Netzplan

Ein Netzplan definiert die Zeitabschnitte bzw. Aktivitäten im Projekt.

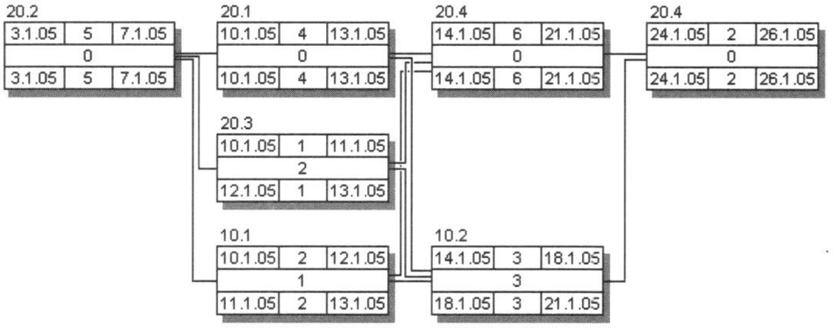

Abbildung 4.34: Netzplan-Beispiel

Alle Arbeitspakete in chronologischer Reihenfolge und unter Berücksichtigung ihrer Abhängigkeiten weisen als Knoten spezifische Angaben zu Vorgängern und Nachfolgern auf (*siehe Abbildung 4.34*). Auf diese Weise ist auf einen Blick abzulesen, bei welchen Vorgängen eine Pufferzeit besteht bzw. welche Kette von Vorgängen als kritischer Pfad (ohne Puffer) zu sehen ist. Die Eigenschaften jedes Knotens weisen die entsprechenden Planungsdaten auf.

Mit Netzplänen ist eine effiziente Zeitplanung möglich. Zu diesem Zweck muss neben den Anordnungsbeziehungen zwischen den Vorgängen auch die Zeitdauer der einzelnen Vorgänge bekannt sein. Aus diesen Angaben lassen sich die Anfangs- und Endzeitpunkte der einzelnen Vorgänge ermitteln. Um diese Angaben im Netzplan selbst unterbringen zu können, wird ein Vorgangsknoten nach einem allgemein gültigen Schema (*siehe Abbildung 4.35*) dargestellt.

frühester Anfang	spätester Anfang
Vorgang	Dauer
frühestes Ende	spätestes Ende

Abbildung 4.35: Knotendarstellung im Netzplandiagramm

Über diese Technik wird schnell deutlich, ob aufgrund der addierten Zeiten und Aktivitätendauer zugesagte Endtermine überhaupt eingehalten werden können und wo zu wenig oder zu viel Puffer eingeplant wurde. Im Bedarfsfall muss der Projektendtermin verschoben werden. Am Ende der erfolgreichen Planung stehen die Schätzung bzw. die voraussichtlichen Angaben zum Gesamtprojekt.

Anhand der bis dato zusammengetragenen Fakten und Informationen wurde ein entsprechender Ressourcenbedarf bestimmt, der nun eine Ermittlung der dementsprechenden und der weiteren Kosten zulässt. Hier sollten neben der Entwicklung und Qualitätsprüfung der Spezialistenprodukte, auch der Aufwand für die Steuerungsaktivitäten des Projektmanagements, der Kostentoleranzen und möglicherweise auch die optionalen Kosten für ein Risiko- und ein Änderungsbudget einfließen.

Der Projektmanager ist verantwortlich für die Planung, für die Planung der Teams wird der Teammanager hinzugezogen. Beide werden durch den Projekt-Support bei der Planung und Kalkulation unterstützt.

Risiken analysieren

Auch wenn der Plan bereits erstellt wurde, sollte er solange als Entwurf betrachtet werden, bis die innewohnenden Risiken als „Unsicherheit eines Ergebnisses" (positiv wie negativ) identifiziert und bewertet sind. Gegebenenfalls schließt sich daran eine Modifizierung des Plans an. Möglicherweise sind aber auch bereits während der vorausgehenden Planung und weiteren iterativen Planungsverläufen Risiken und Gefährdungen für das Projekt aufgetaucht, die in diesem Schritt (tiefergehend) analysiert werden sollten (*siehe Abbildung 4.36*). Aus diesem Grund verläuft dieser Schritt (*Analysing Risks*) weitgehend parallel zu den anderen Planungsaktivitäten. Unter Umständen müssen aufgrund der hier erlangten Erkenntnisse andere Schritte nochmals durchlaufen werden.

Es existieren unterschiedliche Risikomanagement- und Analysemethoden und -Tools, die innerhalb der Maßnahme als Unterstützung eingesetzt werden können (z.B: System Outage Analysis SOA, CCTA Risk Analysis and Management Method CRAMM, European Risk Management Method RISKMAN, Component Failure Impact analysis CFIA). Ziel ist es, dass im Bedarfsfall eine adäquate Planung in Bezug auf die Risikohandhabung existiert. Hier kommt die PRINCE2™-Komponente des Risikomanagements ins Spiel (*siehe Kapitel 4.5, Risiken/Risks*).

Als Input dienen alle verfügbaren Informationen des Planungsprozesses und das Risikoregister, das durch den Schritt gegebenenfalls zu aktualisieren ist. Das Ergebnis wird im nachfolgenden Schritt *Plan dokumentieren* genutzt.

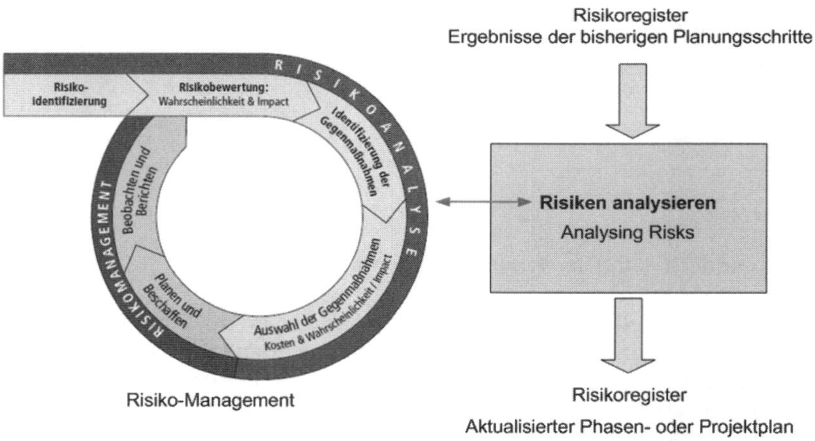

Abbildung 4.36: Darstellung der Aktivität„Analysing Risks"

Risiken können aus unterschiedlichen Quellen auftauchen, wie beispielsweise durch einen externen Lieferanten und mögliche Lieferschwierigkeiten, Abhängigkeiten, die vorher nicht bedacht wurden, Qualitätspunkte, zu enge Zeitplanung, externe Risiken, personelle Engpässe durch Krankheit oder Personalwechsel. Jede Planungsannahme ist ein mögliches Risiko, weil davon ausgegangen werden kann, dass die Annahme möglicherweise falsch sein könnte. Dementsprechend müssen Aktionen unternommen werden, um die Risiken zu eliminieren, die Wahrscheinlichkeit des Eintritts zu minimieren oder die Auswirkungen abzuschwächen.

Gegenmaßnahme, Steuerung und Kontrolle helfen, Risiken frühzeitig zu erkennen und darauf zu reagieren. Jede Aktivität, jede Ressource birgt ein Risiko. Alle identifizierten Risiken werden in das Risikoregister eingetragen.

Der Projektmanager ist für die Analyse und die Überwachung im Sinne des Risikomanagements unter PRINCE2™ verantwortlich, wobei er Unterstützung durch die Projektsicherung erfährt. Risiken, die außerhalb der Kontrolle und Steuerung des Projektmanagers liegen, fallen in die Verantwortlichkeit des Lenkungsausschusses. Diese Risiken sollten zwischen den beiden Parteien im Projektmanagement-Team diskutiert werden, um eine adäquate Lösung für ihre Handhabung herbeizuführen. Ähnliches gilt auch für den Informationsaustausch mit dem Teammanager und den Experten aus den unterschiedlichen Spezialistenteams.

Plan dokumentieren

Ziel ist die positive Fertigstellung der Zeitplanung, einer zufriedenstellenden Risikobewertung des Plans, der Kosten und einer entsprechenden zusammenfassenden Beschreibung. Pläne, die nur aus Tabellen, Grafiken und Balkendiagrammen bestehen, sind wenig aussagekräftig. Ein Mindestmaß an Prosa trägt zum Verständnis bei. Dazu zählen die Darstellung der Randbedingungen, Abhängigkeiten, identifizierte Risiken mit den entsprechenden Gegenmaßnahmen im Projekt- oder Phasenplan und die Planungsannahmen.

Als Input dienen diesem Schritt (*Completing a Plan*) die Produkt-Checkliste und der aktualisierte und mit den bisher bekannten Risiken angereicherte Plan, um diesen nach der Überarbeitung der nächsthöheren Instanz (dem Lenkungsausschuss) zur Genehmigung vorlegen zu können. Dafür muss der Projekt- bzw. Teammanager die bisher im Planungsprozess angefallenen Informationen zusammenstellen und mit den entsprechenden Erklärungen versehen. Die Produkt-Checkliste wird so beispielsweise um die geplanten Start- und Aktivitätsdaten der entsprechenden Produkte erweitert.

In manchen Projektumgebungen/-organisationen bietet sich zusätzlich eine Übersichtsgrafik als Darstellung oder ein bildhafter Einstieg an, z. B. als Gantt- oder Balkendiagramm, um den Lenkungsausschuss nicht zu verschrecken und alle relevanten Informationen übersichtlich bereitzustellen (*siehe Abbildung 4.37*).

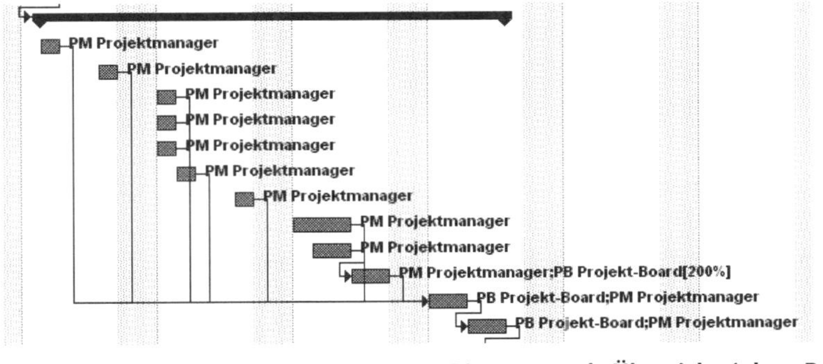

Abbildung 4.37: Beispiel für ein Gantt-Diagramm als Übersicht (ohne Beschreibung)

Gantt-Diagramm

Das Gantt-Diagramm ist benannt nach dem von Lawrence Gantt um 1900 erfundenen System zur Kontrolle von Arbeitsleistung. Es stellt den Termin- und Ablaufplan eines Projekts als Aktivitäten dar, in dem Anfang- und Endzeiten und die benötigten Ressourcen abgelesen werden können.

Im Bedarfsfall kann der Plan, der dem Lenkungsausschuss vorgelegt wird, vom Format her eher einen zusammenfassenden Charakter aufweisen. Er sollte aber in jedem Fall die wichtigsten Produkte und Aktivitäten mit den korrespondieren Ressourcen und Kosten darstellen. Hier sollte der Projektmanager bei der Informationszusammenfassung und Datendarstellung auf die Zielgruppe Rücksicht nehmen. Wird der Plan genehmigt, gilt er als angenommen und wird eingefroren („Baseline").

Die Toleranzgrenzen für den Plan sollten abgestimmt und genehmigt werden. Die Produkte für den Planungsprozess sollten auf Vollständigkeit und Nachvollziehbarkeit überprüft werden. Gegebenenfalls wird der Plan korrigiert. In manchen Fällen bietet sich ein informelles Meeting vor einer formellen Abstimmungsrunde an.

Der Projektmanager ist für die Fertigstellung jedes Plans verantwortlich, erstellt Projekt- und Phasenplan, wird aber dabei gegebenenfalls durch den Teammanager, der den Teamplan erstellt, oder bei Bedarf durch den Projekt-Support unterstützt. Das Feedback von Kunde(n), Benutzern und Spezialisten sollte berücksichtigt werden. Auch die Projektsicherung sollte hinzugezogen werden.

4.4.2 Produktbasierte Planung/Product-based Planning

Im Gegensatz zu aktivitätsbasierter Planung setzt PRINCE2™ eine produktbasierte Planung (PBP) ein. Produktbasierte Planung ermöglicht Klarheit über die auszuführenden Arbeiten, bevor diese ausgeführt werden. Damit wird die Basis für die Vergabe von Arbeitspaketen und für die spätere Qualitätsprüfung der realisierten Produkte geschaffen. Bei jeder Erstellung bzw. Aktualisierung eines Plans wird der verantwortliche Ersteller des Plans aufgefordert, eine produktbasierte Planung durchzuführen. Die Produkteigenschaften stellen dabei Qualitätskriterien dar.

PRINCE2™ empfiehlt die produktbasierte Planung (PBP) aus zwei Gründen:

- Ein Projekt liefert Produkte, nicht Aktivitäten. Aktivitäten sind dazu da, Produkte zu schaffen.
- Die Qualität eines Produkts können wir messen. Die Qualität einer Aktivität kann nur an der Qualität ihres Ergebnisses (dem Produkt) gemessen werden.

Die produktbasierte Planung umfasst vier Schritte, wobei die letzten drei die eigentliche produktbasierte Planung darstellen. Die produktbasierte Planung wird für jedes Produkt im Projekt durchlaufen. Die Produktbeschreibung des Projektendprodukts wird nur einmal im Projekt erstellt und zwar in der Projektvorbereitung:

- Beschreibung des Endprodukts: Das Gesamtergebnis des zu erstellenden Plans wird zunächst aus Kundensicht beschrieben (aus der Aktivität *Business Case-Entwurf erstellen*). Eine eindeutige, vollständige und verständliche Beschreibung hilft allen Beteiligten und sollte mindestens in Grobform bereits im ersten Plan zu finden sein. Die Produktbeschreibung spiegelt die Änderungen am Produkt wider. Sie ist das erste Produkt im Planunsgsschritt *Produkte definieren und analysieren*, dem auch die anderen Elemente der produktbasierten Planung entstammen.

- Produktstrukturplan (Product Breakdown Structure, PSP/PBS). Von allen herzustellenden Produkten wird ein PSP angefertigt. Dort wird angegeben, aus welchen Teilprodukten ein Produkt logisch aufgebaut ist (*siehe Abbildung 4.38*, Top-Down-Ansatz). Auch werden die Zwischenprodukte angegeben, die für die Realisierung des Produkts erforderlich sind. So wird vom Endprodukt auf die einzelnen Bestandteile geschlossen, die der Planer beschreibt. Die Aufschlüsselung auf die jeweiligen Unterprodukte hilft bei der Suche nach den notwendigen Arbeiten für jeden Zwischenschritt in Richtung Endprodukt. Der Produktstrukturplan gewährleistet die übersichtliche Darstellung des Gesamtprodukts. Darüber hinaus liefert er für den Projektstrukturplan bereits wichtige Vorgaben. PRINCE2™ gibt laut OGC kein bestimmtes Format für einen Produktstrukturplan vor. Es könnte also neben der PBS eine Liste, ein Diagramm oder ein MindMap sein. Verwendete Symbole gilt es, in einer Legende zu erläutern. Es wird empfohlen, externe Produkte besonders zu kennzeichnen, z. B. durch eine Ellipse oder einen Kreis oder die logische Zuordnung von Elementen andersfarbig oder den Oberbegriff durch eine Raute o. Ä. Externe Produkte liegen außerhalb der Steuerung und Kontrolle des Projektmanagers in der aktuellen Phase, da sie entweder als Produkt einer vorhergehenden Phase bereits vorhanden sind oder von außerhalb des Projekts erstellt und geliefert werden. So gelten z. B. Unternehmensstandards als externe Produkte. Auf externe Produkte sollte in der Praxis ein besonderes Augenmerk hinsichtlich der Risikobetrachtung gelegt werden.

  Hier finden sich keine Aktivitäten. Eine tiefer liegende Ebene im Sinne einer Hierarchiestufe bedeutet keine zeitliche Abfolge, sondern lediglich eine Zerlegung in weitere Bestandteile, wobei jedoch kein alleinstehender Unterpunkt verwendet wird, sondern es stets mehr als einen geben muss.

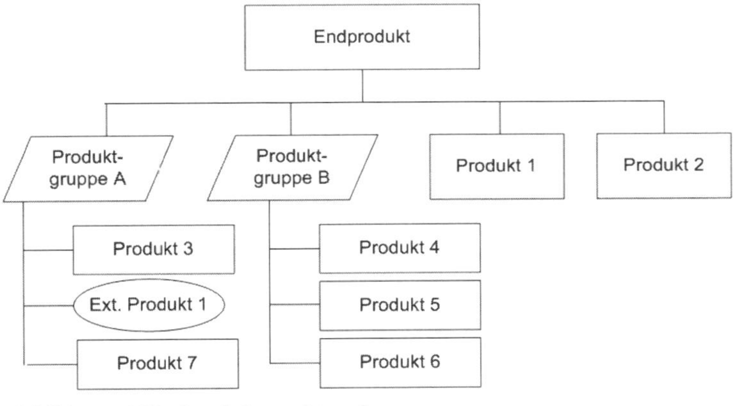

Abbildung 4.38: Produktstrukturplan

- In der Produktbeschreibung (Product Description, PB/PD) wird z. B.erklärt, wozu ein Produkt dient, woraus es gemacht oder abgeleitet wird, welchen Qualitätsanforderungen es entsprechen soll und wie bzw. von wem das Produkt zu prüfen ist: Eine Produktbeschreibung sollte für jedes Produkt erstellt werden und zwar ab dem Zeitpunkt, ab dem es benötigt wird. Es sollte einer Versionierung unterworfen sein.

  Produktbeschreibungen stellen die Schlüsselelemente für die Qualitätsarbeit eines Projekts dar. Qualitätskriterien werden hier ebenso beschrieben wie die entsprechenden Überprüfungsmechanismen, die dabei helfen, dass das neue Produkt im Unternehmen akzeptiert und etabliert wird. Dieser Teil wird über ein Arbeitspaket später an den Bereich übergeben, der die Überprüfung durchführt (Aktivität *Arbeitspaket ausführen)*. Gut und verständlich geschriebene Produktbeschreibungen, die ihren Input aus dem Kunden- und Anwenderumfeld beziehen, sind überaus hilfreich, z. B. bei der Verständnisvermittlung, was das Produkt ausmacht und was es leisten soll, oder bei der Aufwandsschätzung. Dazu gehören beispielsweise der Name des Produkts, der zukünftige Ersteller, Auftragsherkunft, Zusammensetzung bzw. Bestandteile, messbare und nachvollziehbare Qualitätskriterien und die entsprechenden Details zu den Prüfmethoden.

- Produktflussdiagramm (Product Flow Diagram, PFD). Anschließend wird ein Produktflussdiagramm erstellt, in dem der logische und sequentielle Bezug zwischen den Produkten dargestellt wird. Hier geht es auch um die Identifikation der Abhängigkeiten der Produkte, um die einfache Frage „Und was kommt als Nächstes?" beantworten zu können. Logische Abläufe und Abhängigkeiten sind aus diesem Diagramm abzulesen. Es stellt gleichzeitig die Basis für Aufschlüsselung in die notwendigen Aktivitäten im Schritt *Aktivitäten und Abhängigkeiten identifizieren* dar. Es kann auch als „Bauanleitung" für die Produkte beschrieben werden. Alle Endknotenprodukte (Produkte auf unterster Ebene) aus dem Produktstrukturplan müssen im Produktflussdiagramm wiederzufinden sein.

  Hier werden Pfeile und keine Linien verwandt, um die Bezüge und die Richtung der Abläufe deutlich zu machen (*siehe Abbildung 4.39*).

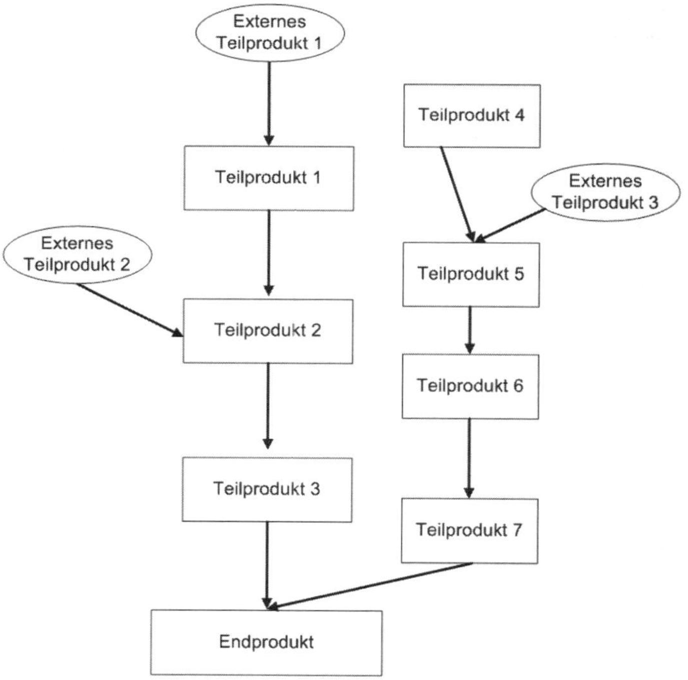

Abbildung 4.39: Beispiel für ein Produktflussdiagramm

Die Produktbeschreibung des Endprodukts sollte die erste Planungshandlung sein. Danach erfolgt die produktbasierte Planung (PBP) in drei Schritten. Erst danach wird darauf aufbauend eine aktivitätsorientierte Planung durchgeführt.

Kurz: Produktbasierte Planung bedeutet die Erstellung von Projektstrukturplänen, Produktbeschreibungen der Produkte, des Projekts und die Erstellung von Produktflussdiagrammen. Erst danach folgt die Entwicklung der Aktivitäten.

4.4.3 Verbindungen zu anderen Themen

Das Thema Pläne und die Steuerungsmittel aus dem Fortschritts-Thema weisen eine Verbindung zueinander auf. Beispielsweise bei der Phasenabschlussbewertung wird der Lenkungsausschuss die Leistung anhand des aktuellen Phasenplans bewerten und gebeten, den Plan für die nächste Phase freizugeben. Der Teammanager erstellt den Teamplan und diskutiert diesen mit dem Projektmanager, um die Erstellung des Arbeitspakets zu vereinbaren.

4.5 Risiken/Risks

Jedes Projekt ist ein einmaliges, individuelles Unterfangen und damit Gegenstand (un)vorhersehbarer Risiken. Risiko wird als „Unsicherheit eines Ergebnisses" (positiv wie negativ) verstanden, da Projekte mit einem ständigen Wechsel und Wandel ihrer Umgebung konfrontiert sind. Wie andere Projektmanagement-Methoden auch, erachtet PRINCE2™ den proaktiven Umgang mit Risiken als unerlässlich für das Management eines Projekts.

Abbildung 4.40: Identifizierung, Analyse und Beherrschung von Risiken: Risikomanagement

Was ist ein Risiko?

Erst wenn zu einem Ereignis alle Informationen hinsichtlich der Aspekte Gefährdung/Vulnerability und Auswirkung/Impact vorliegen, kann von einer Risikoidentifizierung gesprochen werden. Erst dann kann eine Bewertung vorgenommen werden, was die Eintrittswahrscheinlichkeit (ob?) und die Eintrittsnähe (wann?) angeht. Eintrittsnähe als Variable definiert, wie rasch ein Risiko eintreten wird, falls keine entsprechenden Gegenmaßnahmen etabliert werden.

PRINCE2™ unterscheidet explizit zwischen einer Bedrohung/Threat als unsicheres Ereignis, das negative Auswirkungen auf die Projektziele (Zeit, Kosten, Qualität, Umfang, Nutzen, Risiken) haben könnte, und einer Chance/Opportunity als positiver Gegenpol. Letzteres bezieht sich auf ein unsicheres Ereignis, das sich positiv auf die Projektziele auswirken könnte.

Risiken können beispielsweise unter folgenden Überschriften kategorisiert werden

- Strategisch/Geschäftlich, Gerichtlich/Behördlich/Juristisch
- Ökonomisch/Finanziell/Marktorientiert
- Politisch/Sozio-kulturell/Technologisch/Rechtlich/Ökologisch
- Organisatorisch/Managementbezogen/Menschlich
- Technisch/Betrieblich/Infrastrukturell

Insgesamt geht es darum, die Risiken identifizieren, verstehen, beurteilen und steuern zu können sowie diese auf effektive und wirtschaftliche Art innerhalb akzeptabler Grenzen zu halten. Für ein Projekt stellt dieses Vorgehen (*siehe Abbildung 4.42*) eine Steuerungsinstanz für das Projekt dar, die niemals ausgelassen werden darf.

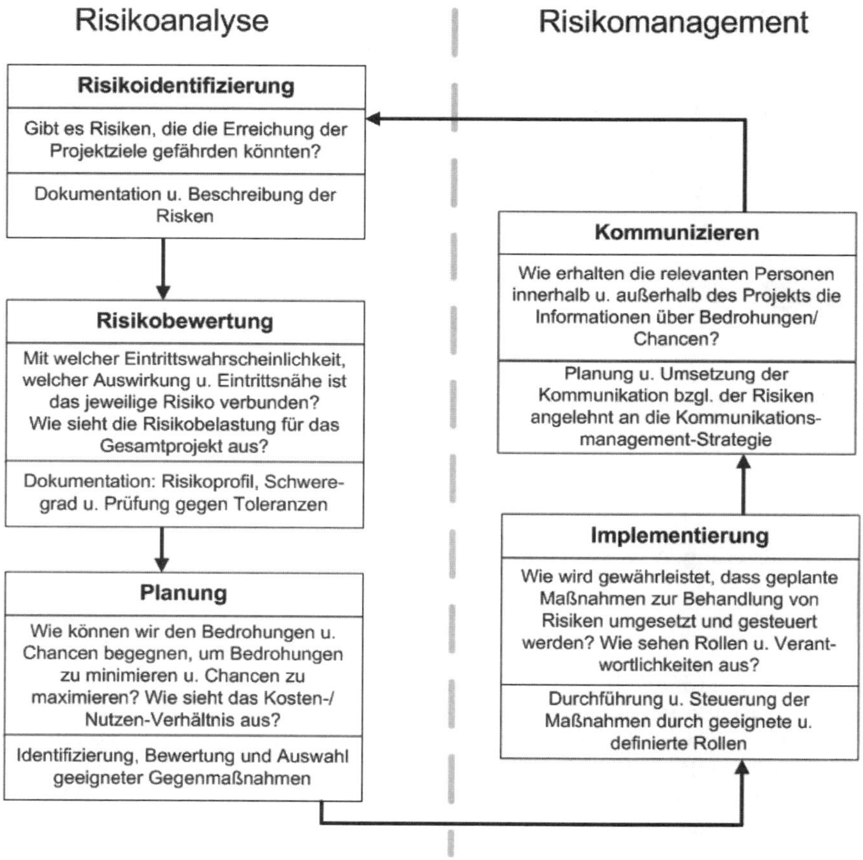

Abbildung 4.41: Risikomanagement-Zyklus(nach OGC-(PRINCE2™)Material, durch OGC lizenzierte Wiedergabe)

4.5.1 PRINCE2™-Managementprodukte im Risikomanagement

Die OGC beschäftigt sich neben den Themen wie z. B. ITIL® oder Programm-Management (siehe *http://www.ogc.gov.uk/delivery_lifecycle_overview_of_managing_successful_programmes_*

msp_.asp) auch explizit mit dem Thema Risikomanagement nach dem M_o_R®-Ansatz (Management of Risk). Die hier behandelten Prinzipien wie beispielsweise die regelmäßige Berichterstattung über Risiken, klare Rollen und Verantwortlichkeiten oder Risikomanagement in der Unternehmenskultur zu verankern, sind Best Practices, die Ihnen viele wertvolle Impulse für Ihr Risikomanagement schenken können.

Ganz allgemein gilt, dass sich das Risikomanagement in einem Projekt nach den Prozessen, Leitfäden oder Risikomanagement-Richtlinien im Unternehmen bzw. des übergeordneten Programms richten sollte. Selbst wenn Sie für Ihr Projekt eine eigene Risikomanagement-Strategie entwickeln, die projektspezifische Schwerpunkte setzt (*siehe Abbildung 4.42*), sollte sich diese in die übergeordneten Prozesse und Policies einbetten. Diese unternehmensweit gültigen Governance-Grundsätze beschreiben, wie das Unternehmen zum Thema Risiken und Risikomanagement steht und wie dieses Thema im Zusammenhang mit den strategischen und operativen Zielen und der operativen Umsetzung zu behandeln ist. Letzteres zielt auf die Risikomanagement-Prozesse, die konsistent im Unternehmen umzusetzen sind. Dokumentation und Anwendung sind u. a. auch abhängig von der Unternehmenskultur.

Input für das Risikoregister:

Projektmandat // offene Punkte // Risiken aus dem Projekttagebuch // Risikomanagement-Strategie // erkannte Risiken z. B. aus den Planungsschritten, der Definition des Projektmanagement-Teams oder der Steuerungsmittel, Erstellung von Projektbeschreibung oder Arbeitspaketen, Statusprüfung bzgl. der Arbeitspakete oder einer Phase

Bestandteile des Risikoregisters:

- **Risikokennziffer**: Kennzeichnung (eindeutige Kennzeichnung des Risikos)
- **Autor**: Name der Person, die das Risiko gemeldet hat
- **Datum des Eintrags**: wann wurde das Risiko identifiziert?
- **Risikokategorie**: Art des Risikos entspr. der im Projekt definierten Kategorien (z. B. Termin, Qualität)
- **Risikobeschreibung**: Ursache (Bedrohung oder Chance?) u. Auswirkungen
- **Eintrittswahrscheinlichkeit u. mögliche erwartete Auswirkungen**: Einschätzung dieser beiden Aspekte vor u. nach möglichen Gegenmaßnahmen entsprechend der Risikobewertungsskalen im Projekt
- **Eintrittsnähe**: Angabe, wie bald Risiko eintreten könnte (kurz bevorstehend, innerhalb der Phase, innerhalb des Projekts, nach dem Projekt etc.), entsprechend der Risikobewertungsskalen im Projekt
- **Risikobehandlungskategorie**: wie geht das Projekt mit dem Risiko um, z. B. Vermeiden oder Reduzieren bei einer Bedrohung, Ablehnen oder Ergreifen einer Chance? (siehe *Abbildung 4.46*)
- **Risikobehandlung**: Gegenmaßnahme(n)
- **Risikostatus**: Angabe zum Status, z. B. akut, abgeschlossen, offen
- **Risikoeigentümer**: pro Risiko zuständige Person
- **Risikobearbeiter**: Person, die Gegenmaßnahmen umsetzt (möglicherw. identisch mit Risikoeigentümer)

Abbildung 4.42: Das Risikoregister zeigt alle Chancen und Bedrohungen mit den relevanten Informationen, aus denen Status und eindeutige Kennzeichnung hervorgehen.

Risikomanagement-Strategie

Das Projekt richtet sich entsprechend der Rahmenbedingung der Organisation oder des übergeordneten Programms, falls das Projekt Teil eines Programms ist, eine projektspezifische Risikomanagement-Strategie ein. Sie definiert, wie das Thema Risikomanagement in den Projektverlauf und die entsprechenden Aktivitäten integriert wird und so eine Antwort auf die Frage gefunden wird, wie groß die Bereitschaft ist, Risiken einzugehen und auf welches Maß Risiken reduziert werden sollen, um als akzeptabel zu gelten. Außerdem liefert diese Strategie Verfahren, Rollen und Zuständigkeiten, Werkzeuge, Techniken, Verfahren (Identifizieren, Bewerten, Planen, Implementieren und Kommunizieren), Bewertungsskalen (für die Einschätzung der Wahrscheinlichkeit, Auswirkungen und Kosten-/Zeitaufwand), Kategorien, Frühwarnzeichen, Risikobudget und Berichtsanforderungen (*siehe auch Kapitel 5.2.1, IP Risikomanagement-Strategie erstellen*).

Risikomanagement-Strategie

Die Risikomanagement-Strategie leitet sich aus der Projektbeschreibung (über das Projektmandat), dem Business Case, der Projektleitdokumentation (PID), der Produktbeschreibung des Projektendprodukts und darüber hinaus aus der Risikomanagement-Richtlinie des Unternehmens oder des Programms ab. Sie wird während der Projektinitiierung definiert. Als Input dienen darüber hinaus Qualitätserwartungen des Kunden, Bedürfnisse der beteiligten Stakeholder, Bedeutung, Komplexität und Umfang des Projekts, Annahmen, Governance- und Compliance im Unternehmen.

Eine solche Strategie darf nicht als bloßes Dokument oder als Teil der Projektleitdokumentation unbekannt und unbeachtet bleiben, sondern muss bei Kunde und Lieferant bekannt und akzeptiert sein. Dies funktioniert nur, wenn die Strategie klar und verständlich abgefasst und die Definitionen der Strategie klar und eindeutig sind. Die Berichtsanforderungen müssen ebenfalls dokumentiert und verstanden sein.

Da das Risikomanagement in der Verantwortung des Auftraggebers liegt, muss sich der Lenkungsausschuss dieser Aufgabe stellen. Der Lenkungsausschuss unterstützt das Risikomanagement und treibt es voran. Der „Projekt-Risikokultur" entsprechend sind dann die Risiko-Toleranzen für die Projektphasen zu setzen. Der Lenkungsausschuss benötigt diese Risiko-Toleranzen, um bei Bedarf über einen Ausnahmebericht informiert zu werden, falls die definierten Grenzwerte überschritten werden.

Der Projektmanager ist dafür verantwortlich, die Risiken über das Risikoregister zu handhaben und das Risikoregister stets aktuell zu halten. Dazu gehört auch das Identifizieren, Dokumentieren und regelmäßige Bewerten von Risiken (*siehe Abbildung 4.43*).

Der Lenkungsausschuss hat vier Verantwortlichkeiten in Sachen Risiken nachzugehen: Informationsweitergabe an den Projektmanager in Bezug auf sich abzeichnende, externe Risiken, Reaktion und Entscheidungsfindung auf der Basis von Empfehlungen, Balance zwischen Risikolevel und möglichem Nutzen sowie die Informationsweitergabe an das Unternehmens- bzw. Programm-Management bezüglich jeglicher Risiken, die das Projektziel und damit das Ziel des Unternehmens tangieren könnten.

Risikoregister

Das Risikoregister ist ein Dokument, in dem alle Risiken eines Projekts identifiziert und eingeschätzt, ihre Auswirkungen bewertet und Gegenmaßnahmen dargelegt sind. Dieses Dokument wird während der Projektinitiierung erstellt (IP-Aktivität *Risikomanagement-Strategie erstellen*) und während der Laufzeit des Projekts weitergeführt (auch bekannt als „Risikoliste"). Während des SU-Prozesses trägt der Projektmanager die bereits identifizierten Risiken in das Projekttagebuch ein und überträgt diese dann im IP-Prozess in das formale Risikoregister.

Die Risikomanagement-Strategie gibt die Inhalte und das Format vor. In das Register werden alle Risiken eingetragen, die Hauptrisiken fließen zudem in den Business Case ein. Erste Risiken können bereits aus dem Projektmandat abgeleitet werden. Weitere Risiken lassen sich häufig aus der Überprüfung und Bewertung der offenen Punkte ableiten, die im Projekttagebuch bzw. im Register offener Punkte erfasst werden.

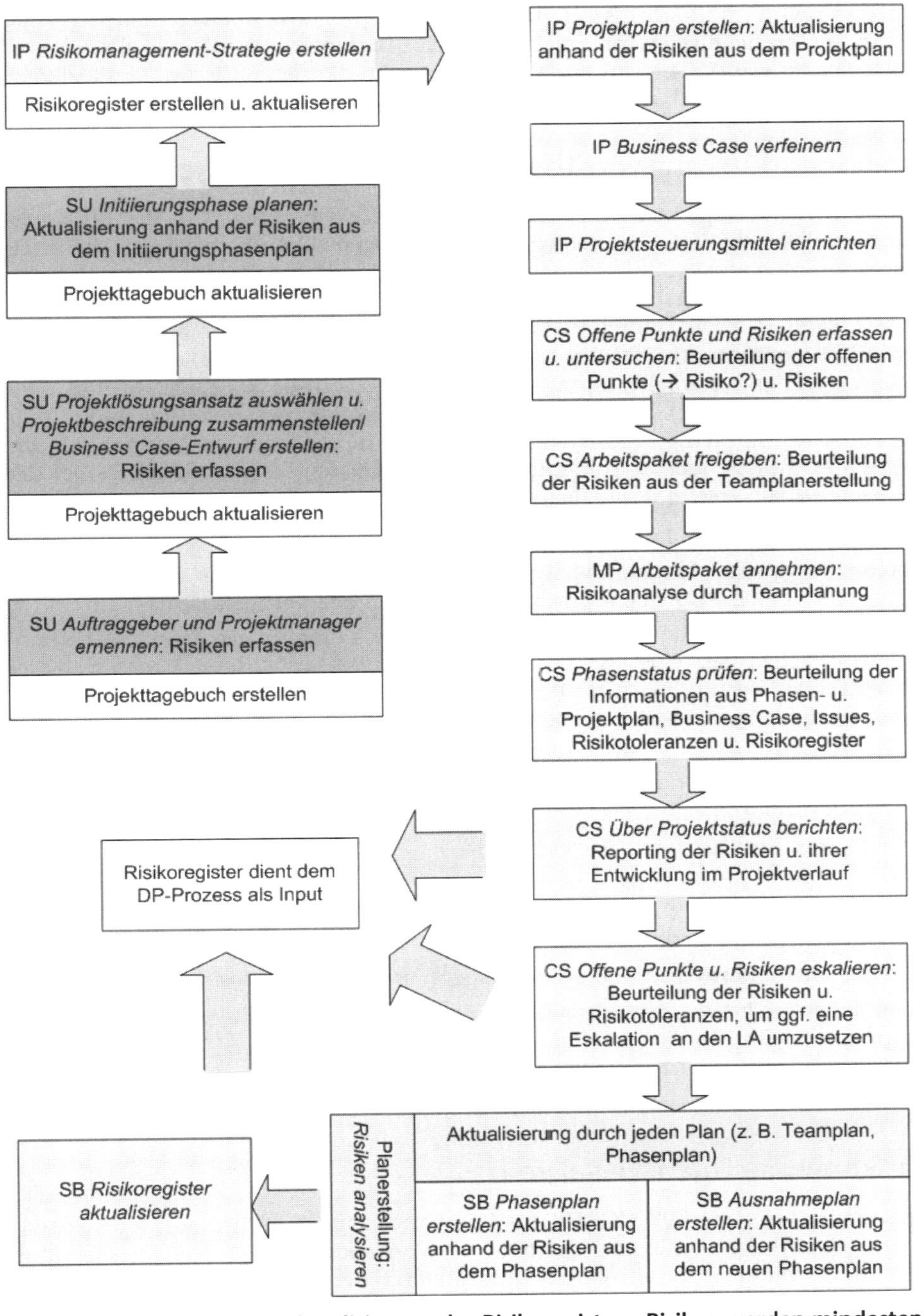

Abbildung 4.43: Mindest-Aktualisierung des Risikoregisters: Risiken werden mindestens zum Ende jeder Phase überprüft und sollten als Teil der Bewertung eines Phasenfortschritts einfließen. Der Projektmanager modifiziert gegebenenfalls den Plan, um abgestimmte Aktionen zur Vermeidung oder Verringerung von Risiken einzubinden.

Das Risikoregister wird im IP-Prozess zur gleichen Zeit wie die Risikomanagement-Strategie erstellt. Vorab werden die Risiken im Projekttagebuch gesammelt und später in das Register übertragen (*siehe Abbildung 4.43*). Im Projektverlauf erfolgt die Aktualisierung des Risikoregisters meist Hand in Hand mit der Überprüfung des Business Case.

4.5.2 Rollen und Verantwortlichkeiten im Risikomanagement

Zur Unterstützung des Projektmanagers werden zwei spezifische Rollen für das Risikomanagement im Projekt etabliert: Risikoeigentümer und -bearbeiter, die häufig in Personalunion wahrgenommen werden. Es sollte ein Risikoeigentümer (Risk Owner) für jedes Risiko benannt werden, um dieses bestmöglich im Auge zu behalten, d. h. Management, Überwachung und Kontrolle. Beispiel: Abteilungsleiter *Tobias Meister* ist im Rahmen des Projekts *„ABC"* der Risikoeigentümer für das Risiko *„Lieferungsverzögerung ABC"*. Die Risikobehandlung delegiert er an den Mitarbeiter *Harry Neumann*, der so zum Risikobearbeiter wird. Der Risikobearbeiter (Risk Actionee) unterstützt den Risikoeigentümer in seiner Rolle und nimmt Weisungen von ihm entgegen. Der Risikobearbeiter setzt eine oder mehrere Maßnahmen zur Behandlung eines Risikos oder einer Risikogruppe um. Letztendlich entscheidet aber der Lenkungsausschuss, auch wenn der Projektmanager einen Eigentümer vorschlägt.

Weitere Verantwortlichkeiten im Projektmanagement-Team lauten:

- Das Unternehmens- oder Programm-Management stellt den Rahmen für das projektspezifische Risikomanagement durch entsprechende Richtlinien oder Prozesse bereit.
- Der Auftraggeber stellt im Rahmen seiner Gesamtverantwortung für alle Aspekte des Risikomanagements sicher, dass eine Risikomanagement-Strategie existiert, ist Eigentümer aller Risiken, die sich auf den Business Case beziehen, und eskaliert bei Bedarf Risiken an das Unternehmens- oder Programm-Management.
- Der Benutzervertreter kümmert sich darum, dass die Risiken in Bezug auf die Benutzer wie z. B. Nutzen, Betrieb, Wartung identifiziert, bewertet und gesteuert werden.
- Der Lieferantenvertreter sorgt dafür, dass die Risiken der Produkte oder der Lieferanteninteressen identifiziert, bewertet und gesteuert werden.
- Der Projektmanager entwickelt die Risikomanagement-Strategie, erstellt und pflegt das Risikoregister und stellt sicher, dass im Projektverlauf alle Risiken entsprechend des Risikomanagement-Verfahrens gehandhabt werden.
- Der Teammanager unterstützt den Projektmanager hinsichtlich der Risiken.
- Die Projektsicherung hat ein Auge darauf, dass das Risikomanagement-Verfahren im Projekt den Vorgaben von Programm- oder Unternehmensseite entspricht.
- Der Projektsupport unterstützt den Projektmanager bei der Aktualisierung und Pflege des Risikoregisters im Projekt.

4.5.3 Risikomanagementverfahren

Risikomanagement besteht in PRINCE2™ aus Vorgaben zur Durchführung der Risikoanalyse und dem eigentlichen Risikomanagement (*siehe Abbildung 4.41*). Die Risikoanalyse identifiziert und bewertet zu verschiedenen Zeitpunkten im Projektverlauf die aktuelle Risikosituation, identifiziert nicht tragbare Risiken und ermittelt zu ergreifende Gegenmaßnahmen. Die Risikobewertung beschäftigt sich somit mit der Wahrscheinlichkeit und der Auswirkung individueller Risiken. Im Risikomanagement selbst werden die akzeptablen und finanziell tragbaren Gegenmaßnahmen ergriffen und ihre Wirkung überwacht. Dieses

Umsetzen verläuft unter Berücksichtigung der Risikobereitschaft des Unternehmens. Hier geht es um Planung, Beschaffung (Mensch und Material), Beobachten und Berichten. Letzteres fasst PRINCE2™ unter dem Oberbegriff der Kommunikation zusammen, die parallel zum gesamten Risikomanagementverfahren verläuft.

Risiken identifizieren

An dieser Stelle wird generell aus den vorliegenden Informationen aus dem Projekt und dem Unternehmen die Risikomanagement-Strategie entwickelt (siehe vorhergehendes Kapitel). Im Zuge dessen wird besonderes Augenmerk auf die Etablierung und Verwendung einer Reihe von Frühwarnzeichen (Early Warnings Indicators) gesetzt. Diese weisen frühzeitig darauf hin, falls sich Risiken abzeichnen und die Projektziele gefährdet sein könnten. Diese Zeichen lassen sich im Grunde genommen als Kennzahlen betrachten, die sich aus den unterschiedlichen Berichtsformen in der Organisation und des Unternehmens ableiten lassen. Dazu zählen beispielsweise: Prozentsatz nicht termingerecht erstellter Arbeitspakete, Anzahl der offenen Punkte und ihrer Zuwachsraten, Anzahl der Mängel in der Qualitätsprüfung, allgemeine Budget- und Termintreue. Darüber hinaus können beispielsweise in der IT die Anzahl der Incidents und Kundenbeschwerden als Indikator für die Produkt- und Servicequalität im Projekt herhalten, falls der Betrieb bereits im Projektverlauf nach und nach zunimmt (z. B. bei Rollout- oder Integrationsprojekten). Auch Abwesenheiten durch Krankheiten oder die Fluktuation in der Organisation oder im Unternehmen lassen Rückschlüsse auf die dementsprechenden Risiken zu. Als allgemeine Techniken der Risikoidentifizierung können beispielsweise zur Anwendung kommen:

- Dokumentenanalyse: Risiken aus Verträgen, Behördenbescheiden oder Planungsunterlagen sowie dem betrieblichen Rechnungswesen.
- Erfahrungssichtung, um aus den Erfahrungen vorhergehender Projekte zu lernen.
- Prüflisten: Systematische Erhebung von Risikoinformationen per Risiko-Checklisten, um Risiken aus anderen Projekten bzw. aus der Organisation nicht zu übersehen.
- Risikofragebögen als Standardlisten zur Einteilung nach Risikoart und -bereich, die als Vorlagen für eine Vielzahl von Projekten verwendbar sind.
- Beobachtung der externen Faktoren: Marktrecherchen, Technologierecherchen oder die Entwicklung der Rechtssprechung.
- Brainstormingsitzungen, um aus dem Think-Tank, dem Wissen und den unterschiedlichen Erfahrungen der Teilnehmer schöpfen zu können, aber auch um aus der Produktivität der Gruppe heraus neue Erkenntnisse zu sammeln. Ähnliche Erkenntnisse können, falls vorhanden, aus einem „Centre of Excellence" stammen, deren Mitarbeiter entsprechende Erfahrungen zum Thema Risikomanagement in Bezug auf eine spezifische Branche, einen Kunden oder eine Produktgruppe haben.
- Risikostrukturplan (Risk Breakdown Structure) als Darstellung der Projektbestandteile und deren potenzielle Risikoquellen. Allein die Aufschlüsselung der Produkte und die dementsprechenden Überlegungen, welche Ziele welchen Risiken ausgesetzt sind, wird Ihnen erstaunliche Erkenntnisse verschaffen.
- Besichtigung des realen Geschehens, z. B. bei Elementarrisiken wie Brandrisiko
- Organisationsanalyse: Risiken aus einer unzureichenden Aufbau- und Ablauforganisation. Hier können auch aus Mitarbeiterbefragungen Informationen fließen, da diese viele Aspekte aus der täglichen Erfahrung am besten einschätzen können. Durch Befragungen können sie außerdem zu Beteiligten des Risikomanagementprozesses werden bzw. sie fühlen sich mindestens informiert und eingebunden. Allerdings besteht die Gefahr der Verfälschung durch psychologische Aspekte.

Egal für welche Form der Risikoidentifikationstechnik Sie sich entscheiden möchten, sollten Sie sich vorab überlegen, ob und wie eine Kombination aus den unterschiedlichen Ansätzen für Ihr Projekt einen Mehrwert liefern kann.

Nachdem Sie für das Projekt eine generelle Strategie mit den entsprechenden unterstützenden Maßnahmen wie Frühwarnsystem und der adäquaten Technik zur Risikoidentifikation aufgestellt haben, geht es um die konkrete Risikoidentifikation, um Bedrohungen und Chancen für das Projekt zu erkennen. Besonders wichtig ist dabei die Dokumentation der Risiken, die anhand der möglichen Identifizierungstechniken, z. B. in Moderationsworkshops, aufgedeckt werden können. Diese Dokumentation zielt auf die Beschreibung der jeweiligen Risikoursache, des Risikoereignisses und der Risikoauswirkung (*siehe Abbildung 4.44*). Dabei sollten Sie im Hinterkopf behalten, dass Risiken Chancen und Bedrohungen sein können und sich bemühen, die Risiken aus unterschiedlichen (Stakeholder-)Perspektiven zu betrachten.

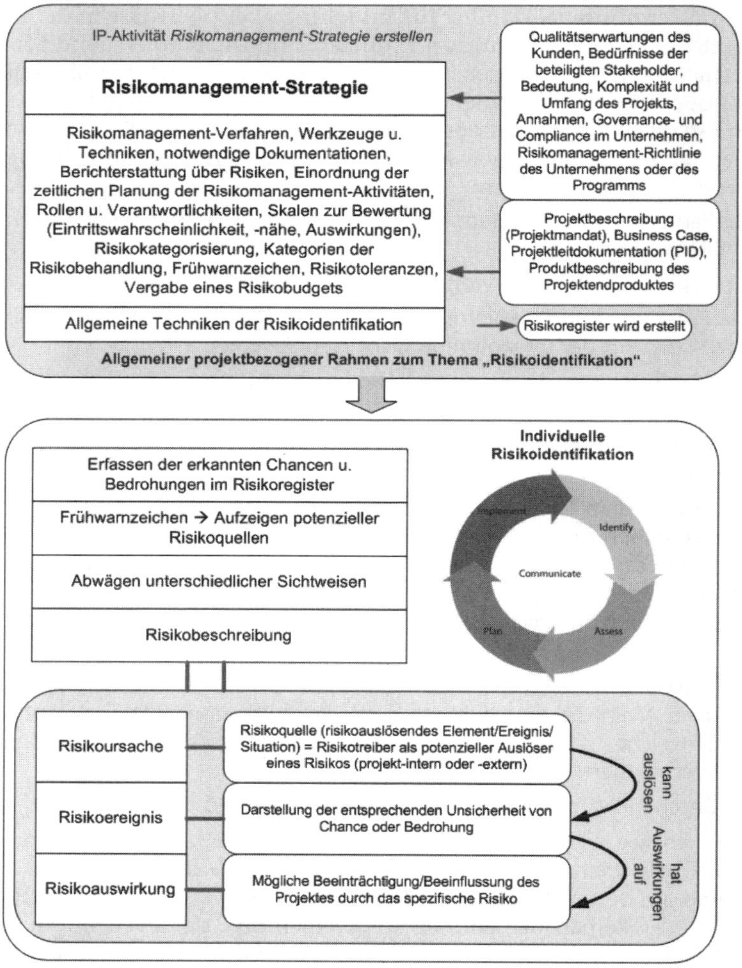

Abbildung 4.44: Allgemeine und individuelle Risikoidentifikation im Risikomanagementverfahren

Risiken bewerten

Die Risikobewertung gliedert sich in die Risikoeinschätzung und in die Risikobeurteilung, wobei die Risikoeinschätzung sich um die Beurteilung von Eintrittswahrscheinlichkeiten und um die Auswirkungen von Bedrohungen und Chancen eines Risikos kümmert. Eine weitere wichtige Dimension ist dabei die Eintrittsnähe.

Techniken zur Risikoeinschätzung

Ähnlich wie bei der Risikoidentifikation existiert zur Risikoeinschätzung eine Reihe von Techniken:

- Wahrscheinlichkeitsbäume (Probability Tree)
- Erwarteter Wert (Expected Value)
- Pareto-Analyse
- Wahrscheinlichkeits- und Auswirkungsmatrix (Probability Impact Grid)

Die realistische Einschätzung von Risiken ist eine wesentliche Grundlage für den Projekterfolg. Dazu sollte deshalb eine gründliche Analyse erfolgen. Nur so können Wahrscheinlichkeiten für Chancen oder Bedrohungen mit den jeweiligen Auswirkungen auf die entsprechenden Projektziele erfasst werden. Wichtig ist hierbei, dass die Risiken in Hinblick auf die definierten Ziele bewertet werden, d. h. welches Risiko hat (positive wie negative) Auswirkungen auf ein festgeschriebenes Projektziel? Eintrittsnähe und mögliche Veränderungen der Risiken im Projektverlauf sind weitere wichtige Aspekte.

Ein beliebtes Hilfsmittel, um die Einschätzung der Risiken grafisch aufzubereiten, sind die sogenannten Risikoprofile (*siehe Abbildung 4.45*). Hierbei werden Ausmaß der Auswirkungen und die Wahrscheinlichkeit des Risikoeintritts als Momentaufnahme auf einem Koordinatensystem abgetragen und somit dem Bearbeiter ein Überblick und eine Einschätzung der Prioritäten geboten. Werden zu unterschiedlichen Zeitpunkten die Bewertungen zu einem spezifischen Risiko abgebildet, sind auch Trendentwicklungen abzusehen. Korrespondierend dazu unterstützt die Darstellung als Wahrscheinlichkeits- und Auswirkungsmatrix die Interpretation der Risikoprofile, da hier eine Klassifizierung von Wahrscheinlichkeit und Auswirkung umgesetzt wird.

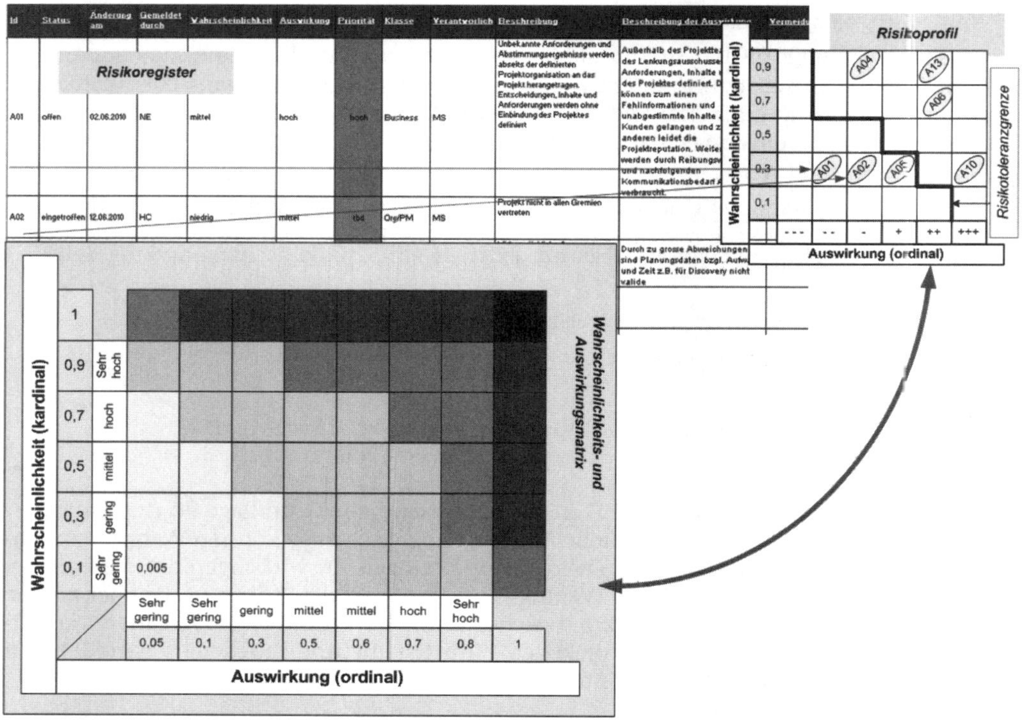

Abbildung 4.45: Risikoprofil mit Wahrscheinlichkeits- und Auswirkungsmatrix

Auf diese Weise ist es möglich, Gefahrenpotenziale schon im Vorfeld zu erkennen und entsprechende Präventivmaßnahmen zu ergreifen.

Planen

Dies umfasst Auswahl, Identifizierung und Evaluierung der entsprechenden Gegenmaßnahmen, um die adäquaten Möglichkeiten zur Handhabung von Chancen und Bedrohungen aufzuzeigen und Bedrohungen auf ein akzeptables Maß herabzusenken. Risiken lassen sich in den seltensten Fällen eliminieren, aber durch ein gesteuertes Risikomanagementverfahren sind Sie zumindest in der Lage, dem Eintreten möglicher Risiken Maßnahmen entgegenzusetzen. Hierbei sollte ein akzeptables und notwendiges Kosten-/Leistungsverhältnis stets als Maßgabe bedacht werden. Unabhängig davon existiert eine Reihe von Standardfällen, die die OGC darstellt.

Eine Risikoanalyse kann eine der passenden Reaktionen identifizieren (*siehe Abbildung 4.46*). Diese Maßnahmen sind angelehnt an die allgemein bekannte PRACT-Methodik aus dem Risikomanagement:

- Risikovermeidung einer Bedrohung durch Eliminierung von Risikofaktoren oder Änderungen des Projektplans, Gegenmaßnahmen (**P**revention)
- Risikoverminderung durch Reduzierung von Risikofaktoren oder Verringerung der Tragweite eines Risikos (**R**eduction). Dabei werden Maßnahmen ergriffen, um die Wahrscheinlichkeit zu

verringern, dass das Risikoereignis eintritt, oder um die Auswirkungen zu verringern, falls das Risikoereignis wahr wird.

- Bewusste Akzeptanz des Risikos, beispielsweise weil Gegenmaßnahmen den Kosten/Nutzen-Vergleich hinfällig machen würden oder weil Auswirkungen bzw. Eintrittswahrscheinlichkeiten als sehr gering erachtet werden (**A**cceptance). Das jeweilige Risiko sollte trotzdem weiter beobachtet werden.
- Die Aufstellung eines Eventualplans oder die Entwicklung von Fallback-Plänen (**C**ontingency) ist eine Form der Risikoverminderung, um im Fall eines Risikoereignisses definierte Maßnahmen zu kennen, die ergriffen werden, um die möglichen Auswirkungen in definierten Grenzen zu halten.
- Risikoabwälzung, -übertragung (**T**ransfer) durch vertragliche Übertragung eines Risikos auf eine andere Partei (z. B. Auftragnehmer) oder eine Versicherung, die die Beseitigung der Auswirkungen und die Wiederherstellung finanziert. Dabei wird nicht das Ausmaß des Risikoereignisses reduziert.

Es gibt allerdings weitere Maßnahmen zur Risikobehandlung, die auch die OGC nennt:

- Die Auswirkungen einer Bedrohung oder Chance werden im positiven wie negativen Fall nach einem definierten Schlüssel aufgeteilt, z. B. zwischen Lieferanten- und Auftraggeberseite (Teilen).
- Eine Chance wird ergriffen, um die damit verbundenen Auswirkungen wahrzunehmen (Ergreifen).
- Im Gegensatz zur Risikoverminderung bei einer Bedrohung wird durch das Steigern einer Chance (als mögliches positives Ereignis) die Wahrscheinlichkeit erhöht, dass das jeweilige (positive) Ereignis eintritt (Steigern). Die Vergrößerung bzw. Verstärkung der Auswirkungen ist eine weitere Option, die durch das Steigern einer Chance möglich wird.
- Die OGC nennt das Ablehnen eines Risikos in Bezug auf die Chance „Ablehnung", wodurch auf die (positiven) Auswirkungen einer Chance bewusst verzichtet wird. Ablehnen oder leugnen eines Risikos in Form einer Bedrohung (Vogel-Strauß-Methode) wird aber im Allgemeinen nicht als gültiges Risikoantwortverhalten angesehen.

Abbildung 4.46: Möglichkeiten der Behandlung von Bedrohungen und Chancen (nach OGC-(PRINCE2™)Material, durch OGC lizenzierte Wiedergabe)

Es gilt, die Risiken auch hinsichtlich ihrer Auswirkungen auf Projektplan, Phasen- und Teamplan (Arbeitspakete), Business Case sowie das Unternehmens- oder Programm-Management hin zu prüfen.

Risikobudget

Ein Risikobudget kann eingerichtet werden, um definierte Maßnahmen zur Handhabung von Bedrohung und Chancen zu finanzieren, z. B. für die Erstellung von Eventualplänen. Hier gilt es, eine sorgfältige Vorab-Analyse zu Auswirkungen, Wahrscheinlichkeit und Eintrittsnähe sowie eine adäquate Kostenkalkulation durchzuführen. Diese kann auf dem erwarteten Geldwert im Eintrittsfall aufbauen. Mögliche Techniken, die bei der Kalkulation helfen, sind Analysetechniken wie die Monte Carlo-Methode oder dafür vorgesehene Tools.

Bedenken Sie, dass Risiken im Projektverlauf dynamisch sind und dass bei Diskussion der Zusammensetzung des Risikobudgets noch gar nicht ersichtlich ist, welche weiteren Risiken sich noch abzeichnen werden.

Implementieren

Bei der Implementierung der Maßnahmen werden die in den vorhergehenden Schritten aufgezeigten, identifizierten und letztendlich ausgewählten Maßnahmen umgesetzt. Bevor dies passiert, ist es allerdings notwendig, die jeweiligen Verantwortlichkeiten festzulegen und den beiden dafür vorgesehenen Rollen konkrete Risikoeigentümer und -bearbeiter zuzuweisen. Die vorgesehene Person kann dabei auch beide Rollen einnehmen. Wichtig ist hierbei allerdings, dass es die jeweils passende Person sein muss, die die entsprechenden Voraussetzungen mitbringt, und dass einer Person nicht zu viele Risiken zugewiesen werden.

Nach der Implementierung sollten die Folgen der Implementierung beobachtet und kommuniziert werden, um diese Erkenntnisse dem Risikomanagementverfahren wieder als Input zuzuführen und gegebenenfalls eine Neubewertung der Risiken anzustoßen.

Kommunizieren

Kommunikation findet zum Thema Risikomanagement nicht nur ereignisgetrieben, sondern kontinuierlich statt. Dies geschieht, um zum einen das Informationsbedürfnis der Stakeholder zufriedenzustellen, und zum anderen, um den jeweils anderen Schritten im Verfahren die notwendigen Informationen zur Verfügung zu stellen. Diese Aufgabe wird auch durch die Managementprodukte wie Teamstatusbericht, Projektstatusbericht, Phasenabschlussbericht, Projektabschlussbericht und Erfahrungsbericht innerhalb des Projekts erfüllt. Auch mögliche andere Darstellungs- und Kommunikationsmittel können dazu verwendet werden. Eine sorgfältige Planung sollte vor allem in Bezug auf die Kommunikation mit externen Stakeholdern anhand der Kommunikationsmanagement-Strategie erfolgen.

Unabhängig davon wer und wie informiert wird, sollten Sie stets im Hinterkopf behalten, dass Risikomanagement nicht statisch abläuft und dass sowohl die Risikobelastung eines Projekts als auch die Risiken an sich ständigen Wechseln unterlegen sind. Effektives Risikomanagement wird dabei durch adäquate Kommunikationswerkzeuge unterstützt.

4.5.4 Verbindungen zu anderen Themen

Durch die in diesem Unterkapitel beschriebenen Verantwortlichkeiten der Projektorganisation in Bezug auf die Risiken im Projekt wird deutlich, dass es zwischen den beiden Themen Organisation und Risiken eine starke Verbindung gibt. Da die Risiken bei der Planerstellung durch die Aktivität *Risiken analysieren/Analyze the risks* explizit Beachtung finden, spricht dies auch für eine Verbindung zwischen den Themen Pläne und Risiko. Durch die CS-Aktivität *Offene Punkte und Risiken erfassen und untersuchen/Capture and Examine Issues and Risks* wird die Verbindung zur Änderungssteuerung, also zum Thema Änderungen, hergestellt. Ähnlich verhält es sich zum Thema Fortschritt durch die CS-Aktivität *Phasenstatus prüfen/ Review the Stage Status*. Teil dieser Aktivität ist es, die Risikoentwicklung zu prüfen und zu schauen, ob sich der Status der jeweiligen Risiken seit dem letzten Review verändert hat. Im Projektstatusbericht wird den Risiken explizit Raum eingeräumt (CS-Aktivität *Über Projektstatus berichten/Report Highlights*).

Risiken können außerdem die Qualität und die Kosten bzw. den Nutzen (Business Case) beeinflussen.

4.6 Änderungen/Changes

Ungesteuerte Änderungen der Spezifikation und des Projektumfangs können den Erfolg eines Projekts gefährden. PRINCE2™ beschreibt die Voraussetzungen, die geschaffen werden müssen, damit potenzielle Änderungen über den gesamten Projektverlauf kontinuierlich gesteuert werden können und sämtliche davon betroffenen Aspekte berücksichtigt werden. Änderungen müssen genehmigt werden, bevor sie umgesetzt werden. Dabei wird die potenzielle Änderung mit dem aktuellen und abgenommenen Zustand (Baseline) verglichen. Notwendige Voraussetzung dafür ist die Einrichtung eines Konfigurationsmanagementsystems auf Basis einer entsprechenden Strategie, das die Baselines, Produkte und Produktbeschreibungen aufzeichnet und auch einer Versionskontrolle unterwirft. Das gesteuerte Verfahren in Bezug auf die offenen Punkte und Änderungen sorgt dafür, dass die offenen Punkte und Änderungen, die Auswirkungen auf die definierten Baselines des Projekts haben könnten, identifiziert, bewertet und letztendlich abgelehnt, zurückgestellt oder genehmigt und umgesetzt werden.

Das Thema Änderungen besteht also aus den beiden miteinander in Verbindung stehenden Inhalten Änderungssteuerung und Konfigurationsmanagement.

4.6.1 Konfigurationsmanagement/Configuration Management

Konfigurationsmanagement befasst sich mit der Steuerung aller Produkte des Projekts (Management- und Spezialistenprodukte) und ihrer unterschiedlichen Versionen, die in der Regel im Laufe der Entwicklungs-, Erstellungs- bzw. Designaktivitäten eines Produkts entstehen. Dabei stehen technische und administrative Aktivitäten im Fokus.

Eine Konfiguration bzw. ein Konfigurationselement (Configuration Item) wird als die Einheit betrachtet, die dem Konfigurationsmanagement unterliegt. Bezogen auf Projektmanagement gehören dazu alle Produkte und Lieferergebnisse. Das Projektergebnis besteht am Projektende aus der Summe der einzelnen Produkte. Ein Beispiel dafür ist die Produktbeschreibung zusammen mit dem Produkt. Beide durchlaufen unterschiedliche Status und Versionen. Ein Release ist die vollständige und konsistente Menge logisch verwandter Produkte, die gemeinsam verwaltet, getestet und implementiert werden, bis sie durch die Anwender genutzt werden können.

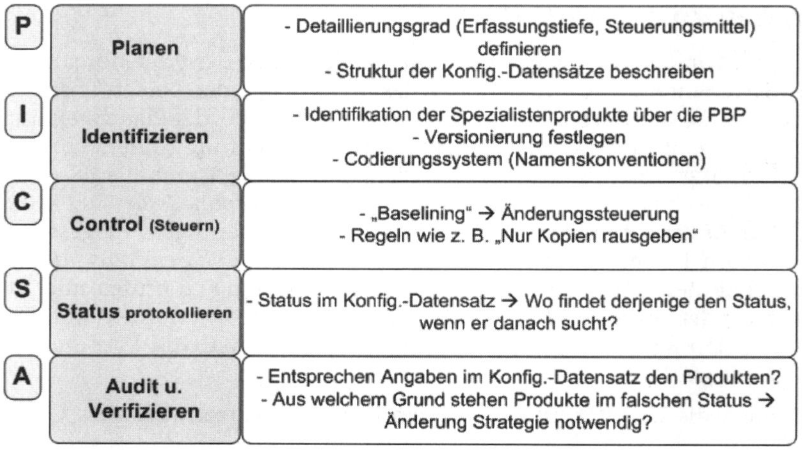

Abbildung 4.47: PICSA: Verfahrensschritte im Konfigurationsmanagement, das auch die Basis für die Anwendung der Änderungssteuerung darstellt.

Über das Konfigurationsmanagement können Produkte und ihre Entwicklung zurückverfolgt sowie der aktuelle Status eines Produkts abgerufen werden (*siehe Abbildung 4.47*). Produkte werden durch eine Versionskontrolle geschützt und dürfen nicht unkontrolliert geändert werden, sodass gewährleistet werden kann, dass jeder mit dem richtigen Produkt arbeitet. Konfigurationsmanagement ist nicht optional, lediglich die Ausprägung dieser Komponente in einem PRINCE2™-Projekt und danach im Betrieb ist anpassbar. Durch die Existenz des Konfigurationsmanagements im Projekt- und Produktverlauf ist ein Produkt beispielsweise auch reproduzierbar.

Das Konfigurationsmanagement bezieht sich nicht nur auf die Spezialisten-, sondern auch auf die Managementprodukte im Projekt. Dies ist vor allem für die Produkte von Bedeutung, die im Projektverlauf angepasst und geändert werden, deren Status aus der Vergangenheit aber beibehalten werden müssen (z. B. Business Case, Projektplan oder Liste der offenen Punkte). Dies ist aber nicht für alle Managementprodukte auf die gleiche Art und Weise zu handhaben. Eine Anpassung an die spezifischen Anforderungen und entsprechend der Bedeutung im Projekt erscheint notwendig.

Offene Punkte und Änderungswünsche

Offene Punkte gelten unter PRINCE2™ als ungeplante Ereignisse, die eintreten können und gesteuert werden müssen. Offene Punkte können jede Art von Input darstellen, der an das Projekt herangetragen wird: Fragen, Beschwerden, Beanstandungen, Änderungswünsche, Fragen oder Abweichungen in jedweder Form. Auch Spezifikationsabweichungen als offener Punkt sind möglich. Eine Spezifikationsabweichung bezeichnet unter PRINCE2™ eine im Rahmen eines Projekts zu erfüllende Forderung, die derzeit (oder voraussichtlich auch zukünftig) nicht erfüllt werden kann. Dabei kann es sich um ein Produkt handeln, das entweder fehlt oder die Spezifikation nicht einhält. Der Lenkungsausschuss kann eine geringfügige Spezifikationsabweichung als „Konzession" ohne weitere Änderung genehmigen. Somit gilt eine Konzession als Zugeständnis einer Abnahme trotz Spezifikationsabweichung.

Input für das Register offener Punkte:

Konfigurationsmanagement-Strategie (Format u. Darstellung der Register) // neue offene Punkte // laufende Aktualisierung im Zuge der Bearbeitung u. Steuerung: nach Klärung des offenen Punkts wird der Eintrag im Register geschlossen

Bestandteile des Registers offener Punkte:

- **Kennnummer**: Kennzeichnung (ID) jedes offenen Punktes
- **Typ**: Änderungsantrag, Spezifikationsabweichung, Problem/Anliegen?
- **Datum des Eintrags**: Datum der ursprünglichen Meldung
- **Gemeldet von**: Name der Person
- **Autor des Berichts**: Name der Person, die den Offener-Punkt-Bericht erstellt hat
- **Beschreibung**: Erläuterung des offenen Punkts, v. a. Ursache u. Auswirkungen
- **Priorität**: entsprechend der Bewertungsskalen, nach Auswirkungsanalyse wird neu bewertet
- **Dringlichkeit**: entsprechend der Bewertungsskalen, Ableitung, welche Managementebene für diesen Punkt zuständig ist bzw. darüber entscheiden soll, wird so möglich
- **Status**: Aktueller Status, z. B. offen, ongoing, geschlossen u. Datum der letzten Aktualisierung
- **Bearbeitungsabschluss**: Datum, an dem der offene Punkt geschlossen wurde

Abbildung 4.48: Im Register offener Punkte werden die offenen Punkte erfasst, die formell bearbeitet werden. Alle Register sind formelle Produkte (im Gegensatz zum Projekttagebuch oder Listen), die der Projektmanager in Bezug auf Format und Inhalte mit dem Lenkungsausschuss abstimmt bzw. ihm vorlegt.

Änderungsanträge zielen in den meisten Fällen auf eine Spezifikationsanpassung für ein Produkt ab. Diese Änderungsanträge werden wie alle offenen Punkte über die Änderungssteuerung auf Basis des Änderungssteuerungsverfahrens (*siehe Kapitel 4.6, Änderungen/Changes*) verfolgt und bearbeitet.

Da zu Beginn eines Projekts noch viele Unwägbarkeiten bestehen, sind Veränderungen gegenüber der Planung während der Projektausführung nahezu unvermeidlich. Egal wie gut ein Projekt geplant ist, Änderungswünsche werden in fast allen Projekten auf den Tisch kommen. Die Ursachen für die Anforderung von Änderungen sind mannigfaltig und reichen von zusätzlichen Forderungen, rechtlichen Änderungen, Fusionen und Merger bis hin zu Lieferschwierigkeiten von Drittanbietern. Änderungen werden aber auch durch die Qualitätsprüfung initiiert. All dies verlangt nach einem Verfahren zur sauberen Steuerung der Änderungen und ihren möglichen Auswirkungen auf das Projekt. Wer innerhalb des Projektteams die Notwendigkeit einer Veränderung erkennt, muss dies in Form einer Änderungsanforderung äußern. Wie mit dieser Änderungsanforderung verfahren wird, muss zu Beginn des Projekts über die Änderungsprozeduren in der Konfigurationsmanagement-Strategie und den entsprechenden Einsatz der Steuerungsmittel festgelegt werden.

Dabei sind objektive Anforderungs- und Qualitätskriterien aus der Projektvorbereitung und der -initiierung (Prozesse SU *Vorbereiten eines Produkts* und IP *Initiieren eines Projekts*) sehr wichtig. Es gilt, dass alle Anfragen bezüglich einer Änderung (Request for Change, Change Request, RfC, ...) als offene Punkte behandelt und protokolliert werden (*siehe Abbildung 4.48*). Diese offenen Punkte (Issues) werden in das Register offener Punkte (Issue Register) aufgenommen und bewertet (CS-Aktiviät *Offene Punkte und Risiken erfassen und untersuchen*).

Wichtig ist in Bezug auf das Melden oder Aufbringen von offenen Punkten, dass diese jederzeit im Projektverlauf und von jeder Person, die am Projekt oder Projektergebnis interessiert ist, gemeldet werden können.

4.6.2 Steuerungsmittel für das Konfigurationsmanagement und die Änderungssteuerung

Steuerungsmittel stellen Schlüsselinformationen zur Verfügung, dank derer das Projektmanagement-Team (Lenkungsausschuss, Projektmanager) Kontrolle ausüben, Problemen zuvorkommen und Entscheidungen treffen kann (Entscheidungsfindung). Die PRINCE2™-Managementprodukte dienen als Steuerungsmittel und werden in unterschiedlichen Konstellationen und zu verschiedenen PRINCE2™-Themen eingesetzt.

Dabei spielt das Fällen von Entscheidungen im Projektverlauf eine wichtige Rolle, genau wie die Planung und die Steuerung der Spezialistentätigkeiten. Nur durch Steuerung und Kontrolle im Projektverlauf ist ein fristgerechtes Projektergebnis möglich. Steuerungsaktivitäten stellen ereignisgesteuerte und zeitgesteuerte Tätigkeiten dar.

Wie der Informationsfluss der über die Steuerungsmittel erhaltenen Status und Daten aussehen soll, steht in der Kommunikationsmanagement-Strategie (*siehe Kapitel 5.2.2, IP Kommunikationsmanagement-Strategie erstellen*). Was (z. B. Projektfortschritt bzw. benötigte Informationen), wann (In welchen zeitlichen Abständen bzw. zu welchen Gelegenheiten?), wie (Welches Format? Welcher Dokumententyp? Wie sieht die Vorlage aus? Welche Methode? Welches Medium?), an wen (Welche Personen? „Stakeholder"? Betroffene Parteien?) und in welcher Richtung (Nächsthöhere Ebene oder seitlich? Wer verteilt die Informationen?) sollen die Projektinformationen fließen?

Während der Projektinitiierung werden die Steuerungsmittel bezüglich des Konfigurationsmanagements sowie der offenen Punkte und Änderungen eingerichtet und während der Phasenübergänge geprüft und gegebenenfalls aktualisiert. Relevant sind dabei die folgenden Steuerungsmittel Konfigurationsmanagement-Strategie, Konfigurationsdatensätze, Produktstatusauskunft, Projekttagebuch, Register offener Punkte und Offener-Punkt-Bericht.

Konfigurationsmanagement-Strategie

Diese Strategie beschreibt, wie und von wem die Projektprodukte gesteuert und geschützt werden. Auch hier gibt das Unternehmens- oder Programm-Management Richtlinien und Standards vor, die im Projekt eingegliedert werden sollen. Während der Projektinitiierung wird die Konfigurationsmanagement-Strategie für das Projekt festgelegt (*siehe Abbildung 4.49*). Das Konfigurationsmanagementsystem unterstützt die Strategie und liefert die für das Management der Konfigurationsdaten eingesetzten Prozesse, Verfahren, Techniken, Werkzeuge und Repositorys. So können die Auswirkungen bewertet und die Verwaltung der Produkt-Baselines (als Bezugskonfiguration oder eingefrorene Produktzustände) umgesetzt werden.

Input für die Konfigurationsmanagement-Strategie:

Kundenqualitätserwartungen // Unternehmens- o. Programm-Strategien, Richtlinien im Bereich Qualität, Kommunikation o. Konfiguration // Konfigurationsmanagementsystem des Unternehmens // Qualitätsmanagementsystem des Benutzers o. des Lieferanten // Konkrete Anforderungen der Projektprodukte u. des Umfelds // Struktur Projektmanagement-Team (Verantwortlichkeiten im Konfigurationsmanagement) // Workshop-, Abstimmungs u. Diskussionsergebnisse

↓ ↓ ↓ ↓ ↓

Bestandteile der Konfigurationsmanagement-Strategie:

- **Einführung**: Zweck, Ziele, Umfang, Verantwortung
- **Konfigurationsmanagement-Verfahren**: Beschreibung o. Verweise auf Konfigurationsmansgement-Verfahren, ggf. Beschreibung der Abweichung von gegeb. Standards, Aktivitäten [Planen, Identifizieren, Steuern (einschl. Ablage, Wiederauffinden, Sicherheit, Übergabe), Status protokollieren, Verifizieren u. Audits]
- **Verfahren z. Steuerung der offenen Punkte u. Änderungen**: Verfahren z. Offenen-Punkt- u. Änderungssteuerung, ggf. Abweichungen von Standards, Aktivitäten (z. B. Erfassen, Untersuchen, Vorschlagen, Entscheiden, Implementieren)
- **Tools u. Techniken**: Kommunikationsmanagement-Systeme o. Werkzeuge, Techniken u. für die Schritte im Konfigurationsmgmt. vorgesehenen Techniken, z. B. Sharepoint, Teamrooms
- **Dokumentation**: Aufzeichnungen u. deren Ablage inkl. Zusammensetzung u. Format Register offener Punkte u. Konfigurationsdatensätze
- **Berichterstattung**: Konfigurationsmanagement-Berichte inkl. Turnus, Zweck, Empfängerkreis, z. B. Offener-Punkt-Bericht, Produktstatusauskunft
- **Zeitplanung Konfigurationsmanagement-Aktivitäten u. Aktivitäten für die Steuerung der offenen Punkte u. Änderungen**: Termine, z. B. für Audits
- **Rollen u. Verantwortlichkeiten**: für Konfigurationsmanagement-Aktivitäten, auch aus Unternehmens- o. Programm-Management, Änderungsausschuss o. Änderungsbudget?
- **Bewertungsskala für Priorisierung u. Schweregrad**: Priorisierung v. Änderungen u. Spezifikationsabweichungen u. Darstellung, welche Managementebene über offene Punkte welcher Dringlichkeit entscheidet (z. B. Prioritätsmatrix)

Abbildung 4.49: Die Konfigurationsmanagement-Strategie wird im IP-Prozess erstellt und liefert auch wichtige Informationen für das Thema Änderung. Sie kann eigenständig oder als Teil der PID sein.

Die Strategie definiert die Handhabung von Änderungen und offenen Punkten. Dabei müssen Projektmanager und Lenkungsausschuss während der Initiierungsphase klären, wie die Bewertungsskala für die offenen Punkte hinsichtlich Priorisierung und Schweregrad auszusehen hat. Außerdem ist die Frage zu klären, welche offenen Punkte mit welchem Schweregrad welcher Managementebene zugeordnet werden sollen. Anschließend definiert der Lenkungsausschuss zusammen mit dem Änderungsausschuss – sofern dieser eingerichtet wurde – die Entscheidungskompetenzen in Bezug auf die Änderungsanträge oder Spezifikationsabweichungen und die Frage, ob ein Änderungsbudget beschafft und genutzt werden soll. Da Änderungen Ressourcen und Zeit kosten, sollte hierfür bereits im Vorfeld ein entsprechendes Budget (Änderungsbudget/Change budget) geplant werden. Ob es ein Änderungsbudget gibt, wird in der Konfigurationsmanagement-Strategie dokumentiert. Zu dem Zeitpunkt, in dem die Konfigurationsmagement-Strategie erstellt wird (Aktivität *Konfigurationsmanagement-Strategie erstellen* ganz zu Beginn des IP-Prozesses), ist theoretisch noch gar nicht abzusehen, wie viele Änderungen (circa) auflaufen werden (ungefähre Schätzung aufgrund von Erfahrungswerten!). Erst wenn später im IP-Prozess beispielsweise über die Aktivität *Projektplan erstellen* oder *Projektleitdokumentation zusammenstellen* das Gesamtbild hinsichtlich des Projekts immer klarer wird, kann über die Höhe des Änderungsbudgets diskutiert werden.

Wann dies genau erfolgt, kann in der Konfigurationsmanagement-Strategie im Abschnitt „Zeitplanung der Konfigurationsmanagement-Aktivitäten" beschrieben sein. Der Zeitpunkt, an dem die Höhe des Änderungsbudgets (oder auch des Risikobudgets) diskutiert oder festgelegt wird, ist in der OGC-Literatur nicht beschrieben. Der Lenkungsausschuss genehmigt das Änderungsbudget im positiven Fall dann in der DP-Aktivität *Initiierung freigeben.*

Für das Risikobudget gelten ähnliche Überlegungen wie für das Änderungsbudget.

Der Änderungsausschuss kann bei entsprechend großen und komplexen Projekten die Änderungsanträge und Spezifikationsabweichungen vom Lenkungsausschuss übernehmen, auch wenn dieser zuständig bleibt. Bei Bedarf kann der Projektmanager oder jemand aus der Projektsicherung diese Aufgabe übernehmen, wobei sich generell anbietet, dass der Projektmanager als Änderungsausschuss für die Arbeitspakete fungiert.

Die Planung und Festsetzung des Änderungsbudgets im IP-Prozess gibt Spielraum für die Durchführung von Änderungsanträgen. Dies wird im jeweiligen Plan dokumentiert. Kunden- und Lieferantenseite müssen hier allerdings an einem Strang ziehen. Letztendlich verhandelt der Auftraggeber mit dem Unternehmens- oder Programm-Management die Höhe des Budgetrahmens. So muss der Projektmanager nicht für etwaig anstehende Änderungen in Bezug auf das Projekt ständig den Lenkungsausschuss behelligen, auch wenn dieser vorab die entsprechenden Parameter definiert. Dabei wird im Vorhinein festgelegt, welche Höhe der Betrag für eine einzelne Änderung ausmachen darf und wie der Höchstbetrag für Änderungen in einer Phase ausfallen darf. Über das Änderungssteuerungsverfahren wird dann dediziert der Zugriff auf das Änderungsbudget geregelt. Die Etablierung von Änderungsausschuss und -budget unterstützt das Prinzip „Management by Exception", da durch diese beiden Objekte der Lenkungsausschuss deutlich weniger für Freigaben oder Entscheidungen kontaktiert wird.

Konfigurationsdatensätze/Configuration Item Records

Ein Konfigurationsdatensatz beschreibt Status, Version und Variante der Konfigurationselemente sowie deren Beziehungen untereinander und liefert so wichtige Informationen (*siehe Abbildung 4.50*).

Input für die Konfigurationsdatensätze:

Konfigurationsmanagementstrategie // Produktstrukturplan (produktbasierte Planung) // Phasenplan u. Arbeitspaket // Qualitätsregister, Register offener Punkte, Risikoregister

Bestandteile der Konfigurationsdatensätze:

- **Projektkennziffer**: Kennzeichnung des Projektes
- **Kennziffer**: Kennzeichnung (ID des Produkts)
- **Aktuelle Version:** eindeutige Versionsangabe
- **Titel**: Name/Beschreibung entspr. Produktstrukturplan
- **Dokumentation**: Aufzeichnungen u. deren Ablage inkl. Zusammensetzung u. Format Register offener Punkte u. Konfigurationsdatensätze
- **Datum der letzten Statusänderung**
- **Eigentümer:** wer pflegt den Datensatz und wer ist nach Übergabe für das Konfigurationselement verantwortlich?
- **Standort**: Ablageort
- **Empfänger/Benutzer von Kopien** (optional): Wo befindet sich das Produkt, wer hat Kopien?
- **Typ**: Komponente, Produkt, Release?
- **Attribute des Konfigurationselements**: entspr. Konfigurationsmanagement-Strategie, relevant für Erstellung Produktstatusauskunft (Teilprodukte durch Erstellung in welcher Phase, Produktart etc.)
- **Managementphase**: wann Produkt erstellt wird
- **Benutzer**: wer arbeitet mit Produkt?
- **Status**: entspr. Konfigurationsmanagement-Strategie, z. B. definiert, Entwicklung anstehend, in Entwicklung, Testphase, abgenommen
- **Produktzustand** (optional): wie in Produktbeschreibung definiert, entsprechend Entwicklungsstadium z. B. kaltes Wasser, kochendes Wasser bei der Teezubereitung
- **Variante** (optional): z. B. Sprachversionen (deutsch/englisch/ungarisch)
- **Ersteller**: Person oder Team für Entwicklung o. Beschaffung
- **Datum der Zuweisung**: Übergabe zum Ersteller
- **Quelle**: intern o. extern?
- **Beziehungen zu anderen Produkten**: relevant für Änderungssteuerung u. Auswirkungsanalyse (!), z. B. welche Produkte sind von einer Änderung dieses Produkts betroffen u. umgekehrt
- **Querverweise**: offene Punkte u. Risiken (Offener-Punkt-Bericht, wo Ursache für Änderungen beschrieben werden), Managementprodukte, in denen Anforderungen, Entwurf, Entwicklung, Herstellung u. Überprüfung etc. des Produkts definiert sind, v. a. Produktbeschreibung

Abbildung 4.50: Konfigurationsdatensätze können auch zu einer Konfigurationsdatensatz-Bibliothek zusammengefasst werden.

Produktstatusauskunft

Die Produktstatusauskunft erlaubt die Auskunft zum Status eines Produkts. Die angefragte Auskunft kann sich dabei auf unterschiedliche Detailbreiten erstrecken, je nachdem, ob Statusauskünfte sich auf das Projekt, eine Phase oder ein bestimmtes Produkt beziehen.

Projekttagebuch/Daily Log

Der Projektmanager führt das Projekttagebuch, in dem formlos für ihn wichtige Informationen festgehalten werden. Dazu gehören (solange noch kein Risikoregister im Projektverlauf existiert) Risiken, offene Punkte (bis das Register offener Punkte erstellt wird), Maßnahmen, Ereignisse, Ideen, Gesprächsinhalte, Reminder, kleine, aber wichtige Details, die in keinem anderen Bericht oder Register erfasst werden. Das Projekttagebuch wird im SU-Prozess (Aktivität *Auftraggeber und Projektmanager ernennen*) erstellt. Allerdings sollte vorab geklärt werden, wer Zugriff auf das Daily Log erhalten soll, falls es digital geführt wird. In jedem Fall sollten die Einträge ausreichend dokumentiert und nachvollziehbar sein. Wer möchte schon nach Monaten in seiner Kladde voll schwer lesbarer Notizen und Anmerkungen nach dem Eintrag wühlen, der doch irgendwo sein muss?!

Register offener Punkte

Kritik ist ein wichtiger Faktor für die Entwicklung, sei es Mensch oder Sache. Die Abwesenheit von Kritik lässt auf Desinteresse schließen. Daher sind auch in Sachen Projektmanagement Kritikpunkte, Anregungen, Änderungswünsche, Verbesserungsbedarf oder Fragen willkommen und werden als sogenannte offene Punkte zusammengefasst. Zu den offenen Punkten gehören auch die Spezifikationsabweichungen (Off-specifications).

So können von außen Änderungen an das Projekt zu jedem Zeitpunkt herangetragen werden. Alle offenen Punkte liegen in der Verantwortung des Projektmanagers, werden in ein Register der offenen Punkte aufgenommen, beschrieben, priorisiert und bewertet. Der Absender eines offenen Punkts erhält zur Bestätigung eine Kopie bzw. ein Feedback.

Nachdem die Auswirkung eines möglichen Changes als offener Punkt beurteilt wurde und es offensichtlich ist, dass dieser die Toleranzgrenzen überschreitet, eskaliert der Projektmanager den Punkt an den Lenkungsausschuss. Die Priorität eines offenen Punkts im Projekt sollte vom Lenkungsausschuss (üblicherweise vom Benutzervertreter) nach einer Auswirkungsanalyse überprüft werden. Ein offener Punkt enthält im Register offener Punkte die folgenden Informationen:

- Melder und Datum des Eintrags
- Eine eindeutige Nummer und eine Beschreibung
- Priorität, Ergebnis der Impact-Analyse
- Status bzw. Entscheidung und das Datum der Entscheidung

Das Register offener Punkte enthält neben den Informationen des offenen Punkts an sich noch eine Typzuordnung, das Datum der letzten Aktualisierung und den Autor des Berichts. Aber Achtung: Fehler, die erstmals in der Qualitätsprüfung auftreten und (in einer Art Fragenliste) dokumentiert werden, zählen nicht zu den offenen Punkten.

Offener-Punkt-Bericht

Ein Offener-Punkt-Bericht ist das Ergebnis der Bewertung der einzelnen offenen Punkte im Register offener Punkte. Hier ist der Extrakt der offenen Punkte mit den Inhalten Beschreibung, Auswirkungsanalyse und empfohlene Maßnahmen für Änderungsantrag, Spezifikationsabweichung oder ein Problem/Anliegen zu finden, die formal bearbeitet werden müssen.

Der Offener-Punkt-Bericht kann also auch bei der Eskalation einer Toleranzüberschreitung, oder wenn sich die Toleranzverletzung abzeichnet, hinzugezogen werden. Ursprünglich basiert die Eskalation meist auf einem offenen Punkt (als Problem oder Anliegen). Entsprechend finden sich Details zu diesem offenen Punkt im Offener-Punkt-Bericht, der die Basis für den Ausnahmebericht bildet. Bei Bedarf kann der Lenkungsausschuss diesen Bericht des Projektmanagers anfordern, um weitere Details neben dem Ausnahmebericht zur Entscheidungsfindung vorliegen zu haben, bevor entschieden wird, ob ein Ausnahmeplan angefordert werden soll.

4.6.3 Inhalte des Konfigurationsmanagements

Das Konfigurationsmanagementverfahren besteht aus fünf Hauptaktivitäten (*siehe Abbildung 4.47*):

- Planung: Definition der Ausprägung und des Levels im Konfigurationsmanagement für das Projektmanagement und wie diese Anforderung umgesetzt werden kann.
- Identifikation: Spezifizierung und Identifizierung der Versionen eines Produkts (Configuration Items)
- Steuerung: Verwaltung der Konfigurationsdatenbank, Annehmen und „Einfrieren" genehmigter (geprüfter) Produkte (Baselines) mit den entsprechenden Informationen. In Zusammenarbeit mit der Änderungssteuerung wird sichergestellt, dass genehmigte Produkte nicht ohne Genehmigung verändert werden dürfen.
- Status-Protokollierung: Aufbewahrung und Aufzeichnung aller aktuellen und historischen Informationen der Configuration Items-Daten eines Produkts (Fortschreibung). Wichtig ist, dass die Daten aktuell gehalten werden. Dies wird über eine Produktstatusauskunft geprüft. Der Projektmanager kann eine solche Auskunft zum Phasen- oder Projektende, bei Prüfung der offenen Punkte oder Risiken anfordern.
- Verifizierung und Audit: Konformität der Informationen in der Konfigurationsdatenbank (Configuration Items-Daten) und den Produkten im Projekt. Diese Überprüfung wird durch die Projektsicherung mithilfe des Konfigurationsadministrators durchgeführt.

Es gibt viele Konfigurationsmanagement-Methoden. PRINCE2™ definiert die minimalen Anforderungen an diese Methode und an ihre Verbindungen mit anderen PRINCE2™-Themen und -Aktivitäten. Mithilfe des Konfigurationsmanagements ist der Projektmanager jederzeit in der Lage, herauszufinden, wie der entsprechende Status lautet und wer an welchem Produkt arbeitet. Dieser Teil des Projekts beinhaltet ein System für die Protokollierung, Verfolgung und die Ablage projektrelevanter Punkte.

Die Produkt-Baseline wird als ein Bezugswert (Schnappschuss, eine Position oder Situation), der festgehalten wird, bezeichnet. Produkte, die ihre Qualitätsprüfung und ihre Abnahme hinter sich gebracht haben, werden als „Baseline"-Produkte und als genehmigt bezeichnet („eingefroren"). Obwohl dieser Status später aktualisiert werden kann, verbleibt die Baseline unverändert und als Erinnerung bzw. Platzhalter für den ursprünglichen Zustand und als Vergleichsoption für den aktuellen Status verfügbar. Alle Baseline-Versionen sollten unter eine Versionskontrolle gestellt und eingefroren werden. Korrespondierend zu den Produkten sollten auch die entsprechenden Beschreibungen eingefroren werden und einer Versionierung unterliegen. Fließen die Beschreibungen mit in das Konfigurationsmanagement ein, ist diese Forderung erfüllt. Dies gilt sowohl für die Management- als auch die Spezialistenprodukte.

Kurz und gut

Es geht beim Konfigurationsmanagement um Identifikation, Steuerung, (Status-)Verfolgung inklusive Historie, Versionierung und somit den Schutz der Produkte im Projekt. Dazu gehört auch eine Verifizierung, ob die Dokumentationen mit den tatsächlichen vorhandenen Produkten übereinstimmen. Das Konfigurationsaudit überprüft den Prozess an sich. Das Hauptziel des Konfigurationsmanagements ist die systematische Verwaltung der Produkte im Projekt und deren Konsistenz.

4.6.4 Steuerung offener Punkte und Änderungen über das Änderungssteuerungsverfahren/Change Control Approach

Änderungs- und Anforderungsmanagement sind ein integraler Bestandteil vieler etablierter Vorgehensmodelle. Nicht nur bei PRINCE2™ als Projektmanagement-Methode sondern beispielsweise auch beim V-Modell (Aktivitäten und Ergebnisse in einem Phasenmodell, militärischer Ursprung) findet sich dieser Aspekt.

Jedes Projekt sollte eine Methode zur Handhabung von Änderungen beinhalten. Ohne Änderungssteuerung ist keine Projektsteuerung möglich. Der Änderungssteuerungsansatz stellt sicher, dass Änderungen im Projekt (Project scope, zeitliche Vorgaben in Bezug auf Phasen etc.) und deren Einflüsse auf andere Produkte im Projekt kontrolliert und überwacht werden. In dieser Technik wird der Durchlauf einer Änderung durch das Prozessmodell vollständig beschrieben.

PRINCE2™ betont die Notwendigkeit des Change-Steuerungsverfahrens, um die Möglichkeit zu schaffen, von außen Änderungen an das Projekt zu jedem Zeitpunkt heranzutragen zu können. So können Änderungswünsche als offene Punkte eines Projekts abgehandelt werden. Alle offenen Punkte liegen in der Verantwortung des Projektmanagers, werden in ein Register der offenen Punkte aufgenommen und in ähnlicher Art und Weise abgehandelt. Änderungsanträge müssen vom Lenkungsausschuss genehmigt werden. Dieser wird in der Regel eine Analyse der Auswirkungen der Änderung fordern. Spezifikationsabweichungen können direkt vom Projektmanager behandelt werden, wenn sie innerhalb vorgegebener Toleranzgrenzen liegen.

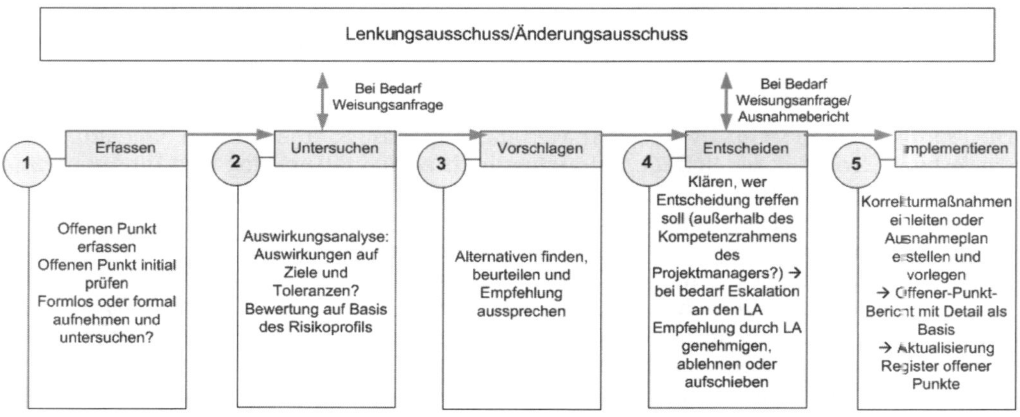

Abbildung 4.51: Steuerung der offenen Punkte (nach OGC-(PRINCE2™)Material, durch OGC lizenzierte Wiedergabe)

Erfolgreiche Change Requests führen im Projektverlauf mit der Genehmigung des Lenkungsausschusses zu Veränderungen der Ausgangsprodukte (*siehe Abbildung 4.51*). Hier hilft das Konfigurationsmanagement durch eine aktive Versionierung, den Überblick zu behalten. Dabei sollte allerdings auch beschrieben werden, wie Versionsnummerierungen aufgebaut sind und wie der Leser diese interpretieren kann, ohne im Dschungel von Nach- und Vorkommanummern verloren zu gehen.

Anforderungsmanagement umfasst im Allgemeinen folgende Tätigkeiten und Aufgaben:

1. Identifizierung neuer Anforderungen und offener Punkte (Capture): Hier findet eine erste Untersuchung statt, um die Frage zu klären, welche Art offener Punkt vorliegt. Zudem prüft der Projektmanager, ob der offene Punkt formlos gehandhabt werden kann oder formal verwaltet werden soll. So erfolgt eine Verringerung des administrativen Aufwands durch eine Vorab-Filterung und der Lenkungsausschuss wird nicht mit Anfragen überschwemmt.

   Formal gemanagte offene Punkte werden in das Register offener Punkte eingetragen und mit einer eindeutigen Kennziffer versehen. Der Offener-Punkt-Bericht liefert die Detailinformationen zum jeweiligen offenen Punkt. Bei Bedarf sollte dieser Bericht von der Person erstellt werden, die den offenen Punkt gemeldet hat.

2. Analyse (Examine): inhaltliche Detailklärung, Auswirkungen auf Projektergebnisse und andere Anforderungen, Erfolgskriterien für eine Umsetzung ermitteln, Toleranzen prüfen.

   Änderungen müssen entsprechend ihrer Auswirkungen für das Projekt und möglicher Folgen in Bezug auf Kosten, Nutzen und Risiken sowie ihrer relativen Wichtigkeit analysiert werden. Diese Auswirkungsanalyse (Impact analysis) sollte für das Projekt die drei Bereiche Unternehmen, Anwender (User) und Lieferanten (Supplier) umfassen. Vorab sollte der Projektmanager sich aber überlegen, wie detailliert eine solche Auswirkungsanalyse ausfallen sollte, um durch entsprechende Dauer und Aufwände nicht selber Planabweichungen herbeizuführen.

   Die Auswirkungsanalyse dient dem Identifizieren von Komponenten, welche potenziell von einer Änderung betroffen sind. Dazu gehören Plangrößen wie Zeit, Kosten, Qualität und Umfang, der Business Case, der den Nutzen repräsentiert, und das Risikoprofil des Projekts, d. h. die Risiken im Projektverlauf. So werden die sechs möglichen Toleranzbereiche abgeprüft. Möglicherweise ist hier auch die Frage zu stellen, ob Änderungen im Projekt Auswirkungen auf das übergeordnete Programm haben können.

   Möglicherweise sind nach der Auswirkungsanalyse auch Priorität und Schweregrad neu zu bewerten, das Register offener Punkte und der Offener-Punkt-Bericht sind gegebenenfalls zu aktualisieren und die relevanten Personen über Änderungen zu informieren. Bei Bedarf ist die Meinung des Lenkungsausschusses hinzuziehen (Weisungsanfrage).

3. Vorschläge erarbeiten (Propose): Umsetzungsalternativen und Maßnahmen identifizieren, Risken und Kosten ermitteln. Ist die Auswirkungsanalyse inklusive Priorität und Schweregrad abgeschlossen, sollten Alternativen geprüft (Ziele hinsichtlich Zeit, Kosten, Nutzen, Qualität, Projekt- und operative Risiken, Umfang) sowie eine angemessene und adäquate Lösung erarbeitet werden. Möglicherweise ist für eine Option dem Lenkungsausschuss ein Ausnahmebericht als Entscheidungsgrundlage vorzulegen.

4. Entscheidung treffen (Decide): Nachdem die Auswirkung eines Changes bewertet wurde und es offensichtlich ist, dass dieser die Toleranzgrenzen überschreitet, eskaliert der Projektmanager den Punkt an den Lenkungsausschuss oder zur Entscheidungsfindung an das Änderungsgremium. Das entsprechende Anliegen kann dabei über den Offener-Punkt-Bericht (Weisungsanfrage) oder über einen Ausnahmebericht transportiert werden. Der Benutzervertreter (Senior User) sollte notwendige Änderungen mit dem Auftraggeber und dem Lieferantenvertreter (Senior Supplier) diskutieren. Wenn die Änderung ein Projektprodukt tangiert, sollte auch geprüft werden, ob diese Änderung die Produktbeschreibung betrifft. Wenn ein Produkt bereits durch den Lenkungsausschuss genehmigt wurde, kann dieses Produkt nicht ohne Genehmigung des Lenkungsausschusses verändert werden.

In anderen Fällen kann der Projektmanager aber innerhalb der vorgegebenen Toleranzen agieren und die offenen Punkte lösen, ohne den Lenkungsausschuss hinzuziehen, wenn dies durch die Vorgaben in der Konfigurationsmanagement-Strategie möglich ist.

5. Umsetzung durchführen (Implement): Entsprechend der beiden Möglichkeit, die bereits im vorhergehenden Schritt dargestellt wurden, kann der Projektmanager zum einen die entsprechenden Korrekturmaßnahmen umsetzen. Folgt die Umsetzung, geschieht dies in Form eines neuen oder eines angepassten Arbeitspakets. Zum anderen kann der Projektmanager nach Aufforderung des Lenkungsausschusses einen Ausnahmeplan vorlegen. Diesen muss der Lenkungsausschuss genehmigen, um den Änderungsvorschlag umzusetzen.

   Unabhängig von der Option wird das Register offener Punkte und der entsprechende Offener-Punkt-Bericht aktualisiert und die relevanten Stakeholder informiert. Dies ist auch der Fall, wenn der offene Punkt geschlossen wird.

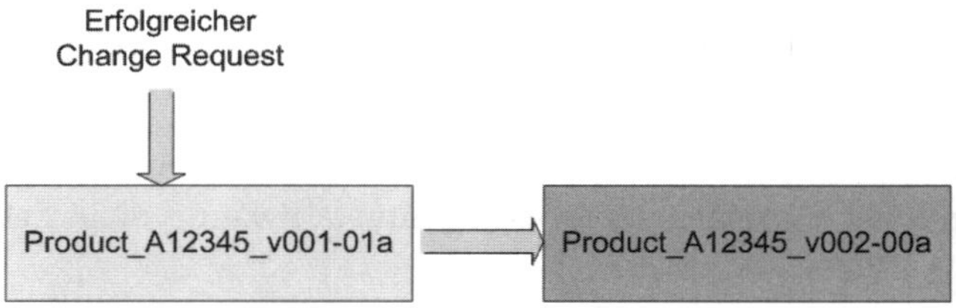

Abbildung 4.52: Versionierung

Zu diesen Aktivitäten, die durch die Neuaufnahme eines RfC von außen angestoßen werden, gesellt sich die davon unabhängige, iterative Aufgabe, die Liste der offenen Punkte regelmäßig zu überprüfen. Dabei sind insbesondere folgende Fragen zu klären:

- Sind noch alle Anforderungen gültig und widersprechen sie einander nicht?
- Wie wirken sich geänderte Prioritäten im Unternehmen auf die Anforderungen aus (z. B. Notwendigkeit, Reihenfolge ihrer Bearbeitung)?
- Haben sich Anforderungen verändert, erweitert oder präzisiert?

Die Herausforderung besteht nun darin, sicherzustellen, dass all diese Tätigkeiten während des Projekts tatsächlich ausgeführt werden.

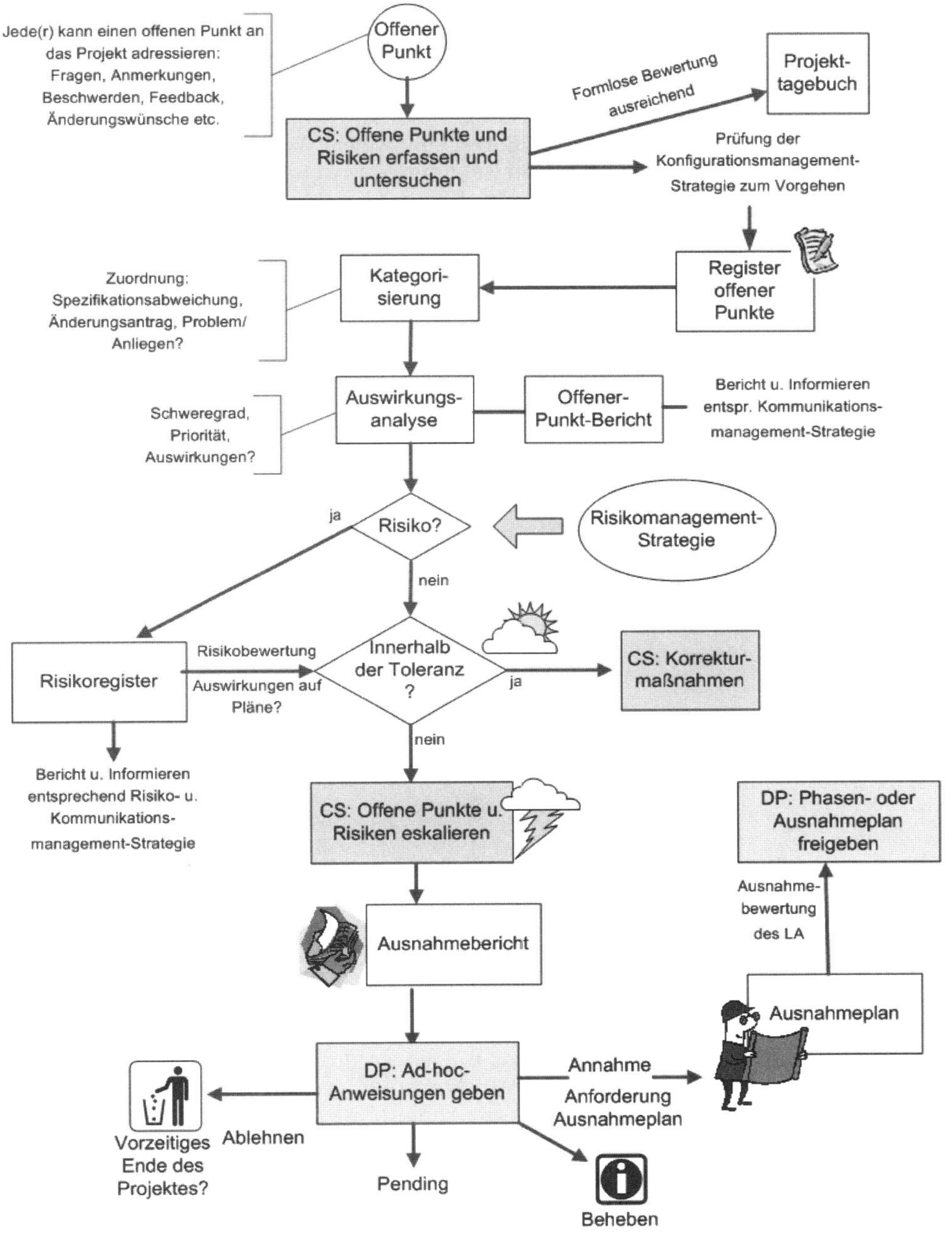

Abbildung 4.53: Mögliche Schritte in der Änderungssteuerung

4.6.5 Verbindung zu anderen Themen

Änderung und Fortschritt stehen als PRINCE2™-Themen untrennbar nebeneinander, sodass das eine ohne das andere nicht möglich wäre. Das Konfigurationsmanagement steht in einem engen Zusammenhang mit dem Thema Qualität. Ohne dieses Element würde die Qualität der Produkte leiden: Niemand würde wissen, welche Version die richtige ist oder Änderungen würden ungesteuert und ungetestet umgesetzt werden.

Im IP-Prozess wird darüber hinaus festgelegt, in welchem Umfang die Änderungssteuerung umgesetzt werden soll und ob es einen Änderungsausschuss geben soll. Dies verbindet die beiden Themen Änderung und Organisation miteinander. Eine weitere Verbindung besteht zum Thema Pläne, die zum einen der Änderungssteuerung unterworfen sind. Zum anderen spiegeln Pläne (auch hinsichtlich der produktbasierten Planung) freigegebene und umgesetzte Änderungen wider.

Konfigurationsmanagement-Strategie, Konfigurationsdatensatz und Produktstatusauskunft sind die zentralen Managementprodukte des Themas „Fortschritt".

4.7 Fortschritt/Progress

Das Thema Fortschritt beschreibt die Mechanismen, die genutzt werden, um den aktuellen Fortschritt des Projekts gegen die Planung zu prüfen, Prognosen und Vorhersagen aufzustellen und möglichen Planabweichungen entgegenzuwirken. So ist überhaupt erst eine Bewertung des aktuellen Projektstands und eine Antwort möglich, ob es sich lohnt, mit dem Projekt fortzufahren (*siehe Abbildung 4.54*).

> Das Thema „Fortschritt" steht im engen Zusammenhang mit den Prinzipien „Steuern über Managementphasen", „ständige geschäftliche Rechtfertigung" und „Steuern nach dem Ausnahmeprinzip".

Über die Mechanismen des Themas „Fortschritt" ist die Überprüfung möglich, ob sich die Phase oder gar das gesamte Projekt noch innerhalb der gesetzten Toleranzen bewegt. Geeignete Steuermittel helfen im Bedarfsfall dabei, Toleranzverletzungen zu eskalieren, durch Korrekturmaßnahmen eine Berichtigung des eingeschlagenen Wegs vorzunehmen oder den Lenkungsausschuss im positiven Fall über den bis dato reibungslos verlaufenden Fortschritt zu informieren. Da mindestens zu den Phasenübergängen eine Überprüfung des bisherigen Fortschritts und des Status erfolgt, unterstützt das Prinzip „Steuern über Managementphasen" die Fortschrittskontrolle. Die definierten Toleranzen des Prinzips „Steuern nach dem Ausnahmeprinzip" unterstützen die Fortschrittskontrolle, da so ein Rahmen vorgegeben wird, innerhalb dessen sich das Projekt bewegen kann, ohne dass der Projekterfolg gefährdet ist. Im Zusammenwirken der bisher genannten Aspekte wird die Basis für das Finden von Entscheidungen gelegt.

Abbildung 4.54: Steuerung des Fortschritts für alle Managementebenen – Wo stehen wir? Wo sollten wir stehen? Welche Entscheidungen gilt es zu treffen?

Da das Thema Fortschritt in engem Zusammenhang mit einer Vielzahl von Prinzipien steht, werden an dieser Stelle einige Inhalte noch einmal aufgegriffen und von einer anderen Sicht aus beleuchtet. Darüber hinaus setzen auch andere Themenbereiche Steuerung und Steuerungsmittel ein, wie z. B. beim Thema Risiko.

4.7.1 Steuerungsmittel/Controls

Steuerung beschäftigt sich mit dem Thema Entscheidungsfindung und stellt die zentrale Rolle im Projektmanagement dar. PRINCE2™ verwendet einen Standard-Steuerungskreislauf von Planung, Überwachung und Steuerung (*siehe Abbildung 4.57*). Dabei wird der Fortschritt beobachtet, ein Soll-Ist-Abgleich vollzogen, Pläne und Optionen geprüft und Probleme erkannt. Dies sollte dann im Bedarfsfall zu einer Korrektur oder zu einer Eskalation führen.

Steuerungsmittel unterstützen die für den Fortschritt relevanten Prinzipien und Themen unter PRINCE2™. So können die entsprechenden Managementebenen der Projektorganisation beurteilen, ob und in welchem Umfang die Ziele eines Plans (Projekt- oder Phasenplan, Arbeitspaket) erreicht wurden. Dabei wird die jeweilige Ebene durch die darüberliegende Ebene überwacht und gesteuert. Die Projektleitdokumentation beschreibt die Steuerungsmittel im Projekt.

Die Delegation von Aufgaben und Verantwortlichkeiten, zeit- und ereignisgesteuerte Fortschrittsberichte, das Melden von Abweichungen und Ausnahmen und die Einteilung des Projekts in Managementphasen unterstützen die Fortschrittssteuerung und damit die Arbeit von Lenkungsausschuss und Projektmanager.

Managementphasen

Durch die Aufteilung des Gesamtprojekts in managebare Abschnitte (Managementphasen) erhält die jeweilige Managementebene Prüf- und Entscheidungspunkte, die als Steuerungsmittel dienen, wie etwa Phasen- oder Projektende. Somit ist eine Managementphase als Zusammenstellung von Produkten mit den jeweiligen Aktivitäten zu sehen, die als Einheit innerhalb der Phase umzusetzen ist. Die Produkte aller Phasen bilden das Projektendprodukt und demnach ist eine Managementphase als Untermenge des Projekts zu interpretieren, die der Projektmanager im Auftrag des Lenkungsausschusses verwaltet. Der Lenkungsausschuss delegiert also Stückchen für Stückchen Teile des Projekts als leichter handhabbare Einheiten an die darunterliegende Managementebene, den Projektmanager. Dabei gibt der Lenkungsausschuss immer nur eine Managementphase gegenüber dem Projektmanager frei. Dies ist die Basis für das Prinzip „Management by Exception". Der Projektmanager muss die an die jeweilige Phase gebundenen Toleranzen, die durch den Lenkungsausschuss gesetzt sind, einhalten. Solange keine Überschreitungen der Toleranzen drohen oder eintreten, ist der Projektmanager befugt, Anpassungen und kleinere Korrekturen vorzunehmen.

Die bewusst gesetzten und wahrzunehmenden Entscheidungspunkte schaffen nicht nur die Möglichkeit, dass eine Entscheidungsfindung stattfindet, bevor es an die entsprechende Umsetzung der Maßnahmen geht, sondern auch, dass der Lenkungsausschuss bei jedem Phasenübergang den Projektfortbestand einer kritischen Überprüfung unterzieht. Der Lenkungsausschuss muss bewusst zu der Frage Stellung beziehen, ob sich das Projekt weiterhin lohnt und welche Einflüsse (v. a. von außen) das Projektergebnis gefährden könnten. Dies verhindert, dass ein Projekt unkontrolliert einfach weiter und immer weiter läuft.

Über die Aktivitäten im Zusammenspiel der Prozesse *Lenken eines Projekts* und *Managen eines Phasenübergangs* prüft der Projektmanager zum Ende der jeweiligen Phase Business Case und Projektplan, aktualisiert die weiteren relevanten Managementprodukte und erstellt einen Phasenabschlussbericht. Für die nächste Phase erstellt er einen Phasenplan. Diese Produkte legt der Projektmanager dem Lenkungsausschuss vor, damit dieser den Phasenabschluss bewerten kann und in der Lage ist, aufgrund der Planungsinformationen die nächste Phase freizugeben oder den Umfang anzupassen. Die Freigabe kann nur dann erfolgen, wenn das Projekt den definierten Nutzen erreichen wird und sich wirtschaftlich lohnt. Ohne die entsprechende Basis eines validen Business Case sollte der Lenkungsausschuss das Projekt vorzeitig beenden.

Die Vereinbarung der Managementphasen findet in der Initiierungsphase statt. PRINCE2™ verlangt mindestens zwei Phasen (*siehe Abbildung 4.55*). Die Initiierungsphase als Managementphase bietet einen wichtigen Entscheidungspunkt mit der Frage, ob das entsprechende Projekt sich wirtschaftlich lohnt und mit der Umsetzungsphase starten kann.

Im „worst case" gibt es nur eine Phase. Dies ist dann der Fall, wenn nach der Initiierungsphase keine Freigabe für die Umsetzungsphasen durch den Lenkungsausschuss erfolgt und das Projekt abgebrochen wird.

Ist ein Projekt nicht als bloße Maßnahme zu verstehen, sondern als komplexes Unterfangen auf dem Weg, das Projektergebnis über eine notwendig hohe Anzahl an Leistungstagen, hohem Risiko, gemeinsame Anforderung von Lenkungsausschuss und Projektmanager und langer Laufzeit umzusetzen, sind mehr als zwei Phasen notwendig, die eine adäquate Zerlegung und dementsprechende Steuerung ermöglichen. Eine Verkürzung der Managementphasen dient einer erhöhten Steuerung durch den Lenkungsausschuss. Hier gilt so viel wie nötig, so wenig wie möglich, um ein Zuviel an Steuerung mit entsprechenden Aufwänden zu vermeiden. Die Managementphasen werden in den Projektplan als Teil der Projektleitdokumentation aufgenommen und verlaufen sequentiell. Hier leistet die produktbasierte Planung Hilfestellung.

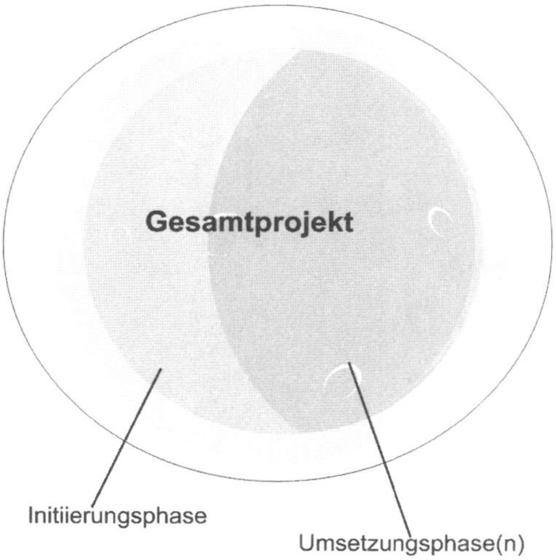

Abbildung 4.55: Minimale Phaseneinteilung eines Projekts

Zu Projektbeginn, wenn die Unsicherheit noch besonders groß ist, das Team sich noch finden muss oder die Komplexität noch nicht vollends zu überblicken ist, empfiehlt es sich (genau wie zum Projektende hin), die Phasen eher kürzer zu gestalten. In der Mitte des Projekts sind die Managementphasen meist länger, wobei die Phasen jeweils unterschiedlich lang ausfallen können. Eine wichtige Rolle bei der Festlegung der Phasenlänge spielen der jeweilige Planungshorizont, das Festlegen definierter Entscheidungspunkte, gegebenenfalls die technischen Phasen innerhalb eines Projekts, die Abstimmung mit den Programmaktivitäten und die Risikobelastung.

Managementphasen und technische Phasen

Managementphasen unterscheiden sich zwar von den technischen Phasen im Projektverlauf, sollten aber im Idealfall zusammen enden. Technische Phasen verlaufen z. T. überlappend, richten sich oft nach den verwendeten Techniken und sind von Spezialistenwissen und dem Einsatz von Fachleuten geprägt, können aber, um eine Angleichung mit den Managementphasen herzustellen, aufgeteilt werden (*siehe Abbildung 4.56*).

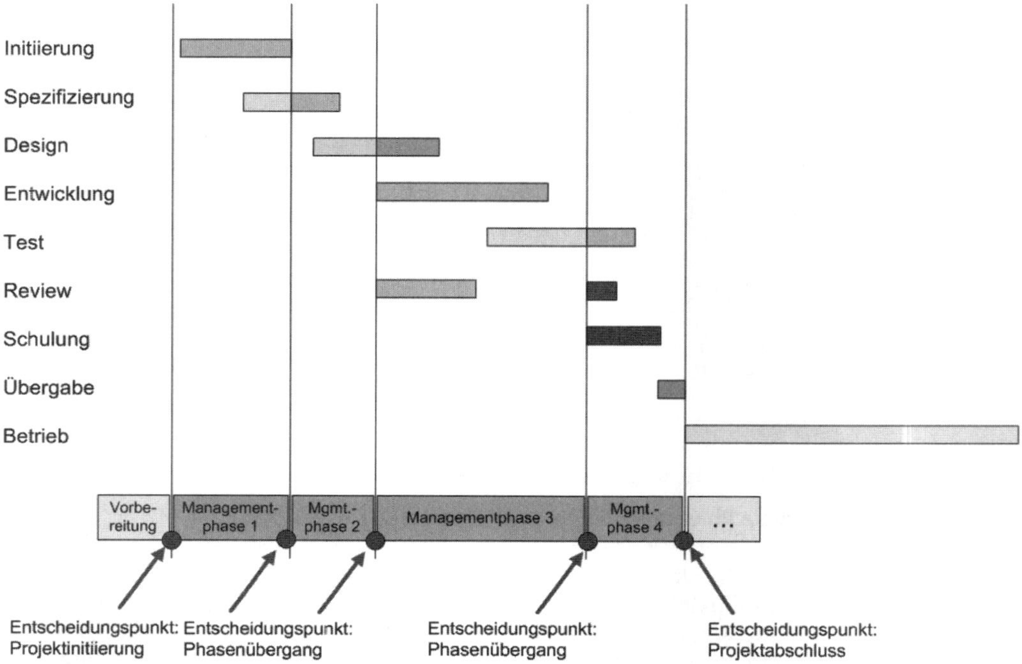

Abbildung 4.56: Managementphasen und technische Phasen

Managementphasen verlaufen streng hintereinander, überlappen nicht und richten sich in Bezug auf die Entscheidungspunkte der Phasenübergänge auch an der Freigabe von Mitteln und Ressourcen aus.

Toleranzen, Delegation und Ausnahmen

Die Steuerungsmittel für die Projektlenkung durch den Lenkungsausschuss unterstützen das Prinzip „Management by Exception“ und basieren auf der Forderung, dass die Steuerung des Projekts über Managementphasen erfolgt. Bei der Freigabe der nächsten Phase vergibt der Lenkungsausschuss die Toleranzen für die anstehende Phase, die der Projektmanager verwendet, um daraus die Toleranzen für die zu vergebenden Arbeitspakete herunterzubrechen. Dies bedeutet, dass der Lenkungsausschuss z. B. nur eingreift, wenn die Gefahr besteht, dass die mit dem Projektmanager vereinbarten Toleranzen überschritten werden. Toleranzgrenzen für das Projekt werden vom Unternehmens- oder Programm-Management gesteckt und ihre Existenz vom Auftraggeber geprüft. Toleranzen stellen somit Steuerungsmittel zwischen den Managementebenen dar.

Toleranzen geben den Rahmen für Projekt, Phase und Arbeitspaket vor. Diese definierten Grenzen, die von der darüberliegenden Managementebene vorgegeben werden, definieren die bewilligten Abweichungen. Innerhalb dieser Rahmenparameter können die zuständigen Personen entsprechend ihrer Rolle und Verantwortlichkeiten „frei“ agieren und es besteht ein Spielraum für Korrekturmaßnahmen, falls die Dinge nicht exakt nach Plan laufen. Ein „Anrufen“ der nächsthöheren Managementebene ist nicht notwendig und nicht gewollt. Erst wenn diese zulässigen Rahmenbedingungen drohen verletzt zu werden, besteht eine Ausnahme, die an die darüberliegende Managementebene eskaliert wird (*siehe Abbildung 4.57*).

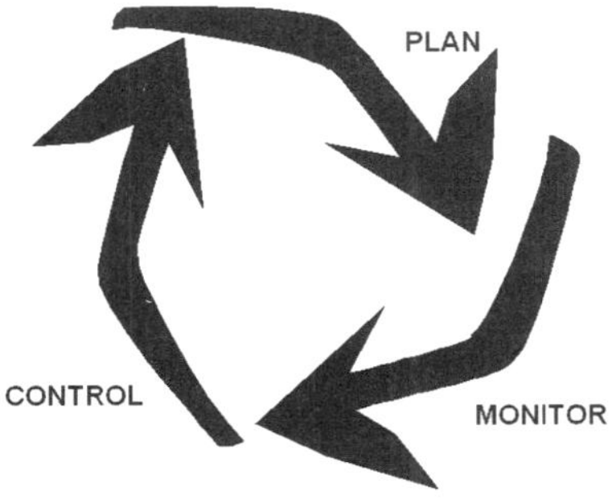

Abbildung 4.57: Steuerungskreislauf unter PRINCE2™:
Fortschritt beinhaltet Mechanismen zur Steuerung, Überwachung und Kontrolle.

Somit legt das Unternehmens- und Programm-Management Anforderungen und alle sechs Toleranzarten für das Projekt fest. Dies ist der große Rahmen, nach dem sich die Managementebenen (Lenkungsausschuss, Projektmanager, Teammanager) in der Projektorganisation ausrichten. Überschreiten die Rollen der Ebenen Lenken, Managen, Liefern diese Toleranzen, wird eine Eskalation initiiert. Wichtig ist, dass das Unternehmens- oder Programm-Management nicht Teil der Projektorganisation ist.

Der Lenkungsausschuss kann auf Projektebene innerhalb der gesteckten Toleranzen frei agieren und das Projekt steuern. Aus den Toleranzen für das Projekt leitet er die Phasentoleranzen für den Projektmanager ab. Genau wie das Unternehmens- und Programm-Management den Fortschritt und den Status des Projekts prüft und daraus seine Entscheidungen ableitet, so nimmt der Lenkungsausschuss die Überprüfung des Fortschritts für die Phase vor und behält sich die Entscheidungsfindung auf Phasenebene vor. Hat der Fortschritt der Phase Auswirkungen auf das Projekt, muss der Lenkungsausschuss agieren. Möglicherweise bedeutet diese Aktion dann umgekehrt wieder Konsequenzen für die Phase und das Arbeitspaket. Genau diese potenzielle Dynamik zwischen den Managementebenen, innerhalb und außerhalb des Projekts, beeinflusst als Spannung und Energie das Projektgeschehen. So wird deutlich, warum Toleranzen und Managementphasen Hand in Hand dafür sorgen, dass weder eine „Überkontrolle" noch ein „Kontrollverlust" das Gebilde Projektmanagement zum Einsturz bringen.

Dafür sorgt auch der Projektmanager, der wiederum zur Steuerung einer Managementphase die ihm zugewiesenen Toleranzen nutzt. Sind Toleranzüberschreitungen absehbar, kontaktiert er den Lenkungsausschuss entsprechend dem Prinzip „Management by Exception". Darüber hinaus handelt er in Abstimmung mit dem Teammanager die Toleranzen für ein Arbeitspaket (oder mehrere Arbeitspakete) aus. Der Teammanager ist sich seiner Verantwortung für das übergebene Arbeitspaket bewusst, agiert innerhalb der Toleranzgrenzen und meldet Abweichungen von den definierten Toleranzgrenzen an den Projektmanager, um von ihm eine entsprechende Entscheidung zu erhalten. Es ist wie eine Art Kreislauf aus Delegation in Bezug auf Projekt, Phase und Arbeitspaket mit entsprechenden Toleranzen sowie Eskalation und Kommunikation des Fortschritts (*siehe Abbildung 4.58*).

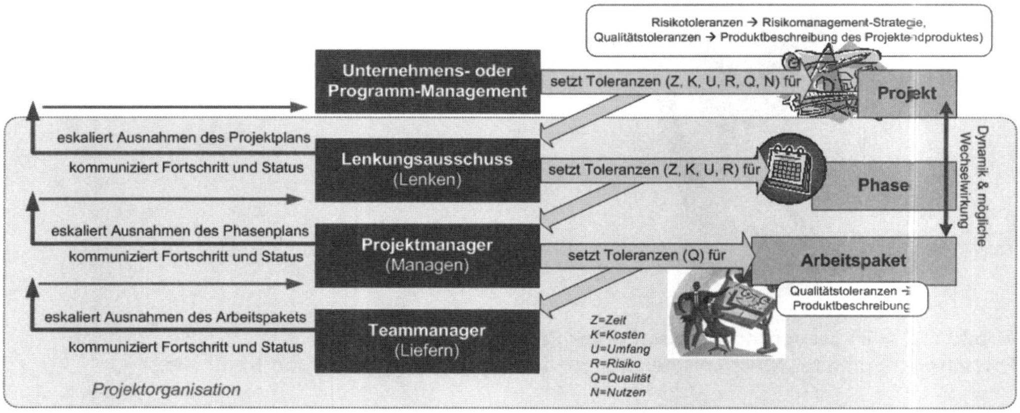

Abbildung 4.58: Setzen von Toleranzen und Darstellung der Berichtswege (nach OGC-(PRINCE2™)Material, durch OGC lizenzierte Wiedergabe)

Toleranzgrenzen werden für sechs Elemente gesetzt, wobei Kosten und Zeit die bekanntesten Toleranzobjekte darstellen:

- Kosten (Beträge im Budgetplan): Toleranzen werden über den Projektplan für das Projekt, über den Phasenplan auf Phasenebene und für das Arbeitspaket im Arbeitspaket definiert. Toleranzen auf Produktebene hinsichtlich der Kosten existieren nicht.
- Zeit (Termine und Zeitangaben hinsichtlich des Zieldatums oder der Plandauer): Toleranzen werden über den Projektplan für das Projekt, über den Phasenplan auf Phasenebene und für das Arbeitspaket im Arbeitspaket definiert. Toleranzen auf Produktebene hinsichtlich der Kosten existieren nicht.
- Umfang (Zulässige Abweichung des Umfangs und der Prioritäten): Der Umfang wird durch die Gesamtheit der Produkte vorgegeben und durch eine Erläuterung im Produktstrukturplan festgeschrieben. Diesbezügliche Toleranzen werden über den Projektplan für das Projekt, über den Phasenplan auf Phasenebene und für das Arbeitspaket im Arbeitspaket definiert, wobei Toleranzen für Phasen- und Arbeitspaketsebene besonders bei der Verwendung agiler Methoden hilfreich sein können. Toleranzen auf Produktebene hinsichtlich des Umfangs existieren nicht.
- Nutzen (Angabe des geplanten Nutzens in weichen Angaben, z. B. mindestens XY, durchschnittlich oder über das gesamte Unternehmen/die Tochter-Organisationen ABC den Wert XYZ): Diesbezügliche Toleranzen werden auf den im Business Case beschriebenen und angestrebten Nutzen angewendet. Toleranzen auf Phasen-, Arbeitspaket- oder Produktebene hinsichtlich des Nutzens existieren nicht.
- Qualität (Qualitäts- bzw. Akzeptanzkriterien mit einer gewissen Ober- und Untergrenze): Toleranzen werden über die Produktbeschreibung des Projektendprodukts für das Projekt definiert. Auf Phasenebene und für das Arbeitspaket existieren keine Toleranzen für die Qualität. Die jeweilige Produktbeschreibung enthält die Toleranzen auf Produktebene hinsichtlich der Qualität.
- Risiko (Ober- bzw. Untergrenze in Bezug auf alle Chancen/Bedrohungen und Grenzwert für bestimmte Bedrohungen/Chancen): Die Risikomanagement-Strategie beschreibt die Toleranzen auf Projektebene, den Phasenplan auf Phasenebene nach Abstimmung zwischen LA und Projektmanager und die Toleranzen für das Arbeitspaket sind im Arbeitspaket nach Klärung durch Projektmanager und Teammanager definiert. Letzteres ist besonders in der Zusammenarbeit mit externen Lieferanten wichtig.

4.7.2 Einsatz der Steuerungsmittel

Die vorwiegende Art der Steuerung verläuft unter PRINCE2™ ereignisgesteuert und findet dann aufgrund eines bestimmten Ereignisses statt, wie etwa das Treffen von Entscheidungen beim Phasenübergang oder das Einreichen eines Ausnahmeberichts aufgrund einer Toleranzüberschreitung. Es sind Ereignis- und Aktionsketten, die hier als Steuerungsmechanismen ineinandergreifen.

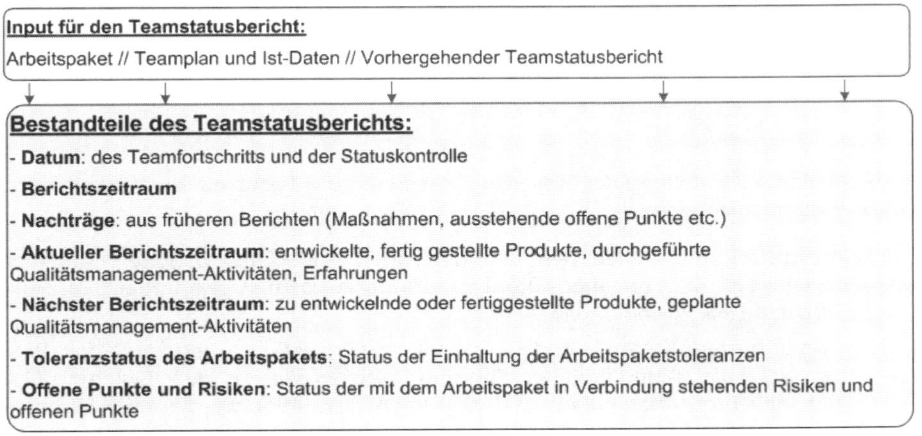

Abbildung 4.59: Der Teamstatusbericht ist neben dem Projektstatusbericht ein zeitgesteuertes Steuerungsmittel. Das abgestimmte Berichtsintervall wird im Arbeitspaket beschrieben.

Lediglich Teamstatusbericht/Checkpoint Report (*siehe Abbildung 4.59*) und Highlight Report/Projektstatusbericht stellen zeitgesteuerte Steuerungsmechanismen dar. Diese werden „regelmäßig" erstellt und an die nächsthöhere Ebene zur Fortschrittsüberwachung kommuniziert. Überwachung und Reporting basieren auf diesem zeitgesteuerten Ansatz, weil nur so ein konsistentes Bild des Fortschritts dargestellt werden kann. Wie oft beispielsweise ein Teamstatusbericht vom Teammanager aktualisiert und dem Projektmanager übergeben werden soll, wird im jeweiligen Arbeitspaket definiert. Dies widerspricht nicht dem Prinzip „Management by Exception", da es sich hier nicht um Besprechungen handelt und der Teammanager Ausnahmen als offene Punkte eskaliert. Allerdings werden die Mitarbeiter der Projektsicherung mehr oder weniger regelmäßig Projektmanager und Teammanager kontaktieren.

4.7.3 Mögliche Steuerungsmittel des Lenkungsausschusses

Projektmanager und Lenkungsausschuss bedienen sich unterschiedlicher Steuerungselemente, wobei die Aufteilung der Steuerungsmittel in der nachfolgenden Darstellung keine strikte Trennung in Bezug auf die Managementebenen darstellt. Es gibt zahlreiche Steuerungsmittel, die sowohl vom Projektmanager als auch vom Lenkungsausschuss verwendet werden (z. B. das Erfahrungsprotokoll oder der Erfahrungsbericht).

Steuerungsinstrumente Projektmanager	Steuerungsinstrumente Lenkungsausschuss
Arbeitspakte und Produktbeschreibungen	Projektvorbereitung und Business Case
Qualitätsregister als objektiver Nachweis des Fortschritts, aus den Prüfungsmeetings	Bewertung zum Phasenende und Phasenplan
Risikoregister, Register offener Punkte	Projektabschluss und Produktbeschreibung, Projektplan
Teamplan	Statusberichte
Teamstatusbericht	Ausnahmeberichte (Offener-Punkt-Bericht)
Produktstatusauskunft	Projekttoleranzen → Phasenplan und Phasentoleranzen, Produkt-Checkliste
Erfahrungsprotokoll und -bericht	

Tabelle 4.1: Beispielhafte Darstellung der Steuerungsinstrumente in Bezug auf die Verwendung unterschiedlicher Hierarchieebenen

Weitere Steuerungsmittel sind neben den übergreifenden und obligatorischen Managementphasen beispielsweise die Freigaben, die der Lenkungsausschuss gegenüber dem Projektmanager im Prozess *Lenken eines Projekts* erlässt:

- Projektinitiierung und -start: Kontrolle und Freigabe für die Projektinitiierung (nach dem Prozess *Vorbereiten eines Projekts*) und Projektfortführung (*Initiieren eines Projekts*). Durch die Genehmigung des Initiierungsphasenplans und der Projektbeschreibung, die im SU-Prozess erstellt werden, wird das Projekt kontrolliert durch den Lenkungsausschuss freigegeben. Dies ist der offizielle Projektstart. Anschließend werden in der Initiierungsphase Managementprodukte wie beispielsweise Projektleitdokumentation, Projektplan, Risikoregister, Kommunikationsmanagement-Strategie, Erfahrungsprotokoll, Nutzenrevisionsplan und Business Case erstellt oder aktualisiert.
- Phasenübergänge (im Projektverlauf): Über das Zusammenspiel der Prozesse *Lenken eines Projekts* und *Managen eines Phasenübergangs* wird der Übergang von der aktuellen in die nachfolgende Managementphase ermöglicht. Nähert sich die aktuelle Phase ihrem Ende, bereitet der Projektmanager eine Reihe von Produkten vor. Dies dient zum einen dazu, die Ergebnisse der aktuellen Phasen zu kommunizieren und freigeben zu lassen. Dazu werden als Steuerungsmittel Spezialistenprodukte, Phasenabschlussbericht, Erfahrungsbericht und Risikoregister verwendet.

  Um den Plan für die nächste Phase explizit zu genehmigen, legt der Projektmanager einen Ausnahme- oder Phasenplan, aktualisierte Projektleitdokumentation und Nutzenrevisionsplan vor. Sodann kann der Lenkungsausschuss prüfen, ob der Phasen- bzw. Ausnahmeplan realisierbar und valide ist, der Projektplan noch gültig ist und ob den aufgestellten und abgestimmten Strategien entsprochen wird. Darüber hinaus muss der Business Case den gewünschten Nutzen erbringen, der über den Nutzenrevisionsplan überprüfbar bleibt. Der Projektmanager legt allerdings nur dann einen Ausnahmeplan vor, wenn in der aktuellen Phase eine Ausnahme als Toleranzüberschreitung aufgetreten ist, er einen Ausnahmebericht zur Eskalation vorgelegt hat und danach vom LA aufgefordert wurde, einen Ausnahmeplan zu erstellen.

  Aufgrund der Entscheidung des Lenkungsausschusses, die aktuelle Phase zu genehmigen und die nächste freizugeben, werden die in den Plänen beschriebenen Ressourcen freigegeben und die Toleranzen definiert. Der Lenkungsausschuss informiert nach der Freigabe das Unternehmens- oder Programm-Management.

  Erfahrungsprotokoll und –bericht unterstützen die Organisation hinsichtlich des Grundprinzips „Lernen aus Erfahrungen".

- Projektende: Bevor ein Projekt von allen Beteiligten als erfolgreich und vom Lenkungsausschuss als abgeschlossen erklärt werden kann, müssen definierte Vorgaben und Anforderungen erfüllt sein. Dies bezieht sich z. B. auf die Anforderungskriterien der Kundenseite, die Absprachen und Aktionen in Richtung Betrieb und Wartung, Folgeaktionen für die noch offenen Punkte und die Planung der Projektrevision. Die Genehmigung des Projektendes wird vom Lenkungsausschuss über die DP-Aktivität *Projektabschluss bestätigen* vorgenommen.
  - Projektabschlussbericht für den Lenkungsausschuss als Rechtfertigung für das Projekt mit der Beschreibung von Endergebnis, Kosten, Auswertung der Änderungen etc.
  - Erfahrungsbericht auf Basis des Erfahrungsprotokolls
  - Nutzenrevisionsplan für die Überprüfung des Projektnutzens aus dem Business Case nach Projektende, außerhalb von PRINCE2™

Im Projektverlauf dienen die Informationen über den Verlauf des Fortschritts („Fortschrittsmeldungen") dem Lenkungsausschuss als wichtiges Steuerungsmittel, um einschätzen zu können, wo das Projekt aktuell steht.

- Projektstatusbericht vom Projektmanager an den Lenkungsausschuss, Fortschrittsbericht, findet in der CS-Aktivität *Über Projektstatus berichten* statt, wenn der Projektmanager den Projektstatusbericht an den Lenkungsausschuss kommuniziert.
- Phasenabschlussbericht vom Projektmanager an den Lenkungsausschuss zum Ende jeder Phase (außer zum Projektabschluss) und zur Freigabe der nächsten Phase. Dieser Bericht enthält Angaben darüber, inwiefern die Phasenziele erreicht wurden, und lässt eine Bewertung des Projekts am Ende der aktuellen Phase zu. Der Managementphasenübergang bietet auch die Möglichkeit, personelle Umbesetzungen und eine Veränderung der Projektorganisation vorzunehmen.
- Erfahrungsprotokoll: Bewertung der Managementaktivitäten im Phasenverlauf, mindestens zu jedem Phasenende, Basis für den Erfahrungsbericht am Projektende. Erfahrungsprotokoll und -bericht unterstützen den Projektmanager hinsichtlich des Grundprinzips „Lernen aus Erfahrungen".

Der Lenkungsausschuss muss über Ausnahmen und Änderungen informiert werden, um gemeinsam mit dem Projektmanager Entscheidungen treffen zu können. Darüber hinaus darf nicht vergessen werden, dass der Lenkungsausschuss selber auch gegenüber dem Programm- und Unternehmens-Management auskunftsfähig sein muss. Dazu gehört auch, dass er über Abweichungen der Planungen, Ausnahmen und unvorhergesehene Ereignisse informiert sein muss.

- Handhabung von Ausnahmesituationen und sich abzeichnenden Problemen: Offene Punkte und Register offener Punkte, die u. a. während der Phasensteuerung und als Indikator für mögliche Probleme und Risiken verwendet werden. Um dementsprechend Ausnahmen zu kommunizieren, reicht der Projektmanager den Ausnahmebericht an den Lenkungsausschuss, Ausnahmeplan und Ausnahmebewertung, Phasenendbewertung und die DP-Aktivität *Phasen- oder Ausnahmeplan freigeben* folgen.

4.7.4 Mögliche Steuerungsmittel des Projektmanagers

Der Projektmanager ist hinsichtlich der Fortschrittssteuerung der Phase auf eine enge Zusammenarbeit mit dem Teammanager angewiesen, an den er die Arbeitspakete der jeweiligen Phase übergibt, um die gesteckten Phasenziele zu erreichen und die vom Lenkungsausschuss vorgegebenen Toleranzen nicht zu verletzten. Genauso wie der Lenkungsausschuss gegenüber dem Programm- und Unternehmens-Management auskunftsfähig sein sollte, muss der Projektmanager dem Lenkungsausschuss den Fortschritt und den aktuellen

Status mitteilen können. Die relevanten Informationen dazu erhält er durch die Steuerungsmittel, die zwischen ihm und dem Teammanager ausgetauscht werden.

Durch die Schnittstellen der beiden Prozesse *Managen einer Produktlieferung* (MP-Prozess des Teammanagers zur Erstellung der Spezialistenprodukte) und *Steuern einer Phase* (CS-Prozess des Projektmanagers zur Umsetzung der täglichen Projektarbeit) erfolgt die Freigabe und Genehmigung des Projektmanagers als Auftrag für ein oder mehrere Arbeitspakete in Abstimmung mit dem Teammanager. Genau wie der Projektmanager erst nach der entsprechenden Freigabe durch den Lenkungsausschuss die Umsetzung der nächsten Phase angeht, so macht sich der Teammanager oder ein Spezialist aus dem Team erst dann an die Umsetzung des Arbeitspakets, wenn die Freigabe durch den Projektmanager erfolgt ist. Dazu gehört auch die Vorgabe der relevanten Arbeitspakettoleranzen:

- Arbeitspaket: Steuerungsmittel für den Projektmanager in Richtung Teammanager und Produkterstellung, beinhaltet u. a. Produktbeschreibung und definierte Toleranzen.
- Produktbeschreibung: Steuerungsmittel für ein Produkt, das u. a. beschreibt, warum es für das Projekt notwendig ist, wie es aussehen wird und welche Funktion es besitzen muss, welche Bestandteile es enthält und welche Anforderungen es erfüllen muss. Im engeren Sinne dient die Produktbeschreibung dem Lenkungsausschuss als Steuerungsmittel, da der Lenkungsausschuss die Produktbeschreibung abzeichnet.

Informationen zum bisherigen Fortschritt („Fortschrittsmeldung") und aktuellen Status erhält der Projektmanager über das zeitgesteuerte Steuerungsmittel Teamstatusbericht über den Teammanager oder die Spezialistenteam-Mitglieder.

- Teamstatusbericht vom Team- an den Projektmanager, Berichtszyklus: regelmäßig entsprechend den Anforderungen im Arbeitspaket

Anhand der Berichte und Register kann der Projektmanager eine Fortschrittsüberprüfung vornehmen sowie relevante offene Punkte und Risiken einer genaueren Betrachtung unterziehen. Bei Bedarf eskaliert der Teammanager Toleranzüberschreitungen als Ausnahme über einen offenen Punkt an den Projektmanager.

- Qualitätsprüfung und Qualitätsregister: Überprüfung des erstellten Produkts auf Basis der Produktbeschreibung. Die Planung erfolgt über den Projektmanager während der Phasenplanung. Ergebnisse fließen in das Qualitätsregister ein. Diese beiden Produkte dienen der Qualitätssteuerung.
- Änderungssteuerung, Konfigurationsmanagement und Register offener Punkte: Steuerungsmittel für den Projektmanager, um mögliche Änderungen im Projektverlauf und an den Vorgaben kontrollieren und steuern zu können. Hier spielt auch das Konfigurationsmanagement eine Rolle, da dort Produkte und deren Status dokumentiert werden.
- Risikoregister: Erkannte Risiken, ihre Analyse und das Managen werden dokumentiert.

4.7.5 Verwendung der Steuerungsmittel

Steuerungsmittel sind nicht isoliert als Managementprodukte zu betrachten, sondern stehen in unmittelbarem Zusammenhang mit anderen Managementprodukten und Steuerungsmitteln.

Steuerung des Fortschritts

Abhängigkeiten zwischen Themen, Prinzipien und Managementprodukten werden auch genutzt, um Steuerungsmittel voneinander abzuleiten und die Steuerung des Gesamtprojekts auf die jeweilige Managementebene herunterzubrechen und die Steuerung für alle beteiligten Rollen zu vereinfachen. Die Steuerungsmittel, die zu diesem Zweck herangezogen werden, tragen die Bezeichnung „Baseline-Managementprodukte“ (*siehe Abbildung 4.60*). Sie stellen (wie die Bezeichnung bereits andeutet) die Basis für weitere Management- oder Spezialistenprodukte dar und auch für die relevante Steuerung. Anhand des Phasenplans lässt sich dies wie folgt darstellen:

- Der Phasenplan leitet sich aus dem Projektplan, der Projektbeschreibung und der Projektleitdokumentation ab und muss konform sein mit dem Business Case.
- Er enthält Toleranzen, die durch den Lenkungsausschuss vorgegeben sind. Bei (drohender) Toleranzverletzung kommuniziert bzw. eskaliert der Projektmanager dies über einen Ausnahmebericht an den Lenkungsausschuss.

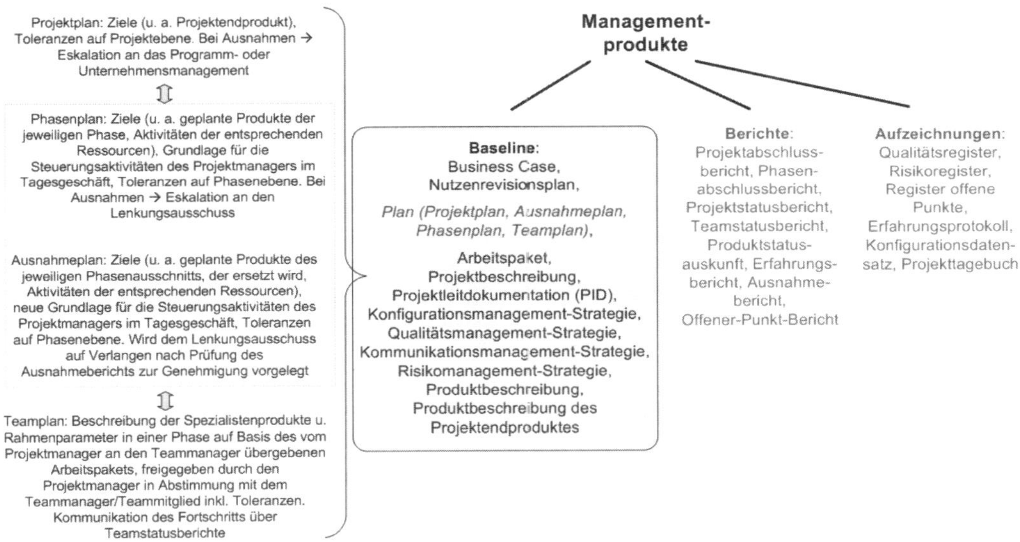

Abbildung 4.60: Baseline-Managementprodukte beschreiben bestimmte Projektaspekte als Ausgangsbasis und dienen so als Steuerungsmittel der Steuerung des Fortschritts. Aufzeichnungen sind dynamische Managementprodukte, die Informationen über den Fortschritt enthalten. Berichte dienen einer spezifischen Momentdarstellung eines Status.

Pläne dienen nicht nur als Planungsbasis, sondern auch als Mittel zum Soll-/Ist-Abgleich bei der Fortschrittsprüfung. Projektplan, Phasen-/Ausnahmeplan und Arbeitspaket bauen aufeinander auf, sind voreinander abhängig und stellen den jeweils relevanten Ausschnitt des Projekts für die entsprechende Zielgruppe und Managementebene dar (*siehe Abbildung 4.60*).

Überprüfung des Fortschritts

Die Fortschrittsüberprüfung des Projektmanagers findet im CS-Prozess *Steuern einer Phase* statt. Hier sind dem Projektmanager die Steuerungsmittel Teamstatusbericht und weitere Projektregister und -protokolle behilflich. Nach Abstimmung zwischen Projektmanager und Teammanager finden sich die Angaben zum Berichtszyklus des Teamstatusberichts im Arbeitspaket.

Die Informationen aus dem Register offener Punkte und dem Qualitätsregister lassen eine Einschätzung der „Problemlage“ im Projekt zu und wie viel Arbeiten noch umzusetzen sind bzw. wie viele Nachbesserungen noch auf Umsetzung warten. Hier ist es wichtig, sich nicht auf ein einzelnes Steuerungsmittel zu fokussieren, sondern das Gesamtbild zu erfassen, den Überblick zu behalten und Trends ausmachen zu können. Folgende Steuerungsmittel unterstützen den Projektmanager dabei:

- Projekttagebuch für Projekt- oder Teammanager für die eigenen Aktivitäten und deren Überwachung, Aufzeichnung von Maßnahmen. So gehen keine Informationen verloren und sie können bei Bedarf in ein anderes Register übertragen werden.
- Register offener Punkte mit Details aller bisher aufgenommenen offenen Punkte. Änderungsanträge gelten als offene Punkte und werden in der Liste der offenen Punkte festgehalten und bearbeitet. Nehmen die offenen Punkte sprunghaft zu oder bleiben diese zu lange ungelöst, könnte dies ein Indiz für sich anbahnende Probleme sein, denen es Maßnahmen entgegenzusetzen gilt.
- Qualitätsregister mit den Einzelheiten zu geplanten und bisher umgesetzten Aktivitäten zum Thema Qualität. Auch die Inhalte dieses Managementprodukts lassen Rückschlüsse zu: Sollten mehr und mehr Produkte die Qualitätsprüfung nicht bestehen, nachlässige, kleine Fehler sich häufen, Qualitätsaktivitäten nicht umgesetzt werden oder immer wieder verschoben werden, ist es an der Zeit, gegenzusteuern.
- Risikoregister als Liste der aufgedeckten Risiken. Die Risikoanzahl nimmt im Projektverlauf normalerweise ab, da die Unsicherheiten abnehmen, die Erfahrung des Teams wächst, bessere Einschätzungen und Trends möglich sind und das Projektmanagement-Team „sich warmgelaufen" hat. Sollte sich eine umgekehrte Entwicklung abzeichnen und Risiken (v. a. mit hoher Eintrittsnähe und hohen Auswirkungen) zutage treten, gilt es, Gegenmaßnahmen zu ergreifen, die allerdings den Fortschritt verzögern, da sich das Projekt dann erst einmal um das Risikomanagement kümmert.
- Produktstatusauskunft als „Snapshot" lässt eine Aussage zu einem definierten Zeitpunkt in Bezug auf ein Produkt, eine Konfiguration oder das Projektendprodukt zu. Plan- und Ist-Daten können hierbei zur Fortschrittskontrolle gegenübergestellt werden. Die Konfigurationsdatensätze bilden die Basis für die Produktstatusauskunft.

Berichte über den Fortschritt

Teamstatus- und Projektstatusbericht sind zeitgesteuerte Managementprodukte, die im Projektverlauf verwendet werden, um zwischen den Managementebenen die relevanten Fortschrittsinformationen auszutauschen und der übergeordneten Managementebene einen Einblick zu verschaffen. Allerdings ist das Steuerungs- und Informationsbedürfnis im Projektverlauf unterschiedlich groß. Während der Projektlaufzeit beeinflussen unterschiedliche Faktoren dieses Bedürfnis in unterschiedlicher Art und Weise. Am Anfang und zu Beginn des Projekts ist vielfach eine stärkere Steuerung angebracht. Hier sind auch die Managementphasen kürzer, um dies zu unterstützen.

Hat die Projektorganisation schon mehrere Projekte miteinander umgesetzt, sind die Unsicherheiten geringer und das Verhältnis ist meist vertrauensvoller. Gegebenenfalls ist aber auch das Gegenteil der Fall und anhand der bisherigen (eher negativen Erfahrungen) erscheint ein „Mehr" an Steuerung angebracht. Allerdings schafft ein erfahrenes, professionelles Team einen Vertrauensvorschuss, das längere Berichtszyklen zulässt.

Folgende Steuerungsmittel werden bei der Berichterstattung zum Fortschritt eingesetzt:

- Teamstatusbericht: In der Kommunikation zwischen CS- und MP-Prozess legt der Teammanager dem Projektmanager den aktuellen Status und den bisherigen Fortschritt dar. Wie oft, mit welchen Inhalten und in welcher Form dies geschieht, wird bei der Übergabe des Arbeitspakets vom Projektmanager an den Teammanager vereinbart und im Arbeitspaket festgeschrieben. Der Projektmanager benötigt die Teamstatusberichte, um (nicht nur) aus ihnen den Projektstatus ableiten und diesen an den Lenkungsausschuss kommunizieren zu können.

- Projektstatusbericht/Highlight Report: Im Projektstatusbericht wird der Projektstatus zu einem bestimmten Stichtag umfassend geprüft und dokumentiert (CS-Aktivität *Phasenstatus prüfen*). Er sollte im Wesentlichen aus einem inhaltlichen, einem organisatorischen und einem kaufmännischen Abschnitt bestehen. Zweck des Projektstatusberichts ist die Vorlage bei der Projektleitung, dem Auftraggeber, dem Lenkungsausschuss oder anderen Projektbeteiligten, um z. B. über den weiteren Fortgang des Projekts (DP-Aktivität *Ad-hoc-Anweisungen geben*) zu entscheiden.

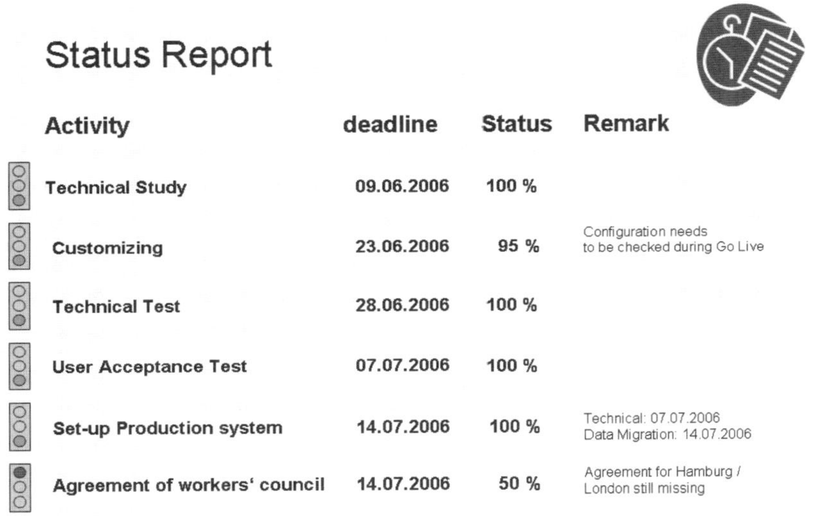

Status Report

Activity	deadline	Status	Remark
Technical Study	09.06.2006	100 %	
Customizing	23.06.2006	95 %	Configuration needs to be checked during Go Live
Technical Test	28.06.2006	100 %	
User Acceptance Test	07.07.2006	100 %	
Set-up Production system	14.07.2006	100 %	Technical: 07.07.2006 Data Migration: 14.07.2006
Agreement of workers' council	14.07.2006	50 %	Agreement for Hamburg / London still missing

Abbildung 4.61: Beispielhafter Statusbericht aus der Praxis. Die rote Ampel spricht für eine Eskalation

Ein Projektstatusbericht wird zu vereinbarten (regelmäßigen) Terminen entsprechend der Vereinbarungen in der IP-Aktivität *Projektsteuerungsmittel einrichten* erstellt (Beispiel siehe *Abbildung 4.61*) und kommuniziert (CS-Aktivität *Über Projektstatus berichten*). Es ist ein zeitbasiertes Steuerungsmittel im Projekt auf der Basis des Grundsatzes „Management by Exception", um dem Lenkungsausschuss zu signalisieren, dass sich die aktuelle Phase und damit das Projekt innerhalb der vereinbarten Toleranzen bewegt (wäre dem nicht so, eskaliert der Projektmanager über die CS-Aktivität *Offene Punkte und Risken eskalieren* an den Lenkungsausschuss).

Weitere Inhalte sind Datum und Berichtszeitraum, Status des Budgets und des Terminplans, aktuelle oder potenzielle Probleme und Risiken. Weiterhin gehören Informationen zu Produkten, die während des Berichtszeitraums fertiggestellt wurden, dazu bzw. zu Produkten, die kurz vor der Fertigstellung stehen. Der Status der offenen Punkte findet hier ebenso Erwähnung wie der Stand der Toleranzen und die Auswirkungen von Changes für das Projekt auf Budget und Terminplan. Input liefert auch der Teamstatusbericht, der vom Teammanager aus der MP-Aktivität *Arbeitspaket ausführen* stammt und über die CS-Aktivität *Fortschritt überwachen* als Steuerungsmittel für den Projektmanager dient.

- Phasenabschlussbericht: Zum Ende jeder Managementphase erstellt der Projektmanager diesen Bericht und legt ihn dem Lenkungsausschuss zur Genehmigung vor, um Fortschritt und Projektstatus darzustellen. Zusammen mit weiteren Managementprodukten, wie z. B. dem Plan für die nächste Phase, bietet er dem Lenkungsausschuss eine Basis, um die nächste Phase freizugeben.

- Projektabschlussbericht: Zum Ende des Projekts legt der Projektmanager dem Lenkungsausschuss dieses Managementprodukt vor, in dem die erzielten Ergebnisse mit den Plandaten der relevanten, freigegebenen Version der Projektleitdokumentation verglichen werden. Dies dient der Projektbeurteilung und ist Voraussetzung für die Genehmigung des Projektabschlusses.

Allerdings kann es vorkommen, dass der Bericht zum Fortschritt mit negativen Details gefüllt ist und dass eine Ausnahme droht. Es gilt die Entscheidung zu treffen, ob das Arbeitspaket der Phasenplan oder der Projektplan sich außerhalb der definierten Toleranzen bewegt.

- Ausnahmen auf Arbeitspaketsebene: Der Teammanager eskaliert Ausnahmen als offenen Punkt an den Projektmanager. In Abstimmung zwischen Projekt- und Teammanager werden Maßnahmen eingeleitet, um eine Korrektur herbeizuführen, gegebenenfalls wird das Arbeitspaket angepasst oder ein neues Arbeitspaket abgestimmt. Es gibt keinen Ausnahmeplan für einen Teamplan.
- Ausnahmen auf Phasenplanebene: Werden Toleranzen im Phasenverlauf gefährdet, beschreibt der Projektmanager die jeweiligen Details in einem Offener-Punkt-Bericht und führt eine Analyse durch. Die Eskalation führt er über den aus dem Offener-Punkt-Bericht resultierenden Ausnahmebericht an den Lenkungsausschuss durch. Bei Bedarf fordert der Lenkungsausschuss dann einen Ausnahmeplan an. Dieser ersetzt, sobald er durch den Lenkungsausschuss genehmigt wurde, den entsprechenden vorherigen Plan. Es muss nicht immer einen Ausnahmeplan geben. Alternativ dazu besteht für den Lenkungsausschuss auch die Möglichkeit, die zugrunde liegende Ursache für die Toleranzverletzung zu beseitigen, die Toleranzverletzung zu akzeptieren (ohne Maßnahmen zu ergreifen oder einzufordern) oder die Toleranz(grenzen) anzupassen. Diese Option verschafft dem Lenkungsausschuss Luft, um die Empfehlungen im Offener-Punkt-Bericht zu prüfen und dann eine Entscheidung zu treffen.
- Ausnahmen auf Projektplanebene: Werden die Toleranzen auf Projektebene gefährdet, muss der Lenkungsausschuss das Unternehmens- oder Programm-Management hinzuziehen und diese Ebene zur weiteren Entscheidungsfindung einbeziehen. Bei Bedarf kann das Unternehmens- oder Programm-Management über den Lenkungsausschuss den Projektmanager auffordern, einen entsprechenden Ausnahmeplan zu erstellen.

Erfahrungen im Projektverlauf: Erfahrungsprotokoll/Lessons Log und Erfahrungsbericht/Lessons Report

PRINCE2™ hält nicht nur die Phasenübergänge und das nahende Projektende für eine gute Gelegenheit, die bisherigen Erfahrungen zu erfassen. Auch bei der Fortschrittsüberprüfung können Erkenntnisse und Einsichten dokumentiert werden. Dies korrespondiert mit den Prinzipien, dass das Team, die Organisation und das Unternehmen aus Erfahrungen lernen (*siehe Kapitel 2.4.2, Lernen aus Erfahrungen*). Dazu eignen sich Erfahrungsprotokoll und der Erfahrungsbericht. Letzterer muss spätestens bei Abschließen des Projekts erstellt werden, meist sollten aber bereits im Projektverlauf die relevanten Inhalte aus dem Erfahrungsprotokoll hier vermerkt werden.

Ein erfolgreiches Projekt ist immer auch ein Lernerfolg. Doch selbst wenn Projekte scheitern, sollten die gemachten Fehler mehr Anlass zur kritischen Hinterfragung als zur Suche nach Sündenböcken sein. Der Lessons Report (Erfahrungsbericht) wird daher nach Projektende erstellt und beschreibt die Erfahrungen, die im Laufe des Projekts gemacht wurden. Während eines Projekts werden ständig neue Erkenntnisse gewonnen, positive wie negative.

Während die positiven als Leistungen und Ergebnisse stolz verkündet werden, wird über die negativen Erkenntnisse meist der Mantel des Schweigens gehüllt. Ergebnis davon ist, dass bestimmte Fehler immer wieder gemacht werden. Das Gegenmittel hierfür liefert das Dokumentieren und strukturierte Sammeln von Erfahrungsberichten (*siehe Abbildung 4.62*), den sogenannten „Lessons learned". Der Lenkungsausschuss genehmigt diesen Bericht, der dann als Wissen für zukünftige Projekte bereitgestellt werden kann. Um die Erfahrungsberichte anderen verfügbar zu machen, ist es üblich, sie so abzulegen, dass die entsprechenden Personen darauf zugreifen können, z. B. in einer dafür vorgesehenen Datenbank oder im Firmen-Intranet.

Input für den Erfahrungsbericht:

PID (als Baseline) // Erfahrungsprotokoll // Register // Qualitätsaufzeichnungen // Kommunikationsmgmt.-Strategie (Identifizierung des Verteilers)

Bestandteile des Erfahrungsberichts:

- **Zusammenfassung**: Summary
- **Umfang des Berichts**: Phase oder Projekt?
- **Erläuterung**: was lief gut, was schlecht, Empfehlungen (Projektmanagement-Methodik, Spezialistenmethoden, Projektstrategien, Steuerungsmittel, Toleranzverletzungsrelevante Ereignisse)
- **Überblick zu Messungen u. Ergebnissen**: Aufwand der Produkterstellung, Effektivität der Qualitätsmanagement-Strategie, Statistiken offener Punkte u. Risiken
- **Details zu relevanten Erfahrungen**: z. B. Ereignisse, deren Auslöser u. Auswirkungen, Frühwarnzeichen, Empfehlungen

Abbildung 4.62: Lessons Report: Die Erstellung des Erfahrungsberichts kann bereits während des Projektverlaufs erfolgen und muss nicht bis zum Projektende warten.

Es gibt viele Gründe, warum Projekte scheitern. Aber nur selten sind sich alle Beteiligten über diese Gründe einig. Jeder legt sich seine eigene Version der Fehler und Schuldigen zurecht. Passieren beim nächsten Projekt die gleichen Fehler wieder, gilt das nur als Bestätigung der eigenen Bewertung. Dabei sollte es doch vielmehr darum gehen, aus erkannten Fehlern zu lernen – damit beim nächsten Mal alles besser läuft. Auch wenn Projekte manchmal aufgrund von externen Einflüssen scheitern. Prinzipiell sollte es aber nicht darum gehen, Schuldige zu finden und „Finger-Pointing" zu betreiben. Um diesem Anspruch gerecht zu werden, muss sich die Projektanalyse als Rückschau mit dem Ergebnis eines Erfahrungsberichts oft erst im Unternehmen etablieren.

Misserfolg ist die Chance, es beim nächsten Mal besser zu machen (Henry Ford I.).

Ein Bericht, der mehr als eine Übersicht bieten soll, setzt eine Reflexion im Team schon während des Projektverlaufs voraus, die im Erfahrungsprotokoll festgehalten wird. Im Gegensatz zum Bericht bedarf das Erfahrungsprotokoll in Hinblick auf das eigene Projektteam und die dafür vorgesehenen Verbesserungen keiner Genehmigung.

Hilfestellung bieten folgende Fragen, die auch beim Füllen des Erfahrungsprotokolls dienlich sind:

- Was ist bisher gut gelaufen?
- Womit sind wir zufrieden?
- Was gelingt uns auf dem Weg zur Zielerreichung gut?
- Was gelingt uns bei der Zusammenarbeit im Team gut?
- Was wollen wir in jedem Fall beibehalten?

- Was ist weniger gut gelaufen?
- Womit sind wir unzufrieden?
- Wo sehen wir Schwierigkeiten auf dem Weg zum Ziel?
- Wo sehen wir Schwierigkeiten bei der Zusammenarbeit im Team?
- Was wollen wir verändern?
- Welche konkreten Schritte sind daraus abzuleiten?
- Welche maßgeblichen Störfaktoren (intern und extern) gab es? Und wie wurden sie bewältigt?
- Wie war die Zusammenarbeit mit relevanten Stakeholdern und Mitarbeitern anderer Projekte?
- Wie sieht die übergreifende Beurteilung des Projektablaufs aus?

Zu unterscheiden ist die Auswertung auf der Sachebene mit Hard Facts (z. B. Nachkalkulationen, Kennzahlen, Befragungen) von einer Auswertung auf der Beziehungsebene mit Soft Facts (z. B. Fragebögen zu Klima im Team).

Auch die Ursachen, die zu Verfehlungen in den genannten Bereichen führen, lassen sich grob gliedern, wobei ein Fehler sich auf verschiedene Bereiche gleichzeitig auswirken kann. PRINCE2™ lässt als Managementmethode zwar das Thema „Soft Skills" außer Acht. Aber spätestens im Erfahrungsprotokoll bzw. im Erfahrungsbericht holt dieses Thema den Projektmanager ein:

- Sach- und Fachfehler: Mangelndes Know-how, Arbeit mit neuen, vorher nicht erprobten Technologien, inhaltliche Fehleinschätzungen aufgrund unvollständiger Informationen, aber auch Vertragsfehler in rechtlichen Belangen.
- Fehler im Management: Falsche Personalbesetzungen, Planungsfehler (zu wenig Personal, zu niedriges Budget), Fehler im Projektmanagement, unklar definierte Zuständigkeiten, mangelnde Überwachung und Qualitätskontrolle sowie firmenpolitische Entscheidungen, die sich negativ auf das Projekt auswirken.
- Kommunikationsdefizite: Der Kommunikationsfluss ist nicht ausreichend oder eindeutig geregelt, es findet zu wenig Kommunikation statt. Manchmal passiert das auch aus ganz banalen Gründen wie verschlampten Briefen oder verlorenen Faxen, weil z. B. kein Papier im Faxgerät lag.
- „Weiche Faktoren": Teammitglieder, die partout nicht miteinander klarkommen (das kann bis zum Mobbing gehen), fehlender Teamgeist, mangelnde Motivation, ungenügende Führungsqualitäten der Projektleitung oder der vermeintlich „ungeliebte" Kunde.

Ziel der Analyse muss die übereinstimmende Einschätzung des Projektgeschehens sein. Nur wenn sich alle darüber einig sind, was falsch gelaufen ist, kann eine fruchtbare Analyse folgen. Entscheidend ist daher die Möglichkeit der (hoffentlich!) offenen Kritik. Ohne dies und eine entsprechende Motivation werden alle Maßnahmen an der Oberfläche bleiben und nicht wirklich effektiven Input für den Erfahrungsbericht liefern.

4.7.6 Verbindung zu anderen Themen

Änderung und Fortschritt sind als PRINCE2™-Themen untrennbar miteinander verbunden. Das Konfigurationsmanagement steht (sowohl in Bezug auf das Thema Änderung als auch über das Fortschrittsthema) in einem engen Zusammenhang mit dem Thema Qualität, v. a. in Hinblick auf die Versionierung und die Fortschrittsmessung. Durch die Steuerungsmittel für die jeweilige Managementebene zur Messung und Steuerung des Fortschritts wird auch die Verbindung zum Thema Organisation deutlich. Risiken und Business Case sind ebenfalls über die Steuerungsmittel mit dem Thema Fortschritt verbunden.

4.8 Weitere Managementprodukte, Dokumente und Pläne

Unter PRINCE2™ existieren neben den Themen und Prinzipien, die die Projektarbeiten unterstützen, weitere Schlüsselkomponenten, die auch als Produkte bezeichnet werden können. Im Kern setzt sich PRINCE2™ als Modell nicht nur aus den ineinandergreifenden Projektprozessen, sondern auch aus den Beschreibungen von Komponenten (etwa Business Case, Pläne, Steuerung) und Techniken (etwa Qualitätsprüfungstechnik) zusammen. Viele der relevanten Produkte werden als Dokumente erstellt und im Laufe des Projekts immer wieder überprüft und angepasst. Dazu gehört auch der Business Case. Mehr zu diesem Dokument, das die betriebswirtschaftliche Rechtfertigung für die Initiierung und das Fortschreiten als Basis liefert, erfahren Sie in *Kapitel 4.1, Business Case/Business Case.*

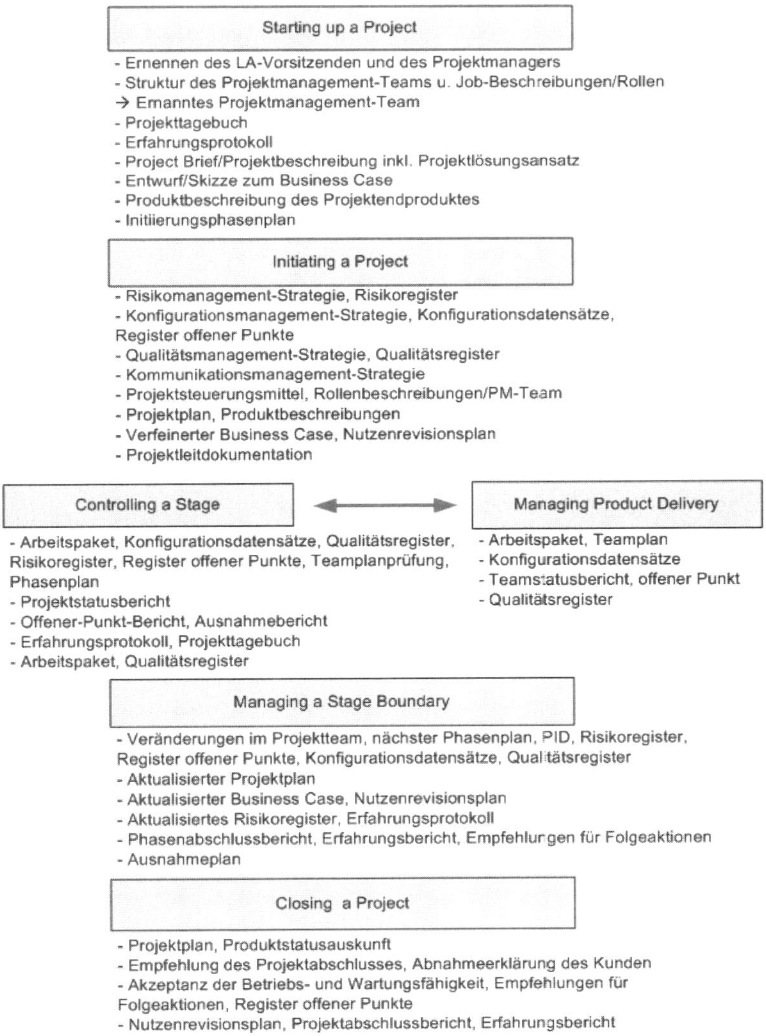

Abbildung 4.63: Prozesse unter PRINCE2™, ihre Produkte und Informationen als Prozessergebnis

Ein (Management-)Plan stellt dabei ein Dokument dar, in dem grundsätzliche Vereinbarungen z. B. zwischen dem Projektmanager und dem Lenkungsausschuss festgehalten werden. Pläne sind die Säulen der Managementinformationen (in der Prüfung wird der Begriff Managementinformationssysteme verwendet). Sie müssen jederzeit zum Business Case passen und in ihren Zielen den Nutzen des Projekts an sich widerspiegeln. Dabei gilt: Managementpläne sind stets Kontrollpläne. Und: Immer nur so weit planen, wie Sie kontrollieren können.

Ein Plan erfährt im Laufe des Projekts immer wieder Anpassungen und Verfeinerungen. Kaum ein Plan wird erstellt und verändert sich dann nicht mehr. Der Projektplan enthält die Phasen, Phasen enthalten Arbeitspakete. Je niedriger die Hierarchieebene im Projekt, desto mehr Details enthält ein Plan. Der Projektplan beispielsweise bezeichnet während der Initiierungsphase grob die zu diesem Zeitpunkt bekannten Phasen. Das Unternehmens- oder Programm-Management setzt die Toleranzen für das Projekt fest. Der Projektmanager hat stets die aktuelle Phase im Blick, schielt aber bereits mit einem Auge auf die nächste Phase und plant diese, wenn sich abzeichnet, dass die aktuelle Phase sich ihrem Ende zuneigt. Mit den Informationen wird dann gegebenenfalls auch der Projektplan aktualisiert.

4.8.1 Erstellung der Managementprodukte

Die 26 PRINCE2™-Managementprodukte werden laut Beschreibung der Originalliteratur während definierter Zeitpunkte im Prozessmodell erstellt. Im Projektverlauf werden die Produkte dann immer weiter verfeinert, d. h. überprüft und bei Bedarf weiter aktualisiert.

Die Managementprodukte sind (in deutscher alphabetischer Reihenfolge):

- Arbeitspaket/Work Package
- Ausnahmebericht/Exception Report
- Business Case/Business Case
- Erfahrungsbericht/Lessons Report
- Erfahrungsprotokoll/Lessons Log
- Kommunikationsmanagement-Strategie/Communication Management Strategy
- Konfigurationsdatensatz/Configuration Item Record
- Konfigurationsmanagement-Strategie/Configuration Management Strategy
- Nutzenrevisionsplan/Benefits Review Plan
- Offener-Punkt-Bericht/Issue Report
- Phasenabschlussbericht/End Stage Report
- Plan/Plan
- Produktbeschreibung/Product Description
- Produktbeschreibung des Projektendprodukts/Project Product Description
- Projektbeschreibung/Project Brief
- Projektleitdokumentation/Project Initiation Documentation
- Projektstatusbericht/Highlight Report
- Projekttagebuch/Daily Log
- Qualitätsmanagement-Strategie/Quality Management Strategy
- Qualitätsregister/Quality Register
- Register offener Punkte/Issue Register
- Risikomanagement-Strategie/Risk Management Strategy

- Risikoregister/Risk Register
- Teamstatusbericht/Checkpint Report

In der Projektvorbereitung werden v. a. die Produkte erstellt, die dem Lenkungsausschuss die Entscheidungsfindung erleichtern sollen, ob das Projekt überhaupt in die Initiierungsphase starten soll. Das Projekttagebuch dient dem Projektmanager auch als „Notizblock“, in das er Risiken und relevante Aspekte z. B. zum Thema Qualität einträgt, bis die Aufzeichnungen (Risikoregister, Qualitätsregister etc.) erstellt sind, in die er dann die entsprechenden Einträge übertragen kann.

PRINCE2™-Managementprodukte	Prozess: Aktivität, in der das Dokument erstellt wird
Projekttagebuch	SU: *Auftraggeber und Projektmanager ernennen*
Erfahrungsprotokoll	SU: *Vorhandene Erfahrungen erfassen*
(Entwurf) Business Case	SU: *Business Case-Entwurf erstellen*
Produktbeschreibung des Projektendprodukts	SU: *Business Case-Entwurf erstellen*
Projektbeschreibung	SU: *Projektlösungsansatz auswählen und Projektbeschreibung zusammenstellen*
(Phasen-)Plan (für die Initiierungsphase)	SU: *Initiierungsphase planen*

Tabelle 4.2: Managementprodukte, die vor dem eigentlichen Projektstart erstellt werden

Während des IP-Prozesses werden alle Dokumente angelegt, die für die gesteuerte und saubere Projektumsetzung benötigt werden. Daher gilt es besonders in diesen Abschnitt des Projekts ein besonders Augenmerk zu legen.

PRINCE2™-Managementprodukte	Prozess: Aktivität, in der das Dokument erstellt wird
Risikomanagement-Strategie	IP: *Risikomanagement-Strategie erstellen*
Risikoregister	IP: *Risikomanagement-Strategie erstellen*
Konfigurationsmanagement-Strategie	IP: *Konfigurationsmanagement-Strategie erstellen*
(Erste) Konfigurationsdatensätze	IP: *Konfigurationsmanagement-Strategie erstellen*
Register offener Punkte	IP: *Konfigurationsmanagement-Strategie erstellen*
Qualitätsmanagement-Strategie	IP: *Qualitätsmanagement-Strategie erstellen*
Qualitätsregister	IP: *Qualitätsmanagement-Strategie erstellen*
Kommunikationsmanagement-Strategie	IP: *Kommunikationsmanagement-Strategie erstellen*
(Projekt) Plan	IP: *Projektplan erstellen*
Produktbeschreibung/en	IP: *Projektplan erstellen*
(Weitere) Konfigurationsdatensätze	IP: *Projektplan erstellen*
(Detaillierter) Business Case	IP: *Business Case verfeinern*
Nutzenrevisionsplan	IP: *Business Case verfeinern*
Projektleitdokumentation	IP: *Projektleitdukumentation zusammenstellen*

Tabelle 4.3: Managementprodukte, die während der Initiierungsphase erstellt werden

Der Lenkungsausschuss gibt immer nur eine Managementphase nach der nächsten frei. Im Phasenübergang bewertet der Lenkungsausschuss die bisherigen Ergebnisse der Phase und gibt die nächste Phase frei. So wird sichergestellt, dass die wichtigen Entscheidungen getroffen werden, bevor die für ihre Umsetzung notwendigen Arbeiten aufgenommen werden. Dabei delegiert der Lenkungsausschuss die Befugnisse an den Projektmanager auch nur phasenweise, um die Steuerung nicht vollständig aus der Hand zu geben und so das Prinzip „Management by Exception" zu untermauern. So überprüft der Lenkungsausschuss nach *Managen eines Phasenübergangs* einen Phasen- oder Ausnahmeplan. Er kann den Plan mit den entsprechenden Toleranzen für die nächste Phase genehmigen und das Projekt wie geplant weiterlaufen lassen oder, wenn die Projektfortführung nicht mehr als gerechtfertigt angesehen werden kann, den Projektabbruch beschließen.

PRINCE2™-Managementprodukte	Prozess: Aktivität, in der das Dokument erstellt wird
(Phasen) Plan	SB: *Nächste Phase planen*
Produktbeschreibung/en	SB: *Nächste Phase planen*
(Weitere) Konfigurationsdatensätze	SB: *Nächste Phase planen*
Phasenabschlussbericht	SB: *Über Projektstatus berichten*
Erfahrungsbericht	SB: *Über Projektstatus berichten*
(Ausnahme-)Plan	SB: *Ausnahmeplan erstellen*
Produktbeschreibung/en	SB: *Ausnahmeplan erstellen*
(Weitere) Konfigurationsdatensätze	SB: *Ausnahmeplan erstellen*

Tabelle 4.4: Managementprodukte, die im Phasenübergang erstellt werden

Nicht nur für den Lenkungsausschuss sind korrekt und aktuell gehaltene Managementprodukte wichtig. Auch die Interaktion zwischen Projektmanager und Teammanager basiert auf diesem Anspruch. Der Teammanager ist innerhalb der vom Projektmanager definierten Toleranzen für ein Arbeitspaket zuständig. Was dieses Arbeitspaket in welcher Ausprägung beinhaltet, wird zwischen den beiden Managementebenen vereinbart.

PRINCE2™-Managementprodukte	Prozess: Aktivität, in der das Dokument erstellt wird
Arbeitspaket	CS: *Arbeitspaket freigeben*
Projektstatusbericht	CS: *Über Projektstatus berichten*
Offener-Punkt-Bericht	CS: *Offene Punkte und Risiken erfassen und untersuchen*
Ausnahmebericht	CS: *Offene Punkte und Risiken eskalieren*
(Team) Plan	MP: *Arbeitspaket annehmen*
Produktbeschreibung/en	MP: *Arbeitspaket annehmen*
(Weitere) Konfigurationsdatensätze	MP: *Arbeitspaket annehmen*
Teamstatusbericht	MP: *Arbeitspaket ausführen*

Tabelle 4.5: Managementprodukte, die in nachfolgenden Management Phasen (Umsetzung) erstellt werden

Auch zum Ende des Projekts ist der Lenkungsausschuss auf die Lieferung von Managementprodukten angewiesen. So überprüft der Lenkungsausschuss nach dem CP-Prozess u. a. den Projektabschlussbericht und kann nach Validierung der Projektergebnisse den Projektabschluss freigeben.

PRINCE2™-Managementprodukte	Prozess: Aktivität, in der das Dokument erstellt wird
Produktstatusauskunft	CP: *Vorzeitigen Abschluss vorbereiten* oder *Planmässigen Abschluss vorbereiten* (aber auch an anderen Stellen im Projektverlauf)
Projektabschlussbericht	CP: *Projekt bewerten*
Erfahrungsbericht	CP: *Projekt bewerten*

Tabelle 4.6: Managementprodukte, die in der letzten Management-Phase erstellt werden

Darstellung der Managementprodukte in der Originalliteratur

Möchten Sie sich auf das Open Exam der PRINCE2:2009-Foundation-Zertifizierungsprüfung vorbereiten, benötigen Sie dafür nicht zwingend die OGC-Originalliteratur, da es sich zudem um eine „Closed Book"-Prüfung handelt, bei der Sie keine Hilfsmittel verwenden dürfen (*siehe Kapitel 7.1.2, Ablauf und Organisation*). Anders verhält es sich bei dem Practitioner-Examen, bei dem es sich um eine „Open Book"-Klausur handelt, bei der Sie die deutsche oder englische Veröffentlichung „Erfolgreiche Projekte managen mit PRINCE2" (TSO) zur Hand nehmen können und sollten, da z. T. auf die genaue Zusammensetzung der Managementprodukte eingegangen wird, die Sie in der Form nur in der Originalliteratur finden.

Beim Vergleich des Anhangs A in der deutschen und der englischen Veröffentlichung, in dem alle Managementprodukte dargestellt sind, werden Sie feststellen, dass die Managementprodukte jeweils andere Nummerierungen im Titel aufweisen. Dies liegt darin begründet, dass die Managementprodukte alphabetisch angeordnet sind. So findet sich das Managementprodukt mit der englischen Bezeichnung „Work Package" bei dieser Aufzählung als letztes -A26-, während es in der deutschsprachigen Version als „Arbeitspaket" übersetzt wurde und als erstes Managementprodukt -A1- im Anhang A beschrieben ist.

4.8.2 Exkurs: Projektmandat/Project Mandate

Das Projektmandat, auch Projektauftrag genannt, ist kein definiertes Managementprodukt unter PRINCE2:2009™ und steht außerhalb des Projekts als eine Vereinbarung, als Auslöser für die Projektvorbereitung (SU-Prozess *Vorbereiten eines Projekts*). Es wird vom Unternehmens- oder Programm-Management geliefert. In diesem Papier werden die Rahmenbedingungen definiert, unter denen ein Projekt ablaufen soll. Dazu gehören vor allem die zu erreichenden Ziele, Umfang, Hintergrundinformationen und Anforderungen. Auch die Projekttoleranzen werden genannt und die Beteiligten und Schlüsselpersonen des Projekts, aber mindestens der Auftraggeber (Executive).

Der Projektauftrag schafft hier Sicherheit auf beiden Seiten. Dem Auftraggeber ist es auf diese Weise möglich, alles das, was er zum jetzigen Zeitpunkt von dem Projekt erwartet, als Teil des Projektauftrags zu definieren. So ist schon vor Beginn des Projekts festgelegt, was von Ihnen als Projektmanager erwartet wird und worum es bei diesem Projekt geht. Projektmanager haben mithilfe des Projektauftrags die Möglichkeit, die Rahmenbedingungen abzustecken, die als Voraussetzung für einen möglichst reibungslosen Verlauf des Projekts aus ihrer Sicht unabdingbar sind.

Das Projektmandat dient als Basis für die Projektbeschreibung (*Projektlösungsansatz auswählen und Projektbeschreibung zusammenstellen*) und die Projektleitdokumentation (über die Projektbeschreibung in der Aktivität *Projektleitdokumentation zusammenstellen*). Der Detaillierungsgrad aller beteiligten Dokumente wächst durch das Passieren der Prozesse im Projektverlauf und dient als Basis für weitere Managementprodukte.

Um das Projekt zu sondieren und zu definieren, um daraus den Projektauftrag ableiten bzw. prüfen zu können, können Ihnen die folgenden Fragen helfen:

- Warum wird das Projekt durchgeführt, wie lautet exakt die Aufgabenstellung?
- Was soll erreicht werden?
- Welche Prioritäten gibt es?
- Wer ist beteiligt?
- Welche Anforderungen stellt das Projekt an die Mitarbeiterinnen und Mitarbeiter in fachlicher Hinsicht?
- Wer hat welche Entscheidungsbefugnis?
- Welche Vorarbeiten sind schon erfolgt?
- Gibt es Restriktionen?
- Wer muss oder will wann und in welcher Regelmäßigkeit worüber informiert werden?
- Welche Abhängigkeiten und Vernetzungen gibt es?
- Wer hat welche Erwartungen?
- Welche Rahmenbedingungen liegen vor?
- Existieren Schnittstellen?
- Auf welche Ressourcen können Sie zurückgreifen?
- Welche Termine sind einzuhalten?
- In welchem Kostenrahmen können Sie sich bewegen?

Es bedarf einiger Mindestvoraussetzungen, damit Sie ein Projekt erfolgreich starten können. Dazu zählen:

- eindeutig definiertes Projektziel,
- festgelegte Auftraggeberin oder festgelegter Auftraggeber,
- klar definierte Aufgaben, Entscheidungsbefugnisse und Verantwortlichkeiten für alle am Projekt beteiligten Personen.

4.8.3 Projektbeschreibung/Project Brief

In der Projektbeschreibung finden sich die relevanten Beschreibungen, Aufgabenstellungen und Hintergrundinformationen zum Projekt aus dem Projektmandat. Dazu gehören auch Grenzen und Rahmenbedingungen, in denen sich das Projekt bewegen soll. Die Erwartungen des Kunden werden hier festgeschrieben und das Projekt, so weit es in der Vorbereitungsphase bereits möglich ist, definiert. Dazu gehören Ziele, Umfang und Abgrenzung, Projektergebnis und Abhängigkeiten. Hier finden sich ebenfalls die Kernaussagen zum Business Case als Motivationsgrund für das Projekt und der Nutzen für das Unternehmen durch das Projektergebnis. Möglicherweise gibt es schon eine Vorab- oder Grobversion eines Projektplans oder zumindest Eckdaten, die der weiteren Planung als Input dienen können.

Auch die bekannten Risiken, Qualitäts- und Abnahmekriterien für das Projekt sind der Projektbeschreibung zu entnehmen.

Die Projektbeschreibung stammt aus der SU-Aktivität *Projektlösungsansatz auswählen und Projektbeschreibung zusammenstellen* und dient als Basis für die Projektinitiierung, die in der DP-Aktivität *Projektinitiierung freigeben* durch den Lenkungsausschuss vorgenommen wird. Der Lenkungsausschuss entscheidet, ob das Projekt auf Basis des Business Case überhaupt genug Potenzial hat, um die Initiierungsphase anzustoßen. Sie dient dann im IP-Prozess (*Initiieren eines Projekts*) als Basis für die Projektleitdokumentation.

Abnahmekriterium

Der Begriff Abnahmekriterium ist der Summe der Anforderungen gleichzusetzen, die das Projektendprodukt erfüllen soll. Abnahmekriterien stellen somit vertraglich festgelegte Kriterien dar, die erfüllt sein müssen, damit der Auftraggeber zur Abnahme einer Projektleistung verpflichtet ist. Im Rahmen der Abnahmeprüfung untersucht der Auftraggeber, ob das Projektergebnis die Abnahmekriterien erfüllt.

Beispiele für Abnahmekriterien sind Funktionen, Erscheinungsformen von Oberflächen, Antwortzeiten, Durchsatzleistung, Verfügbarkeit, Betriebs- oder Entwicklungskosten, Qualitätsnormen oder das Lieferdatum des Endprodukts bzw. der Übergabetermin.

4.8.4 Projektleitdokumentation/Project Initiation Documentation

Die Projektleitdokumentation (PID) lässt sich als logische Beschreibung der Schlüsselinformationen des Projekts verstehen, die benötigt werden, um das Projekt überhaupt auf einer guten Basis starten zu können. Es ist überaus wichtig, dass alle für das Projekt relevanten Daten zusammengetragen werden, stellt das PID doch zugleich die zentrale Dokumentation wie auch die Entscheidungs- und Steuerungsbasis dar. Es ist also mehr eine Sammlung bzw. Zusammenfassung der relevanten Informationen zum Projekt und bildet so eine Art von Vertrag zwischen Lenkungsausschuss und Projektmanager, das als zentrales Dokument im Projekt das „Soll" darstellt, gegen das zum Projektabschluss hin die Projektergebnisse gemessen werden, um beurteilen zu können, ob das Projekt abgeschlossen werden kann und ob es erfolgreich war.

Es wird im IP-Prozess über die Aktivität *Projektleitdokumentation zusammenstellen* aus den Ergebnissen der vorhergehenden Projektaktivitäten gebildet und geht als zu genehmigendes Dokument in die DP-Aktivität *Projekt freigeben* des Lenkungsausschusses ein. Ist dies geschehen, wird das PID eingefroren und als Baseline für weitere Entscheidungen im Projektverlauf verwendet. Es enthält so einen eher statischen und einen dynamischen Teil, der während der gesamten Projektlaufzeit aktualisiert wird. Beispiele für die eher statischen Inhalte des PID stellen die folgenden Beschreibungen dar:

- Hintergrund- und Zielinformationen
- Strategische Informationen zum Unternehmen, die das Projekt tangieren
- Voraussetzungen, Abhängigkeiten und Seiteneffekte
- Toleranzen, Abgrenzungen, Annahmen und Ausschlüsse
- Randparameter, Schnittstellen technischer Natur
- Angaben zum Projektziel und wie es erreicht werden soll (Projektlösungsansatz) sowie die entsprechenden Abnahmekriterien

- Kontroll- und Überprüfungsmechanismen (Projektsteuerung wie etwa Überwachung und Eskalation)
- Informationen als Antworten zu allen relevanten Schlüsselfragen, z. B. Warum?, Was?, Wer? und Wann?

Den eher dynamischsten Part für das PID liefern Organisationsstruktur im Projekt, initialer Projektplan, Business Case und Risikoregister, da sie mindestens zum Ende jeder Phase aktualisiert werden müssen. Dazu gehören auch die Strategien.

Die Projektleitdokumentation stellt die Ausgangsbasis dar, die es für den offiziellen Projektstart zu genehmigen gilt, und definiert das Projekt. Projektmanager und Lenkungsausschuss messen an ihr den Fortschritt, bewerten die offenen Punkte und die geschäftliche Rechtfertigung. Neue Mitglieder im Team finden hier die wichtigsten Informationen, um sich einzuarbeiten.

4.8.5 Qualitätsregister/Quality Register

Projektleitdokumentation, Produktbeschreibungen im Arbeitspaket und Phasenplan definieren die Schlüsselkriterien in Bezug auf die Qualität, die Qualitätskontrolle im Konfigurationsmanagement, Änderung und die Auditprozesse, die mit dem Thema Projektmanagement und Qualitätsansprüche im Projekt in Zusammenhang stehen.

Das Qualitätsregister (*siehe Abbildung 4.64*) dient als Referenz für jeden geplanten Qualitäts-Check und agiert so als Verweis auf das Qualitätsüberprüfungsdokument für jedes Produkt. So werden für jedes Teilprodukt seine qualitätssichernden Maßnahmen beschrieben und die Anforderungen und Ergebnisse hierzu festgeschrieben. Auf diese Weise werden Informationen für die Phasenabschlussberichte (End Stage Reports), den Projektabschlussbericht (End Project Report) und den Erfahrungsbericht (Lessons Report) bereitgestellt.

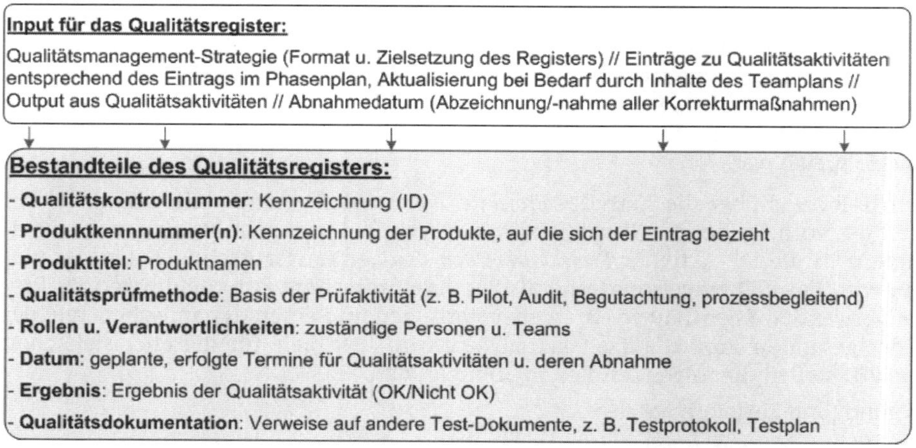

Abbildung 4.64: Das Qualitätsregister zeigt alle geplanten und umgesetzten Qualitätsmanagement-Aktivitäten sowie deren Ergebnisse.

Es gibt nur ein Qualitätsregister pro Projekt, genau wie z. B. nur eine Projektleitdokumentation und ein Projektplan im Projekt existieren.

4.8.6 Projektplan/Project Plan

Der Projektplan, der in der IP-Aktivität *Projekt planen* aufgestellt wird, dient dem Überblick über das gesamte Projekt und stellt gleichzeitig einen Teil der Projektleitdokumentation (PID) dar. Er wird im Projektverlauf immer wieder aktualisiert und bei Bedarf gesteuert angepasst (z. B. über die SB-Aktivität *Projektplan aktualisieren*).

Der Projektmanager erstellt den Projektplan unter Zuhilfenahme seiner Planungsannahmen und der Beachtung möglicher Abhängigkeiten. Dieser legt grob fest, was das Projekt genau tut und zu liefern hat (Produkte) und wann die jeweiligen Arbeitsschritte abgeschlossen sein sollen. Er basiert auf der Projektbeschreibung, den Strategien und dem Projektlösungsansatz. Der obligatorische Projektplan dient als Übersicht, während der Phasenplan für jede Phase eine so hohe Detaillierung aufweist, dass der Projektmanager sein Tagesgeschäft daran orientieren kann.

Der Projektplan beschreibt die Hauptprodukte des Projekts, den Ressourcenbedarf, die einzelnen Phasen und die Gesamtkosten. Dazu gehört auch ein Budget für das Change-Verfahren. Der Projektnutzen wird allerdings nicht in diesem Plan, sondern im Business Case beschrieben. Die Planung über die Feststellung des Projektnutzens findet sich im Nutzenrevisionsplan.

4.8.7 Phasenplan/Stage Plan und Teamplan/Team Plan

Der Projektmanager kann die gesamte Arbeitslast auf die Phasen verteilen, um dann in die Detailplanung gehen zu können. Entsprechend der Größe und der Risiken eines Projekts wird sich auch der Lenkungsausschuss während der Initiierungsphase entscheiden, das Projekt auf eine adäquate Anzahl von Phasen aufzuschlüsseln. Diese sachliche Trennung wird meist in einem Entscheidungspunkt formuliert. Typischerweise sind zwischen Projektphasen Entscheidungen des Lenkungsausschusses über den Fortgang oder Abbruch des Projekts zu treffen. Insgesamt stellen Phasen die Ansammlung von Aktivitäten und Produkten dar, deren Produktauslieferung bzw. Übergabe als Einheit realisiert wird.

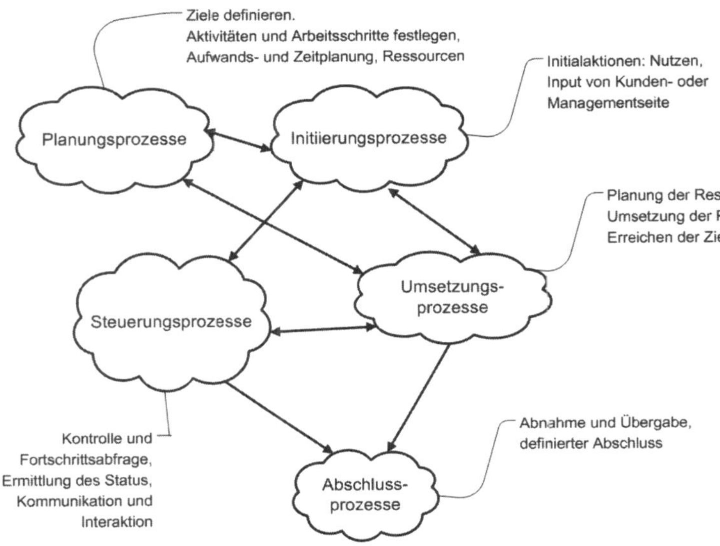

Abbildung 4.65: Allgemeine Projektphasen und ihre Abhängigkeiten (Beispiel, unabhängig von PRINCE2™). Unter PRINCE2™ werden diese unter dem Prozessmodell strukturiert subsummiert.

Jedes Projekt sollte mindestens aus zwei Phasen bestehen: einer Initiierungsphase (eigentlich Vorbereitung und Initiierung) und dem Rest der Projektumsetzung als zweite Phase.

Der korrespondierende Phasenplan (Projektphasenplan bzw. Stage Plan) für jede einzelne Phase im Projekt beinhaltet neben der Einteilung und der Beschreibung der Phase auch Details zu den entsprechenden Aktivitäten, den notwendigen Ressourcen und den definierten Endpunkten jeder Phase, an denen ein Review (Phasenabschlussbewertung) ansetzen kann. Dazu gehört neben der Definition der (End-)Produkte und Produktbeschreibungen auch die Planung der Qualitätsprüfung für die Produkte der jeweiligen Phase.

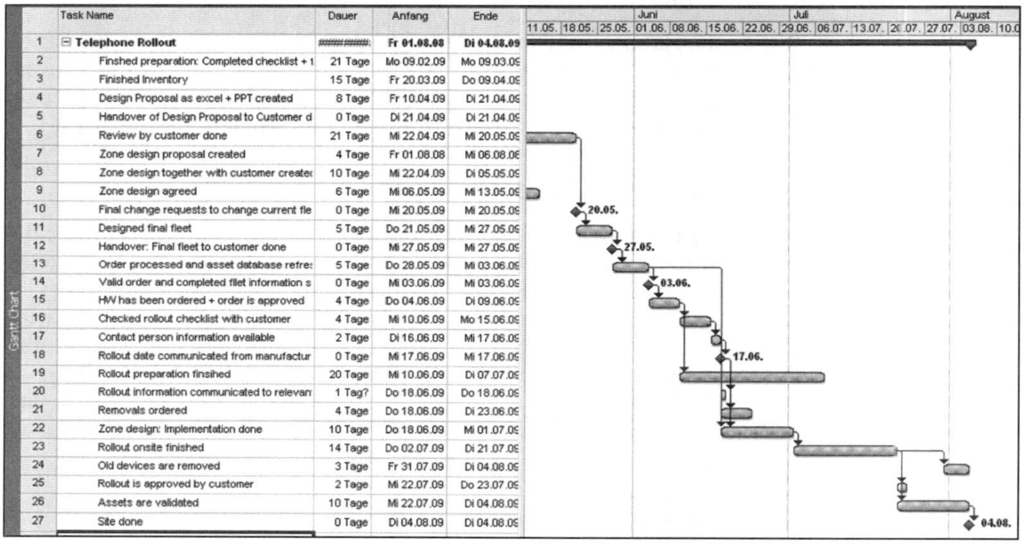

Abbildung 4.66: Ausschnitt aus einem beispielhaften Phasenplan

Er ist die Basis für das Projektmanagement und dient dem Projektmanager als Grundlage zur Steuerung für sein Tagesgeschäft im Projekt. Der Phasenplan:

- nennt alle Produkte, die innerhalb einer Phase erstellt und geliefert werden müssen
- stellt fest, wann und wie das Ziel einer Phase erreicht wird, indem die entsprechenden lieferbaren Ergebnisse, Aktivitäten und die notwendigen Ressourcen aufgezeigt werden
- identifiziert die Kontroll- und Berichtszeitpunkte und ihre Häufigkeit
- stellt eine Baseline bereit, gegen die der Phasenfortschritt gemessen werden kann
- zeigt die Phasentoleranz auf
- spezifiziert die Qualitätskontrolle für die entsprechende Phase und identifiziert die dafür notwendigen Ressourcen

Der Lenkungsausschuss genehmigt das Ende einer und die Ausführung einer weiteren Projektphase auch unter Zuhilfenahme des entsprechenden Plans für die anstehende Phase.

Ein Phasenplan wird im SB-Prozess über die Aktivität *Nächste Phase planen* vom Projektmanager erstellt und jeweils in der CS-Aktivität *Phasenstatus prüfen* angepasst.

Teampläne sind optional, was aber von der Größe und der Komplexität des Projekts abhängig ist. Sie dienen dem Teammanager als Basis für sein Tagesgeschäft. Die Erstellung eines Teamplans verläuft (vom Phasenplan abgeleitet) im MP-Prozess über die Aktivität *Arbeitspaket annehmen*, wobei der Teamplan dabei von dem Teammanager bzw. den Teams selber erstellt und in der MP-Aktivität *Arbeitspaket ausführen* meist angepasst wird.

4.8.8 Ausnahmebericht/Exception Report und Ausnahmeplan/ Exception Plan

Eine Ausnahme stellt eine drohende oder wahrscheinliche Toleranzverletzung dar. Wenn beispielsweise eine Toleranz für Kosten und Zeit von + 5 % vorgegeben wurde und sich eine Zeitverschiebung von 10 % abzeichnet, dann handelt es sich hierbei um eine Toleranzüberschreitung, da der Projektmanager die Situation nicht durch die Einleitung von Korrekturmaßnahmen bereinigen kann.

Wenn eine solche Abweichung droht, wird ein Ausnahmebericht durch den Projektmanager verfasst. Er beschreibt diese Ausnahmesituation an sich, ihre Ursache(n), die möglichen Optionen mit Analyse und daraus abgeleitet eine Empfehlung, welche der Möglichkeiten umgesetzt werden sollte und warum. Die Analyse befasst sich u. a. mit den Auswirkungen auf Business Case, Risiken und den aktuellen Phasen- und Projektplan. Der Projektmanager verfasst einen Ausnahmebericht an den Lenkungsausschuss. Die Informationen, die im Ausnahmebericht stehen, stammen in den meisten Fällen aus dem entsprechenden Offener-Punkt-Bericht, den der Projektmanager vorab auf Basis des offenen Punkts erstellt hat, der die Ausnahmesituation bezeichnet und ihre Ursache(n) darstellt.

Der Ausnahmebericht wird dem Lenkungsausschuss als Informationsbasis über die CS-Aktivität *Offene Punkte und Risiken eskalieren* vorgelegt (*siehe Abbildung 4.67*). Im Zuge dieser Eskalation prüft der Lenkungsausschuss über die DP-Aktivität *Ad-hoc-Anweisungen geben* den Ausnahmebericht. Dabei gibt es vier Optionen als mögliche Reaktionen:

- Der Lenkungsausschuss bricht das Projekt vorzeitig ab.
- Der Lenkungsausschuss beseitigt die Ursache der Toleranzverletzung.
- Der Lenkungsausschuss akzeptiert die Toleranzverletzung ohne Maßnahmen zu ergreifen oder einzufordern und fordert einen Ausnahmeplan an.
- Der Lenkungsausschuss passt die Toleranzen an, sodass keine Toleranzverletzung mehr gegeben ist.

Der Lenkungsausschuss kann bei Bedarf den Offener-Punkt-Bericht anfordern, um weitere Details zu prüfen und dann eine Entscheidung zu treffen.

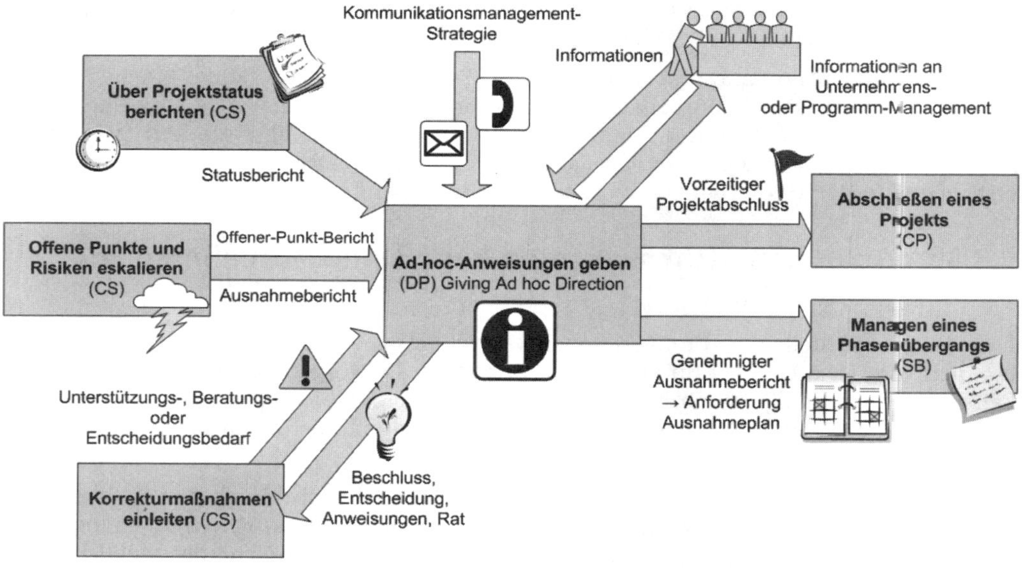

Abbildung 4.67: Fortschritt der Phase an den Lenkungsausschuss kommunizieren

Der Ausnahmeplan wird für eine der genannten vier Optionen nach Aufforderung des Lenkungsausschusses an den Projektmanager in der SB-Aktivität *Ausnahmeplan erstellen* verfasst. Der Lenkungsausschuss beurteilt dann den vorliegenden Ausnahmeplan in der Ausnahmebewertung über die DP-Aktivität *Phasen- oder Ausnahmeplan freigeben* und gibt ihn im positiven Fall frei. Ist die Ausnahme auf eine Phase beschränkt, deckt der Ausnahmeplan den Zeitraum vom aktuellen Zeitpunkt bis zum Ende der betreffenden Phase ab. Der Ausnahmeplan ersetzt so mit dem gleichen Detaillierungsgrad und für den gleichen Zeitraum den Plan, in dem die Ausnahme eintritt. Muss der gesamte Projektplan durch einen Ausnahmeplan ersetzt werden, bedarf diese Aktion der Genehmigung durch die Unternehmensführung bzw. das Programm-Management.

4.8.9 Projektabschlussbericht/End Project Report

Der Projektabschlussbericht wird zum Ende des Gesamtprojekts vom Projektmanager in der CP-Aktivität *Projekt bewerten* für den Lenkungsausschuss verfasst und ihm im DP *Projektabschluss bestätigen* vorgestellt. Durch diesen Bericht wird bestätigt, dass die Übergabe aller Produkte und die Lieferung des Endergebnisses erfolgreich verlaufen sind. Er dient der Rechenschaft des Projektmanagers gegenüber dem Lenkungsausschuss.

Im Projektabschlussbericht finden sich eine Auflistung der noch offenen Punkte und eine Liste der Änderungen mit ihren Auswirkungen im Projektverlauf. Der Business Case wurde aktualisiert und stellt einen Bestandteil dieses Berichts dar. Die Anforderungen der Projektdokumentation (PID) und die Qualitätsüberprüfungen werden abgeklopft, um zu überprüfen, ob das Projektresultat mit dem in der Projektleitdokumentation beschriebenen Projektziel übereinstimmt. Auch eine Beurteilung des Projektverlaufs findet sich hier.

Der wirtschaftliche Teil besteht in einer Auflistung der Kosten und der Projektnachkalkulation, in der die tatsächlichen Kosten und Aufwände in Abstimmung mit der Buchhaltung zusammengetragen werden. Inhaltlich stellt der Projektabschlussbericht das erreichte Ergebnis und die erfolgreichen Lösungswege dar.

Bei der Art und Weise der Projektauswertung ist festzulegen:

- Wozu dient die Auswertung (Ziele)?
- Wie geht derjenige vor? Welche Instrumente und Methoden setzt er ein? In welcher Form hält er seine Ergebnisse fest (schriftlich und/oder mündlich)?
- Wer darf die Ergebnisse einsehen? Wer darf im laufenden Projekt auf den Ordner „Projektabschlussbericht“ zugreifen?

Generell gilt die goldene Regel: „Weniger ist mehr“ – eine allzu ausführliche Dokumentation, die mühevoll über Tage oder Wochen erstellt worden ist, wird niemand lesen. Inhalte eines internen Projektabschlussberichts (*siehe Abbildung 4.68*) können wie folgt lauten:

- Projektziele und Rahmenbedingungen (ursprüngliche Ziele, Zieländerungen, Bewertung der Zielerreichung und Angaben zu Zielabweichungen)
- Konkrete Ergebnisse: Produkt, Dienstleistung, veränderte Strukturen, Prozesse etc.
- Beitrag zur Erreichung der Unternehmensziele
- Termine (Ist-Ende/Soll-Ende/Abweichung)
- Kosten (Ist-Kosten/Soll-Kosten/Abweichung), Ergebnisse der Schlussabrechnung (Nachkalkulation)
- Ressourcen (Ist-Aufwand/Soll-Aufwand/Abweichung)

Input für den Projektabschlussbericht:

PID // Business Case // Projektplan // Nutzenrevisionsplan // Register // Erfahrungsbericht // Phasenabschlussberichte // ggf. Ausnahmeberichte

Bestandteile des Projektabschlussberichts:

- **Bericht des Projektmanagers**: Zusammenfassung des Projekterfolges
- **Bewertung des Business Case**: Darstellung bisher erzielter u. noch ausstehender Nutzen nach Projektabschluss, erwarteter Nettonutzen. Abweichungen vom genehmigten Business Case
- **Bewertung der Projektziele**: Vergleich der Plan- mit den Ist-Zielen u. Toleranzen des Projektes, Bewertung Effektivität der Strategien u. Steuerungsmittel
- **Bewertung der Teamleistung**: insb. Lob, Anerkennung
- **Bewertung der Produkte**
- **Qualitätsdokumentation**: geplante u. abgeschlossene Qualitätsaktivitäten
- **Produktabnahmedokumentation**: erstellte Produkte u. ihre Abnahmen
- **Spezifikationsabweichungen**: fehlende o. unzureichender Produkte u. gewährte Konzessionen
- **Übergabe des Projektendproduktes**: Projektabnahmedokumentation (auch unter Berücksichtigung der Themen Betrieb u. Wartung)
- **Zusammenstellung von Empfehlungen für Folgeaktionen**: unerledigte Arbeiten, offene Punkte, Risiken, Aktivitäten vor Übertritt in die nächste Lebenszyklusphase des Projektendproduktes; Weisungsanfrage an den LA, an wen die Empfehlungen kommuniziert werden sollen
- **Erfahrungsbericht**

Abbildung 4.68: Bericht zum Projektabschluss: Prüfung der Projekteffektivität, Weitergabe von Erfahrungen und Details über noch nicht fertiggestellte Arbeiten, Risiken oder Anpassungen im Produkt-Lifecycle

Dementsprechend bieten Erfahrungsprotokoll, Register offener Punkte, Risikoregister, Phasenabschlussberichte, Nutzenrevisionsplan, Projektplan und weitere Pläne Material für die Darstellung des Projektabschlussberichts.

5 PRINCE2™-Prozess- und Aktivitätendarstellung

Das PRINCE2™-Prozessmodell besteht aus sieben charakteristischen Managementprozessen, die die Aktivitäten vom korrekten Aufsetzen und Vorbereiten des Projekts über die Steuerung des Projektfortschritts und die Verwaltung bis hin zur Fertigstellung abdecken (*siehe Abbildung 5.1*). Das allgemeine Planungsthema (*siehe Kapitel 4.4, Pläne/Plans*) spielt in viele der anderen Prozesse mit hinein.

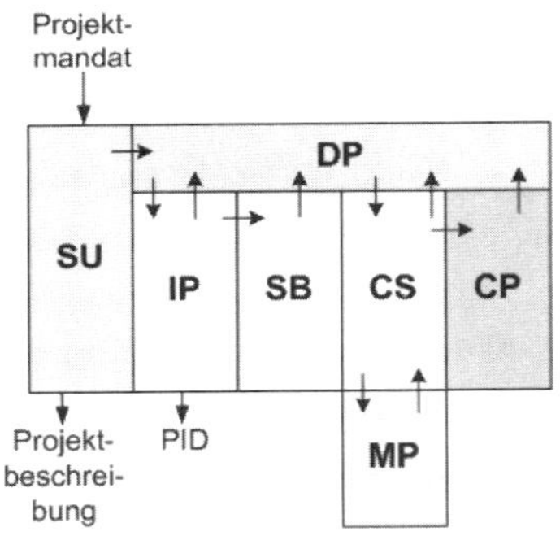

Abbildung 5.1: PRINCE2™-Prozesse

Alle Prozesse besitzen gemäß Definition über die Aktivitäten einen definierten Input und Output sowie jemanden, der für die Aktivitäten im Prozessverlauf verantwortlich ist (*siehe Abbildung 5.2*). Beim DP-Prozess (*Lenken eines Projekts*) ist dies beispielsweise der Lenkungsausschuss, während der Teammanager für die Tätigkeiten im MP-Prozess (*Managen der Produktlieferung*) verantwortlich zeichnet.

Die Prozesse bilden das Herzstück jedes PRINCE2™-Projekts, während die sieben Themen (Business Case, Organisation, Pläne, Änderungen, Fortschritt, Qualität, Risiken) das Rückgrat und die sieben Prinzipien das Rückenmark darstellen. Die Themen und somit auch die Prinzipien sind Bestandteile der Prozesse. Alle tragen gemeinsam zum Projekterfolg bei.

Beispiel dafür ist die definierte Projektorganisation mit festgeschriebenen Rollen und Verantwortlichkeiten in einem Kunden-/Lieferanten-Umfeld mit Fokussierung auf den Business Case als betriebswirtschaftliche Rechtfertigung des Projekts. Produktbasierte Planung zur übersichtlichen Einteilung des Projekts und seiner Ergebnisse sind wichtige Voraussetzungen für strukturierte Projektergebnisse. Das Umgehen von unkontrollierten Änderungen durch die Änderungssteuerung (Change Control) gewährleistet die Kontrolle über Kosten, Termine, Nutzen und Qualität. Konfigurationsmanagement und die Sicherung der Projektqualität durch fest eingeplante Qualitätsüberprüfungen und eine Reihe von Steuerungsmitteln für die Mitglieder des Projektmanagement-Teams tragen zum Projekterfolg bei, wobei ein ständiges Risikomanagement die Risiken im Projekt und die Auswirkungen für die Business-Seite nicht aus den Augen lässt.

Viele dieser Ansätze und Verfahren finden sich bereits in zahlreichen Unternehmen, ohne dass dort explizit angelehnt an PRINCE2™ Projektmanagement betrieben wird. Aber nur, wenn die Prinzipien und Themen der PRINCE2™-Methodik angewandt werden, handelt es sich um ein PRINCE2™-Projekt.

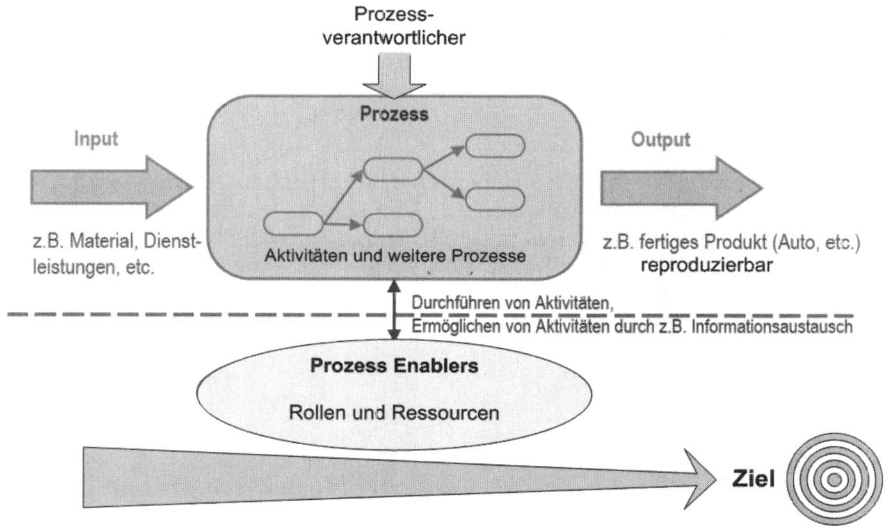

Abbildung 5.2: Allgemeines Prozessinterieur: z. B. Input, Output, Aktivitäten, Ziel, Eigentümer, Trigger

Jedes PRINCE2™-Projekt wird die sieben Prozesse durchlaufen. Welche Form und welche Ausprägung dies in der Praxis annimmt, ist vom jeweiligen Projekt und den Randbedingungen abhängig. PRINCE2™-Prozesse sind skalierbar. In manchen Fällen ist Anpassungsarbeit notwendig, formelle Wege werden zu informellen Kommunikationspfaden, während andere Aktivitäten restriktiver gehandhabt werden. Hier hilft in Bezug auf den entsprechenden Prozess die Frage, wie umfassend der Prozess auf das Projekt angewandt werden soll. PRINCE2™ handhabt als Projektmanagement-Methode diese Frage stets situations- und praxisbezogen, genau wie es einem Best Practice-Ansatz entspricht. Die OGC hat sich der Wichtigkeit dieses Themenkomplexes angenommen und ihn in einem expliziten „Tailoring"-Ansatz verarbeitet (*siehe Kapitel 6, Tailoring: PRINCE2™ an die Projektumgebung anpassen*).

5.1 SU – Vorbereiten eines Projekts

Dieser Prozess (*Starting up a Project*) setzt vor dem eigentlichen Projektstart an und liefert die Voraussetzungen für den Projektstart und das Projekt an sich (*siehe Abbildung 5.3*). Damit ein Projekt erfolgreich sein kann, muss es gesteuert und geführt werden. Dabei ist eine gezielte Vorbereitung wichtig. Hier geht es auch um die Frage, wer in welchen Rollen zum Erfolg des Projekts beitragen wird. Die erforderliche Vorbereitung kostet Zeit und Ressourcen.

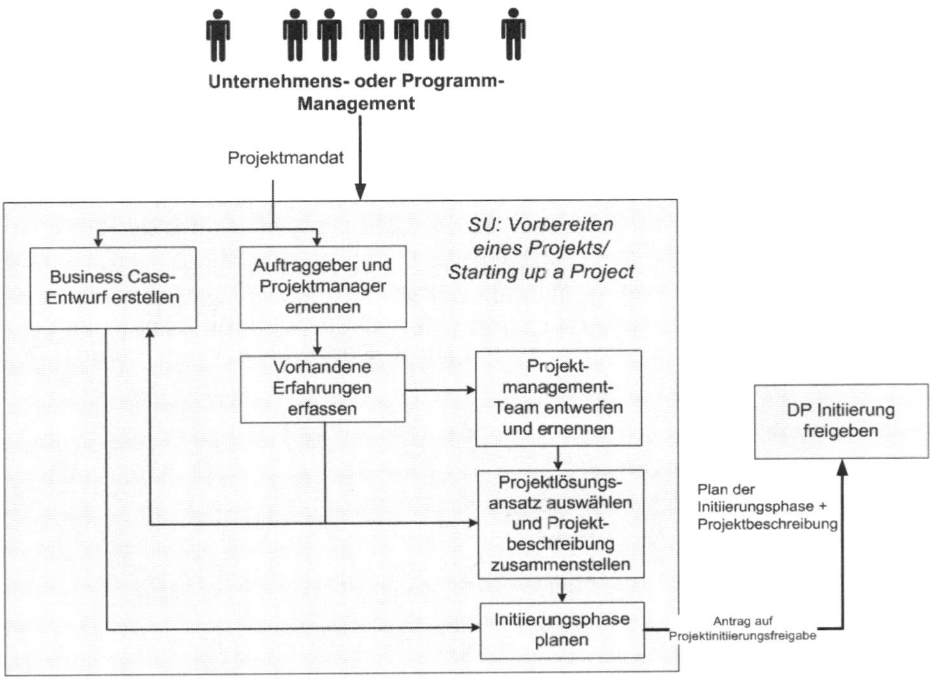

Abbildung 5.3: Darstellung des Prozesses „Vorbereiten eines Projekts" (nach OGC-(PRINCE2™)Material, durch OGC lizenzierte Wiedergabe)

Der Prozess stellt zu Beginn des Projekts folgende Fragen:

- Was ist die geschäftliche Rechtfertigung des Projekts und mit welchem Business Case wird diese Rechtfertigung überwacht und überprüft? Kurz: Welchen Grund gibt es für das Projekt? Ohne Business Case kein Projekterfolg. Ohne Motor keine Fahrt.
- Welche Management- und Ausführungsrollen braucht das Projekt, damit die Zielsetzung, Produktdefinition und Entscheidungsprozeduren korrekt definiert und umgesetzt werden können?
- Welche Kompetenzen, Verantwortlichkeiten, Kenntnisse und Erfahrungen werden im Projekt gebraucht, damit die geforderten Produkte und Ergebnisse erreicht werden können?

Das Projektmandat stellt den Auslöser für diesen Prozess dar. Ziel ist es, über diesen Prozess die Organisationsstruktur zu definieren, das Aufsetzen des Projekts erst einmal generell zu rechtfertigen und allen weiteren Aktionen eine Basis zu liefern. Ohne diese Basis in Form des Business Case sollte ein Projekt weder gestartet noch fortgesetzt werden. Damit wird deutlich, dass sich die PRINCE2™-Methode hauptsächlich auf das Management des Projekts konzentriert. Auch die nächste Phase, die Initiierung des Projekts, ist davon betroffen und muss geplant werden. Dabei fallen bereits Kosten an, obwohl dieser Prozess vergleichsweise kurz ausfallen kann.

Auch für den Auftraggeber muss für die Übernahme der bisherigen Kosten der Projektnutzen bekannt sein. Außerdem wird verdeutlicht, was mit dem Projekt aus welchem Blickwinkel erreicht werden soll. So können alle Beteiligten in die gleiche Richtung laufen, und die Verantwortlichen wissen, wie die Richtungsvorgaben und die Steuerung aussehen können. Aus diesem Grund wird bereits im Prozess *Vorbereiten eines Projekts* geklärt, wer Auftraggeber ist und wer als Projektmanager eingesetzt wird. Dies wird vom Unternehmens- oder Programm-Management vorgenommen. Auch die anderen Mitglieder des Lenkungsausschusses werden ernannt, um so gemeinsam die drei Interessen innerhalb des Projekts darzustellen und die Rollen zu besetzen: Interessen von Kunde, Benutzern und des Lieferanten.

Das Prinzip „Lernen aus Erfahrungen" (*siehe Kapitel 2.4.2, Lernen aus Erfahrungen*) ist direkt zu Beginn des Prozesses ein elementarer Bestandteil. So wird, bevor es an das Ausloten von Vorgehensweisen und konzeptionellen Basisüberlegungen geht, geprüft, welche Erfahrungen und welches Wissen aus der Vergangenheit dem aktuellen Projekt dienlich sein könnten.

Weitere Aktivitäten beziehen sich auf die Projektdefinition in Form der Projektbeschreibung und die Randbedingungen der Projektdurchführung, für die der Auftraggeber verantwortlich ist, auch wenn der Projektmanager diese formuliert. Ein Projektlösungsansatz und der Plan für die nächste Phase muss entworfen und ein Risikoregister angelegt werden. Der Projektmanager ist hierfür verantwortlich.

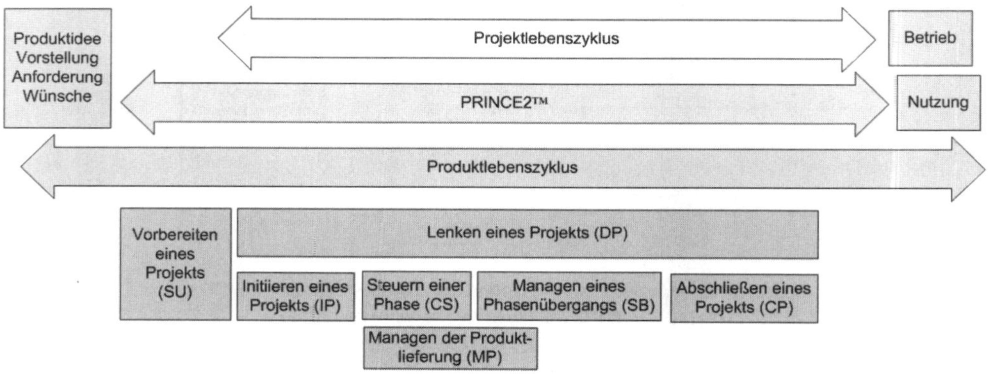

Abbildung 5.4: Das Vorbereiten eines Projekts gehört zur Pre-Projektphase und ebenfalls zu PRINCE2™.

All dies sind Aktivitäten, die sich auf die Vorbereitung beziehen, noch bevor das Projekt an sich gestartet wird (*siehe Abbildung 5.4*). Die Aufwendungen für diesen Prozess sind von Projekt zu Projekt unterschiedlich. Was allen Projekten gleich ist: Eine saubere und abgestimmte Vorbereitung zwischen Unternehmens- oder Programm-Management. Auftraggeber und Projektmanager und eine Erfassung der Anforderungen aller relevanten Personenkreise macht sich im Projektverlauf bezahlt. Sollte das Projekt Teil eines Programms sein, stammen zahlreiche Vorgaben und Inhalte wie die Projektbeschreibung aus dem Programm, die es allerdings zu prüfen und gegebenenfalls anzupassen gilt.

5.1.1 SU Auftraggeber und Projektmanager ernennen

Angestoßen wird diese Aktivität (*Appointing the Executive and the Project Manager*) direkt über das Projektmandat. Dies ist die Voraussetzung, ohne die es keinen Projektstart geben kann. (Achtung: Das Projektmandat ist nicht Auslöser für den offiziellen Projektstart!) Die Einrichtung von Auftraggeber und Projektmanager über das Unternehmens- bzw. Programm-Management ist essentiell für die gemeinsame Durchführung des Projekts (*siehe Abbildung 5.5*). Es ist aber auch möglich, dass der Auftraggeber aus den Reihen der Organisation stammt, die das Projekt beauftragt, oder dass diese den Auftraggeber ernennt. Insgesamt sind die folgenden Schritte bei der Ernennung des Auftraggebers abzuwickeln:

- Verantwortlichkeiten festlegen und Rollenbeschreibung erstellen
- Aufwände für diese Rollen abschätzen, Kandidaten ermitteln und auswählen
- Der Kandidat bestätigt die entsprechende Verfügbarkeit und seine Funktion, sodass er mit der Aufgabe betraut wird und seine Rolle wahrnehmen wird

Der Auftraggeber bestimmt in vielen Fällen den Projektmanager für das Projekt-Tagesgeschäft selbstständig, das Unternehmens- oder Programm-Management stimmt dieser Auswahl meist lediglich formlos zu. Der Ablauf lässt sich ähnlich wie die Schritte zur Ernennung des Auftraggebers beschreiben. Im Idealfall bestätigt das Unternehmens- bzw. Programm-Management die Aufgaben und Befugnisse z. B. durch eine entsprechende gemeinsame Sitzung mit anschließender Protokollierung, in der diese Beschreibung festgehalten wird und als Bezugsquelle bei späteren Fragen oder Diskussionen dienen kann. Die Rollenbeschreibungen stellen einen Bestandteil für die spätere Projektbeschreibung dar.

Dieser Schritt ist ganz zu Beginn notwendig, um eine Instanz bereitzustellen, die sich als Entscheider mit den richtigen Befugnissen und als Ansprechpartner für das Projekt verantwortlich zeichnet.

Neben der Erstellung der beiden Rollenbeschreibungen und der Ernennung von Auftraggeber und Projektmanager erstellt der Projektmanager das Projekttagebuch. Hier werden nicht nur informelle Notizen, sondern zu Beginn des Projekts auch offene Punkte und Risiken erfasst, die dann bei Bedarf nach der Projektinitiierung in die formalen Register zu überführen sind.

5.1.2 SU Vorhandene Erfahrungen erfassen

Wäre es nicht dumm, den gleichen Fehler zwei- oder dreimal zu begehen? Um dieser Frage bereits im Vorhinein aus dem Weg zu gehen, empfiehlt es sich, die Erfahrungen ähnlicher Projekte aus der Vergangenheit zu prüfen, Erfahrungen aus dem Unternehmen, des Programms oder externer Quelle hinzuzuziehen und auf das Wissen und die Erfahrungen aus ähnlichen Projekten einzelner Personen (z. B. des Auftraggebers) oder Teams zu bauen (*Capture Previous Lessons*). Aus den unterschiedlichen Quellen können sich eine Vielzahl von Hinweisen, Tipps und Erfahrungen ergeben. Diese können bereits im SU-Prozess einen wertvollen Mehrwert bilden und eine Unterstützungsleistung für die nachfolgenden Aktivitäten darstellen, z. B. beim Entwurf des Projektmanagement-Teams (PMT), für den Entwurf des Business Case, die Projektbeschreibung und den Initiierungsphasenplan. So können bisher nicht bekannte Kosten vorab aufgedeckt, notwendiges Wissen für eine Rolle oder ein neuer Lösungsansatz identifiziert werden.

Die Neugier des Projekt-Teams und die Bereitschaft, Erfahrungen zu teilen, sollten auch im weiteren Projektverlauf zum Wohl des Projekts gefördert und gefordert werden. Auch zu diesem Zweck erstellt der Projektmanager das Erfahrungsprotokoll (Lessons Log), das der Auftraggeber bei Bedarf prüft.

5.1.3 SU Projektmanagement-Team entwerfen und ernennen

Nachdem der Auftraggeber (Executive) und der Projektmanager ernannt wurden, besteht der nächste Schritt darin, die Projektgröße, die Komplexität und die vom Endergebnis tangierten Bereiche zu prüfen und das gesamte Projektmanagement-Team aufzustellen (*Design and Appoint a Project Management Team, siehe Abbildung 5.5*).

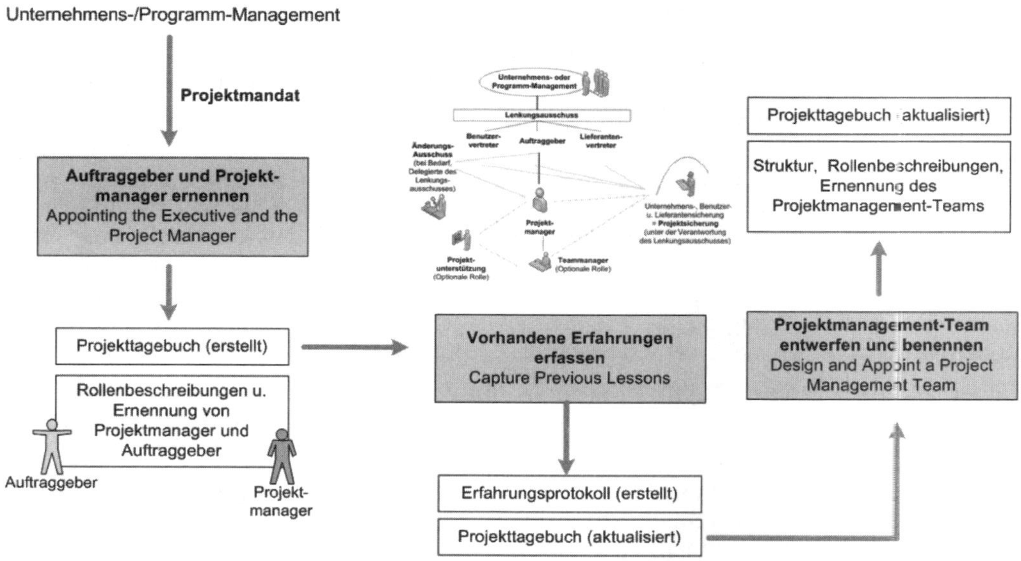

Abbildung 5.5: Darstellung des Zusammenspiels der Aktivitäten „Appointing the Executive and the Project Manager", „Capture Previous Lessons" und „Design and Appoint a Project Management Team" im SU-Prozess (nach OGC-(PRINCE2™)Material, durch OGC lizenzierte Wiedergabe)

Über diese Aktivität wird sichergestellt, dass die Personen mit dem richtigen Wissen an der richtigen Stelle im Projektmanagement-Team sitzen und so zum Projekterfolg beitragen. Das Projektmanagement-Team muss mit geeigneten Vertretern der Benutzer, Lieferanten und den weiteren Beteiligten versehen sein. Alle Beteiligten müssen ihre Aufgaben und die entsprechende Interessensvertretung adäquat ausfüllen können. Dies bezieht sich vor allem auf die Besetzung des Lenkungsausschusses (*siehe Kapitel 4.2.1, Rollen und Verantwortlichkeiten/Roles and responsibilities* im Abschnitt *Lenkungsausschuss/Project Board*), wobei es zu prüfen gilt, ob es Aufgaben gibt, die an die Projektsicherung zu delegieren wären. Auf der Basis von Projektmandat und der Aufgabenbeschreibung geht es darum, die Struktur, Rollen- und Aufgabenbeschreibungen festzulegen, mögliche Kandidaten zu diskutieren und eine vorläufige Kandidatenliste zu erstellen. Dazu gehört auch die Frage, ob im Projektverlauf der Einsatz eines Teammanagers oder der Projektunterstützung notwendig sein wird. Im Bedarfsfall gilt es auch hierzu die jeweiligen Rollenbeschreibungen zu erstellen oder anzupassen. Allen Beteiligten müssen die Berichts- und Kommunikationswege geläufig sein. Die relevanten Informationen dazu sind auch in den Rollenbeschreibungen zu finden.

Bei der Ernennung des Projektmanagement-Teams (PMT) sind folgende Schritte umzusetzen:

- Aufwände für diese Rollen abschätzen, Kandidaten ermitteln und auswählen
- Der Kandidat bestätigt die entsprechende Verfügbarkeit und seine Funktion, sodass er mit der Aufgabe betraut wird und seine Rolle wahrnehmen wird.

Sollte zum aktuellen Zeitpunkt eine Rolle oder ein Kandidat noch unklar oder nicht verfügbar sein, kann die Auswahl auf einen späteren Zeitpunkt verschoben werden. Möglicherweise ist der erforderliche Skill bei der jeweiligen Person (noch) nicht vorhanden, sodass geklärt werden sollte, ob Schulungsmaßnahmen notwendig sind oder externe Unterstützung hinzugezogen werden sollte.

Das Unternehmens- oder Programm-Management sollte die Besetzung des Projektmanagement-Teams bestätigen.

Zu diesem Zeitpunkt können identifizierte Risiken bereits in das Projekttagebuch eingetragen werden. Ein aktualisiertes Projekttagebuch, die Struktur und die Rollenbeschreibungen des Projektmanagement-Teams sowie das ernannte Projektmanagement-Team zählen zum Output dieser Aktivität.

5.1.4 SU Business Case-Entwurf erstellen

Die wirtschaftliche Rechtfertigung für das Projekt sollte von Anfang an gegeben sein und während des gesamten Projekts Gültigkeit bewahren. Da durch das Projektmandat initiale und durch die vorhergehenden Aktivitäten im SU-Prozess möglicherweise weitere Inhalte in einen Business Case-Entwurf fließen konnten, wird durch diese Aktivität (*Prepare the Outline Business Case*) nun die Highlevel-Sicht der Projekt-Rechtfertigung zusammengefasst. Dieser Entwurf ist zumindest zum aktuellen Zeitpunkt in der Lage, darzustellen, warum das Projekt umgesetzt werden soll. Der Business Case-Entwurf ist die Basis für die Fortschreibung des Business Case, der im Projektverlauf immer wieder aktualisiert und verfeinert wird. Eine erste Überarbeitung findet während der Projektinitiierung statt (*siehe Kapitel 5.2, IP – Initiieren eines Projekts*).

Um überhaupt beurteilen zu können, worauf der Business Case des Projekts abzielt und welches Ergebnis betriebswirtschaftlich dargestellt wird, wird in dieser Aktivität die Produktbeschreibung des Projektendprodukts (als eine Sonderform der Produktbeschreibung) erstellt. Sowohl der Business Case-Entwurf als auch die Produktbeschreibung des Projektendprodukts (*siehe Abbildung 5.6*) werden später zum Bestandteil der Projektbeschreibung (*siehe Kapitel 4.8.3, Projektbeschreibung/Project Brief* und *Kapitel 5.1.5, SU Projektlösungsansatz auswählen und Projektbeschreibung zusammenstellen*).

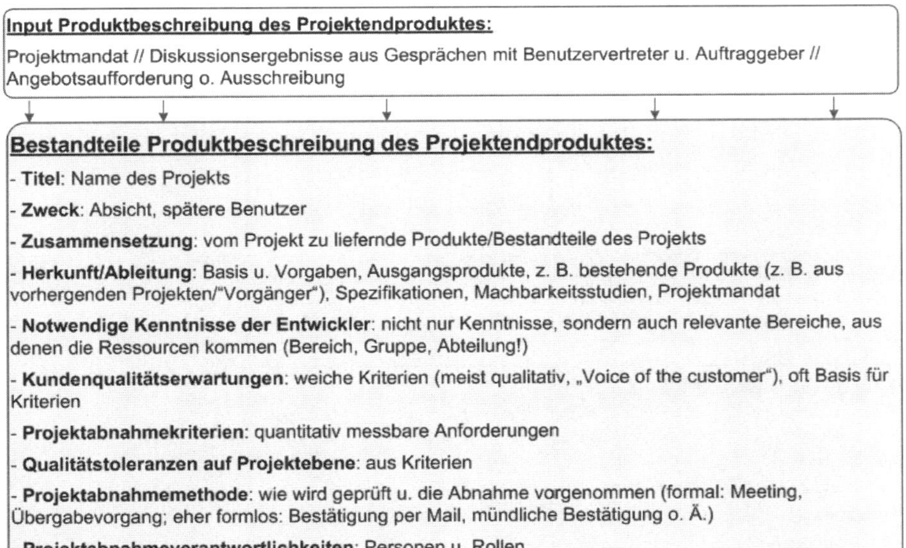

Abbildung 5.6: Die Produktbeschreibung des Projektendprodukts ist eine Sonderform der Produktbeschreibung, die beschreibt, was das Projekt am Ende geliefert haben muss, um abgenommen werden zu können.

Die Produktbeschreibung des Projektendprodukts stellt dar, was das Projekt liefern wird, um abgenommen und abgeschlossen zu werden. Der Projektmanager tritt, um die entsprechenden Anforderungen, Abnahmekriterien und Erwartungen sammeln zu können, an Benutzervertreter und Auftraggeber heran. Dabei werden die Erwartungen und die Machbarkeit kritisch geprüft. Im positiven Fall können in der Produktbeschreibung des Projektendprodukts bereits Meilensteine definiert werden. Nur wenn das Projektziel, das den Mehrwert für die Organisation liefern soll, überhaupt bekannt und dokumentiert ist, kann ein entsprechender Business Case entworfen und verfeinert werden. Weitere Informationen als Input für den Business Case liefern das Projektmandat und Erfahrungen aus anderen Projekten. Ein wichtiger Output können bei den Schritten der Aktivität *Business Case-Entwurf erstellen* neu identifizierte Risiken darstellen, die im Projekttagebuch dokumentiert werden. Aber auch die bereits bekannten Risiken gilt es, kritisch zu prüfen, da sie Risiken für den Business Case-Entwurf darstellen können.

Ist das Projekt Teil eines Programms, stammen die Informationen für den Entwurf aus dieser Quelle und lehnen sich an den Business Case des Programms an. Die Verantwortlichkeit für die Umsetzung des Business Case-Entwurfs liegt beim Auftraggeber, auch wenn der Projektmanager in den meisten Fällen die Tätigkeiten durchführt. Der Projektmanager erstellt die Produktbeschreibung des Projektendprodukts.

5.1.5 SU Projektlösungsansatz auswählen und Projektbeschreibung zusammenstellen

Diese Aktivität (*Select the Project Approach and Assemble the Project Brief*) verwendet eine Vielzahl von Informationen, wie z. B. Standards oder Vorgaben, Vorgehensweisen von Kunden- oder Lieferantenseite und externen Informationen (Technik, Wirtschaft, neue Entwicklungen, externes Expertenwissen), um den Projektlösungsansatz und den restlichen Teil der Projektbeschreibung festzuschreiben. Der Projektlösungsansatz wird bei der Entwicklung der Projektleitdokumentation und des Projektplans im nachfolgenden Prozess mit der Bezeichnung *IP Initiieren eines Projekts* verwendet. Der Lösungsansatz wird später als Projektplanbeschreibung in die Projektleitdokumentation einfließen. Der Projektlösungsansatz ist Teil der Projektbeschreibung, die in Form der Projektdefinition als Ausgangsbasis dient, um die Projektinitiierung anzugehen. Später (in der Initiierungsphase) wird die Projektbeschreibung in die Projektleitdokumentation übernommen und nicht mehr weiter als dediziertes Dokument gepflegt (*siehe Abbildung 5.7*).

Input Projektbeschreibung:

Projektmandat // Erfahrungsprotokoll // Programm-Management (falls das Projekt Teil eines Programms ist, kann die Projektbeschreibung vom Programm kommen) // Strategien, Richtlinien, Standards // Ergebnisse aus Gesprächen mit dem Lenkungsausschuss u. den Benutzern, falls Projektmandat Fragen offen gelassen hat // ggf. weitere Gespräche mit Betriebs- u. Wartungsorganisationen oder Lieferanten

Bestandteile der Projektbeschreibung:

- **Projektdefinition**: Hintergrund, Zielsetzung, angestrebte Ergebnisse, Umfang u. Ausschlüsse, Einschränkungen u. Annahmen, Projekttoleranzen, Benutzer u. weitere Stakeholder, Schnittstellen
- **Business Case-Entwurf**
- **Produktbeschreibung des Projektendprodukts**
- **Projektlösungsansatz**: Art u. Weise, wie die Optionen aus dem Business Case umgesetzt werden
- **Struktur des Projektmanagement-Teams**: Diagramm o. Ä.
- **Rollenbeschreibungen**: Projektmanagement-Team u. a. Ressourcen
- **Verweise**: auf Dokumente o. Produkte

Abbildung 5.7: Die Projektbeschreibung ist die Basis für die anstehende Projektinitiierung.

Erst einmal geht es aber darum, einige Entscheidungen zu treffen, ob etwa eine Standardlösung von der Stange gekauft oder eine komplette Neuentwicklung stattfinden soll, da dies in erheblichem Maße Zeitplanung, Kosten und gegebenenfalls auch Umfang und Qualität beeinflussen kann. Geht es um die Anpassung oder Erweiterung einer bestehenden Software, und welche Technologie soll zum Einsatz kommen? Welcher Hersteller kann bei der Umsetzung helfen? Dabei geht es auch darum, herauszufinden und sicherzustellen, dass z. B. keine unternehmensspezifischen Anforderungen oder Regelungen verletzt werden (beispielsweise im Bereich Security oder in Bezug auf strategische Vorgaben). Andere Fragen sind unter anderem:

- Wie kann die Projektidee bzw. wie können die Angaben aus den vorliegenden Dokumenten (Projektmandat, Business Case, Projektbeschreibung oder Projektdefinition) umgesetzt werden (grob/fein)?
- Existieren Beschränkungen oder Einschränkungen, die beachtet werden müssen (Kosten, Zeit, Standards, Qualität, Ressourcen, ...)?
- Gibt es Best Practice-Empfehlungen im Unternehmen?
- Haben wir genug Leute mit dem geforderten Know-how als Experten, bzw. wo bekommen wir diese Leute her?
- Welche Optionen gibt es?
- Gibt es Seiteneffekte und Wechselwirkungen zu anderen anstehenden oder aktuellen Projekten?
- Wie könnte das Produkt in den Betrieb gebracht werden?
- Sind Schulungsmaßnahmen notwendig?
- Sind alle zukünftig betroffenen Unternehmensbereiche involviert?
- Wurden die mit den Optionen verbundenen Risiken bedacht?
- Wie sieht das Ergebnis nach dem Evaluieren der Optionen aus?

Der Lenkungsausschuss benötigt ein Dokument, um so eine Rechtfertigung für das Projekt mit allen Daten, Fakten, Erwartungen und Anforderungen in der Hand zu haben. Dieses Dokument ist die Projektbeschreibung, in die die Informationen aus dem Projektmandat einfließen und erweitert werden. Das Ziel für die Erstellung der Projektbeschreibung ist ein Dokument, auf dessen Basis der Lenkungsausschuss die Entscheidung für die Projektrechtfertigung (Aufwendungen, Kosten, ...wer macht wann was?) fällen kann. Dazu zählen auch Projektziele und die anzustrebenden Ergebnisse, Umfang mit den entsprechenden Ausschlüssen sowie die Identifikation der relevanten Stakeholder. Daher müssen die Erwartungen des Kunden bereits zu diesem frühen Zeitpunkt evaluiert werden.

Die Angaben aus dem Business Case-Entwurf in der Projektbeschreibung (*siehe Abbildung 5.7*) dienen der DP-Aktivität *Initiierung freigeben* als Entscheidungsbasis. Weitere Inhalte der Projektbeschreibung sind

- die Produktbeschreibung des Projektendprodukts
- Struktur und Rollenbeschreibungen des Projektmanagement-Teams

Die Detailtiefe der Projektbeschreibung hängt von den Projektumständen ab. Der Auftraggeber ist letztendlich verantwortlich für die Projektbeschreibung und den Projektlösungsansatz, auch wenn der Projektmanager die Erstellung abdeckt. Der Projektmanager ist zwar verantwortlich für die Durchführung dieser Aktivität, muss aber von den Personen unterstützt werden, die das Expertenwissen besitzen, wie beispielsweise Spezialisten, dem Lieferantenvertreter und dem Projekt-Support. Anpassungen im Projektverlauf sind möglich.

Da Risiken im Projektverlauf schneller auftauchen können als gewünscht, wird auch hier wieder bei Bedarf das Projekttagebuch mit Risiken oder offenen Punkten aktualisiert. Für die Aktualisierung des Projekttagebuchs, das Zusammenstellen der Projektbeschreibung, das möglicherweise notwendige Erstellen zusätzlicher Rollenbeschreibungen und die Definition des Projektlösungsansatzes ist der Projektmanager in dieser Aktivität verantwortlich.

Existiert ein Programm-Management und somit eventuell bereits eine Projektbeschreibung, muss diese Aktivität trotzdem vollzogen werden, um das vorhandene Dokument einer Prüfung zu unterziehen und gegebenenfalls anzupassen.

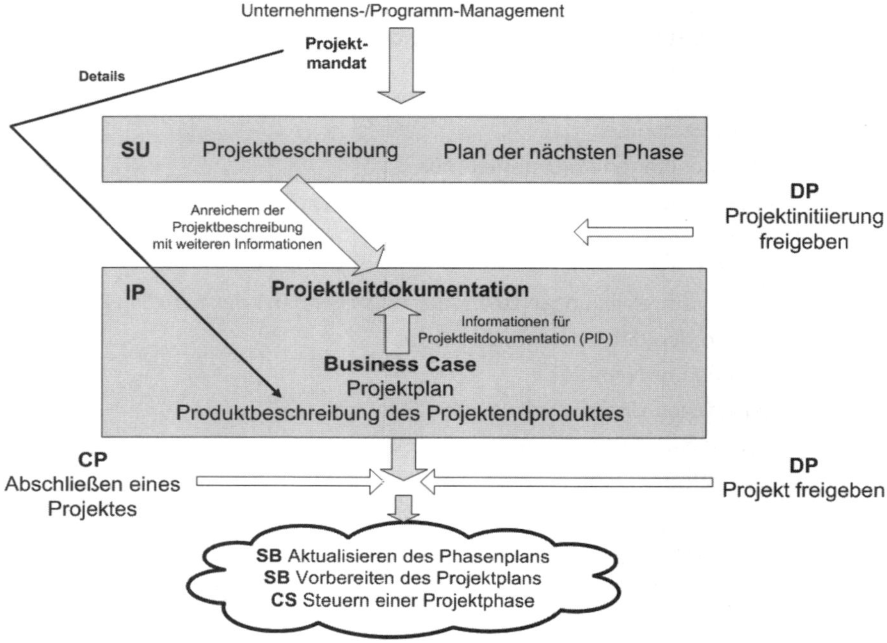

Abbildung 5.8: Die Aktivitäten in Bezug auf die Projektbeschreibung und Projektleitdokumentation im Projektverlauf

5.1.6 SU Initiierungsphase planen

Aus der vorliegenden Projektbeschreibung, dem Projekttagebuch und dem Erfahrungsprotokoll entsteht in dieser Aktivität (*Plan the Initiation Stage*) der Initiierungsphasenplan als Planungsbasis für die nächste Prozessphase. Weiterhin ist für die nächste Phase festzulegen, wie das Berichtswesen und die Steuerung aussehen sollen. Alle Informationen müssen vorab bereitstehen. Der Projektmanager ist verantwortlich für die Planung und wird bei Bedarf durch den Projekt-Support und die Projektsicherung unterstützt. Auch das Projekttagebuch wird bei Bedarf durch ihn während dieser Aktivität aktualisiert.

Der Plan für die Initiierungsphase wird im Gegensatz zu allen anderen Plänen – die während der Phasenübergänge erstellt werden – ohne Zuhilfenahme des SB-Prozesses (SB-Aktivität *Nächste Phase planen/Plan the next Stage*) erstellt.

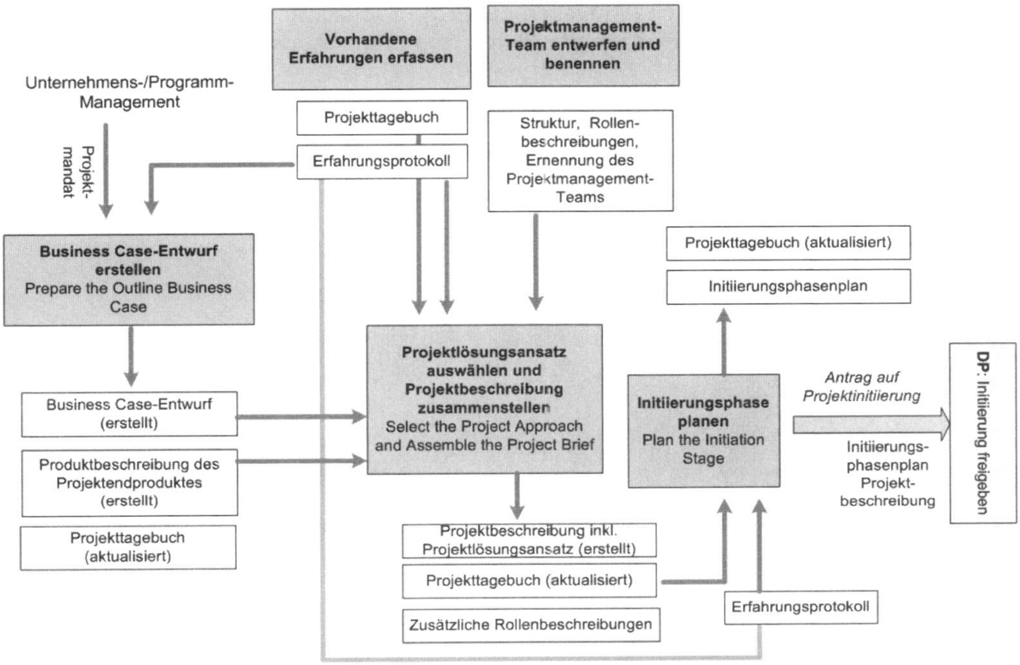

Abbildung 5.9: Darstellung der SU-Aktivitäten „Prepare the Outline Business Case", „ Select the Project Approach and Assemble the Project Brief" und „Plan the Initiation Stage" im Zusammenhang (nach OGC-(PRINCE2™)Material, durch OGC lizenzierte Wiedergabe)

Ein anderes wichtiges Dokument für den anstehenden Antrag auf Freigabe der Projektinitiierung ist die Projektbeschreibung. Am Ende dieser Aktivität müssen dem Lenkungsausschuss alle relevanten Informationen (primär Projektbeschreibung und Initiierungsphasenplan) vorliegen, um entscheiden zu können, ob die Initiierungsphase und damit der offizielle Projektstart freigegeben werden soll. Ist das der Fall, stellt die Freigabe der Projektinitiierung den offiziellen Projektstart dar.

5.2 IP – Initiieren eines Projekts

Der Initiierungsprozess startet, nachdem der Lenkungsausschuss die Projektbeschreibung und die Planung der Initiierungsphase über die DP-Aktivität *Initiierung freigeben* abgesegnet hat. Diese erste große Aktivität des Lenkungsausschusses im Projekt bringt den eigentlichen Projektlebenszyklus ins Rollen (*siehe Abbildung 5.4*). Die Initiierungsphase stellt somit zwar in der Ablauffolge eines PRINCE2™-Projekts den dritten Schritt (nach der Freigabe durch den DP-Prozess) dar, ist aber gleichzeitig der erste Prozess des eigentlichen Projekts.

Zu Beginn des Initiierungsprozesses legt der Projektmanager (in Abstimmung mit dem Lenkungsausschuss) die Strategien des Projekts (Qualitäts-, Risiko-, Kommunikations- und Konfigurationsmanagement-Strategie) fest und schafft so die Basis für die entsprechenden Aktivitäten im Projektverlauf. Zusammen mit den weiteren Managementprodukten, die über den IP-Prozess bereitgestellt werden, wird nach und nach ein solides Fundament für das Projekt erstellt, das in die Zusammenstellung der Projektleitdokumentation mündet. So wird allen Beteiligten klar, welche Aufgaben das Projekt umzusetzen hat, welcher Business Case als Motor dahinter steht und wie dies durch wen umgesetzt werden soll.

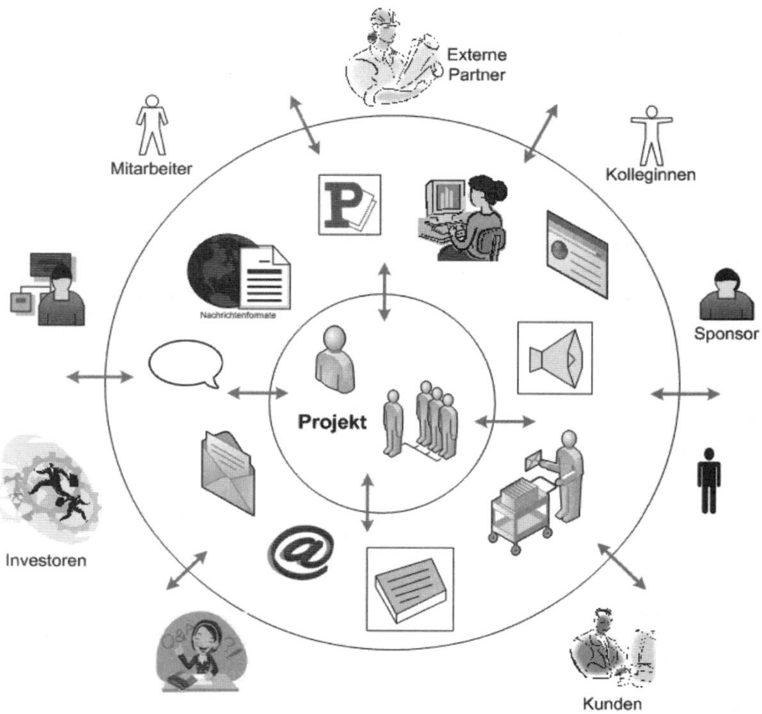

Abbildung 5.10: Eine der festzulegenden Strategien ist die Kommunikationsmanagement-Strategie, die die Kommunikationswege und deren Turnus innerhalb und außerhalb des Projekts beschreibt.

Allerdings ist es nicht so, dass nach der Bereitstellung des Projekt-Fundaments durch den IP-Prozess direkt und nahtlos die Umsetzung ansteht. Der IP-Prozess und das Vorlegen seiner Ergebnisse in Richtung des Lenkungsausschusses ermöglicht es, einen Entscheidungspunkt wahrzunehmen, um alle relevanten Faktoren des Projekts, auch hinsichtlich der Unternehmens- oder Programmziele und -vorgaben, zu prüfen und bewusst in die Projektumsetzung zu starten.

Der Business Case als betriebswirtschaftliche Rechtfertigung und als „Motor" des Projekts (Ohne Business Case kein Projekt!) wird daher in diesem Prozess detailliert ausgearbeitet (*siehe Kapitel 4.1, Business Case/Business Case*). Der Projektauftraggeber ist (auch im eigenen Interesse) für den Business Case verantwortlich.

Zu den Aufgaben der Initiierungsphase zählt ebenfalls eine gründliche Projektplanung. PRINCE2™ geht dabei von einer produktorientierten Planung aus (*siehe Kapitel 4.4.2, Produktbasierte Planung/Product-based Planning*). Diese Planungsform ähnelt der im PMBoK (Wissenskompendium der PMI-Methode) verwendeten „Work Breakdown Structure" mit dem Unterschied, dass bei PRINCE2™ nur Produkte ausgearbeitet und als Projektergebnisse beschrieben werden. Zu den Produkten zählen einerseits alle technischen Ergebnisse, die im

Laufe des Projekts entstehen, z. B. eine neue Software, das neue Reihenhaus oder die Reise nach Paris mit allen Komponenten (Spezialistenprodukte). Zum anderen sind Produkte auch Managementprodukte wie Pläne, Register oder Berichte aller Art.

Alle während der Projektvorbereitungs- und -initiierungsphase erstellten Dokumente ergeben schließlich zum Ende des Initiierungsprozesses zusammen ein übergeordnetes Papier, die Projektleitdokumentation (Project Initiation Documentation, PID). Die PID ist vergleichbar mit einem individuellen Projekthandbuch (inklusive Lasten- und Pflichtenheft, Leistungsbeschreibung, die übrigens keine PRINCE2™-Begriffe darstellen!). Dieses Dokument bildet die Handlungsbasis für die Projektdurchführung, das zentrale Dokument im Projektgeschehen und schafft Transparenz. Es stellt auch eine Entscheidungs- und Kontrollvorlage für den weiteren Projektverlauf dar, wobei der Lenkungsausschuss die Inhalte kennen sollte und nicht nur eine Pro-forma-Genehmigung des Dokumentes erteilt! In gewisser Weise kommt die Projektleitdokumentation einer Art Vertrag zwischen Projektmanager und Lenkungsausschuss gleich.

Zu betonen ist an dieser Stelle, dass die Projektleitdokumentation eher eine Dokumentensammlung als ein individuelles und autonomes Dokument darstellt. Die Elemente der Projektleitdokumentation wie die Strategien oder der Projektplan werden an anderer Stelle im IP-Prozessverlauf (*siehe Kapitel 5.2.8, IP Projektleitdokumentation zusammenstellen* und *Kapitel 4.8.4, Projektleitdokumentation/Project Initiation Documentation*) entwickelt, auf die vom PID aus lediglich verwiesen wird.

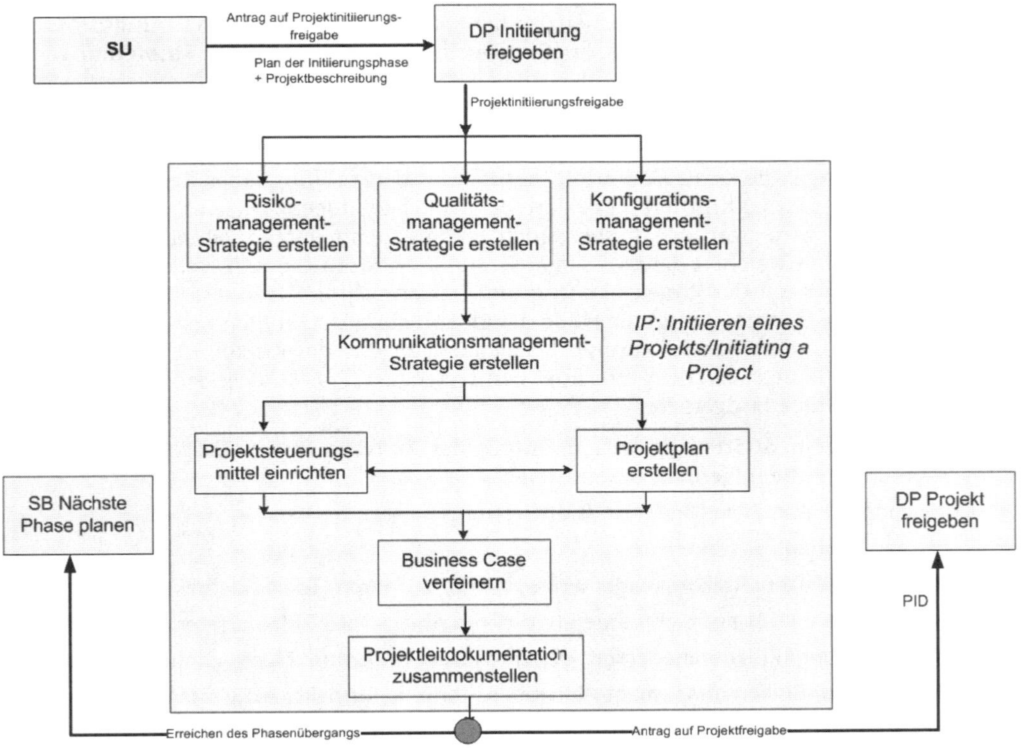

Abbildung 5.11: Darstellung des Prozesses „Initiieren eines Projekts" (nach OGC-(PRINCE2™)Material, durch OGC lizenzierte Wiedergabe)

Der Aufwand, alle Dokumente des PID zum ersten Mal zu erstellen, ist in der Regel erheblich. Gleichzeitig lohnt sich diese Investition aber für die Zukunft, da die Inhalte größtenteils in nachfolgenden Projekten wieder verwendet werden können.

Zum Schluss der Phase wird durch das Zusammenstellen des PID der nächste Prozess (SB *Managen eines Phasenübergangs*) angesprochen, um den Phasenplan für die erste „Produktionsphase" im Projekt zu erstellen. Vorab muss der Lenkungsausschuss allerdings entscheiden (DP *Lenken eines Projekts*), ob das Projekt wirklich weiterläuft (DP2 *Projekt freigeben*) oder der Business Case keine Rechtfertigung für das Fortbestehen des Projekts liefert. In einem solchen Fall wird das Projekt gemäß PRINCE2™ beendet (CP *Abschließen eines Projekts*).

Der Projektmanager ist für den IP-Prozess verantwortlich, wobei er sich mit dem Lenkungsausschuss und allen anderen Beteiligten abstimmt und durch den Projekt-Support und die Spezialisten unterstützt wird.

5.2.1 IP Risikomanagement-Strategie erstellen

In dieser Aktivität erstellt der Projektmanager mithilfe der drei Rollen im Lenkungsausschuss die Risikomanagement-Strategie, während (meist) die Projektunterstützung das Risikoregister initial anlegt. Die Risikomanagement-Strategie bezeichnet die relevanten Techniken, Standards und Zuständigkeiten als Grundlage für ein effektives und effizientes Risikomanagement. Dazu prüft der Projektmanager die Projektbeschreibung und zieht aus ihr die relevanten Informationen, die es in Bezug auf das Thema Risiko (*siehe auch Kapitel 4.5, Risiken/Risks)* und Risikomanagement zu berücksichtigen gilt. Das Erfahrungsprotokoll wird ebenfalls hinzugezogen und allgemein geprüft, ob Erfahrungen und Empfehlungen in der Vergangenheit dokumentiert wurden, die an dieser Stelle einen Nutzen bieten. Möglicherweise hat sich der Projektmanager auch bereits Notizen zum Thema Risiko und Risikomanagement in seinem Projekttagebuch gemacht, die er an dieser Stelle verwenden kann.

Eine wichtige Frage, die es zu klären gilt, betrifft die Verwendung eines Risikobudgets. So wird bereits in der Projektinitiierung geklärt, ob ein Risikobudget zur Handhabung der Risiken eingerichtet wird und wer diesbezüglich entsprechend der Vorgaben aus dem Lenkungsausschuss mit welchen Befugnissen ausgestattet wird. Falls es ein Risikobudget geben soll, wird später (nach der Projektplanung und der korrespondierenden Risikobewertung z. B. während der Planerstellung) die Höhe des entsprechenden Budgets festgelegt. Zum jetzigen Zeitpunkt ist eine Abschätzung in Bezug auf die Höhe des Risikobudgets noch nicht möglich. Der Lenkungsausschuss gibt über den IP-Prozess (*Projekt freigeben*) das Risikobudget als Teil des Projektbudgets frei.

Die Risikomanagement-Strategie als ein Output der Aktivität *Prepare the Risk Management Strategy* beschreibt die folgenden Bestandteile:

- Einführung: Zweck, Ziele, Umfang, Verantwortung
- Risikomanagement-Verfahren
- Tools und Techniken: Risikomanagement-Systeme, Verfahren, Tools, Techniken
- Dokumentation: Risikoaufzeichnungen und deren Ablage inkl. Risikoregister
- Berichterstattung: Risikomanagement-Berichte inklusive Turnus, Zweck, Empfängerkreis
- Zeitplanung für Risikomanagement-Aktivitäten: Termine formeller Aktivitäten
- Rollen und Verantwortlichkeiten: für Risikomanagement-Aktivitäten, auch aus Unternehmens- oder Programm-Management
- Risikobudget

- Bewertungsskalen: für Wahrscheinlichkeit eines Risikos und seiner Auswirkungen, Wahrscheinlichkeits-/Auswirkungsmatrizen und Beschreibung der Eintrittsnähe
- Risikokategorien, Kategorien der Risikobehandlung, Frühwarnzeichen, Risikotoleranzen

Nach Fertigstellung der Strategie prüft die Projektsicherung im Auftrag des Lenkungsausschusses und in Abstimmung mit dem Projektmanager, ob die Risikomanagement-Strategie den Vorgaben und Anforderungen des Lenkungsausschusses bzw. aus dem Unternehmens- oder Programm-Management entspricht. Da die Strategie in die Projektleitdokumentation (PID) einfließt, die dem Lenkungsausschuss zur DP-Aktivität *Projekt freigeben* vorgelegt wird, findet spätestens zu diesem Zeitpunkt eine Freigabe der Risikomanagement-Strategie statt.

Das Risikoregister wird als zweiter Output dieser Aktivität neben der Strategie entsprechend der Vorgaben aus der Risikomanagement-Strategie erstellt und bei Bedarf mit den Risiken gefüllt, die der Projektmanager bisher in seinem Projekttagebuch notiert hatte.

5.2.2 IP Konfigurationsmanagement-Strategie erstellen

Analog zur Risikomanagement-Strategie gilt es auch in Bezug auf die Steuerung und Kontrolle der Spezialisten- und Managementprodukte im Projekt eine Strategie zu definieren: die Konfigurationsmanagement-Strategie.

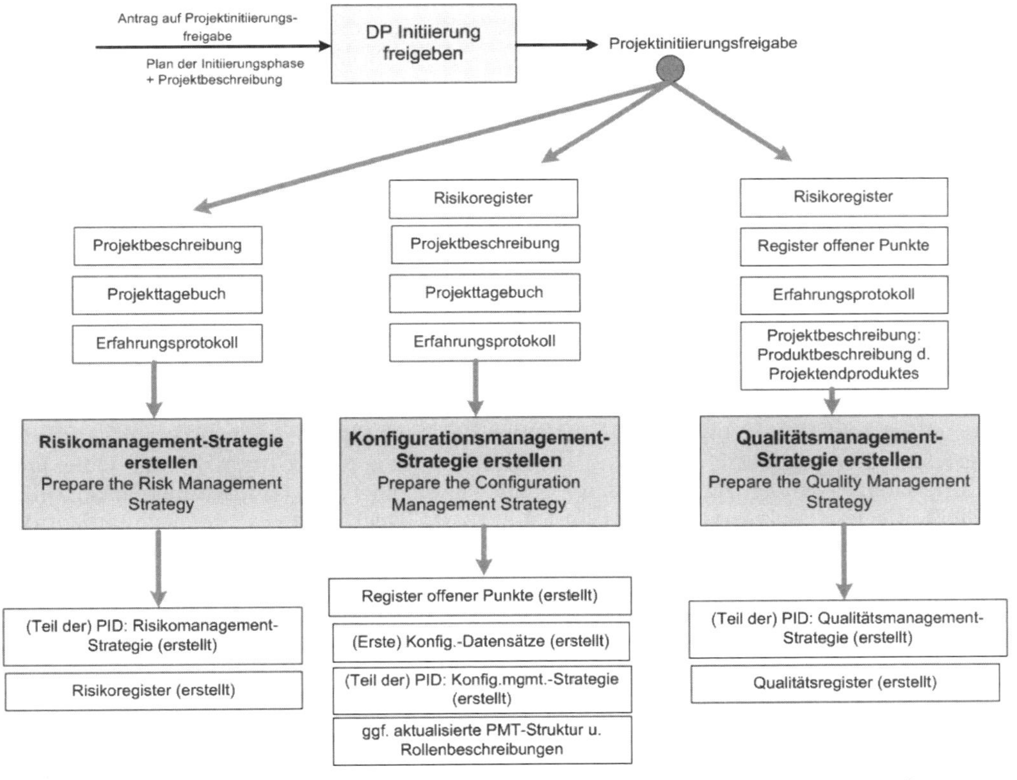

Abbildung 5.12: Darstellung der Aktivitäten „Prepare the Risk Management Strategy", „Prepare the Configuration Management Strategy" und „Prepare the Quality Management Strategy"(nach OGC-(PRINCE2™)Material, durch OGC lizenzierte Wiedergabe)

Hierbei geht es allerdings nicht primär um die Einrichtung der Steuerungsmittel, sondern um die Definition der Standards, Techniken und Verfahren für das Konfigurationsmanagement und die Frage, ob bereits ein Konfigurationsmanagementsystem im Unternehmen oder im übergeordneten Programm existiert, das genutzt werden kann und soll. Hierbei sollte auch die Planung des Änderungsbudgets bedacht werden, um Spielraum für die Durchführung von Änderungsanträgen zu gewährleisten. So muss der Projektmanager nicht für etwaig anstehende Änderungen in Bezug auf das Projekt ständig den Lenkungsausschuss behelligen. Die fertige Strategie beschreibt:

- In der Einführung den Zweck, Ziele, Umfang, Verantwortung im Konfigurationsmanagement
- Konfigurationsmanagement-Verfahren mit den relevanten Aktivitäten Planen, Identifizieren, Steuern (einschließlich Ablage, Wiederauffinden, Sicherheit, Übergabe), Status protokollieren, Verifizieren und Audits
- Verfahren zur Änderungssteuerung (offene Punkte und Änderungen), Aktivitäten (z. B. Erfassen, Untersuchen, Vorschlagen, Entscheiden, Implementieren)
- Tools und Techniken als Kommunikationsmanagement-Systeme oder Werkzeuge
- Dokumentation der Aufzeichnungen und deren Ablage plus Zusammensetzung und Format des Registers offener Punkte und der Konfigurationsdatensätze
- Berichterstattung: Konfigurationsmanagement-Berichte inklusive Turnus, Zweck, Empfängerkreis, z. B. Offener-Punkt-Bericht, Produktstatusauskunft
- Zeitplanung der Konfigurationsmanagement-Aktivitäten und Aktivitäten für die Steuerung der offenen Punkte und Änderungen: Termine, z. B. für Audits
- Rollen und Verantwortlichkeiten: für Konfigurationsmanagement-Aktivitäten, auch aus Unternehmens- oder Programm-Management, Änderungsausschuss oder Änderungsbudget?
- Bewertungsskala für Priorisierung und Schweregrad, u. a. mit einer Darstellung, welche Managementebene über offene Punkte welcher Dringlichkeit entscheidet (z. B. Prioritätsmatrix)

Die ersten Konfigurationsdatensätze, die zu diesem Zeitpunkt bereits angelegt werden, beziehen sich auf die vorhandenen Managementprodukte oder andere Projektdokumente. Die damit zusammenhängende Einrichtung der Ablagestruktur für die Protokolle und Dokumente findet später statt, wenn die notwendigen Informationen wie der Projektplan (IP *Projektplan erstellen*) oder Angaben zu den Steuerungsmitteln (IP *Projektsteuerungsmittel einrichten*) vorliegen.

Nach Fertigstellung der Strategie prüft die Projektsicherung im Auftrag des Lenkungsausschusses und in Abstimmung mit dem Projektmanager, ob diese den Vorgaben und Anforderungen des Lenkungsausschusses bzw. den Vorgaben aus dem Unternehmens- oder Programm-Management entspricht. Da die Strategie in die Projektleitdokumentation (PID) einfließt, die dem Lenkungsausschuss zur DP-Aktivität *Projekt freigeben* vorgelegt wird, findet spätestens zu diesem Zeitpunkt eine Freigabe der Konfigurationsmanagement-Strategie statt.

Das Register offener Punkte wird als Output dieser Aktivität neben der Strategie und den Konfigurationsdatensätzen entsprechend der Vorgaben aus der Konfigurationsmanagement-Strategie erstellt und bei Bedarf mit den offenen Punkten gefüllt, die der Projektmanager bisher in seinem Projekttagebuch notiert hatte.

5.2.3 IP Qualitätsmanagement-Strategie erstellen

Der Qualitätsbegriff steht für die Gesamtheit der Leistungsmerkmale und der definierten Eigenschaften eines Produkts, wobei die abgestimmten Erfordernisse bzw. Spezifikationen erfüllt sein müssen. Dies ist v. a. deswegen wichtig, da in einem Projekt nur dann der erwartete Nutzen realisiert werden kann, wenn die entsprechende geschäftliche Erwartung erfüllt wird. Daher kann ein Projekt nur dann erfolgreich sein, wenn es Produkte in der definierten Qualität liefert sowie die Zeit- und Kostenvorgaben berücksichtigt. Um das aber umsetzen zu können, müssen die notwendigen Mittel und Maßnahmen vorab spezifiziert und abgestimmt werden. Dabei sollten Sie im Hinterkopf behalten, dass entsprechend des „magischen Projektmanagement-Dreiecks aus Qualität, Kosten und Zeit" das Thema Qualität die anderen beiden Komponenten beeinflussen kann und umgekehrt. Daher sollten Sie sich um das Thema Qualität Gedanken machen, bevor die Erstellung des Projektplans ansteht.

Die Aktivität *Prepare the Quality Management Strategy* im PRINCE2™-Initiierungsprozess schafft ein gemeinsames Verständnis für den Begriff der Qualität im Projekt und in Bezug auf das erwartete Endprodukt. Alle Themen, die direkt mit dem Thema Qualität zu tun haben, fließen in die Qualitätsmanagement-Strategie ein, aus der dann das Qualitätsregister abgeleitet und weiter gepflegt wird. So wird ein Rahmen geschaffen, der dafür Sorge trägt, dass die notwendigen Vereinbarungen zum Thema Qualität zwischen den Beteiligten erfasst und im Projektverlauf eingehalten werden.

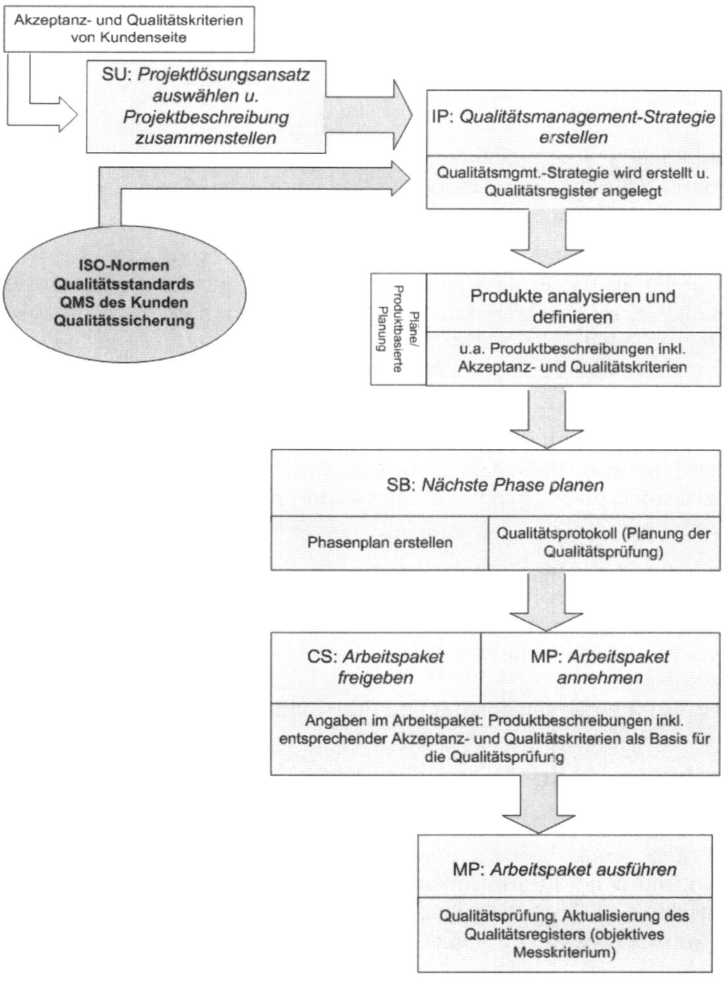

Abbildung 5.13: Qualität in einer Projektumgebung

Qualitätserwartungen und Akzeptanzkriterien stellen die Qualitätsanforderungen an das Projekt und die Produkte (*siehe Abbildung 5.13*) dar. Diese Basisanforderungen bilden die Grundlage für die Strategie (*siehe Kapitel 4.3.2, Qualitätsplanung*). Die Qualitätsmanagement-Strategie enthält auch die entsprechenden Verantwortlichkeiten, zu verwendende Qualitätsstandards, Qualitätsprüfungsprozesse für Management- und Spezialistenprodukte und die dazugehörigen Tools. Auch die Qualitätsansprüche der Lieferanten gilt es zu berücksichtigen. Auch bei der Erstellung der Qualitätsmanagement-Strategie empfiehlt sich ein Blick in das Erfahrungsprotokoll und das Hinzuziehen von Erfahrungen aus anderen Projekten, anderen Projektmitarbeitern oder externen Quellen. Das Risikoregister und das Register offener Punkte liefern möglicherweise Hinweise auf offene Punkte oder Risiken, die mit dem Thema Qualität in Bezug stehen. Diese und auch das Projekttagebuch sollten im Umkehrschluss und bei Bedarf durch neue Erkenntnisse während der Aktivität aktualisiert werden.

Weitere Inhalte, die die Strategie beschreiben, lauten:

- Einführung: Zweck, Ziele, Umfang, Verantwortung
- Qualitätsmanagement-Verfahren, Aktivitäten als Qualitätsplanung, Qualitätssteuerung (Qualitätsstandards, Vorlagen und Formulare, Qualitätsmethoden, Messsystem), Qualitätssicherung
- Tools und Techniken: Qualitätsmanagement-Systeme, Werkzeuge, Techniken
- Dokumentation: Qualitätsaufzeichnungen und deren Ablage inkl. Qualitätsregister
- Berichterstattung
- Zeitplanung der Qualitätsmanagement-Aktivitäten: Termine
- Rollen und Verantwortlichkeiten für Qualitätsmanagement-Aktivitäten, auch aus dem Unternehmens- oder Programm-Management

Wichtige Informationen liefert die Produktbeschreibung des Projektendproduktes. Hier finden Sie die Qualitätserwartungen an das Projekt sowie Abnahmekriterien und können sie bereits an dieser Stelle bei Bedarf einer entsprechenden Prüfung unterziehen. Auch die Projektbeschreibung liefert entsprechende Informationen und ist in Bezug auf die jeweiligen Vorgaben aus dem Unternehmens- oder Programm-Management zu prüfen.

In das Qualitätsregister fließen die geplanten Qualitätsaktionen und die Ergebnisse aus den späteren Qualitätsprüfungen ein. Kommen diesbezüglich neue Verantwortlichkeiten für die Qualitätssicherung hinzu, wird die Aufgabenbeschreibung für das Projekt bzw. die Rollenbeschreibungen angepasst. Der Projektmanager ist in Abstimmung mit der Projektsicherung für die Qualitätsplanung zuständig.

Nach Fertigstellung der Strategie prüft die Projektsicherung im Auftrag des Lenkungsausschusses und in Abstimmung mit dem Projektmanager, ob auch diese Strategie den Vorgaben und Anforderungen des Lenkungsausschusses bzw. aus dem Unternehmens- oder Programm-Management entspricht. Da die Strategie in die Projektleitdokumentation (PID) einfließt, die dem Lenkungsausschuss zur DP-Aktivität *Projekt freigeben* vorgelegt wird, findet spätestens zu diesem Zeitpunkt eine Freigabe der Qualitätsmanagement-Strategie statt.

5.2.4 IP Kommunikationsmanagement-Strategie erstellen

Das Thema Kommunikation ist gerade in Projekten sehr wichtig und sollte auf keinen Fall vernachlässigt werden. Erfahrungsgemäß liefert eine professionelle und angemessene Auseinandersetzung mit und Abstimmung der Kommunikationsmanagement-Strategie einen hervorragenden Beitrag zum Projekterfolg. Sind die relevanten Beteiligten und andere Stakeholder informiert, kennen also mindestens die Projektziele, das Vorgehen und die Planung als grober Fahrplan sowie die relevanten Ansprechpartner und fühlen sich „abgeholt und mitgenommen“, ist eine erste Voraussetzung geschaffen, um mögliche Widerstände und Angst vor Veränderungen aufzulösen. Dieser Tatsache trägt PRINCE2™ Rechnung und fordert eine intensive Auseinandersetzung des Projekts mit dem Themenkomplex Kommunikation.

Die Kommunikationsmanagement-Strategie ist Teil der PID und beschreibt, wann, wie und in welcher Form die Projekt-Stakeholder und Interessierte, aber auch die direkt Projektbeteiligten im Laufe des Projekts mit Informationen versorgt werden sollen (z. B. bei der Verteilung des Statusberichte durch den Projektmanager). Dies ist die projektinterne Kommunikation. Darüber hinaus beschreibt diese Strategie aber auch die projektexterne Kommunikation und definiert, welche Organisationseinheiten und Personen in welcher Form und in welchen zeitlichen Abständen Informationen erhalten bzw. Informationen untereinander austauschen. Im Fokus stehen also Kommunikationswege und die Häufigkeit des Informationsaustausches innerhalb und außerhalb des Projekts. Um den Kommunikationsfluss aufzubauen und zu nutzen, gilt es vorab, die Stakeholder zu definieren (*siehe Kapitel 2.4.3, Definierte Rollen und Verantwortlichkeiten* im Unterkapitel *Stakeholder und Kommunikation*).

	...				
THEMA	DETAILS	... IM FOKUS	MATERIALIEN U. INFORMATIONEN	MEDIUM	ZEITPUNKT
EINFÜHRUNG					
Projektvorstellung bei den relevanten Stakeholdern	Informationsverteilung zur Erläuterung des Zwecks, Ziel, Umfang, Organisation, Nutzen und Zeitplanung des Projektes. Auch Mitwirkungen von Kundenseite werden vorgestellt.	Stakeholder und Management	- "Projekt Roadmap" - Projektsteckbrief, Projektorganisation, Business Case	Rund-schreiben	...
Vorstellung bei allen Mitarbeitern	Warum geht es bei dem Projekt? Was ist das Ziel? Welche Auswirkungen gibt es für die MitarbeiterInnen? Wo sind weitere Informationen zu finden? Wie heissen die Ansprechpartner? ...	MitarbeiterInnen	- Zeitplanung - Intranet-URL	Intranet, Poster	...
	...				
THEMA	DETAILS	... IM FOKUS	MATERIALIEN U. INFORMATIONEN	VIA	ZEITPUNKT
SW-UPDATE					
Ankündigung und Beantwortung von Fragen	Zeitpunkt des geplanten Updates und des Ablaufs während der Migration	MitarbeiterInnen eines spezifischen Standorts	-FAQ-Liste	Intranet, Rund-schreiben	...
Web-based Training für die relevanten Mitar-beiterInnen am Standort	Einführungsveranstaltung zur Vorstellung der neuen Version	MitarbeiterInnen eines spezifischen Standorts als Nutzer der neuen Version	-Darstellung des SW-Updates via SmartUpgrade, Erläuterung der Schlüsselfunktionen und "What's new"	WBT	...
Persönliche Einführung für Key User	Kontaktpersonen/Multiplikatoren erhalten persönliche Einführung	Definierte Kontaktpersonen, Assistenz-Bereiche	-Installation und Anwendung der Software - Verweis auf Intranet	Vor Ort, WebConf	...
Informationen für das Service Desk	Service Desk-MitarbeiterInnen erhalten eine spezielle Schulung, inkl. Vorstellung der Wissensdatenbank und eine Übersicht der möglichen Fehler, Probleme und Fragen nach der Migration, Darstellung der Betriebsprozesse und Eskalationsinstanz, Vorstellung des Paten-Konzeptes	Service Desk-MA	-SD PPT, erweiterte FAQ-Liste, Link auf KEDB --> Ergänzung Prozess-Portal	WebConf	...
	...				

Abbildung 5.14: Ausschnitt aus einem beispielhaften Kommunikationsplan als Teil der Kommunikationsmanagement-Strategie

Was (z. B. Projektfortschritt bzw. benötigte Informationen), wann (In welchen zeitlichen Abständen bzw. zu welchen Gelegenheiten?), wie (Welches Format? Welcher Dokumententyp? Wie sieht die Vorlage aus? Welche Methode? Welches Medium?), an wen (Welche Personen? „Stakeholder“? Betroffene Parteien?) und in welcher Richtung (nächsthöhere Ebene oder seitlich? wer verteilt die Informationen?) sollen die Projektinformationen fließen?

Als Basis für seine Aufstellung dienen, neben möglichen informellen Vorgaben von Lenkungsausschuss und Projektmanager, Projektbeschreibung, Erfahrungsprotokoll, Risikoregister, Register offener Punkte und als Teil der Projektleitdokumentation die Risiko-, Qualitäts- und Konfigurationsmanagement-Strategie. Ähnlich wie bei der Erstellung der anderen Strategien gilt es, die Inhalte der genannten Managementprodukte zu prüfen und die relevanten Informationen zu verwerten.

Das Risikoregister und das Register offener Punkte liefern möglicherweise Hinweise auf offene Punkte oder Risiken, die mit dem Thema Kommunikation in Verbindung stehen. Diese und auch das Projekttagebuch sollten im Umkehrschluss und bei Bedarf durch neue Erkenntnisse während der Aktivität aktualisiert werden.

Input

Kommunikationsrichtlinien des Unternehmens // Informationsmanagement-Strategie des Programms (falls Programm vorhanden) // andere Bestandteile der PID (insb. Projektorganisation, Risikomanagement-, Qualitätsmanagement-, Konfigurationsmanagement-Strategie)

Bestandteile Kommunikationsmanagement-Strategie:

- **Einführung**: Zweck, Ziele, Umfang, Verantwortliche für die Strategie
- **Kommunikationsverfahren**: Methoden, Unternehmensstandards, Abweichungen von Standards, z. B. Sprache, Corporate Design
- **Tools und Techniken**: z. B. Collaboration Tools (Lotus Sametime, WebEx), Intranet, Newsletter
- **Dokumentation**: Welche Kommunikationsdaten werden zur Protokollierung wo abgelegt?
- **Berichterstattung**: Bericht über Berichte (z. B. um Antwort auf die Frage zu geben, ob die Strategie erfolgreich war)
- **Zeitplanung von Kommunikationsmanagement-Aktivitäten**: Berichtszyklen, ggf. Verweis auf Phasenplan für Projektstatusbericht-Turnus, wie oft gibt es einen Newsletter zum Projekt? Angaben zu Audits: Wie oft wird auditiert?
- **Rollen und Verantwortlichkeiten**
- **Analyse der Stakeholder**: wer sind die Stakeholder? → Ergebnisse Stakeholder-Analyse (intern u. extern!)
- **Informationsbedarf für jede interessierte Partei**: Wege u. Intervalle der Kommunikation, z. B. als Matrix (woher kommen welche Infos, die an wen über welche Wege in welchen Intervallen in welchem Format versandt werden?)

Abbildung 5.15: Die Kommunikationsmanagement-Strategie definiert die Wege und den Turnus der Kommunikationsaktivitäten inner- und außerhalb des Projekts, sodass die relevanten Stakeholder beiderseitig und gesteuert in die Kommunikation einbezogen werden.

Nach Fertigstellung der Strategie prüft die Projektsicherung im Auftrag des Lenkungsausschusses und in Abstimmung mit dem Projektmanager, ob auch diese Strategie den Vorgaben und Anforderungen des Lenkungsausschusses bzw. aus dem Unternehmens- oder Programm-Management entspricht. Da die Strategie in die Projektleitdokumentation (PID) einfließt, die dem Lenkungsausschuss zur DP-Aktivität *Projekt freigeben* vorgelegt wird, findet spätestens zu diesem Zeitpunkt eine Freigabe der Kommunikationsmanagement-Strategie statt.

5.2.5 IP Projektsteuerungsmittel einrichten

Projektbeschreibung, Risikoregister, Register offener Punkte und die bisherigen Inhalte der Projektleitdokumentation dienen dem Projektmanager in dieser Aktivität (*Set up the Project Controls*) als Input, um die adäquaten Mittel zur Steuerung des Projekts aufzusetzen (*siehe Abbildung 5.20*). Daneben werden die Rollenbeschreibungen und die Struktur des Projektmanagement-Teams (PMT) gegebenenfalls aktualisiert.

Der Projektmanager benötigt die Ergebnisse dieser Aktivität, um innerhalb des Projektteams seinen Projektsteueraufgaben nachgehen zu können und auch dem Lenkungsausschuss die relevanten Steuerungsmittel zur Verfügung zu stellen. Denn das Fällen von Entscheidungen spielt im Projektverlauf eine wichtige Rolle, genau wie die Planung und die Steuerung der

Spezialistentätigkeiten. Dabei erfüllen die Steuerungsmittel die Funktion der relevanten Instrumente für die Managementebenen (*siehe Kapitel 4.7, Fortschritt/Progress*). Nur durch Steuerung und Kontrolle im Projektverlauf ist ein fristgerechtes Projektergebnis möglich. Steuerungsaktivitäten stellen iterative Tätigkeiten dar.

Diese Steuerungsaktivitäten sind mit dem Qualitätskreis von Deming (Pan-Do-Check-Act) vergleichbar (*siehe Abbildung 5.16*). Die vom Lenkungsausschuss definierten Toleranzen für die Phase helfen dem Projektmanager beispielsweise, seinen Steuerungsaktivitäten nachzukommen. Sie gelten als die zulässige Abweichung vom vereinbarten Wert, ohne dass dafür eskaliert werden muss. Der Projektmanager weiß so, wann er reagieren muss.

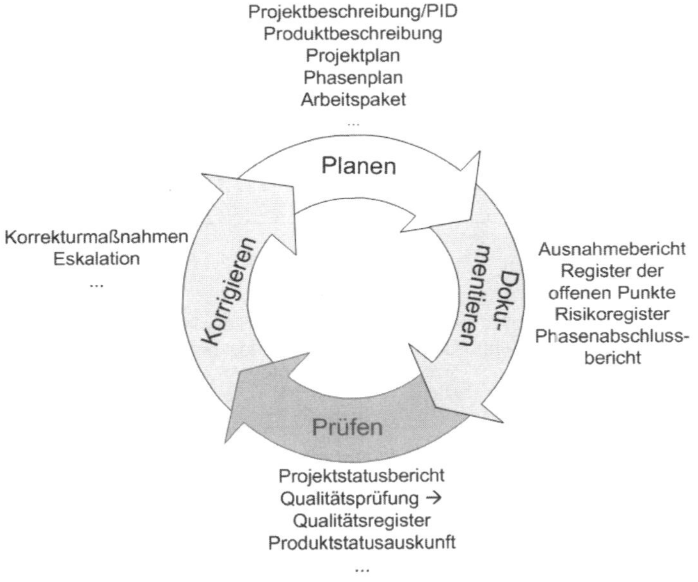

Abbildung 5.16: Basis der Fortschrittskontrolle und Steuerung sind die Steuerungsmittel.

Andere Steuerungsmittel wie der Teamstatusbericht verschaffen dem Projektmanager aktuelle Informationen über den Projektstatus. Dies kann er prüfen und weitergeben. Dabei vergleicht der Projektmanager den Ist-Zustand mit den geplanten Ergebnissen. Phasenpläne und Arbeitspakete werden gegebenenfalls abgestimmt und angepasst. In dieser Aktivität kann sich dies auch auf die Einteilung der Managementphasen auswirken. Auch die definierten Toleranzen sollten überprüft werden, da sie dem Projektmanager helfen, auf dem richtigen Kurs zu bleiben. Der Lenkungsausschuss muss bei Abweichungen der gesetzten Toleranzgrenzen innerhalb der Phase informiert werden. Die Mitglieder des Lenkungsausschusses müssen in der Lage sein, den Projektfortschritt zu beurteilen sowie Pläne und Optionen zu prüfen. Wie der Informationsfluss der über die Steuerungsmittel erhaltenen Status und Daten aussehen soll, steht in der Kommunikationsmanagement-Strategie.

In dieser Aktivität werden die definierten Steuerungsmittel eingerichtet. Hier findet eine umfassende Auseinandersetzung mit den Themenbereichen Fortschritt und Steuerung statt, deren Basis ausführlich in *Kapitel 4.6.1, Konfigurationsmanagement/Configuration Management* beschrieben ist.

Wichtig ist, dass die Steuerungsmittel nicht losgelöst und in ihrer Funktionalität für sich stehen, sondern dass sie vor dem Hintergrund eines zusammenhängenden Systems betrachtet werden müssen, in dem das Zusammenwirken und die Abhängigkeiten der einzelnen Bestandteile zu betonen sind. Daher sollte entsprechend der Organisation bzw. den Managementebenen im Projekt geklärt werden, welche Entscheidungsebene welcher Managementebene entspricht und wie Entscheidungen innerhalb der Projektorganisation und im Projektverlauf getroffen werden. Dabei bildet die Struktur der Projektorganisation bzw. des Projektmanagement-Teams die Ausgangsbasis.

Steuerungsmittel Projektmanager	**Steuerungsmittel Lenkungsausschuss**
- **Freigaben** (Abstimmung zw. CS- und MP-Prozess: Arbeitspaket) - Informationen zum **Fortschritt** (Teamstatusberichte) - **Änderungen** u. **Ausnahmen** (Projektregister u. Protokolle, Identifikation offener Punkte u. Risiken)	- **Freigaben** (zur Projektinitiierung, zum Projekt, Phasenübergänge, Projektende) - Informationen zum **Fortschritt** (Abschlussberichte, Projektabschlussbericht) - **Änderungen** u. **Ausnahmen** (Ausnahmenberichte, Offener-Punkt-Bericht)
- Managementphasen - Toleranzen (Arbeitspakete) - Projekttagebuch - Register offener Punkte - Produktstatusauskunft - Qualitätsregister - Risikoregister - Erfahrungsprotokoll/-bericht	- Managementphasen - Toleranzen (Phase) - Projektplan, Phasenplan/Ausnahmeplan - Phasenabschluss-, Projektabschlussbericht - Projektstatusberichte

Abbildung 5.17: Klassifizierung der Steuerungsmittel nach Managementebene

Auskunft zu der Frage, welche Steuerungsmittel eingerichtet werden müssen, geben die bisherigen Bestandteile der Projektleitdokumentation (Konfigurations-, Risiko-, Qualitäts- und Kommunikationsmanagement-Strategie), die hier einen wichtigen Input zur Aktivität darstellen. Es ist auch zu klären, wie die Steuerungsmittel (z. B. Toleranzen oder Eskalationsverfahren für Ausnahmen innerhalb der Projektorganisation) zu definieren und anzuwenden sind. Auch die Managementphasen als Steuerungsmittel bzw. die Einteilung des Projekts in die vorgesehenen Managementphasen sollte bestätigt und festgehalten werden. Die Dokumentation der Steuerungsmittel ist Teil der PID.

Nach Dokumentation und Einrichtung der Steuerungsmittel durch den Projektmanager prüft die Projektsicherung im Auftrag des Lenkungsausschusses und in Abstimmung mit dem Projektmanager, ob auch die Steuerungsmittel den Vorgaben und Anforderungen des Lenkungsausschusses bzw. aus dem Unternehmens- oder Programm-Management entsprechen. Da diese in die Projektleitdokumentation (PID) einfließen, die dem Lenkungsausschuss zur DP-Aktivität *Projekt freigeben* vorgelegt wird, findet spätestens zu diesem Zeitpunkt eine Freigabe der Steuerungsmittel statt. Daher sind die Verantwortlichkeiten in dieser Aktivität so verteilt, dass der Projektmanager die Steuerungsmittel erstellt und bei Bedarf die Rollenbeschreibungen und die Struktur des Projektmanagement-Teams aktualisiert, die durch den Lenkungsausschuss letztendlich abgenommen werden, auch wenn die Projektsicherung die erstellten Projektsteuerungsmittel und die Rollenbeschreibungen vorab prüft.

5.2.6 IP Projektplan erstellen

Diese Aktivität (*Create the Project Plan*) erhält ihren Input aus der vorhergehenden Initiierungsphase (bisherige Bestandteile der PID) und aus den Aktivitäten der Projektvorbereitung (Projektbeschreibung inklusive Projektlösungsansatz und Produktbeschreibung des Projektendprodukts). Sie liefern gemeinsam ein Bild für das Gesamtprojekt, aus dem der Projektmanager den Projektplan erstellen kann.

Hier werden diese Informationen unter Zuhilfenahme der Planung („produktbasierte Planung") verwendet, um den Projektplan zu erstellen (*siehe Abbildung 5.18*). Er steht für einen allgemeinen Plan des gesamten Projektgeschehens und kann in Phasen- und Teampläne untergliedert werden. Der Projektplan gibt auch Auskunft über Planungsbasisdaten wie z. B. Annahmen und Voraussetzungen.

Die Ergebnisse der produktbasierten Planung (Produktstrukturplan, -flussdiagramm, -beschreibungen für die Hauptprodukte des Projektplans) sind wichtige Elemente für die spätere Übergabe der Projektergebnisse an den Betrieb. Falls spezielle Dokumentation für Betrieb, Wartung o. ä. Services notwendig sein sollten, sind diese ebenfalls im Projektplan zu erfassen.

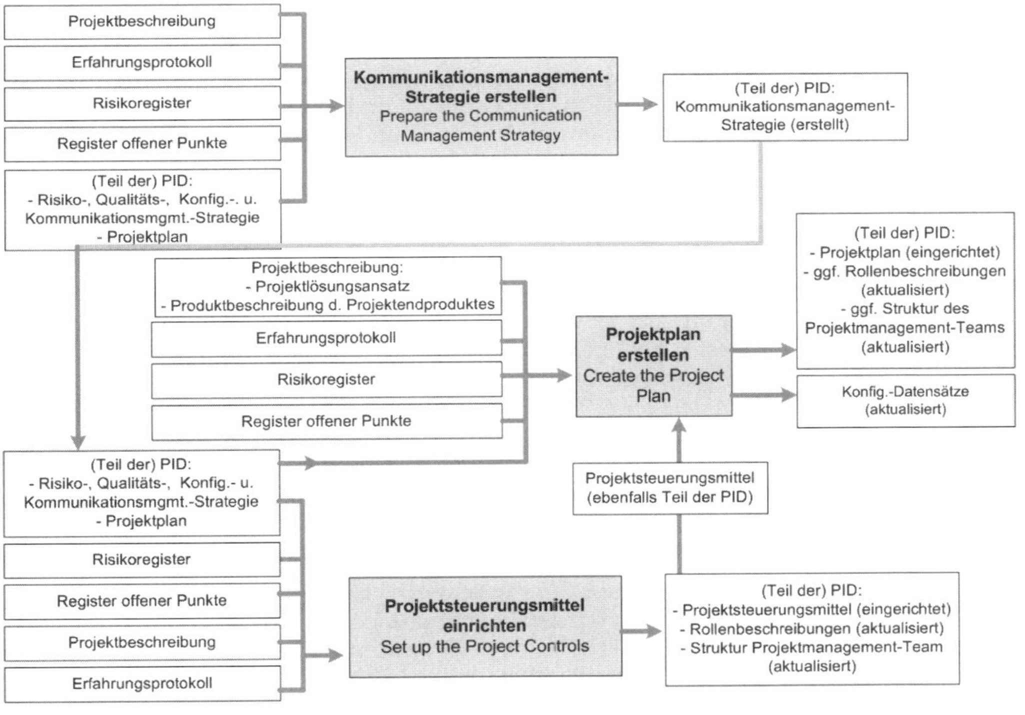

Abbildung 5.18: Darstellung der Aktivitäten „Prepare the Communication Management Strategy, „Create the Project Plan" und „Set up the Project Controls" (nach OGC-(PRINCE2™)Material, durch OGC lizenzierte Wiedergabe)

Der Projektplan beinhaltet z. B. auch die zu liefernden Produkte und die dazugehörigen Aktivitäten. Für die im Projektplan dargestellten Produkte sind die entsprechenden Konfigurationsdatensätze (durch die Projektunterstützung, bestätigt durch den Projektmanager) anzulegen. Auch Personal- und Materialbedarf sowie Rahmenparameter wie Projektendzeitpunkt, Zeitplanung oder ungefähre Kosten gehören zum Projektplan, wobei es die entsprechenden Ressourcen und ihre Verfügbarkeit zu prüfen gilt. Bei Bedarf müssen die Struktur des Projektmanagement-Teams und die Rollenbeschreibungen aktualisiert werden.

Die Inhalte des Projektplans werden gegebenenfalls im Projektverlauf (z. B. während der SB-Aktivität *Projektplan aktualisieren* und im Planungsprozess in Bezug auf Aufwand bzw. Kosten sowie im weiteren Initiierungsverlauf) noch angepasst. Die dargestellte Unterteilung des Projekts in Managementphasen ist die Basis für den zu erstellenden Phasenplan (SB *Nächste Phase planen*). Gleichzeitig dient der Projektplan als Input für die weitere Verfeinerung des Business Case und stellt ein wichtiges Steuerungsmittel für den Lenkungsausschuss dar.

Wichtig sind in diesem Zusammenhang Darstellung und Form des Plans, die durch die Zielgruppe und die Projektgröße/-komplexität vorgegeben sind. Alternativ zum Projektplan könnte auch eine Produkt-Checkliste erstellt werden.

Das Risikoregister und das Register offener Punkte liefern möglicherweise Hinweise auf offene Punkte oder Risiken, die mit dem Projektplan in Verbindung stehen. Diese und auch das Projekttagebuch sollten im Umkehrschluss und bei Bedarf durch neue Erkenntnisse während der Aktivität aktualisiert werden.

Nach Dokumentation und Einrichtung des Projektplans durch den Projektmanager prüft die Projektsicherung im Auftrag des Lenkungsausschusses und in Abstimmung mit dem Projektmanager, ob auch der Projektplan den Vorgaben und Anforderungen des Lenkungsausschusses bzw. aus dem Unternehmens- oder Programm-Management entspricht. Da dieser in die Projektleitdokumentation (PID) einfließt, die dem Lenkungsausschuss zur DP-Aktivität *Projekt freigeben* vorgelegt wird, findet spätestens zu diesem Zeitpunkt eine Freigabe des Projektplans statt.

5.2.7 IP Business Case verfeinern

Der Projektplan als Teil der PID aus der vorhergehenden Aktivität sowie die Projektbeschreibung mit Projektlösungsansatz und Business Case-Entwurf aus der Projektvorbereitung dienen dieser Aktivität (*Refine the Business Case*) als Input, um den Business Case zu verfeinern und zu überprüfen (*siehe Abbildung 5.21*). Der Business Case als wirtschaftliche Rechtfertigung für das Projektvorhaben spielt unter PRINCE2™ eine Protagonistenrolle. Werden wichtige Änderungen im Projektgeschehen umgesetzt, muss der Business Case gegebenenfalls ebenfalls geändert werden, z. B. wenn sich das Einsparungspotenzial durch zusätzliche Kosten im weiteren Projektverlauf verändert. Im weiteren Projektverlauf wird der Business Case immer wieder einer kritischen Prüfung unterzogen (*siehe Abbildung 5.19*).

Auch bei der Verfeinerung des Business Case empfiehlt sich ein Blick in das Erfahrungsprotokoll, Input aus dem Unternehmens- oder Programm-Management und das Einzuziehen von Erfahrungen aus anderen Projekten, anderen Projektmitarbeitern oder externen Quellen. Das Risikoregister und das Register offener Punkte liefern möglicherweise Hinweise auf offene Punkte oder Risiken, die mit dem Thema Business Case in Bezug stehen. Diese und auch das Projekttagebuch sollten im Umkehrschluss und bei Bedarf durch neue Erkenntnisse während der Aktivität aktualisiert werden.

Gegebenenfalls muss der Projektplan angepasst werden, um sicherzustellen, dass der Business Case erfüllt und die Geschäftsziele des Unternehmens unterstützt werden. Dies kann sich z. B. auf die Themen Kosten und Zahlungsmodalitäten beziehen. Unter Umständen hat dies auch Auswirkungen auf die Qualitätsanforderungen des Kunden, wenn beispielsweise Wünsche unrealisierbar waren oder gesetzliche Anforderungen nicht beachtet wurden.

Neben dem Business Case wird in dieser Aktivität auch der Risikobetrachtung Aufmerksamkeit geschenkt. Bisher im Risikoregister dokumentierte Risiken werden überprüft und eine weitere Analyse vorgenommen, ob neue Risiken hinzugekommen sind. Hier bedient sich der Projektmanager in Zusammenarbeit mit dem Lenkungsausschuss dem Thema „Risikomanagement" (*siehe Kapitel 4.5.3, Risikomanagementverfahren*).

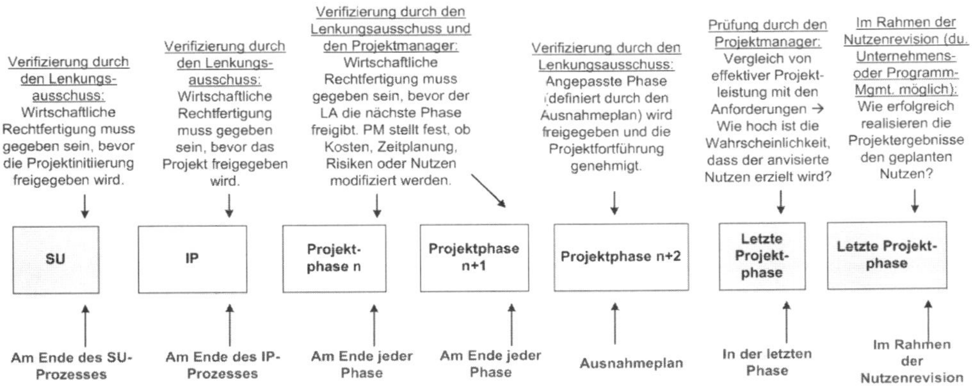

Abbildung 5.19: Überprüfung des Business Case an den wichtigen Entscheidungspunkten

Das zweite wichtige Ergebnis neben dem modifizierten Business Case stellt der Nutzenrevisionsplan dar (*siehe Kapitel 4.1.3, Nutzenrevisionsplan/Benefits Review Plan*), der analog zum Business Case im Projektverlauf zu überprüfen und zu aktualisieren ist. In enger Abstimmung der beiden Managementprodukte zeigt der Nutzenrevisionsplan, wie und wann sich welcher definierte Nutzen herausstellen soll. Dabei ist auch zu klären, wann die Amortisation stattfinden soll – bereits im Projektverlauf oder erst danach oder beides? Eine entsprechende Terminplanung leistet hierbei Unterstützung.

Das Risikoregister und das Register offener Punkte liefern möglicherweise Hinweise auf offene Punkte oder Risiken, die mit dem Business Case in Verbindung stehen. Diese und auch das Projekttagebuch sollten im Umkehrschluss und bei Bedarf durch neue Erkenntnisse während der Aktivität aktualisiert werden.

Nach Verfeinerung des Business Case durch den Projektmanager prüft die Projektsicherung im Auftrag des Lenkungsausschusses und in Abstimmung mit dem Projektmanager, ob auch dieser den Vorgaben und Anforderungen des Lenkungsausschusses bzw. aus dem Unternehmens- oder Programm-Management entspricht. Da der Business Case zum aktuellen Zeitpunkt auch Bestandteil der Projektleitdokumentation (PID) ist, die dem Lenkungsausschuss zur DP-Aktivität *Projekt freigeben* vorgelegt wird, findet spätestens zu diesem Zeitpunkt eine entsprechende Freigabe statt.

5.2.8 IP Projektleitdokumentation zusammenstellen

Diese Aktivität (*Assemble the Project Initiation Documentation*) verwendet alle Informationen aus den anderen Projektinitiierungsaktivitäten (*siehe Abbildung 5.20*) und entwickelt die PID als Vorbereitung für die Entscheidung des Lenkungsausschusses, ob das Projekt in der DP-Aktivität *Projekt freigeben* beauftragt wird. Neben der PID wird dem Lenkungsausschuss ein erster Entwurf für den Plan der ersten Umsetzungsphase vorgelegt, der über den Prozess *Managen eines Phasenübergangs* (SB) entwickelt wird (*siehe Abbildung 5.21*). Beide Prozesse verlaufen zum Ende der IP-Phase parallel.

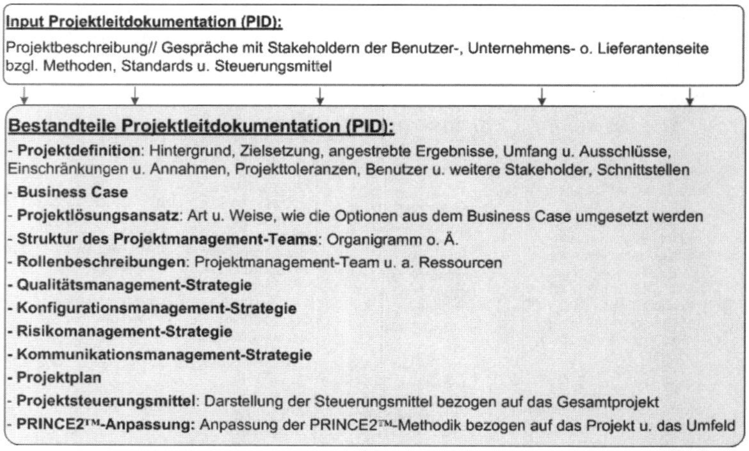

Abbildung 5.20: Die Version der PID, über die die Projektfreigabe erwirkt wurde, wird eingefroren, um später als Vergleichsbasis zu dienen, z. B. als Referenz für den Projektabschlussbericht. Wie alle anderen Produkte im Projekt unterliegt die PID der Änderungssteuerung.

Diese Aktivität ruft neben der DP-Aktivität den Prozess *Managen eines Phasenübergangs* (SB) auf, um die Ergebnisse der Initiierungsphase zusammenzufassen und einen detaillierten Plan für die nachfolgende Phase des Projekts zu erstellen. Der Phasenplan wird jedoch nicht in die PID aufgenommen, sondern stellt den ersten Phasenplan für die Umsetzung als eigenständiges Dokument dar.

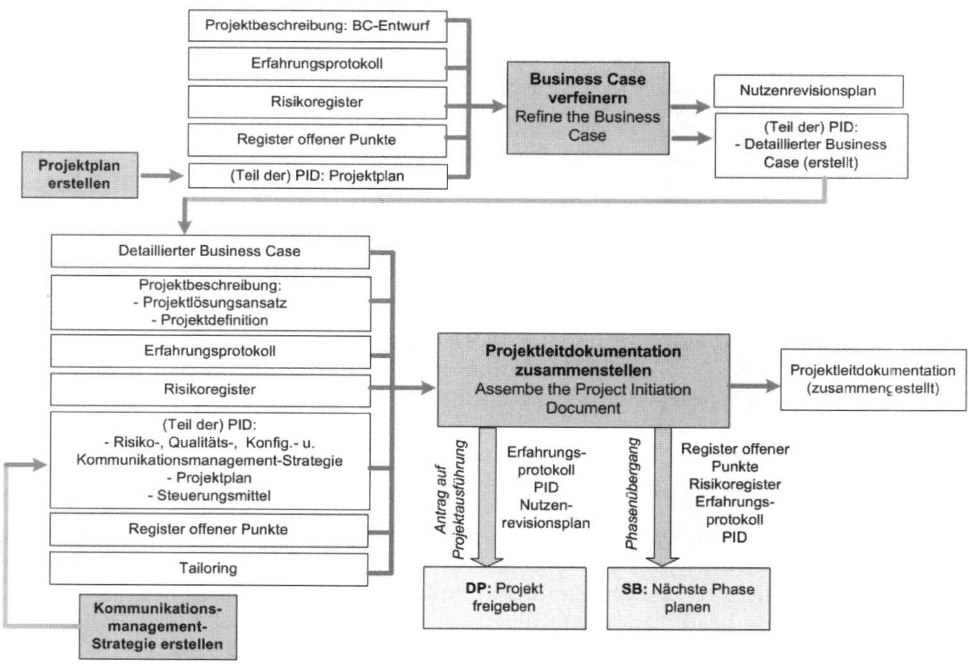

Abbildung 5.21: Aktivitätendarstellung „Refine the Business Case and Risks" und „Assemble the Project initiation documentation" (nach OGC-(PRINCE2™)Material, durch OGC lizenzierte Wiedergabe)

5.3 DP – Lenken eines Projekts

Das Lenken eines Projekts beginnt bereits zusammen mit der Vorbereitung eines Projekts (SU *Vorbereiten eines Projekts*) und verläuft bis zum Projektende. Für diesen Prozess (*Directing a Project*) ist der Lenkungsausschuss verantwortlich. Er ist der Prozesseigentümer. Dabei kommt die Prämisse „Management by Exception" zum Tragen, die Kontrolle erfolgt über das Berichtswesen und die Steuerung über eine Anzahl von Entscheidungspunkten. Dieser Prozess kümmert sich um die Startgenehmigung für die Initiierung und die Umsetzung, die Überwachung des Projekts, die Kommunikation in Richtung Unternehmens- bzw. Programm-Management und fungiert als übergeordnete Entscheidungsinstanz für den Projektmanager. Dieser Prozess agiert ereignisgesteuert. Lediglich die Projektstatusberichte halten den Lenkungsausschuss in regelmäßigen Abständen auf dem Laufenden. Der Lenkungsausschuss bzw. seine Mitglieder setzen sich explizit für den Projekterfolg ein und kümmern sich auch darum, dass beispielsweise Personalressourcen in ausreichender Anzahl und den benötigten Skills zur Verfügung stehen. Er trifft Entscheidungen, kümmert sich um die externe Kommunikation, externe Risiken und andere außergewöhnliche Situationen. Für das Unternehmens- oder Programm-Management ist dies die Möglichkeit, Steuerung auf das Projekt über den Lenkungsausschuss auszuüben.

Bitte keine bösen Überraschungen

Der DP-Prozess nutzt explizit Entscheidungspunkte im Projekt, um immer wieder innezuhalten und die Projektziele sowie deren Nutzen einer Bewertung zu unterziehen. Gar nicht selten setzen Projekte Vorgaben um, die sich längst als irrtümliche Annahmen herausgestellt haben, die aber dennoch unverändert bleiben müssen, weil es so beschlossen wurde, sie bereits „Vertragsbestandteil" geworden sind und niemand sein Gesicht verlieren möchte, wenn die Erkenntnis reift, dass das Projekt in die falsche Richtung läuft.

So kann es, wenn niemand die Reißleine zieht, passieren, dass am Ende eines Projekts ein Produkt vorliegt, das zwar irgendwann gestellten Anforderungen genügt, aber nicht das erfüllt, was eine Organisation wirklich braucht. Wo hohe Dynamik herrscht, wo Veränderungen und Erkenntnisgewinne an der Tagesordnung sind, stellt nur der den Projekterfolg sicher, der immer wieder innehält, prüft und bei Bedarf auch unangenehme Entscheidungen fällt. Zu dieser wünschenswerten Unbequemlichkeit kommt in erfolgreichen und nachhaltig wirkenden Organisationen die Bereitschaft hinzu, gemeinsam zu lernen und entsprechende Lernprozesse zu etablieren. Das lernende Projekt will bewusst Irrtümer aus falschen Annahmen aufdecken und neue Annahmen kreieren, will kontinuierlich überwachen, ob alle Anforderungen zu erfüllen sind und ob sich erwarteter Nutzen wird einstellen können.

Im DP-Prozess geht es um die formal motivierten Aktivitäten für den bestätigten Start des Projekts über die Genehmigung der Initiierungsphase, die Fortführung und den Abschluss. Ein Projekt kann zu jeder Zeit beendet werden, z. B. wenn kein gültiger Business Case mehr vorliegt. Auf der Grundlage des Phasenplans und des PID erfolgt die Genehmigung für die Umsetzung im Projektverlauf. Ähnlich geht diese Genehmigung auch in Bezug auf weitere Phasen- und Ausnahmepläne vonstatten.

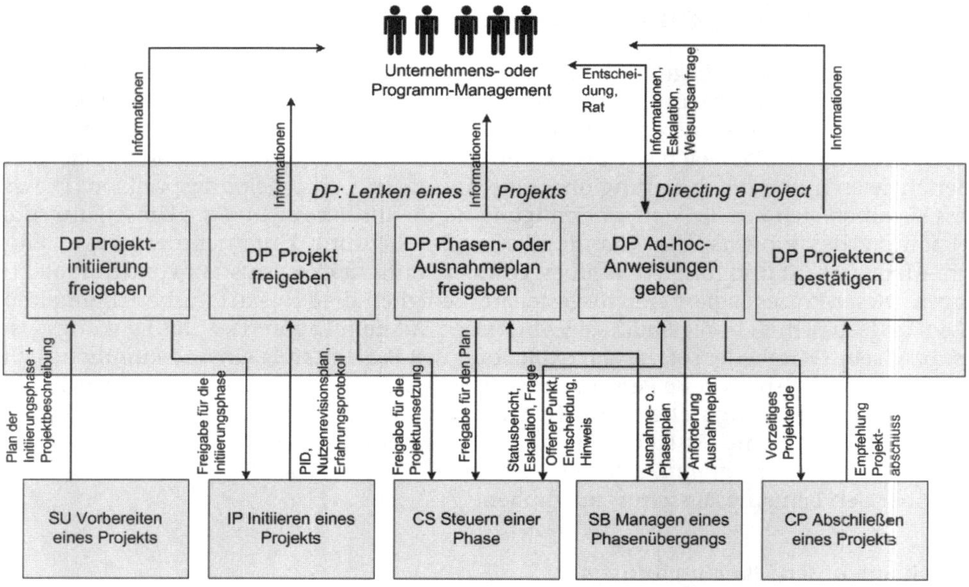

Abbildung 5.22: Darstellung des Prozesses „Lenken eines Projekts" (nach OGC-(PRINCE2™) Material, durch OGC lizenzierte Wiedergabe)

Der Projektmanager kann zu jeder Zeit im Projektverlauf den Lenkungsausschuss über diese Aktivität kontaktieren. Die Aktivität DP *Ad-hoc-Anweisungen geben* mutet eher informell an, wenn es darum geht, dem Projektmanager Anweisungen zu geben und Managementprodukte zu überprüfen. Wie die allgemeine Kommunikation abläuft, ist in der Kommunikationsmanagement-Strategie definiert.

5.3.1 DP Initiierung freigeben

Die Freigabe der Projektinitiierung (*Authorise Initiation*) ist die erste Aktivität für den Lenkungsausschuss. Nach dem Prozess *Vorbereiten eines Projekts* (SU) muss entschieden werden, ob das Projekt in die Initiierungsphase übergeht.

Für diese Aktivität dienen die Projektbeschreibung (mit Rollen- und Aufgabenbeschreibung, Qualitätserwartungen, Akzeptanzkriterien des Kunden, Produktbeschreibung des Projektendproduktes und Business Case-Entwurf) und der Initiierungsphasenplan (als Plan für die nächste Phase) als Managementprodukte aus dem SU-Prozess als Input (*siehe Abbildung 5.23*). Diese prüft und genehmigt der Lenkungsausschuss im positiven Fall. So wissen alle Beteiligten, dass durch die bisherigen Aktivitäten der richtige Kurs eingeschlagen wurde. Voraussetzung dafür ist allerdings, dass der Lenkungsausschuss Ziele und Nutzen des Projekts festschreibt und den Business Case-Entwurf als Teil der Projektbeschreibung einer genauen Prüfung unterzieht.

Der Lenkungsausschuss kann dies in einem formalen Meeting vornehmen oder eine informelle Form wählen. Wichtig ist dabei allerdings, dass alle Mitglieder des Lenkungsausschusses die Entscheidung für den Projektstart tragen. Im Bedarfsfall kann die Projektsicherung hierbei den Lenkungsausschuss unterstützen. Die relevanten Stakeholder werden durch den Lenkungsausschuss informiert.

5.3.2 DP Projekt freigeben

Das Ziel dieser Aktivität (*Authorise the Project*) besteht in der Entscheidung in Bezug auf die Frage, ob das Projekt nach der Projektinitiierung weiterlaufen soll und die Umsetzung der Projektziele in Angriff genommen wird (Achtung: Der offizielle Projektstart findet durch die Genehmigung der Projektinitiierung statt!). Auch die entsprechenden Personalressourcen für die Spezialisten werden hier genehmigt. Diese Entscheidung basiert auf der Annahme oder Ablehnung des Project Initiation Document (PID) in Hinblick auf den Business Case, der vorhanden sein muss (*siehe Abbildung 5.23*). Die Projektleitdokumentation gilt somit als angenommen („Baseline").

Die Genehmigung für die Erstellung der Endprodukte kann nur dann erfolgen, wenn dem Lenkungsausschuss alle relevanten Informationen vom Projektmanager über den bisherigen Projektfortschritt vorgelegt werden. Dies geschieht im weiteren Verlauf regelmäßig über einen Projektstatusbericht, dessen Erstellung als eines der wenigen Managementprodukte nicht ereignisbasiert, sondern zeitgesteuert erfolgt. Der Lenkungsausschuss berichtet seinerseits an das Unternehmens- bzw. Programm-Management.

In dieser Aktivität wird dazu die Projektleitdokumentation aus dem IP-Prozess herangezogen, die der Lenkungsausschuss genehmigen muss. Der Lenkungsausschuss nimmt dabei die verschiedenen Bestandteile der PID (Strategien, Projektdefinition, Lösungsansatz, Business Case, Rollen und Verantwortlichkeiten, Steuerungsmittel, Projektplan und Produktbeschreibungen) genau unter die Lupe und stimmt die Toleranzen für das Projekt mit dem Unternehmens- oder Programm-Management ab, falls dies bisher noch nicht geschehen ist. Darüber hinaus geht es ebenfalls um eine Prüfung des Erfahrungsprotokolls. Der Nutzenrevisionsplan ist das dritte Managementprodukt, das der Projektmanager dem Lenkungsausschuss zur Genehmigung vorlegt.

Im positiven Fall erfolgt die Freigabe des Projekts und die Umsetzung der Spezialistenprodukte steht nun an, sodass der Prozess *Managen eines Phasenübergangs* (SB) angestoßen wird, um den Plan für die erste Umsetzungsphase zu erstellen. Im negativen Fall beschließt der Lenkungsausschuss, dass das Projekt vorzeitig abgebrochen wird.

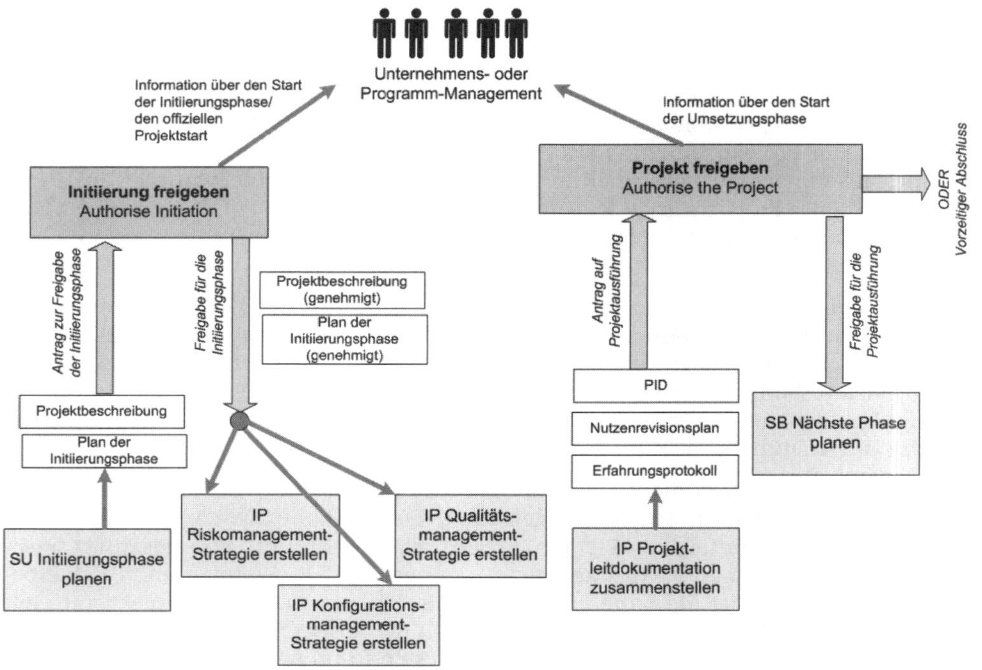

Abbildung 5.23: Aktivitätendarstellung „Authorise Initiation" und „Authorise the Project" (nach OGC-(PRINCE2™)Material, durch OGC lizenzierte Wiedergabe)

Im Bedarfsfall kann die Projektsicherung den Lenkungsausschuss im DP-Prozess unterstützen. Die relevanten Stakeholder werden durch den Lenkungsausschuss informiert.

5.3.3 DP Phasen- oder Ausnahmeplan freigeben

Dieser Prozess (*Authorise a Stage or Exception Plan*) autorisiert jeden Phaseplan (Ausnahme: Initiierungsphase) bzw. den entsprechenden Ausnahmeplan, der auf Anforderung des Lenkungsausschusses nach Genehmigung des Ausnahmeberichts erstellt wurde. Es gibt also zwei Möglichkeiten, diese DP-Aktivität anzustoßen:

- Im negativen Fall, weil dem Lenkungsausschuss ein Ausnahmeplan zur Genehmigung vorliegt. Der Ausnahmeplan wurde (Output aus der DP-Aktivität *Ad-hoc-Anweisungen geben*) angefordert, und dann im SB-Prozess (*Ausnahmeplan erstellen*) erstellt. Der Projektmanager gibt so eine Auswahl an möglichen Optionen vor, über die der Lenkungsausschuss gegebenenfalls in Abstimmung mit dem Unternehmens- oder Programm-Management eine Entscheidung fällen muss. Basis für die Informationswege ist die Kommunikationsmanagement-Strategie. Nach der Genehmigung ersetzt der Ausnahmeplan dann den Phasenplan.
- Im positiven Fall, weil sich die aktuelle Phase dem Phasenende nähert und der Plan für die nächste Phase erstellt wurde und nun zur Genehmigung vorliegt. Zum Ende der Phase muss der Projektmanager sowohl den bisherigen Fortschritt als auch die Planung für die nächste Phase darlegen, um fortfahren zu dürfen (SB-Aktivität *Nächste Phase planen*).

Um dies realisieren zu können, muss das Projekt in einzelne, leichter zu verwaltende Einheiten (Phasen) unterteilt werden, an deren Ende der Lenkungsausschuss jeweils entscheiden muss, ob die Arbeit am Projekt fortgesetzt wird oder nicht. Dabei agiert der Business Case als wichtiger Motor und Entscheidungsbasis für den Lenkungsausschuss. Diese Arbeitsweise erlaubt eine saubere Phasentrennung und eine adäquate Kontrolle der Phasenübergänge. Für den Lenkungsausschuss ist dies ein wichtiger Entscheidungspunkt, die vorzulegenden Dokumente agieren hierbei als Steuerungsmittel für den Lenkungsausschuss.

Nur wenn dem Lenkungsausschuss der Phasenabschlussbericht der aktuellen und der Phasenplan für die anstehende Phase vorliegt, kann durch die Genehmigung der beiden Produkte das Projekt fortschreiten und in die nächste Phase „einbiegen" (*siehe Abbildung 5.24*). Falls bereits Spezialistenprodukte fertiggestellt und übergeben wurden, verifiziert der Lenkungsausschuss, dass diese entsprechend der Konfigurationsmanagement-Strategie übergeben wurden. Gegebenenfalls sind korrespondierend dazu (bei Bedarf) auch Empfehlungen für Folgeaktionen zu prüfen.

Als weiterer Schritt ist durch den Lenkungsausschuss zu prüfen, ob eventuell neue Produktbeschreibungen zu bewerten und zu genehmigen sind, ob der Projektplan, die Strategien, Projektsteuerungsmittel, Business Case und (aktualisierter) Nutzenrevisionsplan weiterhin valide sind und genehmigt werden können. Auch die Risiken sind im Auge zu behalten.

Nach dieser Aktivität des Lenkungsausschusses existiert ein genehmigter Ausnahme- oder Phasenplan. Im Extremfall wird der Lenkungsausschuss zu der Entscheidung kommen, das Projekt vorzeitig zu beenden. Der Projektmanager muss dies über den CP-Prozess (*Abschließen eines Projekts*) umsetzen.

5.3.4 DP Ad-hoc-Anweisungen geben

Diese Aktivität (*Give Ad Hoc Direction*) ist der Rahmen, in dem Entscheidungen über das Projekt, Konfliktbewältigung, Organisationsveränderungen innerhalb des Projekts, offene Punkte, der Ausnahmebericht – bei einer Eskalation ausgelöst durch das Überschreiten der gesetzten Toleranzgrenzen – oder allgemeine Rückfragen des Projektmanagers an den Lenkungsausschuss erfolgen können (*siehe Abbildung 5.24*). Auch wenn eine Phase plangemäß und innerhalb der vorgegebenen Toleranzgrenzen verläuft, kann es notwendig sein, dass der Lenkungsausschuss mit seiner Entscheidungsgewalt hinzugezogen wird. Mögliche Gründe für das Einberufen des Lenkungsausschusses und die Kommunikation mit dieser Managementebene können sein:

- Entscheidungsbedarf und Rat bei der Richtungsgebung in Bezug auf vorliegende Optionen
- Beurteilung externer Einflussgrößen auf das Projekt oder unzureichende Befugnisse des Projektmanagers
- Auflösung von Ressourcen-Engpässen, die die vorgegebenen Toleranzgrenzen des Projekts tangieren, da der Lenkungsausschuss den benötigten Personal- und Ressourcenbedarf garantiert
- Kommunikationsbedarf der Lenkungsausschuss-Mitglieder an den Projektmanager, z. B. bei Wechselwirkungen oder Abhängigkeitsveränderungen aus dem Programm-Management

Dies sind Beispiele für die Umsetzung des „Management by Exception"-Prinzips: Der Lenkungsausschuss wird hinzugezogen, wenn es um eine Entscheidungsfindung geht.

Eskalation

Von ihrer eigentlichen Bedeutung ausgehend, bezeichnet die Eskalation eine durch Wechselwirkung hervorgerufene Steigerung eines (militärischen) Konfliktes. Als Mittel der Organisationssteuerung werden durch eine Eskalation Probleme, Themen, Entscheidungen oder Konflikte kontrolliert eine Ebene (horizontal oder vertikal) weitergereicht oder delegiert, wenn in einer Situation oder in einer Krise auf der aktuellen Ebene keine Lösung, Einigung oder Entscheidung möglich ist.

Falls sich abzeichnet, dass gesetzte Projekttoleranzen überschritten werden, muss der Lenkungsausschuss dies an das Unternehmens- oder Programm-Management eskalieren. Zeichnet sich ab, dass die vom Lenkungsausschuss gesetzten Toleranzen für die entsprechende Phase verletzt werden, muss der Projektmanager an den Lenkungsausschuss berichten. Dementsprechend eskaliert der Teammanager bei möglichen Toleranzwert-Übertretungen an den Projektmanager als offener Punkt (*siehe Kapitel 4.7, Fortschritt/Progress*).

Der Lenkungsausschuss soll auch dann eingreifen, wenn es im Verlauf der Änderungssteuerung (Change Control) Änderungsvorhaben an bereits genehmigten Produkten („Baseline") gibt. Ein Änderungsantrag kann direkt genehmigt, zurückgestellt oder abgelehnt werden. Es ist allerdings auch möglich, dass der Lenkungsausschuss weitere Informationen über einen Offener-Punkt-Bericht anfordert. Auch korrespondierende Ressourcenänderungen muss der Lenkungsausschuss genehmigen.

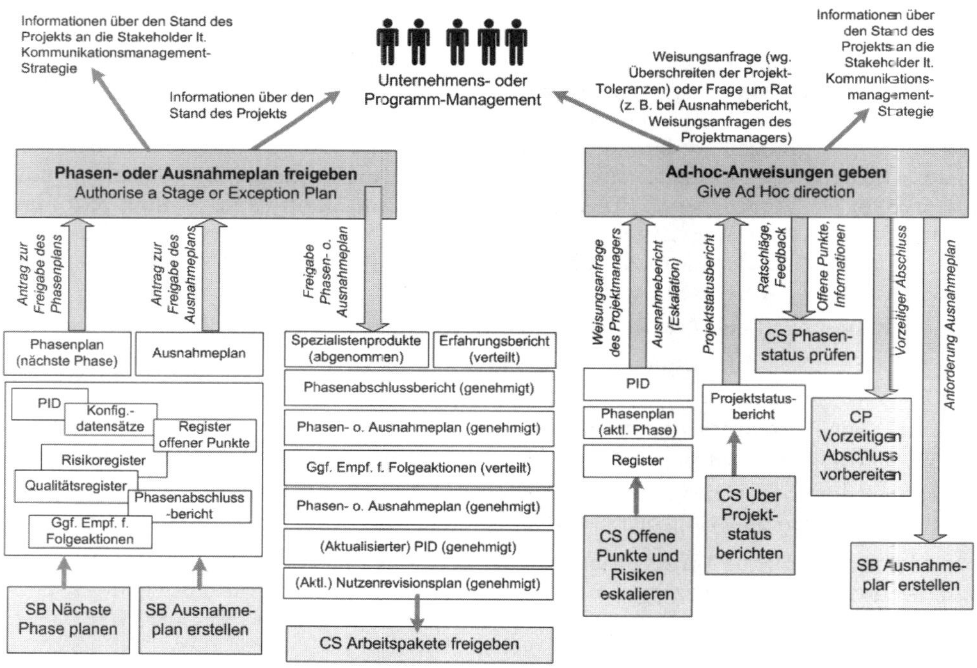

Abbildung 5.24: Aktivitätendarstellung „Give Ad Hoc Direction" und „Authorise a Stage or Exception Plan" (nach OGC-(PRINCE2™)Material, durch OGC lizenzierte Wiedergabe)

Die Aktivität *Give Ad Hoc Direction* kann über verschiedene Aktivitäten des CS-Prozesses initiiert werden. Diese Aktivität kommt an unterschiedlichen Stellen im Projektverlauf zum Einsatz und ist mannigfaltig ausgelegt – abhängig von der geforderten Reaktion des Lenkungsausschusses. Die Projektsicherung kann im Auftrag des Lenkungsausschusses einige Überprüfungen und Bewertungen vornehmen, wobei es gilt, die relevanten Stakeholder und deren Interessen zu berücksichtigen.

Zeichnen sich Toleranzabweichungen ab, muss der Projektmanager in der CS-Aktivität *Offene Punkte und Risiken eskalieren* einen Ausnahmebericht anfertigen und ihn dem Lenkungsausschuss vorbringen, sodass der Lenkungsausschuss entscheiden kann, ob ein Ausnahmeplan angefertigt werden muss (Eskalationsbedarf). Andernfalls ist eine Spezifikationsabweichung mit oder ohne korrigierende Maßnahmen (Konzession) über den CS-Prozess (*Steuern einer Phase*) oder das vorzeitige Projektende einzuleiten.

Konzession

Weicht ein Produkt in einem gewissen Maß von der gewünschten Qualität ab (entspricht in seinen Eigenschaften nicht den Anforderungen = Spezifikationsabweichung) und der Lenkungsausschuss lässt dies gelten, hat er eine Konzession erteilt.

Ist soweit alles im grünen Bereich, kommuniziert der Projektmanager den Projektstatusbericht entsprechend dem definierten Berichtsturnus an den Lenkungsausschuss. Der Lenkungsausschuss prüft den Bericht und stellt sicher, dass sich das Projekt wie geplant weiter bewegt und die Ziele und Strategien eingehalten werden. Falls Fragen, Bitte um Entscheidung oder Eskalationen den Lenkungsausschuss dazu bewegen, außerhalb der eigenen Entscheidungskompetenz zu handeln, wird er das Unternehmens- oder Programm-Management kontaktieren. Alle anderen Stakeholder werden durch den Lenkungsausschuss entsprechend der Kommunikationsmanagement-Strategie auf dem Laufenden gehalten.

Umgekehrt gibt der Lenkungsausschuss relevante Inputs aus dem Unternehmens- oder Programm-Management an den Projektmanager weiter und kommuniziert an ihn auch die externen Risiken, externe Ereignisse oder andere relevante Informationen, die von außerhalb der Projektorganisation kommen.

5.3.5 DP Projektabschluss freigeben

Diese Aktivität (*Authorise Project Closure*) wird über den Projektmanager angestoßen, um die Aktivitäten umzusetzen und die Managementprodukte freizugeben, die aus dem CP-Prozess (*Abschließen eines Projekts*) stammen. Es ist die letzte Tätigkeit, die der Lenkungsausschuss ausführen muss, bevor er aufgelöst wird, weil das Projekt zu Ende ist (*siehe Abbildung 5.25*). Die Projektsicherung kann im Auftrag des Lenkungsausschusses einige Überprüfungen und Bewertungen vornehmen.

Ein kontrolliertes und sauberes Projektende wird hier ermöglicht, verhindert den schleichenden Übergang in das Tagesgeschäft und stellt unter PRINCE2™ die letzte Aktivität dar. Damit sind unterschiedliche Aktivitäten verbunden wie beispielsweise die Kommunikation des Projektabschlusses durch den Lenkungsausschuss (auch an das Unternehmens- und Programm-Management), Weiterleiten der noch ausstehenden Aktionen an die entsprechenden Bereiche, die Übergabe des fertigen Produkts, den Projektabschlussbericht und die Entlassung des Projektmanagement-Teams inklusive des Projektmanagers. Dabei kommen die unterschiedlichen Dokumente zum Einsatz, die der Projektmanager vorlegt, um den erfolgreichen Projektabschluss vorzuweisen (z. B. Projektabnahme des Kunden). Der Projektabschlussbericht und die sich daraus ableitenden Empfehlungen für Folgeaktionen wird abgegeben, falls noch kleinere Aktivitäten anstehen. Hier wird in der Regel der zukünftige Betrieb in die Pflicht genommen. Die Dokumente stammen aus dem CP-Prozess. Wichtige Voraussetzung dafür ist allerdings, dass die Produkte entsprechend der Konfigurationsmanagement-Strategie übergeben und von Anwendern und Betrieb akzeptiert wurden.

Letztendlich geht es aber darum, dass der Lenkungsausschuss über diese Aktivität prüft, ob die Ziele des Projekts erreicht wurden und ob es keine größeren Abweichungen des Projekts von den ursprünglichen Plänen und Zielen gibt. Hierbei liefert die Projektleitdokumentation (PID) den relevanten Input. Durch die Empfehlung für Folgeaktionen werden mögliche lose Enden aufgegriffen und dafür gesorgt, dass alle notwendigen Restarbeiten dokumentiert und zu Ende geführt werden. Der Projektmanager überprüft diesbezüglich das Register offener Punkte und das Risikoregister. Über diesen kontrollierten Projektabschluss wird auch der Nutzenrevisionsplan noch einmal einer kritischen Betrachtung zugeführt. Möglicherweise hat sich bereits während der Projektlaufzeit ein Nutzen eingestellt, der im Plan dokumentiert und in Bezug auf die weitere Planung der Nutzenprüfung berücksichtigt sein sollte. Der Business Case muss noch einmal geprüft und bestätigt werden.

Der Nutzenrevisionsplan wird an das Unternehmens- oder Programm-Management übergeben, da das Projekt nun zu Ende geht und die notwendigen Ressourcen zur Umsetzung des Plans nicht aus der aufgelösten Projektorganisation entstammen können.

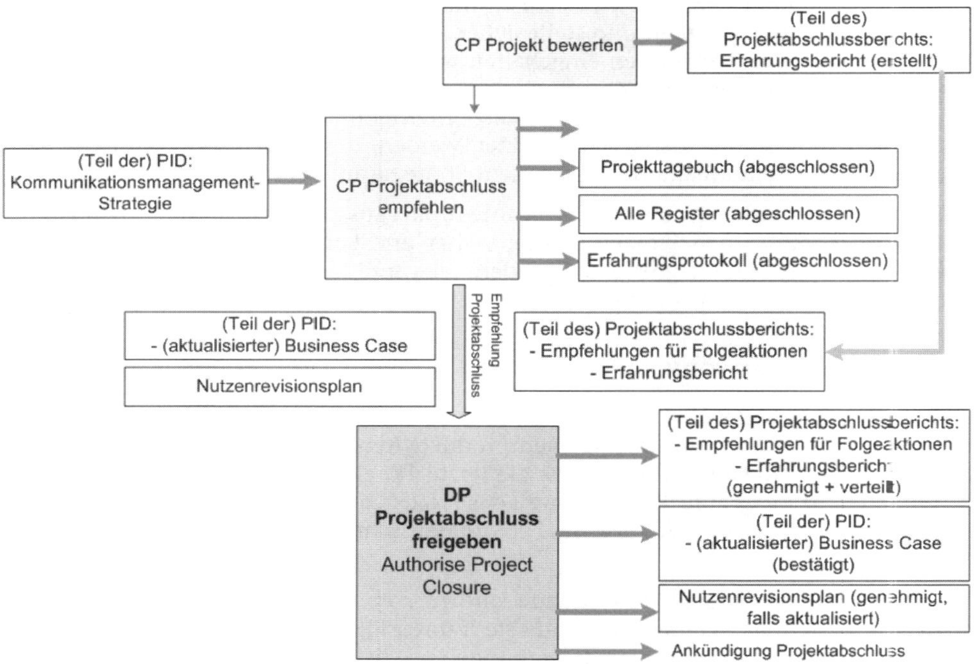

Abbildung 5.25: Aktivitätendarstellung „Authorise Project Closure" (nach OGC-(PRINCE2™) Material, durch OGC lizenzierte Wiedergabe)

5.4 CS – Steuern einer Phase

Dieser Prozess (*Controlling a Stage*) beschreibt die Steuerung, Überwachung und die Kontrollaktivitäten des Projektmanagers, der sicherstellt, dass die entsprechende Phase bestimmungsgerecht auf dem korrekten Kurs bleibt und auf (unerwartete) Zwischenfälle adäquat reagiert wird. Er beginnt, sobald der Lenkungsausschuss den Plan für die entsprechende Phase genehmigt hat, wie etwa durch die DP-Aktivität *Initiierung freigeben* für die erste Steuerungsphase im Projektverlauf oder die DP-Aktivität *Phasen- oder Ausnahmeplan freigeben* für alle weiteren Phasen. Dadurch wird die Aktivität CS *Arbeitspaket freigeben* initiiert, die die Erstellung der Spezialistenprodukte anstößt.

Dieser Prozess stellt insgesamt das Tagesgeschäft für den Projektmanager dar, wenn es darum geht, die Fortschrittssteuerung für das Projekt umzusetzen (*siehe Abbildung 5.26*) und die jeweilige Phase durch die Phasentoleranzen den Projektzielen entgegenzusteuern. Innerhalb einer Phase gibt es immer wiederkehrende Aktionen, wie beispielsweise:

- Autorisieren von Tätigkeiten, die umgesetzt werden sollen
- Qualitäts- und Fortschrittsinformationen sammeln
- Changes überwachen
- Situationsreviews
- Berichtswesen
- Korrekturmaßnahmen oder Eskalationen vornehmen

Bestandteil dieses Prozesses sind auch ein Fortschreiben des Risikomanagements und das Pflegen und Bearbeiten der offenen Punkte. Diese gelangen über die CS-Aktivität *Offene Punkte und Risiken erfassen und untersuchen* an den Projektmanager. Sie werden dokumentiert (auch durch Automatismen möglich, z. B. eine Mail-In-Datenbank bzw. eine spezifische Mail-Adresse wie *prjXYZ_issues@firma.com*), im Anschluss geprüft und bewertet. Dazu gehört auch eine anschließende Impact-Analyse durch die CS-Aktivität.

Korrespondierend zu anderen Aktivitäten im MP-Prozess (*Managen der Produktlieferung*) werden Arbeitspakete zur Erledigung an den Teammanager freigegeben und ihre Erledigung bestätigt, wobei die Qualitätsmaßnahmen und die Sicherung ihrer Umsetzung beim Teammanager liegt, sofern bei entsprechender Teamstärke diese Rolle besetzt wird. Die Verantwortlichkeit für das Steuern der Phase liegt beim Projektmanager. Er muss sicherstellen, dass jedes Arbeitspaket entsprechend der definierten Anforderungen in puncto Qualität, Budgets und den abgesprochenen Terminen sowie innerhalb der Toleranzen abgeliefert wird. Er koordiniert den oder die Teammanager. Entsprechend der umgesetzten Tätigkeiten und Ergebnisse berichtet der Projektmanager an den Lenkungsausschuss.

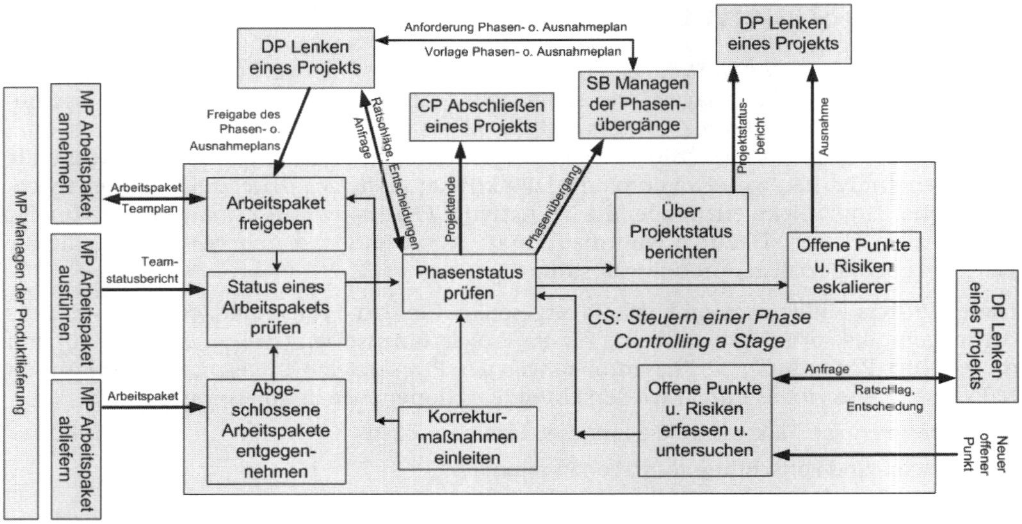

Abbildung 5.26: Darstellung des Prozesses „Steuern einer Phase" (nach OGC-(PRINCE2™) Material, durch OGC lizenzierte Wiedergabe)

Der CS-Prozess zeichnet sich also vor allem durch seine Schnittstellen zu den MP-Aktivitäten (*Managen der Produktlieferung*) und zu den SB-Aktivitäten (*Managen eines Phasenübergangs*) aus. Über Letzteres wird bei Bedarf die Erstellung eines Ausnahmeplans angestoßen. Aus der CS-Aktivität *Phasenstatus prüfen* wird neben dem SB-Prozess bei sich abzeichnendem Projektende nach der Erledigung aller Arbeitspakete (*Nächste Phase planen* zur Erstellung des Plans für die nächste Phase) auch der Prozess CP *Abschließen eines Projekts* initiiert.

Der CS-Prozess ist neben dem CP- und dem DP-Prozess ein Prozess, der keine Planungselemente enthält und somit keine direkte Interaktion zur produktbasierten Planung aufweist. Der Projektmanager kümmert sich lediglich um seine Steuerungsaktivitäten, die sich zyklisch wiederholen:

1. Freigeben der umzusetzenden Arbeiten
2. Überwachung der Arbeitsfortschritte
3. Annehmen und Bewerten der offenen Punkte
4. Überprüfen der aktuellen Situation und gegebenenfalls Aufsetzen neuer Arbeitspakete. Im Problemfall wird von hier aus die Eskalation über die Aktivität *Offene Punkte und Risiken eskalieren* angestoßen.
5. Berichtswesen (Teamstatusbericht prüfen und auswerten, Projektstatusbericht erstellen)
6. Notwendige Korrekturmaßnahmen bei Bedarf vornehmen
7. An- und Abnehmen der abgearbeiteten Arbeitspakete

Produkte, die über diesen Prozess erstellt und aktualisiert werden, sind:

- Arbeitspakete
- Projektstatusbericht
- Offene Punkte für das Projekt bzw. Register offener Punkte, Offener-Punkt-Bericht nach Bedarf
- Aktualisierung des Risikoregisters und der anderen Register

- Aktualisierung Projekttagebuch
- Bei Bedarf Erstellung eines Ausnahmeberichts
- Regelmäßig aktualisierter Phasenplan
- Konfigurationsdatensätze

Liegt das Projekt noch innerhalb der Toleranzgrenzen, kann der Projektmanager Korrekturen einleiten, um sicherzustellen, dass das Projekt auf den richtigen Kurs zurückkommt. Toleranzen sind keine geplanten Puffer für den Projektverlauf!

In Ausnahmesituationen wird ein Ausnahmebericht (Exception Report) an den Lenkungsausschuss übergeben. Dies ist genau dann der Fall, wenn bei der Prüfung der aktuellen Projektphase deutlich wird, dass die gesetzten Toleranzgrenzen überschritten werden. Im Fall einer Toleranzabweichung verfasst der Projektmanager den Ausnahmebericht – egal wie groß diese Abweichung ist. Dieser beschreibt den Grund für die Phasenplanabweichung, skizziert die Konsequenzen, die entsprechenden verfügbaren Optionen und auch den Effekt der jeweiligen Option auf die Themen Business Case, Risiken, Projekt- und Phasentoleranzen. Der Projektmanager gibt dazu eine Empfehlung ab. Der Lenkungsausschuss wird dann anhand der vorliegenden Informationen und der Empfehlung eine Entscheidung treffen oder bei Bedarf Rücksprache mit dem Unternehmens- oder Programm-Management halten.

Nach Übergabe des Ausnahmeberichts an den Lenkungsausschuss wird dieser erörtert und im Bedarfsfall, wenn die Korrekturmaßnahmen des Projektmanagers keine Lösung versprechen, ein Ausnahmeplan angefordert.

Ganz wichtig ist: Werden schlechte Nachrichten überbracht oder gibt es ein Problem, so erscheint die isolierte Aussage „Chef, wir haben ein Problem!“, ohne dass zum einen klar ist, was die Person jetzt genau durch diesen Ausruf bezwecken möchte oder welche Hilfestellung notwendig ist. Wenn zum anderen das Aufzeigen von Konsequenzen, Optionen, Ausweichplan, Plan B, irgendetwas, was den Karren aus dem Dreck zieht, fehlt, ist dies weder konstruktiv für die Sache noch für die Laune des Vorgesetzten oder Projektleiters (*siehe Abbildung 5.27*). Wahrscheinlich ist das auch der Grund, warum früher die Überbringer schlechter Nachrichten enthauptet wurden. Tipp: Immer konstruktiv eskalieren, Auswege aus der Misere aufzeigen, Optionen und Empfehlungen aussprechen und gegebenenfalls eine Entscheidung abwarten.

Der Projektmanager muss in diesem Managementprozess alle relevanten Informationen sammeln und an den Lenkungsausschuss berichten (*über Projektstatus berichten*), besonders was den Fortschritt angeht. Informationen dazu kommen aus dem Teamstatusbericht, dem Arbeitspaketstatus und dem Qualitätsregister. Ein solches „Protokoll“ enthält Details zu den Arbeitspaketabnahmen bzw. der Qualitätsprüfung des Arbeitspakets.

Abbildung 5.27: So bitte nicht – bieten Sie Lösungen!

Zusätzlich zu den regelmäßigen Projektstatusberichten stehen Projektmanager und Lenkungsausschuss bei Bedarf entsprechend dem Prinzip „Management by Exception" über die DP-Aktivität *Ad-hoc-Anweisungen geben* in Kontakt. So kann der Lenkungsausschuss dem Projektmanager spontan Anweisungen geben, wenn spezielle Entscheidungen anstehen, die sich z. B. aus dem Statusbericht ergeben, oder Änderungen notwendig erscheinen (CS *Korrekturmaßnahmen vornehmen*). Aber auch weitere interne oder externe Ereignisse können den Lenkungsausschuss veranlassen, den Projektmanager zu instruieren. Dies gilt auch für den bereits erwähnten Fall, dass sich Toleranzabweichungen für die Phase abzeichnen und der Projektmanager zusammen mit einem Ausnahmebericht diese Tatsache über die CS-Aktivität *Offene Punkte und Risiken eskalieren* an den Lenkungsausschuss heranträgt.

5.4.1 CS Arbeitspaket freigeben

Diese Aktivität liegt in der Verantwortung des Projektmanagers und besitzt u. a. eine Schnittstelle zum Prozess *Managen der Produktlieferung* (MP), der die Annahme und Erstellung des Produkts übernimmt und der Verantwortung des Teammanagers unterliegt (*siehe Abbildung 5.28*). Hier geht es um die Abstimmung und Beauftragung der Spezialistenprodukte. Ist aufgrund der Größe des Projekts die (optionale) Rolle des Teammanagers nicht besetzt, erfolgt die Übergabe und Abstimmung direkt mit den Experten und Spezialisten im Team.

Angestoßen wird diese Aktivität über die Freigabe der nächsten Phase zusammen mit der Genehmigung des Phasenplans oder über die Genehmigung eines Ausnahmeplans durch den Lenkungsausschuss, wenn der Bedarf nach einem Arbeitspaket nach Überprüfung des Phasenstatus (Projekt läuft wie vorgesehen weiter) gegeben ist oder als Reaktion auf einen offenen Punkt oder ein Risiko (auch im Sinne einer Korrekturmaßnahme über die CS-Aktivität *Korrekturmaßnahmen einleiten*). Wichtig: Innerhalb einer Phase können mehrere Arbeitspakete erstellt und dementsprechend diese CS-Aktivität mit der korrespondierenden Erstellung der Spezialistenprodukte mehrfach durchlaufen werden.

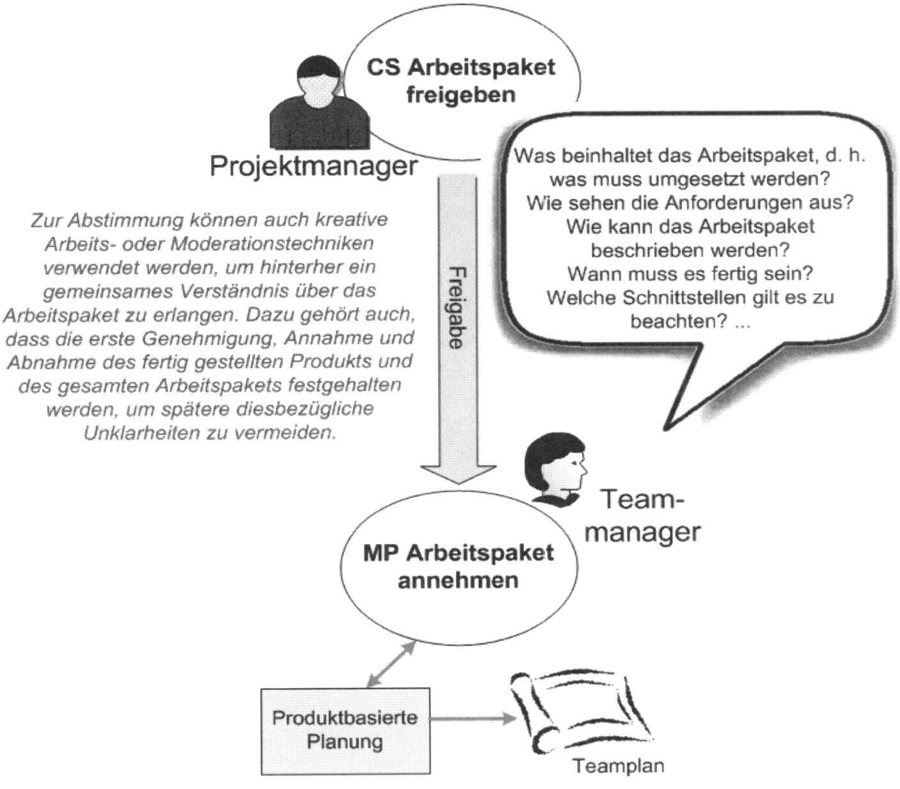

Abbildung 5.28: Die Interaktion zwischen CS- und MP-Prozess wird zwischen Projektmanager und Teammanager realisiert, indem das Arbeitspaket diskutiert und übergeben wird

Es ist überaus wichtig, dass Projektaktivitäten und -tätigkeiten der Projektmitarbeiter stets in Abstimmung mit dem Projektmanager aufgenommen und vorangetrieben werden. Da sich die herzustellenden Produkte mit den entsprechenden Arbeitspaketen aus dem Phasenplan und der PID ableiten, muss der Projektmanager diese Produkte detailliert prüfen und dementsprechend die herzustellenden Produkte, ihre voraussichtlichen Kosten, den Aufwand und die Toleranzen ableiten. Die entsprechenden Projektsteuerungsmittel und die Anforderungen aus den Strategien (z. B. Übergabe laut Konfigurationsmanagement-Strategie) müssen dabei vom Projektmanager berücksichtigt werden.

Der Projektmanager übergibt ein Arbeitspaket an den Teammanager und verhandelt die Details für diesen Auftrag. Jedes Arbeitspaket muss als Produktvereinbarung mit allen korrespondierenden Details beschrieben werden. Erst durch die in dieser Aktivität (*Authorise a Work Package*) vorgenommene Abstimmung für das Arbeitspaket zwischen Projektmanager und Teammanager, das die Spezialisten des Teammanagers umsetzen sollen, wird die Erstellung der Spezialistenprodukte ausgehandelt und beauftragt, bevor die Erstellung beginnt. Die korrespondierenden Steuerungs- und Kontrollaktivitäten verlaufen kontinuierlich in der jeweiligen Phase über die CS-Aktivitäten *Status eines Arbeitspakets prüfen* und *Abgeschlossene Arbeitspakete entgegennehmen*. So behält der Projektmanager die Steuerung und Kontrolle über die umzusetzenden Arbeiten.

Die Übergabe des Arbeitspakets ist gleichzusetzen mit einer Anfrage oder einem Auftrag über das, was geliefert werden soll, welche Randbedingungen existieren und welche Schnittstellen berücksichtigt werden müssen. Es enthält Angaben zu Abhängigkeiten, zum Input und zum Output (*siehe Abbildung 5.29*). Auf diese Weise sind für jedes Arbeitspaket die Abhängigkeiten geklärt.

Input für ein Arbeitspaket:

Phasenplan // Qualitätsmanagement-Strategie // Konfigurationsmanagement-Strategie // bestehende Verträge zwischen Lieferanten und Kunde (falls vorhanden)

Bestandteile eines Arbeitspakets:

- **Datum**: Datum der Vereinbarung zwischen Projekt- u. Teammanager/-mitglied
- **Beauftragtes Team/-mitglied**: Name der Person
- **Arbeitspaketbeschreibung**: Freitext zum Arbeitspaket
- **Prozesse, Techniken, Verfahren**: zur Erstellung der Spezialistenprodukte, z. B. Prototyping
- **Schnittstellen bei Erstellung**: Schnittstellen als Personen, Teams zur Lieferung von Informationen oder Zusammenarbeit, z. B. Testgruppe, Forschung & Entwicklung
- **Betriebs- und Wartungsschnittstellen**: Schnittstellen/Spezialistenprodukte, mit denen Arbeitspaketsprodukte interagieren müssen, vorhandene Produkte, Produkte anderer Projekte, auch andere Produkte im Projekt
- **Anforderungen des Konfigurationsmanagements**: Versionskontrolle, wo und wie wird der Status gepflegt? Wie kann der Status abgefragt werden?
- **Vereinbarungen**: Vereinbarungsdetails zu Arbeitsaufwand, Kosten, Start- u. Endtermine, Meilensteine
- **Toleranzen**: Toleranzdetails (Zeit, Kosten, ggf. auch Umfang u. Risiko)
- **Einschränkungen**: Beschränkungen für Arbeiten, Beteiligte, Zeitplanung, Kosten, Regeln
- **Vereinbarte Berichterstattung**: Inhalte u. Turnus Teamstatusbericht
- **Problembehandlung u. -eskalation**: wie werden offene Punkte und Risiken gemeldet?
- **Auszüge oder Verweise**: Auszüge aus oder Verweise auf z. B. Abschnitt für die Phase aus dem Phasenplan, Produktbeschreibung(en) mit Qualitätsprüfmethode
- **Abnahmemethode**: Achtung – Person, Rolle oder Gruppe: wer nimmt ab? Wie ist der Projektmanager über Arbeitspaket-Fertigstellung zu informieren? (nicht Methodik oder Verfahren!)

Abbildung 5.29: Ein Arbeitspaket enthält eine Vielzahl von Informationen aus der Feder des Projektmanagers, um Verantwortlichkeiten und Inhalte für die Umsetzung oder Lieferung eines Arbeitspakets beschreiben und übergeben zu können.

Ein Arbeitspaket enthält Verweise auf die entsprechende(n) Produktbeschreibung(en) als umzusetzende Leistung, die aus der Phasenplanung stammen. Gegebenenfalls haben sich die Personen an den Produktbeschreibungen beteiligt, die später mit dem Produkt arbeiten müssen und so ihren fachlichen Input bereitgestellt. Es sollten sich diejenigen bei den Produktbeschreibungen einbringen, die das Produkt kennen bzw. nutzen werden. Nebenbedingungen, Abhängigkeiten, Vereinbarungen zum Berichts- und Informationswesen, Handhabung von Problemen im Fehlerfall, Anforderungen an das Konfigurationsmanagement, Auszug aus dem Phasenplan, der für das Team relevant ist und organisatorische Vorgaben und Formalien sind ebenfalls Bestandteile des Arbeitspakets. Ganz wichtig ist die enthaltene Produktbeschreibung, die gleichzeitig die Qualitätsbeschreibungen und Akzeptanzkriterien für das Produkt definiert. Auch die Methoden der Qualitätsprüfung aus der Phasenplanung werden im Arbeitspaket übergeben. Die durch das aktuelle Arbeitspaket betroffenen Configuration Items-Daten im Konfigurationsmanagement können aktualisiert (*siehe Abbildung 5.30*) und z. B. den Status „in Bearbeitung" zugewiesen bekommen.

Der Projektmanager setzt auch die Toleranzen für das Arbeitspaket, die er an den Teammanager kommuniziert. Im Gegenzug eskaliert der Teammanager im Ausnahmefall an den Projektmanager Toleranzverletzungen über einen offenen Punkt. Der Teammanager erstellt über die Aktivität *Arbeitspaket annehmen* korrespondierend zu dieser CS-Aktivität und vor dem Hintergrund, dass die Anforderungen aus dem Arbeitspaket nun anstehen, den Teamplan. Der Projektmanager prüft diesen Plan, diskutiert gegebenenfalls mit dem Teammanager die Inhalte und aktualisiert bei Bedarf den Phasenplan. Die geplanten Qualitätsmanagement-Aktivitäten aus dem Phasenplan gemäß der Qualitätsmanagement-Strategie werden in das Qualitätsregister eingetragen und sichergestellt, dass die Qualitätsprüfer den Anforderungen entsprechen. Bei Bedarf werden die Register aktualisiert.

An dieser Stelle ist zu betonen, dass der Projektmanager dem Teammanager seine Anforderungen nicht „über den Zaun wirft", sondern dass Projekt- und Teammanager über die Anforderungen der Produkte, die über das Arbeitspaket umgesetzt werden sollen, sprechen. Es ist wichtig, dass ein gemeinsames Verständnis erarbeitet und sichergestellt wird, damit die Anforderungen objektiv verstanden und dokumentiert sind. Möglicherweise wird das Arbeitspaket noch einmal aufgesplittet, um die Steuerung zu erleichtern und das Produkt in weitere Produkte mit eigenen Produktbeschreibungen aufzugliedern. Der Projektmanager sollte sich auf solche Termine optimal vorbereiten und ein sauberes Anforderungsmanagement umsetzen. Dazu gehören auch eine Kultur der gegenseitigen neutralen Wertschätzung und der Anspruch auf beiden Seiten, den anderen verstehen zu wollen und auf ein gemeinsames Ziel, den Projekterfolg, hinzuwirken. Stammt der Teammanager nicht aus der Organisation, sollten solche Übergaben und entsprechende Meetings einem gewissen Formalismus unterworfen sein, um die Dokumentation und Nachvollziehbarkeit sicherzustellen.

5.4.2 CS Status eines Arbeitspakets prüfen

Diese Aktivität (*Review Work Package Status*) arbeitet korrespondierend zur CS-Aktivität *Arbeitspaket freigeben* mit der MP-Aktivität *Arbeitspaket ausführen* zusammen. Die Aktivität *Status eines Arbeitspakets prüfen* erhält als Antwort entsprechend der Vereinbarungen aus dem Arbeitspaket einen Teamstatusbericht auf Basis der Teamstatuskontrolle als Steuerungsmittel des Projektmanagers (*siehe Abbildung 5.30*). Dieser enthält beispielsweise bereits erledigte Aktivitäten, Toleranzstatus, aktuelle oder potenzielle Probleme, fertig gestellte Produkte und umgesetzte Qualitätsarbeiten. Die Basis für den Soll-Ist-Vergleich stellen Teamplan und Arbeitspaket dar.

Die Vereinbarungen zur Qualitätsprüfung aus der CS-Aktivität *Arbeitspaket freigeben* und der MP-Aktivität *Arbeitspaket annehmen*, die im Arbeitspaket als Produktbeschreibung stehen, werden in der korrespondierenden MP-Aktivität *Arbeitspaket ausführen* umgesetzt. Die Ergebnisse fließen in das Qualitätsregister und den Teamstatusbericht. Auf diese Weise werden Soll- und Ist-Zustand miteinander verglichen, sodass der Projektmanager den aktuellen Status erfassen kann. Das Qualitätsregister stellt das objektive Messkriterium für den bisher erzielten Projekterfolg und die erreichten Ziele dar.

Die Aktivität *Review Work Package Status* erhält auch zyklisch Produktstatusinformationen (completed/approved) aus der CS-Aktivität *Abgeschlossene Arbeitspakete entgegennehmen*, die in das Konfigurationsmanagement einfließen. Auch diese Informationen wertet der Projektmanager aus und hält so den Phasenplan aktuell.

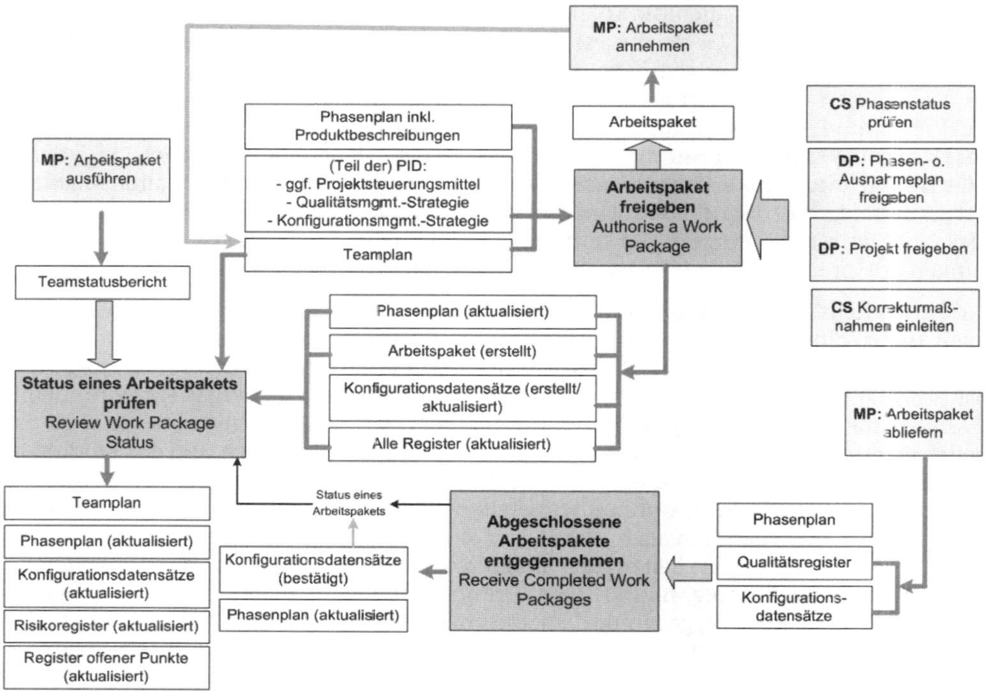

Abbildung 5.30: Aktivitätendarstellung „Authorise a Work Package", „Review Work Package Status" und „Receive Completed Work Packages" (nach OGC-(PRINCE2™)Material, durch OGC lizenzierte Wiedergabe)

Der Teammanager hält möglicherweise Meetings in seinem Team ab, um den Status und den Fortschritt in seinem Team zu prüfen. Diese Treffen geben den Status und das Vorankommen des Teams in Bezug auf das Arbeitspaket wieder. Sie schützen vor unangenehmen Überraschungen und halten alle Beteiligten auf dem Laufenden. Die Informationen fließen als Teamstatusbericht in Richtung Projektmanager. Der Teamstatusbericht (Checkpoint Report) dient dem Projektmanager so als Steuerungsmittel und Input für den Projektstatusbericht, den er dem Lenkungsausschuss über die CS-Aktivitäten *Phasenstatus prüfen* erstellt bzw. *Über Projektstatus berichten* vorlegt. Der Projektmanager verwendet diese Informationen auch, um nachfolgend den Phasen- und Projektplan im SB-Prozess (*Managen eines Phasenübergangs*) zu aktualisieren. Dabei geht es um Fragen wie etwa nach bereits umgesetzten Leistungen oder sich abzeichnende Risiken für die Phase. Falls Toleranzüberschreitungen für das Arbeitspaket oder Probleme sichtbar werden, wird dies formal vom Teammanager über einen offenen Punkt kommuniziert.

Zu den Aufgaben des Projektmanagers gehört dementsprechend hier auch das Kontrollieren der Ressourcenverwendung und der Produktentwicklung sowie das Prüfen des Qualitätsregisters (entsprechend der Qualitätsüberprüfung und Ausführungen des Teams). Statusinformationen zu den Projektphasen können aus Checkpoint Reports, Arbeitspaketstatus, Qualitätsregister und ähnlichen Informationen bzw. einer Zusammenfassung daraus bestehen (*siehe Abbildung 5.52*). In zahlreichen Fällen werden diese Informationen über Inhalte des Projekttagebuchs bereitgestellt, v. a. wenn es sich um kleinere Projekte handelt. Bei Bedarf wird der Phasenplan aktualisiert.

5.4.3 CS Abgeschlossene Arbeitspakete entgegennehmen

Diese Aktivität (*Receive Completed Work Packages*) verzeichnet die Annahme des bereits abgeschlossenen Arbeitspakets, das im Vorfeld über die CS-Aktivität *Arbeitspaket freigeben* beauftragt wurde. Die Akzeptanzkriterien und die Übergabeformalien wurden nach Abstimmung von Projekt- und Teammanager im Arbeitspaket festgehalten. Der Teammanager hat das freigegebene Arbeitspaket über die MP-Aktivität *Arbeitspaket annehmen* entgegengenommen, den Teamplan aufgestellt, das Risikoregister aktualisiert und die Umsetzung des Arbeitspakets durch die Spezialisten entsprechend der Arbeitspaketinhalte (Produktbeschreibung, Qualitätskriterien, Termine etc.) angestoßen.

Nach Fertigstellung und der Qualitätsprüfung der MP-Aktivität *Arbeitspaket ausführen*, die über die CS-Aktivität *Fortschritt überwachen* abgefragt wurde, wird das Ergebnis vom Teammanager über die MP-Aktivität *Arbeitspaket abliefern* an den Projektmanager geliefert (*siehe Abbildung 5.30*). Die Aufgabe des Projektmanagers besteht bei dieser Aktivität in der Überprüfung der formellen An- und Abnahme der Produkte, der Kontrolle des Qualitätsregisters (Haben die Produkte eine positive Qualitätsüberprüfung hinter sich gebracht und wurden vom Kunden akzeptiert?) und der korrekten Übermittlung an das Konfigurationsmanagement. Dazu gehört auch die Ablage der entsprechenden Protokolle und Pläne. Die erstellten Produkte gelten nun als genehmigt („Baseline"). Nachfolgende Änderungswünsche an den Produkten müssen über die Änderungssteuerung laufen, was im Rahmen des Konfigurationsmanagements abzuwickeln ist. Der Phasenplan wird auf Basis der aktuellen Daten aktualisiert.

Der Kreis in Bezug auf die Trennung von Projektmanagement und Erstellung der Spezialistenprodukte schließt sich in dieser Aktivität. Für den Teammanager und die Experten bedeutet dies gleichzeitig die Bestätigung, dass ihre Arbeiten abgeschlossen und abgenommen sind. In der Regel werden die Produkte an das Konfigurationsmanagement übergeben und die bereits vorhandenen Configuration Items-Einträge aktualisiert bzw. ihr Status überprüft.

Der Projektmanager ist verantwortlich für diesen Prozess, wird aber vom Projektmanagement-Team unterstützt. Als Input dienen dem Projektmanager neben Spezialistenprodukten aus der MP-Aktivität *Arbeitspaket abliefern* das Konfigurationsmanagement und das Qualitätsregister. Die erfolgreiche Erfassung dient wiederum als Input für die CS-Aktivität *Fortschritt überwachen*.

5.4.4 CS Offene Punkte und Risiken erfassen und untersuchen

Neben den Steuerungsaktivitäten des Projektmanagers in Bezug auf die umzusetzenden Arbeitspakete darf der Projektmanager seine Aufmerksamkeit nicht schweifen lassen, sondern muss diese auf die Dinge lenken, die sein Projekt tangieren. Die Aktivität (*Capture and Examine Project Issues and Risks*) ist dafür vorgesehen, Aktionen und Trigger ad hoc aufzunehmen, zu protokollieren und später weiterzuverfolgen. Dazu gehören das detaillierte Aufnehmen und Verfolgen von Problemen und Risiken und das Erfassen der zugehörigen Informationen, Rückfragen und Änderungen. Details dieser Anforderungen in Form von sogenannten offenen Punkten (*Project Issues*) können aus unterschiedlichen Quellen, sowohl intern als auch extern, stammen. Diese Informationen können von jedem eingebracht werden, der irgendwie irgendetwas mit dem Projekt zu tun hat, und werden formal laut Konfigurationsmanagement-Strategie in einem Register offener Punkte gesammelt (Issue Register) und kategorisiert (*siehe Abbildung 5.31*). Soll der offene Punkt formlos abgewickelt werden, sollte der Projektmanager dies mindestens im Projekttagebuch vermerken.

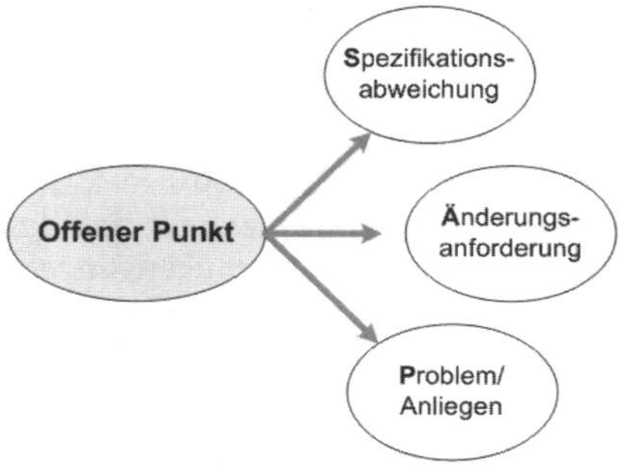

Abbildung 5.31: Klassifizierung der offenen Punkte (Eselsbrücke: S-Ä-P, bayerisch: „Sepp")

So erhält jeder Absender eines offenen Punkts eine Bestätigung über die Aufnahme „seines offenen Punkts" in das Register offener Punkte.

Das Register offener Punkte wurde bereits in der IP-Aktivität *Konfigurationsmanagement-Strategie erstellen* angelegt und durch die neu hinzukommenden offenen Punkte dieser Aktivität aktualisiert (*siehe Kapitel 5.2.2, IP Konfigurationsmanagement-Strategie erstellen*).

Die CS-Aktivität *Offene Punkte und Risiken erfassen und untersuchen* (*siehe auch Abbildung 5.36*) stellt den Eingangspunkt für eventuell auftretende externe Anregungen oder Aufforderungen wie etwa Änderungswünsche dar. Diese Aktivität sammelt Informationen und strukturiert diese, um sie dann einer Bewertung zu unterziehen. Möglicherweise entpuppen sich offene Punkte als Risiko für das Projekt, werden als solche eingestuft und entsprechend der Risikomanagement-Strategie behandelt. Ist dies offensichtlich, wird der offene Punkt direkt als Risiko deklariert und im Risikoregister erfasst (*siehe Kapitel 4.5, Risiken/Risks*). Daran schließt sich die Identifizierung des Risikoereignisses sowie seiner Ursachen und Auswirkungen an.

PRINCE2™ definiert unterschiedliche Kategorien offener Punkte (*siehe Abbildung 5.31*):

- Änderungsanträge (Requests for Change), die eine Veränderung der Kundenanforderungen, der Kundenakzeptanzkriterien oder ein ähnliches Projekteckdatum anregen
- Spezifikationsabweichungen im Sinne von Fehlern bei Produkten, die bereits erstellt oder mindestens geplant waren
- Problem/Anliegen: Fragen, Anregungen, Kritik und andere Hinweise

Je nach Art des offenen Punktes können anschließend die entsprechend definierten Aktionen durchlaufen werden. Dieses Thema ist allerdings in der Änderungssteuerung und im Konfigurationsmanagement beheimatet (*siehe Kapitel 4.6.1, Konfigurationsmanagement/Configuration Management* und *Kapitel 4.6.4, Steuerung offener Punkte und Änderungen über das Änderungssteuerungsverfahren/Change Control Approach*).

PRINCE2™ deklariert jede Art von Input an das Projekt als offenen Punkt – mit einer Ausnahme: Fehler, die während der Qualitätsüberprüfung das erste Mal auftreten, werden nicht als offener Punkt deklariert.

Die Bedeutung der offenen Punkte und Risiken sollte nicht unterschätzt werden. Dadurch können in vielen Fällen wichtige Hinweise und Änderungswünsche an das Projekt herangetragen werden. Darüber hinaus gelangen möglicherweise auch neue Risiken an den Projektmanager, der für diese Aktivität verantwortlich ist. Offene Punkte und Risiken dürfen auch nicht unter den Tisch fallen. Spätestens zum Projektabschluss wird das Register offener Punkte einem finalen Review unterzogen. Daraus ergeben sich dann die Empfehlungen für Folgeaktionen. Nicht beachtete und gemanagte Risiken machen sich im Projektverlauf meist zur ungünstigsten Zeit bemerkbar.

Alle offenen Punkte des Projekts sollten nach der Kategorisierung (Änderungsantrag, Spezifikationsabweichung oder Problem/Anliegen?) über eine Auswirkungsanalyse auch hinsichtlich Schweregrad und Priorität überprüft und entsprechende Empfehlungen für ihre Handhabung (z. B. alternative Aktionen oder Lösungen) ausgesprochen werden. Die Überprüfung sollte zeitnah nach einer Aufnahme der offenen Punkte in das Register offener Punkte erfolgen. Wochenlang ausstehendes Feedback auf Fragen, Hinweise oder Änderungsanträge ist kein Aushängeschild für die Professionalität im Projekt. Ein entsprechendes Zeitfenster und dementsprechende Aufwände sollten bei der Planung berücksichtigt werden. Offene Punkte, die nicht direkt gelöst werden konnten, sollen laut PRINCE2™ in regelmäßigen Abständen überprüft werden. Die Prüfung der offenen Punkte und Risiken kann auf formellen oder informellen Wegen realisiert werden. Wichtige Entscheidungen sollten diesbezüglich aber in jedem Fall im Register offener Punkte bzw. im Risikoregister dokumentiert werden. Als Basis für die Bewertung der offenen Punkte und Risiken dienen auch Business Case, Phasen- und Projektplan. Der relevante offene Punkt ist bei Bedarf detailliert in einem Offener-Punkt-Bericht zu beschreiben (*siehe Abbildung 5.32*).

Input

Konfigurationsmanagement-Strategie (Format u. Zusammensetzung der Register) // Projekt-, Teamstatusberichte, Phasenabschlussberichte // aktualisierte Phasenplandaten // Benutzer- u. Lieferantenteams // durchgeführte Qualitätskontrollen // Beobachtungen u. Erfahrungen // Qualitäts-, Risikoregister, Erfahrungsprotokoll // abgeschlossene Arbeitspakete

Bestandteile Offener-Punkt-Bericht:

- **Kennziffer**: Kennzeichnung (ID des offenen Punkts aus Register offener Punkte)
- **Typ**: Änderungsantrag, Spezifikationsabweichung, Problem/Anliegen?
- **Datum des Eintrags**: entspr. des offenen Punkts im Register offener Punkte
- **Gemeldet von**: entspr. des offenen Punkts im Register offener Punkte
- **Autor des Berichts**: Name der Person, die den Offener-Punkt-Bericht erstellt hat, entspr. des offenen Punkts im Register offener Punkte
- **Beschreibung**: Erläuterung des offenen Punkts bzgl. Ursache u. Auswirkungen
- **Auswirkungsanalyse**: detaillierte Analyse, auch u.a. Auflistung betroffener Produkte
- **Empfehlung**: Vorschlag des Projektmanagers zur Bearbeitung
- **Priorität**: entsprechend der Bewertungsskalen, nach Auswirkungsanalyse wird neu bewertet
- **Schweregrad**: entsprechend der Bewertungsskalen → Ableitung, welche Managementebene Entscheidungen über den offenen Punkt treffen soll
- **Entscheidung**: z. B. Akzeptieren, Ablehnen, Zurückstellen, Konzession o. Ä.
- **Ursache der Ausnahme**: Gründe für die Ursache
- **Genehmigt durch**: Name des Entscheidungsträgers
- **Datum der Entscheidung**: Datum der Entscheidung
- **Abschluss der Bearbeitung**: Datum, an dem offene Punkte abgeschlossen wurden

Abbildung 5.32: Ein Offener-Punkt-Bericht kann bereits beim Erfassen des relevanten offenen Punkts angelegt und später mit den relevanten Daten aktualisiert werden.

Offene Punkte und Risiken sollten in jedem Fall in einem weiteren Kontext als nur dem Projekt- oder gar Phasenzusammenhang betrachtet werden. Wichtige Eckdaten sind diesbezüglich Informationen zu:

- Kosten und Zeiteinteilung
- Nutzen und/oder Wertzuwachs/-minderung
- Risiken
- Projektanforderungen
- Qualitätsanforderungen und -standards

Eine Bewertung der offenen Punkte und Risiken empfiehlt sich jeweils aus den drei unterschiedlichen Sichtweisen im Lenkungsausschuss: Kunde/Business, Benutzer und Lieferant. Ergeben sich dadurch Veränderungen am Projekt bzw. der entsprechenden Phase, die die gesetzten Toleranzen tangieren, muss dies erst durch den Lenkungsausschuss genehmigt werden. In jedem Fall muss das Risikoregister aktualisiert werden.

Möglicherweise betrifft dies auch das übergeordnete Unternehmens- oder Programm-Management. Wird der offene Punkt als Risiko dorthin transferiert, sollte diese Aktion auch im Register offener Punkte festgehalten werden. Die Kommunikation in Bezug auf die offenen Punkte sowie der möglichen Risiken und Auswirkungen verläuft entsprechend der Konfigurations- und Kommunikationsmanagement-Strategie.

Die Verantwortung für diese Aktivität liegt beim Projektmanager, der sich allerdings auch mit dem Teammanager abstimmen kann, um zu einer richtigen Entscheidung zu kommen. Der Benutzervertreter hilft bei der Priorisierung der offenen Punkte und bemüht sich im Lenkungsausschuss gegebenenfalls um weitere Ressourcen, um das Thema zu klären. Die Projektsicherung sollte auch an dieser Aktivität beteiligt sein.

5.4.5 CS Phasenstatus überprüfen

In dieser Aktivität (*Review the Stage Status*) kümmert sich der Projektmanager um die regelmäßige Überprüfung des Status in der Projektphase und prüft zyklisch den aktuellen Stand der Dinge gegen den verwendeten Plan (Fortschrittskontrolle, *siehe Kapitel 4.7, Fortschritt/ Progress*).

Der Projektmanager verschafft sich einen Überblick über sein Tagesgeschäft hinaus, hält inne und zieht Bilanz. Eine Reihe von Fragen hilft ihm neben den unterschiedlichen vorliegenden Managementinformationen bei der Feststellung des übergreifenden Fortschritts im Projekt. Über die Projektunterstützung kann der Projektmanager eine Produktstatusauskunft zu bestimmten Produkten anfordern (*siehe Abbildung 5.33*), um festzustellen, ob es Diskrepanzen zwischen dem geplanten, berichteten und tatsächlichen Fortschritt gibt.

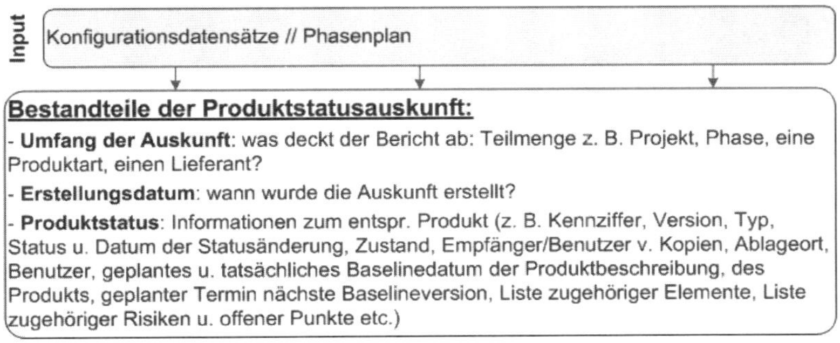

Abbildung 5.33: Die Produktstatusauskunft wird meistens auf Anfrage des Projektmanagers ad-hoc erstellt und gibt über die Inhalt Auskunft auf unterschiedlichen Ebenen (Projekt, Phase, Teilbereich des Projekts, bisherige Entwicklung des Produkts etc.).

Die gesammelten Statusdaten haben aber nicht nur Auswirkungen auf den Inhalt des Statusberichts an den Lenkungsausschuss, sondern entscheiden auch über das weitere Vorgehen im Projektverlauf (*siehe Abbildung 5.34*). Ist alles im grünen Bereich, kann der Anstoß zur Planung der nächsten Phase (SB *Nächste Phase planen*) oder für die Umsetzung des nächsten Arbeitspaketes (CS *Arbeitspaket freigeben*) erfolgen.

Zeichnen sich Probleme oder Toleranzabweichungen ab, muss die passende CS-Aktivität angerufen werden: *Offene Punkte und Risiken eskalieren* oder *Korrekturmaßnahmen einleiten*, wenn der Projektmanager die Situation ohne Unterstützung des Lenkungsausschusses innerhalb definierten Toleranzgrenzen in saubere Bahnen lenken kann. Anhand des Risikoregisters und des Registers offener Punkte kann der Projektmanager feststellen, ob es neue oder geänderte Risiken und offene Punkte gibt, die u. U. Auswirkungen auf Business Case, Phasen- oder Projektplan haben. Das Qualitätsregister dient hier als wichtiges Messkriterium für den Fortschritt der umgesetzten Arbeiten. Etwaige Qualitätsprobleme lassen sich hier ablesen. Diese Aktivität stellt für den Projektmanager eine gute Gelegenheit dar, Erfahrungen zu protokollieren sowie die Register und den Phasenplan bei Bedarf zu aktualisieren.

Die relevanten Phasenstatusinformationen gelangen u. a. über die CS-Aktivität *Status eines Arbeitspakets prüfen* z. B. über die Teamstatusberichte und das Register offener Punkte an diese Aktivität. Daneben dienen Qualitäts- und Risikoregister, Business Case und Pläne, die die Sollzustände vorzeichnen (Projektplan, Phasenplan, Produkt-Checkliste) als Input. In der nachfolgenden CS-Aktivität *Über Projektstatus berichten* gelangen die Informationen dann zum Lenkungsausschuss. Bei Bedarf wird das Programm- oder Unternehmens-Management hinzugezogen.

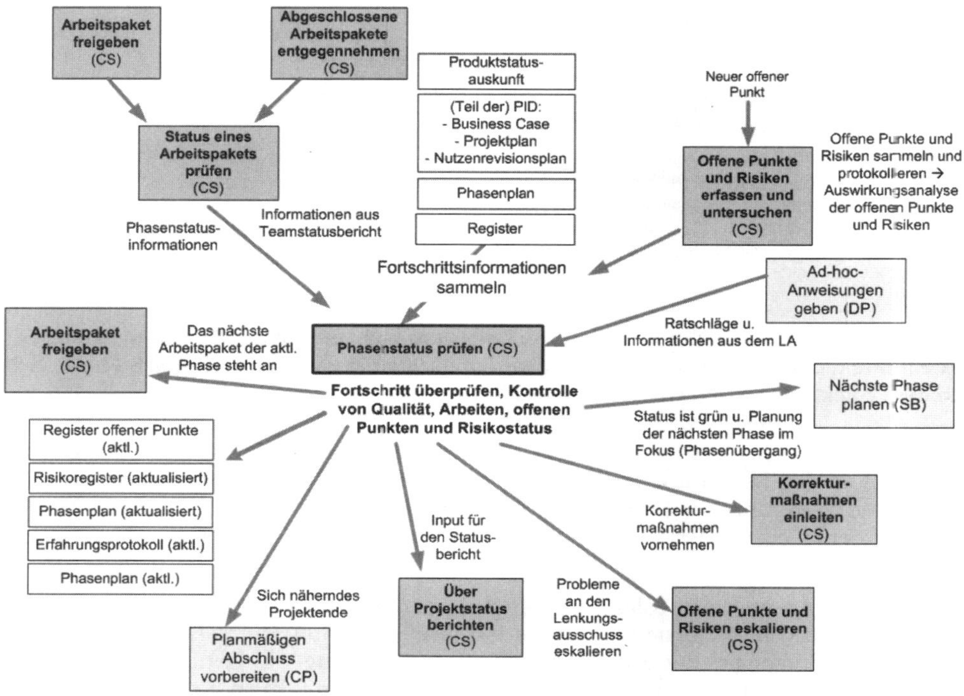

Abbildung 5.34: Fortschritt prüfen im CS-Prozess und Entscheidungswege (nach OGC-(PRINCE2™)Material, durch OGC lizenzierte Wiedergabe)

Die Angaben aus den Configuration Items zeigen, ob alle entsprechenden Produkte auch wirklich fertiggestellt wurden. Möglicherweise haben die noch offenen Punkte Auswirkungen auf das Change Budget, die Ressourcenverwendung und die zukünftige Verfügbarkeit der Ressourcen. Zentrale Frage ist auch hier, ob der Business Case immer noch gültig ist. Sollen einige oder alle Produkte bereits an den Kunden übergeben werden, sollte eine Produktstatusauskunft eingeholt werden, um sicherzustellen, dass die Produkte wirklich bereit für die Übergabe an Kunden und/oder Betrieb sind und die Abnahme-/Qualitätskriterien erfüllt sind und das Betriebsteam auf die Übergabe vorbereitet ist.

Ziel dieser Aktivität ist es, sicherzustellen, dass sich die Phase innerhalb der vorgegebenen Toleranzen bewegt und keine bösen Überraschungen aufkommen. Wird diese regelmäßige Überprüfung und Statuskontrolle vernachlässigt, kann das Projekt schneller als erwartet aus dem Ruder laufen.

Nähert sich die aktuelle Phase laut Phasenplan, Qualitätsregisterinhalt oder eines definierten Meilensteins dem Phasenende, kann der Projektmanager den Übergang zur nächsten Phase vorbereiten und die Erstellung des Plans für die nächste Phase über den SB-Prozess initiieren. Ist das Projekt schon so weit fortgeschritten, dass sich die aktuell letzte Umsetzungsphase dem Ende nähert, kann der Projektmanager über den CP-Prozess das Projektende ansteuern.

Die Verantwortung für diese Aktivität liegt beim Projektmanager, unterstützt durch die Projektunterstützung. Bei Bedarf wird der Lenkungsausschuss hinsichtlich Business Case oder der offenen Punkte durch die angrenzenden Aktivitäten hinzugezogen.

5.4.6 CS Über Projektstatus berichten

Entsprechend des Phasenplans (aus dem SB-Prozess) muss der Lenkungsausschuss über den Fortschritt der geplanten Produktumsetzung und den erfolgreichen Phasenabschluss auf dem Laufenden gehalten werden. Projektstatusberichte (*siehe Abbildung 5.35*) stellen eine Möglichkeit dar, den Lenkungsausschuss in regelmäßigen und entsprechend der im Phasenplan vereinbarten Zeitabstände auf dem Laufenden zu halten. Der Lenkungsausschuss gibt die Formalien für den Statusbericht vor.

Der Lenkungsausschuss und die relevanten Projektbeteiligten dürfen nicht das Gefühl bekommen, dass sie nicht wissen, was passiert und wie der Stand der Dinge ist. Verlassen Sie sich dabei nicht auf Informationen, die irgendwo im Intranet bereitgestellt werden, sondern werden Sie als Projektmanager aktiv und versorgen Sie den entsprechenden Personenkreis mit den relevanten Informationen!

Input für den Projektstatusbericht:

PID // Teamstatusberichte // Register // Phasenplan u. Ist-Daten // Kommunikationsmgmt.-Strategie

Bestandteile des Projektstatusberichts:

- **Datum**: des Teamfortschritts u. der Statuskontrolle
- **Berichtszeitraum**
- **Aktueller Berichtszeitraum**: Arbeitspakete in den untersch. Status, Produkte in den untersch. Status (v. a. die geplanten, aber noch offenen o. nicht umgesetzten Produkte), durchgeführte Korrekturmaßnahmen
- **Nächster Berichtszeitraum**: Arbeitspakete im nächsten Berichtszeitraum (zu genehmigen, auszuführen o. abzuschließen), fertig zu stellende Produkte, Korrekturmaßnahmen mit Abschluss im nächsten Berichtszeitraum
- **Toleranzstatus des Projekts u. der Phase**: bisheriger Verlauf der Phasen- u. Projekttoleranzen
- **Änderungsanträge**: vorgelegt, genehmigt/abgelehnt, offen
- **Wichtigste offene Punkte u. Risiken**: Zusammenfassung aktueller u. potenzieller offener Punkte u. Risiken
- **Erfahrungsbericht** (ggf.)

Abbildung 5.35: Über den Projektstatusbericht informiert der Projektmanager den Lenkungsausschuss (und möglicherweise auch weitere Stakeholder) im definierten Turnus über den Status und den Fortschritt.

Da die meisten Steuerungsaktivitäten ansonsten ereignisbasiert ablaufen, stellen der Statusbericht aus dieser Aktivität (*Report Highlights*), der Teamstatusbericht vom Teammanager an den Projektmanager (über die MP-Aktivität *Arbeitspaket ausführen* an die CS-Aktivität *Status eines Arbeitspakets prüfen*) und die Überprüfung der offenen Punkte und Risiken (aus *Offene Punkte und Risiken erfassen und untersuchen*) die Aktivitäten dar, die „regelmäßig" durchgeführt werden.

Da die Kommunikationsmanagement-Strategie Teil des PID ist, ergeben sich hieraus auch die Wege der Informationsverteilung in Bezug auf den Statusbericht, wobei unter der „Zeitplanung von Kommunikationsmanagementaktivitäten" der Strategie meist nur auf den Phasenplan verwiesen wird.

Das Ziel des Statusberichts ist es, dem Lenkungsausschuss zusammengefasste Informationen bereitzustellen sowie die wichtigsten Fortschrittsdaten. Dabei werden die Angaben aus dem Teamstatusbericht und die offenen Punkte seit dem letzten Statusbericht verwendet. Weitere Eingangsdokumente und -daten bestehen aus der Produktstatusauskunft, dem Erfahrungsprotokoll, Phasenplan, dem Risikoregister, dem Qualitätsregister, der Produkt-Checkliste und dem letzten Statusbericht (*siehe Abbildung 5.36*). Außerdem werden die Informationen aus der vorhergehenden CS-Aktivität *Phasenstatus prüfen* in Bezug auf neue oder potenzielle Probleme und anstehende Veränderungen am ursprünglichen Plan bezüglich der CS-Aktivität *Korrekturmaßnahmen einleiten* ausgewertet.

Der Projektmanager fasst alle ihm vorliegenden relevanten Informationen zusammen und erstellt daraus gegebenenfalls mithilfe der Projektunterstützung den Projektstatusbericht und verteilt diesen an den Lenkungsausschuss und weitere Adressaten laut Kommunikationsmanagement-Strategie. Zu diesem Zweck wird die DP-Aktivität *Ad-hoc-Anweisungen geben* des Lenkungsausschusses aufgerufen.

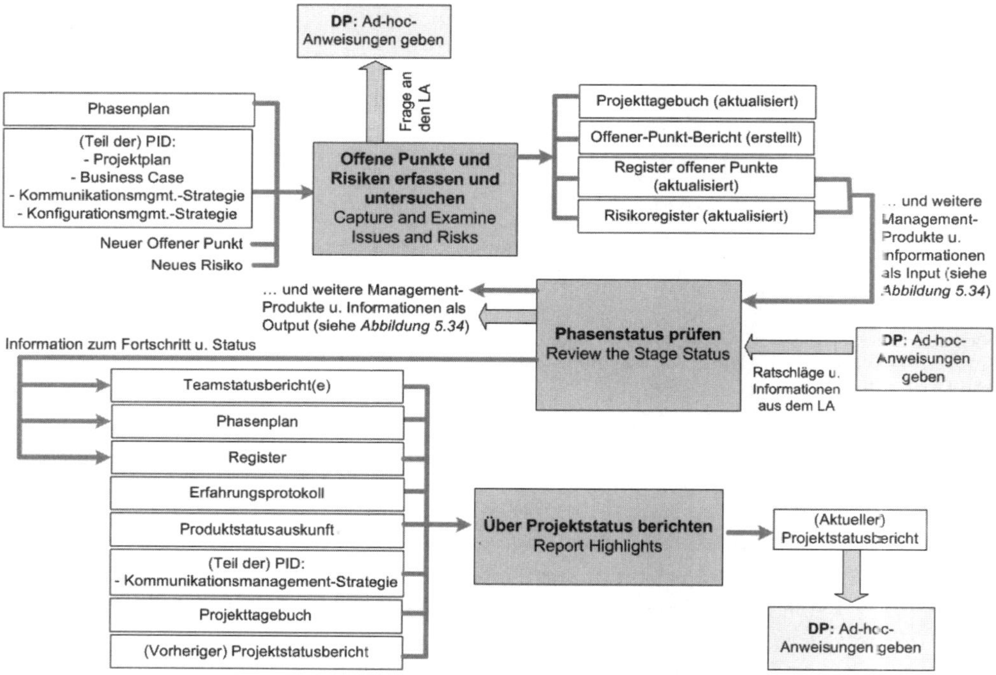

Abbildung 5.36: Aktivitätendarstellung „Capture and Examine Issues and Risks", „Review the Stage Status" und „Report Highlights" (nach OGC-(PRINCE2™)Material, durch OGC lizenzierte Wiedergabe)

5.4.7 CS Korrekturmaßnahmen einleiten

Selbst in gut geplanten und gesteuerten Projekten sind Abweichungen vom ursprünglichen Kurs nichts Ungewöhnliches. Hier gilt es einzuschreiten, um das Schiff wieder in sicheres Fahrwasser zu bringen (*Take Corrective Action*). Wichtig ist, dass dies strukturiert und kontrolliert geschieht. Der Projektmanager verfügt durch die vom Lenkungsausschuss gesetzten Toleranzen für die jeweilige Phase und so über einen gewissen Spielraum, um etwaig notwendige Korrekturmaßnahmen umzusetzen. Ob und in welchem Umfang Korrekturmaßnahmen notwendig sind, weiß der Projektmanager aufgrund der Informationen, die er in der CS-Aktivität *Phasenstatus prüfen* erhalten hat (*siehe Abbildung 5.34*). Hier werden die

Abweichungen der geplanten und angeforderten Ergebnisse zuerst offensichtlich und initiieren die entsprechenden Kurskorrekturen.

Projekte verlangen selten nach einem dramatischen Kurswechsel, kleinere Drifts und Zwischenfälle sowie kleinere „Katastrophen“ sind aber schon fast an der Tagesordnung. Wichtig ist dabei, sich so schnell wie möglich auf Basis einer definierten Priorität um den Zwischenfall zu kümmern, um weder den Überblick noch die Projektsteuerung zu verlieren. Vernachlässigte kleinere Probleme können im Projektverlauf wie im Schneeballverfahren manchmal ungeahnte und unkalkulierbare Ausmaße annehmen. Viele Projektmanager verwenden ihr Projekttagebuch, um eigene To-Dos in Sachen Projekt-Handling festzuhalten, die aber keine Auswirkungen auf das aktuelle Arbeitspaket oder den Phasenstatus haben.

Rat und Anleitung werden in manchen Fällen zudem vom Lenkungsausschuss gewünscht; in den meisten Fällen über einen informellen Weg. Möglicherweise wird stattdessen das Änderungsgremium, das gegebenenfalls vom Lenkungsausschuss eingesetzt wurde, hinzugezogen. Der Projektmanager entscheidet aber selber, ob er diese Möglichkeit in Anspruch nehmen möchte. In vielen Fällen ist die Abweichung aber bereits als ein offener Punkt offensichtlich geworden. Üblicherweise präsentiert der Projektmanager geeignete Optionen und Informationen mit Empfehlungen für den Lenkungsausschuss. Die Ergebnisse werden in den nächsten Statusbericht einfließen.

Der Projektmanager wird neben den Informationen über die Abweichungen und Veränderungen die entsprechenden Konsequenzen und Gründe suchen, um anschließende potenzielle Auswege abzuwägen. Abschließend muss er eine geeignete Option finden, um die Abweichung auszugleichen. Möglicherweise müssen zusätzliche Arbeitspakete über die CS-Aktivität *Arbeitspaket freigeben* losgetreten werden (*siehe Abbildung 5.37*). Gegebenenfalls sind der Phasenplan, relevante Produktbeschreibungen und Configuration Items-Daten anzupassen. Dazu müssen die entsprechenden Daten aus dem Konfigurationsmanagement bereitgestellt werden.

Der Projektmanager ist verantwortlich für diesen Prozess. Als Input dienen dem Projektmanager die Angaben zu den Planabweichungen aus der CS-Aktivität *Phasenstatus prüfen* und die Ratschläge und Anweisungen aus der DP-Aktivität *Ad-hoc-Anweisungen geben* des Lenkungsausschusses. Auch Phasenplan, Register offener Punkte, Risikoregister und Produkt-Checkliste werden hinzugezogen und gegebenenfalls über diese Aktivität aktualisiert. Die Konfigurationsdatensätze können dem Projektmanager helfen, festzustellen, wie groß der Grad der Abweichung ist. Bei Bedarf ist der Plan für die aktuelle Phase anzupassen.

5.4.8 CS Offene Punkte und Risiken eskalieren

Diese Aktivität (*Escalating Issues and Risks*) kann als Eskalationsumsetzung in Richtung des Lenkungsausschusses in Bezug auf eine Abweichung aufgefasst werden, die die Notwendigkeit eines Ausnahmeplans herbeiführen könnte. Sobald aufgrund der Vorhersage des Projektmanagers offensichtlich ist, dass sich die aktuelle Managementphase (oder das Projekt) außerhalb der gesetzten Toleranzen bewegen könnte, also die Wahrscheinlichkeit für eine Toleranzverletzung entsprechend hoch ist, transportiert der Projektmanager seine Meldung über einen Ausnahmebericht an den Lenkungsausschuss (*siehe Abbildung 5.37*).

Aufgrund der aktuellen Informationen, seiner Erfahrung und der Steuerung im Tagesgeschäft sollte er in der Lage sein, die Situation korrekt zu bewerten. Mögliche Abweichungen und „Katastrophen“ haben sich vielleicht bereits durch die Inhalte des letzten Statusberichts angekündigt. Sind die Toleranzüberschreitungen bereits geschehen, ist es eigentlich schon fast zu spät. Zeit ist ein wichtiger Faktor.

Toleranzen für die aktuelle Phase werden als wichtiges Steuerungsmittel für den Lenkungsausschuss erachtet, die sich auf die Punkte Kosten, Zeit, Risiko und Umfang für die aktuelle Phase beziehen können.

Unterschiedliche Themen und Aktivitäten können diesen Prozess anstoßen. In den meisten Fällen wird dies aber durch einen offenen Punkt initiiert, der sich als Problem-Indikator oder als Defizitpunkt für die Toleranzüberschreitung ankündigt. In der Regel bezieht sich dies auf mindestens eines der Produkte im Projekt.

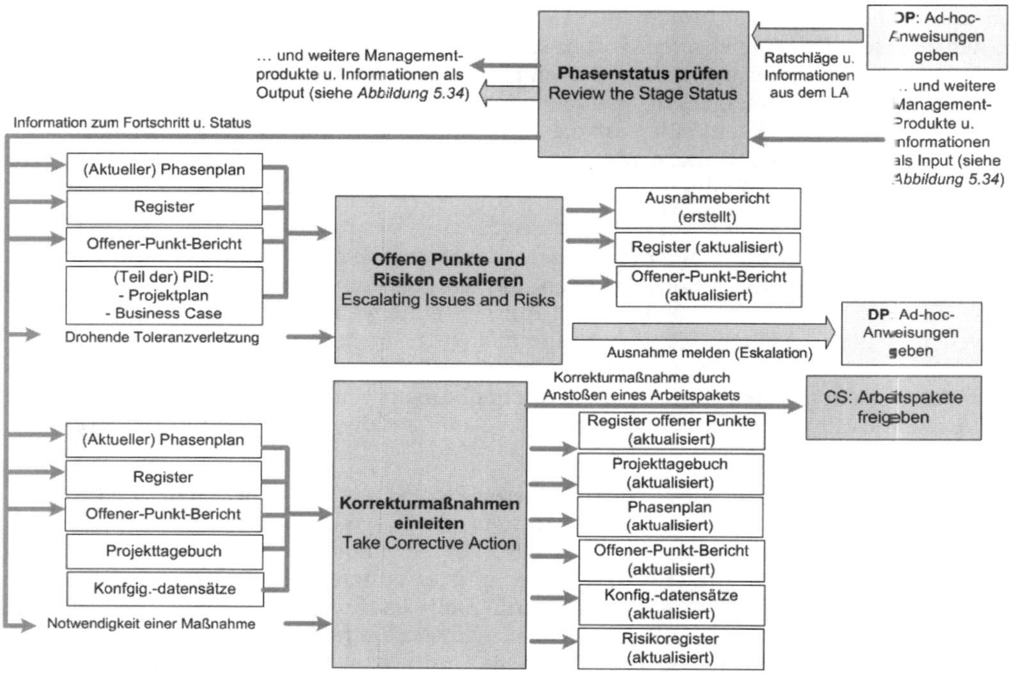

Abbildung 5.37: Aktivitätendarstellung „Take Corrective Action" und „Escalating Issues and Risks" (nach OGC-(PRINCE2™)Material, durch OGC lizenzierte Wiedergabe)

Der Projektmanager kann korrigierende Maßnahmen vornehmen oder den Status Quo beibehalten, solange sich die Phase innerhalb der Toleranzgrenzen bewegt, die der Lenkungsausschuss vorgegeben hat. Gibt es möglicherweise etwas, das die Phase wieder in sicheres Fahrwasser weitab jeglicher Toleranzüberschreitung bringen könnte? Was passiert, wenn keine Korrekturmaßnahmen angestoßen werden? Die Eskalation wird dann notwendig, wenn korrigierende Maßnahmen nicht dazu beitragen, die Phase oder das Projekt innerhalb der vorgegebenen Toleranzgrenzen zu halten (*siehe Kapitel 5.4.7, CS Korrekturmaßnahmen einleiten*).

Ist die Eskalation nicht mehr abzuwenden, sollte diese stets Hand in Hand mit einer Empfehlung für den Lenkungsausschuss im Ausnahmebericht laufen. Andere Auslöser können Schätzfehler, Ressourcenverfügbarkeit (z. B. nicht verfügbares Expertenwissen), bisher ungeplante Tätigkeiten oder notwendige Nachbesserungen sein.

Üblicherweise gestalten sich die Aktivitäten in diesem Prozess folgendermaßen:

1. Identifizierung der sich abzeichnenden Probleme und Durchführen einer Auswirkungsanalyse der Abweichung von Phasen- und Projektplan. Dabei gilt es, den Umfang der Abweichung und die fehlenden oder nicht mehr notwendigen Produkte festzustellen. Es sollte ebenfalls überlegt werden, was geschehen würde, wenn keine Korrekturmaßnahmen oder andere Optionen aufgegriffen würden.

   Ist ein offener Punkt der Auslöser über die CS-Aktivität *Phasenstatus prüfen*, ist dies bereits in der CS-Aktivität *Offene Punkte und Risiken erfassen und untersuchen* erfolgt.
2. Feststellen und Evaluieren der möglichen Optionen v. a. in Bezug auf Kosten, Lieferdaten, Qualität und Umfang, meist ebenfalls aus der CS-Aktivität *Offene Punkte und Risiken erfassen und untersuchen*. Bedenken Sie, dass sich ein Projekt innerhalb des „magischen Dreiecks“ zwischen Qualität, Zeit und Kosten bewegt und dass sich manche Abweichungen in Sachen Kosten oder Zeit im Notfall über einen Qualitätsabstrich, z. B. Veränderung des Umfangs oder Modifikation an den Produkten, zurechtrücken lassen. Dies muss im Fall der Fälle allerdings sauber über die Änderungssteuerung laufen.
3. Auswählen einer passenden Option als Empfehlung auf Basis des Business Case und Bewerten der Optionen anhand des Phasenplans
4. Dokumentation der Wahl inklusive Begründung, Auswirkungen, Optionen und Empfehlungen in einem Ausnahmebericht für den Lenkungsausschuss
5. Warten auf die Antwort des Lenkungsausschusses

Bei Bedarf kann der Lenkungsausschuss erst einmal mehr Informationen oder mehr Zeit für eine Entscheidungsfindung einfordern. Die erwartete Reaktion von Seiten des Lenkungsausschusses stellt in den meisten Fällen die Anforderung einer Ausnahmeplanerstellung dar. Dieser Ausnahmeplan wird dann den aktuellen (Phasen-)Plan ersetzen. Der Ausnahmeplan, der z. B. eine Anpassung von Kosten und/oder Terminen vorsieht, sollte aber erst nach der expliziten Forderung des Lenkungsausschusses verfasst werden. Der Ausnahmeplan wird dann bei Bedarf in der SB-Aktivität *Ausnahmeplan erstellen* erstellt und der korrespondierende Projektplan über die SB-Aktivität *Projektplan aktualisieren* angepasst. Die Auswirkungen auf den aktuellen Projektplan inklusive Business Case und Risiken müssen dabei in jedem Fall evaluiert werden.

Andere mögliche Reaktionen des Lenkungsausschusses auf den Ausnahmebericht sehen die Beseitigung des Problems (z. B. durch das Forcieren von Entscheidungen und Prioritätsverschiebung durch die Autorität der Mitglieder im Lenkungsausschuss), die Genehmigung einer Konzession aufgrund einer Spezifikationsabweichung, eine Erhöhung der Toleranzen (ohne das Problem wirklich zu lösen!) oder das vorzeitige Ende des Projekts vor.

Gegebenenfalls müssen relevante Produktbeschreibungen und Configuration Items-Daten der betroffenen Produkte angepasst werden. Dazu werden die entsprechenden Daten aus dem Konfigurationsmanagement bereitgestellt. Neben der Modifikation des Projekt- und Phasenplans existiert möglicherweise auch Anpassungsbedarf für den Business Case und das Risikoregister.

Verantwortlich für die rechtzeitige Eskalation der offenen Punkte ist der Projektmanager, wobei die Projektsicherung Unterstützung leistet, um Ereignisse und offene Punkte, die sich zum Problem entwickeln könnten, im Auge zu behalten.

5.5 MP – Managen der Produktlieferung

Das Ziel dieses Prozesses (*Managing Product Delivery*) liegt darin, die Erstellung und Lieferung der geplanten Produkte, die in der Regel ein Spezialistenteam erstellt, sicherzustellen. Dabei kommt dieser Prozess einer Schnittstelle zwischen Projektmanager und Teammanager gleich. Hier ist es irrelevant, ob der Teammanager (und sein Team) für einen Drittanbieter steht oder das Team aus Mitgliedern der internen Organisation besteht. Es sind unterschiedlichste Konstellationen möglich (z. B. Projektmanager/externer Projektmanager des Lieferanten oder Projektmanager/Freelancer als einzelner Spezialist), die lediglich für die klare Trennung des Projektmanagements und einer Umsetzung des Projektergebnisses stehen. Der Großteil der Zeit, der Leistung und der finanziellen Ressourcen wird in dieser Phase verbraucht.

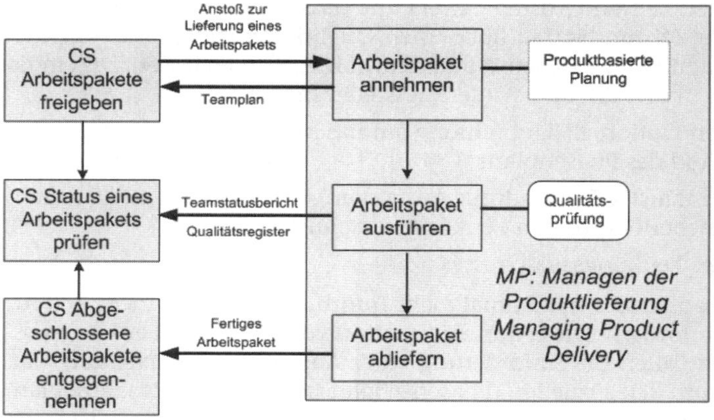

Abbildung 5.38: Darstellung des Prozesses „Managen der Produktlieferung" (nach OGC-(PRINCE2™)Material, durch OGC lizenzierte Wiedergabe)

Die Aktivitäten für den MP-Prozess lassen sich in drei Sequenzen aufteilen: Abstimmen der Arbeitspakete zwischen Projektmanager und Teammanager bzw. Annahme des Arbeitspakets von der Seite des Teammanagers sowie die Umsetzung der Arbeit und als letzter Teil die Übergabe des fertigen Arbeitspakets zurück an den Projektmanager (*siehe Abbildung 5.38*). Während der Projektmanager für den CS-Prozess *Steuern einer Phase* verantwortlich ist, liegt die Verantwortung für den MP-Prozess *Managen der Produktlieferung* beim Teammanager. Dabei geht es u. a. um die folgenden Aktivitäten:

- Der Teammanager verhandelt Details des Arbeitspaketes mit dem Projektmanager
- Sicherstellung, dass die Arbeit an den Produkten auf das Team abgestimmt und autorisiert wurde
- Sicherstellung, dass die Arbeit sich nach den Schnittstellen richtet, wie im Arbeitspaket beschrieben
- Gewährleisten, dass die Arbeit umgesetzt wurde
- Regelmäßige Schätzungen des Fortschritts und dementsprechende Voraussagen
- Sicherstellen, dass die fertiggestellten Produkte den Qualitätsanforderungen genügen und entsprechend der definierten Methoden (wie z. B. die PRINCE2™-Qualitätsprüfungstechnik) einer Qualitätsprüfung unterzogen wurden
- Bestätigung für die Abnahme der fertigen und geprüften Produkte

- Produkte, die innerhalb dieser Phase erstellt wurden:
  - Teampläne
  - Qualitätsregisteraktualisierungen (für den Projektmanager in Bezug auf die Qualität der bisher geleisteten Arbeit)
  - Offene Punkte im Projekt (zur Aktualisierung des Business Case oder als Eskalationsmedium vom Teammanager zum Projektmanager)
  - Risikoregisteraktualisierungen
  - Teamstatusberichte, in regelmäßigen Abständen vom Teammanager zum Projektmanager (Checkpoint Reports)

Der Teammanager muss dafür sorgen, dass die Mitglieder seines Teams die Arbeitspakete akzeptieren und prüfen, einen korrespondieren Teamplan aufstellen und überarbeiten. Er hat dafür zu sorgen, dass die Arbeiten auch umgesetzt werden, damit diese später die Produktüberprüfungen für das Produkt überstehen, in denen die Ergebnisse gegen die definierten Qualitätskriterien geprüft werden, was analog mit einer Bestätigung für das fertige Produkt vonstattengeht (Qualitätsprüfungstechnik).

Dabei laufen die Aktivitäten Hand in Hand und in steter Abstimmung mit den CS-Prozessen (*Steuern einer Phase*). Hierüber erfolgt der Auftrag für das Arbeitspaket und anschließend erfolgt die Fortschrittsabfrage. Schließlich findet in der MP-Aktivität *Arbeitspaket abliefern* die Abgabe des Ergebnisses in Form des fertigen und qualitätsgesicherten Arbeitspaketes statt.

5.5.1 MP Arbeitspaket annehmen

Der Teammanager steht mit seinen Spezialisten, sei es als interner oder externer Dienstleister, für den Bereich in der Organisation, der für die Erstellung, Prüfung und Lieferung der Spezialistenprodukte unter Zuhilfenahme der Managementprodukte unter PRINCE2™ zuständig ist. Ist das Projekt nicht groß genug, entfällt die optionale Rolle des Teammanagers, und der Projektmanager nimmt die Aufgabe des Teammanagers wahr und kümmert sich um das Team und die damit verbundenen Aktivitäten der MP-Aktivitäten.

In der Regel erhält der Teammanager in dieser Aktivität (*Accept a Work Package*) über die CS-Aktivität *Arbeitspaket freigeben* ein Arbeitspaket vom Projektmanager, das die beiden Parteien abstimmen und vereinbaren (*siehe Abbildung 5.39*). Beiden Parteien wird so klar, was geliefert werden soll, welche Randbedingungen existieren und welche Schnittstellen berücksichtigt werden müssen. Ein Arbeitspaket enthält diesbezüglich die entsprechende(n) Produktbeschreibung(en) als umzusetzende Leistung, die aus dem Planungsprozess stammt/stammen und gegebenenfalls weitere Details wie etwa Datumsangaben, Nebenbedingungen, Abhängigkeiten, Vereinbarungen zum Berichts- und Informationswesen, Handhabung von Problemen im Fehlerfall, Konfigurationsmanagement-Anforderungen, Auszug aus dem Phasenplan, der für das Team relevant ist und gegebenenfalls Unterschriften bzw. organisatorische Vorgaben und Formalien. Im Arbeitspaket sind neben der Produktbeschreibung, die gleichzeitig die Qualitätsbeschreibungen und Akzeptanzkriterien für das Endprodukt definiert, auch die Angaben über die regelmäßigen Teamstatusberichte (Checkpoint Reports) enthalten. Die einzusetzenden Methoden der Qualitätsprüfung werden ebenfalls bereits hier definiert.

Im Arbeitspaket werden die Berichtszyklen des zeitbasierten (time-driven) Steuerungsmittels genauer festgeschrieben; PRINCE2™ spricht in Bezug auf die Checkpoint Reports lediglich von einem „regelmäßigen Bericht zwischen Team- und Projektmanager". Das andere zeitgesteuerte Berichtsmedium ist der Statusbericht, den der Projektmanager in Richtung

Lenkungsausschuss kommuniziert (in der CS-Aktivität *Über Projektstatus berichten*). Alle anderen Steuerungsmittel kommen weitestgehend ereignisbasiert zum Einsatz.

Der Teammanager sollte alle Dokumente kennen oder sich beschaffen, auf die aus dem Arbeitspaket verwiesen wird. Außerdem sollte er vorab eindeutig festlegen oder zusammen mit dem Projektmanager bestimmen, wie und von wem die abgenommenen Produkte zu übergeben sind und wie der Projektmanager darüber zu informieren ist.

In dieser Aktivität setzt der Projektmanager auch die Toleranzen für das Arbeitspaket, die er an den Teammanager kommuniziert. Dabei geht es um die Risiken in Bezug auf Zeit, Kosten, Umfang und Risiko. Die Toleranzen zur Qualität sind nicht auf Ebene der Phase oder des Arbeitspakets dargestellt, sondern die Produktbeschreibung des jeweiligen Arbeitspakets gibt dies vor. Der Teammanager eskaliert im Problemfall an den Projektmanager über einen offenen Punkt. Wichtig ist, dass die über die Organisation definierten Kommunikationswege eingehalten werden (*siehe Kapitel 5.2.2, IP Kommunikationsmanagement-Strategie erstellen*), sodass der Teammanager beispielsweise nach PRINCE2™ nie direkt an den Lenkungsausschuss herangehen wird – genauso wenig wie der Projektmanager an das Programm-Management.

Unter Zuhilfenahme der produktbasierten Planung stellt der Teammanager einen Teamplan auf, der im weiteren Prozessverlauf gegebenenfalls noch modifiziert wird. Die MP-Aktivität *Arbeitspaket annehmen* knüpft so an den Planungsschritt *Produkte definieren und analysieren* an und durchläuft die weiteren Planungsschritte *Aktivitäten und Abhängigkeiten identifizieren, Aufwand schätzen, Zeitplan erstellen, Risiken analysieren* und *Plan vervollständigen,* bis der Teamplan fertiggestellt ist. Durch den Planungsdurchlauf erfolgt eine explizite Risikoanalyse für das Arbeitspaket und seine Umsetzung. Gibt es diesbezüglich Klärungsbedarf, sollte der Teammanager proaktiv auf den Projektmanager zugehen und ihm die Risiken mitteilen. Ist entsprechend der Risikomanagement-Strategie vorgesehen, dass der Teammanager die Risiken aus der Bearbeitung des Arbeitspakets selber in das Risikoregister einzutragen hat, setzt er dies entsprechend um. Die Projektsicherung prüft, ob der Plan stimmig und umsetzbar ist und die vorgegebenen Standards (des Lieferanten) erfüllt.

Der Teammanager ist für diese Aktivität verantwortlich, stellt den Teamplan und das angenommene Arbeitspaket plus PID für die nachfolgende Umsetzung in der MP-Aktivität *Arbeitspaket ausführen* zur Verfügung.

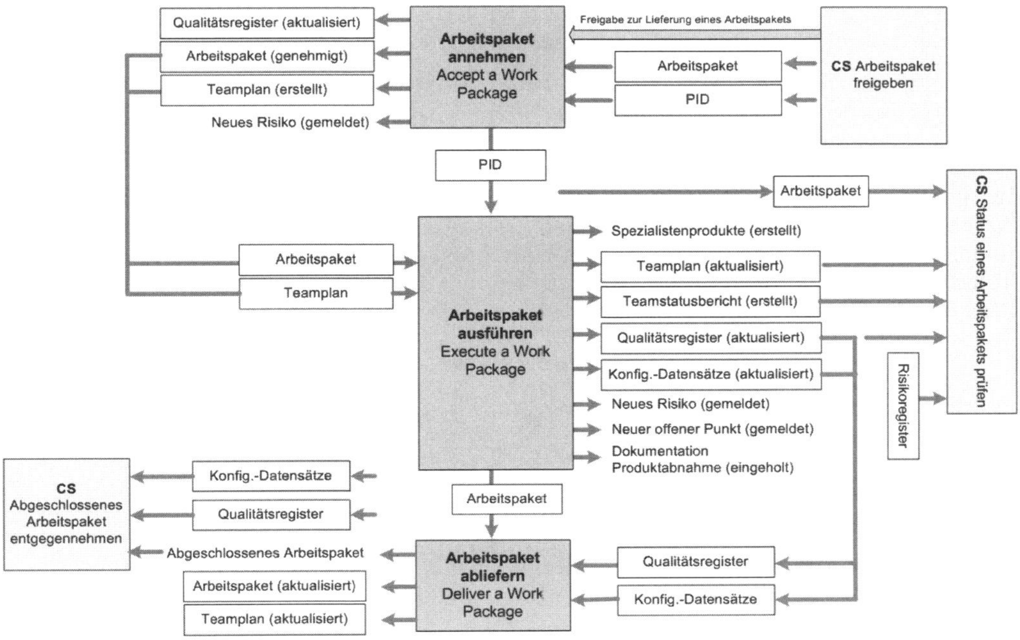

Abbildung 5.39: Aktivitätendarstellung „Accept a Work Package", „Execute a Work Package" und „Deliver a Work Package" (nach OGC-(PRINCE2™)Material, durch OGC lizenzierte Wiedergabe)

5.5.2 MP Arbeitspaket ausführen

In dieser Aktivität geht es um die Erstellung und die Qualitätsprüfung des Produkts. Ein Arbeitspaket kann eine Reihe von Produkten enthalten, die über die MP-Aktivitäten umzusetzen sind. Verantwortlich für diese Aktivität ist der Teammanager, wenn die Rolle besetzt wird. Ergebnis der Aktivität ist

- das fertige Spezialistenprodukt bzw. Arbeitspaket
- Teamstatusbericht
- aktualisiertes Qualitätsregister
- aktualisierte Konfigurationsdatensätze
- aktualisierter Teamplan
- gegebenenfalls offene Punkte und Risiken
- Dokumentation der Produktabnahme

Diese Aktivität kann in Bezug auf die Produkterstellung auch auf einem Level durchgeführt werden, der nicht PRINCE2™ verwendet, z. B. wenn ein Drittanbieter beteiligt ist. Es existiert für einen solchen Fall kein spezifischer Standard oder eine Prozedur, die hinzugezogen werden kann, sondern lediglich eine Aussage darüber, was vom Teammanager beachtet werden muss, d. h. die Angaben aus dem Arbeitspaket. Es ist nicht zwingend notwendig, dass das Team, das die Produkterstellung im Prozessverlauf umsetzt, nach PRINCE2™ agiert. Wichtig ist lediglich, dass die als Ergebnis zu liefernden Produkte mit den in der Produktbeschreibung definierten Anforderungen (u. a. den Qualitätskriterien, den spezifischen Design- und Funktionseigenschaften, gegebenenfalls Qualitätsprüfungstechnik) übereinstimmen. Natürlich wäre es wünschenswert, wenn der Partner auch PRINCE2™ als Managementmethode einsetzt, um das Verständnis und die Kommunikation zu erleichtern.

Diese Aktivität (*Execute a Work Package*) arbeitet korrespondierend mit der CS-Aktivität *Fortschritt überwachen* zusammen (*siehe Abbildung 5.39*). Die CS-Aktivität erhält u. a. ein aktualisiertes Qualitätsregister und als Antwort entsprechend der Vereinbarungen aus dem Arbeitspaket einen Teamstatusbericht. Dieser enthält neben den allgemeinen Daten wie beispielsweise Statusdatum bzw. der Zeitraum, für den die Informationen gelten, erledigte Aktivitäten, umgesetzte Qualitätsarbeiten, Toleranzstatus, aktuelle oder potenzielle Probleme, sich abzeichnende Risiken, geplante Aktionen und fertiggestellte Produkte. Falls sich Toleranzüberschreitungen für das Arbeitspaket oder Probleme abzeichnen, wird dies formal über einen offenen Punkt kommuniziert.

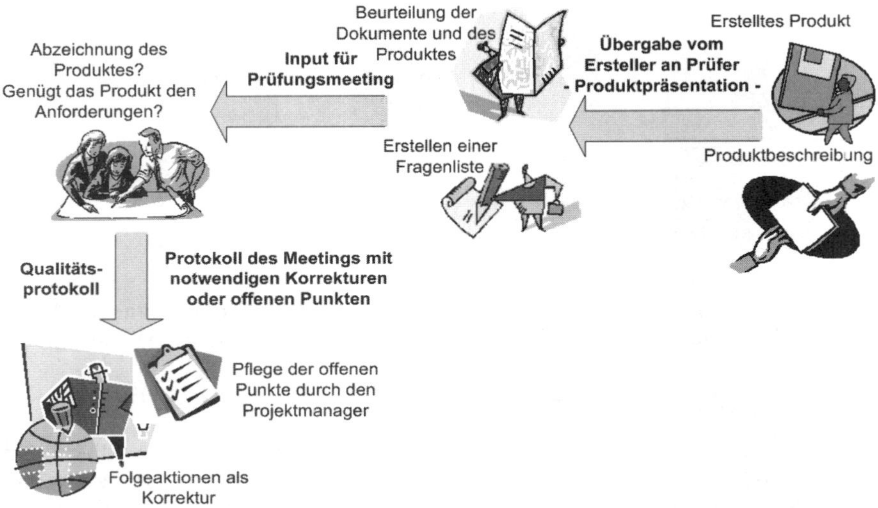

Abbildung 5.40: Schritte in der PRINCE2™-Qualitätsprüfung

Die Vereinbarungen zur Qualitätsprüfung aus der MP-Aktivität *Accept a Work Package*, die in der Produktbeschreibung bzw. im Arbeitspaket festgehalten wurden, werden in dieser Aktivität umgesetzt. Dies passiert nach einem festgelegten Schema (*siehe Abbildung 5.40*) und spezifischen Rollen. Unter diesen kontrollierten Bedingungen kann die Qualität der Produkte nach messbaren Qualitätskriterien geprüft werden. So existieren neben einem Vorsitzenden der Prüfung, der den Status der fertigen Produkte für die Qualitätsprüfung überprüft, und die Bestätigung vom Ersteller erhält, weitere Rollen. Eine davon ist die Rolle des Prüfers. Er beurteilt die Produkte anhand der Qualitätskriterien aus der Produktbeschreibung. Die Ergebnisse fließen in das Qualitätsregister ein und machen aus ihm das objektive Messkriterium für den bisher erzielten Phasen- oder Projektfortschritt. Im Arbeitspaket ist festgeschrieben, welches Verfahren zur Aktualisierung des Qualitätsregisters angewandt werden soll.

Ziel dieses Checks ist die Sicherstellung, dass die erstellten Produkte, die in die Organisation zurückfließen, den Anforderungen genügen und als finalisierte Produkte an das Konfigurationsmanagement übergeben werden können, um u. a. die Konfigurationsdatensätze aktuell zu halten. Wie dies vonstattengehen soll, kann ebenfalls im Arbeitspaket nachgelesen werden. Dort ist auch beschrieben, wie die Abnahme zu erfolgen hat. Bei Bedarf wird der Teamplan aktualisiert.

5.5.3 MP Arbeitspaket abliefern

Der Kern dieser Aktivität (*Deliver a Work Package*) bezieht sich darauf, dass der Teammanager die Übergabe des erstellten und geprüften Arbeitspakets sicherstellen muss. Das Konfigurationsmanagementsystem, das vom Projekt verwendet wird, dient der Ablage der fertigen Produkte des Arbeitspakets.

Der Projektmanager muss in geeigneter Weise über das fertige Arbeitspaket und die Übergabe informiert werden. Die entsprechenden Absprachen und Formalien wurden bereits in der MP-Aktivität *Arbeitspaket annehmen* zwischen Teammanager und Projektmanager abgesprochen und über die Beschreibung des Arbeitspakets definiert. Dies dient als Basis für die formale Abnahme und kann gegebenenfalls auch als Vertragsdokument angesehen werden. Verantwortlich für diese Aktivität ist der Teammanager. Er muss die korrekte Übergabe und die Benachrichtigung des Projektmanagers sicherstellen. Dementsprechend existiert eine Interaktion zur CS-Aktivität *Abgeschlossenes Arbeitspaket entgegennehmen*, das der Projektmanager verantwortet, um das fertige Arbeitspaket anzunehmen.

Als Input für diese Aktivität dienen das Arbeitspaket aus der vorangegangenen MP-Aktivität *Arbeitspaket ausführen* und das Qualitätsregister, das durch die in der gleichen Aktivität erfolgte Qualitätsprüfung aktualisiert wurde (*siehe Abbildung 5.39*). Der Inhalt dieses Registers muss die Frage beantworten, ob alle für das Arbeitspaket geforderten Qualitätsaktivitäten beendet wurden. Dementsprechend prüft der Teammanager, ob die geforderten Produkte geliefert und abgenommen wurden. Der Teammanager aktualisiert den Teamplan entsprechend des Arbeitspaketabschlusses.

Spätestens nach der Qualitätsprüfung wandern Produktbeschreibung und Produkt als „Baseline" in das Konfigurationsmanagement. Abgenommene Produkte dürfen nur über die Change-Steuerung nach einer entsprechenden Genehmigung modifiziert werden. Die Kompetenzen für das Genehmigungsverfahren werden bereits im IP-Prozess über die Konfigurationsmanagement-Strategie festgelegt.

5.6 SB – Managen eines Phasenübergangs

PRINCE2™ sieht vor, dass das Projekt in mehreren in sich abgeschlossenen Managementphasen verläuft. Die Einteilung des Projekts als Ganzes in leichter handhab- und steuerbare Teile mit spezifischen Entscheidungspunkten für Projektmanager und Lenkungsausschuss unterstützt den Projekterfolg. Durch die dabei stattfindende Kontrolle von Phasenstart und -ende kann besondere Aufmerksamkeit auf die Frage gerichtet werden, ob eine Phase anhand der Qualitätsüberprüfung mit ihren Produkten erfolgreich abgeschlossen werden kann und ob die nächste Phase bereits sauber geplant ist. Im Vordergrund steht dabei stets die Frage, ob der Business Case für das Projekt immer noch dessen Durchführbarkeit protegiert.

Durch die Anwendung des Phasen-Prinzips wird deutlich, dass die Phasenübergänge bei PRINCE2™ nach einem Schleusenprinzip behandelt werden. Grundsätzlich ist der Übergang zur nächsten Phase „gesperrt". Erst wenn das Projekt die nach Plan geforderten Ergebnisse nachgewiesen hat, der Business Case weiterhin gewährleistet ist („viable") und die Planung der nächsten Phase vorliegt, wird vom Lenkungsausschuss grünes Licht zum Eintritt in die nächste Phase gegeben. Daraus folgt: Die Planung der nächsten Phase geschieht stets zum Ende der vorhergehenden Phase. Und genau das leistet der Prozess SB *Managen eines Phasenübergangs* (*siehe Abbildung 5.41*).

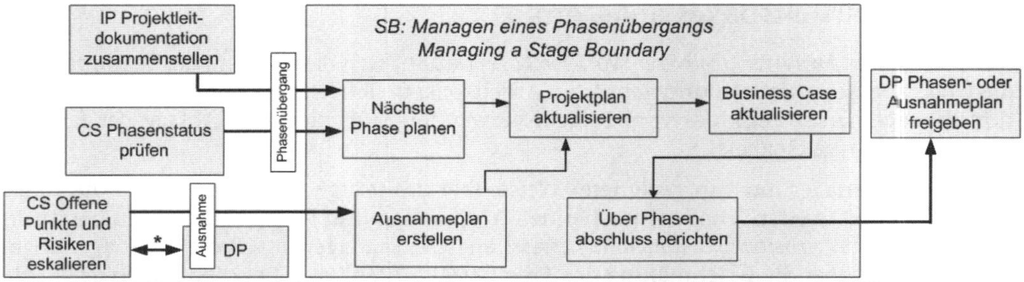

* Erst gibt der Prozess den Ausnahmebericht an den LA weiter. Danach erfolgt die Anforderung von Seiten des LA über den DP-Prozess an den Projektmanager, einen Ausnahmeplan vorzulegen. Dieser wird dann über die SB-Aktivität *Ausnahmeplan erstellen* geliefert.

Abbildung 5.41: Darstellung des Prozesses „Managen eines Phasenübergangs" (nach OGC-(PRINCE2™)Material, durch OGC lizenzierte Wiedergabe)

Die Anforderung für eine neue Planerstellung (Phasen- oder Ausnahmeplan) gelangt zum Ende der aktuellen Phase an den Prozess. Es existieren dabei zwei Eintrittspunkte (*siehe Abbildung 5.41*): Zum einen nach einer Eskalation und dem Wunsch des Lenkungsausschusses nach einem Ausnahmeplan oder zum anderen über das „normale" Fortschreiten eines Projekts (CS-Aktivität *Phasenstatus prüfen*), das sich dem erfolgreichen Ende einer Phase nähert.

- Im ersten Fall muss sich der Projektmanager, nach der Annahme des Ausnahmeberichts und der Anforderung eines Ausnahmeplans durch den Lenkungsausschuss (im Zusammenspiel zwischen CS- und DP-Prozess abgebildet), um die Erstellung eines Ausnahmeplans und dessen Genehmigung bemühen. Der Ausnahmeplan wird in der SB-Aktivität *Ausnahmeplan erstellen* verfasst und an den Lenkungsausschuss übergeben. Der Ausnahmeplan ersetzt dann nach einer positiven Ausnahmebewertung (*Exception Assessment*) durch den Lenkungsausschuss in vollem Umfang erst einmal den bisherigen Plan für die aktuelle Phase. Bei der Bewertung des Ausnahmeplans beschäftigt sich der Lenkungsausschuss mit der Frage, welche Auswirkungen die Annahme des Ausnahmeplans haben wird. Auswirkungsanalyse und Wahl der entsprechenden Option sind auf der Basis der Empfehlungen des Projektmanagers beschrieben. Gegebenenfalls muss der Business Case angepasst werden, z. B. weil sich durch die Annahme und zukünftige Verwendung des Ausnahmeplans das Einsparungspotenzial verringert hat, aber immer noch so erheblich ist, dass sich die Projektrealisierung lohnt.
- Im zweiten Fall geht es (während sich die aktuelle Phase dem Ende nähert) um die zu erwartende, „normale" Anforderung hinsichtlich einer Planerstellung für die nächste anstehende Phase, um im Projekt wie geplant weiter voranschreiten zu können. Hand in Hand mit der Planung erfolgt auch eine Aktualisierung des Risikoregisters. Gegebenenfalls muss auch durch den nächsten Phasenplan der Business Case aktualisiert werden.

In beiden Fällen wird der Projektplan durch den neuen Plan modifiziert. Bei beiden Optionen und dem Abschätzen der Auswirkungen für den Projektplan wird die produktbasierte Planung durch den Projektmanager bemüht (SB-Aktivität *Nächste Phase planen*, SB-Aktivität *Ausnahmeplan erstellen*, SB-Aktivität *Projektplan aktualisieren*). Anschließend können die Ergebnisse des Prozesses dem Lenkungsausschuss präsentiert werden, um in die nächste Phase einzutreten.

In die Freigabe der nächsten Phase fließen dann auch die Toleranzen für die entsprechende Phase ein. Der Projektmanager muss sicherstellen, dass die Toleranzen vom Lenkungsausschuss vergeben wurden. Daneben sollte mindestens zum Ende jeder Phase das Erfahrungsprotokoll (*Lessons Log*) gefüllt werden, aus dem der Projektmanager spätestens zum Projektende den Erfahrungsbericht (Lessons Report) verfasst.

Der SB-Prozess (*Managing a Stage Boundary*) ist ein iterativer Prozess, der beim Übertritt von einer Phase in die nächste durchlaufen wird. Ausnahmen sind die Initiierungsphase und die letzte Phase im Projekt überhaupt. Der Projektmanager erledigt über den SB-Prozess die Schritte, die notwendig sind, um die Entscheidung des Lenkungsausschusses in Hinsicht auf die Fortführung oder den Abbruch des Projekts vorzubereiten. Dabei geht es stets um die folgenden Schritte:

1. Sammeln der Statusinformationen und Ergebnisse der aktuellen Phase (Input/Trigger)
2. Planen der nächsten Phase (egal, ob Ausnahme- oder Phasenplan) über die Aktivitäten *Nächste Phase planen* oder *Ausnahmeplan erstellen*
3. Überprüfen der Auswirkungen auf
   - den Projektplan (*Projektplan aktualisieren*)
   - den Business Case (*Business Case aktualisieren*)
   - die Risiken (*Risikoregister aktualisieren*)
4. Berichten (*Über Phasenabschluss berichten*) und Bestätigung einholen via DP-Aktivität *Phasen- oder Ausnahmeplan freigeben*

Das Steuern von Phasenanfang und -ende ist ein Schlüsselprozess für den Lenkungsausschuss und ist für alle weiteren Aspekte in Bezug auf das Lenken eines Projekts relevant. Dazu gehört auch die Betrachtung des Projektteams und des -Managements. Etwaige Veränderungen sollten an dieser Stelle durchgeführt werden. Möglicherweise werden neue (bzw. andere) Ressourcen in der nächsten Phase benötigt, während andere Ressourcen durch das erwartete Phasenende freigesetzt werden. Projektleitdokumentation und die Strategien benötigen auch eine Überprüfung. Müssen sie verändert oder verfeinert werden?

Der Prozess muss nicht mit allen Formalitäten umgesetzt werden. Gerade bei kleinen Projekten ist der informelle Charakter der Durchführung eher anzunehmen. Dies ist aber abhängig von den Wünschen des Lenkungsausschusses und des Projektmanagers. Die Entscheidungen, die getroffen werden, sollten aber in jedem Fall dokumentiert werden.

5.6.1 SB Nächste Phase planen

Das Ziel dieser Aktivität (*Plan the next Stage*) liegt darin, alle Spezialisten- und Managementprodukte zu identifizieren, die in der nächsten Managementphase erstellt werden sollen, sowie den entsprechenden Aufwand und die Kosten für ihre Erstellung zu schätzen. Auch die externen Produkte und Abhängigkeiten müssen berücksichtigt werden. Die Identifizierung der benötigten Produkte wird mithilfe des Plans für die nächste Phase realisiert (*siehe Abbildung 5.42*). Dies wird unter Zuhilfenahme der produktbasierten Planung (*siehe Kapitel 4.4.2, Produktbasierte Planung/Product-based Planning*) mithilfe des Projektplans als Basis realisiert. Für die Produkte der Phase werden somit Produktbeschreibungen, Produktstrukturplan und Produktflussdiagramm aufgestellt. Durch die Planungsschritte werden auch Risikoregister und Register offener Punkte aktualisiert. Gleichzeitig dienen die bisherigen Angaben im Risikoregister und im Register offener Punkte als Input für die Erstellung des Phasenplans, da sich durch deren Inhalte Auswirkungen auf die Planung der Phase ergeben, die es in dieser Aktivität zu berücksichtigen gilt.

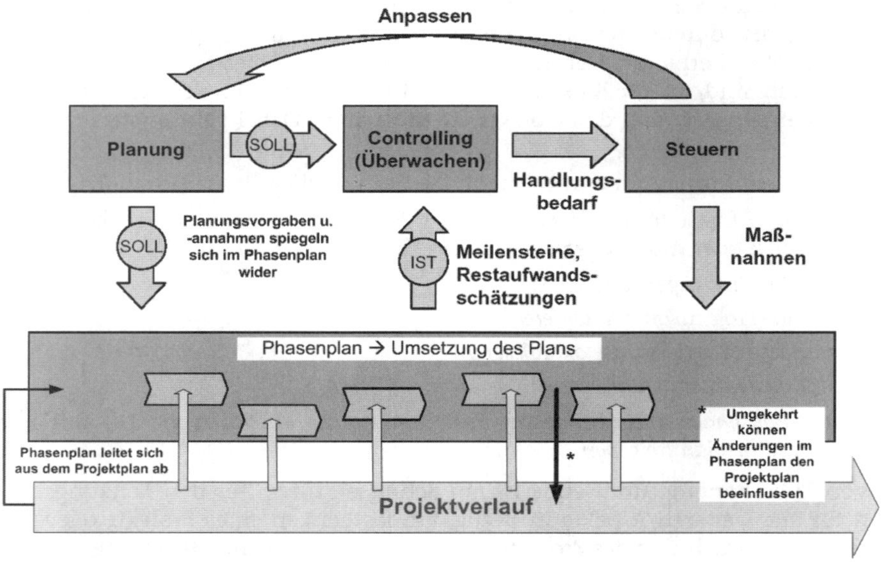

Abbildung 5.42: Über den Phasenplan setzt der Projektmanager seine Steuerungsaktivitäten um.

Der nachfolgende Teamplan bezieht seine Inhalte und Abhängigkeiten aus dem hier zu erstellenden Phasenplan. Dabei wird aus dem Projektplan mit den zu erzielenden Hauptprodukten der entsprechende Teil für die anstehende Phase extrahiert und aufbereitet, d. h. mit den entsprechenden Steuerungs- und Entscheidungsdetails versehen (z. B. Abgabe- und Liefertermine). Die korrespondieren Konfigurationsdatensätze der Produkte sind (als „Hüllen") anzulegen oder mit den entsprechenden Informationen aus der Planung zu aktualisieren.

Wichtig ist, dass die Aktivitäten und Produkte hinsichtlich der Qualitätsprüfung nicht vergessen werden und dementsprechend vorab die Qualitätsmanagement-Strategie einer Gültigkeitsbewertung unterzogen wird: Werden aktuelle neue oder andere Qualitätsstandards, Verfahren und Tools gefordert oder hat die aktuelle Strategie weiterhin Bestand? Die Details zur Qualitätsprüfung fließen auch in das Qualitätsregister ein.

Zentrales Augenmerk gilt der Projektleitdokumentation, die einer kritischen Prüfung unterzogen und gegebenenfalls aktualisiert wird (*siehe Abbildung 5.45*). Möglicherweise haben sich Anforderungen und Erwartungen von Kundenseite verändert oder der Projektlösungsansatz steht in der Zwischenzeit in einem anderen Licht da? Dies kann dazu führen, dass die Strategie aus dem IP-Prozess und die Steuerungsmittel nicht mehr in vollem Umfang gültig sind und eine Anpassung benötigen. Dabei muss auch die Organisationsstruktur des Teams betrachtet werden. So wird sichergestellt, dass die geeigneten Ressourcen und das passende Managementteam für die anstehenden Arbeiten zur Verfügung stehen.

Den Großteil der Planungsarbeit für die nächste Phase erledigt das Projektmanagement-Team unter der Leitung des Projektmanagers, der auch die primäre Verantwortung für die rechtzeitige Fertigstellung des Plans innehat. Schließlich ist er auch derjenige, der in seinem Tagesgeschäft mit dem Plan arbeiten wird. Bei Bedarf kann ihn der Projekt-Support unterstützen. Alle an der Erstellung der Produkte beteiligten Kern-Teammitglieder sollten hinzugezogen werden, um ihren Input zu liefern. Auch der Lenkungsausschuss und gegebenenfalls andere Stakeholder gehören dazu. Die Mitglieder der Projektsicherung werden in Bezug auf die Projektmanagement-Steuerung und die Qualitätsüberwachungsstruktur hinzugezogen, die sich auf die Strategien stützen. Die Projektsicherung stellt beispielsweise sicher, dass laut Plan die richtigen Personen zum richtigen Zeitpunkt während der Produktentwicklung für die Qualitätsinspektionen vorgesehen sind.

5.6.2 SB Ausnahmeplan erstellen

Sobald sich Vorhersagen erhärten, dass sich die Managementphase auf die vom Lenkungsausschuss gesetzten Toleranzgrenzen zubewegt und diese zu überschreiten droht, befindet sich die Phase in einer Ausnahmesituation. Die entsprechende vorhergehende Abweichung für Phase oder Projekt wird im CS-Prozess (*Steuern einer Phase*) über die Aktivität *Phasenstatus prüfen* festgestellt. Ein Ausnahmebericht muss, wenn Korrekturmaßnahmen nicht mehr greifen, erstellt und dem Lenkungsausschuss präsentiert werden.

Der Ausnahmebericht beschreibt die Art der Ausnahmesituation, seine Auswirkungen auf die Managementphase und das Projekt (*siehe Abbildung 5.43*). Weitere Inhalte sind die Optionen, die sich in dieser Situation als Lösungsweg anbieten, und die entsprechenden Empfehlungen des Projektmanagers. Der Projektmanager transportiert den Ausnahmebericht als Eskalationsinstrument über die CS-Aktivität *Offene Punkte und Risiken eskalieren* an die nächsthöhere Managementebene. Der Ausnahmebericht wird in der DP-Aktivität *Ad-hoc-Anweisungen geben* vom Lenkungsausschuss einer Prüfung unterzogen. Bei Bedarf findet dann wiederum über die CS-Aktivität *Offene Punkte und Risiken eskalieren* die Anforderung des Ausnahmeplans statt (*siehe Abbildung 5.45*). Der Lenkungsausschuss könnte aber auch eine andere Reaktion anstelle der Anforderung eines Ausnahmeplans zeigen:

- Vorzeitiger Projektabbruch
- Zeitlicher Aufschub, um mehr Zeit für eine Entscheidungsfindung zur Verfügung zu haben
- Anforderung eines Offener-Punkt-Berichts, um mehr Informationen für eine Entscheidungsfindung vorliegen zu haben
- Verschiebung der Toleranzgrenzen, um die Ausnahme aufzuheben

Standardtoleranzen beziehen sich auf Zeit(planung) und Kosten. Für jede Managementphase setzt der Lenkungsausschuss bei der vorhergehenden Phasenabschlussbewertung die Toleranzen entsprechend der PRINCE2™-Leitgedanken „Management by Exception". Weitere Toleranzen betreffen Umfang, Nutzen, Risiko und Qualität.

Der Ausnahmeplan wird dann bei Bedarf den Phasenplan (bzw. bei größeren Auswirkungen auch den Projektplan) ersetzen. Dies wird aber in einer gesonderten Sitzung, der Ausnahmebewertung (Exception assessment) über die DP-Aktivität *Phasen- oder Ausnahmeplan freigeben* beschlossen. Ob der gesamte Projektplan ersetzt werden muss, hängt auch hier von den gesetzten Toleranzen ab – und zwar den vom Unternehmens- oder Programm-Management gesetzten Toleranzen für das Projekt. Der Ausnahmeplan gleicht im Format, den Inhalten und dem Detaillierungsgrad dem Plan, den er ersetzen wird. Zusätzlich findet sich hier jedoch der Verweis auf den Ausnahmebericht als Anlass für den Planaustausch.

Bei Ausarbeitung eines Ausnahmeplans müssen die Konfigurationsdatensätze/Configuration Items-Daten aus dem Konfigurationsmanagement, die im entsprechenden Plan tangiert werden, berücksichtigt werden. Der Ausnahmeplan muss die entsprechende Produktplanung und -erstellung berücksichtigen.

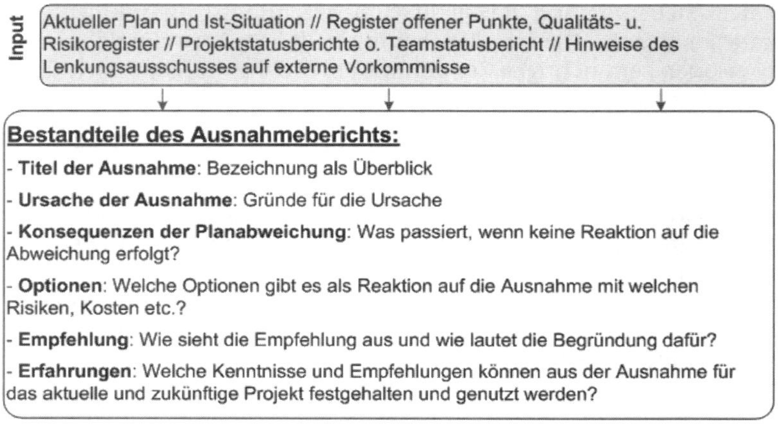

Abbildung 5.43: Der Projektmanager verwendet einen Ausnahmebericht, wenn beispielsweise der Fortschritt des Phasenplans die definierten Toleranzen zu verletzen droht, er den Lenkungsausschuss über diese Entwicklung informiert und ihm entsprechende Optionen und Empfehlungen ausspricht.

Ähnlich wie die SB-Aktivitäten *Nächste Phase planen* wird auch während der Aktivität *Produce an Exception Plan* die Projektmanagement-Struktur einer Prüfung unterzogen werden, um die Rollenbeschreibung entsprechend der neuen Gegebenheiten anzupassen. So wird sichergestellt, dass die geeigneten Ressourcen und das passende Managementteam für die anstehenden Arbeiten zur Verfügung stehen.

Als Input dienen dieser Aktivität (*Produce an Exception Plan*) Projektleitdokumentation, Projektplan, aktueller Phasenplan, Risikoregister, Register offener Punkte, Ausnahmebericht und die Anforderung des Lenkungsausschusses, den Ausnahmeplan zu erstellen. Ergebnis der Aktivität ist der Ausnahmeplan aus der Feder des Projektmanagers, der vom Lenkungsausschuss abgenickt wurde, und ein aktualisiertes Qualitätsregister.

Die Mitglieder der Projektsicherung werden in Bezug auf die Projektmanagement-Steuerung und die Qualitätsüberwachungsstruktur hinzugezogen, die sich auf die Qualitätsmanagement-Strategie stützen. Die Projektsicherung benennt beispielsweise den Prüfer für die Qualitätsprüfung. Die Details zur Qualitätsprüfung fließen auch in das Qualitätsregister ein.

5.6.3 SB Business Case aktualisieren

Der Business Case ist der Motor für jedes (PRINCE2™-)Projekt. Er muss in Bezug auf die Entwicklungen im Projekt und die Projektumgebung um ihn herum auf dem neuesten Stand gehalten werden. Projekte und ihr Umfeld sind nicht statisch.

Der Business Case muss die Änderungen des Projektplans widerspiegeln, genauso wie der Projektplan die Änderungen der Phasenplanung reflektiert. Beides geschieht zyklisch im Projektverlauf. Dies bedeutet, dass er beim Übergang von einer Phase in die nächste einer Überprüfung unterzogen werden muss. Möglicherweise haben die Ereignisse der vorhergehenden bzw. noch aktuellen Phase Auswirkungen auf den Business-Aspekt des Projekts und den Projektnutzen. Oder Argumente, die vor kurzem noch vor dem Lenkungsausschuss bei Verhandlungen „Gnade“ vor den Augen der Mitglieder gefunden haben, sind jetzt nicht mehr gültig. Möglicherweise sind die Kosten für das Projekt so sehr gestiegen, dass sich der finanzielle Nutzen des Projekts reduziert hat. Auch Verzögerungen im Projekt wirken sich in der Regel negativ auf den Business Case aus. Möglicherweise entwickelt die Konkurrenz bereits ein ähnliches Produkt. Eine Markteinführung hinter der Konkurrenz hätte fatale Auswirkungen auf die Marktanteile. Auch der umgekehrte Schluss ist möglich: Durch nicht näher zu bezeichnende Umstände sind die Kosten für die Projektrealisierung viel geringer als bisher geplant, sodass sich der Nutzen durch die Projektumsetzung signifikant erhöhen wird – oder die entdeckte Realisierungslösung hat Auswirkungen auf weitere parallel ablaufende Projekte des Programms, die diese Entwicklungen nutzen können.

Es ist zudem nicht immer so, dass die Nutzenrevision nur nach Projektabschluss umgesetzt wird. Es kann sein, dass in der aktuellen Phase bereits ein Teil der geplanten Nutzenprüfung realisiert wurde, deren Ergebnis in den Nutzenrevisionsplan einzuarbeiten und zu berücksichtigen ist.

All diese Überlegungen und Möglichkeiten haben Auswirkungen auf den Business Case. Auch Changes bleiben möglicherweise nicht ohne Folgen für den Business Case, v. a. wenn es um Funktionserweiterungen geht, die gegebenenfalls einen größeren Nutzen oder höhere Kosten bedeuten können. Diese Punkte stammen möglicherweise auch aus dem Register offener Punkte. Die Betrachtung des Business Case sollte an dieser Stelle in einem ausreichend weit gefassten Kontext erfolgen. Dazu gehört auch, dass Informationen aus dem Unternehmens- oder Programm-Management zu berücksichtigen sind.

Das Ziel dieser Aktivität (*Update the Business Case*) liegt in der Überprüfung und Revidierung der Kosten, Schlüsselrisiken, Zeit- und Planungsdaten und dem Nutzen im Business Case. Dies kann durch interne oder externe Betrachtung zustande kommen. Dies kann sich beispielsweise auf die im Projekt eingebundenen externen Lieferanten beziehen. Die externen Risiken für den Business Case sollten auf gar keinen Fall vernachlässigt werden! Auch ein möglicher Ausnahmeplan hat gegebenenfalls Auswirkungen auf den Business Case.

Im Verlauf dieser Aktivitäten wird der Business Case gegebenenfalls aktualisiert. Auch das Risikoregister und das Register offener Punkte erfahren korrespondierende Änderungen (*siehe Abbildung 5.44*). In manchen Fällen (z. B. größere Änderungen) erzwingt die Modifizierung des Business Case eine Änderung des Projektplans (*Projektplan aktualisieren*), sodass die Aktivität *Business Case aktualisieren* gegebenenfalls noch einmal durchlaufen werden muss.

Der Lenkungsausschuss wird der Fortführung des Projekts nur dann zustimmen, wenn der Business Case immer noch die Realisierung des Projekts stützt. Ist das nicht der Fall und der definierte Projektnutzen kann nicht erreicht werden, wird das Projekt beendet. Gibt es hier Klärungsbedarf, muss sich der Lenkungsausschuss mit dem Unternehmens- oder Programm-Management abstimmen.

Der Projektmanager ist verantwortlich für den Prozess und wird bei Bedarf durch den Projekt-Support unterstützt. Der Projektmanager ist zwar nicht für den Business Case verantwortlich, die Kontrolle und die Umsetzung des Prozesses im Sinne des Nutzens für den Business Case ist ihm aber übertragen worden. Der Projektnutzen steht im Fokus des Kunden. Für seine Überwachung ist primär der Auftraggeber verantwortlich. Wird der Business Case angepasst, stellt dieser ein Ergebnis dieser Aktivität dar. Die Projektsicherung überprüft die Arbeitsergebnisse der Aktivitäten.

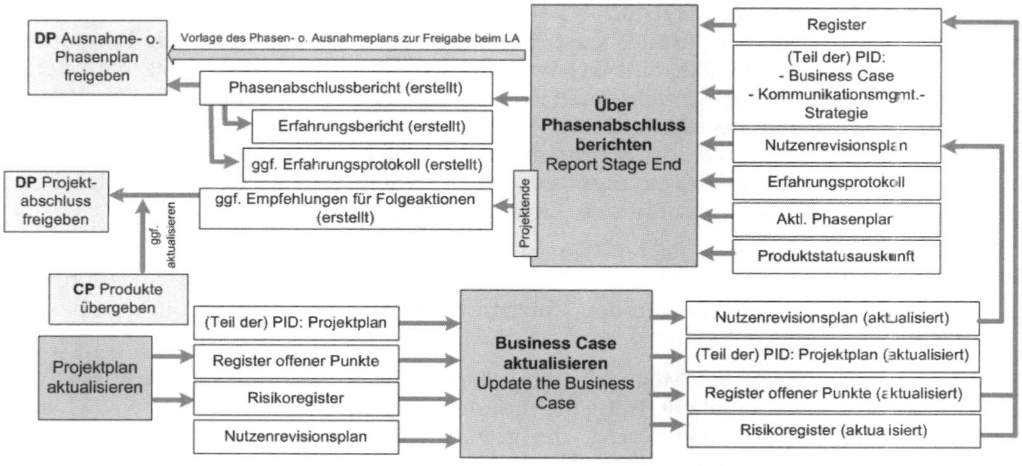

Abbildung 5.44: Aktivitätendarstellung „Update the Business Case" und „Report Stage End" (nach OGC-(PRINCE2™)Material, durch OGC lizenzierte Wiedergabe)

Projektplanung und Risikomanagement

Risiken verändern sich im Verlauf eines Projekts. Alle neuen oder veränderten Risiken werden analog im Risikoregister gepflegt. Dies sollte im Phasenabschlussbericht berücksichtigt und bei Bedarf dem Lenkungsausschuss zusammen mit dem Plan für die nächste Phase präsentiert werden. Eine Bewertung findet in der Phasenabschlussbewertung (End stage assessment) durch den Lenkungsausschuss statt. Behalten Sie im Hinterkopf, dass das Ändern oder Aufstellen eines Plans (wie etwa *Nächste Phase planen*, *Projektplan aktualisieren* oder *Ausnahmeplan erstellen*) neue oder veränderte Risiken mit sich bringen kann. Jede Planung enthält mindestens durch die eigenen Planungsannahmen Risiken.

Die Aktualisierung des Risikoregisters ist ein zyklischer Prozess, der sich sowohl beim Phasenübergang (*Business Case aktualisieren*) als auch bei allen Planungsschritten im Projektverlauf (*Risiken analysieren*) vollzieht. PRINCE2™ zählt in den spezifischen Aktivitäten die Mindest-Zeitpunkte auf, in denen die Risiken für die jeweilige Phase analysiert und das Risikoregister aktualisiert werden sollte. Wichtig ist eine ganzheitlichere Risikobetrachtung, die Auswirkungen auf das gesamte Projekt haben kann. Dies bezieht sich sowohl auf die internen als auch die externen Projektrisiken.

Entsprechend der Risikobetrachtung steht in den meisten Fällen auch eine Aktualisierung des Registers offener Punkte an. Umgekehrt kann das Register offener Punkte aber auch relevante Themen enthalten, die es in der Risikobetrachtung zu berücksichtigen gilt. Nähere Informationen zum Thema Risikomanagement erhalten Sie in *Kapitel 4.5.3, Risikomanagementverfahren*.

5.6.4 SB Projektplan aktualisieren

Die Informationen bezüglich der aktuellen und der Planung der nächsten Phase verlangen nach einer Beachtung im Projektplan, der vom Lenkungsausschuss u. a. verwendet wird, um den allgemeinen Fortschritt zu überwachen. Sobald anstehende Phasen fertig geplant sind und die spezifischen Details vorliegen, muss der Projektplan aktualisiert werden, um den neuesten Stand wiedergeben zu können (*siehe Abbildung 5.45*). Dabei ist es irrelevant, ob die Planung auf einem Phasen- oder einem Ausnahmeplan basiert. Eine Auswirkungsanalyse in Bezug auf den Business Case muss auf Basis der aktuellen Informationen stattfinden. Dies bezieht sich zum einen beispielsweise auf die Kosten und zum anderen auf die Termin- und Liefervereinbarungen. Dazu gehört auch die Betrachtung von offenen Punkten und Risiken.

Als Input dienen der Plan der nächsten Phase bzw. der entsprechende Ausnahmeplan, der der vorhergehenden SB-Aktivität *Phase planen* oder *Ausnahmeplan erstellen* (angetriggert durch die CS-Aktivität *Offene Punkte und Risiken eskalieren*) entstammt, der Plan der aktuellen Managementphase, die PID, Register offener Punkte, Risikoregister und der bestehende Projektplan. So werden die aktuelle Zeitplanung, Kosten und Leistungen aus dem aktuellen Phasenplan und die Auswirkungen des nächsten Phasenplans gegen den derzeitigen Projektplan verglichen, um zu prüfen, ob es nachfolgend Verschiebungen oder Änderungen geben wird. Bei Bedarf müssen Strategien, Projektleitdokumentation und Risikoregister angepasst werden. All diese Ergebnisse der Aktivität (*Update a Project Plan*) fließen in die nachfolgende Aktivität *Business Case aktualisieren* ein.

Wichtig können auch Changes sein, die durch den Lenkungsausschuss genehmigt wurden und Auswirkungen auf das Gesamtprojekt haben. Allerdings können auch Änderungen an der Produktbeschreibung des Projektendproduktes oder an der Projektleitdokumentation durch einen neuen oder verbesserten Projektlösungsansatz notwendig werden, die allerdings auch der Änderungssteuerung unterworfen sind. Kurz: Im Mittelpunkt steht die Frage, welche Auswirkungen die derzeitige Phasenplanung auf den Projektplan, den Business Case und die Risiken hat. Möglicherweise sind neue oder geänderte Anforderungen für die Anpassung von PRINCE2™ an das Projekt notwendig.

Das Hauptziel für die Aktivität *Projektplan aktualisieren* besteht darin, dem Lenkungsausschuss einen Überblick über die derzeitige Situation sowie einen Ausblick zu bieten, um so auch eine positive Bestätigung für die Phasenabschlussbewertung zu bekommen. Signifikante Änderungen für die nachfolgende Phase sollten daher in den Phasenabschlussbericht einfließen, den der Projektmanager für den Lenkungsausschuss erstellt.

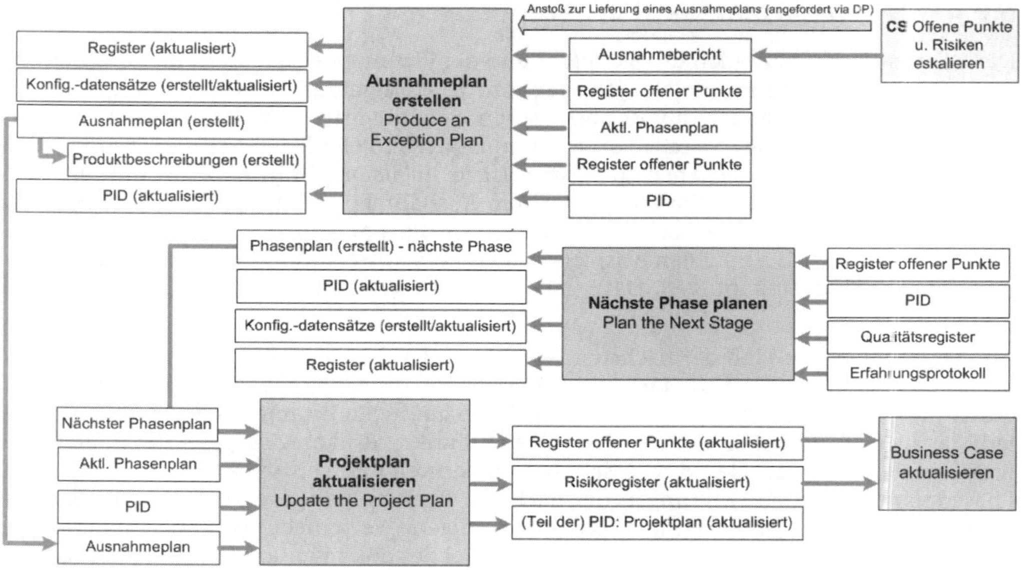

Abbildung 5.45: Aktivitätendarstellung „Plan the Next stage", „Produce an Exception Plan" und „Update a Project Plan" (nach OGC-(PRINCE2™)Material, durch OGC lizenzierte Wiedergabe)

5.6.5 SB Über Phasenabschluss berichten

Kurz vor Ende einer Phase müssen die Phasenergebnisse und eine Einschätzung der allgemeinen Projektsituation vom Projektmanager an den Lenkungsausschuss berichtet werden. Auch die weiteren relevanten Personen müssen entsprechend der Kommunikationsmanagement-Strategie (nicht nur zur weiteren Ressourcenplanung) Kenntnis über den anstehenden Abschluss der Phase erlangen. Die Aktivität wird angestoßen, sobald sich das wahrscheinliche Ende der aktuellen Managementphase abzeichnet. Die Kommunikationsmanagement-Strategie gibt die relevanten Stakeholder und Kommunikationswege vor, sodass alle wichtigen Parteien informiert werden. Zu den Informationen, die es zu kommunizieren gilt, zählt (je nach Inhalten der Strategien) auch die Kopie des Phasenabschlussberichts und gegebenenfalls der Erfahrungsbericht.

Als Input für diese Aktivität (*Report Stage End*) dienen der aktuelle Phasenplan, der aktualisierte Business Case, der Nutzenrevisionsplan, Risiko- und Qualitätsregister, das Register der offenen Punkte und eine eingeholte Produktstatusauskunft. Der Projektmanager legt dem Lenkungsausschuss den Phasenabschlussbericht mit der Bitte um Beurteilung der aktuellen Phase und den Plan der nächsten Phase oder den Ausnahmeplan zur Genehmigung zusammen mit der Projektleitdokumentation und dem Nutzenrevisionsplan vor.

Der Phasenabschlussbericht, den der Projektmanager zu erstellen hat, vergleicht die Planung mit den Ergebnissen der Phase und enthält beispielsweise Informationen von geplanten gegenüber tatsächlichen Kosten, geplanten gegenüber tatsächlichen Leistungen der Phase und der gelieferten Produkte inklusive der Bestätigung über die erreichten Qualitäts- und Akzeptanzkriterien. Auch Aussagen hinsichtlich des gesamten Projektplans sind Bestandteil, z. B. als Antwort auf die Frage, ob das Projekt wie geplant die gesteckten Ziele erreichen wird, oder die aktuellen Risiken und Qualitätsbetrachtungen.

Meist findet sich im Bericht auch eine Aussage hinsichtlich der eingegangenen und abgearbeiteten offenen Punkte. Die Ergebnisse einer Produktstatusauskunft, über die auch überprüft wird, ob die Daten der Configuration Items-Einträge mit dem aktuellen Stand der Produkte übereinstimmen, werden ebenfalls hier niedergeschrieben.

Somit sind Genehmigungsantrag und Phasenabschlussbericht Ergebnis dieser Aktivität, die an den Lenkungsausschuss über die nachfolgende DP-Aktivität *Phasen- oder Ausnahmeplan freigeben* herangetragen werden. Der Phasenabschlussbericht steht quasi als Übertragungsmedium für die Phasenergebnisse und den nächsten Phasenplan (außer für die letzte Phase im Projekt). Der Phasenabschlussbericht (*siehe Abbildung 5.46*) dient dem Lenkungsausschuss als Steuerungsmittel.

Input für den Phasenabschlussbericht:

Aktualisierter Phasenplan der aktuellen Phase // Projektplan // Nutzenrevisionsplan // Register // Erfahrungsbericht // Abgeschlossene o. verzögerte Arbeitspakete // aktualisierter Business Case // ggf. Ausnahmebericht

Bestandteile des Phasenabschlussberichts (ggf.):

- **Bericht des Projektmanagers**: Zusammenfassung der Phasenergebnisse
- **Darstellung des Business Case**: Kurze Darstellung der Antwort auf die Frage, ob der Business Case noch Gültigkeit besitzt (bisher erzielter u. noch ausstehender Nutzen im Projektverlauf, erwarteter Nettonutzen, Abweichungen des genehmigten Business Case, Gesamt-Risikobelastung)
- **Bewertung der Projektziele**: Vergleich der Plan- mit den Ist-Zielen u. Toleranzen des Projektes, Bewertung Effektivität der Strategien u. Steuerungsmittel
- **Bewertung der Phasenziele**: Vergleich der Toleranzen, Plan- mit den Ist-Zielen der Phase
- **Bewertung der Teamleistung**: insb. Lob, Anerkennung u. Motivation
- **Bewertung der Produkte**: Qualitätsdokumentation (Auflistung der geplanten u. abgeschlossenen Qualitätsaktivitäten), Produktabnahmedokumentation (Auflistung der erstellten Produkte u. ihrer Abnahmen), Spezifikationsabweichungen (Auflistung fehlender o. unzureichender Produkte u. Konzessionen), ggf. Teil-Übergabe, ggf. Zusammenstellung von Empfehlungen für Folgeaktionen
- **Erfahrungsbericht (ggf.)**: was lief gut, was schlecht, was hätte man anders gemacht, Empfehlungen?
- **Offene Punkte u. Risiken**: Zusammenfassung
- **Prognose**: Prognose d. Projektmanagers für das Projekt u. die nächste Phase im Vergleich zu Toleranzen u. Planzielen

Abbildung 5.46: Der Phasenabschlussbericht als Zusammenfassung der bisher erzielten Fortschritte, den aktuellen Status des Projekts und einen Ausblick als Prognose, damit der Lenkungsausschuss über die nächsten geplanten Schritte entscheiden kann

Typische Schlüsselfragen als Basis für den Bericht sind:

- Wurden alle Produkte aus dem Phasenplan erstellt und der Qualitätsprüfung unterzogen?
- Wurden die Produkte vom Kunden akzeptiert?
- Wie viele Changes wurden angefordert, genehmigt und umgesetzt?
- Verläuft der Projektplan immer noch entsprechend der Vorhersagen und innerhalb der gesetzten Toleranzgrenzen?

Der Phasenabschlussbericht wird, je nachdem wie weit die Phase bereits fortgeschritten ist und welche Angaben der Lenkungsausschuss bei der Anforderung des Ausnahmeplans macht, bei Vorliegen eines Ausnahmeplans angepasst. Darüber hinaus identifiziert der Bericht auch die Abweichungen von der ursprünglich vorgesehenen Planung und geht auf die sich dadurch ergebenden Änderungen hinsichtlich der Risikobetrachtung ein. Ist der Business Case immer noch gültig und eine Projektrealisierung weiterhin möglich, sollte dies mit einer entsprechenden Begründung Erwähnung finden.

Darüber hinaus werden Business Case und Nutzenrevisionsplan geprüft, um festzustellen, ob ein bereits in der Phase erwarteter Nutzen auch wirklich erzielt wurde und die geplanten Aktivitäten zur Messung des Nutzens umgesetzt wurden. Ein kritischer Blick in den Phasenplan gibt Auskunft darüber, ob die Ziele der Phase erreicht wurden, und im Zusammenhang mit dem Projektplan lässt sich die Frage beantworten, ob die Projektziele, vom aktuellen Stand aus betrachtet, noch realisierbar sind. Auch die Leistungen des Teams lassen sich anhand der Angaben aus dem aktuellen Phasenplan prüfen.

Die Erfahrungen aus dem Phasenverlauf fließen in das Erfahrungsprotokoll (Lessons Log) ein. Bei größeren Projekten empfiehlt PRINCE2™ gar die Erstellung eines Phasenberichts, wenn dies für das Unternehmens- oder Programm-Management oder das Projekt selber als Zwischenstand sinnvoll erscheint.

Da die Projektunterstützung die relevante Produktstatusauskunft bereitstellt, kann der Projektmanager sich davon überzeugen, dass die notwendigen Qualitätsmanagement-Aktivitäten umgesetzt, die geplanten Produkte erstellt, abgenommen (bzw. in die nächste Phase übertragen) und entsprechend der Planung dokumentiert übergeben wurden. Bei Bedarf kann er außerdem feststellen, ob die notwendigen Empfehlungen für Folgeaktionen vorliegen.

5.7 CP – Abschließen eines Projekts

Der CP-Prozess *Abschließen eines Projekts* (*Closing a Project*) dient dem kontrollierten und sauberen Abschluss eines Projekts. Damit wird der Endlichkeit eines Projekts als Eigenschaft Rechnung getragen: Ein Projekt besitzt einen definierten Anfang und ein definiertes Ende. Dieser Prozess bringt die Arbeit und die Verantwortlichkeiten des Projektmanagers unter Dach und Fach, unabhängig davon, ob es sich um ein erfolgreiches Ende (angestoßen durch die CS-Aktivität *Phasenstatus prüfen*) oder den vorzeitigen Abbruch des Projekts (aus der DP-Aktivität *Ad-hoc-Anweisungen geben* heraus) handelt.

Im Gegensatz zu den anderen Prozessen unter PRINCE2™ ist dieser Prozess keine eigenständige Managementphase, sondern „nur" ein Prozess, der zum Ende der letzten Managementphase erfolgt. Die Beendigung des CP-Prozesses stößt die DP-Aktivität (*Projektabschluss freigeben*) an (*siehe Abbildung 5.47*).

Der Großteil des Arbeitsaufkommens im CP-Prozess bezieht sich daher auf die Vorbereitung der Präsentation und Informationen für den Lenkungsausschuss. Der Projektmanager stellt im CP-Prozess fest, ob die in der (ursprünglichen bzw. genehmigt geänderten) Projektleitdokumentation beschriebenen Ziele im Projektverlauf erfüllt wurden. Er muss feststellen, ob alle notwendigen Informationen und Dokumente vorliegen.

Gibt der Lenkungsausschuss nach Vorlage der Daten eine positive Rückmeldung ab, kann das Projekt sauber gesteuert und bewusst abgeschlossen werden. Unter Verwendung der Projektleitdokumentation werden alle zur Übergabe fertigen Produkte kurz dargestellt und erläutert, sodass z. B. die Bestätigung für die Produktabnahme des Projektendprodukts erfolgen kann. Basis für die Abnahme des Projektendprodukts sind die Akzeptanzkriterien, deren Erreichen abgefragt und bestätigt wird. Anforderungen und Ergebnisse werden abgeglichen. Aufgrund der Ergebnisse in diesem Abnahmetermin wird dann der Projektabschlussbericht (End Project Report) angefertigt.

Bei Bedarf müssen Empfehlungen für Folgeaktionen und für die Nachbearbeitung in geringem Umfang formuliert werden. Auf diese Weise werden noch offene Punkte und Ziele identifiziert, um sie umzusetzen, auch wenn das Projekt bereits als abgeschlossen gilt.

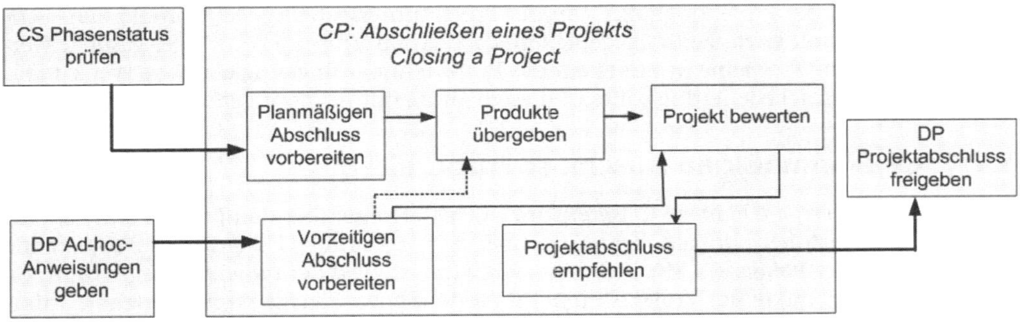

Abbildung 5.47: Darstellung des Prozesses „Abschließen eines Projekts" (nach OGC-(PRINCE2™)Material, durch OGC lizenzierte Wiedergabe)

Damit nachfolgende Projekte und Projektmanagement-Teilnehmer von den Erfahrungen dieses Projekts profitieren können, erstellt der Projektmanager, der für diesen Gesamtprozess die Verantwortung trägt, spätestens zu diesem Zeitpunkt einen Erfahrungsbericht (Lessons Report). In diesen Bericht fließen die Daten aus dem bis dahin gepflegten Erfahrungsprotokoll (Lessons Log) ein.

Der Projektmanager aktualisiert bei Bedarf den Nutzenrevisionsplan, der die Planung für die später durchzuführende Überprüfung des Projektnutzens (Project Benefit) widerspiegelt. Somit liegt die Planung, nicht aber die Durchführung einer solchen Revision im Rahmen eines PRINCE2™-Projekts.

Im Projektabschluss werden alle Managementprodukte in Hinblick auf zukünftige Audits in das Archiv überführt. Auch auf diese Weise wird ein langsames Abdriften vom Projekt in den Betrieb verhindert. Falls möglich, werden dann auch die personellen Ressourcen wieder freigesetzt.

Die Ziele dieses Prozesses lauten:

- Überprüfung, in welchem Umfang die Absichten und Zielvereinbarungen im PID erreicht wurden
- Bestätigung der Akzeptanz auf Kundenseite
- Beurteilung, in welchem Umfang die in Aussicht gestellten Produkte an den Kunden übergeben und von ihm akzeptiert und gutgeheißen wurden
- Bestätigung, dass die Wartungs- und Betriebsvereinbarungen etabliert und angemessen sind und die relevanten Schulungsmaßnahmen durchgeführt wurden
- Empfehlungen für zukünftige Arbeiten (und Empfehlungen für Folgeaktionen/Follow-on Action Recommendations)
- Sammeln von Erfahrungen in Bezug auf die Projektumsetzung und Verfassen des Erfahrungsberichts (Lessons Report)
- Verfassen des Projektendberichts
- Archivieren der Projektdateien
- Anlegen eines Plans für die Nutzenrevision (Benefits Review Plan)
- Benachrichtigen der Organisation, dass die Projektorganisation aufgelöst und die Ressourcen wieder verfügbar sind (End Project Notification)
- Berichten der Projektleistung (Performance)

Unterstützt wird der Projektmanager von der Projektunterstützung Der Kontakt zum Lenkungsausschuss sollte frühzeitig, gegebenenfalls auch auf informellem Weg, gesucht werden, um mögliche Probleme in Bezug auf das Projektende früh genug aus dem Weg zu räumen. Auch die Projektsicherung sollte in diesem Sinne mit ins Boot geholt werden.

5.7.1 CP Planmäßigen Abschluss vorbereiten

Diese Aktivität (*Prepare Planned Closure*) wird normalerweise über den Prozess *Steuern einer Phase* (CS) angestoßen, sobald der Projektmanager erkennt, dass sich das Projektende abzeichnet (*siehe Abbildung 5.49*). Ziel dieser Aktivität ist, dass der Projektmanager prüft, ob alle Ziele und Produkte des Projekts erreicht wurden, bevor der Lenkungsausschuss informiert wird.

Basis für die Zufriedenheit bei allen Beteiligten bilden die Abnahmekriterien aus der Produktbeschreibung des Projektendproduktes und die Projektleitdokumentation. Auch der Lenkungsausschuss als Repräsentant des Unternehmens nimmt hier Anteil.

II. Fragen zur Abnahme und Einführung		Ergebnisse:
a	Ist die Abnahme erfolgreich durchgeführt worden?	☐ ja → ☐ nein ☐ Anmerkungen im Protokoll
b	Stimmt das Projektergebnis mit den Angaben in der Projektleitdokumentation überein? *Falls nein, sind folgende Angaben im Protokoll zu dokumentieren: wie sieht die Abweichung aus, welche Gründe gibt es dafür, sind diese mit dem Kunden vereinbart und dokumentiert, ...*	☐ ja → ☐ nein ☐ Anmerkungen im Protokoll
c	Existiert ein Abnahmeprotokoll? • mit dem Kunden • mit dem Betrieb	 ☐ ja → ☐ nein ☐ Anmerkungen im Protokoll ☐ ja → ☐ nein ☐ Anmerkungen im Protokoll
d	Wurde die Abnahmeerklärung unterzeichnet? • vom Kunden • vom Betrieb	 ☐ ja → ☐ nein ☐ Anmerkungen im Protokoll ☐ ja → ☐ nein ☐ Anmerkungen im Protokoll
e	Wurden alle Abrechnungsnummernkreise geschlossen?	☐ ja → ☐ nein ☐ Anmerkungen im Protokoll
f	Sind die für die Projektlaufzeit eingerichteten Zugriffsberechtigungen zurückgesetzt worden?	☐ ja → ☐ nein ☐ Anmerkungen im Protokoll
g	Wurde das Projekt termingerecht beendet? *Falls nein, sind folgende Angaben im Protokoll zu dokumentieren: wie hoch war die Zeitüber-/-unterschreitung in PT, welche Gründe gab es dafür?*	☐ ja → ☐ nein ☐ Anmerkungen im Protokoll
h	Wurde das Projekt im Rahmen des geplanten Budgets beendet? *Falls nein, sind folgende Angaben im Protokoll zu dokumentieren: wie hoch war die Kostenüber-/-unterschreitung in EUR, welche Gründe gab es dafür, wurden hierüber Änderungsvereinbarungen getroffen, wurden die Änderungsvereinbarungen genehmigt und dokumentiert, bezahlt der Kunde die*	☐ ja → ☐ nein ☐ Anmerkungen im Protokoll

Abbildung 5.48: Beispiel für ein Abnahmedokument

Das Konfigurationsmanagementsystem, das im Projekt verwendet wird, um den Status eines Produkts zu kontrollieren und zu registrieren, gibt über die jeweilige Produktstatusauskunft Antwort auf die Frage, ob alle Produkte entsprechend der Produktbeschreibungen fertiggestellt, vollständig, dokumentiert, übergeben und entsprechend abgenommen wurden. Über die Produktstatusauskunft wird auch deutlich, ob die Projektprodukte die entsprechenden Qualitäts- und Abnahmekriterien erfüllen oder ob Konzessionen vorliegen. Besonderes Augenmerk gilt der Produktbeschreibung des Projektendprodukts und dem tatsächlichen Projektendprodukt. Diesbezüglich prüft der Projektmanager, ob die definierten Abnahmekriterien erfüllt sind. Der Projektmanager füttert zudem den Projektplan mit den letzten aktuellen Zahlen und den Ergebnissen der letzten Phase, um den letzten aktuellen Stand darzustellen.

Da die letzten Aktivitäten umgesetzt werden und der kontrollierte Projektabschluss vor der Tür steht, sollte sich der Projektmanager bestätigen lassen, dass die relevanten Ressourcen nicht mehr benötigt werden und das Unternehmens- oder Programm-Management bezüglich der anstehenden Ressourcenfreigabe informiert werden kann. Der weitere Informationsaustausch über den Projektstatus und das nahende Ende erfolgt gemäß Kommunikationsmanagement-Strategie. Hier ist zu beachten, dass der Lenkungsausschuss für die Kommunikation nach außen zuständig ist.

5.7.2 CP Vorzeitigen Abschluss vorbereiten

Ist der Business Case nicht mehr valide und die weitere Projektumsetzung in den Augen des Lenkungsausschusses nicht mehr zu empfehlen, wird der Lenkungsausschuss sich entschließen, das Projekt vorzeitig zu beenden (*Prepare Premature Closure*). Da sich auch aus einem solchen Fall noch Erkenntnisse oder Vorteile z. B. durch die bis zum Entschluss des Abbruchs im Projektverlauf entstandenen Produkte erzielen lassen, wirft die Projektorganisation nicht einfach alles hin, sondern wird auch in diesem Fall ein gesteuertes Projektende umsetzen. Der Projektmanager kümmert sich darum, die relevanten Produkte, die einen Wert für die Organisation darstellen, einer gesteuerten Ablage zuzuführen, sodass sie bei Bedarf (wieder-)verwendet werden können und nichts verloren geht (*siehe Abbildung 5.49*). Eine entsprechende Produktstatusauskunft lässt eine Aussage in Bezug auf den Bearbeitungsstand und den Status der bisher erstellten Produkte zu. Möglicherweise sind Produkte darunter, die bereits durch die definierten Organisationsbereiche abgenommen wurden? Andere Produkte befinden sich gegebenenfalls noch in der Entwicklung. Hier ist in Zusammenarbeit mit dem Lenkungsausschuss zu klären, ob eine Fertigstellung noch Sinn macht und dem Unternehmen einen Nutzen bringt oder nicht. Daneben wird es Produkte geben, die durch Konzessionen bestätigt sind, deren Erstellung noch gar nicht begonnen wurde oder noch nicht abgelegt und gesichert wurden. Es besteht zudem die Option, dass Produkte für andere aktive Projekte von Nutzen sein könnten und dort zum Einsatz kommen könnten, sodass diese über den Projektmanager in Zusammenarbeit mit anderen Stellen einer anderen Verwendung zugeführt werden können.

Der Projektmanager füttert, um den aktuellen Stand darzustellen, sowohl den Projektplan mit den letzten aktuellen Zahlen, um den letzten aktuellen Stand darzustellen, als auch das Register der offenen Punkte mit den Informationen zum Beschluss, das Projekt vorzeitig zu beenden. So bleibt die Entscheidung, das Projekt vorzeitig aufzulösen, nachvollziehbar.

Auch bei einem vorzeitigen Projektende sind die Ressourcen gesteuert freizusetzen. Auch hier sollte sich der Projektmanager bestätigen lassen, dass die relevanten Ressourcen nicht mehr benötigt werden und das Unternehmens- oder Programm-Management bezüglich der anstehenden Ressourcenfreigabe informiert werden kann.

5.7.3 CP Produkte übergeben

Diese Aktivität (*Hand Over Products*), für die der Projektmanager verantwortlich ist, kümmert sich darum, die üblichen losen Enden bei Projektende aufzunehmen und zu verknüpfen. Falls sich zum Projektende noch Folgeaktionen ergeben, sollten diese formell dokumentiert und an die Personen weitergeleitet werden, die entsprechende Aktionen anstoßen können. Hier kann es sich auch um Change-Anforderungen handeln, die im Projektverlauf nicht mehr untergekommen sind, z. B. aus Kostengründen oder um den vorab geplanten und kommunizierten Projekterfolg nicht zu gefährden. Auch technische Erweiterungen, die in der Zwischenzeit entwickelt wurden und von denen das Projekt profitieren könnte, können als Motivation dienen. Als Input für diese Aktivität dienen vorwiegend die noch offenen Punkte, aber auch Risiken, die bisher nicht vom Lenkungsausschuss abgearbeitet werden konnten. Offene Punkte und aktuelle Risiken dürfen nicht verloren gehen. Der Output dieser Aktivität in Form der aktualisierten Revisionsplanung und den Empfehlungen für Folgeaktionen wird dem Lenkungsausschuss als Vorschlag unterbreitet (*siehe Abbildung 5.49*).

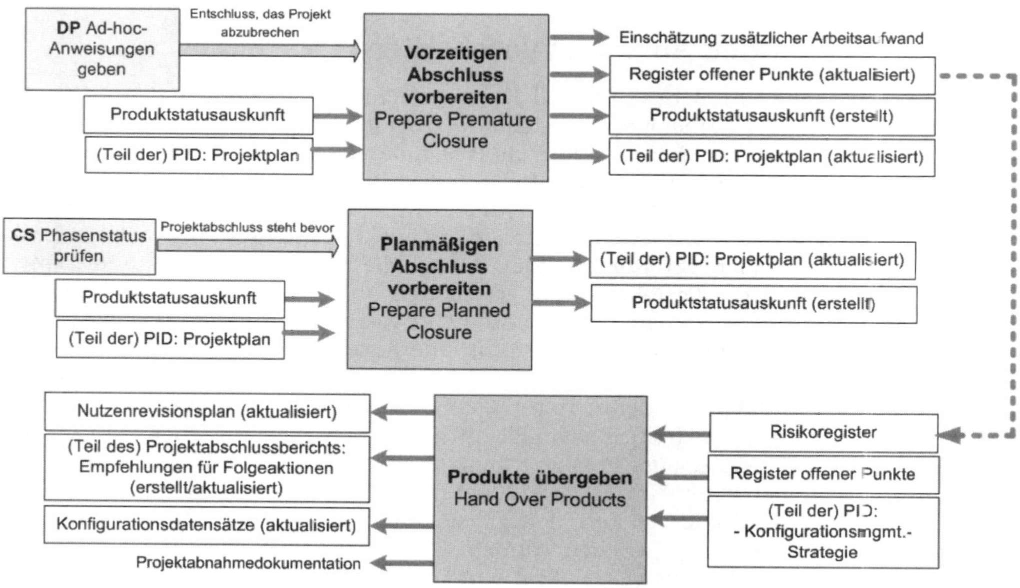

Abbildung 5.49: Aktivitätendarstellung „Prepare Planned Closure", „Prepare Premature Closure" und „Hand Over Products" (nach OGC-(PRINCE2™)Material, durch OGC lizenzierte Wiedergabe)

Die Nutzenrevision außerhalb des Projekts soll klären, ob das Projekt dem Unternehmen auch wirklich den gewünschten Nutzen liefert oder liefern wird. Dies kann in Teilen während des Projekts passieren, relativ schnell nach Projektende erfolgen, manchmal gehen aber auch erst einmal sechs bis zwölf Monate ins Land, bevor die Benefit-Überprüfung stattfindet. Dann soll festgestellt werden, ob der insgesamt erwartete Nutzen auch tatsächlich für das Unternehmen realisiert werden konnte. Egal, ob der Nutzen während und/oder nach der Projektlaufzeit gemessen werden kann: Die Planung der Nutzenrevision gehört zum PRINCE2™-Projekt, die Umsetzung der Revision dagegen nicht.

Nutzenrevision

Die Planung für die Nutzenrevision findet final in dieser Aktivität innerhalb des PRINCE2™-Prozessmodells statt. Die initiale Erstellung des Nutzenrevisionsplans findet im IP-Prozess statt. Die Durchführung liegt allerdings in den meisten Fällen außerhalb eines PRINCE2™-Projekts! Es ist aber möglich, dass sich bereits zur Projektlaufzeit ein Teil des Nutzens zeigt.

Im Business Case ist der zu erzielende Nutzen durch die Projektumsetzung festgeschrieben. Wichtig ist, dass der bereits im Vorfeld beschriebene Nutzen messbar ist und wirklich durch eine Überprüfung festgestellt werden kann. Dabei muss betont werden, dass die Umsetzung der Überprüfung selbst nicht Bestandteil von PRINCE2™ ist, sondern lediglich die Planung der Nutzenrevision. Dabei würde es dann neben dem objektiv messbaren Nutzen aus dem Business Case auch um Fragen gehen wie beispielsweise, ob Benutzer und Betrieb mit der Handhabung und Nutzung des Projektergebnisses weiterhin zufrieden sind. An sich bezieht sich die Überprüfung aber auf die Inhalte des Business Case, wobei bei der Planung der Revision auch berücksichtigt wird, wie und wann die Messung des Nutzens erfolgen soll bzw. welche Vergleichswerte bei der Revision hinzuzuziehen sind. Der Plan ist dem Lenkungsausschuss zur Genehmigung vorzulegen.

Ein Unternehmen sollte sich nicht scheuen, die Umsetzung des Revisionsplans wirklich vorzunehmen. Die Chancen, die sich daraus ergeben, verhindern nicht nur Missverständnisse und ein schlechtes Image des abgeschlossenen Projekts und des involvierten Teams. Diese Maßnahme spart auch bares Geld, wenn sich Fehler oder Ausfälle bei der Nutzung der Produkte eingeschlichen haben. Möglicherweise haben sich die Rahmenbedingungen verschoben und die Planungsannahmen erscheinen jetzt als unzureichend.

Neben der Erstellung der Empfehlungen für Folgeaktionen und der Überprüfung des Nutzenrevisionsplans (*siehe Abbildung 5.50*) geht es in dieser Aktivität auch darum, die Projektprodukte an die richtigen Instanzen für Betrieb und Wartung zu übergeben. Es ist bereits im Vorfeld in der Konfigurationsmanagement-Strategie festgeschrieben worden, wie die Produkte in die Organisation zu übergeben sind. Dementsprechend geht die Verantwortung für die Produkte und deren Beschreibung in den definierten Organisationsbereich über, was durch eine Aktualisierung der Konfigurationsdatensätze und die Projektabnahmedokumentation zu bestätigen ist. Die Verantwortung für die Nutzenrevision geht nach dem Projekt an das Unternehmens- oder Programm-Management, da die Projektorganisation nach dem Projektabschluss wieder aufgelöst wird.

Aktion	Prozess und Aktivität	Erläuterung
Erstellung des Nutzenrevisionsplans	IP *Business Case verfeinern*	Analog zur Erstellung des Business Case in dieser Aktivität
Genehmigung des Nutzenrevisionsplans	DP *Projekt freigeben*	Projektmanager legt Nutzenrevisionsplan zusammen mit PID u. Erfahrungsprotokoll dem LA vor.
Aktualisierung des Nutzenrevisionsplans	SB *Business Case aktualisieren*	Neben dem Nutzenrevisionsplan wird ggf. auch der Business Case, das Risikoregister u. das Register offener Punkte aktualisiert.
Genehmigung des Nutzenrevisionsplans	DP *Phasen- o. Ausnahmeplan freigeben*	Projektmanager legt Nutzenrevisionsplan zusammen mit PID, Phasen- o. Ausnahmeplan u. Phasenabschlussbericht dem LA vor.
Aktualisierung des Nutzenrevisionsplans	CP *Produkte übergeben*	Neben dem Nutzenrevisionsplan werden ggf. auch die Konfigurationsdatensätze aktualisiert u. die Empfehlungen für Folgeaktionen erstellt/aktualisiert.
Genehmigung des Nutzenrevisionsplans	DP *Projektabschluss freigeben*	Projektmanager legt Nutzenrevisionsplan zusammen mit PID u. Projektabschlussbericht dem LA vor.

Abbildung 5.50: Aktualisierung des Nutzenrevisionsplans im Projektverlauf

Dieses Ziel wird auch durch die formale Abnahme des Kunden (z. B. Unterschrift auf einem Abnahmedokument) und durch den operativen Bereich (z. B. durch abgestimmte Wartungs- und Betriebsvereinbarungen) bestätigt. Gibt es noch Fragen oder Unklarheiten hinsichtlich der Betriebs- und Wartungsumgebung, Unterstützung für die Anfangszeit des Betriebs oder weiteren Unterstützungs- und Wartungsaufwand, ist dies an dieser Stelle zu klären. Hier sollten Betriebsanforderungen und SLA-Anpassungen für den Betrieb der Produkte nicht vergessen werden! Es ist ratsam, das Betriebsteam bereits (weit) vor dem tatsächlichen Projektende zu identifizieren und zu involvieren. Kunden- und Lieferantenseite werden so in den Projektabschluss mit einbezogen, sodass beide Seiten sicher sein können, dass das Projekt genau das geliefert hat, was es liefern sollte, und eine gesicherte Übergabe an den Betrieb erfolgt.

Da unmittelbar nach Einführung und Übergabe an den Benutzerkreis das Volumen an Incidents und Rückfragen am größten ist, empfiehlt sich eine enge Abstimmung und Zusammenarbeit zwischen Projekt und Betrieb. Erfahrungsgemäß zahlt sich der Einsatz eines sogenannten Betriebsunterstützungsteams als „Early Life Support" oder zumindest die Schulung und Unterstützung des Service Desks und bei Bedarf eine entsprechende temporäre Aufstockung der betroffenen Teams aus.

Diese Aktivität liegt primär in der Verantwortung des Projektmanagers, um die notwendigen Abstimmungs- und Übergabeaktivitäten voranzutreiben.

5.7.4 CP Projekt bewerten

Lernen schafft Mehrwert. Gemachte Erfahrungen und ihre Dokumentation helfen durch die kritische Eigenreflektion nicht nur bei der persönlichen Entwicklung, sondern dienen als Erfahrungsbündel für die nachfolgenden Projektmanager und -mitarbeiter. In ähnlicher Weise hat man vielleicht selber schon aus dem Fundus seiner Vorgänger und Kollegen gelernt (und durch den Erfahrungsfundus seiner Leidensgenossen Fallstricke und Tretminen umschifft)? Davon abgesehen, beinhaltet die Projektbewertung auch eine Rückschau auf die Absichten, die zu Beginn des Projekts im IP-Prozess festgelegt wurden, in Verbindung mit den Zielen, die letztendlich erreicht wurden. Auch die genehmigten Änderungen sind anhand der Informationen aus der Projektleitdokumentation zu prüfen. Ein Vergleich lohnt sich.

Erfolgreiche Organisationen lernen durch gemachte Erfahrungen im Projektbereich. Diese Aktivität (*Evaluate the Project*) dient dabei als interne Projektbewertung. Die Informationen aus dem Erfahrungsprotokoll, das mindestens zum Ende jeder Phase aktualisiert wurde, fließen nun in den finalen Erfahrungsbericht. Dies betrifft die Themen Management, Spezialisten oder beispielsweise Qualitätsprozesse. Auch Statistiken aus dem Projektverlauf, Messungen und ihre Ergebnisse z. B. hinsichtlich der Qualitätsmanagement-Strategie finden im Erfahrungsbericht einen Platz. Das Ziel liegt darin, herauszufinden, wie erfolgreich das Projekt verlaufen ist und wie gut die Ziele des Projekts erreicht wurden und nicht primär, wie gut das Endprodukt ist.

Der Erfahrungsbericht ist Teil des Projektabschlussberichts, in den neben dem Erfahrungsbericht noch weitere Informationen einfließen. Es ist der Projektabschlussbericht, der die Effektivität der Projektmanagement-Prozesse, die Leistung des Teams, eine Bewertung der Projektprodukte und die erfolgreiche Umsetzung der Inhalte aus der Projektleitdokumentation darstellen soll (*siehe Abbildung 5.51*). Auch die Bewertung des Projektmanagers ist Teil des Projektabschlussberichts. Wird das Projekt vorzeitig abgebrochen, sollte dies entsprechend im Projektabschlussbericht dokumentiert werden.

Der Projektabschlussbericht kann auch auf die Auswirkungen des ursprünglichen Projektplans und des Business Case unter Hinzunahme der erfolgten Änderungen eingehen. Die Anzahl der genehmigten Änderungen im Projektverlauf erlaubt einen ersten Eindruck zu diesem Thema. Das Thema Qualitätsmanagement-Strategie und die umgesetzten Qualitätsaktivitäten finden so ebenfalls Beachtung.

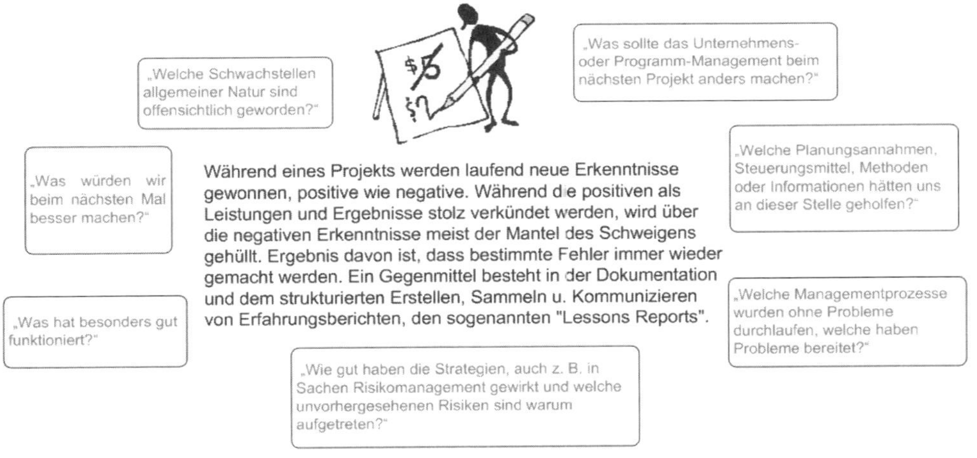

Abbildung 5.51: Input für den Erfahrungsbericht und den Projektabschlussbericht

Nicht jedes Ziel und jeder Nutzen ist direkt nach Projektabschluss greifbar. Daher sollten Ergebnisse, die u. U. erst durch die Nutzung des Projektergebnisses in der nahen Zukunft auftreten und sichtbar werden, auch in diesem Bericht dokumentiert werden (Bewertung des Business Case). Nutzen, der aber bereits zum Projektende vorhanden ist, sollte im Bericht dargelegt werden.

Projektabschlussbericht bzw. Erfahrungsbericht nutzen PID, die drei Register (Risikoregister, Qualitätsregister, Register offener Punkte), Erfahrungsprotokoll (*siehe Abbildung 5.52*) und bei Bedarf die Empfehlungen für Folgeaktionen als Input, wobei die Empfehlungen für Folgeaktionen ebenfalls Teil des Projektabschlussberichts sind. Der Lenkungsausschuss kann den Bericht wiederum gegenüber dem Unternehmens- oder Programm-Management verwenden. Dabei wird auch noch einmal der Projektplan auf den neuesten Stand gebracht.

5.7.5 CP Projektabschluss empfehlen

Diese letzte Aktivität (*Recommend Project Closure*) im Prozess *Abschließen eines Projekts* (*Closing a Project*) dient der Kommunikation der Ergebnisse aus den Prozess-Aktivitäten an den Lenkungsausschuss, nachdem der Projektmanager in den vorhergehenden Aktivitäten explizit geprüft hat, ob die notwendigen Projektergebnisse und -bewertungen vorliegen. Entsprechend wird (sowohl im positiven als auch im negativen Fall des vorzeitigen Projektabbruchs) der Projektmanager die explizite Empfehlung aussprechen, das Projekt abzuschließen (*siehe Abbildung 5.52*).

Diese Aktivität liegt primär in der Verantwortung des Projektmanagers, um den Abschluss anzukündigen und den Lenkungsausschuss auf den Abschluss vorzubereiten. Der Projektabschluss zieht eine Reihe von Konsequenzen nach sich. Das Amt des Projektmanagers wird nicht mehr benötigt und die Organisation (Lenkungsausschuss, Projektteam) wird aufgelöst. Die Kostenstelle des Projekts wird geschlossen, sobald alle Abschlussrechnungen beglichen sind.

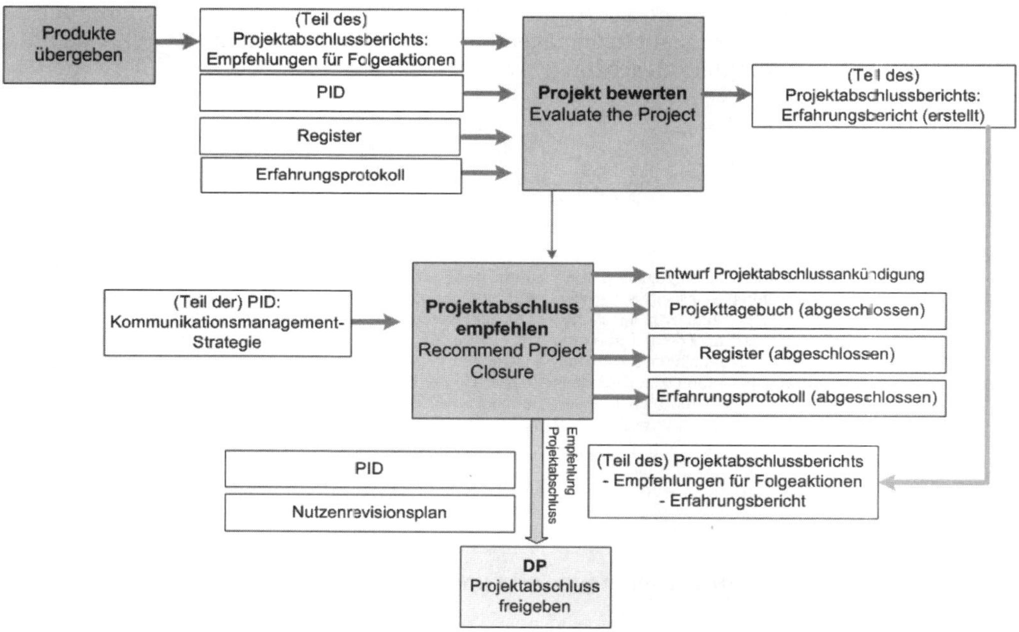

Abbildung 5.52: Aktivitätendarstellung „Evaluate the Project" und „Recommend Project Closure" (nach OGC-(PRINCE2™)Material, durch OGC lizenzierte Wiedergabe)

Daneben ist entsprechend der Kommunikationsmanagement-Strategie zu prüfen, welche relevanten Stakeholder neben dem Lenkungsausschuss über den Projektabschluss zu informieren sind. Bei entsprechend großen Projekten oder Projekten als Teil eines Programms empfehlen sich möglicherweise konkrete PR- oder Marketingaktionen, z. B. Erwähnung in der Firmen-Zeitschrift, auf Postern, die im Gebäude ausgehangen werden, im Intranet oder Newsletter. Auch ein Preisausschreiben mit einem Gewinn, der mit dem Projektergebnis im Zusammenhang steht, kann bei den Mitarbeitern eine entsprechende „Awareness" schaffen.

Die Aufzeichnungen als dynamische Managementprodukte wie das Register offener Punkte, das Risikoregister, das Qualitätsregister, Erfahrungsprotokoll und das Projekttagebuch sind zu schließen und entsprechend der Konfigurationsmanagement-Strategie zu archivieren. Auch weitere Produkte und Projektinformationen sind zu archivieren. Dies geht auch Hand in Hand mit dem Prinzip „Lernen aus Erfahrungen". Spätere Projekte können die archivierten Managementprodukte des aktuellen Projekts finden und zu Rate ziehen.

Als letzte Aktion bereitet der Projektmanager einen Entwurf der Ankündigung des Projektabschlusses vor, deren Abnahme und die finale Projektauflösung anschließend über den Lenkungsausschuss in der DP-Aktivität *Projektabschluss freigeben* erfolgt. Bei Bedarf leistet die Projektsicherung entsprechende Unterstützung und prüft vorab den Entwurf des Projektmanagers.

6 Tailoring: PRINCE2™ an die Projektumgebung anpassen

Die Projektmanagement-Methode PRINCE2™ nimmt in der Version 2009 explizit Stellung zum Thema Skalierbarkeit und Anpassung in Bezug auf die unterschiedlichen Anforderungen hinsichtlich der Projektumgebung. Dem Thema Anpassung wird so expliziter Raum gegeben, die Notwendigkeit einer Anpassung an die Projektumgebung betont und dem Projektmanager mindestens Skalierungsszenarien und Ansätze für die Anpassung mitgegeben. Ohne die Anpassung werden das Prozessmodell, Prinzipen und Themen quasi „blind" und als starre Schablone auf das jeweilige Projekt angewandt sowie ohne Sinn und Verstand beachtet. Eine Anpassung bewirkt stattdessen eine situationsbedingte Bewertung der Anpassungsmöglichkeiten und eine zielunterstützende und nutzenschaffende Anwendung der Methode.

Diese Anpassungen sind hinsichtlich der unterschiedlichen Ausprägungen der Projekte bezüglich Größe, Komplexität, Dringlichkeit, Wichtigkeit, Fähigkeiten und Risiken notwendig. Unterschiedliche Projekte verlangen trotz aller verbindenden Elemente durch Unternehmensstandards, Unternehmensrichtlinien und -vorgaben beispielsweise nach unterschiedlichen Ausprägungen z. B. in Bezug auf die Formalismen im Projekt.

Das Ziel liegt darin, die Methode entsprechend der Organisation als Umgebung anzupassen, und stets die Frage nach der Extensivität und Ausprägung der Themen und Prozesse im Hinterkopf zu behalten. Dass dabei alle sieben PRINCE2™-Grundprinzipen Anwendung finden müssen, steht außer Frage. Auch die Vermeidung von PINO (**P**RINCE2™ **In** **N**ame **O**nly) oder DBP (**D**eath **b**y **P**RINCE2™) sollte zum Wohle aller Beteiligten und des Projekts Beachtung finden. Es geht also um die angemessene Anwendung von PRINCE2™ in Bezug auf ein bestimmtes Projekt, sodass das gewünschte Maß an Planung, Steuerung und Governance möglich ist.

Anpassung (Tailoring) und Integration (Embedding)

Im Gegensatz zur Anpassung befasst sich die Integration mit der unternehmensweiten Einführung von PRINCE2™ in einem Unternehmen. Dabei geht es nicht nur darum, Prozessverantwortlichkeiten, Standards oder Regeln für die Umfangsbestimmung festzulegen, sondern auch darum, zu klären, welche Sicherungsmaßnahmen oder Tools Anwendung finden sollen und wie die Mitarbeiter einbezogen und zu einem Erfolgsfaktor in Bezug auf die Einführung und Anwendung von PRINCE2™ als Projektmanagement-Methode werden. Involviert sind beispielsweise die Bereiche Personalentwicklung und Training. Auch die Einbindung der Methode in die Geschäftsprozesse sollte nicht vernachlässigt werden.

Anpassung hingegen bezieht sich stets auf die Adaptierung der Methode in Hinblick auf den Kontext eines spezifischen Projekts.

6.1 Objekte der Anpassung

Im Zuge der Anpassung gilt es, das Augenmerk auf die Themen, die Terminologie, die Managementprodukte, Rollenbeschreibungen und die Prozesse zu richten. Dabei bringt PRINCE2™ die Differenzierung zwischen projektexternen und -internen Faktoren ins Spiel, die die Anpassung beeinflussen, ohne dass die Grundprinzipien außer Acht gelassen werden (*siehe Abbildung 6.1*). Nutzt das Unternehmen beispielsweise schon ein umfassendes Change Management, unter das sich die Änderungssteuerung für das Projektmanagement eingliedern lässt? Auch ein vorhandenes Konfigurationsmanagement inklusive der entsprechenden Tools kann Verwendung finden.

Interne Faktoren	Externe Faktoren
- Größenordnung des Projekts - Strategische Bedeutung des Projekts - Komplexität der umzusetzenden Lösung - Erfahrung und Reife des Teams - Erfahrung des Teams hinsichtlich der Projektlösung - Projektart - Lebenszyklusmodell des Projekts	- „Cross-Projektform" (bereichsübergreifend, unternehmensübergreifend) - Einbezug von externen Kunden/Lieferanten - Vorgegebene Standards und Richtlinien - Projekt als Teil eines Programms - Reife der Organisation - Organisationsform - Unternehmenskultur

Abbildung 6.1: Interne und externe Faktoren in Bezug auf eine mögliche Anpassung

Tailoring wird nicht darin bestehen, einzelne Elemente der PRINCE2™-Methode außer Acht zu lassen, sondern die restlichen drei integrierten Elemente als Einheit einzusetzen und abzustimmen. Schließlich entwickelt die Methode gerade durch das Zusammenwirken von Prinzipien, Prozessen und Themen seine Stärken, ohne dass eine Über-Bürokratisierung oder ein Formaliendschungel zu beklagen ist.

Wichtig ist in Bezug auf das Tailoring auch, ob das Projekt Teil eines Programms ist oder nicht.

6.1.1 Prinzipien-Tailoring

Die PRINCE2™-Prinzipien finden in vollem Umfang ihre Anwendung in Bezug auf jedes Projekt (*siehe Abbildung 6.2*). Wird eines der Prinzipien weggelassen, handelt es sich strenggenommen nicht mehr um ein PRINCE2™-Projekt. Dabei ist die Möglichkeit und die Empfehlung, die PRINCE2™-Methode an das jeweilige Projekt anzupassen, selber ein grundlegendes Prinzip:

- Fortlaufende geschäftliche Rechtfertigung
- Lernen aus Erfahrungen
- Definierte Rollen und Verantwortlichkeiten
- Steuern über Managementphasen
- Steuern nach dem Ausnahmeprinzip
- Produktorientierung
- Anpassen an die Projektumgebung

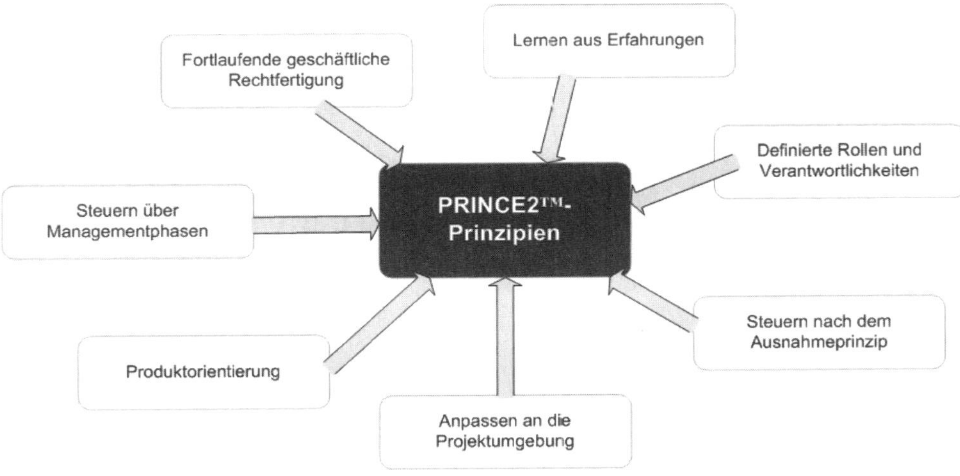

Abbildung 6.2: Die sieben PRINCE2™-Prinzipien

6.1.2 Themen-Tailoring

Die Standards im Unternehmen in Bezug auf beispielsweise das Vertragswesen, Organisations-, Änderungssteuerungs-/Change-, Qualitäts-, Risiko- oder Konfigurationsmanagement haben Bestand und sollen für das Vorgehen in Projekten genutzt werden. Möglicherweise ist das aktuelle Projekt zu klein, sodass es nicht angebracht erscheint, die Themen, die PRINCE2™ mit sich bringt, in vollem Umfang anzuwenden – ganz zu schweigen von den Möglichkeiten, die im Unternehmen existieren. Hier liegt es am Projektmanager (in Abstimmung mit dem Lenkungsausschuss) zu entscheiden, wie die Themen in einem solchen Fall anzuwenden sind.

Unabhängig davon sind die relevanten Richtlinien und Standards des Unternehmens oder Programms zu beachten und in die jeweiligen Strategien zu übertragen (z. B. die Qualitätsmanagement-Strategie).

Terminologie und Bezeichnungen

PRINCE2™ bringt ein Glossar mit sich. Dem Unternehmen steht es zwar frei, das Vokabular aus diesem zu übernehmen, vielfach hat sich jedoch aus jahrelanger Anwendung heraus eine etwas andere Begriffswelt im Unternehmen etabliert. Sieht sich das Unternehmen nicht in der Lage, einen diesbezüglichen Wandel herbeizuführen und die PRINCE2™-Terminologie durchzusetzen, sollte es wenigstens dafür sorgen, dass Begriffe wie „Investment Case“ statt „Business Case“ konsistent angewandt werden und dass nicht verschiedene Begriffe für ein und dieselbe Sache durch die Organisation schwirren.

Business Case

Unabhängig davon, wie groß, wie komplex oder wie risikoreich ein Projekt ist, muss es immer einen validen Business Case für den Start, das Vorantreiben und die Umsetzung bis hin zum Erreichen des Projektziels geben. Bei einem sehr kleinen Projekt sollte dies dokumentiert sein, um zum einen auch für die Projektbeteiligten und die Stakeholder im Sinne einer Motivation darlegen zu können, warum das Projekt existiert, und zum anderen, um eine Dokumentation vorweisen zu können, wie der Nutzen des Projekts aussieht.

Ist das Projekt Teil eines Programms, wird es in der Regel die Standards und weitere Vorgaben aus dem Programm übernehmen. Der Business Case des Projekts ist Teil des Programm-Business Case. Dabei bestehen nicht nur Maßgaben hinsichtlich des Layouts oder der Zusammensetzung der Inhalte des Business Case, sondern auch hinsichtlich der Planzahlen. Schließlich ergeben sich die Inhalte des Business Case für das Projekt aus dem Business Case des Programms. Möglicherweise geschieht die Erstellung und Pflege des Business Case für das Projekt aus dem Programm heraus und bereits vor der Projektinitiierung. Dem entsprechend ist der Nutzenrevisionsplan des Projekts aus dem Nutzenrevisionsplan des Programms abgeleitet.

Organisation

Dieses Thema bietet im Vergleich zu den anderen Themen das größte Anpassungspotenzial, vor allem bei kleinen oder mittleren Projekten. Wichtig ist hierbei, dass Rollen nicht einfach wegfallen dürfen, da alle Verantwortlichkeiten der Projektmanagement-Organisation relevant sind.

PRINCE2™ bringt bereits Rollenbeschreibungen in Form von Standardvorlagen mit, die je nach Person und Kompetenzen vor dem Hintergrund der vorgesehenen Projektrolle anzupassen sind. Hierbei kann bei einem Programm die entsprechenden Rollenbeschreibungen bereits durch das Programm beschrieben worden sein und nur noch geringer Anpassung bedürfen.

Die Organisation in kleinen und großen Projekten

Dadurch dass eine Person mehrere Rollen in Personalunion besetzen kann, werden Ressourcen eingespart (*siehe Abbildung 6.3*).

- Auftraggeber + Benutzervertreter im Lenkungsausschuss, da beide die Interessen im Sinne eines „Kunden" wahrnehmen
- Lenkungsausschuss + Projektsicherung + Änderungsausschuss, da die Projektsicherung die Sicherungsaufgaben des Lenkungsausschusses über eine Delegierung wahrnimmt. Da der Änderungsausschuss eine optionale Rolle darstellt, die die Änderungssteuerung für den Lenkungsausschuss im Rahmen vorgegebener Kompetenzen umsetzt, könnte diese im Bedarfsfall direkt vom Lenkungsausschuss übernommen werden. So würde die Rolle eines Änderungsausschusses entfallen.
- Projektmanager + Teammanager + Projektunterstützung in Personalunion, sodass der Projektmanager die Verwaltungsaufgaben im Projekt sowie die Kommunikation und Steuerung in Richtung der Spezialisten als Projektteam selber durchführt

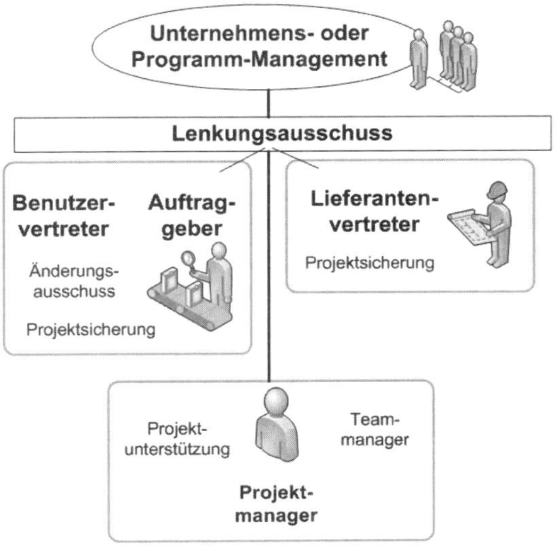

Abbildung 6.3: Eine angepasste Projekt-Organisation bei einem sehr kleinen Projekt (nach OGC-(PRINCE2™)Material, durch OGC lizenzierte Wiedergabe)

Bei sehr großen Projekten ist es aber im Umkehrschluss so, dass sich die Personenanzahl innerhalb des Projektmanagement-Teams entsprechend vergrößert. Ein ganzes Team von Mitarbeitern wird im Bedarfsfall die Rolle der Projektsicherung, ein anderes Team die Aufgaben der Projektunterstützung wahrnehmen. Auch der Änderungsausschuss kann zu einer gewissen Größe anwachsen.

Die Projektsicherung nimmt, wie bereits in *Kapitel 4.2.1, Rollen und Verantwortlichkeiten/Roles and responsibilities* beschrieben, eine Sonderrolle durch die Nähe zum Lenkungsausschuss ein. Durch die Dreiteilung der Interessen im Lenkungsausschuss (Business – User – Supplier) kann sich auch die Projektsicherung entsprechend aufteilen und jeweils als Sicherungsfunktion für die Unternehmen-, Benutzer- oder Lieferantensicht zum Einsatz kommen, die beispielsweise die Einhaltung der jeweiligen vorgegebenen Standards und Richtlinien überwacht und unterstützt.

Projektmanager und Auftraggeber

PRINCE2™ empfiehlt, die Rolle des Auftraggebers und die des Projektmanagers jeweils durch genau eine Person zu besetzen, da diese Rollen nicht delegierbar sind und die Eindeutigkeit der jeweiligen Verantwortlichkeiten unmissverständlich und klar abgegrenzt sein sollte. Beide sind letztendlich verantwortlich (im Sinne von „accountable“) für den ihnen zugedachten Verantwortungsbereich. Der Auftraggeber trägt die letztendliche Verantwortung für das Projekt, während der Projektmanager die Verantwortung für das Tagesgeschäft trägt.

Auch die Größe des Lenkungsausschusses kann sich bei entsprechend komplexen Projekten erhöhen, wenn sich beispielsweise mehrere Personen die Rolle des Lieferantenvertreters teilen und auch die Rolle des Benutzervertreters kann durch mehr als eine Person wahrgenommen werden. Allerdings empfiehlt PRINCE2™, den Lenkungsausschuss so klein wie möglich zu halten, solange die drei Interessen im Lenkungsausschuss ausreichend vertreten sind. Dabei können Benutzer- oder Lieferantenausschüsse helfen (*siehe Abbildung 6.4*), um die relevanten Vertreter einzubeziehen. Hier werden dann die aktuellen Punkte, Risiken oder Empfehlungen diskutiert und von dort aus in den Lenkungsausschuss kommuniziert.

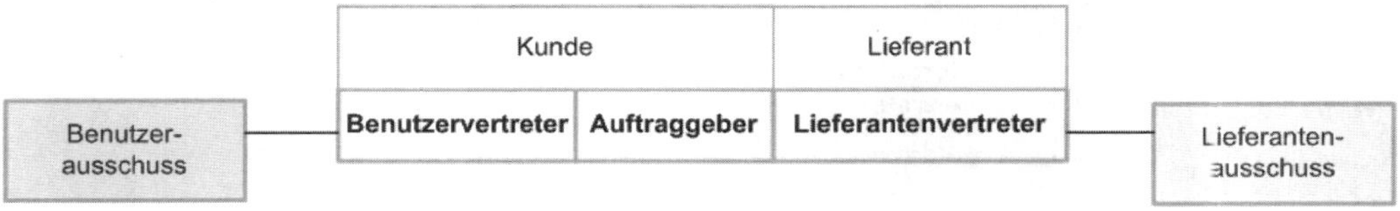

Abbildung 6.4: Benutzer- und Lieferantenausschuss zur indirekten Erweiterung des Lenkungsausschusses

Wichtig ist allerdings bereits im Vorfeld, bevor es zu Unstimmigkeiten kommen kann, dass festgelegt wird, wer den Ausschuss in Richtung des Lenkungsausschusses vertritt und wie dort Entscheidungen getroffen werden.

Die Organisation in Projekten als Teil eines Programms

Projekte können Teil eines Programms sein und sind diesem untergeordnet, da sie die Ziele des Programms vorantreiben und letztendlich in Summe realisieren sollen. Laut OGC steht dem Programm ein Senior Responsible Owner (SRO, Gesamtverantwortlicher) vor. Dieser ist Teil des Programmausschusses, der die Entscheidungsinstanz für das Programm darstellt (ähnlich wie der Lenkungsausschuss für das Projekt). Diesem Ausschuss können, dem Senior Responsible Owner untergeordnet,

- ein Programm-Manager,
- ein oder mehrere Business Change Manager, die den jeweiligen Benutzervertreter im Projekt-Lenkungsausschuss ernennen,
- ausgewählte Vertreter aus den Fachbereichen des Unternehmens,
- Sprecher des Lieferanten,
- Auftraggeber der Projekte, die dem Programm angehören,
- in der Praxis oft ein Sponsor aus der Geschäftsführung

angehören (*siehe Abbildung 6.5*).

Der Senior Responsible Owner bestätigt beispielsweise die Ernennung der Auftraggeber der Projekte und hat dafür Sorge zu tragen, dass das Programm oder das Projekt die definierten Ziele und den angestrebten Nutzen erreichen. Wichtig: Laut OGC ist der Senior Responsible Owner keine PRINCE2™-Rolle (siehe „Erfolgreiche Projekte managen mit PRINCE2", ISBN 9780113312146, Seite 258)!

Der Programm-Manager hingegen übernimmt im Auftrag des Senior Responsible Owner das Management und das Tagesgeschäft für das Programm – ähnlich wie dies der Projektmanager im Auftrag des Auftraggebers bzw. des Lenkungsausschusses im Projekt tut. Der Business Change Manager kümmert sich im Programmverlauf um die Spezifizierung des Nutzens, der aus der Umsetzung des Programms erwartet wird, und um die Akzeptanz des Programmergebnisses in der Organisation – ähnlich wie dies der Benutzervertreter im Projekt realisiert. Die Projektunterstützung kann bei Bedarf und unter Integrationsgesichtspunkten aus dem Programm stammen.

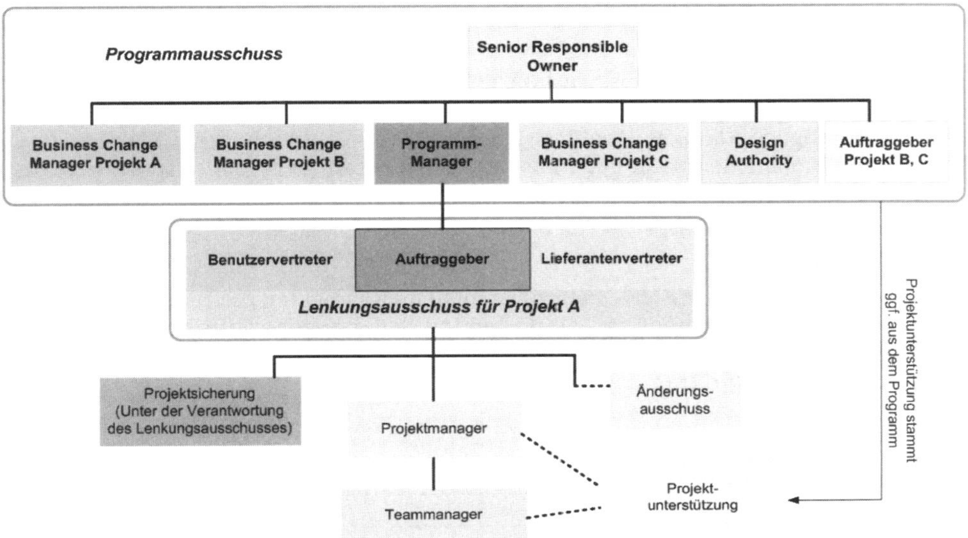

Abbildung 6.5: Beispielhafte Organisationsstruktur: Projekt und Programm (nach OGC-(PRINCE2™)Material, durch OGC lizenzierte Wiedergabe)

Im Zusammenhang zwischen dem Programm und den verschiedenen untergeordneten Projekten sowie deren Integration sind unterschiedliche Organisationsstrukturen möglich. Der Programm-Manager ist Teil des Programm-Ausschusses und gleichzeitig als Auftraggeber im Lenkungsausschuss für ein oder mehrere Projekte tätig. Der Business Change Manager übernimmt entweder die Rolle des Benutzervertreters im Projekt oder ernennt den Benutzervertreter im Projekt. Er kann aber auch als Auftraggeber im Projekt fungieren. Im Programm kann darüber hinaus noch die „Design Authority" existieren, die von den Verantwortlichkeiten her an den Änderungsausschuss im Projekt erinnert und im Programm für die Implementierung und Umsetzung der Änderungssteuerung sorgt.

Das Programm hat nicht nur Auswirkung auf die Projektorganisation, sondern stellt in vielfacher Hinsicht die Vorgaben für das Projekt bereit. Dazu gehört beispielsweise die Kommunikationsmanagement-Strategie, wobei die entsprechende Strategie des Programms zur Einbeziehung und Informationsverteilung in Richtung der Stakeholder dem Projekt als Richtungsweiser dient und eine Arbeitserleichterung durch die bereits vollzogenen relevanten Analysen darstellen kann. Darüber hinaus prägt das Programm das Projekt z. B. auch hinsichtlich der Qualität, der Pläne oder des Risikomanagements.

Qualität

In Bezug auf das Thema Qualität bei kleinen Projekten ist es wichtig, dass eine Vereinbarung hinsichtlich der Erwartungen und Qualitätsanforderungen für das Projekt und seine Produkte getroffen wird. Auch wenn Produktbeschreibungen nicht in so großer Anzahl und unter so akribischer Änderungssteuerung gesetzt werden wie bei großen Projekten, muss trotzdem alles so dokumentiert sein, dass objektiv festgestellt werden könnte, was in welcher Ausprägung erstellt und geprüft werden soll. Dass Anforderungen nur im Kopf des Projektmanagers oder eines Experten existieren, ist fahrlässig in Bezug auf den Projekterfolg. Insgesamt ist die Anpassung der unterschiedlichen Projektaspekte, d. h. der Prozesse, Themen und Managementprodukte, so vorzunehmen, dass zu keiner Zeit eine Gefährdung des

Projekterfolgs besteht. Der Projektmanager muss zu jeder Zeit auskunftsfähig gegenüber dem Lenkungsausschuss sein.

Ist das Projekt Teil eines Programms, wird die Qualitätsmanagement-Strategie meist durch das Programm vorgegeben oder aus der Strategie des Programms durch das Projekt abgeleitet. Es ist auch möglich, dass die Qualitätssicherung und -steuerung durch Mitglieder aus dem Programm-Managementteam geschieht. Bei der Auswahl der Qualitätsprüfmethoden könnte die Design Authority aus dem Programm den Projektmanager unterstützen.

Pläne

Eine Produkt-Checkliste (*siehe Abbildung 6.6*) ist in kleinen Projekten meist ausreichend, um die wichtigsten Spezialistenprodukte, die Erstellung der dazugehörigen Produktbeschreibungen und einen entsprechenden Zeitplan darzustellen. Der Zeitplan legt dar, wer wann welche Produkte erstellt, prüft und im positiven Fall abnimmt.

		Produktbeschreibung erstellt		Abnahme Produktbeschreibung		Entwurf-Fertigstellung		Letzte Qual.-prüfung		Abnahme		
ID	Bezeichnung	Plan	Ist	Plan	Ist	Plan	Ist	Plan	Ist	Plan	Ist	Bemerkung
1	Workspace											
2	Ticket-Schnittstelle	11.05.2010		13.05.10	18.05.10	01.07.10	05.07.10	12.08.10	14.08.10	01.09.10	01.09.10	
3	Driver-Paket											

Abbildung 6.6: Beispielhafte Darstellung einer Produkt-Checkliste

Ist das Projekt Teil eines Programms, sind die Pläne und die Eckdaten des Projekts aus der Planung des Programms abgeleitet. Die Standards hinsichtlich der Tools, Überwachung und Steuerung der Planung stammen aus dem Programm und stellen die Leitplanken dar, zwischen denen sich das Projekt bewegen darf, solange der Programmerfolg nicht gefährdet wird. Oft empfiehlt es sich, dass die Personen, die die Planung innerhalb des Programms wahrnehmen, den Projektmanager bei der Projekt- und Phasenplanung unterstützen und so ein gemeinsames Verständnis für die Projektziele innerhalb des Programms erarbeitet wird.

Risiken

Risiken sind unvermeidbar im Projektverlauf und dürfen auf keinen Fall vernachlässigt werden, wenn das Projekt im Nachhinein böse Überraschungen vermeiden möchte. Risiken melden sich oft zu den ungünstigsten Zeitpunkten zurück und gleichen kleinen Zeitbomben, die den Projekterfolg bedrohen können.

Daher sollte in kleinen Projekten mindestens eine Analyse der Projektrisiken erfolgen und es sollten Maßnahmen definiert werden, die zu ergreifen sind. Die Ergebnisse sollten, wenn kein formales Risikoregister verwendet wird, zumindest formlos im Projekttagebuch festgehalten werden. Eine Dokumentation ist deswegen wichtig, weil der Status der Risiken in Teamstatus- und Projektstatusberichten Erwähnung finden muss.

Ist das Projekt Teil eines Programms, wird die Risikomanagement-Strategie durch das Programm vorgegeben. So kann sichergestellt werden, dass bei allen Projekten als Bestandteile eines Programms

- einheitliche Risikokategorien
- Vorgaben hinsichtlich der Risikotoleranzen

- Mechanismen zur Eskalation von Risiken in Richtung des Programms
- einheitliche Bewertungsskalen hinsichtlich der Bewertung von Eintrittswahrscheinlichkeit, Auswirkungen und Eintrittsnähe
- einheitliche Techniken zur Risikobewertung
- ein gemeinsames Verständnis für das Thema Risiko in Bezug auf das Programm
- eine Art einheitliche „Risikokultur"

geschaffen werden kann. Nur so besteht die Möglichkeit, dass die Projekte in Bezug auf den Programmerfolg Sensibilität auch hinsichtlich spezieller Risiken entwickeln, um das Programm keiner Gefährdung auszusetzen.

Änderungen

Für kleine Projekte stehen in Bezug auf das Thema Änderung die Sicherstellung der Identifikation für die Produkte und deren Versionierung im Vordergrund. Dies kann über einfache Standards im Projekt, die alle Beteiligten kennen und einhalten, sichergestellt werden. So können Änderungen sauber gesteuert umgesetzt und die Konfigurationen verwaltet werden. Werden diese Aspekte vernachlässigt besteht u. a. die Gefahr, dass Spezialisten an Produkten oder Produktbeschreibungen einer falschen (bzw. veralteten) Version arbeiten und so unnötige Aufwände anfallen. Auch die Ablage und Speicherung der Arbeitsergebnisse sind konsistent, und wie innerhalb der Projektorganisation vereinbart, umzusetzen.

Abbildung 6.7: Die Änderungssteuerung darf auch in kleinen Projekten nicht außer Acht gelassen werden.

Ist das Projekt Teil eines Programms, stellt die Informationsmanagement-Strategie des Programms die Vorgabe für die Konfigurationsmanagement-Strategie des Projekts dar. Das Änderungssteuerungsverfahren des Programms gilt als wegweisend für das Projekt. Dieses Thema verlangt nach einer engen Abstimmung zwischen Programm und Projekt, um die Vereinbarungen hinsichtlich der Veränderungen einhalten und Toleranzverletzungen minimieren zu können. Hinzu kommt, dass das Änderungsbudget des Programms auf die unterschiedlichen Projekte aufzuteilen ist. Bei Bedarf ist die Design Authority des Programms im Änderungsausschuss des Projekts vertreten.

Fortschritt

Auch bei kleinen Projekten sind die Steuerungsmittel im Projekt als essentielle Instrumente für Projektmanager und Lenkungsausschuss nicht zu vernachlässigen. Auch die Berichterstattung muss stattfinden. Für beide Aspekte gilt, dass vorab entsprechende Vereinbarungen über die zu verwendenden Steuerungsmittel und die vorzunehmende Berichterstattung zu treffen sind, wobei Letzteres in der Kommunikationsmanagement-Strategie dokumentiert ist.

Ist das Projekt Teil eines Programms, werden auch in Bezug auf den Fortschritt, die Statusüberwachung und den Einsatz der Steuerungsmittel die Vorgaben aus dieser Richtung für das Projekt kommen. Dies kann auch die Form, Häufigkeit und die Zusammensetzung von Berichten oder gar Revisionen betreffen. Auch hinsichtlich der maßgeblichen Standards für das Projektmanagement wird sich das Projekt an das Programm anlehnen. Zeit- und Kostentoleranzen für das Projekt lassen sich aus dem Programm ableiten und stehen in direkter Abhängigkeit zueinander.

Die Managementphasen lassen sich ebenfalls aus dem Programm für das Projekt anwenden. Dabei kommt es darauf an, ob das Programm beispielsweise „Standard"-Managementphasen für alle Projekte des Programms vorgibt oder die einzelnen Phasenabschlussbewertungen Meilensteine für das Programm darstellen (*siehe Abbildung 6.8*). Unabhängig davon sind Dauer und Anzahl der Phasen vom Programmplan abhängig.

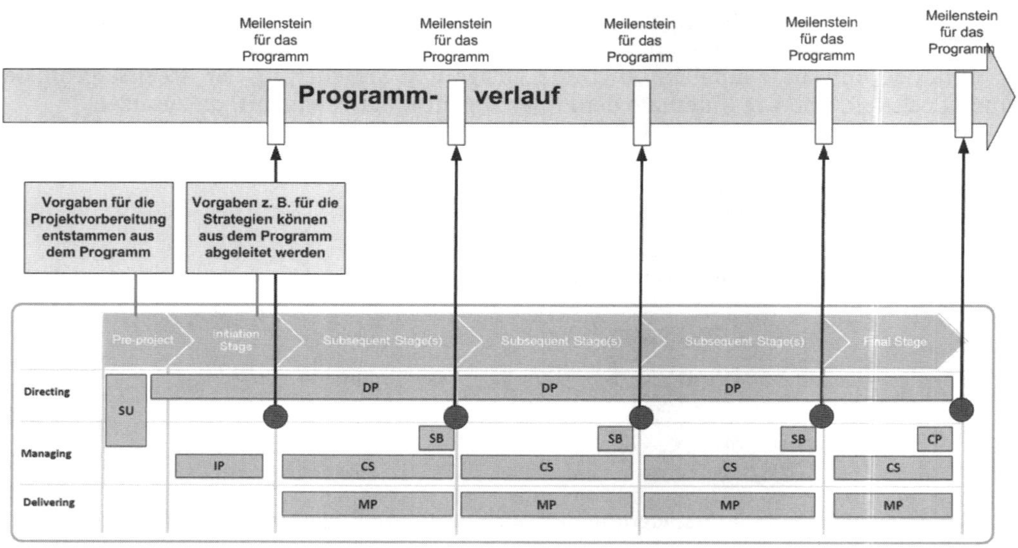

Abbildung 6.8: Der Phasenabschluss kann einen Meilenstein im Programmplan darstellen (nach OGC-(PRINCE2™)Material, durch OGC lizenzierte Wiedergabe).

6.1.3 Prozess-Tailoring

Ungeachtet der Größe des Projekts sind alle Prozesse und Aktivitäten eines PRINCE2™-Projekts zu durchlaufen. Kein Prozess fällt einfach weg, sondern alle Prozesse bleiben bestehen und ihre formelle Ausprägung wird auf das Notwendigste beschränkt. Allerdings besteht die Möglichkeit (*siehe Kapitel 2.4.4, Steuern über Managementphasen* und *Kapitel 4.7.1, Steuerungsmittel/Controls*), die Projektphasen zusammenzufassen und weniger formal zu handhaben. Der Projektmanager kann den Prozess *Vorbereiten eines Projekts* u. U. sehr formlos handhaben und die beiden Prozesse *Vorbereiten eines Projekts* und *Initiieren eines Projekts* zusammenfassen und die notwendigen Managementprodukte kombinieren. So könnte die Projektleitdokumentation direkt aus den Vorgaben des Projektmandats entstammen und mit den relevanten Informationen, die sich z. B. aus Gesprächen ergeben, aufgefüllt werden. Der „Umweg" über die zusätzliche Projektbeschreibung würde dann entfallen.

Möglicherweise besitzt ein kleines Projekt nur sehr wenige oder nur eine Umsetzungsphase für die Erstellung der Spezialistenprodukte (*siehe Abbildung 6.9*). In einem solchen Fall mit wenigen Managementphasen bei einem einfachen Projekt verwischen die Grenzen zwischen den Prozessen, da z. B. die Verantwortlichkeiten von Projektmanager und Teammanager in Personalunion abgebildet werden und der Projektplan dem Phasenplan entspricht, falls nur eine Umsetzungsphase existiert. Trotzdem bleiben die Grundprinzipien, wie beispielsweise die Steuerung über Managementphasen und das Managen nach dem Ausnahmeprinzip bestehen und die Phasenübergänge werden als bewusste Entscheidungspunkte und zur Überprüfung der Validität des Business Case durch den Lenkungsausschuss genutzt.

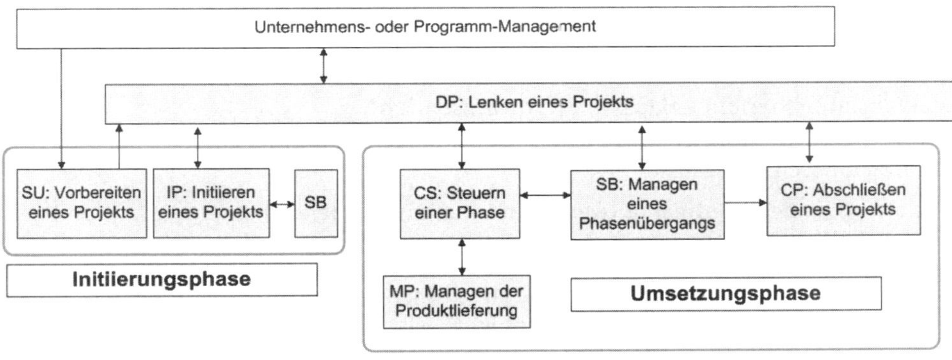

Abbildung 6.9: Das generische Prozessmodell basiert auf mindestens zwei Managementphasen: Initiierungsphase und die (letzte) Managementphase (Umsetzungsphase)

Managementprodukte und Prozesse im Tailoring

PRINCE2™ hält nicht nur für die Rollenbeschreibungen, sondern auch für die Managementprodukte Vorlagen bereit. Diese beinhalten die Produktbeschreibung je Managementprodukt, seinen Zweck, die Zusammensetzung und deren Herleitung, um so die Themen und Prozesse adäquat zu unterstützen und die vorgesehene Funktion erfüllen zu können.

Geht die Anpassung des Projekts Hand in Hand mit einer Anpassung der Prozesse und auch der Managementprodukte, sind z. B. die Produktbeschreibungen der Managementprodukte zu modifizieren oder angepasste Vorlagen bereitzustellen, die aus den PRINCE2™-Vorlagen abgeleitet sind. Ziel sollte dabei aber stets sein, dass Zweck, Struktur, Inhalt und Qualitätskriterien der Produkte erfüllt bleiben. Denn genau wie ein Spezialistenprodukt nur in Verbindung mit „seiner" Produktbeschreibung zu sehen ist, gilt Gleiches für die Managementprodukte.

Die größtmögliche Reduzierung und Vereinfachung der Managementprodukte im Projekt erlaubt vier sogenannte Dokumentensätze:

1. Projektleitdokumentation (PID) einschließlich Projektbeschreibung, Business Case, den vier Strategien zu Risiko, Qualität, Konfiguration und Kommunikation, Projektplan mit Nutzenrevisionsplan und Produktbeschreibung des Projektendprodukts.

   Bei der PID muss es sich noch nicht einmal um ein aufwändiges Worddokument handeln, sondern könnte in Form einer Präsentation dargestellt werden. In manchen Unternehmen oder Ansätzen wird dies „Project Chapter" genannt.

2. Projektstatusberichte inklusive Produktstatusauskünfte.

   Berichte müssen nicht in schriftlicher Form an den Lenkungsausschuss herangetragen werden. Möglicherweise können Berichte und Status in mündlicher Form kommuniziert und formelle Besprechungen noch weiter als üblich reduziert werden. Wichtig ist, damit diese „relative Lockerheit nicht nach hinten losgeht", dass der Projektmanager die Fortschrittsbetrachtung, den Status und den Informationsaustausch wenigstens in seinem Projekttagebuch dokumentiert. Es empfiehlt sich allerdings eher, dass Berichte über eine E-Mail an den Lenkungsausschuss versandt und für alle erreichbar an definierter Stelle abgelegt werden (entsprechend der Kommunikationsmanagement-Strategie).

3. Projekttagebuch einschließlich Dokumentation der offenen Punkte, Risiken, Erfahrungen, Konfigurationsdatensätze, Qualitätsmanagementaktivitäten, wobei zwischen geplanten und umgesetzten Aktivitäten zu differenzieren ist.

   Das Projekttagebuch wird in kleinen Projekten zum wichtigsten Werkzeug des Projektmanagers.

4. Projektabschlussbericht inklusive Erfahrungsbericht.

   So wird dem Grundprinzip „Lernen aus Erfahrungen" Rechnung getragen und ein sauberer Projektabschluss realisiert.

Das Delta zwischen den minimal notwendigen Inhalten der vier Dokumentensätze und den durch PRINCE2™ beschriebenen 26 Managementprodukten lässt sich dadurch erklären, dass bestimmte Managementprodukte bei sehr kleinen Projekten als alleinstehende Managementprodukte „wegfallen" können. Sie werden zu Bestandteilen übergeordneter Managementprodukte und subsumiert. Dies gilt beispielsweise für den Offener-Punkt-Bericht, der nicht notwendig ist, falls die offenen Punkte im Projekttagebuch (oder im Register offener Punkte) mit ausreichender Detailtiefe beschrieben sind.

Ist nur eine Umsetzungsphase geplant, kann der Phasenabschlussbericht „entfallen", der in einem solchen Fall durch den Projektabschlussbericht abgedeckt wird. Phasenplan oder gar Teamplan „entfallen" ebenfalls, wenn das Projekt nur eine Umsetzungsphase aufweist, deren Planungsdaten im Projektplan abgebildet sind. Dementsprechend wird in der Regel auch kein Teammanager zum Einsatz kommen, sodass auch keine Teamstatusberichte notwendig sind. Allerdings ist diesbezüglich zu klären, ob die Spezialisten diesen Statusbericht nicht selber erstellen bzw. mündlich an den Projektmanager kommunizieren.

Arbeitspakete werden mit großer Wahrscheinlichkeit nur dort Anwendung finden, wo auch ein Teammanager die Erstellung der Spezialistenprodukte steuert. Besteht dieser Bedarf nicht, ist zu klären, ob der Phasenplan den Ansprüchen Genüge tut oder ob Arbeitspakete mindestens als Steuerungs- und Kontrollinstrumente für die jeweiligen Spezialisten zum Einsatz kommen sollten. Die Klärung dieser Frage ist nicht nur vor dem Hintergrund der Komplexität bzw. der Größe des Projekts zu klären, sondern hängt vielmehr von der Motivation, Disziplin und der Erfahrung der Spezialisten im Projektteam ab.

Größe	*Merkmale*	*Anwendung PRINCE2™*
Programm	- Risiken, Kosten, (strategische) Bedeutung, Kritikalität hoch - Koordination, Lenkung + Kontrolle der Implementierung zusammengehöriger Projekte - Unterstützung strategischer Unternehmensziele - Änderung Business Capability möglich	- Anwendung einer Programmmanagement-Methode - Über PRINCE2 können jeweils die Projekte des Programms gemanagt werden
Schwieriges Projekt	- Risiken, Kosten, (strategische) Bedeutung, Kritikalität hoch - Mehrere Organisation („Cross Project") - Unterschiedliche Branchen vereint - International	- Mehrere Umsetzungsphasen - Erweiterter Lenkungsausschuss - Teammanager erforderlich - Projektunterstützung erforderlich - Dedizierte Managementprodukte
Normales Projekt	- Risiken, Kosten, (strategische) Bedeutung, Kritikalität mittel - Kommerzielle Kunden-/Lieferantenbeziehung - Mehrere Standorte	- Eine o. mehrere Umsetzungsphasen - Standard-Lenkungsausschuss - Optionaler Teammanager - Optionale Projektunterstützung - Managementprodukte kombiniert
Einfaches Projekt	- Risiken, Kosten, (strategische) Bedeutung, Kritikalität gering - Einzelne Organisation - Dedizierter Standort	- Nur eine Umsetzungsphase - Einfacher Lenkungsausschuss - Projektmanager gleichzeitig Teammanager u. Projektunterstützung
Aufgabe, Vorhaben oder Maßnahme	- Lenkungsausschuss besteht nur aus einer Person, Auftraggeber ist Vorgesetzter des Projektmanagers - Projektmanager ist gleichzeitig Spezialist und erstellt Spezialistenprodukte - Kosten können über das Tagesgeschäft gedeckelt werden, müssen aber nicht, ggf. kleines Extra-Budget - Geschäftliche Rechtfertigung ist gegeben	- Produkterstellung über Arbeitspakete, das mehrere Produkte definiert

Größe ↑ — Klassifizierung und Ausprägung →

Abbildung 6.10: Projekte und eine mögliche Größenklassifizierung (©Crown Copyright 2009, durch OGC lizenzierte Wiedergabe)

Umgekehrt gilt bei sehr großen und komplexen Projekten (*siehe Abbildung 6.10*), dass Managementprodukte weitere Details enthalten können, die durch die Eigenheiten des jeweiligen Projekts spezifiziert sind.

Managementprodukte im Programm

Um eine saubere Steuerung und den adäquaten Einsatz der Managementprodukte als Unterstützung in Projekt und Programm umsetzen zu können, muss den Beteiligten in der Programm- und in der Projektorganisation klar sein, welche Produkte zu welcher Organisation gehören bzw. ob und wie die Managementprodukte des Projekts aus dem Programm abgeleitet wurden und in welchem Zusammenhang sie stehen. So werden beispielsweise die Strategien des Projekts aus den Strategien im Programm abgeleitet und die Vorgaben für Layout und Zusammensetzung allgemein vom Programm vorgegeben. Erscheint es notwendig, kann über das Konfigurationsmanagement definiert werden, dass die Produkte bzw. Produktbeschreibungen zur Kennzeichnung der Zugehörigkeit ein Suffix erhalten, z. B. ProjektABC_Projektstatusbericht_Datum.ppt, ProjektABC_Teamstatusbericht_Datum.ppt oder ProgrammXYZ_Programmplan.mpp. Über die Risikomanagement-Strategie des Programms (und daraus dann abgeleitet in der Risikomanagement-Strategie des Projekts) kann festgeschrieben sein, dass es für alle Projekte des Programms nur ein Risikoregister gibt oder ob jedes Projekt (wie sonst auch) jeweils ein eigenes Risikoregister pflegt. Egal wie die Vorgaben diesbezüglich und in Bezug auf die anderen Strategien aussehen, es muss sichergestellt werden, dass das Programm und die Projekte als Teil des Programms die relevanten Informationen austauschen. Dies gilt beispielsweise für offene Punkte oder Risiken, die im Projekt A auftauchen, aber das Programm oder Projekt B des Programms betreffen – und umgekehrt.

Prozesse im Programm

Ist ein Projekt Teil eines Programms, hat dies vor allem Auswirkungen auf den Prozess *Vorbereiten eines Projekts*. Viele Vorgaben und Ziele für das Projekt, die sich der Projektmanager üblicherweise aus dem Projektmandat und weiteren Vorgaben erarbeiten muss, um die Projektziele und das Projektendprodukt zu beschreiben und die Projektbeschreibung inklusive Projektlösungsansatz zusammenzustellen, kommen in diesem Fall aus dem Programm. Der Projektmanager kann die bisherigen Erfahrungen des Programms nutzen und selbst die Ernennung des Auftraggebers und des Projektmanagers werden vorab durch das Programm vorgenommen. Der Projektmanager kümmert sich allerdings dediziert um die Planerstellung für die Initiierungsphase. Wichtig ist, dass die einzelnen Aktivitäten nicht entfallen, sondern in weiten Teilen durch das Programm übernommen werden.

6.2 Kommerzielles Kunden-/Lieferanten-Umfeld

PRINCE2™ setzt ein Kunden-/Lieferanten-Umfeld voraus. Wie im Exkurs in *Kapitel 2.3.2, Einführung von PRINCE2™* dargestellt, gehen Kunde und Lieferant in der Regel innerhalb eines PRINCE2™-Projekts eine kommerzielle Beziehung ein. Lieferant und Kunde sind dabei Anbieter und Nachfrager gleichzustellen, die zwar auf ein gemeinsames Ziel hinarbeiten, aber nicht von identischen Interessen geprägt sind.

So besitzen beide Akteure unterschiedliche Gründe für die Durchführung des Projekts bzw. für ihre Mitarbeit im Projekt. Da sie in der Regel aus unterschiedlichen Unternehmen stammen, verwenden sie meist verschiedene Managementsysteme, wozu auch die Projektmanagement-Methoden zählen. Mitarbeiter aus verschiedenen Unternehmen oder auch Organisationsbereichen eines Unternehmens entstammen einer anderen „Corporate Identity", die auch mannigfaltiges Auftreten, Sprache oder Unternehmenskultur mit sich bringen. Dies gilt es nicht nur im Umgang zwischen Kunde und Lieferant zu berücksichtigen, sondern auch zwischen den Mitgliedern des Projektteams und dem Projektmanagement-Team.

Aufgrund der verschiedenen Unternehmensherkunft sind die Personen andersartigen Governance-Strukturen unterworfen, die aber hinsichtlich der Anforderungen von Kundenseite angeglichen werden müssen, um auch den rechtlichen Anforderungen der Kundenseite gerecht zu werden.

Die Zugehörigkeit der Akteure zu verschiedenen Unternehmen im Kunden-/Lieferanten-Umfeld hat Auswirkungen auf die Betrachtung von Themen, Prozessen und die verwendeten Managementprodukte. In den bisherigen Kapiteln wurde lediglich die Sicht des Kunden dargestellt. Die ganzheitliche Betrachtung eines PRINCE2™-Projekts sollte den Fokus erweitern und sicherstellen, dass aufgrund der verschiedenen Interessen, Systeme, Methoden, Strukturen und Kulturen der Hauptakteure des Projekts das Projektziel im Vordergrund steht.

6.2.1 Exkurs: Anbieter und Nachfrager im Projektgeschehen

Der Lieferant innerhalb eines Projekts im kommerziellen Kunden-/Lieferanten-Umfeld sollte sich bewusst sein, dass Kunde und Lieferant nicht nur mit unterschiedlichen Interessen und Erwartungen versehen, sondern beide mit einem gewissen Grad an Unsicherheit behaftet sind. Dienstleistungen sind nicht nur im Bereich Projektmanagement im Wesentlichen durch zwei übergeordnete konstitutive Merkmale geprägt:

- Immaterialität des Dienstleistungsergebnisses
- Integrativität des Dienstleistungserstellungsprozesses, d. h. die Mitwirkung des Kunden an der Leistungserstellung ist unverzichtbar.

Nicht nur Missverständnisse, die zu Abweichungen der gelieferten von der geforderten Leistung führen können, gilt es über die Interaktion von Kunde und Lieferant zu überbrücken.

Auch unterschiedliche Informationsstände, Qualifikation und Absichten sind zu steuern. Die sogenannte Prinzipal-Agenten-Theorie hilft bei der entsprechenden Darstellung.

Derjenige, der im Auftrag eines anderen handelt (Auftragnehmer), wird als Agent bezeichnet. Derjenige, in dessen Auftrag der Mitarbeiter handelt (Auftraggeber), wird als Prinzipal bezeichnet (*siehe Abbildung 6.11*). Die Verbindung in einer Prinzipal-Agenten-Beziehung ist durch eine asymmetrische Informationsverteilung zwischen den beteiligten Partnern charakterisiert. Das Ungleichgewicht in Form dieser Art von Informationsverteilung ist durch einen Informationsvorsprung des Agenten gegenüber dem Prinzipal gekennzeichnet. Bei Erfüllung der Aufgabe verfügt der Agent gegenüber dem Prinzipal über einen Informationsvorsprung. Dies verschafft dem Agenten einen gewissen Spielraum gegenüber dem Prinzipal oder anderen Personen. Die Handlungen des Agenten beeinflussen somit nicht nur das eigene Nutzenniveau, sondern auch mindestens das des Prinzipals. Für den Prinzipal bedeutet dies also zum einen die Unfähigkeit, eine Situation in allen Einzelheiten und Konsequenzen zu erfassen und zu steuern.

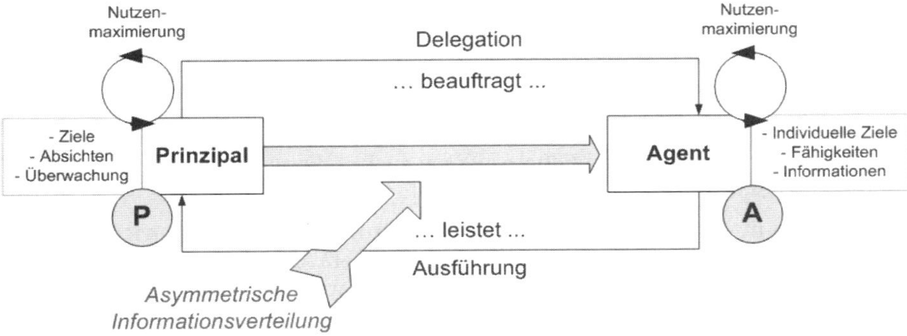

Abbildung 6.11: Prinzipal-Agenten-Beziehung

Zum anderen besteht die Annahme, dass jedes Individuum seinen individuellen Nutzen maximieren möchte, u. U. sogar unter Inkaufnahme der „Schädigung" Anderer. Der Spielraum des Agenten ermöglicht ihm das opportunistische Verhalten zu seinem eigenen Nutzen – zumindest muss man damit rechnen, dass dies passiert. Informationsvorsprünge und auch die Rollen innerhalb der Prinzipal-Agenten-Beziehungen sind nicht statisch, sondern situationsabhängig und abhängig vom jeweiligen Handlungsbereich. Es lassen sich drei Arten asymmetrischer Informationsverteilung voneinander abgrenzen:

- hidden characteristics: Diese „hidden characteristics" (oder Qualitätsunsicherheit) sind aus Sicht des Prinzipals möglich. Hierbei handelt es sich um unveränderbare (bzw. nicht kostenlos veränderbare) Eigenschaften des Agenten oder der von ihm angebotenen Güter und Dienstleistungen, die dem Prinzipal ex ante (vor „Vertragsschluss") verborgen sind, sich aber ex post (nach „Vertragsschluss") offenbaren. Der Prinzipal ist im Vorhinein unsicher über die Qualifikation bzw. und die Eigenschaften des Agenten. Allerdings ist auch der umgekehrte Fall möglich, dass für den Agenten Unsicherheit in Bezug auf den Prinzipal besteht.
- hidden intention: Der Prinzipal weiß vorab (ex ante) nicht, wie sich der Agent im Laufe der Leistungsbeziehung verhalten wird und welche Motive er verfolgt. Verfolgt der Agent eine dem Prinzipal verborgene Absicht, könnte er diese als opportunistisches Verhalten umsetzen. Für den Prinzipal kommt die Aufdeckung aufgrund der Informationsasymmetrie zu spät, um Schadensbegrenzung betreiben zu können. Es besteht also die Gefahr, dass aus einer „hidden intention" eine „hidden action" resultiert und der Agent Maßnahmen zum eigenen Vorteil

ergreift und opportunistisch handelt. Im Zusammenhang mit „hidden action" stehen sogenannte „Hold up"-Situationen (Ausbeutung/Überfall), die sich erst nach Vertragsabschluss ergeben. Der Agent nutzt seinen Vorteil aus, der Prinzipal kann seine Entscheidung ex post nicht mehr rückgängig machen und der Agent nutzt die vom Prinzipal erst hinterher entdeckte Abhängigkeit aus. Im Gegensatz zu hidden action (oder hidden characteristics) bleiben die Handlungen des Agenten dem Prinzipal dabei nicht verborgen, sondern treten im Nachhinein (ex post) offen zutage.

- hidden action: In diesem Fall kann der Prinzipal das Verhalten des Agenten entweder nicht beurteilen oder gar nicht erst beobachten. Der Prinzipal kennt das Handlungsergebnis, weiß aber nicht, welcher Anteil daran dem Agenten und welcher exogenen (Umwelt-)Einflüssen (z. B. Zufall, Glück) zuzuschreiben ist. Die Handlungen lassen sich demnach selbst ex post nicht offenbaren. D. h. der Agent kann die Unkenntnis bzw. fehlende Kontrollgelegenheiten des Prinzipals opportunistisch ausnutzen, ohne nachträglich entlarvt zu werden.

Nicht nur die asymmetrische Informationsverteilung mit all ihren Konsequenzen hat Auswirkungen für die Dienstleistung und damit für die Aktivitäten im Projektmanagement, sondern auch die Tatsache, dass in diesem Zusammenhang von sogenannten „Erfahrungs- und Vertrauenseigenschaften" der Dienstleistung gesprochen werden kann. Dies bedeutet, dass der Kunde im Vorhinein nicht in der Lage ist, die Dienstleistung zu beurteilen. Er kann nicht (wie z. B. bei einem Fahrrad mit seinen „Sucheigenschaften" als Produkt) in den (Zweirad-)Laden gehen und das, was er kaufen möchte, begutachten oder anfassen. Nein, erst in der Erfahrung der Dienstleistung nach Abschluss, möglicherweise gar nicht oder erst weit nach Erbringung des Leistungsergebnisses ist es dem Kunden möglich, die Qualität zu beurteilen.

Sie sehen also, dass eine Reihe von Faktoren, die den grundsätzlichen Eigenschaften des Projektmanagements als Dienstleistung geschuldet sind, (mehr oder weniger offensichtlich und offenkundig) im Kunden-/Lieferantenumfeld eine Rolle spielen und das Verhältnis zwischen Kunde und Lieferant beeinflussen können.

6.2.2 PRINCE2™-Themen im kommerziellen Kunden-/Lieferanten-Umfeld

Das Ziel eines Projekts stellt für den Auftraggeber (bzw. Kunden) ein Mehrwertzuwachs oder (Netto-) Nutzen dar, der über den Business Case als wirtschaftliche Rechtfertigung für das Projekt beschrieben ist. Doch neben dem Kunden verfolgt auch der Lieferant mit der Beteiligung an der Projektumsetzung ein wirtschaftliches Ziel, das für seinen eigenen Business Case steht. Somit existieren in einem kommerziellen Kunden-/Lieferanten-Umfeld mindestens zwei Business Cases. Auch für den Lieferanten muss sich die Mitarbeit im Projekt lohnen und ist diese Voraussetzung nicht mehr erfüllt, gibt es für ihn keinen Grund mehr, seine Beteiligung aufrechtzuerhalten. Dies kann beispielsweise dann der Fall sein, wenn die Preise für seine Mitarbeiter als Spezialisten so weit gedrückt werden, dass sich ihr Einsatz für ihn aufgrund einer Kosten-Nutzen-Rechnung nicht mehr rentiert.

Ähnlich wie der Business Case für die Kundeseite, muss auch der Business Case des Lieferanten mit den notwendigen Angaben gefüllt sein und immer wieder auf den Prüfstand gestellt werden. Dabei sind neben kurzfristigen Zielen gegebenenfalls auch längerfristige Ziele, zum Teil in unterschiedlichen Bereichen relevant wie z. B. Kundenentwicklung, Erweiterung Vertriebsgebiet, Expansion oder Anteil am Marktsektor. Unabhängig von der Frage, wie vertraulich beide Seiten mit den Angaben des Business Case umgehen, sollte der Lieferant zumindest die Gründe der Kundeseite für das Projekt kennen und verstehen, um von den korrekten Voraussetzungen auszugehen.

Abbildung 6.12: Unterschiedliche Fragen zum Thema Organisation im kommerziellen Kunden-/ Lieferanten-Umfeld

Entsprechend wichtig sind demnach auch die Rolle des Lieferantenvertreters und ihre Besetzung im Lenkungsausschuss, wenn es um die Zusammenarbeit des Unternehmens mit externen Lieferanten und ihren Unternehmen geht (*siehe Abbildung 6.12*). Das Kräfteverhältnis im Lenkungsausschuss sollte ausgewogen sein. Dabei geht es auch darum, die Frage zu klären, ob der oder die Lieferantenvertreter der externen Unternehmen im Lenkungsausschuss sitzen oder ob ein adäquater Vertreter, z. B. ein Vertragsmanager dies übernehmen soll, wenn mehrere externe Unternehmen am Projekt beteiligt sind und so theoretisch mehrere Lieferantenvertreter ihren Platz finden müssten. Dabei sollte nicht vergessen werden, dass die Lieferanten beim Kunden oft in einer Art Konkurrenzverhältnis bezüglich des Kundenbudgets stehen.

Dies ist auch in der „Beschaffungsdauer" eines Projekts relevant, wenn die Rolle des Lieferantenvertreters noch unbesetzt ist und die Frage im Raum steht, wer in einem solchen Fall den Platz des Lieferantenvertreters einnehmen soll.

In Bezug auf den Projektmanager muss im Vorfeld geklärt werden, ob dieser aus der Kundenorganisation stammt oder aus dem Umfeld des Lieferanten kommen soll. Der Teammanager kann ggf. auch von der Lieferantenseite oder aus der internen IT-Abteilung kommen. Stammt der Projektmanager aus dem Lieferantenumfeld, ist zu berücksichtigen, dass es diesbezüglich Vor- und Nachteile geben kann. Zu Letzterem gehören:

- Ungleichgewicht im Lenkungsausschuss, wenn der Projektmanager z. B. von seiner (externen) Linienorganisation aus eigentlich an den Lieferantenvertreter berichten würde, im Projektgeschehen aber an den Auftraggeber im Lenkungsausschuss berichtet. Dies kann auch für den Projektmanager zu einem Rollenkonflikt führen.
- Projektsicherung als wirkliche Kontrollinstanz und Gefahr von Reibungsverlusten in Bezug auf die Zusammenarbeit von Projektmanager und Projektsicherung
- Drohende Abhängigkeit und Einflussnahme von Lieferantenseite, wenn Lieferantenvertreter und Projektmanager aus demselben Unternehmen stammen
- Distanz des Projektmanagers zum Projektziel und fehlende Identifikation mit den strategischen Zielen des Projekts

Komplizierter kann das Organisationsgeflecht zudem werden, falls die Governance-Regeln des Lieferanten so gestaltet sind, dass auf Lieferantenseite ein separater Lenkungsausschuss eingerichtet werden soll, um so z. B. einzelne Arbeitspakete als Projekt im eigenen Haus umzusetzen.

Schnittstelle zwischen Kunde und Lieferant stellt in jedem Fall das Bindeglied zwischen CS- und MP-Prozess dar. Ein Teamplan muss ggf. gegenüber dem Kunden nicht offengelegt werden, solange durch das Reporting sichergestellt ist, dass der Projektmanager Überprüfungen durchführen und Steuerungsaktivitäten umsetzen kann.

In Bezug auf das Thema Qualität ist zu klären, ob die Strategie des Kunden, des Lieferanten oder eine Kombination aus beiden gewählt wird. Allerdings lässt sich diese Frage nicht nur auf das Thema Qualitätsmanagement-Strategie beschränken, sondern allgemein auf das Vorgehen im Projekt ausdehnen. Das Führen des Risikoregisters kann beispielsweise so ausgestaltet sein, dass die Inhalte für die jeweils andere Seite nicht sichtbar sind bzw. in zwei getrennten Registern nach eigenen Vorgaben erfolgen. Ein einziges Risikoregister ist mit Vorsicht zu genießen und der jeweilige Risikoeigentümer ist mit Bedacht zu wählen. Das Änderungssteuerungsverfahren gehört auch zu den abzugleichenden Verfahren. Es muss sichergestellt sein, dass das Änderungssteuerungsverfahren und Konfigurationsmanagement zum Kunden und zum Lieferanten passt. Das Berichtswesen und das Kommunikationsmanagement müssen den Governance-Anforderungen beider Seiten entsprechen. Ist ein Änderungsbudget vorhanden, ist zu klären, ob und wie dies auf Einkaufsverfahren des Kunden und Vertragsgenehmigungsverfahren des Lieferanten abgestimmt werden kann.

Pläne kommen Verträgen gleich oder können als entsprechende Basis für Vereinbarungen herangezogen werden, z. B. wenn es um die Finanzierungsintervalle geht, die an den Phasenübergängen stattfinden könnten. Auch die Beschaffungsaktivitäten können als unterschiedliche Optionen Hand in Hand mit dem Thema Pläne gehen. Eine Möglichkeit besteht beispielsweise darin, die Beschaffungsaktivitäten in der Projektinitiierung umzusetzen und über die CS- und MP-Aktivitäten die Steuerung ablaufen zu lassen oder die Beschaffung nach der Initiierung anzusetzen. Allerdings dürfen adäquate Steuerungsmittel nicht fehlen.

6.2.3 PRINCE2™-Prozesse im kommerziellen Kunden-/Lieferanten-Umfeld

Da PRINCE2™ die Prozesse der Methode bereits auf ein Kunden-/Lieferanten-Umfeld ausgerichtet hat, sind für ein kommerzielles Kunden-/Lieferanten-Umfeld aus Kundensicht Anpassungen der Prozesse nicht zwingend notwendig.

Aus Sicht des Lieferanten könnte der Prozess *Vorbereiten eines Projekts* die Antworten für eine Kundenanforderung liefern. Ähnlich könnte der Beginn der Initiierungsphase verstanden werden, wenn grundlegende Vorgehensweisen und Strategien festzulegen und auch Pläne aufzustellen sind (*siehe Abbildung 6.13*). So können Effizienz und Effektivität der Umsetzung zumindest vom aktuellen Standpunkt aus betrachtet werden. Ist der Vertrag abgeschlossen, hat der Lenkungsausschuss des Kunden das Projekt freigegeben und ist die Projektdokumentation fertig gestellt, endet die Initiierungsphase.

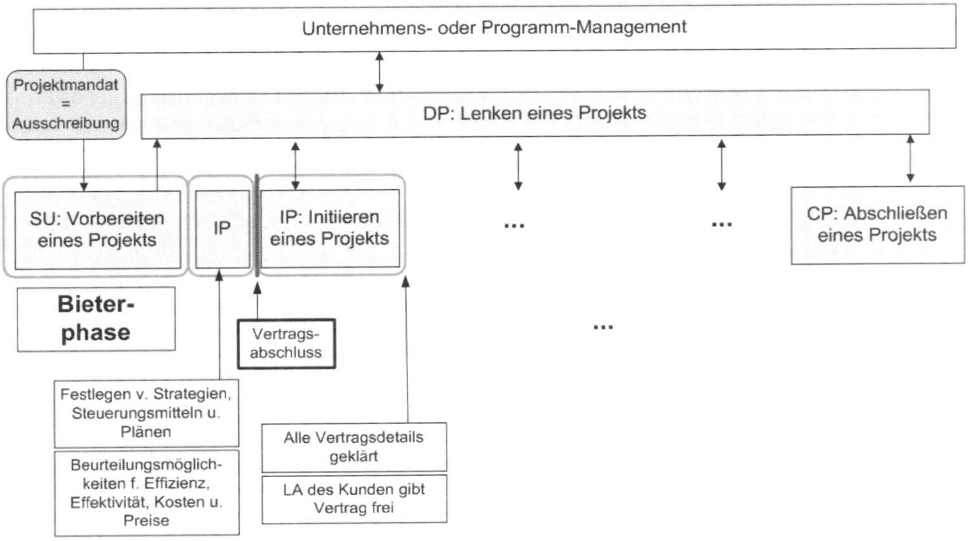

Abbildung 6.13: Der Prozess „Vorbereiten eines Projekts" kann als Bieterphase vor dem Hintergrund einer Kundenausschreibung verstanden werden, wobei sich daran die Initiierungsphase mit dem Ziel der Vertragsunterzeichnung durch beide Seiten und die Freigabe durch den Lenkungsausschuss anschließt.

PRINCE2™-Managementprodukte im kommerziellen Kunden-/Lieferanten-Umfeld

Die Projektleitdokumentation kann als Dokument gelten, das die Beschreibung der zu liefernden Projektergebnisse enthält und damit für den Lieferanten und den Kunden beiderseitige Pflichten und Rechte dokumentiert. Dementsprechend kann die PID auch um das Thema Konventionalstrafen o. Ä. erweitert werden – oder es wird ein entsprechendes ausgearbeitetes Vertragswerk, das die Zusammensetzung der PID abdeckt, als solches definiert und als Leitfaden verstanden.

Ebenso kann ein Arbeitspaket als Beschreibung zu liefernder Ergebnisse und damit als Vertrag(sbestandteil) gelten.

6.3 Unterschiedliche Projektarten

Die Anpassungen an die Projektumgebung von Seiten der PRINCE2™-Projektmethode ergibt sich nicht nur aus der Größe und der Komplexität oder der Beziehung zwischen den Projektparteien in einem kommerziellen Kunden-/Lieferanten-Umfeld. Eine weitere wichtige Einflussgröße stellt der Typ des Projekts dar.

6.3.1 Organisationsübergreifende Projekte

Projekte werden in vielen Fällen, vor allem, wenn es sich um sehr große oder komplexe Projekte handelt, nicht nur eine Organisationseinheit innerhalb eines Unternehmens betreffen, sondern mehrere Unternehmensbereiche oder gar mehrere Unternehmen einbeziehen. Beispiele für derartige Projektausprägungen sind Joint Ventures, Forschungsprojekte, aber auch Outtasking- oder Outsourcing-Projekte im IT-Bereich.

6.3.2 Lebenszyklusmodelle

Es gibt neben PRINCE2™, IPMA/GPMA oder dem Body of Knowledge (PMI) zahlreiche Verfahren und Methodiken, die sich vorwiegend auf die Lieferung von Spezialistenprodukten konzentrieren und in den meisten Fällen aus der Anwendungsentwicklung stammen. Dazu gehören beispielsweise das Wasserfallmodell, agile Methoden wie SCRUM oder Dynamic Systems Development Method (DSDM Atern).

Die Anwendung dieser Methoden neben PRINCE2™ gestaltet sich aus Sicht der Projektmanagement-Methode aus Großbritannien als unkritisch. PRINCE2™ lässt es dem Team, das die Spezialistenprodukte erstellt, explizit frei, PRINCE2™ zu benutzen oder nicht. Wichtig ist nur, dass die Spezialistenprodukte den Produktbeschreibungen und den Anforderungen aus dem Arbeitspaket entsprechen und die Qualitätsprüfung durchlaufen haben (*siehe Abbildung 6.14*).

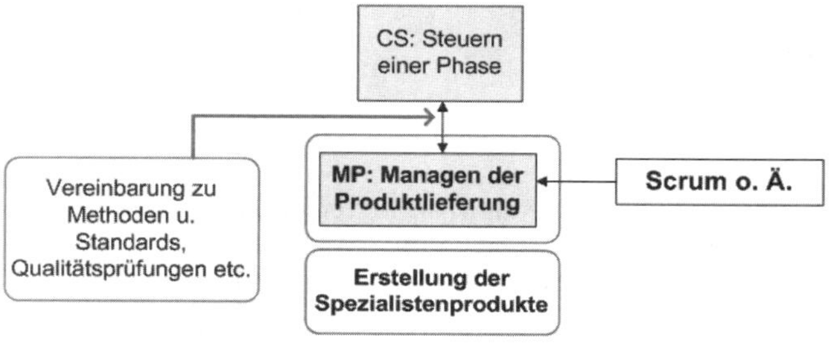

Abbildung 6.14: Die Schnittstelle zwischen CS- und MP-Prozess stellt gleichzeitig die Schnittstelle für die Beauftragung zwischen Projektsteuerung und Lieferung der Spezialistenprodukte dar.

Allerdings sind einige Punkte zu berücksichtigen, wenn PRINCE2™ in Bezug auf die sogenannten Lebenszyklusmodelle anzupassen ist. Dazu zählt beispielsweise, dass die Managementphasen und die typischen Entwicklungsaktivitäten (z. B. Entwurf, Design, Build, Test, Rollout) anzugleichen sind. In Bezug auf die Toleranzen muss sich PRINCE2™ v. a. bei den agilen Methoden an relativ enge Toleranzen für Zeit und Qualität, aber weite Toleranzen für den Umfang ausrichten. Darüber hinaus stellt sich auch die Frage, wie z. B. die Spezialisten in das Projektmanagement-Team bzw. das Projektteam zu integrieren sind. Wichtig ist für PRINCE2™ viel eher, welche Verantwortlichkeiten Personen umsetzen und weniger, welche Funktion sie innehaben.

Möglicherweise besitzen die Lebenszyklusmodelle eigene Managementprodukte, wobei bezüglich der Anpassung von PRINCE2™ an die Lebenszyklusmodelle eine Antwort auf die Frage gefunden werden sollte, welche Managementprodukte zu benutzen sind

6.3.3 Das wachsende Projekt

Nicht alle Projekte entstehen auf der „grünen Wiese" und lassen sich von der Idee bis hin zur Realisierung stringent verfolgen (*siehe Abbildung 6.15*). In den meisten Fällen verändern sich Projekte und sind sehr dynamisch, auch abhängig von der jeweiligen Branche und der Unternehmenskultur.

So entstehen neue Projekte aus Empfehlungen für Folgeaktionen oder es ist so, dass sich durch Changes Projekte und ihre Ziele verändern oder dass sich durch diese Veränderungen neue Projekte ergeben. In solchen Fällen gilt gerade mit dem Business Case als Managementprodukt, dass die Produkte als bestmögliche Prognose mit den entsprechenden Annahmen zu verstehen und im Verlauf anzupassen sind. Somit sind beträchtliche Abweichungen zwischen der initialen Version und der späteren Version im Projektverlauf möglich.

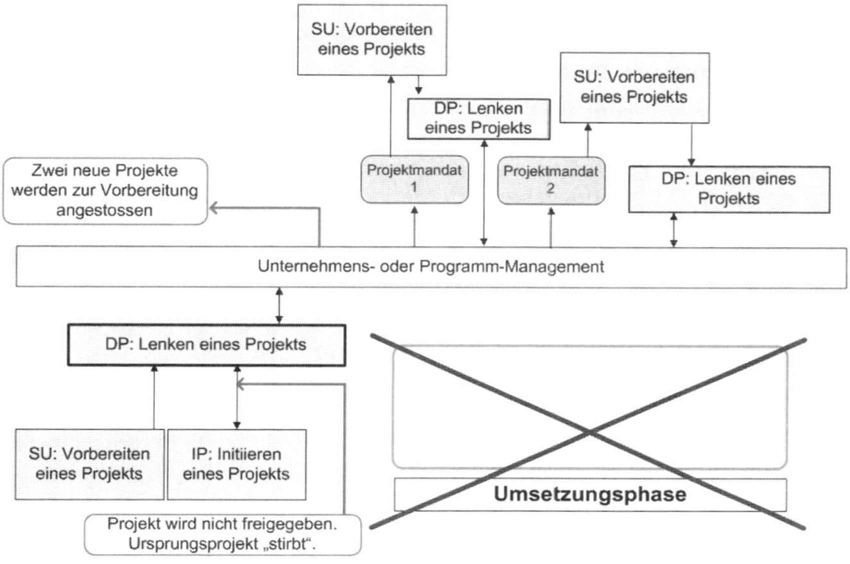

Abbildung 6.15: Möglicher Anstoß für ein neues Projekt

Auch der Umfang des Projekts und besonders die Produktbeschreibungen verändern sich im Projektverlauf, da Erkenntnisse, Informationen und Wissen sowie der Zeitverlauf hinzukommen.

6.3.4 Das Machbarkeitsprojekt

Machbarkeisstudien werden von PRINCE2™ als einzelne Projekte angesehen, da sie jeweils einen eigenen Business Case, Projektplan und Risiken besitzen. Die Machbarkeitsstudie kümmert sich um die Analyse der aktuellen Situation, zur Begutachtung von Handlungsalternativen bis zur Festlegung der bevorzugten Option. Diese Option als Ergebnis einer Machbarkeitsstudie wird als explizite Empfehlung kommuniziert. Anschließend ist zu klären, ob das Projekt realisiert werden soll oder nicht. Auch Projekte zur Erstellung von Richtlinien oder andere Projekte, die dazu dienen, erst einmal eine Entscheidung herbeizuführen, bringen zwar eine Empfehlung als Ergebnis, aber erst einmal keinen direkt messbaren Nutzen. Ein solches Machbarkeitsprojekt würde sich beispielsweise im Lebenszyklus über die Stationen Problemdefinition, Analyse, Darstellung sowie Untersuchung der Optionen und die abschließende Auswahl mit der vorzulegenden Empfehlung beschreiben lassen.

Der direkte Nutzen wird erst umgesetzt, wenn das Projekt, das die Empfehlung realisiert, abgeschlossen wird.

6.3.5 Projekte im öffentlichen und privaten Sektor

Zwischen Projekten im öffentlichen und privaten Bereich gibt es eine Vielzahl von Unterschieden. Dies fängt bei den Ausschreibungsanforderungen an und hört nicht auf bei Überstundenregelungen während der Projektlaufzeit. In Bezug auf das Thema PRINCE2™ geht die Originalliteratur auf die Anpassung der Methode im öffentlichen Sektor Großbritanniens ein. Eine solche Anpassung geht in diesem Fall von zwei Besonderheiten aus.

Zum einen muss es einen Senior Responsible Owner geben, der die Zielumsetzung eines Projekts oder Programms verantwortet und dafür zu sorgen hat, dass der erwartete und dokumentierte Nutzen realisiert wird. Er wird aus dem Programm heraus ernannt, wenn das Projekt Teil eines Programms ist. Der Auftraggeber berichtet an den Senior Responsible Owner. Ist das Projekt nicht Teil eines Programms, nimmt der Senior Responsible Owner die Rolle des Auftraggebers ein oder ernennt den Auftraggeber.

Zum anderen ist das Projekt im öffentlichen Bereich im Fokus eines OGC Gateway Review. Dies stellt ebenfalls eine „Best Practice"-Ausprägung dar und besagt, dass ein Projekt an definierten Entscheidungspunkten innerhalb des Lebenszyklus ein Review erfährt. Ein solches OGC Gateway Review ist als „Peer Review" zu verstehen, bei dem unabhängige externe Experten den Fortschritt des Projekts und die Wahrscheinlichkeit des Projekterfolgs aufgrund ihrer Erfahrungen und ihres Know-hows bewerten. Ein möglicher Ansatzpunkt für eine solche Überprüfung wäre beispielsweise die Freigabe der Projektinitiierung (von *Lenken eines Projekts* zum Prozess *Initiieren eines Projekts*), was dem „Review 1: geschäftliche Rechtfertigung" entsprechen könnte. Eine weitere Möglichkeit zum Ansetzen des Reviews besteht ebenfalls im DP-Prozess *Lenken eines Projekts*, wenn über die Aktivität *Phasen- oder Ausnahmeplan freigeben* die Phasenübergänge durchlaufen werden und die Reviews 2, 3 und 4 abgewickelt werden können. Diese können Lieferstrategie, Investitionsentscheidung und Implementierung umfassen.

7 PRINCE2™-Zertifizierungen

PRINCE2™ ist der De-facto-Standard für Projektmanagement in Großbritannien, speziell der der britischen Regierung (CCTA – Central Computer Telecommunications Agency bzw. OGC – Office Government Commerce), dessen Entwicklung durch ein Konsortium, bestehend aus 150 öffentlichen und privaten Bereichsorganisationen, koordiniert und vorangetrieben wurde. Sie ist eine seit über 25 Jahren praxiserprobte Projektmanagement-Methode, die als Best Practice-Framework für jede Projektphase konkrete Prozess- und Handlungselemente definiert. Um PRINCE2™ erfolgreich anwenden zu können, ist laut Aussagen der OGC und aller Trainingsorganisationen eine Ausbildung nötig. Diese Ausbildung besteht aus zwei Stufen, der Foundation- und der Practitioner-Ausbildung (*siehe Abbildung 7.1*). Beide Stufen werden mit einer Prüfung für das Erlangen eines Zertifikats abgeschlossen. Bei der Foundation ist es ein einstündiger Multiple-Choice-Test und bei der Practitioner-Stufe eine zweieinhalbstündige Multiple-Choice-Prüfung, die es in dieser Form erst seit September 2007 gibt. Vor dem Herbst 2007 wurde die Practitioner-Prüfung in Form einer Klausur abgelegt. Seit dem 01. Januar 2008 werden ausschließlich die neuen Practitioner-Prüfungen in der Multiple-Choice-Form, auch Objective Testing Exam (OTE) genannt, verwendet. Zwischen September und Ende 2007 war es noch möglich, beide Formen des Practitioner-Tests zu absolvieren.

Die Schulungen und Prüfung in PRINCE2™ dürfen nur von akkreditierten Trainingsorganisationen (Accredited Training Organisations, ATOs) und deren Affiliates durchgeführt werden. Diese Akkreditierung wird nach bestimmten Regeln und Auflagen überprüft und vergeben sowie in regelmäßigen Abständen erneuert.

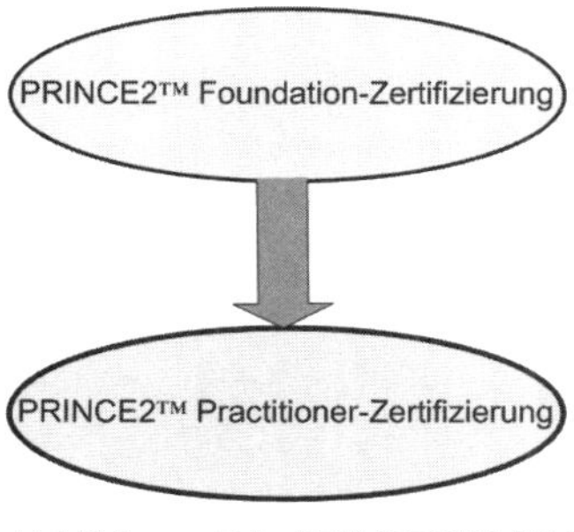

Abbildung 7.1: PRINCE2™-Bildungsverlauf

Das OGC besitzt das Urheberrecht an PRINCE2™ und ist Inhaber aller Markenrechte. Die Anwendung von PRINCE2™ ist zwar lizenzfrei jedem erlaubt, Ausbildung und Zertifizierung dürfen jedoch nur akkreditierte Unternehmen und deren Affiliates anbieten. Diese Organisationen zeichnen im Auftrag der OGC für das Prüfungsgeschehen für PRINCE2™ verantwortlich, ähnlich wie dies u. a. die EXIN oder die TÜV-Süd-Akademie für ITIL realisiert. Die Akkreditierung führt im Auftrag des OGC die APMG Ltd. durch. Weltweit sind derzeit über 100 Accredited Training Organisations (ATOs) in mehr als elf Ländern tätig.

Es werden für beide Zertifizierungsformen sogenannte „Open Exams“ bzw. „Public Exams“ angeboten, die in den APMG-Examenszentren durchgeführt werden. Die Vorbereitung auf die Prüfung nimmt der Prüfling in Eigenregie vor. Momentan werden für die Foundation-Prüfung 255,00 Euro an Prüfungsgebühr fällig, während es für die Practitioner-Prüfung bis zu 460,00 Euro sind (jeweils als „Public Exam“ ohne Teilnahme an einem Seminar). Das Examen ohne vorherigen Kursbesuch wird von der Zertifizierungsorganisation APMG deutlich teurer (über 100 % Aufschlag) abgerechnet.

Die Gebühren für die entsprechenden Schulungen und die Zertifizierungsprüfungen (ob mit oder ohne Seminarbesuch) können bei der APMG erfragt werden.

Open Exams

Die sogenannten „Public Examen“ für PRINCE2™ (Prüfungen ohne Kursbesuch) werden nicht mehr von Schulungsunternehmen (ATOs) angeboten. Diese müssen nun direkt über die APMG gebucht werden, die auf entsprechende Service-Center in Deutschland verweist.

Kandidaten, die sich ihre PRINCE2™-Kenntnisse im Selbststudium angeeignet haben, können ihr Examen in einem Prüfungscenter in Köln ablegen. Die Anmeldung erfolgt über den Service Desk der APMG. Die Registrierung nehmen die Kandidaten selbst per E-Mail über die Adresse *servicedesk@apmgroup.co.uk* vor. Über diese Adresse erhalten Interessenten bei Bedarf Antworten auf ihre Fragen und nähere Informationen zum Veranstaltungsort. Auf der Webseite *http://www.apmg-international.com/APMG-Deutschland/OffentlichePrufungen/OffentlichePrufungen.asp* finden Sie auch ein entsprechendes Anmeldeformular.

Für das Ablegen von PRINCE2™-Zertifizierungsprüfungen gibt es mehrere Gründe. Zertifizierungen verbessern im Allgemeinen die eigenen Karrierechancen und erhöhen das Vertrauen der Kunden in das Unternehmen, das zertifiziertes Personal beschäftigt. Besonders für Projektleiter, die als Schlüsselfiguren für das Gelingen oder Scheitern fungieren, sind Weiterbildungskurse wichtig.

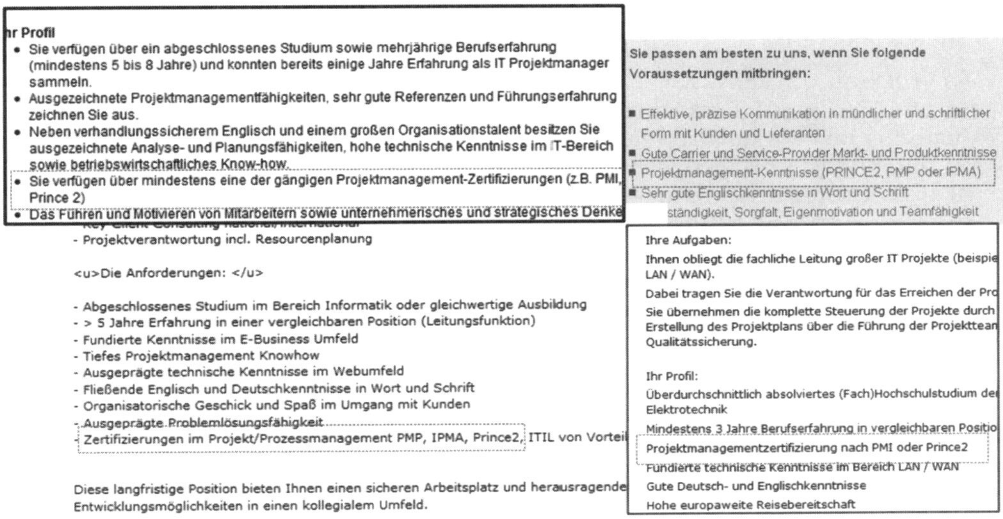

r Profil
- Sie verfügen über ein abgeschlossenes Studium sowie mehrjährige Berufserfahrung (mindestens 5 bis 8 Jahre) und konnten bereits einige Jahre Erfahrung als IT Projektmanager sammeln.
- Ausgezeichnete Projektmanagementfähigkeiten, sehr gute Referenzen und Führungserfahrung zeichnen Sie aus.
- Neben verhandlungssicherem Englisch und einem großen Organisationstalent besitzen Sie ausgezeichnete Analyse- und Planungsfähigkeiten, hohe technische Kenntnisse im IT-Bereich sowie betriebswirtschaftliches Know-how.
- Sie verfügen über mindestens eine der gängigen Projektmanagement-Zertifizierungen (z.B. PMI, Prince 2)
- Das Führen und Motivieren von Mitarbeitern sowie unternehmerisches und strategisches Denke

Sie passen am besten zu uns, wenn Sie folgende Voraussetzungen mitbringen:
- Effektive, präzise Kommunikation in mündlicher und schriftlicher Form mit Kunden und Lieferanten
- Gute Carrier und Service-Provider Markt- und Produktkenntnisse
- Projektmanagement-Kenntnisse (PRINCE2, PMP oder IPMA)
- Sehr gute Englischkenntnisse in Wort und Schrift
ständigkeit, Sorgfalt, Eigenmotivation und Teamfähigkeit

\- Projektverantwortung incl. Resourcenplanung

<u>Die Anforderungen: </u>

\- Abgeschlossenes Studium im Bereich Informatik oder gleichwertige Ausbildung
\- > 5 Jahre Erfahrung in einer vergleichbaren Position (Leitungsfunktion)
\- Fundierte Kenntnisse im E-Business Umfeld
\- Tiefes Projektmanagement Knowhow
\- Ausgeprägte technische Kenntnisse im Webumfeld
\- Fließende Englisch und Deutschkenntnisse in Wort und Schrift
\- Organisatorische Geschick und Spaß im Umgang mit Kunden
\- Ausgeprägte Problemlösungsfähigkeit
\- Zertifizierungen im Projekt/Prozessmanagement PMP, IPMA, Prince2, ITIL von Vortei

Diese langfristige Position bieten Ihnen einen sicheren Arbeitsplatz und herausragende Entwicklungsmöglichkeiten in einen kollegialem Umfeld.

Ihre Aufgaben:
Ihnen obliegt die fachliche Leitung großer IT Projekte (beispie LAN / WAN).
Dabei tragen Sie die Verantwortung für das Erreichen der Pro
Sie übernehmen die komplette Steuerung der Projekte durch Erstellung des Projektplans über die Führung der Projekttean Qualitätssicherung.

Ihr Profil:
Überdurchschnittlich absolviertes (Fach)Hochschulstudium de Elektrotechnik
Mindestens 3 Jahre Berufserfahrung in vergleichbaren Positio
Projektmanagementzertifizierung nach PMI oder Prince2
Fundierte technische Kenntnisse im Bereich LAN / WAN
Gute Deutsch- und Englischkenntnisse
Hohe europaweite Reisebereitschaft

Abbildung 7.2: Ausschnitte aus verschiedenen Stellenanzeigen

Damit in Verbindung steht für die zertifizierte Person die Steigerung ihres Marktwerts, die sich in einem höheren Einkommen und in besseren Karrierechancen widerspiegelt. Auch das Unternehmen, das zertifizierte Mitarbeiter in Kundenprojekten einsetzt, profitiert davon: So kann es seinen Kunden einen Beleg technisch-fachlicher Kompetenz anbieten und die Chancen bei Ausschreibungen verbessern. In vielen Stellen- und Projektausschreibungen, die das Thema Projektmanagement tangieren, werden mittlerweile Zertifikate verlangt (*siehe Abbildung 7.2*). Zumeist ist es dabei irrelevant, für welche Zertifikatsmethode Sie das Zertifikat erlangt haben.

Außerdem versprechen sich Unternehmen höhere Preise im Projektgeschäft sowie bessere Vertragsbedingungen. Eine bestandene Zertifizierungsprüfung stellt für diesen Bereich eine bessere Argumentationsgrundlage dar. Nur die Zertifizierung alleine ohne jegliche Erfahrung im Projektgeschäft dürfte allerdings in den seltensten Fällen zum Erfolg führen. Die Zertifizierung rundet eher das Bild des Projektmanagers oder Projektmitarbeiters ab.

Aber auch für interne Aktivitäten sind zertifizierte Mitarbeiter begehrt. Diese Form von Kompetenznachweis gilt als praxisbezogen und entspricht den aktuell gestellten Anforderungen, da die Abschlüsse oft zeitlich befristet sind. Im Rahmen des Versionswechsels von Produkten sind meist auch die Prüfungen durch ein Update auf dem neuesten Stand. So ist sichergestellt, dass das Personal sein erlerntes Wissen im Arbeitsalltag sofort umsetzen kann.

Und die anderen?

Das Verhältnis von PRINCE2™ zum PMI und der GPM in Deutschland wird immer wieder aufs Neue von Interessierten und Zertifizierungsanwärtern thematisiert. Für den Mitarbeiter im Projektmanagement stellt sich die Frage, womit er sich zuerst beschäftigen soll, bzw. welche der angebotenen Zertifizierungen den sinnvollsten Kompetenznachweis darstellt. Die verschiedenen Konzepte und Zertifizierungen sind für viele Projektmanager verwirrend. Dabei erscheint es als unbefriedigend, dass sich die Zertifizierer gegenseitig nicht anerkennen. So muss z. B. ein zertifizierter Project Management Professional (PMP) bei der GPM mit der Zertifizierung wieder ganz von vorne beginnen. Dabei gilt: Wer mit britischen oder niederländischen Unternehmen gemeinsame Projekte durchführt, sollte zumindest das PRINCE2™-Foundation-Zertifikat abschließen.

Die deutsche Zertifizierungsstelle hat für die GPM die vier Titel „Zertifizierter Projektmanagement-Fachmann" (PMF, Level D), „Zertifizierter Projektleiter" (CPL, Level C), „Zertifizierter Projektmanager" (CPM, Level B) und „Zertifizierter Projektdirektor" (CPD, Level A) zu vergeben. Level-B- und -C-Zertifikate verfallen nach drei, Level-A-Titel nach fünf Jahren, Rezertifizierungen sind möglich. Das Basiszertifikat Level D bleibt lebenslang gültig. Die IPMA und deren deutsche Niederlassung GPM gehen mit dem ICB-Standard einen Schritt weiter in Richtung Qualifizierung von Projektpersonal. Mit dem vierstufigen und sehr fundierten Zertifizierungssystem – so umfasst etwa die Prüfung zum Level D eine schriftliche Wissensabfrage, einen Transfernachweis in Form eines Projektberichts und ein Prüfungsgespräch mit zwei Assessoren – lässt sich eine Grundlage für die systematische Personalentwicklung im Sinne eines „Karrierepfads Projektleiter" schaffen. Diese Fundiertheit ist allerdings mit vergleichsweise hohen Kosten für Schulungen, Vorbereitung und Zertifizierung verbunden.

Im Gegensatz zur Deutschen Gesellschaft für Projektmanagement stehen bei der Zertifizierung des PMI eher Fragen der Methodik und Organisation im Vordergrund. Das geprüfte Wissen entstammt größtenteils dem „PMBoK Guide" (A Guide to the Project Management Body of Knowledge). Das Zertifizierungsprogramm vergibt die Titel „Project Management Professional" (PMP) und „Certified Associate in Project Management" (CAPM), wobei der Anteil an PMP-Zertifikaten überwiegt. Zertifikate verfallen nach drei Kalenderjahren, lassen sich aber durch Rezertifizierung oder eine Ansammlung von PDUs (Professional Development Units) erneut erwerben. Wie die GPM fordert auch das Project Management Institute als Voraussetzung für die Zulassung zur Prüfung den Nachweis umfangreicher Projekterfahrung. Wer den Test bestanden hat, erhält nicht nur ein Zertifikat als Beleg seiner Kompetenz, sondern unterwirft sich auch einem „Code of Professional Conduct". Dabei handelt es sich um ein Regelwerk, das einen bestimmten Umgang mit Projekten von Auftraggebern und mit den darin erhaltenen Informationen fordert.

7.1 PRINCE2™ Foundation-Zertifizierung

Das Bestehen der PRINCE2™ Foundation-Prüfung bescheinigt dem Absolventen, dass er in der Lage ist, als Mitglied eines Projektteams zu agieren, das ein Projekt mithilfe der PRINCE2™-Methodik umsetzt. Die Zielgruppe für die Foundation-Schulung und die entsprechende Zertifizierung besteht aus Projektmitarbeiterinnen und -assistenten, Teilprojektleitern, Projektleitern und dem Management.

7.1.1 Inhalte und Anforderungen

Der Prüfling beherrscht die Prinzipien und Begriffe aus dem PRINCE2™-Umfeld. Dies bedeutet insbesondere, dass ein Kandidat in der Lage ist, den Zweck und den Inhalt der Verantwortlichkeiten und Rollen zu beschreiben. Dazu gehören Kenntnisse zu den sieben Grundprinzipien (Management by Exception, Lernen aus Erfahrungen,...), den sieben Themen (Business Case, Organisation, ...) inklusive der drei Techniken (produktbasierte Planung, Änderungssteuerung, Qualitätsprüfung), den sieben Prozessen und dem Anpassen von PRINCE2™ an die Projektumgebung.

In Bezug auf die sieben Prozesse sollten deren Input, Output und die entsprechenden Aktivitäten „sitzen". Der Zweck, die Motivation, die Schlüsselinhalte und die Hauptmanagementprodukte von PRINCE2™ sollten ebenfalls bekannt sein. Dazu gehören auch die Beziehung und Schnittstellen zwischen den Prozessen, die Ergebnisse, Rollen und Managementdimensionen eines Projekts.

Machen Sie sich während Ihrer Vorbereitung mit den Prinzipien, Techniken und Themen von PRINCE2™ vertraut, indem Sie beispielsweise ein beliebiges Endprodukt aus dem täglichen Leben ähnlich der produktbasierten Planung „auseinandernehmen", z. B. eine fertige Tasse Kaffee, Ihren Lieblingskuchen oder das eingepackte Weihnachtsgeschenk. Erstellen Sie einen Produktstrukturplan und ein Produktflussdiagramm, um sich mit dem Thema auseinanderzusetzen. Entwerfen Sie einen Business Case oder ein anderes Managementprodukt. Setzen Sie sich mit den Vorlagen für die Managementprodukte auseinander, die Sie in englischer Sprache von der APMG-Webseite (*http://www.prince-officialsite.com/Resources/Resources.asp*) oder anderen Quellen (*http://www.prince2.com/prince2-downloads.asp* oder *http://onprojects.net/prince2-templates/*) beziehen können! Auch deutsche Anbieter stellen PRINCE2™-Vorlagen bereit (z. B. *http://www.microtool.de/instep/de/PRINCE2-Management-Tool.asp?gclid=COHIlKmqvqICFQceZwodDUD25w* oder *http://p2ug.de/vorlagen*; Stand Juli 2010).

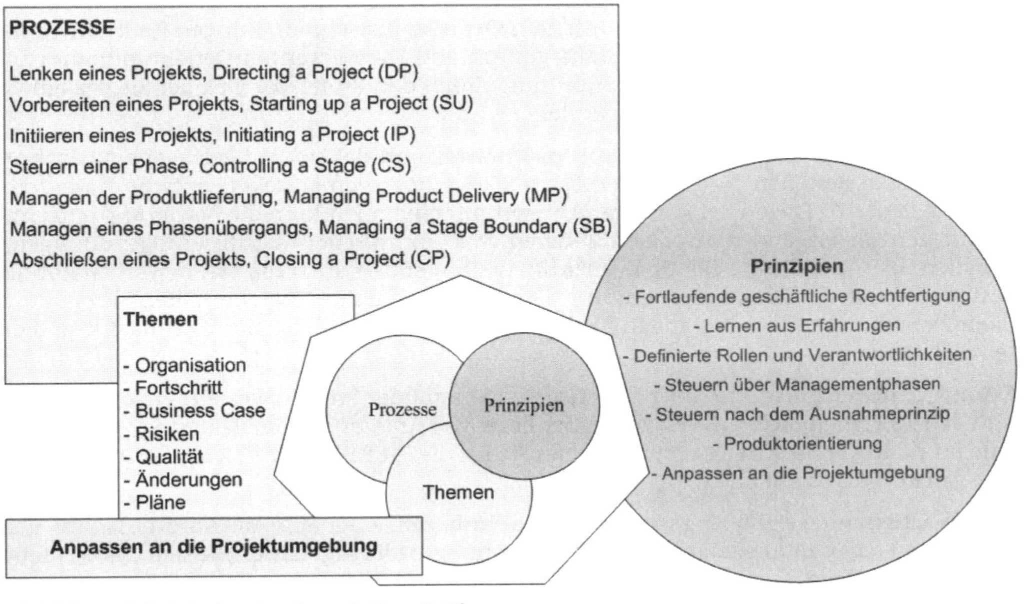

Abbildung 7.3: Inhalte der Foundation-Prüfung

Es bestehen keine besonderen organisatorischen Voraussetzungen, um die Prüfung absolvieren zu können. Möchten Sie vor dem Ablegen der Foundation-Prüfung eine Schulung bei einem der akkreditierten Anbieter oder seinem Affiliate absolvieren, dauert diese in der Regel zwei bis drei Tage. In diesen Seminaren wird Ihnen vermittelt, welche Vorteile sich Ihnen durch die Best Practices von PRINCE2™ im Projektmanagement bieten und was sich hinter den PRINCE2™-Prozessen verbirgt. Sie erfahren, welche Grundprinzipien und welche Themen PRINCE2™ umfasst, welche Techniken zum Einsatz kommen und welche Prozesse PRINCE2™ zur Anwendung bringt. Hinzu kommt noch die Anpassung von PRINCE2™ an die Projektumgebung. Nach dem Seminar verstehen Sie, was von Ihnen in einem PRINCE2™-Projekt erwartet wird und wie die Informationsbedürfnisse eines kontrollierten und organisierten Projektstarts, einer strukturierten Projektdurchführung und eines gesteuerten Projektabschlusses aussehen.

7.1.2 Ablauf und Organisation

Wenn Sie eine Schulung zur Vorbereitung auf die Foundation-Zertifizierungsprüfung besuchen, findet in der Regel am Ende des dritten Tages als Abschluss die Zertifizierungsprüfung statt. Bestreiten Sie ein „Open Exam" ohne Schulungsbesuch und nach einer Selbstlernphase, müssen Sie Ihre Prüfung über die APMG buchen.

Diese Prüfung besteht aus 75 Multiple-Choice-Fragen und dauert eine Stunde. Allerdings sind Ihre Prüfungsfragen aus 70 Prüfungsfragen und fünf „Testfragen" aus unterschiedlichen Themenbereichen zusammengestellt. Welche fünf der 75 Fragen gestrichen werden und nicht mit in die Bewertung eingehen, ist allerdings für Sie nicht offensichtlich. Diese Testfragen dienen der APMG als Kontrollinstrumente und helfen, neue Fragen für den Foundation-Fragenpool auszuwählen.

Die 75 Fragen befinden sich im Frageheft. Ihre Antworten sind im Antwortheft zu vermerken, wobei Sie Ihre Lösung durch Zeichnen einer Linie durch die Mitte des entsprechenden Ovals oder durch Ausmalen des gewünschten Ovals kennzeichnen. Bringen Sie Ihren gültigen Lichtbildausweis, Bleistift und Radiergummi mit! Die relevanten Detailinformationen erhalten Sie zum Start der Foundationprüfung durch den Prüfer vor Ort, der Sie bezüglich der Nutzung des Antwortschemas instruieren wird.

Das Examen wird direkt im Anschluss ausgewertet und das vorläufige Ergebnis bekannt gegeben. Zum Bestehen der Prüfung müssen 35 der 70 Fragen korrekt beantwortet werden, wobei jede der 70 Fragen bei korrekter Antwort mit einem Punkt in die Bewertung eingeht. Sie müssen im Gegensatz zu vielen anderen, v. a. technischen Zertifizierungsprüfungen, lediglich 50 % der Fragen richtig beantworten. Dies erklärt auch die viel beworbene hohe Bestehensquote der Foundation-Prüfung. Drei bis fünf Wochen später erhalten Sie per Post die Information, dass Sie bestanden haben. Das PRINCE2™-Foundation-Zertifikat liegt diesem Schreiben bei.

Es sind keinerlei Hilfsmittel oder Unterlagen während der Prüfung gestattet (closed book). Von den 75 Fragen bieten die Fragen in der Regel vier Antwortmöglichkeiten an, von denen eine als richtig zu kennzeichnen ist. Geben Sie für diesen Fall mehr als eine Lösung an, gilt Ihre Antwort als ungültig.

Da die Originalfragen in englischer Sprache vorliegen, erscheint die Ausdrucksform der deutschen Fragen in manchen Fällen als gewöhnungsbedürftig. Lassen Sie sich davon nicht allzu sehr irritieren.

7.2 PRINCE2™ Practitioner-Zertifizierung

Die PRINCE2™ Practitioner-Prüfung als Schritt nach der Basis-Zertifizierung soll zeigen, ob Sie als Kandidat in der Lage sind, Ihr Wissen in einem PRINCE2™-Projekt als Projektmanager oder Teammanager anzuwenden. Die Kandidaten müssen zeigen, dass sie fähig sind, PRINCE2™ auf ein konkretes Projekt zuzuschneiden. Dies beinhaltet insbesondere die Fähigkeit, die Prozesse, Themen, Prinzipien, Rollen und Managementprodukte erfolgreich in Bezug auf ein gegebenes Szenario anwenden zu können.

- Haben Sie die PRINCE2™-Konzepte verstanden?
- Beherrschen Sie die Terminologie und kennen Sie die PRINCE2™-Grundprinzipien?
- Sehen Sie sich in der Lage, die PRINCE2™-Prozesse, -Themen und -Produkte auf eine bestimmte Projektsituation anzuwenden?
- Haben Sie sich ausreichend mit den Inhalten der Methode auseinandergesetzt, sodass Sie die Verwendung der Methode in einer bestimmten Projektsituation bewerten oder rechtfertigen können?

Innerhalb der Vorbereitung auf die Practitioner-Zertifizierungsprüfung müssen Sie ein umfassendes Verständnis für die Zusammenhänge von Prinzipien, Prozessen, Themen und Produkten aufbauen, um das Examen zu bestehen. Dazu gehört auch das Wissen, wie PRINCE2™ auf verschiedene Projekte angepasst werden kann.

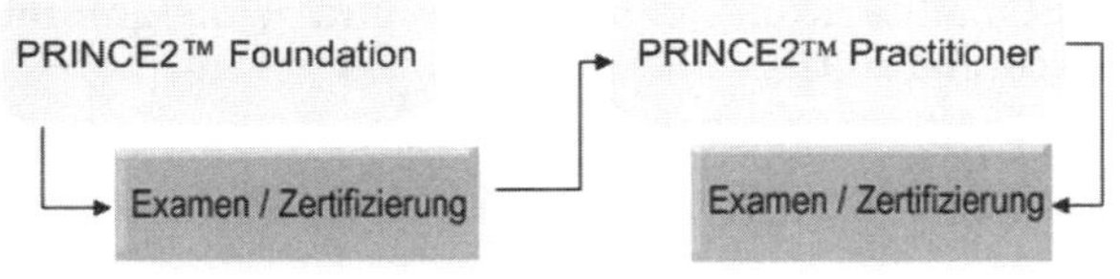

Abbildung 7.4: Die bestandene Foundation-Prüfung ist Voraussetzung für das Practitioner-Examen.

Zielgruppe dieser Zertifizierungsprüfung sind Projektmitarbeiterinnen, Projektleiter und Teilprojektleiter. Voraussetzung für das Absolvieren der Practitioner-Zertifizierung ist die bestandene PRINCE2™ Foundation-Prüfung.

Falls ein Seminar zur Vorbereitung in Anspruch genommen wird, ist es empfehlenswert, zwischen dem Seminar und der Prüfung ca. zehn bis fünfzehn Stunden Eigenarbeit zur Vorbereitung aufzuwenden oder sich vorab bereits intensiv mit den Inhalten der PRINCE2™-Methodik auseinandergesetzt zu haben. Die meisten Schulungsunternehmen weisen auch darauf hin, dass die Teilnehmer sich meist schon einige Wochen vor dem Schulungsbesuch (mit dem zugesandten oder selbst erworbenen Material) und der Prüfungsvorbereitung beschäftigen sollten.

Das von den akkreditierten Schulungszentren angebotene Practitioner-Seminar als Vorbereitung für die korrespondierende Zertifizierungsprüfung besteht meistens aus einem dreitägigen Workshop. Hier wird die Prüfungsstrategie erarbeitet und der theoretische Stoff in praktischen Übungen aufgefrischt und vertieft. Übungen und Diskussionen sind Hauptbestandteile dieses Kurses. Um sicherzustellen, dass der theoretische Stoff beherrscht wird, werden den Teilnehmern vor dem Kurs in manchen Fällen Literatur, Lern-Materialien oder Übungen zugestellt, mit denen sie sich vorbereiten können.

Die Hauptinhalte setzen auf die PRINCE2™-Grundlagenkenntnisse in Form von Gruppen- und Einzelarbeiten der Teilnehmer, gegebenenfalls unter Anleitung des Trainers auf. Mithilfe praxisnaher Szenarien lernen Sie auch in Gruppenarbeit, mögliche Situationen aus dem Projektalltag PRINCE2™-konform aufzulösen. Dies erfolgt durch Aufgaben und Musterbeispiele unter Bezug auf die Vorgaben von PRINCE2™, den Umgang mit den PRINCE2™-Prinzipien oder das Erstellen PRINCE2™-relevanter Produkte wie Produktstrukturpläne, Business Case u. a. Sie lernen so, PRINCE2™-Themen für die Organisation, Planung, Kontrolle und zur Steuerung der Projektphasen anhand von praktischen Beispielen zu nutzen.

7.2.1 Ablauf und Organisation

Hier ist es ähnlich wie bei der Foundation-Prüfung. Sind Sie nicht Teilnehmer der Schulungen, nutzen Sie ein „Open Exam" bzw. „Public Exam" (*siehe auch http://www.apmg-deutschland.com/OffentlichePrufungen/OffentlichePrufungen.asp*), das Sie in Köln bei „Examinations International" ablegen können. Dies stellt keine ATO dar, sondern ist ein deutsches „APMG Exam Centre".

Die Prüfung ist ein zweieinhalbstündiger (2,5h) Multiple-Choice-Test (MC) mit verschiedenen Frageformen und unterschiedlichen Schwierigkeitsgraden innerhalb der Fragen. Im Gegensatz zur früheren Prüfungsform als Klausur, in der jede Menge Schreibarbeit von den Kandidaten verlangt wurde, ermöglicht der MC-Test eine deutlich schnellere Lieferung der Prüfungsergebnisse, eine wesentlich bessere Nachvollziehbarkeit der Examensbewertungen und vor allem weniger Schreibaufwand für die Prüfungsteilnehmer. Bringen Sie Ihren gültigen Lichtbildausweis, die PRINCE2™-Originalliteratur, einen Bleistift und Radiergummi sowie etwas zu essen und zu trinken zur Prüfung mit!

55 % und damit 59 Punkte der möglichen 108 Punkte werden benötigt, um die Prüfung innerhalb der 150 Minuten Prüfungszeit zu bestehen. Für jedes der neun Prüfungsgebiete sind maximal 12 Punkte möglich.

Im Gegensatz zur Foundation-Prüfung (einer „Closed Book"-Prüfung), ist das PRINCE2™-Manual („Managing Successful Projects with PRINCE2™ Manual 2009", Office of Government Commerce, The Stationery Office, ISBN 9780113309467) als einziges Hilfsmittel erlaubt. Die Practitioner-Prüfung ist daher als eine „Open Book"-Prüfung zu bezeichnen. Um diese Art der Hilfestellung während der Klausur nutzen zu können, sollten Sie sich vorher mit dem Material intensiv auseinandergesetzt haben, um während der Prüfung keine Zeit zu vertrödeln. Sie sollten wissen, wo Sie welche der benötigten Informationen im zugelassenen Buch finden. Notizen im Buch sind erlaubt.

Auf dem Prüfungsbogen tragen Sie Ihre persönliche Prüfungs-ID (Candidate-Nummer) ein. Ihr Name ist den Prüfern somit nicht bekannt, und Sie werden lediglich über die Prüfungsnummer identifiziert.

Das sogenannte „Successful Candidate Register" auf der Webseite der APMG Group (*http://www.prince2.org.uk/examquery.asp*) enthält die positiven Prüfungsergebnisse der bestandenen Foundation- und Practitioner-Prüfung für PRINCE2™.

Frühestens drei-, spätestens fünf Jahre nach der erfolgreichen Practitioner-Zertifizierung ist eine Re-Zertifizierung vorgeschrieben, um die Zertifizierung aufrechtzuerhalten.

7.2.2 Inhalte und Themengebiete

Während der Zertifizierungsprüfung bearbeitet der Kandidat die ausgeteilten Arbeitsmaterialien, die zum Ende der Prüfung wieder vollständig abgegeben werden müssen. Zu Beginn der Prüfung erhält jeder Kandidat drei Hefte:

- Im Szenarioheft wird ein komplexes Projekt-Szenario einer Organisation beschrieben. Dazu gehören Informationen zum Projekt, Hintergrundwissen, Ziele, aber auch Kennzahlen, Organisation und weitere Details zum Projektgeschehen. Hier finden Sie alle Informationen, die Sie zur Beantwortung der Fragen benötigen. Dieses Projektszenario gibt Ihnen das Basiswissen, den Kontext des Gesamtprojekts an die Hand.

  Darüber hinaus existieren für einige der neun Fragen weitere Zusatzinformationen. Ggf. wird in der Fragestellung explizit auf Szenarien verwiesen. Wichtig ist dabei, dass diese Zusatzinformationen nur für die jeweilige spezifische Frage gelten. Für andere Fragen sind diese Zusatzinformationen nicht anzuwenden. Sobald Sie eine andere Frage bearbeiten, sollten Sie diese Zusatzinformationen „vergessen".

  Andere Fragen hingegen lassen sich nur aufgrund der Informationen aus der Fragestellung beantworten. Hier gibt Ihnen die Szenariobeschreibung den Rahmen vor.

  Sie nehmen innerhalb des Szenarios je nach Fragestellung eine bestimmte Rolle innerhalb des Projektgeschehens ein. Dementsprechend finden Sie auch Angaben zu dem Status, in dem sich das Projekt zum entsprechenden Zeitpunkt befindet, z. B. beim Übergang von einer Phase zur nächsten oder zum Ende des Projekts hin.
- Das Fragenheft enthält Fragen zu neun Prüfungsgebieten, von denen Sie zum Bestehen der Zertifizierungsprüfung mindestens 55 % korrekt beantworten müssen. Sie sollten alle Fragen und Teilfragen beantworten.

  Jedes der neun Prüfungsgebiete ist in Fragen unterteilt, die wiederum aus einzelnen Unterfragen bestehen.
- In das Lösungsheft tragen Sie die Antworten zu den Fragen des Fragenhefts ein. In der Regel gibt es pro Frage lediglich eine richtige Antwort (1 aus x). Ist dies nicht der Fall und es wird mehr als eine Antwort gefordert, gibt es einen dementsprechenden Hinweis. Achten Sie darauf und verschenken Sie keine Punkte!

  Wenn eine Antwort gefordert wird und Sie tragen trotzdem mehr als eine Antwort im Antwortbogen ein, wird die Frage nicht gewertet. Es gibt aktuell im Practitioner-Examen keine negative Punktewertung, d. h. für falsche Antworten werden Ihnen keine Punkte abgezogen.

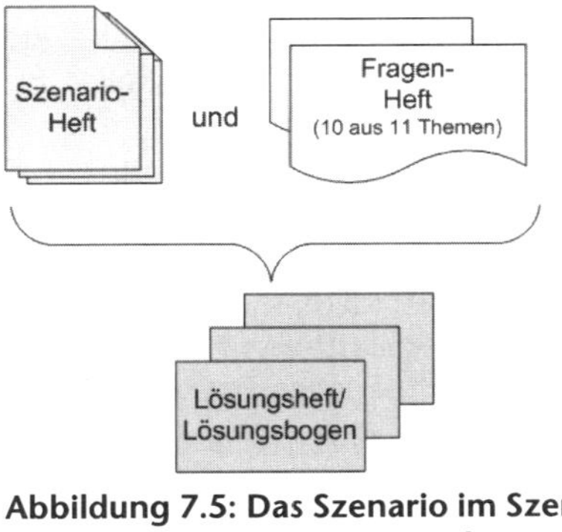

Abbildung 7.5: Das Szenario im Szenarioheft beschreibt für den Kandidaten eine bestimmte Projektsituation. Dieser Projektstatus und die Rolle des Kandidaten im Projekt werden in Zusammenhang gebracht sowie die Auflösung bestimmter Situation und das richtige Vorgehen abgefragt.

Die Fragen des Practitioner-Tests stammen aus zehn von elf Kategorien, die jeweils aus den Prozessen und Themen von PRINCE2™ ausgewählt wurden, indirekt dabei aber auch auf die Prinzipien eingehen:

- Thema Business Case
- Thema Organisation
- Thema Pläne
- Thema Fortschritt
- Thema Änderungen
- Thema Risiken
- Thema Qualität
- *Vorbereiten eines Projekts* und *Initiieren eines Projekts*
- *Lenken eines Projekts, Abschließen eines Projekts* und *Managen eines Phasenübergangs*
- *Steuern einer Phase* und *Managen der Produktlieferung*

Die PRINCE2™-Prozesse werden nicht direkt abgefragt, sondern dienen im Fragetext und in der Beschreibung als Basis und bilden so vielfach die Grundlage der unterschiedlichen Fragen.

7.2.3 Fragetypen und Schwierigkeitsgrade

Die neun Prüfungsthemen der Practitioner-Zertifizierungsprüfung dienen zur Wissensabfrage des Kandidaten. In vielen Fällen soll aber nicht auswendig gelernter Stoff abgefragt werden, sondern es wird eine Transferleistung gefordert. Der Hauptfokus der Prüfung liegt auf Anwendung, Analyse und Auswertung. Dazu dient die Szenariobeschreibung im Examen.

Innerhalb einer Frage werden die Teilfragen so angeordnet, dass deren Schwierigkeit steigt. Der Schwierigkeitsgrad der Teilfragen variiert abhängig vom jeweiligen Lernziel. Die Schwierigkeitsniveaus lassen sich beschreiben als:

- Wissen/Knowledge: Kenntnisse der Fachbegriffe und Prinzipien von PRINCE2™ werden in diesen Fragen geprüft.
- Verständnis/Comprehension: Sie sollen zeigen, dass Sie die Grundkonzepte verstanden haben, wobei vielfach Bezug genommen wird auf spezifische PRINCE2™-Begriffe. Beispiel: Input und Output eines PRINCE2™-Prozesses.
- Anwendung/Application: Hier müssen Sie darlegen, dass Sie die Themen, Prinzipien und Produkte von PRINCE2™ in einer definierten Projektsituation einsetzen können, z. B. bei Aussagen zu einem Produktstrukturplan oder bei der Zuordnung von Personen zu Rollen in der Projektorganisation.
- Analyse/Analysis: Hier sollen Sie die PRINCE2™-Methode anwenden, z. B. durch Identifizieren von Fehlern bei Anwendung der Methode. Dies ist auch bei Abhängigkeiten und Wechselwirkungen der PRINCE2™-Bestandteile untereinander oder bezüglich eines Prozesses mit anderen Prozessen, Themen oder Prinzipien zu untersuchen. Beispiele: Identifizieren von Fehlern in einem Managementprodukt (Business Case, Phasenplan, Projektstatusbericht etc.) oder Aufzeigen von Konfigurationsmanagement-Problemen in der beschriebenen Projektsituation.
- Bewertung/Evaluation: Ihre Aufgabe ist es, die Anwendung der PRINCE2™-Methode in einer gegebenen Projektsituation zu beurteilen. Sie geht dabei allerdings über das Niveau der „Analyse" hinaus, da hier Begründungen gefragt sind. Beispiele: Identifizieren von möglichen Problemursachen in einer Projektsituation, Gründe für eine mögliche Besetzung in der Projekt-

organisation aufzeigen oder Erklärungen für Vorschläge in Bezug auf Projektsteuerungsmechanismen oder die Einteilung in Managementphasen abgeben.

Jede der möglichen zehn Kategorien wird in den Fragen abgehandelt und kann in unterschiedlicher Form von Multiple-Choice-Fragen abgefragt werden. Die folgenden Fragetypen kommen dabei zum Einsatz:

- Klassische Multiple-Choice-Fragen: „Aus einer Liste möglicher Antworten eine einzige korrekte Antwort auswählen" (1 aus N).

Fragetext: Beantworten Sie die folgende Frage.	
1	a) Option 1 b) Option 2 c) Option 3 d) Option 4 e) Option 5

Abbildung 7.6: Aufbau einer klassischen Multiple-Choice-Frage

Beispiel:

Welcher Prozess stellt sicher, dass die geplanten Produkte erzeugt und geliefert werden?

a) *Lenken eines Projekts* (Directing a Project)

b) *Initiieren eines Projekts* (Initiating a Project)

c) *Managen eines Phasenübergangs* (Managing a Stage Boundary)

d) *Managen der Produktlieferung* (Managing Product Delivery)

Lösung: d) Managen der Produktlieferung *(Managing Product Delivery)*

- Multiple-Response-Fragen – „Mehrere richtige Antworten aus einer Liste auswählen" (X aus N).

Beantworten Sie die folgende Frage. Fragetext. Welche der folgenden Optionen passt AM BESTEN ...?	
1	a) Option 1 b) Option 2 c) Option 3 d) Option 4 e) Option 5

Abbildung 7.7: Multiple-Response-Fragen

Beispiel:

Welche drei der folgenden Aktivitäten würden Sie als Teil des initialen Phasenplans aus dem SU-Prozess ansehen?

1. Aktualisierung der Projektbeschreibung (Project Brief)
2. Verfassen eines Projektqualitätsplans (Project Quality Plan)
3. Erstellen bzw. Anfertigen eines Spezialistenproduktes (Specialist Product)
4. Erstellen eines Projektplans (Project Plan)
5. Verfassen eines Erfahrungsberichts (Lessons Learned Report)
6. Planung der nächsten Phase (next Stage)

Antwortoptionen:

a) 3, 4, 6

b) 2, 4, 6

c) 2, 4, 5

d) 1, 4, 6

e) 4, 5, 6

Lösung: Option b)

- Matching-Fragen – Die in einer Liste enthaltenen Informationen müssen den Positionen in einer zweiten Liste zugeordnet werden, ähnlich wie Sie es vielleicht auch aus Rätseln in der Tages- oder Wochen-Zeitung kennen.

Fragetext.
Für jede Aussage in Spalte I wählen Sie die passende Aussage aus Spalte II.
Antworten in Spalte II können mehrfach oder gar nicht verwendet werden.

Spalte I		II	
1	Aussage Zeile 1	1	Aussage Zeile 1
2	Aussage Zeile 2	2	Aussage Zeile 2
3	Aussage Zeile 3	3	Aussage Zeile 3
4	Aussage Zeile 4	4	Aussage Zeile 4
5	Aussage Zeile 5	5	Aussage Zeile 5
6	Aussage Zeile 6	6	Aussage Zeile 6
		7	Aussage Zeile 7
		8	Aussage Zeile 8

Abbildung 7.8: Zuordnungsfragen

Beispiel:

In diesem Beispiel geht es um den Business Case. Entsprechend der Aussage in der ersten Spalte wählen Sie den am besten passenden Titel eines Business Case aus der zweiten Spalte. Antworten in Spalte 2 können mehrfach oder gar nicht verwendet werden.

	Spalte 1		Spalte 2
1	Anstieg des Profits um 15 %	A	Gründe (Reasons)
2	Bestenfalls werden 250TE, im schlechtesten Fall 100TE realisiert.	B	Optionen (Options)
3	Unser Hauptkonkurrent ist mit einem besseren Produkt am Markt vertreten als wir.	C	Nutzen (Benefits)
4	Es sollte ein Jahr dauern.	D	Risikozusammenfassung (Risk Summary)
5	Fertige ein besseres Produkt oder stelle Dich nicht dem Wettbewerb auf diesem Gebiet.	E	Kosten (Costs)
6	Möglicherweise liefert der Lieferant zu spät.	F	Zeitschiene
7	Es sollte 2.000 kosten.	G	Investitionsrechnung

	Spalte 1		Spalte 2
8	Auf Basis der finanziellen Statistiken werden die Kosten des Projekts (50 TE) und die Betriebskosten nach Abschluss des Projekts (60 TE) geringer ausfallen als der Nutzen nach drei Jahren.	H	Evaluation
		I	Das gehört nicht in einen Business Case.

Lösung: 1C, 2H, 3A, 4F, 5B, 6D, 7E, 8G

- Sequenz-Fragen – Ereignisse, die in eine bestimmte Reihenfolge zu bringen sind.

Fragetext.

Aussage 1
Aussage 2
Aussage 3
Aussage 4
Aussage 5

Welche der folgenden Abfolgen beschreibt korrekt die Reihenfolge für XYZ ...

a)	Sequenz 1 (z.B. 1, 2, 3, 4, 5)
b)	Sequenz 2 (z.B. 1, 2, 4, 3, 5)
c)	Sequenz 3 (z.B. 1, 2, 3, 5, 4)
d)	Sequenz 4 (z.B. 5, 2, 3, 4, 1)
e)	Sequenz 5 (z.B. 2, 1, 3, 4, 5)

Abbildung 7.9: Fragen in Bezug auf die richtige Reihenfolge

Beispiel:

In diesem Beispiel geht es um den Business Case. Aus der folgenden Liste geben Sie die Reihenfolge an, in der Business Case-Informationen in einem PRINCE2™-Projekt zusammengetragen werden.

1. Business Case
2. Nutzenrevisionsplan (Benefits Review Plan)
3. Projektmandat
4. Aktualisierter Business Case

Antwortoptionen:

a) 1, 2, 3, 4

b) 4, 3, 1, 2

c) 3, 4, 1, 2

d) 3, 1, 4, 2

e) 2, 1, 3, 4

Lösung: Option d)

- Behauptung/Begründung – Jede Zeile enthält eine Behauptung und eine Begründung, die durch das Wort „denn“ verbunden werden.

  Die Aufgabe im Fragenheft besteht aus zwei Aussagen. Eine Aussage stellt die Behauptung dar. Die zweite Aussage soll die entsprechende Begründung darstellen. Beide Aussagen sind durch das Wort „weil“ verbunden.

  Zum einen geht es hier darum, ob die Behauptung wahr oder falsch ist. Zum anderen müssen Sie prüfen, ob die Begründung wahr oder falsch ist. Wenn Behauptung oder Begründung falsch sind, finden Sie die richtige Antwort unter den Optionen C, D oder E. Sind jedoch beide Aussagen wahr, ist ein dritter Schritt als Überlegung notwendig: Um zwischen den Antwortmöglichkeiten A oder B zu wählen, müssen Sie sich fragen, ob die Begründung als korrekte Erklärung für die Behauptung dient.

Auswahl	Behauptung	Begründung	
A	WAHR	WAHR	UND, d.h. die Begründung stützt die Behauptung korrekt.
B	WAHR	WAHR	ABER, d.h. die Begründung stützt die Behauptung NICHT.
C	WAHR	FALSCH	
D	FALSCH	WAHR	
E	FALSCH	FALSCH	
	Behauptung		Begründung
1	Behauptung 1	WEIL	Begründung
2	Behauptung 2	WEIL.	Begründung
3	Behauptung 3	WEIL.	Begründung

Abbildung 7.10: Behauptung/Begründung

Beispiel:

Die Zeilen 1 bis 2 der nachfolgenden Tabelle bestehen aus einer Behauptung und einer Begründung. Für jede Zeile müssen Sie die korrekte Auswahlmöglichkeit A bis E auswählen. A bis E können dabei mehrmals oder gar nicht auftreten.

Auswahl	Behauptung	Begründung	
A	Wahr	Wahr	UND, d. h. die Begründung stützt die Behauptung korrekt.
B	Wahr	Wahr	ABER, d. h. die Begründung stützt die Behauptung NICHT.
C	Wahr	Falsch	
D	Falsch	Wahr	
E	Falsch	Falsch	

	Behauptung		Begründung
1	Jede vorherzusehende Verspätung des Projekts, die gleichzeitig eine Toleranzverletzung darstellt, muss in einem Ausnahmebericht dargestellt werden.	WEIL	Wenn eine Verspätung vorhersehbar ist, könnte der Projektmanager vorschlagen, Kostentoleranzen zur Reduzierung der Verspätung auszunutzen.
2	Der Teammanager sollte eine Kopie des Projektqualitätsplans erhalten, damit er den Änderungssteuerungsprozess versteht, den er einhalten muss.	WEIL	Der Änderungssteuerungsansatz wird im Projektqualitätsplan beschrieben.

Lösung: 1B, 2D

Weitere Informationen zu den Zertifizierungsprüfungen und dem Qualifizierungsschema finden Sie hier: *http://www.apmg-international.com/APMG-UK/PRINCE2/Qualifications/Open_Centre_Exams.asp*.

8 Kontroll- und Prüffragen zu den PRINCE2™-Zertifizierungsprüfungen

In diesem Kapitel lernen Sie die Fragen aus dem Foundation-Bereich kennen. Sie dienen zum einen dazu, Sie auf die möglichen Frageformen der Prüfung vorzubereiten. Zum anderen geht es darum, Ihr in den Kapiteln dieses Buchs angelesenes Wissen abzufragen, damit Sie wissen, wo Sie hinsichtlich Ihrer Vorbereitung auf die Foundation-Zertifizierungsprüfung stehen. Ein positiver Nebeneffekt, der im Zuge des Durcharbeitens der mit den hier vorliegenden Fragen einhergeht, ist, dass Sie durch die Kommentare im Lösungstext eine direkte Lernkontrolle haben. Die Kommentare erklären die Lösung und liefern die Begündung aus der Theorie.

Die hier aufgelisteten Fragen sind keine Braindumps aus Prüfungen der APMG. Dieses Buch soll Sie dabei unterstützen, Wissen aufzubauen, damit Sie nicht nur die Zertifizierungsprüfung erfolgreich überstehen, sondern auch im Projektalltag über Kenntnisse verfügen, die Ihnen und Ihrem Projektumfeld helfen, die gesteckten Ziele des entsprechenden Projekts zu erreichen. Bloßes Auswendiglernen von möglichen Prüfungsfragen will dieses Buch nicht bieten.

Sind Sie allerdings in der Lage, die Vielzahl an Fragen zur Überprüfung Ihres Kenntnisstandes in Bezug auf die PRINCE2™-Projektmanagementmethode korrekt zu beantworten, können Sie entspannt in das Foundation-Examen gehen.

Informationen zum Prüfungsablauf des Foundation- und auch des Practitioner-Examens finden Sie in *Kapitel 7, PRINCE2™-Zertifizierungen*.

8.1 Fragen zu den PRINCE2™-Themen, -Prinzipien, -Techniken und -Prozessen

In den folgenden Unterkapiteln sind Fragen zu den vier Kernbereichen von PRINCE2™ zusammengestellt: Prozesse, Themen, Prinzipien und Techniken.

8.1.1 Kontrollfragen zu den PRINCE2™-Prozessen

Welcher Prozess stellt sicher, dass die geplanten Produkte erzeugt und geliefert werden?

a) *Vorbereiten eines Projekts* (Starting up a Project)
b) *Initiieren eines Projekts* (Initiating a Project)
c) *Managen eines Phasenübergangs* (Managing a Stage Boundary)
d) *Managen der Produktlieferung* (Managing Product Delivery)

Lösung: *d)* Managen der Produktlieferung *(Managing Product Delivery). Dies bezieht sich auf die MP-Aktivität* Arbeitspaket ausführen, *die mit der CS-Aktivität* Status eines Arbeitspakets prüfen *interagiert. Während der MP-Aktivität* Arbeitspaket ausführen *werden die Spezialistenprodukte entsprechend der Inhalte des Arbeitspakets erstellt und die Qualitätsprüfung durchgeführt.*

Was ist KEIN Ergebnis des Prozesses* Lenken eines Projekts *(Directing a Project)?

a) Aktuelle Schätzungen zu Dauer und Ressourcen
b) Autorisierung der Projektfortführung
c) Berichte an das Unternehmens- oder Programm-Management
d) Überprüfte Projektleitdokumentation (approved PID)

Lösung: *a) Aktuelle Schätzungen zu Dauer und Ressourcen. Dies erfolgt über das Thema Pläne bzw. die Erstellung eines Plans, für den der Projektmanager zuständig ist. Die Verantwortung für den DP-Prozess liegt beim Lenkungsausschuss.*

In welchem Prozess kann ein vorzeitiger Abschluss des Projekts genehmigt werden?

a) *Initiieren eines Projekts* (Initiating a Project)
b) *Abschließen eines Projekts* (Closing a Project)
c) *Managen eines Phasenübergangs* (Managing a Stage Boundary)
d) *Lenken eines Projekts* (Directing a Project)

Lösung: *d)* Lenken eines Projekts *(Directing a Project). Dies geschieht über die Aktivität* Ad-hoc-Anweisungen geben. *Dies wird durch den CP-Prozess* Vorzeitigen Abschluss vorbereiten *über den Projektmanager umgesetzt.*

Zu welchem Zeitpunkt nimmt der Lenkungsausschuss seine erste große Aktivität vor?

a) Zu Beginn von *Vorbereiten eines Projekts* (Starting up a Project)
b) Nach dem *Vorbereiten eines Projekts* (Starting up a Project)
c) Sobald das Projektmandat erzeugt wurde
d) Nachdem das Unternehmens-/Programm-Management das Projektmandat übergeben hat

Lösung: *b) Nach dem* Vorbereiten eines Projekts *(Starting up a Project, siehe Abbildung 8.1). Dies ist die DP-Aktivität* Initiierung freigeben. *Danach startet das Projekt (offizieller Projektstart).*

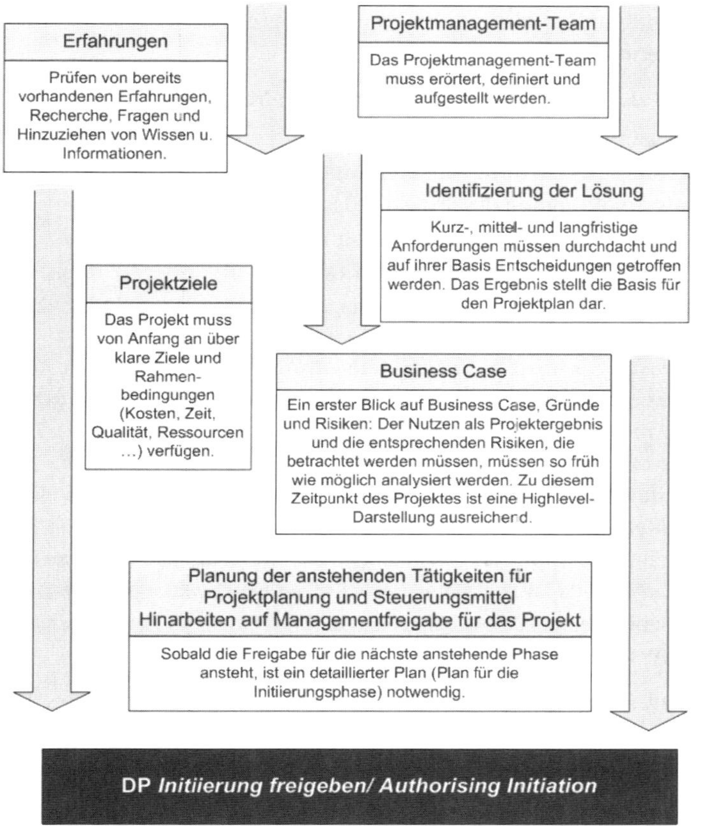

Abbildung 8.1: Zusammenspiel von SU-Prozess und nachfolgender DP-Aktivität

In welcher Aktivität werden Teamstatusberichte erstellt?

a) *Arbeitspaket ausführen*
b) *Arbeitspaket annehmen*
c) *Status eines Arbeitspakets prüfen*
d) *Über Projektstatus berichten*

Lösung: *a)* Arbeitspaket ausführen. *Der Zeitpunkt für die Erstellung der sogenannten Checkpoint Reports (Teamstatusberichte) steht im Arbeitspaket.*

*Wer wird in der ersten Aktivität von SU (*Vorbereiten eines Projekts*) nominiert?*

a) (Projekt-)Auftraggeber (Executive)
b) Projektmanagement-Team (Project Management Team)

c) Projektmanager und (Projekt-)Auftraggeber (Project Manager and Executive)
d) Lenkungsausschuss (Project Board)

Lösung: *c) Projektmanager und (Projekt-)Auftraggeber (Project Manager and Executive). Der Name für die Aktivität sagt es schon:* Auftraggeber und Projektmanager ernennen *(Appointing the Executive and the Project Manager).*

Was ist ein Ziel in Bezug auf das* Steuern einer Phase *(Controlling a Stage)?

a) Autorisierte Arbeiten umzusetzen
b) Die Organisation über die Absicht zu informieren, die Projektorganisation und die Ressourcen freizusetzen als Ankündigung des Projektendes (End Project Notification)
c) Sicherzustellen, dass die notwendigen Investitionen in Zeit und Ressourcen für das Projekt unter Berücksichtigung der Projektrisiken gerechtfertigt sind
d) Bestätigung des Projektziels und Hinführen des Projekts zu einem kontrollierten Ende

Lösung: *a) Autorisierte Arbeiten umzusetzen. Die CS-Aktivität* Arbeitspaket freigeben *stößt die Erstellung eines Spezialistenproduktes auf der Gegenseite beim Teammanager in der MP-Aktivität* Arbeitspaket annehmen *an, woraus später die entsprechenden Produkte des Arbeitspakets in der MP-Aktivität* Arbeitspaket ausführen *entstehen. Der Status dazu wird auf der Seite des Projektmanagers in der CS-Aktivität* Status eines Arbeitspakets prüfen *abgeklopft. Nach Abgabe des erledigten Arbeitspakets an den Projektmanager bzw. das Konfigurationsmanagement während der korrespondierenden MP-Aktivität* Arbeitspaket abliefern *existiert auf der Gegenseite die CS-Aktivität* Abgeschlossene Arbeitspakete entgegennehmen. *Optionen b) und d) gehören zum CP-Prozess (*Abschließen eines Projekts*).*

Welche der folgenden Aussagen ist NICHT korrekt?

a) Ein Ziel des Prozesses *Managen eines Phasenübergangs* ist es, die Projektleitdokumentation zu prüfen und bei Bedarf zu aktualisieren.
b) Service- oder Wartungsverträge sollten stets als Produkt der letzten Phase enthalten sein.
c) In einem Projekt den Punkt markieren, an dem die Abnahme des Projektendprodukts bestätigt wird, ist ein Zweck des Prozesses *Abschließen eines Projekts.*
d) Während der DP-Aktivität *Initiierung freigeben* würde der Lenkungsausschuss erstmalig die Qualitätserwartungen des Kunden bestätigen.

Lösung: *b) Service- oder Wartungsverträge sollten stets als Produkt der letzten Phase enthalten sein. Denn nur wenn aufgrund der Anforderungen deutlich wird, dass ein Produkt entsprechende (aufwändige oder häufige) Wartung oder Unterstützung im Betrieb benötigt, muss der Projektmanager dafür sorgen, dass entsprechende Service- oder Wartungsvereinbarungen definiert sind.*

Was stellt eine Aktivität zum* Steuern einer Phase *(Controlling a Stage) dar?

a) *Über Projektstatus berichten* (Report Highlights)
b) *Initiierung freigeben* (Authorise Initiation)
c) *Vorhandene Erfahrungen erfassen* (Capture Previous Lessons)

d) *Ad-hoc-Anweisungen geben* (Give Ad Hoc Directions)

Lösung: a) Über Projektstatus berichten *(Report Highlights). Dies ist eine CS-Aktivität. Option b) steht für die DP-Aktivität* Initiierung freigeben *als offizieller Start des Projekts unter der Verantwortung des Lenkungsausschusses, Option c) steht für eine SU-Aktivität und Option d) steht für eine DP-Aktivität des Lenkungsausschusses.*

Der Projektmanager erstellt in der Initiierungsphase die Produktbeschreibungen für die wichtigsten Projektprodukte. Ist dieses Vorgehen korrekt?

a) Ja, denn die Produktbeschreibungen für die wichtigsten Produkte im Projekt sollen erstellt werden, wenn der Projektplan aufgestellt wird.

b) Nein, denn alle Produktbeschreibungen sollten im Prozess *Managen eines Phasenübergangs* gleichzeitig mit dem Projektplan erstellt werden.

c) Nein, denn alle Produktbeschreibungen sollten im Prozess *Managen der Produktlieferung* durch die Spezialisten erstellt werden.

d) Ja, denn die Produktbeschreibungen für alle Produkte im Projekt sollen erstellt werden, wenn der Projektplan aufgestellt wird.

Lösung: a) Ja, denn die Produktbeschreibungen für die wichtigsten Produkte im Projekt sollen erstellt werden, wenn der Projektplan aufgestellt wird. Dies geschieht in der IP-Aktivität Projektplan erstellen. *Zum einen gibt die Projektbeschreibung vor, was das Projekt liefern soll. Zum anderen wird dies durch die produktbasierte Planung umgesetzt. Zu Optionen b) und d): Bei Erstellung des Phasenplans für die nächste Phase werden die Produktbeschreibungen für die in der entsprechenden Phase zu liefernden Produkte erstellt oder aktualisiert.*

Welcher Prozess umfasst neben der Nachbereitung des Projekts auch sein Ende bzw. seinen endgültigen Abschluss?

a) *Abschließen eines Projekts* (Closing a Project)

b) *Managen eines Phasenübergangs* (Managing a Stage Boundary)

c) *Steuern einer Phase* (Controlling a Stage)

d) *Managen der Produktlieferung* (Managing Product Delivery)

Lösung: a) Abschließen eines Projekts *(Closing a Project). Dazu gehören die Aktivitäten* Planmäßigen Abschluss vorbereiten, Vorzeitigen Abschluss vorbereiten, Produkte übergeben, Projekt bewerten *und* Projektabschluss empfehlen.

Der erste Projektplan basiert auf der Projektbeschreibung (Project Brief), den Strategien und welchem weiteren Produkt?

a) Dem Projektlösungsansatz (Project Approach)

b) Der Projektleitdokumentation (Project Initiation Documentation)

c) Der Ankündigung des Projektstarts (Start-up notification)

d) Dem Projektmandat (Project Mandate)

Lösung: *a) Dem Projektlösungsansatz (Project Approach). Dies ist ein Ergebnis der Aktivität* Projektlösungsansatz auswählen und Projektbeschreibung zusammenstellen. *Option b) gehört zum IP-Prozess.*

Was ist das Hauptziel bzw. sind die Hauptziele der CS-Aktivität* Offene Punkte und Risiken erfassen und untersuchen *(Capture and Examine Issues and Risks)?

a) Aufnehmen, Protokollieren, Kategorisieren und Bewerten aller offenen Punkte (Issues)
b) Erstellen des Statusberichts (Highlight Report), der für den Lenkungsausschuss (Project Board) benötigt wird
c) Sicherzugehen, dass sich die Phasen innerhalb der Toleranzen bewegen
d) Zuordnen und Zusammenfassen aller Fortschrittsinformationen, um sie an das Programm-Management zu berichten

Lösung: *a) Aufnehmen, Protokollieren, Kategorisieren und Bewerten aller offenen Punkte. Hier ist der Name der Aktivität Programm. Bevor eine Entscheidung über das weitere Vorgehen getroffen werden kann, müssen die einzelnen offenen Punkte oder Risiken protokolliert und ihre Auswirkungen bewertet werden. Option c) bezeichnet das Hauptziel für die CS-Aktivität* Phasenstatus prüfen.

Was ist ein Ziel des Prozesses* Lenken eines Projekts *(Directing a Project)?

a) Plan und Kosten des Projekts
b) Die Übergabe an das Betriebsteam umzusetzen
c) Verbindung zum Unternehmens- oder Programm-Management aufzunehmen
d) Etwaige Abweichungen von Phasen- oder Projektplänen korrekt zu handhaben

Lösung: *c) Verbindung zum Unternehmens- oder Programm-Management aufzunehmen. Aufgrund der Projektmanagement-Organisation und der darin beschriebenen Kommunikationswege (Teammanager – Projektmanager – Lenkungsausschuss – Unternehmens-/Programm-Management) passt diese Antwort zum Lenkungsausschuss, der für den DP-Prozess zuständig ist. Alle anderen Antworten passen nicht zum DP-Prozess: Option a) gehört zur Planerstellung, Option b) zum CP-Prozess (*Abschließen eines Projekts*) und Option d) gehört zum CS- (*Steuern einer Phase*) bzw. SB-Prozess (*Managen eines Phasenübergangs).

Welcher Prozess liefert die Informationen, auf deren Basis der Lenkungsausschuss (Project Board) seine Schlüsselentscheidungen in Bezug auf das Fortführen des Projekts trifft?

a) *Steuern einer Phase* (Controlling a Stage)
b) *Managen eines Phasenübergangs* (Managing a Stage Boundary)
c) *Lenken eines Projekts* (Directing a Project)
d) *Managen der Produktlieferung* (Managing Product Delivery)

Lösung: *b)* Managen eines Phasenübergangs *(Managing a Stage Boundary). Dies geschieht über die SB-Aktivität* Über Phasenabschluss berichten, *wenn der Lenkungsausschuss über die DP-Aktivität* Phasen- oder Ausnahmeplan freigeben *kontaktiert wird.*

Was ist kein Ziel beim* Abschließen eines Projekts *(Closing a Project)?

a) Bestätigen der Kundenakzeptanz in Bezug auf das Produkt
b) Vorbereiten eines Projektabschlussberichts (End Project Report)
c) Sammeln der Fortschrittsinformationen in Bezug auf ein Arbeitspaket (Work Package)
d) Abnahmeerklärung des Kunden (Customer acceptance)

Lösung: c) Sammeln der Fortschrittsinformationen in Bezug auf ein Arbeitspaket (Work Package). Dies gehört zur CS-Aktivität Status eines Arbeitspakets prüfen.

Was stellt keine Aktivität zum* Lenken eines Projekts *(Directing a Project) dar?

a) *Risiken analysieren* (Analysing Risks)
b) *Initiierung freigeben* (Authorise Initiation)
c) *Ad-hoc-Anweisungen geben* (Give Ad Hoc Directions)
d) *Projektabschluss freigeben* (Authorise Project Closure)

Lösung: a) Risiken analysieren *(Analysing Risks). Dies ist keine Aktivität eines Prozesses, sondern ein Schritt zur Erstellung eines Plans. Optionen b) bis d) bezeichnen Aktivitäten des Lenkungsausschusses.*

Was aktualisiert der Prozess* Offene Punkte und Risiken erfassen und untersuchen *(Capture and Examine Issues and Risks) noch, außer das Register offener Punkte (Issue Register)?

a) Erfahrungsbericht (Lessons Report)
b) Business Case
c) Risikoregister (Risk Register)
d) Phasenplan (Stage Plan)

Lösung: c) Risikoregister (Risk Register). Hier werden (sofern zutreffend) die Auswirkungen der offenen Punkte und damit auch die entsprechenden Risiken geprüft.

Die Produktbeschreibung wird im Prozess* Steuern einer Phase *verwendet. Welche der folgenden Aussagen ist in Bezug auf die Produktbeschreibung in diesem Prozess nicht korrekt?

a) Wenn für die Herstellung eines oder mehrer Produkte mehr als ein Arbeitspaket benötigt wird, sollte das Produkt in weitere Produkte mit eigenen Produktbeschreibungen untergliedert werden.
b) Die Produktbeschreibung ist Bestandteil eines Arbeitspakets.
c) Die im Arbeitspaket beschriebenen Produkte sind unter Einhaltung der definierten Qualitätskriterien zu entwickeln.
d) Es ist zu gewährleisten, dass die verschiedenen Produkte als Bestandteile eines Arbeitspakets vereinbarungsgemäß abgenommen wurden. Wie dies zu erfolgen hat, ist in den Qualitätsverantwortlichkeiten der jeweiligen Produktbeschreibung definiert.

Lösung: c) Die im Arbeitspaket beschriebenen Produkte sind unter Einhaltung der definierten Qualitätskriterien zu entwickeln. Diese Option beschreibt die Erstellung des Produkts, das durch die Produktbeschreibung im Arbeitspaket beschrieben wird. (MP Arbeitspaket ausführen*). Option a) bezieht sich darauf, dass immer nur ein Arbeitspaket vom*

Projektmanager an den Teammanager übergeben wird. Option b) bezeichnet die Qualitätsprüfung im MP-Prozess. Option d) bezeichnet einen wichtigen Aspekt der CS-Aktivität Abgeschlossene Arbeitspakete entgegennehmen.

Welcher Prozess stellt den Kern der Leistungen des Projektmanagers im Projekt als sein Tagesgeschäft dar?

a) *Steuern einer Phase* (Controlling a Stage)
b) *Managen eines Phasenübergangs* (Managing a Stage Boundary)
c) *Lenken eines Projekts* (Directing a Project)
d) *Managen der Produktlieferung* (Managing Product Delivery)

Lösung: *a)* Steuern einer Phase *(Controlling a Stage). Dies bezeichnet das Tagesgeschäft des Projektmanagers. Hier steuert dieser beispielsweise die Tätigkeiten der Teammanager und erstattet dem Lenkungsausschuss Bericht (siehe Abbildung 8.2).*

Abbildung 8.2: Auswahl an Verantwortlichkeiten für den Projektmanager

Was ist das* Managen eines Phasenübergangs *(Managing a Stage Boundary)?

a) Dieser Prozess bezieht sich auf den Lenkungsausschuss (Project Board), einer Gruppe aus dem Management als Entscheidungsträger, die für die Aspekte Business, Anwender- und Lieferantenseite stehen.
b) Dieser Prozess liefert die Informationen, anhand derer der Lenkungsausschuss (Project Board) seine Entscheidungen in Bezug auf das Fortführen eines Projekts trifft.
c) Dieser Prozess beschreibt die Überwachung und die Steueraktivitäten des Projektmanagers.
d) Dieser Prozess stellt sicher, dass alle Projektendprodukte ausgeliefert und abgenommen wurden.

Lösung: b) Dieser Prozess liefert die Informationen, anhand derer der Lenkungsausschuss (Project Board) seine Entscheidungen in Bezug auf das Fortführen eines Projekts trifft. Erst nach Freigabe der bisherigen Phasenergebnisse und Planung der nächsten Phase im Phasenübergang durch den Lenkungsausschuss tritt das Projekt in die nächste Phase (Stage). Antwort c) beschreibt die Aufgaben des Prozesses Abschließen eines Projekts. *Antwort b) bezieht sich auf den CS-Prozess* Steuern einer Phase *(Controlling a Stage), das Tagesgeschäft des Projektmanagers. Option a) und damit der DP-Prozess* (Lenken eines Projekts) *gehört zum Lenkungsausschuss.*

Was stellt keine Aktivität zum* Vorbereiten eines Projekts *(Starting up a Project) dar?

a) *Arbeitspaket abliefern* (Deliver a Work Package)
b) *Projektmanagement-Team entwerfen und ernennen* (Design and Appoint the Project Management Team)
c) *Initiierungsphase planen* (Plan the Initiation Stage)
d) *Projektlösungsansatz definieren* (Defining Project Approach)

Lösung: a) Arbeitspakete abliefern *(Deliver a Work Package). Diese Aktivität gehört zum Prozess* Managen der Produktlieferung *(Managing Product Delivery).*

In welcher Aktivität von* Steuern einer Phase *(Controlling a Stage) wird das Risikoregister (Risk Register) aktualisiert?

a) *Über Projektstatus berichten* (Report Highlights)
b) *Status eines Arbeitspakets prüfen* (Review Work Package Status)
c) *Offene Punkte und Risiken erfassen und untersuchen* (Capture and Examine Issues and Risks)
d) *Arbeitspaket freigeben* (Authorise a Work Package)

Lösung: d) Offene Punkte und Risiken erfassen und untersuchen *(Capture and Examine Issues and Risks). Hier werden auch die Auswirkungen der offenen Punkte und Risiken geprüft.*

Was stellt keine Aktivität zum Lenken eines Projekts (Directing a Project) dar?

a) *Plan erstellen* (Designing a Plan)
b) *Initiierung freigeben* (Authorise Initiation)
c) *Ad-hoc-Anweisungen geben* (Give Ad Hoc Directions)
d) *Projektabschluss freigeben* (Authorise Project Closure)

Lösung: a) Plan erstellen *(Designing a Plan). Dies ist ein Schritt bei der Erstellung eines Plans und gehört zum Thema Pläne.*

In welchem Prozess wird die Qualitätsmanagement-Strategie geschrieben?

a) *Initiieren eines Projekts* (Initiating a Project)
b) *Vorbereiten eines Projekts* (Starting up a Project)
c) *Managen eines Phasenübergangs* (Managing a Stage Boundary)
d) *Lenken eines Projekts* (Directing a Project)

Lösung: a) Initiieren eines Projekts *(Initiating a Project). Dies geschieht in der IP-Aktivität* Qualitätsmanagement-Strategie erstellen. *Hier wird auch das Qualitätsregister eingerichtet.*

Was ist kein Ergebnis des Prozesses* Vorbereiten eines Projekts *(Starting up a Project)?

a) Initiierungsphasenplan (Stage Initiation Plan)
b) Qualitätserwartungen des Kunden (Quality expectations)
c) Struktur des Projektmanagement-Teams (Project Management Team Structure)
d) Teampläne (Team Plans)

Lösung: d) Teampläne (Team Plans). Diese werden vom Teammanager während der MP-Aktivität Arbeitspaket annehmen *erstellt. Option a) beschreibt den Plan für die Initiierungsphase.*

Was ist kein Ziel beim* Abschließen eines Projekts *(Closing a Project)?

a) Bestätigen der Kundenakzeptanz in Bezug auf das Produkt
b) Vorbereiten eines Projektendberichts (End Project Report)
c) Überprüfung der Arbeitssituation (Work situation)
d) Offene Punkte und Risiken erfassen und untersuchen (Project Issues)

Lösung: c) Überprüfung der Arbeitssituation (Work situation). Es existiert keine PRINCE2™-Aktivität oder eine entsprechende Aufgabe im CP-Prozess. Option a) gehört zur CP-Aktivität Planmäßigen Abschluss vorbereiten. *Hier prüft der Projektmanager, ob die Projektprodukte von den definierten Instanzen abgenommen wurden und alle Qualitätskriterien erfüllt sind oder ob Konzessionen vorliegen. Option b) bezieht sich auf die CP-Aktivität* Projekt bewerten *und Option d) steht ebenfalls für eine Tätigkeit in der CP-Aktivität* Produkte übergeben. *Hier prüft der Projektmanager, ob Arbeiten, offene Punkte oder Risiken unerledigt geblieben sind und lässt die Ergebnisse in die Empfehlungen für Folgeaktionen einfließen.*

Was ist das* Vorbereiten eines Projekts *(Starting up a Project)?

a) Dieser Prozess stellt sicher, dass geplante Produkte erzeugt und geliefert werden.
b) Dies ist ein projektvorbereitender Prozess, vorgesehen, um sicherzugehen, dass die Voraussetzungen für die Projektinitiierung gegeben sind.
c) Dieser Prozess bezieht sich auf den Lenkungsausschuss (Project Board), einer Gruppe aus dem Management als Entscheidungsträger, die für die Aspekte Business, Anwender- und Lieferantenseite stehen.
d) Dieser Prozess liefert die Informationen, anhand derer der Lenkungsausschuss (Project Board) seine Entscheidungen in Bezug auf das Fortführen eines Projekts trifft.

*Lösung: b) Dies ist ein projektvorbereitender Prozess (siehe Abbildung 8.3), vorgesehen, um sicherzugehen, dass die Voraussetzungen für die Projektinitiierung gegeben sind. Erst danach erfolgt die Freigabe der Projektinitiierung durch den Lenkungsausschuss (*Initiierung freigeben*), was den offiziellen Projektstart darstellt.*

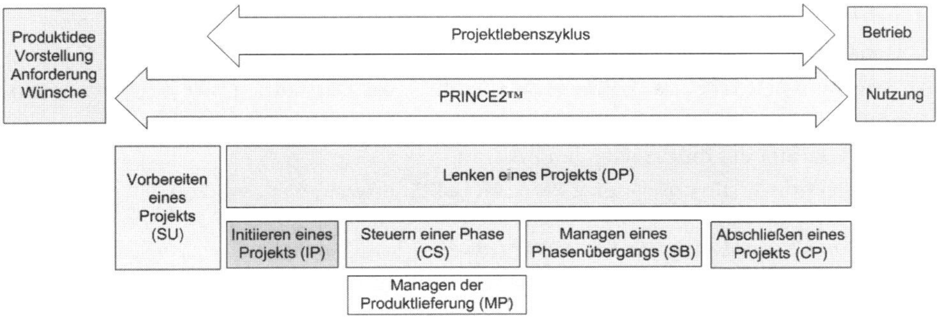

Abbildung 8.3: Der SU-Prozess stellt die Pre-Projektphase dar.

Was ist ein Ziel des Prozesses Initiieren eines Projekts *(Initiating a Project)?*

a) Die Organisation über die Absicht zu informieren, die Projektorganisation und die Ressourcen freizusetzen (Ankündigung des Projektendes/End Project Notification)

b) Der Teammanager verhandelt Details der Arbeitspakete mit dem Projektmanager.

c) Bereitstellen von Informationen, die der Lenkungsausschuss (Project Board) benötigt, um die Aussichten bezüglich der Projektrealisierbarkeit beurteilen zu können.

d) Bereitstellen der Baseline für die Entscheidungsprozesse, die während des Projekts anstehen

Lösung: d) Bereitstellen der Baseline für die Entscheidungsprozesse, die während des Projekts anstehen. Dies ist die genehmigte und damit eingefrorene Version der Projektleitdokumentation („Baseline"). Option a) gehört zur DP-Aktivität Projektabschluss freigeben, *Option b) zur MP-Aktivität* Arbeitspaket annehmen *und Option c) bezieht sich auf die SB-Aktivität* Über Phasenabschluss berichten *oder die CS-Aktivität* Über Projektstatus berichten.

In welcher Aktivität wird der Phasenplan (Stage Plan) aktualisiert?

a) *Status eines Arbeitspakets prüfen* (Review Work Package Status)

b) *Phasenstatus prüfen* (Review the Stage Status)

c) *Nächste Phase planen* (Plan the Next Stage)

d) *Über Projektstatus berichten* (Report Highlights)

Lösung: a) Status eines Arbeitspakets prüfen *(Review Work Package Status). Der Phasen- oder Ausnahmeplan wird mithilfe der einlaufenden Informationen wie Teamstatusbericht, Eintragungen im Qualitätsregister und den Statusinformationen aus der CS-Aktivität* Abgeschlossene Arbeitspakete entgegennehmen *aktualisiert. Option d) als CS-Aktivität gibt Informationen an den Lenkungsausschuss weiter. Option b) als CS-Aktivität erhält Informationen und beurteilt diese lediglich. Option c) als SB-Aktivität erstellt den Plan für die nächste Phase.*

Was ist ein Ziel des Prozesses Vorbereiten eines Projekts _(Starting up a Project)?_

a) Genehmigter Teamplan
b) Vorgehensweise für das Projekt entwerfen bzw. die Darstellung, wie eine entsprechende Lösung aussehen kann
c) Autorisierung der umzusetzenden Arbeiten
d) Definieren, wie die notwendige Produktqualität erreicht werden kann

Lösung: b) Vorgehensweise für das Projekt entwerfen bzw. Darstellung, wie eine entsprechende Lösung aussehen kann. Dies wird über den Projektlösungsansatz (als Teil der Projektbeschreibung) erreicht.

Was ist ein Ergebnis des Prozesses Initiieren eines Projekts _(Initiating a Project)?_

a) Zukünftige Auswirkungen auf das Projekt für den Phasenendbericht (End Stage Report)
b) Analysierte Risiken (Risks)
c) Angelegte Register offener Punkte (Issue Register created)
d) Fortschrittsberichte (Progress Reports) an den Projektmanager

Lösung: c) Angelegte Register offener Punkte (Issue Register created). Dies geschieht in der IP-Aktivität Konfigurationsmanagement-Strategie erstellen.

Was ist keine Aktivität des Prozesses Managen der Produktlieferung _(Managing Product Delivery)?_

a) *Arbeitspaket annehmen* (Accept a Work Package)
b) *Arbeitspaket abliefern* (Deliver a Work Package)
c) *Arbeitspaket bewerten* (Assess a Work Package)
d) *Arbeitspaket ausführen* (Execute a Work Package)

Lösung: c) Arbeitspaket bewerten *(Assess a Work Package). Es gibt keine PRINCE2™-Aktivität mit einer solchen Bezeichnung.*

Was ist ein Ziel des Prozesses Initiieren eines Projekts _(Initiating a Project)?_

a) Schätzen, wie viel Aufwand jede Aktivität verlangt und wie lange man dafür brauchen wird
b) Vornehmen der notwendigen Korrekturmaßnahmen
c) Zustimmung der Verpflichtung für die Ressourcen der nächsten Projektphase
d) Fördern der angebrachten externen Kommunikationen und Publicity über das Projekt

Lösung: c) Zustimmung der Verpflichtung für die Ressourcen der nächsten Projektphase. Dies geschieht über die Zustimmung des Lenkungsausschusses in der DP-Aktivität Projekt freigeben. *Option a) gehört zum Thema „Pläne", Option b) bezeichnet die CS-Aktivität* Korrekturmaßnahmen einleiten *und Option d) bezieht sich auch nicht auf eine Aktivität, sondern ist Aufgabe des Lenkungsausschusses.*

Was ist kein Ergebnis für den Prozess* Vorbereiten eines Projekts *(Starting up a Project)?

a) Erledigtes Arbeitspaket (Work Package)
b) Projektlösungsansatz (Project Approach)
c) Akzeptanzkriterien
d) Risikoregister (Risk Register)

Lösung: a) Erledigtes Arbeitspaket (Work Package). Dies gehört zur MP-Aktivität Arbeitspaket ausführen.

Was ist kein Ziel des Prozesses* Initiieren eines Projekts *(Initiating a Project)?

a) Die Organisation über die Absicht zu informieren, die Projektorganisation und die Ressourcen freizusetzen (Ankündigung des Projektendes/End Project Notification)
b) Berichtswesen bezüglich der Informationsverbreitung und Kommunikation zum Projektfortschritt
c) Bereitstellen von Richtgrößen für die Entscheidungsprozesse, die während des Projekts anstehen
d) Entsenden der notwendigen Ressourcen

Lösung: a) Die Organisation über die Absicht zu informieren, die Projektorganisation und die Ressourcen freizusetzen (entsprechend der Kommunikationsmanagement-Strategie die *Ankündigung* des Projektabschlusses *in der DP-Aktivität* Projektabschluss freigeben *kommunizieren).*

8.1.2 Kontrollfragen zu den PRINCE2™-Themen

Welches Thema liefert die Informationen, was benötigt wird und wie und von wem es geliefert wird?

a) Organisation
b) Pläne
c) Business Case
d) Qualität

Lösung: Option b) Pläne. Sie stellen dar, was wann benötigt wird, wie und von wem es geliefert wird und mithilfe welcher Ressourcen. Die Option a) stellt die Erklärung und den Aufbau der Organisationsstruktur sowie die entsprechenden Verantwortlichkeiten dar. In Option c) wird die wirtschaftliche Rechtfertigung für das Projekt dokumentiert. Option d) kümmert sich um die Definition und die Mittel, damit das Projekt zweckentsprechend Produkte herstellen und über die Qualitätsprüfung überprüfen kann.

Welche Rolle entscheidet über die Freigabe, Überwachung und Entgegennahme von Arbeitspaketen?

a) Projektmanager
b) Projektunterstützung
c) Auftraggeber
d) Teammanager

Lösung: *Option a) Projektmanager. Er ist für das Tagesgeschäft verantwortlich, das v. a. durch die Aktivitäten des CS-Prozesses repräsentiert wird und für diesen Prozess trägt der Projektmanager die Verantwortung und damit z. B. auch für das Freigeben von Arbeitspaketen (CS* Arbeitspaket freigeben*). Der Teammanager vereinbart als „Gegenpart" im MP-Prozess mit dem Projektmanager die durchzuführenden Arbeiten als Arbeitspaket. Die Projektunterstützung unterstützt lediglich administrativ. Der Auftraggeber ist an der Kommunikation zwischen CS- und MP-Prozess nicht beteiligt.*

Wie können Risiken (Risks) effektiver gehandhabt werden?

a) Durch eine ansteigende Häufigkeit von Meetings zwischen Lenkungsausschuss (Project Board), Projektmanager und Teammanagern
b) Durch ein Aufweichen der Toleranzgrenzen
c) Durch Einteilen des Projekts in mehr Phasen, um so eine schärfere Steuerung zu haben
d) Indem die Mitglieder des Lenkungsausschusses die Überwachung der Risiken (Risks) an eine andere Partei delegieren

Lösung: *c) Durch Einteilen des Projekts in mehr Phasen, um so eine schärfere Steuerung zu haben. Dies gilt als Managementverfahren zur Kontrolle der Risiken. Der Projektmanager muss in regelmäßigen Abständen die erkannten Risiken auswerten und gegebenenfalls Korrekturmaßnahmen einleiten. Zu a): Es finden laut „Management by Exception"-Prinzip nicht per se Meetings statt.*

Welchen Zeitraum bzw. welchen Abschnitt deckt ein typischer Ausnahmeplan (Exception Plan) ab?

a) Vom Problem zum Ende des Projekts
b) Vom Problem zum Ende der Phase (Stage)
c) Den Aufwand, der nötig ist, um ein Projekt wieder innerhalb seiner Toleranzgrenzen zu bringen
d) Die Zeit, die es braucht, um einen Ausnahmebericht (Exception Report) zu erstellen

Lösung: *b) Vom Problem zum Ende der Phase (Stage). Da er den aktuellen Plan ersetzen wird, muss er neben der Ausnahmesituation auch die definierte Phase bis zu ihrem Ende abdecken. Managementphasen verlaufen sequenziell, sodass ansonsten Überlappungen oder Löcher in der Planung entstehen würden.*

Welche Rolle kümmert sich um die Aufgaben des Tagesgeschäfts im Projekt?

a) Projektmanager
b) Projektunterstützung
c) Projektsicherung
d) Teammanager

Lösung: *Option a) Projektmanager. Er ist für das Tagesgeschäft verantwortlich, das v. a. durch die Aktivitäten des CS-Prozesses repräsentiert wird und für diesen Prozess trägt der Projektmanager die Verantwortung. Der Teammanager vereinbart als „Gegenpart" im MP-Prozess mit dem Projektmanager die durchzuführenden Arbeiten im Arbeitspaket.*

Die Projektunterstützung unterstützt lediglich bei Bedarf administrativ. Die Projektsicherung prüft die Aktivitäten und die Einhaltung von Standards und Strategien in einer Phase.

Im aktuellen Projekt sieht es so aus, als ob ein valider Business Case nicht mehr gegeben sei. Welche Rolle im Projektmanagement-Team entscheidet darüber, ob das Projekt abgebrochen und zu einem vorzeitigen Ende geführt wird?

a) Projektmanager
b) Lenkungsausschuss
c) Unternehmens- oder Programm-Management
d) Projektsicherung

Lösung: b) Lenkungsausschuss, da diese Managementebene mit den entsprechenden Kompetenzen ausgestattet ist. Alle anderen Rollen verfügen nicht über die notwendigen Befugnisse. Der Projektmanager setzt lediglich den vorzeitigen Abschluss auf Geheiß des Lenkungsausschusses um. Das Unternehmens- oder Programm-Management gehört nicht zum Projektmanagement-Team. Es kann allerdings den Lenkungsausschuss auffordern, einen vorzeitigen Abschluss auszulösen.

Welche der folgenden Optionen ist als wichtiges Steuerungsmittel (Control) für den Lenkungsausschuss (Project Board) anzusehen?

a) Freigabe des Arbeitspakets (Work Package Authorisation)
b) Projektinitiierung (Project Initiation)
c) Checkpoint Reports
d) Qualitätsprüfung (Quality Review)

Lösung: b) Projektinitiierung (Project Initiation). Durch die essentielle Freigabe der Projektinitiierung ist der Lenkungsausschuss in der Lage, eine Entscheidung zu fällen.

Welche der nachfolgenden Rollen ist nicht Teil des Projektmanagement-Teams?

a) Projektmanager
b) Änderungsausschuss
c) Qualitätssicherung
d) Projektsicherung

Lösung: Option c) Qualitätssicherung. Sie ist kein Teil des Projektmanagement-Teams. Bei dieser Frage geht es um die Unterschiede und Gemeinsamkeiten (!) von Projektsicherung und Qualitätssicherung. Die Projektsicherung berichtet primär an den Lenkungsausschuss, die Qualitätssicherung an die Unternehmens- oder Programmorganisation. Die Projektsicherung stellt im Gegensatz zur Qualitätssicherung eine Rolle des Projektmanagement-Teams dar. Sie ist eine von acht spezifischen Rollen der PRINCE2™-Version 2009. Allerdings müssen sowohl die Projektsicherung als auch die Qualitätssicherung kontrollieren, ob das Projekt ordnungsgemäß abgewickelt wird, z. B. indem sie prüfen, ob die relevanten Richtlinien und Standards befolgt werden.

Warum ist das Thema Qualität in einem Projekt (Project environment) so wichtig?

a) Um jedem eine Aufgabe zu geben

b) Weil viel zu wenig Organisationen Wert auf Qualität legen

c) Weil es so verlangt wird

d) Um sicherzustellen, dass das Projekt die richtigen Produkte erstellt, die die definierten Qualitätskriterien erfüllen

Lösung: d) Um sicherzustellen, dass das Projekt die richtigen Produkte erstellt, die die definierten Qualitätskriterien erfüllen. Der Begriff „Qualität" kann als Gesamtheit der Leistungsmerkmale und Eigenschaften eines Produkts verstanden werden, die durch die Produktbeschreibung definiert sind (siehe Abbildung 8.4). In Bezug auf die Qualität einer Dienstleistung bestimmt die Qualität, ob die Dienstleistung in der Lage ist, Erfordernisse und ausdrückliche Anforderungen zu erfüllen. Der Qualitätsbegriff ist auch definiert als Eignung für einen bestimmten Zweck (Fit for Purpose).

Produktbeschreibung	Abschnitt einer Produktbeschreibung
Doppelt so groß wie ein Fußballtor	*Qualitätskriterien*, da messbare Anforderung an das Produkt
3 Mitarbeiter des Teams „FTX"	Diese Mitarbeiter werden gebeten, die Vorschläge zu prüfen und so als Prüfer mit *Qualitätsverantwortlichkeiten* zu agieren.
+5 % / -3 % der benötigten Leinwandgröße	Eine für die Qualitätskriterien akzeptable *Qualitätstoleranz*.
Große und schöne Banner für die Werbung auf der Internetseite.	Dies ist weder ein ausreichendes Qualitätskriterium noch objektiv messbar. Jeder könnte unter „groß" und „schön" etwas anderes verstehen. Daher gehört so etwas nicht in die Produktbeschreibung.

Abbildung 8.4: Beispielhafte Inhalte einer Produktbeschreibung

Welche der folgenden Aussagen ist korrekt?

a) Es ist wichtig, dass die Steuerungsaktionen, die stattfinden, größer sind als die Risiken (Risks).

b) Es ist wichtig, dass die Steuerungsaktionen, die stattfinden, proportional zu den Risiken (Risks) sind.

c) Es ist wichtig, dass die Steuerungsaktionen, die stattfinden, so kostspielig sind wie die Risiken (Risks).

d) Es ist wichtig, dass die Steuerungsaktionen, die stattfinden, ein bisschen größer sind als die Risiken (Risks).

Lösung: b) Es ist wichtig, dass die Steuerungsaktionen, die stattfinden, proportional zu den Risiken (Risks) sind. Nur dem Risiko entsprechende Maßnahmen zeigen Wirkung bzw. übertriebene Maßnahmen liegen außerhalb einer vernünftigen Planung und Umsetzung. Eine adäquate Risikomanagement-Strategie stützt diesen Ansatz.

Welche Rolle leitet im Bedarfsfall Korrekturmaßnahmen im Projekt ein?

a) Lenkungsausschuss
b) Projektsicherung
c) Projektmanager
d) Teammanager

Lösung: *Option c) Projektmanager. Der Projektmanager wickelt das Tagesgeschäft ab, das v. a. durch die Aktivitäten des CS-Prozesses repräsentiert wird. Für diesen Prozess trägt der Projektmanager die Verantwortung und damit auch für das Einleiten von Korrekturmaßnahmen z. B. durch die Freigabe zusätzlicher Arbeitspakete (CS* Arbeitspaket freigeben *und CS* Korrekturmaßnahme einleiten*). Der Teammanager kümmert sich im MP-Prozess um die abzuwickelnden Arbeiten, um das Arbeitspaket zu realisieren. Der Lenkungsausschuss, und damit auch der Auftraggeber, haben vorab lediglich die relevanten Toleranzen festgesteckt, so dass der Projektmanager innerhalb dieser Grenzen agieren kann, um z. B. Korrekturmaßnahmen vorzunehmen. Die Nutzung der durch den Lenkungsausschuss freigebenen Freiräume liegt aber beim Projektmanager.*

Welche der folgenden Maßnahmen sind in Bezug auf das Thema Änderungen nicht korrekt?

a) Da zahlreiche Personen am Projekt mitarbeiten, wird es zunehmend schwieriger zu verfolgen, welche Projektunterlagen sich bei wem befinden. → Maßnahme: Alle ausgegebenen Kopien erfassen.
b) Sowohl die aktuelle als auch ältere Versionen des Zeitplans für die Erstellung der Spezialistenprodukte in der aktuellen Phase sind im Umlauf. → Maßnahme: Veraltete Versionen einfordern und archivieren.
c) Die Teammitglieder von Team A können nicht mit Sicherheit sagen, welche Produkte bereits genehmigt worden sind und welche noch bearbeitet werden müssen. → Maßnahme: Produktstatusauskunft erstellen.
d) Teammanager A beschwert sich darüber, dass Änderungen an relevanten Daten vorgenommen wurden, ohne dass die Auswirkungen auf ein anderes Produkt berücksichtigt worden sind. → Maßnahme: Die Originale aller Dokumente aufbewahren und nur Kopien verteilen.

Lösung: *d) Die Maßnahme, die Originale aller Dokumente aufbewahren und nur Kopien verteilen ist hier nicht korrekt. Eine geeignete Maßnahme wäre es, die Beziehungen zwischen den Konfigurationselementen zu erfassen, um mögliche Auswirkungen bei anstehenden Änderungen prüfen zu können.*

Welche Rolle trifft die Entscheidung, ob ein Änderungsantrag (Request for Change), der innerhalb der Toleranzen umgesetzt werden kann, angenommen wird?

a) Teammanager
b) Lenkungsausschuss (Project Board)
c) Anwender (End Users)
d) Qualitätssicherung (Quality Assurance)

Lösung: b) Lenkungsausschuss (Project Board). An den Änderungsausschuss als Personengruppe kann der Lenkungsausschuss die Verantwortung für die Bearbeitung von Änderungsanträgen delegieren.

Welche Risikotypen nennt PRINCE2™?

a) Finanzielle und technische Risiken
b) Risiken in Bezug auf Kunde und Lieferant
c) Risiken in Bezug auf Unternehmen und Projekt
d) Risiken in Bezug auf Analyse und Management

Lösung: c) Risiken in Bezug auf Unternehmen und Projekt. Es gibt Risiko-Eigentümer und gegebenenfalls auch einen -Bearbeiter für jedes Risiko, um dieses bestmöglich im Auge zu behalten und zu managen. Letztendlich entscheidet aber der Lenkungsausschuss über die Zuordnung eines Risikos zu einem Risiko-Eigentümer, auch wenn der Projektmanager einen Eigentümer vorschlägt. Der Auftraggeber ist Eigentümer aller Risiken, die sich auf den Business Case beziehen. Der Lenkungsausschuss hat vier Verantwortlichkeiten in Bezug auf das Thema Risiken:

- Informationsweitergabe an den Projektmanager in Bezug auf sich abzeichnende, externe Risiken
- Reaktion und Entscheidungsfindung auf der Basis von Empfehlungen
- Balance zwischen Risikolevel und möglichem Nutzen
- Die Informationsweitergabe an das Unternehmens- bzw. Programm-Management bezüglich jeglicher Risiken, die das Projektziel und damit das Ziel des Unternehmens tangieren könnten

Das Projektziel Ihres aktuellen Projekts besteht im Design einer neuen Trikotkollektion für die deutsche Fußball-Nationalmannschaft. Bei der Erstellung des Projektplans haben Sie als Projektmanager das FIFA-Logo, das in einem anderen Projekt eine Überholung erhält, als externes Produkt definiert. Ist das ein korrektes Vorgehen nach PRINCE2™?

a) Ja, denn das neue Firmenlogo muss durch den Projektmanager gesteuert und kontrolliert werden.
b) Nein, da das neue FIFA-Logo im Business Case als einer der Gründe für das Projekt aufgeführt werden sollte.
c) Ja, da das neue FIFA-Logo Bestandteil jedes Trikots ist und von einem anderen Projekt geliefert wird.
d) Nein, da das neue FIFA-Logo im Projektplan als interne Abhängigkeit betrachtet wird.

Lösung: c) Ja, da das neue FIFA-Logo Bestandteil jedes Trikots ist und von einem anderen Projekt geliefert wird (siehe Abbildung 8.5). Die Erstellung des Projektplans dreht sich auch um die in der Projektbeschreibung dokumentierten Voraussetzungen, externen Abhängigkeiten, Einschränkungen und Annahmen. Zur Option a): Externe Abhängigkeiten liegen außerhalb der Kontrolle des Projektmanagers. Zur Option b): Die Lieferung des neuen Logos sollte nicht der Grund für die Durchführung des Projekts sein. Zur Option d): Interne Abhängigkeiten unterstehen der Kontrolle des Projektmanagers. Das neue Logo wird aber von einem anderen Projekt geliefert und ist daher als externe Abhängigkeit darzustellen.

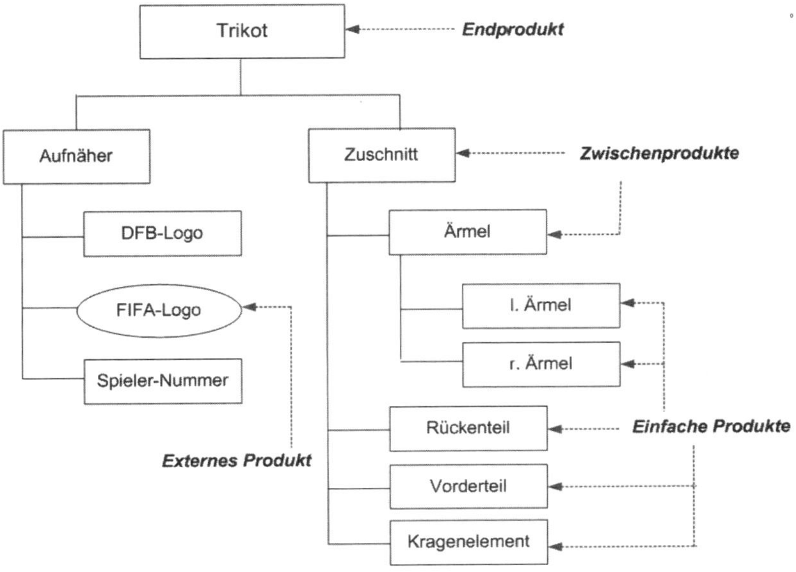

Abbildung 8.5: Beispiel für einen Produktstrukturplan mit einem externen Produkt

Welche Aussagen sind zur Konfigurationsmanagement-Strategie gemäß PRINCE2™ korrekt?

a) Jedes Projekt benötigt eine eigene Konfigurationsmanagement-Strategie, selbst dann, wenn die Organisation bereits über entsprechende Standards verfügt, da jedes Projekt etwas andere Anforderungen mit sich bringt.

b) Der Projektmanager sollte für jeden Lieferanten eine eigene Konfigurationsmanagement-Strategie aufstellen, da jeder Lieferant die Verwaltung und Ablage der Produkte anders organisiert.

c) Es wird keine eigene Konfigurationsmanagement-Strategie benötigt, wenn die Versionskontrolle bereits Teil der unternehmensweiten Konfigurationsmanagement-Strategie ist. Der Verweis wird in der Kommunikationsmanagement-Strategie enthalten sein.

d) Es wird keine eigene Konfigurationsmanagement-Strategie benötigt, wenn die Versionskontrolle bereits Teil der unternehmensweiten Konfigurationsmanagement-Strategie ist. Der Verweis wird in der Qualitätsmanagement-Strategie enthalten sein.

Lösung: a) Jedes Projekt benötigt eine eigene Konfigurationsmanagement-Strategie, selbst dann, wenn die Organisation bereits über entsprechende Standards verfügt, da jedes Projekt etwas andere Anforderungen mit sich bringt. Auch Art und Umfang der essentiellen Projektsteuerungsmittel variieren. Gleiches gilt für die Ausprägung von Steuerung und Kontrolle, was auch von der Komplexität des Projekts und der Produkte untereinander abhängt.

Jeder Phasenplan ...

a) muss einen oder mehrere Teampläne enthalten.

b) ersetzt den vorherigen.

c) wird zum Ende der vorherigen Phase (Stage) erstellt.
d) wird in die Projektleitdokumentation (Project Initiation Documentation) aufgenommen.

Lösung: *c) wird zum Ende der vorherigen Phase (Stage) erstellt. Dies geschieht über die SB-Aktivität* Nächste Phase planen. *Da Managementphasen sequentiell ablaufen und einander nicht überlappen, reiht sich ein Phasenplan an den nächsten und ist weder Teil der PID noch muss er einen Teamplan enthalten, z. B. bei kleinen Projekten ohne Teammanager.*

Welche Kategorie einer Risikomaßnahme kann zur Behandlung eines als Bedrohung eingestuften Risikos angewendet werden?

a) Reduzieren
b) Ablehnen
c) Steigern
d) Ergreifen

Lösung: *a) Reduzieren. Proaktive Maßnahmen, die ergriffen werden, um durch Ausübung bestimmter Kontrollen die Wahrscheinlichkeit, dass das Ereignis eintritt, oder die Auswirkungen des Ereignisses zu verringern, falls es eintreten sollte. Insgesamt listet PRINCE2™ die folgenden Behandlungsoptionen für Bedrohungen auf: Vermeiden, Reduzieren, Eventualfall, Übertragen, Teilen oder Akzeptieren. Die anderen Optionen beziehen sich alle auf die Behandlung von Chancen.*

Wer ist verantwortlich für die Festlegung der Kostentoleranz im Projekt?

a) Teammanager (Team Manager)
b) Unternehmens- oder Programm-Management (Corporate/programme management)
c) Auftraggeber (Executive)
d) Projektmanager (Project Manager)

Lösung: *b) Unternehmens- oder Programm-Management. Dies erfolgt bei der Übergabe des Projektmandats. Allgemein gilt: Der Lenkungsausschuss legt die Phasentoleranzen und der Projektmanager die Toleranzen für Arbeitspakete fest. Der Auftraggeber erhält die Projekttoleranz durch das Unternehmens- oder Programm-Management.*

Welche Rolle ist dafür zuständig, die Produktbeschreibung des Projektendprodukts zu erfassen?

a) Projektmanager
b) Auftraggeber
c) Lieferantenvertreter
d) Benutzervertreter

Lösung: *Option a) Projektmanager. Der Projektmanager definiert in Zusammenarbeit mit dem Benutzervertreter und dem Auftraggeber, was das Projekt liefern soll, und erstellt im SU-Prozess die Produktbeschreibung des Projektendprodukts (SU-Aktivität* Business

Case-Entwurf erstellen*). Dazu sind die Kundenqualitätserwartungen zu erfassen. Der Auftraggeber (Option b) wird zwar befragt, was das Projekt liefern soll, für die Dokumentation der Kundenqualitätserwartungen in der Produktbeschreibung des Projektendprodukts ist jedoch der Projektmanager zuständig. Ähnlich verhält es sich mit dem Lieferantenvertreter (Option c), der zwar hinzugezogen wird, um die Gültigkeit des Projektlösungsansatzes zu bewerten und zu bestätigen, aber nicht, um die Qualitätserwartungen der Kunden in der Produktbeschreibung des Projektendprodukts zu dokumentieren. Der Benutzervertreter (Option d) wird lediglich befragt, was das Projekt liefern soll, für die Dokumentation ist aber der Projektmanager zuständig.*

Welche Art von Plan wird als Erstes erstellt?

a) Projektplan (Project Plan)
b) Phasenplan (Stage Plan)
c) Teamplan (Team Plan)
d) Ausnahmeplan (Exception Plan)

Lösung: b) Phasenplan. Dies bezieht sich auf den Plan der ersten Initiierungsphase, der im SU-Prozess erstellt wird (Aktivität Initiierungsphase planen*). Der Projektplan wird erst im Prozess* Initiieren eines Projekts *erstellt (Aktivität* Projektplan erstellen*), wenn der Phasenplan für die Initiierungsphase bereits vorliegt. Teampläne sind optional und werden erst im Prozess* Managen der Produktlieferung *erstellt. Ein Ausnahmeplan kann erst erstellt werden, wenn Planziele zur Beurteilung des erzielten Fortschritts feststehen. Diese Ziele werden im Projektplan und in den Phasenplänen festgelegt. Allerdings erstellt der Projektmanager keinen dieser Pläne vor dem Phasenplan für die Initiierungsphase.*

Was gehört nicht zu den PRINCE2™-Themen?

a) Organisation
b) Business Case
c) Arbeitspaket (Work Package)
d) Pläne

Lösung: c) Arbeitspaket (Work Package). Alle anderen Optionen bezeichnen Themen (Organisation, Business Case, Pläne, Qualität, Fortschritt, Änderungen, Risiken).

Welche Kategorien einer Risikomaßnahme können zur Behandlung eines als Chance eingestuften Risikos angewendet werden?

1. Ergreifen
2. Steigern
3. Teilen
4. Akzeptieren
5. Ablehnen
6. Übertragen
   a) 1, 2, 3, 4
   b) 2, 3, 4, 5

c) 1, 2, 3, 5
d) 1, 3, 4, 6

Lösung: *c) 1, 2, 3, 5. Insgesamt listet PRINCE2™ die folgenden Behandlungsoptionen für Chancen auf: Steigern, Ergreifen, Ablehnen und Teilen. Alle anderen Optionen der Risikobehandlung beziehen sich auf Bedrohungen (Vermeiden, Reduzieren, Eventualfall, Übertragen, Teilen, Akzeptieren).*

Ein Ausnahmeplan (Exception Plan) ...

a) hat eine Änderung der Projektleitdokumentation (Project Initiation Documentation) zur Folge.
b) ersetzt einen Kommunikationsplan.
c) ersetzt den Plan, in dem prognostiziert wird, dass die Toleranz überschritten wird.
d) hat einen Ausnahmebericht (Exception Report) zur Folge.

Lösung: *c) ersetzt den Plan, in dem prognostiziert wird, dass die Toleranz überschritten wird. Dies entspricht dem Begriff des Ausnahmeplans, wobei der Plan von dem Moment ersetzt wird, wo der Ausnahmeplan greift. Da ein Phasenplan nicht Teil der PID ist, sondern nur ein Projektplan, hat das Ersetzen eines Phasenplans durch einen Ausnahmeplan keine Änderung der PID zur Folge.*

8.1.3 Kontrollfragen zu den PRINCE2™-Prinzipien

Welches PRINCE2™-Grundprinzip unterstützt die Festlegung von Toleranzen für die sechs Projektziele?

a) Steuern über Managementphasen
b) Anpassen an die Projektumgebung
c) Produktorientierung
d) Steuern nach dem Ausnahmeprinzip

Lösung: *d) Steuern nach dem Ausnahmeprinzip. Die Zuständigkeiten werden durch Delegation bestimmter Befugnisse von einer Managementebene zur nächsten festgelegt, indem auf der betreffenden Planungsebene Toleranzen (Zeit, Kosten, Qualität, Umfang, Risiko, Nutzen) definiert werden, in deren Rahmen sich die darunterliegende Ebene bewegen kann. Ist dies nicht mehr möglich, ist eine Ausnahme gegeben und es erfolgt eine Eskalation.*

Welche Partei ist letztendlich verantwortlich (accountable) für die Projektsicherungsaktivitäten?

a) Lenkungsausschuss (Project Board)
b) Projektmanager
c) Projektsicherung
d) Programm-Manager

Lösung: a) Lenkungsausschuss (Project Board). Dies gilt entsprechend der Verantwortungs- und Haftbarkeitsregelungen, wobei der Auftraggeber als Mitglied des Lenkungsausschusses die Gesamtverantwortung des Projekts trägt.

Wie stehen der Prozess Managen eines Phasenübergangs und das Grundprinzip „Produktorientierung" im Zusammenhang?

a) Der Prozess *Managen eines Phasenübergangs* wird am Ende oder kurz vor dem Ende jeder Managementphase ausgeführt.
b) Die Qualitätskriterien für die Liefergegenstände der nächsten Phase werden dokumentiert.
c) Über den Prozess *Managen eines Phasenübergangs* wird die Freigabe der nächsten Phase initiiert.
d) Der Prozess *Managen eines Phasenübergangs* stellt sicher, dasss der Lenkungsausschuss vor Freigabe der nächsten Phase ausreichend qualitative und quantitative Informationen erhält, um die Zielerreichung der noch aktuellen Phase bewerten zu können.

Lösung: b) Die Qualitätskriterien für die Liefergegenstände der nächsten Phase werden dokumentiert. Dies erfolgt über den Plan für die nächste Phase, den der Projektmanager in der SB-Aktivität Nächste Phase planen *erstellt.*

Was bezeichnet die zulässige Abweichung von einem Plan, ohne dass sofort dem Lenkungsausschuss (Project Board) Bericht erstattet werden muss?

a) Genehmigung (Approval)
b) Notfall (Contingency)
c) Konzession (Concession)
d) Toleranz (Tolerance)

Lösung: d) Toleranz (Tolerance) entsprechend dem PRINCE2™-Prinzip „Management by Exception" (siehe Abbildung 8.6).

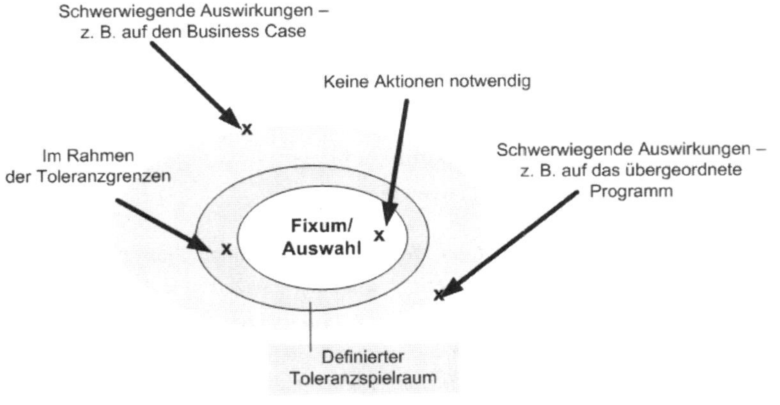

Abbildung 8.6: Toleranz als zulässige Abweichung

Inwiefern unterstützt der Prozess* Steuern einer Phase *das Grundprinzip „Lernen aus Erfahrung"?

a) Hilft dem Projektmanager sicherzustellen, dass Produkte innerhalb der mit dem Lenkungsausschuss vereinbarten Toleranzen geliefert werden
b) Fordert den Projektmanager dazu auf, die während der Fortschrittsprüfung einer Phase gewonnenen Erfahrungen zu protokollieren
c) Erfordert die Eskalation von offenen Punkten und Risiken an den Lenkungsausschuss, wenn die Phasen- oder Projekttoleranzen gefährdet sind
d) Empfiehlt die Erstellung eines Arbeitspakets für die Lieferung von Produkten, die ein bestimmtes Know-how erfordern

Lösung: *b) Fordert den Projektmanager dazu auf, die während der Fortschrittsprüfung einer Phase gewonnenen Erfahrungen zu protokollieren. Dies geschieht in der SU-Aktivität* Vorhandene Erfahrungen erfassen. *Option a) unterstützt andere Grundprinzipien: „Produktorientierung" und „Steuern nach dem Ausnahmeprinzip". Ähnlich verhält es sich bei den Optionen c) und d). Option c) steht für das Grundprinzip „Steuern nach dem Ausnahmeprinzip" und Option d) bezieht sich auf das Grundprinzip „Produktorientierung".*

Produktbeschreibungen sollten verfasst werden ...

a) vom Projektmanager.
b) vom Konfigurationsadministrator (Configuration Librarian).
c) von denen, die das beabsichtigte Produkt kennen.
d) vom Teammanager.

Lösung: *c) von denen, die das beabsichtigte Produkt kennen. Wer sollte es sonst tun? Der Projektmanager hat eine andere Aufgabe zu erledigen und ist meist fachlich dazu gar nicht in der Lage. Dies gilt meist auch für den Teammanager.*

Die Managementphasen (und ihre Dauer) werden entsprechend welcher der folgenden Optionen geplant?

a) Dem notwendigen technischen Wissen (technical skills)
b) Länge des Projekts (length of the project)
c) Je nachdem, wie vernünftig es ist, in die Zukunft zu planen
d) Je nachdem, wie viel Budget dem Projekt zugewiesen wurde

Lösung: *c) Je nachdem, wie vernünftig es ist, in die Zukunft zu planen. Phasen dienen der Überschaubarkeit, einer leichteren Steuerung und dem Setzen von Entscheidungspunkten. Ein Plan ist nicht statisch, sondern wird im Laufe des Projekts immer weiter verfeinert und angepasst. Es macht nur Sinn, so weit in die Zukunft zu planen, wie beispielsweise sicher ist, dass die aktuellen Planungsannahmen und Rahmenbedingungen noch gültig sind.*

Wer sollte sicherstellen, dass die Toleranzen für das Projekt gesetzt sind?

a) Der Lenkungsausschuss (Project Board)
b) Der Benutzervertreter (Senior User)
c) Der Projektmanager
d) Der Auftraggeber (Executive)

Lösung: d) Der Auftraggeber (Executive). Toleranzgrenzen für das Projekt werden vom Unternehmens- oder Programm-Management gesteckt und ihre Existenz vom Executive geprüft, wobei die Toleranzgrenzen für die jeweilige Phase vom Lenkungsausschuss und die für das Arbeitspaket vom Projektmanager definiert werden.

Inwiefern unterstützt der Prozess* Managen eines Phasenübergangs *das Grundprinzip „Fortlaufende geschäftliche Rechtfertigung"?

a) Legt fest, welche Kostentoleranzen für das Projekt definiert werden
b) Stellt klar, welche Produkte geliefert werden sollen
c) Dokumentiert, wie die Projektmanagement-Methode des Unternehmens auf das Projekt eingehen wird
d) Verfeinert den Business Case

Lösung: d) Verfeinert den Business Case (SB-Aktivität Business Case aktualisieren*). Projektmanager und Auftrageber als Eigentümer des Business Case stimmen sich hierbei ab, bevor der Business Case (gegebenenfalls in aktualisierter Form) zur Genehmigung eingereicht wird. Die wirtschaftliche Rechtfertigung ist der Grund, warum das Projekt durchgeführt wird. Ohne eine wirtschaftliche Rechtfertigung sollte kein Projekt in Angriff genommen werden. Die erste Aktualisierung des Business Case findet während der IP-Aktivität* Business Case verfeinern *statt, wenn der aus dem SU-Prozess stammende Business Case-Entwurf in einen ausgearbeiteten Business Case überführt wird. Der Lenkungsausschuss prüft diesen danach über die anschließende DP-Aktivität* Projekt freigeben. *Über die SB-Aktivität* Business Case aktualisieren *wird sichergestellt, dass im Phasenübergang die Validität des Business case explizit überprüft wird.*

Wer ist verantwortlich für die Verteilung des Erfahrungsberichts (Lessons Report)?

a) Project Support
b) Projektmanager
c) Teammanager
d) Lenkungsausschuss (Project Board)

Lösung: d) Lenkungsausschuss (Project Board). Dieses Dokument dient dazu, die im Projekt gemachten Erfahrungen festzuhalten. Es enthält Erfahrungen aus dem Projekt, z. B. offene Punkte, die zu Planabweichungen geführt haben etc. sowie Statistiken über die durchgeführten Qualitätskontrollen. Der Lenkungsausschuss gibt dieses Dokument frei. Es wird zentral abgelegt, entsprechend der Kommunikationsmanagement-Strategie verteilt und steht nachfolgenden Projekten zur Verfügung.

Der Projektmanager hat herausgefunden, dass durch einen neuen Unternehmensstandard mit Auswahl eines anderen geeigneten Zulieferers für die Netzwerkkabel im Unternehmen die Gemeinkosten im Unternehmen um mehr als 15.000 € gesenkt werden können. Wie sollte der Projektmanager diese Beobachtung vorbringen?

a) Ein Projektmandat erstellen und die potenziellen Einsparungsmöglichkeiten durch die Einführung eines neuen Standards beschreiben
b) Einen Eintrag im Projekttagebuch vornehmen mit der Anmerkung, sie am Ende des Projekts in einen Nutzenrevisionsplan zu übertragen
c) Die Beobachtung dem Lenkungsausschuss über den nächsten Projektstatusbericht darlegen
d) Einen Vermerk in das Erfahrungsprotokoll eintragen, um das leitende Management zu informieren

Lösung: d) Einen Vermerk in das Erfahrungsprotokoll eintragen, um das leitende Management zu informieren. Die im Laufe des Projekts gemachten Erfahrungen werden im Erfahrungsprotokoll erfasst und in anderen Projekten aufgegriffen, um Fehler nicht erneut zu machen und einen Wissensvorsprung zu gewinnen. Gute und schlechte Erfahrungen sollten daher protokolliert werden.

Welche der folgenden Aussagen ist korrekt?

a) An einem Phasenübergang wird über Fortführung oder den Abbruch eines Projekts entschieden.
b) Eine negative Zeittoleranz zeigt die maximal zulässige Verzögerung eines Projektzeitplans. Danach muss eine Ausnahmesituation gemeldet werden.
c) An jedem Phasenende prüft der Lenkungsausschuss alle Produkte.
d) Die Information, dass ein Teil der Unternehmensbelegschaft, und damit auch einige wichtige Spezialisten des Projektteams, nächste Woche streiken werden, ist als Spezifikationsabweichung zu interpretieren.

Lösung: a) An einem Phasenübergang wird über Fortführung oder den Abbruch eines Projekts entschieden. Phasenübergänge dienen dem Lenkungsausschuss als bewusste Entscheidungspunkte im Projektverlauf, an denen u. a. auf Basis des Busines Case über die Fortführung im positiven Fall oder über das vorzeitige Ende im negativen Fall entschieden wird. Zu b): Eine negative Projekttoleranz ist keine Angabe des letztmöglichen Termins, sondern das frühestmögliche Datum eines Projektabschlusses vor Überschreitung der Toleranzen. Zu c): Produkte werden von definierten Personen geprüft und abgenommen, wenn sie fertig gestellt sind (und nicht zum Ende jeder Phase). Zu d): Dies ist als Problem oder Anliegen im Sinne eines offenen Punkts zu interpretieren, was der Projektmanager lösen oder eskalieren muss.

Wann werden die Phasentoleranzen für den Projektmanager gesetzt?

a) Während der vorangegangenen Phasenabschlussbewertung (End Stage Assessment)
b) Im Projektmandat
c) Im Projektplan
d) Im Projektstatusbericht (Highlight Report)

Lösung: a) Während der vorangegangenen Phasenabschlussbewertung (End Stage Assessment). Hier erfolgt dann der Übergang in die nächste Phase.

Wer sollte Anwender-Anforderungen und Prioritätskonflikte lösen?

a) Benutzervertreter (Senior User)
b) (Projekt-)Auftraggeber (Executive)
c) Lieferantenvertreter (Senior Supplier)
d) Unternehmens-/Programm-Management (Corporate/Program Management)

Lösung: a) Der Benutzervertreter (Senior User) vertritt die Interessen der Benutzer. Er gibt die Akzeptanz- und Qualitätskriterien vor, unterstützt die Qualitätsprüfung und ist verantwortlich für die Kommunikation mit den Benutzern, die später mit dem Produkt arbeiten müssen. Dabei gilt es im Falle sich widersprechender Interessen, eine Entscheidung zu treffen.

Zu welchem Zeitpunkt werden die treffendsten Daten in Bezug auf den Nutzen erhoben, der durch das Projekt geliefert wurde?

a) Nutzenrevision (Benefits Review)
b) Phasenabschlussbewertung (End Stage Assessment)
c) Ausnahmebewertung (Exception Assessment)
d) Während der Qualitätsprüfung der Managementprodukte (Quality Reviews of Management Products)

Lösung: a) Nutzenrevision (Benefits Review). Die Nutzenrevision wird über ein oder mehrere Review(s) umgesetzt, die nach dem Ende eines Projekts stattfinden, um festzustellen, ob das Projekt den gewünschten Nutzen gebracht hat.

Welches Dokument ist die erste Stelle, an der Toleranzen für das gesamte Projekt zu finden sind?

a) Projektbeschreibung (Project Brief)
b) Projektleitdokumentation (Project Initiation Documentation)
c) Projektmandat aus dem Unternehmens- oder Programm-Management
d) Plan für die Initiierungsphase

Lösung: c) Projektmandat aus dem Unternehmens- oder Programm-Management. Ein Projektmandat enthält die verbindlichen Informationen, die der Auslöser für die Gründung des Projekts sind. Inhalte des Projektmandats sind in der Regel:

- Verantwortliche Autorität
- Hintergrund, Ansatz
- Projektzielsetzung
- Umfang
- Beschränkungen
- Schnittstellen
- Qualitätserwartung des Kunden
- Elemente des späteren Business Case (Gründe für das Projekt)

- Projekttoleranzen
- Mitgeltende Dokumente oder Produkte
- Benennung von Auftraggeber (Executive) und Projektmanager
- Kunden, Benutzer und dritte Parteien

Das Projektmandat dient darüber hinaus als Basis für die Projektbeschreibung (Project Brief).

Inwiefern unterstützt das Thema „Fortschritt" das Grundprinzip „Steuern nach dem Ausnahmeprinzip"?

a) Erlaubt sich überschneidende technische Phasen
b) Gewährleistet, dass an bestimmten Entscheidungspunkten im Projektverlauf beurteilt wird, ob sich das Projekt noch lohnt
c) Empfiehlt Aktionen, die die Ergebnisse zukünftiger Projekte verbessern können
d) Erlaubt die Delegation bestimmter Arbeiten innerhalb eines fest definierten Handlungsspielraums

Lösung: *d) Erlaubt die Delegation bestimmter Arbeiten innerhalb eines fest definierten Handlungsspielraums. Die Festlegung von Toleranzen, die den Handlungsrahmen für delegierte Befugnisse abstecken, und die Definition von Berichtsanforderungen unterstützen das „Steuern nach dem Ausnahmeprinzip".*

Worauf liegt der Hauptfokus eines Projekts?

a) Die Qualitätsanforderungen des Kunden zu erfüllen
b) Nutzen für das Business zu erzielen
c) Sicherzustellen, dass es komplett abgeschlossen wird
d) Die Toleranzen, die zu Beginn des Projekts gesetzt wurden, nicht zu überschreiten

Lösung: *b) Nutzen für das Business zu erzielen. Dies wird durch den Business Case gewährleistet (siehe Abbildung 8.7) und durch das Prinzip der fortlaufenden geschäftlichen Rechtfertigung eines Projekts untermauert. Warum sollte ein Unternehmen ein Projekt realisieren, wenn es keinen Nutzen davon hat?*

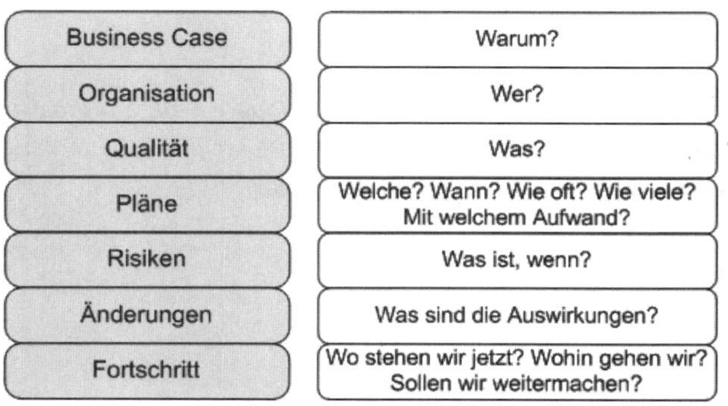

Abbildung 8.7: Darstellung der Themen

Wenn aufgrund des Teamplans vorhersehbar ist, dass Toleranzen überschritten werden, sollte welche Partei sofort informiert werden?

a) Teammanager
b) Projektmanager
c) Auftraggeber (Executive)
d) Lieferantenvertreter

Lösung: *b) Projektmanager. Der Teammanager berichtet innerhalb der Organisation an den Projektmanager, der die Toleranzen für das Arbeitspaket gesetzt hat. Wichtig: Toleranzgrenzen für das Projekt werden vom Unternehmens- oder Programm-Management gesteckt und ihre Existenz vom Executive geprüft, wobei die Toleranzgrenzen für die jeweilige Phase vom Lenkungsausschuss und die für das Arbeitspaket vom Projektmanager definiert werden.*

Empfiehlt PRINCE2™ eine minimale Anzahl von Phasen? Wenn ja, wie lautet die Empfehlung?

a) Eine
b) Zwei
c) Drei
d) Keine minimale Anzahl wird empfohlen

Lösung: *b) Zwei. Die Initiierungs- und die anschließende Umsetzungsphase. So gibt es wenigstens einen Ansatz-/Entscheidungspunkt für den Lenkungsausschuss zur Genehmigung oder Ablehnung des Projektvorhabens.*

Wer ist dafür verantwortlich, dass das Projekt ein Ergebnis erzeugt, das den im Business Case definierten Nutzen erbringen kann?

a) Der Auftraggeber (Executive)
b) Der Projektmanager
c) Der Benutzervertreter (Senior User)
d) Der komplette Projektlenkungsausschuss (Project Board)

Lösung: *b) Der Projektmanager. Er ist verantwortlich für die Umsetzung der Ziele im Projekt. Er hat dafür zu sorgen, dass das Projekt die vereinbarten Produkte liefert, die den Projektnutzen erbringen sollen, der im Business Case festgeschrieben steht.*

Wodurch unterstützt der Prozess* Managen eines Phasenübergangs *das Grundprinzip „Definierte Rollen und Verantwortlichkeiten"?

a) Der Prozess *Managen eines Phasenübergangs* entfällt in der letzten Projektphase. Eine Ausnahme ist nur dann möglich, wenn in der letzten Phase des Projekts ein Ausnahmeplan erstellt wird.
b) Projekte laufen nicht immer nach Plan und durch die Aktivitäten des Prozesses wird sichergestellt, dass der Projektmanager während der Projektinitiierung ersetzt werden kann.

c) Informationen, Lernerfolge, positive und negative Erfahrungen der aktuellen Phase werden erfasst und dokumentiert, um dies möglicherweise im späteren Projektverlauf oder anderen Projekten zur Verfügung stellen zu können.
d) Die Zusammensetzung des Projektmanagement-Teams wird überprüft und gegebenenfalls für die nächste Phase geändert.

Lösung: d) Die Zusammensetzung des Projektmanagement-Teams wird überprüft und gegebenenfalls für die nächste Phase geändert. Dies kann dadurch motiviert sein, dass in der nächsten Phase andere Arbeitspakete und so möglicherweise auch andere Spezialistenprodukte realisiert werden sollen, für die anderes Expertenwissen notwendig ist, das bei den Spezialisten der noch aktuellen Phase nicht oder nicht in ausreichendem Maße vorhanden ist.

8.1.4 Kontrollfragen zu den PRINCE2™-Techniken

Den Techniken wird keine so spezifische Bedeutung durch die Originalliteratur zugewiesen wie den Prozessen, Prinzipien oder Themen. Trotzdem sind diese relevant und auch in den Publikationen der OGC ist von „Techniken" die Rede. Diese beziehen sich auf die produktbasierte Planung, die Änderungssteuerungstechnik und die Qualitätsprüfung.

Welche Rolle sollte prüfen, ob ein Produkt für die Qualitätskontrolle bereit ist?

a) Der Produktpräsentator
b) Der Vorsitzende der Prüfung (Review Chairman)
c) Der Projektmanager
d) Die Prüfer

Lösung: b) Der Vorsitzende der Prüfung (Review Chairman). Er fragt den Präsentator, der den Produktersteller vertritt, der dies lediglich bestätigt. Der Projektmanager plant die Qualitätsprüfung in der entsprechenden Phase ein, wobei der Prüfer das Produkt letztendlich prüft.

Welche der folgenden Aktivitäten des Planungsschrittes* Aktivitäten und Abhängigkeiten identifizieren *(Identifying Activities and Dependencies) gehört zur Planerstellung?

a) Identifikation der Produkte und Aktivitäten, die die Lieferung eines jeden Produktes tangieren
b) Identifikation der Aktivitäten, die notwendig sind, um jedes Produkt zu produzieren, und die damit verbundenen Risiken (Risks)
c) Identifikation der Aktivitäten, die notwendig sind, um jedes Produkt zu produzieren, und um die damit verbundenen Qualitätsstandards, die jedes Produkt erreichen muss, zu erfüllen
d) Identifikation jedes notwendigen Produktes und der externen Produkte, die produziert werden müssen

Lösung: b) Identifikation der Aktivitäten, die notwendig sind, um jedes Produkt zu produzieren, und die damit verbundenen Risiken (Risks). Das ständig beteiligte Risikomanagement spielt unter PRINCE2™ eine wichtige Rolle. In diesem Schritt wird auch das Risikoprotokoll aktualisiert. Hier geht es beispielsweise um die Frage, ob es Risiken gibt, die bei der Realisierung der Produkte eine Rolle spielen.

In welchem Dokument wird nach PRINCE2™ der Vorsitzende einer Qualitätsprüfung festgelegt?

a) Im Projektplan
b) Im Phasenplan (Stage Plan)
c) Im Projektqualitätsplan
d) In der Projektleitdokumentation (Project Initiation Documentation)

Lösung: b) Im Phasenplan (Stage Plan) durch den Projektmanager. Hier wird festgelegt, welche Prüfungen in der jeweiligen Phase durchgeführt werden, wie viel Zeit und Ressourcen und welche Personen dafür eingesetzt werden.

Folgendes erscheint auf dem Deckblatt einer Projektleitdokumentation: „Version 1.3 Entwurf". Welches Thema von PRINCE2™ ist für diesen Eintrag verantwortlich?

a) Pläne
b) Änderung
c) Qualität
d) Organisation

Lösung: b) Das Konfigurationsmanagement, das durch das Thema Änderung genutzt wird. So sind die Version und der Status des Produktes abzulesen. Die entsprechende Beschreibung für die Versionierung findet sich in der Konfigurationsmanagement-Strategie.

Welches Element in PRINCE2™ liefert dem Management ein „objektives Messkriterium zur Beurteilung der erzielten Fortschritte"?

a) Qualitätsprüfung
b) Teamstatusbericht
c) Projektstatusbericht
d) Phasenabschlussbericht

Lösung: a) Qualitätsprüfung. Hier wird über das Qualitätsregister dokumentiert, welche Produkte überprüft werden müssen und wie die Ergebnisse aussehen.

Alle von einem Produkt betroffenen Mitarbeiter müssen den Zweck dieses Produkts auf die gleiche Weise verstehen. Welche PRINCE2™-Technik kann dieses Verständnis sicherstellen?

a) Qualitätsprüfung (Quality Review)
b) Konfigurationsmanagement
c) Produktbasierte Planung (Product-based Planning)
d) Änderungssteuerung (Change Control)

Lösung: *c) Produktbasierte Planung (Product-based Planning). Durch die Produktbeschreibung existiert eine Beschreibung der unterschiedlichen Produkteigenschaften in Prosaform, wobei hierarchische und lineare Abhängigkeiten durch Produktstrukturplan und Produktflussdiagramm erläutert werden.*

Qualitätsverantwortlichkeiten, innerhalb und außerhalb des Projekts, werden in welchem Prozess festgelegt?

a) *Lenken eines Projekts* (Directing a Project)

b) *Managen eines Phasenübergangs* (Managing a Stage Boundary)

c) *Initiieren eines Projekts* (Initiating a Project)

d) *Vorbereiten eines Projekts* (Starting up a Project)

Lösung: *c)* Initiieren eines Projekts *(Initiating a Project). Dies geschieht in der IP-Aktivität* Qualitätsmanagement-Strategie erstellen. *Er schafft ein gemeinsames Verständnis für den Begriff der Qualität im Projekt und in Bezug auf das erwartete Endprodukt. Alle Themen, die direkt mit dem Thema Qualität zu tun haben, fließen in die Qualitätsmanagement-Strategie und das Qualitätsregister ein (siehe Abbildung 8.8).*

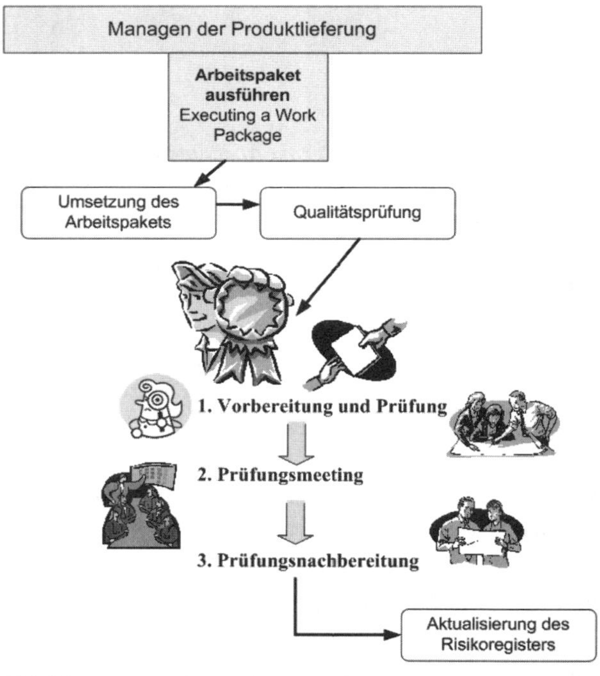

Abbildung 8.8: Die Qualitätsprüfung im MP-Prozess

Die Erstellung eines Produktflussdiagramms (Product Flow Diagram) ...

1. ist die erste Aufgabe in der produktbasierten Planungstechnik

2. ist die dritte Aufgabe in der produktbasierten Planungstechnik

3. kann zeigen, dass weitere neue Produkte notwendig sind

4. regelt, in welchem Arbeitspaket das Produkt umgesetzt werden soll.
5. identifiziert Abhängigkeiten von Aktivitäten, die aus dem Rahmen des Plans fallen.
   a) Nummer 3
   b) Nummer 1 und 4
   c) Nummer 2 und 5
   d) Nummer 4

Lösung: a) 3. kann zeigen, dass weitere neue Produkte notwendig sind. Während der Diagrammerstellung (gerade in Zusammenarbeit mit anderen Personen, die eine neue Sichtweise aufbringen können) können neue Erkenntnisse gewonnen werden, die eine Anpassung der Diagramme des Projekts notwendig machen, um Konsistenz zu gewährleisten.

In welchem Prozess wird die Genehmigung (Approval) für die individuellen Produkte erteilt, sobald diese fertiggestellt wurden?

a) *Abschließen eines Projekts* (Closing a Project)
b) *Managen eines Phasenübergangs* (Managing a Stage Boundary)
c) *Steuern einer Phase* (Controlling a Stage)
d) *Managen der Produktlieferung* (Managing Product Delivery)

Lösung: d) Managen der Produktlieferung *(Managing Product Delivery). Dies geschieht in der MP-Aktivität* Arbeitspaket ausführen *durch die erfolgreich absolvierte Qualitätsprüfung der Produkte, die in dieser Aktivität stattfindet (siehe Abbildung 8.8).*

Eine Produktgruppe im Produktstrukturplan (Product Breakdown Structure, PBS) bedeutet laut PRINCE2™:

a) Ein Produkt, das zur Zusammenstellung keine Aktivität erfordert
b) Ein Produkt, das in diesem Projekt nicht gebraucht wird
c) Ein Produkt auf niedrigster Stufe der Hierarchie der PBS
d) Ein Zwischenprodukt, das noch weiter ausgearbeitet werden muss

Lösung: a) Ein Produkt, das zur Zusammenstellung keine Aktivität erfordert. Es ist lediglich als logisches Element zu sehen, unter dem andere Produkte eingeordnet werden können. So ist z. B. die Produktgruppe „Besteck" eine Produktgruppe für Messer, Gabel, Löffel.

Wer ist dafür verantwortlich, dass allen Prüfern die relevanten Produkte bereitgestellt werden?

a) Der Projektmanager
b) Der Produktpräsentator
c) Die Projektunterstützung (Project Support)
d) Die Qualitätssicherung (Quality Assurance)

Lösung: b) Der Produktpräsentator. Er vertritt den Ersteller und stellt das Produkt für die Prüfung vor. Zudem kümmert er sich um die Abstimmung und die Steuerung der gegebenenfalls nach Abschluss der Qualitätsprüfung noch offenen Nacharbeiten.

Warum wird eine Impact-Analyse für einen Änderungsantrag (Request for Change) durchgeführt?

a) Um die möglichen Auswirkungen für den Business Case und andere Risiken zu bewerten
b) Um die Auswirkungen technischer Aspekte abseits der Pläne oder des Business Case zu bewerten
c) Um die entsprechenden Personen zu instruieren, damit sie mit der Umsetzung des Changes beginnen
d) Um Fingerpointing zu betreiben

Lösung: a) Um die möglichen Auswirkungen für den Business Case und andere Risiken zu bewerten. Der Änderungsantrag gilt als offener Punkt. Durch die Aufnahme und Bewertung eines offenen Punkts über den CS-Prozess bzw. die Änderungssteuerungstechnik wird direkt bewertet, ob der offene Punkt Auswirkungen auf das Projekt bzw. die Phase(n) hat.

Welcher Planungsschritt erstellt den Entwurf einer Produkt-Checkliste?

a) *Produkte definieren und analysieren* (Defining and Analysing Products)
b) *Zeitplan erstellen* (Scheduling)
c) *Aufwand schätzen* (Estimating)
d) *Plan entwerfen* (Designing a Plan)

Lösung: a) Produkte definieren und analysieren *(Defining and Analysing Products). Hier kommt die produktbasierte Planung zum Einsatz. Die Produkt-Checkliste ist eine Liste der wichtigsten Produkte eines Projektplans mit den wichtigsten Lieferterminen. Sie ist optional. Sie dient auch oft als Zwischenstufe zwischen Projekt- und Phasenplan, da sie nur die zu erzielenden Produkte aufzeigt und so als Überblick zur Kommunikation in Richtung Lenkungsausschuss geeignet ist.*

Was ist kein positiver Nebeneffekt der Qualitätsprüfungstechnik?

a) Einbeziehen der wichtigen Stakeholder, um die Akzeptanz der Produkte sicherzustellen
b) Förderung der Qualitätskultur
c) Konsistente und verständliche Qualitätsunterlagen
d) Aktualisierung der Statusinformationen im Konfigurationsdatensatz, sobald ein Produkt abgenommen worden ist

Lösung: d) Aktualisierung der Statusinformationen im Konfigurationsdatensatz, sobald ein Produkt abgenommen worden ist. Diese Option ist nicht Gegenstand der Qualitätsprüfungstechnik. Option a): Durch eine Teilnahme an der Qualitätsprüfung haben die relevanten Personen Kontakt zum Projekt und können sich von den Produkten und dem Projekt überzeugen. Option b): Durch den Einsatz der allgemeingültigen PRINCE2™-Qualitätsprüfungstechnik im Unternehmen wird die Qualitätskultur im Unternehmen ganz allgemein gelebt und gefördert. Option c): Konsistente und verständliche Qualitätsunterlagen als Qualitätsdokumentation verbessern Interaktion und Kommunikation und erleichtern die Analyse.

Was ist ein Ergebnis der Planerstellung?

a) Nutzenrevisionsplan (Benefits Review Plan)

b) Register offener Punkte (Issue Register)

c) Berichte an das Unternehmens- bzw. Programm-Management

d) Analysierte Risiken (Risks)

Lösung: d) Analysierte Risiken (Risks). Dies gehört zum Planungsschritt Risiken analysieren. *Diese Planungsaktivität läuft parallel zu den anderen Planungsschritten ab, da bei diesen stets ein zu identifizierendes Risiko offensichtlich werden kann.*

Wenn ein Änderungsantrag (Request for Change) vorliegt und die Änderung durchgeführt werden kann, ohne die Toleranzen zu verletzen, wer kann dann die Entscheidung fällen, die Änderung durchzuführen?

a) Projektmanager (Project Manager)

b) Teammanager (Team Manager)

c) Teammitglied

d) Lenkungsausschuss (Project Board)

Lösung: d) Lenkungsausschuss (Project Board). Er ist das höchste verantwortliche Organ in der Organisation, das Maßnahmen in Bezug auf Änderungen genehmigen kann, gegebenenfalls wird diese Verantwortung an ein Änderungsgremium delegiert, wenn dieses im Einsatz ist und mit den notwendigen Kompetenzen ausgestattet ist.

Welche Rolle schlägt PRINCE2™ zur Absicherung in der Qualitätsprüfung vor, damit alle Prüfer mit den relevanten zu prüfenden Produkten versehen werden?

a) Produktpräsentator

b) Projektunterstützung (Project Support)

c) Vorsitzender der Prüfung (Review Chairperson)

d) Projektmanager

Lösung: a) Produktpräsentator. Er bestätigt (auf Rückfrage des Vorsitzenden der Prüfung), dass das Produkt für die Prüfung bereit ist und verteilt eine Kopie unter den Prüfern. Option b) assistiert bei Bedarf dem Vorsitzenden. Option c) überprüft, ob das Produkt bereit für die Prüfung ist, und d) erhält eine Information in Bezug auf das Ergebnis der Qualitätsprüfung.

Welcher der folgenden Schritte erfolgt während der Planung vor der Aufwandsschätzung (Estimating)?

a) *Aktivitäten und Abhängigkeiten identifizieren* (Identifying Activities and Dependencies)

b) *Risiken analysieren* (Analysing Risks)

c) *Plan vervollständigen* (Completing a Plan)

d) *Zeitplan erstellen* (Scheduling)

Lösung: a) Aktivitäten und Abhängigkeiten identifizieren *(Identifying Activities and Dependencies). Der Schritt* Aktivitäten und Abhängigkeiten identifizieren *liegt vor dem Schritt* Aufwand schätzen *(Estimating).*

Was ist kein Vorteil der produktbasierten Planungstechnik?

a) Bezieht die Benutzerseite in die Definition der Produktanforderungen mit ein
b) Lässt eindeutig erkennen, wie lange ein Projekt dauern wird, wo die Planung besonders knapp ist, wenig Puffer besteht und wo Abhängigkeiten bestehen
c) Schafft die Voraussetzungen für die Umsetzung der Arbeitspakete durch die Lieferanten
d) Verringert das Risiko, dass der Projektumfang falsch eingeschätzt wird

Lösung: b) Lässt eindeutig erkennen, wie lange ein Projekt dauern wird, wo die Planung besonders knapp ist, wenig Puffer besteht und wo Abhängigkeiten bestehen. Die Schätzung und der Zeitplan sind nicht Teil der produktbasierten Planung (Schritt 2 im PRINCE2™-Planungsansatz), sondern finden erst als Schritt fünf und sechs statt. Option a) beschreibt einen Vorteil der produktbasierten Planung, die die Akzeptanz der Produkte bei den späteren Anwendern erhöht und Diskussionen bei der späteren Produktabnahme durch das frühe Involvement bereits im Vorhinein auszuräumen versucht. Zu Option c): Die Produktbeschreibungen als ein Ergebnis der produktbasierten Planung sind Bestandteil der Arbeitspakete, die zwischen Projektmanager und Teammanager ausgehandelt werden. Option d) beschreibt einen Vorteil, da durch die Identifikation und Dokumentation der Produkte des Plans und der zwischen diesen Produkten bestehenden Abhängigkeiten das Risiko reduziert wird, dass wichtige Aspekte vergessen oder übersehen werden.

Wie nennt PRINCE2™ das „Einfrieren" eines Produkts nach der Qualitätsprüfung (Quality Review)?

a) Einfrieren (Freezing)
b) Konfigurationsaudit (Configuration Audit)
c) Abnahme (Baseline)
d) Ablegen (Filing)

Lösung: c) Abnahme (Baseline). Die Baseline besteht aus der Momentaufnahme einer Konfiguration. So ist es möglich, nach Änderungen wieder zu einer definierten Konfiguration zurückkehren zu können. Produkte, die ihre Qualitätsprüfungen durchlaufen haben, sind „Baselined"-Produkte. Wenn etwas „baselined" ist, sollte es unter der Kontrolle des Konfigurationsmanagements bzw. der Änderungssteuerung stehen und eingefroren werden, d. h. diese Version darf nicht mehr ohne Zuhilfenahme der Änderungssteuerungstechnik modifiziert werden.

Was ist kein Bestandteil der Qualitätssteuerung?

a) Anwendung der Qualitätsprüfmethode
b) Anlegen und Pflege der Qualitätsdokumentation und der Produktabnahmedokumentation
c) Abnahme des Projekts
d) Qualitätsverbesserung

Lösung: d) Qualitätsverbesserung. Die Qualitätssteuerung besteht aus der Implementierung, Überwachung und Dokumentation der Qualitätsprüfmethoden und Verantwortlichkeiten. Diese wurden in der Qualitätsmanagement-Strategie und den Produktbeschreibungen (als Bestandteil der Arbeitspakete) beschrieben. Option a) findet durch die Anwendung der Qualitätsprüfmethoden (z. B. Begutachtungen hinterher oder als prozessbegleitende Methoden währendessen) statt. Die Qualitätsdokumentation und die Produktabnahmedokumentation der Option b) dienen als Nachweis, dass die Qualitätsaktivitäten erbracht und die die Produkte entsprechend der Produktbeschreibungen nachweisbar abgenommen wurden. Die Projektabnahme der Option c) steht für die endgültige Abnahme des Projektendprodukts.

Welchen Aspekt des Änderungsbudgets (Change Budget) möchte der Lenkungsausschuss (Project Board) gerne limitieren?

a) Name der Person, die den Change umsetzen wird

b) Name der Person, die den Change protokollieren wird

c) Name der Person, die an den Lenkungsausschuss berichtet

d) Kosten jeder einzelnen Änderung und die Gesamtsumme, die für Änderungen in einer Phase ausgegeben wird

Lösung: d) Kosten jeder einzelnen Änderung und die Gesamtsumme, die für Änderungen in einer Phase ausgegeben wird. Das Änderungsbudget bezeichnet die Mittel, die dem Änderungsausschuss für die Durchführung genehmigter Änderungen zur Verfügung gestellt werden. Im IP-Prozess wird die Konfigurationsmanagement-Strategie erstellt und die Änderungssteuerungsverfahren festgelegt. Dazu gehört neben den entsprechenden Verantwortlichkeiten u. a. auch die Frage nach dem Änderungsbudget.

Wozu sollte die Qualitätsprüfung (Quality Review meeting) nicht dienen?

a) Um Lösungen für Fehler zu finden

b) Um zu diskutieren, wie mit schwerwiegenden Mängeln umzugehen ist

c) Um die Ansichten der Benutzer (User) zu verstehen

d) Um nachfolgenden Aktionen (follow up actions) zuzustimmen

Lösung: a) Um Lösungen für Fehler zu finden. Die Qualitätsprüfung basiert auf einer Technik, die anhand bestimmter Strukturen, definierter Rollen und vorgegebener Verfahren prüft, ob ein Produkt vollständig ist und die vorgegebenen Standards erfüllt. Durchgeführt wird die Qualitätsprüfung sowohl von Personen, die ein bestimmtes Interesse an dem Produkt haben, als auch von Personen, die über die notwendige Fachkompetenz verfügen. Geprüft wird beispielsweise, ob ein Dokument die in der Produktbeschreibung festgelegten Qualitätskriterien erfüllt. Lösungen für Fehler muss der Ersteller finden, der unter Steuerung des Produktpräsentators nach der Qualitätsprüfung das Produkt bei Bedarf nachbessern muss.

8.1.5 Allgemeine Fragen zu PRINCE2™

Warum empfiehlt PRINCE2™, eine Machbarkeitsstudie als separates Projekt durchzuführen?

a) Jede Option beinhaltet einen unterschiedlichen Projektplan, unterschiedliche Business Cases und Risiken (Risks).

b) Es würde das Projekt verkomplizieren.

c) PRINCE2™ kann mit vielfachen Optionen nicht umgehen.

d) Das Management könnte nach Erstellen der Machbarkeitsstudie entscheiden, das Projekt nicht fortzuführen.

Lösung: *a) Jede Option beinhaltet einen unterschiedlichen Projektplan, unterschiedliche Business Cases und Risiken (Risks), da in der Machbarkeitsstudie gegebenenfalls unterschiedliche Optionen aufgeworfen werden. Die Machbarkeits- oder Projektstudie nach DIN ISO 69905 umfasst die Untersuchung von Lösungsmöglichkeiten zur Erreichung des benannten Projektziels und die Überprüfung ihrer jeweiligen Machbarkeit.*

Die Mehrzahl der PRINCE2™-Kontrollen bzw. Steuerungsmittel kann beschrieben werden als:

e) Technikbasiert

f) Prozessgetrieben

g) Business Case-getrieben

h) Ereignisbasiert

Lösung: *d) Ereignisbasiert (siehe Abbildung 8.9). Ausnahme sind Statusbericht (Highlight Report) und Teamstatusbericht (Checkpoint Report).*

Steuerungsmittel	Ereignisbasiert	Zeitgesteuert
Managementphasen		x
Management by Exception		x
Endphasenbewertung		x
Projektstatusbericht	x	
Ausnahmebericht		x
Arbeitspaket		x
Teamstatusbericht	x	
Risikoregister		x
Qualitätsregister		x

Abbildung 8.9: Beispiele für ereignis- und zeitgesteuerte Steuerungsmittel

Welche Option kann ein Mitglied des Projektmanagement-Teams wählen, um Informationen zu den Schnittstellen oder Toleranzen eines Arbeitspakets zu erhalten?

a) Einen Ausnahmebericht erstellen, um über den Projektmanager die relevanten Informationen zu erhalten
b) In der Kommunikationsmanagement-Strategie prüfen, wer ihm die die relevanten Informationen beschaffen kann
c) Im Arbeitspaket die Informationen zur Schnittstellen bei Erstellung und die Toleranzen suchen
d) Einen offenen Punkt vorbringen, um dem Projektmanager seinen Informationsbedarf mitzuteilen

Lösung: c) Im Arbeitspaket die Informationen zur Schnittstellen bei Erstellung und die Toleranzen suchen. Die Prüfung der Inhalte eines Arbeitspakets (z. B. in Bezug auf den Abschnitt Schnittstellen oder Toleranzen) lässt überhaupt eine Aussage darüber zu, welche Schnittstellen bei der Erstellung des Produkts beachtet werden müssen (auch Personen oder Abteilungen können hier genannt werden.) oder welche Toleranzen (Zeit, Kosten, Umfang, Risiko) definiert sind. Ein Arbeitspaket kann beispielsweise als Dokument (z. B. formal ausgearbeitet über eine entsprechende Vorlage oder als Protokoll) oder abgelegt in einem Projektmanagement-Tool variabel bezüglich Inhalt und Form vorliegen. Das Gespräch zwischen Projektmanager und Teammanager ist zwar der Ausgangspunkt für die Definition des Arbeitspakets, die Dokumentation sollte aber schriftlich dargelegt werden.

Welches Produkt sollte die Informationen enthalten, dass das Projekt abgebrochen wird und die in der Projektleitdokumentation genannten Ziele nicht erreicht wurden?

a) Nutzenrevisionsplan
b) Empfehlungen für Folgeaktionen
c) Projektabschlussbericht
d) Ankündigung des Projektabschlusses

Lösung: c) Projektabschlussbericht. In diesem Managementprodukt wird dargestellt, wie erfolgreich das Projekt war. Dazu werden die erzielten Ergebnisse mit den Vorgaben in der PID verglichen, aufgrund der das Projekt gestartet ist.

Ergänzen Sie den folgenden Satz: „Ein Projekt ist eine Managementumgebung, die mit dem Ziel geschaffen wurde, ein oder mehrere Produkte gemäß .... zu liefern."

a) ... den Anforderungen des Kunden ... (Customer requirements)
b) ... einem vereinbarten Vertrag ... (Contract)
c) ... einem Projektplan ... (Project Plan)
d) ... einem spezifizierten Business Case ...

Lösung: d) ... einem spezifizierten Business Case ... Der betriebswirtschaftliche Nutzen für das Unternehmen steht im Vordergrund.

Welche der folgenden Aussagen ist falsch?

a) Der Projektplan ist ein Überblick über das Gesamtprojekt.
b) Für jede Phase (Stage), die im Projektplan gekennzeichnet wird, wird ein Phasenplan (Stage Plan) angefordert.
c) Ein Ausnahmeplan (Exception Plan) benötigt die Zustimmung des Lenkungsausschusses.
d) Es ist mindestens ein Teamplan für jeden Teammanager (Team Manager) erforderlich.

Lösung: *d) Es ist mindestens ein Teamplan für jeden Teammanager (Team Manager) erforderlich. Zu Option a): Ein Projektplan ist obligatorisch, genau wie ein Phasenplan für jede zu planende Phase (Option b). Die Genehmigung des Ausnahmeplans erfolgt in der DP-Aktivität* Phasen- oder Ausnahmeplan freigeben *durch den Lenkungsausschuss.*

Welcher Typ von Produkt ist das Register offener Punkte (Issue Register)?

a) Ein Managementprodukt
b) Ein Spezialistenprodukt
c) Ein technisches Produkt
d) Keiner der genannten Typen

Lösung: *a) Ein Managementprodukt, genauer gesagt, eine Aufzeichnung als Untergruppe der Managementprodukte – ähnlich wie beispielsweise das Erfahrungsprotokoll und die anderen Register. Aufzeichnungen sind dynamische Managementprodukte, die Informationen zum Projektfortschritt enthalten und somit als Steuerungsmittel agieren. Spezialistenprodukte sind Produkte, die z. B. im MP-Prozess erstellt werden. Der Begriff des technischen Produktes existiert unter PRINCE2™ nicht.*

Wann sollten Produktbeschreibungen verfasst werden?

a) Produktbeschreibungen werden immer zu Beginn des Projekts geschrieben und sind Bestandteil der PID (Projektleitdokumentation).
b) Sobald klar ist, dass das entsprechende Produkt gebraucht wird
c) Sobald das Produkt genehmigt wurde (baselined)
d) Produktbeschreibungen für jede Phase (Stage) werden stets am Ende der vorherigen Phase (Stage) verfasst.

Lösung: *b) Sobald klar ist, dass das entsprechende Produkt gebraucht wird. Produktbeschreibungen sollten stets vorab entworfen und mindestens zusammen mit dem Produkt fertig gestellt sein, sodass sie auch zusammen übergeben werden können. Zu a): Würden Produktbeschreibungen bereits ganz zu Anfang verfasst, ist kein Spielraum mehr vorhanden. Diese Annahme ist zu rigide und geht am Best Practice-Ansatz vorbei. Zu c): Das Produkt wird immer nur zusammen mit einer aktuellen und ausreichenden Dokumentation genehmigt.*

Welche der folgenden Aussagen ist NICHT korrekt?

a) Der Nutzenrevisionsplan wird im Prozess *Abschließen eines Projekts* erstellt.
b) Die Produktbeschreibung des Projektendprodukts wird im Prozess *Abschließen eines Projekts* verwendet, um zu prüfen, ob das Projekt die Anforderungen realisierte.
c) Ein Projektabschlussbericht sollte erstellt werden, bevor ein Projekt abgeschlossen wird.
d) Aktivitäten für den Projektabschluss sollten als Teil des Phasenplans für die letzte Managementphase geplant werden.

Lösung: a) Der Nutzenrevisionsplan wird im Prozess Abschließen eines Projekts *erstellt. Dies ist nicht korrekt, da der Nutzenrevisionsplan im Prozess* Initiieren eines Projekts *erstellt wird und zum Projektabschluss lediglich im Zuge der Nutzenrevisionsplan finalisiert wird.*

Was ist nicht Bestandteil einer Produktbeschreibung?

a) Darstellung und Form
b) Managementphase, in der das Produkt hergestellt werden soll
c) Informationen über die für die Oualitätsprüfung des Produkts zuständigen Personen
d) Qualitätsprüfmethode

Lösung: b) Die Managementphase, in der das Produkt hergestellt werden soll. Die Produktbeschreibung enthält keine Angaben zu der Phase, in der das Produkt hergestellt werden soll. Dies wird über die Planung der Phase umgesetzt. Weitere Bestandteile der Produktbeschreibung sind Kennzeichnung, Titel, Zweck, die Auflistung der verschiedenen Bestandteile des Produkts als Zusammensetzung, Herkunft/Ableitung zur Darstellung der möglichen Ausgangsprodukte, zulässige Abweichung von den spezifizierten Qualitätskriterien (Toleranz), notwendige Kenntnisse der Entwickler und Prüfer, Qualitätskriterien und Qualitätsverantwortlichkeiten.

Zuständig für die Pflege der Konfigurationsdatensätze ist:

a) Der Konfigurationsadministrator (Configuration Librarian)
b) Die Projektunterstützung
c) Die Produktsicherung
d) Der Versionsadministrator

Lösung: b) Die Projektunterstützung. Dies ist als Verantwortlichkeit im Zusammenhang mit dem Thema Änderungen definieren. *Die Projektunterstützung nimmt hierbei die Aufgaben der Konfigurationsverwaltung wahr. Darüber hinaus erstellt sie auch Produktstatusauskünfte und unterstützt den Projektmanager bei der Führung des Registers offener Punkte (siehe Abbildung 8.10). Zu Option a): Der Konfigurationsadministrator (Configuration Librarian) als Rolle existiert in der Version 2009 nicht mehr, sondern stammt aus der Version 2005. In der „alten" Version der Methode wäre diese Antwort korrekt gewesen. Die Option d) existiert nicht als explizite Rolle unter PRINCE2™, sondern bezeichnet eine Aktivität im Konfigurationsmanagement. Option c) verantwortet im Zusammenhang mit dem Thema Änderung lediglich bei Bedarf die Beratung bei der Untersuchung und Lösung der offenen Punkte.*

Abbildung 8.10: Beispielhafte Aufgaben der Projektunterstützung

Die Konfiguration eines Endprodukts besteht aus ...

a) der Summe seiner Produkte (Sum of Products).
b) Zwischenprodukten (Interim Products).
c) der Produktbeschreibung (Product Description).
d) einem einzelnen Endprodukt.

Lösung: a) der Summe seiner Produkte (Sum of Products). Die hierarchische Darstellung des Endprodukts im Produktstrukturplan wird während des Planungsprozesses erstellt. Dies wird benötigt, um das Projektergebnis liefern zu können. Die Planung findet dabei entsprechend dem Top-Down-Prinzip statt.

Welche der folgenden Aussagen ist NICHT korrekt?

a) Der Auftraggeber ist dafür verantwortlich, dass die notwendigen Mittel für das Projekt beschafft werden.
b) Jeder, der Einfluss auf ein Projekt nehmen kann, ist ein Stakeholder dieses Projekts.
c) Projektsicherung und Projektunterstützung sind voneinander zu trennen.
d) Die Kommunikationsmanagement-Strategie beschreibt die zu verwendenden Kommunikationsmittel.

Lösung: b) Jeder, der Einfluss auf ein Projekt nehmen kann, ist ein Stakeholder dieses Projekts. Stakeholder sind als Personen oder -gruppen zu verstehen, die ein Vorhaben beeinflussen können, davon beeinflusst werden oder sich beeinflusst fühlen. Option c) sichert die Unabhängigkeit der beiden Rollen. Option a) steht dafür, dass der Auftraggeber die finale Verantwortung im Projekt trägt und die Investition durch das Unternehmens- oder Programm-Management genehmigen lassen.

Welche der folgenden Aussagen ist falsch?

a) Ein Phasenplan (Stage Plan) ist für jede Phase (Stage) des Projekts notwendig.
b) In einem kleinen Projekt kann der Phasenplan (Stage Plan) den Projektplan ersetzen oder den Projektplan darstellen.

c) Der Phasenplan (Stage Plan) ist die Basis der tagtäglichen Steuerungsaufgaben des Projektmanagers.
d) Der Phasenplan (Stage Plan) wird unter der Verwendung des Themas „Pläne" angelegt.

Lösung: b) In einem kleinen Projekt kann der Phasenplan (Stage Plan) den Projektplan ersetzen oder den Projektplan darstellen. Richtig ist, dass der Phasenplan im Grunde genommen entfällt und ein Bündel an Dokumenten als Steuerungsbasis dient. Zu diesem Bündel gehören in einem solchen Fall die PID einschließlich Projektbeschreibung, Business Case, Strategien, Projektplan und Nutzenrevisionsplan.

Welche Option steht nicht für eines der „integrierten Elemente" von PRINCE2™?

a) Themen
b) Lernen aus Erfahrungen
c) Prozesse
d) Anpassen an die Projektumgebung

Lösung: b) Lernen aus Erfahrungen. Dies bezeichnet eines der sieben Grundprinzipien, ist aber selber kein integriertes Element. Die vier integrierten Elemente sind Grundprinzipien, Themen, Prozesse und Anpassen an die Projektumgebung (Tailoring).

Welcher Zusammenhang existiert zwischen den Arbeitspaketen und den folgenden Managementprodukten?

a) Die im Phasenplan festgelegten Toleranzen werden von den Toleranzen der Arbeitspakete abgeleitet.
b) Der Lenkungsausschuss benötigt die Informationen aus dem Arbeitspaket, um die Toleranzen für den Teammanager zu definieren.
c) Die Arbeitspakete sollen im Prozess *Vorbereiten eines Projekts* zur Unterstützung der Produktbeschreibung des Projektendprodukts erstellt werden.
d) Die Arbeitspakete sind nicht Bestandteil des Projektplans.

Lösung: d) Die Arbeitspakete sind nicht Bestandteil des Projektplans. Der Lenkungsausschuss benötigt keine Arbeitspakete zur Freigabe des Projektplans und zur Steuerung. Arbeitspakete werden zwischen Team- und Projektmanager in Abstimmung zwischen Steuern einer Phase *und* Managen der Produktlieferung *vereinbart. Dort werden auch die Toleranzen für das Arbeitspaket durch den Projektmanager definiert. Dies ist auch die Begründung, warum die Optionen b) und c) falsch sind. Zu Option a): Die in den Arbeitspaketen festgelegten Toleranzen werden von den Toleranzen des Phasenplans abgeleitet und nicht umgekehrt.*

Ist der folgende Satz korrekt? Die Ernennung eines Teammanagers ist nicht notwendig, wenn der Projektmanager selbst über die erforderlichen Spezialistenkenntnisse und -erfahrungen verfügt.

a) Nein, dies sollte in einem solchen Fall der Lieferantenvertreter übernehmen, der für die Erstellung der Spezialistenprodukte final verantwortlich ist.
b) Ja, da die Ernennung des Teammanagers optional ist, wenn der Projektmanager die notwendigen fachlichen, geografischen etc. Anforderungen erfüllen kann.

c) Nein, dies sollte die Projektsicherung aufgrund der Kompetenzen und ihrer Sicherungsfunktion übernehmen, da sie sicherstellen muss, dass das Projekt ordnungsgemäß durchgeführt wird.

d) Ja, da der Projektmanager dafür verantwortlich ist, dass die Anfordeurngen der Benutzer richtig spezifiziert und die zu erstellenden Lösungen darauf auszurichten sind.

Lösung: *b) Ja, da die Ernennung des Teammanagers optional ist, wenn der Projektmanager die notwendigen fachlichen, geografischen etc. Anforderungen erfüllen kann. Die Ernennung eines Teammanagers ist optional. Wenn der Projektmanager die fachlichen, geografischen etc. Anforderungen erfüllen kann, kann er die Teams auch direkt leiten. Zu c): Die Projektsicherung ist die Verantwortung des Lenkungsausschusses und muss vom Teammanager und Projektmanager unabhängig bleiben, d. h. kann nicht an diesen delegiert werden. Die Option a) ist falsch, da der Lieferantenvertreter Vertreter im Lenkungsausschuss ist. Option d) ist falsch, da in der Begründung die Aufgaben des Benutzervertreters beschrieben werden.*

Wie lautet die allgemeinere Bezeichnung, die in PRINCE2™ für die Lieferergebnisse (Deliverables) verwendet wird?

a) Einzelteil (Item)

b) Paket (Package)

c) Produkt (Product)

d) Komponente (Component)

Lösung: *c) Produkt (Product). Alles, was unter PRINCE2™ erstellt wird, ist ein Produkt.*

Welche Aussage trifft nicht auf die Stakeholder eines Projekts zu?

a) Sie arbeiten mit dem Projekt zusammen.

b) Das Projektergebnis hat Auswirkungen auf sie und/oder ihre Arbeitsweise.

c) Sie gehören zum Projektmanagement-Team.

d) Sie haben innerhalb des Projekts keine Entscheidungsbefugnis.

Lösung: *d) Sie haben innerhalb des Projekts keine Entscheidungsbefugnis. Stakeholder können Personen oder Gruppen von Personen sein, die Einfluß auf das Projekt haben, von ihm beeinflusst werden oder sich in irgendeiner Art und Weise davon betroffen fühlen. Dies können Projektmitarbeiter (z. B. Spezialisten), Mitglieder des Projektmanagement-Teams (z. B. der Auftraggeber) oder auch Mitarbeiter sein, die später mit dem Projektendprodukt arbeiten (z. B. eine neue oder aktualisierte Applikation).*

Die Frage, ob jemand zu den Stakeholdern eines Projekts gehört oder nicht, ist unabhängig von der Frage, ob diese Person befugt ist, in einem Projekt Entscheidungen zu treffen. Auch Mitglieder des Lenkungsausschusses gehören zu den Stakeholdern. Denn die Personen, die eine Rolle im Lenkungsausschuss inne haben, haben ein Interesse am Projekt und können Einfluss darauf nehmen. Sie sind zudem Entscheidungsträger, die andere Stakeholder vertreten, d. h. die Interessen des Unternehmens, der Benutzer und der Lieferanten. Die Mitglieder des Unternehmens- und/oder Programm-

Managements sind beispielsweise Stakeholder innerhalb eines Projekts, allerdings nicht in der Struktur des Projektmanagement-Teams vertreten. Darüber hinaus sollten Sie im Hinterkopf behalten, dass es sowohl unternehmensinterne als auch externe Stakeholder geben kann (z. B. Anwohner, wenn ein neues Kraftwerk gebaut werden soll).

Welcher der folgenden Punkte ist nicht Teil einer Produktbeschreibung (Product Description)?

a) Zusammenstellung
b) Geforderte Methode der Qualitätskontrolle
c) Ableitung/Quellen
d) Budget

Lösung: d) Budget. Die Produktbeschreibung wird auch verwendet, um ein Verständnis für Art, Zweck, Funktion und Aussehen des Produkts zu schaffen und das Qualitätsniveau zu definieren, um u. a. die Ableitung der Aktivitäten, die für die Entwicklung, Überprüfung und Abnahme des Produkts anfallen zu ermöglichen. Zur Zusammensetzung der Produktbeschreibung gehören Kennzeichnung, Titel, Zweck, Bestandteile (Zusammensetzung), Herkunft/Ableitung, Darstellung und Form, notwendige Kenntnisse der Entwickler, Qualitätskriterien, Qualitätstoleranz, Qualitätsprüfmethode, notwendige Kenntnisse der Prüfer und Qualitätsverantwortlichkeiten.

Was ist die erste Handlung, die beim Empfang eines neuen offenen Punkts durchgeführt wird?

a) Zuordnung der Priorität
b) Die offenen Projektpunkte (Issues) protokollieren
c) Eine Entscheidung wird getroffen, welcher Art der offene Punkt ist.
d) Auswirkungsanalyse (Impact Analysis)

Lösung: b) Die offenen Projektpunkte (Issues) protokollieren. Dies ist eine Aktion der CS-Aktivität Offene Punkte und Risiken erfassen und untersuchen *(Capture and Examine Issues and Risks). Erst einmal muss der offene Punkt in das Register offener Punkte aufgenommen werden. Danach folgt eine erste Kategorisierung. Auswirkungsanalyse und Prioritätsvergabe finden anschließend statt.*

Welche der folgenden Aussagen ist falsch?

a) Kundenqualitätserwartungen sollten im Prozess *Vorbereiten eines Projekts* (Starting up a Project) aufgedeckt werden.
b) Das Qualitätsmanagementsystem eines Unternehmens wird ein Teil von PRINCE2™.
c) PRINCE2™ kann ein Teil von einem Qualitätsmanagementsystem des Unternehmens (Quality Management System) werden.
d) Der Phasenplan (Stage Plan) beschreibt im Detail, welcher Teil des Projektplans durchgeführt wird.

Lösung: b) Das Qualitätsmanagementsystem eines Unternehmens wird ein Teil von PRINCE2™. Dies würde bedeuten, dass PRINCE2™ als Methode ständigen Änderungen unterworfen wird. Option c): Im Sinne des Tailorings bzw. des „Adaptings“

ist stets zu prüfen, welche Vorgabe es für die Themen in Bezug auf die Projektumsetzung gibt und wie die Anpassungen im Sinne des Unternehmens- und Projekterfolgs umzusetzen sind. Zu Option a): Dies geschieht zum ersten Mal in der SU-Aktivität Projektlösungsansatz auswählen und Projektbeschreibung zusammenstellen *(siehe Abbildung 8.13). Option d) ist Grundlage für das Erstellen eines Phasenplans.*

Welches Produkt sollte die Informationen enthalten, das das Risiko, dass ein Konkurrenzunternehmen das gleiche Produkt herstellt, um es am Markt anzubieten, zwar anfangs identifiziert, aber die Bewertung des Risikos nicht zutraf. Zu Anfang war das Risiko als relativ gering eingestuft worden, nun hört man, dass die Konkurrenz kurz vor der Markteinführung steht?

a) Register offener Punkte
b) Empfehlungen für Folgeaktionen
c) Risikoregister
d) Erfahrungsbericht

Lösung: d) Erfahrungsbericht. Zukünftige Projekte können aus dieser Erfahrung lernen. Dieser Bericht soll Handlungsanstöße für andere Projekte geben.

PRINCE2™ nennt eine Anzahl von Gründen, warum es selten wünschenswert oder möglich ist, das gesamte Projekt von Anfang an im Detail zu planen. Welcher der folgenden Aussagen entspricht keinem dieser Gründe?

a) Eine sich ständig ändernde oder unsichere Umgebung
b) Eine PRINCE2™-Anforderung
c) Schwierigkeit, zukünftige Geschäftsumstände vorauszusagen
d) Schwierigkeit, zukünftige Ressourcenverfügbarkeiten vorauszusagen

Lösung: b) Eine PRINCE2™-Anforderung. Alle anderen Antworten erscheinen als mögliche Unwägbarkeiten oder Unsicherheitsfaktoren bei der Planung, die es zu berücksichtigen gilt.

Welches Dokument wird mit der Bitte an den Lenkungsausschuss (Project Board) übergeben, das Projekt freizugeben?

a) Die Projektbeschreibung
b) Das Projektmandat
c) Die Projektleitdokumentation (Project Initiation Documentation)
d) Ein Implementierungsplan

Lösung: c) Die Projektleitdokumentation (Project Initiation Documentation). Diese wird an die DP-Aktivität Projekt freigeben *zur Bewertung durch den Lenkungsausschuss übergeben.*

Welche der folgenden Aussagen ist nicht korrekt?

a) Der Teammanager informiert den Projektmanager über einen offenen Punkt, wenn die für ein Arbeitspaket vereinbarten Toleranzen überschritten wurden.
b) Es ist Aufgabe der Projektunterstützung, den Business Case in Bezug auf den Projektfortschritt zu überwachen.

c) Der Teammanager stellt fest, dass die mit der Prüfung einiger Produkte beauftragten Personen dafür nicht geeignet sind. Er meldet dies dem Projektmanager als Risiko.

d) Der Teammanager stellt fest, dass die mit der Prüfung einiger Produkte beauftragten Personen dafür nicht geeignet sind. Er bespricht die Situation mit der Projektsicherung und lässt die Prüfer austauschen oder zusätzliche Prüfer bereitstellen.

Lösung: *b) Es ist Aufgabe der Projektunterstützung, den Business Case in Bezug auf den Projektfortschritt zu überwachen. Dies ist Aufgabe der Projektsicherung und nicht der Projektunterstützung.*

Welche der folgenden Optionen ist ein sogenanntes Ergebnis?

a) Neues Abrechnungsverfahren

b) Um 15 % gesunkene Kosten in Bezug auf Thema Drucken und Outputmanagement

c) Ein Druckertreiber für alle Modelle des Druckerportfolios

d) Um 5 % gestiegene Kosten im Bereich Kommunikation und Marketing

Lösung: *Option c) Ein Druckertreiber für alle Modelle des Druckerportfolios. Dies lässt sich z. B. über ein neues Druckverfahren oder einen neuen Print Service realisieren. Bei a) handelt es sich um einen Output und zwar ein Spezialistenprodukt (materiell oder immateriell). Abbildung 8.11 zeigt beispielhaft den Zusammenhang zwischen Output, Ergebnis und Nutzen. Option b) bezeichnet einen Nutzen (eine messbare Verbesserung, die aus einem Ergebnis resultiert). Option d) steht für einen negativen Nebeneffekt (Disbenefit).*

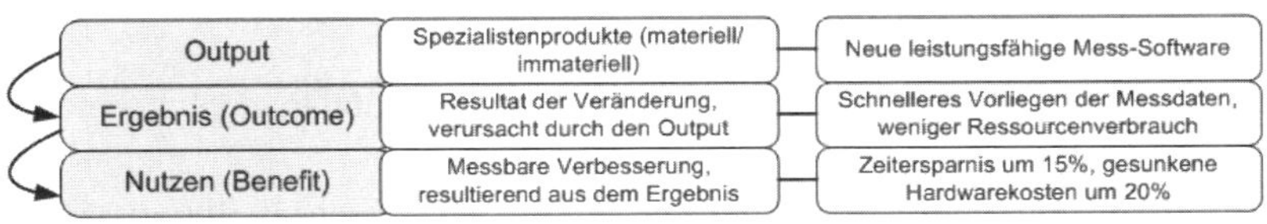

Abbildung 8.11: Darstellung von Ergebnis, Output und Nutzen im Zusammenhang

Welches Dokument stellt eine Aufzeichnung aktueller oder zukünftiger Fehler in Bezug auf eine Anforderung dar?

a) Ausnahmebericht (Exception Report)

b) Spezifikationsabweichung (Off-specification)

c) Empfehlungen für Folgeaktionen (Follow-on Action Recommendations)

d) Projektstatusbericht (Highlight Report)

Lösung: *b) Spezifikationsabweichung (Off-specification). Situationen oder Produkte, die den Akzeptanzkriterien nicht genügen oder nicht genügen werden, sodass unter kontrollierten Bedingungen (z. B. als offener Punkt) an der Korrektur gearbeitet werden kann, stellt eine Spezifikationsabweichung dar. Option a) bezieht sich auf eine Toleranz- und nicht auf eine Anforderungsabweichung. Option c) wird viel zu spät im Projektgeschehen realisiert und zielt nicht auf eine bestehende oder absehbare Abweichung von einer Anforderung ab. Option d) informiert den Lenkungsausschuss in definierten Intervallen über den Stand des Projekts und den erzielten Fortschritt.*

Welche der folgenden Aussagen ist FALSCH? Projektmanagern, die mit PRINCE2™ arbeiten, wird empfohlen ...

a) ... vor dem Beginn des Projekts unbedingt das Aufgabengebiet genau abzuklären.
b) ... eine festgelegte Struktur für die Delegation von Verantwortung, Vollmachten und Kommunikationswegen zu benutzen.
c) ... das Projekt in überschaubare Phasen zu unterteilen, um bessere Planung zu ermöglichen.
d) ... dem Management bei regelmäßigen Besprechungen kurz Bericht zu erstatten.

Lösung: d) ... dem Management bei regelmäßigen Besprechungen kurz Bericht zu erstatten. Es gibt keine regelmäßigen Meetings entsprechend des Prinzips „Management by Exception".

Worin liegt der Hauptfokus eines Projekts?

a) Die Qualitätserwartungen des Kunden zu erfüllen
b) Business Benefit zu erzielen
c) Sicherzustellen, dass es bis zu seiner Fertigstellung durchläuft
d) Die Toleranzgrenzen, die zum Projektbeginn festgesetzt wurden, nicht zu überschreiten

Lösung: a) Die Qualitätserwartungen des Kunden zu erfüllen. Dies ist der Haupt-Input für das Endprodukt und die anschließende Qualitätsprüfung. Der Business Benefit ergibt sich aus dem Business Case.

Welche der folgenden Aussagen beschreibt den Zweck der Annahmekriterien (Acceptance Criteria)?

a) Eine Rechtfertigung für die Umsetzung des Projekts basierend auf den geschätzten Kosten und dem erwarteten Nutzen
b) Eine messbare Definition dessen, was getan werden muss, damit das Endprodukt für den Kunden akzeptabel ist
c) Um eine vollständige und stabile Grundlage für die Einführung eines Projekts zur Verfügung zu stellen
d) Als Auslöser für den Prozess *Vorbereiten eines Projekts* (Starting up a Project)

Lösung: b) Eine messbare Definition dessen, was getan werden muss, damit das Endprodukt für den Kunden akzeptabel ist. Abnahmekriterien sind Akzeptanzkriterien. Es sind messbare Anforderungen, denen das jeweilige Produkt genügen muss. Es sind die eindeutigen Bedingungen für die Abnahme des Kunden.

Wann sollte eine Produktbeschreibung (Product Description) abgenommen (baselined) werden?

a) Sobald sie in der Entwurfsform vorhanden ist
b) Wenn das entsprechende Produkt seine Qualitätsüberprüfung überstanden hat
c) Sobald sie geschrieben wird
d) Wenn der Plan für die entsprechende Produkterstellung abgenommen (baselined) wurde

Lösung: *d) Wenn der Plan für die entsprechende Produkterstellung abgenommen (baselined) wurde. Die beiden Elemente gehören zusammen. Wird beispielsweise das Produkt durch einen Change verändert, muss auch die Beschreibung geändert werden.*

Welche der folgenden Aussagen ist falsch?

a) Ein Arbeitspaket definiert die zwischen Lieferant und Lenkungsausschuss festgelegte regelmäßige Berichterstattung.
b) Ein Änderungsbudget kann für die Umsetzung von Änderungen verwendet werden, solange die vom Lenkungsausschuss definierten Rahmenbedingungen Beachtung finden.
c) In der Projektleitdokumentation sind die für das Projekt relevanten Steuerungsmittel für die Überwachung und das Reporting beschrieben.
d) Der Projektmanager erhält regelmäßig Berichte vom Teammanager, um den Fortschritt für die Ausführung eines Arbeitspakets prüfen zu können.

Lösung: *a) Ein Arbeitspaket definiert die zwischen Lieferant und Lenkungsausschuss festgelegte regelmäßige Berichterstattung. Die Kommunikation findet in Bezug auf die Erstellung der Produkte eines Arbeitspakets zwischen Teammanager und Projektmanager statt und nicht zwischen Teammanager und Lenkungsausschuss. Der Lenkungsausschuss kommuniziert nicht direkt mit dem Teammanager, sondern mit dem Projektmanager.*

8.2 Beispiel-Prüfungsfragen für die Foundation-Zertifizierung mit Lösungen und Kommentaren

Welcher der folgenden Punkte ist kein wichtiges Steuerungsmittel (Control) für den Lenkungsausschuss?

a) Projektinitiierung (Project Initiation)
b) Erfüllung eines Arbeitspakets
c) Projektabschluss (Project Closure)
d) Ausnahmebericht

Lösung: *b) Erfüllung eines Arbeitspakets. Das Arbeitsmittel ist ein Steuerungsmittel des Projektmanagers, der dies an den Teammanager übergibt und die entsprechende Umsetzung des Fortschritts überwacht.*

In welchem Prozess wird die Frage gestellt, ob die Projektbeschreibung (Project Brief) darlegt, dass sich das Projekt lohnt?

a) *Vorbereiten eines Projekts* (Starting up a Project)
b) *Lenken eines Projekts* (Directing a Project)
c) *Abschließen eines Projekts* (Closing a Project)
d) *Initiieren eines Projekts* (Initiating a Project)

Lösung: *b)* Lenken eines Projekts *(Directing a Project). Nach dem SU-Prozess werden die Projektbeschreibung inklusive Projektlösungsansatz und der Plan für die Initiierungsphase dem Lenkungsausschuss vorgelegt, der dies in der DP-Aktivität* Initiierung freigeben *bewertet und im positiven Fall abnickt. Der Projektmanager erstellt in der SU-Aktivität* Projektlösungsansatz auswählen und Projektbeschreibung zusammenstellen *das Managementendprodukt.*

Welche der folgenden Aussagen ist in Bezug auf das Thema Risiken nicht korrekt?

a) Auswirkung/Impact steht für das Resultat, wenn ein bestimmtes Risiko eintritt.
b) Eintrittsnähe/Proximity beschreibt den Zeitpunkt des Eintritts eines möglichen Risikos.
c) Wahrscheinlichkeit/Probality beschreibt den Zeitpunkt des Eintritts eines möglichen Risikos.
d) Ergebnis/Outcome steht für das Resultat einer Veränderung, das Auswirkungen mit sich bringt.

Lösung: c) Wahrscheinlichkeit/Probality beschreibt den Zeitpunkt des Eintritts eines möglichen Risikos. Denn: Wahrscheinlichkeit beschreibt den Grad an Ungewissheit oder Unsicherheit in Bezug auf die Frage, ob ein Ereignis eintreten wird (Wahrscheinlichkeit p = 1) oder nicht (p = 0).

Die Eintrittsnähe/Proximity beschreibt den Zeitpunkt des Eintritts eines möglichen Risikos. Die Beachtung der Eintrittsnähe und die entsprechende Analyse sind wichtig, da Risiken zu bestimmten Zeiten auftreten können und die Auswirkungen dann vom Zeitpunkt des Risikoeintritts sein können. Typische Kategorien für die Eintrittsnähe beziehen sich darauf, wie bald sich das Risiko manifestieren könnte: kurz bevorstehend, in der aktuellen/nächsten Phase, innerhalb des Projekts, nach dem Projekt.

In welchem Prozess wird das Projektmandat (Project Mandate) in eine Projektbeschreibung (Project Brief) überführt?

a) *Initiieren eines Projekts* (Initiating a Project)
b) *Initiierung freigeben* (Authorise Initiation)
c) *Steuerung einer Phase* (Controlling a Stage)
d) *Vorbereiten eines Projekts* (Starting up a Project)

Lösung: d) Vorbereiten eines Projekts. Dies geschieht in der SU-Aktivität Projektlösungsansatz auswählen und Projektbeschreibung zusammenstellen. *Basis sind zwar die Informationen aus dem Projektmandat, aber nicht immer sind die Informationen hieraus ausreichend, sodass im Laufe des SU-Prozesses weitere Optionen, Informationen, Annahmen und weitere Inhalte für die Projektbeschreibung durch den Projektmanager zusammengestellt werden.*

Welchen Namen erhält eine Spezifikationsabweichung, die ohne Korrekturmaßnahmen vom Lenkungsausschuss (Project Board) empfohlen wird?

a) Ausnahmebericht (Exception Report)
b) Notfallplan
c) Konzession
d) Offener Punkt

Lösung: c) Konzession. Dies ist die entsprechende Erläuterung für den Konzessionsbegriff.

Was kommt zuerst bei PRINCE2™?

a) Eine Machbarkeitsstudie
b) Die Akzeptanzkriterien des Kunden
c) Die Qualitätserwartungen des Kunden
d) Das Projektmandat

*Lösung: d) Das Projektmandat. Es wird durch das Unternehmens- bzw. Programm-Management ausgelöst. Es gilt als Auslöser für den SU-Prozess (*Vorbereiten eines Projekts*).*

Wer wird in der allerersten Aktivität des SU-Prozesses ernannt?

a) Der Auftraggeber (Executive)
b) Der Projektmanager
c) Beide oben Genannten
d) Der Lenkungsausschuss (Project Board)

Lösung: c) Beide oben Genannten. Dies geschieht über die SU-Aktivität Auftraggeber und Projektmanager benennen.

Wann befindet sich eine Phase (Stage) in einer Ausnahmesituation?

a) Sobald die derzeitigen Vorhersagen zum Ende der Phase (Stage) von den vorgegebenen Toleranzgrenzen abweichen
b) Wenn die Phasentoleranzen überschritten sind
c) Wenn die Projekttoleranzen überschritten sind
d) Wenn die Teamtoleranzen überschritten sind

Lösung: a) Sobald die derzeitigen Vorhersagen zum Ende der Phase (Stage) von den vorgegebenen Toleranzgrenzen abweichen. Option b) ist ein bisschen spät, während c) und d) sich nicht auf die Phase beziehen.

Welcher Prozess wird zur Strukturierung/zur Bildung des Projektmanagement-Teams verwendet?

a) *Lenken eines Projekts* (DP)
b) *Initiieren eines Projekts* (IP)
c) *Vorbereiten eines Projekts* (SU)
d) *Managen eines Phasenübergangs* (SB)

Lösung: c) Vorbereiten eines Projekts (SU). Hier wird über die SU-Aktivität Auftraggeber und Projektmanager ernennen *und* Projektmanagement-Team entwerfen und ernennen *die Projektmanagement-Organisation entworfen und personell besetzt.*

Inwiefern unterstützt das Thema „Business Case" das Grundprinzip „Fortlaufende geschäftliche Rechtfertigung"?

a) Verlangt auch für kleinste Projekte einen Business Case
b) Wenn ein Projekt Teil eines Programms ist, wird kein separater Business Case benötigt.

c) Gewährleistet, dass am Ende jeder Phase ein neuer Business Case erstellt wird, der die wirtschaftliche Rechtfertigung der nächsten Phase bestätigt

d) Projekte, die keinen direkten Nutzen liefern, können auch ohne Business Case fortgeführt werden.

Lösung: a) Verlangt auch für kleinste Projekte einen Business Case. Ohne eine wirtschaftliche Rechtfertigung sollte kein Projekt fortgeführt werden. Zur Option b): Ein Programm liefert zwar zum großen Teil den Inhalt für den Business Case-Entwurf eines Projekts, der dann allerdings nach Fertigstellung des Projektplans im Projektverlauf weiterentwickelt wird. Zur Option c): Der Business Case wird am Ende jeder Phase aktualisiert. Es wird nicht für jede Phase ein neuer Business Case erstellt. Es gibt im Projekt nur einen Business Case, genau wie es nur eine PID oder ein Risikoregister gibt.

Welcher der nachfolgenden Prozesse nutzt die Planerstellung nicht?

a) *Managen eines Phasenübergangs* (SB)

b) *Vorbereiten eines Projekts* (SU)

c) *Steuern einer Phase* (CS)

d) *Initiieren eines Projekts* (IP)

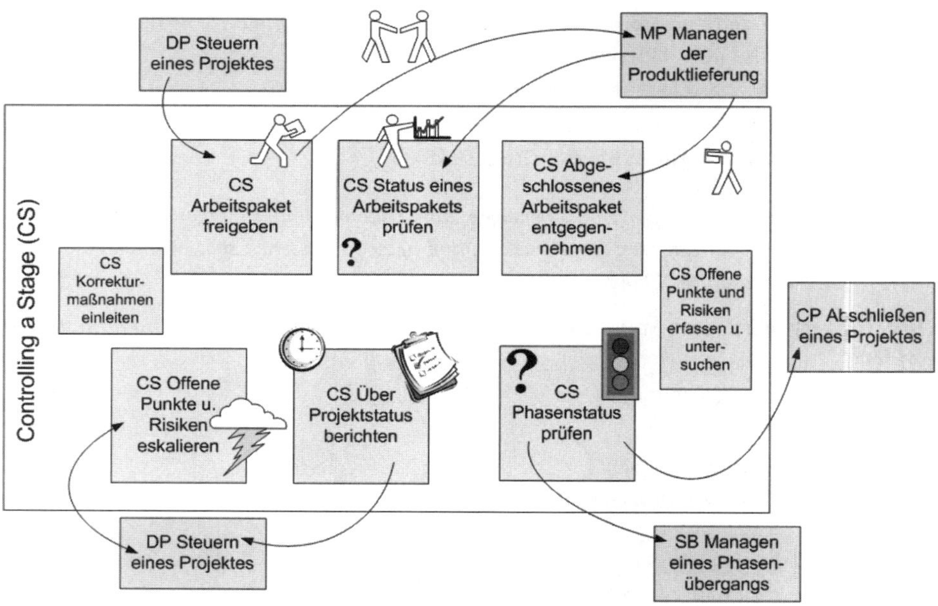

Abbildung 8.12: Die Schnittstellen des CS-Prozesses

Lösung: c) Steuern einer Phase *(CS). Hier geht es lediglich um die Steuerung der Phase (Controlling a Stage, siehe Abbildung 8.12). Die gegebenenfalls notwendige Planung findet dann z. B. im SB-Prozess* Managen eines Phasenübergangs *statt.*

Der Lenkungsausschuss (Project Board) muss drei Verantwortlichkeiten in Sachen Risikomanagement nachkommen. Welche der folgenden Optionen ist diesbezüglich falsch?

a) Benachrichtigung des Projektmanagers hinsichtlich jeglicher externer Risikobedrohung
b) Entscheidungsfindung auf Basis von Empfehlungen hinsichtlich eines Risikos
c) Identifizieren, Aufnehmen und regelmäßige Kontrolle von Risiken (Risks)
d) Sich um die Balance zwischen Risikograd und potenziellem Nutzen bemühen

Lösung: c) Identifizieren, Aufnehmen und regelmäßige Kontrolle von Risiken (Risks). Dies gehört zum Aufgabenspektrum des Projektmanagers, z. B. in Form der Risikoanalyse. Dies findet ständig während des Projektmanagements statt, z. B. in der CS-Aktivität Offene Punkte und Risiken eskalieren *oder während der Erstellung eines Plans über den Schritt* Risiken analysieren.

Welcher der nachfolgenden Begriffe gehört nicht zum Lenkungsausschuss (Project Board)?

a) Bewertung in der Phasenmitte
b) Projektstatusbericht
c) Freigabe Arbeitspaket (Work Package)
d) Projektabschluss

Lösung: c) Freigabe Arbeitspaket *(Work Package). Dies geschieht über die CS-Aktivität* Arbeitspaket freigeben.

Wann würden Sie eine volle Risikoanalyse erwarten?

a) Als Teil der Nutzenrevisionsumsetzung (nach Ende des Projekts ...)
b) Beim Erfassen der Projektthemen
c) Während der Initiierungsphase
d) Mit der Veröffentlichung der Qualitätsbetrachtung

Lösung: c) Während der Initiierungsphase in der IP-Aktivität Risikomanagement-Strategie erstellen. *Option a) und d) wären zu spät, b) zu früh, falls hier die Projektidee gemeint ist.*

Welche Rolle stellt sicher, dass die Anforderungen/Vorschläge für das Design und die Entwicklung von Produkten realistisch sind?

a) Benutzervertreter (Senior User)
b) Projektmanager (Project Manager)
c) Projektsicherung (Project Assurance)
d) Lieferantenvertreter (Senior Supplier)

Lösung: d) Lieferantenvertreter (Senior Supplier). Er besitzt das entsprechende Know-how, um beispielsweise die richtige Arbeitsweise beim Design und der Realisierung vorzuschlagen. Er kann sagen, ob die entsprechenden Standards korrekt gewählt sind. Hier muss natürlich ein entsprechendes Vertrauensverhältnis herrschen.

Welcher Prozess erstellt eine Strategie, um adäquat auf die Qualitätsanforderungen des Kunden zu reagieren?

a) *Initiieren eines Projekts* (IP)

b) *Managen der Produktlieferung* (MP)

c) *Lenken eines Projekts* (DP)

d) *Vorbereiten eines Projekts* (SU)

Lösung: *a)* Initiieren eines Projekts *(IP):* Qualitätsmanagement-Strategie erstellen. *Dies schafft ein gemeinsames Verständnis für den Begriff der Qualität im Projekt und in Bezug auf das erwartete Endprodukt. Alle Themen, die direkt mit dem Thema Qualität zu tun haben, fließen in die Qualitätsmanagement-Strategie und das Qualitätsregister ein.*

Welches PRINCE2™-Element gibt dem Projektmanager Auskunft darüber, wo ein Produkt ist, in welchem Status es sich befindet und wer damit beschäftigt ist?

a) Produktbeschreibung (Product Description)

b) Teamstatusbericht

c) Konfigurationsmanagement

d) Dokumentenablage

Lösung: *c) Konfigurationsmanagement. Es verwaltet den gesamten Besitz einer Organisation (siehe auch ISO 10007). Hier ist die Ähnlichkeit zu ITIL® und dem Prozess Configuration Management nicht zu übersehen.*

In wessen speziellen Verantwortungsbereich fällt die Aufgabe, den Fokus auf das Projektergebnis zu fördern und zu unterstützen bzw. zu behalten?

a) Projektmanager (Project Manager)

b) Benutzervertreter (Senior User)

c) (Projekt-)Auftraggeber (Executive)

d) Projektsicherung (Project Assurance)

Lösung: *b) Benutzervertreter (Senior User). Er bzw. seine Mitarbeiter sind diejenigen, die später mit dem Produkt bzw. dem Projektergebnis arbeiten müssen.*

Was betrachtet PRINCE2™ als Voraussetzung für die Vorbereitung eines Projekts?

a) Projektauftrag (Project Mandate)

b) Teamplan (Teamplan)

c) Projektmanager (Project Manager)

d) Projektlösungsansatz (Project Approach)

Lösung: *a) Projektauftrag (Project Mandate). Er stößt den SU-Prozess an (*Vorbereiten eines Projekts*), nach dem über die DP-Aktivität die Projektfreigabe erfolgt. Alle weiteren Produkte beziehen sich auf einen späteren Zeitpunkt bzw. spätere Aktivitäten im Projekt.*

Welche Bezeichnung wird für die Aufnahme und die Auswertung aller gegenwärtigen und historischen/ehemaligen Daten, die mit einem Produkt verbunden sind, verwendet?

a) Identifikation
b) Konfigurationskontrolle/-steuerung
c) Statusauswertung
d) Verifizierung

Lösung: c) Statusauswertung. Diese Aufgabe im Konfigurationsmanagement (neben Planung, Identifizierung, Verwaltung und Überprüfung) umfasst die Festlegung des Status und die Berichterstattung über den historischen und aktuellen Status der Configuration Items und der durchgeführten Änderungen.

Wer ist verantwortlich für den Prozess Managen der Produktlieferung?

a) Benutzervertreter (Senior User)
b) Projektmanager (Project Manager)
c) (Projekt-)Auftraggeber (Executive)
d) Teammanager (Team Manager)

Lösung: d) Teammanager (Team Manager). Dies ist der einzige Prozess, bei dem der Teammanager die Verantwortung trägt.

Das Produktflussdiagramm (Produkt Flow Diagram) wird erstellt, um ...

a) Kontrollpunkte in einer Phase (Stage) zu erkennen.
b) die Reihenfolge und den Zusammenhang zwischen den zu produzierenden Produkten untereinander zu verstehen.
c) ein vollständiges Verständnis jedes Produkts sicherzustellen.
d) die wichtigsten Produkte, die hergestellt werden, aufzuführen.

Lösung: b) die Reihenfolge und den Zusammenhang zwischen den zu produzierenden Produkten untereinander zu verstehen. Im Gegensatz zum Produktstrukturplan, der die logische Struktur eines Produkts darstellt, zeigt das Produktflussdiagramm den zeitlichen Zusammenhang der Bestandteile.

In welchem Prozess wird der Phasenplan (Stage Plan) mit tatsächlichen/realen Werten aktualisiert?

a) *Nächste Phase planen* (SB)
b) *Status eines Arbeitspakets prüfen* (CS)
c) *Über Projektstatus berichten* (CS)
d) *Phasenstatus prüfen* (CS)

Lösung: b) Status eines Arbeitspakets prüfen *(CS). Die Angaben stützen sich auch auf die Inhalte des Qualitätsregisters als einziges objektives Messkriterium für den Fortschritt im Projekt, das über die MP-Aktivität* Arbeitspaket ausführen *dem Projektmanager zugeführt wird.*

Welche Rolle innerhalb von PRINCE2™ regt den Lenkungsausschuss an, seine Zustimmung zur Implementierung eines offenen Punkts zu geben?

a) Projektmanager (Project Manager)
b) Benutzervertreter (Senior User)
c) Projektsicherung (Project Assurance)
d) (Projekt-)Auftraggeber (Executive)

Lösung: a) Projektmanager (Project Manager). Er führt die Kommunikation mit dem Lenkungsausschuss und unter seiner Verantwortung wird das Register offener Punkte gepflegt.

Welches Produkt löst den ersten Eintrag im Qualitätsregister aus?

a) Phasenplan (Stage Plan)
b) Erste Qualitätsprüfung (first Quality Review)
c) Qualitätsmanagement-Strategie (Quality Management Strategy)
d) Projektplan (Project Plan)

Lösung: a) Phasenplan (Stage Plan). Das Qualitätsregister wird in der IP-Aktivität Qualitätsmanagement-Strategie erstellen *angelegt und dann u. a. über die SB-Aktivität* Nächste Phase planen *aktualisiert. Während der Planung der Phase erfolgt auch die Planung der Qualitätsprüfung zu den Produkten der Phase.*

Welcher Prozess führt zum „offiziellen" Start eines Projekts?

a) *Projekt freigeben* (DP)
b) *Initiierung freigeben* (DP)
c) *Projektauftraggeber und Projektmanager ernennen* (SU)
d) *Ad-hoc-Anweisungen geben* (DP)

Lösung: b) Initiierung freigeben *(DP). Danach startet die Projektinitiierung, die sich mit dem Beginn eines Projektlebenszyklus deckt.*

Welches Produkt wird in PRINCE2™ benutzt, um die Gründe festzulegen, die das Einrichten eines Projekts, dessen Weiterführung oder dessen Abbruch rechtfertigen?

a) Projektleitdokumentation (Project Initiation Documentation)
b) Business Case
c) Phasenabschlussgenehmigung (Phase End Authorization)
d) Projektbeschreibung (Project Brief)

Lösung: b) Business Case. Er ist der Motor und die betriebswirtschaftliche Rechtfertigung des Projekts. Ohne Business Case kein Nutzen für das Unternehmen. Warum sollte das Projekt dann umgesetzt werden?!

Welche Vorsichtsmaßnahme könnte in Bezug auf das Konfigurationsmanagement getroffen werden, um Spielraum für die Durchführung von Änderungsanträgen zu gewährleisten?

a) Projekt- und Phasentoleranzen (Project and Stage Tolerances)
b) Notfallpläne (Contingency Plans)
c) Änderungsbudget (Change Budget)
d) Bei Schätzungen einen Sicherheitsspielraum/-spanne (Safety Margin) einkalkulieren

Lösung: c) Änderungsbudget (Change Budget). Während der IP-Aktivität Konfigurationsmanagement-Strategie erstellen *wird das Change Budget berücksichtigt. Das Änderungsbudget wird genutzt, um notwendige und genehmigte Änderungen finanzieren zu können.*

Welches Umfeld setzt PRINCE2™ voraus?

a) Einen Vertrag zu festen Preisen
b) Ein Kunden-Lieferanten-Umfeld
c) Ein Spezialisten-Umfeld
d) Ein Drei-Parteien-Umfeld

Lösung: b) Ein Kunden-Lieferanten-Umfeld. Option d) ist falsch, auch wenn man hier u. U. auf die Parteien im Lenkungsausschuss schließen könnte.

In welcher Reihenfolge würden die folgenden Dokumente in einem PRINCE2™-Projekt erscheinen?

1. Die Projektleitdokumentation (Project Initiation Documentation)
2. Das Projektmandat (Project Mandate)
3. Die Projektbeschreibung (Project Brief)

a) 1, 2, 3
b) 2, 3, 1
c) 3, 1, 2
d) 3, 2, 1

Lösung: b) 2, 3, 1. Das Projektmandat wird vom Unternehmens- oder Programm-Management zur Vorbereitung des Projekts abgesetzt. Die Projektbeschreibung stammt aus diesem Prozess (SU Starting up a Project*), ebenso wie der Projektlösungsansatz als Bestandteil der Projektbeschreibung. Die Projektleitdokumentation ist ein Ergebnis des IP-Prozesses* (Initiieren eines Projekts)*, der über den DP-Prozess folgt (siehe Abbildung 8.13).*

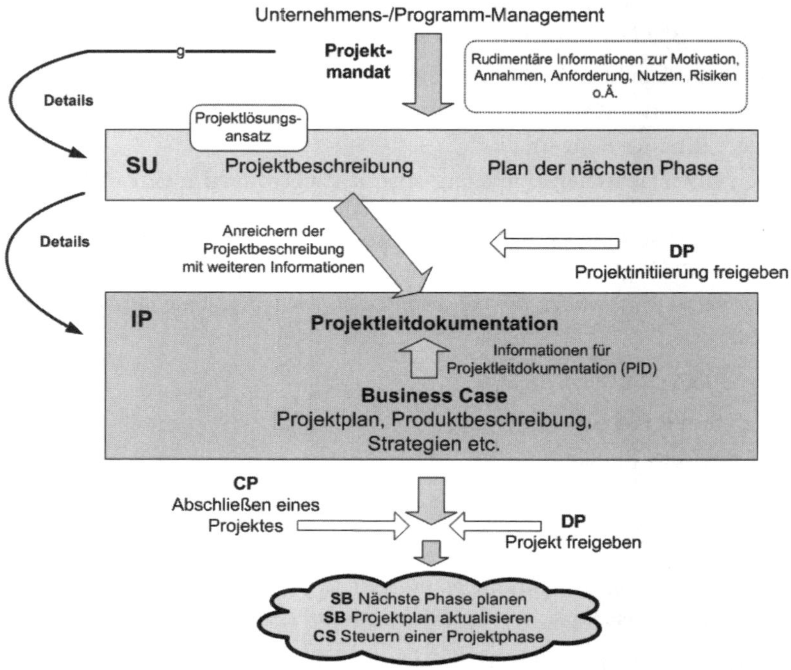

Abbildung 8.13: Ergebnis im SU-Prozess („Vorbereiten eines Projekts") und IP-Prozess („Initiieren eines Projekts")

Welche der folgenden Definitionen ist KEINE Definition eines Projekts im Sinne von PRINCE2™?

„Ein Projekt ...?

a) ... ist eine temporäre Organisation."
b) ... existiert für einen befristeten Zeitraum."
c) ... hat den Zweck, ein oder mehrere Produkte in Übereinstimmung mit einem vereinbarten Business Case zu liefern."
d) ... benutzt eine begrenzte Menge von Techniken."

Lösung: d) ... benutzt eine begrenzte Menge von Techniken." Die PRINCE2™-Definition lautet: Ein Projekt ist eine für einen befristeten Zeitraum geschaffene Organisation, die mit dem Zweck eingerichtet wurde, ein oder mehrere Produkte in Übereinstimmung mit einem vereinbarten Business Case zu liefern (Quelle: OGC, Erfolgreiche Projekte managen mit PRINCE2™, Kapitel 1.3).

Für welche der folgenden Aufgaben ist der Lenkungsausschuss (Project Board) während der Projektausführung nicht verantwortlich?

a) Genehmigung von Phasen- und Ausnahmeplänen (Stage and Exception Plans)
b) Eigentum eines oder mehrerer der festgestellten Projektrisiken

c) Beurteilung jeder abgeschlossenen Phase und Zustimmung, in die nächste überzugehen

d) Genehmigung der Ernennung von Personen, die die Qualitätsbeurteilung durchführen

Lösung: d) Genehmigung der Ernennung von Personen, die die Qualitätsbeurteilung durchführen. Die Planung der Qualitätsprüfung findet während der Phasenplanung durch den Projektmanager statt. Dies geschieht in der SB-Aktivität Nächste Phase planen.

Bei welcher der folgenden Optionen handelt es sich um ein Managementprodukt des Typs „Baseline"?

a) Business Case

b) Ausnahmebericht

c) Projektstatusbericht

d) Erfahrungsprotokoll

Lösung: a) Business Case, der im Prozess Vorbereiten eines Projekts *als Entwurf erstellt, im IP-Prozess und später weiter überprüft und (bei Bedarf) aktualisiert wird. Option d) ist eine Aufzeichnung als ein dynamisches Managementprodukt, das Informationen über den Projektfortschritt (bzw. die bisherigen Erfahrungen) enthält. Option b) und c) sind vom Typ „Bericht".*

Welches Produkt wird in* Vorbereiten eines Projekts *(Starting up a Project) auf sein Vorhandensein und in* Initiieren eines Projekts *(Initiating a Project) in seine endgültige Form gebracht?

a) Das Projektmandat (Project Mandate)

b) Der Projektplan (Project Plan)

c) Die Projektbeschreibung (Project Brief)

d) Der Business Case

Lösung: d) Der Business Case, der stets gültig und vorhanden sein muss. Ohne gültigen Business Case wird das Projekt weder gestartet noch fortgeführt. Option a) wird nicht über das PRINCE2™-Projekt angelegt, sondern vorab vom Unternehmens- oder Programm-Management versandt. Zu Option b): Der Projektplan wird erst im SB-Prozess bzw. als vorläufiger Plan lediglich im IP-Prozess erstellt. Zu Option c): Die Projektbeschreibung wird nur im SU-Prozess verwendet.

Was stellt in PRINCE2™ neben „Benutzer" (User) und „Lieferant" (Supplier) die dritte Interessenseite am Projekt dar?

a) Technik (Technical)

b) Management (Management)

c) Unternehmen (Business)

d) Qualität (Quality)

Lösung: c) Unternehmen (Business). Dies ist der Auftraggeber.

In welchem Prozess wird die Projektbeschreibung (Project Brief) erstellt?

a) *Vorbereiten eines Projekts* (Starting up a Project)
b) *Initiieren eines Projekts* (Initiating a Project)
c) *Initiierung freigeben* (Authorizing Initiation)
d) *Projekt freigeben* (Authorise a Project)

Lösung: *a)* Vorbereiten eines Projekts *(Starting up a Project). Dies ist ein Ergebnis der SU-Aktivität* Projektlösungsansatz auswählen und Projektbeschreibung zusammenstellen.

Sind die folgenden Aussagen richtig oder falsch?

1. Personen, denen vom Lenkungsausschuss (Project Board) eine Rolle in der Projektsicherung (Project Assurance) übertragen wurde, erstatten der Geschäftsleitung oder dem Programm-Management direkt Bericht.
2. In PRINCE2™ muss die Funktion des Projektmanagers ganzzeitig besetzt sein.
3. Eine Projektmanagement-Struktur ist eine zeitlich begrenzte Struktur.
   a) Alle drei sind falsch.
   b) Nur die dritte ist richtig.
   c) Nur die erste ist falsch.
   d) Die zweite und dritte sind richtig.

Lösung: *b) Nur die dritte ist richtig. Dies gilt entsprechend der Definition „Ein Projekt ist eine für einen befristeten Zeitraum geschaffene Organisation, die mit dem Zweck eingerichtet wurde, ein oder mehrere Produkte in Übereinstimmung mit einem vereinbarten Business Case zu liefern.“ (Quelle: OGC, Erfolgreiche Projekte managen mit PRINCE2™, Kapitel 1.3). Die beiden anderen Optionen können zwar in der Praxis vorkommen, werden aber von PRINCE2™ nicht so beschrieben. So berichtet die Projektsicherung beispielsweise nicht direkt an das Unternehmens- oder Programm-Management.*

Wann beginnt der Prozess* Lenken eines Projekts *(Directing a Project)?

a) Zu Beginn des Prozesses *Vorbereiten eines Projekts* (Starting up a Project)
b) Nach *Vorbereiten eines Projekts* (Starting up a Project)
c) Am Ende der Initiierungsphase
d) Während des Prozesses *Initiieren eines Projekts*

Lösung: *a) Zu Beginn des Prozesses* Vorbereiten eines Projekts *(Starting up a Project). Der DP-Prozess verläuft parallel zu den anderen PRINCE2™-Prozessen, ab Beginn des SU-Prozesses bis zur Fertigstellung des Projekts. Hier geht es v. a. um die Ad-hoc-Anweisungen.*

Welches der folgenden Produkte wird im Prozess* Vorbereiten eines Projekts *(Starting up a Project) erstellt?

a) Die Projektleitdokumentation (Project Initiation Documentation)
b) Der Projektplan

c) Der Projektqualitätsplan

d) Der Projektlösungsansatz (Project Approach)

Lösung: *d) Der Projektlösungsansatz (Project Approach) als Teil der Projektbeschreibung wird im SU-Prozess erstellt. Option a) und c) werden im IP-Prozess und Option b) im SB-Prozess erstellt.*

Welches Produkt enthält eine Übersicht über die Änderungsanträge?

a) Änderungsprotokoll

b) Projekttagebuch (Daily Log)

c) Qualitätsregister (Quality Register)

d) Register offener Punkte (Issue Register)

Lösung: *d) Register offener Punkte (Issue Register). Ein Request for Change gilt unter PRINCE2™ als offener Punkt. Neben Angaben wie Autor, Datum des Eingangs, Beschreibung und Kategorie werden auch Priorität, Auswirkungen und Entscheidung festgehalten.*

In welcher Situation ist die Erstellung eines Ausnahmeberichts (Exception Report) erforderlich?

a) Bei Erhalt eines offenen Punkts (Issue)

b) Wenn ein Mitglied des Lenkungsausschusses (Project Board) eine Beschwerde erhebt

c) Bei Erhalt eines Änderungsantrags (Request for Change) oder einer Spezifikationsabweichung (Off-specification)

d) Wenn absehbar ist, dass in einer Phase (Stage) die gesetzten Toleranzgrenzen (Tolerances) überschritten werden

Lösung: *d) Wenn absehbar ist, dass in einer Phase (Stage) die gesetzten Toleranzgrenzen (Tolerances) überschritten werden. Der Ausnahmebericht hängt stets mit einer Toleranzüberschreitung zusammen. Bei Option a) wird der offene Punkt erst einmal nur in die Register offener Punkte aufgenommen. Option b) gilt auch als ein offener Punkt und Option c) führt nicht unweigerlich zur Notwendigkeit eines Ausnahmeberichts.*

Wie heißt die zulässige Abweichung von einem Plan, die ohne sofortigen Bericht an den Lenkungsausschuss (Project Board) durchgeführt werden kann?

a) Handlungsspanne (Margin)

b) Notfall (Emergency)

c) Konzession (Concession)

d) Toleranz (Tolerance)

Lösung: *d) Toleranz (Tolerance). Option c) ist eine Spezifikationsausnahme, die durch den Lenkungsausschuss ohne korrigierende Maßnahmen akzeptiert wurde. Option a) und b) sind keine relevanten PRINCE2™-Begriffe.*

Was ist KEINE Aufgabe des Lenkungsausschusses?

a) Vorgabe der Toleranzen für Spezialistenteams
b) Übergabe der Verantwortung für den Nutzenrevisionsplan an das Unternehmens- oder Programm-Management
c) Genehmigung der Produktbeschreibung des Projektendprodukts
d) Bestätigung der Häufigkeit für die Vorlage von Projektstatusberichten

Lösung: a) Vorgabe der Toleranzen für Spezialistenteams. Der Lenkungsausschuss gibt dem Projektmanager bei Freigabe der Phase Toleranzen vor. Die Toleranzen für die Spezialistenteams setzt der Projektmanager.

In welchem Prozess werden die projektinternen und -externen Qualitätsverantwortungen festgelegt?

a) *Initiieren eines Projekts* (Initiating a Project)
b) *Vorbereiten eines Projekts* (Starting up a Project)
c) *Managen eines Phasenübergangs* (Managing a Stage Boundary)
d) *Lenken eines Projekts* (Directing a Project)

Lösung: a) Initiieren eines Projekts *(Initiating a Project). Das geschieht in der IP-Aktivität* Qualitätsmanagement-Strategie erstellen. *Dies bezieht sich auf die Angaben in der Strategie.*

Wann berichtet ein Teammanager über den Status eines Arbeitspakets (Work Package) an den Projektmanager?

a) Wöchentlich
b) Täglich
c) Mit der im Arbeitspaket (Work Package) definierten Häufigkeit
d) Ad hoc

Lösung: c) Mit der im Arbeitspaket (Work Package) definierten Häufigkeit. Dies ist der Teamstatusbericht (Checkpoint Report), der im Gegensatz zu fast allen Produkten (neben dem Statusbericht) zeitgesteuert, d. h. regelmäßig, erstellt wird.

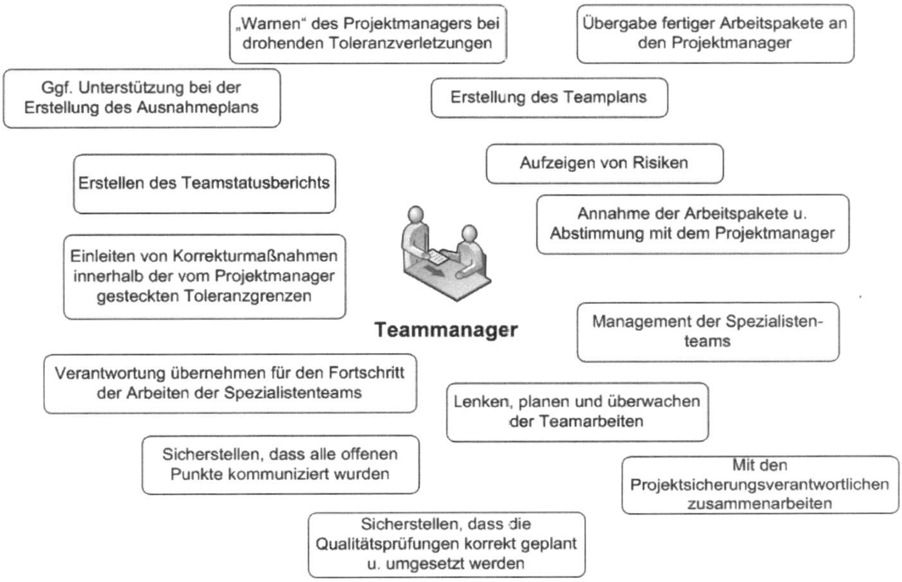

Abbildung 8.14: Verschiedene Verantwortlichkeiten für den Teammanager

Welche der folgenden Aussagen ist korrekt?

a) Der Business Case beschreibt verschiedene Optionen, wie ein Projekt durchgeführt werden kann.
b) Der Business Case ist nicht mehr valide, wenn im Projektverlauf die Phasentoleranzen überschritten werden.
c) Nur der finanziell messbare Nutzen sollte im Business Case definiert sein.
d) Der Entwurf des Business Case erläutert die Gründe, warum das Projekt benötigt wird und ist Bestandteil der Projektbeschreibung.

Lösung: d) Der Entwurf des Business Case erläutert die Gründe, warum das Projekt benötigt wird und ist Bestandteil der Projektbeschreibung. Die Projektbeschreibung stellt in groben Zügen dar, was ein Projekt warum erreichen soll, wer daran beteiligt sein sollte, wie und wann es umgesetzt wird. Option a) beschreibt den Projektlösungsansatz. Die Optionen als Teil des Business Case beziehen sich auf die verschiedenen untersuchten alternativen Projekte bzw. auf die Ausprägungen der im Projektlösungsansatz bereits definierten Vorgehensweise. Zur Option c): Der quantitative und qualitative Nutzen sollte im Business Case dargestellt werden. Zur Option b): Ist dies der Fall, eskaliert der Projektmanager den Sachverhalt über einen Ausnahmebericht.

Welcher Plan weicht in der Struktur von anderen Plänen ab?

a) Projektplan
b) Ausnahmeplan
c) Phasenplan
d) Keiner der oben genannten

Lösung: *d) Keiner der oben genannten. Alle Pläne beschreiben, wie und wann die Ziele eines Projekts realisiert werden. Dabei werden entsprechend dem Planumfang und der Zielgruppe die relevanten Produkte, Aktivitäten und Ressourcen dargestellt. Teampläne sind optional und können laut OGC in der Zusammensetzung von Phasen- oder Projektplänen abweichen. Grundsätzlich weisen aber alle Pläne erst einmal eine gemeinsame Struktur auf: Planbeschreibung, -voraussetzungen, externe Abhängigkeiten, Planungsannahmen, einbezogene Erfahrungswerte, Überwachung und Steuerung, Budgets, Toleranzen, Produktbeschreibung (gegebenenfalls als Verweis), Zeitplan.*

Für die Initiierungsphase (Initiation Stage) wird ein Plan benötigt, weil

a) der Lenkungsausschuss wissen muss, was zur Erstellung der einzelnen Teile der Projektleitdokumentation (Project Initiation Documentation) notwendig ist.
b) alle Phasen in einem PRINCE2™-Projekt einen Plan haben müssen.
c) die Initiierungsphase (Initiation Stage) kurz und günstig sein muss.
d) das Programm-Management wissen muss, was in allen Projekten gerade läuft.

Lösung: *a) der Lenkungsausschuss wissen muss, was zur Erstellung der einzelnen Teile der Projektleitdokumentation (Project Initiation Documentation) notwendig ist. Dies ist notwendig, da die Freigabe der Projektinitiierung den offiziellen Projektstart darstellt und der Lenkungsausschuss wissen muss, wofür er die Freigabe erteilt. Option d) ist falsch, da die Initiierungsfreigabe durch den Lenkungsausschuss erfolgt und nicht durch das Unternehmens- oder Programm-Management.*

Welche der folgenden Informationen/Produkte ist NICHT Teil der Projektleitdokumentation (Project Initiation Documentation)?

a) Die Projektdefinition
b) Der Plan für die nächste Phase
c) Das initiale Risikoregister
d) Hintergrundinformationen über das Projekt

Lösung: *b) Der Plan für die nächste Phase. Die Phasenpläne sind nicht Teil der PID. Allerdings sind in der Projektleitdokumentation enthalten: Projektdefinition, Projektlösungsansatz, Business Case (gegebenenfalls als Verweis), Struktur des Projektmanagement-Teams, Rollenbeschreibungen, Strategien (gegebenenfalls als Verweis), Projektplan (gegebenenfalls als Verweis), Projektsteuerungsmittel, Umfang und Ausprägung des Tailorings.*

Welche Aussage gibt am besten den Grund für eine Ausnahmebewertung (Exception Assessment) in PRINCE2™ wider?

a) Der Projektmanager präsentiert dem Lenkungsausschuss einen Ausnahmeplan (Exception Plan).
b) Der Projektmanager liefert dem Lenkungsausschuss einen Fortschrittsbericht, um das Vertrauen in ihn zu stärken.

c) Der Lenkungsausschuss kommt zusammen, um einen Ausnahmebericht (Exception Report) zu besprechen und abschließend zu beurteilen.

d) Der Projektmanager beurteilt und passt das Risikoregister (Risk Register) in Absprache mit der Projektsicherung (Project Assurance) an.

Lösung: a) Der Projektmanager präsentiert dem Lenkungsausschuss einen Ausnahmeplan (Exception Plan). Dies findet nach expliziter Aufforderung an den Projektmanager statt und nicht automatisch. Bei der Ausnahmebewertung prüft der Lenkungsausschuss den Ausnahmeplan, bevor er ihn im positiven Fall genehmigt (DP-Aktivität Phasen- oder Ausnahmeplan freigeben*).*

Welcher der folgenden Punkte ist nicht Teil der Projektleitdokumentation (Project Initiation Documentation)?

a) Projektsteuerungsmittel (Project Controls)

b) Annahmen

c) Anpassung

d) Qualitätsregister (Quality Register)

Lösung: d) Qualitätsregister. Dieses ist ein eigenständiges Managementprodukt, auf das aus der PID heraus auch nicht verwiesen wird. Bestandteile der PID sind: Projektdefinition, Projektlösungsansatz, Business Case (gegebenenfalls als Verweis), Struktur des Projektmanagement-Teams, Rollenbeschreibungen, Strategien (gegebenenfalls als Verweis), Projektplan (gegebenenfalls als Verweis), Projektsteuerungsmittel, Umfang und Ausprägung des Tailorings (Anpassung).

Wo findet eine Auswahl bezüglich der Planungswerkzeuge wie etwa Schätzmethoden statt?

a) Planung

b) *Managen eines Phasenübergangs* (Managing a Stage Boundary)

c) *Initiieren eines Projekts* (Initiating a Project)

d) *Vorbereiten eines Projekts* (Starting up a Project)

Lösung: a) Planung. Dies geschieht im ersten Planungsschritt Plan entwerfen. *Im Mittelpunkt steht hier nicht die Projekt- oder Phasenplanung, sondern hier geht es eher um formale Festlegungen wie Layout und Format der Pläne, zu verwendende Schätzmethoden etc. Dies wird im Gegensatz zu den anderen fünf Schritten der Planerstellung nicht iterativ für Projekt-, Phasen- oder Teamplan durchgeführt, sondern findet als Voraussetzung für die allgemeine Planung nur einmal im Projektverlauf statt.*

In welcher Umgebung wird PRINCE2™ definiert?

a) Umgebung von Spezialisten

b) Geschäftsumgebung

c) Kunden-/Lieferanten-Umgebung

d) IT- oder Non-IT-Umgebung

Lösung: *c) Kunden-/Lieferanten-Umgebung. PRINCE2™ geht davon aus, dass es einen Kunden gibt, der das gewünschte Ergebnis spezifiziert, während ein Lieferant die Ressourcen und Capabilities bereitstellt, um das definierte Ergebnis zu liefern.*

Welche Phase (Stage) muss nach der Empfehlung von PRINCE2™ immer verwendet werden?

a) Implementierung
b) Projektabschluss (Project Closure)
c) Testen
d) Initiierung (Initiation)

Lösung: *d) Initiierung (Initiation). Die Empfehlung von PRINCE2™ lautet, dass bei sehr kleinen Projekten zwei Phasen ausreichend sind. Dies ist zum einen die Initiierungsphase (zusammengesetzt aus den originären Aktivitäten des SU- und IP-Prozesses). Zum anderen ist dies die Umsetzungsphase, in der z. B. die Spezialistenprodukte erstellt werden. Die Initiierungsphase ist hier deswegen genannt, weil im negativen Fall nach der Initiierungsphase der Lenkungsausschuss entscheidet, dass das Projekt vorzeitig beendet wird und keine Umsetzungsphase stattfindet.*

Der Produktstrukturplan (Product Breakdown Structure) gibt an:

1. welche Produkte im Projekt entwickelt werden.
2. die logische Reihenfolge der Produktentwicklung.
3. was das Projekt hervorbringen wird (Endprodukt).
4. in welchem Arbeitspaket das Produkt umgesetzt werden soll.
5. in welcher Phase des Projekts das Produkt umgesetzt wird.
6. identifiziert Abhängigkeiten von Aktivitäten, die aus dem Rahmen des Plans fallen.
   a) 1 und 2
   b) 1 und 3
   c) 3 und 5
   d) 4 und 6

Lösung: *b) 1 und 3. Bei der Erstellung eines Produktstrukturplans wird der Plan in seine Hauptprodukte zerlegt, die so lange weiter unterteilt werden, bis die gewünschte Detailtiefe erreicht wird, was zu einer Produkthierarchie führt. Wenn das Projekt in mehrere Phasen unterteilt wird, werden die für die jeweilige Phase vorgesehenen Produkte aus dem Projektstrukturplan herausgezogen und als Produktstrukturplan für die entsprechende Phase aufgearbeitet. Sie können anschließend auf weiteren Ebenen detaillierter dargestellt und bei Bedarf zusätzliche Produkte hinzugefügt werden, bis die für den Phasenplan notwendige Detailtiefe erreicht ist.*

In welchem Prozess werden Entscheidungen über Ausnahmeberichte (Exception Reports) getroffen?

a) *Managen eines Phasenübergangs* (Managing a Stage Boundary)
b) *Abschließen eines Projekts* (Closing a Project)
c) *Lenken eines Projekts* (Directing a Project)
d) *Managen der Produktlieferung* (Managing Product Delivery)

Lösung: *c)* Lenken eines Projekts *(Directing a Project). Entscheidungen zum Projekt- bzw. Phasengeschehen in Bezug auf den Ausnahmebericht fällt der Lenkungsausschuss. Da die DP-Aktivitäten zum Lenkungsausschuss gehören, kann es nur eine DP-Aktivität sein. Dies geschieht in der DP-Aktivität* Phasen- oder Ausnahmeplan freigeben.

Welcher der folgenden Punkte ist keine Grundfunktion des Konfigurationsmanagements?

a) Status Accounting
b) Validation
c) Bewertung und Audit
d) Identifizierung (Identification)

Lösung: b) Validation. Hier hilft die Eselsbrücke „PICSA": Planen, Identifizieren, Control (=Steuern), Status protokollieren (Status Accounting) und Audit/Verifizierung.

Welche der folgenden Aussagen ist korrekt?

a) Konfigurationsmanagement spielt bei der Qualitätsverwaltung des Projekts eine große Rolle.
b) Nur Spezialisten-Produkte fallen unter das Konfigurationsmanagement.
c) Wenn das letzte Produkt akzeptiert ist, ist Konfigurationsmanagement nicht mehr notwendig.
d) Konfigurationsmanagement liegt in der Verantwortung des Teammanagers.

Lösung: a) Konfigurationsmanagement spielt bei der Qualitätsverwaltung des Projekts eine große Rolle. Die Steuerung von offenen Punkten und Änderungen kann nur effektiv sein, wenn die Unterstützung durch ein Konfigurationsmanagementsystem gewährleistet wird. Dies bezieht sich auf die Bewertung von Auswirkungen (Beziehungen zwischen den Produkten) und die Verwaltung der Baselines (Bezugskonfiguration) der abgenommenen und „eingefrorenen" Produkte.

Das Risikomanagement besteht aus fünf Aktivitäten. Drei davon sind: Identifizieren, Bewerten und Kommunizieren. Welches sind die anderen beiden?

a) Risiken identifizieren (Identify the Risks)
b) Planen und Implementieren (Plan and Implement)
c) Risiko bewerten (Evaluate the Risk)
d) Geeignete Maßnahmen bei Risiken identifizieren (Identify suitable responses to Risks)

Lösung: b) Planen und Implementieren (Plan and Implement), siehe auch Abbildung 8.15. Diese Schritte bauen aufeinander auf, um die möglichen Risiken entsprechend der Unternehmenskultur, dem Risikoprofil des Unternehmens und der Risikomanagement-Strategie im Projekt zu handhaben.

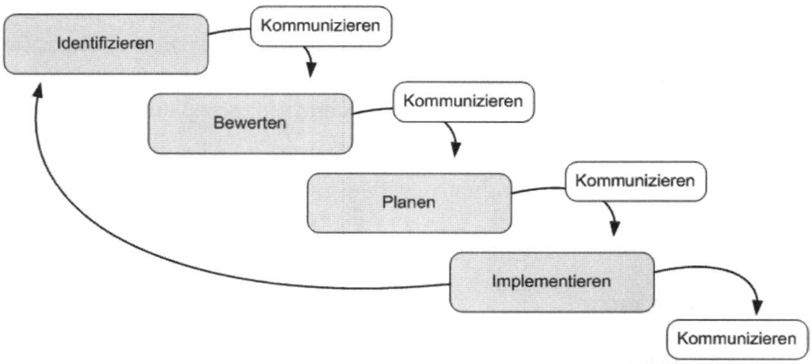

Abbildung 8.15: Schritte im Risikomanagement (nach OGC-(PRINCE2™)Material, durch OGC lizenzierte Wiedergabe)

Wo spielt der Lenkungsausschuss (Project Board) KEINE Rolle?

a) Bei der Ausnahmebewertung (Exception Assessment)
b) Wenn über den Projektstatus berichtet wird
c) Beim Projektabschluss (Project Closure)
d) Bei der Freigabe eines Arbeitspakets (Authorizing Work Package)

Lösung: d) Bei der Freigabe eines Arbeitspakets (Authorizing Work Package). Dies ist Aufgabe des Projektmanagers in der CS-Aktivität Arbeitspaket freigeben. *Die Interaktion zwischen Projektmanager und Teammanager findet in der Regel ohne Interaktion des Lenkungsausschusses statt. Der Projektmanager setzt auch die Toleranzen für das Arbeitspaket.*

Warum erhält der Verfasser (Producer) immer eine Kopie des offenen Punkts (Issue)?

a) Weil es dem Verfasser gehört
b) Um den Empfang und Eintrag des offenen Punkts in das Register offener Punkte zu bestätigen
c) Um weitere Informationen anzufordern
d) Um die Ablehnung des offenen Punkts anzuzeigen

Lösung: b) Um den Empfang und Eintrag des offenen Punkts in das Register offener Punkte zu bestätigen. Dies ist Teil der Handhabung für die offenen Punkte.

Welches Produkt umfasst die Überprüfung des Eintritts des Projektnutzens?

a) Die Projektrevision (Benefits Review)
b) Der Nutzenrevisionsplan (Benefits Review Plan)
c) Der Projektabschlussbericht (End Project Report)
d) Die Empfehlungen für Folgeaktionen (Follow-on Action Recommendations)

Lösung: a) Die Projektrevision (Benefits Review). Hier geht es konkret um die Durchführung der Überprüfung, die aber streng genommen kein Produkt darstellt.

Wie wird die Person bezeichnet, die am besten geeignet ist, um ein bestimmtes Risiko zu beobachten?

a) Helfer (Helper)
b) Überwacher (Monitor)
c) Eigentümer (Owner)
d) Administrator (Administrator)

Lösung: c) Eigentümer (Owner). Er ist für die Überwachung des Risikos verantwortlich. Er wird z. B. am besten feststellen können, wie sich das Risiko und die Risikowahrscheinlichkeit verhalten.

Welcher der folgenden Punkte ist nicht Teil der Projektleitdokumentation (Project Initiation Documentation)?

a) Projektmandat
b) Initialer Business Case
c) Qualitätsmanagement-Strategie
d) Kommunikationsmanagement-Strategie

Lösung: a) Projektmandat. Dies ist zudem auch kein Managementprodukt unter PRINCE2™, da es außerhalb des Projekts erstellt wird (durch das Unternehmens- oder Programm-Management). Bestandteile der PID sind: Projektdefinition, Projektlösungsansatz, Business Case (gegebenenfalls als Verweis), Struktur des Projektmanagement-Teams, Rollenbeschreibungen, Strategien (gegebenenfalls als Verweis), Projektplan (gegebenenfalls als Verweis), Projektsteuerungsmittel, Umfang und Ausprägung des Tailorings (Anpassung).

Welches Dokument vergleicht die wirklich erbrachten Leistungen mit den Vorgaben in der Projektleitdokumentation (Project Initiation Documentation)?

a) Der Projektabschlussbericht (End Project Report)
b) Die Projektrevision (Benefits Review)
c) Der Erfahrungsbericht (Lessons Report)
d) Die Empfehlungen für Folgeaktionen (Follow-on Action Recommendations)

Lösung: a) Der Projektabschlussbericht (End Project Report). Dies geschieht in der CP-Aktivität Projekt bewerten.

Inwiefern unterstützt der Prozess* Steuern einer Phase *das Grundprinzip „Steuern nach dem Ausnahmeprinzip"?

a) Teammanager erstellen für alle über das Arbeitspaket hinausgehenden Ereignisse einen Ausnahmebericht.
b) Das Projekt plant ergebnis- und nicht aufgabenorientiert. So werden Projektprodukte ausgehandelt und definiert, um anschließend in die Maßnahmen zur Erstellung dieser Produkte überzugehen.
c) Der Projektmanager evaluiert in der CS-Aktivität *Phasenstatus prüfen* z. B. den Projektfortschritt oder den Status der Ressourcen und entscheidet aufgrund der definierten Toleran-

zen, ob eine Eskalation notwendig ist, eine Korrekturmaßnahme einzuleiten, die Freigabe eines Arbeitspakets die nächste Aktion ist oder wie geplant fortgefahren soll.

d) Indem das Projekt in mehrere Phasen unterteilt wird, die einfacher zu planen sind. So kann während der Laufzeit des Projekts an definierten Entscheidungspunkten der Projektstatus analysiert und bewertet werden.

Lösung: *c) Der Projektmanager evaluiert in der CS-Aktivität* Phasenstatus prüfen *zuerst einmal den Fortschritt, bevor eine Entscheidung zum weiteren Vorgehen gefällt wird. Die Toleranzen geben den Rahmen vor, in dem sich der Projektmanager bewegen kann, ohne eine Eskalation auslösen zu müssen. Option b) beschreibt einen Aspekt des Grundprinzips der „Produktorientierung". Zur Option a): Teammanager erstellen keinen Ausnahmebericht, sondern Projektmanager erstellen bei (drohender) Toleranzverletzung für den Lenkungsausschuss einen Ausnahmebericht. Option d) bezieht sich auf das Grundprinzip „Steuern über Managementphasen".*

Als was werden potenzielle Änderungen in PRINCE2™ behandelt?

a) Konfigurationselemente (Configuration Items)

b) Änderungsanträge (Request for Change)

c) Offene Punkte (Issues)

d) Handlungsanweisungen (Directions)

Lösung: *c) Offene Punkte (Issues). Alle Themen, die an das Projekt herangetragen werden, gelten (mit der Ausnahme des erstmals auftretenden Fehlers in der Qualitätsprüfung) als offene Punkte. Auch Änderungsanträge sind offene Punkte.*

Wann werden die geeigneten Prüfer (Reviewer) für eine Qualitätsprüfung (Quality Review) ausgewählt?

a) Wenn das Produkt an das Konfigurationsmanagement (Configuration management) übergeben wird

b) Im Projektqualitätsplan

c) Während der Vorbereitungsphase der Qualitätsprüfung

d) Während der Planung der entsprechenden Phase (Stage)

Lösung: *d) Während der Planung der entsprechenden Phase (Stage). Dies übernimmt der Projektmanager. Die Tätigkeit gehört zum Vorbereitungsschritt für die Qualitätsprüfung.*

Welche Rolle soll sicherstellen, dass die Projekttoleranz festgelegt ist?

a) (Projekt-)Auftraggeber (Executive)

b) Projektmanager (Project Manager)

c) Benutzervertreter (Senior User)

d) Unternehmens- oder Programm-Management (Steuerung) (Corporate/Program Management)

Lösung: *a) (Projekt-)Auftraggeber (Executive). Toleranzgrenzen für das Projekt werden vom Unternehmens- oder Programm-Management gesteckt und ihre Existenz vom Execu-*

tive geprüft (siehe Abbildung 8.16), wobei die Toleranzgrenzen für die jeweilige Phase vom Lenkungsausschuss und die für das Arbeitspaket vom Projektmanager definiert werden.

Abbildung 8.16: Beispielhafte Aufgaben des Auftraggebers

Die Grenzen von Phasen können nach verschiedenen Gesichtspunkten festgelegt werden. Welcher der folgenden gehört NICHT dazu?

a) Für den formellen Abschluss des Projekts wird eine separate Phase (Stage) benötigt.
b) Ein risikoreiches Projekt muss zu bestimmten Zeiten, wenn neue Informationen zu diesen Risiken (Risks) vorliegen, geprüft werden.
c) Wichtige Entscheidungen müssen getroffen werden, bevor die Arbeiten zu ihrer Implementierung aufgenommen werden.
d) Das Projekt braucht gelegentlich eine „Feuerpause", weshalb der Lenkungsausschuss (Project Board) regelmäßig überprüfen sollte, ob das Projekt sich noch lohnt.

Lösung: a) Für den formellen Abschluss des Projekts wird eine separate Phase (Stage) benötigt. Der CP-Prozess gilt streng genommen nicht als Managementphase.

Welches Element von PRINCE2™ beschreibt eine bestehende oder absehbare Abweichung von einer Anforderung?

a) Ausnahmebericht (Exception Report)
b) Spezifikationsabweichung (Off-specification)
c) Empfehlungen für Folgeaktionen (Follow-on Action Recommendations)
d) Projektstatusbericht (Highlight Report)

Lösung: b) Spezifikationsabweichung (Off-specification). Situationen oder Produkte, die den Akzeptanzkriterien nicht genügen oder nicht genügen werden, sodass unter kontrollierten Bedingungen (z. B. als offener Punkt) an der Korrektur gearbeitet werden kann, stellen eine Spezifikationsabweichung dar. Option a) bezieht sich auf eine Tole-

ranz- und nicht auf eine Anforderungsabweichung. Option c) wird viel zu spät im Projektgeschehen realisiert und zielt nicht auf eine bestehende oder absehbare Abweichung von einer Anforderung ab.

Wer entscheidet über die Umsetzung eines Änderungsantrags (Request for Change), wenn es sich um ein bereits abgenommenes Produkt handelt und diese Änderung innerhalb der Phasentoleranz durchgeführt werden könnte?

a) Der Projektmanager
b) Der Teammanager
c) Das für die Arbeit verantwortliche Mitglied des Teams
d) Der Lenkungsausschuss (Project Board)

Lösung: *d) Der Lenkungsausschuss (Project Board). Er ist das höchste verantwortliche Organ in der Organisation, das (Maßnahmen in Bezug auf) Änderungen letztendlich genehmigen darf, gegebenenfalls wird diese Verantwortung an ein Änderungsgremium delegiert.*

Steuern einer Phase *(Controlling a Stage) löst das wiederholte und häufige Durchlaufen welches anderen Prozesses aus?*

a) *Initiieren eines Projekts* (Initiating a Project)
b) *Phasen- oder Ausnahmeplan freigeben* (Authorise a Stage or Exception Plan)
c) *Managen der Produktlieferung* (Managing Produkt Delivery)
d) *Vorbereiten eines Projekts* (Starting up a Project)

Lösung: *c)* Managen der Produktlieferung *(Managing Produkt Delivery). Angestoßen wird dies über die CS-Aktivität* Arbeitspaket freigeben. *Option d) wird als Projektvorbereitung nur vor dem Projektstart durchlaufen. Option a) erfolgt nach der Freigabe des Projektstarts, bevor der CS-Prozess das erste Mal angestoßen wird. Die DP-Aktivität* Phasen- oder Ausnahmeplan freigeben *(Option b) wird nicht über den CS-, sondern über den SB-Prozess getriggert.*

Worin muss das Verfahren für die Steuerung offener Punkte und Änderungen im Projekt integriert werden?

a) Kommunikationsmanagement-Strategie
b) Projektplan
c) Konfigurationsmanagementsystem
d) Änderungssteuerung

Lösung: *c) Konfigurationsmanagementsystem. Dieses bezeichnet die Prozesse, Tools und weitere Elemente zum Management der Konfigurationsdaten. Über das Konfigurationsmanagement werden alle Informationen zu den Produkten festgehalten und gepflegt. Option d) steht für das Verfahren, über das sichergestellt wird, dass Änderungen gesteuert ablaufen und so identifiziert, dokumentiert, analysiert und anschließend genehmigt, zurückgestellt oder abgelehnt werden.*

Welche der folgenden Aussagen ist korrekt?

a) PRINCE2™ kümmert sich lediglich um den Projektlebenszyklus.

b) PRINCE2™ kümmert sich um den Projektlebenszyklus und einige Pre-Projektvorbereitungen.

c) PRINCE2™ kümmert sich um den Projektlebenszyklus plus einige Folgeaktionen (Follow-on Action Recommendations) nach dem Projekt.

d) PRINCE2™ kümmert sich um den Projektlebenszyklus, einige Pre-Projektvorbereitungen und einige Folgeaktionen (Follow-on Action Recommendations) nach dem Projekt.

*Lösung: b) PRINCE2™ kümmert sich um den Projektlebenszyklus und einige Pre-Projektvorbereitungen. Dies bezieht sich auf die SU-Aktivitäten (*Vorbereiten eines Projekts*).*

In welchem Prozess außer in* Initiieren eines Projekts *(Initiating a Project) wird der Business Case aktualisiert?

a) *Managen der Produktlieferung* (Managing Product Delivery)

b) *Steuern einer Phase* (Controlling a Stage)

c) *Managen eines Phasenübergangs* (Managing a Stage Boundary)

d) *Phasen- oder Ausnahmeplan freigeben* (Authorise a Stage or Exception Plan)

Lösung: c) Managen eines Phasenübergangs *(Managing a Stage Boundary). Dies geschieht über die SB-Aktivität* Business Case aktualisieren.

In welcher Aktivität werden Teamstatusberichte erstellt?

a) *Arbeitspaket ausführen* (Execute Work Package)

b) *Status eines Arbeitspakets prüfen* (Review Work Package Status)

c) *Über Projektstatus berichten* (Report Highlights)

d) *Phasenstatus prüfen* (Review the Stage Status)

Lösung: a) Arbeitspaket ausführen *(Execute Work Package) als MP-Aktivität. Die Umsetzung der Arbeiten und die Qualitätsprüfung der Produkte sind im Arbeitspaket festgelegt. Über diese Ergebnisse und den Arbeitsverlauf erstattet der Teammanager dem Projektmanager Bericht.*

Wer berät bei der Entscheidung über die Strategie, den Entwurf und die Methodik der Entwicklung eines Produkts im Projekt?

a) Projektsicherung der Benutzerseite

b) Projektsicherung der Lieferantenseite

c) Projektsicherung der Unternehmensseite

d) Oualitätssicherung

Lösung: b) Projektsicherung der Lieferantenseite. Sie berät bezüglich der Entwicklungsstrategie, beim Entwurf der Produkte und den anzuwendenden Methoden und gewährleistet, dass die definierten Standards des Lieferanten und die Standards für den Betrieb der Produkte angewandt werden. Genau wie der Lieferantenvertreter prüft, ob der gewählte

Lösungsansatz überhaupt durchführbar ist. Option a) ist an der Prüfung der fertig gestellten Liefergegenstände (Produkte) beteiligt. Option c) berät bei der Auswahl der Projektteammitglieder und konzentriert sich auf den Business Case.

Welches Thema stellt Mechanismen zur Beobachtung und zum Vergleich von tatsächlich erbrachten Leistungen mit geplanten Zielen und Meilensteinen bereit?

a) Business Case
b) Änderungen
c) Fortschritt
d) Qualität

Lösung: Option c) Fortschritt. Dieses Thema beinhaltet die Einrichtung von Mechanismen für die Beobachtung und den Vergleich der tatsächlich erbrachten Leistungen mit den Planzielen, Prognose für die Projektziele und die Erfolgsaussichten des Projekts. Option a) stellt Mechanismen für die Beurteilung, ob ein Projekt wünschenswert, lohnend und realisierbar ist, bereit. Option b) kümmert sich um die Aufnahme, Bewertung und Steuerung potenzieller und genehmigter Änderungen. Option d) steht für die Definition und Umsetzung der Mittel, mit denen das Projekt Produkte für einen bestimmten Zweck herstellen und ihre Eignung für diesen Zweck überprüfen wird.

Was ist nach PRINCE2™ obligatorisch?

a) In einem Projekt Teammanager einzusetzen
b) In einem Projekt Ausnahmepläne (Exception Plans) zu erstellen
c) Ein Projekt in Phasen zu gliedern
d) Der Einsatz von Produkt-Checklisten (Product Checklist)

Lösung: c) Ein Projekt in Phasen zu gliedern. Dies entspricht dem Grundprinzip „Steuern über Managementphasen". Obligatorisch sind die Dinge, die verbindlich oder vorgeschrieben sind. Der Teammanager aus Option a) ist nicht obligatorisch, sondern eher optional. Option b) ist nur unter bestimmten Optionen (Toleranzüberschreitung, Ausnahmebericht, Anforderung Ausnahmeplan) notwendig. Antwort d) bezeichnet auch eine Option.

Der Lenkungsausschuss (Project Board) hat drei Aufgaben beim Risikomanagement. Welche der folgenden gehört NICHT dazu?

a) Den Projektmanager über alle externen Risiken (Risks) informieren, die das Projekt gefährden könnten
b) Entscheiden, welche der vorgeschlagenen Gegenmaßnahmen umgesetzt werden sollen
c) Risiken (Risks) identifizieren, aufnehmen und regelmäßig überprüfen
d) Das Gleichgewicht zwischen Risiko und erwartetem Nutzen (Benefit) zu halten

Lösung: c) Risiken (Risks) identifizieren, aufnehmen und regelmäßig überprüfen. Dies ist Aufgabe des Projektmanagers.

Auf was trifft die folgende Beschreibung zu? „..... sind Unterteilungen des Projekts mit Entscheidungspunkten (Decision points).“

a) Arbeitspakete (Work Package)
b) Produktbeschreibungen (Product Description)
c) Qualitätsprüfungen (Quality Review)
d) Phasen (Stages)

Lösung: d) Phasen (Stages). Hier setzen die Steuerungsmittel des Lenkungsausschusses an (Genehmigen der Projektinitiierung, Genehmigung des Projektstarts, Phasenabschlussbewertung etc., siehe Abbildung 8.17). Managementphase: Abschnitt des Projekts, dessen Management der Projektmanager im Auftrag des Lenkungsausschuss ausführt. Das Ende einer Managementphase ist der Punkt, an dem der Lenkungsausschuss den Projektfortschritt, Projektplan, Business Case und Risiken prüft, um zu entscheiden, ob das Projekt fortgeführt wird (Quelle: OGC, Erfolgreiche Projekte managen mit PRINCE2™, Seite 355/356).

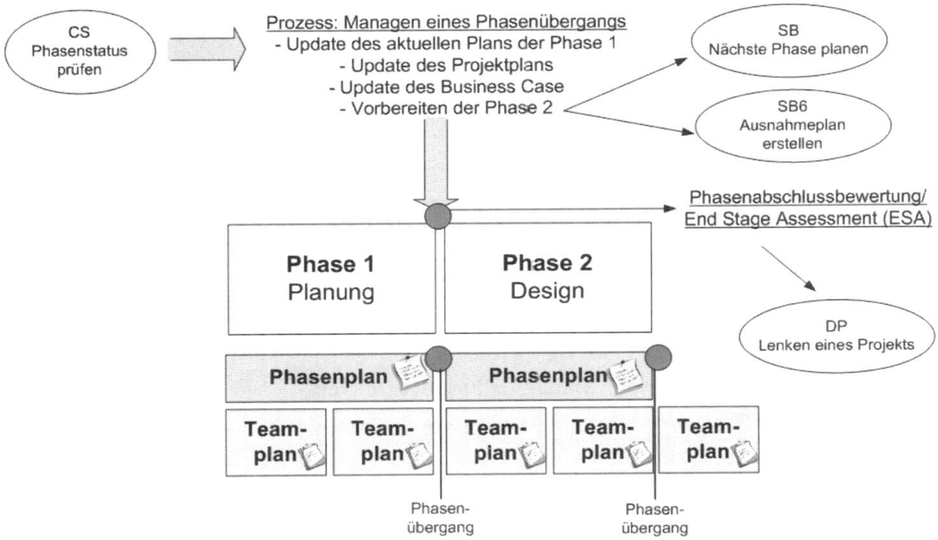

Abbildung 8.17: Aktivitäten zwischen zwei Phasen

Was ist KEIN Zweck des Konfigurationsmanagements?

a) Produkte identifizieren (Identifying products)
b) Produkte erstellen (Creating products)
c) Produkte überwachen (Assessing products)
d) Produkte schützen (Protecting products)

Lösung: b) Produkte erstellen (Creating products). Dies findet über den MP-Prozess statt. Das Konfigurationsmanagement kümmert sich um Planung, Identifikation (Option a), Verwaltung (Option d), Statusadministration und Überprüfung (Option c).

Welcher Schritt ist NICHT Teil der Aktivität Arbeitspaket annehmen _(Accept a Work Package)?_

a) Die erforderliche Berichterstattung (Reporting) verstehen
b) Toleranzgrenzen für das Arbeitspaket (Work Package) vereinbaren
c) Die Risiken (Risks), die mit dem Arbeitspaket (Work Package) verbunden sind, beobachten und kontrollieren
d) Einen Teamplan erstellen, der zeigt, dass das Arbeitspaket (Work Package) innerhalb der gesetzten Beschränkungen (Tolerances) fertiggestellt werden kann

Lösung: b) Toleranzgrenzen für das Arbeitspaket (Work Package) vereinbaren. Diese legt der Projektmanager fest.

In welchem Prozess wird überprüft, ob Änderungen am Projektmanagement-Team notwendig sind?

a) *Vorbereiten eines Projekts* (Starting up a Project)
b) *Managen eines Phasenübergangs* (Managing a Stage Boundary)
c) *Abschließen eines Projekts* (Closing a Project)
d) *Lenken eines Projekts* (Directing a Project)

Lösung: b) Managen eines Phasenübergangs *(Managing a Stage Boundary). Sowohl in der SB-Aktivität* Nächste Phase planen *als auch in der SB-Aktivität* Ausnahmeplan erstellen *wird eine Umbesetzung im Projektmanagement-Team diskutiert, um die richtigen Leute für die nächste Phase zur Hand zu haben. Dies geht gegebenenfalls einher mit einer Veränderung der Projektmanagement-Teamstruktur und einer Änderung der Rollenbeschreibungen.*

In welchem Prozess werden fertiggestellte Produkte abgenommen?

a) *Abschließen eines Projekts* (Closing a Project)
b) *Managen der Produktlieferung* (Managing Product Delivery)
c) *Managen eines Phasenübergangs* (Managing a Stage Boundary)
d) *Steuern einer Phase* (Controlling a Stage)

Lösung: b) Managen der Produktlieferung *(Managing Product Delivery). Dies geschieht in der MP-Aktivität* Arbeitspaket ausführen, *wo auch die Qualitätsprüfung stattfindet.*

Welche der Rollen aus der nachfolgenden Liste kann nach PRINCE2™ NICHT delegiert werden?

a) Teammanager
b) Projektsicherung (Project Assurance)
c) Mitglied des Lenkungsausschusses
d) Projektunterstützung (Project Support)

Lösung: c) Mitglied des Lenkungsausschusses. Die Nicht-Delegierung beruht auf der Forderung nach einer eindeutigen Rollenbesetzung ohne Interessenskonflikte. Dies gilt speziell für den Auftraggeber.

Wann werden Intervalle und Umfang der Projektstatusberichte geprüft?

a) Zu Beginn der Initiierungsphase
b) Steuern einer Phase
c) Managen eines Phasenübergangs
d) Vorbereiten eines Projekts

Lösung: c) Managen eines Phasenübergangs. Zwar wird in der IP-Aktivität Kommunikationsmanagement-Strategie erstellen *definiert, wie häufig und in welchem Umfang der Lenkungsausschuss während der Projektlaufzeit informiert werden soll. Bei Projektbeginn werden wahrscheinlich kürzere Zyklen der Berichterstattung benötigt. Wenn sich im weiteren Projektverlauf zeigt, dass dies nicht mehr notwendig ist, können Berichtsturnus und -umfang reduziert werden. Dies sollte im jeweiligen Phasenübergang geprüft werden.*

In welcher Aktivität wird ein Ausnahmebericht (Exception Report) erstellt?

a) *Korrekturmaßnahmen einleiten* (Taking Corrective Action)
b) *Phasenstatus prüfen* (Review the Stage Status)
c) *Offene Punkte und Risiken eskalieren* (Escalating Issues and Risks)
d) *Über Projektstatus berichten* (Report Highlights)

Lösung: c) Offene Punkte und Risiken eskalieren *(Escalating Issues and Risks). Dies ist die CS-Aktivität, über die der Projektmanager an den Lenkungsausschuss herantritt (DP* Ad-hoc-Anweisungen geben*). Option a) bezieht sich nicht direkt auf Toleranzabweichungen, die mit einem Ausnahmebericht in Verbindung stehen. Option b) trägt lediglich Informationen zusammen und beurteilt diese. Option d) verwendet diese Informationen für einen Statusbericht an den Lenkungsausschuss.*

Welcher Prozess liefert dem Lenkungsausschuss (Project Board) die nötigen Informationen zur Beurteilung, ob sich das Projekt nach wie vor lohnt (viable)?

a) *Vorbereiten eines Projekts* (Starting up a Project)
b) *Abschließen eines Projekts* (Closing a Project)
c) *Lenken eines Projekts* (Directing a Project)
d) *Managen eines Phasenübergangs* (Managing a Stage Boundary)

Lösung: d) Managen eines Phasenübergangs *(Managing a Stage Boundary). Dies geschieht über die SB-Aktivität* Business Case aktualisieren, *wobei dann über die DP-Aktivität* Phasen- oder Ausnahmeplan freigeben *eine Entscheidung des Lenkungsausschusses fällt.*

Prozess	Aktion	*Titel der Prozess-Aktivität*
SU	Wenn der Business Case-Entwurf erstellt wird	*Business Case-Entwurf erstellen*
DP	Vor der Freigabe der Projektinitiierung	*Projektinitiierung freigeben*
IP	Als Input für die Erstellung des Nutzenrevisionsplans	*Business Case verfeinern*
IP	Als Input für die Anfrage der Projektinittierung, Bestandteil des PID	*Projektleitdokumentation zusammenstellen*
DP	Vor der Freigabe des Projekts	*Projekt freigeben*
CS	Als Teil der Basis für Auswirkungsanalyse	*Offene Punkte u. Risiken erfassen u. untersuchen*
CS	Als Teil der Prüfungsbasis für den Status	*Phasenstatus prüfen*
SB	Projektmanager und Auftraggeber stimmen sich zur Aktualisierung des Business Case ab	*Business Case aktualisieren*
SB	Bevor ein Phasen- oder Ausnahmeplan in Richtung Lenkungsausschuss geht	*Über Phasenabschluss berichten*
DP	Vor der Freigabe des Phasen- oder Ausnahmeplans	*Phasen- o. Ausnahmeplan freigeben*
CP	Bei der Bewertung der Projekt-Performance und bei der Planung der Nutzenrevision	*Produkte übergeben*
-	Teil der Nutzenrevision auf Basis des Nutzenrevisionsplans nach dem Projekt	-

Abbildung 8.18: Wann wird der Business Case entworfen, verwendet oder aktualisiert?

Am Ende jeder Phase (Stage) wird der Projektplan aktualisiert und eine neue Version erstellt. Was wird dabei NICHT dokumentiert?

a) Bereits erzielte Fortschritte
b) Bereits erzielter Nutzen (Benefits)
c) Welche inneren oder äußeren Umstände sich wie verändert haben
d) Geänderte Kostenprognosen

Lösung: b) Bereits erzielter Nutzen (Benefits). Dies geschieht erst nach dem Projektende und steht nicht im Fokus eines PRINCE2™-Projekts.

In welchem Produkt wird die Entscheidung getroffen, ob die Lösung eines Projekts extern in Auftrag gegeben wird oder nicht?

a) Im Projektplan
b) Im Projektlösungsansatz (Project Approach)
c) In der Projektbeschreibung (Project Description)
d) Im Projektqualitätsplan

Lösung: b) Im Projektlösungsansatz (Project Approach) als Teil der Projektbeschreibung. Hier wird festgelegt, wie das Projektergebnis realisiert wird. Wird das Endprodukt eingekauft oder in Eigenregie erstellt? Gibt es bereits eine Standardlösung oder passen wir etwas von der Stange an? Welche industriellen oder fachlichen Standards müssen eingehalten werden? All diese Fragen werden im Projektlösungsansatz behandelt. Option d) kümmert sich um die Qualitätsvorgaben und wie die Qualität der Endprodukte erreicht wird. Option a) beschreibt als Übersicht, wie, von wem, wann, was und zu welchen Kosten das Projektergebnis erzielt wird. Projektbeschreibung, Projektlösungsansatz, Strategien und Risikoregister spielen hier mit hinein. Option c) dient zur Prüfung, ob das Projekt genügend Potenzial für das Unternehmen bietet.

Was kann nach PRINCE2™ dazu beitragen, dass ein Produkt letztendlich von Kunden akzeptiert wird?

a) Identifizieren der mit einem Plan verbundenen Risiken (Risks)
b) Abstimmen der Produktqualitätskriterien mit dem Kunden (Customer)
c) Festlegen von Toleranzen
d) Empfehlungen für Folgeaktionen (Follow-on actions)

Lösung: b) Abstimmen der Produktqualitätskriterien mit dem Kunden (Customer). Schließlich muss er später mit dem Produkt arbeiten.

Welche Rolle ist letztendlich für das Projekt verantwortlich?

a) Der Projektmanager
b) Der Lieferantenvertreter (Senior Supplier)
c) Der Auftraggeber (Executive)
d) Der Benutzervertreter (Senior User)

Lösung: c) Der Auftraggeber (Executive). Er gilt neben seiner Geldgeberfunktion auch als Gesamtverantwortlicher für das Projekt. Er trifft aus dieser Verantwortung heraus im Lenkungsausschuss die letzte Entscheidung und ist der Vorsitzende im Lenkungsausschuss. Der Projektmanager trägt die Verantwortung für das Tagesgeschäft im Projekt.

Welche der folgenden Qualitätssicherungsmaßnahmen wird im Prozess* Initiieren eines Projekts *(Initiating a Project) geklärt?

a) Wie Qualität erzielt werden kann
b) Wann jedes Produkt geprüft wird
c) Von wem ein Produkt geprüft wird
d) Alle der genannten Möglichkeiten

Lösung: a) Wie Qualität erzielt werden kann. Dies wird in der Aktivität IP Qualitätsmanagement-Strategie erstellen *realisiert. Zu Option b): Wann welches Produkt geprüft werden soll, steht im jeweiligen Phasenplan.*

Was sind die Charakteristiken eines PRINCE2™-Projekts?

1. Definierte und messbare Business-Produkte
2. Definierter überprüfbarer Ressourcenumfang

3. Organisation auf der Basis von Projektteams
4. Eine korrespondierende Reihe von Aktivitäten, um Business-Produkte zu erzielen
   a) Alle der genannten
   b) 1 und 2
   c) 1, 2 und 4
   d) 1, 3 und 4

Lösung: *c) 1, 2 und 4. Würde bei Option 3) Projektmanagement-Team stehen, müssen eigentlich alle vier Antworten korrekt sein. Bei PRINCE2™ wird zwischen dem Management des Projekts und denjenigen, die die eigentlichen Produkte anfertigen, unterschieden.*

Wer überprüft, genehmigt oder lehnt Änderungsanträge und Spezifikationsabweichungen innerhalb der vom Lenkungsausschuss delegierten Befugnisse und des genehmigten Änderungsbusdgets ab?

a) Teammanager
b) Projektunterstützung
c) Änderungsausschuss
d) Unternehmens- und/oder Programm-Management

Lösung: *c) Änderungsausschuss. Im Rahmen der vom Lenkungsausschuss erteilten Kompetenzen, z. B. in Bezug auf das Änderungsbudget, kann der Änderungsausschuss Änderungen genehmigen, ohne diese eskalieren zu müssen. Zudem informiert er den Lenkungsausschuss, wenn delegierte Befugnisse bzw. bereitgestellte Mittel voraussichtlich überschritten werden. Allerdings sollten die Befugnisse des Änderungsausschusses auf die Genehmigung bestimmter Änderungen beschränkt bleiben (siehe Kapitel 4.2, Organisation/Organisation). Ein Vorteil durch die Einrichtung eines Änderungsausschusses besteht u. a. darin, dass sich die Anzahl der Änderungsanträge, die an den Lenkungsausschuss eskaliert werden müssen, reduziert.*

Was bezeichnet man, bezogen auf das Konfigurationsmanagement, als das „Kapital" eines Projekts?

a) Die Ressourcen
b) Die Pläne
c) Die Produkte
d) Den Geschäftsnutzen (Benefit)

Lösung: *c) Die Produkte. In ihre Erstellung wurde durch den MP-Prozess (*Managen der Produktlieferung*) der meiste Aufwand gesteckt und sie sollen auch den Nutzen für das Unternehmen nach dem Projekt bringen.*

Welches der folgenden Produkte wird NICHT innerhalb des PRINCE2™-Prozessmodells erzeugt?

a) Die Projektbeschreibung (Project Description)
b) Das Projektmandat

c) Die Projektleitdokumentation (Project Initiation Documentation)
d) Der Projektplan

Lösung: *b) Das Projektmandat. Es wird vorab vom Unternehmens- oder Programm-Management erstellt.*

Was wird eingerichtet, um Spielraum für die Durchführung von Änderungsanträgen zu gewährleisten?

a) Projekt- und Phasentoleranzen
b) Änderungsbudget (Change Budget)
c) Notfallpläne (Contingency Plans)
d) Bei Schätzungen eine(n) Sicherheitsspielraum/-spanne einkalkulieren

Lösung: *b) Änderungsbudget (Change Budget). Über dieses Budget können genehmigte Änderungen finanziert werden. Option a) bezeichnet nur einen Spielraum für die Handlungsfreiheit in der Phase bzw. im Projekt.*

In wessen Auftrag kontrollieren die für die Projektsicherung (Project Assurance) zuständigen Personen ein Projekt?

a) Projektmanager
b) Unternehmens-Management (Corporate Management)
c) Projektauftraggeber (Executive)
d) Ein oder mehrere Mitglieder des Lenkungsausschusses (Project Board)

Lösung: *d) Ein oder mehrere Mitglieder des Lenkungsausschusses (Project Board). Der Lenkungsausschuss ist letztendlich für die Überwachung zuständig und delegiert lediglich die entsprechenden Aufgaben an die Projektsicherung.*

Welche Aussage ist ein eindeutiger Grund für eine Ausnahmebewertung (Exception Assessment) in PRINCE2™?

a) Der Projektmanager legt dem Lenkungsausschuss (Project Board) einen Ausnahmeplan (Exception Plan) vor.
b) Der Projektmanager berichtet dem Lenkungsausschuss (Project Board) über die erzielten Fortschritte, um dessen Überzeugung zu festigen, dass das Projekt erfolgreich sein wird.
c) Der Lenkungsausschuss (Project Board) tritt zusammen, um über einen Ausnahmebericht (Exception Report) zu entscheiden.
d) Der Projektmanager prüft und aktualisiert das Risikoregister (Risk Register) mit den zuständigen Projektsicherungsfunktionen.

Lösung: *a) Der Projektmanager legt dem Lenkungsausschuss (Project Board) einen Ausnahmeplan (Exception Plan) vor. Dadurch wird die Bewertung angestoßen. Erst dann findet die Bewertung statt, die Option c) beschreibt.*

Welche der folgenden Aussage in Bezug auf das Thema Risiko ist falsch?

a) Wenn in einem Projekt die Baseline geändert werden soll, sollte dies als Änderungsantrag gehandhabt werden.
b) Die möglichen Vorteile der Implementierung einer Option müssen in einem angemes-

senen Verhältnis zu dem damit verbundenen Zeit- und Kostenaufwand sowie deren Risiken stehen.

c) Wenn sich eine Abweichung über die vereinbarten Toleranzgrenzen hinaus abzeichnet, sollte eine Eskalation an die nächste Managementebene im Projekt erfolgen.
d) Nur der Lenkungsausschuss kann über die Toleranzgrenzen des Projekts hinausgehende Abweichungen genehmigen.

Lösung: *d) Nur der Lenkungsausschuss kann über die Toleranzgrenzen des Projekts hinausgehende Abweichungen genehmigen. Dies obliegt dem Unternehmens- oder Programm-Management, das auch die Toleranzgrenzen auf Projektebene definiert. Der Lenkungsausschuss ist für die Festlegung der Toleranzgrenzen für die jeweilige Phase zuständig.*

Wodurch unterscheiden sich technische Phasen von Managementphasen?

a) Managementphasen überlappen einander.
b) Einsatz einer ganzen Reihe von Spezialistenwissen
c) Technische Namen
d) Ungleichmäßige Zeitspannen (Spans of Time)

Lösung: *b) Einsatz einer ganzen Reihe von Spezialistenwissen. Technische Phasen sind durch den notwendigen Einsatz von Fachkenntnissen und Spezialistenwissen gekennzeichnet. Im Gegensatz zu den Managementphasen können technische Phasen im Projekt parallel verlaufen. Dies bedeutet, dass sich eine technische Phase auch über mehrere Managementphasen erstrecken kann und die Option a) grundsätzlich falsch ist. Technische Phasen überlappen einander und Managementphasen verlaufen sequentiell.*

Wenn ein Produkt geändert werden soll, was wird dann ebenfalls dem Änderungsmanagement unterliegen?

a) Die Qualitätsmanagement-Strategie
b) Der Produktstrukturplan (Product breakdown structure)
c) Die Produktbeschreibung (Product Description)
d) Das Qualitätsregister

Lösung: *c) Die Produktbeschreibung (Product Description). Produkt und Produktbeschreibung hängen direkt voneinander ab. In der Produktbeschreibung sind auch die Akzeptanz- und Qualitätskriterien für das Produkt hinterlegt.*

Welche Aussage ist KEIN Zweck von **Abschließen eines Projekts*****?***

a) Ein geordnetes Ende eines Projekts ist eine gute Gelegenheit für eine Bestandsaufnahme des Erreichten.
b) Ein geordnetes Ende eines Projekts ist eine gute Gelegenheit, um alle nicht erreichten Ziele zu identifizieren.
c) Ein geordnetes Ende eines Projekts ist eine gute Gelegenheit zu beurteilen, ob der erwartete Nutzen in vollem Umfang erzielt wurde.
d) Ein geordnetes Ende eines Projekts bringt immer wesentlich mehr, als schleichend zur Benutzung im Betrieb überzugehen und das Produkt später zu ändern.

Lösung: c) Ein geordnetes Ende eines Projekts ist eine gute Gelegenheit zu beurteilen, ob der erwartete Nutzen in vollem Umfang erzielt wurde. Dies geschieht erst nach dem Abschluss des Projekts.

Im Rahmen der Aktivität* Status eines Arbeitspakets prüfen *(Review Work Package Status) prüft der Projektmanager den Teamstatusbericht, den Status der Arbeitspakete (Work Package) und den Status welchen weiteren Produkts?

a) Projektstatusbericht
b) Qualitätsregister
c) Business Case
d) Projektleitdokumentation (Project Initiation Documentation)

Lösung: b) Qualitätsregister. In der CS-Aktivität Status eines Arbeitspakets prüfen *werden auch die Informationen aus der Qualitätsprüfung, die korrespondierend in der MP-Aktivität* Arbeitspaket ausführen *stattgefunden hat und die das Qualitätsregister aktualisiert, hinzugezogen.*

Welches Produkt wird bei der produktbasierten Planung als Erstes erstellt?

a) Produkt-Checkliste
b) Produktbeschreibung des Projektendprodukts (Project Product Description)
c) Produktflussdiagramm (Product Flow Diagram)
d) Produktstrukturplan (Product Breakdown Structure)

Lösung: b) Produktbeschreibung des Projektendprodukts. Erst danach folgen Produktstrukturplan und Produktflussdiagramm (siehe Abbildung 8.19).

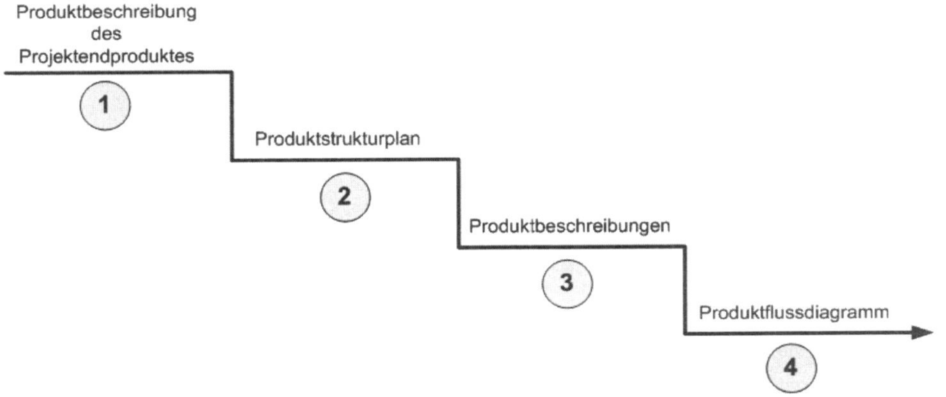

Abbildung 8.19: Ablauf der produktbasierten Planung (nach OGC-(PRINCE2™)Material, durch OGC lizenzierte Wiedergabe)

Welches zeitgesteuerte Steuerungsmittel hält den Status der Arbeit in einem Team fest?

a) Projektstatusbericht
b) Teamstatusbericht

c) Ausnahmebericht (Exception Report)
d) Phasenabschlussbericht

Lösung: *b) Teamstatusbericht. Ausnahmen der ansonsten ereignisgesteuerten Steuerungsmittel sind der Status- und Teamstatusbericht sowie das Überwachen der offenen Punkte, die zeitgesteuert, d. h. regelmäßig, stattfinden sollen. Der Zyklus für die Teamstatusberichte wird im Arbeitspaket festgelegt.*

Was ist KEIN offener Punkt?

a) Vermerke von kleinen Fehlern auf der Produktkopie aus der Qualitätsprüfung
b) Antrag auf Änderung der Spezifikationen
c) Vorschlag zur Verbesserung eines Projektprodukts
d) Notiz über eine bestehende oder absehbare Abweichung von einer Anforderung

Lösung: *a) Vermerke von kleinen Fehlern auf der Produktkopie aus der Qualitätsprüfung. Dies ist die einzige Ausnahme, was Themen und Daten angeht, die an das Projekt herangetragen werden. Alle anderen Punkte gelten als offener Punkt.*

Welche Rolle wird bei einer Qualitätsprüfung für die Aufgabe des Protokollführers vorgeschlagen?

a) Projektsicherung (Project Assurance)
b) Prüfer (Reviewer)
c) Projektunterstützung (Project Support)
d) Der Vorsitzende der Qualitätsprüfung (Review Chairman)

Lösung: *c) Projektunterstützung (Project Support). Da hier noch Protokolltätigkeiten verlangt werden, kann die Projektunterstützung hier einspringen.*

Was bezeichnet PRINCE2™ als den „Motor" eines Projekts?

a) Das Projektmandat
b) Die Projektleitdokumentation (Project Initiation Documentation)
c) Die Projektbeschreibung
d) Den Business Case

Lösung: *d) Den Business Case. Ohne validen Business Case kein Projekt.*

In welchem Prozess werden die für das Projekt wichtigsten Entscheidungen getroffen?

a) *Managen der Produktlieferung* (Managing Product Delivery)
b) *Steuern einer Phase* (Controlling a Stage)
c) *Lenken eines Projekts* (Directing a Project)
d) *Managen eines Phasenübergangs* (Managing a Stage Boundary)

Lösung: *c)* Lenken eines Projekts *(Directing a Project). Die Aktivitäten im DP-Prozess stehen unter der Verantwortung des Lenkungsausschusses, wobei der Auftraggeber die Verantwortung für das Gesamtprojekt trägt. Der Lenkungsausschuss steuert das Projekt über festgesetzte Entscheidungspunkte in den Projektmanagement-Phasen. Dabei wird sowohl das Prinzip „Management by Exception" als auch „Steuern über Managementphasen" unterstützt.*

Was ist ein Ergebnis der Planerstellung?

a) Empfehlungen für Folgeaktionen (Follow-on Action Recommendations)
b) Plan-Design (Plan Design)
c) Ausnahmebericht (Exception Report)
d) Angelegte Register offener Punkte (Issue Register created)

Lösung: b) Plan-Design (Plan Design). Dies ist ein Ergebnis des ersten Planungsschritts Plan entwerfen. *Option a) gehört zur CP-Aktivität* Produkte übergeben, *Option c) zur SB-Aktivität* Ausnahmeplan erstellen *und die Register offener Punkte der Option d) wird in der IP-Aktivität* Konfigurationsmanagement-Strategie erstellen *erstellt.*

Wodurch wird die Anzahl der Änderungsanträge, die an den Lenkungsausschuss eskaliert werden müssen, reduziert?

a) Aufstellung eines Änderungsausschusses
b) Erstellung eines zweiten Offene-Punkte-Registers
c) Delegation an das Unternehmens- und/oder Programm-Managements
d) Soziale Kompetenzen des Projektmanagers

Lösung: a) Aufstellung eines Änderungsausschusses. Im Rahmen der vom Lenkungsausschuss erteilten Kompetenzen, z. B. in Bezug auf das Änderungsbudget, kann der Änderungsausschuss Änderungen genehmigen, ohne diese eskalieren zu müssen. Es existiert immer nur ein Offene-Punkte-Register. Gleiches gilt auch für andere Aufzeichnungen als Managementprodukt und den Projektplan. Daher ist Option b) falsch. Zu Option c): Das Unternehmens- und/oder Programm-Management steht außerhalb der Projektorganisation.

Was ist das Grundprinzip des Prozesses* Managen der Produktlieferung *(Managing Product Delivery)?

a) Kontrollierte Trennung des Projektmanagements von der Bereitstellung eines Produkts durch einen Fremdlieferanten
b) Bevor dem Team ein Arbeitspaket (Work Package) zugeteilt wird, ist das Liefererergebnis mit dem Projektmanager abzustimmen.
c) Ganz gleich, um welche Art von Projekt es sich handelt, die eigentliche Erstellung der benötigten Produkte muss gemanagt werden.
d) Die Arbeiten können nur mit Genehmigung des Projektmanagers in Angriff genommen und fortgeführt werden.

*Lösung: a) Kontrollierte Trennung des Projektmanagements von der Bereitstellung eines Produkts durch einen Fremdlieferanten. Die Steuerung erfolgt über den CS-Prozess (*Steuern einer Phase*), wohingegen die Produkterstellung im MP-Prozess (*Managen der Produktlieferung*) erfolgt.*

Für welche Pläne wird die produktbasierte Planungstechnik (Product-based Planning) empfohlen?

a) Nur für Phasenpläne
b) Nur für Projekt- und Phasenpläne
c) Für alle Pläne
d) Für alle Pläne mit Ausnahme des Ausnahmeplans (Exception Plan)

Lösung: c) Für alle Pläne. Es ist eine grundlegende Technik in PRINCE2™-Projekten.

Welche der folgenden Aussagen ist FALSCH?

a) Die Standardelemente von Toleranz sind Zeit und Kosten (Time & Costs).
b) Toleranz ist eine zulässige Abweichung von einem Plan, die keine Einbeziehung einer höheren Managementstufe notwendig macht.
c) Für den Zeit- und Kostenaufwand sind separate Toleranzwerte auszuweisen.
d) Es liegt im Ermessen des Lenkungsausschusses, jederzeit beliebige neue Toleranzen für das Projekt und eine Phase festzulegen.

Lösung: d) Es liegt im Ermessen des Lenkungsausschusses, jederzeit beliebige neue Toleranzen für das Projekt und eine Phase festzulegen. Zum einen stellt das Unternehmens- oder Programm-Management die Toleranzen für das Projekt auf. Zum anderen ist der Ausdruck „jederzeit" falsch. Die Toleranzen werden jeweils für die entsprechende Phase vom Lenkungsausschuss in der DP-Aktivität Phasen- oder Ausnahmeplan freigeben *vereinbart. Die Projekttoleranzen wurden bereits in der PID festgelegt und müssen lediglich bei Bedarf neu vergeben werden.*

Welcher Prozess führt zur Akzeptanz durch die Betriebs- und Wartungsumgebung der Produkte?

a) *Managen eines Phasenübergangs* (Managing a Stage Boundary)
b) *Managen der Produktlieferung* (Managing Product Delivery)
c) *Abschließen eines Projekts* (Closing a Project)
d) *Steuern einer Phase* (Controlling a Stage)

Lösung: c) Abschließen eines Projekts *(Closing a Project). In der CP-Aktivität* Produkte übergeben *geht es auch um die Akzeptanz der Übergabe an das Betriebs- und das Wartungsteam. Ziel ist es, das Projekt im Sinne des Kunden abzuschließen und den Betrieb der Projektergebnisse im Tagesgeschäft sicherzustellen. Dieses Ziel wird durch den operativen Betriebsbereich (z. B. durch abgestimmte Wartungs- und Betriebsvereinbarungen) bestätigt.*

Ziel der Projektbeschreibung (Project Brief) ist es,

a) dem Lenkungsausschuss die Möglichkeit zu geben, zu entscheiden, ob die Ausgaben, wie sie im Initiierungsphasenplan (Initiation Stage Plan) vorgestellt werden, begründet sind.
b) zu zeigen, dass das Projektmandat (Project Mandate) gut genug ist.

c) eventuelle Uneinigkeiten innerhalb des Lenkungsausschusses aufzudecken.
d) sicherzugehen, dass innerhalb der Benutzerwünsche Prioritäten gesetzt werden.

Lösung: a) dem Lenkungsausschuss die Möglichkeit zu geben, zu entscheiden, ob die Ausgaben, wie sie im Initiierungsphasenplan (Initiation Stage Plan) vorgestellt werden, begründet sind. Im SU-Prozess erstellt der Projektmanager die Projektbeschreibung inklusive Projektlösungsansatz und den Plan für die Initiierungsphase. Beides wird dem Lenkungsausschuss vorgelegt, der in der DP-Aktivität Initiierung freigeben *eine Bewertung in Bezug auf das Voranschreiten durchführt und im positiven Fall den offiziellen Projektstart abnickt. Das Projekt startet dann mit der Initiierungsphase.*

Wer könnte entsprechend PRINCE2™ nach einer Auswirkungsanalyse die Priorität eines offenen Punkts neu bewerten?

a) Der Teammanager
b) Die zuständigen Projektsicherungsfunktionen
c) Der Verfasser
d) Der Lenkungsausschuss (Project Board)

Lösung: d) Der Lenkungsausschuss (Project Board). Der Lenkungsausschuss ist das höchste verantwortliche Organ im Projekt, das Maßnahmen und Änderungen genehmigt.

Welchen Bericht erhält der Projektmanager in regelmäßigen Abständen?

a) Projektstatusbericht
b) Teamstatusbericht
c) Offener-Punkt-Bericht (Issue Report)
d) Ausnahmebericht (Exception Report)

Lösung: b) Teamstatusbericht. Der Zyklus für diesen Bericht wird im Arbeitspaket festgelegt. Statusberichte stellen eine zeitgesteuerte Kommunikationsmöglichkeit – zwischen Projektmanager und Lenkungsausschuss – dar, um den Lenkungsausschuss in regelmäßigen und vereinbarten Zeitabständen auf dem Laufenden zu halten. Auch offene Punkte sollen „regelmäßig" überprüft werden. Die in den anderen Optionen genannten Managementprodukte erstellt der Projektmanager bei Bedarf für den Lenkungsausschuss.

Die Erstellung eines Produktstrukturplans und eines Produktflussdiagramms (Product Flow Diagram) sind zwei Schritte der produktbasierten Planung. Was ist ein weiterer Schritt?

a) Aktivitäten und Abhängigkeiten identifizieren
b) Produktbeschreibungen (Product Description) ausarbeiten
c) Zeitplan erstellen
d) Produkte definieren und analysieren

Lösung: b) Produktbeschreibungen ausarbeiten. Dies ist der erste Schritt in der produktbasierten Planung, die im zweiten Planungsschritt mit dem Titel Produkte definieren und analysieren *umgesetzt wird. Option a) findet danach im dritten Planungsschritt* Aktivitäten und Abhängigkeiten identifizieren *statt. Dabei muss die Produktbeschreibung aber bereits vorhanden sein.*

Das PRINCE2™-Prinzip der Steuerung über Managementphasen ist mit welcher Sache gleichzusetzen?

a) Der Lieferung eines großen Produkts (delivery of a major product)
b) Dem Einsatz einer ganzen Reihe von Spezialistenwissen (particular set of specialist skills)
c) Verpflichtung von Ressourcen und der Befugnis, diese einzusetzen (commitment of resources and authority to spend)
d) Entwerfen, Erstellen und Einsetzen (design, build, implement)

Lösung: *c) Verpflichtung von Ressourcen und der Befugnis, diese einzusetzen. Managementphasen stellen zeitliche, sequenzielle Unterteilungen des Gesamtprojekts dar, die auf Entscheidungspunkten zur Projektsteuerung basieren. An diesen Entscheidungspunkten zum Ende jeder Phase wird über den Abbruch oder die Fortführung des Projekts entschieden. Dies steht im direkten Zusammenhang mit der Zuweisung und Inanspruchnahme von Personen, Betriebsmitteln und Verantwortlichkeiten.*

Was wird als „der Stützpfeiler" der Managementinformations-Systeme beschrieben, die für jedes Projekt benötigt werden?

a) Projektstatusberichte (Highlight Reports)
b) Pläne
c) Kontrollpunkte
d) Phasenabschlussbewertungen

Lösung: *b) Pläne (siehe Abbildung 8.20). Sie bilden die relevanten Managementinformationen bzw. Managementprodukte.*

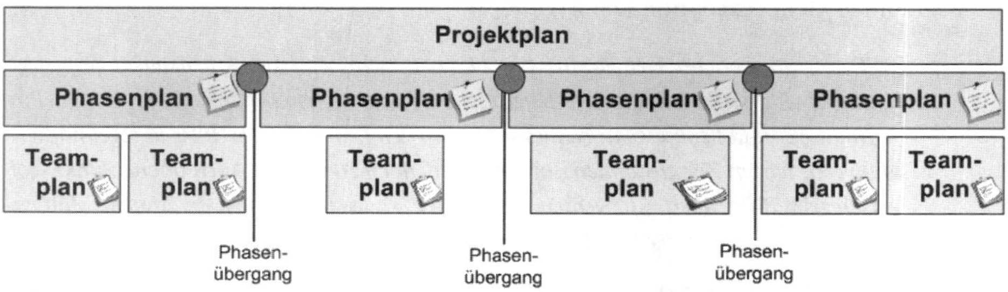

Abbildung 8.20: Aufschlüsselung der Planungsebenen

Wenn man sich über den Inhalt einer alten Produktversion informieren will, in welchem Teil von PRINCE2™ findet man dann die besten Informationen?

a) Im Phasenplan (Stage Plan)
b) Im Register offener Punkte (Issue Register)
c) Im Konfigurationsmanagement
d) In der Freigabe der Arbeitspakete (Work Package Authorisation)

Lösung: *c) Im Konfigurationsmanagement. Dies erfolgt über die Konfigurationsdatensätze, die über das Konfigurationsmanagement verwaltet werden (Planen, Identifizieren, Steu-*

ern, Status protokollieren, Verifizieren und Audit → PICSA). Der Zweck von Konfigurationsdatensätzen ist es, Informationen wie z. B. Status, Version und Variante der einzelnen Konfigurationselemente sowie wichtige Einzelheiten der Beziehungen zwischen diesen Elementen zu erfassen.

Was ist eine Konzession?

a) Ein Vertrag mit einem Dritten

b) Ein Fehler, der bei einer Qualitätsprüfung festgestellt, aber nicht behoben wird

c) Eine Spezifikationsabweichung (Off-specification), die der Lenkungsausschuss (Project Board) akzeptiert, ohne Korrekturmaßnahmen zu ergreifen

d) Ein über die Toleranzgrenzen hinausgehendes Zugeständnis

Lösung: c) Eine Spezifikationsabweichung (Off-specification), die der Lenkungsausschuss (Project Board) akzeptiert, ohne Korrekturmaßnahmen zu ergreifen. Weicht ein Produkt also in einem gewissen Maß von der gewünschten Qualität ab (entspricht in seinen Eigenschaften nicht den Anforderungen → Spezifikationsabweichung) und der Lenkungsausschuss lässt dies gelten, hat er eine Konzession erteilt. Wenn der Lenkungsausschuss Konzessionen akzeptiert, müssen möglicherweise Folgeaktionen für spätere Nachbesserungen oder Aufbereitungen der Produkte empfohlen werden.

Als was wird die Mehrzahl der Steuerungsmittel in PRINCE2™ bezeichnet?

a) Ereignisgesteuert

b) Zeitabhängig

c) Ad-hoc-Anweisungen

d) Technikbasiert

Lösung: a) Ereignisgesteuert. Ausnahme sind Status- und Teamstatusbericht sowie das Überwachen der offenen Punkte, die zeitgesteuert, d. h. regelmäßig, stattfinden sollen.

Welches Produkt sollte nach PRINCE2™ die Auswirkungen auf das Budget und die Termine erwähnen, die sich durch die bis zu einem bestimmten Zeitpunkt genehmigten Änderungen ergeben?

a) Teamstatusbericht

b) Ausnahmebericht (Exception Report)

c) Projektstatusbericht

d) Erfahrungsbericht (Lessons Report)

Lösung: c) Projektstatusbericht. Dies ergibt sich aufgrund der Informationen, die der Projektmanager dann im Projektstatusbericht aufbereitet und dem Lenkungsausschuss zukommen lässt.

In welchem Prozess fragt der Projektmanager den Lenkungsausschuss (Project Board), wer zur Genehmigung von Änderungen bevollmächtigt ist?

a) Während der Vorbereitung eines Projekts (Starting up a Project)

b) Während der Initiierung eines Projekts (Initiating a Project)

c) Wenn Ad-hoc-Anweisungen gegeben werden (Give Ad Hoc Directions)
d) Wenn eine Phase (Stage) freigegeben wird

Lösung: *b) Während der* Initiierung eines Projekts *(Initiating a Project). Dies geschieht in der IP-Aktivität* Konfigurationsmanagement-Strategie erstellen. *Hier wird auch die Freigabe des Change budgets vom Lenkungsausschuss genehmigt. Das Verfahren zur Steuerung offener Punkte und Änderungen ist dort ebenfalls beschrieben.*

Wie heißt die Prüfung, die feststellt, ob die Durchführung des Konfigurationsmanagements dem festgelegten Standard entspricht?

a) Projektstatushistorie
b) Konfigurationsaudit
c) Qualitätsprüfung (Quality Review)
d) Qualitätssicherung

Lösung: *b) Konfigurationsaudit. Das Konfigurationsmanagement besteht aus den fünf Hauptaufgaben Planung, Identifikation, Verwaltung, Statusadministration/-protokollierung und Überprüfung. Unter der Überprüfung (Audit, Verifizierung) wird die Kontrolle der vorhandenen Datenbank verstanden und der Antwort auf die Frage nachgegangen, ob der Status des Configuration Item mit dem Status in der Datenbank übereinstimmt.*

Welcher Bericht analysiert, welche Managementprozesse erfolgreich bzw. ein Fehlschlag waren?

a) Empfehlungen für Folgeaktionen (Follow-on Action Recommendations)
b) Phasenabschlussbericht
c) Business Case-Revision
d) Erfahrungsbericht (Lessons Report)

Lösung: *d) Erfahrungsbericht (Lessons Report). Dieser Bericht bezieht seine Informationen aus dem Erfahrungsprotokoll, das mindestens zum Ende jeder Phase aktualisiert wurde. Dabei geht es v. a. um das Management des Projekts (nicht um den Projekterfolg). Option b) liefert eine Zusammenfassung der bisher in der Phase erzielten Fortschritte, Projektstatusüberblick und eine Informationsgrundlage für den Lenkungsausschuss, damit dieser über die nächsten Projektschritte entscheiden kann.*

Was empfiehlt PRINCE2™ als direkten Input für eine Qualitätsmanagement-Strategie?

a) ISO 9001:2000
b) Phasenqualitätsplan
c) Qualitätsregister
d) Qualitätserwartungen des Kunden

Lösung: *d) Qualitätserwartungen des Kunden. Qualitäts- und Akzeptanzkriterien sind messbare Anforderungen, denen das jeweilige Produkt und damit auch das Projektendprodukt genügen muss. Es sind die eindeutigen Bedingungen für die Abnahme durch den Kunden. Option a) kennt PRINCE2™ nicht. Zu Option c): Das Qualitätsregister wird zur gleichen Zeit erstellt wie die Strategie und enthält die Details zu den Qualitätsmanagement-Maßnahmen im Projekt (wie z. B. Angaben zur Qualitätsprüfung).*

Welche Aussage gilt für den Benutzervertreter (Senior User) in einem PRINCE2™-Projektmanagement-Team?

a) Ist vom Ergebnis eines Projekts betroffen
b) Muss möglicherweise interne und externe Teams einsetzen, um das angestrebte Ergebnis zu erzielen
c) Vertritt die Unternehmensseite
d) Stellt die benötigten Mittel bereit

Lösung: a) Ist vom Ergebnis eines Projekts betroffen. Nach Projektende wird der Benutzervertreter (siehe Abbildung 8.21) bzw. die entsprechenden Benutzer mit dem Produkt arbeiten müssen. Option b) klärt der Projektmanager in Abstimmung mit dem Lenkungsausschuss für das Projekt meist schon im Lösungsansatz. Option b) und Option d) treffen eher auf den Auftraggeber zu.

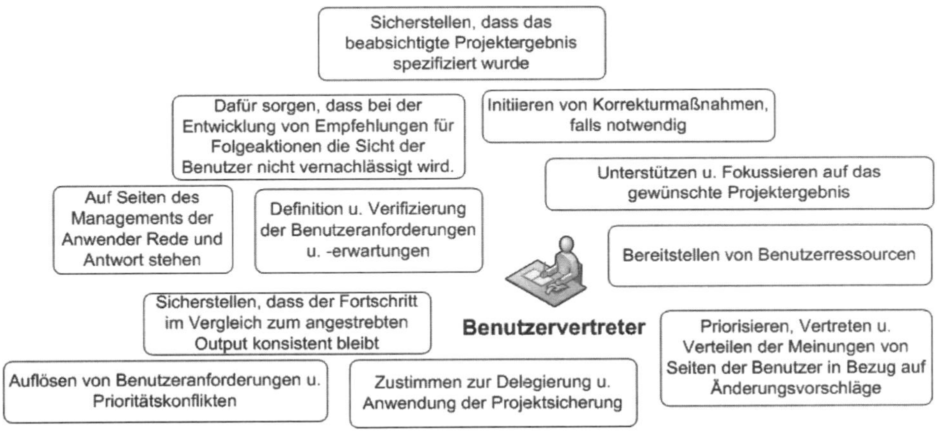

Abbildung 8.21: Beispielhafte Aufgaben des Benutzervertreters

Welche dieser Aussagen ist KEIN Ziel der Phasenabschlussbewertung?

a) Die Risikoanalyse durchführen und Projekt durch das Management prüfen lassen
b) Das Projektmandat aktualisieren
c) Die Toleranzen für die nächste Phase (Stage) überprüfen
d) Den nächsten Phasenplan (Stage Plan) anhand des Projektplans überprüfen

Lösung: b) Das Projektmandat aktualisieren. Das Projektmandat wird nur einmal zu Beginn der Projektvorbereitung vom Unternehmens- oder Programm-Management vergeben.

Welche der folgenden Aussagen ist korrekt?

a) Der Auftraggeber (Executive) ist Eigentümer aller identifizierten Risiken (Risks).
b) Der Projektmanager ist Eigentümer aller identifizierten Risiken (Risks).

c) Der Projektmanager benennt üblicherweise Eigentümer für identifizierte Risiken (Risks).
d) Jedes identifizierte Risiko ist dem Auftraggeber (Executive), dem Benutzervertreter oder dem Lieferantenvertreter geeignet zuzuordnen.

Lösung: *c) Der Projektmanager benennt üblicherweise einen Eigentümer aller identifizierten Risiken (Risks). Der Projektmanager ist verantwortlich dafür, Risiken aufzuspüren, zu erfassen, zu analysieren und Gegenmaßnahmen in die Planung einzuarbeiten. Der Lenkungsausschuss ist z. B. für die Kommunikation externer Risiken an den Projektmanager verantwortlich. Der Projektmanager wird dann eine entsprechende Gegenmaßnahme vorschlagen, die der Lenkungsausschuss annehmen muss. Der Projektmanager wird dem Lenkungsausschuss einen Eigentümer (und gegebenenfalls auch einen Bearbeiter) für das entsprechende Risiko vorschlagen.*

Bei der Festlegeung der Phasen im Projekt sind eine Reihe von Optionen gegeneinander abgewogen werden. Welcher der folgenden gehört dazu?

a) Die Verfügbarkeit des Lenkungsausschusses für eine Statusbesprechung
b) Wie weit im Voraus ein Projekt sinnvollerweise geplant werden sollte
c) Wie viele Spezialisten in den Phasen zur Verfügung stehen werden
d) Die Anzahl der Arbeitspakete, die gleichzeitig vom Projektmanager an den Teammanager übergeben werden können

Lösung: *b) Wie weit im Voraus ein Projekt sinnvollerweise geplant werden sollte. Dabei ist eine ganze Reihe von Überlegungen relevant. Die Anzahl der Phasen richtet sich nach der Art, der Laufzeit, dem Umfang und der Risikobelastung des Projekts. Zusätzliche Managementphasen ermöglichen bei großen Projekten in vielen Fällen eine entsprechende Steuerung und Planung mit mehr Entscheidungspunkten. Allerdings ist es auch eine wesentliche Frage, wo im Projekt die relevanten Entscheidungspunkte zu definieren sind. Zudem sollten nicht zu viele zu kurze Phasen aufgrund der zusätzlichen Projektmanagement- bzw. Steuerungsaufwände (Kosten!) gewählt werden. Andersherum bergen zu wenige zu lange Phasen die Gefahr von zu geringen Steuerungsmöglichkeiten. a) Die Verfügbarkeit des Lenkungsausschusses für eine Statusbesprechung. Laut „Management by Exception“ existieren keine regelmäßigen Meetings. Option d) ist alleine schon deswegen falsch, weil immer nur ein Arbeitspaket vom Projektmanager an den Teammanager übergeben wird.*

Wann wird die Qualitätsmanagement-Strategie erstellt?

a) Im Prozess *Vorbereiten eines Projekts* (Starting up a Project)
b) Während der Initiierung (Initiating a Project)
c) Beim *Managen eines Phasenübergangs* (Managing a Stage Boundary)
d) Als Teil des Projektmandats

Lösung: *b) Während der Initiierung (Initiating a Project). Dies geschieht in der IP-Aktivität* Qualitätsmanagement-Strategie erstellen.

Wann sollte eine erste Prüfung eines offenen Punkts stattfinden?

a) Bei der Protokollierung
b) Wöchentlich
c) Bei der Durchführung der Aktivität *Qualitätsprüfung planen*
d) Bei der Phasenabschlussbewertung

Lösung: *a) Bei der Protokollierung. Bereits wenn die offenen Punkte in der CS-Aktivität* Offene Punkte und Risiken erfassen und untersuchen *erfasst und im Register offener Punkte protokolliert werden, findet eine Kategorisierung statt. Auch eine Impact-Analyse und eine Prioritätenvergabe finden für den offenen Punkt statt.*

Was ist beim Zusammenstellen eines Arbeitspakets (Work Package) zu prüfen?

a) Das Register offener Punkte (Issue Register)
b) Die jeweiligen Produktbeschreibungen (Product Descriptions)
c) Die Genehmigung des Lenkungsausschusses zur Fortführung des Projekts
d) Zeitabrechnungen

Lösung: *b) Die jeweiligen Produktbeschreibungen (Product Descriptions). Sie sind fester Bestandteil des Arbeitspakets. Neben weiteren Elementen (z. B. Toleranzen) dienen sie als Basis für die Qualitätsprüfung, die in der MP-Aktivität* Arbeitspaket ausführen *stattfindet.*

Welcher Prozess deckt die Arbeit der Personen ab, die möglicherweise nicht mit PRINCE2™ arbeiten?

a) *Managen eines Phasenübergangs* (Managing a Stage Boundary)
b) *Vorbereiten eines Projekts* (Starting up a Project)
c) *Lenken eines Projekts* (Directing a Project)
d) *Managen der Produktlieferung* (Managing Product Delivery)

Lösung: *d)* Managen der Produktlieferung *(Managing Product Delivery). Relevant ist lediglich, dass die gelieferten Produkte den im Arbeitspaket definierten Produktbeschreibungen (inklusive Akzeptanz- und Qualitätskriterien) entsprechen. PRINCE2™ ist eine Management-, keine Produktionsmethode.*

Wenn man allen an einem Projekt beteiligten Personen gestattet, ihre Aufgaben zu einem beliebigen Zeitpunkt in Angriff zu nehmen, würde ein Chaos entstehen. Welches Produkt von PRINCE2™ sorgt für die notwendige Kontrolle?

a) Offener Punkt (Issue)
b) Arbeitspaket (Work Package)
c) Teamstatusbericht
d) Risikoregister (Risk Register)

Lösung: *b) Arbeitspaket (Work Package). Damit die Teammanager eindeutig wissen, welches Produkt erstellt und zu welchem Zeitpunkt die Lieferung erfolgen soll, bedarf es klarer Absprachen. Weitere Punkte sind Material- und Ressourceneinsatz, Kosten, zu erledigende Aufgaben, Abhängigkeiten und das Berichtswesen. Für das Ergebnis ist außerdem die Produktbeschreibung obligatorisch. Diese wird über das Arbeitspaket in einer Übergabebesprechung vom Projektmanager an den Teammanager übergeben. Dies geschieht in der CS-Aktivität* Arbeitspaket freigeben *bzw. für den Teammanager in der MP-Aktivität* Arbeitspaket annehmen.

Welche der folgenden Aussagen ist in Bezug auf die Pre-Projektvorbereitung in Relation zum Umfang von PRINCE2™ korrekt?

a) Pre-Projektvorbereitung wird zu Beginn des Prozesses *Initiieren eines Projekts* (Initiating a Project) ausgeführt.

b) Pre-Projektvorbereitung gehört zum Umfang des Projekts an sich.

c) Pre-Projektvorbereitung gehört nicht zum Umfang von PRINCE2™.

d) Pre-Projektvorbereitung liegt außerhalb eines Projektumfangs, aber innerhalb des Umfangs von PRINCE2™.

*Lösung: d) Pre-Projektvorbereitung liegt außerhalb eines Projektumfangs, aber innerhalb des Umfangs von PRINCE2™. Dies ist der SU-Prozess (*Vorbereiten eines Projekts, *siehe Abbildung 8.3).*

Wenn Prozesse hinsichtlich PRINCE2™ etabliert werden, lautet die Schlüsselfrage:

a) Welche Prozesse sind für das Projekt von Bedeutung?

b) In welchem Umfang werden die Prozesse an das Projekt angepasst?

c) Wie lautet das Minimum an Prozessen, die notwendig sind, um den Projekterfolg zu sichern?

d) Wie viele Male wird jeder Prozess wiederholt?

Lösung: b) In welchem Umfang werden die Prozesse an das Projekt angepasst? Hier geht es um das Thema Skalierbarkeit von PRINCE2™, da alle Prozesse von Bedeutung sind. Lediglich ihre Form ist variabel. PRINCE2™-Prozesse sind skalierbar. Welche Form und welche Ausprägung dies in der Praxis annimmt, ist vom jeweiligen Projekt und den Randbedingungen abhängig. Über das Tailoring wird die Anpassungsarbeit umgesetzt, formelle Wege werden z. B. zu informellen Kommunikationspfaden, während andere Aktivitäten restriktiver gehandhabt werden.

Welche der folgenden Rollen wird am ehesten die Akzeptanzkriterien für das Projekt vorgeben?

a) Lieferantenvertreter

b) Benutzervertreter

c) Programm-Management

d) Teammanager

Lösung: b) Benutzervertreter. Die Akzeptanzkriterien sind eine messbare Definition dessen, was für das Endprodukt an Leistungen erbracht werden muss, damit es für den Kunden von akzeptabler Qualität ist (Acceptance Criteria). Der Benutzervertreter bzw. die entsprechenden Mitarbeiter werden später das Projektergebnis nutzen bzw. sollen davon profitieren.

In manchen Situationen erscheint eine Machbarkeitsstudie (Feasibility study) zur Untersuchung der Situation und Auslotung der möglichen Optionen angebracht. Was ist in diesem Zusammenhang in Bezug auf PRINCE2™ die optimale Herangehensweise?

a) Einbeziehen der Machbarkeitsstudie als Teil des Prozesses *Vorbereiten eines Projekts* (Starting up a Project)

b) Betrachtung der Machbarkeitsstudie als Phase (Stage) innerhalb des Projekts

c) Handhabung der Machbarkeitsstudie als eigenes Projekt

d) Einbeziehen der Machbarkeitsstudie als Teil des Prozesses *Initiieren eines Projekts* (Initiating a Project)

Lösung: c) Handhabung der Machbarkeitsstudie als eigenes Projekt. Jede Option beinhaltet einen eigenen Projektplan, unterschiedliche Business Cases und Risiken (Risks), da in der Machbarkeitsstudie gegebenenfalls unterschiedliche Optionen aufgeworfen werden. Die Machbarkeits- oder Projektstudie nach DIN 69905 umfasst die Untersuchung von Lösungsmöglichkeiten zur Erreichung des benannten Projektziels und die Überprüfung ihrer jeweiligen Machbarkeit.

Wann startet ein Projekt offiziell?

a) Nach dem Prozess *Vorbereiten eines Projekts* (Starting up a Project)

b) Nach dem Prozess *Vorbereiten eines Projekts* (Starting up a Project) und nach der eingegangenen Bestätigung des Lenkungsausschusses

c) Sobald es ein Projektmandat gibt

d) Nachdem die PID zusammengestellt wurde

Lösung: b) Nach dem Prozess Vorbereiten eines Projekts *(Starting up a Project) und der eingegangenen Bestätigung des Lenkungsausschusses durch die DP-Aktivität* Initiierung freigeben. *Durch die Freigabe des Lenkungsausschusses startet das Projekt.*

Wann sollte das Erfahrungsprotokoll (Lessons Log) gefüllt werden?

a) Am Ende des Projekts

b) Mindestens zum Ende jeder Phase (Stage) im Projektverlauf

c) Nur zum Ende jeder Phase (Stage) des Projekts

d) Immer dann, wenn der Projektmanager einen Statusbericht (Highlight Report) an den Lenkungsausschuss (Project Board) gibt

Lösung: b) Mindestens zum Ende jeder Phase (Stage) im Projektverlauf. Das Erfahrungsprotokoll ist die Sammlung guter und schlechter Erfahrungen, die für das Projekt oder für zukünftige Projekte von Nutzen sein könnte.

Abhängigkeiten der Aktivitäten sind ein Ergebnis von ...?

a) *Lenken eines Projekts* (Directing a Project)

b) *Planung* (Planning)

c) *Steuern einer Phase* (Controlling a Stage)

d) *Managen der Produktlieferung* (Managing Product Delivery)

Lösung: *b)* Planung *(Planning), d. h. das Thema „Pläne". Dies kommt im Schritt 3* Aktivitäten und Abhängigkeiten identifizieren *zum Ausdruck. Generell läuft die Aktivität in drei Schritten ab: Identifizierung aller Aktivitäten in Anlehnung an die entsprechende Produktlieferung, Feststellen der Wechselwirkungen zwischen den Aktivitäten und Sicherstellen, dass sowohl externe als auch interne Abhängigkeiten bedacht wurden. Voraussetzung sind die zu erstellenden Produkte aus dem Schritt* Produkte definieren und analysieren, *wobei die zu erstellenden Management- und Spezialistenprodukte über die produktbasierte Planung identifiziert werden.*

Was liegt nicht in der Verantwortung der Projektsicherung (Project Assurance)?

a) Dafür zu sorgen, dass die richtigen Leute mit an Bord sind
b) Dafür zu sorgen, dass die definierten Standards verwendet werden
c) Auflösen von Anwenderanforderungen und Priorisierungskonflikten
d) Beratung bei der Einbeziehung von Stakeholdern

Lösung: *c) Auflösen von Anwenderanforderungen und Priorisierungskonflikten. Dies liegt beim Benutzervertreter (Senior User) im Lenkungsausschuss.*

Was ist kein Beispiel für die Risikobehandlungskategorie „Reduzieren" in Bezug auf eine Bedrohung?

a) Beauftragung eines Spezialisten, der im Projekt die Rolle der Projektsicherung übernimmt und den Projektmanager sowie den Lenkungsausschuss berät
b) Erfahrene Spezialisten als Teammanager einsetzen und externe Teammitglieder anwerben, die während der gesamten Projektlaufzweit mit den internen Mitarbeitern zusammenarbeiten (*siehe Abbildung 8.22*)
c) In den Vertrag mit dem ausgewählten externen Lieferanten eine Klausel aufnehmen, dass, falls das von ihnen zu liefernde Produkt nicht im vollen Umfang den Vereinbarungen entspricht, die Kosten um x % reduziert werden
d) Feststellen, welche potenziellen Projektteam-Mitglieder das im Projekt notwendige Know-how aufweisen und diese in das Projektteam aufnehmen

Lösung: *c) In den Vertrag mit dem ausgewählten externen Lieferanten eine Klausel aufnehmen, dass, falls das von ihnen zu liefernde Produkt nicht im vollen Umfang den Vereinbarungen entspricht, die Kosten um x % reduziert werden. Dies entspricht der Risikobehandlungskategorie „Übertragen".*

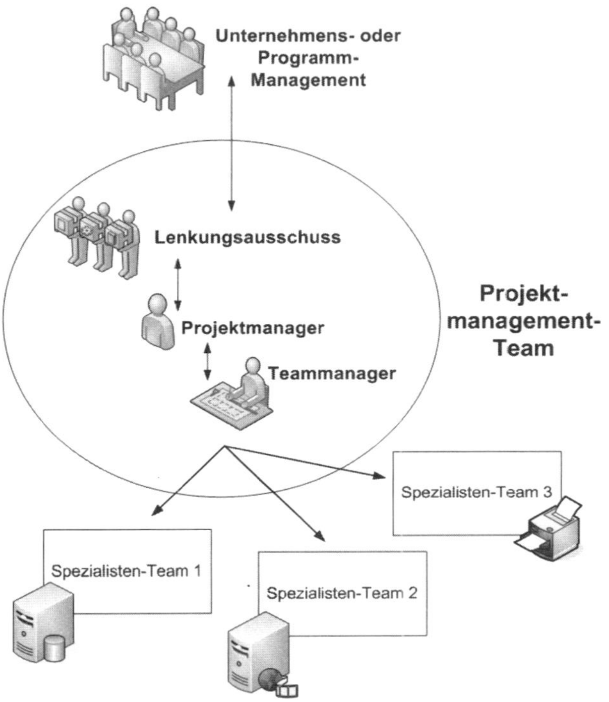

Abbildung 8.22: Das Projektmanagement-Team wird durch alle relevanten Teammitglieder zum Projektteam.

Welche Aussage ist in Bezug auf die Phasenabschlussbewertung (End Stage Assessment) nicht korrekt?

a) Es ist ein Ereignis, das eine Entscheidungsfindung durch den Lenkungsausschuss anstoßen soll.

b) Der Lenkungsausschuss wird gebeten, Ressourcen für die nächste Phase bereitzustellen.

c) Sie wird verwendet, um die nächste Phase (Stage) zu planen.

d) Sie wird verwendet, um das Projekt zu beenden.

Lösung: c) Sie wird verwendet, um die nächste Phase (Stage) zu planen. Die Phasenabschlussbewertung dient der Überprüfung des Phasenabschlussberichts durch den Lenkungsausschuss und den Projektmanager. Diese entscheiden, ob der nächste Phasenplan genehmigt wird (sofern nicht bereits die letzte Phase abgeschlossen worden ist). Je nach Umfang und Brisanz des Projekts kann es sich hierbei um einen mehr oder weniger formellen oder formlosen Review handeln. Die Genehmigung der Fortführung des Projekts ist als wichtiger Managemententscheid zu dokumentieren.

Wie wird die Projektleitdokumentation erstellt?

a) Über ein elektronisches Tool

b) Über einen Vertragspartner (Contractor)

c) Über die Projektunterstützung (Project Support)
d) Über Informationen, die im IP-Prozess zusammengestellt wurden

Lösung: d) Über Informationen, die im IP-Prozess zusammengestellt wurden. Die während der Projektvorbereitung und -initiierung erstellten Dokumente fließen in die Projektleitdokumentation (PID) ein (siehe auch Abbildung 8.13).

Welche der folgenden Aussagen ist korrekt?

a) Teamstatusberichte sollten frühzeitig auf Verzögerungen bei der Arbeit der Spezialisten aufmerksam machen.
b) Bei der Auswahl einer Maßnahme zur Behandlung eines Risikos ist die beste Alternative meist die kostengünstigste.
c) Der Lenkungsausschuss kann eine Entscheidung nur am Ende einer Managementphase treffen.
d) Bei einer drohenden Überschreitung der Kostentoleranzen sollten immer zuerst alle verfügbaren Qualitätstoleranzen ausgeschöpft werden.

Lösung: a) Teamstatusberichte sollten frühzeitig auf Verzögerungen bei der Arbeit der Spezialisten aufmerksam machen. Der Teamstatusbericht beinhaltet auch Aussagen zum erzielten und prognostizierten Fortschritt sowie zu möglichen Problemen.

Welches Produkt sollte die Informationen enthalten, dass jemand, der dem Projekt noch Ressourcen in Rechnung stellen muss, dies spätestens zwei Wochen nach Projektabschluss umsetzen sollte?

a) Nutzenrevisionsplan
b) Empfehlungen für Folgeaktionen
c) Projektabschlussbericht
d) Ankündigung des Projektabschlusses

Lösung: d) Ankündigung des Projektabschlusses. Durch die Ankündigung des Projektabschlusses erfahren auch diejenigen, für die diese Information wichtig ist, dass das Projekt zu Ende geht. Unter anderem wird dabei auch ein Termin genannt, ab wann dem Projekt keine Kosten mehr belastet werden können.

Der Projektmanager hat während der Initiierungsphase den Business Case aktualisiert und u. a. den erwarteten Nutzen des Projektergebnisses, den Zeitrahmen sowie die erwarteten negativen Nebeneffekte beschrieben, den er nun zur finalen Genehmigung dem Lenkungsausschuss vorlegt. Ist dieses Vorgehen nach PRINCE2™ korrekt?

a) Nein, da der Projektmanager den Business Case nur vom Auftraggeber als Eigentümer des Business Case genehmigen lassen kann.
b) Nein, da die erwarteten negativen Nebeneffekte nicht Teil des Business Case, sondern Bestandteile des Risikoregisters sind.
c) Ja, da der Business Case die Beschreibung der Rechtfertigung für das Projekt darstellt, die genehmigt und im weiteren Projektverlauf nicht mehr verändert werden darf.
d) Nein, da der Business Case im Projektverlauf fortlaufend überprüft und genehmigt wird.

Lösung: *d) Nein, da der Business Case im Projektverlauf fortlaufend überprüft und genehmigt wird. Dies geschieht beispielsweise am Ende jeder Managementphase und beim Projektabschluß. Während des IP-Prozesses sollte der Projektmanager den Business Case prüfen und u. a. anhand dieser Informationen den Nutzenrevisionsplan erstellen. Hier sind die Informationen zu finden, wie und wann der voraussichtliche Nutzen gemessen werden kann. Zu Option b): Die erwarteten negativen Nebeneffekte werden von einem oder mehreren Stakeholder als negativ eingestuft und sind nicht als Risiken zu sehen, sondern als feststehende Konsequenzen.*

Über welchen Prozess findet ein Informationsaustausch mit dem Unternehmens- oder Programm-Management statt?

a) *Managen der Produktlieferung* (Managing Product Delivery)
b) *Lenken eines Projekts* (Directing a Project)
c) *Steuern einer Phase* (Controlling a Stage)
d) *Managen eines Phasenübergangs* (Managing a Stage Boundary)

Lösung: *b)* Lenken eines Projekts. *Dieser Prozess gehört zum Lenkungsausschuss. Dieser stellt die höchste Managementebene des Projektmanagement-Teams dar. Das Unternehmens- oder Programm-Management liegt zwar außerhalb der Projektorganisation, befindet sich jedoch oberhalb des Lenkungsausschusses. Dementsprechend kommuniziert lediglich der Lenkungsausschuss mit dem Unternehmens- oder Programm-Management. Aus jedem anderen Prozess heraus und von jeder anderen Rolle aus würde der Lenkungsausschuss „umgangen" werden.*

Welches der folgenden ist ein Baseline-Managementprodukt?

a) Konfigurationsdatensatz
b) Nutzenrevisionsplan
c) Projekttagebuch
d) Projektstatusbericht (Highlight Report)

Lösung: *b) Nutzenrevisionsplan. Baseline-Managementprodukte definieren bestimmte Aspekte des Projekts als Ausgangsbasis und unterliegen nach der Freigabe der Änderungssteuerung. Option a) ist eine Aufzeichnung – genau wie Option c). Die Option d) bezeichnet einen Bericht.*

Ergänzen Sie folgenden Satz: „Alle Änderungsanträge, die vom Lenkungsausschuss genehmigt werden müssen, sollten .... erfasst und der Status sollte durch den Projektmanager überwacht werden."

a) in der Produktbeschreibung/Product Description
b) im Register offener Punkte/Issue Register
c) in den Konfigurationsdatensätzen/Configuration Item Record
d) im Qualitätsregister/Quality Register

Lösung: *b) im Register offener Punkte/Issue Register. Änderungsanträge sollten in Offener-Punkt-Berichten erfasst sein, die wiederum im Register offener Punkte erfasst werden (siehe Abbildung 8.23). In der Produktbeschreibung der Option a) sind die Änderungsanträge enthalten, die über die Änderungssteuerung genehmigt wurden. Option c) lässt den Status eines Produkts erkennen und verweist gegebenenfalls auf Offener-Punkt-Berichte. Zur Option d): Wenn anlässlich einer Qualitätsprüfung Änderungsanträge notwendig werden, werden diese in Form von Offener-Punkt-Berichten vorgebracht und in das Register offener Punkte eingetragen. Das Qualitätsregister enthält keine Informationen zum Status von Offener-Punkt-Berichten.*

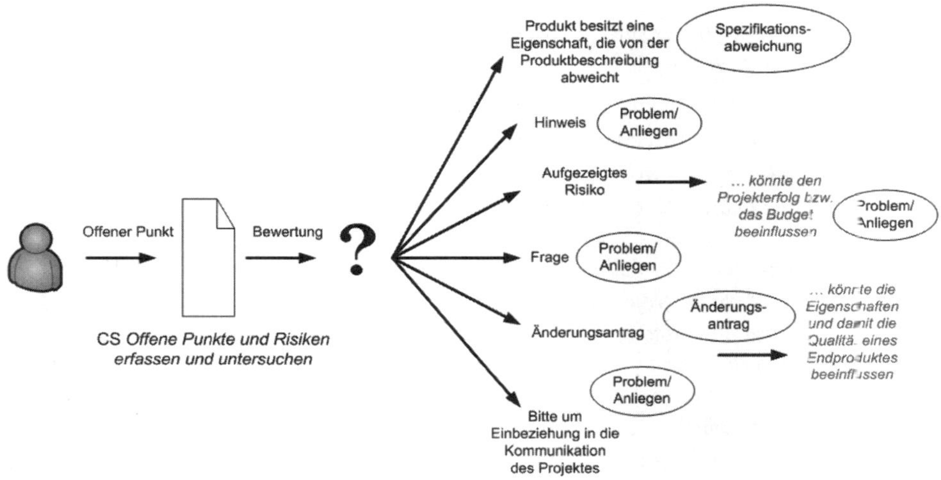

Abbildung 8.23: Ein offener Punkt kann die Qualität beeinflussen.

Wie lautet der Zweck der Projektbeschreibung (Project Brief)?

a) Rechtfertigung für die Existenz des Projekts
b) Ausarbeitung und Untermauerung des Projektmandats und Schaffung einer validen Basis für die Initiierung des Projekts
c) Beschreibung der Struktur der Projektorganisation
d) Plan für die Ausführung der Projektinitiierung

Lösung: b) Ausarbeitung und Untermauerung des Projektmandats und Schaffung einer validen Basis für die Initiierung des Projekts. Die Projektbeschreibung schildert die Aufgabenstellung eines Projekts. Sie nutzt auch die Angaben aus dem Projektmandat.

Der Lebenszyklus eines Projekts umfasst ...?

a) Strategie, Design, Transition, Betrieb und fortlaufende Verbesserung
b) Planen, Identifizieren, Steuern, Status protokollieren, Verifizieren und Audit
c) Lieferung der angestrebten Ergebnisse und die volle Realisierung des zu erwartenden Nutzens
d) Lieferung der angestrebten Ergebnisse und möglicherweise die Realisierung des zu erwartenden Nutzens

Lösung: *Option d) Lieferung der angestrebten Ergebnisse und möglicherweise die Realisierung des zu erwartenden Nutzens. Projekte liefern zwar Ergebnisse und Nutzen, allerdings wird ein großer Teil des Nutzens erst nach Abschluss des Projekts realisiert werden können. Option c) kann auf ein Programm zutreffen, aber nicht auf ein Projekt. Option a) bezieht sich auf den ITIL-Lebenszyklus. Option b) beschreibt die üblichen fünf Kernaktivitäten von Konfigurationsmanagementverfahren.*

Welche der folgenden Optionen beschreibt ein typisches Projektmerkmal?

a) Birgt höhere Risiken als das Tagesgeschäft
b) Enthält die Gesamtheit der formalen Regelungen zur Arbeitsteilung und Koordination
c) Dient der Entlastung und Unterstützung einer Instanz und ist dieser klar zugeordnet
d) Eine für die Implementierung von Produkten unbefristet eingerichtete Managementstruktur

Lösung: *Option a) Birgt höhere Risiken als das Tagesgeschäft. Neben einem definiertem Anfang und Ende ist das erhöhte Risiko – durch die Einmaligkeit – ein charakteristisches Merkmal eines Projekts. Option b) entspricht der Beschreibung einer formalen Organisationsstruktur, während Option c) eine Stabsstelle charakterisiert. Option d) würde der Definition eines PRINCE2™-Projekts entsprechen, wenn Sie das Wort „unbefristet" gegen das Wort „befristet" tauschen. Ein Projekt ist eine für einen befristeten Zeitraum geschaffene Organisation, die mit dem Zweck eingerichtet wurde, ein oder mehrere Produkte in Übereinstimmung mit einem vereinbarten Business Case zu liefern (Quelle: OGC, Erfolgreiche Projekte managen mit PRINCE2™, Kapitel 1.3).*

Was ist ein Zweck der Projektbeschreibung?

a) Definiert das Projekt, d. h. liefert die Grundlagen für die Steuerung des Projekts und die Beurteilung der insgesamt erzielten Erfolge
b) Beschreibt Erfahrungen aus Vorläuferprojekten, die sich auf das aktuelle Projekt auswirken können
c) Definiert die zu verwendenden Qualitätstechniken und Standards, damit bei Durchführung des Projekts das geforderte Qualitätsniveau erreicht wird
d) Stellt eine solide Ausgangsbasis für die Initiierung des Projekts bereit

Lösung: *d) Stellt eine solide Ausgangsbasis für die Initiierung des Projekts bereit und wird dem Lenkungsausschuss zur Genehmigung vorgelegt. Option a) beschreibt die PID, Option c) die Qualitätsmanagement-Strategie und Option b) das Erfahrungsprotokoll.*

Wie lautet der Zweck der Kommunikationsmanagement-Strategie?

a) Definition der Qualitätskriterien eines Produkts
b) Abstimmung des Datums für die Qualitätsprüfung
c) Identifizierung der Kommunikationswege, Häufigkeiten, Methoden und Gründe für Kommunikation im Projektgeschehen
d) Festlegung, wann die nächste Ausnahmebewertung (Exception Assessment) stattfindet

Lösung: *c) Identifizierung der Kommunikationswege, Häufigkeiten, Methoden und Gründe für Kommunikation im Projektgeschehen. Die Kommunikationsmanagement-Strategie als Teil der Projektleitdokumentation gibt u. a. vor, wie die interessierten Parteien und Interessengruppen während eines Projekts zu informieren sind. Weitere Inhalte dieser Strategie beschreiben Tools und Techniken, die Dokumentation (Ablage), Stakeholder-Analyse sowie Rollen und Verantwortlichkeiten.*

Was stellt einen wichtigen Input für die SB-Aktivität* Nächste Phase planen *(Plan the Next Stage) dar?

a) Business Case
b) Erfahrungsprotokoll (Lessons Log)
c) Qualitätsmanagement-Strategie
d) Phasenabschlussbericht (End Stage Report)

Lösung: *c) Qualitätsmanagement-Strategie. Während der Planung einer Phase erfolgt die Planung der Qualitätsprüfung. Die wichtigen Inhalte für die Planung aus der Strategie sind:*

- Qualitätstoleranzen
- Akzeptanzkriterien
- Qualitätsverantwortungen (Rollen und Verantwortlichkeiten)
- Verweis auf gegebenenfalls einzuhaltende Standards (Teil der Qualitätssteuerung)
- Qualitätssicherung
- Berichterstattung
- Qualitätsprüfungs- und Sicherungsprozesse in der Spezialistenarbeit
- Tools zur Sicherstellung von Qualität

Wenn die kritischen Anmerkungen des Quality Reviewers nicht umgesetzt werden können, wie handhabt PRINCE2™ diese dann?

a) Als Ausnahme
b) Als Konzession
c) Als Änderungsantrag (Request for Change)
d) Als offener Punkt (Project Issue)

Lösung: *d) Als offener Punkt (Project Issue). Im dritten und letzten Schritt der Qualitätsprüfung werden für die Fehler, die nicht beseitigt wurden, offene Punkte erstellt. Dies wird über den vorsitzenden Prüfer (Chairperson) umgesetzt.*

Wie viele Kästchen stehen unten am Fuß eines Produktflussdiagramms (Product Flow Diagram)?

a) Ein Kästchen pro Team
b) Ein Kästchen, wenn der sequentielle Ablauf von oben nach unten beschrieben wird
c) Drei Kästchen: jeweils eines für Qualität, Management und Phase
d) Ein Kästchen pro Arbeitspaket (Work Package)

Lösung: *b) Ein Kästchen, wenn der sequentielle Ablauf von oben nach unten beschrieben wird. Im Produktflussdiagramm werden die Reihenfolge der Produktionsschritte sowie die Abhängigkeiten, die zwischen den in einem Produktstrukturplan aufgelisteten Produkten erkennbar sind, dargestellt.*

Was ist ein Phasenplan (Stage Plan)?

a) Eine Zusammenfassung des Projektplans

b) Das Gleiche wie der Projektplan

c) Ein neuer Plan, für den Fall, dass die Vorhersage zur Fertigstellung außerhalb der Toleranzen liegt

d) Ein detaillierter Plan für eine bestimmte zeitliche Periode innerhalb des Projekts

Lösung: *d) Ein detaillierter Plan für eine bestimmte zeitliche Periode innerhalb des Projekts. Für jede Phase des Projekts existiert ein Phasenplan, der am Ende der vorhergehenden Phase durch den Projektmanager erstellt wird (SB-Aktivität* Nächste Phase planen, *siehe Abbildung 8.24). Er enthält im Prinzip einen Ausschnitt der definierten Planinhalte aus dem Projektplan, detaillierter heruntergebrochen, bis er eine Basis für die alltägliche Kontrolle der Arbeiten liefert. So wird der Planungsaufwand entzerrt und die Pläne werden genauer. Der Phasenplan wird in der CS-Aktivität* Status eines Arbeitspakets prüfen *aktualisiert.*

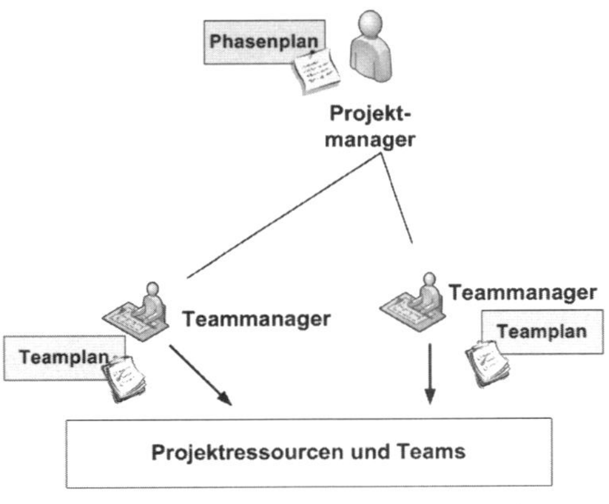

Abbildung 8.24: Pläne von Projekt- und Teammanager

Welche PRINCE2™-Rolle benennt den passenden Prüfer pro Produkt?

a) Projektsicherung (Project Assurance)

b) Qualitätssicherung (Quality Assurance)

c) Projektmanager

d) Benutzervertreter (Senior User)

Lösung: *a) Projektsicherung (Project Assurance). Sie gilt als verlängerter Arm des Lenkungsausschusses und nimmt Aufgaben des Lenkungsausschusses wahr, der sicherstellen muss, dass das Projekt ordnungsgemäß durchgeführt wird. In Bezug auf die Qualitätsprüfung kontrolliert die Projektsicherung Rollen und Aufgaben.*

Der Projektstatusbericht (Highlight Report) wird an den Lenkungsausschuss geschickt. Wer erhält den Projektstatusbericht darüber hinaus auch?

a) Teammanager
b) Niemand
c) Weitere interessierte Parteien
d) Das Revisionsbüro

Lösung: c) Weitere interessierte Parteien. Der Kommunikationsplan beschreibt, wer die zu informierenden Personen im Projektverlauf sind und wie die interessierten Parteien und Interessengruppen während eines Projekts laufend zu informieren sind.

Wenn die Anfrage gestellt wird, an einem bereits abgenommenen Produkt Änderungen vorzunehmen, wer entscheidet, ob diese Änderung umgesetzt wird?

a) Lenkungsausschuss
b) Produkt-Owner
c) Projektmanager
d) Teammanager

Lösung: a) Lenkungsausschuss. Ihm obliegt die Hoheit für die Änderungssteuerung.

Wenn der Lenkungsausschuss (Project Board) einen Ausnahmebericht (Exception Report) erhält, welches ist eine mögliche nachfolgende Aktion?

a) Einen Projektstatusbericht (Highlight Report) anfordern
b) Einen offenen Punkt erstellen
c) Zuständigkeiten innerhalb des Lenkungsausschusses (Project Board) verändern
d) Einen Ausnahmeplan (Exception Plan) anfordern

Lösung: d) Einen Ausnahmeplan (Exception Plan) anfordern. Der Ausnahmebericht beschreibt eine Ausnahme, analysiert die betreffende Situation, zeigt Alternativen für das weitere Vorgehen auf und spricht eine Empfehlung bezüglich der passenden Option aus. Diesen Bericht legt der Projektmanager dem Lenkungsausschuss vor. Der Ausnahmeplan ist der Plan, der häufig als Reaktion auf einen Ausnahmebericht vom Lenkungsausschuss angefordert und dann vom Projektmanager erstellt wird. Weitere mögliche Reaktion des Lenkungsausschusses auf einen vorgelegten Ausnahmebericht sehen die Beseitigung des Problems (z. B. durch das Forcieren von Entscheidungen und Prioritätsverschiebung durch die Autorität der Mitglieder im Lenkungsausschuss), die Genehmigung einer Konzession aufgrund einer Spezifikationsabweichung, eine Erhöhung der Toleranzen (ohne das Problem wirklich zu lösen!) oder das vorzeitige Ende des Projekts vor.

Welche Rolle deckt alle Interessen eines Projekts ab, inklusive der Interessen der Anwender, Interessen des Business und des Lieferanten?

a) Projektsicherung (Project Assurance)
b) Benutzervertreter (Senior User)
c) Lieferantenvertreter (Senior Supplier)
d) Projektunterstützung (Project Support)

Lösung: a) Projektsicherung (Project Assurance). Sie gilt als Interessenvertretung und verlängerter Arm des Lenkungsausschusses.

Was ist unter den Qualitätskriterien für ein Produkt zu verstehen?

a) Die Aktivitäten, die notwendig sind, um ein Produkt zu erstellen
b) Das Datum, an dem die Qualitätsprüfung (Quality Review) stattfinden wird
c) Die Kosten und Ressourcen, die notwendig sind, um ein Produkt zu erstellen
d) Die Festlegung der Eigenschaften, die ein Produkt besitzen muss

Lösung: d) Die Festlegung der Eigenschaften, die ein Produkt besitzen muss. Qualitätskriterien sind als notwendige Produkteigenschaften zu sehen.

Worauf konzentriert sich der Projektmanager während der CS-Phase (Controlling a Stage)?

a) Lieferung der Produkte innerhalb der festgelegten Toleranzen
b) Die Projektergebnisse in möglichst kurzer Zeit zu liefern
c) Die Projektergebnisse möglichst kostengünstig zu liefern
d) Den Papierkram zu erledigen

Lösung: a) Lieferung der Produkte innerhalb der festgelegten Toleranzen. Dies entspricht dem Prinzip „Management by Exception" und „Steuerung über Managementphasen".

Was ist unter der Änderungssteuerungstechnik (Change Control Technique) in PRINCE2™ zu verstehen?

a) Das Gleiche wie die Änderungssteuerungskomponenten
b) Zeitverschwendung
c) Eine Methode, wie Meetings abzuhalten sind
d) Eine empfohlene Technik für die Handhabung und Priorisierung von Änderungsanträgen (Request for Changes) über das „Offene Punkte"-System (Project Issue system)

Lösung: d) Eine empfohlene Technik für die Handhabung und Priorisierung von Änderungsanträgen. Über die Änderungssteuerung wird die Bearbeitung aller offenen Punkte gesteuert, von der Einreichung über die Analyse bis zur Entscheidungsfindung, ob der Änderungsantrag umzusetzen ist.

Welche Aufzeichnungen werden im IP-Prozess (Initiieren eines Projekts) angelegt?

a) Risikoregister (Risk Register), Offener Punkt-Bericht und Arbeitspaket
b) Risikoregister (Risk Register), Projekttagebuch (Daily Log) und Qualitätsregister (Quality Register)
c) Risikoregister (Risk Register), Projekttagebuch (Daily Log) und Erfahrungsprotokoll (Lessons Log)
d) Risikoregister (Risk Register), Konfigurationsdatensatz und Register offener Punkte (Issue Register)

Lösung: *d) Risikoregister (Risk Register), Konfigurationsdatensatz und Register offener Punkte (Issue Register). Das Risikoregister wird während der IP-Aktivität* Risikomanagement-Strategie erstellen *angelegt. Erste Konfigurationsdatensätze und das Register offener Punkte werden initial in der IP-Aktivität* Konfigurationsmanagement-Strategie erstellen *angelegt. Das Projekttagebuch aus den Optionen c) und b) wird bereits im SU-Prozess angelegt (Aktivität* Auftraggeber und Projektmanager ernennen*) und auch das Erfahrungsprotokoll aus der Option c) wird bereits im SU-Prozess (Aktivität* Vorhandene Erfahrungen erfassen*) angelegt. Der Offener-Punkt-Bericht aus der Option a) ist ein Bericht und keine Aufzeichnung. Das Arbeitspaket aus Option a) ist ein Baseline-Managementprodukt und keine Aufzeichnung.*

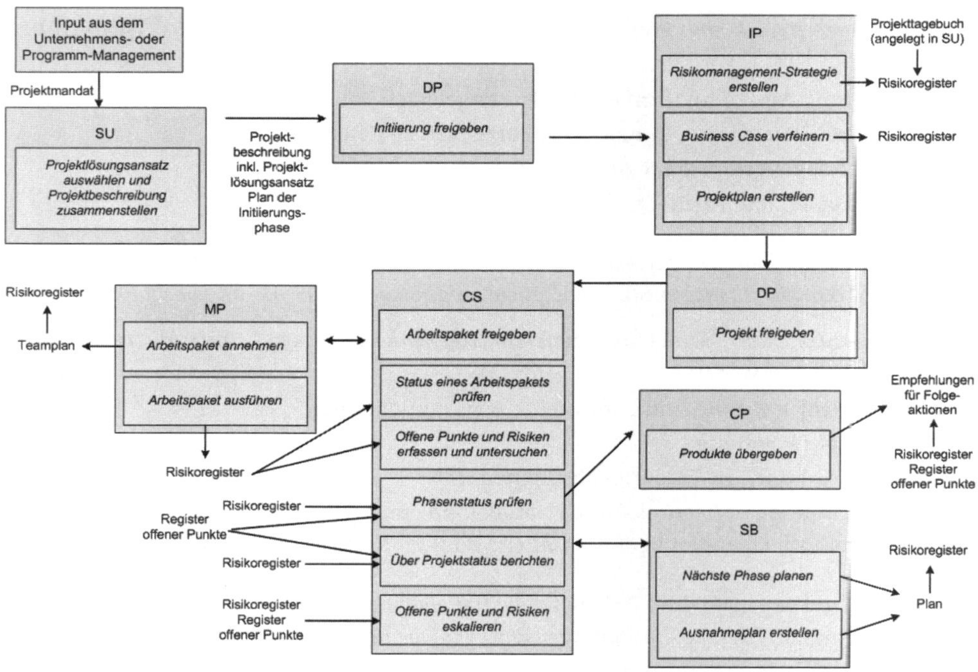

Abbildung 8.25: Der Weg des Risikoregisters im Zusammenhang

Ergänzen Sie folgenden Satz: Der Prozess* Managen eines Phasenübergangs *hat unter anderem den Zweck, dem Lenkungsausschuss genügend Informationen zu liefern, damit dieser .... für die nächste Phase freigeben kann.

a) die Arbeitspakete
b) einen Ausnahmebericht
c) den Phasenplan
d) die Projektbeschreibung

Lösung: *Option c) den Phasenplan. Der Prozess* Managen eines Phasenübergangs *stellt dem Lenkungsausschuss die relevanten Informationen bereit, um die Leistungen der aktuellen*

Phase beurteilen und die nächste Phase freigeben zu können. Bei Option a) müsste der Projektmanager das Arbeitspaket freigeben und nicht der Lenkungsausschuss. Option b) bezieht sich auf einen ganz anderen Sachverhalt, da nach Vorlage eines Ausnahmeberichts das Managen eines Phasenübergangs angestoßen werden kann, um den Ausnahmeplan zu erstellen. Option d) bezieht sich auf die Projektvorbereitung und die Freigabe der Projektinitiierung durch den Lenkungsausschuss.

Was enthält die Projektbeschreibung (Project Brief)?

a) Die detaillierten Pläne

b) Die Produktbeschreibungen für Integrationsprodukte

c) Den detaillierten Business Case

d) Die Qualitätserwartungen des Kunden

Lösung: d) Die Qualitätserwartungen des Kunden. Die Projektbeschreibung dient als eine Entscheidungsgrundlage innerhalb des SU-Prozesses. Ihr Inhalt besteht aus:

- Hintergrund, Ansatz zum Projekt
- Projektdefinition (Was muss das Projekt erreichen?)
  - Zielsetzung des Projekts
  - Projektumfang und Ausschlüsse
  - Überblick der durchzuführenden Arbeiten und/oder gewünschten Ergebnisse
  - Beschränkungen
  - Schnittstellen
- Entwurf des Business Case
  - Beschreibung, wie das Projekt die Business-Strategie, Pläne oder Programme unterstützt
  - Gründe, warum das Projekt benötigt wird
- Projekttoleranzen (Qualitätserwartungen des Kunden/Akzeptanzkriterien des Projekts)
- Risiken, soweit bekannt

Aktuelle Aufwandsschätzungen sind Ergebnisse von ...?

a) *Lenken eines Projekts* (Directing a Project)

b) einer Planung

c) *Steuern einer Phase* (Controlling a Stage)

d) *Managen der Produktlieferung* (Managing Product Delivery)

Lösung: b) einer Planung. Dies geschieht über den Planungsschritt Aufwand schätzen.

Welche der folgenden Dinge verwendet PRINCE2™, um die Qualität zu steuern und zu messen?

1. Akzeptanzkriterien (Acceptance Criteria)
2. Qualitätsmanagementsystem (Quality Management System)
3. Qualitätsregister (Quality Register)
4. Qualitätsüberprüfungstechnik (Quality Review Technique)

   a) 2, 3 und 4

   b) 1, 3 und 4

c) 3 und 4
d) Alle

Lösung: d) Alle. Akzeptanzkriterien fließen z. B. in die Projektbeschreibung mit ein. Das QMS ist Teil der Qualitätsüberprüfungstechnik als essentieller Bestandteil von PRINCE2™. Das Qualitätsregister wird mit aktuellen und Planungsdaten zum Thema Qualität im Projekt gefüllt.

Was ist das Ziel der Risiko-Evaluation?

a) Feststellen, ob das Niveau jedes Risikos tragbar ist
b) Den Ernst des Risikos feststellen
c) Wahrscheinlichkeit und Folgen eines Risikos feststellen
d) Das Risikoprotokoll aktualisieren

Lösung: c) Wahrscheinlichkeit und Folgen eines Risikos feststellen. Eine Evaluation oder eine Evaluierung steht als Begriff für eine Abschätzung oder eine Veranschlagung. Unter PRINCE2™ ist die Risiko-Evaluation der Risiko-Einschätzung (als Teil der Bewertung) zuzuordnen. Das Einschätzen dient dabei vor allem dazu, um die Eintrittswahrscheinlichkeit und Auswirkungen identifizierter Bedrohungen und Chancen des Projekts zu beurteilen. Auch die mögliche Eintrittsnähe wird herangezogen. Die Ergebnisse können z. B. in einem Risikoprofil dargestellt werden.

Welche der folgenden Aussagen ist falsch?

a) Jeder Nutzen sollte vom Output und den Ergebnissen des Projekts abgeleitet werden.
b) Der Projektplan deckt alle im Anschluss an die Initiierungsphase folgenden Managementprodukte ab.
c) Der Lieferantenvertreter ist für die Bereitstellung der notwendigen Lieferantenressourcen verantwortlich.
d) Die Projektsicherung führt das Risikoregister.

Lösung: d) Die Projektsicherung führt das Risikoregister. Dies ist nicht korrekt, da dies in der Verantwortung des Projektmanagers liegt.

An welchem Punkt sollte ein Projekt beendet werden?

a) Wenn es angefangen wurde, muss es auch zu Ende gebracht werden.
b) Ein Projekt sollte beendet werden, wenn der Projektmanager oder ein Mitglied des Lenkungsausschusses ausscheidet.
c) Ein Projekt sollte beendet werden, wenn der Lenkungsausschuss (Project Board) zu dem Entschluss kommt, dass das Projekt nicht länger realisierbar ist (viable).
d) Ein Projekt sollte beendet werden, wenn sich abzeichnet, dass die Toleranzen überschritten werden.

Lösung: c) Ein Projekt sollte beendet werden, wenn der Lenkungsausschuss (Project Board) zu dem Entschluss kommt, dass das Projekt nicht länger realisierbar ist (viable). Dazu zählen beispielsweise als Begründung ein nicht mehr gültiger Business Case bzw. rechtliche oder organisatorische Gründe.

Das* Initiieren eines Projekts *(Initiating a Project) wird automatisch ausgelöst, nachdem Folgendes abgeschlossen wurde:

a) SU-Aktivität *Initiierungsphase planen* (Plan the Initiation Stage)
b) DP-Aktivität *Initiierung freigeben* (Authorise Initiation)
c) DP-Aktivität *Phasen- oder Ausnahmeplan freigeben* (Authorise a Stage or Exception Plan)
d) SU-Aktivität *Projektauftraggeber und Projektmanager ernennen* (Appointing the Executive and the Project Manager)

Lösung: b) DP-Aktivität Initiierung freigeben *(Authorise Initiation). Danach startet der IP-Prozess.*

Wer ist für das Setzen der Toleranzen der nächsten Phase (Stage) verantwortlich?

a) Projektmanager
b) Unternehmens-/Programm-Management (Corporate/Program Management)
c) Teammanager
d) Lenkungsausschuss (Project Board)

Lösung: d) Lenkungsausschuss (Project Board). Er setzt die Phasentoleranzen, während das Unternehmens- oder Programm-Management die Toleranzen für das Projekt setzt.

Was würde der Aktion eines Projektmanagers entsprechen, der zum ersten Mal mit einem offenen Punkt (Issue) konfrontiert wird?

a) Ein Meeting mit dem Lenkungsausschuss (Project Board) einberufen
b) Eskalieren der offenen Punkte und auf die Direktive in Form von Ad-hoc-Anweisungen (Give Ad Hoc Directions) des Lenkungsausschusses warten
c) Bewertung jedes offenen Punkts (Issue) in Bezug auf seine Auswirkungen (Impact) und Erwägen von Alternativaktionen
d) Entwurf eines Ausnahmeplans (Exception Plan)

Lösung: c) Bewertung jedes offenen Punkts (Issue) in Bezug auf seine Auswirkungen (Impact) und Erwägen von Alternativaktionen. Alles andere erscheint etwas übertrieben bzw. ist abhängig von weiteren Informationen zu einem offenen Punkt. Meetings mit dem Lenkungsausschuss (Project Board) werden nur zu besonderen Anlässen, und wenn es um Entscheidungen geht, einberufen.

Was stellt den Kern der Projektmanager-Tätigkeiten für das Projekt dar?

a) *Steuern einer Phase* (Controlling a Stage)
b) *Vorbereiten eines Projekts* (Starting up a Project)
c) *Lenken eines Projekts* (Directing a Project)
d) *Initiieren eines Projekts* (Initiating a Project)

Lösung: a) Steuern einer Phase *(Controlling a Stage) als tägliches Geschäft des Projektmanagers. Das* Lenken eines Projekts *ist dem Lenkungsausschuss (Project Board) zugeordnet.*

Was bestimmt die Notwendigkeit eines Teamplans?

a) Größe und Komplexität des Projekts
b) Der Faktor Zeit – bei einem Projekt, das unter großem Zeitdruck steht, fehlt in manchen Fällen die Zeit, um einen solchen Plan aufzustellen.
c) Die Entscheidung des Auftraggebers
d) Die Antwort auf die Frage liegt im Programmplan begründet.

Lösung: a) Größe und Komplexität des Projekts. Sie sind eine Maßgabe für den Umfang des Tailorings. Ein Beispiel für die Anpassungsmöglichkeiten der Managementprodukte stellt Abbildung 8.26 dar.

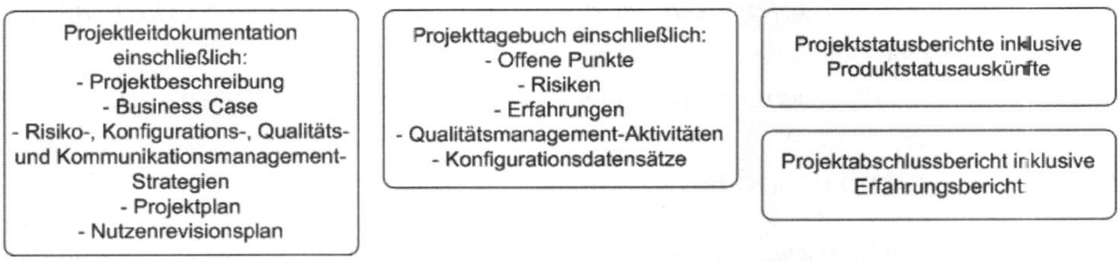

Abbildung 8.26: Beispielhafte Anpassungsmöglichkeiten für die Managementprodukte. Statt der 26 einzelnen Managementprodukte in PRINCE2™ können diese zu vier Dokumentenbündeln zusammengefasst werden.

Wann werden in einem PRINCE2™-Projekt zum ersten Mal Überlegungen zur Qualität angestrengt?

a) In der SU-Aktivität *Projektlösungsansatz auswählen und Projektbeschreibung zusammenstellen* (Select the Project Approach and Assemble the Project Brief)
b) In der IP-Aktivität *Qualitätsmanagement-Strategie erstellen* (Prepare the Quality Management Strategy)
c) In der IP-Aktivität *Konfigurationsmanagement-Strategie erstellen* (Prepare the Configuration Management Strategy)
d) In der IP-Aktivität *Initiierungsphase planen* (Plan the Initiation Stage)

Lösung: a) In der SU-Aktivität Projektlösungsansatz auswählen und Projektbeschreibung zusammenstellen *(Select the Project Approach and Assemble the Project Brief). Die Akzeptanz- und Qualitätskriterien des Kunden fließen in die Projektbeschreibung ein (siehe Abbildung 8.29).*

Welche der folgenden Aussagen ist in Bezug auf den Business Case falsch?

a) Alle Projektkosten, inklusive der vom externen Lieferanten (Spezialistentätigkeiten), sind im Business Case des Kunden zu finden.
b) Basierend auf den Informationen im Business Case werden Kosten für Entwicklung, Rollout, Wartung und Betrieb dem erwarteten Nutzen gegenübergestellt.
c) Der im Business Case dargestellte Nutzen sollte vor Abschluss eines Projekts vollständig realisiert worden sein.
d) Der Nutzenrevisionsplan wird in der Initiierungsphase erstellt.

Lösung: c) Der im Business Case dargestellte Nutzen sollte vor Abschluss eines Projekts vollständig realisiert worden sein. Dies ist nicht korrekt, weil sich in den meisten Fällen der Nutzen erst vollständig nach Projektende über einen bestimmten Zeitraum zeigt. In wenigen Fällen wird er in Teilen bereits während der Projektlaufzeit realisiert.

Das* Steuern einer Phase *(Controlling a Stage) beschreibt das Tagesgeschäft des Projektmanagers. Welche der folgenden Aussagen ist falsch?

a) Das *Steuern einer Phase* (Controlling a Stage) stößt das Managen der Produktlieferung (Managing Product Delivery) an.

b) Das *Steuern einer Phase* (Controlling a Stage) wird unter zeitbasierten Gesichtspunkten verwendet.

c) Im Prozess *Steuern einer Phase* (Controlling a Stage) wird der Phasenplan (Stage Plan) aktualisiert, und der Fortschritt wird gegen den Plan geprüft.

d) Der Projektmanager nutzt den Prozess *Steuern einer Phase* (Controlling a Stage), um etwaige Abweichungen vom Phasen- oder Projektplan zu managen.

Lösung: b) Das Steuern einer Phase *(Controlling a Stage) wird unter zeitbasierten Gesichtspunkten verwendet. In der Regel sind die Managementaktivitäten ereignis- und nicht zeitbasiert.*

In Bezug auf die CS-Aktivität* Phasenstatus prüfen *(Review the Stage Status) ist welche der folgenden Aussagen nicht korrekt?

a) Diese CS-Aktivität entscheidet, ob weitere Arbeitspakete (Work Package) vorgeschlagen werden sollen.

b) Diese CS-Aktivität entscheidet, ob etwaige Planänderungen notwendig sind.

c) Diese CS-Aktivität stellt sicher, dass das Projekt korrekt initiiert wurde, indem ein Plan gebilligt wird, um die Projektleitdokumentation (Project Initiation Documentation) zu entwickeln.

d) Diese CS-Aktivität schätzt die bisher geleisteten Arbeiten gegen den Phasen- oder Teamplan ab.

*Lösung: c) Diese CS-Aktivität stellt sicher, dass das Projekt korrekt initiiert wurde, indem ein Plan gebilligt wird, um die Projektleitdokumentation (Project Initiation Documentation) zu entwickeln. Diese wird bereits im IP-Prozess zusammengetragen (*Initiieren eines Projekts*).*

Welche der folgenden Aussagen ist in Bezug auf das Konfigurationsmanagement (Configuration Management) korrekt?

a) Konfigurationsmanagement (Configuration Management) ist optional, abhängig von den Wünschen des Lenkungsausschusses (Project Board).

b) Konfigurationsmanagement (Configuration Management) ist absolut notwendig, um die Produktentwicklung während des Projekts und darüber hinaus nachzuvollziehen.

c) Konfigurationsmanagement (Configuration Management) ist in den meisten Fällen notwendig, um das erfolgreiche Abliefern eines Arbeitspakets (Work Package) zu ermöglichen.

d) Konfigurationsmanagement (Configuration Management) geschieht unter der Hand des Teammanagers während der Arbeitspaketerstellung, und so wird nach der Fertigstellung eines Arbeitspakets der Projektmanager informiert.

Lösung: b) Konfigurationsmanagement (Configuration Management) ist absolut notwendig, um die Produktentwicklung während des Projekts und darüber hinaus nachzuvollziehen. Das Konfigurationsmanagement ist eine wichtige Grundlage für das Thema Änderungen und Fortschritt unter PRINCE2™ und damit obligatorisch.

Welche der folgenden Aussagen ist in Bezug auf den Prozess* Managen der Produktlieferung *(Managing Product Delivery, MP) korrekt?

a) Das Hauptziel des Prozesses liegt für den Projektmanager in der Steuerung der Leistung der Teamproduktion (Team production).
b) Im MP-Prozess aktualisiert der Teammanager das Risikoregister (Risk Register) auf Basis der im Teamplan identifizierten Risiken (Risks).
c) Im MP-Prozess informiert der Projektmanager den Lenkungsausschuss (Project Board) mithilfe des Statusberichts (Highlight Report) über aktuelle Themen.
d) Über den MP-Prozess ist es dem Teammanager möglich, offene Punkte (Project Issues) direkt über den Statusbericht (Highlight Report) an den Lenkungsausschuss (Project Board) zu adressieren.

Lösung: a) Das Hauptziel des Prozesses liegt für den Projektmanager in der Steuerung der Leistung der Teamproduktion. Dies geschieht in der Interaktion zwischen Teammanager und Projektmanager. Zu Option c): Der Teammanager informiert den Projektmanager mithilfe von Teamstatusberichten. Zu d): Der Teammanager kommuniziert laut Projektmanagement-Team-Organisation nicht direkt mit dem Lenkungsausschuss. Zu b): Der Projektmanager aktualisiert das Risikoregister.

Für welche der folgenden Aufgaben ist der Teammanager verantwortlich?

1. Anlegen und Überarbeiten der Teampläne für die Erstellung der Arbeitspakete (Work Package)
2. Autorisieren von Arbeitspaketen (Work Packages)
3. Über den Statusbericht (Highlight Report) den Lenkungsausschuss (Project Board) auf dem Laufenden zu halten
4. Sicherstellen, dass Qualitätsüberprüfungen (Quality Reviews) stattfinden und dass das Produkt den definierten Qualitätskriterien genügt

a) 2 und 4
b) 1 und 3
c) 1 und 4
d) 2 und 3

Lösung: c) 1 und 4. Die Antworten 2 und 3 werden durch den Projektmanager durchgeführt. Das Autorisieren von Arbeitspaketen (2) erfolgt über den Projektmanager (CS-Aktivität Arbeitspaket freigeben*). Der Projektmanager versorgt den Lenkungsausschuss mit dem Projektstatusbericht (3) und nicht der Teammanager, der den Projektmanager über Teamstatusberichte auf dem Laufenden hält.*

Welche der folgenden Aussagen bezieht sich auf ein Ziel bzw. Ziele des Prozesses* Managen eines Phasenübergangs *(Managing a Stage Boundary)?

a) Dem Lenkungsausschuss (Project Board) zusichern, dass alle Produkte im aktuellen Phasenplan (Stage Plan) wie definiert fertiggestellt wurden
b) Bereitstellen der Informationen, die der Lenkungsausschuss (Project Board) benötigt, um das Projekt weiter voranschreiten zu lassen
c) Erhalten der Autorisierung für den Start der nächsten Phase (Stage), zusammen mit den entsprechenden Toleranzgrenzen
d) Alle der oben genannten

Lösung: *d) Alle der oben genannten. Option a) geschieht in der SB-Aktivität* Über Phasenstatus berichten. *Option b) und c) werden über die Interaktion zwischen SB-Aktivität Über Phasenabschluss berichten und DP-Aktivität* Phasen- oder Ausnahmeplan freigeben *realisiert.*

Welche der folgenden Aussagen ist falsch?

a) Ein Ausnahmeplan (Exception Plan) kann den Phasenplan oder einen Projektplan ersetzen.
b) Ein Ausnahmeplan (Exception Plan) kann keinen Teamplan ersetzen.
c) Ein Ausnahmeplan (Exception Plan) bezieht sich auf den derzeitigen aktuellen Plan bis zum Ende desselben Plans.
d) Ein Ausnahmeplan (Exception Plan) ist normalerweise nicht so detailliert wie der Plan, den er ersetzt.

Lösung: *d) Ein Ausnahmeplan (Exception Plan) ist normalerweise nicht so detailliert wie der Plan, den er ersetzt. Dann wäre er auch nicht in der Lage, den Plan zu ersetzen. Möglicherweise würden dann wichtige Details fehlen. Zu Option b): Anstelle eines Ausnahmeplans als „Ersatz" für einen Teamplan erstellt der Projektmanager in Abstimmung mit dem Teammanager ein neues Arbeitspaket.*

Welche der folgenden Optionen wäre die am besten geeignete, wenn kein adäquater Business Case für das Projekt existiert?

a) Das Projekt sollte nicht starten bzw. beendet werden.
b) Der Auftraggeber (Executive) muss einen Weg finden, um die Kosten zu senken und das Projekt so realisierbar (viable) zu machen.
c) Das Projekt sollte bis zur nächsten Phase (Stage) weiterlaufen, bevor eine Entscheidung zum Beenden des Projekts getroffen wird.
d) Das Projekt sollte bis zum Ende durchlaufen, wobei die Ressourcen jedoch zurückgeschnitten werden müssen.

Lösung: *a) Das Projekt sollte nicht starten bzw. beendet werden. Ohne Business Case kein Projekt! Der Business Case ist der Motor des Projekts.*

Was stellt am ehesten die Quelle für Folgeaktionen (Follow-on Action Recommendations) am Ende des Projekts dar?

a) Qualitätsprüfungsdokument (Quality Review document)
b) Register offener Punkte (Issue Register)
c) Qualitätsregister (Quality Register)
d) Erfahrungsprotokoll (Lessons Log)

Lösung: b) Register offener Punkte (Issue Register). Dies geschieht in der CP-Aktivität Produkte übergeben. *Auf diese Weise wird verhindert, dass wichtige offene Punkte untergehen. Aber auch Arbeiten und Risiken können unerledigt geblieben sein und müssen für die Folgeaktionen betrachtet werden.*

Welche der folgenden Maßnahme ist nicht Teil der MP-Aktivität* Arbeitspaket ausführen *(Execute a Work Package)?

a) Aktualisieren des Qualitätsregisters (Quality Register) mit allen ausgeführten Qualitätsüberprüfungen
b) Sicherstellen, dass die Produktbeschreibung (Product Description) verfügbar ist und Überprüfung, ob diese den Erwartungen des Kunden entspricht
c) Sicherstellen, dass alle notwendigen Prozeduren für die Qualitätsüberprüfungen durchlaufen wurden
d) Den Projektmanager auf Probleme hinweisen, die die Toleranzgrenzen für das Arbeitspaket (Work Package) beeinflussen könnten

Lösung: d) Den Projektmanager auf Probleme hinweisen, die die Toleranzgrenzen für das Arbeitspaket (Work Package) beeinflussen könnten, geschieht in der MP-Aktivität Arbeitspaket annehmen.

Welche der folgenden Optionen ist kein Feature des Prozesses* Abschließen eines Projekts *(Closing a Project)?

a) Sicherstellen, dass alle offenen Punkte (Issues) erledigt sind
b) Aufstellen eines Plans, um die Ziele aus dem Business Case zu überprüfen
c) Weitere Projektphasen werden bestätigt und weitere Erfahrungswerte werden gesammelt.
d) Empfehlung an den Lenkungsausschuss (Project Board), dass das Projekt abgeschlossen werden sollte

Lösung: c) Weitere Projektphasen werden bestätigt und weitere Erfahrungswerte werden gesammelt. Dann würde das Projekt ja nicht beendet werden, sondern weiterlaufen. Option a) geschieht in der CP-Aktivität Produkte übergeben. *Auf diese Weise wird u. a. verhindert, dass wichtige offene Punkte untergehen. Option b) beschreibt den Benefits Review Plan, dessen Umsetzung aber erst nach dem Projektende stattfindet (siehe Abbildung 8.3). Option d) ist Bestandteil der CP-Aktivität* Projektabschluss empfehlen *in Richtung Lenkungsausschuss.*

Welche Aktivität findet während der Ausnahmebewertung (Exception Assessment) statt?

a) Der Lenkungsausschuss (Project Board) fordert beim Projektmanager einen Ausnahmeplan (Exception Plan) an.

b) Der Lenkungsausschuss (Project Board) beurteilt den Projektstatus und entscheidet, ob ein Ausnahmeplan (Exception Plan) an den Lenkungsausschuss (Project Board) übermittelt werden soll.

c) Der Projektmanager eskaliert einen offenen Punkt (Project Issue) an den Lenkungsausschuss (Project Board).

d) Der Ausnahmeplan (Exception Plan) wird dem Lenkungsausschuss (Project Board) vorgestellt.

Lösung: d) Der Ausnahmeplan (Exception Plan) wird dem Lenkungsausschuss (Project Board) vorgestellt. Der Lenkungsausschuss realisiert dies über die DP-Aktivität Ad-hoc-Anweisungen geben. *Diese Beurteilung findet erst statt, wenn der Projektmanager den Ausnahmeplan über die SB-Aktivität* Ausnahmeplan erstellen *verfasst hat. Option a) findet früher statt – nämlich dann, wenn der Projektmanager den Ausnahmebericht über die CS-Aktivität* Offene Punkte und Risiken eskalieren *(Option c) einreicht. Die anschließende Entscheidung im Lenkungsausschuss aus Option b) findet statt, während bzw. nachdem der Ausnahmebericht analysiert wurde.*

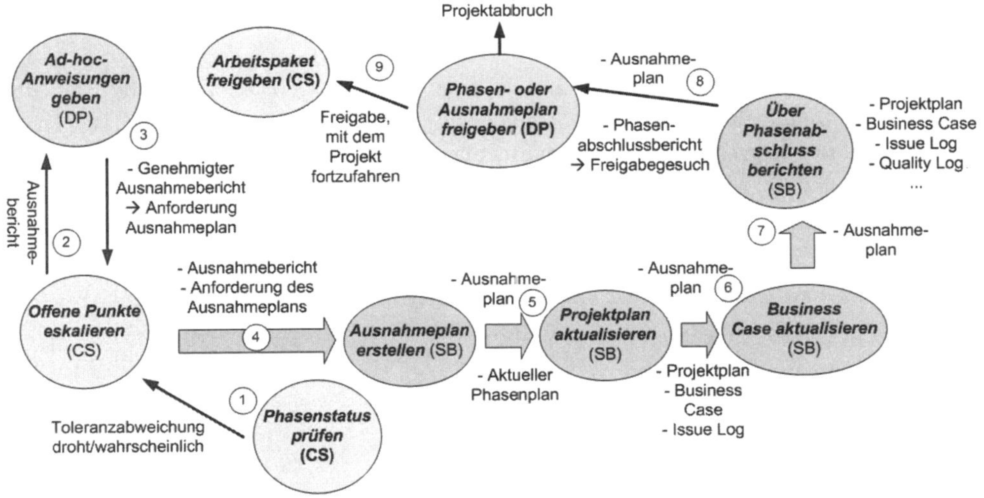

Abbildung 8.27: Welche Aktivitäten führen zur Erstellung eines Ausnahmeplans und wie wird diesbezüglich weiter verfahren?

Für das Erstellen welcher Dokumente wird die Planung herangezogen?

a) Alle PRINCE2™-Pläne

b) Phasenpläne, Teampläne, Projektpläne und Ausnahmepläne

c) Phasenpläne, Projektpläne, Nutzenrevisionsplan

d) Projektplan und Programmplan

Lösung: *b) Phasenpläne, Teampläne, Projektpläne und Ausnahmepläne. Dies bezeichnet die drei Planungsebenen unter PRINCE2™. Jede Planungsebene muss zu den Bedürfnissen der betroffenen Managementebene passen. Der Programmplan steht außerhalb von PRINCE2™. Der Nutzenrevisionsplan gilt als sogenannter Pseudoplan, da er ohne Zuhilfenahme der produktbasierten Planung erstellt wurde. Er beschreibt lediglich Aktivitäten und Prozeduren, aber keine Produkte.*

Die PRINCE2™-Projekte basieren auf

a) der Frage, wann das entsprechende Produkt für die Auslieferung geplant wird.
b) der Reihenfolge der Ereignisse, die stattfinden sollen.
c) der Frage, welche Produkte erstellt werden müssen.
d) der Anzahl der Phasen, die für das gesamte Projekt geplant werden müssen.

Lösung: *c) der Frage, welche Produkte erstellt werden müssen. Dies ist eine der Ausgangsfragen für die produktbasierte Planung.*

An welchem Punkt wird die Planung der Qualitätsprüfung durchgeführt?

a) In der MP-Aktivität *Arbeitspaket ausführen* (Execute a Work Package)
b) Sobald ein Produkt fertig für die Überprüfung ist
c) In der IP-Aktivität *Qualitätsmanagement-Strategie erstellen* (Prepare the Quality Management Strategy)
d) Als Teil der Phasenplanung während der Planung

Lösung: *d) Als Teil der Phasenplanung während der Planung. Die Planung der Qualitätsprüfung findet als Teil der Phasenplanung in der SB-Aktivität* Nächste Phase planen *oder in der SB-Aktivität* Ausnahmeplan erstellen *statt. Die Umsetzung der Arbeiten und die Qualitätsprüfung der Produkte sind im Arbeitspaket festgelegt. Über diese Ergebnisse (via Qualitätsregister) und den Arbeitsverlauf (via Teamstatusbericht) erstattet der Teammanager dem Projektmanager Bericht.*

Welche Partei ist letztendlich verantwortlich (accountable) für das Projekt?

a) Auftraggeber (Executive)
b) Projektmanager
c) Lieferantenvertreter (Senior Supplier)
d) Programm-Manager

Lösung: *a) Auftraggeber (Executive). Er trägt die Gesamtverantwortung für das Projekt. Der Projektmanager ist lediglich für das Tagesgeschäft im Projekt verantwortlich.*

Wie definiert PRINCE2™ ein Projekt?

a) Eine Managementumgebung, die dazu dient, ein oder mehrere Produkte entsprechend einem spezifizierten Business Case herzustellen
b) Eine temporäre Organisation, die aufgesetzt wird, um ein Produkt gemäß den Anforderungen des Kunden zu erstellen

c) Jede Aufgabe, die einen klaren, definierten Start, Mitte und Ende besitzt

d) Ein spezifischer Plan oder ein Entwurf, der einen finiten und definierten Lebenskreislauf besitzt

Lösung: a) Eine Managementumgebung, die dazu dient, ein oder mehrere Produkte entsprechend einem spezifizierten Business Case umzusetzen. PRINCE2™-Definition: „a management environment that is created for the purpose of delivering one or more business products according to a specified business case". (Quelle: OGC, Managing successful Projetcs with PRINCE2™, Kapitel 1.3).

Welche der folgenden Aussagen ist falsch?

a) Die Projektsicherung (Project Assurance) kümmert sich um alle Belange eines Projekts inklusive Business, Anwender und Lieferant.

b) Die Projektsicherung (Project Assurance) ist verantwortlich, dass der Business Case eingehalten wird.

c) Der Projektmanager spielt in manchen Fällen eine Projektsicherungsrolle, aber andererseits arbeitet der Projektmanager mit der Projektsicherung (Project Assurance) zusammen, um sicherzustellen, dass das Projekt weiterläuft.

d) Die Projektsicherung (Project Assurance) kontrolliert und überwacht, dass das Projekt realisierbar (viable) bleibt.

Lösung: c) Der Projektmanager spielt in manchen Fällen eine Projektsicherungsrolle, aber andererseits arbeitet der Projektmanager mit der Projektsicherung zusammen, um sicherzustellen, dass das Projekt weiterläuft. Die Rolle der Projektsicherung ist mit der Rolle des Projektmanagers nicht vereinbar. Er müsste sich selber überwachen.

Durch welche PRINCE2™-Elemente behält der Lenkungsausschuss (Project Board) die übergreifende Kontrolle über das Projekt?

1. Ausnahmeberichte und Statusberichte
2. Durch den Prozess *Lenken eines Projekts* (Directing a Project)
3. Vergabe der Phasentoleranzen
4. Regelmäßige Meetings mit dem Projektmanager

   a) 1 und 2

   b) 1 und 4

   c) 1, 2 und 3

   d) Alle

Lösung: c) 1, 2 und 3. Meetings zwischen Projektmanager und Lenkungsausschuss werden nur zu spezifischen Gelegenheiten einberufen. Dies entspricht dem Prinzip „Management by Exception".

Welche der folgenden Aussagen ist falsch?

a) Die Dokumentation der Qualitätsüberprüfung enthält einen Eintrag, der zeigt, dass das Produkt inspiziert wurde.

b) Die Dokumentation der Qualitätsüberprüfung enthält Informationen zu den Fehlern, die in Bezug auf das Produkt gefunden wurden.

c) Die Dokumentation der Qualitätsüberprüfung stellt eine sichere Basis dar, von der aus das Produkt für zukünftige Arbeiten genutzt werden kann.

d) Qualitätsüberprüfungen sollten nicht für die Steuerung der Dokumentenqualität verwendet werden.

Lösung: d) Qualitätsüberprüfungen sollten nicht für die Steuerung der Dokumentenqualität verwendet werden. Auch Dokumente können auf Inhalt und Zusammenhang hin überprüft werden. Das Dokument wird zusammen mit einer entsprechenden Produktbeschreibung den Beteiligten zur Beurteilung vorgelegt. Die jeweiligen Anmerkungen fließen in das Dokument ein. Anschließend können in einer Besprechung weitere Korrekturen besprochen und auch berücksichtigt werden.

Bei der Auswahl einer passenden Antwort auf ein Risiko muss eine Balance zwischen welchen beiden Elementen bestehen?

a) Kosten der Aktion und der Zeit, die notwendig ist, um diese Aktion umzusetzen

b) Kosten und Nutzen der Aktion

c) Kosten der Aktion und der Zeit, die notwendig ist, um diese Aktion zu planen

d) Kosten der Aktion auf der einen und Wahrscheinlichkeit und Auswirkung des möglichen Risikos auf der anderen Seite

Lösung: d) Kosten der Aktion auf der einen und Wahrscheinlichkeit und Auswirkung des möglichen Risikos auf der anderen Seite. Eintrittswahrscheinlichkeit, Eintrittsnähe und Auswirkungen kennzeichnen ein Risiko.

Welcher Gedanke steckt hinter den unterschiedlichen Planungsebenen?

a) Unterschiedliche Managementebenen für die Planungsarbeit bedeuten, dass der Projektmanager nicht die gesamte Arbeit machen muss.

b) Je niedriger die Planungsebene, desto kürzer der betroffene Zeitraum und desto mehr Details enthält der Plan.

c) Unterschiedliche Planungsebenen bedeuten, dass der Lenkungsausschuss (Project Board) einfacher Fehler oder Details finden kann, falls dies notwendig ist.

d) Sind unterschiedliche Planebenen zwingend vorgeschrieben, wird dies sicherstellen, dass weniger innerhalb des Projekts schief gehen wird.

Lösung: b) Je niedriger die Planungsebene, desto kürzer der betroffene Zeitraum und desto mehr Details enthält der Plan. Jede Planungsebene muss zu den Bedürfnissen der Zielgruppe passen (z. B. Lenkungsausschuss, Spezialisten). Je tiefer/niedriger die Ebene, desto kürzer ist die Laufzeit und desto mehr Informationen und Details sind im Plan enthalten.

Was ist keine Funktion des Konfigurationsmanagements?

a) Identifikation aller Komponenten des Endproduktes

b) Planung, wie der für das Projekt erforderliche Level für das Konfigurationsmanagement in Bezug auf das Projekt erreicht werden kann

c) Zeitplanung, wann welche Komponente des Endproduktes erzeugt werden soll

d) Verifizierung, dass der Status des aktuellen Produktes der autorisierten Beschreibung des Produktes entspricht

Lösung: *c) Zeitplanung, wann welche Komponente des Endprodukts erzeugt werden soll. Dies wird während der Planung im Arbeitspaket bzw. im Phasenplan festgelegt.*

Welche der folgenden Aussagen ist nicht korrekt?

a) Konfigurationsmanagement hält die Ablage und Bibliotheken der Projektprodukte.

b) Konfigurationsmanagement gewährleistet die Sicherheit der Produkte und einen kontrollierten Zugang zu den erzeugten Produkten.

c) Konfigurationsmanagement ist optional, wenn es bei dem entsprechenden Projekt nur um sehr spezifische Spezialistenprodukte geht.

d) Konfigurationsmanagement ermöglicht dem Projektmanager, den Status eines Produkts herauszufinden und welches seine letzte Version darstellt.

Lösung: *c) Konfigurationsmanagement ist optional, wenn es bei dem entsprechenden Projekt nur um sehr spezifische Spezialistenprodukte geht. Konfigurationsmanagement ist niemals optional. Es bildet z. B. eine wichtige Grundlage für Versionierung und Baselining und stellt gleichzeitig die Grundlage für die Themen Änderungen und Fortschritt dar.*

Welche der folgenden Aussagen ist in Bezug auf ein genehmigtes (baselined) Produkt korrekt?

a) Ein genehmigtes (baselined) Produkt stellt die Endversion eines Produkts dar und kann nicht mehr geändert werden.

b) Ein genehmigtes (baselined) Produkt kann nur mit der Genehmigung des Lenkungsausschusses geändert werden.

c) Ein genehmigtes (baselined) Produkt kann dann geändert werden, wenn der Projektmanager darüber informiert wird.

d) Die Veränderung eines genehmigten (baselined) Produkts ist erlaubt, nachdem der diesbezügliche offene Punkt (Issue) genehmigt wurde.

Lösung: *d) Die Veränderung eines genehmigten (baselined) Produkts ist erlaubt, nachdem der diesbezügliche offene Punkt (Issue) genehmigt wurde. Zu Option a): Es kann geändert werden, wenn über die Änderungssteuerung die Genehmigung dazu erteilt wird. Zu b): Wer welche Genehmigungen erteilen darf, steht in der Konfigurationsmanagement-Strategie (und damit in der PID). Es ist nur in letzter Instanz der Lenkungsausschuss. Option c) ist nicht ausreichend.*

Welche Schritte sollte der Teammanager ausführen, um zu prüfen, ob die Produkte wie verlangt abgenommen worden sind?

1. Im Oualitätsregister prüfen, an welchem Tag die Abnahme erfolgt, d. h. die Qualitätsaktivität abgeschlossen worden ist
2. In den Produktbeschreibungen prüfen, wer die Produkte abgenommen haben sollte
3. In der Konfigurationsmanagement-Strategie prüfen, wie die Produkte übergeben werden sollen
4. Prüfen, welche Abnahmemethode im Arbeitspaket gefordert wird
5. In den Produktbeschreibungen prüfen, welche Qualitätsprüfmethode vorgesehen ist

6. Das Register der offenen Punkte prüfen, um die Einzelheiten zu den während der Qualitätsprüfung vorgebrachten offenen Punkten zu prüfen

   a) 1, 2, 3

   b) 2, 3

   c) 2, 4

   d) 5, 6

Lösung: *c) 2, 4. In den Produktbeschreibungen prüfen, wer die Produkte abgenommen haben sollte und prüfen, welche Abnahmemethode im Arbeitspaket gefordert wird. So ist der Teammanager in der Lage, die relevanten Informationen zum Fortschritt zusammenzusuchen.*

Was ist Qualitätsmanagement?

a) Ein Mittel, um sicherzustellen, dass Produkte bestimmte Qualitätskriterien erfüllen

b) Die Festlegung von Qualitätszielen und Anforderungen an Qualität

c) Die Einrichtung und Pflege eines Qualitätssystems

d) Koordinierte Aktivitäten zur Lenkung und Steuerung der Qualität in einer Organisation

Lösung: *d) Koordinierte Aktivitäten zur Lenkung und Steuerung der Qualität in einer Organisation (siehe Abbildung 8.28). Es besteht aus dem kompletten Set an Standards, Verfahren und Verantwortlichkeiten. Das Qualitätsmanagementsystem gewährleistet die gewünschte Qualität. So wird eine objektiv messbare Qualität geschaffen. Option a) bezieht sich auf die Qualitätssicherung, Option b) auf die Qualitätsplanung.*

Ziel	Qualitätsaktivität	Beschreibung
Verständnis für die Qualitätserwartungen und -anforderungen des Kunden	*Qualitätsplanung*	Einigung über die generellen Qualitätserwartungen, die notwendigen Produkte u. deren Qualitätskriterien (Voraussetzung für das Erreichen der gewünschten Qualität), Kriterien zur Beurteilung.
Abnahme der Produkte im Projektverlauf	*Qualitätssteuerung*	Maßnahmen des Projektteams, um sicherzustellen, dass die Produkte die definierten Qualitätskriterien erfüllen.
Sicherstellen, dass die Standards und Richtlinien des Unternehmens eingehalten werden.	*Qualitätssicherung*	Maßnahmen des Projektteams, um sicherzustellen, dass die Produkte die definierten Qualitätskriterien erfüllen.

Abbildung 8.28: Ziele und Aktivitäten zum Thema „Qualität"

Welche der folgenden Aussagen ist korrekt?

a) Der Vorsitzende der Prüfung (Review Chairman) gibt als Ergebnis der Prüfung seine Empfehlung zum Abschluss an den Auftraggeber (Executive) weiter.

b) Der Projektmanager stellt sicher, dass die Produkte bereit sind für die Prüfung.

c) Der Vorsitzende der Prüfung (Review Chairman) überprüft, ob die Produkte bereit sind für die Prüfung.

d) Der Projektmanager sammelt die Fragenlisten und stellt die Agenda für das anschließende Meeting auf, bevor die Qualitätsprüfung stattfindet.

Lösung: c) Der Vorsitzende der Prüfung (Review Chairman) überprüft, ob die Produkte bereit sind für die Prüfung. Der Produktpräsentator muss dies bestätigen.

Sobald ein Spezialistenprodukt freigegeben ist,

a) kann der Teammanager mit dem Ausliefern der Arbeitspakete fortfahren.

b) kann nur der Projektmanager Arbeiten autorisieren, die das Produkt verändern.

c) kann der Teammanager mit dem Autorisieren der Arbeitspakete fortfahren.

d) sollte der Projektmanager Arbeiten, die zur Veränderung des Produkts führen, nicht autorisieren, ohne die Bestätigung des Lenkungsausschusses (Project Board) einzuholen.

Lösung: d) sollte der Projektmanager Arbeiten, die zur Veränderung des Produkts führen, nicht autorisieren, ohne die Bestätigung des Lenkungsausschusses (Project Board) einzuholen. Dies ist der korrekte Weg im Sinne der gezielten Steuerung von Änderungen im Projektverlauf. Zu c): Der Teammanager autorisiert keine Arbeitspakete.

Welche der folgenden Antworten beschreiben korrekt die Verantwortlichkeiten der Projektorganisation?

a) Wenn Aktivitäten zur Behandlung aktueller Abweichungen von der definierten Risikotoleranz im Phasenplan festgelegt sind, spricht man von einem Ausnahmeplan.

b) Die Projektsicherung soll bestätigen, dass die als relevant definierten Standards des Lieferanten in die Teampläne aufgenommen wurden.

c) Alle Teampläne werden zum Ende der Initiierungsphase erstellt.

d) Die Zeit- und Kostentoleranz einer Phase sind gleichmäßig auf alle Teampläne zu verteilen.

Lösung: Option b) Die Projektsicherung soll bestätigen, dass die als relevant definierten Standards des Lieferanten in die Teampläne aufgenommen wurden. Auch die Standards oder Verfahren können im Projekt zum Einsatz kommen. Voraussetzung dafür ist, dass dies in der entsprechenden Strategie definiert wird und gegebenenfalls begründet wird, warum vom Unternehmensstandard für das Projekt abgewichen wurde.

Was ist kein Ziel des Prozesses CS* Steuern einer Phase *(Controlling a Stage)?

a) Nennen der Hauptprodukte, die das Projekt hervorbringen soll

b) Verwalten jeglicher Abweichungen vom Phasen- oder Projektplan

c) Verwalten der rechtzeitigen Lieferung der Produkte innerhalb der vereinbarten Toleranzen

d) Sicherstellen, dass die vereinbarte Qualität erreicht wird

Lösung: a) Nennen der Hauptprodukte, die das Projekt hervorbringen soll. Dies ist Teil des SU-Prozesses (Aktivität Business Case-Entwurf erstellen*), wenn der Projektumfang festgelegt wird. Die Produktbeschreibung des Projektendprodukts wird im IP-Prozess, wenn der Projektplan erstellt wird, optimiert. Während der Phasenübergänge sollte sie weiter optimiert werden.*

In welcher Aktivität wird ein Ausnahmebericht (Exception Report) erstellt?

a) CS *Offene Punkte und Risiken erfassen und untersuchen* (Capture and Examine Issues and Risks)
b) DP *Ad-hoc-Anweisungen geben* (Give Ad Hoc Direction)
c) CS *Offene Punkte und Risiken eskalieren* (Escalating Issues and Risks)
d) DP *Ad-hoc-Anweisungen geben* (Give Ad Hoc Direction)

Lösung: c) CS Offene Punkte und Risiken eskalieren *(Escalating Issues and Risks). Die Ausnahme als (drohende) Toleranzabweichung wird dem Lenkungsausschuss u. a. zusammen mit Optionen und einer entsprechenden Empfehlung präsentiert.*

Welche Rolle ist für die detaillierte Planung der Qualitätsprüfung verantwortlich?

a) Teammanager
b) Produktpräsentator
c) Projektmanager
d) Vorsitzende der Prüfung (Review Chairman)

Lösung: a) Teammanager. Der Projektmanager berücksichtigt die Qualitätsprüfung in der Phasenplanung. Der Teammanager plant die Einzelheiten des Review und sorgt dafür, dass es planmäßig durchgeführt wird. Er sorgt auch dafür, dass die entsprechenden Dokumentationen in die Qualitätsablage aufgenommen werden und hält den Projektmanager auf dem Laufenden.

In welchem Prozess werden Teampläne (Team Plans) erstellt?

a) *Arbeitspaket annehmen* (Accept a Work Package)
b) *Arbeitspaket ausführen* (Execute a Work Package)
c) *Arbeitspaket abliefern* (Deliver a Work Package)
d) *Phasenstatus prüfen* (Review the Stage Status)

Lösung: a) Arbeitspaket annehmen *(Accept a Work Package). Dies ist die erste Aktivität im MP-Prozess, korrespondierend zur CS-Aktivität* Arbeitspaket freigeben. *Der Teammanager erstellt hier unter Zuhilfenahme des Planungsprozesses den Teamplan.*

Die Aussage, dass ein Produkt erstellt werden soll, ist Teil von was?

a) Konfigurationsmanagement-Methode (Configuration Management Method)
b) Produktbeschreibung (Product Description)
c) Projektorganisation
d) Plan

Lösung: d) Plan. Die produktbasierte Planung unterstützt die Planerstellung. Pläne beschreiben, was wann wo wie und von wem zu tun ist, um ein Ziel zu realisieren.

Toleranzen können beispielsweise gesetzt werden für ...?

a) Sicherung
b) Zeit und Kosten

c) Prozent
d) Strategie

Lösung: b) Zeit und Kosten werden hinzugezogen. Weitere Elemente sind dann Qualität, Umfang, Nutzen und Risiken.

Wer agiert als das Sprachrohr des Projekts nach außen (außerhalb der Projektorganisation und auch außerhalb des Unternehmens)?

a) Projektmanager (Project Manager)
b) Teammanager (Team Manager)
c) Vorsitzender der Prüfung (Review Chairman)
d) Lenkungsausschuss (Project Board)

Lösung: d) Lenkungsausschuss (Project Board). Er ist für die externe Kommunikation verantwortlich. Dies wird auch durch die Kommunikationsmanagement-Strategie ersichtlich.

In welcher Aktivität wird das Risikoregister (Risk Register) angelegt?

a) *Risikomanagement-Strategie erstellen* (Prepare the Risk Management Strategy)
b) *Projektsteuerungsmittel einrichten* (Set up the Project Controls)
c) *Business Case verfeinern* (Refining the Business Case)
d) *Projektlösungsansatz auswählen und Projektbeschreibung zusammenstellen* (Select the Project Approach and Assemble the Project Brief)

Lösung: a) Risikomanagement-Strategie erstellen *(Prepare the Risk Management Strategy). Hier werden die Strategie und das Risikoregister erstellt. Bisher erkannte Risiken aus dem Projekttagebuch können dann in das Register übertragen werden. Basierend auf diesen Risiken wird das Risikoregister initial gefüllt.*

In welchem Prozess sollte der Erfahrungsbericht (Lessons Report) mindestens aktualisiert werden?

a) *Nächste Phase planen* (Plan the Next Stage)
b) *Über Phasenabschluss berichten* (Report the Stage End)
c) *Projektplan aktualisieren* (Update the Project Plan)
d) *Ausnahmeplan erstellen* (Produce an Exception Plan)

Lösung: b) Über Phasenabschluss berichten *(Report a Stage End). Auf diese Weise können die Erfahrungen aus der jeweiligen Phase in das Protokoll einfließen und geraten nicht in Vergessenheit.*

Welche der folgenden Optionen fließen nicht direkt in die Planung ein?

a) Der vorgesehene Lösungsansatz (intended Approach)
b) Hypothesen (Assumptions)
c) Auswirkungen auf den Business Case (Impact on the Business Case)
d) Risikobewertung (Risk Assessment)

Lösung: *c) Auswirkungen auf den Business Case (Impact on the Business Case). Dies wird in einer speziellen Aktivität zum Phasenübergang berücksichtigt: SB* Business Case aktualisieren. *Diese Antwort sollte allerdings nicht von der Tatsache ablenken, dass der Business Case im Verlauf immer wieder überprüft und gegebenenfalls angepasst wird.*

Welches dieser Produkte ist NICHT Teil der Projektleitdokumentation?

a) Der nächste Phasenplan (next Stage Plan)
b) Projektbeschreibung (Project Brief)
c) Qualitätsmanagement-Strategie (Quality Management Strategy)
d) Projektlösungsansatz (Project Approach)

Lösung: *a) Der nächste Phasenplan (next Stage Plan). Dies ist ein unabhängiges Dokument. Alle anderen Optionen sind Teil der PID. Weitere Bestandteile sind u. a. die weiteren drei Strategien und der Projektplan. Daher ist die PID auch als Dokumentensammlung denn als singuläres Dokument zu verstehen.*

Welche der folgenden Optionen ist kein Steuerungsmittel des Lenkungsausschusses (Project Board)?

a) Freigabe Arbeitspaket (Work Package Authorisation)
b) Projektstatusbericht (Highlight Report)
c) Phasenzwischenbewertung (Mid Stage Assessment)
d) Phasenabschlussbewertung (End Stage Assessment)

Lösung: *a) Freigabe Arbeitspaket (Work Package Authorisation). Dies wird zwischen Projektmanager und Teammanager diskutiert, vom Projektmanager freigegeben und vom Teammanager angenommen.*

Welche der folgenden Aussagen ist korrekt?

a) Wenn absehbar ist, dass eine Phase die vereinbarten Toleranzen überschreiten wird, muss die Abweichung an den Lenkungsausschuss eskaliert werden.
b) Für jedes Arbeitspaket sollte ein eigenes Risikoregister angelegt werden.
c) Wenn die Auswirkung eines Risikos identifiziert ist, wird ein Offener-Punkt-Bericht zur Einleitung vereinbarter Gegenmaßnahmen erstellt.
d) Ein Risikobearbeiter sollte die Person sein, die die besten Voraussetzungen für das Management des Risikos mit sich bringt.

Lösung: *a) Wenn absehbar ist, dass eine Phase die vereinbarten Toleranzen überschreiten wird, muss die Abweichung an den Lenkungsausschuss eskaliert werden. Dies entspricht dem Prinzip „Management by Exception". Zu d): Für das Management der Risiken ist der Risikoeigentümer zuständig. Der Risikobearbeiter wird im Namen des Risikoeigentümers beauftragt, eine oder mehrere Maßnahmen zur Risikobehandlung zu ergreifen und unterstützt so den Risikoeigentümer. Zu b): Es gibt nur ein Risikoregister im Projekt (auf Kundenseite). Zu c): Die Handhabung kann innerhalb der Toleranzen gehandhabt werden und/oder über das Risikobudget (falls vorhanden) finanziert werden. Ein Offener-Punkt-Bericht wäre erst notwendig, wenn die Toleranzen überschritten werden.*

In welchem Prozess wird das Qualitätsregister (Quality Register) aktualisiert?

a) *Arbeitspaket ausliefern* (Deliver a Work Package)
b) *Arbeitspaket ausführen* (Execute a Work Package)
c) *Status eines Arbeitspakets prüfen* (Review Work Package Status)
d) *Phasenstatus prüfen* (Review the Stage Status)

Lösung: *b)* Arbeitspaket ausführen *(Execute a Work Package, siehe Abbildung 8.29). Durch die in dieser Aktivität stattfindende Qualitätsprüfung wird das Qualitätsregister aktualisiert.*

Ziel	**Managementprodukt**	**Prozess, Technik oder weiteres Thema**
Ermitteln der Kundenqualitätserwartungen u. -anforderungen	Projektmandat oder Projektbeschreibung	*Vorbereiten eines Projekts* (SU)
Dokumentieren der Akzeptanzkriterien, Kundenqualitätserwartungen u. Kundenanforderungen	Produktbeschreibung des Projektendprodukts	*Vorbereiten eines Projekts* (SU)
Erstellen der Qualitätsmanagement-Strategie	Projektleitdokumentation (PID)	*Initiieren eines Projekts* (SU)
Darstellen der geplanten Qualitätsaktivitäten	Qualitätsregister	*Managen eines Phasenübergangs* (SB)
Definieren der Akzeptanz-/Qualitätskriterien eines Produkts	Produktbeschreibung	Produktbasierte Planung
Erläutern der Techniken, Interfaces, Abgrenzungen, Konfigurationsmanagement-Anforderungen je Auftrag	Arbeitspaket	*Steuern einer Phase* (CS)
Rückmeldung zu den umgesetzten Qualitätsleistungen	Qualitätsregister	*Managen der Produktlieferung* (MP)
Überprüfung der umgesetzten Qualitätsleistungen	Qualitätsregister	*Steuern einer Phase* (CS)
Änderungssteuerung	Register offener Punkte	Änderungen
Nachverfolgen von Änderungen	Konfigurationsdatensätze	Konfigurationsmanagement (Änderungssteuerungstechnik)

Abbildung 8.29: Qualität unter PRINCE2™

Welche der folgenden Aussagen ist hinsichtlich der Planung (Planning) falsch?

a) PRINCE2™ stellt einen produktbasierten Ansatz für die Planungsaktivitäten zur Verfügung.
b) Planung ist ein iterativer Prozess.
c) Produktbasierte Planung ist eine Schlüsseltechnik unter PRINCE2™.
d) Planung überwacht und steuert den Fortschritt.

Lösung: *d) Planung überwacht und steuert den Fortschritt. Dies geschieht nicht durch die Planung (Thema „Pläne"), sondern durch den CS-Prozess* Steuern einer Phase *(Controlling a Stage).*

Welchem Zweck dient das Risikomanagement?

a) Als Entscheidungsbasis, welches Level des entsprechenden Risikos akzeptabel ist
b) Zur Festlegung, wie wichtig ein Risiko ist
c) Zur Festlegung potenzieller Risiken (Risks) für das Projekt
d) Prüfung ähnlicher Risiken (Risks) und ihrer Konsequenzen

Lösung: *a) Als Entscheidungsbasis, welches Level eines Risikos akzeptabel ist. Dies wird auch als Risikotoleranz bezeichnet. Option c) und d) beschreiben die Risikoanalyse.*

Wie lauten die Planebenen, die PRINCE2™ vorschlägt?

a) Programmplan, Projektplan, Teamplan
b) Programmplan, Projektplan, Phasenplan, Teamplan
c) Projektplan, Phasenplan, Teamplan
d) Projektplan, Phasenplan, Teamplan, individueller Arbeitsplan

Lösung: *c) Projektplan, Phasenplan, Teamplan. Dies bezeichnet die drei Planungsebenen unter PRINCE2™. Jede Planungsebene muss zu den Bedürfnissen der betroffenen Managementebene passen. Der Programmplan steht außerhalb von PRINCE2™.*

In PRINCE2™ steht der Begriff Phase (Stage) wofür?

a) Eine Reihe von zusammenhängenden Funktionen
b) Eine Sammelbezeichnung für eine Anzahl von Phasenabschnitten (Phases)
c) Eine Beschreibung für die Einteilung eines Projekts auf Basis von Entscheidungspunkten (Decisions)
d) Eine Relation zur Bezahlung der umgesetzten Arbeiten

Lösung: *c) Eine Beschreibung für die Einteilung eines Projekts mit Bezug auf Entscheidungspunkte. Diese Entscheidungspunkte dienen als Steuerungsmittel. Sie helfen beispielsweise in Bezug auf die Fragestellung, ob das Projekt fortgeführt oder abgebrochen werden soll.*

Vor ungefähr drei Monaten wurde eine konkrete Anzahl von Produkten erstellt. Heute möchte man wissen, welche dies genau waren. Was könnte bei der Suche helfen?

a) Phasenplan (Stage Plan)
b) Register offener Punkte (Issue Register)
c) Konfigurationsmanagement (Configuration Management)
d) Freigeben der Arbeitspakete (Authorisation of Work Packages)

Lösung: *c) Konfigurationsmanagement (Configuration Management). Hier werden alle Angaben zu den Configuration Items festgehalten, auch in Bezug auf die Zwischenprodukte von Produkten. Der gesamte „Besitz" des Projekts wird hier verwaltet. Durch die fünf*

Basisfunktionen (Planen, Identifizieren, Verwalten, Administrieren des Status und Überprüfen) ist es möglich, die Produkte zurückzuverfolgen, den aktuellen Status einzusehen und zu verhindern, dass Produkte ohne vorherige Genehmigung geändert werden.

Welche Aktivität stößt den endgültigen Abschluss des Projekts an?

a) *Korrekturmaßnahmen einleiten* (Taking Corrective Action)

b) *Offene Punkte und Risiken erfassen und untersuchen* (Capture and Examine Issues and Risks)

c) *Projektabschluss freigeben* (Authorise Project Closure)

d) *Ad-hoc-Anweisungen geben* (Give Ad Hoc Direction)

Lösung: *d)* Ad-hoc-Anweisungen geben *(Give Ad Hoc Direction). Anstöße können aber aus einer der folgenden Aktivitäten kommen: DP* Phasen- oder Ausnahmeplan freigeben, *CS* Offene Punkte und Risiken eskalieren *oder CS* Phasenstatus prüfen.

Was ist kein Ziel der Phasenendbetrachtung (End Stage Assessment)?

a) Überprüfung, ob die Projektumsetzung immer noch erforderlich ist

b) Prüfung der nächsten Phasenplanung gegen den Projektplan

c) Verteilen der Erfahrungen

d) Überprüfung der Toleranzen für die nächste Phase (Stage)

Lösung: *c) Verteilen der Erfahrungen. Die Erfahrungen im Erfahrungsbericht (Lessons Report) werden meist erst zum Projektende, aber nicht regulär zum Phasenende verfasst. Das Einzige, was auf jeden Fall zum Ende einer Phase erfolgen sollte, ist das Aktualisieren des Erfahrungsprotokolls für den späteren Erfahrungsbericht zum Projektende. Aber selbst, wenn der Projektmanager bereits bei jedem Phasenübergang Erfahrungsprotokoll und Erfahrungsbericht fortschreibt, findet die Verteilung der Informationen erst am Projektende statt. Die DP-Aktivität* Projektabschluss genehmigen *sieht die Verteilung des Erfahrungsberichts vor.*

Was ist kein offener Punkt (Project Issue)?

a) Äußerung von Bedenken aufgrund eines möglichen Risikos

b) Änderungsantrag (Request for Change)

c) Fehler, der in der Qualitätsprüfung entdeckt wird

d) Interesse

Lösung: *c) Fehler, der in der Qualitätsprüfung entdeckt wird. Fehler, die während der Qualitätsprüfung das erste Mal auftreten, werden nicht als offener Punkt deklariert, sondern wandern auf eine Aktivitätenliste, dabei existieren zwei Ausnahmen.*

- Fehler, die an einem Produkt während der Qualitätsprüfung auftreten, das gerade nicht prüfungsrelevant ist
- Kann ein „Fehler" während der vereinbarten Nachbesserungsfrist nicht behoben werden, wird er zu einem offenen Punkt. In der Frage wird aber ein Fehler genannt, der das erste Mal auftritt!

Inwiefern unterstützt der Prozess* Vorbereiten eines Projekts *das Grundprinzip „Steuern über Managementphase"?

a) Stellt eine strukturierte Folge von Aktivitäten für die Vorbereitungsphase eines PRINCE2™-Projekts bereit
b) Bestimmt, welche Befugnisse dem Projektmanager für die Initiierungsphase erteilt werden
c) Stellt sicher, dass nicht unnötig Zeit mit der Initiierung eines Projekts verschwendet wird, welches auf ungesicherten Annahmen basiert
d) Gewährleistet, dass die in der Initiierungsphase anfallenden Arbeiten geplant worden sind

Lösung: d) Gewährleistet, dass die in der Initiierungsphase anfallenden Arbeiten geplant worden sind (siehe Abbildung 8.30). Während der Projektvorbereitung wird der Plan für die erste Initiierungsphase erstellt. Die Initiierungsphase stellt die erste Managementphase im Projekt dar.

Abbildung 8.30: Beispielhafte Gründe für das Steuern über Managementphasen aus der Praxis

Was bezeichnet keinen Vorteil des Grundprinzips „Steuern nach dem Ausnahmeprinzip"?

a) Effiziente und wirtschaftliche Nutzung der Arbeitszeit des Projektmanagement-Teams
b) Klare Verantwortlichkeiten für das Lenken, Managen und Liefern des Projekts
c) Verantwortungen sind auf jeder Managementebene eindeutig definiert
d) Klarheit darüber, was ein Projekt warum, wann und durch wen liefern wird

Lösung: d) Klarheit darüber, was ein Projekt warum, wann und durch wen liefern wird. Diese Option bezieht sich auf das Prinzip der „Produktorientierung" oder auf das Thema „Pläne". Ein großer Vorteil des Grundprinzips „Steuern nach dem Ausnahmeprinzip" liegt in der effizienten und wirtschaftlichen Nutzung der Arbeitszeit des Projektmanagement-Teams, da unnötige Besprechungen sowohl von Seiten des Managements als auch der direkt Beteiligten im Projekt vermieden werden. Dies kommt daher, dass ein PRINCE2™-Projekt Toleranzen festlegt, die den Handlungsrahmen für die delegierten Befugnisse definiert und so unterschiedliche Managementebenen trennt.

Wie lautet eine der ersten Aktivitäten im Prozess* Initiieren eines Projekts *(Initiating a Project)?

a) *Projektablagestruktur einrichten* (Setting Up Project Files)
b) *Business Case verfeinern* (Refining the Business Case and Risks)
c) *Qualitätsmanagement-Strategie erstellen* (Prepare the Quality Management Strategy)
d) *Projekt planen* (Planning a Project)

Lösung: *c)* Qualitätsmanagement-Strategie erstellen *(Prepare the Quality Management Strategy). Parallel dazu werden Risikomanagement-Strategie und Konfigurationsmanagement-Strategie erstellt. Auf Basis der Ergebnisse dieser drei IP-Aktivitäten wird die vierte und letzte Strategie im Projekt erstellt, die Kommunikationsmanagement-Strategie. Danach folgen* Business Case verfeinern *und abschließend* Projektleitdokumentation zusammenstellen. *Option a) existiert nicht als Aktivität. Option d) gehört zur Planung und ist keine Prozessaktivität im engeren Sinne.*

Wer kann offene Punkte kommunizieren?

a) Jeder
b) Projektmanager
c) Teammitglieder
d) Benutzervertreter

Lösung: *a) Jeder. Jeder kann einen offenen Punkt vorschlagen, dessen Erfassung in der CS-Aktivität* Offene Punkte und Risiken erfassen und untersuchen *vorgenommen wird.*

Zu welcher Kategorie passt ein Erfahrungsbericht (Lessons Report)?

a) Managementprodukt
b) Qualitätsprodukt
c) Spezialistenprodukt
d) Zu keiner der genannten

Lösung: *a) Managementprodukt. Die Dokumentation der Erfahrungen wird während eines Projekts strukturiert verfasst, um dadurch alle wesentlichen Erfahrungen eines Projekts zur Verfügung zu stellen.*

Welches Prinzip steckt hinter der Auswertung eines Projekts?

a) Erfolgreiche Organisationen lernen von ihren bisher gemachten Erfahrungen in Projekten. Dieser Effekt tritt eher ein, wenn Erfahrungsberichte nach dem Ende der Projekte aufbewahrt werden.
b) Wenn das Projekt ein Fehlschlag war, kann so eine einfachere Schuldzuweisung stattfinden.
c) Nicht jeder, der nicht direkt in das Projektgeschehen involviert war, ist in der Lage, dieses zu bewerten, sodass eine objektive Bewertung ermöglicht werden muss.
d) Alle der genannten Optionen

Lösung: *a) Erfolgreiche Organisationen lernen von ihren bisher gemachten Erfahrungen in Projekten – entsprechend dem PRINCE2™-Grundprinzip „Lernen aus Erfahrungen". Dieser Effekt tritt eher ein, wenn Erfahrungsberichte nach dem Ende der Projekte aufbewahrt werden. Die Lernpunkte sind für verschiedene Einheiten innerhalb der Organisation wichtig. Die objektive Bewertung findet als Nutzenanalyse im Benefits Review außerhalb des PRINCE2™-Projektumfangs statt.*

Welches der folgenden Produkte dient nicht als Input für den Ausnahmeplan (Exception Plan)?

a) Aktueller Phasenplan (Stage Plan)
b) Erfahrungsbericht (Lessons Report)
c) Register offener Punkte (Issue Register)
d) Ausnahmebericht (Exception Report)

Lösung: *b) Erfahrungsbericht (Lessons Report). Hier werden Erfahrungen des Projekts in Hinblick auf die Management- und Spezialistenprozesse und ihre Produkte festgehalten. Dieser Bericht wird erst zum Projektende zusammengestellt.*

Welcher der folgenden Prozesse wird nicht iterativ zu jedem geplanten Ende einer Phase (Stage) durchgeführt?

a) *Projektplan aktualisieren* (Update the Project Plan)
b) *Ausnahmeplan erstellen* (Produce an Exception Plan)
c) *Über Phasenabschluss berichten* (Report Stage End)
d) *Business Case aktualisieren* (Updating a Project Business Case)

Lösung: *b)* Ausnahmeplan erstellen *(Produce an Exception Plan). Dies ist nur in Ausnahmefällen durchzuführen, wenn die Toleranzgrenzen überschritten werden. Dem Lenkungsausschuss ist dies über einen Ausnahmebericht mitzuteilen, worauf bei Bedarf ein Ausnahmeplan durch den Lenkungsausschuss angefordert wird, den der Projektmanager dann erstellt.*

Durch welches Produkt werden Anträge auf Änderungen während der Umsetzungsphasen nachvollziehbar?

a) Änderungsprotokoll (Request Log)
b) Projekttagebuch (Daily Log)
c) Qualitätsregister (Quality Register)
d) Register offener Punkte (Issue Register)

Lösung: *d) Register offener Punkte (Issue Register, siehe Abbildung 8.31). Hier werden Angaben wie Autor, Datum des Eingangs, Beschreibung und Kategorie sowie Priorität, Auswirkungen und Entscheidung festgehalten.*

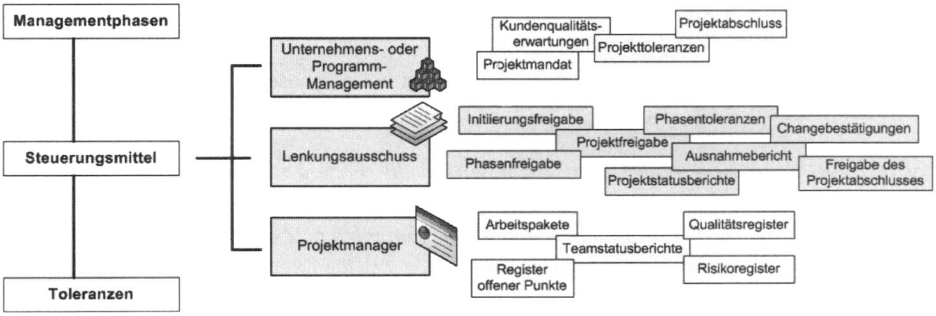

Abbildung 8.31: Auswahl an Steuerungsmitteln im Projekt

Welches Produkt wird in PRINCE2™ verwendet, um Informationen als Basis zur Initiierung, Fortsetzung oder Beendigung eines Projekts abzulegen?

a) Projektleitdokumentation (Project Initiation Documentation)
b) Business Case
c) Phasenabschlussbestätigung (End Stage Approval)
d) Projektbeschreibung (Project Brief)

Lösung: b) Business Case. Ohne Business Case wird ein Projekt weder eingerichtet noch fortgeführt. Option a) gilt als Basis für die Freigabe des Projekts durch den Lenkungsausschuss (DP Projekt freigeben*). Option c) folgt zum Ende jeder Phase und dient als Input für die Freigabe der nächsten Phase (DP* Phasen- oder Ausnahmeplan freigeben*). Option d) beschreibt ein Element, das dem Lenkungsausschuss zur Freigabe der Projektinitiierung vorgelegt wird (DP* Initiierung freigeben*). Weitere Elemente sind Projektlösungsansatz und der Plan zur Initiierungsphase aus dem SU-Prozess (*Vorbereiten eines Projekts*).*

Ergänzen Sie folgenden Satz: Ein Projekt ist eine Managementumgebung, angelegt mit dem Ziel, eine oder mehrere Geschäftsprodukte entsprechend ... zu liefern.

a) den Kundenanforderungen
b) einem vereinbarten Vertrag (Contract)
c) dem Projektplan (Project Plan)
d) einem spezifizierten Business Case

Lösung: d) einem spezifizierten Business Case. Dies entspricht der PRINCE2™-Definition: Ein Projekt ist eine für einen befristeten Zeitraum geschaffene Organisation, die mit dem Zweck eingerichtet wurde, ein oder mehrere Produkte in Übereinstimmung mit einem vereinbarten Business Case zu liefern (Quelle: OGC, Erfolgreiche Projekte managen mit PRINCE2™, Kapitel 1.3).

Was würde einen Ausnahmebericht (Exception Report) erforderlich machen?

a) Wenn im Projekt ein offener Punkt auftaucht
b) Wenn ein Lenkungsausschussmitglied eine Beanstandung aufwirft

c) Wenn ein Antrag für eine Änderung (Request for Change) oder Spezifikationsabweichung (Off-specification) erfasst wurde
d) Wenn die gegenwärtigen Prognosen für das Ende der Phase (Stage) von der festgelegten Toleranz abweichen

Lösung: d) Wenn die gegenwärtigen Prognosen für das Ende der Phase (Stage) von der festgelegten Toleranz abweichen. Diese Tatsache wird dem Lenkungsausschuss über den Ausnahmebericht des Projektmanagers kommuniziert. Zu Option a), b) und c): Dies wird erst einmal als ein offener Punkt in das Register offener Punkte aufgenommen.

Welcher dieser Begriffe wird nicht in den Lenkungsausschuss (Project Board) mit einbezogen?

a) Ausnahmebewertung (Exception assessment)
b) Projektstatusbericht (Highlight Report)
c) Projektabschluss (Project Closure)
d) Freigabe Arbeitspaket (Work Package Authorisation)

Lösung: d) Freigabe Arbeitspaket (Work Package Authorisation). Diese Aufgabe liegt beim Projektmanager.

Wenn nach der Wiedervorlage eines Fehlers aus der Qualitätsüberprüfung (Quality Review follow-up action) der Fehler (Error) immer noch nicht behoben wurde, sollte welche Maßnahme ergriffen werden?

a) Einen Ausnahmebericht erstellen (Exception Report)
b) Einen offenen Punkt erstellen (Project Issue)
c) Ein Ausnahmeprotokoll (Exception Log) erstellen
d) Die Qualitätsüberprüfung wiederholen

Lösung: b) Einen offenen Punkt erstellen (Issue). Etwaige zukünftige Überprüfungen (Audit) der Tätigkeiten werden so ermöglicht. Erstmals auftretende Fehler in der Qualitätsprüfung gelten nicht als offene Punkte. Tritt dieser Fehler trotz Nachkorrektur erneut auf, wird er in das Register offener Punkte aufgenommen.

Welche der folgenden Aussagen ist falsch? Projektmanager (Project Manager), die PRINCE2™ verwenden, werden dazu angeregt ...

a) Mandate (Aufträge) als Vorbedingung zum Anfang des Projekts zu etablieren.
b) eine definierte Struktur für die Delegierung, Berechtigung und Kommunikation zu verwenden.
c) das Projekt in handliche Phasen für eine genauere Planung einzuteilen.
d) dem Management bei den regelmäßigen Sitzungen kurze Berichte zur Verfügung zu stellen.

Lösung: d) dem Management bei den regelmäßigen Sitzungen kurze Berichte zur Verfügung zu stellen. Es finden laut PRINCE2™ nicht per se regelmäßig Meetings statt. Dies würde dem Prinzip „Management by Exception" widersprechen.

Welches Dokument verzeichnet die Hauptprodukte eines Plans mit ihren Lieferfristen?

a) Produktentwurf (Product Outline)
b) Produktbeschreibung (Product Description)
c) Produktstrukturplan (Product Breakdown Structure)
d) Produkt-Checkliste (Product Checklist)

Lösung: d) Produkt-Checkliste (Product Checklist). Auch ein Projekt-, Phasen- oder Teamplan könnte dies aufnehmen. Die jeweiligen Planeigenschaften weisen aber, wenn eine Produkt-Checkliste zur Anwendung kommen soll, entweder einen zu niedrigen Detaillierungsgrad oder zu viele Details für die jeweilige Zielgruppe auf. Im Planungsschritt Produkte definieren und analysieren *kann (neben Produktbeschreibung, Produktstrukturplan und Produktflussdiagramm) auch eine Produkt-Checkliste erstellt werden. Diese Liste enthält alle zu liefernden Produkte im Projekt und ist optional. Sie dient auch oft als Zwischenstufe zwischen Projekt- und Phasenplan, da sie nur die zu erzielenden Produkte aufzeigt und so z. B. als Überblick zur Kommunikation in Richtung Lenkungsausschuss geeignet ist.*

Welcher Bereich der Produktlebensdauer ist laut PRINCE2™ kein Teil des Projektlebenszyklus?

a) Die Übergabe zum Betriebseinsatz des Produkts (Change-over to operational use)
b) Beurteilung des Produktnutzens nach einer gewissen Benutzungsdauer (Assessment of value)
c) Die Beschreibung des Produkts (Product Specification)
d) Finalisierung des Business Case

Lösung: b) Beurteilung des Produktnutzens nach einer gewissen Benutzungsdauer (Assessment of value). Dies wird erst nach Abschluss des Projekts durchgeführt und zählt als Durchführung des „Benefits Review" nicht mehr zu PRINCE2™.

Welche der folgenden Antworten beschreiben korrekt die Verantwortlichkeiten der Projektorganisation?

a) Der Lieferantenvertreter erbringt den Nachweis, dass der definierte Nutzen realisiert wird.
b) Der Lieferantenvertreter muss die Gültigkeit des Projektlösungsansatzes beurteilen.
c) Die Projektsicherung sorgt dafür, dass die durch das Projekt zu erzielenden Ergebnisse spezifiziert sind.
d) Die Unternehmenssicherung sollte am ehesten von einer Person mit betriebswirtschaftlichen Kenntnissen zugewiesen werden.

Lösung: b) Der Lieferantenvertreter muss die Gültigkeit des Projektlösungsansatzes beurteilen (siehe Abbildung 8.32). Er wird später für die Erstellung der Spezialistenprodukte auf Basis dieses Lösungsansatzes verantwortlich sein. Bei Option a) und c) müsste es der Benutzervertreter sein. In Bezug auf Option d) ist es viel wichtiger, dass die entsprechende Person das Unternehmen und seine Anforderungen kennt, diese Seite versteht und deren Interessen vertreten kann.

Abbildung 8.32: Beispielhafte Aufgaben des Lieferantenvertreters

Wann sollte die Kommunikationsmanagement-Strategie erstellt werden?

a) In der Projektvorbereitung, damit alle Beteiligten von Anfang wissen, wie extern und intern kommuniziert werden sollte

b) Sie sollte jeweils von Phasenübergang zu Phasenübergang überprüft und bei Bedarf erneuert werden, um die Standards neu hinzugekommener Spezialisten beachten zu können.

c) In der Projektvorbereitung, damit bereits von Beginn an die externen und internen Stakeholder berücksichtigt werden

d) Während der Projektinitiierung, da zu diesem Zeitpunkt die Projektbeschreibung vorliegt und daraus die notwendigen Strategien, Standards und Techniken des Unternehmens- oder Programm-Managements berücksichtigt werden

Lösung: *a) Während der Projektinitiierung, da zu diesem Zeitpunkt die Projektbeschreibung vorliegt und daraus die notwendigen Strategien, Standards und Techniken des Unternehmens- oder Programm-Managements berücksichtigt werden. Das Kommunikationsverfahren sollte zudem während der gesamten Projektlaufzeit Anwendung finden und beschreibt, wie das Projektmanagement-Team Informationen an die Stakeholder innerhalb und außerhalb des Projektteams verteilt.*

Welche Fragen werden durch ein Produktflussdiagramm (Product Flow Diagram) nicht beantwortet?

a) Welche Qualitätskriterien gelten für das Produkt?

b) Von welchen anderen Produkten ist jedes Produkt abhängig?

c) Besteht irgendeine Produktabhängigkeit in Bezug auf ein Produkt außerhalb dieses Plans?

d) Welche Produkte können parallel entwickelt werden?

Lösung: *a) Welche Qualitätskriterien gelten für das Produkt? Die Beantwortung dieser Frage liefert die Produktbeschreibung. Alle anderen Fragen werden über ein Produktflussdiagramm beantwortet.*

Phasenübergänge (Stage boundaries) können entsprechend einer Anzahl von Parametern gewählt werden. Welcher der folgenden ist keiner dieser Parameter?

a) Die Verfügbarkeit der spezifischen Betriebsmittel (Ressources)
b) Die Reihenfolge und die Lieferung der Produkte
c) Die Gruppierung der Produkte in selbstständige Einheiten
d) Die natürlichen Entscheidungspunkte für Feedback und Überprüfung

Lösung: a) Die Verfügbarkeit der spezifischen Betriebsmittel. Alle anderen Optionen sind Steuermittel unter PRINCE2™, wie etwa unter Option a) oder b) die produktbasierte Planung und ihre Abhängigkeiten oder die Entscheidungspunkte in den Managementphasen.

In welchem Produkt werden die Ergebnisse der Qualitätsprüfung immer dokumentiert?

a) Risikoregister (Risk Register)
b) Register offener Punkte (Issue Register)
c) Qualitätsregister (Ouality Register)
d) Erfahrungsprotokoll (Lessons Log)

Lösung: c) Qualitätsregister. Im Qualitätsregister werden die Ergebnisse aller Qualitätsmanagementaktivitäten aufgezeichnet. Hier finden sich neben den geplanten auch Informationen zu den tatsächlich umgesetzten Qualitätsaktivitäten z. B. aus der Qualitsprüfung. Hier findet sich auch die Antwort auf die Frage, ob ein Produkt die Qualitätsprüfung bestanden hat oder nicht.

Der Vorsitzende einer Qualitätsprüfungssitzung informierte den Teammanager, dass ein Produkt aufgrund zahlreicher offener Punkte abgelehnt worden war. Der Produktpräsentator schätzte, dass die Korrekturen etwa drei Wochen dauern würden. Die wiederholte Bewertung des Produkts wird eine weitere Woche in Anspruch nehmen, sodass eine Verzögerung von insgesamt vier Wochen entsteht. Das Arbeitspaket hat nur eine Woche Toleranz. Welche Schritte sollte der Teammanager in dieser Situation ausführen?

1. Die Prüfer auffordern, die Verzögerung durch Überstunden zu verhindern
2. Sein Team auffordern, die Verzögerung durch Überstunden zu verhindern
3. Sicherstellen, dass die Situation im nächsten Projektstatusbericht gemeldet wird
4. Einen offenen Punkt als Eskalationsmittel in Richtung des Projektmanagers nutzen und erläutern, dass die Toleranzen voraussichtlich überschritten werden
5. Den Projektmanager über das Risiko informieren, dass sich die Lieferung eines der Produkte um drei Wochen verzögern könnte
6. Sicherstellen, dass das Ergebnis der Oualitätsprüfung im Oualitätsregister eingetragen wird
7. Das Arbeitspaket ändern und sicherstellen, dass die neuen Planziele erreicht werden

a) 1, 2, 7
b) 2, 3
c) 4, 6
d) 2, 5, 7

Lösung: *c) 4, 6. Sicherstellen, dass das Ergebnis der Qualitätsprüfung im Qualitätsregister eingetragen wird und einen offenen Punkt als Eskalationsmittel in Richtung des Projektmanagers nutzen und erläutern, dass die Toleranzen voraussichtlich überschritten werden. Ersteres stellt die Dokumentation des Sachverhalts sicher und sorgt für ein objektives Messkriterium. Die vierte Option beschreibt das übliche Vorgehen der Eskalation vom Team- an den Projektmanager.*

Zwei Wochen nach Aufnahme der Arbeiten bemerkte der Teammanager, dass die Aufwendungen für jedes fertiggestellte Produkt etwa 12 % über den Schätzungen lagen. Wenn sich dieser Trend fortsetzt, wird das Arbeitspaket die vereinbarten Kostentoleranzen von 6 % überschreiten. Welche Schritte sollte der Teammanager in dieser Situation ausführen?

1. Eine Lenkungsausschusssitzung einberufen
2. Den Status der Produkte, an denen aktuell gearbeitet wird, prüfen und die bisherigen Aufwendungen analysieren, um erkennen zu können, ob der Trend sich fortsetzt
3. Die Projektsicherung hinzuziehen
4. Im Phasenplan den geschätzten Aufwand für alle zukünftigen Arbeiten um 10 % erhöhen
5. Das Arbeitspaket ändern und sicherstellen, dass die überarbeiteten Planziele eingehalten werden
6. Die Situation mit dem nächsten Teamstatusbericht eskalieren
7. Den offenen Punkt vorbringen, dass die Kosten die Toleranzen überschreiten werden, wenn der aktuelle Trend sich fortsetzt

   a) 1, 3, 6
   b) 2, 7
   c) 2, 4, 5
   d) 5, 6

Lösung: *b) 2, 7. Den Status der Produkte, an denen aktuell gearbeitet wird, prüfen und die bisherigen Aufwendungen analysieren, um erkennen zu können, ob der Trend sich fortsetzt und den offenen Punkt vorbringen, dass die Kosten die Toleranzen überschreiten werden, wenn der aktuelle Trend sich fortsetzt. Wie immer gilt der wichtigste Grundsatz: Ruhe bewahren! Dazu passt der Vorschlag, erst einmal zu prüfen, wie die Lage aktuell und für die Zukunft einzuschätzen ist und dann den zweiten Vorschlag der Lösung umzusetzen und den Projektmanager über den offenen Punkt als Eskalationsmittel zu informieren.*

Welche der folgenden Aussagen ist FALSCH?

a) Ein PRINCE2™-Projekt ist zeitlich begrenzt.
b) Ein PRINCE2™-Projekt hat eine festgelegte Menge von Ressourcen.
c) Ein PRINCE2™-Projekt kann nur aus Aktivitäten bestehen, d. h. keine Produkte haben.
d) Ein PRINCE2™-Projekt hat eine Organisationsstruktur mit festgelegten Verantwortungen.

Lösung: *c) Ein PRINCE2™-Projekt kann nur aus Aktivitäten bestehen, d. h. keine Produkte haben. PRINCE2™ verwendet ausdrücklich eine produktbasierte Planung (siehe Abbildung 8.33).*

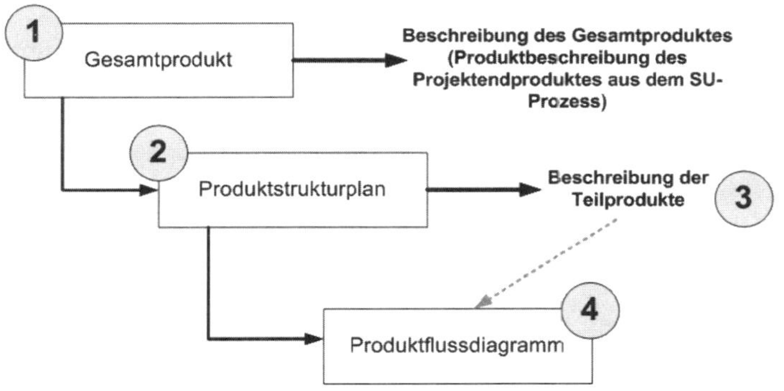

Abbildung 8.33: Die vier Schritte der produktbasierten Planung (nach OGC-(PRINCE2™)Material, durch OGC lizenzierte Wiedergabe)

Welcher Teil des Lebenszyklus eines Produkts ist nicht Teil des Projekts im Sinne von PRINCE2™?

a) Die Umstellung zum operativen Gebrauch des Produkts im normalen Geschäftsbetrieb
b) Die Beurteilung des Werts eines Produkts nach einer gewissen Benutzungszeit (Nutzenrevision), der Nutzen
c) Die Spezifizierung des Produkts
d) Die Fertigstellung des Business Case

Lösung: b) Die Beurteilung des Werts eines Produkts nach einer gewissen Benutzungszeit (Nutzenrevision), der Nutzen. Die Planung ist zwar Bestandteil eines PRINCE2™-Projekts, nicht aber die Durchführung der Prüfung. Es ist oft so, dass der Nutzen erst einige Zeit nach Projektende feststellbar ist, z. B. wenn es um Einsparungen geht.

Welche der folgenden Aussagen beschreibt den wirklichen Sinn von Akzeptanzkriterien?

a) Eine Rechtfertigung für das Projekt, die auf geschätzten Kosten und erwartetem Nutzen basiert
b) Eine messbare Definition dessen, was für das Endprodukt an Leistungen erbracht werden muss, damit es für den Kunden von akzeptabler Qualität ist (Acceptance criteria)
c) Die Schaffung einer umfassenden und festen Grundlage für die Initiierung des Projekts
d) Die Auslösung des Prozesses *Vorbereiten eines Projekts* (Starting up a Project)

Lösung: b) Eine messbare Definition dessen, was für das Endprodukt an Leistungen erbracht werden muss, damit es für den Kunden von akzeptabler Qualität ist (Acceptance criteria). Nur wenn objektive Anforderungen und Kriterien vorliegen, ist überhaupt eine Überprüfung der geforderten Eigenschaften möglich.

Welche Aussage ist KEIN Grundgedanke des Prozesses **Abschließen eines Projekts** ***(CP, Closing a Project)? „Ein klarer Abschluss des Projekts ...***

a) bietet eine gute Gelegenheit, Bilanz zu ziehen und Erreichtes auszuwerten."
b) ermöglicht es sicherzustellen, dass alle Ziele, die nicht erreicht wurden, identifiziert werden."

c) ermöglicht es auszuwerten, ob der erwartete Nutzen erreicht wurde."
d) verspricht immer mehr Erfolg als die natürliche Tendenz des schleichenden Übergangs in das Tagesgeschäft."

Lösung: *c) ... ermöglicht es auszuwerten, ob der erwartete Nutzen erreicht wurde." Dies wird erst nach Abschluss des Projekts durchgeführt und zählt als Durchführung der Nutzenrevision nicht mehr zu PRINCE2™.*

Welches Thema ist eng mit dem Konfigurationsmanagement verbunden?

a) Risiken (Risks)
b) Projektabschluss (Project Closure)
c) Änderungen (Change)
d) Organisation

Lösung: *c) Änderungen (Changes). Genehmigte und abgenommene Produkte („Baseline") werden im Konfigurationsmanagement dokumentiert und abgelegt. Änderungen an diesen Produkten können nur gesteuert und kontrolliert über die Änderungssteuerung erfolgen.*

Welches Element von PRINCE2™ ermöglicht es dem Projektmanager festzustellen, wo ein Produkt ist, welche Version aktuell ist und wer daran arbeitet?

a) Arbeitspaket (Work Package)
b) Produktbeschreibung (Product Description)
c) Teamstatusbericht (Checkpoint Report)
d) Konfigurationsmanagement (Configuration Management)

Lösung: *d) Konfigurationsmanagement (Configuration Management). In den meisten Fällen wird bereits bei Vorhandensein der Produktbeschreibung ein Configuration Item angelegt, sodass hier Status-Änderungen im Produktverlauf dokumentiert werden können, wie z. B. „in Bearbeitung".*

Welche Aktivität werden nach PRINCE2™ ereignisgesteuert und nicht regelmäßig durchgeführt?

a) Überprüfung der offenen Punkte
b) Erstellung des Teamstatusberichts
c) Erstellung des Projektstatusberichts
d) Umsetzung einer Ausnahmebewertung

Lösung: *d) Ausnahmebewertungen. Dies geschieht nach dem Einreichen des Ausnahmeplans. Zu Option a) gibt es keine weitere Spezifizierung. Dass es regelmäßig umgesetzt wird, ist die einzige Vorgabe, die PRINCE2™ diesbezüglich macht. Weiter wird dies nicht spezifiziert. Option b): Wie oft der Teamstatusbericht zu erstellen ist, wird im Arbeitspaket beschrieben. Option c): Wie oft der Projektstatusbericht vom Projektmanager erstellt werden soll, ist im Phasenplan zu finden.*

Was bezeichnet eine Tranche?

a) Ein Wissensgebiet des Projektmanagements, das in einem Projekt kontinuierlich beachtet und auf eine bestimmte Weise angewendet werden muss, damit die PRINCE2™-Prozesse wirkungsvoll eingesetzt werden können
b) Eine logische Gruppierung von Projekten innerhalb eines Programms, die in fest vorgegebenen Schritten bestimmte Fähigkeiten und einen bestimmten Nutzen erzielen (sollen)
c) Eine Form der Behandlung eines Risikos, das eine Bedrohung oder Chance darstellt, durch Risikoverteilung nach dem „Gain-Pain-Sharing-Modell"
d) Alle systematischen Handlungen, die erforderlich sind, damit ein Vertrauen in die Angemessenheit der Zielvorgaben (System, Prozess, Organisation, Programm, Projekt, Ergebnis, Nutzen, Fähigkeit, Output, Liefererergebnis) gewährleistet ist. Die Angemessenheit kann im Einzelfall subjektiv oder objektiv definiert werden.

Lösung: b) Eine logische Gruppierung von Projekten innerhalb eines Programms. Dies entspricht der Definition des Begriffs: Tranche. Eine logische Gruppierung von Projekten innerhalb eines Programms, die in fest vorgegebenen Schritten bestimmte Fähigkeiten und einen bestimmten Nutzen anstreben (Quelle: OGC, Erfolgreiche Projekte managen mit PRINCE2™, Seite 363). Option a) bezeichnet den Themen-Begriff. Option c) bezieht sich auf das Teilen als Risikobehandlung. Option d) beschreibt die „Sicherung".

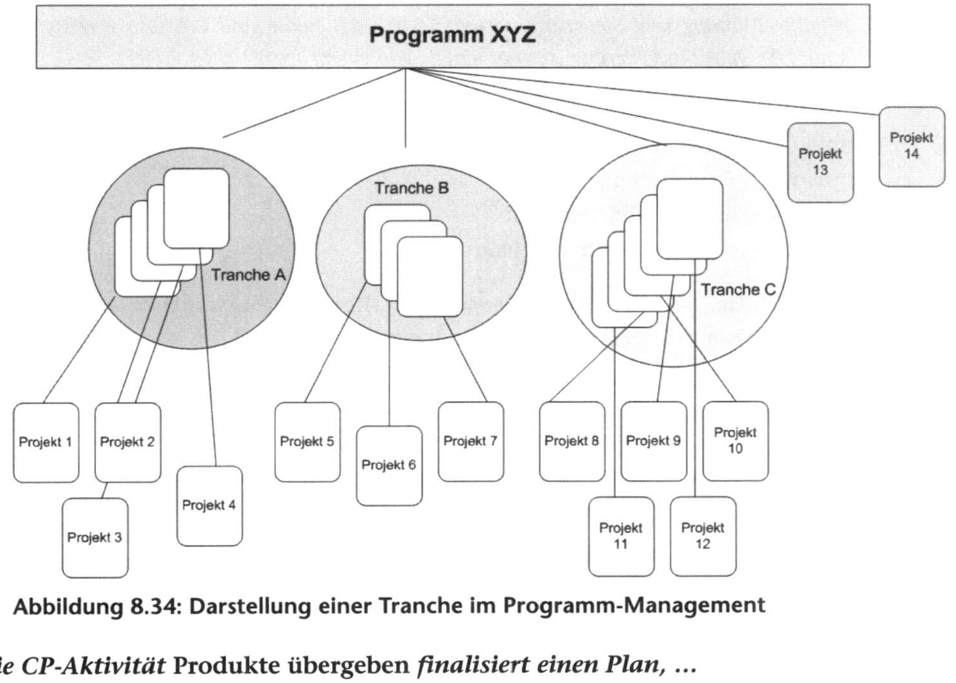

Abbildung 8.34: Darstellung einer Tranche im Programm-Management

Die CP-Aktivität* Produkte übergeben *finalisiert einen Plan, ...

a) wenn der durch die Realisierung hervorgebrachte Nutzen überprüft werden sollte.
b) wenn die Qualitätsprüfung vorgenommen werden soll.

c) um sicherzustellen, dass alle Mitglieder des Lenkungsausschusses über den Abschluss des Projekts informiert wurden.
d) um die Ergebnisse aus der Projektrevision (Benefits Review) zu kontrollieren.

Lösung: *a) wenn der durch die Realisierung hervorgebrachte Nutzen überprüft werden sollte. Der CP-Prozess (*Abschließen eines Projekts*) aktualisiert zwar den Nutzenrevisionsplan, der bereits im IP-Prozess erstellt wurde, dessen Umsetzung findet aber letztendlich erst nach dem Projektende statt.*

Welche Funktion überwacht die Verwendung der bzw. des Qualitätsmanagementverfahren(s) im Projekt?

a) Projektunterstützung (Project Support)
b) Projektsicherung (Project Assurance)
c) Qualitätskontrolle (Quality Control)
d) Qualitätssicherung (Quality Assurance)

Lösung: *b) Projektsicherung (Project Assurance). Sie stellt sicher, dass das Qualitätsmanagementverfahren ordnungsgemäß angewendet wird. So wird sichergestellt, dass das Projekt angemessen und ordnungsgemäß durchgeführt wird. Sie bezieht sich direkt auf Aufgaben des Lenkungsausschusses, sodass die Verantwortlichkeit innerhalb des Projektmanagement-Teams liegt. Unabhängig davon kümmert sich Option d) darum, dass von einer unabhängigen Stelle kontrolliert wird, dass die für eine ordnungsgemäße Planung und Steuerung notwendigen Instrumente und Prozesse vorhanden sind. Die Qualitätssicherung ist unabhängig von einem spezifischen Projekt.*

Was sind Bestandteile der Planungsebenen von PRINCE2™?

a) Projektplan und Nutzenrevisionsplan
b) Projektplan und Programmplan
c) Projektplan, Phasenplan und Teamplan
d) Ausnahmebewertung und Ausnahmeplan

Lösung: *c) Projektplan, Phasenplan und Teamplan. Der Ausnahmeplan aus Option d) ersetzt lediglich einen dieser Pläne. Der Programmplan aus Option b) steht außerhalb des Projekts.*

Welches andere Produkt wird außer dem Business Case und dem Projektplan am Ende jeder Phase (Stage) überprüft und aktualisiert?

a) Das Projektmandat (Project Mandate)
b) Das Qualitätsregister (Quality Register)
c) Das Risikoregister (Risk Register)
d) Die Projektbeschreibung (Project Brief)

Lösung: *c) Das Risikoregister (Risk Register). Risikomanagement ist eine kontinuierliche Aufgabe, die über die CS-Aktivität* Phasenstatus prüfen *abgedeckt wird, aber auch über die Planung durch den Schritt* Risiken analysieren *integriert ist. Option a) wird vor Beginn der Projektvorbereitung erstellt.*

9 PRINCE2™ und ITIL®

Sowohl ITIL® (IT Infrastructure Library®) als auch PRINCE2™ (Projects IN a Controlled Environment™) wurden von dem Office of Government Commerce (OGC) in Großbritannien entwickelt und werden seit der ITIL®-Version 3 auch in Bezug auf die Qualifizierungen und Zertifizierungen durch die gleiche Organisation betreut. Hinter der gemeinsamen Herkunft verbergen sich weitere Gemeinsamkeiten.

9.1 Was ist ITIL®?

ITIL® steht als Abkürzung für Information Technology Infrastructure Library. Wie der Name vermuten lässt, handelt es sich hierbei um eine Sammlung von Büchern, eine Bibliothek. Die ITIL®-Bände beschäftigen sich mit einem Bereich des Themenkomplexes IT Service Management. ITIL® ist eine über viele Jahre entstandene und gewachsene Sammlung von Best Practice-Anleitungen. Sie enthält Empfehlungen und schafft so einen Rahmen für die strategische, taktische und operative Umsetzung von IT Services.

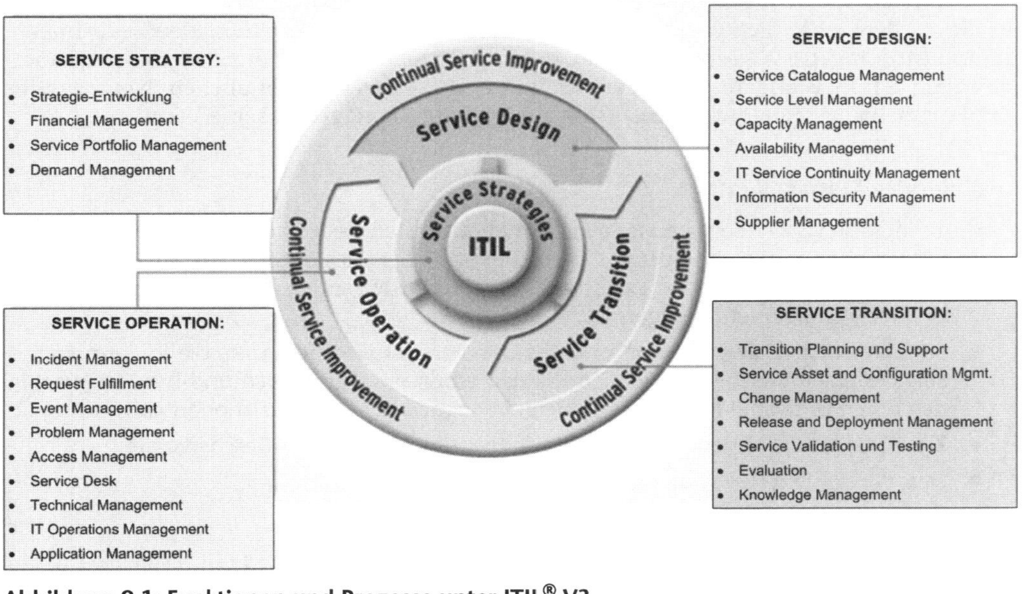

Abbildung 9.1: Funktionen und Prozesse unter ITIL® V3

Dieses Framework bietet die Grundlage zur Verbesserung von Einsatz und Wirkung der eingesetzten IT-Infrastruktur und aller weiteren Mittel, die an der Wertschöpfung für den Kunden beteiligt sind. Diese Wertschöpfung steht für den Nutzen durch die IT Services, um deren Lebenszyklus (Lifecycle) sich die ITIL®-Literatur dreht.

War die ITIL® V2 noch deutlich in eigene Prozessdomänen (Service Support, Service Delivery etc.) unterteilt und stark auf das Thema Prozess ausgerichtet, geht die Version 3 unter Beibehaltung der Best Practices in Richtung Lifecycle (Lebenszyklus) von IT-Services (*siehe Abbildung 9.1*). Eine Basis bildet dabei der explizite Wechsel von einer auf Prozesse ausgerichteten Sichtweise zu einem vollständigen Service-Lebenszyklus – angefangen von der Strategie über Design, Umsetzung und den Betrieb der IT-Services bis hin zu einem kontinuierlichen Verbesserungsprozess, der entsprechend über die fünf Kernpublikationen abgebildet wird.

Bei der grundsätzlichen Frage, wie IT-Umgebungen aufgebaut und betrieben werden sollen, tauchen diverse Schlagworte immer wieder auf. Dazu gehören Themen wie ITIL®, ITSM oder ISO 200000. Bei all diesen in Bezug auf Prozesse und IT Service Management miteinander in Verbindung stehenden Ansätzen ist die unabdingbare Bereitschaft zum Wandel in Richtung Kunden- und Serviceorientierung eine Voraussetzung für die erfolgreiche Umsetzung.

Dies bedingt in vielen Unternehmen eine Anpassung der vorherrschenden Service-Kultur. Mithilfe von ITIL® soll zudem eine eindeutige Begriffswelt im IT-Service Management-Bereich (ITSM) geschaffen werden. So wissen Anwender und Kunden, was sie von einer IT-Organisation und ihren Dienstleistungen erwarten können. Dies ermöglicht ein gemeinsames und allgemeines Verständnis der Aufgaben von Seiten der IT-Betreiber. Letztendlich sprechen alle Beteiligten die „gleiche Sprache".

Dieser Aufgabe kam Ende der 80er Jahre die CCTA (Central Computer and Telecommunications Agency) durch die ITIL®-Dokumentationen nach. Dabei wurden die dokumentierten Prozesse nach dem Best Practice-Ansatz optimiert. Das Potenzial von ITIL® vergrößerte sich, als die aus den behördlich geprägten Strukturen stammende Beschreibung den Bedürfnissen der Industrie angepasst wurde. Durch diese Öffnung wurde ITIL® zu dem international anerkannten De-facto-Standard. Im Gegensatz zum De-jure-Standard, der über ein Normungsinstitut offiziell abgesegnet wird, stützt sich ein De-facto-Standard auf seine Verbreitung.

IT Service Management

Hinter dem Begriff IT Service Management verbirgt sich das Bündel aller Maßnahmen und Aktivitäten, um Qualität und Quantität von IT Services optimal und zielgerichtet zu planen, zu überwachen und zu steuern. Per definitionem steckt hinter dem Begriff „IT Service Management" Folgendes:

- Bündel von spezialisierten und organisatorischen Kernkompetenzen, die in Form von Services einen Wertbeitrag für den Kunden erbringen. Funktionen und Prozesse werden durch Umwandlung von Ressourcen in hochwertige Services angeboten
- Ziel: Qualität der IT Services verbessern – als Unterstützung der Geschäftsziele
- „Item" zwischen IT, Kunde und Dienstleistung

Die ITIL®-Bibliothek umfasste ursprünglich mehr als 40 Bücher, die dann in Bezug auf Service Support (Betrieb von IT-Diensten) und Service Delivery (Bereitstellung von IT-Diensten) als Kern der Version V2 zusammengefasst wurden. In der Version V3 wurde die gesamte Bibliothek überarbeitet und in fünf Büchern beschrieben, die sich um den Service Lifecycle drehen.

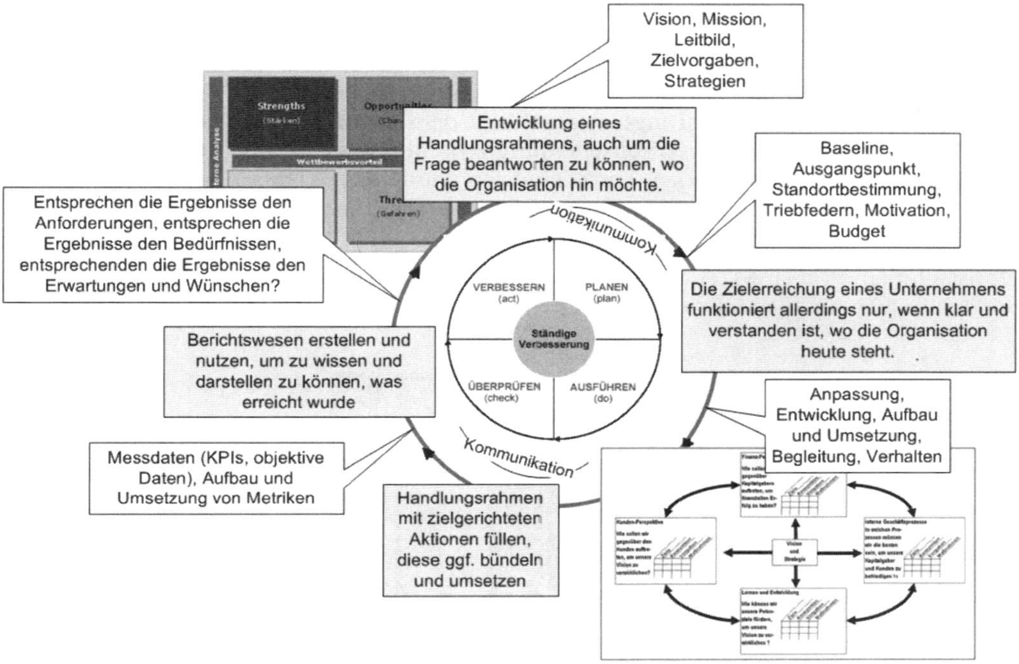

Abbildung 9.2: Das Unternehmen gibt durch seine Vision und seine strategischen Vorgaben die Richtung an. Dabei können unterschiedlichen Werkzeuge und Ansätze (z. B. Balanced Scorecard, Deming-Zyklus, Gap- oder SWOT-Analyse) zum Einsatz kommen.

ITIL® liefert nicht das „Wie“, sondern das „Was“ zur Erbringung einer bedarfsgerechten IT Service-Leistungserbringung. Daher muss ein Unternehmen die Modelle und Vorgaben aus der ITIL®-Bibliothek zunächst auf seine jeweiligen Bedürfnisse anpassen. Die Über- und Umsetzung muss die Organisation jedoch selber leisten (*siehe Abbildung 9.2*). Bereits bestehende Serviceprozesse berücksichtigt das Regelwerk ebenso wenig wie den Umstand, dass unterschiedliche Produkte unterschiedliche Anforderungen und Prozesse mit sich bringen. Hier ist zwischen Flexibilität und geringem Detaillierungsgrad abzuwägen. Aus diesen Gründen wird ITIL® als Framework bezeichnet. Es gibt lediglich den Rahmen vor, den sich die Unternehmen als Schablone und Empfehlungsgrundstock zunutze machen können.

Die Prozesse und Funktionen bilden dabei das Rückgrat des IT Service Management unter ITIL® V3. Sie stellen die Grundlagen der Aktivitäten und Aufgaben dar, die in den ITIL®-Büchern beschrieben werden, um die vereinbarte Qualität der IT Services zu leisten. Im Sinne des IT Service Management erfolgt eine Koordination und Steuerung der zugehörigen Funktionen, Prozesse und Systeme während des gesamten Service Lifecycle.

9.1.1 Die Historie von ITIL®

Bereits Anfang der 80er Jahre suchten Mitarbeiter des britischen Staates im Auftrag der damaligen (Thatcher-)Regierung nach Möglichkeiten, um die Kosten der IT im staatlichen Bereich zu reduzieren. Ziel waren höhere Effizienz und geringere Kosten, ohne dabei die Entwicklungs- und Innovationskraft der neuen Technologien zu gefährden.

Das Projekt wurde dann als Government Information Technology Infrastructure Management Method (GITIMM) vorgestellt und 1986 offiziell gestartet. 1988 wurde von der GITIMM-Gruppe ein Benutzerforum installiert, aus dem sich dann später das itSMF (IT Service Management-Forum) entwickelte. Im Rahmen der eigentlichen GITIMM-Entwicklung, die durch reichhaltigen Erfahrungsaustausch mit dem privaten Sektor begleitet wurde, ist die auch heute noch aktuelle Unterscheidung zwischen Maßnahmen für Service Support und Service Delivery entstanden. Etwa zeitgleich wurde das GITIMM-Projekt umbenannt. Die alte GITIMM lebte als IT Infrastructure Library® (ITIL®) weiter.

In den Folgejahren entwickelte sich ITIL® als Maßstab der Leistungserbringung in privaten Unternehmen, und ITSM (IT Service Management) etablierte sich zu einem Begriff, der als Sammelbecken für alle Maßnahmen der Beteiligten rund um ITIL® Verwendung fand.

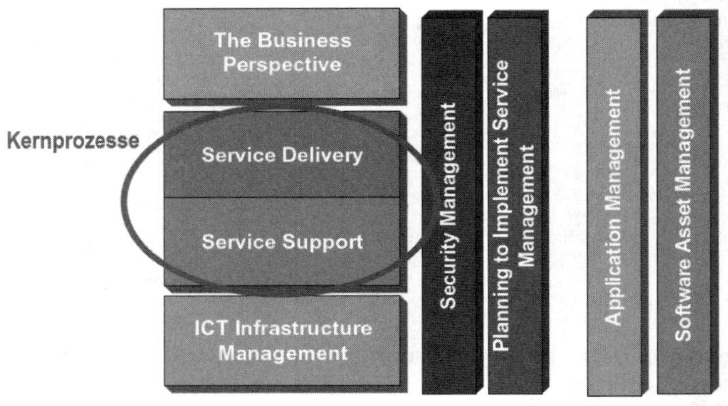

Abbildung 9.3: Die ITIL® V2-Publikationen. Den Schwerpunkt bildeten die beiden Veröffentlichungen Service Support und Service Delivery, da sie auch über den ITIL® V2-Foundation-Syllabus und die -Zertifizierungsprüfung geschult und geprüft wurden.

Die neue ITIL®-Version 3 wurde von der OGC vorangetrieben, nachdem die Veröffentlichungen von ITIL® V2 (*siehe Abbildung 9.3*) bereits breite Akzeptanz erfahren hatten. Ziel war die Veröffentlichung einer überarbeiteten Bibliothek bis zum Jahre 2007. Im Juli 2007 wurden die fünf Kernbücher der Version ITIL® 3 veröffentlicht (Erweiterung und Verbesserung der Inhalte, Einbindung von Frameworks wie z. B. CobIT).

ITIL® Version 3 (V3) erweitert, was mit Version 1 und Version 2 bereits angefangen und umgesetzt wurde. Jedoch rücken bei V3 der Service-Gedanke und die ganzheitliche Sicht auf die Unternehmung sehr viel stärker in den Vordergrund. Bisher standen die Planung und der Aufbau, der IT-Betrieb und das Infrastruktur-Umfeld im Mittelpunkt von ITIL®. Aber auch hier wird niemand verleugnen können, dass sich v. a. die taktischen Prozesse (aus dem ehemaligen Service Delivery-Set) sehr stark an den Anforderungen und Bedürfnissen der Services bzw. den SLAs zwischen Kunde und IT-Organisation ausgerichtet haben. Schließlich wurden die Planungsprozesse initiiert, um die Services verhandeln, planen, dimensionieren, anbieten, absichern und messen zu können.

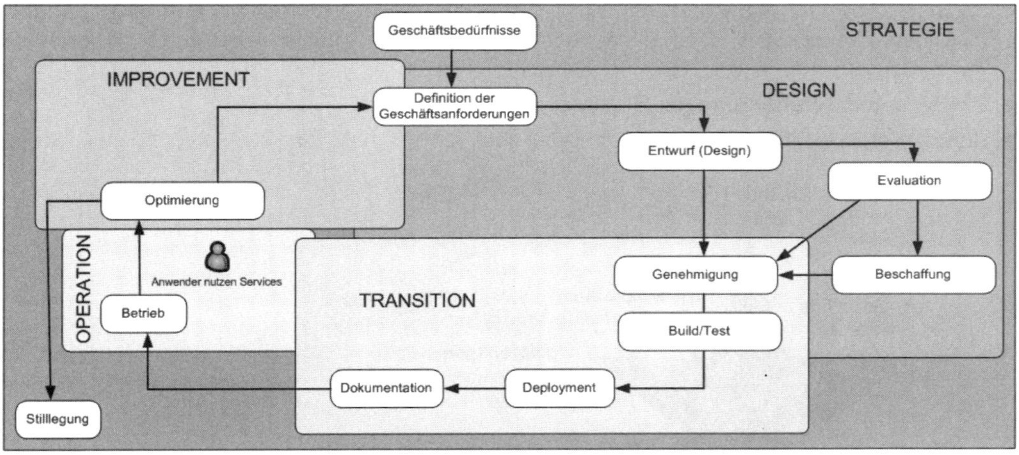

Abbildung 9.4: Praxisnahe Darstellung des Service-Lebenszyklus

Lag der Schwerpunkt der ersten beiden ITIL®-Editionen noch auf der Strukturierung von Prozessen in der IT, sollen mit ITIL® V3 nun die IT-Abteilungen und die Fachabteilungen des Unternehmens im Sinne des Unternehmensnutzens zusammenarbeiten.

9.1.2 Warum ITIL®?

IT Service Management bedeutet, die Qualität und Quantität des IT Service zielgerichtet, geschäftsprozessorientiert, benutzerfreundlich und kostenoptimiert zu überwachen und zu steuern. Dies heißt, dass die Gesamtheit aller zur Abwicklung des Geschäftsprozesses eingesetzten Ressourcen der unternehmensinternen IT zur Optimierung der Betriebsabläufe herangezogen wird. Der Zweck der IT begründet sich somit in der optimalen Unterstützung der Geschäftsprozesse zur Erreichung der Unternehmensziele.

Der große Nutzen von ITIL® besteht in der Qualitätsverbesserung auf allen Organisationsebenen. ITIL® beschreibt ein systematisches und professionelles Vorgehen für das Management von IT-Dienstleistungen. Die Library stellt nachdrücklich die Bedeutung der wirtschaftlichen Erfüllung der Unternehmensanforderungen in den Mittelpunkt (*siehe Abbildung 9.5*). ITIL® ist niemals Selbstzweck. Die Arbeit nach den in ITIL® beschriebenen „Best Practice"-Prozessen bringt der Organisation:

- Unterstützung der Geschäftsprozesse und der Aufgaben der daran beteiligten Mitarbeiter
- Definition von Funktionen, Rollen und Verantwortlichkeiten im IT Service-Bereich
- Weniger Aufwand bei der Entwicklung von Prozessen, Prozeduren und Arbeitsanweisungen
- Flexible IT-Dienstleistungen, die den Anforderungen des Business entsprechen
- Höhere Kundenzufriedenheit durch bessere und messbare Verfügbarkeit und Performance der IT Service-Qualität
- Höhere Produktivität und Effizienz durch den gezielten Einsatz von Wissen und Erfahrung
- Basis für eine Quality Management-Systematik im IT Service Management
- Höhere Mitarbeiterzufriedenheit und niedrigere Personalfluktuation

- Bessere Kommunikation und Information zwischen den IT-Mitarbeitern und ihren Kunden (Business-IT-Alignment) durch die Benutzung der gleichen Sprache sowie durch aktuellen Informationsaustausch
- Training und Zertifizierung der IT Service Professionals
- Internationalen Erfahrungsaustausch

Abbildung 9.5: Ziele der ITIL®-Nutzung

Diese Punkte erscheinen natürlich nicht nur kleinen Unternehmen als Notwendigkeit. Auch die Frage der externen Vermarktung von IT Services bzw. die Betrachtung der Wettbewerbstauglichkeit der IT-Abteilungen sind von Interesse und stehen vermehrt im Brennpunkt (z. B. IT Outsourcing).

IT als Servicegeschäft zu betrachten, sollte vorrangiges Ziel der Angestellten und Betreiber in diesem Bereich sein. Sie sollten in der Lage sein, sich in den Dienst des Anwenders zu stellen und den Blick auf das eigentliche Geschäftsziel zu richten. ITIL® ist ein mögliches Werkzeug in diesem Dschungel, das oftmals Ordnung in einen Wald bringt, den viele IT-Leute vor lauter Bäumen nicht mehr zu sehen scheinen. Denn letztendlich geht es doch darum, den Service-Gedanken in (möglichst) optimaler Art und Weise im Kundenumfeld umzusetzen, um einen entsprechenden Mehrwert bzw. Nutzen für das Unternehmen zu generieren.

ITIL® erspart Unternehmen die Mühe, neue Konzepte zu suchen und eigene Lösungen zu erarbeiten, da sich die Modelle bereits in der Praxis bewährt haben und so eine gewisse Planungs- und Prozesssicherheit bieten – auch wenn entsprechende individuelle Anpassungen und Anforderungsumsetzungen notwendig sind.

9.1.3 Prozesse und ITIL®

Die Prozesse stellen die Grundlagen der Aktivitäten dar, die neben den Funktionen in der Bibliothek beschrieben werden, um die vereinbarte Qualität der IT Services zu leisten.

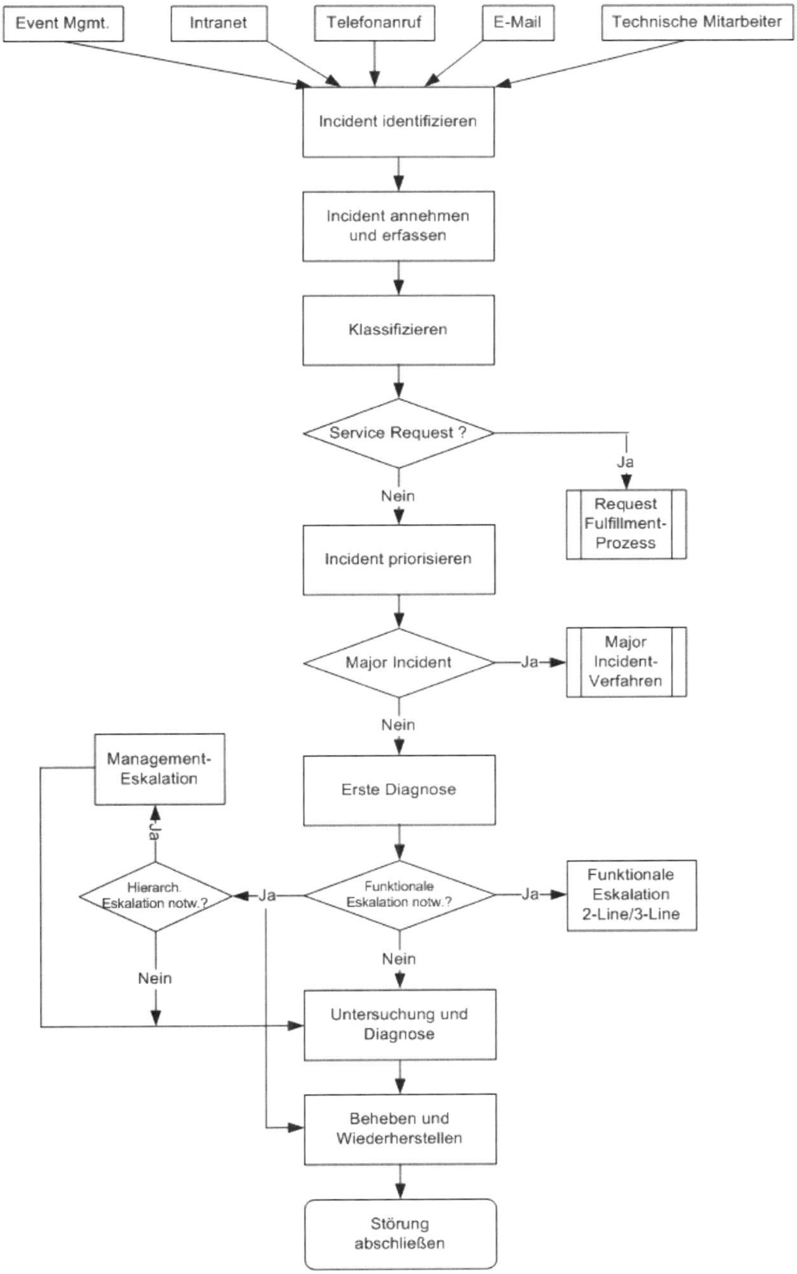

Abbildung 9.6: ITIL® (V3): Incident Management-Prozess

Prozesse stellen eine Zusammenstellung von Aktivitäten dar (*siehe Abbildung 9.6*). Diese wurden definiert, um ein bestimmtes Ziel umzusetzen. Voraussetzung ist dabei ein definierter Input, der über die Aktivitäten des Prozesses reproduzierbar in einen definierten Output umgewandelt wird. Genaue Ergebnisse sind das Resultat. Sie müssen einzeln identifizierbar und messbar bzw. zählbar sein (Metrik). Prozesse sind also messbar und ergebnisgetrieben. Sie sollen ein erwartetes Ergebnis liefern. Die Qualität muss stimmen; sie sollen in der geplanten Zeit ablaufen und den vorgesehenen Kostenrahmen einhalten. Qualität, Zeit und Kosten sind also drei wesentliche Leistungsmerkmale, die bei der Gestaltung und Optimierung von Prozessen eine zentrale Rolle spielen.

Es existieren unterschiedliche Prozessarten in einem Unternehmen. Dazu gehören Managementprozesse im Bereich Personalentwicklung, unterstützende Prozesse wie die ITIL®-Prozesse oder Geschäftsprozesse im Bereich der Produktion. Es geht stets darum, einen Mehrwert zu schaffen. Prozesse bleiben konsistent und sind von Verfahren und Funktionen unabhängig.

9.1.4 ITIL®-Kernprozesse V3

Die ITIL®-Spezifikationen organisieren sich in verschiedenen „Büchern", welche nach den Stationen eines Service-Lebenszyklus gegliedert sind. Betrachtet man den Lebenszyklus einer IT-Organisation und die angebotenen IT Services aus der ITIL®-Perspektive, so wird deutlich, dass der Ansatz umfassend ist und einmal definierte IT Services keine starren, unveränderlichen Beschreibungen darstellen. Doch gerade aus diesem Ansatz heraus sind die Wechselwirkungen und Abhängigkeiten zwischen den einzelnen Stationen des Service Lifecycle relevant. Gibt es keine definierten und abgestimmten Leistungsindikatoren, können auch keine Messungen der Servicequalität oder gar ein Reporting umgesetzt werden. Wer einen IT Service-Lebenszyklus kontinuierlich verbessern will, kommt um die Messung und Analyse der Leistungen der IT-Organisation und der Services nicht herum.

Die Orientierung der ITIL®-Kernbücher am Service-Lebenszyklus ist in Bezug auf die ITIL®-Version ständig präsent und ist mehr als eine bloße grafische Darstellung. Im Grunde genommen steht der Service Lifecycle für die gesamte Lebensdauer eines IT Service: von seiner Entstehung an bis hin zu seiner Stilllegung („Retiring"), d. h. bis zu dem Zeitpunkt, wo er wieder aus dem Betrieb verschwindet, weil er aus beliebigen Gründen nicht mehr benötigt wird. Ein neuer Service müsste sich erneut an der Service-Strategie von Unternehmen und Service Provider ausrichten. Damit startet der Service-Zyklus von neuem. Dieser aufeinanderfolgende Verlauf ist typisch für zahlreiche Lebenszyklen und ist z. B. auch aus dem Bereich des Produktmanagements bekannt.

Der Begriff „IT Service"

Ein IT Service steht für die Ergebnisse und den Nutzen, die der Kunde erzielen möchte, ohne die Verantwortung und die dazugehörigen, unmittelbaren operativen Kosten und Risiken zu tragen.

Service Strategy repräsentiert die Richtlinien und Ziele. Service Design, Service Transition und Service Operation sind progressive Phasen, welche die Änderung, den Change und deren Umsetzung sowie den Betrieb repräsentieren. Continual Service Improvement entspricht dem beständigen und regelmäßigen Lernen und Verbessern:

Die Architektur der ITIL® V3-Kernbücher basiert auf einem Service-Lebenszyklus mit den folgenden Bestandteilen:

- Service Strategy (SS) als Anleitung, wie Service Management entworfen, entwickelt und implementiert werden kann, um nicht nur ein organisatorisches Capability (Fähigkeit) darzustellen, sondern ein strategisches Asset. Ein Asset kann eine Ressource und/oder Fähigkeit darstellen. Die Assets eines Service Providers umfassen alle Elemente, die zur Erbringung eines Service beitragen können. Die Inhalte beziehen sich in diesem Band z. B. auf die Entwicklung von internen und externen Märkten, Service Assets und die Implementierung der Strategie über den Service Lifecycle.

- Service Design (SD) bietet Anleitungen für den Entwurf und die Entwicklung von Services und Prozessen. Design-Prinzipien und Methoden werden vorgestellt, über die sich strategische Ziele in ein Portfolio von Services und Service Assets überführen lassen.
- Service Transition (ST) kümmert sich um die Entwicklung und Verbesserung von Fähigkeiten in Bezug auf die Einführung neuer oder geänderter Services in die Produktivumgebung.
- Service Operation (SO) betrachtet den Betrieb in Bezug auf Effizienz und Effektivität der Lieferung und Unterstützung der IT Services.
- Continuous Service Improvement (CSI) stellt Instrumentarien und Anleitungen zur Verfügung, die immer wieder die Verbesserung von Design, Einführung und Betrieb der IT Services zum Ziel haben. Dieser Band dreht sich um die ständige Verbesserung der Serviceprozesse während des gesamten Service Lifecycle.

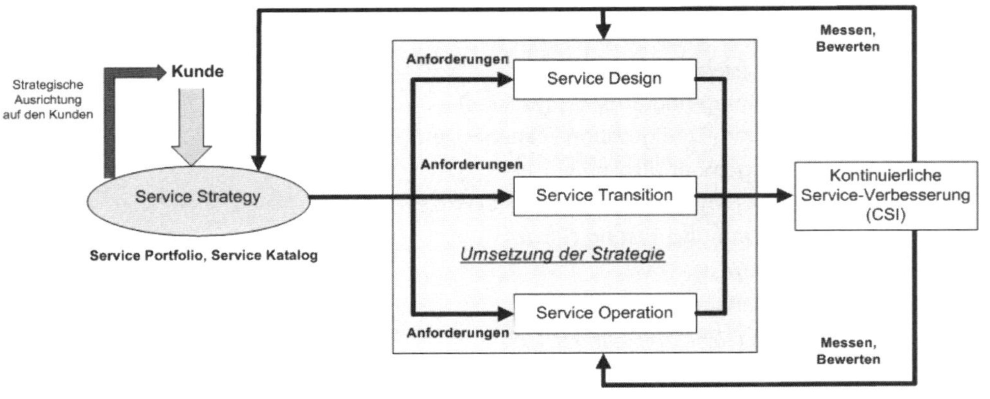

Abbildung 9.7: Die Service-Strategie bildet das Fundament.

Die Prozesse und Funktionen in der ITIL®-Literatur lauten wie folgt:

- Service Strategy (*siehe Abbildung 9.7*)
  - Strategie-Entwicklung (Prozess)
  - Financial Management (Prozess)
  - Service Portfolio Management (Prozess)
  - Demand Management (Prozess)
- Service Design (*siehe Abbildung 9.8*)
  - Service Catalogue Management (Prozess)
  - Service Level Management (Prozess)
  - Capacity Management (Prozess)
  - Availability Management (Prozess)
  - IT Service Continuity Management (Prozess)
  - Information Security Management (Prozess)
  - Supplier Management (Prozess)

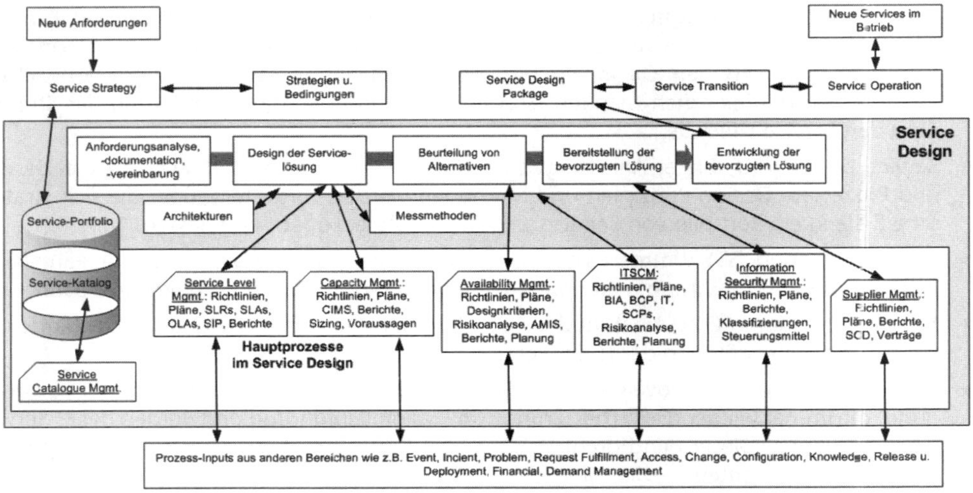

Abbildung 9.8: Übersicht zum Service Design

- Service Transition (*siehe Abbildung 9.9*)
  - Transition Planning und Support (Prozess)
  - Service Asset and Configuration Management (Prozess)
  - Change Management (Prozess)
  - Release and Deployment Management (Prozess)
  - Service Validation und Testing (Prozess)
  - Evaluation (Prozess)
  - Knowledge Management (Prozess)
- Service Operation (*siehe Abbildung 9.10*)
  - Incident Management (Prozess)
  - Request Fulfillment (Prozess)
  - Event Management (Prozess)
  - Problem Management (Prozess)
  - Access Management (Prozess)
  - Service Desk (Funktion)
  - Technical Management (Funktion)
  - IT Operations Management (Funktion)
  - Operations Control
  - Facilities Management
  - Application Management (Funktion)

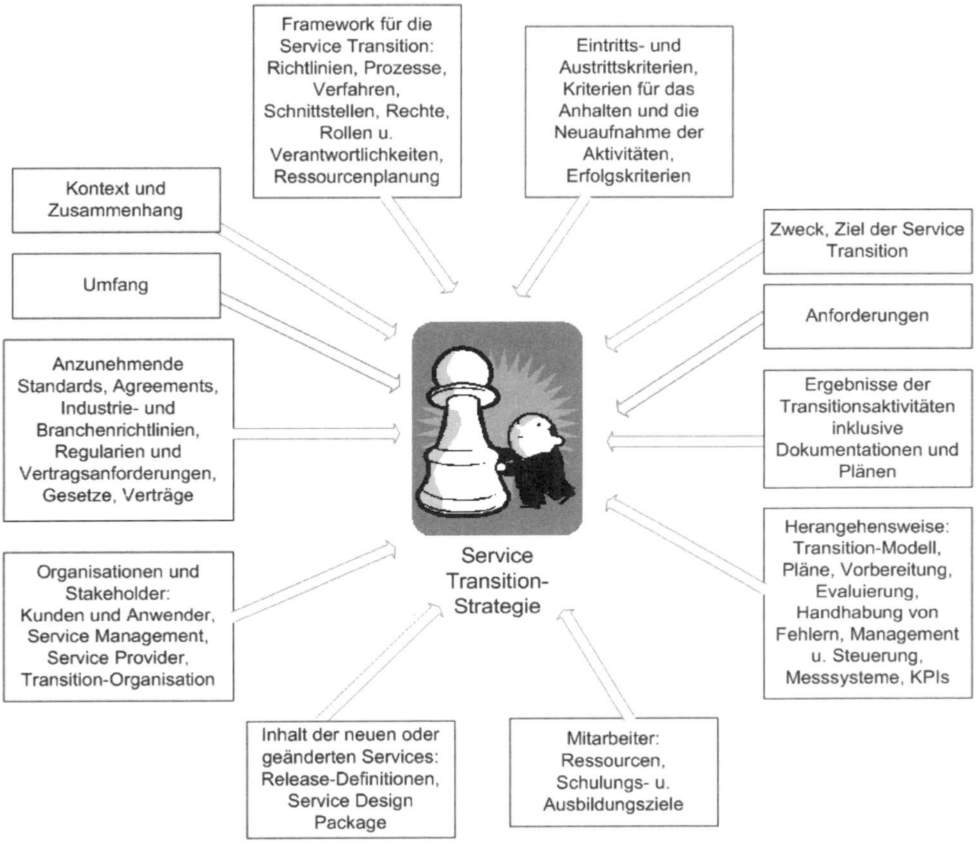

Abbildung 9.9: Input für die Service Transition-Strategie, auch relevant für PRINCE2™

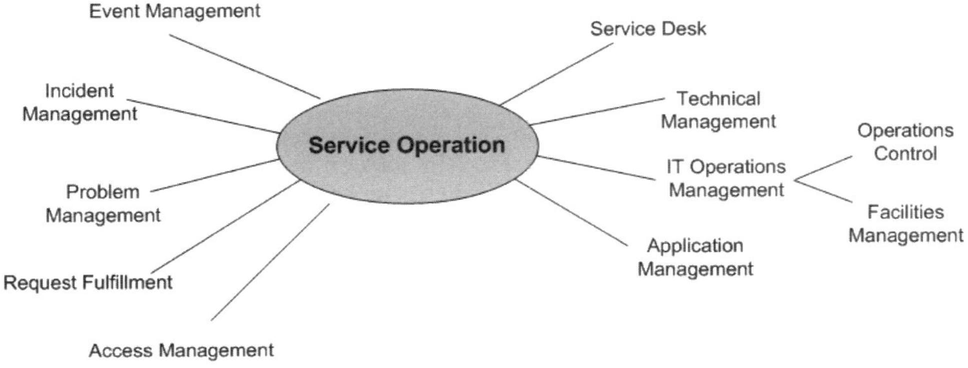

Abbildung 9.10: Prozesse (links) und Funktionen (rechts) im Service Operation

- Continual Service Improvement (*siehe Abbildung 9.11*)
  - 7-Step-Improvement-Prozess (Prozess)
  - Service Reporting (Prozess)
  - Service-Messungen/Service Measurement (Prozess)

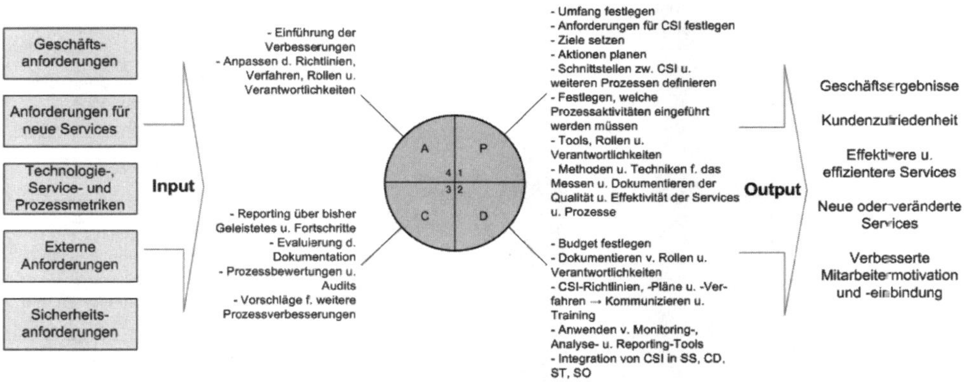

Abbildung 9.11: Die Continual Service Improvement-Phase nutzt den PDCA-Kreislauf, um zum einen die Implementierung des CSI und zum anderen die beständige Verbesserung von Services und Prozessen umzusetzen.

9.2 Buzzword-Bingo: Synergien schaffen

Die beiden Rahmenwerke ITIL® und PRINCE2™ können unabhängig voneinander eingesetzt bzw. angewendet werden. Ihr Anwendungsspektrum zeichnet sich ebenso als unabhängig von Unternehmensgröße oder Anwendungsbereich ab. Beide können global im Unternehmen eingeführt werden oder nach und nach Anwendung finden. Sie besitzen somit eine Art Skalierungsfaktor, der es ermöglicht, diese Best Practice-Ansätze auch auf sehr kleine Unternehmen und Projekte anzuwenden. PRINCE2™ als Projektmanagement-Methode ist für jedes Projekt unabhängig vom Projektumfang oder der Projektumgebung anwendbar (*siehe Kapitel 6, Tailoring: PRINCE2™ an die Projektumgebung anpassen*).

9.2.1 Gemeinsames verbindet

Beide Werke basieren auf gleichen Denkansätzen und verfolgen ähnliche Ziele: Sie orientieren sich an den Kundenanforderungen, sind sehr stark an dem Geschäftsnutzen bzw. den Geschäftsanforderungen, an Qualität und langfristiger Kosteneffizienz ausgerichtet, um einen Mehrwert für den Kunden zu schaffen. Beide Werke verwenden auch ein spezifisches Glossar. Hier ist dringend zu empfehlen, diese Begriffe der beiden OGC Best Practices im Unternehmen zu etablieren, um eine eindeutige Kommunikation zu erleichtern, die allen Beteiligten zugute kommt.

Bevor ein Projekt aber in die Vorbereitung starten kann, ist zu klären, wie das Unternehmen den Begriff des „Projekts" definiert. Wo hört eine Aufgabe im Tagesgeschäft auf, was ist eine Maßnahme und wo fängt ein Projekt an? Zur Beantwortung dieser Fragen empfiehlt sich eine eindeutige und nachvollziehbare Klassifizierung, die nicht nur die Komplexität und Größe (und damit wahrscheinlich die Leistungstage), sondern auch eine Risikobetrachtung und die strategische Bedeutung eines Vorhabens, z. B. auch aufgrund von gesetzlichen oder regulativen Vorgaben, einbezieht.

Während der gesamten Laufzeit gehört ein Prinzip zu einem PRINCE2™-Projekt; die fortlaufende geschäftliche Rechtfertigung eines Projekts über den Business Case, der die Notwendigkeit des Projekts begründet und es wirtschaftlich rechtfertigt. Es muss immer eine betriebswirtschaftliche Rechtfertigung für das Projekt existieren. Ohne Business Case kein Projekt. ITIL® erhält den Input für seine Prozesse zur Unterstützung der Services aus dem Unternehmen als Geschäftsanforderungen. ITIL® definiert in der Lebenszyklus-Phase Service Strategy ebenfalls einen Business Case. Eine mögliche Struktur besteht aus Einleitung, Annahmen und Methoden, Auswirkungen auf das Business in Bezug auf die Business-Ziele (auch nicht-finanzieller Art!), Risikobewertung und Notfallplanung mit entsprechenden Empfehlungen.

IT darf kein Selbstzweck sein, sondern muss sich konsequent an den Bedürfnissen des Business orientieren. Ganz wichtig ist dabei die kundenorientierte Sichtweise.

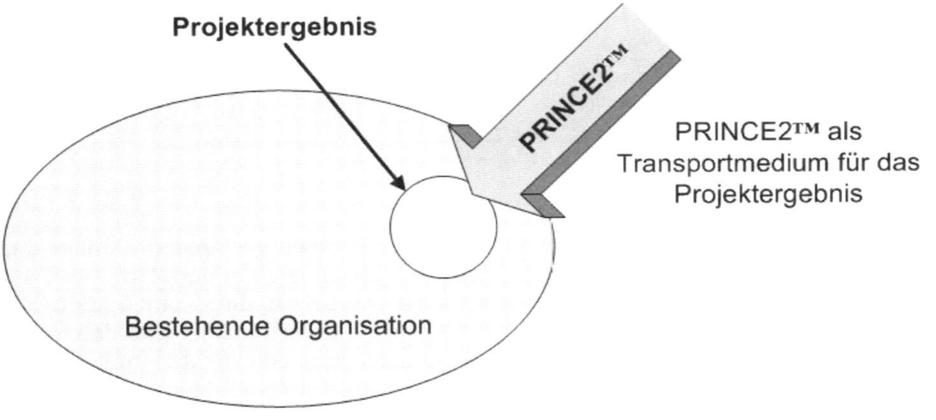

Abbildung 9.12: PRINCE2™ als Projektmanagement-Methode transportiert Veränderungen in die bestehende IT-Organisation.

Sowohl PRINCE2™ als auch ITIL® haben sich als Best Practices und De-facto-Standards bewährt. Sie schaffen als wesentlicher Bestandteil ihrer Einführung eine „gleiche Sprache" unter den Beteiligten und basieren auf Prozessen mit definiertem Input, Output und Aktivitäten. Beiden ist der konsequent prozessbasierte Ansatz gemeinsam. ITIL® liefert über seine Prozesse nicht das „Wie", sondern das „Was" zur Erbringung einer bedarfsgerechten IT Service-Leistungserbringung. PRINCE2™ deckt über seine Prozesse die gesamte Breite des Projektlebenszyklus ab. Diese reichen von der Vorbereitung des Projekts über seine Steuerung des Fortschritts bis hin zum Projektabschluss.

Ein gravierender Unterschied existiert allerdings: PRINCE2™ ist branchenübergreifend und für die Erzielung eines beliebigen Projektergebnisses einsetzbar, während ITIL® sich auf IT Services und die Betrachtung der IT-Organisation konzentriert.

Diejenigen, die bereits mit dem Thema ITIL® in Berührung gekommen sind, werden wenig Schwierigkeiten haben, sich mit PRINCE2™ als Methode anzufreunden und diese zu durchdringen. Im umgekehrten Fall dürfte dies ähnlich sein.

9.2.2 ITIL® und PRINCE2™ Hand in Hand

Mit der Projektmanagement-Methode PRINCE2™ haben ITIL®-orientierte Organisationen eine Lösung an der Hand, die ein Miteinander beider Welten sicherstellt. So ist beiden auch der Framework-Charakter gemeinsam. Anpassungsarbeit ist stets notwendig. Die Methode mit ihren Prozessen dient bei PRINCE2™ und ITIL® dem Unternehmen lediglich als Basis und Rahmen. ITIL® nimmt sich der IT-relevanten Prozesse und Funktionen im Unternehmen an, ohne die Technologie zu stark in den Vordergrund zu stellen.

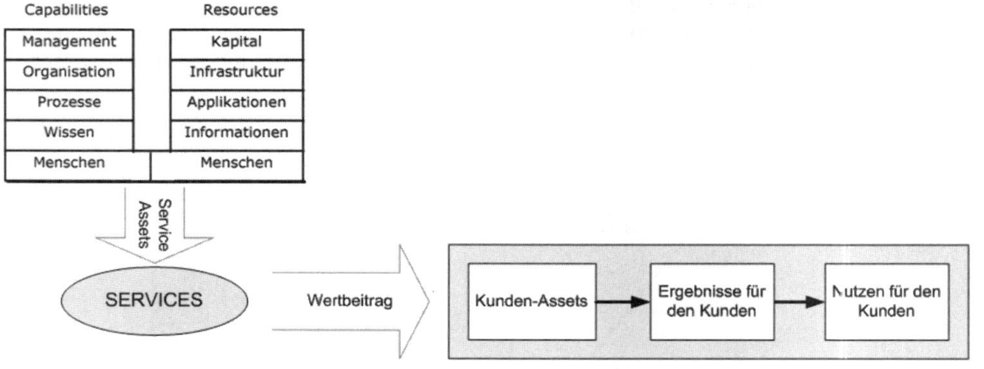

Abbildung 9.13: Mehrwert für den Kunden

Diese Funktions- und Prozessbeschreibungen bieten damit einen geeigneten Rahmen für individuelles IT Service Management und schaffen die Möglichkeit, aus den Ressourcen der IT-Organisation hochwertige Services in Richtung Kunde zu liefern, die so einen Mehrwert und Nutzen für das Unternehmen darstellen, indem sie Geschäftsprozesse und damit den Geschäftserfolg sichern (*siehe Abbildung 9.13*). Die Fähigkeit, aus den Objekten und Inhalten der IT-Organisation Werte zu erschaffen („Service Assets“) ist ein wichtiger Gesichtspunkt für die Best Practice-Empfehlungen der ITIL®-Literatur. Die Funktionen und Prozesse als konkrete Inhalte sind aber keine Anleitung im engeren Sinne und können bei der Implementierung unternehmensspezifisch konkretisiert werden. Der damit geschaffene Freiraum und die Möglichkeiten für das jeweilige Unternehmen erscheint dem einen als Fluch und fehlende Konkretisierung, anderen ist dies eher willkommen, als die starre Vorgabe von Normen und harten Vorschriften. Schließlich wird auf diesem Wege jedem Unternehmen hinreichend Flexibilität eingeräumt, um die notwendigen Veränderungen einzuleiten.

ITIL® geht einher mit dem Erbringen und Verwalten von IT-Dienstleistungen für das Unternehmen und Services des Unternehmens mit dem klaren Ziel vor Augen, den Geschäftserfolg des Unternehmens auf Kundenseite zu unterstützen. Die Bibliothek richtet das Augenmerk auf die Verbindung von Unternehmenszielen und IT, indem stets betont wird, dass die IT zur Wertschöpfung beitragen muss.

PRINCE2™ hört als Projektmanagement-Methode da auf, wo ITIL® mit seinen Operations-Prozessen anfängt, d. h. den Betrieb des Projektergebnisses übernimmt. ITIL® empfiehlt zur Umsetzung von Projekten, die nach erfolgreichem Projektabschluss in den Betrieb wechseln, auf PRINCE2™ zurückzugreifen. So können PRINCE2™-geführte Projekte nahtlos in eine ITIL®-Organisation eingebettet werden (*siehe Abbildung 9.14*). Diese Empfehlung kommt nicht von ungefähr, verfügen beide doch über ein gemeinsames Grundverständnis hinsichtlich Effektivität, Effizienz und Nutzenorientierung für das Unternehmen.

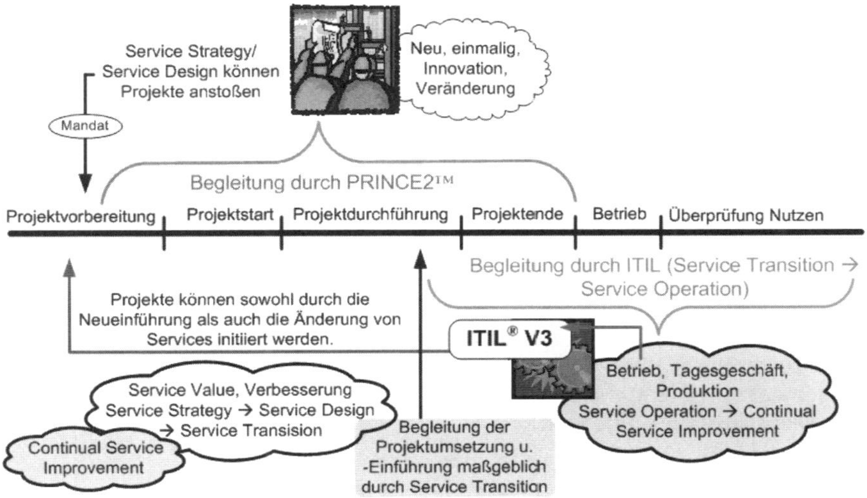

Abbildung 9.14: PRINCE2™ und ITIL®: Hand in Hand

Initial ist aber davon auszugehen, dass Service Strategy und Service Design Anstöße für Veränderung in der Organisation liefern. Sie bilden einen Rahmen und die Voraussetzungen, aber auch Anforderungen für das Projektmanagement. Beispiele dafür sind neue oder veränderte Services oder auch Veränderungen, die auf die Verbesserung von Funktionen, Prozessen und Services hinwirken sollen.

Die Prozesse der Service Transition Phase begleiten oder steuern die Umsetzung des Projekts bis hin zur Übergabe an die Service Operation-Phase. Wird deutlich, dass an den eingeführten Services Verbesserungen zum Wohle des Unternehmens umgesetzt werden können, greift das Continual Service Improvement und kann neue Changes auf den Weg bringen. Und der Zyklus beginnt von vorne.

9.2.3 Service Value – Mehrwert für den Kunden

Sowohl die ITIL® V3 als auch PRINCE2™ stehen für eine Dienstleistung gegenüber dem Kunden. Im Fall von PRINCE2™ wird diese Dienstleistung durch das Projekt und das dazu notwendige Projektmanagement für das Unternehmen erbracht. ITIL® umfasst im Gegensatz zu PRINCE2™ nicht nur den Mehrwert durch eine explizite Veränderung, das Projektergebnis, sondern fasst den Rahmen weiter, sodass der Mehrwert für den Kunden als ständige Motivation an vielen kleinen Hebeln auch im Tagesgeschäft ansetzt.

Die Gestaltung des gewünschten Service Value erfolgt durch die Gestaltung der drei Leistungsdimensionen: das Leistungsergebnis, den Leistungserstellungsprozesses und das Leistungspotenzial der Dienstleistung.

- Da das Leistungsergebnis vor dem Kauf der Dienstleistung für den Nachfrager noch nicht existiert, handelt es sich genau genommen lediglich um ein Leistungsversprechen, das gestaltet werden kann. Um dieser Tatsache Herr zu werden, sind Frameworks und Best Practices entwickelt worden, um das Leistungsversprechen zu manifestieren und beispielsweise über Service Level Agreements (allgemein: Verträge) abzusichern. Dazu noch ein wenig Theorie als Hintergrundwissen.

Ein Leistungsversprechen ist so zu konzipieren, dass ein Kundenvorteil generiert werden kann. Die Leistungsbegründung beinhaltet die Kommunikationspolitik und stellt für den Kunden dar, warum er die Leistung erwerben soll (Service Value) und warum er von diesem Anbieter kaufen soll (Kundenvorteil).

- Im Rahmen des Leistungserstellungsprozesses wird das dem Kunden gegebene Leistungsversprechen realisiert. Diese Umsetzung kann auch als Erfüllung des Leistungsversprechens verstanden werden, da hierbei die „Produktion" der Dienstleistung stattfindet, an der der Kunde beteiligt ist („Kundenintegrativität", Kommunikation der Anforderung, Schilderung der Erwartungen, Vorgeben von Methoden, Standards, Verfahren, die unter PRINCE2™ z. B. in die Strategien einfließen, Mitwirken beim Testen/Qualitätsprüfung und der Produktabnahme).
- Ziel des Leistungserstellungsprozesses ist es, das dem Kunden gegebene Leistungsversprechen umzusetzen. Im Rahmen des Leistungspotenzials werden die Voraussetzungen geschaffen, um dies zu erfüllen. Das Leistungspotenzial umfasst dabei insbesondere das Personalmanagement sowie Entscheidungen über die einzusetzende Technologie und die Gestaltung der Dienstleistungsumgebung.

9.3 Zusammenwirken von PRINCE2™ und ITIL®

Das Zusammenwirken von PRINCE2™ und ITIL® bietet Synergien. Positive Effekte können aus der Zusammenarbeit von ITIL® und PRINCE2™ von unterschiedlichen Seiten betrachtet und herbeigeführt werden.

Dies bezieht sich zum einen auf eine IT-Organisation, die ihre IT Services dem Unternehmen bisher ohne ein Framework und Best Practice-Ansatz bereitgestellt hat. Trifft die Organisation die Entscheidung, ITIL® aus direkten betriebswirtschaftlichen Gründen oder (gesetzlichen) Vorgaben, die einen hohen Nutzen transferieren, einzuführen, steht sie vor einem Vorhaben größeren Umfangs. Diese Absicht kann nach und nach, Kapitel für Kapitel, oder mit einem „Big Bang" realisiert werden. Egal in welcher Form dies umgesetzt wird, eines steht fest: Die ITIL®-Einführung ist ein Projekt. Diese Intention erscheint so umfangreich, dass eine Betriebsorganisation damit oftmals überfordert ist. Es fehlen die passenden Instrumente für Organisation und Steuerung einer Mannschaft, die über mehrere Monate oder auch länger ausschließlich an der Umsetzung dieses einen großen Plans arbeitet. PRINCE2™ bietet genau diese Instrumente. Hier dient die PRINCE2™ Projektmanagement-Methode als die Basis für die ITIL®-Einführung im Unternehmen. Ein Business Case als Motor für dieses Vorhaben ist unabdingbar. ITIL® sollte nicht als Selbstzweck eingesetzt werden.

Zum anderen bietet sich PRINCE2™ an, um kontrolliert Veränderungen an einer ITIL®-getriebenen IT-Organisation vorzunehmen. PRINCE2™ wird unter ITIL® subsumiert und agiert dann im Grunde nur als ein Werkzeug. ITIL® stößt die Veränderung an und PRINCE2™ nimmt diese Aufforderung als Mandat an, initiiert diese Anforderung als Projekt und setzt die Ziele um. Dies läuft unter dem wachsamen Auge der ITIL®-Prozesse ab. Anschließend übernimmt die IT-Organisation den Betrieb und setzt den Produktlebenszyklus fort, den sie als Trigger für das Projekt angestoßen hat.

9.4 Relevante Bereiche im Service-Lebenszyklus

Die Service Transition-Phase führt die Abfolge im Service Lifecycle nach der Service Strategy und Service Design fort. Die Strategie entspricht der Lifecycle-Führung wie eine Radnabe. Ohne die strategische Führung kann der Service Lifecycle auf Dauer nicht die Richtung halten. Die allumspannende Lifecycle-Phase des Continual Service Improvements (CSI) hält den Schwung und die Bewegung aufrecht. Die Service Transition liegt zusammen mit dem Service Design und dem Service Operation zwischen Strategie und Verbesserungsantrieb. Dies ist der Grund, warum die Service Transition als Teil des Service Lifecycle eine so wichtige Rolle spielt und auch für das Thema Projektmanagement in der Organisation von enormer Bedeutung ist.

Die Service Transition beinhaltet das Management und die Koordinierung der Prozesse, Systeme, Aufgaben und Aktivitäten, die notwendig sind, um ein Release zusammenzustellen, zu testen, zu entwickeln und entsprechend der spezifizierten Anforderung von Kunden- und Stakeholderseite einzuführen. Dabei geht es auch darum, die Changeprozesse des Kunden zu unterstützen, Abweichungen der Performance und Fehler eines neuen oder geänderten Service zu reduzieren und sicherzustellen, dass der Service die Anforderungen erfüllt. Dementsprechend müssen über die Transition die notwendigen Mittel zur Realisierung, Planung und Verwaltung eines neuen Service bereitgestellt werden und gleichzeitig sichergestellt werden, dass keine negativen Auswirkungen für die bereits bestehenden Services zu befürchten sind. All dies zielt auf eine steigende Kundenzufriedenheit und eine Förderung der richtigen Servicenutzung und der darunterliegenden Technologie ab. Wenn Sie dies lesen, werden Sie wahrscheinlich das Gefühl nicht los, dass sich die Beschreibung des Transition-Bereiches ähnlich anhört wie die Ziele bei einer Projektumsetzung. Beide Themen steuern das gleiche Ziel an und dienen zum Wohle des Unternehmens dem gleichen Zweck: Nutzen und Mehrwert für den Kunden zu generieren.

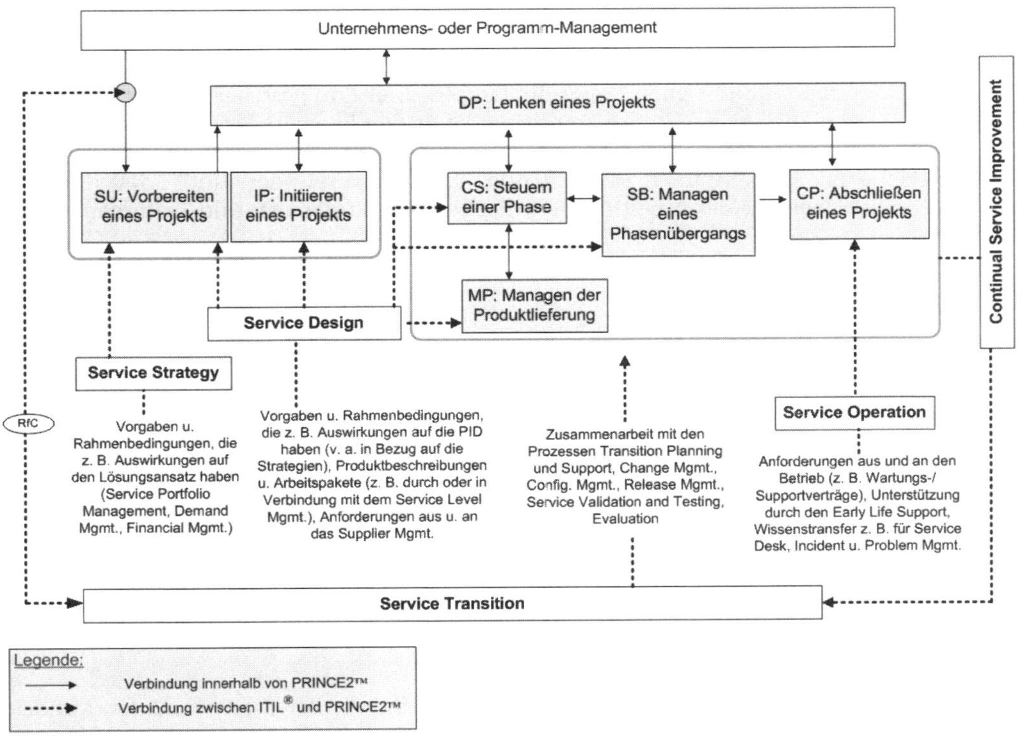

Abbildung 9.15: Zusammenwirken von ITIL® und PRINCE2™

Eine effektive Service Transition-Phase stellt sicher, dass neue oder geänderte Services mit den entsprechenden Geschäftsprozessen verbunden und damit auf das Business des Kunden ausgerichtet sind. Dies beinhaltet u. a. eine bessere Compliance mit den Regeln des Unternehmens und der Governance, eine höhere Produktivität der Anwender, weniger Abweichungen zwischen geplantem Budget und tatsächlichen Kosten, ausreichende Steuerung von Veränderungen und die Möglichkeit des Unternehmens, rasch auf Veränderungen und Anpassungen auf dem Markt reagieren zu können.

Hier findet sich ein kleiner Unterschied zu PRINCE2™, da die Projektmanagement-Methode nicht explizit dafür sorgt, dass neue oder geänderte Services mit den entsprechenden Geschäftsprozessen verbunden und damit auf das Business des Kunden ausgerichtet sind.

Das Anliegen der Projektmanagement-Methode geht bereits davon aus, dass der Anstoß für ein neues Projekt stets aus den Business-Anforderungen heraus erwachsen ist. Das Projekt wird von seinem Output (Spezialistenprodukte) über das Ergebnis (aus der Anwendung des Outputs resultierende Veränderung) den Nutzen (messbare Verbesserung, die aus einem Ergebnis resultiert und von einem Stakeholder als Vorteil erachtet wird) realisieren. Naja, es ist allerdings auch so, dass es PRINCE2™ „egal" ist, ob dieser Nutzen aus einer Veränderung an den IT Services, den Geschäftsprozessen oder der veränderten Aufbauorganisation eines Unternehmens erwächst. Schließlich ist PRINCE2™ im Gegensatz zu ITIL® branchenunabhängig.

9.4.1 Service Transition im Hinblick auf PRINCE2™

Die Service Transition übernimmt als Teil der Lifecycle-Phase über die Prozesse (*siehe Abbildung 9.16*) und deren Prozessziele die Verantwortung dafür, die im Service Design Package (SDP) angelegte Umsetzung der Service-Strategie von der Theorie in die Praxis zu begleiten, d. h. die IT Services mit all seinen Bestandteilen geordnet und gesteuert in den Betrieb zu überführen. Dabei nimmt die Service Transition die beiden Bereiche Betrieb (Service Operation) und Entwicklung (Service Design) in die Verantwortung, da für beide Abschnitte Übergangsbereiche mit gemeinsamen Rechten und Pflichten verbunden sind. Dieses Prinzip erinnert an die Übergabe des Arbeitspakets zwischen Projektmanager und Teammanager.

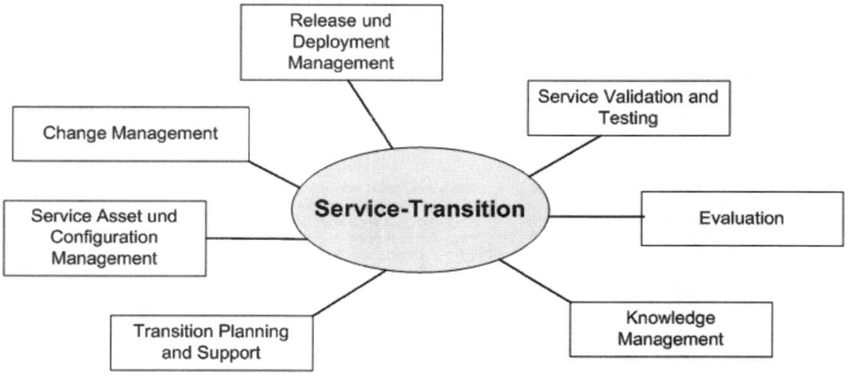

Abbildung 9.16: Service Transition-Prozesse

Um den Übergang in den Betrieb leichter zu machen und die Beteiligten und den Kunden nicht ins kalte Wasser zu werfen, wird ein „Early Life Support" (ELS) eingerichtet. Dabei tragen Transition und Operation gemeinsam die Verantwortung für die IT Services und die Service Level Agreements (SLAs) gelten noch als Pilot.

Hat sich das Service Design in der Praxis bewährt und sind alle mit den Ergebnissen der Akklimatisationsphase einverstanden, werden zum Ende des Early-Life die Services endgültig abgenommen und die SLAs scharf geschaltet. Der Service ist produktiv und seine Service Targets werden gemessen (*siehe Abbildung 9.17*). Korrespondierend erfolgt die Nutzenrevision im Projekt.

Innerhalb der Service Transition finden die folgenden Prozesse ihren Platz, die im Grunde korrespondierend im Projekt erfolgen und ihr Pendant finden können:

- Transition Planning und Support plant und steuert die gesamte Lifecycle-Phase inklusive der Ressourcen für die Umsetzung der Services, die die Phasen Service-Strategie und Service Design bereits durchlaufen haben. Potenzielle Risiken und Probleme der Aktivitäten für die Überführung in den Betrieb werden identifiziert und gesteuert. Sie setzen ihren Schwerpunkt auf die Aktivitäten in der Service Transition Phase selber (*siehe auch Kapitel 9.4.2, Transition Planning und Support*).

  Dieser Prozess spielt sowohl als Ergebnis von Service Strategy und Service Design mit seinen Anforderungen und Vorgaben in den IP-Prozess hinein, weist aber gleichzeitig auch eine Verbindung zum Thema „Pläne" und „Risiken" auf.

- Das Service Asset und Configuration Management stellt ein logisches Modell aller Service Assets und Configuration Items inklusive den Beziehungen und den Zusammenhängen zwischen den Komponenten bereit. Es umfasst die gesamte Infrastruktur und alle Anwendungen, die für die Service-Bereitstellung erforderlich sind, sowie alle wichtigen Dokumente und Dokumentationen. Dieser Prozess stützt sich auf ein Configuration Management System (CMS).

  Die Verbindung hinsichtlich dieses Themas zu PRINCE2™ erhalten Sie in *Kapitel 9.4.3, Service Asset und Configuration Management*.

- Change Management stellt die einzige Möglichkeit dar, um adäquat auf Änderungsanforderungen reagieren zu können und stellt gleichzeitig sicher, dass Änderungen auf kontrollierte Weise registriert, bewertet, autorisiert, priorisiert, geplant, geprüft, vollzogen, dokumentiert und nachgeprüft werden. Die Betonung liegt hier auf der administrativen Kontrolle und Steuerung. Den Vollzug der Change-Entwicklung und der Auslieferung von autorisierten Veränderungen übernimmt dann das Release und Deployment Management (*siehe auch Kapitel 9.4.4, Änderungssteuerung* und *Kapitel 9.4.5, Change Management und Change-Umsetzung*).

  Auch hier wird eine Trennung zwischen Steuerung und Planung auf der einen sowie Umsetzung auf der anderen Seite vorgenommen. Ähnlich wie dies bei PRINCE2™ in der Trennung zwischen Projektsteuerung und Lieferung der Spezialistenprodukte in der Trennung von CS- und MP-Prozess gegeben ist.

- Knowledge Management bietet denen, die das Knowledge Management betreiben, einen Platz im Service Management System. Aufgaben, Ziele und Herausforderungen sind im Prinzip die gleichen, mit denen sich die Manager in Bezug auf häufig unternehmenskritisches Wissen heute auch ohne ITIL® schon herumschlagen. Durch die in diesem Prozess gesammelten und aufbereiteten Daten und Informationen wird eine Entscheidungsgrundlage bereitgestellt.

  Die Verbindung zum PRINCE2™-Prinzp „Lernen aus Erfahrungen" ist hier offensichtlich.

- Release und Deployment Management führen die Änderungen der im Change Management freigegebenen Changes aus. Die neuen oder geänderten Services werden dem Kunden nach den notwendigen, positiven Tests zur Verfügung gestellt.

  Die Verbindung hinsichtlich dieses Themas zu PRINCE2™ erhalten Sie in *Kapitel 9.4.8, PRINCE2™ und weitere ITIL®-Aspekte*.

- Service Validation and Testing übernimmt vom Release und Deployment Management das Testen einer Änderung oder eines neuen Release – quasi als eine interne Dienstleistung. Damit lassen sich die Verantwortlichkeiten für Entwicklung und Test auch in den Prozessen unterscheiden. Der Umfang der Tests erstreckt sich dabei nicht nur auf technische Details.

Vielmehr zielt er insbesondere darauf ab zu prüfen, inwieweit der in der Strategie und im Design geplante Nutzen für den Kunden auch erreicht wird.

Die Verbindung zum PRINCE2™-Thema „Qualität" und der Qualitätsprüfungstechnik lässt sich hier nicht leugnen (*siehe auch Kapitel 9.4.6, Service Validation und Testing*).

- Der Prozess Evaluation (eines Changes bzw. Service) analysiert und bewertet Performance-Änderungen, die durch eine Veränderung des Service hervorgerufen werden, um Abweichungen besser abfangen zu können.

  Die Verbindung hinsichtlich dieses Themas zu PRINCE2™ erhalten Sie in *Kapitel 9.4.7, Evaluation.*

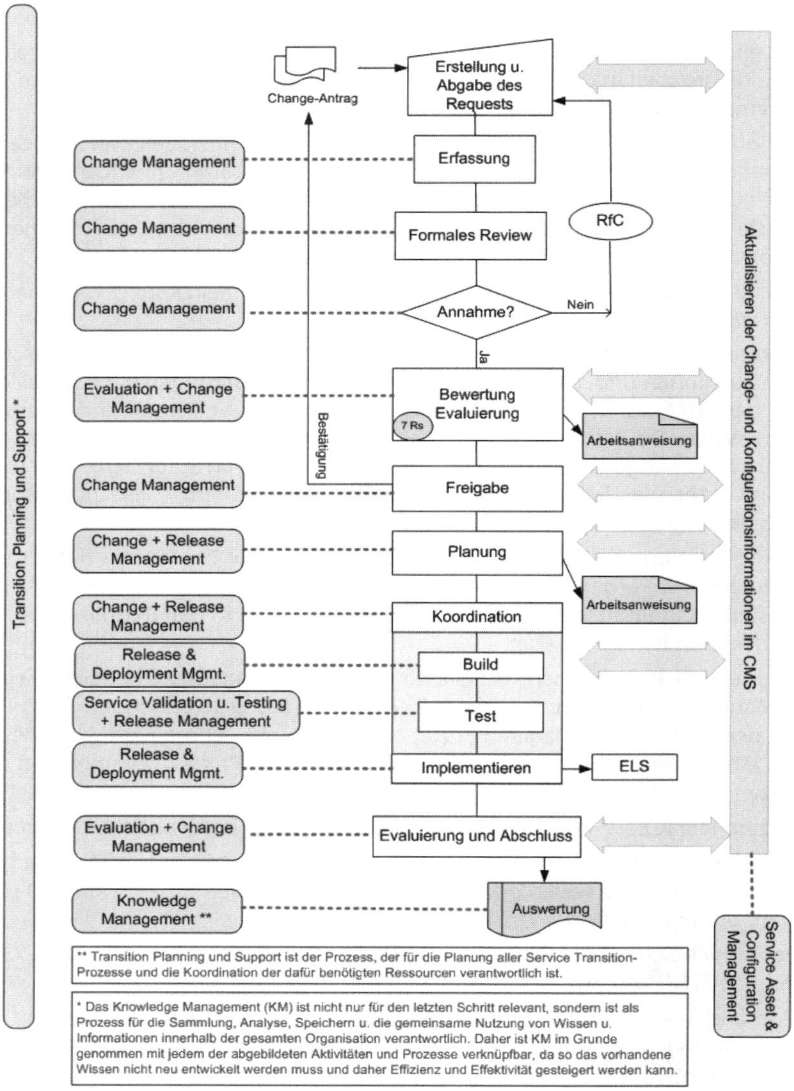

Abbildung 9.17: Zusammenwirken der Prozesse in der Service Transition

Die Good-Practice-Ansätze und Konzepte der „Service Transition" bieten einen umfangreichen Ansatz zur Gestaltung der Schnittstelle zwischen Entwicklung und Betrieb. Ihr Ziel ist es, Änderungen zu den IT Services zu planen, zu steuern und erfolgreich in die Produktion einzuführen – also genau das, was auch ein Projekt umsetzt.

Dazu gehört das Planen und Managen der relevanten Ressourcen und Kapazitäten, die notwendig sind, um die Releases zusammenzustellen, zu testen und auszubringen sowie sie entsprechend der Anforderungen von Kunden- und Stakeholderseite produktiv zu setzen. Ein konsistentes Framework für die Evaluierung der Service-Leistungsmöglichkeit und des Risikoprofils wird bereitgestellt, bevor ein neuer oder geänderter Service implementiert wird. Tja, und anders läuft das in einem Projekt ja auch nicht ab, wenn dafür Sorge getragen wird, dass durch das „Staffing" in der Projektvorbereitung oder in den Phasenübergängen die richtigen Leute an den richtigen Stellen im Projekt sitzen, um den Projekterfolg zu unterstützen und mitzutragen.

Es gibt laut der Definition von ITIL® Ausnahmen von der Service Transition. Dazu zählen kleinere Änderungen an den produktiven Services, Komponenten oder der Umgebung wie z. B. der Austausch eines defekten PCs oder Druckers, Installation von Standard-Software (z. B. Lotus Notes oder OpenOffice) oder das Anlegen eines neuen Benutzers. Auch laufende Service-Verbesserungen (Continual Service Improvements), die keine signifikanten Auswirkungen auf den Service oder die Möglichkeiten des Service Providers zur Service-Erbringung haben, z. B. die Aktivitäten, die durch den Service- Betrieb getrieben sind, gelten nicht als Change. Als Changes gelten beispielsweise Änderungen an der Netzwerkinfrastruktur und -konfiguration, Erweiterungen von Feldern im Service Management System, das Entfernen eines Servers und Hinzufügen eines neuen Servers im Zuge eines Austauschs oder das Abschalten eines Print Servers.

Unter PRINCE2™ existiert lediglich die Definition, die Auskunft darüber gibt, was ein Projekt ist, aber nicht die Nennung entsprechender Ausnahmen. Allerdings ist es in der Praxis allgemein so, dass es durchaus Unternehmen gibt, die festgelegt haben, dass ein Projekt, bevor es nicht eine gewisse Größe, Komplexität, Wichtigkeit oder einen relevanten Strategieaspekt aufweist, nicht als Projekt gilt.

9.4.2 Transition Planning und Support

Transition Planning und Support stellt den Startpunkt für die Service Transition dar. Der Prozess gliedert sich in zwei Bereiche. Zuerst werden im Teil, der sich mit der Transition-Planung beschäftigt (*siehe Abbildung 9.18*), die Transition-Strategie, die Vorbereitung für Service Transition sowie die Planung und Koordinierung der Service Transition konzipiert. Im zweiten Bereich geht es um die Unterstützung aller anderen Bereiche und Stakeholder in Bezug auf die Ergebnisse des ersten Teils dieses Prozesses (Transition-Strategie, die Vorbereitung für Service Transition sowie die Planung und Koordinierung der Service Transition).

Gleichzeitig kann eine Koordination der Aktivitäten über Projekte, Lieferanten und Service-Teams hinweg notwendig werden. Die Koordinierung unterstützt die Ressourcen, die notwendig sind, um einen neuen oder veränderten Service innerhalb der vereinbarten Kosten, Qualität und Zeit in die Produktion zu überführen. Hier kann eine enge Verbindung zum Projekt und der Projektmanagement-Methode aufgebaut werden, um die Anforderungen aus der Organisation an das Projekt zu kommunizieren und die Vorgaben in die entsprechenden Strategien aufnehmen zu lassen.

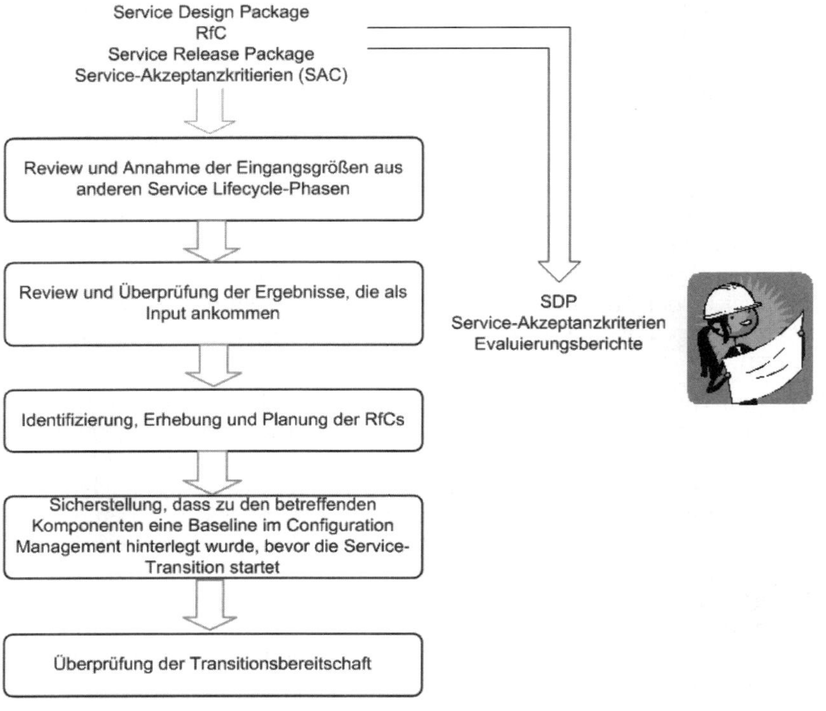

Abbildung 9.18: Vorbereitung für die Service Transition

Der Umfang dieses Prozesses bezieht sich auf das Einbeziehen der Design- und Betriebsanforderungen in die Transitionspläne, Verwalten und Betreiben der Transition Planning- und Support-Aktivitäten, Pflegen und Integrieren der Service Transition-Pläne auf Kundenseite, Service-Portfolio und Vertragsportfolio. Der Prozess muss darüber hinaus den Fortschritt, Veränderungen, offene Punkte, Risiken und Abweichungen der Service Transition verwalten sowie eine Qualitätsüberprüfung aller Service Transition-, Release- und Deployment-Pläne durchführen. Da Prozesse, Support-Systeme und Tools das tägliche Handwerkszeug in der Service Transition ausmachen, müssen auch diese über diesen Prozess verwaltet und betrieben werden. Die Kommunikation mit dem Kunden erfolgt über den Service Level Manager.

Überwachung und Verbesserung der Service Transition-Leistung gehört ebenfalls zu diesem Prozess. Ein effektiver Transition Planning und Support-Prozess kann die Fähigkeit des Service Providers, ein großes Change- und Release-Volumina umzusetzen, signifikant erhöhen.

Transition Planning und Support in Verbindung mit dem Projektmanagement in der Praxis

Im Grunde genommen stellt der gesamte Prozess so etwas wie die Qualitätsmanagement-Stelle für das Projektmanagement und den Betrieb in Sachen Roll-out dar. Dieser Vergleich trifft vielleicht nicht hundertprozentig zu, erleichtert aber das Verständnis für den Prozess und die Einordnung in den Gesamtzusammenhang.

In vielen größeren Unternehmen existiert eine Einheit, die sich um das Projektmanagement im Unternehmen und das Qualitätsmanagement in Bezug auf die Projektarbeit kümmert. Diese Abteilung hat die Hauptarbeit für die Erstellung und Etablierung der Projektmanagement-Methode im Unternehmen umgesetzt, Vorgehensmodelle, Checklisten für Projektmanager und Teammanager erstellt und die Anforderungen des Unternehmens an die Projektarbeit in organisatorischer Hinsicht gestaltet. Dies ist der planerische und konzeptionelle Ansatz, der über Transition Planning umgesetzt wird. Die Unterstützungsleistung (Transition Support) kann die beschriebene Abteilung über unterschiedliche Aktivitäten anbieten.

Hier besteht eine enge Verbindung zu den PRINCE2™-Bereichen des Tailorings als Anpassung und (in Abgrenzung dazu) zu der Integration. Die Integration als Pendant zur Transition Planning beinhaltet dementsprechend beispielsweise die folgenden Aufgaben:

- Definition von Prozessverantwortlichkeiten
- Standards (Vorlagen, Definitionen) und Tools
- Training
- Einbindung in die Geschäftsprozesse
- Prozesssicherung

Das Buch „Improving Project Performance using the PRINCE2™ Maturity Model“ der OGC (2007, veröffentlicht durch The Stationery Office) setzt sich intensiv mit dieser Thematik auseinander und zeigt die Möglichkeiten der optimalen Nutzung der PRINCE2™-Methode in der Organisation auf.

Das Service Design entwickelt in Zusammenarbeit mit Kunden, externen und internen Lieferanten sowie anderen relevanten Stakeholdern das Design des Service und dokumentiert dieses in einem Service Design Package (SDP). Dies ist absolut notwendig für die Service Transition. Hier sind alle Aspekte des IT Service und die Anforderungen über alle Lebensphasen des Service hinweg beschrieben. Auch die notwendigen Angaben bezüglich der Aktivitäten für das Service Transition-Team werden berücksichtigt. Ebenso notwendig wie das SDP sind Richtlinien aus den unterschiedlichen Prozessen der Service Transition. Die entsprechenden Rollen und Verantwortlichkeiten gehören ebenso dazu wie Automatisierungsmöglichkeiten.

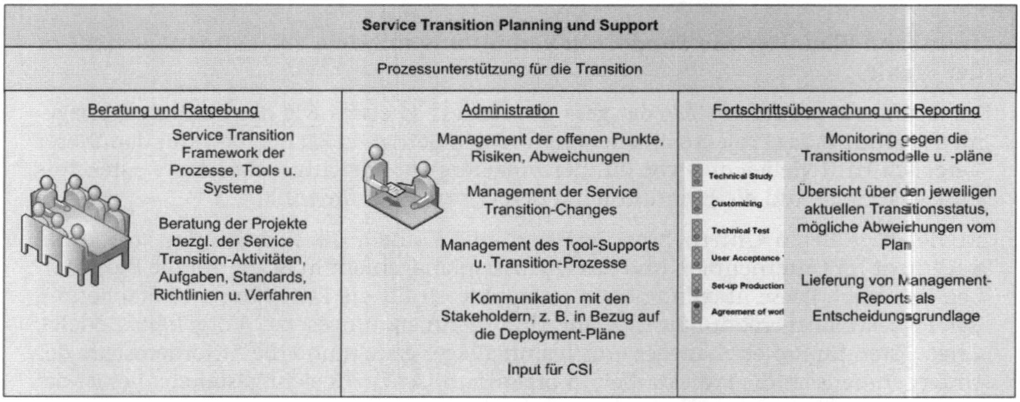

Abbildung 9.19: Bereitstellung von Unterstützungsleistungen durch den Prozess Transition Planning und Support

Die Unterstützung der Service Transition aus dem Prozess Transition Planning und Support heraus (*siehe Abbildung 9.19*) bezieht sich für neue Projekte auf die Möglichkeit, Unterstützungsleistungen in Form von Beratung und Ratschlägen anzubieten, beispielsweise in Bezug auf die Service Transition-Standards, Richtlinien und Arbeitsabläufe, die es in den Projekten zu etablieren gilt, bevor diese eigene Frameworks anwenden.

Die Mitarbeiter, die im Prozess „Transition Support“ arbeiten, führen meist auch Reviews und Audits in bestimmten Projektphasen (Projektstart, Anforderungsanalyseabschluss, Testende, Übergabe etc.) durch. Dabei geht es vorwiegend um die Überprüfungen von Vorgehensweisen und Methodeninhalten hinsichtlich ihrer korrekten Dokumentation und Umsetzung. Ein Audit soll vor allem Ansatzpunkte für Verbesserungen aufzeigen und diese mit Maßnahmen und Verantwortlichen versehen.

9.4.3 Service Asset und Configuration Management

Projekte verändern die bestehende IT-Organisation mit ihren Komponenten. Diese Komponenten (Configuration Items, CIs) werden über das Configuration Management in einer großen Datenbasis zusammengefasst. Dieses Repository-Set trägt den Namen Configuration Management System (CMS), die durch ihre Inhalte und deren Beziehungsdarstellung ein Modell der bestehenden Organisation liefert (*siehe Abbildung 9.20*).

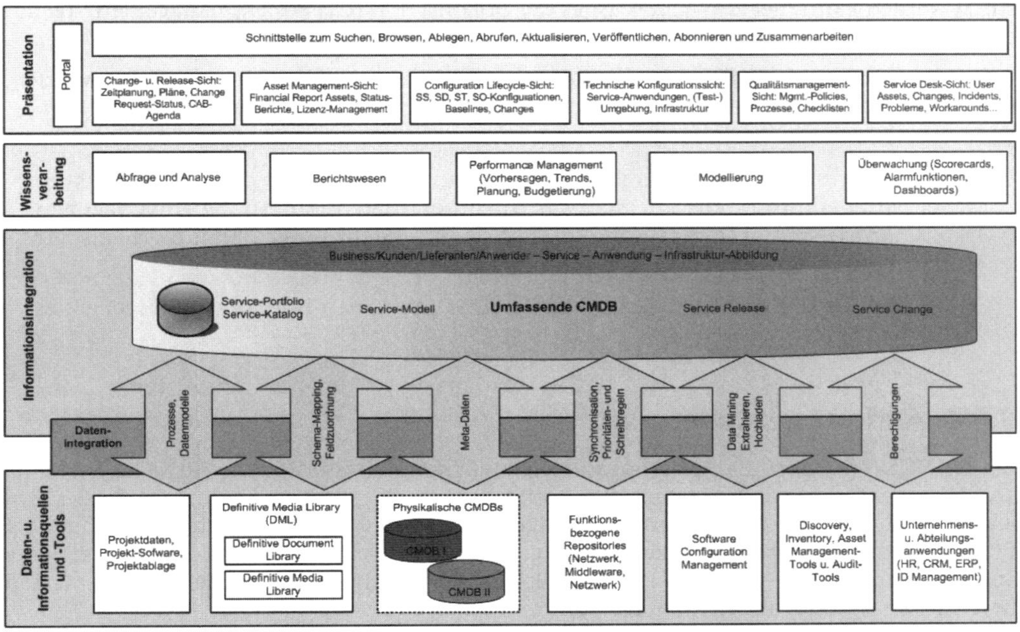

Abbildung 9.20: Zentrale Rolle und mögliche Inhalte des Configuration Management System (CMS) nach ITIL® V3

Da neben den technischen Daten zu den spezifischen IT-Komponenten auch Pläne, Dokumentationen und andere Produkte im Sinne von PRINCE2™ (jegliche Erzeugnisse aus einem Projekt) in der CMDB aufgenommen werden (*siehe Abbildung 9.20*), besteht theoretisch die Möglichkeit, diese Datenbank auch als Projektablagestruktur zu nutzen. In der Praxis ist dies allerdings überaus selten der Fall. In der Regel sollten Sie zwei voneinander getrennte Datenbanken nutzen.

Beide Best Practice-Ansätze setzen Konfigurationsmanagement ein, um ihre Produkte bzw. Configuration Items abzulegen, zu verwalten und einer geschützten Versionierung zu unterziehen. Dabei schreiben beide Methoden in Bezug auf das Konfigurationsmanagementverfahren dieselbe Abfolge bestehend aus den fünf Schritten Planen, Identifizieren, Steuern, Protokollieren des Status sowie Verifizierung/Audit vor (*siehe Kapitel 4.6.3, Inhalte des Konfigurationsmanagements*).

Unter PRINCE2™ werden für das Produkt bzw. die Produktbeschreibung Angaben wie Bezeichnung, Ziel, Verantwortlichkeiten, Qualitätskriterien und Prüfungsdaten hinzugezogen. Für ITIL® werden CI-Informationen wie ID-Nummer, Kategorie, Typ, Version, Status, Standort, Betreuer und Genehmigungsdatum verwendet.

Ebenso wie PRINCE2™ verwendet ITIL® in seinen Prozessen spezifische Rollen wie einen Manager und einen Koordinator. Der Manager für den entsprechenden Prozess (z. B. Problem Manager oder Change Manager) kümmert sich um die Überwachung der Effektivität und Effizienz auf Basis der definierten Leistungsindikatoren (Key Performance Indicators, KPI) und ist Ansprechpartner für Verbesserungsvorschläge. Er gilt als Durchführungsverantwortlicher im Prozess, der durch einen Koordinator in Bezug auf operative Aufgaben unterstützt werden kann. Bei PRINCE2™ ist es die Organisation (das Projektmanagement-Team), das prozessübergreifend spezifische Rollen erfüllt.

Auch die Inhalte der CMDB können (über das CMS) entsprechend harmonisiert werden, um theoretisch beiden Bereichen dasselbe Haupt-Repository zuordnen zu können.

Die Verifizierung der Daten im CMS erfolgt mithilfe von Audits der IT-Infrastruktur. Dabei wird geprüft, ob die erfassten CIs (noch) existieren und ob die eingetragenen Daten korrekt sind. Auch im Konfigurationsmanagement unter PRINCE2™ existiert ein Konfigurationsaudit.

Beide Ansätze kennen den Begriff der „Baseline“ als „Snapshot“ oder „Freeze“ eines Elements.

9.4.4 Änderungssteuerung

Bei PRINCE2™ gehört die Änderungssteuerung (Change Control) zum PRINCE2™-Thema „Änderungen“ und stellt eine der drei Techniken der Projektmanagement-Methode. Projekte sind dynamisch und Änderungsanträge zum Projektverlauf sind keine Seltenheit. Bei PRINCE2™ beziehen sich Änderungsanträge z. B. auf zu realisierende oder bereits erstellte Spezialistenprodukte, auf den Projektumfang, der durch die Projektleitdokumentation beschrieben ist, oder andere Managementprodukte.

Über die Änderungssteuerungstechnik werden Änderungen strukturiert und sauber dokumentiert, geplant, verwaltet und umgesetzt – oder begründet abgelehnt. Die Technik kommt zusammen mit der Komponente Änderungssteuerung zum Einsatz. Auf diese Weise werden schleichende Änderungen der Anforderungen und Kriterien im Projekt vermieden.

Umfang und Ziel bleiben auf Kurs, das Budget wird nicht unnötig verbraucht und die Akzeptanz für das Projekt bleibt erhalten. Spontane Änderungen, die von allen Seiten mit unterschiedlichen Absichten auf das Projekt einprasseln und umgesetzt werden, können den konstruktiven Ansatz jedes Projekts zunichte machen. Aus diesem Grunde ist die Änderungssteuerung wichtig.

Auch andere Bereiche im Unternehmen haben erkannt, wie wichtig das Management von Änderungen ist. ITIL® als Bestandteil des IT Service Management nimmt sich über den Prozess Change Management dieses Themas an. Im Mittelpunkt des Change Management steht das Bestreben, die Anzahl der Änderungen und die durch Änderungen (Changes) verursachten Störungen auf ein Minimum zu reduzieren. Ein Request for Change (RfC) stellt den Antrag für bestimmte Veränderungen von CIs dar, der genehmigt werden muss. Durch standardisierte Methoden und Prozeduren sollen Changes schnell und kontrolliert durchgeführt werden. Die Überwachung ist allerdings nicht technischer Natur, sondern bezieht sich auf den Prozessablauf. Der Begriff „Change“ steht für das Hinzufügen, Ändern oder Entfernen eines CIs. Ein Change wird über einen Request for Change (RfC) eingeleitet. Dieser stellt im Grunde genommen einen Antrag auf Durchführung einer Änderung an einem oder mehreren CIs dar. So ist ein Projekt beispielsweise nichts anderes als ein großer Change. Ein Change, der aber (je nach Projektgröße) auch sehr umfangreich ausfallen kann. PRINCE2™ bietet als Projektmanagement-Methode die richtigen Prozesse, Komponenten und Techniken für die Umsetzung eines solchen Vorhabens.

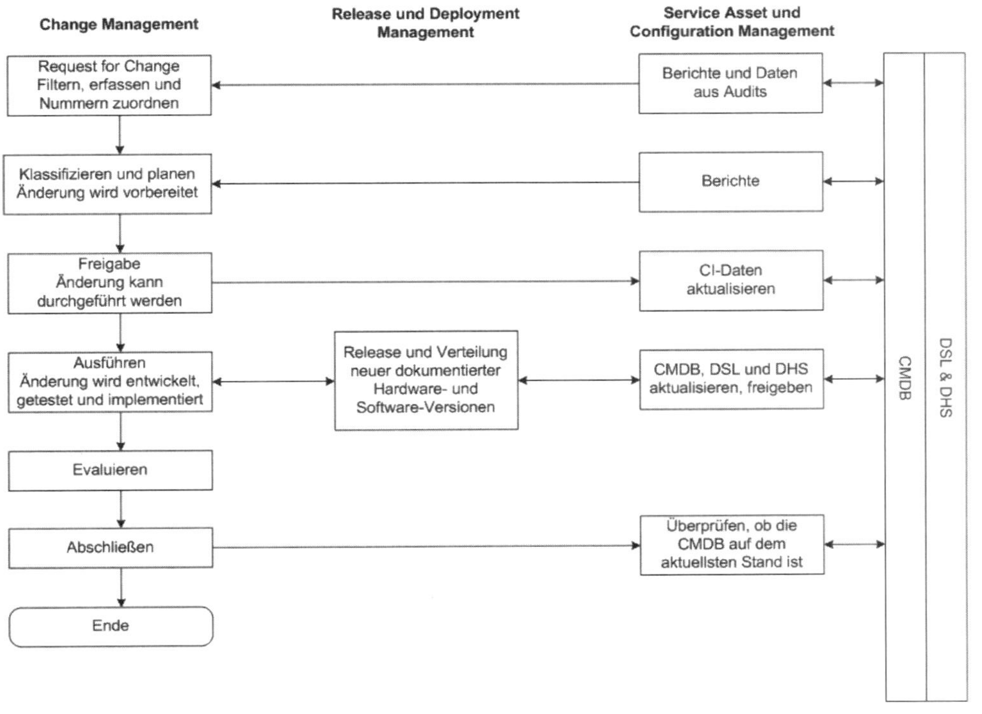

Abbildung 9.21: Change, Release und Deployment, Service Asset und Configuration Management unter ITIL®

Innerhalb der Projektmanagement-Methode PRINCE2™ wird ein Änderungsantrag als offener Punkt erfasst und gehandhabt.

Unterschiedliche Changearten und -typen unter ITIL® V3

Das Change Management berücksichtigt im Prozess alle Änderungen zu abgenommenen Service Assets und Configuration Items (Baselines) über den gesamten Service-Lebenszyklus hinweg. Ausgenommen sind Änderungen mit sehr großer Auswirkung (z. B. in Bezug auf die Organisationsstruktur, Richtlinien und den Geschäftsbetrieb) und kleinere Routine-Änderungen (wie z. B. die Reparatur eines Druckers).

Dabei kann unterschieden werden zwischen:

- Standard-Changes sind Änderungen mit standardisiertem Arbeitsablauf, dessen Genehmigungsverfahren vorab bereits durchlaufen wurde und vorhanden ist (z. B. da der betreffende Change-Prozess mehrfach durchlaufen wurde).
- Ein normaler Change bezieht sich auf eine Änderung an einem oder mehreren Configuration Items oder einem Service, der formell beantragt und genehmigt werden muss. Dabei wird je nach Größe oder Komplexität das Change Advisory Board (CAB) einberufen.

- Ein Emergency Change (Notfall-Change) muss formell genehmigt werden, wobei das Genehmigungsverfahren nach definierten Prozeduren und Autoritätsgraden durchlaufen wird. Dazu kann ein Emergency CAB einberufen werden (je nach Größe, Komplexität und Dringlichkeit). Trotz der Dringlichkeit und Wichtigkeit sollte ein Mindestmaß an Tests erfolgen, was aber nicht immer möglich ist. Die Anzahl der Emergency Changes sollte auf ein Minimum reduziert werden. Die Dokumentation und die zwingend notwendige Überprüfung erfolgt (meistens) erst nach Abschluss des Changes. Zahlreiche Unternehmen verwenden mehrstufige Emergency Changes und damit verbundene Eskalationsabstufungen, die je nach Dringlichkeit und Auswirkung unterschiedliche Kommunikationswege und Reaktionsgeschwindigkeit vorsehen.

Ein Service Change bezeichnet das Hinzufügen, Ändern oder Entfernen eines geplanten oder unterstützen Service oder einer Servicekomponente und der dazugehörigen Dokumentation.

Sowohl ITIL® als auch PRINCE2™ weisen eine starke Verbindung zum Configuration Management/Konfigurationsmanagement auf. Als definierter Input für den Configuration Management-Prozess unter ITIL® dienen Daten über unterschiedliche Configuration Items. Diese Informationen können aus dem Verlauf und dem Abschluss von Änderungen an der IT-Infrastruktur (z. B. über Projekte) und aus dem Einkauf stammen. Sie stellen so Ergebnisse des Change Managements dar.

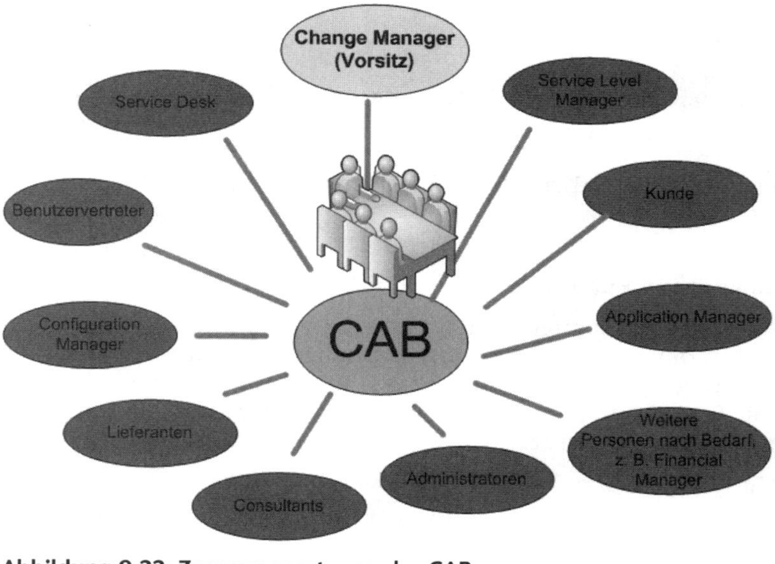

Abbildung 9.22: Zusammensetzung des CAB

Sowohl bei ITIL® als auch bei PRINCE2™ existieren spezifische Rollen und Managementfunktionen in Sachen Change Management bzw. Änderungssteuerung mit spezifischen Befugnissen und Aufgaben. Auf unterster Ebene bezieht sich dies auf Projektmanager und Change Manager, dann folgt der Änderungsausschuss bei PRINCE2™. An diese Instanz können Aufgaben aus der Änderungssteuerung vom Lenkungsausschuss gemäß Vereinbarungen aus dem IP-Prozess (*Initiieren eines Projekts*) delegiert werden. Ansonsten existiert der

Lenkungsausschuss innerhalb der Projektorganisation als die Instanz mit den höchsten Verantwortlichkeiten und Autoritäten in der Hierarchie. Bei großen Auswirkungen von Änderungen kann es vorkommen, dass der Lenkungsausschuss die letztendliche Änderungsverantwortung beibehält.

Auf ITIL®-Seite existiert das Change Advisory Board (CAB). Diese Versammlung wird zu bestimmten Zeiten einberufen, um Änderungen zu beurteilen und zu autorisieren (*siehe Abbildung 9.22*). In der Regel wird dem CAB nur eine Auswahl (schwer wiegender) Änderungen vorgelegt, und es kann zu diesem Zweck unterschiedlich zusammengesetzt sein. Auf oberster Ebene steht für beide Ansätze das Unternehmens-Management.

Das Change Management bei ITIL® ist für die Autorisierung und Steuerung von Änderungen in der IT-Infrastruktur verantwortlich und das Configuration Management für die Überwachung des Status von Konfigurationselementen (Configuration Items, CIs) in der IT-Organisation. Das Configuration Management zeigt die Beziehungen zwischen den einzelnen CIs auf, sodass die von der Änderung betroffenen Bereiche erkannt werden. Die Erfassung bzw. Dokumentation von Änderungen und der damit verbundenen Informationen im CMS sind Aktivitäten, die einen Abgleich zwischen den beiden Prozessen erfordern. Routinemäßige Änderungen, die eindeutig beschrieben sind und standardisiert durchgeführt werden können, müssen nicht der Kontrolle und Freigabe des Change Management-Systems unterliegen. Trotzdem hat jede Änderung in der IT-Infrastruktur Auswirkungen auf das entsprechende CI im CMS. Daher stellt das CMS (nicht nur) für das Change Management eine wichtige Ressource dar. Prämisse ist allerdings eine aktuelle und gut gepflegte Datenbank.

Ebenso wie unter ITIL® CI-Änderungen einem Standardprozess wie dem Change Management unterworfen werden, müssen Änderungen an abgenommenen Produkten unter PRINCE2™ der Änderungssteuerung unterworfen werden.

Neben dem gemeinsamen Grundverständnis für das Thema Änderungen gestaltet sich auch der Ablauf der Änderungsumsetzung ähnlich. Ein Änderungsantrag geht ein, wird formal überprüft und registriert. Danach folgen Klassifizierung, Analyse und Auswirkungsanalyse für die Prioritätenvergabe, um festzustellen, welchen Umfang und welche Dringlichkeit der Change besitzt. Die entsprechenden Maßnahmen für die Umsetzung folgen.

Bei PRINCE2™ wird ein solcher Request for Change als offener Punkt vom Typ einer Änderungsanforderung definiert, der dann den Weg durch die Aktivitäten durchläuft (*siehe Abbildung 9.23*).

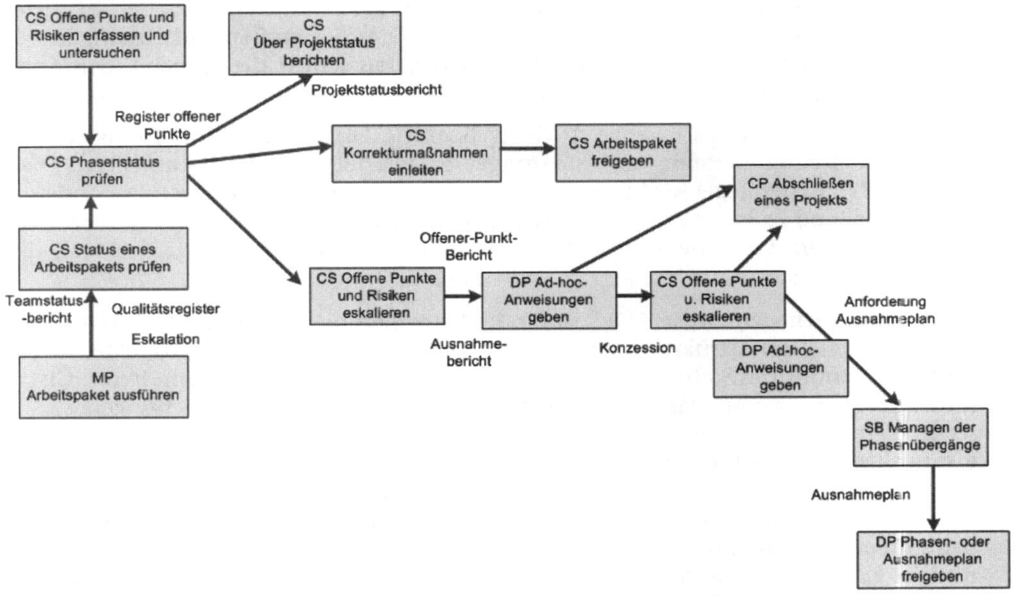

Abbildung 9.23: Der Weg eines offenen Punkts als Änderungsanforderung

Kommunikation und Eskalation

Bei der Eskalation unter ITIL® wird unterschieden zwischen funktionaler und hierarchischer Eskalation. Bei der funktionalen Eskalation (horizontal) handelt es sich nicht um eine Eskalation im eigentlichen Sinne, sondern vielmehr um ein Weiterleiten von Störungen an Spezialisten (z. B. mehr Know-how, größere Erfahrung, erweiterte Zugangsrechte innerhalb des Lösungsversuchs). Die funktionale Eskalation ist z. B. das Weiterleiten einer aufgenommenen Störung. Bei der funktionalen Eskalation wird auf detailliertere Kenntnisse oder Expertenwissen zugegriffen. Da dabei häufig hierarchische Grenzen überschritten werden müssen, kann es manchmal notwendig sein, erst hierarchisch zu eskalieren, um dann eine funktionale Eskalation folgen zu lassen. Um die notwendige Unterstützung für die Sicherstellung eines oder mehrerer Prozesse zu erhalten, ist es unter Umständen erforderlich, hierarchisch (vertikal) zu eskalieren. Eine solche Eskalation ist auch denkbar, wenn Absprachen aufgrund bestehender Service Level Agreements in Gefahr geraten könnten. Sie wird auch dann notwendig, wenn die funktionale Eskalation nicht zum Erfolg führt, weil Befugnisse und Ressourcen nicht in ausreichendem Maße zur Verfügung stehen.

Entsprechend besteht auch die Möglichkeit, die Eskalationswege und -prozeduren anzupassen und so eine Voraussetzung für den gemeinsamen Einsatz unter PRINCE2™ und ITIL® zu schaffen.

Nach der Durchführung einer Änderung findet unter ITIL® stets eine Überprüfung statt, um sicherzustellen, dass die Change-Umsetzung wie geplant vonstatten gegangen ist und den gewünschten Erfolg bringt (z. B. um zu schauen, ob alles problemlos funktioniert und vorher auftretende Fehler durch eine neue Software-Version eliminiert wurden). Diese Überprüfung wird Post Implementation Review (PIR) genannt.

In der IT gehören auch aufgrund der steigenden Business-Anforderungen und immer kürzeren Produktentwicklungszyklen Änderungen (Changes) zur Tagesordnung. Die Erfahrungen zeigen jedoch gleichzeitig, dass Störungen in der IT-Infrastruktur häufig auf Änderungen, die zuvor durchgeführt wurden, zurückzuführen sind. Die Ursachen sind mangelnde Sorgfalt, unzureichende Kommunikation und Dokumentation, zu knapp bemessene Ressourcen, unzureichende Vorbereitung oder mangelhafte Analyse der Auswirkungen und Finaltests in der Produktionsumgebung.

Wurde die Änderung erfolgreich durchgeführt, kann der RfC bzw. der Change-Datensatz geschlossen werden. Die Ergebnisse werden im Post Implementation Review (PIR) festgehalten und dienen als Basis für ein entsprechendes Reporting.

Der PIR erfolgt prinzipiell direkt nach jedem Change und vor dem Schließen des Change records, der zu Beginn für die Änderungsanforderung eröffnet wurde. Neben dem PIR gibt es noch ein Change review. Je nach Art der Änderung kann ein Review bereits nach einigen Tagen stattfinden, andererseits kann es auch einige Monate dauern. Hier geht es auch um die Frage, ob der Zeit- und Kostenplan eingehalten wurde, der Implementierungsplan korrekt ist und ob der Ressourcenbedarf der Planung entsprochen hat. PIR und Review können auch gekoppelt werden. Egal welchen Namen eine solche Bezeichnung für den Vorgang unter ITIL® zwischen Change und Problem Management erhält, wichtig ist, dass diese Überprüfung überhaupt stattfindet. Werden ITIL® und PRINCE2™ gekoppelt, kann ein solcher kontrollierter Abschluss auch als Benefits Review (Nutzenrevision) erfolgen. Nach Vollendung des Projekts, das beispielsweise über einen Change initiiert wurde, dient der Business Case als Bezugsgröße und es wird überprüft, ob der angestrebte Nutzen aus dem Projektergebnis erzielt werden konnte. Dies wird von vielen Unternehmen auch als Wertbestimmung bezeichnet. Diese wird ausgeführt, nachdem das Projektergebnis z. B. eine Weile gelaufen ist, um Daten zu sammeln. Die tatsächlichen Ergebnisse werden mit den gewünschten Ergebnissen verglichen, die zu Beginn des Projekts festgelegt wurden.

9.4.5 Change Management und Change-Umsetzung

Neben der Tatsache, dass sich Änderungen im Projekt ergeben, dass ITIL®-Einführungen über PRINCE2™ umgesetzt werden können und dass Änderungen über ITIL® sauber über das Change Management abgewickelt werden, drängt sich eine weitere Verbindung zwischen den beiden Best Practices auf.

PRINCE2™ und ITIL® können das Thema Änderungen im Projekt Hand in Hand umsetzen (*siehe Abbildung 9.24*). An unterschiedlichen Stellen des ITIL®-Change-Management-Prozesses sind Verbindungen möglich. Das in der PRINCE2™-Version 2009 neu hinzugekommene „integrierte" Element des Tailoring unterstützt diese Optionen.

Der Request for Change (RfC), der von Kunden-, d. h. von der Unternehmensseite kommen könnte, kann als Initiator für ein Projekt gesehen werden. Dies entspricht von der Motivation her einem Projektmandat unter PRINCE2™, wenn die formale Prüfung des ITIL®-Prozesses durchlaufen wurde und feststeht, dass der Change (= das Projekt) umgesetzt werden soll. Entsprechend dem Prozessmodell von PRINCE2™ ist die Freigabe nach dieser Art Prüfung der DP-Aktivität *Initiierung freigeben* gleichzusetzen.

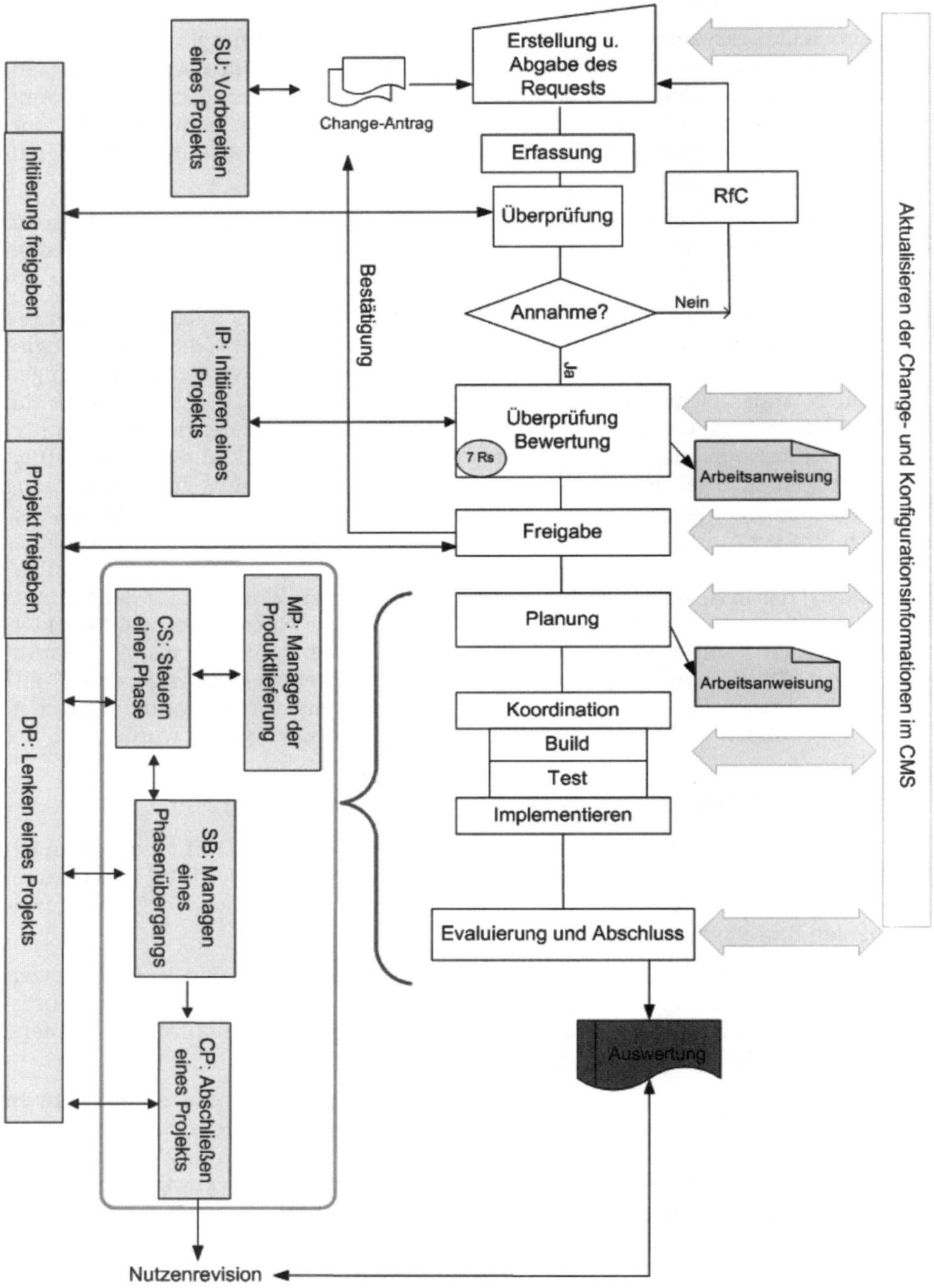

Abbildung 9.24: Change-Implementierung: ITIL® und PRINCE2™ Hand in Hand

Der RfC wurde demnach in die Projektbeschreibung überführt oder geht über das Projektmandat je nach Tailoringansatz in die Projektleitdokumentation ein. Die Aufgaben des Lenkungsausschusses können an dieser Stelle gegebenenfalls (auch) an den CAB delegiert werden. Hier ist die Frage, ob eine Delegation zur Gänze in Richtung des CAB vorgenommen werden kann und soll.

Die anschließende Planung und Umsetzung des Changes (möglicherweise über mehrere Managementphasen hinweg) kann als Zusammenwirken zwischen CS-, MP- und SB-Prozess bis hin zum *Abschließen eines Projekts* verstanden werden (*siehe Abbildung 9.24*). In Bezug auf die ITIL®-Prozesse und die Phasen im Service-Lebenszyklus ist die Service Transition maßgeblich an der Projektdurchführung und -einführung beteiligt. So können nicht nur Teammitglieder als Spezialisten aus den Prozessen beteiligt sein, sondern Prozesse wie z. B. Transition Planning und Support oder Testing können Teil der Managementphasen eines PRINCE2™-Projekts sein. Auch der sogenannte Early Life Support kann in der Zeit während des Projektabschlusses und („kurz") nach der Projekteinführung sehr wichtig für den Kunden bzw. die Anwender sein und gleichzeitig einen Erfolgsfaktor für die Akzeptanz und damit den Nutzen des Projekts darstellen. Der Einsatz eines solchen Teams ist empfehlenswert. Hier wird deutlich, dass eine Unterstützung durch die Service Transition und Service Operation hinsichtlich der CP-Aktivitäten auch eine relevante Rolle spielt. Hier ist es besonders wichtig, dass der Übergang in den Betrieb ohne Reibungsverluste und Kommunikationsprobleme verläuft. Ein weit vorher im Projektverlauf sauber aufgesetztes Stakeholder-Management und die Strategien leisten hierbei wertvolle Dienste.

9.4.6 Service Validation und Testing

Effektives Build- und Test-Management ist die essenzielle Basis, um sicherzustellen, dass Release-Zusammenstellung (Build) und Tests in wiederholbarer und nachvollziehbarer Manier ablaufen. Spezielle Build- und Testumgebung stützen den Anspruch an ein effektives und effizientes Test- und Build-Management. Im Sinne einer „Qualitätssicherung" kümmert sich der Service-Validierung und Release-Test-Prozess darum, dass bei Lieferung eines neuen oder geänderten Service dieser den Ansprüchen in Bezug auf Utility (Fit for Purpose) und Warranty (Fit for Use) genügt. Testen ist somit ein notwendiges Mosaiksteinchen in Richtung Kundenunterstützung durch IT Services. Werden Services vorab nicht ausreichend getestet, kann dies Incidents nach sich ziehen, da Fehler in den Service-Bestandteilen unentdeckt geblieben sind oder weil eine Diskrepanz besteht zwischen dem, was von Business-Seite angefordert wurde, und dem, was geliefert wurde. Der Prozess Service Validation und Testing behält so das Thema Qualität im Auge (*siehe Abbildung 9.25*). Er identifiziert, bewertet und adressiert offene Punkte, Fehler und Risiken in der Service Transition. Sein Ziel ist es, dass der Service den versprochenen Nutzen für den Kunden und sein Business generiert.

Eine Zusicherung an die Service-Qualität wird durch Validation und Testing erreicht. Tests sind Aktivitäten, mit deren Hilfe geprüft wird, ob ein Configuration Item, IT Service, Prozess usw. den Spezifikationen oder vereinbarten Anforderungen entspricht. Die Validierung der Service-Anforderungen und der korrespondierenden Service-Akzeptanzkriterien (Service Ascceptance Criteria, SAC) beginnt, sobald die Service-Anforderungen definiert sind. Über den gesamten Service Lifecycle hinweg wird es unterschiedliche Teststufen geben. Die Validierung stellt eine dokumentierte Beweisführung dar, dass ein System die Anforderungen in der Praxis erfüllt (Plausibilität). Die Verifizierung dient dem Nachweis, dass ein vermuteter oder behaupteter Sachverhalt wahr ist.

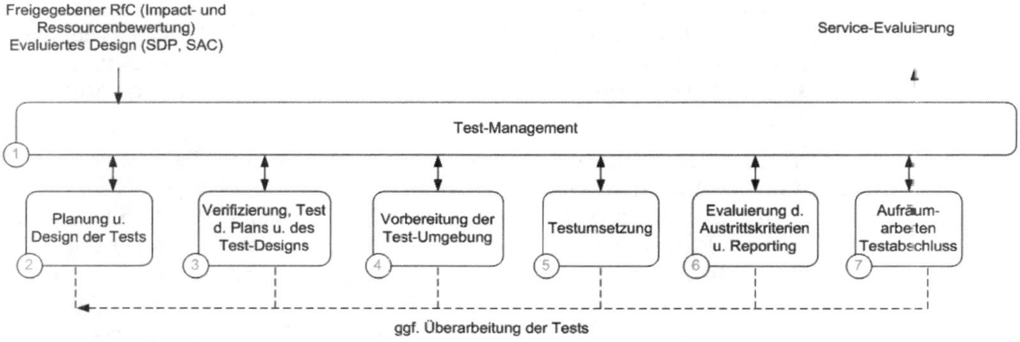

Abbildung 9.25: Aktivitäten von Validierung und Test

Effektive Validierungs- und Testansätze konzentrieren sich auf die Frage, ob der Service wie angefordert bereitgestellt wird (*siehe Abbildung 9.26*). Dabei wird die Position der Personen eingenommen, die später mit dem Service arbeiten oder ihn verwalten, betreiben, entwickeln oder unterstützen werden. Die Testeintritts- und -austrittskriterien werden entwickelt, sobald das Service Design Package (SDP) designt wird. Dieses kommt im Sinne von PRINCE2™ einer Art „Arbeitspaket" gleich.

Tests unterstützen direkt den Release und Deployment-Prozess. Eine Aktivität in diesem Prozess beschäftigt sich mit dem Testen und der Validierung. So wird sichergestellt, dass während der Release-, Build- und Deploymentphase ausreichend und gesteuert getestet wird. Tests sind so wichtig, dass ihnen über ITIL® V3 ein eigener Prozess gewidmet wird.

Service Validation und Testing kümmert sich zum einen um die technischen Tests, zum anderen aber auch um Akzeptanz- und Usabilitytests der Anwenderseite. Sie stellen dabei die relevanten Testumgebungen bereit. Im Sinne von PRINCE2™ werden also zwei Aspekte unterstützt. Die technischen Tests mit Testplänen und -metriken prüfen innerhalb des MP-Prozesses, bevor das Produkt in die Qualitätsprüfung geht, ob das Produkt überhaupt abnahmebereit ist und alle bekannten Fehler beseitigt wurden (Service-Spezifikationstest (fit for purpose), Last- und Performance-Test, System-Integrationstest, Service Guarantee-Test (fit for use), Security Test etc.). Erst wenn der Ersteller das Produkt für die Prüfung freigibt, erfolgt die PRINCE2™-Qualitätsprüfung, in der die Anwender Abnahmetests oder Usability Tests umsetzen, um die Bestätigung zu erhalten, dass das relevante Produkt der Produktbeschreibung entspricht.

> *„Good testing works best on good code and good design. And no testing technique can ever change garbage into gold." (Beizer)*

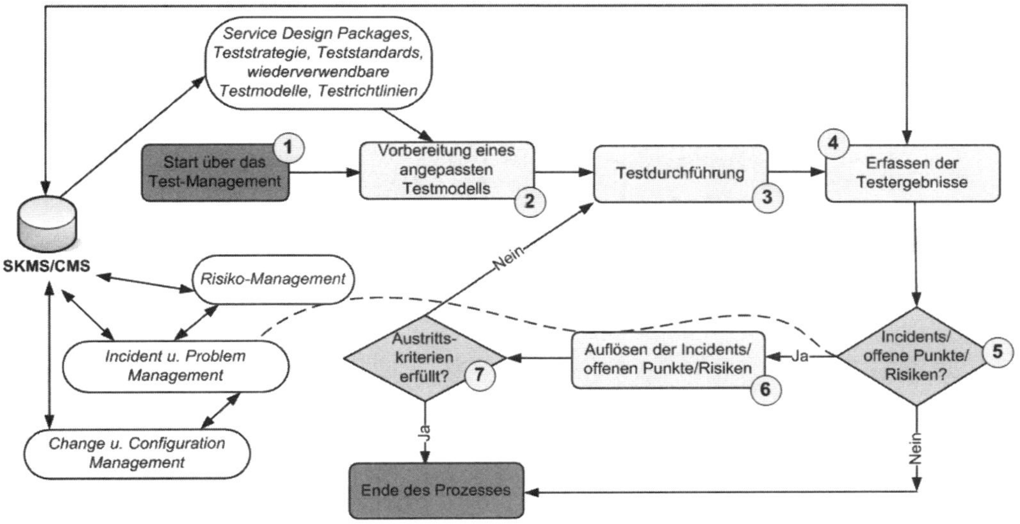

Abbildung 9.26: Beispielhafte Umsetzung von Testaktivitäten

9.4.7 Evaluation

Hinter der Evaluation steht ein generischer Prozess, der verifiziert, ob die Leistung eines Lieferergebnisses akzeptabel ist, z. B. in Bezug auf den passenden Preis oder die Qualität. Hinsichtlich der Service Transition besteht der Zweck der Evaluation (zu Deutsch: Untersuchung oder Bewertung) darin, die Performance eines Service Change im Zusammenhang mit den bestehenden oder für die Produktion anstehenden Services zu untersuchen. Die tatsächliche Leistung eines Change wird gegen die erwartete Performance geprüft und die Abweichungen gemanagt (*siehe Abbildung 9.27*). Die Evaluation liefert einen wichtigen Input für den Lifecycle-Abschnitt Continual Service Improvement (CSI) und die zukünftige Verbesserung der Service-Entwicklung und des Change Managements.

Das Ziel der Evaluation besteht u. a. in der Steuerung der Stakeholder-Erwartungen und das Verfügbarmachen von Informationen für das Change Management. So wird sichergestellt, dass Changes, die Service-Fähigkeiten nachteilig beeinflussen können und Risiken mit sich bringen, nicht ungeprüft überführt werden. Die Aussagen aus der Evaluation sind die Basis, die den Genehmigungsprozess im Change Management beschleunigen können. Betrachtet werden dabei neue oder veränderte Services, die im Service Design entworfen wurden, während des Deployments und vor der letztendlichen Transition in die Produktivumgebung.

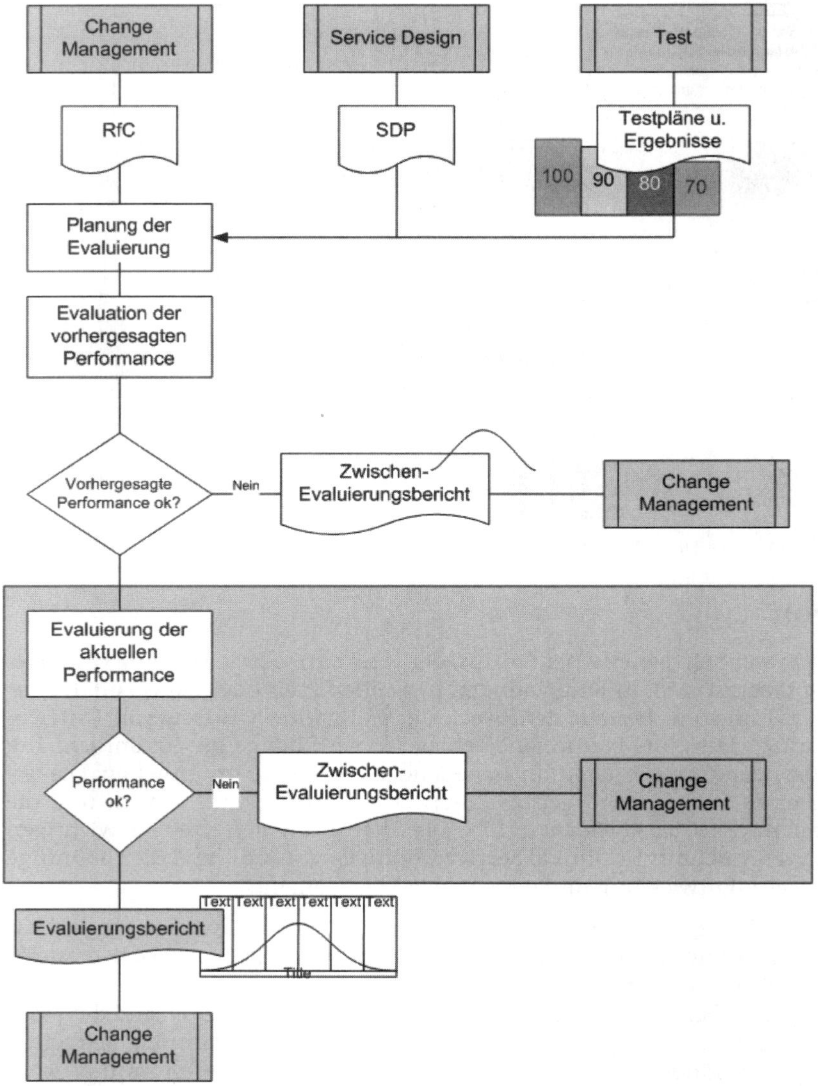

Abbildung 9.27: Evaluationsprozess

Service Design- oder Service-Änderungen sollten evaluiert werden, bevor diese überführt werden. Jegliche Abweichungen zwischen tatsächlichen und erwarteten Leistungen müssen über den Kunden oder den Kundenvertreter gehandhabt werden, indem beispielsweise der Change freigegeben oder abgelehnt wird, obwohl oder weil die tatsächliche Leistung von der erwarteten Leistung abweicht. Eine weitere mögliche Reaktion ist die Forderung nach einem neuen Change, der später mit einer angepassten Vorhersage verglichen wird. Eine Evaluation sollte daher stets unter Einbindung der Kundenseite vonstatten gehen.

9.4.8 PRINCE2™ und weitere ITIL®-Aspekte

Das Ausführen einer Änderung (oder einer Produkterstellung) und das Testen finden beim Best Practice-Ansatz ITIL® unter Einwirkung der Service Transition statt. In der Service Transition-Phase sind zahlreiche Prozesse und Personen beteiligt, dabei kommt der Service Transition eine entscheidende Schlüsselrolle bei der Bereitstellung von IT Services zu. Wichtig sind im Gesamtkontext nicht nur die Schnittstellen zwischen Service Transition, Programmen und Projekten, sondern auch zu den anderen Bereichen des Service Management, z. B. der Service Operation.

- Das Release Management ist beim „Roll-out" involviert, auch wenn das Change Management den Prozess darstellt, der den Change genehmigen muss (*siehe Abbildung 9.28*). Eine solche Steuerung und Überprüfung kommt den Aktivitäten der Qualitätsprüfung unter PRINCE2™ gleich, die die Produkte aus dem Arbeitspaket zum Ende der MP-Aktivität *Arbeitspaket ausführen* entsprechend der Akzeptanzkriterien und Anforderungen einer Prüfung unterzieht.

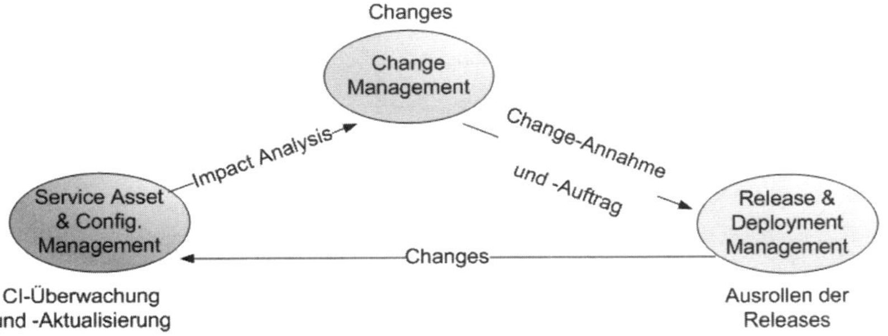

Abbildung 9.28: Release & Deployment Management als ausführende Instanz für den Change

Weitere Aspekte ähnlichen Ursprungs zwischen PRINCE2™ und ITIL® können sein:

- Risikomanagement als Thema „Risiken" unter PRINCE2™ und präsenter Aspekt unter ITIL®. Dies spielt vor allem bei den Prozessen Continuity Management, Availability Management und Information Security Management eine wichtige Rolle. Auch die Methoden der Risiko- und Schwachstellenanalyse wie CRAMM (CCTA Risk Analysis and Management Method) als Best Practice-Ansatz der Risikobewertung für die Ermittlung möglicher Eintrittswahrscheinlichkeiten und Schäden oder System Outage Analysis (SOA).
- Financial Management in unterschiedlichen Bereichen unter ITIL® u. a. für die Themen Budgetierung und Leistungsverrechnung in der IT-Organisation. Im PRINCE2™-Planungsschritt *Aufwand schätzen* werden u. a. die Projektkosten ermittelt. Dies basiert meist auf der Schätzung von Zeit und Material. Unter PRINCE2™ und ITIL® können ähnliche Schätzmethoden verwendet werden (z. B. Zero-Based-Budgeting). Die Festlegung, welche Methode verwendet wird, findet unter PRINCE2™ im Planungsschritt *Projekt planen* statt.
- Service Level Management mit den Anforderungen aus dem Kunden- und Unternehmensumfeld (Service Level Requirements, SLR) als Basis für die Service Level Agreements (SLAs), die als Verhandlungsergebnis zwischen Kunde und IT-Organisation entstehen (*siehe Abbildung 9.29*). Unter PRINCE2™ fließen die Qualitätserwartungen und Anforderungen der Kundenseite u. a. in die Produktbeschreibung des Projektendprodukts als Teil der Projektbeschreibung, jede Produktbeschreibung und in die Qualitätsmanagement-Strategie ein.

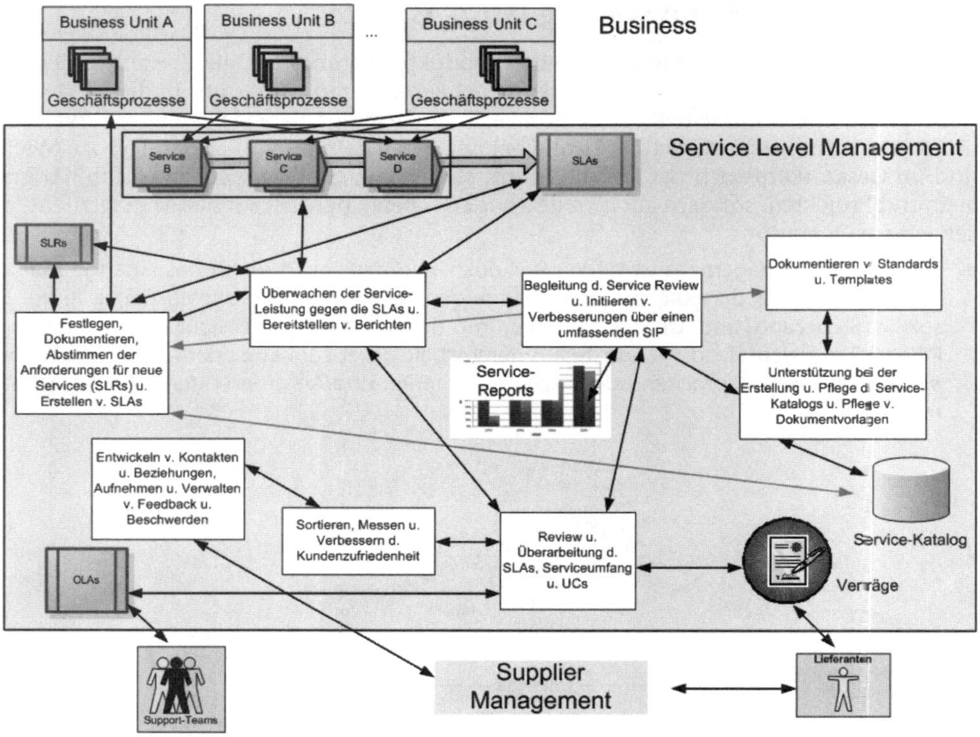

Abbildung 9.29: Aktivitäten im Service Level Management (ITIL® V3)

- Bei der Ressourcenplanung im ITIL®-Prozess Capacity Management geht es um die Ermittlung der benötigten, kostenmäßig vertretbaren Kapazitäten der aktuellen und zukünftigen IT-Ressourcen. Auch die Kosten- und Kapazitätsplanung für IT-Projekte ist unter PRINCE2™ ein essentieller Aspekt und fließt in die Planung ein (Thema „Pläne").

  Der Capacity Manager stellt für den Projektmanager oder Teammanager eines PRINCE2™-Projekts eine Instanz dar, die es einzubinden gilt. Das Capacity Management kann beispielsweise Richtlinien vorgeben, die es bei der Projektumsetzung zu beachten gilt. Auch andere Prozesse können die Einhaltung von Verfahren und Standards verlangen (Financial Management, Continuity Management, Availability Management und Information Security Management). Hinzu kommen die Anforderungen aus dem Bereich der Service Strategy, z. B. Demand Management.

- Bei Entwicklungsprojekten in der IT ist es darüber hinaus wichtig, die unterschiedlichen Entwicklungs- oder Testumgebungen nutzen zu können oder diese zu beauftragen. Hier kommt wieder das Release & Deployment Management mit ins Spiel.

- Die Anforderungen für Wartung und Betrieb sind ebenfalls weit genug im Voraus mit den relevanten Prozessen abzustimmen und auch das Thema der Personalplanung ist nicht zu vernachlässigen. Hier spielen beispielsweise die Funktionen der Service Operation (z. B. Service Desk, Technical Management, IT Operations Management, Application Management) mit hinein.

- Sowohl bei ITIL®, durch den Prozess Supplier Management oder im Service Level Management (*siehe Abbildung 9.29*), als auch bei PRINCE2™, durch die Rolle des Lieferantenvertreters in der Projektorganisation (Prinzip „Definierte Rollen und Verantwortlichkeiten"), findet die Lieferantenseite explizite Beachtung.
- Die definierten Rollen und Verantwortlichkeiten – ein PRINCE2™-Grundprinzip – werden unter ITIL® ähnlich gehandhabt. Hier gibt es auch für die Prozesse und Funktionen definierte Verantwortlichkeiten, z. B. den Incident Manager im Incident Management, den Service Level Manager im Service Level Management etc. Darüber hinaus können Verantwortlichkeiten auch in Personalunion ausgeübt werden, z. B. wenn der Service Level Manager als Benutzervertreter agiert oder die Projektsicherung unterstützt. Teammanager oder auch Projektmanager stammen möglicherweise aus der Linienorganisation und sind in einem der ITIL®-Prozesse aktiv, z. B. im Problem Management, Capacity Management, Release Management, Service Portfolio Management oder Information Security Management.

10 Zum Nachschlagen

Nachfolgend finden Sie das deutsche Glossar und Übersetzungslisten, die Sie auch unter *http://www.prince-officialsite.com/InternationalActivities/Translated_Glossaries_2.asp* herunterladen können. Auf der offiziellen PRINCE2™-Webseite finden Sie die Übersetzung des offiziellen Glossars in die verschiedenen Landessprachen.

10.1 Deutsches Glossar

Begriff	Definition
Abhängigkeiten (Plan)	Die Beziehungen zwischen Produkten oder Aktivitäten. So kann beispielsweise die Entwicklung von Produkt C erst in Angriff genommen werden, wenn die Produkte A und B fertiggestellt worden sind. Abhängigkeiten können intern oder extern sein. Interne Abhängigkeiten unterstehen der Kontrolle des Projektmanagers. Externe Abhängigkeiten liegen außerhalb seiner Kontrolle. Beispiel: Ein für dieses Projekt benötigtes Produkt muss von einem anderen Projekt geliefert werden.
Ablehnen (Risikobehandlung)	Eine Form der Behandlung eines Risikos, das eine Chance darstellt. Man hat sich aus ökonomischen Gründen bewusst dazu entschieden, eine Chance nicht wahrzunehmen und keine Maßnahmen zur Risikobehandlung zu ergreifen. Die Chance sollte trotzdem weiter beobachtet werden.
Änderungsantrag	Ein Vorschlag zur Änderung einer Baseline. Gehört zum Typ „Offener Punkt".
Änderungsausschuss	Eine Person oder Personengruppe, an die der Lenkungsausschuss die Verantwortung für die Bearbeitung von Änderungsanträgen oder Spezifikationsabweichungen delegieren kann. Dem Ausschuss kann ein Änderungsbudget zugeteilt werden, das er für derartige Änderungen verwenden kann.
Änderungsbudget	Die Mittel, die dem Änderungsausschuss für die Durchführung genehmigter Änderungen zur Verfügung gestellt werden
Änderungssteuerung	Das Verfahren, mit dem sichergestellt wird, dass alle Änderungen mit Auswirkungen auf die vereinbarten Ziele des Projekts identifiziert, analysiert und entweder genehmigt, abgelehnt oder zurückgestellt werden
Agile Methoden	Agile Methoden sind (überwiegend) Methoden für eine flexible Softwareentwicklung, die Iterationen mit kurzen Zeitrahmen bevorzugen, in denen die Produkte schrittweise entwickelt werden. PRINCE2™ ist mit den Grundsätzen agiler Prozesse kompatibel.
Ankündigung der Projektfreigabe	Benachrichtigung vom Lenkungsausschuss an alle Stakeholder und Projektstandorte, dass die Freigabe des Projekts erfolgt ist und Anforderung der während der Laufzeit benötigten logistischen Unterstützung (z. B. Kommunikationseinrichtungen, Geräte und Projektunterstützung)

Begriff	Definition
Ankündigung der Projektinitiierung	Benachrichtigung vom Lenkungsausschuss an alle Stakeholder und Projektstandorte, dass das Projekt initiiert wird, und Anforderung der für die Initiierungsphase benötigten logistischen Unterstützung (z. B. Kommunikationseinrichtungen, Geräte und Projektunterstützung)
Aktivität	Ein Prozess, eine Funktion oder Aufgabe, die sich über einen Zeitraum erstreckt, erkennbare Ergebnisse bringt und gemanagt wird. Sie werden normalerweise als Bestandteil von Prozessen oder Plänen definiert.
Akzeptieren (Risikobehandlung)	Eine Form der Behandlung eines Risikos, das eine Bedrohung darstellt, bei der eine bewusste Entscheidung getroffen wurde, die Bedrohung bestehen zu lassen. Grund dafür ist die Erkenntnis, dass es wirtschaftlicher ist, so zu verfahren, als eine Maßnahme zu Risikobehandlung zu ergreifen. Die Bedrohung sollte beständig beobachtet werden, um sicherzustellen, dass sie akzeptabel bleibt.
Ankündigung des Projektabschlusses	Information des Lenkungsausschusses an alle Stakeholder und die Projektstandorte oder für das Projekt zuständigen Organisationen, dass die Projektressourcen aufgelöst und unterstützende Einrichtungen wie beispielsweise Räumlichkeiten und Geräte abgebaut sowie Zutrittsrechte etc. storniert werden können. Ein Termin für die letzte Anrechnung von Kosten.
Annahme	Eine Planungsgrundlage, von der vorerst ausgegangen wird, die sich allerdings zu einem späteren Zeitpunkt noch ändern kann. Von Annahmen wird ausgegangen, wenn einige Fakten noch nicht bekannt oder beschlossen worden sind. Sie bleiben üblicherweise auf Fragen beschränkt, die von so erheblicher Bedeutung sind, dass umfassende Planänderungen erforderlich werden, wenn die Annahmen sich ändern oder als nicht zutreffend erweisen.
Anpassung	Die individuelle Verwendung von PRINCE2™ in einem bestimmten Projekt, mit der sichergestellt wird, dass Planung, Steuerung, Governance sowie die Verwendung von Prozessen und Themen dem Projekt angemessen sind. (Die unternehmensweite Einführung von PRINCE2™ wird dagegen als Integration bezeichnet.)
Arbeitspaket	Die für die Erstellung eines oder mehrerer Produkte notwendigen Informationen. Das Arbeitspaket enthält eine Beschreibung der durchzuführenden Arbeiten, Produktbeschreibung(en), genaue Einzelheiten aller Einschränkungen, die bei der Produktion zu beachten sind, und dokumentiert die Vereinbarung zwischen dem Projektmanager und der Person bzw. dem Teammanager, die/der für die Durchführung des Arbeitspakets zuständig ist, dass die Arbeiten innerhalb der gesetzten Einschränkungen erledigt werden können.
Auftraggeber	Eine Person, die die Gesamtverantwortung für ein Projekt hat und dafür Sorge tragen muss, dass die vorgegebenen Ziele erreicht werden und der geplante Nutzen erzielt wird. Sie hat sicherzustellen, dass das Projekt möglichst direkt auf die angestrebten Ziele zusteuert, dass die Vollmachten eindeutig festgelegt sind und dass sowohl die anstehenden Arbeiten als auch die Risiken aktiv gemanagt werden. Sie ist außerdem Vorsitzender des Lenkungsausschusses, vertritt die Kundenseite und ist verantwortlich für den Business Case.
Aufzeichnungen	Dynamische Managementprodukte, die Informationen über den Projektfortschritt enthalten

Begriff	Definition
Auslöser	Ein Ereignis oder eine Entscheidung, das/die einen PRINCE2™-Prozess anstößt
Ausnahme	Eine Situation, in der eine Abweichung über die zwischen Projektmanager und Lenkungsausschuss (bzw. zwischen Lenkungsausschuss und Programm- bzw. Unternehmens-Management) vereinbarten Toleranzgrenzen hinaus vorhersehbar ist
Ausnahmebericht	Ein Bericht, der eine Ausnahmesituation, deren Auswirkungen und die sich anbietenden Alternativen beschreibt, Empfehlungen gibt und die Auswirkungen dieser Empfehlungen erläutert. Der Projektmanager erstellt diesen Bericht für den Lenkungsausschuss.
Ausnahmebewertung	Eine Beurteilung der Projektsituation durch den Lenkungsausschuss, um einen Ausnahmeplan zu genehmigen (oder abzulehnen)
Ausnahmeplan	Ein Plan, der häufig auf einen Ausnahmebericht folgt. Ist die Ausnahme auf eine Phase beschränkt, deckt der Plan den Zeitraum vom aktuellen Zeitpunkt bis zum Ende der betreffenden Phase ab. Betrifft die Ausnahme das gesamte Projekt, wird der Projektplan ausgetauscht.
Auswirkung (eines Risikos)	Das Resultat des Eintritts eines bestimmten Risikos (Bedrohung oder Chance) bzw. die Erwartung eines derartigen Resultats
Baseline-Managementprodukt	Eine Art von Managementprodukt, das bestimmte Aspekte des Projekts als Ausgangsbasis definiert und nach der Freigabe der Änderungssteuerung unterliegt.
Befugnis	Das Recht, Ressourcen zuzuteilen und Entscheidungen zu treffen (auf Projekt-, Phasen- und Teamebene)
Benutzer	Die Person bzw. Gruppe, die letztendlich ein oder mehrere Produkte des Projekts benutzt und damit arbeitet
Benutzerabnahme	Eine spezielle Form der Abnahme durch die Person oder Gruppe, die das Produkt nach der Übergabe an die Betriebsumgebung benutzen wird
Benutzervertreter	Die Rolle im Lenkungsausschuss, die dafür verantwortlich ist, dass die Anforderungen der Benutzer richtig spezifiziert und die Lösungen darauf abgestimmt werden
Berichte	Managementprodukte, die eine Momentaufnahme des Status bestimmter Aspekte des Projekts liefern
Betriebs- und Wartungsabnahme	Die Abnahme durch die Person oder Gruppe, die das Produkt nach der Übergabe an die Betriebsumgebung während seines Lebenszyklus unterstützen wird
Business Case	Die Rechtfertigung für eine Aktivität einer Organisation (Projekt), die üblicherweise Kosten, Nutzen, Risiken und Zeitaufwand umfasst und anhand der wiederholt geprüft wird, ob das Projekt sich weiterhin lohnt
Centre of Excellence	Eine Funktion des Unternehmens, die auf Portfolio-, Programm- und Projektmanagementebene Standards, konsistente Anwendung von Methoden und Prozessen, Wissensmanagement, Sicherung und Training koordiniert

Begriff	Definition
DSDM Atern	Atern ist ein agiles Prozessrahmenwerk für die Durchführung aller Arten von Projekten. Entwickelt wurde es vom DSDM-Konsortium, das auch der Eigentümer ist. Atern bedient sich eines in zeitliche Abschnitte gegliederten, iterativen Ansatzes der Produktentwicklung und ist mit PRINCE2™ kompatibel.
Einschränkungen	Rahmenbedingungen oder Beschränkungen, denen das Projekt unterliegt
Eintrittsnähe (Risiko)	Der Zeitfaktor des Risikos, d. h. wann das Risiko eintreten kann. Vom Zeitpunkt des Auftretens ist abhängig, wie schwerwiegend die Auswirkungen sein werden.
Empfehlung des Projektabschlusses	Information, die der Projektmanager für den Lenkungsausschuss erstellt und die der Lenkungsausschuss (wenn er über den Projektabschluss entschieden hat) als Ankündigung des Projektabschlusses versendet
Empfehlungen für Folgeaktionen	Empfohlene Maßnahmen für die Fertigstellung unerledigter Arbeiten, die Behandlung ausstehender offener Punkte und Risiken sowie sonstige Aktivitäten, die notwendig sind, damit ein Produkt die nächste Phase seines Lebenszyklus erreicht. Diese Empfehlungen sind sowohl im Phasenabschlussbericht (bei einer schrittweisen Übergabe) als auch im Projektabschlussbericht zusammengefasst.
Ereignisgesteuertes Steuerungsmittel	Ein Steuerungsmittel, das bei Auftreten eines bestimmten Ereignisses zum Einsatz kommt. Derartige Ereignisse sind beispielsweise das Ende einer Phase, die Vervollständigung der Projektleitdokumentation oder auch die Erstellung eines Ausnahmeberichts. Es können aber auch Termine im Betriebsablauf wie beispielsweise das Ende des Geschäftsjahrs sein, die sich auf das Projekt auswirken.
Erfahrungsbericht	Ein Bericht, in dem alle Erfahrungswerte dokumentiert werden, die auch für andere Projekte nützlich sind. Dieser Bericht soll Handlungsanstöße geben, d. h., positive Erfahrungen eines Projekts sollen fester Bestandteil der Arbeitsprozesse des Unternehmens und negative Erfahrungen in zukünftigen Projekten vermieden werden.
Erfahrungsprotokoll	Eine formlose Sammlung guter und schlechter Erfahrungen, die für dieses Projekt oder für zukünftige Projekte von Nutzen sein können
Ergebnis	Das Resultat einer Veränderung, das sich auf das Verhalten und/oder die Gegebenheiten in der Umgebung auswirkt. Ergebnisse sind das angestrebte Ziel einer Veränderung. Sie sind das Resultat der Aktivitäten, die ausgeführt wurden, um die Veränderung zu erreichen.
Ergreifen (Risikobehandlung)	Eine Form der Behandlung eines Risikos, das eine Chance darstellt. Die Chance wird ergriffen, damit das mögliche günstige Ereignis auch eintritt und die angestrebten Auswirkungen realisiert werden können.
Ersteller	Die für die Entwicklung eines Produkts zuständige Person oder Gruppe
Eventualfall (Risikobehandlung)	Eine Form der Behandlung eines Risikos, das eine Bedrohung darstellt. In einem Eventualplan werden die Maßnahmen beschrieben, die bei Eintreten des Risikos zu ergreifen sind, um dessen Auswirkungen zu verringern.
Freigabe	Der Zeitpunkt, an dem die Erteilung von Befugnissen erfolgt

Begriff	Definition
Governance (Unternehmen)	Die fortlaufend Pflege eines fundierten Systems interner Kontrollen, mit deren Hilfe die Führungskräfte und sonstigen Verantwortlichen in einem Unternehmen sich vergewissern können, dass effektive Managementsysteme, unter anderem Systeme für die Finanzüberwachung und -kontrolle, zum Schutz der Wirtschaftsgüter, der Erträge und des Rufs der Organisation vorhanden sind
Governance (Projekt)	Die Bereiche der Governance des Unternehmens, die konkret mit den Projektaktivitäten in Verbindung stehen. Durch eine effektive Governance des Projektmanagements ist gewährleistet, dass das Projektportfolio einer Organisation auf die von der Organisation angestrebten Ziele ausgerichtet ist, effizient durchgeführt wird und aufrecht erhalten werden kann.
Inhärentes Risiko	Die von einem bestimmten Risiko ausgehende Gefährdung, die besteht, bevor eine Maßnahme zur Behandlung des Risikos ergriffen wird
Initiierungsphase	Die Initiierungsphase erstreckt sich von der Freigabe der Projektinitiierung durch den Lenkungsausschuss bis zur Freigabe des Projekts (bzw. bis zu der Entscheidung, das Projekt nicht fortzuführen). Die detaillierte Planung und Realisierung der Projektmanagement-Infrastruktur innerhalb dieser Phase wird durch den Prozess „Initiieren eines Projekts" abgedeckt.
Kommunikations-management-Strategie	Eine Beschreibung der Kommunikationsmittel und der Häufigkeit des Austauschs zwischen den Stakeholdern des Projekts
Konfigurationselement	Eine Einheit, die dem Konfigurationsmanagement unterliegt. Bei einer derartigen Einheit kann es sich um die Komponente eines Produkts, ein Produkt oder eine Produktgruppe eines Release handeln.
Konfigurationsdatensatz	Eine Aufzeichnung, die den Status, die Version und die Variante eines Konfigurationselements beschreibt sowie Details wichtiger Verbindungen zu anderen Konfigurationselementen
Konfigurationsmanagement	Technische und administrative Aktivitäten im Zusammenhang mit der Erstellung, Pflege und kontrollierten Änderung der Konfiguration während der Lebensdauer eines Produkts
Konfigurations-managementsystem	Die für das Management der Konfigurationsdaten eingesetzten Prozesse, Werkzeuge und Datenbanken. Ein Projekt verwendet üblicherweise entweder das Konfigurationsmanagement des Kunden oder das der Lieferantenorganisation.
Konfigurations-management-Strategie	Eine Beschreibung, wie und von wem die Produkte eines Projekts gesteuert und geschützt werden
Konzession	Eine Spezifikationsabweichung, die der Lenkungsausschuss akzeptiert, ohne Korrekturmaßnahmen zu ergreifen
Korrekturmaßnahmen	Maßnahmen, die bei einer drohenden Überschreitung der Toleranzen eines Plans bzw. bei einem festgestellten Mangel eines Produkts ergriffen werden
Kostentoleranz	Die zulässige Abweichung von den geplanten Kosten, die ohne sofortigen Bericht an die nächst höhere Managementebene akzeptiert werden kann. Die Kostentoleranz wird in dem betreffenden Plan dokumentiert. Siehe Toleranz.
Kunde	Die Person bzw. Gruppe, die die Arbeiten in Auftrag gegeben hat und von den Endergebnissen profitieren wird

Begriff	Definition
Kundenqualitätserwartungen	Die in der Produktbeschreibung des Projektendprodukts enthaltene Definition der erwarteten Qualität
Lieferantenvertreter	Die Rolle im Lenkungsausschuss, die das notwendige Know-how und Erfahrung in das Projekt einbringt, damit die geforderten Lieferergebnisse erzielt werden. Der Lieferantenvertreter vertritt im Projekt die Interessen der Lieferanten und stellt die Lieferantenressourcen zur Verfügung.
Liefergegenstand	Siehe „Output"
Managementphase	Der Abschnitt des Projekts, dessen Management der Projektmanager im Auftrag des Lenkungsausschusses ausführt. Das Ende einer Managementphase ist der Punkt, an dem der Lenkungsausschuss den Projektfortschritt, Projektplan, Business Case und Risiken überprüfen möchte sowie den nächsten Phasenplan prüft, um zu entscheiden, ob das Projekt fortgeführt werden soll.
Managementprodukt	Ein Produkt, das für die Management- oder Qualitätsprozesse eines Projekts benötigt wird (beispielsweise Projektstatusberichte, Phasenabschlussberichte etc.). Die Managementprodukte bleiben bei jeder Art von Projekt konstant und können bei allen Projekten entweder wie beschrieben oder mit Projekt bedingten Anpassungen verwendet werden. Es werden drei Arten von Managementprodukten unterschieden: Baselines, Aufzeichnungen und Berichte.
Meilenstein	Ein bedeutendes Ereignis im Zeitverlauf eines Plans, beispielsweise die Fertigstellung wichtiger Arbeitspakete, der Abschluss einer technischen Phase oder einer Managementphase
negativer Nebeneffekt	Ein Projektergebnis, das von einer oder mehreren betroffenen Parteien als negativ betrachtet werden. Ein negativer Nebeneffekt ist die tatsächliche Konsequenz einer Aktivität, während bei Risiken per Definition eine gewisse Unsicherheit besteht, ob sie eintreten werden.
Nutzen	Eine messbare Verbesserung, die aus einem Projektergebnis resultiert und von einem oder mehreren Stakeholdern als Vorteil betrachtet wird
Nutzenrevisionsplan	Ein Plan, der definiert, wie und wann gemessen werden kann, ob erwarteter Projektnutzen erreicht worden ist. Wenn das Projekt innerhalb eines Programms gemanagt wird, kann diese Information von der Programmebene bezogen werden und wird auch dort verwaltet.
Nutzentoleranz	Die zulässige Abweichung von einem erwarteten Nutzen, die keine sofortige Information der nächst höheren Managementebene erfordert. Die Nutzentoleranz ist im Business Case dokumentiert. Siehe auch,Toleranz'.
Integration (PRINCE2™)	Die Schaffungen von Voraussetzungen innerhalb einer Organisation, die für den Einsatz von PRINCE2™ als Projektmanagementmethode benötigt werden. Der Unterschied zu „Anpassung" liegt darin, dass Anpassung definiert, wie ein Projekt die PRINCE2™-Methode auf eine bestimmte Projektumgebung abstimmt.
Offener Punkt	Ein ungeplantes Ereignis, das eingetreten ist und gemanagt werden muss. Dabei kann es sich um Bedenken, Fragen, Änderungsanträge, Vorschläge oder Spezifikationsabweichungen handeln, die im Laufe eines Projekts vorgebracht werden. Offene Punkte können alle Aspekte eines Projekts betreffen.

Begriff	Definition
Offener-Punkt-Bericht	Ein Bericht, der die Beschreibung, die Auswirkungsanalyse und die Empfehlungen zur Behandlung eines Änderungsantrags, einer Spezifikationsabweichung oder eines Problems/Anliegens enthält. Nur offene Punkte, die formell bearbeitet werden müssen, werden derart dokumentiert.
Output	Ein Spezialistenprodukt, das einem Benutzer übergeben wird. Managementprodukte hingegen sind keine Outputs, sondern dienen ausschließlich dem Management des Projekts.
Phase	siehe „Managementphase" oder „technische Phase"
Phasenabschlussbewertung	Überprüfung des Phasenabschlussberichts durch den Lenkungsausschuss und den Projektmanager, die dann entscheiden, ob der nächste Phasenplan genehmigt wird. Je nach Umfang und Brisanz des Projekts kann es sich hierbei um einen mehr oder weniger formellen oder formlosen Review handeln. Die Freigabe der Phase sollte formell dokumentiert werden.
Phasenabschlussbericht	Ein Bericht, den der Projektmanager am Ende jeder Phase des Projekts an den Lenkungsausschuss übergibt. Er enthält Informationen darüber, wie gut die Ziele der Phase erreicht wurden, und den Status des Projekts am Ende der Phase.
Phasenplan	Grundlage für das Management des Tagesgeschäft in einer Phase durch den Projektmanager
Plan	Eine ausgearbeitete Einteilung eines Vorhabens, die zeigt, was, wann, wie und von wem erreicht werden soll. In PRINCE2™ gibt es folgende Arten von Plänen: Projektplan, Phasenplan, Teamplan, Ausnahmeplan und Nutzenrevisionsplan.
Planmäßiger Abschluss	Die PRINCE2™-Aktivität für den Abschluss eines Projekts
Planungshorizont	Der Zeitraum, für den eine genaue Planung möglich ist
Portfolio	Alle von einer einzelnen Organisation, einer Gruppe von Organisationen oder einer Organisationseinheit durchgeführten Programme und Einzelprojekte
PRINCE2™	Eine Methode, die ausgewählte Bereiche des Projektmanagements unterstützt. Die Abkürzung steht für „PRojects in a Controlled Environment".
PRINCE2™-Grundprinzip	Die Grundsätze, deren Beachtung für gutes Projektmanagement eine unerlässliche Voraussetzung ist, und die die Grundlage für alle mit PRINCE2™ gemanagten Projekten sind
PRINCE2™-Projekt	Ein Projekt, das nach den Grundprinzipien von PRINCE2™ abgewickelt wird
Problem/Anliegen	Bestimmter Typ eines offenen Punkts (kein Änderungsantrag oder Spezifikationsabweichung), dessen Lösung oder Eskalation Aufgabe des Projektmanagers ist
Produkt	Ein materieller oder immaterieller Input oder Output, der im Vorfeld eines Projekts beschrieben, dann erstellt und getestet werden kann. In PRINCE2™ gibt es zwei Arten von Produkten – Managementprodukte und Spezialistenprodukte.
Produktabnahme	Die formelle Bestätigung, dass ein Produkt fertig gestellt ist und die in der Produktbeschreibung definierten Anforderungen (bis auf eventuelle Konzessionen) erfüllt

Begriff	Definition
(Produkt) Abnahmeberechtiger	Die Person oder Gruppe (z. B. ein Lenkungsausschuss), die qualifiziert und berechtigt ist, ein (Management- oder Spezialisten)Produkt als vollständig und für den beabsichtigten Zweck geeignet abzunehmen
Produktbasierte Planung	Eine Technik zur Erstellung eines umfassenden Plans, die auf der Erstellung und Lieferung von benötigten Outputs basiert. Dieser Planungsansatz orientiert sich an den benötigten Produkten, den Qualitätsanforderungen und den Abhängigkeiten der Produkte untereinander.
Produktbeschreibung	Erläutert den Zweck, die Zusammensetzung und die Ableitung eines Produkts sowie dessen Qualitätskriterien. Erstellt wird diese Beschreibung während der Planung, sobald festgestellt worden ist, dass ein bestimmtes Produkt benötigt wird.
Produktbeschreibung des Projektendprodukts	Eine besondere Form einer Produktbeschreibung, die die Zustimmung des Benutzers zum Umfang des Projekts und den Anforderungen einholt, sowie die Qualitätserwartungen des Kunden und die Abnahmekriterien für das Projekt definiert
Produkt-Checkliste	Eine Liste der wichtigsten Produkte eines Projektplans mit den wichtigsten Lieferterminen
Produktflussdiagramm	Ein Diagramm, in dem die Reihenfolge der Produktionsschritte sowie die Abhängigkeiten zwischen den in einem Produktstrukturplan aufgelisteten Produkten erkennbar sind
Produktstatusauskunft	Ein Bericht über den Status von Produkten. Die aufgeführten Produkte können wahlweise mit ihrer Kennziffer eingegeben oder anhand des Projektabschnitts identifiziert werden, in dem sie entwickelt wurden.
Produktstrukturplan	Hierarchische Darstellung aller Produkte, die im Rahmen eines Plans zu erstellen sind
Programm	Eine flexible Organisationsstruktur, die für einen befristeten Zeitraum zur Koordination, Leitung und Kontrolle der Implementierung mehrerer zusammengehöriger Projekte und Aktivitäten eingerichtet wird und die Aufgabe hat, Ergebnisse und Nutzen zu erzielen, die die strategischen Ziele des Unternehmens unterstützen. Ein Progxxx
Projekt	Eine für einen befristeten Zeitraum geschaffene Organisation, die den Auftrag hat, ein oder mehr Produkte entsprechend einem vereinbarten Business Case zu liefern
Projektabnahme	Die formelle Bestätigung, dass das Projekt die vereinbarten Abnahmekriterien des Projekts und damit auch die Anforderungen der betroffenen Parteien erfüllt
Projektabnahmekriterien	Eine priorisierte Liste von Kriterien, die das Projektendprodukt erfüllen muss, damit es vom Kunden abgenommen wird, d. h. messbare Definitionen der Attribute, die die Produktgruppe aufweisen muss, um von den wichtigsten Stakeholdern akzeptiert zu werden
Projektabschlussbericht	Ein Bericht, den der Projektmanager für den Lenkungsausschuss erstellt. Darin wird die Übergabe aller Produkte bestätigt, der Business Case aktualisiert und durch Vergleich mit den Vorgaben in der ursprünglichen Projektleitdokumentation bewertet, wie gut das Projekt durchgeführt worden ist.

Begriff	Definition
Projektbeschreibung	Ausführliche Darstellung des Zwecks, des Kosten- und des Zeitaufwands sowie der Leistungsanforderungen und Einschränkungen eines Projekts. Die Beschreibung wird im Vorfeld des Projekts bei Vorbereiten eines Projekts erstellt und liefert bei Initiieren eines Projekts die Vorlage für die Projektleitdokumentation und deren Bestandteile. Sie wird durch die Projektleitdokumentation ersetzt und während des Projekts nicht fortgeführt.
Projektbüro	Ein für einen befristeten Zeitraum geschaffenes Büro, das eine als Projekt organisierte Initiative unterstützt. Wenn dieses Büro eingerichtet wird, übernimmt es die Verantwortlichkeiten der Projektunterstützungsrolle.
Projektendprodukt	Was das Projekt im Endeffekt liefern muss, um abgenommen zu werden
Projektlebenszyklus	Den Zeitraum von der Vorbereitung des Projekts bis zur Abnahme des Projektendprodukts
Projektleitdokumentation	Eine Zusammenstellung aller Dokumente mit wesentlichen Informationen über das Projekt, die damit eine gesicherte Grundlage für den Projektstart bietet und diese Informationen allen am Projekt Beteiligten zukommen lässt
Projektlösungsansatz	Eine Beschreibung der Art und Weise, wie ein Projekt angegangen werden soll. Zum Beispiel: Entwickeln wir ein Produkt von Grund auf neu auf oder kaufen wir ein bereits vorhandenes Produkt?
Projektmanagement	Die Planung, Delegierung, Überwachung und Steuerung aller Aspekte eines Projekts. Dazu gehören die Motivation der Beteiligten, die Projektziele zu erreichen, und zwar innerhalb der Zielvorgaben für Kosten, Zeit, Qualität, Umfang, Nutzen und Risiko.
Projektmanagement-Team	Deckt die gesamte Hierarchie des Projektmanagements ab, einschließlich Lenkungsausschuss, Projektmanager, alle Teammanager sowie alle Rollen in Projektsicherung und Projektunterstützung
Projektmanager	Die Person, der die Verantwortung für das Tagesgeschäft des Projekts übertragen wurde, mit der Maßgabe, die benötigten Produkte innerhalb der mit dem Lenkungsausschuss vereinbarten Rahmenbedingungen zu liefern
Projektmandat	Ein externes Produkt, das von der Autorität bereitgestellt wird, die das Projekt ins Leben gerufen hat. Das Projektmandat ist der Auslöser für Vorbereiten eines Projekts.
Projektplan	Ein Plan, der einen groben Überblick über die wichtigsten Produkte des Projekts mit Lieferterminen und Kosten enthält. Die erste Fassung des Projektplans ist Bestandteil der Projektleitdokumentation, wird allerdings im Verlauf des Projekts wiederholt aktualisiert. Der Lenkungsausschuss benötigt den Projektplan, um feststellen zu können, ob die erzielten Fortschritte den Erwartungen entsprechen.
Projektunterstützung	Die Projektunterstützung ist eine administrative Funktion innerhalb des Projektmanagementteams. Sie kann in Form von Rat und Hilfe beim Umgang mit den Projektmanagement-Tools, Begleitung, administrativer Betreuung wie Archivierung und Erfassung effektiver Daten erbracht werden.
Projektstandort	Ein Standort, an dem Projektarbeiten durchgeführt werden (z.B. ein Büro oder eine Baustelle)
Projektstatusbericht	Bericht, in dem der Projektmanager den Lenkungsausschuss in festgelegten regelmäßigen Abständen über die in einer Phase erzielten Fortschritte unterrichtet

Begriff	Definition
Projektsicherung	Aufgabe des Lenkungsausschusses, der sicherstellen muss, dass das Projekt ordnungsgemäß durchgeführt wird. Die einzelnen Mitglieder des Lenkungsausschusses haben bestimmte Sicherungsverantwortlichkeiten. So ist der Auftraggeber beispielsweise verantwortlich für die Unternehmenssicherung, der (die) Benutzervertreter für die Projektsicherung auf der Benutzerseite und der (die) Lieferantenvertreter für die Projektsicherung auf der Lieferantenseite.
Projekttagebuch	Dient der Aufzeichnung von Problemen oder Anliegen, die der Projektmanager formlos bearbeiten kann
Protokolle	Formlos vom Projektmanager gesammelte Informationen, deren Format und Zusammensetzung nicht mit dem Lenkungsausschuss abgestimmt werden muss. Die zwei Protokolle in PRINCE2™ sind: das Projekttagebuch und das Erfahrungsprotokoll.
Prozess	Eine strukturierte Folge von Aktivitäten, die auf die Erreichung eines bestimmten Ziels gerichtet ist. In einem Prozess wird ein definierter Input in einen definierten Output umgewandelt.
Prüfer	Eine vom Ersteller unabhängige Person oder Gruppe, die beurteilt, ob das Produkt die in der zugehörigen Produktbeschreibung aufgeführten Anforderungen erfüllt
Puffer	Eingeplante Reserven, um Termin- und Kostenabweichungen oder Risiken abfangen zu können. In PRINCE2™ finden separate Sicherheitsreserven keine Einsatz, denn Abweichungen vom geschätzten Aufwand werden durch Definition von Toleranzen abgefangen, und Risiken werden durch eine entsprechende Behandlung gemanagt (unter anderem wird ein Eventualplan für den Fall erstellt, dass ein Risiko wirklich eintritt).
Qualität	Die Gesamtheit der Leistungsmerkmale und inhärenten oder zugewiesenen Eigenschaften eines Produkts, einer Person, eines Prozesses, einer Dienstleistung und/oder eines Systems, die bestimmen, ob sie in der Lage sind, gestellte Anforderungen, Erwartungen oder Spezifikationen zu erfüllen
Qualitätssicherung	Unabhängige Überprüfung, ob Produkte den Anforderungen entsprechen oder ihren Zweck erfüllen können
Qualitätssteuerung	Der Prozess der Überwachung spezifischer Projektergebnisse, um festzustellen, ob sie den entsprechenden Standards entsprechen und die Ursachen für unzureichende Leistung zu beseitigen
Qualitätskriterien	Eine Beschreibung der Qualitätsanforderungen, die das Produkt erfüllen muss, und der Qualitätsmessungen, die bei der Überprüfung des fertigen Produkts angewendet werden
Qualitätsinspektion	Die systematische und strukturierte Beurteilung eines Produkts, die von zwei oder mehr sorgsam ausgewählten Personen (Prüfungsteam) geplant, dokumentiert und organisiert wird
Qualitätsmanagement	Die koordinierten Aktivitäten für die Lenkung und Steuerung der Qualität in einer Organisation.
Qualitätsmanagement-Strategie	Eine Strategie, die die zu verwendenden Qualitätstechniken und -standards definiert und die Zuständigkeiten für die Erreichung des geforderten Qualitätsniveaus bei der Durchführung des Projekts festlegt

Begriff	Definition
Qualitätsmanagement-system	Das komplette System von Qualitätsstandards, Verfahren und Verantwortlichkeiten für einen Standort oder eine Organisation. Im Kontext eines Projekts sind „Standorte" und „Organisationen" die permanente(n) bzw. semipermanente(n) Organisation(en), die die Projektarbeit unterstützt(en) und finanziert(en). Es handelt sich demnach um „externe" Einheiten, die nicht Bestandteil der temporären Projektorganisation sind. So kann ein Programm beispielsweise als semi-permanente Organisation und Träger von Projekten betrachtet werden – und als solche über ein dokumentiertes Qualitätsmanagementsystem verfügen.
Qualitätsdokumentation	Dokumentation, die nachweist, dass die notwendigen Qualitätssicherungs- und Qualitätssteuerungsmaßnahmen durchgeführt wurden
Qualitätsregister	Ein Register, das eine Zusammenfassung aller geplanten und abgeschlossenen Qualitätsaktivitäten enthält. Der Projektmanager und die Projektsicherung benutzen das Qualitätsregister zur Überprüfung der erzielten Fortschritte.
Qualitätsprüfung	Siehe „Qualitätsinspektion"
Qualitätsprüfungstechnik	Eine Technik zur Kontrolle der Qualität mit definierten Rollen und einem strukturierten Ablauf. Mit dieser Technik wird festgestellt, ob ein Produkt, das in Form eines Dokuments (oder in ähnlicher Form, beispielsweise als Präsentation) vorliegt, vollständig ist, bestimmte Standards einhält und die in der zugehörigen Produktbeschreibung vereinbarten Qualitätskriterien erfüllt. Durchgeführt wird die Qualitätsprüfung von Personen, die über die notwendige Fachkompetenz zur Beurteilung der Eignung für den Verwendungszweck verfügen.
Qualitätstoleranz	Für jedes Qualitätskriterium eines Produkt sollten Qualitätstoleranzen in Form eines Bereichs akzeptabler Werte definiert werden. Die Qualitätstoleranz wird sowohl in der Produktbeschreibung des Projektendprodukts (Toleranz auf Projektebene) als auch in der Produktbeschreibung für jedes einzelne zu liefernde Produkt dokumentiert.
Reduzieren (Risikobehandlung)	Behandlung eines Risikos, indem proaktive Maßnahmen ergriffen werden, um durch Ausübung einer gewissen Steuerung die Wahrscheinlichkeit zu verringern, dass das Ereignis eintritt und/oder die Auswirkungen des Ereignisses zu verringern, falls es eintreten sollte
Register	Formelle Listen, die vom Projektmanager verwaltet werden und deren Format, Zusammensetzung und Verwendung mit dem Lenkungsausschuss vereinbart werden muss. PRINCE2™ hat drei Register: Register offener Punkte, Risikoregister, Qualitätsregister.
Register offener Punkte	Im Register offener Punkte werden alle formell bearbeiteten offenen Punkte erfasst und gepflegt. Der Projektmanager sollte dieses Register regelmäßig kontrollieren.
Release	Eine Gruppe zusammengehöriger Produkte, die als Einheit übergeben werden. Die Inhalte eines Release werden als Einheit gemanagt, getestet und implementiert. Siehe auch Übergabe.
Restrisiko	Das nach Ergreifung einer Gegenmaßnahme verbleibende Risiko

Begriff	Definition
Risiko	Ein Ereignis bzw. eine Gruppe von Ereignissen, deren Eintreten ungewiss ist, aber deren Eintreten Auswirkungen auf die Erreichung der Ziele haben wird. Gemessen wird ein Risiko anhand der Kombination folgender Faktoren: Wahrscheinlichkeit, dass die erkannte Bedrohung oder Chance eintritt, und Ausmaß der Auswirkungen auf die Ziele.
Risikobearbeiter	Die Person, die für eine Risikomaßnahme verantwortlich ist. Es kann sein, dass der Risikoeigentümer Maßnahmen zur Risikobehandlung nicht direkt kontrollieren kann. In solchen Situationen sollte eine Person als Verantwortliche/r für die jeweilige Maßnahmen zur Risikobehandlung ernannt werden. Sie hält den Risikoeigentümer über die Situation auf dem Laufenden.
Risikobereitschaft	Die Bereitschaft einer Organisation, Risiken einzugehen. Diese Einstellung wiederum bestimmt, welches Ausmaß an Risiken als akzeptabel betrachtet werden.
Risikobeurteilung	Der Prozess der Analyse, welche Auswirkungen für eine Aktivität unter dem Strich zu erwarten sind, wenn Bedrohungen und Chancen gegeneinander abgewogen werden
Risikoeigentümer	Eine namentlich benannte Person, die für das Management, die Überwachung und die Kontrolle aller Aspekte eines bestimmten Risikos verantwortlich ist, unter anderem für die Ergreifung von Maßnahmen zur Eindämmung von Gefahren oder zur Maximierung von Chancen
Risikoeinschätzung	Die Einschätzung der Wahrscheinlichkeit und der Auswirkung eines Risikos unter Berücksichtigung anzuwendender Standards, Risikogrenzen, Abhängigkeiten und anderer relevanter Faktoren
Risikomanagement	Die systematische Anwendung von Grundsätzen, Ansätzen und Prozessen zur Identifikation und Bewertung von Risiken sowie die anschließende Planung und Umsetzung von Maßnahmen zur Risikobehandlung
Risikomanagement-Strategie	Eine Strategie, die die Ziele des Risikomanagements, das anzuwendende Verfahren, die Rollen und Zuständigkeiten, die Risikotoleranzen, die Terminierung der Eingriffe zur Behandlung von Risiken, die notwendigen Werkzeuge und Techniken sowie die Berichtsanforderungen beschreibt
Risikoprofil	Eine Beschreibung der Risiken, die eine Organisation zu erwarten hat, und den Grad der Gefährdung durch diese Risiken beschreibt
Risikoregister	Eine Aufzeichnung alle Risiken einer Initiative mit Angabe des Status und der bisherigen Entwicklung
Risikobehandlung	Maßnahmen, die ergriffen werden können, um die Gefährdung durch ein Risiko auf ein für die Organisation akzeptables Niveau zu bringen. Diese Maßnahmen sind bestimmten Kategorien der Risikobehandlung zugeordnet.
Risikobehandlungs-kategorien	Die Risikobehandlungskategorien für Bedrohungen sind Vermeiden, Reduzieren, Übertragen, Akzeptieren oder Teilen. Die Risikobehandlungskategorien für Chancen sind Steigern, Ergreifen, Ablehnen oder Teilen.

Begriff	Definition
Risikotoleranz	Die Grenzwerte der Risikobelastung, die bei Überschreitung die Erstellung eines Ausnahmeberichts auslösen, damit der Lenkungsausschuss informiert wird. Grenzwerte können beispielsweise für die Gesamtheit der Risiken eines Plans (z. B. die Gesamtkosten aller Gefährdungen dürfen nicht mehr als 10 % des geplanten Budgets ausmachen) oder auch für eine bestimmte Bedrohung (z. B. jegliche Risiken, die sich auf den praktischen Gebrauch beziehen) definiert werden. Die Risikotoleranz wird in der Risikomanagement-Strategie dokumentiert.
Risikotoleranzgrenze	Eine Linie im Gesamtrisikoprofil. Oberhalb dieser Linie liegende Risiken können nicht einfach akzeptiert werden, ohne dass eine höhere Managementstufe informiert wird. In einem Projekt würde der Projektmanager diese Risiken an den Lenkungsausschuss melden.
Rollenbeschreibung	Beschreibt die Verantwortlichkeiten einer bestimmten Rolle
Senior Responsible Owner	Eine Bezeichnung der britischen Behörden für die Person, die dafür Sorge zu tragen hat, dass ein Projekt oder Programm seine Ziele erreicht und den erwarteten Nutzen bringt. Sie ist verantwortlich für die geschäftliche Veränderung, die durch das Projekt bewirkt werden soll. Der Senior Responsible Owner sollte sicherstellen, dass die Veränderung möglichst direkt auf die angestrebten Ziele zusteuert, dass die Vollmachten eindeutig festgelegt sind und dass sowohl die anstehenden Arbeiten als auch die Risiken aktiv gemanagt werden. Es muss sich hierbei um einen erfahrenen Mitarbeiter handeln, der persönlich die Verantwortung für die erfolgreiche Abwicklung des Projekts übernimmt. Er sollte unternehmensweit als Senior Responsible Owner bekannt und anerkannt sein. Der Senior Responsible Owner ernennt den Auftraggeber des Projekts (und kann in einigen Fällen auch selbst diese Rolle übernehmen).
Sicherung	Alle systematischen Handlungen, die erforderlich sind, damit ein Vertrauen in die Angemessenheit der Zielvorgaben (System, Prozess, Organisation, Programm, Projekt, Ergebnis, Nutzen, Fähigkeit, Produkt-Output, Lieferergebnis) gewährleistet ist. Die Angemessenheit kann im Einzelfall subjektiv oder objektiv definiert werden. Als Grundbedingung gilt allerdings, dass die Sicherung unabhängig von dem sein sollte, das gesichert wird. Siehe auch „Projektsicherung" und „Qualitätssicherung".
Spezialistenprodukt	Ein Produkt, dessen Herstellung Gegenstand des Plans ist. Spezialistenprodukte gehören konkret zu einem bestimmten Projekt (beispielsweise eine Werbekampagne, ein Parkscheinautomat für ein Parkhaus, das Fundament eines Gebäudes, ein neuer Geschäftsprozess etc. Wird auch als Liefergegenstand oder Output bezeichnet.
Spezifikationsabweichung	Eine vereinbarte Anforderung an das Projekt die derzeit nicht (bzw. voraussichtlich nicht) erfüllt wird. Hierbei kann es sich um ein fehlendes Produkt oder um ein Produkt handeln, das die Spezifikationen nicht einhält. Ist ein Typ von Offenen Punkten.
Sponsor	Die treibende Kraft hinter einem Programm oder Projekt. PRINCE2™ definiert zwar für den Sponsor keine eigene Rolle, aber höchstwahrscheinlich wird der Sponsor die Rolle des Auftraggebers übernehmen, oder derjenige sein, der den Auftraggeber ernennt.
Stakeholder	Einzelpersonen, Gruppen oder Organisationen, die ein Vorhaben (Programm, Projekt, Aktivität oder Risiko) beeinflussen können, davon beeinflusst werden oder sich beeinflusst fühlen

Begriff	Definition
Steigern (Risikobehandlung)	Eine Form der Behandlung eines Risikos, das eine Chance darstellt. Proaktive Maßnahmen werden ergriffen, um das Eintreten dieses Ereignisses wahrscheinlicher zu machen und die Auswirkungen des Ereignisses, falls es eintreten sollte, zu verstärken.
Strategie	Ein Ansatz bzw. Ausgangspunkt für das Erreichen eines langfristigen Ziels. Strategien kann es auf unterschiedlichen Ebenen geben – auf Unternehmens-, Programm- und Projektebene. Auf der Projektebene definiert PRINCE2™ vier Strategien: die Kommunikationsmanagement-Strategie, Konfigurationsmanagement-Strategie, Qualitätsmanagement-Strategie und die Risikomanagement-Strategie.
Struktur des Projektmanagement-Teams	Ein Organigramm, in dem die personelle Besetzung der Rollen des Projektmanagementteams einschließlich Delegations- und Berichterstattungsbeziehungen erkennbar ist
Teammanager	Die Person, die die Erstellung der durch den Projektmanager (im Arbeitspaket) zugewiesenen Produkte in einer angemessenen Qualität und innerhalb eines für den Lenkungsausschuss akzeptablen Zeit- und Kostenrahmens verantwortet. Diese Rolle berichtet an den Projektmanager und nimmt Weisungen von diesem entgegen. Wenn kein Teammanager ernannt wird, übernimmt der Projektmanager die Aufgaben dieser Rolle.
Teamplan	Ein Plan, der optional erstellt werden kann, um bei der Ausführung von Arbeitspaketen die Arbeit des (der) Team(s) zu steuern
Teamstatuskontrolle	Eine in bestimmten Abständen durchgeführte Überprüfung der von einem Team erzielten Fortschritte
Teamstatusbericht	Ein Bericht über die anlässlich einer Teamstatuskontrolle festgestellten Fortschritte eines Teams. Wird dem Projektmanager übergeben und muss sich an das im Arbeitspaket vorgeschriebene Berichtsformat halten.
Technische Phase	Die Einteilung anfallender Arbeiten nach verwendeten Techniken oder erstellten Produkten. Technische Phasen decken Elemente wie beispielsweise Entwurf, Entwicklung und Implementierung ab. Technische Phasen sind keine Managementphasen.
Teilen (Risikobehandlung)	Eine Form der Behandlung eines Risikos, das eine Bedrohung oder Chance darstellt, durch Risikoverteilung nach dem „Gain-Pain-Sharing-Modell": Beide Parteien teilen sich den Gewinn (innerhalb vorab vereinbarter Grenzen), wenn die Kosten niedriger sind als geplant; und sie teilen sich den Verlust (ebenfalls innerhalb vorab vereinbarten Grenzen), wenn die Kosten höher sind als geplant.
Thema	Ein Wissensgebiet des Projektmanagements, das in einem Projekt kontinuierlich beachtet und auf eine bestimmte Weise angewendet werden muss, damit die PRINCE2™-Prozesse wirkungsvoll eingesetzt werden können.
Toleranz	Die zulässige Abweichung von den Zeit- und Kostenvorgaben eines Plans, die ohne sofortige Eskalation and die nächst höhere Managementebene akzeptiert werden kann. Es können auch Toleranzen für Qualität, Umfang, Nutzen und Risiko definiert werden. Toleranzen kommen auf Projekt-, Phasen- und Teamebene zur Anwendung.
Tranche	Ein Begriff aus dem Programm-Management. Bezeichnet eine Gruppe von Projekten, die in fest vorgegebenen Schritten bestimmte Fähigkeiten und bestimmten Nutzen anstreben.

Begriff	Definition
Übergabe	Die Übertragung einer Gruppe von Produkten an den (die) betreffenden Benutzer. Diese Produktgruppe wird als Release bezeichnet. Während der Laufzeit eines Projekts kann es mehrere Übergaben als Teil einer schrittweisen Auslieferung geben. Die endgültige Übergabe findet dann bei im Prozess Abschließen eines Projekts statt.
Übertragen (Risikobehandlung)	Mögliche Form der Behandlung einer Bedrohung, bei der eine dritte Partei einen Teil der Verantwortung für die finanziellen Auswirkungen der Bedrohung übernimmt (beispielsweise in Form einer Versicherungspolice oder bestimmter Klauseln in einem Vertrag).
Umfang	Der Umfang eines Plans ist die Gesamtsumme seiner Produkte und der hierfür zu erfüllenden Anforderungen. Er ergibt sich aus dem jeweiligen Produktstrukturplan und den zugehörigen Produktbeschreibungen.
Umfangtoleranz	Die zulässige Abweichung vom Umfang eines Plans, die keine Eskalation an die nächst höhere Managementstufe notwendig macht. Diese Toleranz wird in einem Plan in Form eines Hinweises oder Verweises auf den zugehörigen Produktstrukturplan dokumentiert. Siehe „Toleranz".
Unternehmens- bzw. Programmstandards	Übergeordnete Standards, die das Projekt einhalten muss. Diese beeinflussen die vier Projektstrategien (Kommunikationsmanagement-Strategie, Konfigurationsmanagement-Strategie, Qualitätsmanagement-Strategie und Risikomanagement-Strategie) und die Projektsteuerungsmittel.
Variante	Eine Variante eines baselined Produkts. So kann es für ein Benutzerhandbuch beispielsweise eine Variante in englischer und eine Variante in spanischer Sprache geben.
Verantwortliche Instanz	Die Person oder Gruppe, die das Projekt in Auftrag gibt (üblicherweise das Unternehmens- oder Programm-Management) und befugt ist, im Namen der beauftragenden Organisation Ressourcen und Mittel bereitzustellen
Verfahren	Eine Folge von Maßnahmen, die einen bestimmten Aspekt von Projektmanagement abdeckt, und eigens für das Projekt aufgestellt wurde (z. B. ein Risikomanagementverfahren).
Vergleichswerte (Baseline)	Bezugswerte, anhand derer eine Einheit überwacht und kontrolliert wird
Vermeiden (Risikobehandlung)	Eine Form der Behandlung eines Risikos, das eine Bedrohung darstellt, und sicherstellt, dass die Bedrohung keine Auswirkungen mehr haben kann oder nicht mehr besteht
Version	Eine bestimmte Baseline eines Produkts. Versionen werden üblicherweise nach bestimmten Namenskonventionen gekennzeichnet, die die Versionsabfolge bzw. das Datum der Baseline erkennen lassen. So folgt beispielsweise nach Projektplan Version 1 der Projektplan Version 2 als neue Baseline.
Voraussetzungen (Plan)	Was vorhanden sein und während der Dauer des Plans verfügbar bleiben muss, damit der Plan erfolgreich ist
Vorbereitung	Die im Vorfeld eines Projekts vom Auftraggeber und dem Projektmanager durchgeführten Aktivitäten zur Erstellung des Entwurfs des Business Case, der Projektbeschreibung und des Initiierungsphasenplans

Begriff	Definition
Vorzeitiger Abschluss	Die in PRINCE2™ notwendigen Aktivitäten für die Beendigung eines Projekts vor dem geplanten Abschluss. Der Projektmanager muss sicherstellen, dass laufende Arbeiten nicht einfach abgebrochen werden, sondern alle bereits geschaffenen Werte erhalten bleiben und durch die Projektstornierung entstandene Lücken dem Unternehmens- oder Programmmanagement gemeldet werden.
Wahrscheinlichkeit	Die bewertete Gefahr, dass eine bestimmte Bedrohung oder Chance tatsächlich eintreffen wird, einschließlich der Häufigkeit, mit der sie eintreten wird
Wasserfallmodell	Ein linear und sequentiell aufgebauter Ansatz der Softwareentwicklung, der für jede Entwicklungsphase bestimmte Ziele vorgibt. Sobald eine Entwicklungsphase beendet ist, werden die Ergebnisse an die jeweils nächste Phase übergeben. An keiner Stelle erfolgt ein Rückgriff auf frühere Phasen (analog dazu Wasser einen Berg hinunter, aber nicht wieder herauf fließen kann).
Zeitplan	Grafische Darstellung eines Plans (beispielsweise in Form eines Gantt-Chart), üblicherweise mit der Abfolge der durchzuführenden Aufgaben und zugeteilten Ressourcen. In einem PRINCE2™-Projekt sollten die Projektaktivitäten nur in den Zeitplänen für Projekt-, Phasen- oder Teampläne dokumentiert werden. Maßnahmen, die im Tagesgeschäft angeordnet werden, können in dem jeweiligen Projektprotokoll (d. h. Risikoregister, Projekttagebuch, Register offener Punkte, Qualitätsregister) dokumentiert werden, sofern sie nicht mit einem größeren Aufwand verbunden sind.
Zeittoleranz	Die zulässige Abweichung von den Zeitangaben eines Plans, die ohne Eskalation an die nächst höhere Managementebene akzeptiert werden kann. Die Zeittoleranz wird in dem zugehörigen Plan dokumentiert. Siehe auch ‚Toleranz'.
Zeitgesteuertes Steuerungsmittel	Steuerungsmittel, die der nächst höheren Managementebene in regelmäßigen Abständen für die Überwachung des Fortschritts zur Verfügung gestellt werden – z. B. ein 14-tägig vorzulegender Bericht. In PRINCE2™ werden zwei zeitgesteuerte Statusberichte erstellt: Der Teamstatusbericht und der Projektstatusbericht.
Zielvorgaben	Die Vorgaben eines Plans hinsichtlich Zeit, Kosten, Qualität, Umfang, Nutzen und Risiko

10.2 Übersetzungsliste für PRINCE2™

Die nachfolgende Übersetzungsliste entstammt ebenfalls der offiziellen PRINCE2™-Webpräsenz. Hier finden Sie die wichtigsten Begriffe der Projektmanagement-Methode. Eine deutsch-englische Übersetzung der Prozesse finden Sie in *Kapitel 2.5.2, Prozessliste*.

10.2.1 Grundprinzipien

Die Grundprinzipien gehören zu den vier integrierten Elementen unter PRINCE2™ (neben den Themen, Prozessen und dem Anpassen an die Projektumgebung).

Englisch	Deutsch
Continued Business Justification	Fortlaufende geschäftliche Rechtfertigung
Learn from Experience	Lernen aus Erfahrung
Defined Roles and Responsibilities	Definierte Rollen und Verantwortlichkeiten
Manage by Stage	Steuern über Managementphasen
Manage by Exception	Steuern nach dem Ausnahmeprinzip
Focus on Products	Produktorientierung
Tailor to suit the Environment	Anpassen an die Projektumgebung

10.2.2 Themen

Bei der Abwicklung bzw. Umsetzung eines PRINCE2™-Projekts gilt es die Themen fortwährend im Auge zu behalten und zu beachten. Das Ineinandergreifen der sieben Aspekte zeigt eine der besonderen Stärken von PRINCE2™.

Englisch	Deutsch
Business Business	Case Case
Organization	Organisation
Quality	Qualität
Plans	Pläne
Risk	Risiken
Change	Änderungen
Progress	Fortschritt

10.2.3 PRINCE2™-Managementprodukte

Managementprodukte, die als Baselines, Aufzeichnungen oder Berichte Anwendung finden, werden für das Management der projektspezifischen Prozesse benötigt.

Englisch	Deutsch	Art
A1 Benefits Review Plan	A9 Nutzenrevisionsplan	Baseline
A2 Business Case	A3 Business Case	Baseline
A3 Checkpoint Report	A26 Teamstatusbericht	Bericht
A4 Communication Management Strategy	A6 Kommunikationsmanagement-Strategie	Baseline
A5 Configuration Item Record	A7 Konfigurationsdatensatz	Aufzeichnung
A6 Configuration Management Strategy	A8 Konfigurationsmanagement-Strategie	Baseline
A7 Daily Log	A20 Projekttagebuch	Aufzeichnung
A8 End Project Report	A16 Projektabschlussbericht	Bericht
A9 End Stage Report	A11 Phasenabschlussbericht	Bericht

Englisch	Deutsch	Art
A10 Exception Report	A2 Ausnahmebericht	Bericht
A11 Highlight Report	A19 Projektstatusbericht	Bericht
A12 Issue Register	A23 Register Offener Punkte	Aufzeichnung
A13 Issue Report	A10 Offener-Punkt-Bericht	Bericht
A14 Lessons Log	A5 Erfahrungsprotokoll	Aufzeichnung
A15 Lessons Report	A4 Erfahrungsbericht	Bericht
A16 Plan	A12 Plan	Baseline
A17 Product Description	A13 Produktbeschreibung	Baseline
A18 Product Status Account	A15 Produktstatusauskunft	Bericht
A19 Project Brief	A17 Projektbeschreibung	Baseline
A20 Project Initiation Documentation	A18 Projektleitdokumentation	Baseline
A21 Project Product Description	A14 Produktbeschreibung des Projektendprodukts	Baseline
A22 Quality Management Strategy	A21 Qualitätsmanagement-Strategie	Baseline
A23 Quality Register	A22 Qualitätsregister	Aufzeichnung
A24 Risk Management Stragtegy	A21 Risikomanagement-Strategie	Baseline
A26 Risk Register	A25 Risikoregister	Aufzeichnung
A27 Work Package	A1 Arbeitspaket	Baseline

10.2.4 Rollen

Rollen stehen sowohl mit dem Grundprinzip „Definierte Rollen und Verantwortlichkeiten" als auch mit dem Thema „Organisation" in Verbindung.

Englisch	Deutsch
Project Board	Lenkungsausschuss
Executive	Auftraggeber
Senior User	Benutzervertreter
Senior Supplier	Lieferantenvertreter
Project Manager	Projektmanager
Team Manager	Teammanager
Project Assurance	Projektsicherung
Change Authority	Änderungsausschuss
Project Support	Projektunterstützung

10.2.5 Weitere Schlüsselbegriffe aus dem Glossar

Term	Begriff
accept (risk response)	Akzeptieren (Risikobehandlung)
acceptance	Projektabnahme
acceptance criteria	Projektabnahmekriterien
activity	Aktivität
approval	Produktabnahme
approver	(Produkt) Abnahmeberechtiger
assumption	Annahme
authority	Befugnis
authorization	Freigabe
avoid (risk response)	Vermeiden (Risikobehandlung)
baseline	Vergleichswerte (Baseline)
baseline management product	Baseline-Managementprodukt
benefit	Nutzen
benefits tolerance	Nutzentoleranz
centre of excellence	Centre of Excellence
change budget	Änderungsbudget
change control	Änderungssteuerung
checkpoint	Teamstatuskontrolle
closure notification	Ankündigung des Projektabschlusses
closure recommendation	Empfehlung des Projektabschlusses
concession	Konzession
configuration item	Konfigurationselement
configuration management	Konfigurationsmanagement
constraints	Einschränkungen
corporate or programme standards	Unternehmens- bzw. Programmstandards
corrective action	Korrekturmaßnahmen
customer	Kunde
customer's quality expectations	Kundenqualitätserwartungen
deliverable	Liefergegenstand
dependencies (plan)	Abhängigkeiten (Plan)
dis-benefit	negativer Nebeneffekt
embedding (PRINCE2™)	Integration
end stage assessment	Phasenabschlussbewertung
enhance (risk response)	Steigern (Risikobehandlung)

Term	Begriff
event-driven control	Ereignisgesteuertes Steuerungsmittel
exception	Ausnahme
exception assessment	Ausnahmebewertung
exploit (risk response)	Ergreifen (Risikobehandlung)
fallback (risk response)	Eventualfall (Risikobehandlung)
follow-on action recommendations	Empfehlungen für Folgeaktionen
governance (corporate)	Governance (Unternehmen)
handover	Übergabe
host site	Projektstandort
impact (of risk)	Auswirkung (eines Risikos)
inherent risk	Inhärentes Risiko
initiation stage	Initiierungsphase
issue	Offener Punkt
management product	Managementprodukt
management stage	Managementphase
milestone	Meilenstein
off-specification	Spezifikationsabweichung
operational and maintenance acceptance	Betriebs- und Wartungsabnahme
outcome	Ergebnis
output	Output
performance targets	Zielvorgaben
plan	Plan
planned closure	Planmäßiger Abschluss
planning horizon	Planungshorizont
portfolio	Portfolio
premature closure	Vorzeitiger Abschluss
prerequisites (plan)	Voraussetzungen (Plan)
probability	Eintrittswahrscheinlichkeit
problem/concern	Problem/Anliegen
procedure	Verfahren
process	Prozess
producer	Ersteller
product	Produkt
product breakdown structure	Produktstrukturplan
product checklist	Produkt-Checkliste

Term	Begriff
product flow diagram	Produktflussdiagramm
product-based planning	Produktbasierte Planung
programme	Programm
project approach	Projektlösungsansatz
projectauthorization notification	Ankündigung der Projektfreigabe
project initiation notification	Ankündigung der Projektinitiierung
project lifecycle	Projektlebenszyklus
project management team structure	Struktur des Projektmanagement-Teams
project mandate	Projektmandat
project office	Projektbüro
project product	Projektendprodukt
proximity (of risk)	Eintrittsnähe (Risiko)
quality assurance	Qualitätssicherung
quality control	Qualitätssteuerung
quality criteria	Qualitätskriterien
quality inspection	Qualitätsinspektion
quality management	Qualitätsmanagement
quality management system	Qualitätsmanagementsystem
quality records	Qualitätsdokumentation
quality review	Qualitätsprüfung
records	Aufzeichnungen
reduce (risk response)	Reduzieren (Risikobehandlung)
registers	Register
reject (risk response)	Ablehnen (Risikobehandlung)
release	Release
reports	Berichte
request for change	Änderungsantrag
residual risk	Restrisiko
reviewer	Prüfer
risk actionee	Risikobearbeiter
risk appetite	Risikobereitschaft
risk estimation	Risikoeinschätzung
risk evaluation	Risikobeurteilung
risk management	Risikomanagement
risk owner	Risikoeigentümer

Term	Begriff
risk profile	Risikoprofil
risk response	Risikobehandlung
risk response category	Kategorie der Risikobehandlung
risk tolerance line	Risikotoleranzgrenze
role description	Rollenbeschreibung
schedule	Zeitplan
scope	Umfang
Senior Responsible Owner (SRO)	Senior Responsible Owner
share (risk response)	Teilen (Risikobehandlung)
specialist product	Spezialistenprodukt
sponsor	Sponsor
stage	Phase
stage Plan	Phasenplan
stakeholder	Stakeholder
start up	Vorbereitung
supplier	Lieferant
tailoring	Anpassung
technical stage	Technische Phase
time-driven control	Zeitgesteuertes Steuerungsmittel
tolerance	Toleranz
transfer (risk response)	Übertragen (Risikobehandlung)
trigger	Auslöser
user acceptance	Benutzerabnahme
user	Benutzer
variant	Variante
version	Version

A Lizenznachweis

Crown Copyright

Abb 1.3. – Abb 19.3 in 2009

Abb 2.16 – Abb 5.3 in 2009

Abb 4.8 – Abb 5.3 in 2009

Abb 6.10 – Abb 19.2 in 2009

Based on

Abb 2.22 based on Abb 5.2. in 2009

Abb 2.26 based on Abb 11.1. in 2009

Abb 2.5 based on 11.1 in 2009

Abb 3.2 based on 11.1 in 2009

Abb 4.58 based on Abb10.1 in 2009

Abb 4.5 based on Abb 4.2.in 2009

Abb 4.9 based on Abb 5.3 in 2009

Abb 4.11 based on 14.4 in 2005

Abb 4.25 based on 7.1 in 2009

Abb 4.29 based on 7.2 in 20009

Abb 4.41 based on 17.2 in 2005

Abb.4.46 based on 8.7 in 2009

Abb 4.51 based in 2009

Abb 5.3 based on 12.1 in 2009

Abb 5.5 based on 12.1 in 2009

Abb 5.9 based on 12 various in 2009

Abb 5.11 based on 14.1 in 2009

Abb 5.12 based on 14 various in 2009

Abb 5.18 based on 14 various in 2009

Abb 5.21 based on 14 various in 2009

Abb 5.22 based on 13.1 in 2009

Abb 5.23 based on 13 various in 2009

Abb 5.24 based on 13 various in 2009

Based on
Abb 5.25 based on 13 various in 2009
Abb 5.26 based on 15.1 in 2009
Abb 5.30 based on 15 various in 2009
Abb 5.34 based on 15 various in 2009
Abb 5.36 based on 15 various in 2009
Abb 5.37 based on 15 various in 2009
Abb 5.38 based on 16.1 in 2009
Abb 5.39 based on 16 various in 2009
Abb 5.41 based on 17.1 in 2009
Abb 5.44 based on 17 various in 2009
Abb 5.45 based on 17 various in 2009
Abb 5.47 based on 18.1 in 2009
Abb 5.49 based on 18 various in 2009
Abb 5.52 based on 17 various in 2009
Abb 6.03 based on 5.3 various in 2009
Abb 6.8 based on 11.1 in 2009

Stichwortverzeichnis

K

L

M

Q